Handbuch

der

Arbeitsmethoden

in der anorganischen Chemie

Vierter Band

Handbuch der Arbeitsmethoden in der anorganischen Chemie

bearbeitet von
Prof. Dr. **K. Arndt**, Berlin-Charlottenburg, Dr. **F. Bergius**, Berlin, Dr.-Ing. **G. Birstein**, Moskau, Dr. **W. Bothe**, Berlin, **J. Bronn**, Hannover, Dr. **J. Ehlers**, Jena, Prof. Dr. **W. Eitel**, Königsberg i. Pr., Prof. Dr. **F. Emich**, Graz, Prof. Dr. **A. Eucken**, Breslau, Privatdozent Dr. **W. Felgentraeger**, Berlin-Charlottenburg, Prof. Dr. **H. Freundlich**, Berlin, Prof. Dr. **G. Gehlhoff**, Berlin, Prof. Dr. **P. Goerens**, Essen, Prof. Dr. **B. Gossner**, München, Dr. **E. Groschuff** †, Berlin, Prof. Dr. **H. Grossmann**, Berlin, Prof. Dr. **Ph. A. Guye** †, Genf, Dr. **O. Haehnel**, Berlin, Reg.-Rat Dr. **W. Heuse**, Berlin, Prof. Dr. **F. Hoffmann**, Berlin, Dr. **K. Ilberg**, Berlin, Prof. Dr. **G. Jander**, Göttingen, Dr. **G. Jung**, Berlin, Geh. Rat Prof. Dr. **G. Just**, Berlin, Prof. Dr. **Z. Klemensiewicz**, Lemberg, Prof. Dr. **H. Konen**, Münster (Westfalen), Privatdozent Dr. **P. Köthner**, Berlin, Prof. Dr. **F. Krafft**, Heidelberg, Prof. Dr. **R. Kremann**, Graz, Dr. **Ph. A. Kurt**, Berlin, Dr. **B. Landau**, Zürich, Dr. **F. Löwe**, Jena, Dr. **R. Lucas**, Gera, Dr. **F. Meinecke**, Hannover, Prof. Dr. **A. Moser**, Moskau, Prof. Dr. **W. A. Noyes**, Urbana, Ill., Prof. Dr. **F. Paneth**, Berlin, Dr. **G. Pfleiderer**, Ludwigshafen, Prof. Dr. **W. Prandtl**, München, Prof. Dr. **Sir William Ramsay** †, London, Prof. Dr. **T. W. Richards**, Cambridge, Mass., **Fr. Richter**, Berlin, Privatdozent Dr. **E. Rudolfi**, Berlin, Prof. Dr. **R. Ruer**, Aachen, Geh. Rat Prof. Dr. **K. Scheel**, Berlin, Dr. **E. Schirm**, Porto Alegre in Brasilien, Privatdozent Dr. **A. Schleede**, Berlin, Dr. **Günther-Schulze**, Berlin, Prof. Dr. **A. Sieverts**, Frankfurt a. M., Prof. Dr. **H. v. Steinwehr**, Berlin, Prof. Dr. **A. Stock**, Berlin, Prof. Dr. **The Svedberg**, Upsala, Prof. Dr. **A. Thiel**, Marburg, Prof. Dr. **E. Tiede**, Berlin, Privatdozent Dr. **R. Tomaschek**, Heidelberg, Dr. **H. Vermehren**, Berlin, Prof. Dr. **H. v. Wartenberg**, Danzig-Langfuhr, Dr. **L. Weiss**, Barmen-Rittershausen, Dr. **E. Zintl**, München.

Gegründet von Arthur Stähler

Fortgeführt von

Erich Tiede und **Friedrich Richter**

a. o. Professor a. d. Universität Berlin — Redakteur bei der Deutschen Chemischen Gesellschaft

Berlin und Leipzig 1926

Walter de Gruyter & Co.

vormals G. J. Göschen'sche Verlagshandlung - J. Guttentag, Verlagsbuchhandlung
Georg Reimer - Karl J. Trübner - Veit & Comp.

Handbuch
der
Arbeitsmethoden
in der
anorganischen Chemie

Gegründet von Arthur Stähler

Fortgeführt von

Erich Tiede und **Friedrich Richter**
a. o. Professor a. d. Universität Berlin
Redakteur bei der Deutschen Chemischen Gesellschaft

Vierter Band
Ausgewählte Kapitel der präparativen Chemie

Mit 178 Abbildungen im Text

Berlin und Leipzig 1926
Walter de Gruyter & Co.
vormals G. J. Göschen'sche Verlagshandlung · J. Guttentag, Verlagsbuchhandlung
Georg Reimer · Karl J. Trübner · Veit & Comp.

Druck von Metzger & Wittig in Leipzig.

Vorwort zum vierten Bande.

Der erste Teil des vierten Bandes war bereits erschienen, als wir die Redaktion des Handbuches übernahmen. Eine Fortsetzung des Werkes nach dem ursprünglichen Plan hielten wir, wie im Vorwort zur zweiten Hälfte des zweiten Bandes ausgeführt, für unzweckmäßig. Der vorliegende Schlußteil bringt deshalb in nur losem Zusammenhang mit dem Anfangsteil ausgewählte Kapitel der präparativen Chemie, die streng genommen aus dem Rahmen eines Handbuches der Arbeitsmethoden herausfallen. Ihre Aufnahme erscheint uns deshalb gerechtfertigt, weil sie auch in arbeitsmethodischer Hinsicht vieles allgemeinerer Anwendung Fähige enthalten und weil sie in dieser Form einer zusammenfassenden Behandlung bisher entbehrten. Die nunmehr unzutreffende Kapitelüberschrift „A. Körperklassen“ im ersten Teil des vierten Bandes konnte naturgemäß nicht mehr ausgemerzt werden. Bei den Arbeiten der Drucklegung haben uns Herr Dr. Hellmut Vermehren und Fräulein Frieda Goldschmidt in dankenswerter Weise unterstützt. Die Zusammenstellung der Register besorgte Herr Dr. Carl Horst.

Berlin, im Oktober 1925.

E. Tiede. F. Richter.

Inhalt des vierten Bandes.[1]

[1] Am Anfang der einzelnen Beiträge befinden sich ausführlichere Inhaltsangaben.

Liste der im Handbuch angewandten Literatur-Abkürzungen.

	Abkürzungen
American Chemical Journal	Am. Ch. J.
American Journal of Science (Silliman)	Am. J. Science
Annalen der Chemie (Liebig)	Ann.
Annalen der Physik und Chemie (Poggendorff)	Pogg.
" " " " " (Wiedemann)	Wied.
Annalen der Physik	Ann. Phys.
Annales de Chimie et de Physique	Ann. chim. phys.
Beiblätter zu den Annalen der Physik	Beibl.
Berichte der Deutschen Chemischen Gesellschaft	Ber.
Berichte der Deutschen Physikal. Gesellschaft	Ber. Phys. Ges.
Bulletin de la Société chimique de Paris (de France)	Bull.
Chemical News, The	Chem. N.
Chemiker-Zeitung	Ch. Z.
Chemische Industrie, Die	Ch. Ind.
Chemisches Zentralblatt	Zentr.
Chemische Zeitschrift	Ch. Ztschr.
Comptes rendus de l'Académie des Sciences (Paris)	C. r.
Dinglers Polytechnisches Journal	Dingl.
Elektrochemische Zeitschrift	Elektrochem. Ztschr.
Gazzetta chimica italiana	Gazz.
Jahresbericht über die Fortschritte der Chemie etc.	Jahr.
Journal de Chimie physique	J. Chim. phys.
Journal de Physique	J. phys.
Journal für praktische Chemie	J. pr. Ch.
Journal of Physical Chemistry	J. Physic. Chem.
Journal of the American Chemical Society	J. Am. Ch. S.
Journal of the Chemical Society (London)	J. Chem. S.
Journal of the Society of Chemical Industry	J. Soc. Ch. Ind.
Mitteilungen aus d. Materialprüfungsamt zu Berlin-Lichterfelde	Mitt. Mater. Amt
Monatshefte für Chemie	Mfte.
Moniteur scientifique	Monit.
Österreichische Chemiker-Zeitung	Öst. Ch. Ztg.
Pharmaceutical Journal (and Transactions)	Pharm. J. Trans.
Pharmazeutische Zeitung	Pharm. Ztg.
Pharmazeutische Zentralhalle	Pharm. Zentr.

	Abkürzungen
Philosophical Magazine	Phil. Mag.
Physikalische Zeitschrift	Phys. Ztschr.
Proceedings of the Chemical Society (London)	Proc. Chem. S.
Recueil des travaux chimiques des Pays-Bas	Rec. trav. chim.
Sitzungsberichte der Akademie der Wissenschaften, Wien	Sitzgb. Wien
Sitzungsberichte der Preußischen Akademie der Wissenschaften, Berlin	Sitzgb. Berlin
Sitzungsberichte der Bayrischen Akademie der Wissenschaften, mathemat.-naturwissenschaftliche Abteilung	Sitzgb.Bayr.
Stahl und Eisen	St. E.
Zeitschrift für analytische Chemie	Z. anal. Ch.
Zeitschrift für angewandte Chemie	Z. angew. Ch.
Zeitschrift für anorganische Chemie	Z. anorg. Ch.
Zeitschrift für Chemie und Industrie der Kolloide	Z. Kolloid.
Zeitschrift für chemische Apparatenkunde	Z. Appar.
Zeitschrift für physikalischen und chemischen Unterricht	Z. Unterr.
Zeitschrift für Elektrochemie	Z. Elektr.
Zeitschrift für Instrumentenkunde	Z. Instr.
Zeitschrift für physikalische Chemie	Z. phys. Ch.

Die in diesem Verzeichnis nicht enthaltenen Abkürzungen sind die gleichen wie die im Chemischen Zentralblatt gebrauchten.

A. Körperklassen.

Darstellung von Gasen.

Von

Sir W. Ramsay (London), **W. A. Noyes** (Urbana Ill.) und **Ph. A. Guye** (Genf).

Inhalt.

Allgemeiner Teil.

Von

W. A. Noyes-Urbana (Ill.) und **Ph. A. Guye**-Genf.

Eine einwandfreie Unterscheidung der gasförmigen Substanzen von solchen anderer Aggregatzustände läßt sich kaum durchführen, einerseits, da alle Gase in flüssige oder feste Formen übergeführt worden sind, und andererseits, weil bei gewöhnlicher Temperatur feste oder flüssige Stoffe schon bei geringer Temperaturerhöhung bzw. unter vermindertem Druck gasförmig werden. Für die Zwecke des vorliegenden Werkes möge ein Gas definiert werden als eine Substanz, die bei 20° unter 760 mm Druck in gasförmigem Zustande verbleibt. Auf Grund dieser Definition reduziert sich die Zahl der gasförmigen Substanzen auf alles in allem etwa 90—95. Man kann sie folgendermaßen einteilen:

Elemente: Helium, Neon, Argon, Krypton, Xenon, Niton, Wasserstoff, Stickstoff, Sauerstoff, Fluor, Chlor.

Verbindungen: Borwasserstoff, Bortrifluorid, Bortrichlorid, Kohlenmonoxyd, Kohlendioxyd, Kohlensuboxyd, Kohlenoxysulfid, Formaldehyd, etwa 30 Kohlenwasserstoffe und Derivate davon, enthaltend ein oder mehrere Atome Fluor oder Stickstoff oder Sauerstoff oder ein Atom Chlor oder Brom, Siliciumwasserstoff, Siliciumfluorid, Ammoniak, Stickoxydul, Stickoxyd, Stickstoffdioxyd, Nitrosylchlorid, Phosphin, Arsin, Stibin, Schwefelwasserstoff, Schwefeldioxyd, Selenwasserstoff, Tellurwasserstoff, Fluorwasserstoff, Chlorwasserstoff, Chlormonoxyd, Chlordioxyd, Bromwasserstoff, Jodwasserstoff.

Ein Blick auf die Liste lehrt, daß sämtliche gasförmigen Verbindungen eins der Elemente Wasserstoff und Sauerstoff oder ein Halogen enthalten.

Allgemeine Darstellungsweisen der Gase.

Die wichtigsten Darstellungsmethoden für Gase sind folgende:

1. Direkte Vereinigung zweier Gase: z. B. Stickstoffdioxyd (aus $2\,NO + O_2$), Nitrosylchlorid (aus $2\,NO + Cl_2$) und andere;
2. Zerlegung von Verbindungen in der Wärme: z. B. Darstellung von Sauerstoff aus Kaliumchlorat;
3. Austreibung von Gasen aus Lösungen durch Erwärmen: z. B. Ammoniak aus Salmiakgeist, Chlorwasserstoff aus konzentrierter Salzsäure, Stickoxyd aus einer Lösung von Stickoxydferrosulfat oder -chlorid;
4. Elektrolyse: z. B Sauerstoff und Wasserstoff aus verdünnter Schwefelsäure oder einer Lösung von Bariumhydroxyd oder Natriumhydroxyd, Chlor aus geschmolzenem Chlorsilber;
5. Wechselwirkung zwischen festen Substanzen in der Wärme: z. B. Ammoniak aus Ammoniumchlorid und Calciumhydroxyd, Methan aus Natriumacetat und Natronkalk oder Bariumhydroxyd;
6. Einwirkung einer Flüssigkeit auf eine feste Substanz: z. B. Wasserstoff aus Zink und verdünnter Schwefelsäure, Salzsäure aus Kochsalz und Schwefelsäure;
7. Einwirkung von Flüssigkeiten aufeinander: z. B. Schwefeldioxyd aus Schwefelsäure und Natriumbisulfitlauge;
8. Einwirkung von Gasen auf feste Stoffe: z. B. Chlormonoxyd aus Chlor und Quecksilberoxyd.

Reinigung von Gasen auf chemischem Wege.

Die nach einer der eben genannten Methoden dargestellten Gase enthalten fast stets Wasser, häufig auch andere Verunreinigungen. Zwecks Entfernung dieser werden sie mit flüssigen oder festen Reagenzien behandelt. Die Gestalt der hierzu dienenden Apparate richtet sich nach der Menge der zu entfernenden Verunreinigung und nach der Geschwindigkeit, mit welcher das Gas die Reinigungsvorrichtung passieren soll.

a) Waschflüssigkeiten.

Die gewöhnliche Drechselsche Waschflasche (Fig. 1) kann zur Entfernung der Hauptmengen einer Verunreinigung verwendet werden. Der Kontakt zwischen Gas und Flüssigkeit ist indessen nur von kurzer Dauer, auch bei den modifizierten Formen, bei welchen das Gas in kleine Blasen zerstreut wird, bzw. zweimal durch die Flüssigkeit strömt (Fig. 2). Einen etwas längeren Kontakt mit der Flüssigkeit erzielt man mittelst eines engen Schlangenrohres (Fig. 2a). Die in einem solchen Rohr benötigte Flüssigkeitsmenge ist im Vergleich mit der bei den meisten anderen Waschflaschenarten erforderlichen Menge gering. Derartige Röhren sind daher für die Entfernung von Verunreinigungen besonders nützlich, wenn entweder die gesamte zu entfernende Menge gering ist, oder wenn der größte Teil der fremden Substanzen durch irgend eine andere Waschflaschenform entfernt worden ist. Ein Schlangenrohr von 7—8 mm Durchmesser und 4 m Länge dürfte ein Gas, welches in der Stunde mit einer Geschwindigkeit von 4—6 Litern hindurchströmt,[1] ziemlich vollständig reinigen. Die zur Beschickung eines solchen Rohres erforderliche

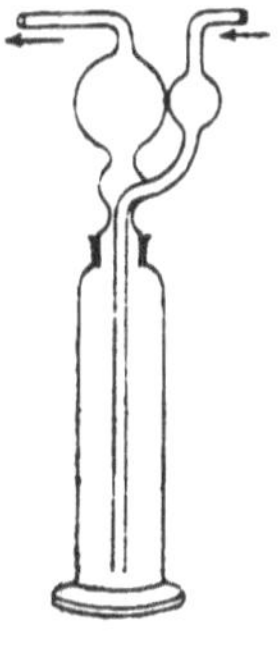

Fig. 1. Drechsel-Waschflasche.

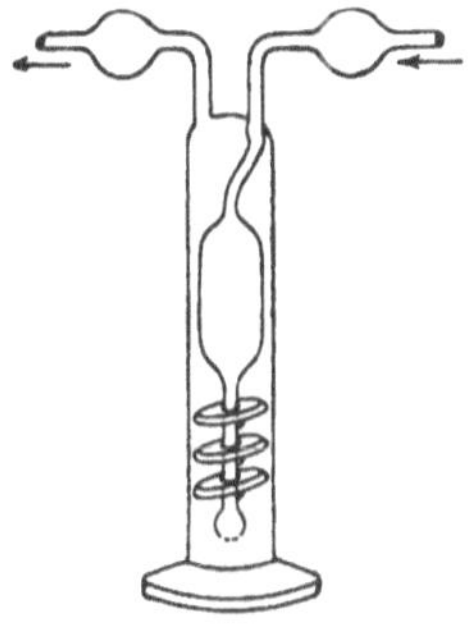

Fig. 2. Verbesserte Waschflasche.

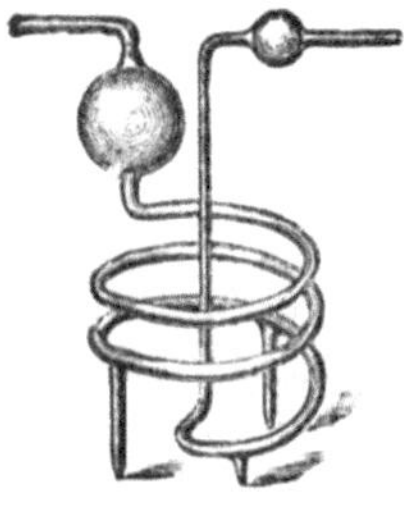

Fig. 2a. Schlangenrohr.

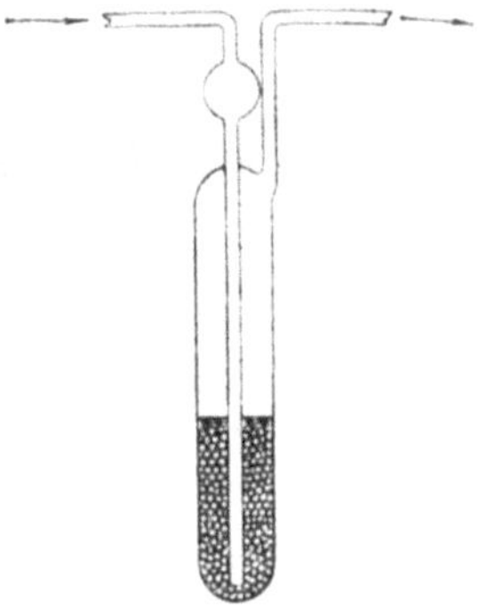

Fig. 3a.

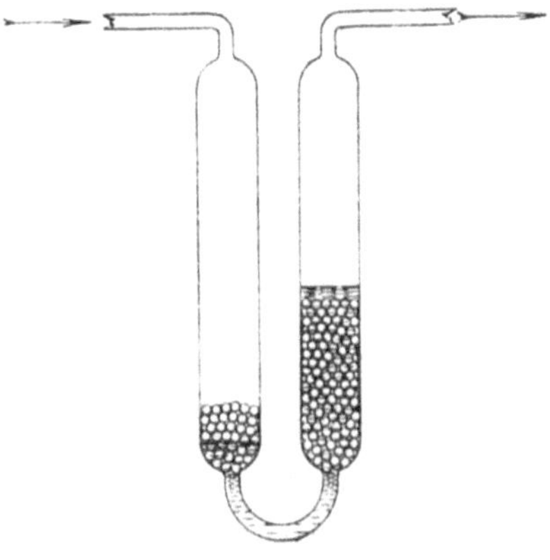

Fig. 3b.

Mit Glasperlen angefüllte Waschflaschen.

Reagensmenge ist verhältnismäßig klein. Man versieht das Rohr zweckmäßig mit Hohlkugeln von 30—40 ccm Inhalt am Ende, damit das Reagens nicht vom Gasstrom aus dem Rohr hinausgeschleudert wird. In mehreren Laboratorien, besonders in dem von Ph. A. Guye in Genf, werden seit einigen Jahren aus einem Stück geblasene, mit Glasperlen angefüllte Waschflaschen verwendet (Fig. 3a und 3b). Letztere begünstigen die Erneuerung der Berührungsflächen der festen und gasförmigen Stoffe.[2]

[1] Noyes, J. Am. Ch. S. 29, 1726.

[2] In Genf stellen sich die Experimentatoren diese einfachen Waschflaschen im allgemeinen selbst her.

Ferner wird ein geneigtes Kugelrohr (Fig. 4) empfohlen, dessen Anwendung weniger gebräuchlich ist als die gewöhnliche Waschflasche von Liebig (für die Kohlensäurebestimmung in organischen Substanzen), der sie anscheinend überlegen ist, falls es sich nicht darum handelt, das Gewicht der absorbierten Substanz darin festzustellen.

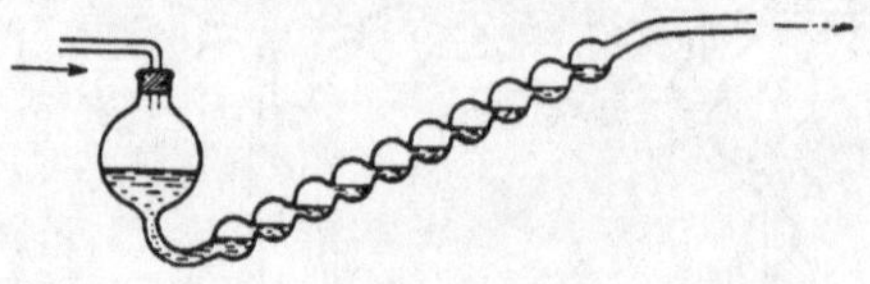

Fig. 4. Kugelrohr zum Waschen der Gase.

b) Feste Reinigungsmittel.

In den neueren Arbeiten über gasförmige Stoffe werden sehr häufig feste Reinigungsmittel angewandt (Kaliumhydroxyd in Stangenform, Chlorcalcium, Phosphorpentoxyd).[1] An Stelle des bekannten Trockenturmes (Fig. 5) findet man dort in der Regel einfache lange, ziemlich dünne, mit den Reinigungssubstanzen angefüllte Röhren (von innerem Durchmesser etwa 1 cm). Zur Verhinderung des Mitreißens der trockenen Substanz sind am Ende der Röhren zwei Asbest- oder Glaswollepfropfen angebracht,

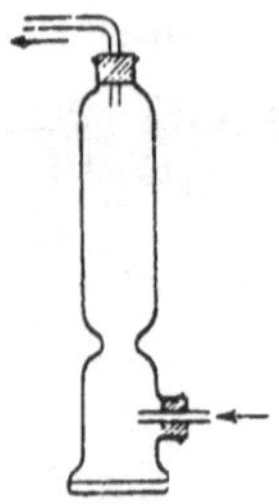

Fig. 5. Trockenturm.

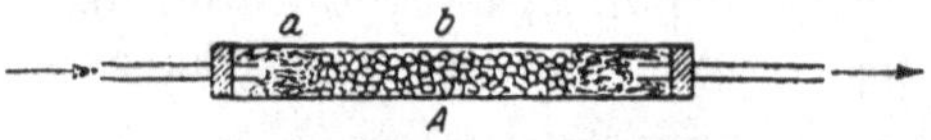

Fig. 6a. Trockenrohr, mit Kautschukstopfen verschlossen.

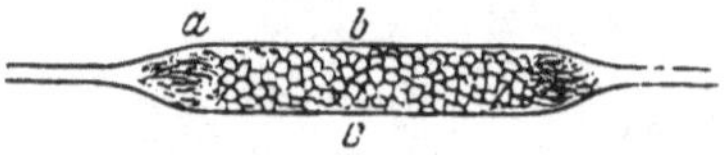

Fig. 6b. Trockenrohr, mit dem Gasentwicklungsapparat direkt verblasen.

durch welche das Gas filtriert wird. Zum Verschließen des Rohres dienen zwei durchbohrte und mit geraden Glasröhrchen versehene Kautschukstopfen, falls man nicht ein direktes Verblasen der Trockenröhren mit dem Gasentwicklungsapparat vorzieht (Fig. 6a und b).

Die Auswahl der Reinigungssubstanzen hängt wesentlich von der Natur und den Eigenschaften des in Frage kommenden Gases ab. Man kann keine allgemeinen Regeln hierüber abgeben und wird betreffs notwendiger Einzelheiten auf die für jedes Gas angegebene besondere Beschreibung verwiesen. Eine Frage ist jedoch von allgemeinerem Interesse, und diese ist die des Trocknens der Gase. Wir wollen letzterem Punkt daher in dieser allgemeinen Einleitung besondere Beachtung schenken.

---

[1] Die Anwendung fester Substanzen ist oft sehr vorteilhaft, denn sie besitzen keine merkliche Dampftension, die zu neuen Verunreinigungen des zu reinigenden Stoffes Anlaß geben könnte. Andererseits haben sie den Nachteil, im Innern kleine gasförmige Okklusionen zu enthalten, die beim etwaigen Angriff der Oberfläche in Freiheit gesetzt werden könnten.

Das Trocknen der Gase.

Die am häufigsten zur Absorption der Feuchtigkeit eines Gases angewandten Reagenzien sind: Calciumchlorid, konzentrierte Schwefelsäure, geschmolzenes Ätzkali, Barium- und Calciumoxyd, Phosphorpentoxyd, metallisches Natrium und Kalium.

In bestimmten Fällen kann man das Wasser durch bloßes starkes Abkühlen des zu trocknenden Gases entfernen, z. B. auf -50^0.

Das bei der Absorption einer kleinen Wassermenge gebildete Hydrat des Calciumchlorids hat bei gewöhnlicher Temperatur eine merkliche Dampfspannung, und daher sollte Calciumchlorid bei exakten Versuchen niemals als Trockenmittel verwendet werden. Die in einem Liter mittelst Calciumchlorids getrockneter Luft verbleibende Menge Wasser ist nach der Dampfspannung des Monohydrats $CaCl_2.H_2O$ folgende:[1]

Bei 0^0 — 0,3 mg Wasser
" 10^0 — 0,7 " "
" 15^0 — 1,0 " "
" 20^0 — 1,5 " "
" 25^0 — 2,3 " "
" 30^0 — 3,3 " "

Geschmolzenes Kaliumhydroxyd ist als ein weit wirksameres Trockenmittel als Calciumchlorid anzusehen. Indessen ist die genaue Menge Wassers, die seinem Absorptionsvermögen entgeht, bisher anscheinend nicht bestimmt worden. Dasselbe gilt für Barium- und Calciumoxyd.

Das metallische Natrium ist zum Trocknen von Wasserstoffgas angewendet worden und läßt noch etwa 0,05 mg Wasser im Liter Gas zurück.[2]

Neuerdings sind auch Versuche gemacht worden, Gase, z. B. Stickstoff, durch Kaliumdampf zu reinigen (GEHLHOFF[5]).

Konzentrierte Schwefelsäure, dargestellt durch Destillation der reinen Säure (unter Verwerfung des ersten und letzten Fünftels) läßt noch etwa 0,002 mg Wasser im Liter Luft zwischen 15—19^0.[3] Die Luft reißt aus der Schwefelsäure annähernd 0,0004 mg Schwefeltrioxyd pro Liter unter denselben Bedingungen mit. Wahrscheinlich würde die Säure genau dieselbe Trockenwirkung ausüben, wenn sie auf die Zusammensetzung des Dihydrates $H_2SO_4.H_2O$ verdünnt würde. Wird sie noch weiter verdünnt, dann ist die vom Gase zurückgehaltene Wassermenge weit größer, da die Dampftension des Trihydrats $H_2SO_4.2H_2O$ bei 20^0 0,15 mm beträgt[4], was etwa 0,16 mg Wasser im Liter entspricht. Hier ist indessen zu bemerken, daß eine Säure selbst von dieser Konzentration nur ein Zehntel so viel Wasser im Gase zurückläßt, wie Calciumchlorid bei derselben Temperatur. Wichtig ist auch darauf hinzuweisen, daß Schwefelsäure durch reduzierende Gase zum Teil in Schwefeldioxyd übergeführt werden kann, das sich dann dem Gasstrom als Verunreinigung beimengt (VICTOR MEYER).

[1] DIBBITS, Z. anal. Ch. 15, 149. [2] NOYES, Am. Ch. J. 12, 454 (1890).
[3] MORLEY, Am. J. Science [3] 30, 146.
[4] REGNAULT, Ann. chim. phys. [3] 15, 179.
[5]) Verh. d. Physik. Ges. 13, 271 (1911) Zentr. (1911) 1, 1404.

Phosphorpentoxyd ist in allen Fällen, wo seine Verwendung möglich ist, das wirksamste Trockenmittel. Man hat gezeigt[1], daß ein Luftstrom in einem mit Phosphorpentoxyd und Glaswolle angefüllten Rohr von 2 cm Durchmesser und 8 cm Länge nicht mehr als 0,000025 mg Wasser pro Liter hindurchläßt, wenn der Gasstrom 3 Liter pro Stunde beträgt. Bei späteren Versuchen wurde annähernd 0,00002 mg Phosphorpentoxyd Dampf pro Liter von dem Gase mitgerissen, so daß das letztere, soweit dies bei diesen sehr feinen Versuchen nachzuweisen möglich gewesen ist, vollständig trocken ist.[2]

Das Phosphorpentoxyd des Handels enthält oft Phosphortrioxyd und mitunter freien Phosphor. Diese sind vor dem Gebrauch des Anhydrids durch Sublimation des letzteren im Sauerstoffstrom zu entfernen.[3] Hierzu empfiehlt Threlfall die Anwendung von platiniertem Asbest, Shenstone und Beck die Anwendung von Platinschwarz als katalytische Agenzien.

Fig. 7. Apparat zur Reinigung von P_2O_5.

Als Apparate kann man den in Fig. 7 dargestellten Apparat verwenden. Das zu sublimierende Phosphorpentoxyd wird in *A* untergebracht, während *B* locker mit Glaswolle oder Asbest aufgefüllt wird. Rohr *C* muß heiß gehalten werden, bis der übrige Teil des Apparates so weit abgekühlt ist, daß das Phosphorpentoxyd nicht länger sublimiert. Der Apparat kann aus gewöhnlichem Glas hergestellt werden, da die für die Sublimation erforderliche Temperatur nicht sehr hoch ist. Nach beendigter Sublimation kann das Rohr *C* abgeschnitten und dann nach Wunsch an irgend einen Teil des Reinigungsapparates geschmolzen werden. Rohr *C* ist mit einem Phosphorpentoxydrohr zu schützen und sorgfältig vor dem Eintritt feuchter Luft zu bewahren, da das durch die Feuchtigkeit flüssig gewordene Oxyd am Ende des Rohres leicht Feuchtigkeit an das Gas abgeben könnte. Neuere Untersuchungen im Laboratorium von Guye in Genf scheinen einwandfrei zu beweisen, daß man in Ermangelung sublimierten Phosphorpentoxyds einfach einen trockenen Sauerstoffstrom in das dasselbe enthaltende Rohr bei gewöhnlicher Temperatur 48 Stunden lang einleiten kann und es darauf in eben derselben Sauerstoffatmosphäre vier bis fünf Tage verschlossen beläßt.

Phosphorpentoxydrohre sollen schräg aufwärts oder senkrecht aufgestellt werden, damit das Gas darin aufwärts strömt. Anderenfalls würde die verflüssigte Metaphosphorsäure in das unveränderte Phosphorpentoxyd hinabrinnen und das Rohr verstopfen; für nicht große Mengen von Gasen können die Rohre horizontal angewendet werden.

Phosphorpentoxyd darf nicht zum Trocknen von Brom- oder Chlorwasserstoff verwendet werden, da es mit diesen Gasen unter Bildung von

[1] Morley, Am. J. Science [3] **34**, 199 (1887).
[2] Morley, J. Am. Ch. S. **26**, 1171 (1904); J. Chim. phys. **3**, 241 (1907).
[3] Noyes, Am. Ch. J. **12**, 454 (1890); Threlfall, Phil. Mag., Jan. 1894; Shenstone und Beck, J. Chem. Soc. **63**, 475 (1893).

flüchtigen Phosphorverbindungen reagiert.[1] Man kann beide Gase indessen mittelst konzentrierter Schwefelsäure trocknen.

Schließlich soll noch auf die oben bereits angedeutete Trockenart für Gase hingewiesen werden, die darin besteht, daß das Gas durch ein auf tiefe Temperaturen abgekühltes Schlangenrohr geleitet wird. Die anzuwendende Temperatur richtet sich naturgemäß nach dem Charakter des zu reinigenden Gases; mit anderen Worten, es lassen sich nur diejenigen Gase nach dieser Methode trocknen, die sich unterhalb -40^0 verflüssigen, mit Rücksicht auf die z. B. bei -20^0 noch merkliche Tension des Wassers. Weiter ist zu bemerken, daß diese Arbeitsweise nur dann wirksam ist, wenn das Gas kein Hydrat bildet, dessen Dampftension die des Wassers übersteigt, wie bereits VILLARD in seinen klassischen Untersuchungen über die Hydrate der Gase gezeigt hat.[2] An diese Methode sowie an die Ergebnisse, die sie zu erlangen gestattet, knüpfen sich noch weitere physikalische Reinigungsprozesse für Gase, mit denen wir uns nunmehr beschäftigen wollen.

Physikalische Reinigung der Gase.

Nachdem ein Gas auf chemischem Wege nach den vorstehenden Angaben, zwecks Entfernung der darin vorhandenen bekannten Verunreinigungen, gereinigt worden ist, kann man noch zu dem erst seit wenigen Jahren bekannten physikalischen Reinigungswege schreiten. Nur der letztere gestattet auch die unbekannten Verunreinigungen zu eliminieren oder solche, die bei der chemischen Reinigung in kleinen Mengen eingeführt worden sein können. Diese Methoden sind die fraktionierte Destillation und die fraktionierte Kristallisation.[3] Sie führen im allgemeinen zu ausgezeichneten Ergebnissen, außer, wenn das zu zerlegende Gas eine Mischung von konstantem Siedepunkt bildet (was die erste der genannten Methoden verhindert), oder falls isomorphe Kristalle oder feste Lösungen vorhanden sind (was die Anwendung der Methode der fraktionierten Kristallisation verbietet). Zwar sind diese Fälle ziemlich selten, indessen wird man, um ihren Einfluß vollständig auszuschalten, bei Untersuchungen großer Exaktheit Sorge tragen müssen, einem zu untersuchenden Gase erst dann einen bestimmten Reinheitsgrad zuzusprechen, wenn man sich durch zwei oder drei verschiedene Reaktionen davon überzeugt hat und diese verschiedenen Proben nach der chemischen und der physikalischen Reinigung auch dieselben charakteristischen Eigenschaften (normale Dichte, kritischer Punkt, vollständige Verflüssigung unter konstantem Druck bei einer gegebenen Temperatur) besitzen.

---

[1] BAILEY und FOWLER, Chem. N. 58, 22 (1888); BAXTER, HINES und FREVERT, J. Am. Ch. S. 28, 779 (1906).

[2] VILLARD, Ann. chim. phys. 1897, passim.

[3] Über die Wichtigkeit dieser neuen Methoden vgl.: GUYE, Z. phys. Chem. 69, 322 (1909).

Dies ist das allgemeine Prinzip der beiden Methoden. Betreffs Einzelheiten wird man sich zweckmäßig an die soeben erwähnten Publikationen wenden.[1]

a) Fraktionierte Destillation.

Der einfachste Apparat besteht zum mindesten aus zwei senkrechten Kölbchen *A* und *B* (Fig. 8, schematisch), die an ein horizontales Rohr *m n* montiert sind. Das zu reinigende Gas wird in *A* verflüssigt (je nachdem

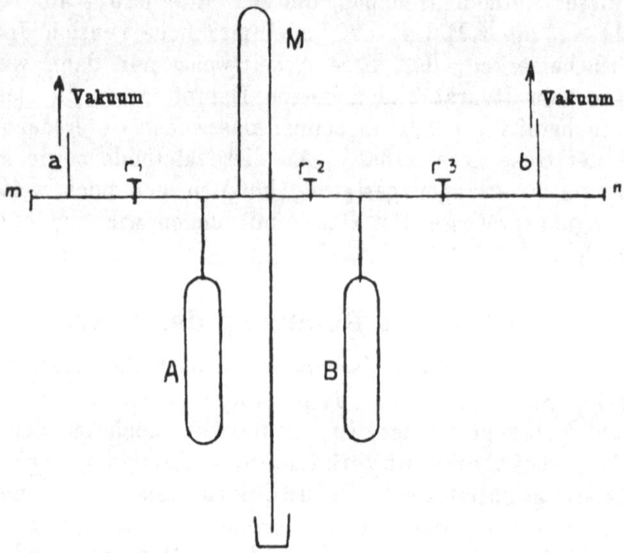

Fig. 8. Schema des Apparates zur fraktionierten Destillation.

mittelst fester Kohlensäure oder flüssiger Luft, die in einem Dewargefäß enthalten ist). Man läßt zunächst durch *a* die flüchtigsten Teile entweichen, schließt dann den Hahn r_1 und öffnet r_2, worauf man den größten Teil des Produktes in das Kölbchen *B* überführt, indem man dieses in das Kühlmittel, welches sich anfangs um *A* befindet, eintaucht, wobei man den Verlauf der Destillation an dem Quecksilbermanometer *M* verfolgt. Erst wenn diese fast beendigt ist, schließt man r_2 und öffnet von neuem r_1, um die weniger flüchtigen Produkte durch *a* entweichen zu lassen. Der Hauptanteil des Produktes befindet sich demnach in *B*. Durch Wiederholung derselben Operation mittelst der Hähne r_2 und r_3 und des Vakuumhahnes *b* läßt man nach *A* einen noch besser gereinigten Teil strömen und so fort. Drei bis fünf fraktionierte Destillationen genügen im allgemeinen, um ein ganz reines Gas zu erhalten.

b) Fraktionierte Kristallisation.

Die einfachste Vorrichtung besteht aus zwei Kölbchen *A* und *B* (Fig. 9), die miteinander in Verbindung stehen. Das verflüssigte Gas

[1] Vgl. Ph. A. Guye und seine Schüler, Mémoires de la S^{té} de Phys. et d'Hist. nat. de Genève **35**, 548, 694 (1908); G. Baume, J. Chim. phys. **6**, 29 (1908) etc. Vgl. auch M. W. Travers, Experiment. Untersuchungen von Gasen, Braunschweig 1905.

wird z. B. in A gesammelt und durch Abkühlen zum größten Teile zum Gefrieren gebracht. Der weniger reine, flüssig gebliebene Anteil wird dann in das Kölbchen B durch ein entsprechendes Neigen des ganzen Apparates übergeführt. Darauf schließt man den Hahn r_1, öffnet den Hahn r_2 und erwärmt das Kölbchen B gelinde (z. B. mittelst der Handwärme). Der flüssig gewordene Anteil wird auf diese Weise sehr schnell entfernt. Diese Operation kann mehrere Male wiederholt werden. Schließlich wird das reine Gas in den Apparat übergeführt, in dem es verwendet werden soll, oder in dem Kolben A aufgehoben. Im letzteren Falle kühlt man es auf sehr tiefe Temperatur ab, damit die Dampftension zu vernachlässigen ist, und schließt das Rohr bei a durch Verblasen mit dem Lötrohr.[1]

Diese beiden Apparate werden zweckmäßig vollständig in Glas verblasen hergestellt. Man erhält so zwischen den verschiedenen Teilen

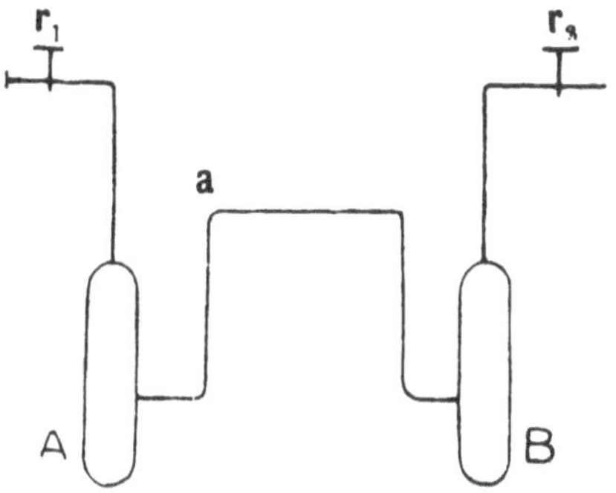

Fig. 9. Schema des Apparates zur fraktionierten Kristallisation.

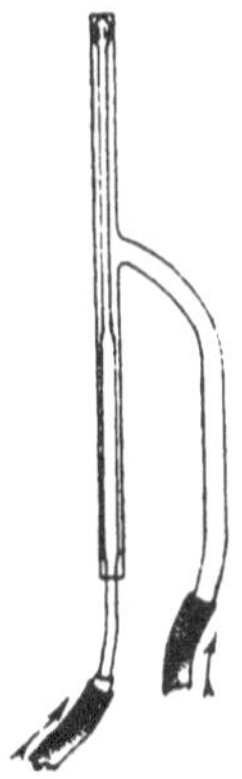

Fig. 10. Kleines Handgebläse.

eines Apparates weit bessere Verbindungen als bei den bisher angewendeten. Alles Wesentliche hierüber soll noch im folgenden Paragraphen wiedergegeben werden.

Die Verbindungen zwischen den Apparatteilen.[2]

Bei allen akkuraten Arbeiten mit Gasen muß auf die Verbindungen zwischen den einzelnen Apparatteilen besondere Sorgfalt verwendet werden. Kautschuk läßt Wasserstoff, Kohlendioxyd, Luft u. a. hindurch und gibt leicht auch eine Spur Feuchtigkeit ab.[3] Diese Schwierigkeiten können größtenteils umgangen werden, indem man die Gummiverbindungen mit Quecksilber bedeckt.[4] Besser ist es indessen, die Glasröhren, wo immer

[1] Vgl. Guye und Fluss, J. Chim. phys. 6, 732 (1908); die besten Formen sind neuerdings von Wourtzel beschrieben. E. Wourtzel, ebenda 11, 29 (1913) usw.

[2] Vgl. hierzu Stähler, Zusammensetzen von Apparaten (dieses Handbuch, Bd. I, S. 567ff.).

[3] Vgl. Bradley und Hale, J. Am. Chem. S. 30, 1096 (1908). Vgl. auch Bd. I, S. 583, 584.

[4] Siehe Bd. I, S. 613, 614.

dies möglich ist, miteinander zu verblasen. Bei geringer Übung fällt es nicht schwer, ziemlich komplizierte Apparaturen vollständig mit verblasenen Verbindungen herzustellen. Zur Ausführung solcher Lötungen ist ein kleines Handgebläse aus Glas praktisch. Eine aus Messing[1] hergestellte Form ist in der Fig. 10 wiedergegeben. Andere zweckmäßige Formen aus Metall können auch vom Händler bezogen werden.[2]

Die miteinander zu verblasenden Glasröhren sollen möglichst von nahezu derselben Zusammensetzung oder wenigstens annähernd demselben Ausdehnungskoeffizienten sein, anderenfalls bersten die Verbindungen beim Abkühlen. Nach dem Vorschlage eines Glasbläsers im Laboratorium von Professor Dixon in Manchester, kann man sich indessen helfen, wenn man gewöhnliches mit schwer schmelzbarem Glase verschmelzen will, indem man durch Zusammenschmelzen von Fäden von zwei verschiedenen

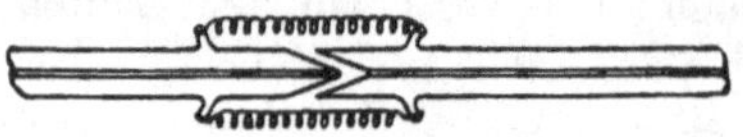

Fig. 11. Konischer Glasschliff (Müller, Bonn).

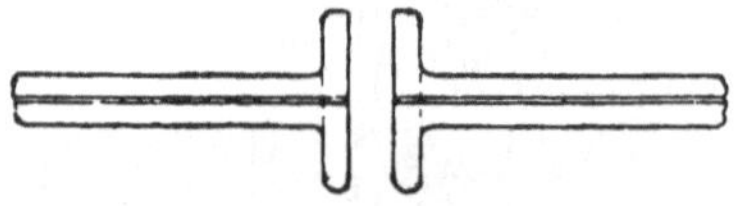

Fig. 12. Flacher Glasschliff (Müller, Bonn).

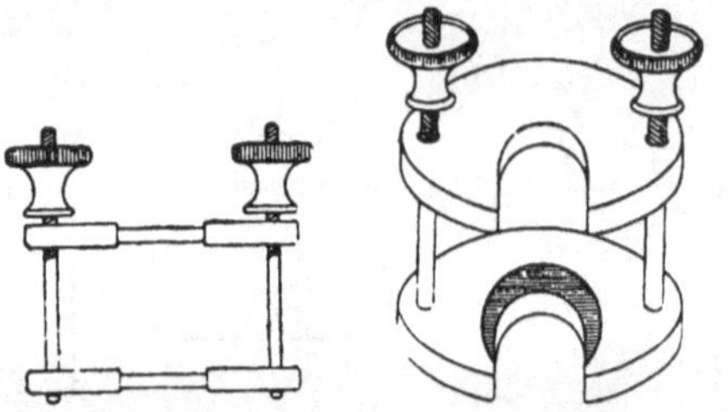

Fig. 13a. Fig. 13b. Schraubenklemmen für Flachschliffe (Thury und Amey, Genf).

Glassorten in wechselnden Mengenverhältnissen eine Reihe von einem Dutzend oder mehr Zwischengläsern herstellt. Man stellt dann ein Verbindungsstück von etwa 1 cm Länge zwischen den beiden miteinander zu verblasenden ungleichen Glassorten her, indem man ein passendes Kompositenglas anwendet. Starkglas kann man mit weichem Glas leicht verbinden, indem man gewöhnliches Email, wie es für das Einschmelzen von Platindraht angewendet wird, zwischen beide bringt.[3] (Ramsay).

Man kann auch Verbindungen zwischen Gläsern verschiedener Sorten in der Weise herstellen, daß man sie aufeinander einschleift und darauf zwischen die geschliffenen Flächen eine winzige Menge eines Zementes gießt, den man aus gleichen Teilen Terpentinöl und reinem Kautschuk zusammenschmilzt. Eine derartige Verbindung kann leicht durch gelindes Erwärmen getrennt werden. Zum Zwecke des Wägens säubert man die Teile zunächst mit einem Tuch zur Entfernung des größten Teiles des Zementes und entfernt den Rest durch mit Alkohol befeuchtete Watte.

In Genf wendet man zu demselben Zwecke die konischen (Fig. 11) und flachen (Fig. 12) Schliffe an.[4] Die in Fig. 12 dargestellte Form wird mittels einer Schraubenklemme spezieller Art (Fig. 13) zusammengehalten.

[1] Guye, Z. anorg. Ch. **64**, 23 (1909).
[2] Siehe auch Bd. I, S. 571, 572.
[3] Vgl. auch Bd. I S. 572.
[4] Vgl. auch Bd. I S. 581, Fig. 750. Z. anorg. Chem. **64**, 23 (1909).

Da diese Verbindungen von Federn zusammengehalten werden, kann man sie mittelst des weiter unten beschriebenen Hahndichtungsmittels dichten.[1] Diese Verbindungen erweisen sich als sehr nützlich, wenn man im Laufe einer Untersuchung, bei welcher es sich um Gasentwickelungen handelt, Apparate zu wägen hat.

Glashähne.

Die bei Gasuntersuchungen zu gebrauchenden Glashähne müssen exakt eingeschliffen und sehr sorgfältig gedichtet sein. Die meist angewendeten Formen sind in den Fig. 14a und 14b gegeben; sie werden von Müller in Bonn a. Rh., Leune, Chabot Berlemont in Paris usw. geliefert. Ein gutes Dichtungsmittel muß hinreichend zähe sein, um dem Druck einer Atmosphäre, mitunter stunden- oder selbst tagelang, zu widerstehen, und darf ferner keine merkliche Dampfspannung bei gewöhnlichen Temperaturen besitzen. Man kann ein solches Dichtungsmittel durch Zuschmelzen von sechzehn Teilen Vaseline, acht Teilen reinen Kautschuks und einem Teile Paraffins erhalten, indem man die Mischung mehrere Stunden lang

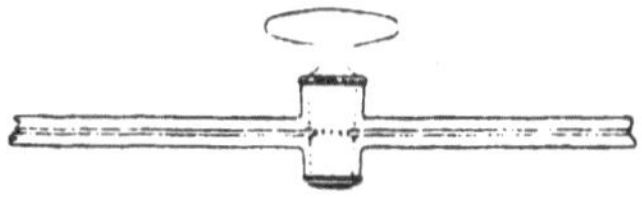

Fig. 14a.
Gerader Glashahn.

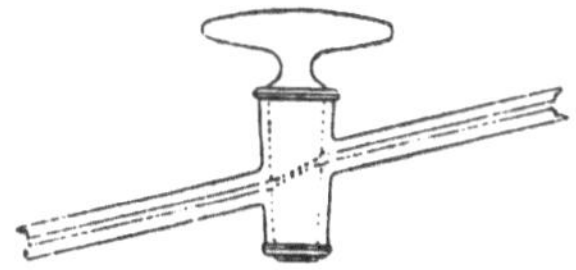

Fig. 14b. Schräg gebohrter Glashahn (Müller, Bonn).

erhitzt, bis sie durch und durch homogen geworden ist (Travers). Keyes hat neuerdings eine Mischung[2] vorgeschlagen, erhalten durch Hinzufügung von 18 g Guttapercha in kleinen Anteilen zu 26 g geschmolzenem Paraffin (vom Schmelzpunkt 70°) und Digerieren bei 150°, bis die Guttapercha gelöst ist. Darauf fügt man 20 g schweren Mineralöls hinzu und erwärmt das Ganze in einem Heizbad 4—5 Stunden bei 125—130°. Das Dichtungsmittel ist nur in geringer Menge auf das Hahnküken zu bringen. Letzteres wird dann in das Hahngehäuse eingedrückt und dann durch Drehen geprüft, ob die Flächen gleichmäßig bedeckt sind und keine Rillen aufweisen. Bei richtiger Schleifung und Dichtung soll ein Glashahn wochenlang ohne merklichen Gasdurchlaß dichthalten.[3]

Guye und Fluss[4] haben ein Dichtungsmittel hergestellt, daß gegen Nitrosylchlorid beständig ist, indem sie Chlor durch ein Gemisch von Stearin und Paraffin leiteten und darauf die Produkte längere Zeit im Vakuum erhitzten. Das ist jene allgemeine Methode zur Darstellung von Dichtungsmitteln, wie sie von Leduc in seinen klassischen Untersuchungen über die Gase[5] angegeben worden ist.

[1] Über Details vgl. Arch. Sc. phys. et. nat. Genève, **37**, 557 (1909).
[2] Keyes, J. Am. Ch. S. **31**, 1273 (1909).
[3] Vgl. J. Am. Ch. S. **29**. 1724 (1907).
[4] Guye u. Fluss, Z. anorg. Ch. **64**, 22 (1909). — J. chim. phys. **6**, 732 (1908).
[5] A. Leduc, Ann. chim phys. 7e Serie, **15**, 1897, passim.

Dixon[1] hat glasige Metaphosphorsäure als Dichtungsmittel für Hähne, die der Einwirkung von Chlor ausgesetzt sind, verwendet. Ebenderselbe hat auch einen Glashahn mit einem umgekehrten Konus vorgeschlagen, derart, daß das Küken durch Erhöhung des Gasdruckes dichter wird, anstatt herausgedrückt zu werden. Guye und Drouginine haben gleichfalls erfolgreich Phosphorsäure benutzt, wobei sie darlegten, daß diese Substanz nur dann nicht angewandt werden kann, wenn es sich um einen Apparat handelt, der gewogen werden muß. In letzterem Falle hilft folgender Kunstgriff: man dichtet mittelst Phosphorsäure nur den mittleren Teil des Hahnes, während man die äußeren Teile mit gewöhnlichem Fett (Kautschukgrundlage[2]) dichtet. Schließlich liefert in einigen Fällen auch zerriebener Graphit (als unfühlbares Pulver) ziemlich zufriedenstellende Resultate.

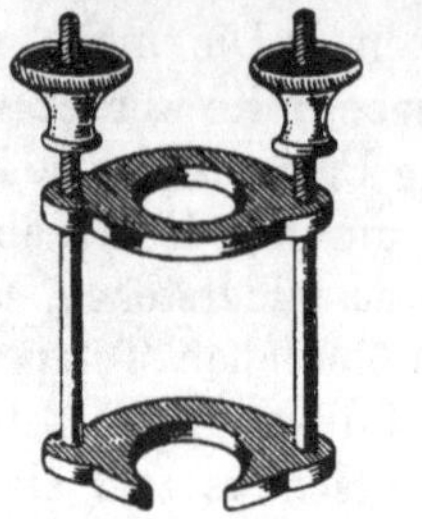

Fig. 15. Schraubenklemme für Glashähne (Thury und Amey, Genf).

Endlich sei daran erinnert, daß, wenn der Hahn Druck aushalten soll, man mit Erfolg eine von den genannten Forschern im Laufe ihrer Untersuchungen über das Stickstoffdioxyd angewandte Klemmschraube verwenden kann[3] (Fig. 13a und 13b). Will man überhaupt die Verwendung von Hähnen vermeiden, dann kann man nach Morley (s. vorige Seite) (vgl. auch Bd. I S. 607) Röhren verwenden, die eine verengte, durch ein wenig leicht schmelzbaren Metalles geschlossene Stelle besitzt. Durch Erwärmen des Rohres an dieser Stelle wird das Metall durch den auf dieser Seite vorhandenen Gasüberdruck vertrieben und stellt so die Verbindung her.

---

[1] Smithsonian contributions to knowledge Nr. 780 p. 71 (1895).

[2] Guye u. Drouginine, J. chim. phys. 8, 503 (1910).

[3] Ebenda p. 503; vgl. Boubnoff und Guye, ebenda 9, 294 (1911). G. Baume und F. L. Perrot, ebenda 11, 53 (1913) usw. Diese Klemmschrauben (nickeliert oder vergoldet) liefern Thury und Amey, Mechaniker in Genf.

Spezieller Teil.

Reindarstellung der Edelgase der Atmosphäre.

Von

Sir William Ramsay-London, K. C. B., F. R. S.

Überblick über die Edelgase.

Im Jahre 1894 entdeckten RAYLEIGH und RAMSAY in der Atmosphäre ein indifferentes Gas. Sie machten diese Entdeckung vermittelst einer Methode, die schon mehr als ein Jahrhundert früher CAVENDISH angewandt hatte, indem er bei Gegenwart von Ätzalkali elektrische Funken durch die Luft schlagen ließ, die mit einem Überschuß an Sauerstoff vermischt war. Hierbei wird der atmosphärische Stickstoff zu Stickstoffdioxyd NO_2 oxydiert; letzteres wird durch das Alkali absorbiert, indem sich ein Gemisch von Nitrit und Nitrat bildet. Der Überschuß an Sauerstoff wurde durch alkalisches Pyrogallol entfernt, der Rückstand bestand dann aus einem inerten Gas, welchem die Entdecker den Namen Argon gaben. RAMSAY schied zu gleicher Zeit den Stickstoff ab, indem er Luft, die vorher ihres Sauerstoffs durch heißes Kupfer beraubt worden war, über Magnesiumspäne leitete, die in einem Jenaer Hartglasrohr auf helle Rotglut erhitzt waren. Das zurückbleibende Gas zeigte dasselbe Spektrum und besaß ähnliche Eigenschaften wie das durch die andere Methode dargestellte, und ein gemeinsamer Bericht ihrer Untersuchungen wurde gegen Ende des Jahres 1894 der Royal Society mitgeteilt.[1] Der Gehalt der Luft an diesen Gasen wurde später sorgfältig von KELLAS[2] sowie von SCHLOESING[3] zu 0,934 % der angewandten Luft bestimmt.

RAYLEIGH und RAMSAY haben dann beide größere Mengen dieses inerten Gases hergestellt und seine physikalischen Eigenschaften bestimmt. Die Dichte war zu 19,95 (O = 16) gefunden und, da ferner das Verhältnis der spezifischen Wärmen bei konstantem Volumen und konstantem Druck 1,66 war, so haben sie geschlossen, daß sein Molekül identisch mit seinem Atom sei und das Gas daher als ein Element angesehen werden müßte. Es stellte sich heraus, daß man die Luft durch Diffusion an Argon anreichern konnte, da das dichtere Gas weniger schnell als der leichtere Rest durch porösen Ton (Tonröhren) hindurchdiffundierte. Ferner wurde gezeigt, daß die durch Auskochen von lufthaltigem Wasser erhaltenen Gase reicher an Argon als atmosphärische Luft waren, woraus hervorging, daß seine Löslichkeit darin verhältnismäßig hoch ist, etwa 4,5 Vol.-Proz.

Aus der Tatsache, daß die Dichte des Argons 19,95 (O = 16) beträgt und seine Molekel einatomig sind, folgt das Molekulargewicht 39,9. Dieses

---

[1] Phil. Trans. 1895, Bd. A **186**, 187.
[2] Proc. Roy. Soc. (1895) **59**, 66.
[3] C. r. **121**, 604.

ist höher als das Atomgewicht von Kalium (39,1) und nähert sich dem des Calciums (40,0). Es hatte daher den Anschein, als ob für das Argon im periodischen System kein Platz vorhanden wäre, und die natürliche Konsequenz war die Annahme, daß das rohe Argon ein Gemisch mehrerer chemisch inerter Gase sein müßte. Zur Entscheidung dieser Frage wurden nach verschiedenen Richtungen hin Versuche angestellt. Am zunächstliegenden war, die Trennung durch Herstellung von Verbindungen zu bewirken, die vielleicht Unterschiede in ihren Eigenschaften aufweisen könnten, falls das Argon aus verschiedenen Komponenten bestände. Indessen schlugen alle Versuche, derartige Verbindungen darzustellen, fehl. HILLEBRAND in Washington (U. St. A.) hatte einige Jahre vorher die Entdeckung gemacht, daß beim Erhitzen verschiedener Proben von Uraninit (allgemeiner Name für eine Klasse von Mineralien, die Uranium enthalten, unter welchen vielleicht die Pechblende der häufigste Vertreter ist) ein Gas entweicht, daß er nach seinen Eigenschaften für Stickstoff hielt. In der Hoffnung, daß es sich vielleicht um Argon gehandelt hätte und daß man dann zu einer Lösung der Frage, ob Verbindungen des letzteren möglich wären, gelangen könnte, sammelte RAMSAY daher das beim Kochen von Cleveït, einer Abart des Uraninits, mit verdünnter Schwefelsäure entweichende Gas und befreite es von Stickstoff und anderen beigemengten aktiven Gasen. Hierbei beobachtete er jedoch, daß das Spektrum vollständig von dem des Argons abwich; denn es hatte eine charakteristische, glänzend gelbe Linie und einige andere, an Helligkeit hinter dieser zurückstehende Linien. Die gelbe Linie war identisch mit einer schon früher von JANSSEN gelegentlich der Eklipse im Jahre 1868 im Sonnenspektrum beobachteten. Es waren zwar damals von FRANKLAND und LOCKYER Versuche angestellt worden, das Element, dem dieses Spektrum zukam, in irdischen Stoffen zu entdecken, diese waren aber vergeblich. Trotzdem nahmen diese Forscher an, daß das neue Spektrum einem auf der Sonne vorhandenen Element zukäme, und nannten das letztere daher Helium. Mit diesem Gase ist das in dem Uraninit enthaltene identisch. Es ist wie Argon träge und sein Molekül ist ebenfalls einatomig. Da seine Dichte zu annähernd 2 gefunden wurde, so ergibt sich sein Atom- und Molekulargewicht zu nahezu 4. Dieses Gas wurde unabhängig von LANGLET in CLEVES Laboratorium in Upsala etwas später entdeckt.

Das anomale Atomgewicht von Argon konnte nicht auf Rechnung eines etwaigen Gehaltes an diesem leichten Gase gesetzt werden, welches nächst Wasserstoff das leichteste bekannte Element ist. Indessen ist durch seine Entdeckung ein neuer Fingerzeig in dieser Frage gegeben worden. Bekanntlich ist die Differenz zwischen den Atomgewichten von Elementen ähnlicher Reihen im periodischen System annähernd 16, z. B. $Na - Li = 16$; $Al - B = 16,3$ usf. Nun ist die Differenz $A - He = 36$, eine Zahl, die zwar von 2×16 etwas abweicht, aber dennoch ungefähr von derselben Größenordnung ist. Es wurde daher angenommen, daß noch ein Element vom Atomgewicht 20 existieren könnte, ebenso wie solche von höheren Atomgewichten wie 82, 130 und 178. Bei der Betrachtung des periodischen Systems der Elemente, wo die Differenzen zwischen den Atomgewichten nahezu 48 betragen, mußte man nämlich annehmen, daß jene indifferenten Gase eine Gruppe für sich bilden müßten und zwar Glieder einer Reihe, welche die Halogene von den Alkalimetallen trennt. Das Atomgewicht 20 würde dann zwischen 19 (Fluor) und 23 (Natrium) fallen; das von Argon (40) zwischen 35,5 (Chlor) und 39,1 (Kalium); das Atomgewicht 82 zwischen 80 (Brom) und 85 (Rubidium), das von 130 zwischen 127 (Jod) und 133 (Caesium), und schließlich wäre ein Element mit dem Atomgewicht 178 oder selbst eines solchen mit 216 möglich (siehe S. 30).

Auf Grund dieser Erwägungen unternahmen RAMSAY und sein Assistent TRAVERS den Versuch, die fehlenden Gase zu entdecken. Sie forschten in Mineralien und Mineralwässern nach; die ersteren lieferten jedoch an edlen Gasen nur Helium und die letzteren nur ein Gemisch von Helium und Argon. Auch sieben Meteore wurden untersucht, aber nur in einer Probe wurde das Spektrum eines Argon-Heliumgemisches beobachtet. Man entschloß sich darauf, eine große Menge Argon herzustellen und letzteres mittelst flüssiger Luft zu verflüssigen, die gerade damals durch HAMPSON und LINDE auf den Markt gebracht wurde; und, während man Argon aus der Luft mittelst metallischen Magnesiums abscheidete, wurden Versuche zur fraktionierten Diffusion von Helium und Argon gemacht. Diese Versuche führten zu keinem positiven Resultat. Als man jedoch das erste halbe Liter flüssige Luft, das von Dr. HAMPSON geliefert worden war, nahezu zur Trockne abdunsten ließ und dann den Rückstand prüfte, beobachtete man ein neues, durch eine gelbe und eine grüne Linie charakterisiertes Spektrum, welches auf ein Gas zurückzuführen war, das dichter als Argon war und später den Namen Krypton erhielt. Kurz darauf wurden 15 Liter Argon verflüssigt. Die ersten aus der Flüssigkeit fortsiedenden Gasanteile zeigten wiederum ein neues Spektrum, in welchem die meisten Linien im Rot oder Orange lagen; diesem Gas wurde der Name Neon gegeben. Man ermittelte dessen Dichte zwischen der des Heliums und Argons und daraus das Atomgewicht zu 20. Endlich wurde das rohe Krypton durch wiederholte Destillation und Kondensation fraktioniert und ein kleiner Rückstand erhalten, der weniger flüchtig war als Krypton und ebenfalls ein charakteristisches Spektrum aufwies; man nannte dies Gas Xenon.

Daß kein leichteres Gas als Helium (außer einer Spur Wasserstoff) in der Luft vorhanden war, wurde durch Versuche von COATES[1] und WATSON[2] gezeigt, die eine größere Menge der leichten Bestandteile der Luft mittelst stark abgekühlter Holzkohle fraktionierten.

Ferner hat MOORE[3] den Beweis geliefert, daß die Wahrscheinlichkeit der Anwesenheit eines Gases, das schwerer als Xenon ist, in der Luft äußerst gering ist, indem er die Rückstände von 120 Tonnen Luft, die RAMSAY von CLAUDE zur Verfügung gestellt waren, prüfte.

[1] COATES, Proc. Roy. Soc. (1906) A 78, 479.
[2] WATSON, Proc. Roy. Soc. (1908) A 81, 181.
[3] MOORE, Proc. Roy. Soc. (1908) A 81, 1959.

Die radioaktiven Gase, die aus den Salzen des Radiums, Thoriums und Aktiniums entwickelt werden, sind ebenfalls als inert zu bezeichnen, da sie durch chemische Agentien nicht angegriffen werden bzw. keine Verbindungen bilden. Nach der Beobachtung von SCHMIDT, daß aus Thoriumsalzen beständig ein gasförmiges Produkt entweicht, untersuchten RUTHERFORD und SODDY derartige Substanzen und wiesen ihre gasförmige Natur nach, indem sie ihre Kondensierbarkeit beim Abkühlen zeigten. Diese Forscher schlugen auch den Namen „Emanation" zur Bezeichnung radioaktiver Gase vor. Diese Wahl erscheint aber etwas unglücklich; denn die Gase sind zweifellos Elemente, wenn auch nur unbeständige, und gehören in die Heliumreihe, da sie gegen andere Elemente (z. B. gegen Magnesium einerseits und gegen Sauerstoff oder Chlor andererseits) indifferent sind.

Die leichteste Methode zum Sammeln der radioaktiven Gase besteht darin, daß man sie aus der Lösung eines Radium-, Thorium- bzw. Aktiniumsalzes herauspumpt. Bis jetzt ist nur die Radiumemanation genauer untersucht, da sie verhältnismäßig beständig ist; ihre Halbierungskonstante beträgt nämlich 3,86 Tage, während die des Thoriums etwa 5 Minuten und die des Aktiniums nur wenige Sekunden beträgt, so daß man kaum die physikalischen Eigenschaften der letzteren beiden untersuchen kann.

Obiger Überblick deutet bereits die Art der Bedingungen an, unter denen man die genannten Gase voneinander trennen bzw. sie in reinem Zustande darstellen kann. Im folgenden sollen die erforderlichen Operationen etwas ausführlicher wiedergegeben werden.

Darstellung der Edelgase.

Helium. Das erste Ausgangsmaterial zur Heliumgewinnung war Cleveït, ein Silikat, Niobat und Tantalat der Cer-Metalle und des Uraniums. Helium wird zweifellos von den Emanationen des Radiums, Thoriums und Aktiniums entwickelt. RAMSAY und SODDY zeigten nämlich im Jahre 1903[1], daß beim Einschließen von Radiumemanation in ein Rohr allmählich das Heliumspektrum auftritt. RAMSAY und COLLIE[2] zeichneten die Veränderung des Spektrums der Radiumemanation auf und konnten eine allmähliche Verdrängung durch das Heliumspektrum nachweisen.

DEBIERNE zeigte ferner, daß die Aktiniumemanation ebenfalls in Helium übergeht.

RAMSAY hat am Thorium ähnliche Beobachtungen gemacht, konnte aber nicht vollständig den Nachweis führen, daß Helium ein Produkt der Thoriumemanation ist. Die Annahme ist aber sehr wahrscheinlich mit Rücksicht darauf, daß die ergiebigste Heliumquelle der Thorianit ist, ein in Würfeln kristallisierendes, auf Ceylon vorkommendes Mineral, und der Gehalt an Uran und demgemäß an Radium im Thorium sehr gering ist. Der Beweis ist später von STRUTT gegeben worden.[3]

---

[1] RAMSAY u. SODDY, Proc. Roy. Soc. (1903) **72**, 204; (1904) **73**, 346.
[2] RAMSAY u. COLLIE Proc. Roy. Soc. (1904) **73**, 470.
[3] STRUTT, Proc. Roy. Soc. (1909—10) **83 A**, 96 u. **84 A**, 379.

Das Mineral ist im wesentlichen Thoriumoxyd und liefert etwa 8—9 ccm Gas pro Gramm Mineral, während Uraninite nur sehr kleine Beträge geben, die von dem Gehalt an vorhandenem Uranoxyd abhängen, z. B. liefert 1 Gramm Cleveït nur 3 ccm Gas. Monazitsand, der in großen Massen zur Herstellung von Gasglühstrümpfen verwendet wird, liefert, obgleich er nicht viel Helium abgibt, zwar nur gegen 0,2—0,4 ccm pro Gramm; er könnte aber, falls Helium benötigt würde, ein bequemes Ausgangsmaterial hierfür abgeben mit Rücksicht auf die große Menge, die von diesem Material in der Industrie verbraucht wird.

Helium wird aus obigen Mineralien quantitativ nur dann entwickelt, wenn diese durch Auflösen in Säuren oder durch Schmelzen mit Alkalicarbonaten, -bichromaten oder -bisulfaten vollständig zersetzt werden. Durch Hitze allein kann man das Gas nie erschöpfend austreiben, dagegen genügt bei vielen Mineralien, z. B. Cleveït und Thorianit, Kochen mit verdünnter Schwefel- oder Salpetersäure, um das Helium auszutreiben. Wird diese Operation oder das Schmelzen mit Natriumbisulfat in einem verschlossenen Gefäß ausgeführt, so erhält man das Helium vermischt mit Luft. Besser ist es indessen, die Luft aus dem Gefäß vor dem Hinzufügen der Säure oder vor dem Erhitzen des Mineral-Bisulfatgemisches durch einen Kohlensäurestrom zu verdrängen. Empfehlenswert ist auch, das entwickelte Helium aus dem Gefäß auf ähnliche Weise zu entfernen und das Kohlendioxyd in einem Natronkalkturm oder durch Ätzkali zu absorbieren.

Die Reinigung des rohen Heliums wird am leichtesten ausgeführt, indem man es durch ein zylindrisches Gefäß schickt, das wie eine Spritzflasche angeordnet und mit aus Kokosnußschalen bereiteter Holzkohle angefüllt ist. Es wird durch Eintauchen in flüssige Luft auf -185^0 abgekühlt. Das in einem Gasbehälter über Wasser vorhandene Gas soll zur Kontrolle des Stroms durch eine kleine Waschvorrichtung hindurchperlen, die konzentrierte Schwefelsäure enthält. Man läßt die Gase zum Trocknen durch ein mit Phosphorpentoxyd gefülltes Rohr, danach langsam durch die gekühlte Holzkohle gehen; alle Gase, außer Wasserstoff und Neon, werden darin absorbiert. Neon ist nun kein Begleiter des Heliums, wenn man Mineralien als Ausgangsmaterial genommen hat. Die einzigen fremden Gase dieser Reihe, die eventuell vorhanden sein könnten, können daher Spuren von Argon und Krypton sein, und diese werden durch die Holzkohle zurückgehalten. Es ist nicht ratsam, die Darstellung reinen Heliums aus Luft zu versuchen; denn seine Befreiung von Neon verursacht eine mühsame Fraktionierung, und bis heute ist auf diesem Wege eine vollständige Trennung noch nicht erzielt worden. Wasserstoff kann man am besten auf dem üblichen Wege durch rotglühendes Kupferoxyd entfernen.

Wenn es auch besser und leichter ist, bei dem Aufbau der Apparatur zur Herstellung reiner Gase verschmolzene Glasverbindungen zu verwenden, so ist dies doch nicht unbedingt notwendig. Dicker Gummidruckschlauch, mit Draht gut befestigt, ist kaum durchlässig, wenigstens nicht in der Zeit, die für derartige Operationen in Betracht kommt. Zur Feststellung der **Reinheit** einer Heliumprobe kann man die Dichte bestimmen, die niemals größer als 1,98 (O = 16) sein soll. Auch eine Photographie des Spektrums könnte hierzu dienen, aber sie verlangt eine vielstündige Exposition, um die Linien fremder Elemente wiederzugeben, wenn solche nur in geringer Quantität zugegen sind.

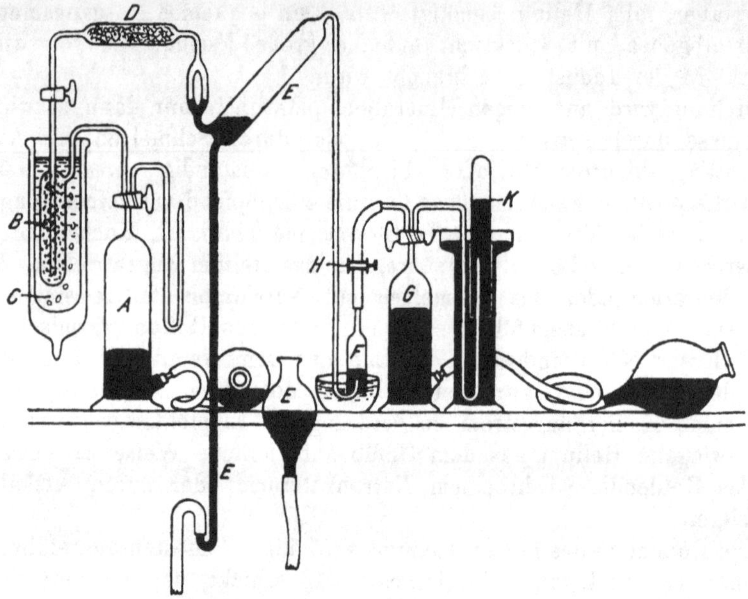

Fig. 16. Reindarstellung von Helium oder Neon durch Abkühlung mittelst flüssiger Luft und Holzkohle.

Erläuterung. *A*: Behälter des unreinen Gases. *B*: Zylinder mit Kokosnußkohle (etwa 50—100 g). *C*: Flüssige Luft. *D*: Phosphorpentoxyd. *E*: Modifizierte Antropoff-Töplerpumpe. *F*: Auffangrohr für das Gas, welches durch Öffnen des Quetschhahnes *H* nach dem Behälter *G* und vermittelst des Glashahnes *J* nach dem Auffangrohr *K* übergeführt werden kann.

Neon. Das einzige praktische Ausgangsmaterial für Neon ist die atmosphärische Luft, welche 0,0124 Volum-Prozent, d. h. 1,24 : 100000 Teilen davon enthält. Es gibt zwei Wege zur Reindarstellung des Gases. Die erste von Ramsay und Travers und später von Coates angewandte Methode besteht darin, die entspannten Gase bei einem Druck von 2 Atmosphären aus dem Hampsonschen Luftverflüssiger in einen durch flüssige Luft, die unter niedrigem Druck siedet, gekühlten Kolben zu bringen. Diese Gase, aus denen die dichten Anteile zu einem gewissen Grade entfernt sind, bestehen hauptsächlich aus Stickstoff, Helium, Neon und Wasserstoff. Hat man auf diese Weise etwa 200 ccm der Flüssigkeit gesammelt, so läßt man einen Teil (etwa 10 ccm) fortsieden, indem man das eintretende Gas durch die Flüssigkeit streichen und in ein Gasometer entweichen läßt. Die übrigbleibende Flüssigkeit wird in das doppelwandige Gefäß gebracht und dient zum Abkühlen des Kolbens für eine zweite Operation (Fig. 17).

Die angesammelten leichten Gase werden durch gekühlte Holzkohle geleitet, wie dies bereits oben für Helium beschrieben wurde. Die Trennung des Neons von Helium in reinem Zustande ist ohne Verwendung flüssigen Wasserstoffes nicht leicht. Steht solcher zur Verfügung, so kann man durch

Beschreibung. Fig. 17 zeigt eine bequeme Anordnung dieser Apparatur. Das aus dem Hampsonschen Luftverflüssiger kommende Gas betritt das Rohr 1 mit einem Drucke von etwa 2 Atmosphären, wobei der Glashahn 2 geschlossen bleibt. Die flüssige Luft in 3 siedet unter vermindertem Druck; denn das Ausflußrohr 4 steht mittels eines Bleirohres mit einer Fleußpumpe in Verbindung. Die Gase werden in 5 flüssig und füllen das Gefäß langsam an. In demselben Maße, wie die Luft verdampft, wird sie nach Öffnen des Quetschhahnes 6 durch Nachsaugen ersetzt. Nachdem eine genügende Menge Gas kondensiert worden ist, wird der Hahn 1 geschlossen und Hahn 2, der mit einem Gasometer in Verbindung steht, wie allmählich Quetschhahn 7 geöffnet. Es streicht dann Luft durch die Flüssigkeit und die leichteren Anteile verdampfen in das Gasometer. Wenn sich 3 oder 4 Liter angesammelt haben, werden die Hähne 2 und 7 geschlossen und 1 und 8 geöffnet. Die in 5 zurückbleibende Flüssigkeit wird dann durch das Rohr 9 in das Außengefäß 3 übergetrieben und dient zum Ersatz der darin vorhandenen flüssigen Luft. Man wiederholt die Operation, bis etwa 20 Liter der leichten Stoffe gesammelt worden sind.

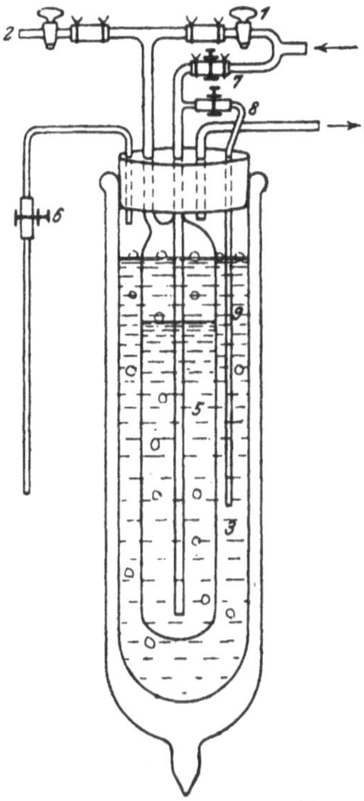

Fig. 17. Abscheidung von Neon (und Helium) aus Luft.

Einleiten des Gasgemisches in einen mit flüssigem Wasserstoff abgekühlten Kolben, der bei 20,5° absoluter Temperatur siedet, das Neon vollständig absorbieren, während das Helium gasförmig zurückbleibt. Das letztere entfernt man durch Auspumpen. Eine kleinere Quantität Neon wird hierbei mitgerissen, denn der Dampfdruck beträgt bei 20.5° absol. etwa 18 mm. Dieser Verlust ist aber nur gering, denn sobald der Druck bei dieser Temperatur konstant geworden ist, besteht der Rückstand aus reinem Neon, welches mittels der Pumpe abgesaugt werden kann.

Die zweite Methode zur Darstellung von Neon ist von Claude angegeben worden; sie kann hinreichend aus Fig. 18 und der daneben stehenden Beschreibung ersehen werden.

Falls flüssiger Wasserstoff nicht zur Verfügung stehen sollte, so kann man reines Neon auch mittelst stark gekühlter Holzkohle darstellen. Dieses Material absorbiert bei − 185°, dem annähernden Siedepunkt von flüssiger Luft, ein beträchtliches Volumen Neon unter atmosphärischem Druck. Mehr wird absorbiert, wenn man die flüssige Luft bei noch tieferer Temperatur sieden läßt. Dies kann man mittels einer Fleußpumpe erzielen, wobei man die doppelwandigen Gefäße mit dicht passenden, dreimal durchbohrten Gummistopfen verschließt. Die eine Durchbohrung verbindet man

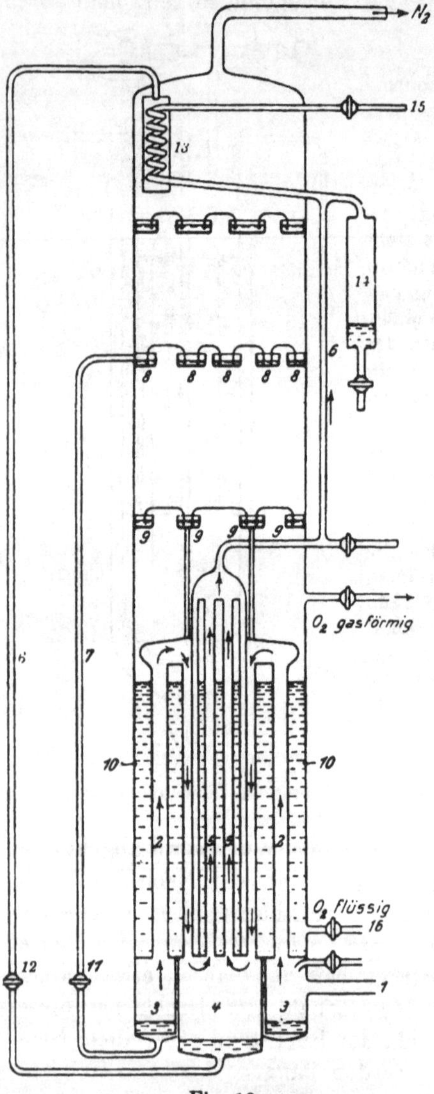

Fig. 18.
CLAUDES Apparat zur Konzentration von Helium, Neon und Wasserstoff aus der Luft.

Beschreibung. Fig. 18. Bei 1 tritt die komprimierte Luft ein. Beim Aufsteigen durch die Rohre 2,2 kondensiert sich ein Gemisch von halb Sauerstoff und halb Stickstoff, und dieser flüssige Anteil fließt nach 3,3 zurück. Der gasförmige Teil, nur wenig Sauerstoff enthaltend, gelangt nach 4. Beim Aufsteigen in den Rohren 5,5 kondensiert sich fast reiner Stickstoff, der ebenfalls nach 4 zurückfließt. Der gasförmige, aus unkondensiertem Stickstoff, Neon und Wasserstoff bestehende Anteil steigt im Rohr 6 auf. Die 50%ige, in 3 kondensierte Flüssigkeit gelangt in das Rohr 7, sobald der Hahn 11 langsam geöffnet wird, streicht dann durch die Schälchen 8 und 9, und sammelt sich in dem Behälter 10 an, außerhalb der Rohre 2 und 5. Diese Flüssigkeit wird durch die bei der Verdichtung der komprimierten Luft in 2 und 5 entwickelte Wärme verdampft. Sie besteht anfangs aus Stickstoff und Sauerstoff. Wenn die Gase jedoch aufsteigen, so begegnen sie der aus 8 und 9 herabtropfenden Flüssigkeit. Es tritt eine Fraktionierung ein und der leichtere Stickstoff steigt empor, während der höher siedende Sauerstoff nach 10 zurückkehrt. In ähnlicher Weise strömt der in 4 nach Öffnen des Hahnes 12 kondensierte Stickstoff im Rohr aufwärts und fließt in das offene Gefäß 13. Die der Kondensation in dem Rohre 5 entgangenen Gase gelangen durch 6 nach der in 13 eingetauchten Kühlschlange, wo größtenteils Stickstoff kondensiert wird, der sich schließlich in 14 und 4 ansammelt, während Helium, Neon und Wasserstoff und etwas Stickstoff durch 15 entweichen und in einem Gasometer zwecks weiterer Behandlung gesammelt werden können.

mit dem Vakuum der Fleußpumpe, die zweite mit dem Zuleitungsrohr des gekühlten, mit Holzkohle beschickten Kolbens; in die dritte wird ein heberartig gebogenes Rohr eingeführt, welches dazu dient, frische Luft im Bedarfsfalle zuzulassen. Das letztere Rohr wird zweckmäßig mit einem Messing- oder Stahlhahn verschlossen, da ein Gummischlauch bei dieser

Kälte so hart wird, daß man ihn nicht öffnen kann, und ein ungefetteter Glashahn nicht dicht ist, bzw. wenn gefettet, nicht gedreht werden kann, da das Fett gefriert. Die bei einem derartigen Vakuum siedende flüssige Luft hat etwa die Temperatur -205^{0}; auch bei dieser Temperatur wird nur eine Spur Helium, wohl aber eine beträchtliche Menge Neon absorbiert.

Die Holzkohle kann nach Erreichung der Sättigung mit einer Töplerpumpe verbunden und die Hauptmenge des Heliums fortgepumpt werden. Man muß aber daran denken, daß bei zu lange fortgesetztem Pumpen auch Neon weggeht. Man begnüge sich daher zunächst mit einer teilweisen Trennung und wiederhole den Prozeß lieber, bis eine gewisse Menge reinen Neons sich angesammelt hat. Helium ist, wie bereits erwähnt, bei diesem Prozeß nur schwierig von Neon zu befreien.

Der Reinheitsgrad des Neons kann wie der des Heliums am besten durch Bestimmung der Dichte festgestellt werden. Kürzlich ausgeführte Bestimmungen von Watson, bei denen diese Methode zur Trennung der Gase aus von Claude zur Verfügung gestelltem Gemisch angewendet wurde, haben die Dichte des reinen Neons zu 10,02 ($O = 16$) ergeben.

Argon. Atmosphärisches Argon enthält, wie bereits erwähnt, alle seine Begleiter. Von Helium und Neon kann es leicht durch Absorption in gekühlter Holzkohle befreit werden. Diese Gase können bei -185^{0} fortgepumpt werden, bei welcher Temperatur nur eine Spur Argon die Holzkohle verläßt. Von Krypton und Xenon läßt es sich vollständig nur nach einer mühsamen Reihe Fraktionierungen befreien. Ein Beispiel hierfür soll im Abschnitt „Krypton" geliefert werden. Für praktische Zwecke kann indessen die Anwesenheit der Begleiter des Argons vernachlässigt werden, mit Rücksicht auf den winzigen Gehalt daran. Die Dichte des gereinigten Argons ist von Ramsay und Travers zu 19,96 ($O = 16$) bestimmt worden an Stelle von 19,94, welcher Wert für das Rohgas gefunden wurde. Diese Abweichung trat nach Entfernung des Heliums und Neons, den wichtigsten Verunreinigungen im Rohargon, ein.

Krypton und Xenon. Ramsay und Travers haben diese Gase, wie bereits erwähnt, zuerst dargestellt, indem sie flüssige Luft verdunsten ließen und die Rückstände ansammelten, bzw. solche verwandten, die vorher zu Abkühlungszwecken gedient hatte. Später hat Ramsay etwa 13 kg flüssige Luft in einem großen Glasballon verdampft und die Rückstände gesammelt und gereinigt. Die so erhaltene Menge war indessen nicht groß, nur etwa 10 ccm Krypton und 3 ccm Xenon wurden bei dieser Operation gewonnen. Eine weit größere Menge wurde von Moore in Ramsays Laboratorium dargestellt, indem er die bei der Darstellung des Sauerstoffs des Handels mittelst der Claudeschen Maschine verbleibenden Rückstände benutzte (vgl. Fig. 18).

Beschreibung zu Fig. 18. Man sieht am Kopfe der Zeichnung, daß nahezu reiner Stickstoff am oberen Rohr (N_2 15) des Apparates entweicht, während der Sauerstoff aus der Flüssigkeit bei 3 gesammelt werden kann, indem man den Hahn des mit O_2 flüssig (16) bezeichneten Rohres öffnet.

In großem Maßstabe werden in Boulogne bei Paris über 100 Tonnen Luft jede Woche als Ausgangsmaterial für Sauerstoff aufgearbeitet; die Operationen werden über Sonntag unterbrochen. Es liegt auf der Hand, daß alle dichteren Bestandteile der Luft sich in 10 ansammeln und die Rückstände besonders reich an Krypton und noch mehr an Xenon sein müssen; denn bei der Temperatur der flüssigen Luft hat Krypton einen Dampfdruck von etwa 14—15 mm Quecksilber, während der des Xenons nicht mehr als $^1/_{10}$ mm beträgt. Die 4 oder 5 Liter Flüssigkeit, die nach einem einwöchigen Betriebe zurückblieben, wurden in ein großes doppelwandiges Gefäß gebracht und die entweichenden Gase durch eine kleine Menge flüssiger Luft geleitet, die in einem $^1/_2$-Liter-Vakuumgefäß enthalten war. Krypton und Xenon sammelten sich daher sowohl in dem 5-Litergefäß als auch in dem kleineren an, sie waren indessen mit einer beträchtlichen Menge Petroleum verunreinigt, welches aus dem Dichtungsmittel stammte, daß beim Claudeschen Luftverflüssigungsprozeß gebraucht wird, bevor die Luft dort die Auswechselgefäße erreicht.

Die Gase wurden aus obigen Gefäßen in gewöhnliche Weinflaschen gefüllt und nach London in das Ramsaysche Laboratorium gesandt. Zur Entfernung größerer, stets darin vorhandener Mengen Sauerstoff wurden hier die Gase über Phosphor geleitet, der in einem durch Eintauchen in Wasser von 50° erwärmten Glaskolben enthalten war. Der Gasstrom wurde so reguliert, daß eine konstante kleine Flamme sichtbar blieb, wenn die Gase auf die Oberfläche des Phosphors gerieten, von welchem etwa 2 kg verwandt wurden. Das nicht absorbierte Gas wurde in Glasbehältern angesammelt und bestand größtenteils aus Stickstoff und Argon, vermischt mit Petroleumdämpfen. Das Petroleum konnte nur mit großer Schwierigkeit oxydiert werden, indem man die Gase wie üblich über rotglühendes Kupferoxyd leitete und das reduzierte Kupfer jedesmal wieder oxydierte. Der Stickstoff wurde entfernt, indem man das Gas durch Hartglasröhren leitete, die mit einem Gemisch von gleichen Mengen Magnesiumpulver und ungelöschtem Kalk nach dem Vorschlag von Maquenne[1] beschickt waren. Dieses Absorptionsmittel ist das geeignetste für Stickstoff. Die Absorption geht bei niedriger Rotglut vor sich, und der Fortgang kann an einem leuchtenden Ringe erkannt werden, der langsam das Rohr durchzieht. Der Rückstand an Edelgasen wird darauf der methodischen Fraktionierung unterworfen, von welcher hier ein ausführliches Beispiel gegeben werden soll.

Die Gase werden verflüssigt, indem man sie nach dem Trocknen mit Phosphorpentoxyd in einen durch flüssige Luft gekühlten Kolben einleitet, der mit einer Töplerpumpe in Verbindung steht. Die folgende Beschreibung schließt sich eng an Ramsay und Travers: „Argon und seine Begleiter" an (vgl. d.).

Dieses Verfahren kann allgemein auf derartige Operationen übertragen werden.

---

[1] C. r. **121**, 1147 (1895).

Schema. Das Ausgangsgas ist 1, die übrigbleibenden Zahlen geben die fortgepumpten bzw. zurückbleibenden Fraktionen wieder, die eingeklammerten Zahlen die argonreichen Anteile.

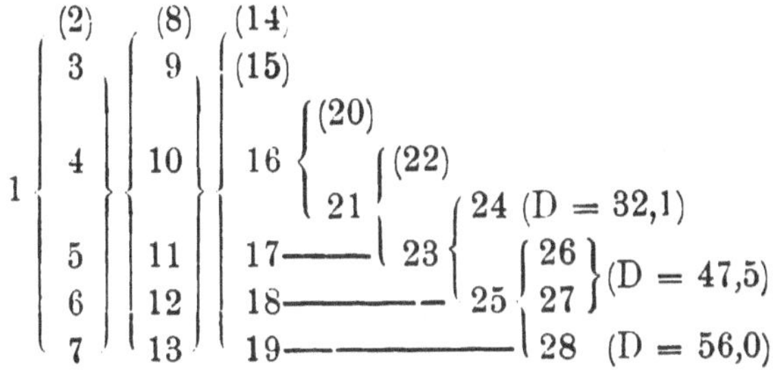

Die Dichte des Kryptons ist 41,6, die des Xenons 65,1 (Sauerstoff = 16). Nach diesen Operationen findet man, daß Fraktion 24 immer noch viel

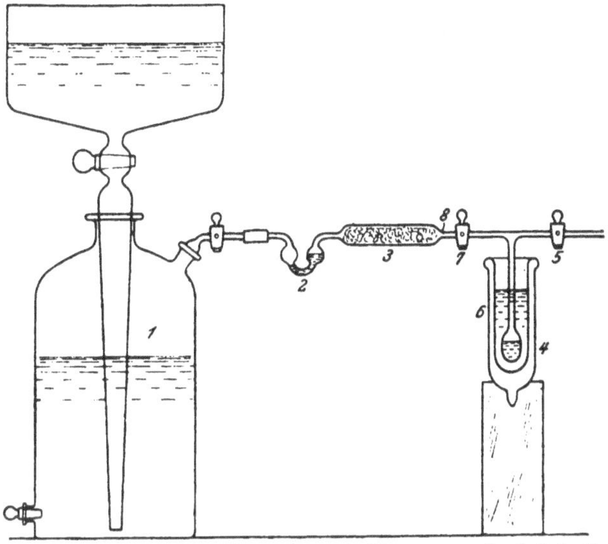

Fig. 19. Abscheidung von Krypton und Xenon aus Luftrückständen.

Beschreibung. Fig. 19.[1] 1 ist ein Wassergasometer, das die dichteren Rückstände der Luft enthält. Die Geschwindigkeit des Luftstromes kann man an den Gasblasen erkennen, die in 2 durch konzentrierte Schwefelsäure aufsteigen. Das Gas wird vollständig in dem mit Phosphorpentoxyd beschickten Rohre 3 getrocknet und gelangt dann in den Kolben 4, wo das Argon und zugleich mit diesem Krypton und Xenon kondensiert werden. Wenn das gesamte Gas sich verflüssigt hat, wird die flüssige Luft in dem Vakuumgefäß 6 teilweise entfernt. Das Argon siedet in das Gasometer zurück, während der größere Anteil an Krypton und Xenon im Kolben 4 zurückbleiben. Hahn 7 wird jetzt geschlossen und 5 geöffnet, welch letzterer mit einer Töplerpumpe in Verbindung steht, mittelst der die Gase abgesaugt werden. Sobald die größte Menge Argon auf diesem Wege entfernt ist, wird das Rohr bei 8 durchgeschnitten und an ein Quecksilbergasometer geschmolzen (wie bei *A* in Fig. 16). Das doppelwandige Gefäß wird mit gekühltem Pentan beschickt. Krypton und Xenon werden darauf voneinander nach der Beschreibung im Text getrennt.

[1] Phil. Trans. **197** A, 41 (1901).

Argon enthält, daß 26 + 27 etwas Xenon aufweisen und die Dichte der Fraktion 28 auf einen großen Gehalt an Xenon hindeutet.

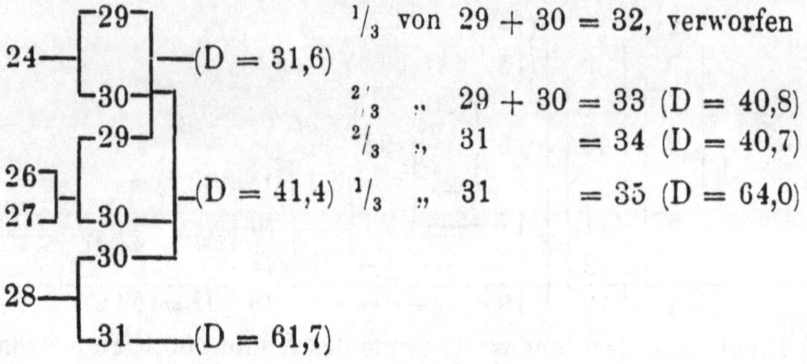

Die Fraktionierungen wurden nach obigem Schema fortgesetzt und es soll darauf hingewiesen werden, daß 33 und 34 ungefähr dieselbe Dichte besaßen, obgleich 33 von Argon befreit, 34 jedoch von Xenon befreit worden war. Sie wurden daher als im wesentlichen gleich zusammengesetzt betrachtet.

Der von Moore eingeschlagene Weg, welcher mit weit größeren Mengen arbeitete, war folgender: Das Gasgemisch wurde zunächst in einen durch flüssige Luft abgekühlten Kolben verflüssigt. Man ließ dann einen großen Teil der Flüssigkeit in den Glasbehälter zurücksieden, aus dem sie abgelassen worden war, indem man den Druck gelinde erniedrigte. Dieser Anteil bestand hauptsächlich aus Argon. Er wurde darauf wieder verflüssigt und dieselbe Operation mehrere Male wiederholt. Auf diese Weise wurde der größere Teil an Krypton und Xenon entfernt. Das Gefäß wurde darauf durch Eintauchen in ein auf -130^0 gebrachtes Pentanbad abgekühlt. Bei dieser Temperatur ist der Dampfdruck des Xenons so niedrig, daß beim Erzeugen eines Vakuums nur eine sehr langsame Verdampfung eintritt, während der des Kryptons so hoch ist, daß der größte Teil davon leicht fortgepumpt werden kann. Der Prozeß wurde immer von neuem wiederholt, bis die Dichte zeigte, daß die Gase rein waren. Bei diesem Arbeitsgang wurde die Beobachtung gemacht, daß das flüssige Xenon Krypton zurückhält, von welchem man es nur durch mehrmaliges Vergasen und Kondensieren befreien kann. Dasselbe gilt für Krypton, das in ähnlicher Weise von Argon befreit werden muß.

Die Prozentgehalte der Luft an diesen Gasen sind folgende:

	Volumen.	Gewicht.
Argon .	0,93236	1,29
Neon . .	0,00124	0,000854
Helium .	0,000408	0,0000558
Krypton .	0,0000049	0,0000141
Xenon .	0,00000059	0,00000266

Die Volumprozente im Rohargon sind annähernd folgende:

	Volumen.
Argon	99,8189
Neon	0,1316
Helium	0,0437
Krypton	0,0052
Xenon	0,0006
	100,0000

Oder, wenn die Dezimalpunkte fortgelassen werden, die anwesenden Teile pro Million.

Die Emanationen des Radiums und Thoriums.

Auch diese Gase sind in winzigen Spuren in der Atmosphäre vorhanden, man kann sie jedoch nicht daraus abscheiden. Ihre Anwesenheit darin ist nur durch indirekte Methoden nachweisbar. Sie werden von den Elementen erzeugt, deren Namen sie tragen.

Die Elemente Thorium und Uranium sind bekanntlich unbeständig und unterliegen einem fortwährenden Zerfall („Desintegration"), und gerade wie eine Verbindung veranlaßt werden kann, die Elemente zu liefern, aus denen sie besteht, so verwandeln sich diese sogenannten Elemente von selbst in andere Stoffe. Bei allen derartigen Substanzen gründet sich die Bezeichnung Element nur auf die Tatsache, daß einige von ihnen Salze bilden und jene Eigenschaften aufweisen, die man gewöhnlich an das Wort „Element" knüpft. Der erwähnte Zerfall ist jedoch in der Regel (zum mindesten in einigen Fällen, vielleicht in allen) mit einem ungewöhnlich großen Energieverlust verbunden, sehr oft auch mit elektrischen Erscheinungen.

Wir wollen zuerst die Thoriumemanation betrachten. Das Element Thorium hat zwar nur einen geringen Anteil am Aufbau der Erdrinde, ist aber dennoch ziemlich weit verbreitet. Das Atomgewicht 232 ist eins der höchsten. Man weiß, daß Thoriumverbindungen (Oxyd, seine Salze ganz allgemein) sich allmählich in Radiothorium verwandeln, dessen Oxyd eine weiße, erdige Substanz ist, die in ihren allgemeinen Eigenschaften dem Thoriumoxyd gleicht und zwar so nahe, daß die Trennung beider äußerst schwierig ist. Ob die Verwandlung des Thoriums in Radiothorium von elektrischen Erscheinungen begleitet ist, weiß man nicht. Dies ist indessen nicht unwahrscheinlich, mit Rücksicht darauf, daß Thormineralien unterschiedslos inkludiertes Helium enthalten, und dieses Gas, wie gefunden wurde, ein Produkt der Umwandlung von Thorium in Radiothorium ist. Radiothorium ist seinerseits nicht beständig, sondern unterliegt selbst einem Zerfall in eine Substanz, die den Namen Thorium X hat, und letztere gibt wiederum — ebenfalls wahrscheinlich unter Begleitung von Helium — ein Gas ab, welches Thoriumemanation genannt wird. Letztere hat nun eine sehr kurze Lebensdauer. In weniger als 5 Minuten hat die Hälfte davon sich schon in eine Substanz Thorium A verwandelt, einen festen Stoff, welcher selbst einer ähnlichen Verwandlung unterliegt.

Während der Verwandlung von Thorium X in die Emanation werden „Strahlen", welche die Luft zu ionisieren imstande sind, und wahrscheinlich kleine, mit großer Geschwindigkeit sich fortpflanzende Teilchen sind, ausgesandt. Der Grad, bis zu welchem derartig ionisierte Luft ein Elektroskop entladet, kann gemessen und daraus der Gehalt der Luft an Thoriumemanation bestimmt werden. Wenn wir der Einfachheit halber annehmen, daß die Lebensdauer der Thoriumemanation 5 Minuten beträgt, dann ist in dieser Zeit die Hälfte verwandelt und die andere Hälfte zurückgeblieben. Von der zurückbleibenden Hälfte bleibt nach 10 Minuten nur noch die Hälfte, d. h. $^1/_4$ des ursprünglichen Betrages übrig, nach 15 Minuten nur $^1/_8$, nach 20 Minuten $^1/_{16}$ und so fort, daher ist nach 1 Stunde die ursprüngliche Menge Emanation auf $^1/_{4000}$ zusammengeschrumpft. Die oben erwähnte Entladungswirkung der Luft, in welcher dieses Gas vorhanden ist, wird dann ebenfalls auf $^1/_{4000}$ des Originalbetrages gesunken sein. Dieser kleine Bruchteil ist zu vernachlässigen und demgemäß kann man durch Messung der Abnahme der ursprünglichen Entladungskraft die Anfangskonzentration der Thoremanation erkennen. Man hat sie in Höhlen und in der Luft, unmittelbar über dem Boden entdeckt; offenbar würde sie wegen der Kürze ihrer Lebensdauer nicht sehr weit oberhalb des Erdbodens existieren können.

Wie oben erwähnt, kann die Thoriumemanation durch eine mit flüssiger Luft gekühlte Schlange kondensiert werden, voraussichtlich wird sie darin fest, und ihr Dampfdruck wird so klein, daß man sie nicht mehr entdecken kann.

Niton oder Radiumemanation.[1]

Der Werdegang dieses Elementes ist folgendermaßen: Das Element Uranium, das z. B. in Form des Oxyds U_3O_8 den Hauptbestandteil der Pechblende ausmacht, unterliegt einer langsamen Verwandlung, die sich auf Millionen von Jahren erstreckt, in ein Element, dessen Existenz von Boltwood angenommen wurde und das den Namen Jonium erhalten hat.[2] Dieses Element ist indessen nur ein Übergangsstadium eines weiteren Umwandlungsproduktes; denn Jonium verwandelt sich in Radium, das von Mme Curie entdeckte Element. Die Radiumsalze weisen große Analogie mit denen des Bariums auf; so bildet Radium lösliche Halogensalze, ein unlösliches Carbonat, Sulfat und so fort, ganz ähnlich den analogen Salzen des Bariums. Radium gibt andrerseits „α-Teilchen" ab, welche wahrscheinlich identisch mit Heliumatomen sind und sich mit großer Geschwindigkeit fortbewegen. Diese Teilchen sind positiv geladen. Das andere Produkt dieser Umwandlung ist die Radiumemanation. Entwickelt sich dieses Gas in festen Radiumsalzen, so bleibt es zum größten Teil darin eingeschlossen; es kann aber daraus durch Erhitzen oder, falls das Salz löslich ist, durch Auflösen in Wasser entfernt werden. Das

---

[1] Vgl. auch dieses Handbuch Band III, Radium und radioaktive Stoffe.
[2] Am. J. Science (IV) **24**, 370 (1907).

Halbierungskonstant beträgt 3,86 Tage. Letztere Tatsachen genügt, um der Luft in der Nachbarschaft von Uranmineralien, worin die Emanation produziert wird, eine beträchtliche Ionisierungskraft zu verleihen. Man kann sie wegen ihrer verhältnismäßigen Beständigkeit auch überall in der Luft finden. Dennoch ist auch sie unbeständig, sie verliert α-Teilchen, die von Ramsay und Soddy als Helium identifiziert sind, und das zurückbleibende Produkt ist Radium A, welches äußerst schnell in Radium B übergeht, das letztere wiederum in Radium C. Die gesamte von den drei Verwandlungen beanspruchte Zeit beträgt nur wenige Stunden. Das aus dem Zerfall von Radium C hervorgehende Radium D hat eine Halbierungskonstante von nicht weniger als 15 Jahren. Es ist eine metallähnliche Substanz, die in ihren Eigenschaften an Blei erinnert.

Die Gegenwart von Radiumemanation in der Atmosphäre kann nun festgestellt werden, indem man in der Luft einen negativ geladenen Draht aufstellt. Das Produkt Radium C ist positiv geladen, da es Elektronen verloren hat, es wird daher von jedem negativ geladenen Körper angezogen und haftet an dem Draht. Seine Eigenschaften (elektrische und sonstige) können demnach geprüft und seine Identität bewiesen werden. Aus dem Gehalt an diesem Stoffe kann dann die relative Menge an Radiumemanation in der Luft in den verschiedenen Jahreszeiten und unter verschiedenen Bedingungen bestimmt werden.[1]

Bisher sind keine Versuche angestellt worden, Radiumemanation aus der Luft zu extrahieren, da sie darin in zu winzigen Mengen vorhanden und ihre Lebensdauer zu kurz ist. Es wäre daher vergebliche Mühe, es zu versuchen; aber sie wird zweifellos mit flüssiger Luft kondensiert und könnte — wenigstens zum Teil — in der verfügbaren Zeit abgeschieden werden.

Die Darstellung der Radiumemanation annähernd reinem Zustande ist Ramsay und Gray[2] sowie Rutherford und Royds[3] gelungen. Als Ausgangsmaterial dient eine Lösung eines Radiumsalzes, meist des Bromides, und zwar ist eine verhältnismäßig große Quantität davon (etwa $^1/_2$ g) erforderlich. Der dazu nötige Apparat ist in Fig. 20 *a*, *b*, *c* wiedergegeben.

Das Spektrum der Emanation kann beobachtet werden, indem man einen Draht an das obere Ende des feinen Capillarröhrchens 16 (Fig. 20 *c*) anschmilzt, ihn mit einer Elektrode verbindet und das Quecksilber eines der Gasbehälter mit der anderen Elektrode eines Ruhmkorff-Induktors. Das Gas kann komprimiert und verflüssigt werden, indem man das Rohr bei 17 durchschneidet und es in einen Kompressor nach Andrews überleitet. In diesem Falle muß jedoch die Capillarröhre besonders fein sein; denn die ganze aus 0,5 g Radiumbromid entstehende Menge übersteigt nach 7 Tagen nicht 0,1 cbmm. Sie bildet eine farblose Flüssigkeit, die

[1] Vgl. hierzu Radioaktivitätskonstanten, dieses Handbuch Band II, sowie Radioaktive Stoffe, ebenda Band III.

[2] Ann. chim. phys. [8] 21, 145 (1910).

[3] Trans. chem. Soc. 96, 1073 (1909).

Beschreibung. Fig. 20. *a.* Das Kölbchen 1 enthält eine Lösung von etwa 0,5 g Radiumbromid und ist mit einer Antropoff-Töplerpumpe 2 verbunden. Die entwickelten Gase bestehen aus einem Gemisch von Wasserstoff und Sauerstoff (Kolben 2) mit einem kleinen Überschuß an ersterem. Sie werden mit der Pumpe in wöchentlichen Intervallen extrahiert und in Rohr 3 gesammelt, das ein wenig KOH enthält, um etwaiges Kohlendioxyd zu absorbieren. Das Volumen beträgt etwa 25 ccm.

b. Dieses Gas läßt man eine halbe Stunde stehen und führt es dann durch den umgekehrten Heber 4 in die Explosionsbürette 5 über und zwar in Mengen von etwa 2—3 ccm. Das Quecksilber läßt man durch den Hahn hinzutreten, damit während jeder Explosion kein Fett mit dem erhitzten Gase in Berührung kommt.

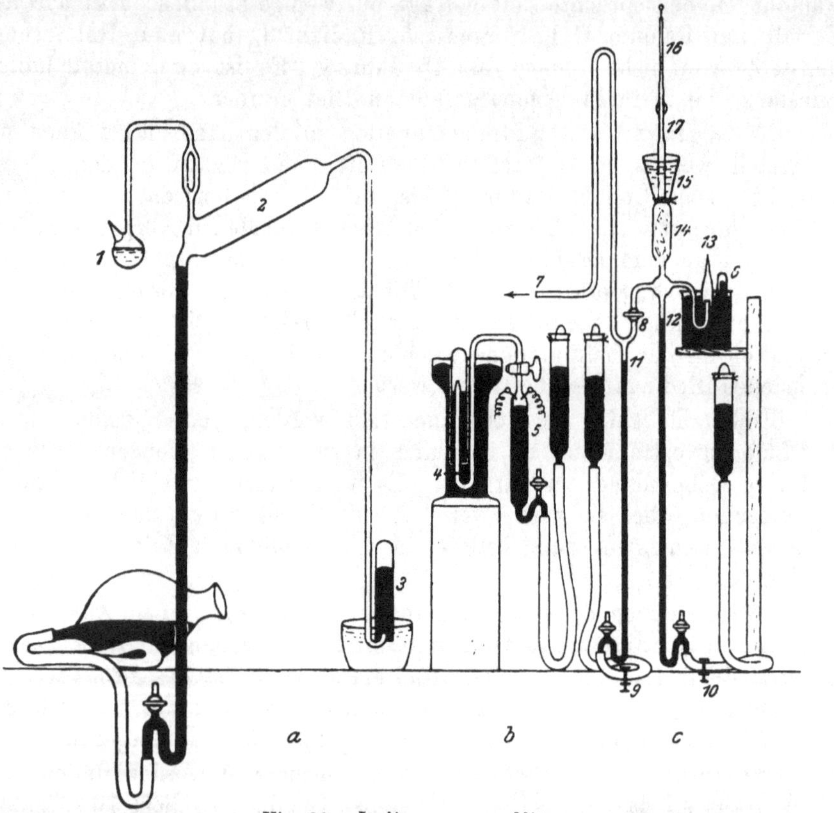

Fig. 20. Isolierung von Niton.

Der geringe verbleibende Rückstand wird in das Röhrchen 6*c* übergeführt, das im Innern ebenfalls etwas an den Wänden geschmolzenes Kaliumhydroxyd enthält. Die Bürette 5 wird dann mit etwa 0,5 ccm reinem Wasserstoff ausgespült, den man aus Palladiumwasserstoff hergestellt hat, und ebenfalls in 6 gesammelt. Man beläßt das Gas darin eine halbe Stunde.

c. Der ganze Apparat wird von 7 aus evakuiert, wo er in Verbindung mit einer Töplerpumpe steht. Man öffnet den Hahn 8, schließt die Klemmen 9 und 10, so daß das Quecksilber in dem senkrechten Rohr bis zu den Niveaus 11 und 12 aufsteigt. Dann wird Wasserstoff zugelassen, indem man die Kappe 13 für einen Augenblick lüftet (wobei 8 geschlossen bleibt) und ein Rohr wie 6 mit Wasserstoff über den umgekehrten Heber stülpt. Die Kappe wird dann sofort wieder aufgesetzt. Der Apparat oberhalb 12 wird dann gut mit einem Bunsenbrenner erhitzt, um anhaftende Luft zu entfernen, und Hahn 5 geöffnet. Man pumpt wieder leer und erhitzt wiederum.

Nach 1 oder 2 Stunden, während welcher Zeit die Emanation den in *a* und *b* beschriebenen Weg gegangen sein wird, werden noch einige kurze Pumpenstöße gemacht, um der völligen Abwesenheit von Luft oder Gas sicher zu sein. Der geringe Rückstand an Wasserstoff, vermischt mit Emanation, wird dann zugelassen, aber nicht ehe durch Öffnen der Klemme 9 das Quecksilber oberhalb des Niveaus des Hahns 8 zu stehen kommt; denn die Emanation liefert in Berührung mit Fett beständig Wasserstoff. Nachdem dieses Gas eingelassen worden ist, wird Quetschhahn 10 vorsichtig geöffnet, bis das Quecksilber den Kolben anfüllt, und das Gas zum Trocknen $^1/_2$ Stunde mit frischem, in 14 befindlichen, aus Calcit hergestellten Kalk oder auch wohl mit Bariumoxyd in Berührung gelassen. Man gießt dann flüssige Luft in den angefeuchteten Conus 15, der aus starkem Filtrierpapier hergestellt und auf dem Rohr mittelst eines Bindfadens aufgebunden ist. Das Quecksilber bringt man wieder bis zur Höhe des oberen Endes von 14. Nach einer $^1/_4$ Stunde ist die gesamte Emanation fest geworden; man saugt das Quecksilber wieder zurück, indem man das mit 11 in Verbindung stehende Niveaurohr tiefer setzt und den Hahn 8 öffnet. Der Wasserstoff wird vollständig fortgepumpt und der Conus 15 von Zeit zu Zeit mit flüssiger Luft angefüllt. Man läßt darauf das Quecksilber wieder steigen, wenn alle flüssige Luft verdampft ist, und drückt die Emanation in das Kapillarrohr, worin sie gemessen werden kann.

unter Atmosphärendruck bei — 62° C siedet und bei — 71° beim Abkühlen erstarrt. Sowohl die Flüssigkeit als auch der feste Stoff phosphoreszieren stark oder haben zum mindesten die Eigenschaft, das Glas stark phosphoreszierend zu machen. Die Flüssigkeit strahlt in der Tat so viel Licht aus, daß sie mit einem kleinen Bogenlicht wetteifern könnte. Natürlich muß der flüssige, bzw. feste Stoff mit dem Mikroskop betrachtet werden, da die gesamte Menge nur äußerst gering ist.[1]

Selbst unter allen diesen Vorsichtsmaßregeln war es nicht möglich, die Emanation ganz frei von Wasserstoff und Helium zu erhalten, das letztere wird ja beständig davon produziert, wobei es zum größten Teil in die Glaswände bombardiert wird.

Da dieses Gas der Argonreihe angehört, ist es zweckmäßig „Niton" genannt worden. Mittels einer Mikrowage, haben RAMSAY und GRAY[2] seine Dichte bestimmt. Ein Capillarrohr, mit Niton beschickt, wurde abgeschnitten und gewogen. Das Ende des Rohrs wurde sodann abgebrochen, das Niton durch Pumpen entfernt, und der Gewichtsverlust bestimmt. Da das Volum des Nitons schon früher durch Volummessungen bestimmt worden war, läßt sich die Dichte berechnen. Als Mittel von 5 Versuchen betrug sie 111,5 (O = 16), einem Atomgewicht von 223 entsprechend. Das von einem bekannten Gewicht Niton herrührende Helium wurde auch bestimmt; es betrug beinahe 12 Gewichtsteile pro 223 Gewichtsteile Niton. Hierdurch ist bewiesen, daß das Niton beim Verwandeln in Radium D 3 Atome Helium verliert. Da das Radium das annähernde Atomgewicht 227 besitzt, läßt sich der Schluß ziehen, daß das Radium beim Verlust von einem Atom Helium das Niton erzeugt.

Aktiniumemanation wird aus Verbindungen von Aktinium entwickelt, welches ein in der Pechblende dem Titan ähnliches vorhandenes

[1] RAMSAY u. GRAY, Trans. Chem. Soc. **96**, 1073 (1909).
[2] RAMSAY u. GRAY, Proc. Roy. Soc., **84 A**, 536 (1910).

Element ist. Diese Emanation hat eine Lebensdauer von nur wenigen Sekunden. Sie konnte noch nicht frei von einer verhältnismäßig großen Menge beigemengter Luft erhalten werden. Trotzdem hat Debierne gezeigt, daß Helium eines ihrer Zerfallsprodukte ist.

Die Beziehungen der Elemente zur Heliumgruppe gehen aus dem beigegebenen Auszuge aus dem periodischen System hervor. Aus der Dichte des Nitons ist sein Atomgewicht 223. Es ist zwecklos, jetzt schon über die Atomgewichte der Emanation des Thoriums und Aktiniums Mutmaßungen anzustellen.

Stellung der Edelgase im periodischen System.

	Δ	N	Δ	P	Δ	As	Δ	Sb	Δ	?	Δ	Bi	Δ	?
		14	17	31	44	75	45	120	44	164	44	208	44	256
		O		S		Se		Te		?		?		?
		16	16	32	47	79	48	127	44	171	44	215	44	259
H		F		Cl		Br		I		?		?		?
1	18	19	16,5	35,5	44,5	80	47	127	45	172	44	216	44	260
He		Ne		A		Kr		Xe		?		Nt		Akt. Em.?
4	16	20	20	40	42	83	48	131	46	177	46	223	44	267
Li		Na		K		Rb		Cs		?				
7	16	23	16	39	46	85	48	133	46	179	44	224	44	268
Be		Mg		Ca		Sr		Ba		?		Ra		
9	15	24	16	40	47	87	50	137	45	182	44	226	44	270

Wasserstoff, Sauerstoff, Kohlendioxyd.[1]

Von

W. A. Noyes-Urbana (Ill.).

Inhalt.

Wasserstoff. $H_2 = 2{,}016$.

I. Hauptreaktionen zur Gewinnung von Wasserstoff.[2]

1. Elektrolyse von Wasser oder wäßrigen Lösungen.
2. Zerlegung von Wasser durch Alkalimetalle (Kalium, Natrium usw.).
3. Einwirkung von Säuren auf Metalle, insbesondere von Salz- oder Schwefelsäure auf Zink.
4. Einwirkung von Wasser auf *Hydron*, eine Legierung von Natrium und Blei.

[1] Herr Prof. Guye hatte die Freundlichkeit, diesen Abschnitt so zu ergänzen, daß er in den Rahmen des Kapitels paßte, wofür ihm hier verbindlichst gedankt sei.

[2] Moissan, Bd. I S. 40.

II. Gebräuchliche Darstellungsmethoden.

1. Elektrolyse verdünnter Natron- oder Kalilauge, ferner mit Schwefelsäure angesäuerten Wassers oder endlich am besten von verdünnter Bariumhydroxydlösung. Verunreinigungen: Sauerstoff, Ozon, Wasser, Luft sowie verschiedene Kohlenwasserstoffe, wenn die Lösung nicht frei von Carbonaten ist. (Beste Methode zur Erhaltung des reinen Gases.)

2. Aus Zink und 20-volumprozentiger Schwefel- oder zehnprozentiger Salzsäure. Verunreinigungen: Stickstoff, Stickoxyde, Schwefelwasserstoff, Schwefeldioxyd, sowie gasförmige Verbindungen des Arsens, Phosphors und Antimons und endlich Kohlenwasserstoffe und Luft.

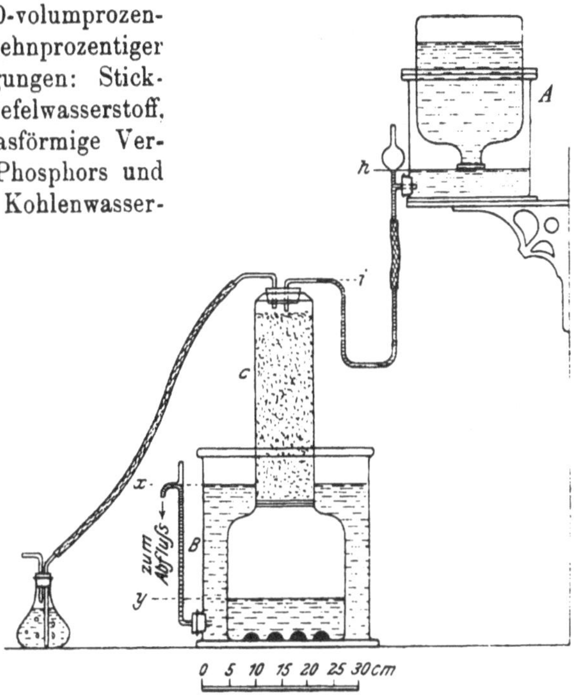

Fig. 21. Gasentwickler nach C. L. Parsons.

Zur Darstellung von Wasserstoff aus Zink und Schwefel- oder Salzsäure ist der Kippsche Entwickler der am meisten bekannte Apparat. Er ist aus dem Grunde nicht ganz vollkommen, weil die durch die Einwirkung der Säure auf das Metall gebildete Salzlösung sich ständig mit der unverbrauchten Säure vermischt, diese verdünnt und dadurch die Gasentwicklung langsamer gestaltet, bevor die Säure erschöpft ist. Zur Überwindung dieser Schwierigkeit sind eine große Reihe mannigfaltiger Formen von Gasentwicklern vorgeschlagen worden.[1] Sie dienten zwar meist zur Entwicklung von Schwefelwasserstoff, sind jedoch auch ebensogut zur Darstellung von Wasserstoff oder Kohlendioxyd geeignet.

Will man diese Gase in größeren Mengen darstellen und legt man auf die Anwesenheit von etwas Luft keinen besonderen Wert, so empfiehlt sich die Anwendung des von C. L. Parsons l. c. beschriebenen Gasentwicklers, der einer der besten ist.

Der Entwickler (Fig. 21) besteht aus drei Teilen, dem Säurebehälter *A*, dem Aufnahmegefäß der verbrauchten Säure *B* und dem mit Zink oder

[1] Vgl. Ostwald, Z. anal. Chem. **31**, 183 (1892); Techu, ebenda, **33**, 441 (1894); Wollney, ebenda **24**, 214 (1885); Reatz, ebenda **31**, 415 (1892); Harris, J. Am. Chem. Soc. **17**, 809 (1895); Norton, ebenda **18**, 1057 (1896); Richards, Am. Ch. J. **20**, 190 (1898); Parsons, J. Am. Ch. S. **25**, 234 (1903); vgl. auch den Anhang zu diesem Kapitel.

Schwefeleisen beschickten Gasentwickler *C*. Die Konzentration wählt man wie oben mitgeteilt. Der im Entwickler herrschende Druck wird durch die Distanz zwischen *h* und *i* bestimmt und begrenzt durch die größtmögliche Distanz zwischen *x* und *y*. Das Ausgangsrohr am Kopf von *C* soll etwa 1 cm Durchmesser haben, um eventuell eintretende Heberwirkung zu verhindern. Das außerhalb von *A* befindliche Niveaurohr soll die Erschöpfung des Säurebehälters angeben, falls dieser aus undurchsichtigem Material hergestellt ist.

Passende Größenverhältnisse für die Apparatur sind folgende: Für den Behälter *B* 35 cm Höhe und 28 cm lichte Weite. Der Turm *C* ist der eigentliche Gasentwickler und besteht aus einer Glasglocke 22:25 cm, die als Gasbehälter wirkt. Er besitzt unten einige Öffnungen, um der

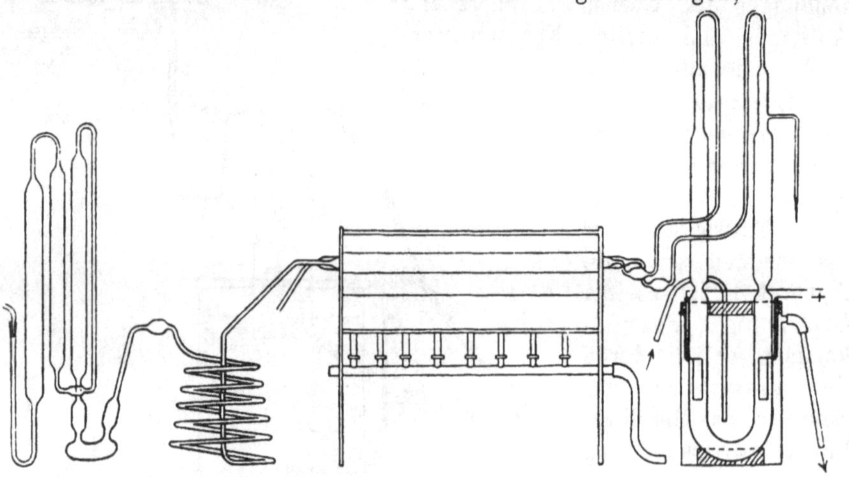

Fig. 22. Elektrolytische Darstellung von Wasserstoff.

verbrauchten Säure einen freien Abfluß zu gestatten. Am oberen Ende der Glocke ist ein Zylinder von 10 cm Lumen und 50 cm Höhe angebracht, der unten vier Einschnürungen zum Halten einer durchlöcherten Scheibe besitzt. Man füllt ihn mit Zink, Schwefeleisen oder Marmor, je nach dem zu entwickelnden Gase. Die Glocke und den Zylinder stellt man am besten aus einem Stück her, kann jedoch auch, falls man Glas wählt, zwei Stücke aneinander schleifen. Auf das Zink oder Schwefeleisen bringt man zweckmäßig ein wenig Glaswolle, um die Säure zu verteilen und die Bildung von Kanälen zu verhindern.

III. Darstellung des reinen Gases.

Da die in dem soeben beschriebenen Apparat entwickelten Gase kleine Mengen Luft enthalten, so ist ein solcher Entwickler nicht geeignet, wenn ein Gas von hohem Reinheitsgrade verlangt wird. Zur Gewinnung von reinem Wasserstoff und Sauerstoff dient am zweckmäßigsten die Elektrolyse von verdünnter Schwefelsäure oder von Bariumhydroxydlösung. Hierzu ist der in Fig. 22 dargestellte Apparat geeignet.[1] Die Schenkel

[1] Noyes, J. Am. Ch. S. **29**, 1720 (1907).

des den Elektrolyten enthaltenden Rohres sollen 35—40 mm Durchmesser und 50—60 cm Länge haben, die Platinblechelektroden 25 × 60 oder 80 mm messen und Platindrähte von mindestens 0,5 mm Durchmesser geschweißt werden. Das U-Rohr wird in einen Trog gestellt, durch welchen ein ziemlich lebhafter Strom von Kühlwasser geleitet werden kann, und in dieser Lage mittelst eines großen auf den Hals des Behälters gestreckten Korkes festgehalten, der passende Durchbohrungen für das Rohr besitzt. Es empfiehlt sich, den Kork in zwei Hälften zu zerschneiden, damit er leichter in seine Lage gebracht werden kann.

Das dicht am oberen Rande des U-Rohres auf der rechten Seite angebrachte Rohr dient zur Einführung des Elektrolyten, im Anfang sowie später von reinem, ausgekochtem Wasser, sobald der zu konzentriert gewordene Elektrolyt verdünnt werden muß. Wird Bariumhydroxyd als Elektrolyt verwendet, so füllt man das U-Rohr mit reiner kohlensäurefreier Luft, bevor die Lösung eingeführt wird, und saugt letztere darauf durch ein 1 cm weites, am Ende mit einem Stückchen Tuch, über welches ein Stück gehärtetes Filtrierpapier dicht gebunden ist, bedecktes Rohr ein. Dadurch erhält man die Lösung vollständig frei von Bariumcarbonat. Kaliumhydroxyd ist ein weniger geeigneter Elektrolyt, da es schwer frei von Carbonat zu erhalten ist, und die Elektrolyse einer carbonathaltigen Lösung Gase liefert, die Kohlenstoffverbindungen enthalten.

Wird Schwefelsäure als Elektrolyt verwendet, so nehme man sie 15 gewichtsprozentig, Bariumhydroxyd dagegen nur 6—8 prozentig. Hat man am Anfang der Elektrolyse 600 ccm Flüssigkeit, so können mindestens 100 ccm des darin enthaltenen Wassers zersetzt werden, bevor man mehr davon einzuführen braucht. Man erhält damit gegen 120 Liter Wasserstoff und die Hälfte Sauerstoff.

Der erforderliche elektrische Strom wird entweder durch Akkumulatoren oder besser durch einen Gleichstromdynamo geliefert. Der Widerstand der Zelle beträgt bei Schwefelsäure 4—5 Ohm, die Stromstärke 15 Ampere, entsprechend einer Spannung von 60—75 Volt. Ein solcher Strom liefert etwa 6 Liter Wasserstoff pro Stunde. Steht Starkstrom von 110 oder 120 Volt zur Verfügung, so reduziert man ihn mittelst eines passenden Regulierwiderstandes. Auf jeden Fall muß man den Strom und den Verlauf das Gasentwicklung durch einen Rheostaten regulieren. Bei Verwendung von Bariumhydroxyd ist der Widerstand der Zelle bedeutend größer; der Strom soll in diesem Falle 10 Ampere nicht überschreiten, entsprechend einer Entwicklung von vier Litern Wasserstoff pro Stunde.

Der auf diese Weise entwickelte Wasserstoff enthält natürlich etwas Sauerstoff, wie umgekehrt Sauerstoff etwas Wasserstoff. Zur Entfernung dieser leitet man die Gase durch mit platiniertem Quarz beschickte Rohre aus schwer schmelzbarem Glase. Den platinierten Quarz stellt man her, indem man Quarz auf Rotglut erhitzt, ihn in Wasser taucht, dann mit einer Lösung von Platinchlorwasserstoffsäure befeuchtet, trocknet und im Wasserstoffstrom reduziert. Man erhitzt die den platinierten

Quarz enthaltende Röhre auf 350—400° und stellt die Verbindung zwischen dem schwer und dem leicht schmelzbaren Glase nach der auf S. 10 beschriebenen Weise her. Alle übrigen Teile des Apparates verbindet man durch direktes Verblasen miteinander.

Nachdem das Gas durch die Platin-Quarz-Rohre gewandert ist, wird es durch ein Schlangenrohr von etwa 4 m Länge und 8 mm Lumen geleitet, in welchem sich 15 prozentige Kalilauge, die etwas Bleioxyd gelöst enthält, befindet. Geringe Mengen aus den Elektrolyten mitgerissener Schwefelverbindungen werden nämlich durch den Wasserstoff zu Schwefelwasserstoff reduziert, wenn die Mischung über den platinierten Quarz strömt. Das gelöste Bleioxyd hält diesen Schwefelwasserstoff in Form von Bleisulfid zurück. Zwar beträgt der Inhalt eines Rohres der angegebenen Dimension etwa 200 ccm; man benötigt indessen nicht mehr als ein Viertel dieses Betrages an Kalilauge, da die Flüssigkeit durch den Gasstrom innerhalb des Rohres fortgetrieben wird, und daher die inneren Wände in ganzer Länge feucht gehalten werden, und endlich auch durch die herabrinnende Flüssigkeit ein fortwährendes Auswechseln der dem Gase ausgesetzten Oberfläche stattfindet. Nach dem Schlangenrohr strömt jedes Gas aufwärts durch ein Rohr von 2 cm Durchmesser und 30—40 cm Länge, in dem sich Stücke von geschmolzenem Ätzkali befinden. Man läßt das Gas in diesem Rohre aufwärts und nicht abwärts strömen, damit die beim Zerfließen des Ätzkalis gebildete Lösung von den festen Stücken fortrinnt und sich in der Kugel ansammelt. Letztere soll etwa 50—75 ccm Inhalt haben und so angeordnet sein, daß die darin angesammelte Flüssigkeit nicht mit dem Gasstrom kollidiert. An das Rohr mit Ätzkali schließen sich zwei etwa 15—20 mm weite und 30—40 cm lange Rohre mit Phosphorpentoxyd an, das nach den Beschreibungen auf Seite 6 sublimiert worden ist. Das Auslaßrohr ist, falls der Apparat nicht gebraucht wird, stets zuzuschmelzen. Auch muß der Zutritt feuchter Luft zu dem Phosphorpentoxyd sehr sorgfältig abgehalten werden.

Jeder in der angegebenen Weise hergestellte Apparat muß vor der erstmaligen Darstellung von Wasserstoff und Sauerstoff einige Stunden lang in Betrieb gesetzt werden, um die vollständige Entfernung von Luft aus den Elektrolyten sicher zu stellen.

Mittelst dieses Apparates konnte man Wasserstoff und Sauerstoff mit nicht mehr als 1 Teil Stickstoff in 800000 Volumina Gas erhalten.[1] Der Wasserstoff war, soweit sich dies bestimmen ließ, frei von Sauerstoff und enthielt nicht mehr als ein Teil Schwefel in 500000 Gewichtsteilen. Der durch den Wasserstoff mitgerissene Phosphorpentoxyddampf beträgt nicht mehr als 1 in 5000000 Gewichtsteilen (Morley).

Cooke und Richards[2] haben erfolgreich sehr reinen Wasserstoff aus Zink und Salzsäure erhalten unter Verwendung eines Entwicklers, bei dem die angewendete Säure ausgekocht, in einem Wasserstoffstrom ab-

---

[1] l. c. [2] Am. Ch. J. **10**, 98 (1888).

gekühlt und schließlich in den Entwickler eingeführt werden konnte, ohne in Berührung mit Luft zu kommen.

Sehr reiner Wasserstoff kann endlich auch durch Einwirkung von Wasser auf *Hydron*, eine Bleinatriumlegierung[1], dargestellt werden, von welchem 1 kg etwa 170 Liter Gas liefert.

IV. Physikalische Eigenschaften. Wasserstoff ist ein farb-, geruch- und geschmackloses Gas.

Schmelzpunkt $T_f = -258,9^0$ C (TRAVERS und JAQUEROD[2]).
Siedepunkt (760 mm) $T_e = -252,5^0$ C (TRAVERS und JAQUEROD[2]).
Kritische Temperatur $T_c = 242^0$ (OLZEWSKI[3]).
Kritischer Druck $P_c = 13.4$ Atm. (OLZEWSKI[3]).
Gewicht des Normalliters L = 0,08987 (LEDUC[4], GUYE[5], MORLEY[6]).
Brechungsindex (weißes Licht) = 1,00137 (RAMSAY und TRAVERS[7]).
Verhalten von $\frac{c_p}{c_v} = 1,41$ (RÖNTGEN[8]).
Dichte des flüssigen Gases Dt = 0,0700 bei $-252,5^0$ (DEWAR[9]).
Löslichkeit in Wasser: 19 ccm per Liter bei 15^0.
Löslichkeit in Palladium:
Palladiumschwamm, 786 Vol. bei 20^0 und 400 mm (HOITSEMA).[10]
Palladiumschwamm, 740 Vol. bei 80^0 und 760 mm (HOITSEMA).[10]
Palladiumblech, 810 Vol. bei 25^0 und 760 mm (NOYES).[11]

V. Chemische Eigenschaften. Wasserstoff ist bei gewöhnlicher Temperatur sozusagen inaktiv, bei höheren Temperaturen sowie beim Funken oder in naszierendem Zustande jedoch sehr aktiv. Auch beim Freiwerden aus einem Metall, in dem er gelöst war, liefert er ähnliche Reaktionen wie in naszierendem oder atomistischem Zustande. Mit Fluor vereinigt er sich bei gewöhnlicher Temperatur; mit Chlor, im Dunkeln muß er hierzu auf 400^0 erhitzt werden, am Licht langsam oberhalb 100^0; mit Jod tritt oberhalb 200^0 Reaktion ein. In Sauerstoff oder Luft brennt Wasserstoff mit nahezu farbloser, aber sehr heißer Flamme. Eine Mischung von Wasserstoff und Sauerstoff beginnt langsam bei 180^0 zusammenzutreten und wird gegen 600^0 explosiv. In vollkommen trockenem Zustande reagiert die Mischung der beiden Gase jedoch selbst bei 1000^0 nicht (BRARETON-BAKER[12]). Die Alkalimetalle absorbieren in der Hitze direkt Wasserstoff. Die Oxyde von Kupfer, Blei, Cadmium, Nickel, Antimon, Kobalt und Eisen werden in einer Wasserstoffatmosphäre beim Erhitzen

---

[1] Zu beziehen durch The Rößler and Hasslacher Chemical Comp. N.-York.
[2] TRAVERS und JAQUEROD, Phil. Trans. **200**, 152 (1902).
[3] OLZEWSKI, Ann. Phys. **1**, 986 (1905).
[4] LEDUC, C. r. **113**, 186 (1891). [5] GUYE, J. Chim. phys. **5**, 214 (1907).
[6] MORLEY, SMITHSONIAN Contribution to Knowledge Nr. 980. Washington, SMITHSONIAN Institution 1895, 96—109.
[7] RAMSAY und TRAVERS, Proc. Roy. Soc. **62**, 227 (1897).
[8] RÖNTGEN, Pogg. **148**, 580.
[9] DEWAR, Proc. Roy. Soc. **73**, 251 (1904).
[10] HOITSEMA, Z. phys. Chem. **17**, 18 (1895).
[11] NOYES, J. Am. Ch. S. **29**, 1731 (1907),
[12] BRARETON-BAKER, Proc. Chem. S. **18**, 40 (1902).

unter Bildung von Wasser zu den Metallen reduziert. Die Reduktion von Silberoxyd beginnt bereits bei gewöhnlicher Temperatur und wird bei 100° vollständig.

VI. Anwendungen. Wasserstoff dient als Füllmaterial in der Luftschiffahrt. Das Gas wurde früher als Leuchtgas verwendet, ist jetzt jedoch in dieser Hinsicht durch Wassergas und Ölgas verdrängt worden. Knallgasgebläse. Reduktionsmittel im Laboratorium zur Gewinnung reiner Metalle aus ihren Oxyden.

Sauerstoff, O_2 32,000.

I. Hauptreaktionen zur Gewinnung.

1. Elektrolyse von Wasser,
2. Aus Metalloxyden durch Hitze oder Säuren,
3. Zerlegung von sauerstoffhaltigen Verbindungen in der Hitze,
4. Aus Hydroperoxyd durch Einwirkung von Calciumhypochlorit, Mangandioxyd usw.
5. Luftsauerstoff wird leicht durch fraktionierte Destillation der flüssigen Luft erhalten.

II. Gebräuchliche Darstellungsmethoden.

1. Elektrolyse von verdünnter Natron- oder Kalilauge, ferner von schwach mit Schwefelsäure angesäuertem Wasser oder am besten von verdünntem Barytwasser. Verunreinigungen: Wasserstoff, Ozon, Wasser, Luft, und die verschiedenen Kohlenwasserstoffe, falls die Lösung nicht frei von Carbonaten war (wenn keine flüssige Luft zur Verfügung steht, ist dies die beste Methode zur Darstellung des reinen Gases).

2. Beim Erhitzen von Natrium- oder Kaliumpermanganat wird Sauerstoff unter Bildung von Manganat und Mangansesquioxyd frei. Verunreinigungen: Luft, Ozon, Kohlendioxyd und Wasser.

3. Nach der Gleichung: $2KClO_3 = 2KCl + 3O_2$ [1] liefert 1 kg Kaliumchlorat 278 Liter Sauerstoff. Diese Reaktion wird erst bei etwa 450° bis 500° vollständig, kann aber bereits bei 205° vollzogen werden, wenn eine Mischung von 12 Teilen Chlorat, 6 Teilen Chlorid und einem Teile Mangandioxyd angewendet wird. Das Kochsalz wirkt als Reaktionsverzögerer und verhindert daher mögliche Explosionen. Das Mangandioxyd scheint nur als katalytisches Agens zu wirken und selbst nicht in Reaktion zu treten.

4. Sehr reiner Sauerstoff kann durch drei oder vier fraktionierte Destillationen flüssiger Luft erhalten werden, wobei man den flüchtigeren Stickstoff und die weniger flüchtigen Produkte mittelst einer Wasserpumpe entweichen läßt.

III. Darstellung des reinen Gases.

1. Durch Elektrolyse von 8 prozentigem carbonatfreiem Barytwasser in einem gläsernen U-Rohrapparat, mit welchem der Reinigungsapparat direkt verblasen werden kann. Das U-Rohr wird gründlich mit destilliertem Wasser gewaschen und mit kohlensäurefreier Luft angefüllt.

---

[1] Moissan, Bd. I, S. 194.

Darauf saugt man das Barytwasser durch ein enges Seitenrohr ein, dessen Ende mit einem Stück gehärteten Filtrierpapieres zwecks Erzielung einer vollständig carbonatfreien Lösung bedeckt ist. Kali- oder Natronlauge sind wegen der größeren Schwierigkeit, die Carbonate zu entfernen, nicht so geeignet. Der Sauerstoff strömt zuerst über platinierten Asbest von 350—400° (am besten in einem kleinen elektrischen Widerstandsofen), wo das Ozon in Sauerstoff und der Wasserstoff in Wasser verwandelt wird. Dann gelangt das Gas über Calciumchlorid und über vorher zweckmäßig im Sauerstoffstrom zwecks Reinigung destilliertes Phosphorpentoxyd. Als Sicherheitsmaßregel läßt man den Sauerstoff durch Quecksilber in ein Kölbchen mit Kaliumhydroxyd perlen, um ihn vollkommen ozonfrei zu erhalten. Dies ist die billigste Methode zur Gewinnung von Sauerstoff; sie liefert zugleich auch ein äußerst reines Produkt. Mit Rücksicht auf die Billigkeit des elektrolytischen Sauerstoffes und Wasserstoffes wird die Methode auch technisch angewendet.

2. Steht flüssige Luft zur Verfügung, so liefert auch die Darstellung aus Kaliumpermanganat mit sich daran anschließender Verflüssigung und fraktionierter Destillation unter Benutzung der oben erwähnten Reinigungsmittel Sauerstoff von hohem Reinheitsgrade, wie einige vor kurzem ausgeführte Bestimmungen der Dichte des auf diesem Wege gewonnenen Gases gelehrt hat (A. GERMANN; O. SCHEUER)[1].

3. MORLEY erhielt reinen Sauerstoff durch Erhitzen von Kaliumchlorat in einem Rohr aus schwer schmelzbarem Glase[2]. Bei einigen dieser Versuche wurde der Sauerstoff durch ein Rohr mit erhitztem Silber zwecks Entfernung des Chlors geleitet. Die weitere Reinigung geschah nacheinander in Röhren mit starker Kalilauge, konzentrierter Schwefelsäure und Phosphorpentoxyd. Der so dargestellte Sauerstoff besaß innerhalb der üblichen Bestimmungsfehler dieselbe Dichte, wie der durch Elektrolyse verdünnter Schwefelsäure erhaltene.

Sehr reiner Sauerstoff kann durch Reaktion von Wasser auf *Oxon*[1] ein geschmolzenes Natriumperoxyd-Präparat, gewonnen werden. 1 kg Oxon liefert ungefähr 130 Liter Sauerstoff.

Physikalische Eigenschaften. Sauerstoff ist ein farb-, geruch- und geschmackloses Gas. In flüssigem Zustande ist er in größeren Mengen bläulich, in dünnen Schichten dagegen farblos.

Schmelzpunkt $T_f = -227°$ (ESTREICHER)[3].
Siedepunkt $T_e = -182{,}9°$ (TRAVERS, SENTER und JAQUEROD[4]).
Dampfdrucke:

90° abs.	0,97 Atm.	120° abs.	10,26 Atm.	(NERNST u. F. GERMANN).
100° „	2,62 „	130° „	17,59 „	
110° „	5,50 „	137° „	25,00 „	

[1] A. F. O. GERMANN, J. Chim. phys. **11**, 290 (1913); O. SCHEUER, Akad. Anz. Wien, **19**, 328 (1913).
[2] Über die Dichte von Sauerstoff und Wasserstoff, Z. phys. Ch. **20**, 1 (1896).
[3] ESTREICHER, Bull. Acad. Crac., 831 (1903).
[4] TRAVERS, SENTER und JAQUEROD, Phil. Trans. **200** A., 138 (1902).

Kritische Temperatur $T_c = 118{,}8^0$ (Olzewski[1]).
Kritischer Druck $P_c = 50{,}8$ Atm. (Olzewski).
Gewicht des Normalliters L = 1,4290 (Morley[2], Rayleigh[3], Germann[4], Guye[5], Scheuer[6]).
Brechungsindex N_D, 0^0, 1,000271 (Mascart).
Dichte des flüssigen Gases (zwischen T_f und T_e) = 1,576—0,00481 (J. Dewar)[7].
Löslichkeit in Wasser: 34 ccm per Liter bei 15^0 unter 760 mm.

Chemische Eigenschaften. Sauerstoff vereinigt sich direkt mit einer großen Anzahl von Elementen und zwar meist unter Entwicklung einer großen Wärmemenge, die in vielen Fällen genügt, die Reagenzien ins Glühen zu bringen. Nur in wenigen Fällen geht die Reaktion schon bei gewöhnlicher Temperatur vor sich. So wird Stickoxyd an der Luft sofort in Stickstoffdioxyd verwandelt. In den meisten Fällen muß jedoch zur Herbeiführung von Oxydationen Hitze, Licht oder irgend ein katalytisches Agens hinzugezogen werden. Sauerstoff und Wasserstoff beginnen langsam bei 180^0 zusammenzutreten, in vollkommen trockenem Zustande jedoch selbst bei 1000^0 noch nicht. Bei der Mehrzahl dieser Oxydationsfälle scheint das Wasser eine sehr große Rolle zu spielen.

Sauerstoff verbindet sich direkt mit allen Metalloiden außer den Halogenen. Durch Platin oder Palladium absorbierter Sauerstoff oder Sauerstoff im Kontakt mit diesen Metallen bewirkt sowohl in der Hitze wie auch in der Kälte viele Reaktionen, zu denen er sonst nicht imstande ist.

Physiologische Eigenschaften: Sauerstoff ist das für alle lebenden Wesen außer einigen niedrigen Organismen (den sogenannten Anäroben[8]) zur Erhaltung der Atmung erforderliche Element. Die tatsächliche Aufnahme im Körper geschieht nach Art einer langsamen Verbrennung. Die Atmung findet bei reinem Sauerstoff schneller statt; die Blutbahnen vergrößern sich, so daß er in komprimiertem Zustande ein wirkliches Gift ist. Z. B. stirbt ein Sperling schnell in einer Sauerstoffatmosphäre von 3—4 Atm. Druck.[9]

Kohlendioxyd, CO_2 44,00.

I. Hauptreaktionen zur Gewinnung:

1. Erhitzen von Gesteinen, die reich an Calciumcarbonat sind.
2. Einwirkung von Schwefelsäure auf Kreide,
3. Einwirkung von Salzsäure auf Marmor,
4. Erhitzen von reinen Bicarbonaten,
5. Gärung von Zucker oder Melasse.
6. Verbrennung von organischen Stoffen in überschüssiger Luft oder Sauerstoff.

II. Gebräuchliche Gewinnungsmethoden.

1. $CaCO_3$ (Hitze) $= CaO + CO_2$; Verunreinigungen: Wasser, Luft usw.
2. $H_2SO_4 + CaCO_3 = CaSO_4 + H_2O + CO_2$; Verunreinigungen: Wasser, Luft.

[1] Olzewski, C. r. **100**, 350 (1885).
[2] Morley, Z. phys. Ch. **20**, 68 (1896).
[3] Lord Rayleigh, Proc. Roy. Soc. **53**, 144 (1893).
[4] A. F. O. Germann, J. Chim. phys. **12** (1914).
[5] Guye, J. Chim. phys. **5**, 203 (1907).
[6] Scheuer, Akad. Anz. Wien, **19**, 328 (1913).
[7] Sir J. Dewar, Proc. Roy. Soc. **73**, 251 (1904).
[8] Pasteur, C. r. **52**, 344 (1861) und **56**, 416 (1863).
[9] P. Bert, C. r. **74**, 620 (1872).

3. $2HCl + CaCO_3 = H_2O + CaCl_2 + CO_2$; Verunreinigungen: Wasser, Luft und HCl.
4. $2NaHCO_3$ (Hitze) $= H_2O + Na_2CO_3 + CO_2$. Verunreinigungen: Wasser, Luft.

III. Darstellung des reinen Gases.[1] 1. Beim Erhitzen von reinem, umkristallisiertem Natriumbicarbonat im Vakuum wird ein regelmäßiger Strom von Kohlendioxyd frei, welches nach dem Trocknen über reiner konzentrierter Schwefelsäure und Phosphorpentoxyd durch Abkühlen mit flüssiger Luft in festen Zustand übergeführt und mehrere Male zwecks vollständiger Entfernung von Luftspuren fraktioniert wird.

2. Sehr reines Gas kann durch Eintropfenlassen ausgekochter, konzentrierter Schwefelsäure in eine Mischung von Natriumbicarbonat und

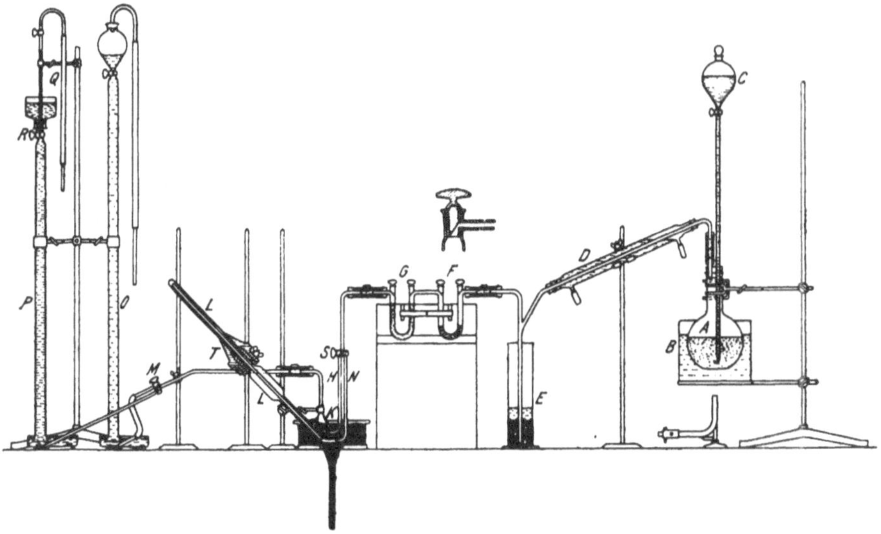

Fig. 23. Darstellung von reinem Kohlendioxyd.

Wasser erzielt werden, wozu der in Fig. 23[2] gezeigte Apparat Verwendung finden kann. Die Entwicklungsflasche *A* hat ein Fassungsvermögen von 750 ccm und wird mit einem pastenförmigen Brei von Natriumbicarbonat und Wasser beschickt. Die Flasche wird in ein Bad heißen Wassers gebracht, damit der Wasserdampf im Anfang der Operation zur Verdrängung aus der Apparatur beiträgt. Der Scheidetrichter *C* enthält frisch ausgekochte, konzentrierte Schwefelsäure und ist mit einem langen Abflußrohr ausgestattet, damit die Säule hinreichend hoch ist, um das Zurücksteigen der Schwefelsäure zu verhindern. Das Ende des Abflußrohres ist aufwärts gebogen, um das Eintreten von Gas zu verhindern. Der Kühler *D* soll den größten Teil des mit dem Wasser aus der heißen Lösung mitgerissenen Gases zurückhalten. Der Quecksilberverschluß *E*

[1] Mémoires de la Sté Phys. et d'Hist. nat. de Genève **35**, 556 (1908).
[2] Bradley und Hale, J. Am. Ch. S. **30**, 1090 (1908).

sorgt für das Ablassen des kondensierten Wassers und auch dafür, daß die Luft beim Beginn der Operation, ohne durch die Trockenröhre strömen zu müssen, verdrängt werden kann. Das U-Rohr *F* enthält Glasperlen und reine konzentrierte Schwefelsäure. *G* wird mit einem Gemisch von Asbest und Phosphorpentoxyd beschickt. Diese Rohre sind 105 mm hoch. Die hohlen Glasstopfen sind zum Teil mit Paraffin gefüllt, um zu vermeiden, daß irgend ein Teil der Apparatur nicht direkt vom Gas durchstrichen wird bzw. Luft darin zurückgehalten werden könnte. *S* ist ein Dreiweghahn mittelst dessen das Gas entweder zwecks Prüfung nach den Büretten *O* und *P* oder nach dem Apparat *I*, in dem es zur Verwendung gelangt, geleitet werden kann. Bei Beginn der Operation wird der Entwickler *A* etwa zur Hälfte mit einem Brei von Natriumbicarbonat und Wasser angefüllt. Darauf wird der Scheidetrichter *C* mit frisch ausgekochter und abgekühlter konzentrierter Schwefelsäure beschickt und aufgesetzt, wobei das Bad *B* zum Sieden gebracht wird. Dies bewirkt eine langsame Entwicklung von Kohlendioxyd, welche etwa eine $^1/_2$ Stunde andauert. Während dieser Zeit wird das Gas durch *E* abgeleitet. Sobald der Gasstrom nachläßt, wird Schwefelsäure sehr langsam aus dem Scheidetrichter zugelassen und die Hähne der U-Rohre und zu den Büretten so weit geöffnet, daß etwa $^1/_4$ Liter Gas pro Minute hindurchtritt. Das Gas wird in solchem Maße entwickelt, daß auch durch *E* noch ein langsames Erweichen vor sich geht.[1]

Zwecks Prüfung auf Reinheit leitet man das Gas zunächst in die Wasserbürette *O* während eines passenden aliquoten Teiles einer Minute und notiert das Volumen. Mittelst des Dreiweghahnes *M* überführt man das Gas auf 2—3 Minuten in die zweite Bürette *P*, die Kaliumhydroxyd enthält, wobei man die Zwischenzeit genau notiert. Der Verlauf der Gasentwicklung wird darauf wiederum in der Bürette *O* geprüft und alsdann eine zweite Absorption in *P* bewirkt. Diese Ablesungen werden so lange fortgesetzt, bis sich eine hinreichende Menge unabsorbierten Gases angesammelt hat. Zum Zwecke der Ablesung wird das Gas in eine andere Bürette übergeführt, welche eine lichte Weite von nur 1 qmm hat. In der Regel bedarf es etwa einer Stunde nach dem Öffnen der Trockenrohre, bevor das Maximum der Reinheit erreicht wird. Mittelst dieser Apparatur kann man Kohlendioxyd mit nicht mehr als 0.1 ccm Luft in 30—40 Liter oder einem in 30,000—40,000 Volumteilen erhalten. Dies ist allerdings nur dann möglich, wenn alle Verbindungen verschmolzen sind oder aus mit Quecksilber bedecktem Gummischlauch bestehen, so daß keinerlei Diffusion eintreten kann.[2] Z. B. betrug in einem Falle, als drei unbedeckte Gummiverbindungen verwendet wurden, obwohl diese innen mit Vaseline bedeckt und mit Draht dicht auf dem Glase befestigt waren, der Gehalt 1 zu 13400, woraus hervorgeht, daß die Gase der Atmosphäre (vgl. hierzu Bd. I S. 583, 584) in ziemlichem Grade durch Kautschuk diffundieren.

---

[1] Villard und Jarry, C. r. **120**, 1413 (1895).

[2] Kuenen und Robson, Phil. Mag. [6] **3**, 149 (1902).

Physikalische Eigenschaften. In flüssigem Zustande farblos, in festem Zustande schneeweiß.

Schmelzpunkt (Druck von 5,1 Atm.) = T_f = – 56,7°.
Sublimationspunkt (Druck von 760 mm) = – 78,3°.
Kritische Temperatur T_c = 31,00° (CARDOSO und BELL).[1]
Kritischer Druck P_c = 72,85 Atm. (CARDOSO und BELL).[1]
Gewicht des Normalliters L = 1,9768 (RAYLEIGH[2] und LEDUC).[3]
Brechungsindex N_D, 0°, 760 mm = 1,000448 (CHAPPUIS und RIVIÈRE).[4]
Dichte des flüssigen Gases D_f (zwischen T_f und T_e) = 1,990—0,003751.[5]
Löslichkeit in Wasser bei 15°: 1019 ccm pro Liter Wasser unter einem Partialdruck von 760 mm Gas.

Chemische Eigenschaften. Kohlendioxyd dissoziiert bei 1300° in einem mit Porzellanstücken gefüllten Rohr (SAINTE CLAIRE DEVILLE).[6] Nach MALLARD und LE CHATELIER[7] tritt dieses Phänomen nicht unter 1800° ein. Beim elektrischen Durchfunken[8] oder unter der Einwirkung eines elektrischen Stromes[9] wird es teilweise in Kohlenmonoxyd und stark ozonisierten Sauerstoff zerlegt. Bis 800° wird Kohlendioxyd nicht durch Wasserstoff reduziert. Nach DIXON[10] reduziert Wasserstoff Kohlendioxyd bei Gegenwart von Platin bei Rotglut. Diese Reaktion kann vollständig gemacht werden, wenn das gebildete Wasser sogleich entfernt wird.[11] Kohlendioxyd brennt nicht, noch unterhält es die Verbrennung. Zink, Kupfer, Nickel und andere Metalle zerlegen Kohlendioxyd in Kohlenstoff und Sauerstoff, welch letzterer mit dem Metall Oxyd bildet. Eine Mischung gleicher Volumina Kohlendioxyd und Schwefelwasserstoff geht in einem rotglühenden Rohre folgende Reaktion ein:

$$CO_2 + H_2S = CO + H_2O + S.$$

Die Tatsache, daß Kohlendioxyd durch die Hydroxyde der Alkalimetalle unter Bildung von Carbonaten gebunden wird, wird mit Vorteil bei der quantitativen Analyse des Gases benutzt sowie bei der Befreiung anderer Gase von Kohlendioxyd.

Weiter kann Kohlendioxyd an eine Anzahl ungesättigter organischer Verbindungen unter Bildung von Verbindungen mit sauren Eigenschaften addiert werden. So läßt sich das Gas z. B. in Benzolverbindungen einführen und letztere dabei in die korrespondierende Säure verwandeln, wenn man einen Katalysator z. B. Aluminiumchlorid zugegen hat. Nach FRIEDEL erhält man z. B. aus Benzol und Kohlendioxyd bei Gegenwart von Aluminiumchlorid Benzoesäure.

[1] CARDOSO und BELL, J. Chim. phys. **10**, 501 (1912).
[2] RAYLEIGH, l. c.
[3] LEDUC, Ann. chim. phys. [7] **15**, 135 (1898).
[4] CHAPPUIS und RIVIÈRE, C. r. **103**, 37 (1886).
[5] DEHN, Ann. der Phil. **4**, 3—733 (1900).
[6] DEVILLE, C. r. **56**, 195—729 (1863).
[7] Le CHATELIER, Ann. des Mines [8] **4**, 379, 599 (1883).
[8] BERTHELOT, C. r. **68**, 1035, 1107 (1869).
[9] THÉNARD, C. r. **74**, 1280 (1872). **75**, 118 (1872).
[10] DIXON, J. Chem. S. **49**, 94 (1886).
[11] DEVILLE und TROOST, C. r. **56**, 977 (1863).

Physiologische Eigenschaften. Obwohl Kohlendioxyd kein eigentliches Gift ist, kann es doch nicht eingeatmet werden. Der Grad der Konzentration, in welcher das Gas für den Organismus gefährlich ist, ist nicht genau bekannt, wenn man auch weiß, daß es nicht der fehlende Sauerstoff allein ist, der in einer kohlensäurereichen Atmosphäre Erstickungen verursacht.

Tierische Organismen atmen ständig Kohlendioxyd aus, während das Umgekehrte bei den Pflanzen der Fall ist, die unter dem Einfluß des Blattgrüns im Sonnenlicht folgende Reaktion liefern:

$$CO_2 + H_2O = O_2 + HCOH.$$

Der Sauerstoff entweicht in die Luft, während der gebildete Formaldehyd nach und nach durch eine Reihe von Prozessen im Pflanzenorganismus in verschiedene Kohlenstoffverbindungen verwandelt wird (Kohlenhydrate).

Der konstante Gehalt der Atmosphäre an Kohlensäure ist zum Teil auf die Eigenschaft der Pflanzen, aus Kohlendioxyd Sauerstoff abzuspalten, zurückzuführen. Auch der große Gehalt des Meereswassers an Kohlendioxyd verhindert jeden plötzlichen Wechsel des Kohlensäuregehaltes der Luft.

Die übrigen Gase.[1]

Von **Ph. A. Guye**-Genf,

in Gemeinschaft mit G. Baume (G. B.), N. Boubnoff (N. B.), E. Briner (E. B.), P. Bruylants (P. B.), E. Cardoso (E. C.), E. L. Durand (E. L. D.), A. F. O. Germann (A. F. O. G.), F. Germann (F. G.), A. Orekhoff (A. O.), Georges P. Pamfil (G. P. P.), F. Louis Perrot (F. L. P.), O. Scheuer (O. Sch.), M. Skossarewsky (M. S.), J. Timmermans (J. T.), K. Wiss (W.), E. Wourtzel (E. W.).[2]

Inhalt.[3]

[1] Vgl. auch Einzelstoffe, Bd. IV u. V. Zu weiterer Information über gasförmige Fluoride wird der Leser auf das Kapitel „Fluor und Fluoride" in Bd. V verwiesen.

[2] Die eingeklammerten Buchstaben bedeuten die Initialen, mit denen die einzelnen bearbeiteten Abschnitte unterzeichnet sind. D. H.

[3] Die auf den folgenden Seiten über jedes Gas zusammengestellten Angaben sind nach einem einheitlichen Plan gemacht. Was die Einzelheiten bezüglich Darstellung der einzelnen Gase betrifft, wird der Leser gut tun auf das allgemeine Kapitel „Darstellung von Gasen" (Bd. IV S. 1 etc.) zurückzugreifen, wo er die Angaben über die Konstruktion der Apparate und besonders auch über die Reinigungsprozesse der Gase durch physikalische Methoden: Verflüssigung, Destillation, Kristallisation, findet.

Bei den Literaturangaben hat man sich darauf beschränkt nur die neueren Arbeiten zu zitieren, zu denen man gegenwärtig das meiste Vertrauen haben kann, ge-

---

1. Fluor. $F_2 = 38.00$.[1]

Bildungsweise. Beim Erhitzen leicht zersetzlicher Fluoride (besonders des Goldes und Platins[2]).

Darstellung. 1. Durch Elektrolyse von Fluorwasserstoff[3] oder Kaliumwasserstofffluorid. Verunreinigungen: H, C, Si.

stützt auf die seit einem Jahrzehnt im Laboratorium des Verfassers gesammelten Erfahrungen. Diese Bemerkung betrifft insbesondere die Gase: Cl_2, ClH, O_2, O_3, SO_2, N_2, NH_3, N_2O, NO, N_2O_3, N_2O_4, NOCl, PH_3, CO, CO_2, CH_4, C_2H_6, C_3H_8, C_2H_4, C_2H_2, CH_3Cl, $(CH_3)_2O$, $(CN)_2$, welche der Gegenstand ausführlicher Arbeiten waren, im Verlaufe derer sie im Zustande sehr großer Reinheit erhalten wurden. (P. G.)

[1] Vgl. MOISSAN, C. r. **111**, 570 (1890). [2] MOISSAN, C. r. **109**, 861 (1889).

[3] MOISSAN, C. r. **102**, 1543; **103**, 203, 256 (1886).

2. Durch Überleiten von Chlor über Silberfluorid bei höherer Temperatur.[1] Verunreinigungen: Cl, Luft.

3. Quecksilberfluorid HgF_2 wird in Gefäßen aus Flußspat mit Chlor erwärmt. Verunreinigungen: H_2O.[2]

4. Durch Einwirkung von Oxydationsmitteln auf Fluorverbindungen: z. B. von glühendem Pb_3O_4 auf BF_3[3] (aus Flußspat + MnO_2 + H_2SO_4 oder Flußspat + Kaliumpermanganat + H_2SO_4 oder Kryolith + Pb_3O_4 + pyroschwefelsaures Kali kann kein F, sondern nur HF und O_3 oder O_2[4] erhalten werden.

Darstellung des reinen Gases: Durch Elektrolyse[5] von reinem, wasserfreiem[6], durch KF·HF leitend gemachtem Fluorwasserstoff, wobei Gefäße aus Platin oder Kupfer verwendet werden.

Der Apparat von Moissan zur Darstellung von Fluor durch Elektrolyse einer Lösung von sorgfältig getrocknetem Kaliumfluorid in reiner wasserfreier Flußsäure besteht aus einem doppelt rechtwinklig gebogenen Platinrohr (U-Rohr), in dem die Elektrolyse vor sich geht, und drei anderen Rohren aus demselben Metall, in denen das Fluor die mitgerissene Flußsäure abgibt. Die beiden Ausgänge des Elektrolysiergefäßes werden durch aufschraubbare Stopfen (Fig. 24)[7] verschlossen, die aus einem nicht leitenden Flußspatzylinder *F* hergestellt werden, welch letzterer sorgfältigst in einen Hohlzylinder aus Platin *P* eingepaßt ist, der außen einen Gewindegang besitzt. Durch jeden Flußspatzylinder geht ein starker Platinstab, der als Elektrode dient und im Innern des Gefäßes fast bis zum Boden reicht. Schließlich bringt man, um einen hermetischen Abschluß zu erzielen, zwischen die Berührungsflächen des Stopfens und des Rohres je einen Bleiring, den man durch die Muttern *E* anziehen kann.

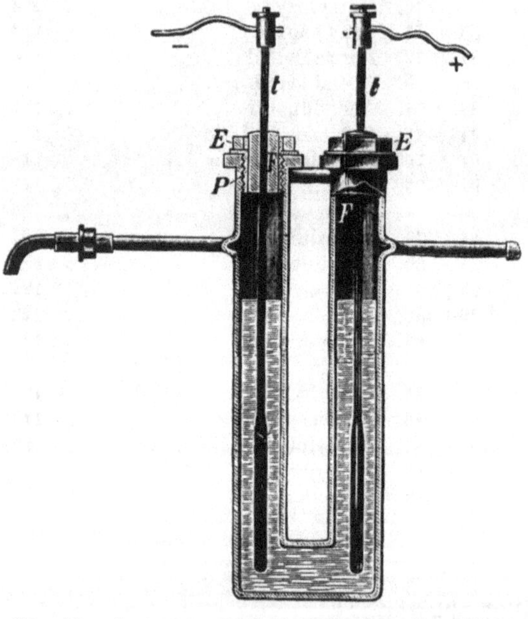

Fig. 24. Apparat zur elektrolytischen Darstellung von Fluor nach Moissan.

[1] Davy, Gilbert 35, 452 (1810).
[2] Knox, J. pr. Ch. 9, 118 (1836).
[3] Baudrimont, Journal de Chimie médicale 12, 374.
[4] Dammer I, 582 (1892).
[5] Moissan I, 67 (1904); Moissan, C. r. 128, 1543 (1899).
[6] Fremy, Ann. chim. phys. [3] 47, 5 (1856).
[7] Nach Holleman, Lehrb. der anorg. Ch., 7. Aufl., S. 74.

In den Apparat gießt man die Auflösung von Kaliumbifluorid, so daß die Schenkel bis 2 cm unterhalb der Ableitungsröhre angefüllt werden, bringt dann das Elektrolysiergefäß in ein Kältebad von Chlormethyl, das man bei — 23° langsam absieden läßt. Alsdann werden die beiden Elektroden mit den Polen einer Batterie von 25 Bunsenelementen verbunden, wonach am positiven Pol eine gleichmäßige Entwicklung von Fluor, und am negativen Pol eine solche von Wasserstoff erhalten wird.

Das sich entwickelnde Fluor schließt stets eine gewisse Menge von Fluorwasserstoff ein. Um diesen zu entfernen, schließt man an das Elektrolysiergefäß ein kleines Schlangenrohr aus Platin an, welches man in einem durch einen lebhaften Luftstrom bei — 50° gehaltenen Chlormethylbad abkühlt. Da der Fluorwasserstoff bei 19° siedet, kondensiert er sich fast vollständig in flüssiger Form in diesem Schlangenrohr. Die geringen Spuren, die eventuell noch mitgerissen sein könnten, absorbiert man durch geschmolzenes, in zwei Platinrohren befindliches Fluornatrium. Letzteres verbindet sich nämlich bei gewöhnlicher Temperatur mit Flußsäure zu saurem Fluorid. Das reine Fluor entweicht durch ein auf die beiden Platinrohre folgendes Rohr.

Die verschiedenen Teile des Reinigungsapparates werden miteinander mittelst Mutterschrauben verbunden, die man durch Bleiringe abdichtet.

Verunreinigungen und Reinigung.[1] Mögliche Verunreinigungen sind: HF, H_2, Luft. HF wird durch Abkühlen und durch NaF entfernt[2]; Luft wird vorher durch eine Pumpe abgesaugt, und, indem man die ersten Liter Gas entweichen läßt, weitere Reinigung durch fraktionierte Destillation. Das so erhaltene Gas ist nach MOISSAN rein und vollständig frei von HF.

Physikalische Eigenschaften:

Schmelzpunkt = — 233° (MOISSAN).[2]
Siedepunkt = — 187° (MOISSAN).[3]
Dichte bei — 200° = 1,14 (MOISSAN).[3]
Dichte des Gases bei 0° und 760 mm = 1,31 (MOISSAN).[4]
Dilatationskoeffizient = 0,00034 (SPERBER).[5]
Spezifisches Volumen = 0,9025 (SPERBER).[6]
Mol. Volumen = 34,30 (SPERBER).[6]

Chemische Eigenschaften: Fluor greift in gasförmigen und verflüssigtem Zustande trockenes Glas nicht an. Flüssiges Fl wirkt bei — 210° auf O_2 und H_2O nicht mehr ein. Fluor verbindet sich leicht mit andern Elementen; Si, Se, Sb, S, J, Br verbrennen darin mit Feuererscheinung. H_2O wird in der Kälte zersetzt, wobei O_3 (s. d.) entsteht.[7] Metalle werden weniger heftig angegriffen, weil das entstandene Metall-

[1] MOISSAN, C. r. **128**, 1543 (1899).
[2] MOISSAN, C. r. **103**, 202; **109**, 861 (1889). Ann. chim. phys. [6] **12**, 472 (1887); [6] **24**, 224 (1891).
[3] Moissan I, 69 (1904). [4] MOISSAN, C. r. **109**, 861 (1889).
[5] SPERBER, Z. anorg. Ch. **14**, 164, 374 (1897).
[6] Gmelin-Kraut-Friedheim-Peters I II. Kap. 8 (1909).
[7] MOISSAN, C. r. **119**, 570 (1899).

fluorid dieselben vor weiterer Einwirkung schützt. Quecksilber wird durch Fluor quantitativ in HgF verwandelt und wird auch angegriffen, wenn das Fluor mit einem andern Gas verdünnt ist. Die entstandene Schicht von HgF verlangsamt immerhin den Angriff so beträchtlich, daß man Fluor längere Zeit in einem Glaszylinder über Hg aufbewahren kann. Au, Pd, Ru, Ir sind in der Kälte ohne Einwirkung; dagegen greift Fluor bei 500—600° Pt heftig an. Ruß, Alkohol, Äther, CS_2, Benzol, Petrol usw. fangen beim Berühren mit Fluor sofort Feuer. Graphit reagiert bei Rotglut, Diamant wird nicht angegriffen. In flüssigem O_2 löst sich Fluor.

Physiologische Eigenschaften. Fluor hat einen sehr unangenehmen, an Unterchlorige Säure erinnernden Geruch und greift die Schleimhäute heftig an, selbst wenn es nur in Spuren vorhanden ist. In Berührung mit der Haut bewirkt es heftige brennende Schmerzen.[1] W.

2. Fluorwasserstoff, HF = 20,01.

I. Allgemeine Bildungsweisen. Bei der Behandlung von Flußspat (CaF_2) oder Kryolith (AlF_6Na_3) mit konzentrierter Schwefelsäure.

II. Gebräuchliche Darstellungsmethoden.[2] Technisch stellt man Fluorwasserstoff auf folgende Weise dar: Man bringt ein Gemenge von Flußspat (190 kg) und Schwefelsäure (80 kg) von 66° Baumé in horizontale gußeiserne Zylinder und erhitzt allmählich, bis die Gasentwicklung aufhört. Das erhaltene Produkt enthält bis zu 70% wasserfreien Fluorwasserstoff. Man verdünnt mit Wasser auf 50%.

Verunreinigungen. Nach Camboni und Manzato[3] findet man in technischer Flußsäure: Schwefelsäure, Kieselfluorwasserstoff H_2SiF_6, eine gewisse Menge Kieselfluorblei SiF_6Pb und Spuren von Eisen. Nach Stahl[4] schwankt die Dichte der technischen Flußsäure von 1,234—1,299. Sie enthält: 33,5—54,2% HF, 14,9—4,7% H_2SiF_6 und 0,8—4% H_2SO_4.

III. Darstellung des reinen Gases. Moissan[5] empfiehlt zwecks Reinigung ein Volum der Säure des Handels zu 1/4 Volum mit einer Lösung reinsten Kaliumcarbonates (aus CO_3KH) zu neutralisieren und aus einer Bleiretorte in einem Ölbad von 120° zu destillieren. Bei dieser Temperatur wird der Kieselfluorwasserstoff nicht zersetzt; man fängt daher eine Säure auf, die kein Silicium mehr enthält, welches die Flußsäure in beträchtlicher Menge einschließt. Nach diesem Verfahren stellt man eine Säure mit einem Titer von 40—45% wasserfreien HF dar, damit man sie vorteilhaft zur Darstellung von saurem Kaliumfluorid (KF·HF) verwenden kann, welches darauf zur Darstellung des reinsten, wasserfreien Fluorwasserstoffs dient. Zu diesem Zweck nimmt man davon ein Volum, teilt es in zwei gleiche Teile und neutralisiert den einen Teil vollständig mit reinstem Kalium-

[1] Moissan, I, 69 (1904). [2] Moissan, I, 76 (1904.)
[3] Camboni et Manzato, Atti. Scuol. Congel. I, 1896.
[4] Stahl, Z. angew. Ch. **9**, 225 (1896).
[5] Moissan, Ann. chim. phys. **24**, 224 (1891).

carbonat[1] und mischt ihn dann mit dem anderen. Es fällt wenig lösliches Kaliumbifluorid KF·HF in schönen Kristallen aus, die man auf Filtrierpapier trocknet und dann mit einem Pistill aus hartem Holz zerkleinert.

Um den Grad der Entwässerung des Salzes zu bestimmen, bringt man es auf kleine flache Schachteln aus Blattgold, welche man unter eine luftleere, eine Kristallisierschale mit KOH enthaltende Glocke stellt. Sobald das Bifluorid trocken ist, bringt man es in eine trockene, reine Platin- oder Bleiretorte, erwärmt und destilliert vorsichtig, wobei man die ersten Anteile verwirft. Man fängt das reine Produkt in einer Platinvorlage auf, welche durch eine Kältemischung (Eis + NaCl) abgekühlt wird.

Aufbewahrung. Reinste wasserfreie Flußsäure wird an einem kühlen Ort in einer verstopften Platin- oder einfacher in einer Guttaperchaflasche aufbewahrt. Guttapercha wird langsam angegriffen (s. u.).

IV. Physikalische Eigenschaften. Fluorwasserstoff ist ein farbloses Gas, das an der Luft heftig raucht, bei $-102,5^{0}$ fest wird und bei $-92,5^{0}$ schmilzt (OLZEWSKI)[2]; Siedepunkt $+19,4^{0}$ (MOISSAN); Dichte des verflüssigten Stoffes: 0,9879 (GORE).[3] Die Verdampfungswärme beträgt gleichmäßig 7200 cal.[4] Die Gasdichte soll nach MALLET[5] 39,32 (H = 1) sein, was der Molekularformel H_2F_2 entspricht. Oberhalb 88^{0} haben THORPE und HAMBLY[6] einen konstanten Wert gefunden, welcher der Formel HF entspricht. Überall halten die verschiedenen Verfasser die wahre Formel für H_2F_2.

Flußsäure leitet nicht die Elektrizität. Die wäßrige Lösung gestattet zwar dem Strom den Durchgang, der Widerstand wächst jedoch mit der Konzentration.

Die Lösungswärme von Flußsäure in Wasser ist nach GUNTZ:[7] $HF + H_2O = + 11800$ cal. und für flüssige Flußsäure + 4600 cal.

Chemische Eigenschaften: Flußsäure ist sehr beständig. Kupfer wird bei Rotglut von Flußsäure nicht merklich angegriffen. Platin und Gold werden selbst oberhalb 1000^{0} nicht angegriffen.

Verflüssigte wasserfreie Flußsäure reagiert oberhalb $-19,4^{0}$ auf Metalle außer auf Alkalimetalle nicht (vgl. GORE, l. c.).

Metalloxyde werden von Flußsäure angegriffen, wobei Fluoride entstehen (oberhalb Rotglut die Oxyde der alkalischen Erden, unterhalb davon Cadmiumoxyd, Zinkoxyd, Nickeloxyd, Kobaltoxyd), bei 1000^{0} gibt Chromoxyd mit Fluorwasserstoff flüchtiges Chromtrifluorid. Organische Substanzen werden merklich angegriffen (Kautschuk und Guttapercha werden langsam angegriffen).

Physiologische Eigenschaften: Fluorwasserstoff ist ein heftig reizendes Gas, das auf die Haut unter Verursachung schmerzhafter Brand-

[1] Um die Säure zu neutralisieren, bringt man sie in eine silberne Abdampfschale und gibt mittelst eines silbernen Spatels reinstes Kaliumcarbonat in kleinen Anteilen unter Umrühren hinzu. Die silberne Schale schwimmt in einem mit Wasser gefülltem Napf.

[2] OLZEWSKI, Mfte. **5**, 127 (1884).
[3] GORE, J. Chem. S. **22**, 368 (1869).
[4] ECKELT, Ch. Z. **22**, 225 (1898).
[5] MALLET, Chem. N. **44**, 164 (1881).
[6] THORPE u. HAMBLY, J. Chem. S. **55**, 163 (1889).
[7] GUNTZ, Ann. chim. phys. **3**, 10 (1884).

wunden einwirkt. Als Gegenmittel werden empfohlen: Lösung von Ammoniumacetat, verdünntes Ammoniak, sowie Auflegen von Kalkölpflaster.

Flußsäure ist ein sehr geschätztes Antiseptikum, sowohl in seiner wäßrigen Lösung als auch in Form seiner gelösten Salze. G. P. P.

3. Chlor. $Cl_2 = 70.92$.

Allgemeine Bildungsweisen. 1. Durch Umsetzung höherer Oxyde mit Salzsäure bzw. allgemein durch Oxydation der letzteren.
2. Durch Zersetzung gewisser Chloride bei höherer Temperatur.
3. Durch Elektrolyse der Chloride.

Gebräuchliche Darstellungsmethoden. 1. Durch Einwirkung konzentrierter Salzsäure auf Mangandioxyd.
2. Durch Einwirkung von Schwefelsäure auf ein Gemenge von Natriumchlorid und Mangandioxyd.
3. Durch Einwirkung von Salzsäure auf Kaliumbichromat.[1]
4. Durch Einwirkung von Salzsäure auf Kaliumpermanganat.[2]

Hauptsächliche Verunreinigungen: Luft, Chlorwasserstoff, Kohlendioxyd, Wasser.

Darstellung des reinen Gases: Für diesen Zweck ist die Reaktion zwischen Salzsäure und Kaliumpermanganat sehr bequem. Das Permanganat kann auch ersetzt werden durch die Masse, die bei der Darstellung von Sauerstoff aus erhitztem Kaliumpermanganat zurückbleibt. Diese Masse enthält eine Molekel Kaliummanganat K_2MnO_4 auf eine Molekel Mangandioxyd MnO_2, sowie noch unzersetztes Permanganat und besteht aus einem sehr fein verteilten schwarzen Pulver. 200 g dieser Masse oder 100 g Permanganat bringt man mittelst eines seitlichen Ansatzrohres in einen Kolben (500 ccm Inhalt; den Apparat kann man am Lötrohr blasen). Die Salzsäure läßt man durch einen Tropftrichter, dessen Rohr mit dem Innern des Kolbenhalses verblasen ist, hinzutropfen und erhält so einen sehr regelmäßigen Chlorstrom, namentlich wenn man das Gemenge von Kaliummanganat und Mangandioxyd anwendet. Die Reaktion beginnt bei gewöhnlicher Temperatur und liefert eine reichliche Chlormenge. Man kann nach Belieben gegen Ende der Reaktion erwärmen, falls man die Oxydationsmasse völlig ausnutzen will. Das entwickelte Gas wird zunächst durch Wasser gewaschen, dann durch konzentrierte Permanganatlösung, um die durch den Gasstrom mitgerissene Salzsäure zurückzuhalten; darauf wird es durch konzentrierte Schwefelsäure und Phosphorpentoxyd getrocknet. Man muß hierzu ein Pentoxyd verwenden, welches keine niederen Phosphoroxyde enthält, weil sich dann flüchtige Oxychloride bilden und das erhaltene Gas verunreinigen würden.[3] Nach

---

[1] Schönfeld, Ann. 95, 8 (1855).
[2] C. Graebe, Ber. 35, 43 (1902).
[3] Travers, Exp. Unters. von Gasen (Braunschweig 1905).

dem Trocknen wird das Gas in der üblichen Weise destilliert, wobei man die Verwendung von Quecksilbermanometern vermeidet.[1]

Sowohl der Entwicklungs- als auch der Destillationsapparat müssen vollständig aus Glas geblasen sein und dürfen keinerlei Kautschukverbindungen aufweisen.

Physikalische Eigenschaften. Chlor ist bei gewöhnlicher Temperatur ein gelbgrünes Gas, welches sich zu einer gelben, unter gewöhnlichem Druck bei $-33,6^{0}$ siedenden Flüssigkeit kondensieren läßt.[2]

Die Tension des gesättigten Dampfes beträgt bei 0^{0} 3,66 Atmosphären.[3] Chlor wird bei $-94,4^{0}$ fest[4] und bildet dann eine hellgelbe, kristallinische Masse, deren Farbe in demselben Maße abnimmt, wie die Temperatur erniedrigt wird. Sie ist bei der Temperatur der flüssigen Luft nahezu farblos. Die Dichte des verflüssigten Gases ist von KNIETSCH[5] untersucht worden und wird durch folgende Zahlen wiedergegeben:

t =	-75^{0}	$-33,6^{0}$	0^{0}	$+20^{0}$
D =	1,649	1,5575	1,469	1,4115

1 Liter Chlor wiegt 3,220 oder 3,214 g.[6] Die kritischen Größen sind folgende: Kritische Temperatur $T_c = 148^{0}$ (LADENBURG)[7]; kritischer Druck $P_c = 83,9$ Atm.; kritische Temperatur $T_c = 141^{0}$ (DEWAR)[8]; kritische Temperatur $T_c = 146^{0}$, kritischer Druck $P_c = 93,5$ Atm. (KNIETSCH).[9]

Die Löslichkeit des Gases in Wasser kann durch folgende Formel ausgedrückt werden: $3,0361 - 0,046196\,t + 0,0001107\,t^2$.[10] Bei tiefen Temperaturen bildet Chlor ein Hydrat von der Zusammensetzung: $Cl_2 8 H_2O$.

Chlor ist eins der energischsten chemischen Agenzien und verbindet sich direkt mit allen Metallen und Metalloiden außer mit Fluor, Sauerstoff, Stickstoff, Kohlenstoff und den Elementen der Argonreihe. Ein Gemenge von Chlor und Wasserstoff explodiert, wenn es den Sonnenstrahlen ausgesetzt wird; Phosphor, Schwefel, Kalium und gepulvertes Antimon brennen in einer Chloratmosphäre; indessen halten sich die meisten Metalle in einer Chloratmosphäre unverändert, wenn diese absolut trocken ist.

Chlor bildet unter der Einwirkung elektrischer Entladungen kein Polymeres (BRINER und DURAND).[11] E. W.

4. Chlorwasserstoff, HCl = 36,468.

Allgemeine Bildungsweisen. Bei der Zersetzung der meisten Metallchloride mittelst starker nicht flüchtiger Säuren.

Gebräuchliche Darstellungsmethoden: 1. Aus Natriumchlorid und konzentrierter Schwefelsäure in der Kälte. Verunreinigungen:

[1] Da trockenes Chlor trockenes Quecksilber nicht angreift, bleibt das Manometer beim Verlauf dieser Operation vollständig intakt, wenn man dafür Sorge getragen hat, den Apparat vorher gründlichst zu trocknen. Indessen tritt sofortiger Angriff ein, sobald nach einiger Zeit durch die Bewegung des Quecksilbers Feuchtigkeitsspuren in den Apparat gelangt sind; das Manometer bedeckt sich dann mit einer Schicht Mercurochlorid und wird schließlich vollständig verstopft.

[2] KNIETSCH, Ann. 259, 100 (1890). [3] l. c.

[4] N. BOUBNOFF u. PH. A. GUYE, J. Chim. phys. 9, 290 (1911).

[5] KNIETSCH, l. c.

[6] MOISSAN u. BINET DU JASSONEIX, C. r. 137, 1193 (1903). JAQUEROD u. TOURPAÏAN, J. Chim. phys. 11, 17 (1913).

[7] LADENBURG, Ber. 11, 1821 (1878). [8] DEWAR, Chem. N. 51, 27 (1885).

[9] KNIETSCH, l. c. [10] SCHÖNFELD, l. c.

[11] BRINER u. DURAND, Z. Elektr. 14, 706, 738 (1908).

Chlor, Arsenverbindungen, Oxyde des Schwefels, organische Verbindungen, Luft, Wasser.

2. Aus der rauchenden Salzsäure des Handels durch tropfenweises Zugeben von konzentrierter Schwefelsäure oder durch Erwärmen (RICHARDS; STÄHLER).[1]

Darstellung des reinen Gases. Man läßt in der Kälte reinste konzentrierte Schwefelsäure auf reinstes Natriumchlorid im luftleeren Raum einwirken (letzteres stellt man dar durch Fällen wäßriger Lösung mittelst Chlorwasserstoffgas). Der Apparat soll vollständig aus Glas hergestellt sein; denn Chlorwasserstoff greift Kautschuk und andere organische Stoffe an, wodurch er verunreinigt wird. Die Schwefelsäure läßt man durch einen Tropftrichter auf das Chlornatrium tropfen. [Ausführliche Beschreibung und Abbildung des Apparates siehe O. SCHEUER, J. Chim. phys. **8**, 294 (1910)].

Verunreinigungen und Reinigungswege: Chlorwasserstoff kann als Verunreinigungen Luft, Spuren Wassers, Schwefeltrioxyd und Schwefeldioxyd enthalten. Das Wasser wird in drei Waschflaschen, die reinste konzentrierte Schwefelsäure enthalten, und durch zwei Phosphorpentoxydrohre zurückgehalten. Von der beigemengten Luft und den Oxyden des Schwefels befreit man das Gas durch fraktionierte Destillation. Hierbei kann man zugleich die letzten Spuren Feuchtigkeit entfernen, indem man das Gas beim Destillieren durch ein Phosphorpentoxydrohr streichen läßt. Die Luft entweicht mit den ersten Anteilen, die Oxyde des Schwefels mit den letzten.

Der so dargestellte Chlorwasserstoff ist außerordentlich rein und zeigt alle seine charakteristischen Eigenschaften: Verflüssigung unter konstantem Druck, selbst in der Nähe des kritischen Punktes[2], konstante Dichte[3]; der verflüssigte Stoff ist vollständig durchsichtig, während er in unreinem Zustande getrübt erscheint.

Physikalische Eigenschaften:

Schmelzpunkt: $T_f = -111,4^0$ (BAUME).[4]

Siedepunkt unter 760 mm Druck $T_c = -83,1^0$ (PERROT u. BAUME).[5]

Dampfdruck bei $0^0 = 25,42$ Atm. (CARDOSO u. GERMANN).[5]

Kritische Temperatur: $T_c = 51,4^0$ (CARDOSO u. GERMANN)[2]; $51,8^0$ (BRINER).[6]

Kritischer Druck $P_c = 81,55$ Atm. (CARDOSO u. GERMANN)[2]; 83,6 (BRINER).[6]

Gewicht des Normalliters: $L = 1,6392$ (SCHEUER[3]; GUYE u. GAZARIAN[7], GRAY u. BURT).[8]

Dichte des verflüssigten Gases zwischen T_f und $T_c = 1,706-0,00276\,T$ (PERROT u. BAUME).[5]

Brechungsindex: N_D (0^0, 760 mm) = 1,000773 (MASCART).[9]

Löslichkeit in Wasser: 1 ccm löst 455,2 ccm Chlorwasserstoffgas bei 16^0.[10]

---

[1] MOISSAN I, 104 (1904), sowie Z. anorg. Ch. **71**, 391 (1911).

[2] CARDOSO u. GERMANN, J. Chim. phys. **10**, 517 (1912).

[3] SCHEUER, J. Chim. phys. **8**, 290 (1910); Mfte. Wien 1913 u. 1914; Akad. Anz. Wien **19**, 328 (1913).

[4] BAUME, C. r. **148**, 1322 (1911).

[5] PERROT u. BAUME, Arch. Sc. Phys. et Nat. Genève [4] **32**, 62 (1911). CARDOSO u. GERMANN, J. Chim. phys. **11**, 632 (1913).

[6] BRINER, J. Chim. phys. **4**, 479 (1906).

[7] GUYE u. GAZARIAN, C. r. **143**, 1233 (1906).

[8] GRAY u. BURT, Proc. Chem. S. **24**, 215 (1908).

[9] MASCART, C. r. **86**, 322 (1878).

[10] ROSCOE-DITTMAR, Ann. **112**, 327 (1859).

Chemische Eigenschaften: Chlorwasserstoffgas ist ein nicht brennbares, bei höheren Temperaturen sehr beständiges Gas. In trockenem Zustande greift es selbst bei höherem Druck Quecksilber nicht an.

Physiologische Eigenschaften: Luft mit einem Gehalt von 0,05 % Chlorwasserstoff kann nur kurze Zeit geatmet werden (LEHMANN).

A. F. O. G.

5. Chlormonoxyd, $Cl_2O = 86{,}92$.

Darstellung: Chlormonoxyd wird durch Einwirkung von Chlor auf gelbes Quecksilberoxyd erhalten:

$$HgO + 2Cl_2 = HgCl_2 + Cl_2O.^{1} \qquad (1)$$

Trockenes Quecksilberoxyd reagiert selbst bei tiefen Temperaturen so lebhaft mit Chlor, daß der größere Teil des erhaltenen Chloroxydes in Chlor und Sauerstoff zersetzt wird. Daher besteht das Reaktionsprodukt hauptsächlich aus Sauerstoff. Das trockene Quecksilberoxyd wird in ein Rohr von etwa 1 m Länge gebracht und mit Wasser gewaschenes und mit konzentrierter Schwefelsäure und Phosphorpentoxyd getrocknetes Chlor (vgl. die Darstellung unter „Chlor") in mäßigem Strome darüber geleitet. Es empfiehlt sich, das Rohr mit Eis zu umgeben. Das erhaltene Gas wird in einer Kältemischung von Eis und Salz kondensiert. Auf diese Weise erhält man innerhalb von drei Stunden 15—20 ccm der Flüssigkeit. Es ist wichtig, hierbei keine Kautschukverbindungen zu verwenden, weil organische Substanzen eine heftige Explosion des Chloroxydes herbeiführen. So genügt schon ein an der Wandung des das verflüssigte Chloroxyd enthaltenden Rohres angebrachter Feilstrich zur Herbeiführung der Explosion (PELOUZE). Andererseits kann die Flüssigkeit bei Abwesenheit von organischen Substanzen ohne jede Gefahr destilliert werden (GARZAROLLI).

Die Hähne müssen mit anorganischen Substanzen geschmiert werden, auf welche Chloroxyd ohne Einwirkung ist, z. B. mit Phosphorsäure.

Physikalische Eigenschaften: Chlormonoxyd stellt ein orangegelbes Gas dar, welches sich nach PELOUZE zu einer roten, nach GARZAROLLI zu einer braunen Flüssigkeit kondensieren läßt. Der Siedepunkt liegt bei 5° (738 mm).[2] Die Dampfdichte beträgt 3,007, bezogen auf Luft.[3] Die Löslichkeit des Gases in Wasser beträgt 200 Volumina bei gewöhnlicher Temperatur.

Chemische Eigenschaften: Die Zusammensetzung des Gases ist zuerst von GAY-LUSSAC[4] festgestellt worden, später von GARZAROLLI; Chlormonoxyd ist ein sehr unbeständiger Stoff und explodiert in der Wärme und in Berührung mit organischen Substanzen, z. B. Stroh, Filtrierpapier usw. Auch in Berührung mit Schwefel, Phosphor, Kalium usw. tritt Detonation ein. Die meisten Metalle werden durch Chloroxyd in

[1] PELOUZE, Ann. chim. phys. [3] 7, 176 (1843); GARZAROLLI, u. SCHACHERL, Ann. **230**, 273 (1885).

[2] GARZAROLLI u. SCHACHERL, l. c. [3] GARZAROLLI u. SCHACHERL, l. c.

[4] GAY-LUSSAC, Ann. chim. phys. 5, 273 (1842).

Chloride verwandelt, wobei Sauerstoff frei wird. Quecksilber wird nur langsam angegriffen.

Physiologische Wirkungen: Gasförmiges Chlormonoxyd besitzt einen sehr unangenehmen Geruch und bewirkt Husten und Blutspeien. In verflüssigtem Zustande greift es lebhaft die Haut an. E. W.

6. Chlordioxyd, $ClO_2 = 67,46$.

Hauptsächlichste Bildungsweisen: Durch Zersetzung der Chlorate mittelst Säuren.

Darstellungswege: 1. Man bringt nach und nach 15—20 g konzentriertes reinstes Kaliumchlorat in 100 g reinste konzentrierte, gut durch ein Gemisch von Eis und Salz abgekühlte Schwefelsäure. Hierbei bildet sich ein dunkelbrauner, sehr dicker Brei, den man sofort in einen Entwicklungskolben überführt, wobei man dafür sorgt, daß er mit der Wandung des Halses nicht in Berührung kommt, und verschließt darauf den Kolben mit einem Kautschukstopfen. Nunmehr erwärmt man im Wasserbad auf 20°, am Beginn der Operation. In demselben Maße, wie die Gasentwicklung fortschreitet, steigert man die Temperatur und gelangt auf 40° gegen Ende der Operation. Trotz aller erdenklicher Vorsichtsmaßregeln muß man stets einer heftigen Explosion gewärtig sein. Das entwickelte Gas wird durch Calciumchlorid getrocknet und in einer Kältemischung (Eis und Kochsalz) kondensiert.[1]

2. Ein Gemenge von Kaliumchlorat (1 Teil) mit kristallisierter Oxalsäure (9 Teile) entwickelt bei 70° ohne jede Explosionsgefahr Chlordioxyd.[2] Hierbei sei bemerkt, daß das nach der ersten Methode erhaltene Gas bereits bei 60—65° explodiert (Millon). Schacherl schlägt vor, dem Gemisch Schwefelsäure, die mit zwei Volumina Wasser verdünnt ist, hinzuzufügen.[3]

Wie auch immer die angewendete Darstellungsmethode sein möge, man darf niemals Hähne anwenden, die mittelst einer organischen Substanz gedichtet sind. Pébal gibt zahlreiche Fälle an, bei denen die Explosion auf die Zerstörung der Hähne beschränkt blieb; wahrscheinlich ist diese Erscheinung auf eine vorhergegangene Kondensation des Gases in dem Fett zurückzuführen. Man verwende deshalb möglichst Hähne, die mit Phosphorsäure gedichtet sind und vermeide soweit wie möglich Kautschukverbindungen.

Physikalische Eigenschaften: Chlordioxyd ist ein orangegelbes Gas, das sich beim Siedepunkt 9,9° zu einer blutroten Flüssigkeit verdichtet.[4] Es löst sich leicht in Wasser (20 Vol. bei gewöhnlicher Temperatur). Die orangerote Lösung ist ein sehr energisches Bleichmittel. Es löst sich auch in konzentrierter Schwefelsäure (20 Vol. bei — 18°) und

[1] Millon, Ann. chim. phys. [3] 7, 298 (1843).
[2] Calvert u. Davier, Ann. **110**, 344 (1859).
[3] Schacherl, Ann. **206**, 68 (1881).
[4] Schacherl, l. c.

entweicht daraus bei + 10° unter teilweisem Zerfall in Chlor und Sauerstoff.[1] Die Dampfdichte ist 34,4 (bezogen auf Wasserstoff bei 11°). Schmelzpunkt: — 50° (FARADAY).[2]

Chemische Eigenschaften. Chlordioxyd ist eine sehr unbeständige, durch Wärme und Licht leicht zersetzbare Substanz. Es empfiehlt sich daher, mit diesem Stoffe nur in einem mäßig erhellten Raum zu arbeiten.[3]

Phosphor, Schwefel, gewisse organische Substanzen, wie Filtrierpapier, Stroh usw., explodieren mit Chlordioxyd. Die meisten Metalle zerlegen es unter Sauerstoffentwicklung und Bildung von Chloriden. Auch mit den Alkalien zersetzt es sich, wobei es Chlorate und Chlorite bildet. Permanganat oxydiert es in saurer Lösung zu Chlorsäure.

Physiologische Eigenschaften: Diese sind analog denen des Chlormonoxydes. E. W.

7. Bromwasserstoff. HBr = 80.928.

Bildungsweise: Aus Wasserstoff und Brom bei Gegenwart von Katalysatoren, z. B. Pt.[4]

Darstellung: 1. Aus Brom, Phosphor und Wasser (einfachste Methode).[5]

2. Aus Brom und Schwefelwasserstoff.[6]

3. Durch Reduktion von Brom mit Schwefeldioxyd.[5]

4. Durch Vereinigung von Brom mit Wasserstoff bei Gegenwart von Platin.[7]

Gebräuchliche Darstellungsweise: Bromwasserstoff kann in gasförmigem Zustande in der für Salzsäure nützlichen Weise nicht erhalten werden, weil das Gas durch konzentrierte Schwefelsäure zerlegt wird.

Zur Darstellung von Bromwasserstoff wählt man die Einwirkung von Wasser auf Phosphorbromide. Letztere werden durch Wasser unter Entwicklung von Bromwasserstoff zerlegt, wobei zugleich phosphorige Säure oder Phosphorsäure entsteht, je nachdem man Tribromid oder Pentabromid angewandt hat:

$$\text{a)}\ PBr_3 + 3H_2O = 3HBr + PO_3H_3.$$

$$\text{b)}\ PBr_5 + 4H_2O = 5HBr + PO_4H_3.$$

In der Praxis stellt man nicht erst das Phosphorbromid her, sondern wendet Phosphor und Brom an, indem man auf folgende Weise operiert: In einen kleinen Glaskolben bringt man Phosphor und ein wenig Wasser, auf den Kolben setzt man einen kleinen Stopfen, durch den ein Tropftrichter für das Brom geht. Das Ableitungsrohr läßt man am Boden einer trockenen Flasche enden, wenn man das Gas auffangen will, oder man kann letzteres auch leicht in Wasser auflösen, wenn es sich darum

[1] MILLON, l. c. [2] FARADAY, Ann. chim. phys. [3] **15**, 357 (1845).
[3] CAHN, J. pr. Ch. **83**, 54 (1861).
[4] CORENWINDER, Ann. chim. phys. [3] **34**, 77 (1852).
[5] Gmelin-Kraut-Friedheim-Peters I, (2) 237—238 (1909).
[6] KORNDÖRFER, Zentr. 1904 I, 984. [7] NEWTH, Jahr. 392 (1891).

handelt, eine wäßrige Lösung von Bromwasserstoff herzustellen. In diesem Falle empfiehlt es sich, das Ableitungsrohr mit einem Rückschlagventil zu versehen, damit die Flüssigkeit der Flasche nicht durch die heftige Absorption zurücksteigen kann. Man reguliert die Hahnöffnung so, daß das Brom tropfenweise in den Behälter fließt. Der Bromwasserstoff entwickelt sich dann sofort. Gegen Ende der Operation kann man die Entwicklung durch leichtes Erwärmen verstärken.

Die Bromwasserstoffsäure reißt beim Entwickeln ein wenig Bromdampf mit. Zwecks Entfernung dieses Dampfes läßt man das Gas vor dem Auffangen durch ein U-Rohr über kleine Stücke weißen Phosphors streichen, zwischen denen sich Glasstückchen befinden, und die mit Wasser befeuchtet sind. Das Gas wird darauf entweder mit geschmolzenem Calciumbromid oder mit Phosphorsäureanhydrid getrocknet.[1]

Physikalische Eigenschaften:

Siedepunkt = – 64,9° bei 738,2 mm.[2]
Schmelzpunkt = – 86,7°—88,5°.[2]
Spez. Gewicht = 2,71 (Löwig).
Dichte bei – 15° = 2,989.[3]
„ „ – 28° = 2,873.
„ „ – 73° = 2,176.[4]
Gewicht von 1 Liter bei 0° und 760 mm = 3,6167 g.
Kritische Temperatur = + 91,3°.
Brechungsindex N_D = 1,325 bei 10°.[5]
Dampfdruck: bei – 66° = 891 mm.[4]
„ „ – 105° = 90 mm.
Leicht löslich in H_2O unter Wärmeentwicklung; bei 10° das 600fache seines Volumens.[6]

Chemische Eigenschaften: Wird nicht zersetzt, wenn es allein oder mit O_2 durch eine glühende Glasröhre geleitet wird. Zerfällt noch nicht bei 700°. Trocken, vollständig beständig, in feuchtem Zustande und bei Gegenwart von O_2 wird es durch Licht zersetzt. Greift Hg nur wenig (aber etwas mehr als HCl), Glas nur sehr langsam an.[7] Hygroskopischer als HCl.

Physiologische Eigenschaften: Wie HCl. W.

8. Jodwasserstoff. HJ = 126,93.

Wichtigste Bildungsweisen: Jodwasserstoffgas bildet sich direkt aus seinen Elementen in der Wärme. Jod oxydiert eine ganze Reihe von Substanzen, indem es ihnen Wasserstoff entzieht und mit letzterem Jodwasserstoff bildet.

---

[1] Vgl. H. Gautier und G. Charpy, Leçons de chimie, Paris (1894), S. 152 und 153, 2. Ausg.
[2] Estreicher, Z. phys. Ch. **20**, 607 (1896).
[3] Gmelin-Kraut-Friedheim-Peters I, (2) S. 241 (1909).
[4] Mc Intosh und Steele, Z. phys. Ch. **55**, 141 (1906).
[5] Bleekrode, Rec. trav. chim. **4**, 79 (1886).
[6] Berthelot, C. r. **76**, 682 (1875).
[7] Berthelot, Ann. chim. phys. [7] **21**, 206 (1900).

Gebräuchliche Darstellungsmethoden: 1. Man fügt zu amorphem Phosphor, der sich in einem Kolben unter einer Wasserschicht befindet, Jod im Überschuß und erwärmt gelinde:[1] $P + 5J + 4H_2O = H_3PO_4 + 5HJ$. Verunreinigungen: Jod und Phosphor. Man kann hierbei denselben Apparat wie bei der Darstellung des Bromwasserstoffs benutzen (Kolben und Tropftrichter). An Stelle des Broms nimmt man eine Lösung von Jod in Kaliumjodid. In beiden Fällen erwärmt man gelinde, um das in der Kälte fast vollständig in dem Wasser gelöst bleibende Gas in Freiheit zu setzen. Die Kondensation des Gases erfolgt auf die übliche Weise.

2. Man erwärmt festes Kaliumjodid mit glasiger Phosphorsäure.[2]

3. Man entwässert eine sehr konzentrierte Lösung von Jodwasserstoff durch Phosphorpentoxyd.

4. Aus $J_2 + H_2$ mittelst Pt.

Darstellung des reinen Gases: Das nach einer der obigen Methoden dargestellte Gas wird durch Phosphorpentoxyd getrocknet, dann in einer Vorlage kondensiert, welche durch eine Mischung von fester Kohlensäure und Alkohol oder durch flüssige Luft abgekühlt ist. Darauf unterwirft man den Stoff einer Reihe von Fraktionierungen, wobei die Verunreinigungen mit den Anfangs- und Endprodukten entfernt werden.

Physikalische Eigenschaften: Jodwasserstoff ist ein farbloses, stechend riechendes Gas.

Schmelzpunkt: $T_f = -50{,}8^0$.[3]
Siedepunkt: (unter 760 mm) $T_e = -35{,}7^0$.[4]
Dampfdruck: bei $0^0 = 3{,}97$ Atm.[5]
Kritische Temperatur: $T_c = 150{,}7$.[6]
Gewicht des Normalliters $L = 5{,}7106$.[7]
Brechungsindex: $N_D = 3{,}10$.[8]
Dichte des verflüssigten Gases bei $12^0 = 2{,}27$.[9]
Löslichkeit in Wasser: 1 Liter Wasser absorbiert bei 10^0 gegen 425 Liter Jodwasserstoff.

Chemische Eigenschaften: Jodwasserstoffgas beginnt gegen 180^0 in seine Elemente zu zerfallen.[10] Auch unter dem Einfluß des Lichtes wird es langsam zerlegt. Ein Gemisch von Jodwasserstoff und Sauerstoff gibt beim Durchleiten durch ein erhitztes Porzellanrohr Wasser und Jod. Hydroperoxyd reagiert mit Jodwasserstoff unter Bildung von Wasser und Jod. Jodwasserstoff reduziert Stickoxyde, wie überhaupt sauerstoffhaltige Säuren außer Phosphorsäure. Chlor und Brom wirken auf Jodwasserstoff

---

[1] V. MEYER, Ber. **20**, 3381 (1887). [2] LEPSIUS, Ber. **23**, 1642 (1890).
[3] ESTREICHER, Z. phys. Ch. **20**, 603 (1897).
[4] MC INTOSH u. STEELE, Z. phys. Ch. **55**, 136 (1906).
[5] FARADAY, Phil. Trans. **1**, 155 (1845).
[6] ESTREICHER, Z. phys. Ch. **20**, 603 (1897).
[7] Gmelin-Kraut-Friedheim-Peters I, (2) 317. [8] MASCART, C. r. **86**, 321 (1878).
[9] BLEEKRODE, Rec. trav. chim. **4**, 77 (1885).
[10] Über die Dissoziation des Jodwasserstoffs siehe LEMOINE, Ann. chim. phys. [5] **12**, 145 (1877). BODENSTEIN, Ber. **26**, 2603 (1893).

ein und liefern die entsprechenden Wasserstoffverbindungen, wobei Jod in Freiheit gesetzt wird. Persäuren und Persalze werden durch Jodwasserstoff reduziert.

Physiologische Eigenschaften: Jodwasserstoff ist ein erstickend wirkendes Gas von stark saurem Geschmack. Als Gegenmittel kann man gasförmiges Ammoniak anwenden. E. B.

9. Ozon, $O_3 = 48$.

Wichtigste Bildungsweisen: Nach keiner einzigen Bildungsweise entsteht reines Ozon, sondern höchstens ein gasförmiges Gemenge von Luft oder Sauerstoff mit einem mehr oder weniger großen Ozongehalt. Der Gehalt an Ozon nimmt äußerst schnell bei Erhöhung der Temperatur ab.

Ozon entsteht: 1. Bei der Einwirkung elektrischer Entladungen, namentlich der dunklen Ausströmung auf Sauerstoff oder Luft.

2. Bei höheren Temperaturen (1300—1400°) aus Sauerstoff.[1]

3. Aus Luft oder Sauerstoff mittelst Kathodenstrahlen, ultravioletten Lichtes[2] oder mittelst der stark radioaktiven Substanzen entströmenden Strahlen.

4. Bei der langsamen Oxydation des Phosphors bei Gegenwart von Wasser oder besser mit verdünnter Schwefelsäure und Kaliumdichromat.[3]

5. Bei der Elektrolyse von mit Schwefelsäure sauer gemachtem Wasser an einer unoxydierbaren Anode aus Gold oder Platin entsteht ozonisierter Sauerstoff.[4]

6. Bei der Einwirkung von Fluor auf Wasser entsteht bis zu 14,4% Ozon enthaltender Sauerstoff.[5]

7. Bei der Zersetzung von Kaliumpermanganat oder Bariumperoxyd durch Schwefelsäure bildet sich ebenfalls ozonisierter Sauerstoff.[6]

Gebräuchliche Darstellungsmethoden: Die zweckmäßigste Methode zur Darstellung des ozonhaltigen Gases besteht darin, daß man elektrische Entladungen auf Luft oder besser Sauerstoff einwirken läßt. Das so erhaltene Gas hat folgende Verunreinigungen: Es enthält stets Sauerstoff und, wenn man mit Luft gearbeitet hat, Stickstoff und Stickoxyde.

Im Laboratorium geht man am besten von reinem und trocknem Sauerstoff aus, indem man einen Ozonisator nach Berthelot verwendet (vgl. Bd. II). Man ordne den Apparat in der Weise an, daß man je nach Bedürfnis die Entladungen entweder auf einen in Ruhe befindlichen Gasmesser oder auf einen durch den Ozonisator gehenden Sauerstoffstrom

---

[1] Troost u. Hautefeuille, C. r. **84**, 946 (1877).

[2] Lénard, Wied. **51**, 232 (1894); Ann. Phys. **1**, 503 (1900); Goldstein, Ber. **36**, 3042 (1903).

[3] Leeds, Ann. **198**, 30 (1879).

[4] Vgl. Fischer und Massenez, Zentr. **1907**, I, 607, 865; Z. anorg. Ch. **52**, 202 (1907).

[5] Moissan, Ann. chim. phys. [6] **24**, 224 (1891).

[6] Frye, Chem. N. (1894) 122.

einwirken lassen kann. Im Prinzip besteht der ganz aus Glas geblasene Apparat aus zwei konzentrischen, miteinander verblasenen Röhren, die mit Ansatzrohren zum Eintritt und Austritt des Gases, welches durch den Zwischenraum strömt, versehen sind. Das innere, mit Zinnfolie ausgestattete und in geeigneter Weise isolierte Rohr stellt die eine der beiden Elektroden dar, die andere besteht aus einer Zinnfolie, die auf dem äußeren Rohr angebracht ist.[1]

Die Ausbeute an Ozon hängt bei den den dunklen Ausströmungen unterworfenen Gasen von der Qualität und der Spannung der elektrischen Entladungen ab[2]; ferner von dem Druck oder der Schnelligkeit des Gasstromes im Ozonisator und schließlich namentlich auch von der Temperatur.

Folgende Zahlen[3] beziehen sich auf die Ausbeute an Ozon, wenn man dunkle Ausströmungen auf reinen Sauerstoff bei verschiedenen Temperaturen einwirken läßt:

t° C	− 73	− 46	− 20	0	+ 20	+ 59	+ 78	+ 109	+ 176.
O_3 % Vol.:	10,4	9,2	7,8	6,8	5,2	3,0	1,45	0,7	Spuren.

Beim Abkühlen des Ozonisatorrohres mit flüssiger Luft haben BRINER und DURAND eine vollständige Umwandlung des Sauerstoffes in flüssiges Ozon erhalten, wobei der Druck unterhalb 256 mm gehalten wurde.[4] Beim Verdampfen des Ozons erhält man darauf ein sehr reiches Gas. Zur Vermeidung von Explosionen muß man auf folgendes achten: 1. Das Ozonisatorrohr ist sorgfältig mit Chromsäuremischung auszuwaschen, damit alle Spuren organischer Substanzen entfernt werden. 2. Das Ozon darf nicht zu lebhaft destilliert werden.

Physikalische Eigenschaften: Ozon ist ein bei gewöhnlichem Druck farbloses Gas; es färbt sich dunkelblau, wenn es stark komprimiert wird[5]; in verflüssigtem Zustande ist es tief indigoblau, beinahe schwarz. Das Gas besitzt einen eigentümlichen Geruch, den man auch in der Nähe von elektrischen Maschinen wahrnimmt. Der Geruch des konzentrierten Ozons erinnert an den des Chlors und der Stickoxyde.

Siedepunkt: − 119° (TROOST).[6]
Dichte bezogen auf Sauerstoff: 1,469 (theoretisch 1,5) (LADENBURG).[7]
Löslichkeit in Wasser bei 15° und 25,9 mgr pro Liter (MAILFERT).[8]
„ „ „ „ 0° „ 39,4 mgr „ „ .

Chemische Eigenschaften: Ozon ist ein energisches Oxydationsmittel. Eine große Anzahl durch Sauerstoff nicht oxydierbarer Substanzen bildet mit Ozon ein Oxyd und Sauerstoff. Die Reaktion ist lebhafter bei Gegenwart von Wasser.[8]

---

[1] BRINER u. DURAND, J. Chim. phys. **7**, 13 (1909).
[2] BRINER u. METTLER, J. Chim. phys. **6**, 153 (1908).
[3] BEILL, A, Mfte. **14**, 71 (1893). [4] BRINER u. DURAND, l. c.
[5] HAUTEFEUILLE u. CHAPPUIS, C. r. **91**, 322 (1882).
[6] TROOST, C. r. **126**, 1751 (1898).
[7] LADENBURG, Ber. **31**, 2508—2530 (1898); **32**, 321 (1899); **34**, 1834 (1901).
[8] MAILFERT, C. r. **119**, 951 (1894); vgl. auch LADENBURG, Ber. **31**, 2510 (1898).

Physiologische Eigenschaften: Ozon greift vermöge seiner stark oxydierenden Eigenschaften die Schleimhäute an und bewirkt, wenn man es zu konzentriert einatmet, Blutspeien. Indessen scheinen die durch Ozon verursachten Beschwerden keine nachhaltigen Folgeerscheinungen zu haben. Andererseits besitzt Ozon bakterientötende Eigenschaften, die man zur Sterilisation des Wassers und der Luft benutzt. E. L. D.

10. Schwefelhexafluorid, $SF_6 = 146$.

Darstellung: Durch direkte Einwirkung von Fluor auf Schwefel (MOISSAN und LEBEAU).[1]

Eigenschaften: Schwefelhexafluorid ist ein farbloses, geruch- und geschmackloses, nicht brennbares, äußerst beständiges Gas (geschmolzene Pottasche ist ohne Einwirkung darauf).

Schmelzpunkt: $T_f = -55^0$ (MOISSAN und LEBEAU).[1]

Siedepunkt: $T_e = -45—50^0$.[1]

Die physiologischen Wirkungen sind gleich Null. G. B.

11. Schwefelwasserstoff, $H_2S = 34{,}086$.

Allgemeine Bildungsweisen: Sämtliche Sulfide liefern mit starken Säuren Schwefelwasserstoff.

Gebräuchliche Darstellungswege: 1. Geschmolzenes Schwefeleisen FeS wird in der Kälte mit Schwefelsäure oder besser verdünnter Salzsäure behandelt. Verunreinigungen: Wasserstoff, Chlorwasserstoff, Schwefeldioxyd, Wasser und Luft. Dies ist die beste und einfachste aller gebräuchlichen Darstellungsmethoden.

2. Antimontrisulfid Sb_2S_3 wird mit konzentrierter Salzsäure erwärmt. Verunreinigungen: Spuren von Wasserstoff, Chlorwasserstoff, Wasser, Luft.[2]

3. Durch Behandlung von Alkalisulfiden mit verdünnter Salzsäure in der Kälte. Verunreinigungen: Chlorwasserstoff, Hydropersulfid, Wasser, Luft.[3]

4. Durch Behandlung der Sulfide oder Hydrosulfide der alkalischen Erden (Barium, Calcium) mit Salzsäure. Verunreinigungen: Chlorwasserstoff, Chlordioxyd, Hydropolysulfid, Wasser, Luft.[4]

Darstellung des reinen Gases: Man läßt in der Kälte und im luftleeren Raum konzentrierte reinste Salzsäure auf gefälltes und gewaschenes[5] reinstes[6] Eisensulfid einwirken. Als Entwicklungsgefäß wählt

[1] MOISSAN u. LEBEAU, C. r. **130**, 865 (1900).
[2] Moissan I, 337 (1904).
[3] G. BAUME u. F. L. PERROT, J. Chim. phys. **6**, 610 (1908).
[4] FRESENIUS, Z. anal. Ch. **26**, 339 (1887); MICHLER, Ch. Z. **21**, 659 (1897).
[5] G. BAUME u. F. L. PERROT, J. Chim. phys. **6**, 610 (1908).
[6] Das durch die A. G., vormals B. SIEGFRIED in Zofingen (Schweiz) gelieferte Erzeugnis, genannt Ferrum sulfuratum purum praecipitatum pulviforme H. 80, erfüllt diese Bedingungen. Da dieses Produkt sich sehr leicht oxydiert, ist es notwendig, das anhaftende Wasser mit H_2S zu sättigen.

man einen Destillationskolben von einem Liter Inhalt und bringt in diesen mittelst eines Trichters 500 g des breiförmigen Schwefeleisens.[1] Der Kolben wird darauf mit einem durchbohrten Kautschukstopfen verschlossen, durch welchen ein Schleifentrichter führt, der die tropfenweise Zuführung von reiner konzentrierter Salzsäure gestattet. Die sehr regelmäßige Gasentwicklung dauert bis zur Erschöpfung des Eisensulfides an; in diesem Augenblick wird der ursprünglich schwarze und undurchsichtige Inhalt des Kolbens in eine durchsichtige, durch das anwesende Ferrochlorid leicht grün gefärbte Lösung verwandelt.

Verunreinigungen und Reinigungswege: Mögliche Verunreinigungen des Schwefelwasserstoffes sind: Luft, Chlorwasserstoff, Wasser, sowie Spuren von Kohlendioxyd. Die Luft wird gleich am Anfang der Operation entfernt, indem man, bevor man die Reaktion in Gang setzt, in dem Apparat das erforderliche Vakuum herstellt und die ersten entwickelten Liter Gas unbenutzt entweichen läßt, z. B. indem man sie mit der Wasserstrahlpumpe absaugt, nachdem sie die ganze Apparatur durchströmt haben. Den Chlorwasserstoff hält man in einer Waschflasche zurück, die mit einem hellen Brei von gesättigtem Ferrosulfid beschickt ist. Wasser wird in hinreichend langen Röhren durch entwässertes reines Chlorcalcium und Phosphorsäureanhydrid zurückgehalten.[2] Schließlich kann man durch fraktionierte Destillationen die Spuren Kohlendioxyd, die das Gas enthalten könnte, entfernen, wobei es mit den Anfangsprodukten fortgeht.

Anmerkung: Der so dargestellte Schwefelwasserstoff besitzt alle Eigenschaften eines reinen Stoffes: konstante Dichte (BAUME und PERROT)[3]; Verflüssigung unter konstantem Druck selbst in unmittelbarer Nähe des kritischen Punktes (CARDOSO und ARNI)[4] usw.

Physikalische Eigenschaften: Schwefelwasserstoff ist ein farbloses, unangenehm nach faulen Eiern riechendes Gas.

Schmelzpunkt: $T_f = -83°$ C (BAUME und PERROT).[5]
Siedepunkt (unter 760 mm Druck) $T_e = -60{,}2°$ (PERROT und BAUME).[5]
Dampftension bei 0° = 10,25 Atm. (OLSZEWSKI).[6]
Kritische Temperatur: $T_c = +100{,}4°$ (373,4° abs.) (CARDOSO und ARNI).
Kritischer Druck: $P_c = 89{,}05$ Atm. (CARDOSO und ARNI).[7]
Gewicht des Normalliters L = 1,5392 (BAUME und PERROT).[8]
Brechungsindex: N_D (0°, 760 mm) = 1,000640.[9]
Dichte des verflüssigten Gases: (zwischen T_f und T_c) = 1,328—0,0171 T (PERROT und BAUME).
Löslichkeit in Wasser: etwa 3 Liter Gas pro Liter Wasser bei 15°.

[1] Um diese Operation schnell zu bewerkstelligen, empfiehlt es sich, den Trichter auf einen Kautschukstopfen zu stecken, den man im Halse des Kolbens befestigt. Das Ansatzrohr des letzteren dient zur Herstellung des Vakuums von einer Wasserstrahlpumpe aus.
[2] CARDOSO u. ARNI, J. Chim. phys. **10**, 507 (1912).
[3] BAUME u. PERROT, l. c.
[4] CARDOSO u. ARNI, l. c.
[5] PERROT u. BAUME, Arch. Sc. phys. Genève **32**, 62 (1911).
[6] Wied. **31**, 66 (1887).
[7] l. c.
[8] BAUME u. PERROT, J. Chim. phys. **6**, 610 (1908).
[9] C. CUTHBERTSON u. M. CUTHBERTSON, Proc. Roy. Soc. **83 A**, 171 (1910).

Chemische Eigenschaften: Schwefelwasserstoff zerfällt in der Wärme; Chlor zersetzt ihn sowohl in gasförmigem als auch in gelöstem Zustande. Trockener Sauerstoff ist in der Kälte ohne Einwirkung auf trocknen Schwefelwasserstoff, bei Gegenwart von Wasser oxydiert er ihn langsam unter Abscheidung von Schwefel. Beim Erhitzen verbrennt Schwefelwasserstoff in Sauerstoff und Luft. Die betreffenden Gemenge sind explosiv. Trocknes Quecksilber wird von absolut trocknem Schwefelwasserstoff selbst beim kritischen Punkt nicht angegriffen (CARDOSO und ARNI). Schwefelsäure und Salpetersäure werden in der Kälte von Schwefelwasserstoff reduziert; bei Einwirkung rauchender Salpetersäure tritt Entzündung ein. Durch Alkalilaugen wird das Gas unter Bildung von Hydrosulfiden energisch absorbiert.

Physiologische Wirkungen: Schwefelwasserstoff ist ein selbst in schwachen Dosen heftig wirkendes Gift. Das beste Gegenmittel besteht darin, daß man die davon betroffene Person verdünntes Chlor einatmen läßt, wie man es erhält, wenn man ein in Essig getauchtes Tuch mit Chlorkalk bestreut. G. B.

12. Schwefeldioxyd, $SO_2 = 64{,}070$.

Allgemeine Bildungsweisen: 1. Beim Rösten von Schwefel und Sulfiden.

2. Bei der Reduktion von Schwefelsäure durch verschiedene Reduktionsmittel.

3. Durch Zersetzung von Sulfiten mittelst verdünnter starker Säuren.

Gebräuchliche Darstellungsmethoden: 1. Durch Verbrennung von Schwefel in Sauerstoff (wenig empfehlenswert).

2. Durch Reduktion konzentrierter Schwefelsäure mittelst Kupferdrahtspäne in der Wärme. (Diese Operation muß man sehr genau überwachen, da die Reaktion leicht zu stürmisch wird.)

3. Durch Reduktion von konzentrierter Schwefelsäure mittelst Schwefels beim Siedepunkt der Schwefelsäure.

4. Aus der käuflichen 40 prozentigen Natriumbisulfitlauge und Schwefelsäure.

Darstellung des reinen Gases: Durch Reduktion siedender konzentrierter reiner Schwefelsäure mittelst reinen Schwefels. Hierbei muß der Reaktionskolben ein hinreichend weites Ableitungsrohr besitzen, damit es nicht durch den mitgerissenen Schwefel verstopft wird. Das Gas wird mit Schwefelsäure gewaschen und vollständig mittelst Phosphorpentoxydes getrocknet; darauf fraktioniert man es.

Anmerkung: Im Handel kann man gegenwärtig verflüssigtes Schwefeldioxyd in Flaschen erhalten, welches nach der erwähnten letzteren Methode hergestellt ist. Das sehr reine Gas wird mit Schwefelsäure gewaschen und etwa 10 mal fraktioniert, nachdem man es über Phosphorpentoxyd

---

[1] LEDUC, Recherches sur les gaz, p. 38; JAQUEROD u. PINTZA, C. r. 139, 129 (1904); G. BAUME, J. Chim. phys. 6, 44 (1908); SCHEUER, Privatmitteilung.

hat streichen lassen. Dies ist die zurzeit einfachste Methode, sich Schwefeldioxyd in reinstem Zustande zu verschaffen.[1]

Das so dargestellte Gas besitzt alle Eigenschaften eines reinen Stoffes, z. B. konstante Dichte (LEDUC, JAQUEROD und PINTZA, BAUME, SCHEUER), ferner Verflüssigung unter konstantem Druck selbst in unmittelbarer Nähe des kritischen Punktes (BRINER, CARDOSO und BELL, GERMANN).[1]

Physikalische Eigenschaften:

Schmelzpunkt: $T_f = -72,3^0$ (PERROT und BAUME).[2]

Siedepunkt: $T_e = -10^0$ (PERROT und BAUME).[2]

Dampfdruck bei $0^0 = 1,51$ Atm. (SCHEUER).[3]

Kritische Temperatur: $T_c = 157,15^0$ (BRINER, CARDOSO und BELL).

Kritischer Druck: $P_c = 77,65$ Atm. (CARDOSO und BELL).

Gewicht des Normalliters: L = 2,9266 (LEDUC, JAQUEROD u. PINTZA, BAUME, SCHEUER).

Brechungsindex: $N_D = 1,000686$ (KETTELER).[4]

Dichte des verflüssigten Gases (zwischen T_f und T_e) = 2,122—0,00232 T (PERROT und BAUME).[2]

Löslichkeit in Wasser = 79,8 Volumina bei 0^0 (BUNSEN und SCHÖNFELD).[5]

Chemische Eigenschaften: Schwefeldioxyd ist ein energisches Reduktionsmittel und bindet Sauerstoff in der Wärme bei Gegenwart verschiedener Katalysatoren (z. B. Platinschwamm). Druck wirkt ebenso (BRINER und WROCZYNSKI).[6] Das Gas vereinigt sich direkt mit Ammoniak und Chlor unter dem Einfluß des Sonnenlichtes.

Physiologische Wirkungen: Schwefeldioxyd ist ein giftiges Gas, welches selbst in schwachen Dosen die Respirationsorgane, sowie allgemein die Schleimhäute reizt. G. B.

13. Selenwasserstoff, $H_2Se = 81.2$.

Allgemeine Bildungsweisen: Bei der Zersetzung von Seleneisen SeFe oder Selenkalium SeK_2 mittelst Salzsäure.

Gebräuchliche Darstellungsmethoden: 1. Aus Seleneisen SeFe und rauchender Salzsäure (BERZELIUS).[7] Verunreinigungen: Wasserstoff in reichlichen Mengen, ferner Chlorwasserstoff und Luft.

2. Aus Magnesiumselenid oder Aluminiumselenid und Wasser:

$$SeMg + 2H_2O = SeH_2 + Mg(OH)_2,$$
$$Al_2Se_3 + 6H_2O = 3SeH_2 + Al_2(OH)_6.$$

Verunreinigungen: Luft und Wasser.

3. Durch Einwirkung eines Wasserstoffüberträgers auf metallisches Selen.[8]

---

[1] BRINER, J. Chim. phys. 4, 479 (1906); CARDOSO u. BELL, l. c. 10, 502 (1912).
[2] PERROT u. BAUME, Arch. Sc. phys. Genève 32, 62 (1911). [3] Privatmitteilung.
[4] KETTELER, Pogg. 124, 390 (1865). [5] BUNSEN u. SCHÖNFELD, Ann. 95, 2 (1855).
[6] BRINER u. WROCZYNSKI, Arch. Sc. phys. Genève 32, 409 (1911).
[7] Magnesiumselenid ist ziemlich schwer zu erhalten. Aluminiumselenid erhält man sehr leicht, indem ein inniges in den berechneten Verhältnissen hergestelltes Gemisch der beiden Stoffe mittelst eines Magnesiumbandes entzündet wird.
[8] POZZI-ESCOT, B. Soc. Chim. 27, 379 (1902).

4. Indem man einen Wasserstoffstrom über auf 250—500° erhitztes Selen leitet. Die Vereinigung von Wasserstoff und Selen beginnt bei 250° und erreicht ihren Höhepunkt bei 500°. Unterhalb und oberhalb dieses Temperaturintervalles tritt Zersetzung ein. Poröse Stoffe beschleunigen diese Reaktion ein wenig.[1] Verunreinigungen: Wasserstoff.[2]

5. Aus Phosphorselenid und kochendem Wasser:

$$Se_3P_2 + 6H_2O = 3SeH_2 + 2PO_3H_3.$$

Verunreinigungen: Wasserdampf, Luft.

6. Durch Einwirkung reduzierender Agenzien auf Selen oder Metallselenide in zugeschmolzenen Röhren bei höherer Temperatur. Diese Reaktion ist ebenfalls umkehrbar und macht im Gleichgewichtszustande Halt.[3]

Darstellung des reinen Gases: Aluminiumselenid wird durch Wasser zersetzt (vgl. o.).[4]

Verunreinigungen: Wasser und Luft. Um die Luft zu entfernen, evakuiert man den Entwicklungsapparat. Zum Zweck des Trocknens leitet man das Gas durch ein Phosphorpentoxyd oder Aluminiumselenid enthaltendes Rohr. Wegen der Zersetzlichkeit des Gases in Schwefelsäure kann man letztere nicht anwenden. Die zur Darstellung des Selenwasserstoffes verwendeten Substanzen müssen absolut rein sein. Durch Kondensation des Gases mittelst flüssiger Luft und durch fraktionierte Destillation erhält man Selenwasserstoff in reinster Form.

Physikalische Eigenschaften: Selenwasserstoff ist ein farbloses Gas und erinnert im Geruch an den des Schwefelwasserstoffs, nur wirkt er weit heftiger als dieser.

Schmelzpunkt: $T_f = -64^0$ (Fonzes-Diacon l. c.).
-68^0 (Olszewski).[5]
Siedepunkt: $T_e = -41^0$ (Olszewski); -42^0 (Fonzes-Diacon).
Dampfdruck: bei 0^0 = 6 Atm. (Olszewski).
Kritischer Druck = 47,1 (Olszewski).
Kritische Temperatur = 100^0 (Olszewski).
Gewicht des Normalliters: L = 3,6696 (Bruylants u. Bytebier).[6]
Löslichkeit in Wasser: Selenwasserstoff ist weit weniger in Wasser löslich als Schwefelwasserstoff. 3 Volumina H_2O lösen 5 Volumina SeH_2 bei 10^0 auf (de Forcrand und Fonzes-Diacon).

Chemische Eigenschaften: Reiner und trockener Selenwasserstoff ist im diffusen Licht ziemlich beständig. Die Metalloide der ersten Familie verdrängen daraus leicht das Selen. In Berührung mit feuchter Luft wird das Gas unter Abscheidung von rotem Selen zerlegt; poröse Stoffe beschleunigen diese Zerlegung. Das Gas brennt mit blauer Flamme und entzündet sich bei der Berührung mit einem in Salpetersäure getauchten

[1] Ditte, An. Sc. Ec. Norm. **1**, 302 (1872).
[2] Berzelius, Traité de Chimie [franz. Ausg. (1830)].
[3] Pélabon, Ann. chim. phys. **25**, 365 (1902).
[4] Fonzes-Diacon, C. r. **130**, 1314 (1900).
[5] Olzewski, B. Ac. Cracovie 57 (1890).
[6] Bruylants u. Bytebier, Bull. Ac. Belg. 1912, 856.

Glasstab.[1] Selenwasserstoff ist ein energisches Reduktionsmittel und zersetzt selbst Schwefelsäure. Von Selen wird er in großer Menge absorbiert[2]; das Gas vereinigt sich unter keinen Bedingungen mit Phosphorwasserstoff.[3]

Metallchloride werden von Selenwasserstoff zersetzt; Metalle wirken bei höherer Temperatur darauf ein und liefern die entsprechenden Selenide. Auch aus den Lösungen der meisten Metallsalze fällt Selenwasserstoff unlösliche Selenide aus. Wie bei den Sulfiden können hierbei auch Hydroselenide gebildet werden (BERZELIUS, l. c.).

Physiologische Eigenschaften: Selenwasserstoff ist ein giftiges, die Nasen- und Halsschleimhäute heftig reizendes Gas. Nach dem Einatmen stellt sich meist Unwohlsein sowie hartnäckiger schmerzhafter Husten ein. P. B. u. G. P. P.

14. Tellurwasserstoff, $H_2Te = 129.69$.

Allgemeine Bildungsweisen: Bei der Zersetzung von Metalltelluriden durch Säuren.

Gebräuchliche Darstellungswege. 1. Indem man Magnesiumtellurid mit einer Säure behandelt.[4] Verunreinigungen: Luft, Wasser und Wasserstoff. Reinigung: Man läßt den Tellurwasserstoff durch Ätzkali absorbieren und setzt ihn darauf aus letzterem durch Säuren in Freiheit.

2. Die empfehlenswerteste Methode ist von DE FORCRAND und FONZES-DIACON[5] angegeben worden und besteht darin, daß man auf Aluminiumtellurid Säuren einwirken läßt (und zwar erhält man den regelmäßigsten Gasstrom bei Verwendung kalter Metaphosphorsäure). Man stellt Aluminiumtellurid dar, indem man Tellur und Aluminium in den berechneten Mengen mischt und die Vereinigung durch ein Magnesiumband hervorruft.

3. Nach ERNYEI[6] erhält man Tellurwasserstoff mit nur 5—6 % Wasserstoff, indem man bei -20^0 Schwefelsäure von 50 % mittelst eines Stromes von 220 Volt elektrolysiert, wobei man eine Tellurkathode verwendet.

Reinigung: Durch Kondensation in flüssiger Luft oder fester Kohlensäure und fraktionierte Destillation. Vor dem Kondensieren in flüssiger Luft oder in Kohlensäure und Alkohol oder Äther trocknet man das Gas, indem man es durch Chlorcalcium- und Phosphorpentoxydrohre strömen läßt.

Physikalische Eigenschaften: Tellurwasserstoff ist ein farbloses Gas und besitzt einen nicht sehr angenehmen Geruch, der jedoch weniger stark als der des Selenwasserstoffes ist und undeutlich an den des Arsenwasserstoffes erinnert. Nach DE FORCRAND und FONZES-DIACON (l. c.) läßt er sich leicht zu einer farblosen Flüssigkeit verdichten,

---

[1] HOFFMANN, Ber. **3**, 658 (1870). [2] PÉLABON, l. c.

[3] FONZES-DIACON, l. c.

[4] BERTHELOT u. FABRE, Ann. chim. phys. **14**, 104 (1888).

[5] DE FORCRAND u. FONZES-DIACON, C. r. **134**, 1209 (1902).

[6] ERNYEI, Z. anorg. Ch. **25**, 313—317 (1900).

wenn man im Dunkeln arbeitet. Der Siedepunkt liegt bei 0°, der Schmelzpunkt bei − 48°. Die Dichte des verflüssigten Stoffes beträgt bei − 20° 2,57, die des Gases 4,49.[1]

Chemische Eigenschaften: Tellurwasserstoff ist eine endothermische Verbindung, und zwar haben BERTHELOT und FABRE (l. c.) gefunden: Te (krist.) + H_2 = H_2Te (Gas) − 35,000 Cal. Das Gas ist sehr leicht, selbst im Dunkeln zersetzlich und brennt mit blauer Flamme unter Bildung von Wasser und Tellurdioxyd. In feuchter Luft zerfällt Tellurwasserstoff sofort unter Abscheidung von Tellur, Ferrichlorid wird zu Ferrochlorid reduziert:

$$2\,FeCl_3 + TeH_2 = 2\,FeCl_2 + Te\ (krist.) + 2\,HCl.$$

Mercurisalze werden zu Mercurosalzen reduziert. Tellurwasserstoff entfärbt Jod- und Bromlösungen und löst sich schnell in Alkalilaugen auf.

Physiologische Wirkungen: Tellurwasserstoff ist giftig und reizt die Nasenschleimhäute und die Bronchien. Später stellt sich Unwohlsein und schmerzhafter Husten ein. G. P. P.

15. Stickstoff. $N_2 = 28{,}02$.[1]

Allgemeine Bildungsweisen: 1. Aus atmosphärischer Luft nach Entfernung des Sauerstoffes (enthält noch Edelgase).

2. Durch Zersetzung von Stickstoffverbindungen, z. B. Ammoniaksalzen, Nitriten oder Nitraten.

Gebräuchliche Darstellungsmethoden: 1. Trockene, kohlensäurefreie Luft wird bei dunkler Rotglut über vorher durch Wasserstoff reduzierte Kupferspäne geleitet. Verunreinigungen: Sauerstoff, Wasserstoff, Wasser, Argon und die übrigen Edelgase.

2. Durch Zersetzung einer warmen konzentrierten Lösung von Ammoniumnitrit oder besser einer Lösung von Natriumnitrit und Ammoniumchlorid oder Ammoniumsulfat.[2] Verunreinigungen: Stickoxyde, vor allem NO, sowie Wasser.

3. Durch Zersetzung einer warmen konzentrierten Lösung von Natriumnitrit, Ammoniumsulfat und Kaliumdichromat.[3] Verunreinigungen: Stickoxyd und Wasser.

4. Durch Überleiten eines Gemisches von Stickoxyd oder Stickoxydul und Ammoniak über reduziertes Kupfer oder Platinasbest bei höherer Temperatur.[4] Verunreinigungen: Ammoniak und Wasser.

Darstellung des reinen Gases[5]: 1. Man leitet einen reinen Stickoxydstrom in einem Kolben, durch konzentrierte, reinste, aminfreie Am-

[1] PH. A. GUYE u. PINTZA, C. r. **139**, 677 (1904); PH. A. GUYE, Recherches usw., Mém. Soc. Phys. u. Hist. Nat. Genève, **35**, Fasc. 4.

[2] COENWINDER, Ann. chim. phys. [3] **26**, 296 (1849). GIBBS, Ber. **10**, 1387 (1877).

[3] G. v. KNORRE, Ch. Ind. **25**, 531, 550 (1902). BÖTTGER, Jahresber. d. physik. Vereins zu Frankfurt S. 24 1876—1877.

[4] G. P. BAXTER u. Ch. H. HICKY, Am. Ch. J. **33**, 300 (1905).

[5] Proc. R. S. **55**, 340 (1894) und Phil. Trans. R. S. I. 186 A (1895).

moniaklösung (D = 0,92 Maximum). Das Gemenge von Stickoxyd und überschüssigem Ammoniak durchströmt darauf ein Hartglasrohr, welches auf eine Länge von 3—5 cm mit reduzierten Kupferspänen oder Platinasbest beschickt ist und in einem Verbrennungsofen liegt. Man erhitzt das Rohr so hoch wie möglich, wobei nach folgender Reaktion:

$$6NO + 4NH_3 = 6H_2O + 5N_2$$

sauerstoffreier Stickstoff entsteht, vorausgesetzt, daß das Gemenge einen genügenden Überschuß an Ammoniak enthielt. Unter diesen Bedingungen muß das Kupfer vollständig blank bleiben.

2. Zwecks Bestimmung der Dichte des Stickstoffes haben RAYLEIGH[1] und LEDUC[2] reinen Stickstoff dargestellt: 1. indem sie Stickoxydgas durch Eisen oder glühendes Kupfer reduzierten. 2. Durch Zersetzen von Harnstoff mittelst Natriumhypobromids. Das entstandene Gas wird durch glühendes Kupfer geleitet.

3. Gasförmiges Ammoniak wird bei Rotglut zuerst über glühendes Kupferoxyd, darauf über Kupfer geleitet.

Verunreinigungen und Reinigungswege: Der so erhaltene Stickstoff ist nur durch Wasser und Ammoniak verunreinigt, die man leicht entfernen kann, indem man das Gas nacheinander durch verdünnte Schwefelsäure, durch Stückenkali und schließlich durch zwei Waschvorrichtungen mit konzentrierter Schwefelsäure leitet.[3]

Anmerkung: Der verwendete Apparat muß ganz aus Glas geblasen und die Luft daraus verdrängt sein. Man kann Stickoxyd oder Stickoxydul in gleicher Weise zersetzen, indem man eines dieser Gase bei höherer Temperatur über Platinasbest oder Eisen oder Kupfer leitet, aus denen man die inkludierten Gase durch vorheriges Erhitzen im luftleeren Raum verdrängt hat.

Physikalische Eigenschaften: Stickstoff ist ein farbloses, geschmack- und geruchloses Gas.

Schmelzpunkt: – 210,5° (FISCHER und ALT[4]).
Siedepunkt: – 195,77° (DEWAR[5]).
Kritische Temperatur: – 146° (OLSZEWSKI[6]).
Kritischer Druck: 35 Atm. (OLSZEWSKI[6]).
Gewicht des Normalliters: 1,2507 (PH. A. GUYE[7]).
Brechungsindex: N_D (0° 760 mm) 1,000298 (MASCART[8]).
Dichte des verflüssigten Gases: 1,165—0,00458 t (DEWAR[9]).
Löslichkeit in Wasser bei 0°: 0,002334 (WINKLER[10]).

[1] RAYLEIGH, Proc. R. S. 55, 340 (1894) und Phil. Trans. R. S. I. 186 A (1895).
[2] LEDUC, Recherches sur les gaz, Paris 1898. Ann. chim. phys. 15, 1 und ff. (1898).
[3] Man kann die letzte Waschflasche mit Schwefelsäure auch durch ein Phosphorpentoxydrohr ersetzen, wobei man eine vollkommenere Trocknung erzielt.
[4] FISCHER u ALT, Ann. Phys. 9, 1149 (1902). [5] DEWAR, Proc. R. S. 73, 251 (1904).
[6] OLSZEWSKI C. r. 98, 914 (1884).
[7] J. Chim. phys. 5, 217 (1907). GUYE hat das Gewicht des Normalliters nach den Angaben von RAYLEIGH und RAMSAY berechnet: 1,2511 gr. in London (0°, 760 mm). LEDUC findet in Paris 1,2503 gr.
[8] Vgl. LANDOLT, Tabellen. Lorenz gibt 1,000296 an.
[9] Proc. R. S. 73, 251 (1904). BALY u. DONNAN, J. Chem. S. 81, 912.
[10] WINKLER, Ber. 24, 3602 (1891).

Chemische Eigenschaften: Bei atmosphärischem Druck und gewöhnlicher Temperatur ist die chemische Affinität des Stickstoffs gleich Null.

Mit Wasserstoff vereinigt sich Stickstoff, wenn das Gemenge bei Gegenwart eines Katalysators auf mehrere hundert Atmosphären komprimiert und auf genügend hohe Temperatur gebracht wird.[1] Auch mit einigen Metallen verbindet sich Stickstoff bei höheren Temperaturen, z. B. mit Aluminium, Magnesium und Legierungen dieser beiden Metalle.

Durch elektrische Funkenentladungen wird die Vereinigung des Stickstoffs mit Wasserstoff[2], Sauerstoff[3] und Kohlenwasserstoffen[4] herbeigeführt.

Physiologische Wirkungen: Stickstoff ist ohne Wirkung auf den Organismus.

E. L. D.

16. Ammoniak, $NH_3 = 17,34$.

Allgemeine Bildungsweisen: Alle Methoden der Darstellung gründen sich auf die Verdrängung dieses Stoffes aus einem seiner Salze durch fixes Alkali.

Gebräuchliche Darstellungswege: 1. Durch Einwirkung von ungelöschtem Kalk auf Ammoniumchlorid.[5]

2. Durch Zerlegung von Ammoniumcarbonat mittelst ungelöschten Kalkes oder Pottasche.[5]

3. Durch Erwärmen der wäßrigen Ammoniaklösung des Handels.

Verunreinigungen: Wasser, Amine, Luft.

Darstellung des reinen Gases: Man erhitzt ein Gemenge von reinstem Ammoniumchlorid und reinstem, gebranntem Kalk (aus Marmor hergestellt). Die Arbeiten von Stas haben gezeigt, daß das Ammoniumchlorid des Handels organische Basen enthält, die sich durch fraktionierte Kristallisation nicht entfernen lassen. Die beste Methode zur Darstellung des reinsten Ammoniaks besteht darin, daß man das Gas über rotglühenden Kalk leitet und das so behandelte Gas in reiner Salzsäure auffängt; aus letzterer gewinnt man dann durch Konzentration reinstes kristallisiertes Ammoniumchlorid.[6] Das so dargestellte Salz wird mit überschüssigem Calciumoxyd gemischt und in einem Porzellanmörser gepulvert. Das Gemenge wird darauf in einen Destillierkolben gebracht und mit einer Schicht Calcium bedeckt. Nach der Beschickung schmilzt man den

---

[1] Haber, Z. Elektr. **16**, 244 (1910). Vgl. Briner und Wroczynski, J. Chim. phys. **9**, 129 (1911). Diese Autoren haben bei gewöhnlicher Temperatur in einem auf 900 Atm. komprimierten Gemisch $N_2 + H_2$ keine Reaktion beobachtet.

[2] Briner und Mettler, J. Chim. phys. **6**, 137 (1908).

[3] Briner u. Durand, J. Chim. phys. **7**, 1 (1909).

[4] Briner u. Durand, J. Chim. phys. **7**, 8 (1909). Die Autoren haben die Bildung von CNH und NH_3 beobachtet.

[5] L. J. Thénard, Traité de chimie I, 317 (1827) und Berzelius, Traité de chimie **2**, 324 (1830).

[6] Guye u. Pintza, Mém. de la Soc. de Phys. et d'Hist. Nat. de Genève **35**, 573 (1908).

Hals des Kolbens zu und erhitzt im Sandbad. Das Gas entwickelt sich in einem sehr regelmäßigen Strom.

Verunreinigungen und Reinigung: Das so dargestellte Gas enthält als Verunreinigungen nur mehr Luft und Wasser. Das Wasser wird durch ein etwa 1 m langes Rohr mit wasserfreiem Bariumoxyd und Kaliumhydroxyd, sowie durch ein Rohr mit Natriumdraht entfernt. Die Luft und eventuell den Wasserstoff entfernt man am besten durch fraktionierte Destillation unter vermindertem Druck. Zwischen den einzelnen Destillationen läßt man das Gas durch ein Rohrsystem über Bariumoxyd und Natrium strömen. Zu diesem Zweck soll der Destillationsapparat so konstruiert sein, daß das von einem zum anderen Kolben destillierende Gas die oben erwähnten Trockenröhren im Kreise passieren kann.[1] SCHEUER reinigt Ammoniak außerdem noch, indem er zunächst Natriumammonium bildet, welches leicht reines und vollkommen trockenes Ammoniak liefert.[2] Das so dargestellte Gas besitzt alle Eigenschaften eines reinen Stoffes: Verflüssigung unter konstantem Druck bei zwei Temperaturen, von denen die eine in der Nähe des kritischen Punktes liegt (CARDOSO und GILTAY).[3]

Physikalische Eigenschaften:

Schmelzpunkt: $T_f = -78{,}2^0$ (BAUME u. PERROT).[4]

Siedepunkt: $T_e = -33{,}5^0$ (BAUME u. PERROT).[5]

Dampfdruck: bei $0^0 = 4{,}14$ Atm. (REGNAULT).[6]

Kritische Temperatur: $T_c = 132{,}9^0$ (CARDOSO u. GILTAY).[7]

Kritischer Druck: $P_c = 112{,}30$ Atm. (CARDOSO u. GILTAY).[8]

Gewicht des Normalliters: $L = 0{,}7708$ (GUYE u. PINTZA, PERMANN u. DAVIES, SCHEUER).

Brechungsindex: $N_D = 1{,}000379$ (MASCART).[9]

Dichte des verflüssigten Gases: (zwischen T_f und T_e) $= 1{,}022 - 0{,}000145\,T$ (BAUME u. PERROT).[10]

Löslichkeit des Gases in Wasser bei $15^0 = 802{,}4$ l. (RAOULT).[11]

Chemische Eigenschaften: Ammoniak zersetzt sich bei sehr hoher Temperatur (CRAFTS[12]; RAMSAY und YOUNG[13]). Wasserstoff ist völlig, Sauerstoff unter gewöhnlichen Bedingungen auf Ammoniak ohne Einwirkung. Halogene greifen das Gas sehr energisch an, in einigen Fällen unter Bildung von sehr explosiven Stoffen (z. B. Chlorstickstoff). Quecksilber und Eisen werden selbst beim kritischen Punkt nicht von Ammoniak angegriffen (CARDOSO und GILTAY).[14]

Wasser und Säuren absorbieren Ammoniak sehr energisch, letztere unter Bildung der entsprechenden Ammoniaksalze.

---

1 CARDOSO u. GILTAY, J. Chim. phys. **10**, 514 (1912)

2 SCHEUER, Akad. Anz. Wien V (1912).

3 CARDOSO u. GILTAY, l. c.

4 PERROT u. BAUME, Arch. Sc. phys. Genève **32**, 62, (1911).

5 BAUME u. PERROT, l. c.

6 REGNAULT, Mém. de l'Ac. des Sc. **26**, 535 (1862).

7 CARDOSO u. GILTAY, l. c.

8 CARDOSO u. GILTAY, l. c.

9 MASCART, Mém. de l'Ec. Normale [2] **6**, 9 (1877).

10 BAUME u. PERROT, l. c.

11 RAOULT, Ann. chim. phys. **5**, 1 262 (1874).

12 CRAFTS, C. r. **90**, 309 (1865).

13 RAMSAY u. YOUNG, J. Soc. Ch. Ind. **3**, 157 (1884).

14 CARDOSO u. GILTAY, l. c.

Physiologische Eigenschaften: Der Geruch des reinsten und trockenen Ammoniaks ist weniger penetrant als der seiner wäßrigen Lösung (CARDOSO und GILTAY).[1] Obgleich das Gas keine ausgesprochen giftige Wirkung ausübt, soll man trotzdem vermeiden, größere Mengen davon einzuatmen, da es die Schleimhäute reizt und Tränenfluß hervorruft. E. C.

17. Stickstoffoxydul. $N_2O = 44{,}02$.

Allgemeine Bildungsweisen: Stickstoffoxydul bildet sich in mehr oder weniger großen Mengen bei der Reduktion aller höheren Stickoxyde; ferner durch Zersetzung von Ammoniumnitrat.

Gebräuchliche Darstellungswege: Unter den Darstellungsmethoden mit Zuhilfenahme von Reduktionsvorgängen sind besonders zwei zu nennen:

1. Die Reduktion von Salpetersäure durch Stannochlorid[2], indem Salpetersäure von der Dichte 1,38 zu einer salzsauren Lösung von Stannochlorid gegeben wird.

$$2HNO_3 + 4SnCl_2 + 8HCl = 4SnCl_4 + 5H_2O + N_2O.$$

2. Die Reduktion der Salpetersäure durch Zink, wobei ein kleiner Zusatz von Schwefelsäure zur Salpetersäure empfohlen wird.[3]

3. Die am meisten angewendete Methode zur Darstellung von Stickstoffoxydul besteht im trocknen Erhitzen von Ammoniumnitrat und dient auch zur technischen Gewinnung von Stickstoffoxydul. Man erhitzt in einem Kolben entweder Ammoniumnitrat allein oder ein Gemenge eines Nitrates mit irgend einem Ammoniumsalz. Gute Resultate erhält man z. B., wenn man eine Mischung von äquivalenten Mengen Natriumnitrat und Ammoniumsulfat gegen 250° calciniert; unter diesen Bedingungen entwickelt sich ein sehr regelmäßiger Strom von Stickoxydul.[4]

Bei allen soeben genannten Darstellungsmethoden entsteht ein durch mehr oder weniger große Mengen anderer höherer Stickoxyde verunreinigtes Stickoxydul.

Darstellung des reinen Gases: Um verhältnismäßig reines Stickoxydul herzustellen, benutzt man eine zuerst von VICTOR MEYER[5] entdeckte Eigenschaft von Hydroxylaminsalzen. Hydroxylaminchlorhydrat oder besser das Sulfat wird in Wasser aufgelöst. Läßt man nun tropfenweise eine Lösung von Natriumnitrit hinzufließen und erhitzt darauf gelinde, so erhält man eine gleichmäßige Entwicklung von Stickoxydul[6] nach folgender Gleichung:

$$NaNO_2 + NH_2 \cdot OH \cdot HCl = N_2O + NaCl + 2H_2O.$$

---

[1] CARDOSO u. GILTAY, l. c.

[2] GAY-LUSSAC, Ann. chim. phys. [3], 23, 229 (1847).

[3] SCHIFF, Ann. 118, 184 (1861).

[4] SMITH, J. Soc. Ch. Ind. 11, 633, 867 (1892); 12, 10 (1893). THILO, Ch. Z. 18, 532 (1894).

[5] V. MEYER, Ann. 175, 141 (1875).

[6] GUYE und BOGDAN, J. Chim. phys. 3, 551 (1905).

Bei Verwendung reiner Ausgangsmaterialien und nach gründlichem, vorherigem Auskochen der Lösung zur Verdrängung der gelösten Luft und durch schließliches Behandeln des Gases in zwei Waschflaschen, von denen die eine mit konzentrierter Kalilauge, die andere mit konzentrierter reiner Schwefelsäure gefüllt ist, und darauffolgendes Trocknen in einem Phosphorpentoxydrohr gelangt man zu einem sehr reinen und sehr trockenen Stickstoffoxydul.

Sind jedoch die verwendeten Ausgangsmaterialien nicht sehr rein so enthält das so dargestellte Gas stets Spuren höherer Stickoxyde, die man leicht an der grünlichen Färbung erkennt, die das in flüssiger Luft zum Erstarren gebrachte Stickoxydul besitzt. Dieses Erkennungszeichen für die Anwesenheit genannter Verunreinigungen ist äußerst empfindlich. Um das Oxydul vollständig von den höheren Oxyden zu befreien, mischt man es in einem gläsernen Gasometer mit Sauerstoff, worin sich das Stickoxyd in das Dioxyd verwandeln soll. Schüttelt man darauf das Gasometer, so werden die höheren Oxyde durch das Wasser absorbiert. Durch Kondensation der Mischung bei der Temperatur der flüssigen Luft und Evakuieren wird der Sauerstoff entfernt, und es hinterbleibt eine vollständig farblose feste Masse, die aus äußerst reinem Stickoxydul besteht.[1]

Physikalische Eigenschaften: Stickoxydul ist ein farbloses Gas.

Schmelzpunkt: $T_f = -102{,}3^0$.[2]
Siedepunkt (unter 760 mm) $T_e = -89{,}8^0$[3]; $-89{,}4^0$.[4]
Dampftension bei $0^0 = 30{,}75$.[5]
Kritische Temperatur: $T_c = 36{,}5^0$.[6]
Kritischer Druck: $P_c = 71{,}65$.[6]
Gewicht des Normalliters: $L = 1{,}9774$.[7]
Brechungsindex: $N_D = (0^0$ und 760 mm$) = 1{,}00516$.[8]
Dichte des verflüssigten Gases bei $0^0 = 0{,}9105$.
Dampfdichte[9] bei $0^0 = 0{,}087$.
Löslichkeit in Wasser: 1,3 Liter Gas in 1 Liter Wasser von 0^0.[10]
0,74 „ „ „ 1 „ „ „ 15^0.[1]

Chemische Eigenschaften: Stickstoffoxydul zersetzt sich langsam gegen 520^0 in seine Elemente.[12] Die Schnelligkeit des Zerfalls wächst beträchtlich mit der Temperatur.[13] Es ist weit beständiger als Stickoxyd in bezug auf höhere Drucke.[14]

---

[1] BRINER u. WROCZYNSKI, J. Chim. phys. **9**, 129 (1911).
[2] RAMSAY u. SHIELDS, Chem. News **67**, 190 (1893).
[3] Gemessen mit dem Wasserstoffthermometer. RAMSAY u. SHIELDS ebenda.
[4] Gemessen mit dem Pentanthermometer. GRUNMACH, Akad. Ber. 1198 (1904).
[5] VILLARD, Ann. chim. phys. [7] **10**, 387 (1897).
[6] CARDOSO u. ARNI, J. Chim. phys. **10**, 505 (1912).
[7] GUYE u. PINTZA, C. r. **139**, 677 (1904); **141**, 51 (1905).
[8] MASCART, C. r. **78**, 616 (1874); BRÜHL, Z. phys. Ch. **7**, 25 (1894).
[9] VILLARD, C. r. **118**, 1096 (1894). [10] CARIUS, Ann. **94**, 139 (1855).
[11] GEFFCKEN, Z. phys. Ch. **18**, 1 (1895).
[12] BERTHELOT, C. r. **77**, 1448 (1873). [13] HUNTER, Z. phys. Ch. **53**, 441 (1905).
[14] BRINER u. WROCZYNSKI, J. Chim. phys. **9**, 129 (1911).

An oxydierbare Stoffe gibt es leicht seinen Sauerstoff ab. Kohle und leicht oxydierbare Metalle brennen in einer Stickstoffoxydulatmosphäre. Mischungen von Stickoxydul mit Wasserstoff, Ammoniak, Kohlenoxyd, Cyan, Phosphorwasserstoff oder Schwefelwasserstoff explodieren beim Durchschlagen eines Funkens. Ein Gemenge von Stickoxydul und Wasserstoff liefert, über erhitztes Nickelpulver geleitet, Stickstoff und Wasser, jedoch kein Ammoniak.[1]

Physiologische Eigenschaften: Wird Stickoxydul durch die Lungen in hinreichend großen Mengen eingeatmet, so tritt Betäubung ein, welcher ein eigentümlicher Rauschzustand vorangeht, woher der Name „Lachgas“ stammt.

E. B. u. F. G.

18. Stickoxyd, NO = 30,01.

Allgemeine Bildungsweisen: Stickoxyd bildet sich bei der Reduktion von salpetriger Säure und Salpetersäure bzw. der Salze dieser Säuren. Bei sehr hohen Temperaturen (oberhalb 1000°) verbindet sich Stickstoff mit Sauerstoff („Stickstoffverbrennung“), ein Vorgang, den man technisch durch hochgespannte elektrische Lichtbögen hervorruft. Die so gebildeten Stickoxydmengen wachsen mit Erhöhung der Temperatur.

Gebräuchliche Darstellungswege: Von den zahlreichen Darstellungsmethoden, die sich auf die Reduktion der Salpetersäure gründen, soll zunächst die Reduktion von Salpetersäure der Dichte 1,2 durch Kupfer erwähnt werden[2]

$$3\,Cu + 8\,HNO_3 = 2\,NO + 3\,Cu(NO_3)_2 + 4\,H_2O;$$

ferner die durch Ferrochlorid[3]

$$6\,FeCl_2 + 2\,NaNO_3 + 8\,HCl = 2\,NO + 6\,FeCl_3 + 2\,NaCl + 4\,H_2O;$$

und schließlich die durch Schwefeldioxyd[4], indem man einen Strom dieses Gases in Salpetersäure der Dichte 1,15 einleitet.

Die Reduktion der salpetrigen Säure und ihrer Salze führt zu einem verhältnismäßig reinem Stickoxyd. Zwecks Darstellung reinen Stickoxydes hat man ganz besonders folgende Reduktionen studiert:

1. Die Reduktion von Kaliumnitrit durch Kaliumferrocyanid bei Gegenwart von Essigsäure.[5]

2. Die Reduktion von Natriumnitrit durch Ferrosalze (Sulfat oder Chlorid).[6]

3. Die Einwirkung von Quecksilber auf Natriumnitrit in konzentrierter Schwefelsäurelösung.[6]

---

[1] Sabatier u. Senderens, C. r. **135**, 278 (1902).
[2] Millon, C. r. **14**, 904 (1842).
[3] Gay-Lussac, Ann. chim. phys. [3] **23**, 203 (1842).
[4] Weber, Pogg. **130**, 277 (1867).
[5] Gray, J. Chem. S. **87**, 1601 (1905).
[6] Guye u. Davila, Mem. Soc. Phys. et Hist. Nat. de Genève **35**, 621 (1908); C. r. **141**, 826 (1905).

4. Die Einwirkung von Schwefelsäure auf Natriumnitrit[1]:

$$3\,HNO_2 = HNO_3 + 2\,NO + H_2O.$$

Danach wird das Stickoxydgas durch Autoreduktion der salpetrigen Säure gebildet. Die zuletzt genannte Methode läßt sich am leichtesten zur Darstellung von Stickoxyd verwenden. Man braucht nur tropfenweise Schwefelsäure in eine Lösung von Kalium- oder Natriumnitrit fallen zu lassen.

Indessen ist das nach den verschiedenen oben erwähnten Methoden erhaltene Stickoxydgas stets durch mehr oder weniger große Mengen höherer oder niederer (N_2O) oder selbst Stickstoff verunreinigt, von denen man es erst nach einer Reihe fraktionierter Destillationen befreien kann.

Darstellung des reinen Gases: Zur Darstellung des reinen Gases benutzt man am besten die Einwirkung von Schwefelsäure auf Alkalinitrit. In einem Destillierkolben von 1 Liter Inhalt erwärmt man 500 ccm wäßrige, 5—6 $^0/_0$ige Lösung reinsten Nitrites ganz gelinde und läßt dazu tropfenweise etwa 10 $^0/_0$ Schwefelsäure fließen, die sich in einem mit der Mündung des Destillierkolbens verblasenen Trichter mit ausgezogenem Halse befindet. Das Ansatzrohr des Kolbens ist seinerseits mit der Rohrleitung verblasen, die zu den Reinigungsapparaten führt. Indem man auf diese Weise die verschiedenen Glasteile der Vorrichtung direkt miteinander verschmilzt, vermeidet man jede Berührung der Stickoxyde mit organischen Stoffen, z. B. Kork oder Kautschukschläuchen usw. Zur Entfernung der höheren Stickoxyde wird das gasförmige Stickoxyd durch mehrere Waschflaschen mit konzentrierter Schwefelsäure geleitet. Die Methode, die höheren Stickoxyde durch Alkalien zu binden, ist zu verwerfen; denn Stickoxyd wird dadurch zum Teil unter Bildung von Nitrit und Wasser zerlegt.[2] Das gasförmige Stickoxyd wird darauf durch Leiten über Phosphorpentoxyd getrocknet und in einer Vorlage mittelst flüssiger Luft kondensiert. Nunmehr unterwirft man das Gas mehreren Destillationen, wobei man die ersten Anteile, welche Stickstoff enthalten, entweichen läßt, ebenso wie die letzten, in denen die höheren Oxyde und das Stickoxydul vorhanden sind. In verflüssigtem Zustande zeigt das so gereinigte Stickoxyd eine leichte Grünfärbung. Vielleicht ist diese Färbung auf die Anwesenheit höherer Stickoxyde, deren Färbungsvermögen sehr stark ist, zurückzuführen. Indessen müssen die Mengen dieser Oxyde äußerst gering sein; denn die Färbung bleibt auch nach peinlichster Reinigung des Gases mittelst der angegebenen chemischen Reaktionen und nach zahlreichen Destillationen ungeschwächt bestehen. Übrigens beweist die ausgezeichnete Übereinstimmung der Gasdichten des Stickoxydes verschiedener Herkunft, welches nach obiger Methode gereinigt worden war, daß das so erhaltene Produkt sehr rein sein muß.[2]

[1] Guye u. Davila, Mém. Soc. Phys. et Hist. Nat. de Genève **35**, 621 (1908); C. r. **141**, 826 (1905)

[2] Guye u. Davila, l. c.

Physikalische Eigenschaften: Stickoxyd ist ein farbloses Gas.

Schmelzpunkt: $T_f = -167^{0}$.[1]

Siedepunkt (unter 760 mm Druck) $T_e = -153{,}6^{0}$.[1]

Kritische Temperatur: $T_c = -93{,}5^{0}$.[1]

Kritischer Druck: $P_c = 71{,}2$.[1]

Gewicht des Normalliters: $L = 1{,}3402$.[2]

Brechungsindex: $N_D = 1{,}000297$.[3]

Löslichkeit in Wasser: etwa 74 ccm in einem Liter Wasser bei 0°.[4]

Chemische Eigenschaften: Als endothermische Verbindung ist Stickoxyd bei tieferen Temperaturen instabil. Trotzdem muß man, um eine merkliche Zersetzung zu bewirken, die Temperatur bis auf etwa 500° steigern.[5] Die Dissoziation verläuft mit einer Geschwindigkeit, die mit der Temperatur wächst. Oberhalb 1000° wird die entgegengesetzte Reaktion bemerkbar und Stickoxyd bildet sich von da ab im Gleichgewichtszustande aus seinen Elementen in proportionalen Anteilen, die mit der Temperatur wachsen. So ist z. B. bei 1227° in einem Gemenge von Sauerstoff und Stickstoff 0,10% Stickoxyd im Gleichgewichtszustande vorhanden. Bei 1727° steigert sich dieser Anteil auf 0,61%.[6]

Bei gewöhnlicher Temperatur und unter dem Druck einiger 100 Atmosphären erleidet Stickoxyd eine Zersetzung, die auf der Bildung von Stickstofftrioxyd N_2O_3 und Stickstoff beruht.[7]

Stickoxyd verhält sich wie eine ungesättigte Verbindung und verbindet sich leicht mit anderen Stoffen. Mit Sauerstoff liefert es Stickstoffdioxyd NO_2 (bzw. Tetroxyd N_2O_4), wenn Sauerstoff im Überschuß vorhanden ist. Ist andererseits Stickoxyd im Überschuß vorhanden, so kondensiert sich beim Abkühlen des gasförmigen Gemenges Stickstofftrioxyd N_2O_3. Mit Chlor oder Brom liefert Stickoxyd NOCl bzw. NOBr.

Ein Gemenge von Stickoxyd und Wasserstoff gibt beim Erhitzen über Platinschwamm oder Nickelpulver Stickstoff und Ammoniak.[8]

Rotglühende Kohle reduziert das Gas zu Stickstoff. Metalle werden erst bei höheren Temperaturen durch Stickoxyd oxydiert. Stanno- oder Chromosalze reduzieren es zu Hydroxylamin oder Ammoniak.[9]

Oxydationsmittel wie Bleidioxyd, Mangandioxyd, Chlorate usw. liefern mit Stickoxyd Nitrate und Nitrite.[10] Bei der Oxydation mit Hydroperoxyd entstehen in gleicher Weise salpetrige Säure und Salpetersäure.[11] Mit einer ganzen Reihe von Säuren und Salzen liefert Stickoxyd komplexe Verbindungen, deren Konstitution bisher noch nicht überall gut aufgeklärt

---

[1] Olszewski, C. r. **100**, 940 (1885).

[2] Guye u. Davila, l. c.; Gray, J. Chem. S. **87**, 1601 (1905); Scheuer, Akad. Anz. Wien XIX, 328, 1913.

[3] Mascart, C. r. **78**, 616 (1874); Brühl, Z. phys. Ch. **7**, 1 (1891).

[4] Winkler, Ber. **34**, 1408 (1901). [5] Berthelot, C. r. **77**, 1448 (1874).

[6] Nernst, Z. anorg. Ch. **49**, 213 (1906).

[7] Briner u. Wroczynski, J. Chim. phys. **9**, 128 (1911).

[8] Sabatier u. Senderens, C. r. **135**, 278 (1902).

[9] Chesnau, C. r. **129**, 100 (1899); Kohlschütter, Ber. **36**, 1744 (1903).

[10] Anden u. Fowler, Chem. N. **72**, 163 (1895).

[11] Schönbein, J. pr. Ch. **81**, 265 (1860).

ist. Hierzu gehören z. B. Verbindungen mit Phosphorsäure, Arsensäure und einigen organischen Säuren[1], ferner Verbindungen mit Wismut-, Aluminium-, Eisen- usw. Chlorid.[2] Auch die Eigenschaft von Ferrosulfatlösungen, Stickoxydgas unter dunkelbrauner Färbung zu absorbieren, ist auf die Bildung einer komplexen Verbindung zurückzuführen.

Physiologische Eigenschaften: Stickoxyd verbindet sich mit dem Sauerstoff der Luft zu Stickstoffdioxyd, dessen schädliche Wirkung weiter unten beschrieben werden soll. Bezüglich der Darstellung von Stickoxyd soll hier nur darauf hingewiesen werden, daß man nicht zu große Mengen des Gases in die Atmosphäre des Arbeitsraumes entweichen lassen soll.

E. B.

19. Stickstofftrioxyd. $N_2O_3 = 76.02$.

Wichtigste Bildungsweisen: 1. Beim Durchleiten eines elektrischen Stromes von 3—4000 Volt Spannung durch flüssige Luft.[3]

2. Durch Vereinigung von NO und O[4,5] oder von flüssigem N_2O_4 mit NO.[6]

3. Durch Einwirkung von Salpetersäure (d = 1,35) auf As_2O_3 oder Stärke[5] oder beim Einleiten von SO_2-Gas in ebensolche Salpetersäure[7] oder beim Durchleiten von NO durch konzentrierte Salpetersäure.

4. Durch Einwirkung von 92 Teilen flüssigem N_2O_4 auf 45 Teile Wasser.[8]

5. Aus Bleikammerkristallen mit Wasser.[9]

6. Durch Zersetzung von Alkalinitriten mit 20%iger Schwefelsäure.

Gebräuchliche Herstellungsweisen: Nach den unter 2., 3., 5. und 6. genannten Reaktionen. Mögliche Verunreinigungen sind: bei 2. Luft, H_2O, N_2O, NO, N_2O_4; bei 3. dieselben, sowie HNO_3 und je nach dem angewendeten Reduktionsmittel der Salpetersäure organische Verbindungen oder SO_2; bei 5. H_2O, Luft, HNO_2 und HNO_3; bei 6. dieselben neben N_2O_4.

Darstellung des reinen Gases: Sie erfolgt am besten durch Vereinigung von reinem NO mit O_2; diese Gase werden, wie in den entsprechenden Kapiteln angegeben, zunächst für sich rein dargestellt und dann vereinigt. Zu letzterem Zweck leitet man sie durch die Kopfarme eines Y-Rohres in einen Mischballon von etwa Literinhalt, und danach über Pentoxyd, in den mit $CaCl_2$ und Eis gekühlten Verflüssiger, der ebenfalls Pentoxyd enthält und durch den am Ende der Operation NO im Überschuß durchgeleitet wird,[10,11] worauf nach Erhalt einer noch etwas

[1] REINSCH, J. pr. Ch. 28, 385 (1844).
[2] THOMAS, Ann. chim. phys. [7] 13, 145 (1898).
[3] HELBIG, Gazz. 33, 1, 454 (1903). Z. angew. Ch. 18, 1843 (1905).
[4] GAY-LUSSAC, Ann. chim. phys. [2] 1, 394 (1816); Gilb. 58, 29, (1818); DULONG, Ann. chim. phys. [2] 2, 317 (1816); Gilb. 58, 53 (1818).
[5] HASENBACH, J. pr. Ch. [2] 4, 1 (1871); LUNGE, Ber. 11, 1229, 1641 (1878); LUCK, Z. anal. Ch. 8, 402 (1869); GEUTHER, Ann. 245, 96 (1888).
[6] GAY-LUSSAC, Ann. chim. phys. [2] 1, 394 (1816); PÉLIGOT, ebenda 54, 17 (1858); 58, 87 (1860).
[7] SCHEUER, Genf 1906, Privatmitteilung.
[8] FRITZSCHE, J. pr. Ch. 19, 179 (1879).
[9] STREIFF, Ber. 5, 285 (1872); RAMMELSBERG, ebenda 5, 310 (1872).
[10] SCHEUER, Akad. Anz. Wien 1912, V.
[11] H. u. M. BAKER, J. Chem. S. 91, 1862 (1907).

N_2O_4 enthaltenden blaugrünen Flüssigkeit weiter so verfahren wird, wie es Seite 77 für NOCl angegeben wird.

Mögliche Verunreinigungen sind: N, NO, N_2O, N_2O_4, CO_2 und H_2O. Sie sind sämtlich mit Ausnahme des NO durch Anwendung von reinem O und NO von vornherein auszuschließen. Ein etwaiger Überschuß an NO wird durch abwechselndes Schmelzen und Gefrierenlassen des N_2O_3 und Evakuieren über dem auf -150^0 erhaltenen N_2O_3 entfernt, das bei richtiger Arbeit kein N_2O_4 enthalten kann, und während der Destillationen nur kurze Zeit im Gaszustand sein und nicht die Zimmertemperatur erreichen soll.[1] So erhaltenes N_2O_3 hat im flüssigen Zustand die Eigenschaften eines reinen Körpers, wie konstante Dichte, konstanten Dampfdruck, usw.

Physikalische Eigenschaften.

Schmelzpunkt $= -111^0$.[2]
Siedepunkt $= +2^0$ (HASENBACH).[3]
Dampfdruck bei 0^0 608 mm.[4]
Dichte des flüssigen Gases bei $-8^0 = 1{,}4640$, $0^0 = 1{,}4490$, $+2^0 = 1{,}4470$[4] (GEUTHER).

Farbe blaugrün; je tiefer die Temperatur, um so mehr indigoblau; im festen Zustand blau. Bei tiefer Temperatur scheinen die Mole N_4O_6 zu sein[5]; im Gaszustand in NO_2 und NO dissoziiert[5] (LUCK, GEUTHER, LUNGE).[6]

Chemisches Verhalten. Flüssiges, trockenes N_2O_3 wird von O zu N_2O_4 oxydiert; im Gaszustand wird das durch Dissoziation entstehende NO des N_2O_3 durch den O in NO_2, bzw. N_2O_4 übergeführt (LUNGE und PORSCHNEV[6], HASENBACH).[3] Mit flüssigem N_2O_5 gibt es N_2O_4.[7] Mit flüssigem N_2O_4 oder SO_2 ist es bei Ausschluß von Feuchtigkeit in allen Verhältnissen ohne Bildung von Verbindungen mischbar. Bei Gegenwart von Feuchtigkeit gibt es Verbindungen mit SO_2. Mit Schwefelsäure liefert es Nitrosylschwefelsäure. Bei 0^0 ist N_2O_3 in viel Wasser löslich; mit steigendem Gehalt an N_2O_3 bilden sich zwei Schichten, während das Wasser auf N_2O_3 nach: $3N_2O_3 + H_2O = 4NO + 2HNO_3$ reagiert.[8] Viel N_2O_3 scheint mit wenig Wasser bei tiefer Temperatur nach: $2N_2O_3 + H_2O = 2NO + HNO_2 + HNO_3$ zu reagieren.[1]

Physiologische Wirkungen. Das flüssige Gas schmeckt scharf sauer, zusammenziehend, zerstört die Haut und färbt sie gelb; bei längerer Einwirkung entstehen ziemlich lange dauernde Wunden. Die Dämpfe sind erstickend, reizen zum Husten, veranlassen in der Lunge Entzündungen und können zum Tod führen. O. SCH.

[1] SCHEUER, Genf 1906, Mfte. Wien 1914.
[2] HELBIG, Gazz. **33**, I, 454 (1903); Z. angew. Ch. **18**, 1843 (1905).
[3] HASENBACH, J. pr. Ch. [2] **4**, 1 (1871); LUNGE, Ber. **11**, 1229, 1641 (1878); LUCK, Z. anal. Ch. **8**, 402 (1869); GEUTHER, Ann. **245**, 96 (1888).
[4] GUYE u. DROUGININE, J. Chim. phys. **8**, 500 (1910).
[5] H. u. M. BAKER, J. Chem. S. **91**, 1862 (1907).
[6] LUNGE und PORSCHNEV, Z. angew. Ch. **7**, 209 (1894); DIXON und PETERKIN, J. Chem. S. **75**, 613 (1899); RAMSAY, Z. phys. Ch. **5**, 221 (1890); RAMSAY und CUNDALL, J. Chem. S. **47**, 672 (1885).
[7] RAMSAY, J. Chem. S. **57**, 590 (1890).
[8] MITSCHERLICH, Lehrbuch **1**, 345; REINSCH, J. pr. Ch. **28**, 399 (1843); FRÉMY, C. r. **70**, 61 (1870); MARCHLEWSKY, Z. anorg. Ch. **2**, 18 (1892).

20. Stickstoffperoxyd, $N_2O_4 = 92,02$.

Wichtigste Bildungsweisen. 1. Oxydation von NO bei gewöhnlicher Temperatur und Abwesenheit von Feuchtigkeit.

2. Einwirkung von As_2O_3 oder Stärke auf Salpetersäure (d = 1,45) und Oxydation des verflüssigten Gasgemisches.

3. Trockene Destillation von Bleinitrat.

4. Aus Bleikammerkrystallen mit Kaliumnitrat.[1]

Gebräuchliche Herstellungsweisen. Die unter 1., 2., 3. und 4. genannten Reaktionen. Die möglichen Verunreinigungen sind bei 1. Luft, H_2O, N_2O, N_2O_3, O; bei 2. Luft, H_2O, O, HNO_2, HNO_3; bei 3. Luft, H_2O, N_2O_3; bei 4. Luft, H_2O, SO_2, N_2O_3.

Darstellung des reinen Gases. Sie erfolgt am besten durch Vereinigung von NO und O, wie es bei der Herstellung von N_2O_3 angegeben wurde, indem man mit Eis und Kochsalz kühlt und am Schlusse der Reaktion O_2 im Überschuß durchleitet. Die möglichen Verunreinigungen sind Luft, H_2O, N_2O, N_2O_3 und O_2, welche bis auf O_2 in der gleichen Art wie bei der Herstellung von N_2O_3 auszuschließen sind, wobei zum Evakuieren des überschüssigen Sauerstoffes das flüssige N_2O_4 bei etwa -10^0 gehalten wird. Das so dargestellte N_2O_4 besitzt die konstanten physikalischen Eigenschaften eines reinen Körpers wie konstante Dichte, Dampfdruck, kritische Temperatur, usw.

Physikalische Eigenschaften.

Schmelzpunkt = $-9,6^0$.

Siedepunkt = 26^0.[2]

Dampfdruck bei 0^0 = 263 mm.

Kritische Temperatur = $157,95^0$.[3,7]

Kritische Dichte = $0,5667^0$.[3]

Dichte des flüssigen Gases bei -20^0 = 1,5327, bei 0^0 = 1,4905, bei $+10^0$ = 1,4677.[3]

Bei 150^0 entspricht die Dampfdichte der Formel NO_2, bei $619,5^0$ der Zersetzung: $2NO_2 = 2NO + O_2$.[4]

Als Lösungsmittel wirkt es assoziierend[5]; seine elektrische Leitfähigkeit ist sehr gering[2] (BRUNI und BERTI).

Chemisches Verhalten. Flüssiges N_2O_4 bildet mit NO Stickstofftrioxyd. Bei Abwesenheit von Feuchtigkeit mit SO_2 in allen Verhältnissen ohne Bildung von Verbindungen mischbar[3]; bei Gegenwart von H_2O entstehen Verbindungen.[6] In vollkommen reinem Zustand wirkt es bei -10^0 nicht auf Hg, bei gewöhnlicher Temperatur erst nach einiger Zeit, gleichgültig ob das N_2O_4 flüssig oder gasförmig ist. Die Schwermetalle außer Hg bleiben im flüssigen N_2O_4 unverändert; bei Feuchtigkeitsspuren entstehen Nitrate und NO.

---

[1] GIRARD u. PABST, Bull. [2] **30**, 531 (1878).

[2] GAY-LUSSAC, Ann. chim. phys. [2] **1**, 394 (1816); BRUNI u. BERTI, Att. Linc. Roma [5] **9**, 1, 321 (1900). Gazz. **30**, II, 151 (1900).

[3] SCHEUER, Akad. Anzeig. Wien, 1911 Nr. XIV u. 1912 Nr. V.

[4] RICHARDSON, J. Chem. S. **51**, 397 (1887).

[5] RAMSAY, Chem. N. **61**, 91 (1890).

[6] WEBER, Pogg. **130**, 277 (1867).

[7] SCHEFFER u. TREUB, Zeit. phys. Chem. **81**, 308, 1912.

N_2O_4 gibt mit H_2SO_4 (d = 1,65) Nitrosylschwefelsäure und HNO_3.[1] H_2O zersetzt es nach: $H_2O + N_2O_4 = HNO_3 + HNO_2$; $2H_2O + 3N_2O_4 = 4HNO_3 + 2NO$, welche Reaktionen zur Bildung zweier Schichten führen, deren Farbe von der Menge des N_2O_4 abhängt.

Physiologische Wirkungen. Ganz ähnlich denen von N_2O_3. O. Sch.

21. Nitrosylchlorid. NOCl = 85.468.

1. Allgemeine Bildungsweisen. a) Destillation von Königswasser,[2] b) direkte Vereinigung von NO und Cl_2,[3] c) Einwirkung von Chlor auf Stickstoffperoxyd in der Wärme.[4] d) Einwirkung von Salzsäure auf N_2O_3 und N_2O_4 nach folgenden Gleichungen:

$$N_2O_3 + 2HCl = 2NOCl + H_2O \qquad \text{und}$$

$$N_2O_4 + 4HCl = 2NOCl + 2Cl + 2H_2O.^{5}$$

e) Einwirkung von Kochsalz auf Bleikammerkristalle bei 85° nach folgender Gleichung:

$$\begin{matrix}O{=}N{-}O\\H{-}O\end{matrix}{>}SO_2 + NaCl = \begin{matrix}NaO\\HO\end{matrix}{>}SO_2 + NOCl.^{6}$$

2. Gebräuchliche Darstellungsmethoden: a) Aus Bleikammerkristallen und Kochsalz.[6,8] Verunreinigungen: N_2O_3, N_2O_4, HCl, Cl_2, HNO_3, N_2O.

b) Einwirkung von Cl_2 auf NO, nach Verflüssigung und Destillation der beiden Gase. Das Reaktionsprodukt enthält stets überschüssiges Chlor und wird davon durch fraktionierte Destillation befreit.[9,5,8]

3. Darstellung des reinen Gases: Einwirkung von reinem Stickoxyd auf verflüssigtes reines Chlor nach folgender Vorschrift: Man stellt zunächst reines Chlor (s. d.), darauf Stickoxyd (s. d.) dar, wobei man den üblichen Weg etwas modifiziert. Das Stickoxyd wird durch Einwirkung von Schwefelsäure auf eine verdünnte Lösung von Natriumnitrit entwickelt und nacheinander durch zwei Waschflaschen mit konzentrierter Schwefelsäure, eine mit konzentrierter Pottaschelösung, dann wiederum eine mit Schwefelsäure und schließlich durch ein Phosphorpentoxydrohr geleitet. Das so gewonnene Gas wird in einer durch flüssige Luft gekühlten Vorlage aufgefangen. Die Pottasche soll die bei der Reaktion gebildete Salpetersäure zurückhalten; andererseits bewirkt die Verwendung der Pottasche auch die Bildung einer kleinen Menge Stickoxydes, das sich

---

[1] Lunge, Ber. **15**, 488 (1882); Lunge u. Weintraub, Z. angew. Ch. (**1899**) 393, 417.
[2] Baudrimont, Ann. chim. phys. [3] **17**, 24 (1846).
[3] Gay-Lussac, Ann. chim. phys. [3] **23**, 23 (1848).
[4] Williams, J. Chem. S. **49**, 272 (1886).
[5] Briner u. Pylkoff, J. Chim. phys. **10**, 640 (1912).
[6] Tilden, J. Chem. S. [2] **12**, 630 (1874); Girard u. Pabst, Bull. [2] **30**, 531 (1878).
[7] Guye u. Fluss, J. Chim. phys. **6**, 732 (1908).
[8] Wourtzel, J. Chim. phys. **11**, 214 (1913).
[9] Boubnoff u. Guye, J. Chim. phys. **9**, 290 (1911).

jedoch leicht von dem gebildeten Nitrosylchlorid trennen läßt. Die weitere Reinigung des Stickoxydes durch Destillation ist daher überflüssig.

Das dargestellte Chlor wird nunmehr in einem Glaskölbchen von 70—80 ccm Inhalt abgewogen, und zwar empfiehlt sich die Verwendung eines Kölbchens von 25 mm Durchmesser und 2 mm Wandstärke. Das Kölbchen trägt einen Schraubenquetschhahn, an den sich ein flacher Schliff anschließt. Man verbindet das gewogene Kölbchen mit der Apparatur, einschließlich dreier Waschflaschen und darin verteilt das Chlor, worauf man es auf -78^0 abkühlt.

Dann senkt man das den Stickoxydbehälter umgebende DEWAR-Gefäß, um den Gasdruck auf eine Atmosphäre zu bringen und dreht den Hahn, der den Behälter von der Apparatur trennt. Da der Dampfdruck des Chlor bei -78^0 nur 33 mm beträgt, so dringt das Stickoxyd in das Chlor ein und wird davon rasch absorbiert. In demselben Maße verwandelt sich die gelbe Farbe des flüssigen Chlors in die blutrote des Nitrosylchlorides, dessen Kristalle bald nacheinander in den Behältern erscheinen. Die Waschflaschen wählt man so aus, daß die erste den größten, die letzte den kleinsten Durchmesser hat. Auf diese Weise wird der größte Teil der Substanz möglichst lange der Einwirkung des NO-Gases ausgesetzt. Dann schüttelt man das Kölbchen eine halbe Stunde lang tüchtig, wobei man das Nitrosylchlorid drei- oder viermal zum Erstarren kommen läßt. Im Augenblick des Erstarrens entweicht jedesmal das gelöste Stickoxyd in reichlicher Menge. Zur Beendigung der Operation unterwirft man das Produkt noch einigen Destillationen, um die Verunreinigungen N_2O und N_2 zu entfernen, die das NO von Anfang an begleiten. Alle Operationen von dem Augenblick der Darstellung des reinen Chlors an müssen bei Abschluß der Luft ausgeführt werden. Der Luftsauerstoff verbindet sich nämlich sofort mit Stickoxyd und liefert damit N_2O_3 und N_2O_4, die sich nicht mehr von dem gebildeten NOCl trennen lassen

Physikalische Eigenschaften. NOCl ist als Gas orangegelb, als Flüssigkeit blutrot und bildet in festem Zustande prachtvolle orangerote, goldglänzende Kristalle, die bei der Temperatur der flüssigen Luft hellgelb werden.

Schmelzpunkt: -65^0 (VAN HETEREN).[1]
Siedepunkt (760 mm): $-5{,}5^0$ (BRINER u. PYLKOFF).[2]
Dampfdruck: (0^0) 1,17 Atm. (BRINER u. PYLKOFF).[2]
Kritische Temperatur: $T_c = 167^0$[3]
Gewicht des Normalliters: $L = 2{,}9919$ (WOURTZEL).[4]
Dichte des verflüssigten Gases zwischen -40^0 und $+25^0$, $d_t = 1{,}349 - 0{,}00242\ T$.[2]
Abweichungskoeffizient vom AVOGADROschen Gesetz zwischen 1 und 0 Atm. $A'_0 = 0{,}02395$ (WOURTZEL).[4]

---

[1] VAN HETEREN, Z. anorg. Chem. **22**, 277, (1900).
[2] BRINER u. PYLKOFF l. c.
[3] WILLIAMS, J. Chem. S. **49**, 272 (1886).
[4] WOURTZEL, J. Chim. phys. **11**, 29 (1913).

Chemische Eigenschaften. Das Gas NOCl greift in der Kälte alle Metalle, selbst Gold und Platin an, indem es Chloride bildet und NO in Freiheit setzt. In der Wärme bildet es Chloride und Oxychloride. Silberdraht zerlegt Nitrosylchlorid vollständig oberhalb 460° in NO und Chlor, welch letzeres als AgCl gebunden wird.[1] Oberhalb 700° zerfällt NOCl in seine Bestandteile.[2] Wasser zerlegt es in N_2O_3 und HCl; letztere Reaktion ist reversibel.[3]

NOCl bildet mit mehreren Chloriden Additionsverbindungen. Organische Stoffe werden von NOCl heftig angegriffen. Das Arbeiten mit NOCl erheischt ein besonderes Dichtungsmittel, welches man durch Einwirkung von Chlor und NOCl auf ein Gemisch von auf 160—180° erwärmtem Paraffin und Stearin erhält.[1]

Physiologische Eigenschaften. NOCl besitzt einen sehr unangenehmen Geruch, der zugleich an Stickoxyde und an Chlor erinnert. Flüssiges NOCl greift die Haut heftig an. E. W.

22. Nitrosylbromid, NOBr = 109,97.

Landolt[4] hat beobachtet, daß Brom bei Temperaturen unterhalb — 2° Stickstoffdioxyd energisch absorbiert. Das erhaltene Produkt ist eine schwarzbraune Flüssigkeit, die bei — 2° siedet. Die Zusammensetzung entspricht genau der Formel: NOBr. Die entwickelten Dämpfe enthalten mehr Stickoxyde als die zurückbleibende Flüssigkeit. Demnach geht die Verdampfung mit einer Zersetzung der Substanz vor sich. E. W.

23. Phosphortrifluorid, PF_3 = 88,04.

Darstellung und Reinigung: Phosphortrifluorid entsteht durch Einwirkung verschiedener Metallfluoride auf andere Halogenderivate des Phosphors. Zwecks seiner Darstellung läßt man tropfenweise Arsentrifluorid[5] in einem kleinen Glaskolben auf Phosphortrichlorid fallen.[6] Verunreinigungen: Phosphortrichlorid, Arsentrifluorid und Luft. Zur Reinigung wäscht man das Phosphortrifluorid mit Wasser in einer kleinen Waschflasche und dann mit konzentrierter reiner Schwefelsäure. Das Gas kann über Quecksilber aufgefangen oder auch mittelst flüssiger Luft kondensiert werden. Durch fraktionierte Destillation dürfte man zu einem reinen Gase gelangen.

Physikalische und chemische Eigenschaften: Phosphortrifluorid ist ein farbloses Gas von der Dichte 3,022 (bezogen auf Luft).[6]

Siedepunkt (unter 760 mm) $T_e = -95°$.[7]

Schmelzpunkt: $T_f = -160°$.[7]

---

[1] Guye u. Wourtzel, J. Chim. phys. **11**, 29 (1913).

[2] Guye u. Fluss, J. Chim. phys. **6**, 732 (1908); Wourtzel, J. Chim. phys. **11**, 30 (1913).

[3] Briner u. Pylkoff, l. c.

[4] Landolt, Ann. **116**, 177 (1861).

[5] Mc Ivor, Chem. N. **32**, 232 (1875).

[6] Moissan, C. r. **100**, 272 (1885).

[7] Moissan, C. r. **138**, 789 (1904).

Das Gas wird durch Wasser langsam zersetzt und durch Alkalien schnell absorbiert; es wird sofort durch Lösungen oxydierender Salze zersetzt (z. B. Kaliumdichromat, Kaliumpermanganat).[1] In der Hitze greift es Glas an.[1,2] Es brennt nicht an der Luft, bildet aber mit Sauerstoff ein explodierendes Gemisch. A. F. O. G.

24. Phosphorpentafluorid, $PF_5 = 126,04$.

Man gibt tropfenweise Arsentrifluorid[3] auf Phosphorpentachlorid.[4] Das so gebildete Gas kann über Quecksilber aufgefangen oder mittelst fester Kohlensäure kondensiert werden. Durch fraktionierte Destillation dürfte man ein reines Produkt erhalten.

Eigenschaften:

Dichte = 4,49 (MOISSAN[5]), bezogen auf Luft.
Siedepunkt (unter 760 mm) $T_e = -75°$.[6]
Schmelzpunkt: $T_f = -83°$.[6]

Phosphorpentafluorid ist ein farbloses, sehr unangenehm riechendes Gas und raucht stark an der Luft. Für sich erhitzt, ist es selbst bei hoher Temperatur sehr beständig. Es ist unverbrennlich, wird aber durch Wasser zersetzt. Bei längerer Berührung greift es das Glas an[4], doch ist dies bei dem verflüssigten Gase nicht der Fall.[5] Selbst in verdünntem Zustande kann es nicht eingeatmet werden.

A. F. O. G.

25. Phosphoroxyfluorid, $POF_3 = 104,04$.

Darstellung des Gases: 1. Man erwärmt in einem Messingrohr gelinde Phosphoroxychlorid mit wasserfreiem, nicht calciniertem Zinkfluorid.[7] Verunreinigungen: Phosphortrichlorid, Luft und wahrscheinlich auch andere Fluoride.

2. Man erhitzt in einem Messingrohr ein Gemenge von zwei Teilen gepulverten Kryolith und drei Teilen Phosphorpentoxyd.[8] An Stelle des ersteren kann man auch Natriumfluorid anwenden. In beiden Fällen kann das gebildete Gas mittelst fester Kohlensäure kondensiert und durch fraktionierte Destillation gereinigt werden.

Physikalische Eigenschaften:

Dichte: etwa 3,69.[7]
Siedepunkt (bei 760 mm) $T_e = -40°$.[9]
Schmelzpunkt: $T_f = -68°$.[9]

Phosphoroxyfluorid ist ein farbloses, stechend riechendes Gas, das für sich beständig ist. Von Wasser wird es unter Zersetzung absorbiert.[7] Das trockne Gas greift Glas nicht an[10], doch soll es indessen nach MOISSAN in verflüssigtem Zustande Glas und Quecksilber in geringem Maße angreifen. A. F. O. G.

---

[1] MOISSAN, C. r. 99, 655 (1884). [2] MOISSAN, C. r. 100, 272 (1885).
[3] MC IVOR, Chem. N. 32, 232 (1875).
[4] THORPE, Proc. Roy. Soc. 25, 122 (1876).
[5] MOISSAN, C. r. 101, 1492 (1885). [6] MOISSAN, C. r. 138, 789 (1904).
[7] MOISSAN, Bull. [3] 4, 260 (1890).
[8] THORPE u. HAMBLY, J. Chem. S. 55, 759 (1889).
[9] MOISSAN, C. r. 138, 789 (1904). [10] MOISSAN, C. r. 102, 1245 (1886).

26. Phosphorwasserstoff (Phosphin). $PH_3 = 34{,}064$.

Allgemeine Bildungsweisen: 1. Bei der Einwirkung von Wasser auf die Phosphide der Alkalien und alkalischen Erden.

2. Durch Einwirkung von Alkalilaugen auf Phosphor oder Phosphoniumsalze.

Gebräuchliche Darstellungswege: 1. Man behandelt Phosphor in der Wärme mit Alkalilauge, wobei sich nach folgender Gleichung Phosphin bildet:

$$4P + 3NaOH + 3H_2O = PH_3 + 3NaH_2PO_3.$$

Das so gewonnene Gas enthält selbstentzündlichen Phosphorwasserstoff P_2H_4, den man durch Waschen mit konzentrierter Salzsäure entfernen kann, sowie freien Wasserstoff.

2. Ein weit reineres Gas wird durch Zersetzung von Calciumphosphid mit Wasser erhalten.

$$P_2Ca_3 + 6H_2O = 2PH_3 + 3Ca(OH)_2.$$

3. oder durch Einwirkung von Ätzkali auf Phosphoniumjodid

$$PH_4J + KOH = PH_3 + KJ + H_2O.$$

Darstellung des reinen Gases: Um die letzten Spuren von Verunreinigungen (P_2H_4 und H_2) aus dem Gas zu entfernen, muß man es mehreren fraktionierten Destillationen unterwerfen. Das Gas wird nach einer der beiden zuletzt genannten Methoden dargestellt, z. B. läßt man bei Reaktion 2. tropfenweise Wasser auf sehr reines Calciumphosphid, wie man es nach Matignon und Trannoy[1] durch Behandlung von Tricalciumphosphat mit Aluminium enthält, einwirken, oder man läßt nach Reaktion 3. konzentrierte Kalilauge auf ein Gemenge von Phosphoniumjodid und zerstoßenem Glas einwirken. Die Verteilung des Phosphoniumjodides in dem zerstoßenen Glas vermindert die Heftigkeit der Reaktion. Um zu verhindern, daß das Phosphin sich an der Luft nicht entzündet, was stets, selbst bei kleinen Mengen anwesenden festen Phosphorwasserstoffes eintritt, muß aus dem Entwicklungskolben die Luft gründlichst durch Kohlendioxyd verdrängt werden, welch letzteres man darauf in einer Waschflasche mit Kalilauge absorbiert. Das Gas wird durch Phosphorpentoxyd getrocknet und darauf in einer Vorlage mittelst flüssiger Luft kondensiert. Nach einigen Fraktionierungen, wobei man jedesmal die Anfangs- und Endprodukte verwirft, erhält man ein reines und trocknes, bei gewöhnlicher Temperatur vollkommen beständiges Gas (Gazarian).

Physikalische Eigenschaften: Phosphin ist ein farbloses Gas von knoblauchartigem Geruch.

Schmelzpunkt: $T_f = -132{,}5^0$.[2]

Siedepunkt (unter 760 mm Druck) $T_e = -85^0$.[2]

Kritische Temperatur: $T_c = 51{,}3^0$.[3]

---

[1] Matignon u. Trannoy, C. r. 148, 167 (1909).

[2] Olszewski, Mftc. 7, 371 (1886). [3] Briner, J. Chim. phys. 4, 479 (1906).

Kritischer Druck: $P_c = 64{,}5$ Atm.
Gewicht des Normalliters: $L = 1{,}5293$.[1]
Brechungsindex: N_D (bei 17,5°) = 1,317.[2]
Dichte des verflüssigten Gases bei $t_c = 0{,}744$.[2]
Löslichkeit in Wasser: etwa 100 cm³ in 1 Liter Wasser[2]

Chemische Eigenschaften: Phosphin zersetzt sich in der Hitze. Ist das Gas nicht sehr rein, so zerfällt es schon bei gewöhnlicher Temperatur bei plötzlichen Druckveränderungen.

Bei Gegenwart von Sauerstoff entzündet sich das vollkommen reine Gas erst gegen 150°; unterhalb dieser Temperatur erleidet es eine langsame Oxydation. Plötzliche Druckverminderung ruft Entzündung hervor. Die Verbrennung des Phosphins verläuft nach einer der folgenden Gleichungen:

$$PH_3 + 3O_2 = 2H_3PO_3$$
$$PH_3 + O_2 = HPO_2 + H_2,$$

was sich aus den Mengen der beiden anwesenden Gase ergibt. Die Verbrennung geht unter Feuererscheinung vor sich. Halogene zerlegen Phosphin unter Bildung von Halogenwasserstoffsäure und den entsprechenden Phosphorhalogeniden. Mit den Halogenwasserstoffsäuren verbindet sich das Gas und bildet damit Phosphoniumhalogenide. Mit Chlorwasserstoff ist diese Vereinigung bei gewöhnlicher Temperatur nur unter Druck vollständig; denn der Dissoziationsdruck des Phosphoniumchlorides ist größer als 1 Atm. Mit Chloriden liefert Phosphin Additionsverbindungen, z. B. absorbiert die Lösung von Cuprochlorid das Gas unter Bildung einer Verbindung: $CuClPH_3$.

Physiologische Eigenschaften: Phosphin ist ein giftiges Gas, welches auf den Organismus dieselben Wirkungen wie weißer Phosphor ausübt.

E. B.

27. Arsenwasserstoff (Arsin), $AsH_3 = 78{,}03$.

Allgemeine Bildungsweisen: 1. Durch Reduktion von Arsensäure oder arseniger Säure mittelst Zink und Schwefelsäure.

2. Durch Einwirkung von Wasser oder verdünnten Säuren auf Metallarsenide.

Gebräuchliche Darstellungsmethoden: 1. Einwirkung von Wasser oder verdünnten Säuren auf Metallarsenide: a) Methode von SOUBEIRAN

$$Zn_3As_2 + 3SO_4H_2 = 2AsH_3 + 3ZnSO_4.^3$$

Verunreinigungen: Wasserstoff, Wasserdampf, Luft.

b) Verfahren von JANOWSKI: $AsNa_3$ + HCl (verdünnt) oder H_2O.
Verunreinigungen: Wasserstoff, Wasser, Luft.

---

[1] TER GAZARIAN, J. Chim. phys. 7, 346 (1909).
[2] Abegg-Auerbach III, 393.
[3] As_2Zn_3 stellt man durch Erhitzen von Zinkgranalien mit Arsenpulver in einer feuerfesten Retorte dar.

c) Verfahren von LEBEAU: $Ca_3As_2 + 6H_2O = 2AsH_3 + 3Ca(OH)_2$.[1] Verunreinigungen: Wasserstoff, Wasser, Luft.

2. Durch Reduktion von Arseniten oder Arsenaten mittelst nascierenden Wasserstoffes, z. B. durch Mineralsäuren und Zink oder durch alkalische Laugen und Zink oder Aluminium.

Darstellung des reinen Gases: Alkali- oder Erdalkaliarsenide geben in absolut reinem Zustande bei der Behandlung mit Wasser und bei gewöhnlicher Temperatur Metallhydroxyde und Arsenwasserstoff. Verunreinigungen: Wasserstoff, Wasser und Luft.

Reinigung: Die Luft entfernt man am besten durch vorheriges Evakuieren des Apparates und, indem man die ersten Liter entwickelten Gases mit Hilfe einer Wasserstrahlpumpe absaugt; zur Entfernung des Wassers läßt man das reine Gas durch ein auf -20^0 abgekühltes Gefäß und darauf durch eine Reihe von U-Rohren, die mit Metaphosphorsäure gefüllt sind, strömen. Das seiner Feuchtigkeit beraubte Arsen wird darauf in einem kalten Gemisch von fester Kohlensäure und Alkohol oder Äther kondensiert und durch fraktionierte Destillation gereinigt. Man kann auch zur Reindarstellung des Gases Kugelröhren verwenden, wie sie von MOISSAN[2] beschrieben sind.

Physikalische Eigenschaften: Arsin ist ein farbloses Gas von unangenehmem, lauchartigem Geruch. Es läßt sich leicht in einem Gemisch von fester Kohlensäure und Alkohol oder Äther zu einer farblosen Flüssigkeit herstellen.

Schmelzpunkt: $T_f = -113,5^0$ (nach OLSZEWSKI).[3]

Siedepunkt: $T_e = -55^0$ (nach OLSZEWSKI).

Gasdichte: = 2,695 (berechnet = 2,6949).[4]

Löslichkeit in Wasser: 1 Volum des Gases löst sich in 5 Vol. Wasser.[5]

Chemische Eigenschaften: Da Arsin ein endothermischer Stoff ist, ist es sehr wenig stabil und zerfällt leicht. Unter dem Einfluß der Wärme oder durch eine Reihe elektrischer Funken kann die Zerlegung in die Elemente leicht bewirkt werden. Durch heftige plötzliche Erschütterungen kann dasselbe erzielt werden, wobei die Zerlegung des Gases unter Explosion vor sich geht. Diese Tatsache beobachtet man, wenn man ein Zündhütchen mit Knallquecksilber inmitten einer Arsinatmosphäre detonieren läßt.

Nach BRUNN[6] beginnt die Zersetzung des Arsenwasserstoffes bei 230°. Halogene: (Chlor, Brom, Jod) liefern mit Arsenwasserstoff die entsprechenden Halogenwasserstoffsäuren (Chlorwasserstoff, Bromwasserstoff, Jodwasserstoff) und Arsen, AsH_2 oder die Chrom-, Brom- und Jodderivate von Arsen.[7]

Physiologische Wirkungen: Arsin ist ein sehr giftiges Gas. Da ganz allgemein Arsenverbindungen starke Gifte sind, so muß man im

---

[1] Ca_3As stellt man im elektrischen Ofen durch Reduktion von AsO_4CaH mittelst Kohle dar.

[2] MOISSAN, C. r. **137**, 363 (1904).

[3] OLSZEWSKI, Phil. Mag. **39**, 188 (1895).

[4] DUMAS, Ann. chim. phys. **33**, 357 (1826).

[5] BERZELIUS, Traité de chimie, franz. Ausg. **2**, 249 (1846).

[6] BRUNN, Ber. **22**, 3205 (1889).

[7] HUSSON, C. r. **67**, 56 (1868).

Falle einer Vergiftung durch AsH_3 sofort alle bei As üblichen Gegenmittel anwenden: energisches Abreiben des ganzen Körpers mit Eau de Cologne und Fioreventi-Balsam, Äthereinspritzung, Einflößen von schwarzem Kaffee, Kognak oder Champagner. G. P. P.

28. Antimonwasserstoff. $SbH_3 = 123{,}03$.

Allgemeine Bildungsweisen: Antimonwasserstoff entsteht bei der Zersetzung von Antimonlegierungen durch Säuren oder Wasser. Bei den verschiedenen hierzu verwendeten Antimonlegierungen variiert die Bildung von Antimonwasserstoff mit der Natur und dem Prozentgehalt des mit dem Antimon verbundenen Metalles. Ferner bildet sich Antimonwasserstoff jedesmal, wenn eine lösliche Antimonverbindung, z. B. Brechweinstein, mit nascierendem Wasserstoff behandelt wird. Das unter diesen verschiedenen Bedingungen erhaltene Gas ist jedoch stets mit einem sehr großen Gehalt von freiem Wasserstoff vermischt.

Gebräuchliche Darstellungswege. Die am meisten zur Darstellung von Antimonwasserstoff angewendete Legierung ist Antimonzink; nach STOCK und DOHT[1] gibt jedoch die Legierung, die man erhält, wenn man 1 Teil Antimon mit 2 Teilen Magnesium vereinigt, bessere Resultate.[2] Diese Legierung gibt man in kleinen Anteilen in verdünnte, sauerstofffreie Salzsäure, wobei ein Gas mit 14 % Antimonwasserstoff entsteht.

Darstellung des reinen Gases: Die Antimon-Magnesiumlegierung wird gepulvert und in einem Ballon mit zwei Ansatzrohren gebracht, von welchen das eine das abziehende Rohr trägt, das andere einen Hahntrichter zur tropfenweisen Zuführung reinster verdünnter Salzsäure. Das entwickelte Gas enthält als Verunreinigungen Wasserstoff, Luft, Wasser und Chlorwasserstoff. Zwecks Reinigung leitet man es durch Rohre mit Calciumchlorid und verflüssigt darauf mittelst flüssiger Luft. Der verflüssigte Antimonwasserstoff wird durch fraktionierte Destillation gereinigt. Das entwickelte Gas kann über Quecksilber aufgefangen werden.

Physikalische Eigenschaften: Antimonwasserstoff ist ein farbloses, unangenehm riechendes Gas.

Schmelzpunkt: $T_f = -91{,}5^0$ (OLSZEWSKI)[3]; -88^0 (STOCK und GUTTMANN).[4]

Siedepunkt: $T_e = -18^0$ (OLSZEWSKI); -17^0 (STOCK und GUTTMANN).

Dichte des verflüssigten Gases: $= 2{,}26$ bei 25^0 und $2{,}37$ bei 50^0 (STOCK und GUTTMANN).

Gasdichte: $= 4{,}385$ bei 15^0 unter 754 mm Druck, und $4{,}344$ bei 15^0 unter 760 mm Druck (STOCK und GUTTMANN).

Löslichkeit in Wasser: 1 Vol. Gas in 5 Vol. Wasser (STOCK und GUTTMANN).

Nach JONES[5] soll die Löslichkeit des Antimonwasserstoffes in Wasser bei 10^0: 5,35 ccm und bei $10{,}5^0$ 4,12 ccm per Liter.

[1] STOCK u. DOHT, Ber. **35**, 2270 (1902). J. Soc. Ch. **30**, 13 (1903).

[2] Man stellt die Legierung aus 1 Teil Antimon und 2 Teilen Magnesium dar, indem man die beiden gepulverten Metalle einige Zeit im Rohr auf eisernen Schiffchen im Wasserstoffstrom auf Rotglut erhitzt.

[3] OLSZEWSKI, Mfte. **7**, 373 (1886). Bull. **46**, 643 (1886).

[4] STOCK u. GUTTMANN, Ber. **37**, 885 (1904).

[5] F. JONES, Chem. N. **33**, 127 (1876). J. Chem. S. **29**, 641 (1876).

Nach STOCK und GUTTMANN löst ein Teil Alkohol 15 Teile Gas. Es ist ferner löslich in Äther, Benzol und Petroläther.

Chemische Eigenschaften: Antimonwasserstoff zerfällt leicht in der Wärme in Wasserstoff und Antimon. Das Gas brennt mit lebhafter blaugrüner Flamme unter Entwicklung eines dicken Rauches und unter Bildung von Wasser und Antimonoxyd, sobald Sauerstoff im Überschuß ist, von Wasser und Antimon, falls Antimonwasserstoff im Überschuß ist. Diese unvollkommene Verbrennung beobachtet man auch, wenn man einen kalten Körper, z. B. eine Porzellanschale in die Flamme hineinbringt; es bildet sich dann ein rauher, schwarzer Antimonbeschlag. Die Erkennung des Antimons mittelst des MARSHschen Apparates beruht auf dieser Eigenschaft.

Das verflüssigte Gas zerfällt ziemlich schnell.[1] Unter der Einwirkung des elektrischen Funkens zerfällt Antimonwasserstoff und liefert einen schwarzen Beschlag.[2] Auch durch Halogene wird Antimonwasserstoff zerlegt, und ein Gemisch von Antimon und Sauerstoff kann durch einen elektrischen Funken zur Explosion gebracht werden. Mit Schwefel liefert Antimonwasserstoff bei 100° in einer Reaktion, die durch Licht beschleunigt wird, Antimontrisulfid und Schwefelwasserstoff[3]:

$$2SbH_3 + 6S = Sb_2S_3 + 3SH_2 .$$

Ein Gemisch von Antimonwasserstoff und Kohlendioxyd liefert unter Einwirkung elektrischer Funken Kohlenoxyd, Antimon und Wasser (STOCK u. GUTTMANN). Mit Salpetersäure und anderen oxydierenden Agentien erleidet Antimonwasserstoff Zersetzung. Auch Ätzkali und andere Metallhydroxyde zerlegen ihn schnell. Leitet man Antimonwasserstoff in Silbernitratlösung, so entsteht ein Niederschlag, der nach Jones[4] ein Gemenge von Silberantimonid $SbAg_3$ und reduziertem Silber sein soll.

Physiologische Wirkungen: Antimonwasserstoff ist ein energisches Gift und ebenso gefürchtet wie Arsenwasserstoff; er zersetzt das Oxyhämoglobin und wirkt selbst in sehr schwachen Dosen (z. B. verdünnt durch Luft) tödlich. Vergiftungssymptome sind: Nachlassen der Atmung, Erniedrigung der Körpertemperatur, Krämpfe mit tödlichem Ausgang. G. P. P.

29. Borfluorid, $BF_3 = 68,0$.

Darstellung: Man erwärmt ein Gemenge von 1 Teil Borsäureanhydrid und 3 Teilen Calciumfluorid gelinde in einem Glaskolben[5,6] mit überschüssiger konzentrierter reiner Schwefelsäure. Verunreinigungen: Siliciumtetrafluorid und Luft. MOISSAN hat das Gas in einem Platinapparat dargestellt, indem er kieselsäurefreies Calciumfluorid verwendete.[7]

---

[1] OLSZEWSKI, l. c.; STOCK u. GUTTMANN, l. c.
[2] BOETTGER, J. pr. Ch. **90**, 34 (1863). [3] JONES, l. c.
[4] F. JONES, J. Chem. S. **33**, 95 (1878).
[5] DAVY, Phil. Trans. Roy. Soc. **102**, 365 (1812).
[6] RAWSON, Chem. N. **58**, 283 (1888).
[7] MOISSAN, C. r. **139**, 711 (1904).

Die fraktionierte Destillation des so verdichteten Gases dürfte zu einem sehr reinen Produkt führen.

Physikalische Eigenschaften:

Siedepunkt (unter 760 mm Druck): $T_e = -101^0$.[4]

Schmelzpunkt: $T_f = -127^0$.[4]

Dichte: = 2,3709 (DAVY)[1]; 2,3694 (THOMSON)[2]; 2,3124 (DUMAS).[3]

Löslichkeit in Wasser: 1 ccm Wasser von 0° absorbiert bei 762 mm Druck 1057 ccm Borfluorid[5], wobei 24,510 Cal. frei werden.[6]

Konzentrierte Schwefelsäure absorbiert 50 Vol. Borfluorid.[1]

Borfluorid ist ein farbloses Gas von erstickendem Geruch und verkohlt eine große Anzahl organischer Verbindungen, da es ähnlich wie Schwefelsäure eine große Begierde zu Wasser besitzt. A. F. O. G.

30. Borchlorid, BCl = 117,4.

Allgemeine Bildungsweisen und gebräuchliche Darstellungswege: 1. Borchlorid entsteht durch direkte Einwirkung von Chlor auf amorphes Bor[7], das sich in einem auf dunkle Rotglut erhitzten Glasrohr befindet. Verunreinigungen: Überschüssiges Chlor, das durch Quecksilber entfernt werden kann, sowie die Verunreinigungen des Bors.

2. Durch Einwirkung von Chlor auf ein Gemenge von Bortrioxyd B_2O_3 und Kohlenstoff bei Rotglut in einer Retorte oder in einem Tonrohr.[8] Dieselben Verunreinigungen wie oben.

Darstellung des reinen Gases: Das durch direkte Vereinigung von Chlor und Brom erhaltene Produkt kann durch fraktionierte Destillation gereinigt werden.

Physikalische, chemische und physiologische Eigenschaften:

Siedepunkt (unter 760 mm Druck): 18,2° (REGNAULT).[9]

Dampfdruck bei 0° = 381 mm (REGNAULT).[9]

Dichte des verflüssigten Gases: = 1,434 (GHIRA).[10]

Bortrichlorid ist in verflüssigtem Zustande farblos, beweglich, stark lichtbrechend und raucht an der Luft, da es durch Wasser zersetzt wird. Es liefert leicht Additionsverbindungen. Bortrichlorid hat giftige Eigenschaften. G. B.

31. Borwasserstoff. $B_4H_{10} = 54$.

Bildungsweise: Gasförmiger Borwasserstoff bildet sich bei der Zerlegung von Metallboriden durch Wasser oder Säuren.

Darstellung: Man läßt Salzsäure auf Magnesiumborid einwirken (JONES und TAYLOR, RAMSAY und HATFIELD, STOCK und MASSENEZ).[11]

---

[1] DAVY, Phil. Trans. Roy. Soc. **102**, 365 (1812).
[2] THOMSON, Annals of Philosophy **1**, 177 (1813).
[3] DUMAS, Traité de Ch. App. aux Arts, Paris **1**, 382 (1828).
[4] MOISSAN, C. r. **139**, 711 (1904).
[5] BASSARON, C. r. **78**, 1698 (1874).
[6] HAMMERL, C. r. **90**, 312 (1880).
[7] WÖHLER u. DEVILLE, Ann. chim. phys. [3] **52**, 84 (1858).
[8] DUMAS, Ann. chim. phys. [2] **31**, 436 (1826).
[9] REGNAULT, Mém. Ac. Sc. [2] **26**, 658 (1862).
[10] GHIRA, Z. phys. Ch. **12**, 768 (1893).
[11] JONES u. TAYLOR, J. Chem. S. **39**, 213 (1881); RAMSAY u. HATFIELD, Proc. Chem. S. **17**, 152 (1901); A. STOCK u. MASSENEZ, Ber. **45**, 3539 (1912).

Magnesiumborid erhält man durch Erhitzen einer Mischung von Boroxyd und Magnesium in einem Eisentiegel bei Rotglut im Wasserstoffstrom (Anordnung von ROSE). Die so erhaltene unreine Masse, die etwas Silicid und Nitrid enthält, wird pulverisiert und durch Salzsäure (Konzentration 2 N bis 8 N) bei 50—80° zersetzt.

Reinigung: Das erhaltene Gas ist unrein und enthält H_2, SiH_4, CO_2, Si_2H_6, Borwasserstoff B_4H_{10} (Siedepunkt 16°) und ein anderes Borid B_6H_{12} (Siedepunkt gegen 100°). — Das sich entwickelnde Gas wird in Wasser gewaschen, über Phosphorpentoxyd getrocknet und darauf in eine Vorlage von −80° geleitet, worin sich die Borhydride beinahe vollständig kondensieren. Durch eine Reihe fraktionierter Destillationen wird dann der Borwasserstoff B_4H_{10} von den Begleitprodukten getrennt (A. STOCK und MASSENEZ). Man benötigt 200 g Magnesiumborid, um 100 ccm reinen B_4H_{10} zu erhalten.

Eigenschaften des B_4H_{10}: Der Schmelzpunkt liegt in der Nähe von −112°. Der Siedepunkt unter normalem Druck etwas oberhalb 16°. Der Dampfdruck beträgt bei −80° 2 mm.

B_4H_{10} ist sehr unbeständig. Im gasförmigen Zustand zerfällt er bei gewöhnlicher Temperatur zu einen flüssigen Produkt, das mit der Zeit fest wird. Bei Einwirkung des elektrischen Funkens zerfällt er unter Abscheidung eines Borbeschlages und von Wasserstoff.

An der Luft entflammt er sofort sowohl in flüssigem als auch in gasförmigem Zustande, wobei gefährliche Explosionen eintreten können. Man muß den Stoff daher mit größter Vorsicht behandeln (STOCK und MASSENEZ l. c.). Durch Wasser wird Borwasserstoff langsam unter Bildung von Borsäure und Wasserstoff zersetzt. Verdünnte Säuren wirken ebenso. Konzentrierte Salpetersäure reagiert damit unter Explosion. Durch Alkalien wird er sehr schnell absorbiert unter Entwickelung von Wasserstoff; die erhaltene Lösung enthält Alkaliborat. Alkohol absorbiert ihn unter Wärmeentwickelung und Freiwerden von Wasserstoff. G. B.

Über den Borwasserstoff B_2H_6 vgl. den Nachtrag zu Bd. IV.

32. Siliciumfluorid. $SiF_4 = 104.66$.[1]

Wichtigste Bildungsweisen: 1. Beim Überleiten von Fluor über Si oder SiO_2 in einer Flußspatröhre.[2]

2. Bei Einwirkung von gasförmigem HF auf kristallisiertes Si in der Wärme[3], oder von Flußsäure auf SiO_2 oder Silicate.

3. Beim Erhitzen von Bariumsilicofluorid in einem Kupferkolben.[4]

4. Beim Erhitzen eines Gemenges von Flußspatpulver, Sand oder Glas mit konzentrierter Schwefelsäure.[1, 5]

Gewöhnliche Herstellungsweisen: Nach den unter 3 und 4

[1] JAQUEROD u. TOURPAIAN, J. Chim. phys. **11**, 17 u. 272 (1913).
[2] MOISSAN, Ann. chim. phys. [6] **24**, 224 (1891).
[3] NEWTH, Chem. N. **72**, 278 (1895). [4] TRUCHOT, C. r. **98**, 821 (1884).
[5] BERZELIUS, Pogg. **1**, 172 (1824); HEMPEL, Ber. **18**, 1434 (1885); HEMPEL u. HAASY, Z. anorg. Ch. **23**, 32 (1900); ZIEGLER, Ch. Z. **13**, 433 (1889); MOISSAN, C. r. **139**, 796 (1904).

genannten Reaktionen, wobei als Verunreinigungen Luft, HF, H_2O, H_2SO_4, H_2SiF_6, SiO_2 und Glasstaub auftreten können.

Darstellung des reinen Gases: Am einfachsten durch Zutropfenlassen von konzentrierter H_2SO_4 auf ein inniges Gemenge von Flußspat- und Quarz- oder Glaspulver in einem dickwandigen Glasballon und Leiten des Gases durch eine Kolonne von Glaswolle und Pentoxyd. Die Luft und H_2O werden durch gründliches vorheriges Austrocknen und Auspumpen des Apparates, und schließliches Ausspülen mit den ersten Anteilen des gebildeten Gases, entfernt; HF wird von der Glaswolle unter Bildung von SiF_4 zersetzt; mitgerissene H_2SO_4-Tröpfchen, SiO_2 und Glasstaub bleiben in der Glaswolle und im Pentoxyd hängen. Das erhaltene Gas wird mit flüssiger Luft kondensiert und kann bei richtiger Herstellung kein H_2SiF_6 enthalten. Die letzten Spuren von Luft werden durch fraktionierte Destillation entfernt.[1,3]

Physikalische Eigenschaften:

Schmelzpunkt: = -97°.[2]
Siedepunkt bei 941 mm: = -65°.[2]
Unter dem Druck von 2 Atmosphären schmilzt es bei -77°.[2]
Kritische Temperatur: = $-1,5^{\circ}$.[2]
Kritischer Druck: = 50 Atmosphären (MOISSAN).[2]
Das Gewicht des normalen Liters ist L = 4,693.[3]
Bildungswärme: Si krist. + F_4 = SiF_4 Gas + 239,800 calorien.[4]

Chemisches Verhalten: Sehr beständig gegen elektrische Funken- und dunkle elektrische Entladungen; beständig gegen trockene Metalloxyde und trockenes Glas; bei Gegenwart von Feuchtigkeit Bildung von Fluoriden. Mit Wasser entsteht, bei gewöhnlicher Temperatur, H_2SiF_6 und SiO_2. Bei Rotglut ist das entstehende SiO_2 von kristallinischer Struktur.[5] Mit gebranntem Kalk Absorption unter Feuererscheinung.

Physiologische Wirkungen: Riecht stechend, erstickend, greift die Lunge sehr stark an. O. SCH.

33. Siliciumwasserstoff. Siliciummethan. $SiH_4 = 32{,}33$.

Wichtigste Bildungsweisen: 1. Aus Natriumsilicid mit Wasser[6] oder aus Schwermetallsiliciden mit Salzsäure.[7]

2. Aus $SiHCl_3$ mit Natronlauge.[8]

---

[1] JAQUEROD u. SCHEUER, Genf 1905, Privatmitteilung.

[2] BERZELIUS, Pogg. **1**, 172 (1824); HEMPEL, Ber. **18**, 1424 (1885); HEMPEL u. HAASY, Z. anorg. Ch. **23**, 32 (1900); ZIEGLER, Ch. Z. **13**, 433 (1889); MOISSAN, C. r. **139**, 796 (1904).

[3] JAQUEROD u. TOURPAIAN, l. c.

[4] BERTHELOT, Thermochimie **2**, 152. berechnet nach HAMMERL, C. r. **90**, 312 (1880); GUNTZ, Ann. chim. phys. [6] **3**, 59 (1884).

[5] DAUBRÉE, Ann. des Mines [4] **16**, 129 (1849).

[6] HOLLEMAN u. SLIPPER, Rec. trav. chim. **23**, 380 (1904).

[7] WÖHLER, Ann. **106**, 56 (1858); **137**, 369 (1866); WÖHLER u. MARTIUS, ebenda **107**, 42 (1858); GEUTHER, J. pr. Ch. **95**, 427 (1865); GATTERMANN, Ber. **22**, 186 (1889); WARREN, Chem. N. **58**, 215 (1888).

[8] RUFF u. ALBERT, Ber. **38**, 2222 (1905).

3. Aus Silicoameisensäureäthylester beim vorsichtigen, schwachen Erwärmen mit Alkohol und Na.[1]

Gewöhnliche Herstellungsweisen: 1. Einwirkung von konzentrierter Salzsäure auf in verschiedener Weise zu erhaltendes Siliciummagnesium[2], wobei als Verunreinigungen H_2, Si_2H_6, Si_2H_4[3], Cl und Wasser auftreten.

2. Nach der unter 3. genannten Reaktion, die ein reines Gas liefert (die Rolle des unverändert bleibenden Na ist unaufgeklärt).

Darstellung des reinen Gases: In einem Kolben wird nach erfolgtem Evakuieren ein Gemisch von reinem Silicoameisensäureäthylester und absolutem Alkohol vorsichtig erwärmt, und das erhaltene Gas mit flüssiger Luft kondensiert. Durch fraktionierte Destillation wird es vom mitgenommenen Alkohol und Wasser und dem eventuell durch zu starkes Erwärmen entstandenen H_2 befreit.

Physikalische Eigenschaften:

Farbloses Gas, Gefrierpunkt nahe an -200^0.
Kritischer Punkt etwa 0^0.
Die Verflüssigungsdrucke sind bei den Temperaturen -1^0, -7^0 und -11^0, 100, bzw. 70 und 50 Atmosphären.[4]
Verbrennungswärme: = 324300 cal.
Bildungswärme Si krist.: + H_4 Gas = SiH_4 Gas − 6900 cal.[4]

Chemisches Verhalten: In reinem Zustand bei Abwesenheit von O_2 nicht selbstentzündlich. Durch starke elektrische Funken oder durch Erhitzen wird es in die Elemente zerlegt. Mit Sauerstoff bei Temperaturerhöhung brennbar; mit Si_2H_4 verunreinigt selbstentzündlich. Mit Kalilauge quantitativ in Wasserstoff und SiO_4K_4 überführbar. O. Sch.

34. Siliciumäthan. $Si_2H_6 = 62.65$.[3]

Ein bis jetzt wenig studiertes bei -7^0 siedendes Gas, das bei der Zersetzung von Magnesiumsilicid mit konzentrierter Salzsäure neben H_2, SiH_4 und Si_2H_4 entsteht, durch fraktionierte Destillationen von diesen getrennt und als farblose Flüssigkeit erhalten wird.

Es scheint entgegen der Meinung von Moissan u. Smiles[2] nicht selbstentzündlich zu sein, wenn es frei von Si_2H_4 ist. Seine Gasdichte ist 2,18. O. Sch.

35. Kohlenoxyd, $CO = 28.00$.

Allgemeine Bildungsweisen: 1. Durch Reduktion sauerstoffhaltiger Verbindungen mittelst Kohle.

2. Durch Entwässerung gewisser organischer Substanzen.

---

[1] Friedel u. Ladenburg, Ann. **143**, 118 (1867). Ann. chim. phys. [4] **23**, 439 (1871).
[2] Siehe Wöhler, l. c. u. Moissan u. Smiles, C. r. **134**, 569 (1902). Ann. chim. phys. [7] **27**, 5 (1902).
[3] Lebeau, C. r. **148**, 43 (1909).
[4] Ogier, C. r. **88**, 236 (1879); **89**, 1068 (1879). Ann. chim. phys. [5] **20**, 5 (1880).

Gebräuchliche Darstellungsmethoden: 1. Durch Entnahme der Elemente des Wassers aus Oxalsäure oder Oxalaten mittelst Schwefelsäure:

$$CO_2H - CO_2H = CO_2 + CO + H_2O$$

erhält man ein gasförmiges Gemenge von Kohlendioxyd und Kohlenoxyd, welches man mit Alkalilauge behandelt, um das erstere zu entfernen.

2. Bei der Anhydrierung von Ameisensäure oder Formiaten entsteht nur Kohlenoxyd als gasförmiges Produkt:

$$HCO_2H = CO + H_2O\,.$$

3. Auch beim Erwärmen von Kaliumferrocyanid mit Schwefelsäure entsteht als einziges gasförmiges Produkt Kohlenoxyd:

$$K_4Fe(CN)_6 + 6\,H_2O + 6\,H_2SO_4 = 6\,CO + 2\,K_2SO_4 + FeSO_4 + 3(NH_4)_2SO_4\,.$$

Darstellung des reinen Gases: In einem Destillationskolben erhitzt man ein Gemenge eines möglichst reinen und trockenen Alkaliformiates mit überschüssiger konzentrierter Schwefelsäure, z. B. 50 g Natriumformiat mit 300 g Schwefelsäure. Der Destillierkolben muß hinreichend groß gewählt werden, da eine lebhafte Schaumbildung eintritt. Die Temperatur wird so eingestellt, daß man einen regelmäßigen Strom von Kohlenoxyd erhält. Das entwickelte Gas wird darauf durch ein Rohr mit Ätzkali, um vorhandene Spuren von Kohlendioxyd zu entfernen, und sodann über Phosphorpentoxyd zum Zwecke des Trocknens geleitet. Die im Apparat vorhandene Luft wird am besten beim Beginn der Operation durch Auspumpen mittelst einer guten Luftpumpe entfernt. Danach wird der Hahn, welcher die Pumpe mit dem Apparat verbindet, geschlossen und der Kolben gelinde erhitzt, bis der Druck des Kohlenoxydes, den man an einem in die Rohrleitung eingeschalteten Manometer abliest, welches zugleich als Sicherheitsventil dient, ungefähr atmosphärischen Druck erreicht hat. Man unterbricht dann das Erhitzen und läßt den Kolben sich vollständig abkühlen, worauf man von neuem den Apparat auspumpt. Hat man diese Operation mehrere Male wiederholt, so erhält man ein vollständig luftfreies, reines und trockenes Kohlenoxyd.

Physikalische Eigenschaften: Kohlenoxyd ist ein farbloses Gas.

Schmelzpunkt: $T_f = -199^{\circ}$.[1]
Siedepunkt (unter 760 mm Druck): $T_e = -190^{\circ}$.[2]
Kritische Temperatur: $T_c = -139{,}5^{\circ}$.
Kritischer Druck: $P_c = 35{,}5$ Atm.[2]
Gewicht des Normalliters: $L = 1{,}2507$.[3]
Brechungsindex: $N_D = 1{,}000335$.[4]
Löslichkeit in Wasser: ungefähr 25 ccm in 1 Liter Wasser von 15°.[5]

---

[1] WROBLEWSKI, C. r. **98**, 985 (1884).
[2] OLSZEWSKI, C. r. **99**, 106 (1884).
[3] RAYLEIGH, Proc. Roy. Soc. **62**, 204 (1894); LEDUC, C. r. **115**, 1072 (1892).
[4] MASCART, C. r. **78**, 616 (1874). [5] WINKLER, Ber. **34**, 1408 (1901).

Chemische Eigenschaften: Bei dunkler Rotglut zerfällt Kohlenoxyd nach folgender Gleichung[1]:

$$2CO = CO_2 + C,$$

bei Gegenwart von pulvrigem Nickel wird diese Zersetzung bereits bei 230°[2] – 400° bemerkbar. SABATIER und SENDERENS[2] haben festgestellt, daß dieser Vorgang bis zum vollständigen Verschwinden des Kohlenoxydes fortschreitet. Gegen 300° und bei höheren Drucken wird Kohlenoxyd auch in Abwesenheit eines Katalysators zersetzt.[3] Bei Temperaturen oberhalb 1000° und unter gewöhnlichem Druck kehrt die Reaktion um und es bildet sich nur Kohlenoxyd mit normaler Gasdichte.[4]

Kohlenoxyd unterhält nicht die Verbrennung, brennt jedoch an der Luft mit blauer Flamme unter Bildung von Kohlendioxyd. Vermöge seiner Affinität zu Sauerstoff übt Kohlenoxyd starke Reaktionswirkungen aus. So fällt es aus Lösungen von Palladochlorid, Platinchlorid, Goldchlorid in sehr empfindlicher Reaktion die betreffenden Metalle aus. Auch Oxyde werden mehr oder weniger leicht durch Kohlenoxyd reduziert. Zu anderen Stoffen verhält sich Kohlenoxyd wie eine ungesättigte Verbindung und liefert z. B. mit Chlor am Licht und bei Gegenwart von Katalysatoren Phosgen $COCl_2$, mit Schwefeldampf bei höherer Temperatur Kohlenoxysulfid COS. Mit Wasserstoff bei Gegenwart von Nickel erhitzt, bildet es Methan. Mit geschmolzenem Ätzkali gibt Kohlenoxyd Formiat. Gewisse gelöste Metallsalze bilden mit Kohlenoxyd komplexe Verbindungen. Die eigentümlichste Verbindung dieser Art ist die bei der Einwirkung von Kohlenoxyd auf Cuprochlorid in salzsaurer oder alkalischer Lösung entstehende. Von dieser Eigenschaft macht man Gebrauch, indem man derartige Lösungen zur Absorption von Kohlenoxyd verwendet.

Mit einer Reihe von Metallen wie Nickel, Kobalt, Eisen, Molybdän, Ruthenium bildet Kohlenoxyd unter gewissen Temperatur- und Druckbedingungen sogenannte Metallcarbonyle, von welchen das Nickeltetracarbonyl das wichtigste ist.[5] Mit den Alkalimetallen gibt Kohlenoxyd sehr unbeständige Verbindungen, z. B. $(COK)_6$.

Physiologische Wirkungen: Kohlenoxyd hat äußerst giftige Eigenschaften, die auf seine Fähigkeit, von Hämoglobin absorbiert zu werden, zurückzuführen sind. Schon Luft mit geringem Kohlenoxydgehalt (z. B. weniger als $^1/_{1000}$) ruft mehr oder weniger heftige Kopfschmerzen hervor. Ist der Gehalt stärker, so entsteht Ohnmacht und schließlich Erstickung. Im Falle einer Vergiftung muß man die betroffene Person sofort ins Freie führen und eventuell die bei Erstickungsgefahr üblichen Maßregeln treffen. E. B.

---

[1] BERTHELOT, Bull. [3] 5, 567 (1891).
[2] SABATIER u. SENDERENS, Bull. 29, 294 (1903).
[3] BRINER u. WROCZYNSKI, J. Chim. phys. 9, 131 (1911).
[4] JAQUEROD u. PERROT, C. r. 140, 1542 (1905).
[5] J. Chem. S. 97, 798 (1910).

36. Kohlensuboxyd. $C_3O_2 = 68.00$.

Darstellung: Durch Anhydrierung von Malonsäure mittelst Phosphorpentoxyd in der Wärme[1]:

$$CH_2(COOH)_2 = C_3O_2 + 2H_2O.$$

Physikalische Eigenschaften:

Kohlensuboxyd ist ein farbloses Gas.
Schmelzpunkt: $T_f = -107^{\circ}$.
Siedepunkt (unter 760 mm Druck): $T_e = 7^{\circ}$.
Dichte des verflüssigten Stoffes bei $0^{\circ} = 1{,}11$.

Chemische Eigenschaften: Kohlensuboxyd polymerisiert sich leicht, indem es schwarze Produkte liefert. Mit Wasser bildet es Malonsäure. An der Luft brennt es mit rußender Flamme.

Physiologische Eigenschaften: Kohlensuboxyd hat stechenden Geruch und greift die Augen und die Atmungsorgane an. E. B.

37. Kohlenoxysulfid. $COS = 60$.

Allgemeine Bildungsweisen: 1. Durch Wechselwirkung zwischen Schwefel- und Kohlenstoffverbindungen, wo bei 1 Atom Schwefel durch Sauerstoff (z. B. im Schwefelkohlenstoff) oder Sauerstoff durch Schwefel (z. B. im Kohlendioxyd) ersetzt wird.

2. Durch direkte Vereinigung von Kohlenoxyd mit Schwefel.

3. Durch Zerlegung gewisser organischer Verbindungen.

Gebräuchliche Darstellungswege: 1. Man leitet ein Gemenge von Kohlenoxyd und Schwefel durch rotglühendes Porzellanrohr.[2]

2. Man läßt Kohlendioxyd auf siedenden Schwefel einwirken.[3]

3. Man behandelt Schwefeltrioxyd mit Schwefelkohlenstoff bei 100°:

$$3SO_3 + CS_2 = COS + 4SO_2.$$ [4]

4. Schwefeldioxyd liefert mit Kohlenstoff bei Rotglut Kohlenoxysulfid:

$$4SO_2 + 9C = 6CO + 2COS + CS_2.$$ [5]

5. Durch Zersetzung von Sulfocyanaten mittelst Säuren:

$$CNSH - H_2O = NH_3 + COS.$$

Darstellung des reinen Gases: Zwecks Darstellung des reinen Gases läßt sich am besten die zuletzt genannte Methode verwenden.[6] Mischt man Kalium- oder Ammoniumsulfocyanat mit Schwefelsäure, so entsteht bereits bei 20° ein regelmäßiger Strom von Kohlenoxysulfid. Verunreinigungen: Kohlendioxyd, Cyanwasserstoff, Schwefelkohlenstoff und Ameisensäure. Einige Forscher entfernen das Kohlendioxyd, den Cyanwasserstoff und die Ameisensäure durch Waschen mit Kalilauge und

---

[1] DIELS u. WOLF, Ber. **39**, 689 (1906); DIELS u. MEYERHEIM, ebenda **40**, 355 (1907).
[2] THAN, Ann. Suppl. **5**, 236 (1867).
[3] BERTHELOT, Bull. **40**, 364 (1883).
[4] ARMSTRONG, Ber. **2**, 712 (1869).
[5] BERTHELOT, C. r. **96**, 298 (1884).
[6] WEIGERT, Ber. **36**, 1007 (1901).

den Schwefelkohlenstoff durch Absorption in Triäthylphosphin oder erhitzter Holzkohle. Die Arbeiten von WITZEK[1] haben jedoch gezeigt, daß Kaliumhydroxyd ziemlich schnell Kohlenoxysulfid absorbiert, so daß man besser tut, die Reaktionsprodukte in einer stark abgekühlten Vorlage (z. B. durch feste Kohlensäure und Äther) zu kondensieren und einigen fraktionierten Destillationen zu unterziehen. Hierbei entweicht das Kohlendioxyd mit den Anfangsprodukten, Cyanwasserstoff, Schwefelkohlenstoff und Ameisensäure mit den Endprodukten; schließlich wird das Gas über konzentrierter Schwefelsäure oder Calciumchlorid getrocknet.

Physikalische Eigenschaften:

Siedepunkt (unter 760 mm Druck): $T_e = -47,5^0$.[2]
Dampfdruck bei $0^0 = 12,5$ Atm.
Kritische Temperatur: $T_c = 105^0$.[3]
Kritischer Druck: $P_c = 61$ Atm.[3]
Gewicht des Liters: L = 2,721.[4]
Löslichkeit in Wasser: 1 Volum Wasser löst 1 Volum Kohlenoxysulfid.[5]

Chemische Eigenschaften: Kohlenoxysulfid zerfällt bei 300° in Kohlenoxyd und Schwefel.[6] An der Luft brennt es mit blauer Flamme, indem es Kohlendioxyd und Schwefeldioxyd liefert. Durch Wasser wird es langsam in Kohlendioxyd und Schwefelwasserstoff verwandelt. Durch Ätzkali wird es lebhaft absorbiert.[6] Mit alkoholischem Kali liefert es Äthylthiocarbonat.[6] In der Wärme entziehen ihm Quecksilber, Eisen, Kupfer und Silber den Schwefel und setzen Kohlenoxyd in Freiheit. Chlor greift Kohlenoxysulfid an und liefert Phosgen und Schwefelchlorid.[7] Durch Cuprochloridlösung wird Kohlenoxysulfid absorbiert. E. B.

38. Methan. $CH_4 = 16.032$.

Allgemeine Bildungsweisen: Methan entsteht nach den für gesättigte Kohlenwasserstoffe allgemein gültigen Reaktionen.

Gebräuchliche Darstellungswege: 1. Man erhitzt Natrium- oder Kaliumacetat mit Natronkalk[8] in einer Retorte. Verunreinigungen: Luft, Kohlendioxyd usw.

2. Durch Einwirkung von Wasser auf Methylmagnesiumjodid[9] (CH_3MgJ). Verunreinigungen: Luft, Wasser, Äthyläther, Methyljodid.

Darstellung des reinen Gases: Man bringt in einen Destillierkolben, welcher einen Tropftrichter und einen Rückflußkühler trägt, Magnesiumfeile und reinsten, absolut trockenen Äther und läßt in kleinen Anteilen gewogenes Methyljodid in theoretisch berechneter Menge, das man mit seinem dreifachen Volumen absolutem Äther verdünnt hat, hinzu-

[1] WITZEK, Journ. Gasbeleuchtung 46, 26 (1902).
[2] Abegg-Auerbach III [2], 208. [3] Moissan II, 369.
[4] HEMPEL, Z. angew. Ch. 14, 866 (1901).
[5] KLASON, J. pr. Ch. [2] 36, 64 (1887). [6] WITZEK, l. c.
[7] EMMERLING u. LENGYEL, Ber. 2, 546 (1898).
[8] DUMAS, Ann. chim. phys. 73, 93 (1840).
[9] TISSIER u. GRIGNARD, C. r. 132, 835 (1901).

tropfen. Das Gemenge muß öfters umgeschüttelt werden. Die Reaktion verläuft sehr launenhaft und setzt nach sehr verschiedener, oft erst nach beträchtlich langer Zeitdauer ein. Sobald eine geringe Gelbfärbung in der Umgebung des Magnesiums eintritt, taucht man den Kolben in Eiswasser, eventuell auch in eine Kältemischung; denn die einmal in Gang gekommene Reaktion pflanzt sich in der Masse sehr schnell und mit beträchtlicher Temperaturerhöhung fort. Wenn die Reaktion zum Stillstand gelangt, so entfernt man den Kolben aus dem Eis, um sie von neuem beginnen zu lassen, und kühlt wiederum ab, sobald sie zu heftig wird. Ist die Reaktion schließlich zu Ende gekommen, so steckt man auf den Hals des Kolbens einen Tropftrichter, durch welchen man mit Wasser gesättigten Äther langsam auf das Methylmagnesiumjodid tropfen läßt; hierbei erhält man einen regelmäßigen Strom von Methan.

Verunreinigungen und Reinigung: Der größte Teil der überschüssigen Ätherdämpfe wird durch einen Rückflußkühler zurückgehalten, den Rest kann man in einer Waschflasche mittelst Wassers entfernen. Die beigemengten Jodide werden durch Ätzkali absorbiert. Das Wasser entfernt man in einer Waschflasche durch konzentrierte Schwefelsäure und durch ein Rohr mit Phosphorpentoxyd. Dann wird das Methan mittelst flüssiger Luft kondensiert und fraktioniert; denn es kann noch Spuren gelöster Luft einschließen, die sich durch ein leichtes Spritzen bemerkbar machen, wenn man das Methan zum Erstarren bringt. Durch verschiedene Destillationen und darauf folgende Spritzen kann man die Luft vollkommen entfernen.

Physikalische Eigenschaften:

Schmelzpunkt: $T_f = -184^0$ (PERROT u. BAUME).[1]
Siedepunkt (unter 760 mm Druck): $T_e = -164{,}7^0$ (PERROT u. BAUME).[1]
Kritische Temperatur: $T_c = -81{,}8^0$ C ($191{,}2^0$ abs.) (OLSZEWSKI).[2]
Kritischer Druck: $P_c = 54.9$ (OLSZEWSKI).[2]
Gewicht des Normalliters: $L = 0{,}7168$ (BAUME u. PERROT).[3]
Dichte des verflüssigten Gases: $= 0{,}466$ bei -164^0 (BAUME u. PERROT).[1]
Löslichkeit in Wasser: praktisch gleich Null (siehe WINKLER).[4]

Chemische Eigenschaften: Methan brennt an der Luft und bildet mit dieser ein explosives Gemenge. Auch mit Chlor gemischt, explodiert es und zwar unter der Einwirkung des direkten Sonnenlichtes; weniger energisch vereinigt es sich mit Chlor in zerstreutem Licht.

Physiologische Eigenschaften: Solche sind unter den Bedingungen der oben beschriebenen Darstellungswege nicht vorhanden. F. L. P.

39. Äthan, $C_2H_6 = 30{,}050$.

Allgemeine Bildungsweisen: Äthan entsteht nach den für gesättigte Kohlenwasserstoffe bekannten Darstellungsmethoden.

---

[1] F. L. PERROT u. G. BAUME, Arch. Sc. phys et nat. Genève **32**, 62 (1911).
[2] OLSZEWSKI, C. r. **100**, 350, 940 (1885).
[3] G. BAUME u. F. L. PERROT, J. Chim. phys. **7**, 370 (1909).
[4] L. W. WINKLER, Ber. **34**, 1408 (1901).

Gebräuchliche Darstellungswege: 1. Durch Einwirkung von Äthylcyanid auf Kalium[1], oder besser auf Natrium (STAHRFOSS) in der Kälte. Verunreinigungen: Äthylcyanid und Luft.

2. Durch Elektrolyse von Kaliumacetat. Verunreinigungen: Kohlendioxyd, Luft und Wasser.[2]

3. Aus Methyljodid und Zink.[3]

4. Durch Einwirkung von Wasser auf Äthylmagnesiumjodid.[8] Verunreinigungen: Äther, Wasser, Luft und Äthyljodid.

Darstellung des reinen Gases: 1. Man läßt in der Kälte auf Natriumdraht im Vakuum Äthylcyanid (Propionsäurenitril) in einem kleinen Kolben einwirken. Es entwickelt sich reines Äthan.[1]

2. Durch Einwirkung von Wasser auf Äthylmagnesiumjodid, welches man aus Magnesium und Jodäthyl erhält, bei Gegenwart von absolutem Äther (GRIGNARD l. c.). Betr. der Einzelheiten vgl. die analoge Darstellungsweise des Methans aus Äthylmagnesiumjodid. Verunreinigungen: Äther, Wasser, Luft, Äthyljodid, welche man wie beim Methan entfernt.

Physikalische Eigenschaften:

Schmelzpunkt: $T_f = -172{,}5^0$ (PERROT u. BAUME).[5]
Siedepunkt: $T_e = -84{,}1^0$ (PERROT u. BAUME).
Kritische Temperatur: $T_c = 32{,}10^0$ (305,1 abs.) (CARDOSO u. BELL).[6]
Kritischer Druck: $P_c = 48{,}85$ Atm. (CARDOSO u. BELL).[6]
Gewicht des Normalliters: L = 1,3562 (BAUME u. PERROT).[7]
Löslichkeit in Wasser: Praktisch gleich Null.

Die chemischen Eigenschaften sind mit denen des Methans identisch.

Die physiologischen Wirkungen sind unter gewöhnlichen Bedingungen gleich Null. F. L. P.

40. Propan. $C_3H_8 = 44{,}064$.

Allgemeine Bildungsweisen und gebräuchliche Darstellungswege: 1. Aus Isopropyljodid, Zink und verdünnter Salzsäure.[8] Verunreinigungen: Wasserstoff, Wasser, Luft und Salzsäure.

2. Aus Propyl- oder Isopropyljodid[9] und Natriumammonium. Verunreinigungen: Ammoniak und Luft.

3. Aus Propylcyanid und Natrium. Verunreinigungen: NH_3, Luft, Wasserstoff, Cyanid, Hexan (J. TIMMERMANS).

Darstellung des reinen Gases: 1. Man läßt Propyljodid in eine Lösung von Natriumammonium tropfen; hierbei entwickelt sich Propan zusammen mit Ammoniak, welch letzteres man zuerst durch Wasser und dann durch Schwefelsäure entfernt. 2. Man läßt Propylcyanid auf Natrium

[1] FRANKLAND u. KOLBE, Ann. Chem. Pharm. 65, 269 (1848). CARDOSO u. BELL (nach STAHRFOSS), J. Chim. phys. 10, 498 (1912).
[2] KOLBE, Ann. Chem. Pharm. 69, 279 (1849).
[3] FRANKLAND, Ann. Chem. Pharm. 71, 203, 213 (1850).
[4] TISSIER u. GRIGNARD, C. r. 132, 835 (1901).
[5] F. L. PERROT u. G. BAUME, Arch. Sc. Phys. et Nat. (Genève) 32, 62 (1911).
[6] CARDOSO u. BELL, J. Chim. phys. 10, 499 (1912).
[7] G. BAUME u. F. L. PERROT, J. Chim. phys. 7, 372 (1909).
[8] SCHORLEMMER, Ann. 150, 209 (1869). [9] P. LEBEAU, C. r. 140, 1042 (1905).

tropfen; fast theoretische Ausbeute; vgl. Äthan. In beiden Fällen wird das Gas über Phosphorsäureanhydrid getrocknet und schließlich fraktioniert (LEBEAU, TIMMERMANS).[1]

Physikalische Eigenschaften:

Schmelzpunkt: ist noch flüssig bei − 195° (LEBEAU).[2]
Siedepunkt (bei 0° und 760 mm Druck): = − 44,5° (LEBEAU).[2]
Kritische Temperatur: = 97,5° (LEBEAU).
Kritischer Druck: = 45 Atm. (OLSZEWSKI).
Löslichkeit in Wasser: = 6% bei gewöhnlicher Temperatur.

Propan brennt leicht an der Luft und bildet damit explosive Gemische.

Die physiologischen Eigenschaften sind unter gewöhnlichen Bedingungen gleich Null. G. B. u. J. T.

41. Normales Butan. $CH_3CH_2CH_2CH_3 = 58,08$.

Allgemeine Bildungsweisen: 1. Durch Jodäthyl mit Zink bei 150°.[3]
2. Aus Jodäthyl und Quecksilber.[4]
3. Aus Jodäthyl und Natriumamalgam.[5]
4. Aus Methylenjodid und Zinkäthyl.[6]
5. Aus Butyljodid und Aluminiumamalgam.[7]
6. Aus Butyljodid und Natrium- oder Calciumammonium in verflüssigtem Ammoniak.

Darstellung des reinen Gases[8]: Man stellt zunächst eine Lösung von Natrium- oder Calcium in verflüssigtem Ammoniak her und läßt auf diese normales Butyljodid einwirken. Das Gas wird durch Destillation gereinigt.

Physikalische Eigenschaften:

Schmelzpunkt: $T_f = -135°$.[9]
Siedepunkt: $T_e = +0,5°$.[8] $+0,6°$.[10] Spez. Gewicht bei 0° = 0.6.
Kritische Temperatur: $T_c = 151—152°$.[8] 146,5°.[10]

1 Vol. Wasser	löst bei 17°	und 772 mm	Druck =	0,15 Vol.	Butan.[8]
1 „ Alkohol	„ „ 17°	„ 773 mm	„ =	29,8 „	„ .[8]
1 „ Chloroform	„ „ 17°	„ 768 mm	„ =	32,5 „	„ .[8]

Gewicht des Normalliters: L = 2,6726.[10]

Chemische Eigenschaften: Chlor und Brom greifen Butan bei Einwirkung des Lichtes an. Salpetersäure greift es langsam an. Butan löst sich in rauchender Schwefelsäure. A. O.

42. Isobutan. C_4H_{10}: $CH(CH_3)_3 = 58,08$.

a-Dimethyläthan, Trimethylformen, Isopropylmethan, Trimethylmethan.

Allgemeine Bildungsweisen und gebräuchliche Darstellungswege: 1. Als allgemeine Darstellungswege sind die für die gesättigten

---

[1] P. LEBEAU, C. r. 140, 1042 (1905). TIMMERMANS, Privatmitteilung.
[2] P. LEBEAU, ebenda 140, 1454 (1905).
[3] FRANKLAND, Ann. 71, 171 (1849); SCHÖYEN, ebenda 130, 233 (1864).
[4] FRANKLAND, Ann. 77, 224 (1850). [5] LÖWIG, Jahresber. 1860, 397.
[6] LWOW, J. Soc. phys. chim. russe 3, 170 (1871).
[7] WISLICENUS, J. pr. Ch. [2] 54, 52 (1896).
[8] HENRY, Bull. de Acad. Roy. de Belgique 1908, 300.
[9] DUEDINOFF, Bull. Soc. Belg. 23, 266 (1909).
[10] TIMMERMANS, Bull. Soc. Belg. 25, 300 (1911).

Kohlenwasserstoffe gebräuchlichen zu nennen, z. B. indem man von den Halogenderivaten ausgeht (Isobutyl- oder tertiäres Butyljodid oder -chlorid) und auf diese Wasserstoff einwirken läßt (Zink und Wasser, Natriumamalgam, Aluminiumchlorid).[1]

2. Isobutan ist auch durch fraktionierte Destillation des in Pennsylvanien und in Ohio gebohrten Petroleums erhalten worden.[2]

Darstellung des reinen Gases: Durch Einwirkung von Metallammoniumverbindungen (Natrium- oder Calciumammonium) auf Isobutylchlorid.[3]

Das reine Isobutylchlorid des Handels wird rektifiziert und in einen Tropftrichter gebracht, der auf einen Kolben mit zwei Ansatzrohren befestigt ist. In dem Kolben löst man das Metallammonium in überschüssigem Ammoniak auf.

$$2\,C_4H_9Cl + N_2H_6Na_2 = C_4H_{10} + C_4H_9NH_3 + 2\,NaCl.$$

Durch das in den Kolben führende Rohr dirigiert man den Ammoniakstrom während der Reaktion. Durch das zweite Röhrchen leitet man das Gas ab.

Reinigung des Gases: Das entwickelte Gas ist mit Ammoniak und Isobutylchloriddämpfen beladen. Ersteres entfernt man durch Waschen mit Wasser, dann verflüssigt man das Gas bei Gegenwart von Natriumammonium und destilliert es. Nach erneutem Waschen mit Wasser trocknet man es über Natrium und reinigt es schließlich durch Verdichten in flüssiger Luft oder fester Kohlensäure und wiederholte Destillationen.

Physikalische Eigenschaften:

Schmelzpunkt: $= -145^0$.[4]

Siedepunkt (unter 757 mm Druck): $= -10{,}5^0$ (Lebeau).[5] $-10{,}2^0$.[4]

Dampfdichte bei $0{,}7^0$: $= 1176-1179$ mm (Lebeau).[5]

Kritische Temperatur: $T_c = 134-135^0$ (Lebeau).[5] $134{,}5^0$.[5]

Löslichkeit in Wasser bei 17^0 unter 772 mm Druck: 1 Vol. Wasser löst 0,13 Vol. Isobutan (Lebeau).[5]

Chemische Eigenschaften: Diese sind analog denen der Paraffine mit Seitenkette (Mesoparaffin). E. L. D.

43. Tetramethylmethan. (2,2-Dimethylpropan)

$$\begin{matrix}CH_3\\CH_3\end{matrix}\!>C<\!\begin{matrix}CH_3\\CH_3\end{matrix} = 72{,}096.$$

Allgemeine Bildungsweisen: 1. Aus tertiärem Butyljodid und Zinkmethyl.[5]

2. Aus 2,2-Dichlorpropan[6] $CH_3\cdot CCl_2\cdot CH_3$ und Zinkmethyl.

---

[1] Butlerow, Ann. **144**, 10 (1867); Köhnlein, Ber. **16**, 562 (1883).

[2] Mabery u. Hudson, Am. Ch. J. **19**, 243 (1897).

[3] Lebeau, Bulletin de l'Acad. Roy. de Belgique, Classe des sciences 1908, 300.

[4] Timmermans, Bull. Soc. Belg. **25**, 300 (1911).

[5] Lebeau l. c. Die allgemein für Isobutan angenommene Siedetemperatur liegt nach Butlerow und nach Zitaten in neueren Werken bei -17^0.

[6] Duedinoff, Bull. Soc. Belg. **23**, 266 (1909).

[7] Lwow, Z. für Ch. 1870, 520; 1871, 257.

[8] Friedel u. Ladenburg, Ann. **142**, 315 (1867).

3. Aus tertiärem Butyljodid und Methylmagnesiumjodid CH_3MgJ.[1]
4. Aus Jodmethyl und tertiärem Butylmethylmagnesiumjodid $(CH_3)_3C-MgJ$.[1]
5. Aus Methylsulfat und tertiärem Magnesiumbutyljodid $(CH_3)_3C-MgJ$.[1]

Darstellung des Gases: Man stellt zunächst eine Lösung von tertiärem Butylmagnesiumjodid her, indem man tertiäres Butyljodid in ätherischer Lösung auf metallisches Magnesium einwirken läßt. Darauf läßt man tropfenweise das Dimethylsulfat in die Organomagnesiumlösung einfließen. Es entwickelt sich ein sehr regelmäßiger Strom von Tetramethylmethan, welches man mittelst eines Kühlers in einem in einer Kältemischung abgekühlten U-Rohr kondensiert und darauf durch Destillation reinigt.

Physikalische Eigenschaften:
Siedepunkt: $T_e = +9^0$ bis $+9{,}5^0$.[1]
Schmelzpunkt: $T_f = -20^0$.[1]
Unlöslich in Wasser, löslich in Alkohol und Äther.

Chemische Eigenschaften: Die Eigenschaften des Tetramethylmethans sind sehr wenig bekannt. Es ist gegen Salpetersäure sehr beständig.[2] A. O.

44. Äthylen. $C_2H_4 = 28{,}032$.

Allgemeine Bildungsweisen: Äthylen entsteht durch Einwirkung wasserentziehender Mittel auf Alkohol oder Äther.

Gebräuchliche Darstellungswege: 1. Durch Einwirkung von Schwefelsäure auf Alkohol in der Wärme. Verunreinigungen: Luft, Schwefeldioxyd, Äther, Alkohol.

2. Durch Einwirkung von Borsäure auf Alkohol. Verunreinigungen: Luft, Äther, Alkohol.

Darstellung des reinen Gases: Durch Einwirkung von konzentrierter reiner Schwefelsäure auf reinen Alkohol in der Wärme. Man mischt in einem Kolben von etwa 2 Liter Inhalt vorsichtig 300 ccm konzentrierte reine Schwefelsäure mit 300 ccm reinem Äthylalkohol. Zu diesem Gemenge gibt man eine Hand voll Sand (der mit Salzsäure, Wasser und Alkohol gewaschen und dann leicht geglüht worden ist). Der so erhaltene Brei wird auf dem Sandbade erwärmt.[3] Das Äthylen entwickelt sich in sehr regelmäßigem Strome.

Verunreinigungen und Reinigung: Die Verunreinigungen: Luft, Wasser, Schwefeldioxyd, Alkohol und Äther, entfernt man, indem man das Gas durch zwei Trockentürme mit festem Kaliumhydroxyd, dann durch zwei Waschflaschen mit Schwefelsäure und schließlich durch ein Phosphor-

[1] FERRARIO u. FAGETTI, Gazz. 38, II, 630 (1909).
[2] MARKOWNIKOFF, Ber. 32, 1446 (1899).
[3] CARDOSO u. ARNI, J. Chim. phys. 10, 504 (1912).

pentoxydrohr leitet. Darauf wird das verflüssigte Gas im Vakuum destilliert. Das so erhaltene Äthylen ist vollständig rein, was aus der konstanten Dichte (STAHRFOSS)[1] und der Verflüssigung bei konstantem Druck bei zwei Temperaturen, von denen die eine in der Nähe des kritischen Punktes liegt, hervorgeht (CARDOSO u. ARNI).[2]

Physikalische Eigenschaften:

Schmelzpunkt: $T_f = -169^0$ (LADENBURG u. KRÜGEL).[3]
Siedepunkt: $T_e = -104{,}3^0$ (TRAVERS u. SENTER).[4]
Dampfdichte: bei $0^0 = 40{,}2$ (VILLARD).[5]
Kritische Temperatur: $T_c = 9{,}5^0$ (CARDOSO u. ARNI).[6]
Kritischer Druck: $P_c = 50{,}65$ (CARDOSO u. ARNI).[7]
Gewicht des Normalliters: $L = 1{,}2609$ (STAHRFOSS).[8]
Brechungsindex: $N_D = 1{,}000723$ (MASCART).[9]
Löslichkeit in Wasser: bei $15^0 = 0{,}139$ (WINKLER).[10]

Chemische Eigenschaften: Äthylen brennt an der Luft mit leuchtender Flamme. Bei dunkler Rotglut zerfällt es in Acetylen, Äthan und einigen teerigen Kohlenwasserstoffen (BERTHELOT).[11] Mit Sauerstoff bildet es ein sehr explosives Gemisch. In Berührung mit feuchtem Chlor verbindet es sich langsam zu Äthylenchlorid. Brom absorbiert es unter Bildung von Äthylenbromid.

Physiologische Eigenschaften: Äthylen besitzt ätherischen Geruch und wirkt unter gewöhnlichen Umständen auf den Organismus nicht ein.

E. C.

45. Propylen, $C_3H_6 = 42{,}05$.

Allgemeine Bildungsweisen und gebräuchliche Darstellungsmethoden: Trimethylen verwandelt sich beim Erhitzen auf 550° in Propylen. Bei Gegenwart von Platinschwamm beginnt diese Reaktion bereits in der Kälte und wird bei 100° vollständig.[12,13] Propyl- oder Isopropylalkohol gibt durch Katalyse Propylen.

Die Dämpfe von Propyl- oder Isopropylalkohol verlieren Wasser und liefern Propylen, wenn man sie über folgende Substanzen streichen läßt:

a) über trockenes, auf 350° erhitztes Aluminium[14],

b) über ein Gemenge von Ton und Graphit bei 600°[15],

---

[1] STAHRFOSS, Arch. Sc. Phys. Nat. Gen. [4] 28, 384 (1909).
[2] CARDOSO u. ARNI, l. c.
[3] LADENBURG u. KRÜGEL, Ber. **32**, 46, 1415 (1899).
[4] TRAVERS u. SENTER, Phil. Trans. **200** (1902).
[5] VILLARD, Ann. chim. phys. [7] **10**, 387 (1897).
[6] CARDOSO u. ARNI, l. c.
[7] CARDOSO u. ARNI, l. c.
[8] STAHRFOSS, Arch. Sc. Phys. Nat. Gen. [4] 28, 384 (1909).
[9] MASCART, Mém. de l'Ec. Normale [2] **6**, 9 (1877).
[10] WINKLER, Z. phys. Ch. **55**, 353 (1906).
[11] BERTHELOT, Bull. 5, 422 (1866). Ann. chim. phys. [3] **67**, 53 (1863).
[12] BERTHELOT, C. r. **129**, 483 (1899); TANATAR, Soc. Phys. Chim. russe **27**, 133 (1895).
[13] TANATAR, Z. phys. Ch. **41**, 735 (1902).
[14] IPATIEW, Ber. **36**, 1990 (1903). [15] IPATIEW, Bull. [3] **32**, 372, 844 (1904).

c) über sirupöse Phosphorsäure bei 220°.[1] In diesem Fall läßt man den Alkohol tropfenweise auf die Phosphorsäure fallen,

d) über Aluminiumphosphat bei 350°.[2] Letztere Methode ist die einfachste und zweckmäßigste. Die Dämpfe leitet man durch ein erhitztes Rohr, welches reines, pulverförmiges Aluminiumphosphat enthält. Es entsteht gasförmiges Propylen, beladen mit Wasserdampf, den man durch Kondensation und Absorption entfernen kann. Man vermeide hierbei die Verwendung von Schwefelsäure als Entwässerungsmittel, da dieses Propylen absorbiert.

Physikalische Eigenschaften: Propylen ist ein farbloses Gas.
Schmelzpunkt: bei der Temperatur der flüssigen Luft flüssig.
Siedepunkt: = − 48,2° (LADENBURG und KRÜGEL).[3]
Gewicht des Liters: L = 1,95.

Die chemischen Eigenschaften sind die allgemeinen der Olefine. Es verbrennt mit Sauerstoff bei 497°. E. L. D.

46. Symmetrisches Dimethyläthylen- β-Butylen, Buten-2,

$CH_3—CH=CH—CH_3 = 56,064$.

Allgemeine Bildungsweisen: 1. Aus sekundärem Butyljodid $CH_3 \cdot CH_2 \cdot CHJ \cdot CH_3$ und alkoholischem Kali.[4]

2. Aus Trithioaldehyd $(C_2H_4S)_3$ und metallischem Kupfer.[5]

3. Aus Methyljodid CH_3J und Allyljodid $CH_2=CH—CH_2J$[6] und Natrium. Nach dieser Reaktion entsteht ein Gemenge von Buten-1[7], Buten-2[5] und Methylpropen.[8]

4. Aus Brommethyläthylacetessigsäure und Natriumcarbonat.[9]

5. Aus Allyljodid und Zinkmethyl in geschlossenen Gefäßen bei 130°.[10]

6. Aus Propyljodid, Zinkmethyl und einer Legierung von Natrium und Zink (etwa 3 % Natrium).[11]

7. Durch Wasserentziehung auf pyrochemischem Wege aus sekundärem Butylalkohol $CH_3—CH_2—CH(OH)—CH_3$.[12]

8. Durch Erhitzen von Isobutyljodid mit Bleioxyd.[12]

Darstellung des reinen Gases: Man schmilzt Chlorzink in einem eisernen, mit einem Stopfen verschlossenen Kolben, welcher einen Hahntrichter und ein Abzugsrohr trägt. Der Trichterhals soll bis in das geschmolzene Chlorzink hineinreichen. Den Isobutyl- oder Normalbutylalkohol läßt man mittelst des Trichters in den Kolben fließen. Das sich entwickelnde Gas besteht aus einem Gemenge von symmetrischem und asymmetrischem Dimethyläthylen. Man trennt die beiden Kohlenwasser-

[1] NEWT, Chem. Soc. 79, 915 (1901).
[2] SENDERENS, C. r. 144, 1109 (1907).
[3] Ber. 33, 638 (1900).
[4] LUYNES, Ann. 129, 200 (1863); 132, 275 (1864).
[5] LIEBEN, Ann. 150, 108 (1869); 151, 121 (1869).
[6] ELTEKOW, Ber. 10, 1904 (1877); WURTZ, Ann. 144, 235 (1867).
[7] GROSHEINTZ, Bull. [2] 29, 201 (1879).
[8] PAGENSTECHER, Ann. 195, 113 (1878).
[9] WURTZ, Bull. 8, 265 (1867).
[10] FAWORSKI u. DEBOUT, J. pr. Ch. [2] 42, 154 (1890); LE BEL u. GREENE, Bull. [2] 29, 306 (1879).
[11] PUCHOT, Bull. [2] 30, 188 (1879).
[12] ELTEKOW, Ber. 13, 2404 (1880).

stoffe durch Waschen mit einem Gemenge von 1 Vol. konzentrierter Schwefelsäure und $^1/_2$ Vol. Wasser, in welchem sich das asymmetrische Dimethyläthylen löst.

Physikalische Eigenschaften:

Siedepunkt: $T_e = +1^0$.[1]

Spezifisches Gewicht = 0,635 (bei $-13,5^0$).[2]

Chemische Eigenschaften: Butylen verbindet sich leicht mit den Halogenen und Halogenwasserstoffen. Kaliumpermanganat, Chromsäure und Salpetersäure oxydieren es leicht. Das Gas ist in einem Gemenge von 1 Vol. Schwefelsäure und $^1/_2$ Vol. Wasser unlöslich. A. O.

47. Asymmetrisches Dimethyläthylen (γ-Butylen, Methylpropen),

$$\begin{matrix}CH_3\\CH_3\end{matrix}\!\!>\!C{=}CH_2 = 56,064.$$

Allgemeine Bildungsweisen: 1. Aus tertiärem Butyljodid $(CH_3)_3CJ$ und alkoholischem Kali.[3]

2. Aus Isobutyljodid $(CH_3)_2CH\cdot CH_2J$ und alkoholischem Kali.[3]

3. Durch Erwärmen von 1 Teil Trimethylcarbinol $(CH_3)_3\cdot COH$ mit 2 Teilen Schwefelsäure (5 Teile Schwefelsäure + 1 Teil Wasser) und Sand.[4] [5]

4. Durch Erwärmen von Isobutylalkohol mit Schwefelsäure.[6] (In diesem Falle erhält man ein Gemenge von γ-Butylen und symmetrischem Dimethyläthylen.)

5. Durch Wasserentziehung aus Isobutylalkohol mittelst Aluminium bei 500^0.[6]

Darstellung des reinen Gases: Man erhitzt Schwefelsäure mit Isobutylalkohol. Es entwickelt sich ein Gemenge von β- und γ-Butylen. Um diese beiden Kohlenwasserstoffe voneinander zu trennen, läßt man das Gemenge in bei 0^0 gesättigte Jodwasserstoffsäure treten. Man erhält dann ein Gemisch der Jodide:

$$\begin{matrix}CH_3\\CH_3\end{matrix}\!\!>\!CJ{-}CH_3 + CH_3{-}CHJ{-}C_2H_5\,.$$

Diese Jodidmischung bringt man in die doppelte Menge kochenden Wassers. Hiermit gibt der Stoff $(CH_3)_3{-}CJ$ γ-Butylen, während die Substanz $CH_3{-}CHJ{-}CH_2{-}CH_3$ unangegriffen bleibt.

Physikalische Eigenschaften:

Siedepunkt: $T_e = -6^0$.[7]

Verbrennungswärme (bei 18^0) = 650,62 Cal.[8]

---

[1] Lieben, l. c. [2] Puchot, l. c.

[3] Butlerow, Ann. **144**, 19 (1867). Z. f. Ch. 1870, 238.

[4] Lermontoff, Ann. **196**, 117 (1878). [5] Konowaloff, Ber. **13**, 2396 (1880).

[6] Puchot, Bull. [5] **28**, 508 (1889). Hell u. Rotberg, Ber. **22**, 1738 (1889).

[7] Butlerow, Ann. **144**, 19 (1867). J. pr. Ch. (1870) 238.

[8] Thomsen, Thermoch. Unters. **4**, 70.

Chemische Eigenschaften: γ-Butylen verbindet sich leicht mit Halogenen und Halogenwasserstoffen. Oxydierende Agentien zersetzen es lebhaft. Es löst sich in einem Gemenge von drei Teilen Schwefelsäure und einem Teil Wasser. A. O.

48. Äthyläthylen (Buten-1). $CH_3-CH_2-CH=CH_2 = 56{,}064$.

Allgemeine Bildungsweisen: 1. Aus normalem Butyljodid und alkoholischem Kali.[1,2,3]

2. Aus Vinylbromid und Zinkäthyl.[4]

3. Butylamin und salpetriger Säure.[5]

Darstellung des Gases: Man läßt 100 g normales Butyljodid langsam in eine Lösung von 200 g Ätzkali in 150 ccm Alkohol fließen, wobei man auf dem Wasserbad erhitzt. Das sich entwickelnde Butylen wird gewaschen und getrocknet. Ausbeute: $3^1/_2$ Liter.

Physikalische Eigenschaften:

Siedepunkt: $T_e = -5^\circ$ (unter 758 mm Druck).[6]

Chemische Eigenschaften: Butylen verbindet sich sehr leicht mit Brom und unterchloriger Säure. Es ist in konzentrierter Schwefelsäure leicht löslich (1 g Schwefelsäure löst 470 ccm Butylen). Durch Kaliumpermanganat und Chromsäure wird es leicht oxydiert. A. O.

49. Isopropyläthylen (3-Methyl-1-Buten).

$$\begin{matrix}CH_3\\CH_3\end{matrix}\!\!>CH-CH=CH_2 = 70{,}08.$$

Allgemeine Bildungsweisen: 1. Aus gewöhnlichem Amyljodid und alkoholischem Kali.[7]

2. Aus Isopropyläthylenbromid und Zinkstaub.[8]

Darstellung des Gases: Man läßt alkoholisches Kali auf gewöhnliches Amyljodid einwirken, wobei man ein Gemenge von Isopropyläthylen und Methyläthylen erhält. Um diese beiden Kohlenwasserstoffe zu trennen, schüttelt man die Mischung mit verdünnter Schwefelsäure (2 Vol. Schwefelsäure auf 1 Vol. Wasser), welches das Methyläthyläthylen leicht löst. Das zurückbleibende Isopropyläthylen wird entfernt, getrocknet und destilliert. Zwecks vollständiger Reinigung kann man das Gas in das Dibromid überführen, dieses destillieren und dann durch Erhitzen mit Zinkstaub daraus den Kohlenwasserstoff regenerieren.

Physikalische Eigenschaften:

Siedepunkt: $T_e = 21{,}1-21{,}3^\circ$.

Spezifisches Gewicht: (bei 0°) = 0,648.

---

[1] SAYTZEW, J. pr. Ch. [2] **3**, 88 (1871).
[2] GRABOWSKY u. SAYTZEW, Ann. **179**, 325 (1875).
[3] LIEBEN u. ROSSI, Ann. **158**, 164 (1870).
[4] WURTZ, Ann. **152**, 136 (1869).
[5] V. MEYER, Ber. **10**, 136 (1877). [6] WURTZ, Ann. **152**, 136 (1869).
[7] FLAWITZKI, Ann. **179**, 347 (1875). WYSCHNEGRADSKY, Ann. **190**, 358 (1877).
[8] IPATIEW, J. Soc. phys. chim. russe **30**, 292 (1892).

Chemische Eigenschaften: Isopropyläthylen ist in verdünnter Schwefelsäure unlöslich. Es verbindet sich bei gewöhnlicher Temperatur langsam mit Jodwasserstoff, nicht jedoch bei -20^{0}. Es ist leicht oxydierbar und verbindet sich leicht mit Brom. Mit Zinkchlorid vereinigt es sich nicht.[1] A. O.

50. Acetylen, C_2H_2=26,016.

Allgemeine Bildungsweisen: Acetylen wird bei der Einwirkung von Wasser auf Alkali- oder Erdalkalicarbide in mehr oder weniger reinem Zustande in Freiheit gesetzt.

Gebräuchliche Darstellungsweisen: Durch Einwirkung von Wasser auf Calciumcarbid. Verunreinigungen: Wasser, Luft, Phosphorwasserstoff, Siliciumwasserstoff usw.

Darstellung des reinen Gases: Man läßt in der Kälte im luftleeren Raum Wasser auf Calciumcarbid einwirken, indem man ersteres aus einem Tropftrichter auf das Carbid, welches sich in einem Destillierkolben von 250 ccm Inhalt befindet, fließen läßt. Der Gasstrom wird mittelst der Trichterspitze reguliert. Die Entwicklung geht bis zur vollkommenen Erschöpfung des Calciumcarbides vor sich. Mögliche Verunreinigungen sind: Wasser, Spuren von Luft und mehr oder weniger Phosphor- und Siliciumwasserstoffverbindungen, sowie polymere Kohlenwasserstoffe. Zur Entfernung dieser Verunreinigungen läßt man das Gas durch eine WOULFFsche Flasche perlen, welche drei obere und ein unteres Ansatzrohr trägt und mit einer Kaliumpermanganatlösung beschickt ist. Durch die beiden oberen Ansatzrohre der WOULFFschen Flasche gelangt das Gas in die Lösung und verläßt mittelst des dritten die Flasche. Ein eingeführter Hahntrichter gestattet konstant frische Permanganatlösung in die Waschflasche einzuführen. Die erschöpfte Lösung wird mittelst des unteren Hahnrohres abgelassen. Mit diesem Apparat kann man ständig mit wirksamer Permanganatlösung in der Flasche arbeiten.[2] Die Lösung soll bei gewöhnlicher Temperatur gesättigt sein. Man braucht davon etwa 2 Liter zur Entfernung der Phosphor- und Siliciumwasserstoffe aus 20 Liter Acetylengas. Eine gewisse Menge Acetylen bleibt hierbei in der Lösung absorbiert. Das so gereinigte Gas wird durch ein Phosphorpentoxydrohr getrocknet und durch fraktionierte Destillation im luftleeren Raum von der Luft befreit.

Das nach diesem Verfahren dargestellte Acetylen besitzt alle Eigenschaften eines reinen Stoffes: konstante Dichte (STAHRFOSS)[3] und konstanten Druck bei zwei Temperaturen, von welchem die eine in der Nähe der kritischen Punktes liegt (CARDOSO und BAUME)[4] usw.

---

[1] KONDAKOW, J. Soc. phys. chim. russe **24**, 113 (1892).
[2] CARDOSO u. BAUME, C. r. **151**, 141 (1910) und J. Chim. phys. **9**, 769 (1911); **10**, 509 (1912).
[3] STAHRFOSS, Arch. Sc. Phys. Nat. [4] **28**, 384 (1909).
[4] CARDOSO u. BAUME, l. c.

Physikalische Eigenschaften:

Schmelzpunkt: $T_f = -81,5^0$ (Mc INTOSH).[1]

Siedepunkt (unter 760 mm Druck) $T_e = -83,6^0$ (Mc INTOSH).[2]

Dampfdichte bei $5,5^0 = 30,3$ (Mc INTOSH).[3]

Kritische Temperatur: $T_c = 35,5^0$ (CARDOSO und BAUME).[4]

Kritischer Druck: $P_c = 61,65$ Atm. (CARDOSO und BAUME).[5]

Gewicht des Normalliters: L = 1,1791 (STAHRFOSS).[6]

Brechungsindex: $N_D = 1,000610$ (MASCART).[7]

Dichte des verflüssigten Gases (zwischen T_f und T_e) = 1,065—0,00234 (Mc INTOSH).[8]

Löslichkeit in Wasser: 1,15 bei 15^0 (WINKLER).[9]

Chemische Eigenschaften: Acetylen brennt mit sehr heller und wenig rußender Flamme. Unter gewissen Umständen scheint es explosiv zu sein (BERTHELOT) und bei Gegenwart gewisser Metalle. Nicht der Fall scheint dies zu sein bei Gegenwart von Eisen und Quecksilber, selbst nicht bei der kritischen Temperatur des Gases (CARDOSO und BAUME[4]). Ein Gemenge von Acetylen und Sauerstoff ist explosiv.

Acetylen wird durch Brom unter Bildung von Acetylendibromid und Acetyltetrabromid absorbiert. Mit Chlor bildet es ein explosives Gemisch. Schwefelsäure absorbiert es unter Bildung von Acetaldehyddisulfonsäure. Mit Quecksilberchlorat und -nitrat liefert es explosive Produkte.

Physiologische Wirkungen: Acetylen besitzt einen ätherischen sehr angenehmen, ein wenig an bittere Mandeln erinnernden Geruch. Es wirkt nur in geringem Maße giftig. E. C.

51. Methylacetylen, Allylen, Propin. $CH_3—C{\equiv}CH = 36,032$.

Allgemeine Bildungsweisen: 1. Aus Propylenbromid $CH_3 \cdot CHBr \cdot CH_2Br$ und alkoholischem Kali.[10]

2. Aus Brompropylen $CH_3 \cdot CH{=}CHBr$ und alkoholischem Kali.[11]

3. Aus Chlorpropylen $CH_3 \cdot CH{=}CHCl$ und alkoholischem Kali.[12]

4. Aus Tetrachlorpropin $CH_3 \cdot CCl_2 \cdot CHCl_2$ und metallischem Natrium.[13]

5. Aus 1,1-Dibrompropen $CH_3 \cdot CH{=}CBr_2$ durch Erhitzen mit alkoholischem Kali und absolutem Alkohol auf 150^0 innerhalb zwölf Stunden.[14]

6. Durch Zersetzung von Allylenmagnesium mit kaltem Wasser.[15] (Das Allylenmagnesium erhält man durch Erhitzen von metallischem Magnesium in einem Strom von Aceton).

---

[1] Mc INTOSH, J. Physic. Chem. **11**, 306 (1907).
[2] Mc INTOSH, l. c.
[3] Mc INTOSH, l. c.
[4] CARDOSO u. BAUME, l. c.
[5] CARDOSO u. BAUME, l. c.
[6] STAHRFOSS, l. c.
[7] MASCART, Mém. de l'Ec. Norm. [2], **6**, 9 (1877).
[8] Mc INTOSH, l. c.
[9] WINKLER, Z. phys. Ch. **55**, 353 (1906).
[10] MARKOWNIKOFF, Ann. **118**, 332 (1861).
[11] SAWITSCH, Ann. **119**, 185 (1861).
[12] FRIEDEL, Ann. **134**, 262 (1865).
[13] FITTIG u. BORSCHE, Ann. **133**, 119 (1865).
[14] VALENTIN, Ber. **28**, 2664 (1895).
[15] KEISER, Am. Ch. J. **18**, 329 (1896).

7. Durch Zersetzung des Reaktionsproduktes, welches man beim Erhitzen von metallischem Magnesium in einem Acetylenstrom erhält[1], mit Wasser.

Darstellung des reinen Gases[2]: Man läßt alkoholisches Natron auf Propylenbromid einwirken und absorbiert das sich entwickelnde Gas durch eine Lösung von ammoniakalischem Cuprochlorid. Der erhaltene Niederschlag wird gewaschen und darauf durch verdünnte, lauwarme Salzsäure zersetzt. Zwecks Reinigung leitet man das Gas durch eine Waschflasche mit Wasser, einen Turm mit Chlorcalcium und einen mit geschmolzenem Ätzkali, und schließlich in eine Trockenvorrichtung.[3] Darauf gelangt das Gas in eine mit flüssiger Luft abgekühlte Vorlage und wird durch Destillation gereinigt.

Physikalische Eigenschaften:

Schmelzpunkt: $T_f = -110^0$.[2]

Siedepunkt: $T_e = -23{,}5^0$ (unter atmosphärischem Druck).

Kritische Temperatur: $T_c = +129{,}5^0$.[2]

Löslichkeit in Äther[4]: 1 Vol. Äther löst bei 16° 30 Vol. Methyläthylen.
1 „ „ „ „ 1° 100 „ „

Das Gas ist auch in Alkohol leicht und in Wasser ziemlich leicht löslich.

Chemische Eigenschaften: Allylen ist ein unangenehm riechendes an der Luft brennendes Gas. Es vereinigt sich leicht mit Halogenen und Halogenwasserstoffen, wobei folgende Verbindungen entstehen:

$$CH_3—C(Hlg)_2—CH_3$$ [5] bzw. $$CH_3—C(Hlg_2)—CH(Hlg_2)$$.[5]

Mit ammoniakalischer Cuprochloridlösung liefert es einen Niederschlag von der Zusammensetzung: C_3H_3Cu, welcher in überschüssigem Ammoniumchlorid löslich ist und die Trennung des Allylens vom Acetylen gestattet.[6] Mit ammoniakalischem Silbernitrat gibt Allylen einen Niederschlag C_3H_3Ag; mit alkalischer Quecksilberkaliumjodidlösung die Verbindung: $(C_3H_3)_2Hg$.[7] In konzentrierter Schwefelsäure[8], sowie in Quecksilberchlorid- oder -sulfatlösung ist das Gas leicht löslich.[6] Kaliumpermanganat oxydiert es zu Ameisensäure, Oxalsäure und Malonsäure[9], Chromsäure zu Propionsäure.[10] A. O.

52. Äthylacetylen (Butin-1). $CH_3—CH_2—C\equiv CH = 54{,}048$.

Bildungsweisen: 1. Aus 2,2-Dichlorbutan $CH_3·CH_2·CCl_2·CH_3$ und alkoholischem Kali.[11]

---

[1] Novak, Ber. **42**, 4209 (1909).
[2] Lespieau u. Chavanne, C. r. **140**, 1035 (1905).
[3] Moissan, C. r. **137**, 363 (1903).
[4] Lagermark, J. Soc. phys. chim. russe **12**, 288 (1888).
[5] Hlg = Halogen.
[6] Novak, Ber. **42**, 4209 (1909).
[7] Kutscheroff, Ber. **17**, 13 (1884).
[8] Schrohe, Ber. **8**, 18 u. 367 (1875).
[9] Berthelot, Ann. Suppl. **5**, 97.
[10] Berthelot, Ann. Suppl. **8**, 47.
[11] Bruylants, Ber. **8**, 412 (1875). Faworski, J. soc. phys. chim. russe **17**, 143 (1885).

2. Aus Brombutylen $CH_3 \cdot CH_2 \cdot CHBr{=}CH_2$ und alkoholischem Kali.[1]

Darstellung: Man erwärmt Brombutylen in einem verschlossenen Gefäß 30 Stunden lang mit alkoholischem Kali auf 100°. Die Rohre werden vor dem Öffnen gut abgekühlt und das Gas darauf durch Destillation gereinigt.

Physikalische Eigenschaften:

Siedepunkt: $T_e = 18°$ oder 14,5°.[1]

Chemische Eigenschaften: Äthylacetylen verbindet sich leicht mit Halogenen und Halogenwasserstoffen. Mit ammoniakalischem Cuprochlorid- oder Silbernitratlösung liefert es unlösliche Verbindungen. Letztere geben bei der Behandlung mit verdünnten Säuren wiederum Äthylacetylen. Beim Erwärmen mit alkoholischem Kali auf 170° geht es in Dimethylacetylen über. A. O.

53. Trimethylen, $(CH_2)_3$ 42,048.

Allgemeine Bildungs- und übliche Darstellungsweisen:

1. Durch Einwirkung von Zinkstaub auf Trimethylenbromid (CH_2Br—CH_2—CH_2Br) in alkoholischer Lösung.[2]

2. Durch Einwirkung von Natrium auf dasselbe Bromid.[3] Die zuerst erwähnte Reaktion wird am häufigsten zur Darstellung des Gases angewendet.

Verunreinigungen: Feuchtigkeit, Alkohol, unzersetztes Bromid, Wasserstoff und Propylen.[4]

Zwecks Reinigung leitet man das Gas durch Waschflaschen mit reinem Brom, dann durch Natronlauge und schließlich durch 0,5 %ige Permanganatlösung, welche gefärbt bleiben muß (Kontrolle der Reinheit des Gases).[5]

Darstellung des reinen Gases: Nach dem soeben Gesagten dürfte man ein vollkommen reines Gas nur mittelst fraktionierter Destillation erhalten.

Physikalische Eigenschaften:

Siedepunkt: = − 35° (ungefähr).[6]

Schmelzpunkt: = − 126° (ungefähr).[7]

Dampfdichte bei gew. Temp. = 5—6 atm.[8]

Chemische Eigenschaften: Trimethylen explodiert, mit Chlor gemischt, in direktem Sonnenlicht, bei zerstreutem Licht ist die Einwirkung langsam.[9] Brom reagiert nur sehr langsam.[10] M. S.

---

[1] REBOUL, C. r. **113**, 589 (1891).

[2] GUSTAVSON, J. pr. Ch. [2] **36**, 300 (1887).

[3] FREUND, Mfte. **3**, 626 (1882).

[4] WOLKOW u. B. MENSCHUTKIN, Ber. **31**, 3067 (1898).

[5] WOLKOW u. B. MENSCHUTKIN l. c.

[6] LADENBURG u. KRÜGEL, Ber. **32**, 1821 (1899).

[7] LADENBURG u. KRÜGEL, l. c. Der von diesen beobachtete Schmelzpunkt war nicht konstant, da das Gas nicht hinreichend rein war.

[8] MOLTCHANOWSKY, J. Soc. phys. chim. russe **21**, 32 (1889).

[9] GUSTAVSON, J. pr. Ch. [2] **50**, 381 (1894).

[10] GUSTAVSON, C. r. **128**, 437 (1899) u. J. pr. Ch. [2], **59**, 302 (1899).

54. Methylfluorid, $CH_3F = 34,024$.

Darstellung: 1. $CH_3 \cdot K \cdot SO_4$ mit KF erwärmt. Verunreinigungen: andere Fluorderivate, Methyloxyd.[1]

2. Erhitzen von $N(CH_3)_4F$.[2]

3. $AgF + CH_3J$. Verunreinigungen: CH_3J, J (beste Methode).[3]

Physikalische Eigenschaften:

Kritische Temperatur: = + 44,9°.[4]
Kritischer Druck: = 47123 mm.[4]
Tension des flüssigen CH_3F: = 14696 mm Hg bei 0°.[4]
Dichte: = 1,22 (theoretisch 1,19).
Löslichkeit in Wasser: 100 Vol. H_2O lösen 166 Vol. Gas bei 15°.

Chemische Eigenschaften: Greift Glas nicht an. Cl bildet am Licht CH_2ClF, das von H_2O zerlegt wird.

W.

55. Äthylfluorid, $C_2H_5F = 48,04$.

Darstellung: 1. $C_2H_5 \cdot K \cdot SO_4 + KF \cdot HF$ beim Erwärmen.[5]
2. Aus AgF mit C_2H_5J.[6]

Physikalische Eigenschaften:

Spez. Gew. 1,70 (theoretisch 1,68).
Verflüssigt sich bei − 32° unter 1 Atm., bei 19° unter 8 Atm.
Löslichkeit: 100 ccm H_2O lösen 198 ccm bei 14°; 100 ccm Äthyljodid lösen 1480 ccm, sehr leicht löslich in absol. Alkohol.

Chemische Eigenschaften: Brennt mit blauer Flamme; trockenes Glas wird nicht angegriffen.

Physiologische Eigenschaften: Angenehm ätherisch riechend; schwaches Anästhetikum, bei größerer Dosis giftig.[7]

W.

56. Äthylendifluorid, $C_2H_4F_2 = CH_2F \cdot CH_2F = 47,032$.

Darstellung: $C_2H_4Br_2 + AgF$ im Schießrohr bei 200°.[8]

W.

---

[1] DUMAS, PELIGOT, Ann. **15**, 59 (1832).
[2] COLLIE, J. Chem. Sc. **55**, 110 (1889).
[3] MOISSAN, MESLANS, Jahresber. Fortschr. Chem. (1888) 931.
[4] Beilstein, H. org. Chem. **1**, 141 (1893).
[5] FREMY, Ann. **92**, 247 (1854); C. r. **38**, 393 (1854).
[6] MOISSAN, Ann. chim. phys. [6] **19**, 272 (1890).
[7] MOISSAN, C. r. **107**, 260, 992 (1888).
[8] CHABRIÉ, Ber. [2] **24**, 40 (1891). Bull. [3] **7**, 25 (1892).

57. Propylfluorid, $CH_3CH_2CH_2F = 62{,}056$.

Darstellung: AgF + Propylchlorid, -bromid oder -jodid.[1]

Physikalische Eigenschaften:
Bei -3^0 flüssig (bei 758 mm Hg).[2]
Dampfdruck bei -23^0 300 mm.
Löslichkeit in Wasser: 1 Vol. H_2O löst 50 Vol. Gas.
Leicht löslich in Äther, Benzin usw.

Chemische Eigenschaften: Brennt mit leuchtender Flamme.[3] Flüssiges C_3H_7F greift Glas nicht an, bei schwacher Rotglut wird es zersetzt und greift dann Glas an. Metalle reagieren erst bei erhöhter Temperatur.[1] W.

58. Isopropylfluorid, $(CH_3)_2CHF = 62{,}056$.

Darstellung: 1. Isopropylbromid oder -chlorid + AgF bei 180^0 unter Druck;
2. oder beim Leiten der Dämpfe bei 250^0 über AgF.
3. Isopropyljodid + AgF in der Kälte.

Physikalische Eigenschaften:
Verflüssigung bei $+14^0$ und 3 Atm., bleibt bei 6^0 unter 2,5 Atm. flüssig.
Siedepunkt: $= -11^0$.[1,4]
Löslichkeit: 100 Vol. H_2O — 140 Vol. Gas (15^0), 1 Vol. Isopropyljodid — 80 Vol. Gas, 1 Vol. Alkohol — 30 Vol. Gas. Leicht löslich in Äther usw.[5]
W.

59. Isobutylfluorid, $C_4H_9F = 76{,}072$.

Darstellung: Isobutyljodid + AgF.[6]

Physikalische Eigenschaften:
Verflüssigung bei $+16^0$.
Dichte bei $+21^0 = 2{,}58$ (theoretisch 2,66).
Löslichkeit: Leicht löslich in Alkohol und den andern Äthern.

Chemische Eigenschaften: Brennt leicht, trocken greift es Glas nicht an.[7] W.

60. Trifluoräthylen $C_2HF_3 = CF_2:CHF = 82{,}008$.

Darstellung: Reduktion von Trifluordibromäthan mit Zn-Staub.[8]

Physikalische Eigenschaften:
Siedepunkt $= -51^0$.
Dichte bei $-78^0 = 1{,}26$.
Löslichkeit: Leicht löslich in Äther, schwer in Alkohol, unlöslich in H_2O.

---

[1] Wurtz, Dictionnaire F—G suppl. Bd. 2e p. 229 (1901).
[2] Meslans, Ann. chim. phys. [7] **1**, 363 (1894).
[3] Senbert, Ber. **18**, 2647 (1885).
[4] Meslans, Ber. [2] **22**, 268 (1889).
[5] Meslans, C. r. **108**, 353 (1889).
[6] Moissan, Meslans, Jahr. (1888) 931.
[7] Moissan, Meslans, C. r. **107**, 1157 (1888).
[8] Swarts, Zentr. **2**, 281 (1899). Ann. chim. phys. [7] **1**, 374 (1894).

Chemische Eigenschaften: Greift Glas in der Kälte nicht an, oxydiert sich nur langsam an der Luft; absorbiert Br unter Rückbildung von Trifluordibromäthan. W.

61. Allylfluorid, $C_3H_5F = CH_2:CH \cdot CH_2F = 60.04$.

Darstellung: Allyljodid + AgF.[1]

Physikalische Eigenschaften:

Verflüssigt bei − 3°.
Dichte: = 2,07—2,08 (theoretisch 2,072).
Löslichkeit: 100 Vol. H_2O − 2,8 Vol. Gas; 100 Vol. Alkohol − 60 Vol. Gas; 100 Vol. Äther − 90 Vol. Gas. Leicht löslich in Allyljodid.

Chemische Eigenschaften: Greift Glas nicht an. Bei hoher Temperatur, durch elektrische Funken usw. wird es zersetzt. W.

62. Fluoroform, $CHF_3 = 70.008$.

Darstellung: 1. AgF + CHJ_3 (oder $CHCl_3$ oder $CHBr_3$).[2] Verunreinigungen: J, CHJ_3, CH_2J_2.

2. AgF + CHJ_3 + $^1/_2$ $CHCl_3$.[3] Verunreinigungen: CHF_2J, $CHCl_3$, CO_2. (Bestes Verfahren).

Physikalische Eigenschaften:[4]

Kritische Temperatur = + 20°.
Kritischer Druck = 40 Atm.
Dichte = 2,48—2,53 (Theor. 2,44).
Löslichkeit: Wenig löslich in H_2O; $CHCl_3$, Benzin; Alkohol löst das 5-fache seines Volumens.

Chemische Eigenschaften: Schwer brennbar, zersetzt sich bei schwacher Rotglut, Glas wird in der Kälte nicht angegriffen, Hg dsgl. die meisten Metalle nur schwierig. W.

63. Kohlenstofftetrafluorid, $CF_4 = 88{,}6$.

Bildungs- und Darstellungsweisen: 1. Durch Einwirkung von Silberfluorid auf Kohlenstofftetrachlorid in einem Metallapparat.[5,6] Chabrié stellt das Gas in einem Rohr aus böhmischen Glase her.[7] Verunreinigungen: Spuren von Siliciumfluorid, Kohlendioxyd und Luft.

2. Moissan hat das Gas auch dargestellt durch direkte Einwirkung von Fluor auf Kohlenstoff.[8] Das Gas kann in Kältemischungen verdichtet und durch fraktionierte Destillation gereinigt werden.

---

[1] Meslans, Ber. [2] **24**, 40 (1891).
[2] Chabrié, Bull. [3] **7**, 24 (1892); Meslans, Ber. [2] **23**, 377 (1890).
[3] Meslans, C. r. **110**, 716 (1890).
[4] Wurtz, Dictionaire de Chimie 2e suppl. 233 (1901).
[5] Moissan, C. r. **110**, 276 (1890). [6] Moissan, C. r. **110**, 951 (1890).
[7] Chabrié, C. r. **110**, 1202 (1890). [8] Moissan, C. r. **110**, 276 (1890).

Physikalische Eigenschaften:

Dichte = 3,09.[1]

Das Gas läßt sich gegen – 15° bei atmosphärischem Druck verflüssigen.[1] Es ist in Wasser wenig löslich, in wasserfreiem Alkohol und gewöhnlichem Äther sehr leicht löslich. In Berührung mit Glas erhitzt, zersetzt es sich in Siliciumtetrafluorid und Kohlendioxyd (MOISSAN). A. F. O. G.

64. Kohlenstoffdifluorid, $C_2F_4 = 100,0$.

Darstellung: Durch Einwirkung von Kohlenstoffdichlorid C_2Cl_4 auf Silberfluorid.[2]

Dichte: = 3,43[2] (CHABRIÉ). A. F. O. G.

65. Chlormethyl, $CH_3Cl = 50,450$.

Allgemeine Darstellungsweisen: Alle klassischen Bildungsweisen für Halogenderivate der gesättigten Kohlenwasserstoffe können verwendet werden.

Gebräuchliche Darstellungsweisen: 1. Durch Erhitzen von Trimethylamin auf 325°.[3] Das aus Wein- oder Runkelrübenrückständen dargestellte Gas enthält zahlreiche Verunreinigungen (Wasser, Luft, Kohlendioxyd, Chloräthyl usw.).

2. Durch Einwirkung von Salzsäure auf Methylalkohol bei Gegenwart von Chlorzink.[4] Man läßt reines, trockenes Chlorwasserstoffgas in eine siedende Lösung von 1 Tl. trockenem Chlorzink in 2 Tln. trockenem Methylalkohol eintreten, wobei Chlormethyl abdestilliert. (Die Operation wird in einem mit Rückflußkühler versehenen Kolben ausgeführt.) Verunreinigungen: Luft, Chlorwasserstoff, Wasser und Methylalkohol. Man entfernt diese durch Waschen des Gases mit Wasser, Kaliumhydroxyd und Schwefelsäure.

Darstellung des reinen Gases: Man kann nach den beiden soeben erwähnten Reaktionen reines Methylchlorid erhalten, wenn man es einer hinreichenden Anzahl fraktionierter Destillationen unterwirft. Wir ziehen die unter 2. genannte Methode vor, weil sie sehr regelmäßige Resultate liefert.[5]

Allgemeine Eigenschaften:

Schmelzpunkt: $T_f = -94,5°$ (PERROT u. BAUME).[6]

Siedepunkt (unter 760 mm): $T_e = -24,1°$ (PERROT u. BAUME).

Dampfdichte bei 0° = 2,49 Atm. (REGNAULT).[7]

Kritische Temperatur: $T_c = +143,2°$ (G. BAUME).[8]

Kritischer Druck: $P_c = 65,9$ Atm. (G. BAUME).[8]

Gewicht des Normalliters: L = 2,3045 (G. BAUME).[8]

---

[1] MOISSAN, C. r. 110, 951 (1890). [2] CHABRIÉ, C. r. 110, 281 (1890).
[3] VINCENT, Bull. [2] 30, 187 (1878).
[4] GROVES, Ann. 174, 378 (1874).
[5] G. BAUME, J. Chim. phys. 6, 47 (1908).
[6] PERROT u. BAUME, Arch. d. Sc. phys. et Nat. (Genève) [4] 28, 391 (1909).
[7] REGNAULT, Mém. Ac. Sc. [2] 26, 535 (1862).
[8] G. BAUME, J. Chim. phys. 6, 89 (1908).

Brechungsindex (bei 0° und 760 mm Druck): N_D = 1,000870 (MASCART).[1]
Dichte des verflüssigten Gases: = 0,991 bei – 24° (VINCENT u. DELACHENAL).[2]
Löslichkeit in Wasser = 4 Vol. (Es bildet mit Wasser ein Hydrat $CH_3Cl \cdot 9H_2O$).[3]

Chlormethyl ist ein farbloses, brennbares Gas, das in reinem Zustand von angenehmem ätherischen Geruch ist. Es sei hier daran erinnert, daß es wegen seiner starken Verdunstungskälte als Anästhetikum dient. G. B.

66. Chloräthyl, C_2H_5Cl = 64,50.

Allgemeine Bildungsweisen: 1. Durch Einwirkung von Schwefelchlorid oder Metallchloriden auf Methylalkohol.[4]

2. Aus Alkohol und Salzsäure bei Gegenwart eines wasserentziehenden Mittels.[5]

3. Aus Äthan und Chlor.[6]

Gebräuchliche Darstellungsweisen[7]: Eine Lösung von 1 Tl. geschmolzenem Chlorzink und 2 Tln. 95%igem Alkohol wird in der Kälte mit Chlorwasserstoffgas gesättigt. Das Ganze wird darauf erwärmt. Es entwickelt sich Chloräthyl, welches mit Wasser und Schwefelsäure gewaschen (um mitgerissene Spuren Alkohol zu entfernen) und darauf wie üblich getrocknet wird.[8]

Physikalische Eigenschaften:
Das Gas ist sehr wenig löslich in Wasser. Es brennt mit grüner Flamme.
Schmelzpunkt: = – 142,5°.[9]
" – 141,6°.[10]
Siedepunkt: = 12,5°;[11] 13,1°.[12]
Gewicht des Liters bei 0° und 45° = 2,8804.[13]
Kritische Temperatur: = 182,6°[14], = 182,5°.[15]
Kritischer Druck: = 52,6 Atm.
Dichte: = 0,9214 bei 0°.[16]
Verbrennungswärme: = 321,930 Cal.[17]

Chemische Eigenschaften: Chloräthyl verbindet sich direkt mit Schwefelsäureanhydrid.[18] Mit Kalk auf Rotglut erhitzt, zersetzt es sich in Essigsäure, Methan und Wasserstoff.[19] Chlor wirkt am Lichte leicht auf das Gas ein.

Physiologische Eigenschaften: Äthylchlorid besitzt narkotische Eigenschaften.[20] N. B.

---

1 MASCART, Ann. de l'École Norm. [2] 6, 9 (1877).
2 VINCENT u. DELACHENAL, Bull. [2] 31, 11 (1879).
3 DE FORCRAND u. VILLARD, Bull. [3] 1, 39 (1889). 4 ROUELLE 1759.
5 BASSE 1801. 6 DARLING, Ann. 150, 216 (1869).
7 GROVES, Ann. 174, 372 (1874). 8 KRÜGER, J. pr. Ch. [2] 14, 195 (1876).
9 SCHNEIDER, Z. phys. Ch. 22, 233 (1897).
10 GUTTMANN, J. Chem. S. 87, 1037 (1905).
11 REGNAULT, J. 1863, 67. 12 TIMMERMANS, Bull. Soc. Belg. Dez. 1913.
13 THÉNARD, Mém. de la Soc. d'Arcachon 1.
14 SAJONTCHEWSKI, Beibl. 3, 741 (1879).
15 VINCENT u. CHAPPUIS, J. phys. [2] 5, 58 (1886).
16 PERKIN, J. pr. Ch. [2] 31, 491 (1885). 17 THOMSEN, Therm. Unt. 4, 91.
18 PURGOLD, Ber. 6, 502 (1873). 19 L. MEYER, Ann. 139, 282 (1866).
20 ZOEPFFEL, Arch. exp. pathol. et pharm.

67. Chloracetylen, CH:CCl = 60,468.

Allgemeine Bildungs- und gebräuchliche Darstellungsweisen: 1. Durch Einwirkung von Barytwasser auf die Salze der β-Chlorakrylsäure.[1]

2. Durch Einwirkung einer alkoholischen Lösung von Ätzkali auf Trichloräthylen $CHCl=CCl_2$ [2] in der Kälte, unter Verwendung eines mit Wasserstoff gefüllten Apparates, damit Explosionen, die bei Luftzutritt eintreten, vermieden werden.[3] Verunreinigungen: Überschüssiger Wasserstoff, Acetylen, Äthylaldehyd, Dichlorvinyläther[4], Wasserdampf, Alkohol und unzersetztes Chlorid.[5]

3. Durch Einwirkung einer kalten alkalischen Kaliumcyanidlösung auf Quecksilberchloracetylid $Hg(C{\equiv}CCl)_2$.[6] Verunreinigungen: Überschüssiger Wasserstoff, Feuchtigkeit.[6]

Darstellung des reinen Gases: Das Gas ist bisher nur im Gemisch mit Wasserstoff erhalten worden.

Physikalische Eigenschaften:

Chloracetylen ist sehr leicht löslich in Wasser.[7] Die sonstigen physikalischen Eigenschaften sind bisher nicht studiert, da das Gas noch nicht in reinem Zustande erhalten worden ist.

Chemische Eigenschaften: Ein Gemisch von Chloracetylen und Wasserstoff, sowie das Gas, welches sich aus seiner wäßrigen Lösung entwickelt, entzündet sich sofort an der Luft.[8] In ammoniakalischen Lösungen von Silber- und Kupferhalogeniden bildet Chloracetylen Niederschläge von Metallderivaten, die noch explosiver sind als die entsprechenden Derivate des Acetylens. Diese Metallverbindungen sind auch bei gewöhnlicher Temperatur sehr unbeständig.[9] M. S.

68. Brommethyl, CH_3Br = 94,944.

Gebräuchliche Bildungsweisen: Man geht von Methylalkohol Brom und Phosphor aus.[10] In einer großen Retorte oder in einem Kolben[11] versetzt man 133 g roten Phosphor mit 800 g Methylalkohol, verbindet das Gefäß mit einem Rückflußkühler und kühlt es durch Eiswasser. Hierzu gibt man mittelst eines Trichters 800 g Brom. Nach Verlauf einer Stunde läßt man das erhaltene Produkt durch gelindes Erwärmen in eine gleichmäßig gekühlte Vorlage übergehen. Die Substanz wird mit alkalischem Wasser gewaschen, darauf 24 Stunden über Calciumchlorid getrocknet. Die endgültige Reinigung geschieht durch Destillation.

---

[1] Wallach, Ann. **203**, 88 (1880).
[2] Hofmann u. Kirmreuther, Ber. **41**, 314 (1908).
[3] Hofmann u. Kirmreuther, l. c.
[4] Berthelot u. Jungfleisch, Ann. chim. phys. Suppl. **7**, 255.
[5] Hofmann u. Kirmreuther, l. c.
[6] Hofmann u. Kirmreuther, Ber. **42**, 4234 (1909).
[7] Hofmann u. Kirmreuther, l. c.
[8] Hofmann u. Kirmreuther, l. c.
[9] Hofmann u. Kirmreuther, l. c.
[10] Pierre, Ann. **56**, 146 (1845).
[11] Merrill, J. pr. Ch. [2] **18**, 293 (1878).

Physikalische Eigenschaften:
Siedepunkt: = 4,5° bei 757,6 mm.[1]
Dichte: = 1,732 bei 0°.[1]
Brommethyl ist eine farblose Flüssigkeit, im Geruch an Chloroform und Äther erinnernd, und brennt mit grüner Flamme.

Chemische Eigenschaften[2]: Mit Natriumthiosulfat liefert es folgende Reaktion:

$$Na_2S_2O_3 + CH_3Br = NaS_2O_3CH_3 + NaBr.$$ N. B.

69. Bromacetylen, CH⋮CBr = 104,928.

Allgemeine Bildungsweisen und Darstellung des reinen Gases: 1. Durch Einwirkung einer alkoholischen Lösung von Ätzalkali auf eines der beiden Bromide: $C_2H_2Br_2$ [3,4,5] oder C_2HBr_3.[6] Verunreinigungen: Stickstoff oder Wasserstoff (s. u.), Acetylen[7], Wasser, Alkohol, unzersetztes Bromid und Äthylaldehyd.

2. Durch Einwirkung einer kalten Kaliumcyanidlösung auf Quecksilberbromacetylen $Hg(C⋮CBr)_2$.[8] Das hiernach erhaltene Gas wird kondensiert und destilliert. Es ist ziemlich rein und enthält als einzige Verunreinigungen: überschüssigen Stickstoff oder Wasserstoff, Feuchtigkeit, die man leicht schon durch eine einzige Destillation entfernen kann.

Alle Operationen mit diesem Gase müssen in Apparaten ausgeführt werden, die vorher mit Stickstoff oder Wasserstoff gefüllt worden sind, da sonst Explosionen eintreten können[9], die in Berührung mit der Luft stattfinden, sowie unter Ausschluß von Tageslicht, damit Polymerisationen vermieden werden.[10]

Physikalische Eigenschaften:
Siedepunkt: = etwa − 2° (Nef).[11]
Dampfspannung bei gewöhnlicher Temperatur: = etwa 3 Atm. (Reboul).[12]
Löslichkeit in Wasser: gering.

Chemische Eigenschaften: Bromacetylen entzündet sich sofort an der Luft.[13] Heftige Explosionen treten ein, wenn die Berührung mit Luft in einem geschlossenen Gefäß stattfindet. Wäßrige und alkoholische Lösungen oxydieren sich an der Luft langsam, wobei sie intensiv phosphoreszieren[14] und Ozon liefern.[14] In ammoniakalischen Lösungen von Silber- und Kupfersalzen ruft Bromacetylen explosive Niederschläge hervor, die man als seine Salze betrachten kann, und welche den entsprechenden Salzen des Acetylens analog sind.[15] Bei zerstreutem Licht polymerisiert

---

[1] l. c. [2] Slator, J. Chem. S. 85, 1286 (1904).
[3] Sawitsch, Ann. 119, 183 (1860). [4] Reboul, Ann. 124, 267 (1862).
[5] Sabanejew, Journ. Soc. phys. chim. russe 17, 175 (1885).
[6] Reboul, Ann. 125, 81 (1863). [7] Reboul, l. c.
[8] Hofmann u. Kirmreuther, Ber. 42, 4234 (1909).
[9] Reboul, Sabanejew, l. c. [10] Sabanejew, l. c.
[11] Nef, Ann. 298, 355 (1897). [12] Reboul, l. c.
[13] Reboul, Sabanejew, l. c. [14] Nef, l. c.
[15] Hofmann u. Kirmreuther, l. c.

sich Bromacetylen zu einer gelben Masse, die in den üblichen Lösungsmitteln nahezu unlöslich ist und sich beim Schmelzen zersetzt.

Die physiologischen Wirkungen sind analog denen des Phosphors.[1]

M. S.

70. Methyloxyd. $(CH_3)_2O = 46.064$.

Allgemeine Bildungsweisen und gebräuchliche Darstellungswege: 1. Durch Erwärmen von Methylalkohol mit Schwefelsäure.[2]
2. Aus demselben Alkohol mittelst Borsäureanhydrid.

Darstellung des reinen Gases[3]: 150 g Methylalkohol werden im Ölbad mit 200 g reiner Schwefelsäure auf etwa 80—85° erwärmt. Es tritt eine regelmäßige Gasentwicklung von Methyloxyd ein, welches man von der beigemengten Kohlensäure und den letzten Spuren von Feuchtigkeit befreit, indem man es nacheinander über Kaliumhydroxyd, Calciumoxyd und Phosphorpentoxyd leitet. Das Gas wird darauf bei der Temperatur des Kohlensäureäthergemisches verdichtet und rektifiziert, worauf man es in sehr reinem Zustande erhält. Die Reinigung des Gases vollzieht sich nach einer gewissen Anzahl fraktionierter Destillationen (um die Spuren des beigemengten Methylalkohols zu entfernen).

Physikalische Eigenschaften:
Schmelzpunkt: = − 138,5°.[6]
Siedepunkt: = − 23°.[7]
Gewicht des Normalliters des Gases: = 2,1096.[4] $A_0^1 \cdot 10^5 = 2656$.[5]
Löslichkeit in Wasser: 1 Vol. Wasser absorbiert 37 Vol. Methyloxyd bei 18°.[5]
Kritische Temperatur: = + 127,1°.[8]
Kritischer Druck: = 53 Atm.[9]

Chemische Eigenschaften: Methyloxyd brennt an der Luft und bildet mit dieser explosive Gemische. Mit verschiedenen Stoffen vereinigt es sich und liefert damit Oxoniumverbindungen.[9]

Die physiologischen Eigenschaften sind in kleinen Dosen gleich Null.

71. Äthylenoxyd. $\begin{matrix} CH_2 \\ | \\ CH_2 \end{matrix} \!\!>\! O = 44.032$.

Allgemeine Bildungsweisen, gebräuchliche Darstellungswege und Herstellung des reinen Gases. 1. Durch Einwirkung von Ätzkali auf das Chlorhydrin des Glykols.[10]

2. Durch Einwirkung von Ätzkali auf das Chloracetat des Glykols in der Kälte.[11,12] Verunreinigungen: Feuchtigkeit und Luft.

---

[1] NEF, l. c. [2] DUMAS u. PELIGOT, Ann. chim. phys. (1838).
[3] LEDUC, Ann. chim. phys. [7] 15, 1 (1898); BRINER u. CARDOSO, J. Chim. phys. 6, 662 (1908).
[4] BAUME, J. Chim. phys. 6, 89 (1908).
[5] BAUME, l. c.
[6] BAUME, C. r. 148, 1322 (1909).
[7] BAUME, J. Chim. phys. 9, 282 (1911).
[8] BRINER u. CARDOSO, J. Chim. phys. 6, 641 (1908).
[9] BAUME, Arch. Sc. phys. et nat. [4] 33, 415 (1912).
[10] WÜRTZ, Ann. 110, 125 (1859). Ann. chim. phys. [3] 69, 317 (1863).
[11] DEMOLE, Ann. 173, 125 (1874). [12] ROITHNER, Mfte, 15, 666.

Zum Zwecke des Trocknens leitet man das Gas durch ein Rohr mit Natronkalk. Calciumchlorid wird durch Äthylenoxyd angegriffen.[1]

Physikalische Eigenschaften:
Siedepunkt: = 13,5° unter 746,5 mm Druck (WÜRTZ, l. c.).
" = 12,5° ohne Angabe des Druckes (PERKIN).[2]
Dichte des verflüssigten Gases: = 0,897 bei 0°.
Brechungsindex des verflüssigten Gases: 7°/4° = 1,886.
Es mischt sich mit Wasser in allen Verhältnissen.

Chemische Eigenschaften: Äthylenoxyd vereinigt sich mit Säuren unter Bildung von Ätherverbindungen des Glykols. Die Oxyde von Magnesium, Eisen, Aluminium, Kupfer werden aus ihren Salzen gefällt.

Beim Erwärmen auf 55° polymerisiert es sich rasch. Dieselbe Wirkung tritt allmählich ein, wenn das Gas bei gewöhnlicher Temperatur mit festem Kaliumhydroxyd behandelt wird. M. S.

72. Formaldehyd (Methylenoxyd, Methanal), $CH_2O = 30{,}01$.

Allgemeine Bildungsweisen und gebräuchliche Darstellungswege: 1. Direkte Synthese: Aus Kohlendioxyd und Wasserstoff bei der Einwirkung elektrischer Entladungen.[3]

2. Durch vorsichtige Oxydation von Methylalkohol mittelst Luft bei Gegenwart eines Katalysators (Methode von HOFMANN).[4]

Als Katalysatoren werden verwendet: a) Platin[5]; b) Eisenoxyd; c) Kupferoxyd.[6]

Man erhält immer eine Lösung von Formaldehyd und Methylalkohol.

a) Darstellung des reinen Gases: Formaldehydlösungen polymerisieren sich, sobald ihre Konzentration 40% erreicht. Man muß daher zum Zwecke der Darstellung gasförmigen reinen Formaldehydes zunächst das polymere Trimethyloxyd herstellen und dieses dann durch die Wärme zersetzen. Der zweckmäßigste Weg besteht darin, Formaldehydlösungen nach der Methode von HOFMANN[7] herzustellen und diese zu polymerisieren, wobei man den Methylalkohol und das Wasser daraus entfernt.

b) Darstellung von Formaldehydlösungen: Ein Kolben von 500 ccm Inhalt wird zur Hälfte mit reinstem Methylalkohol gefüllt und mit einem Hahntrichter versehen, welcher zum Einlassen weiteren Methylalkohols im Laufe der Darstellung dient. Der Kolben wird in ein Wasserbad gesetzt. Er trägt zwei Ansatzrohre, von welchen das eine zu einer Waschflasche mit Schwefelsäure führt und zum Einsaugen getrockneter Luft dient, das andere mit einem weiten, leicht geneigtem Jenenser Rohr in Verbindung steht, welches zu den Kondensationsvorlagen führt. Das Jena-Rohr ist etwa 30 cm lang, wird mit einer 5 cm langen Kupferdrahtnetzspirale be-

---

[1] ROITHNER, l. c. [2] PERKIN, J. Chem. S. **63**, 488 (1893).

[3] BRODIE, Chem. N. **29**, 96 (1874); D. L. CHAPMAN u. A. HOLT jun., Proc. Chem. S. **21**, 171.

[4] HOFMANN, Ann. **145**, 357 (1868). Bull. **10**, 251 (1868).

[5] TOLLENS, Ber. **15**, 1629 (1882).

[6] LOEW, J. pr. Ch. **33**, 321 (1886); TOLLENS, Ber. **19**, 2133 (1886).

[7] LOEW u. TOLLENS, l. c.

schickt und in einen kleinen Verbrennungsofen gelegt. Die Dämpfe werden beim Austritt aus dem Rohr in einer Reihe aufeinander folgender tubulierter Flaschen kondensiert. Drei derartige Flaschen dürften genügen, von denen die ersten beiden leer sein sollen, die dritte etwas Wasser enthalten soll und mit einer Druckpumpe verbunden wird. Sowie der Methylalkohol auf 50° erwärmt ist, saugt man einen anfangs ziemlich starken Luftstrom hindurch; das Gemenge von Luft und Methylalkoholdampf gelangt über die auf Rotglut erhitzte Kupferspirale und verwandelt sich zum Teil in Formaldehyd. Bei der Berührung des Gasgemisches mit der erhitzten Spirale können sehr leicht Explosionen eintreten. Um diese zu vermeiden, ist folgendes zu beachten:

1. einen hinreichend starken Luftstrom anzuwenden (wodurch allerdings die Ausbeute beeinträchtigt wird)[1],
2. das erhitzte Rohr mit einem Drahtnetzgewebe zu umgeben,
3. das Rohr vor und hinter der Spirale mit Asbestwolle zu versehen.

c) Darstellung des polymeren Trimethylenoxydes und des gasförmigen Formaldehydes: Die in den Vorlagen gesammelten Lösungen werden im Vakuum einer möglichst tiefen Temperatur ausgesetzt. Der in Form einer weißen Masse verbleibende Rückstand wird über Schwefelsäure getrocknet.[2] Man erhält auf diesem Wege das Trioxymethylen $(CH_2O)_3$, welches unter dem Einfluß der Wärme in Formaldehyd übergeht.[3]

Eine einfacher erscheinende Darstellungsweise besteht darin, daß man den Paraformaldehyd des Handels durch Wärme dissoziiert. Das Gas wird in einem Gemisch von Kohlensäure oder flüssiger Luft kondensiert und stellt flüssigen oder festen Monoformaldehyd dar. Vor der Kondensation wird das Gas in einem Hartglasrohr erhitzt. Hierbei sei daran erinnert, daß gewisse Polymere des Formaldehydes, die hierbei entstehen können, Explosionen hervorrufen, wenn man sie erhitzt.[4]

Flüssiger Monoformaldehyd polymerisiert sich bei 20° sehr rasch; die Polymerisation geht bei gewöhnlicher Temperatur unter Wärmeentwicklung mit kleinen Dekrepitationen und selbst explosionsartig vor sich.[5]

Physikalische Eigenschaften: Formaldehyd ist ein farbloses Gas mit stechendem Geruch.

Schmelzpunkt etwa	– 92° (HARRIES).[6]	
Siedepunkt	– 21° (KEKULÉ).[7]	
Dichte des verflüssigten Gases bei	– 80° = 0,9172	(KEKULÉ).[7]
" " " " "	– 20° = 0,8153	

[1] Betreffs der günstigsten Bedingungen insbesondere der Temperatur, der Zusammensetzung und der Strömungsgeschwindigkeit des Gasgemisches vgl. LE BLANC u. PASCHKE, Z. Elektr. 17, 45 (1911).

[2] TOLLENS, Ber. 15, 1634 (1882). Die Entwässerung kann auch durch wasserfreies Kupfersulfat oder wasserfreies Natriumsulfat bewirkt werden. ESCHWEILER und GROSSMANN, Ann. 258, 95 (1890).

[3] ORLOW, J. Soc. Phys. Chim. Russe 39, 855—868 (1907); CAMBIER u. A. BROCHET, C. r. 119, 607 (1894); LE BLANC u. PASCHKE, Z. Elektr. 17, 4511 (1911).

[4] HARRIES, Ber. 34, 635 (1901). [5] KEKULÉ, Ber. 25, 2435 (1892).

[6] HARRIES, l. c. [7] KEKULÉ, l. c.

Chemische Eigenschaften: Formaldehyd ist eine mit großer chemischer Aktivität ausgestattete Substanz und verhält sich einerseits wie ein Aldehyd, andererseits wie ein Glykol. In gelöstem Zustande greift es die Metalle an.

Physiologische Wirkungen: Das gasförmige oder polymerisierte Formaldehyd ist nicht giftig, übt aber Reizwirkungen aus, es besitzt antiseptische und stark keimtötende Eigenschaften. Seine Polymerisationsfähigkeit spielt wahrscheinlich bei der Bildung der Kohlenhydrate durch die Pflanzenzelle eine aktive Rolle. E. L. D.

73. Acetaldehyd, CH_3—CHO = 44,04.

(Äthylaldehyd, Äthylydenoxyd, Äthanal.)

Allgemeine Bildungsweisen: Diese entsprechen den allgemeinen Bildungsweisen der Aldehyde.

1. Durch vorsichtige Oxydation von Äthylalkohol.
2. Durch trockene Destillation eines Gemenges von Calcium- oder Bariumacetat oder -formiat.
3. Durch Behandlung von Chloracetyl oder Essigsäureanhydrid mit nascierendem Wasserstoff, z. B. Natriumamalgam.
4. Durch Hydrolyse gewisser Additionsverbindungen, z. B. Aldehydammoniak oder der Bisulfitverbindung.
5. Durch Einwirkung elektrischer Entladungen auf ein Gemenge von Kohlenoxyd und Methan.[1]
6. Durch katalytische Einwirkung von erhitztem Kupfer auf ein Gemenge von Luft und Äthylalkoholdampf (vgl. Formaldehyd).[2]

Gebräuchliche Darstellungswege und Herstellung des reinen Gases: (Acetaldehyd erhält man leicht in flüssigem Zustande durch Abkühlen).

1. Durch vorsichtige Oxydation von Methylalkohol mittelst eines Chromsäuregemisches, z. B. 4 Teile konzentrierter Schwefelsäure, 12 Teile Wasser und 3 Teile Kaliumbichromat. Man läßt das Oxydationsgemisch auf den in einem Kolben befindlichen Äthylalkohol tropfen. Der erhaltene Äthylaldehyd wird durch Destillation entfernt und in Äther aufgefangen. Die ätherische Lösung wird mit Calciumchlorid getrocknet und mit Ammoniakgas behandelt. Hierbei entsteht eine Additionsverbindung Aldehydammoniak, die ausfällt; man wäscht sie mit trockenem Äther und erhält daraus durch Destillation bei Gegenwart verdünnter Schwefelsäure den Acetaldehyd, welchen man unterhalb 20° verflüssigen kann.
2. Man kann auch von dem reinen, bei 21° siedenden Acetaldehyd des Handels ausgehen und diesen durch fraktionierte Destillation reinigen.

Physikalische Eigenschaften: Acetaldehyd ist ein bei 20° zu verflüssigendes Gas. Die Flüssigkeit ist farblos und leicht beweglich. Die Dämpfe haben einen unangenehmen, ätherischen, würzigen Geruch. Der Aldehyd ist in Äther, Alkohol und Wasser löslich.

---

[1] Löb, Z. Elektr. 12, 282 (1906).
[2] Orlow, J. Soc. Phys. Chim. Russe 40, 203 (1908). Zentr. 1908 II, 581.

Schmelzpunkt: = − 124,6° (GUTTMANN).[1]
„ = − 120,7° (LADENBURG und KRÜGEL).[2]
„ = − 123,4°[3].
„ = − 125,3°[4].
Siedepunkt: = + 20,8° (KOPP);[5] = 20,2°[3].
Dichte des verflüssigten Gases bei 0° = 0,8009.

Der Aldehyd polymerisiert sich leicht[6] bei Gegenwart geringer Mengen Säure oder eines Salzes zu Paraldehyd $C_6H_{12}O_3$, welcher bei 124° siedet, die Dichte 0,9943 besitzt und in Wasser löslich ist. Unterhalb 0° liefert die Polymerisation Metaldehyd, welcher gegen 112—115° sublimiert und in Wasser unlöslich ist.

Chemische Eigenschaften: Aldehyd brennt mit leuchtender Flamme und löst Schwefel, Phosphor und Jod. An der Luft ist er in Essigsäurelösung oxydierbar. Er wirkt als Reduktionsmittel und hat im übrigen die allgemeinen Eigenschaften der Aldehyde.

Physiologische Eigenschaften: Acetaldehyddämpfe sind nicht giftig, rufen aber eine Art von Magenkrampf hervor. E. L. D.

74. Acetylfluorid, $CH_3COF = 62,024$.

Darstellung: 1. $AgF + CH_3COCl$ bei 150° im Schießrohr oder $AgF + CH_3COCl$ — Dampf bei 300°. 2. $AsF_3 + CH_3COCl$ bei gewöhnlicher Temperatur im Kupferapparat. Verunreinigungen: CH_3COCl, Cl, As[7] (gute Methode, gute Ausbeute). 3. $SbF_3 + CH_3COCl$. 4. $ZnF_2 + CH_3COCl$. 5. $(C_2H_3O)_2O + HF$.[7]

Physikalische Eigenschaften:

Dichte: = 2,15—2,17 (theor. 2,14).
Dichte bei 0° = 1,032 (MESLANS).[7]
„ „ 15° = 1,0369 (COLSON).[8]
„ „ − 60° = 1,002.
Verflüssigung bei + 20°, bei − 60° noch nicht fest.
Bei 20,8° und 770 mm Druck nicht siedend (COLSON).
Löslichkeit: Sehr leicht löslich in Alkohol, Äther, Benzin, Chloroform, Terpentin. Wasser löst 20 Vol. Gas, die Lösung zersetzt sich jedoch bald.

Chemische Eigenschaften: Entzündet sich leicht, bildet mit NH_4 $CH_3CONH_2 + NH_4F$ (beide fest). W.

75. Kohlenoxychlorid. $COCl_2 = 98,920$.

Allgemeine Bildungsweisen und gebräuchliche Darstellungswege: 1. Durch Einwirkung des Lichts auf ein Gemenge von Kohlenoxyd und Chlor. Ist die Reaktion einmal durch Sonnenlicht eingeleitet, so schreitet sie auch bei zerstreutem Licht fort. Man kann die Operation in einem Kolben von 10 Liter Inhalt oder besser in einem Glasrohr ausführen. Man beschickt den Apparat mit Tierkohle und leitet den Gas-

[1] GUTTMANN, J. Am. Ch. S. **29**, 345 (1907).
[2] LADENBURG u. KRÜGEL, Ber. **32**, 1821 (1899).
[3] TIMMERMANS, Bull. Soc. Belg. Dez. 1913.
[4] DE LEEUW, Dissert. Amsterdam, 1910.
[5] A. KOPP, Ann. **64**, 214 (1848).
[6] A. SMITS u. H. L. DE LEEUW, Z. phys. Ch. **77**, 269 (1911).
[7] WÜRTZ, Dictionnaire 2e suppl. 233 (1901).
[8] A. COLSON, C. r. **122**, 243 (1896).

strom hindurch.[1] Diese Darstellungsweise ist im kleinen schwierig auszuführen.

2. Durch Einwirkung rauchender Schwefelsäure auf siedenden Tetrachlorkohlenstoff (95°).[2] 120 ccm rauchende Schwefelsäure mit einem Gehalt von 60 % SO_3 läßt man auf 100 ccm siedenden Tetrachlorkohlenstoff tropfen, welcher sich in einem mit Rückflußkühler versehenen Kolben von 300 ccm Inhalt befindet. Verunreinigungen: Das entwickelte Gas besteht aus Phosgen, welches etwas Schwefel- und Chlorsulfonsäure mitreißt[3]; diese kann man durch Waschen des Gases mit konzentrierter Schwefelsäure entfernen.

Darstellung des reinen Gases: Die soeben beschriebene Methode läßt sich auch zur Darstellung des reinen Gases anwenden, indem man das Gas verflüssigt und mehreren fraktionierten Destillationen unterwirft, wodurch die eventuell beigemengten Spuren Luft, welche die einzigen Verunreinigungen sein können, wenn man von chemisch reinen Substanzen ausgegangen ist, entfernt werden können.

Physikalische und chemische Eigenschaften:

Siedepunkt bei 760 mm Druck: $T_e = 8,2°$ (Emmerling und Lengyel).[4]

Dichte des verflüssigten Gases: = 1,432 bei 0° (Beilstein).[5]

Kohlenoxychlorid wird schon durch kaltes Wasser zersetzt, schneller durch warmes. Der Stoff ist chemisch interessant durch die beiden Chloratome, welche sich durch andere einwertige Radikale ersetzen lassen.

Physiologische Wirkungen: Kohlenoxychlorid ist selbst in verhältnismäßig geringen Dosen ein sehr heftig wirkendes Gift und ruft Erstickungsbeschwerden hervor, denen in der Regel eine heftige Hitzeempfindung in den Atmungsorganen vorausgeht. Das beste Gegenmittel ist Äthylalkohol, welcher mit Phosgen in der Kälte reagiert und damit Äthylchlorformiat liefert, welches die Sehnerven heftig reizt. Es genügt, ein stark mit Äthylalkohol getränktes Taschentuch unter die Nase zu halten, um einige Augenblicke in eine mit Kohlenoxychlorid erfüllte Atmosphäre treten zu können. G. B.

76. Methylmercaptan, $CH_3SH = 48,102$.

Gebräuchliche Darstellungsweisen: 1. Durch Destillation einer wäßrigen Lösung von Natriummethylsulfat mit überschüssigem Kaliumsulfhydrat. Verunreinigungen: Wasser, Luft, Schwefelwasserstoff.[6]

2. Durch Einwirkung von Kaliumsulfhydrat auf Methyljodid.[7,8] Dieselben Verunreinigungen.

3. Durch Einwirkung von Phosphorpentasulfid auf die Alkohole.[9] Dieselben Verunreinigungen.

---

[1] Paterno, Jahr. 1878, 229.
[2] Erdmann, Ber. **26**, 1993 (1893).
[3] Diese beiden Stoffe bilden nach beendigter Reaktion den festen Rückstand des Kolbens.
[4] Beilstein I, 646.
[5] Hdbch. I, 646.
[6] Klason, Ber. **20**, 3048 (1887).
[7] Klason, Ber. **20**, 3049 (1887).
[8] Obermayer, Ber. **20**, 2918 (1887).
[9] Kekulé, Ann. **90**, 311 (1854).

Eigenschaften:

Siedepunkt = + 6°.

Mit Wasser bildet Methylmercaptan ein krystallisiertes Hydrat, mit Metalloxyden liefert der Stoff zahlreiche Verbindungen der Formeln:

$$CH_3SM' \text{ oder } (CH_3S)_2M''.$$

Methylmercaptan ist giftig. G. B.

77. Dicyan. $C_2N_2 = 52,02$.

Gebräuchliche Darstellungswege: Durch theoretische Zersetzung von Metallcyaniden höheren Molekulargewichtes.

Gebräuchliche Bildungsweisen: 1. Durch thermische Zerlegung von Mercuricyanid.[1]

2. Durch Einwirkung der Wärme auf ein Gemenge gleicher Teile Quecksilbercyanid und -dichlorid.[2] Verunreinigungen: Wasser, Luft, Paracyan.

Darstellung des reinen Gases: Man erhitzt in einem kleinen Destillationskolben, dessen Hals ausgezogen und vor der Lampe zugeschmolzen ist, ein Gemenge gleicher Teile reinsten Quecksilbercyanides und reinsten Sublimates. Verunreinigungen: Luft, Wasser und Paracyan. Die Feuchtigkeit entfernt man durch ein Phosphorpentoxydrohr, die Luft durch fraktionierte Destillation im Vakuum. Der feste braune Rückstand im Entwicklungskolben besteht aus Paracyan. Das so hergestellte Gas ist vollständig rein, was aus der Verflüssigung unter konstantem Druck bei zwei Temperaturen hervorgeht, von welchen die eine sehr nahe dem kritischen Punkt liegt.[3]

Physikalische Eigenschaften:

Kritische Temperatur: $T_c = 128{,}3$ (CARDOSO und BAUME).[4]

Kritischer Druck: $P_c = 59{,}75$ (CARDOSO und BAUME).[5]

Dampfdichte bei 0° = 2,37 (CHAPPUIS und RIVIÈRE).[6]

Brechungsindex: $N_D = 1{,}000822$ (MASCART).[7]

Chemische Eigenschaften: Die Verwandlung des Dicyans in Paracyan ist bereits beim kritischen Punkte bemerkbar (BRINER und WROCZYNSKI)[8]; im übrigen wechselt diese Umwandlung ganz nach den Umständen (CARDOSO und BAUME).[9] Das Gas brennt an der Luft mit purpurner Flamme (phosphoresziert), wobei Kohlendioxyd und Stickstoff entstehen. Fluor zersetzt das Gas mit weißer Flammenbildung. Hält man das Fluor auf − 23°, so tritt keine unmittelbare Reaktion ein, bei Annäherung einer Flamme detoniert indessen das Gemisch (MOISSAN).[10]

---

[1] GAY LUSSAC, Ann. chim. phys. **77**, 128 (1811) und **95**, 136 (1815), und FARADAY, Phil. Trans. (1825) 160.

[2] Abegg-Auerbach III, 2, 220.

[3] CARDOSO u. BAUME, J. Chim. phys. **10**, 511 (1912) u. C. r. **151**, 141 (1910).

[4] CARDOSO u. BAUME, l. c. [5] CARDOSO u. BAUME, l. c.

[6] CHAPPUIS u. RIVIÈRE, C. r. **104**, 1504 (1887).

[7] MASCART, Mém. de l'Ec. Norm. [2] **6**, 9 (1877).

[8] BRINER u. WROCZYNSKI, Arch. Sc. Phys. Nat. Genève Juillet 1910.

[9] CARDOSO u. BAUME, l. c. [10] Moissan II, 325.

Trockenes Chlor wirkt auf Dicyan nicht ein; feuchtes bildet damit ein öliges Produkt (SERRULAS).[1] Ein Gemisch von Dicyan und Sauerstoff ist explosiv (WÖHLER).[2] Pottasche absorbiert es unter Bildung von Kaliumazulmat, Cyanat, Cyanid und Oxalat.

Physiologische Wirkungen: Dicyan ist ein heftiges Gift und ähnelt in seinen Wirkungen der Blausäure, obgleich es weniger intensiv ist (Krämpfe, Schwindel und Ohnmacht). Es besitzt einen charakteristischen Geruch, der ein wenig an den der Cyanide erinnert. E. C.

78. Chlorcyan. CNCl = 61,47.

Allgemeine Bildungsweisen: 1. Durch Einwirkung von Chlor auf Kalium- oder Quecksilbercyanid.[3–9]

2. Durch Einwirkung von Chlor auf Blausäure.[10,11]

Gebräuchliche Darstellungsmethoden und Herstellung des reinen Gases: Man läßt Chlor in der Kälte auf 16 % ige Blausäurelösung einwirken und dekantiert das wenig lösliche Produkt in eine gut ausgekühlte Retorte, gibt reines, gut abgekühltes Quecksilberoxyd hinzu und destilliert. Verunreinigungen: Chlor, Chlorwasserstoff, Cyanwasserstoff, Kohlendioxyd, Feuchtigkeit und Luft.

Chlorwasserstoff und Cyanwasserstoff wurden durch Zugabe von Quecksilberoxyd entfernt, Luft, Feuchtigkeit und Kohlendioxyd durch Destillation.[12] Die Reinheit des erhaltenen Gases kann am besten durch Bestimmung der Dichte festgestellt werden.[13]

Physikalische Eigenschaften:
- Schmelzpunkt = – 5°.
- Siedepunkt = 12,66° (REGNAULT).[14]
- Dampfdruck bei 0° = 444,1 mm (REGNAULT).[15]
- Dichte bezogen auf Luft: = 2,13 (SALET).[16]
- Löslichkeit in Wasser: 25 Liter des Gases in 1 Liter Wasser.[17]

Chemische Eigenschaften: In reinem Zustande hält sich Chlorcyan unbegrenzt lange, ohne sich zu verändern. Bei Gegenwart von Spuren von Chlor oder Chlorwasserstoff polymerisiert es sich rasch.[18] Die wäßrige Lösung fällt nicht Silbernitrat, zersetzt sich jedoch langsam unter Bildung von Chlorwasserstoff.[19] Kalilauge absorbiert Chlorcyan unter Bildung von Kaliumchlorid und -cyanat.[20]

---

[1] SERRULAS, Ann. chim. phys. **35**, 291 (1827).
[2] WÖHLER, Pogg. **15**, 627 (1829).
[3] SERRULAS, Ann. chim. phys. **35**, 291 (1827).
[4] WÖHLER, Ann. **73**, 219 (1850). [5] CAHOURS u. CLOEZ, C. r. **38**, 354 (1854).
[6] LANGLOIS, Ann. chim. phys. [3] **61**, 481 (1861).
[7] CLOEZ, C. r. **44**, 482 (1857). [8] KLEIN, Ann. **74**, 85 (1850).
[9] HANTZSCH u. MAI, Ber. **28**, 2471 (1895).
[10] BERTHOLLET, Ann. chim. phys. **1**, 35 (1789).
[11] GAY-LUSSAC, Ann. chim. phys. **5**, 200 (1815).
[12] GAUTIER, Bull. **5**, 403 (1867). [13] SALET, Bull. [2] **4**, 105 (1865).
[14] REGNAULT, Jahr. 1863, 70. [15] REGNAULT, l. c.
[16] SALET, l. c. [17] Moissan II, 357 (1905).
[18] HANTZSCH u. MAI, l. c. [19] SALET, l. c. [20] Moissan, l. c.

Chlorcyan bildet mit einigen Metallchloriden Additionsprodukte.[1,2,3]

Physiologische Eigenschaften: Chlorcyan ist giftig; es reizt die Augenschleimhäute und die Atmungsorgane.[4] M. S

79. Methylnitrit, $CH_3ONO = 61{,}034$.

Allgemeine Bildungsweisen: 1. Durch Einwirkung von Salpetersäure auf Methylalkohol bei Gegenwart von Kupfer oder arseniger Säure.[5]

2. Durch doppelte Umsetzung von Methyljodid mit Isoamylnitrit.[6] Letztere Reaktion kann auch zur Darstellung des Gases dienen.

Physikalische Eigenschaften:

Siedepunkt: $T_c = -12°$.

Spezifisches Gewicht: = 0,991.

Chemische Eigenschaften: Methylnitrit wird durch Alkalien leicht verseift und durch Acetylchlorid zersetzt.[7] A. O.

80. Äthylnitrit. $CH_3-CH_2-O-NO = 75{,}05$.

Allgemeine Bildungsweisen: 1. Aus gasförmiger salpetriger Säure und Alkohol.

2. Aus Nitrosylchlorid und einem Gemenge von Alkohol und Pyridin in der Kälte.[8]

3. Aus Salpetersäure und Alkohol.

4. Aus Natriumnitrit und einem Gemenge von Schwefelsäure und Alkohol.

Darstellung des reinen Gases: 1. Man fügt zu einem abgekühlten Gemenge von 32 ccm Alkohol und 32 ccm Wasser 13,5 ccm Schwefelsäure und verdünnt auf 120 ccm. Hierzu gibt man langsam eine Lösung von 34,5 g Natriumnitrat in 120 ccm Wasser, die man in einem Kältegemisch gekühlt hat, und dekantiert das sich abscheidende Äthylnitrit, welches man über Chlorcalcium trocknet und destilliert.[9]

2. Man löst 200 g Natriumnitrit in einer solchen Menge Wasser auf, daß 150 ccm Alkohol darin keine Trübung mehr hervorrufen, und gibt nach und nach verdünnte Salzsäure bei gewöhnlicher Temperatur hinzu. Es tritt eine sehr regelmäßige Entwicklung von Äthylnitrit ein, welches man durch Destillation reinigt. Ausbeute 80—85 % der Theorie.[10]

3. Man löst 250 g Natriumnitrit in 1 Liter Wasser und 100 ccm Alkohol auf. Diese Lösung bringt man in einen großen, mit einem Hahntrichter, einem langen Rückflußkühler und einer durch Kältegemisch abgekühlten Vorlage versehenen Kolben. Mittelst des Trichter läßt man eine Menge von 200 g Schwefelsäure, 1500 ccm Wasser und 100 ccm

[1] WÖHLER, l. c. [2] KLEIN, l. c.
[3] MARTIUS, Ann. **109**, 79 (1859). [4] WÜRTZ, l. c.
[5] STRECKER, Ann. **91**, 82 (1854).
[6] BERTONI, Gazz. **12**, 438 (1882). Ber. **16**, 786 (1883).
[7] HENRY, Bull. [3] **8**, 954 (1892).
[8] BOUVEAULT u. WAHL, C. r. **136**, 1563 (1903).
[9] DUNSTAN u. DYMOND, Pharm. J. Trans. 1888, 86.
[10] THIELE u. ESCHWEDE, Ann. **311**, 366 (1900).

Alkohol in die Nitritlösung einfließen. Das Äthylnitrit destilliert in regelmäßigem Strome ab, wird über Calciumchlorid getrocknet und destilliert. Ausbeute: 100 % des angewandten Alkohols.[1]

Physikalische Eigenschaften:

Siedepunkt: $T_e = +17^0$.

Es ist wenig löslich in Wasser, leichter löslich in Alkohol und Äther.

Spezifisches Gewicht (bei 15°) = 0,9.

Chemische Eigenschaften: Äthylnitrit wird durch Alkalien und starke Säuren leicht verseift, Schwefelwasserstoff greift es in der Kälte an. Desgleichen wird es durch Acetylchlorid nach folgender Formel zersetzt: $3NO_2C_2H_5 = 2NO + (C_2H_5)_2O + NO_3C_2H_5$. A. O.

81. Diazomethan, $CH_2N_2 = 42{,}036$.

Allgemeine Bildungsweisen und gebräuchliche Darstellungswege: 1. Man erhitzt in einem mit einem absteigenden Kühler versehenen Kolben 1 Vol. Nitrosomethylurethan mit 8 Vol. absolutem Äther und 1,5 Vol. 25 %igem alkoholischen Kali. Das Diazomethan geht in Form einer gelb gefärbten ätherischen Lösung über. Diese Darstellungsweise wird von uns empfohlen.[2]

2. Durch Einwirkung von Alkalien auf Paranitrophenylmethylnitrosamin.[3]

Physikalische, chemische und physiologische Eigenschaften: Diazomethan ist ein gelbes Gas, das gegen 0° siedet; es ist in Äther sehr leicht löslich. Am meisten wendet man seine ätherische Lösung an, in welcher man mit Leichtigkeit das Diazomethan nach folgender Gleichung mit Jod bestimmen kann:

$$CH_2N_2 + J_2 = CH_2J_2 + N_2.$$

Bei gewöhnlicher Temperatur zerfällt Diazomethan langsam, bei 200° detoniert es. Es dient als interessantes methylierendes Agens.[4] Es ist als ein heftiges Gift zu bezeichnen, welches die tierischen Gewebe, Kork usw. angreift. G. B.

82. Diazoäthan, $C_2H_4N_2 = 56{,}052$.

Die Darstellung und die Eigenschaften sind mit denen des Diazomethans identisch. Es ist etwas dunkler gefärbt als Diazomethan und ebenfalls ein heftiges Gift.[5] G. B.

83. Methylamin, $CH_3NH_2 = 31{,}050$.

Allgemeine Bildungsweisen und gebräuchliche Darstellungswege: 1. Durch Einwirkung von Methylnitrat auf alkoholisches Ammoniak auf dem Wasserbad.[6]

---

[1] WALLACH u. OTTO, Ann. **253**, 251 (1889).
[2] v. PECHMANN, Ber. **28**, 856 (1896). [3] NOELTING, Ber. **33**, 101 (1900).
[4] v. PECHMANN, Ber. **31**, 2643 (1898).
[5] JUNCADELLA, C. r. **48**, 342 (1859). Jahr. 1862, 327.
[6] HOFMANN, Ber. **15**, 765 (1882); vgl. **18**, 2741 (1885).

2. Durch Einwirkung von Brom und Acetamid (im molekularen Verhältnis) auf 10 %ige Kalilauge, welche man unter Kühlen bis zur Gelbfärbung der Flüssigkeit hinzufügt und darauf langsam in 30 %ige Kalilauge gießt (3 Mol. auf 1 Mol. Acetamid), derart, daß die Temperatur sich auf etwa 60—70° hält. Nach dem Digerieren entfärbt sich die Lösung und man braucht sie dann nur zu destillieren, um eine Lösung von Methylamin zu erhalten. Verunreinigungen: Etwas Ammoniak.[1]

3. Man erwärmt in einem mit einem Kühler versehenen Kolben von 3 kg Inhalt 2 kg Formaldehyd (40 %) des Handels und 1 kg kristallisiertes Chlorammonium. Die Flüssigkeit beginnt bei 40° zu sieden; es destilliert Methylal und die Temperatur steigt allmählich auf 95°. Beim Abkühlen scheidet sich der größte Teil des überschüssigen Chlorammoniums ab. Man filtriert an der Pumpe und erhält eine ziemlich reine Lösung von salzsaurem Methylamin. Letzteres wird im Vakuum eingedampft und der Rückstand von Methylaminchlorhydrat durch fraktionierte Kristallisation in Alkohol von 97 % gereinigt, worin es in der Wärme sehr leicht löslich ist. Die reinen Kristalle erwärmt man darauf mit überschüssigem Calciumoxyd, um daraus Methylamin zu erhalten (Darstellung analog wie bei Ammoniak).[2]

Darstellung des reinen Gases: Reines Methylamin kann man nach den Darstellungsweisen 2. und 3. erhalten, indem man das Chlorhydrat viele Male umkristallisiert und das in Freiheit gesetzte Gas fraktioniert, wodurch man die darin etwa vorhandenen Spuren von Luft entfernen kann. Spuren von Ammoniak kann man leicht eliminieren, indem man das Gas über Natrium leitet; das Methylnatriumamid bildet sich weit weniger leicht als das Natriumamid (GIBBS).[3]

Physikalische und chemische Eigenschaften: Methylamin ist ein farbloses, ammoniakalisch und scharf riechendes Gas.

Siedepunkt (unter 760 mm Druck): $T_e = -6{,}7^0$ (GIBBS).[4]

Kritische Temperatur: $T_c = +155^0$ (VINCENT u. CHAPPUIS).[5]

Kritischer Druck: $P_c = 72$ Atm. (VINCENT u. CHAPPUIS).

Dichte des verflüssigten Gases: = 0,699 bei − 10,8° (HOFMANN).[6]

Löslichkeit in Wasser: = 1150 Vol. in 1 Vol. Wasser bei 12,5°.

Das Gas ist leicht entzündbar und brennt an der Luft mit gelber Flamme.

Physiologische Wirkungen: Methylamin reizt die Schleimhäute heftig; die konzentrierte Lösung löst tierische Gewebe. G. B.

84. Äthylamin, $C_2H_5NH_2 = 45{,}066$.

Allgemeine Bildungsweisen: 1. Durch Erhitzen einer alkoholischen gesättigten Lösung von Ammoniak bei Gegenwart von Halogenderivaten der Alkohole.[7]

---

[1] HOFMANN, l. c. [2] BROCHET u. CAMBIER, Bull. [3] **13**, 533 (1895).
[3] H. D. GIBBS, Am. Chem. Soc. **27**, 851 (1905).
[4] H. D. GIBBS, l. c.
[5] VINCENT u. CHAPPUIS, J. phys. [2] **5**, 58 (1886).
[6] HOFMANN, Ber. **22**, 701 (1888). [7] HOFMANN, Ann. **71**, 330; **76**, 325.

2. Durch Erhitzen von Äthylalkohol mit Salmiak auf 300—400°.[1]

3. Aus Äthylalkohol und Chlorzinkammoniak bei 260°.[2] Aus Kaliumäthylsulfat und alkoholischer Ammoniaklösung bei 120°.[3] Abgesehen von diesen Reaktionen, die sich an die allgemeine Methode von HOFMANN anschließen, führen wir hier noch die folgende an: Einwirkuung von Natriumamalgam bei Gegenwart von Essigsäure auf Äthylidenphenylhydrazon und bei Gegenwart von siedendem Amylalkohol und Acetamid.[4,5]

Bessere Darstellungsweise[6]: Durch Einwirkung von Ammoniak auf die sekundären Produkte der Darstellung von Chloral (hauptsächlich aus Äthylchlorid bestehend). Letztere werden in 3 Vol. 95%igem Alkohol gelöst und bei 0° mit Ammoniak gesättigt. Das Ganze erwärmt man eine Stunde lang auf dem Wasserbad. Darauf entfernt man durch Filtration den Salmiak und durch Destillation das überschüssige Ammoniak. Die Basen werden durch Zersetzung der gebildeten salzsauren Salze mittelst Ätzkali in Freiheit gesetzt. Verunreinigungen: Di- und Triäthylamin, Ammoniak.

Reinigung: Man behandelt das Gemisch mit Schwefelsäure. Die erhaltenen Sulfate werden mit konzentriertem Alkohol gewaschen, um jede Spur Ammoniak zu entfernen. Darauf regeneriert man die Basen und fügt Oxaläther $(C_2H_5CO_2)_2$ bei 0° hinzu (betreffs der Einzelheiten vgl. HOFMANN, l. c. S. 776).

Physikalische Eigenschaften: Äthylamin ist eine im Geruch stark an Ammoniak erinnernde Flüssigkeit, die sich mit Wasser in jedem Verhältnis mischt.

Schmelzpunkt: = − 85,2°.[7] − 80,5°.[8]
Siedepunkt: = + 19—20°.[7] + 16,6°.[8]
Dichte: = 0,7013 bei 4°; 0,6892 bei 15°.[9]
Kompressibilitätskoeffizient zwischen 5° und 7° = 0,000120.[10]
Kritische Temperatur: = 185,2°.[11]
" " = 177°.[12]
Kritischer Druck: = 66 Atm.[12]

Chemische Eigenschaften: Äthylamin ist ein brennbares Gas von stark basischen Eigenschaften. Mit den Chloriden verschiedener Metalle, z. B. Quecksilberchlorid, Quecksilbercyanid, Platinchlorid[13], mit Sulfaten usw. liefert es eine Reihe von Doppelsalzen. Aus Kupfer- und Aluminiumsalzlösungen fällt es Kupferoxyd und Aluminiumhydroxyd aus, die sich in überschüssigem Äthylamin auflösen (analytische Trennung von Aluminium und Eisen).

N. B.

[1] BERTHELOT, Ann. chim. phys. [3] 38, 63 (1853).
[2] MERZ u. GAZIOROWSKI, Ber. 17, 637 (1884).
[3] ERLENMEYER u. CARL, J. 1875, 617.
[4] TAFEL, Ber. 19, 1026 (1886).
[5] GUERBET, C. r. 129, 62 (1899).
[6] HOFFMANN, Ber. 3, 109, 776 (1870).
[7] LADENBURG u. KRÜGEL, Ber. 32, 1821 (1899).
[8] TIMMERMANS, Bull. Soc. Belg. Dez. 1913.
[9] PERKIN, J. Chem. S. 55, 691 (1889).
[10] SCHMIDT, Ann. 266, 287 (1891).
[11] VINCENT u. CHAPPUIS, J. (1886) 202.
[12] SCHMIDT, l. c.
[13] BEILSTEIN I, 1123.

85. Dimethylamin, $(CH_3)_2NH$ = 45,066.

Allgemeine Bildungsreaktionen: 1. Nach dem Verfahren von HOFMANN (Erhitzen von Ammoniak mit Halogenalkylen), z. B. Jodmethyl + Ammoniak (wobei sich auch etwas Tetramethylammoniumjodid bildet).[1]

2. Durch Erhitzen von Nitrosodimethylanilin in verdünnter wäßriger Lösung bei Gegenwart von Ätznatron.

3. Durch Reduktion eines Gemenges von Formaldehyd und Methylamin mittelst Zinkstaubes und Salzsäure.

Darstellung des reinen Gases: Man bringt in einen Kolben von 6 – 7 Liter Inhalt 10 g einer Lösung von Ätznatron mit 100 g Substanz und erhitzt das Ganze fast bis zum Siedepunkt. Hierzu gibt man mit einem Male 75 g Nitrosodimethylanilin und einige Zinkspäne. Der Kolben wird mit einem Kühler versehen. An letzterem befindet sich oben ein U-Rohr mit 75—100 ccm konzentrierter Salzsäure, in welchem sich das Dimethylamin sammelt. Aus letzterer Lösung setzt man es mittelst Ätznatron in Freiheit und absorbiert es ein zweites Mal in Salzsäure. Die freie Base wird dann von neuem in Salzsäure absorbiert. Die Ausbeute ist nahezu theoretisch. Schließlich mischt man das erhaltene Salz in einem Rohr mit Calciumoxyd, erwärmt es in einem Verbrennungsofen und destilliert das Gas in eine stark gekühlte Vorlage.

Die Reinigung des erhaltenen Chlorhydrates läßt sich bewerkstelligen indem man letzteres in Chloroform auflöst, wobei der darin unlösliche Salmiak zurückbleibt.

Physikalische Eigenschaften:

Siedepunkt: = 7,2—7,3°[2]; es bleibt flüssig bei 10 mm Druck und – 75°.
Dichte: = 0,6865 bei – 5,8°.[3]
Kritische Temperatur: = 163°.[4]
Kritischer Druck: = 56 Atm.[4]

Chemische Eigenschaften: Dimethylamin ist eine energische Base, welche eine Reihe von Salzen[5] bildet, und besitzt einen unangenehmen Geruch. Brom wirkt in wäßriger Lösung darauf ein und liefert einige Additionsprodukte. Mit zwei Atomen Brom verbindet es sich bei 0° direkt.[6] N. B.

86. Trimethylamin. $(CH_3)_3N$ = 59,082.

Allgemeine Bildungsweisen: 1. Durch Einwirkung von Ammoniak auf Methyljodid.[7]

2. Durch Destillation von Tetramethylammoniumhydrat.[8]

3. Durch Destillation von Narkotin.[9]

---

[1] HOFFMANN, Ber. 15, 765 (1892).
[2] BEHREND, Ann. 222, 119 (1883).
[3] HOFFMANN, B. 22, 701.
[4] VINCENT u. CHAPPUIS, J. (1886) 202.
[5] BEILSTEIN, Handbuch I. 1118 (598).
[6] REMSEN u. NORRIS, Am. Ch. J. 18, 34.
[7] HOFFMANN, Ann. 79, 16 (1851).
[8] HOFFMANN, Ann. 93, 325 (1854).
[9] WERTHEIM, Ann. 73, 208 (1850).

Gebräuchliche Bildungswege: Bei der technischen Darstellung geht man von Vinasse und den Produkten der trockenen Destillation der Schlempe der Rübenmelasse aus. Die Reinigung wird mit Hilfe der Platindoppelsalze[1] bewirkt oder besser mittelst der Sulfate, indem man das technische Produkt mittelst Schwefelsäure neutralisiert. Die Scheidung des Tri- und Dimethylamins bewirkt man nach dem Verfahren von DUVILLIER u. BUISINE[2] mit Hilfe des Oxalesters.

Darstellung des reinen Gases: Durch Synthese des Trimethylamins mittelst der Methylierung von Ammoniak bei Gegenwart von Formaldehyd.[3] Man erwärmt in einem Autoklav von 1 Liter Inhalt (der vorher auf höheren Druck geprüft ist) eine Lösung von 50 g Salmiak in 440 g 40%igem Formaldehyd auf 110—120°; der Druck steigt hierbei auf 35—40 Atmosphären. Sobald letzterer konstant bleibt, läßt man die Kohlensäure ab, indem man das Ventil der Autoklave vorsichtig öffnet, nachdem der Apparat sich abgekühlt hat. Dann dampft man die Lösung nach Zufügung überschüssiger Salzsäure ab und erhält 70—80 g reines Trimethylaminchlorhydrat. Letzteres wird mit pulvrigem Ätznatron vermischt, in eine große Kupferflasche gebracht und langsam erwärmt, wobei eine heftige Schaumbildung eintritt. Das entwickelte Trimethylamin wird getrocknet.

Physikalische Eigenschaften: Trimethylamin hat einen ammoniakalischen, fischartigen Geruch (Heringslake).

Siedepunkt: = 3,2—3,8°.[4]
Dichte: = 0,662 bei − 5,2°.[4]
Kritische Temperatur: = 160,5°.[5]
Kritischer Druck: = 41 Atm.[5]
Es ist leicht löslich in Wasser.

Chemische Eigenschaften: Trimethylamin ist eine energische Base und liefert eine Reihe von Salzen. N. B.

87. Methylphosphin, $CH_3 \cdot PH_2 = 48,08$.[6]

Gewöhnliche Herstellungsweise: Methylphosphin entsteht beim Erhitzen eines Gemenges von CH_3J oder CH_3Cl mit PH_4J und ZnO. Man bringt in ein Bombenrohr von etwa 150 ccm Inhalt erst das PH_4J, hierauf ZnO, das man etwas zusammendrückt, und darauf das CH_3J, so daß dieses erst nach einiger Zeit das PH_4J erreicht, und man Zeit hat, das Rohr zuzuschmelzen. Im ganzen führt man 70—80 g Gemisch im Verhältnis $2PH_4J : 2CH_3J : ZnO$ ein, dann wird durchgeschüttelt und 6—8 Stunden auf dem Wasserbad erhitzt.

Das Reaktionsprodukt (primäre und sekundäre Phosphinjodide neben ZnJ_2) wird in einen Kolben gebracht, durch den sogleich ein Wasserstoff-

[1] EHRENBERG, Ber. 3, 1669 (1870).
[2] DUVILLIER u. BUISINE, Ann. chim. phys. [5] 23, 299 (1881).
[3] KOEPPEN, Ber. 38, 882—884 (1905). [4] HOFFMANN, Ber. 22, 703 (1889).
[5] CARSON u. NORTON, Am. Ch. J. 10, 220 (1888).
[6] HOFMANN, Ber. 4, 605 (1871); 6, 302 (1873). Bull. 16, 201 (1871).

strom geleitet wird, der alle Luft aus dem Apparat entfernt. Aus einem Hahntrichter läßt man nun Wasser in den Kolben tropfen, was eine lebhafte Entwickelung des Phosphins bewirkt, das eine mit gebranntem Kalk gefüllte Trockenkolonne passiert und in einer Kältemischung kondensiert wird. Durch fraktionierte Destillation läßt es sich vom Dimethylphosphin, das bei + 25° siedet und vom H trennen. Der Kolbenrückstand wird nach dem Austreiben der letzten Methylphosphinreste durch Erwärmen beim Abkühlen fest und enthält das Doppeljodid des Zinks und Dimethylphosphins.

Wichtigste Eigenschaften: Methylphosphin siedet bei — 14° unter 758,5 mm Druck und verflüssigt sich bei 0° unter dem Druck von 1,75 Atm., bei + 10° unter 2,5 Atm. Druck.

Bildet an der Luft Dämpfe und entzündet sich dabei, wenn es gelinde erwärmt wird.

1 Vol. Äther löst bei 0° 70 Vol., Alkohol 20 Vol.; in Wasser ist es wenig löslich, jedoch sehr reichlich bei Gegenwart von Sauerstoff. Von HCl und HJ wird es begierig unter Salzbildung aufgenommen; die Chlorverbindung ist sehr flüchtig; das Jodid ist leicht durch Waschen mit Äther und Sublimation im Wasserstoffstrom zu reinigen. Beide Verbindungen liefern mit Wasser das freie Phosphin, das einen unerträglichen Geruch besitzt. O. SCH.

88. Methylarsin, $AsH_2 \cdot CH_3 = 92,0$.[1]

Gewöhnliche Herstellungsweise: Methylarsin ist durch Reduktion von Methylchlorarsin gewinnbar, jedoch wegen des reichlich beigemengten H_2 schwer zu kondensieren.

Zu seiner Darstellung geht man besser von methylarsensaurem Natrium (dargestellt nach KLINGER u. KREUTZ, Ann. **249**, 147 [1888]) aus, das man mit einem amalgamierten Zinkstab und absolutem Alkohol in einen großen Kolben bringt, aus dem mit H_2 alle Luft verdrängt, und dann durch einen Tropftrichter Salzsäure nach Maßgabe der Reaktion eingebracht wird. Das entstehende Gas wird in Waschflaschen mit Wasser von HCl- und Alkohol-Dämpfen, in einem langen Trockenrohr mit Natronkalk von Wasserdämpfen befreit und durch ein Kohlensäureacetongemisch kondensiert, worauf es durch fraktionierte Destillation von beigemengtem Dimethylarsin und von Wasserstoff zu trennen ist.

Wichtigste Eigenschaften: Es ist eine farblose, bei + 2° unter 755 mm oder bei + 17° unter 1,5 Atm. Druck siedende Flüssigkeit von durchdringendem widerwärtigen Kakodylgeruch; bildet an der Luft weiße Nebel; ist rein nicht selbstentzündlich, jedoch bei Gegenwart von Dimethylarsin. Bei Gegenwart von Hg und O_2 gibt es momentan Methylarsinoxyd $CH_3 \cdot AsO$; spielt sich die Reaktion bei Gegenwart eines Trockenmittels wie $CaCl_2$ ab, so entsteht schließlich Methylarsinsäure [$CH_3 \cdot AsO(OH)_2$]. Luft oder O allein oxydieren es zu einem glänzend roten festen Körper unbekannter Natur. Es greift Kautschuk an. O. SCH.

---

[1] PALMER u. DEHN, Ber. **34**, 3594 (1901).

89. Trimethylborin. $B(CH_3)_3 = 56,07$.

Gewöhnliche Herstellungsweise: Trimethylborin bildet sich aus BCl_3 oder Borsäuretriäthylester mit Zinkmethyl. Seine Darstellung[1] erfolgt, indem etwa 60 g des Borsäuretriäthylesters in einem Kolben mit etwas mehr als der gleichen Menge ätherischer Zinkmethyllösung vermischt werden und das Gemisch in Eiswasser gekühlt wird. Der Kolben ist einerseits mit einem Apparat zur Entwickelüng trockenen Stickstoffes, andererseits mit einer Waschflasche verbunden, die mit Eis und Kochsalz gekühlt wird. An diese Waschflasche schließt sich eine zweite, die etwa 15 g konzentriertes Ammoniak enthält.

Nachdem das Reaktionsgemisch in der Kälte einige Stunden gestanden hat, und die Luft aus allen Apparatteilen unter Durchleiten von Stickstoff entfernt ist, wird es ganz allmählich erwärmt, wobei das Trimethylborin sich entwickelt. Es hinterläßt in der ersten Waschflasche Zinkmethyl und Ätherdämpfe und wird in der Ammoniakflasche vollkommen zu $NH_3 \cdot B(CH_3)_3$ gebunden. Wenn man von mehreren solchen Operationen eine genügende Menge dieser Ammonverbindung besitzt, so wird sie in einen Kolben gebracht, in welchem alle Luft durch Stickstoff verdrängt ist, nachdem an den Kolben ein mit konzentrierter Schwefelsäure beschickter Kaliapparat angeschlossen ist. Durch Zutropfen verdünnter Schwefelsäure aus einem Hahntrichter wird die Ammon-Bormethylverbindung zerlegt, und das entstandene Trimethylborin in dem Kaliapparat von NH_3 und H_2O befreit. Es kann über Quecksilber aufgefangen oder in einer Kältemischung kondensiert und durch fraktionierte Destillation vollkommen gereinigt werden.

Wichtigste Eigenschaften: Seine Gasdichte ist 1,9314; bei -16^0 wird es unter gewöhnlichem Druck flüssig; bei $+10^0$ unter einem Druck von drei Atmosphären. Es bildet eine farblose, an der Luft selbstentzündliche Flüssigkeit. Gasförmig mit Luft gemischt, explodiert es, ebenso mit Chlorgas. Es besitzt einen unerträglichen, scharfen Geruch, der zu Tränen reizt und die Schleimhäute stark angreift. O. Sch.

Zusätze.

Brechungsindices[2] einiger Gase nach neueren Messungen.

He[3]: 1,00034930 (5893); Ne[4]: 1,00013402 (6538); 13430 (5461); 13463 (4861); Ar[4]: 1,00028230 (5461); Kr[4]: 1,00042874 (5461); Xe[4]: 1,00070549 (5461); H_2[4]: 1,00013866 (6563); 13933 (5790); 13971 (5461); 14064 (4861); O_2[4]: 1,00026975 (6563); 27099 (5790); 27170 (5461); 27345 (4861); SO_2[3]: 1,0006609 (D_{Na}); N_2[4]: 1,00029816 (6563); 29977 (5461); 30121 (4861); NO[3]: 1,0002939 (D_{Na}); Luft[4]: 1,00029192 (6563); 29298 (5790); 29360 (5461); 29511 (4861). P. G.

---

[1] Frankland. Phil. Transact. London **152**, 1, 176 (1862).

[2] Die eingeklammerten Zahlen bedeuten die Wellenlänge $\lambda \times 10^8$; für jedes Gas wurden die ersten Ziffern nur für den ersten Wert angegeben.

[3] C. Cuthbertson u. Metcalfe, Proc. Roy. Soc. **80**, 406 und ff. (1907).

[4] C. Cuthbertson u. M. Cuthbertson, Proc. Roy. Soc. **83**, 149 und ff. (1910).

Anhang.

Apparate zur Gasentwicklung.

Von

A. Stähler-Berlin und **Ph. A. Kurt**-Berlin.

In der nachfolgenden Übersicht über die wichtigsten Apparate zur Gasentwicklung sollen nur diejenigen Methoden berücksichtigt werden, bei denen die Gasentwicklung aus Flüssigkeiten durch Einwirkung fester oder flüssiger Stoffe oder durch Elektrolyse bewirkt wird.

I. Gasentwicklung durch Einwirkung von Flüssigkeiten auf feste oder flüssige Stoffe.

Unter den Gasentwicklungsapparaten für feste und flüssige Agenzien unterscheidet man je nach der Art des Zusammenbringens der reagierenden Stoffe zwei Haupttypen. Bei dem ersten Typ wird die Flüssigkeit zu dem festen oder flüssigen Stoff gegeben, bei dem zweiten bewegt man den festen Stoff in die Flüssigkeit.

A. Apparate für Hinzufügung von Flüssigkeiten zu festen oder flüssigen Stoffen.

Unter den Apparaten, bei denen die Flüssigkeit zu dem festen oder flüssigen Stoff hinzugefügt wird, unterscheidet man automatische und nichtautomatische. Die Flüssigkeit wird tropfenweise von oben her oder durch kommunizierende Rohre von unten her zugeleitet.

a) Gasentwicklung durch Einwirkung flüssiger auf feste Stoffe.

Nicht automatisch wirkende Apparate.

a) Mit Tropftrichter.[1] Am einfachsten läßt sich aus einer festen oder flüssigen Substanz ein Gas in der Weise entwickeln, daß man sie in einer mit einem Ableitungsrohr versehenen Flasche (Destillierkolben) durch eine aus einem aufgesetzten Tropftrichter hinzutretende Flüssigkeit zerlegt.

b) Mit kommunizierendem Rohre. Verlängert man den Tropftrichter bis zum Boden des Gefäßes, bzw. ersetzt man ihn durch ein WELTHERsches Sicherheitsrohr (Bd. I, S. 606), so erhält man die einfachste Form, bei der das Prinzip der kommunizierenden Röhren angewandt ist, indem der im Innern des Gefäßes vorhandene Druck des Gases und der am Boden befindlichen Flüssigkeit dem der im Rohre befindlichen Flüssigkeitssäule das Gleichgewicht hält.

Da die Bemessung der zu einem Versuch benötigten Flüssigkeitsmenge in der Regel von vornherein nur schwer möglich ist, so arbeitet

[1] Über Tropftrichter vgl. Bd. I, S. 217.

diese Gasentwicklung nicht sehr ökonomisch. Bei kleineren Gasmengen ist daher die Anwendung eines Tropftrichters vorzuziehen, womit man event. die Annehmlichkeit des Sicherheitsrohres kombinieren kann, indem man eine vorgelegte Waschflasche mit letzterem ausstattet.

Nach dem Prinzip der kommunizierenden Rohre ist auch der Apparat von v. BABO[1] konstruiert, der aus zwei durch ein Glasrohr verbundenen Kugeln besteht, von denen die eine die Flüssigkeit, die andere den festen Körper enthält. Durch Kippen des Apparates kann, je nachdem, ob dabei die Flüssigkeit in die den festen Körper enthaltende Kugel eintritt oder aus dieser austritt, die Gasentwicklung hervorgerufen oder unterbrochen werden.

Die Vorrichtung von M. KÄHLER[2] ähnelt der BABOschen, nur tritt an die Stelle des Glasrohres ein Schlauch. Sie ist im Prinzip nur eine Umänderung schon vorher bekannter, aus zwei durch einen Schlauch verbundenen Flaschen bestehenden Vorrichtungen zur Entwicklung größerer Gasmengen, namentlich der von PISANI und DEBRAY.[3] Diese Entwickler bilden die Vorstufe zu den automatisch wirkenden Apparaten, die uns gleich beschäftigen sollen.

Ähnlich dem v. BABOschen Apparat funktionieren noch folgende nichtautomatische Vorrichtungen: E. RATTENBURY HODGES[4], BOŠNJAKOVIČ[5] und DAGGER.[6]

Automatische Apparate.

Die automatischen Apparate beruhen sämtlich auf dem Prinzip, daß bei Abstellung des Gasstromes durch den im Innern des Apparates steigenden Gasdruck das weitere Zuströmen der Flüssigkeit und somit die Gasentwicklung unterbunden wird.

Wie bei den nur unter ständiger Überwachung funktionierenden Apparaten gibt es auch hier zwei Haupttypen: 1. Apparate mit kommunizierendem Flüssigkeitsbehälter und 2. solche mit Tropfvorrichtung für die Flüssigkeit.

1. Automatische Apparate mit kommunizierendem Flüssigkeitsbehälter.

Die automatische Gasentwicklung wird entweder mittelst einer Tauchglocke bewirkt, die oben einen Hahn trägt und im Innern die feste Substanz aufnimmt, oder mittels zweier durch einen Schlauch oder ein Rohr in Verbindung stehender Gefäße, von denen das eine die feste, das andere die flüssige Substanz aufnimmt (vgl. oben die Apparate von KÄHLER usw.).

Der einfachste Apparat mit Tauchglocke ist die DÖBEREINERsche Zündmaschine.[7] Sie besteht aus einer mit Luft gefüllten und durch einen Hahn absperrbaren Glasglocke, in deren Innerem sich ein Zinkblock befindet. Diese Glasglocke steht in einem mit Schwefelsäure gefüllten Zylinder. Durch Öffnen des Hahnes strömt die Säure in die Glocke —

[1] Abderhalden, I. S. 224 (KEMPF).
[2] Z. anal. Ch. 28, 334 (1889).
[3] RICHTER, Anorg. Chem. 42 (1897).
[4] Zentr. 1911 II, 1669.
[5] Zentr. 1905 I, 133.
[6] Chem. News, 58, 127.
[7] vgl. ERDMANN, Lehrb. d. anorg. Chemie 1906, S. 135.

die Gasentwicklung beginnt, durch Schließen des Hahnes wird die Säure in den Zylinder zurückgedrängt — die Gasentwicklung hört auf.

Eine Modifikation der Tauchglocke ist der weiter unten beschriebene Apparat von T. W. RICHARDS (S. 133).

Besser als bei dem DÖBEREINERschen Apparat läßt sich die Zufuhr der Flüssigkeit regulieren, wenn man zur Aufnahme der letzteren, sowie der festen Stoffe zwei getrennte Flaschen benutzt, die am Boden je einen Tubus besitzen und an letzterem durch einen Schlauch miteinander verbunden werden. Wird der Flüssigkeitsbehälter höher als das den festen Stoff enthaltende Gefäß gestellt, so ist nur dann eine Gasentwicklung vorhanden, wenn der Ablaßhahn geöffnet wird. Ist er geschlossen, so wird die Flüssigkeit von dem festen Stoff in das erstere Gefäß zurückgedrängt, so daß die Entwicklung aufhört. Nach diesem Prinzip sind die Apparate von DEBRAY[1], MOHR[2], ANDREWS[3], CHANTEMILLE[4], BRUGNATELLI[5] u. a. konstruiert.

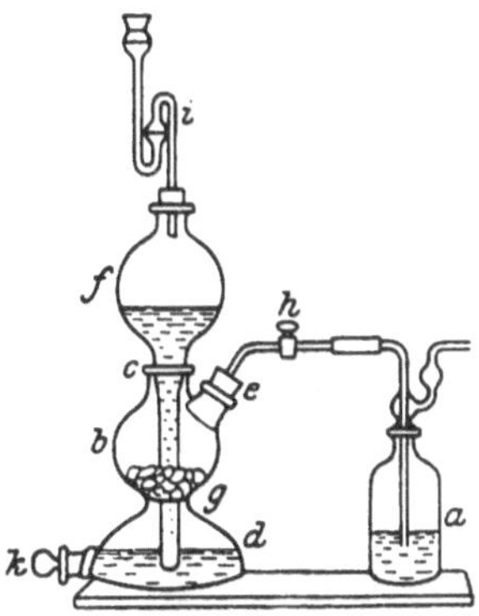

Fig. 25. KIPPscher Apparat.

Diese Vorrichtung wird handlicher, wenn die beiden Gefäße ineinandergestellt werden. Dies ist bei dem KIPPschen Apparat erfolgt (1862), der folgendermaßen konstruiert ist (Fig. 25):[6] Ein birnenförmiges Gefäß *b* steht durch eine Verengung *g*, über die eine durchbohrte Gummi- oder Porzellanplatte gelegt wird, in Verbindung mit *d*. In dem Schliff *c* befindet sich der Trichter *f*. Durch den Tubus *e* werden Zinkgranalien in *b* eingefüllt und *e* durch einen Gummistopfen verschlossen, der ein Hahnrohr *h* trägt. Bei abgestelltem Glashahn gießt man darauf starke Salzsäure in *f* und schließt den Apparat oben durch das Sicherheitsrohr *i* ab. Der Tubus *k* dient zum Ablassen der verbrauchten Flüssigkeit. *a* ist eine DRECHSELsche Waschflasche.

Öffnet man nunmehr den Hahn *h*, so erlangt die Säure von unten her Zutritt zu dem Zink in *b*; es beginnt die Gasentwicklung. Schließt man dagegen *h*, so drückt das sich weiter entwickelnde Gas die Säure aus *b* nach *d* und durch das lange Trichterrohr nach *f*, worauf die Gasentwicklung aufhört. Man kann also diesem Apparat jederzeit Gas entnehmen, ohne vorher genau die erforderliche Säuremenge abzumessen.

Für die Entwicklung der einzelnen Gase kommen folgende Füllungen zur Verwendung:[7]

[1] Vgl. RICHTER, Anorg. Chemie S. 32 (1902).
[2] Vgl. FRESENIUS, Anal. Analyse S. 65 (1895).
[3] Ch. Z. **1897**, 667.
[4] Bull. soc. chim. **50**, 170 (1888).
[5] Z. anal. Ch. **6**, 390 (1867).
[6] Vgl. STÄHLER, Einführung in die anorganische Chemie, 1910, S. 36.
[7] Vgl. ERDMANN, Anl. z. Ausf. chem. Präp. 1899, S. 79.

Gas	Fester Stoff	Flüssigkeit
Chlor	Chlorkalk	7 l rohe Salzsäure, 5 l Wasser
Kohlensäure	Marmor	1 l rohe Salzsäure, 1 l Wasser
Methan	Aluminiumcarbid	Lauwarmes Wasser
Sauerstoff	Chlorkalk	1 l Wasserstoffsuperoxyd, 50 ccm rohe Salpetersäure
Chlorwasserstoff	Ammoniumchlorid in Stücken	Konz. Schwefelsäure
Schwefelwasserstoff	Schwefeleisen	1 l rohe Salzsäure, 1 l Wasser
Stickoxyd	Kupferspäne	Verdünnte Salpetersäure
Wasserstoff	Zinkstangen	1 l Schwefelsäure, 4 l Wasser

Von den zahlreichen Modifikationen des KIPP.schen Apparates[1] haben sich infolge ihrer komplizierten Formen die meisten nicht recht einbürgern können. Eine der einfachsten ist die von F. C. THIELE[2], bei welcher (Fig. 26) die Säure nicht durch das Trichterrohr, sondern durch das außenführende Rohr D in die untere und von dieser in die mittlere Kugel gelangt, während ein Überschuß der Säure durch das innere Rohr in die obere Kugel tritt. Es soll dadurch ein schnelles Trocknen des festen Entwicklers und auch eine höhere Ausnutzung der Säure bewirkt werden. Ganz ähnlich ist die Modifikation von C. ARNOLD.[3] Sehr einfach ist der Apparat von A. BURGEMEISTER[4] (Fig. 27) konstruiert. Ein weites Glasrohr (Lampenzylinder) wird am unteren Ende mit einem Stopfen verschlossen, durch welches ein kurzes, schräg abgeschnittenes Glasrohr von etwa 10 mm lichter Weite gesteckt ist, das innen mit demselben abschneidet, außen aber 10—20 mm hindurch reicht. Ein zweites engeres Glasrohr mündet im Zylinder 20—30 mm über dem Kork, ist außen kurz umgebogen und reicht bis zu etwa $^3/_4$ der Höhe des Zylinders. Nachdem dieser mit

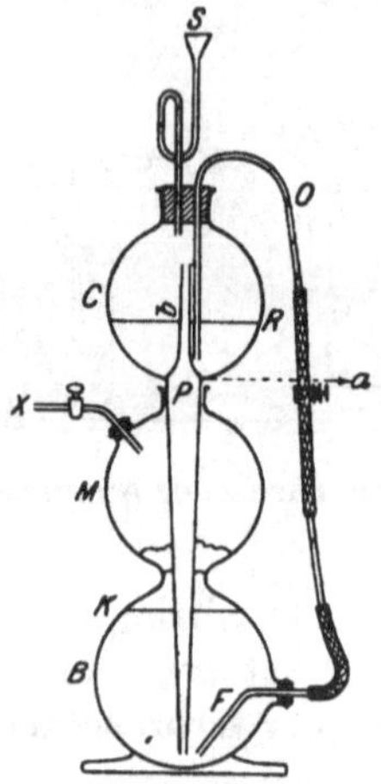

Fig. 26. Gasentwicklungsapparat nach F. C. THIELE.

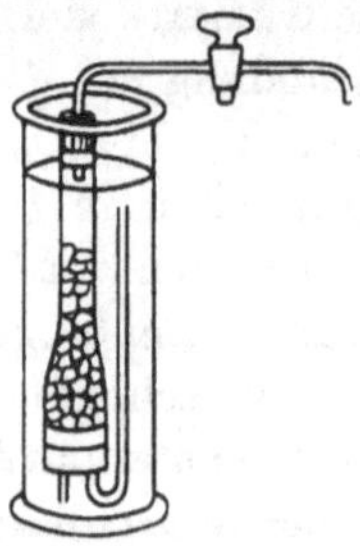

Fig. 27. Apparat nach BURGEMEISTER.

[1] MUENCKE, Zentr. 1884, 179; REINHARDT, Dingl. 257, 73, (1884); Ch. Z. 1885, 737; SCHORIEN, S. Prospekt v. FRANZ HUGERSHOFF; F. HENZ, Zentr. 1902 I, 1262; C. ARNOLD, Zentr. 1902 I, 902; R. J. FRISWELL, Zentr. 1904 II, 1081; J. LOCZKA, Zentr. 1904 II, 629; F. SOUTHARDEN, Zentr. 1905 I, 489; O. GLASER, Zentr. 1905 I, 1353; E. MURMANN, Zentr. 1909 II, 405; G. PREUSS, Zentr. 1911 II, 1569; F. MICHEL, Zentr. 1911 I, 605, F. ALEX. MC DERNOTT, Zentr. 1910 I, 1801; L. GUTMANN, Zentr. 1910 I, 2003; CHRIST. KOB & COMP., Zentr. 1910 II, 1847; B. OPPLER, Zentr. 1912 I, 966; RAIKOW, Ch. Z 1891, 147.

[2] Z. a. Ch. 42, 758 (1903). [3] Z. a. Ch. 43, 311 (1904).

[4] Z. anal. Ch. 28, 676 (1890).

Marmorstücken oder Schwefeleisen gefüllt ist, schließt man die obere Öffnung desselben mit einem Kork und Gasableitungsrohr, eventuell mit Glas- oder Quetschhahn.

Stellt man den so vorbereiteten Apparat in einen entsprechend hohen Zylinder mit verdünnter Salzsäure, so beginnt nach Öffnen des Hahnes sofort die Entwicklung des Gases und bleibt ganz gleichmäßig, bis die Säure fast vollständig verbraucht ist. Der Vorteil dieses Apparates besteht darin, daß die schwere Salzlösung durch das weitere kurze Rohr beständig abfließt, ohne sich mit der Säure zu mischen und durch das seitliche Rohr stets frische Säure zurinnt. Es wird dabei eine ökonomische Ausnutzung der Säure erreicht, und außerdem ist dieser Apparat jederzeit gebrauchsbereit.

Die Idee, das größere spezifische Gewicht der verbrauchten Lösung zu ihrer Fortschaffung zu verwenden, ist noch von vielen anderen Experimentatoren benutzt worden: Wollny[1], Sleenbuch[2], Reatz[3], Kalecsnisky[4], Harris[5], Völler[6], Norton[7], Andrews[8], A. Barge[9], Harais[10]. Auch der Apparat von T. W. Richards[11] gehört zu dieser Gattung und ist wegen seiner einfachen, vorteilhaften Anordnung empfehlenswert.

Das den festen Körper enthaltende Gefäß ist in der Mitte zu einer langen Glasglocke erweitert, in welche die Flüssigkeit eintritt. Die durch die Reaktion entstandene schwerere Lösung wird durch ein bis fast auf den Boden der Flasche reichendes Rohr entfernt. Die frische Lösung wird durch ein Rohr zugeführt, daß sich einige Zentimeter in das Innere des Generators erstreckt (Figg. 28, 29, 30, 31 u. 32) oder dieses kann auch durch schmale Löcher, welche in den Wandungen der Glocke angebracht sind, ersetzt werden (Fig. 29). Der Gasdruck ist bestimmt durch die Niveaudifferenz der Flüssigkeit zwischen jenen Punkten, wo sie mit dem festen Körper und der Außenluft in Berührung kommt. Da diese konstant bleibt und auch das spezifische Gewicht des in Frage kommenden Teiles der Flüssigkeit nicht variiert, bleibt der Druck konstant, welcher Vorteil allerdings mit einem Teil der andererseits sehr vorteilhaften Höhe der Flasche erkauft ist. Das den Regulierhahn tragende Rohr soll immer horizontal sein, damit es nicht durch angesammelte Flüssigkeit verstopft werden kann.

Der Sättigungsgrad der verbrauchten Lösung ist abhängig von der Stückgröße des festen Körpers, von dessen Schichthöhe und von der Menge des entnommenen Gases. Sollte sie das erste Mal nicht genügend gesättigt sein, so kann sie ein zweites Mal verwendet werden.

Es ist natürlich möglich, die gesättigte Lösung jederzeit durch einen Heber oder Hahn am Boden der Flasche abzulassen, und sie durch

[1] Z. anal. Ch. **24**, 214 (1885).
[2] J. pr. Ch. (1887), 364.
[3] Z. anal. Ch. **31**, 415 (1892).
[4] Zentr. 1892 II, 1058.
[5] J. Am. Chem. S. **17**, 809 (1895).
[6] Zentr. 1896 I, 1153.
[7] J. Am. Chem. S. **18**, 1057 (1896).
[8] Ch. Z. **1897**, 667.
[9] Ch. Z. **1896**, 955.
[10] Katalog Vereinigte Fabr. f. Laboratoriumsbedarf, S. 169 (1912).
[11] Am. Ch. J. **20**, 190 (1898).

Hineingießen frischer Lösung von oben zu ersetzen, ohne die Gasentwicklung zu unterbrechen.

Die in Fig. 28 gezeigte Form des Generators hat den Vorteil, daß sie sehr rasch aus jedermann leicht zugänglichen Materialien zusammengesetzt werden kann. Die innere enge Röhre zum Ablassen der Flüssigkeit kann vorteilhaft mit kleinen Löchern, wie seitlich im Detail *B*, versehen werden.

Die in Fig. 29 gezeichnete Form besteht vollständig aus Glas, die beiden Glasglocken werden durch einen Platindraht zusammengehalten.

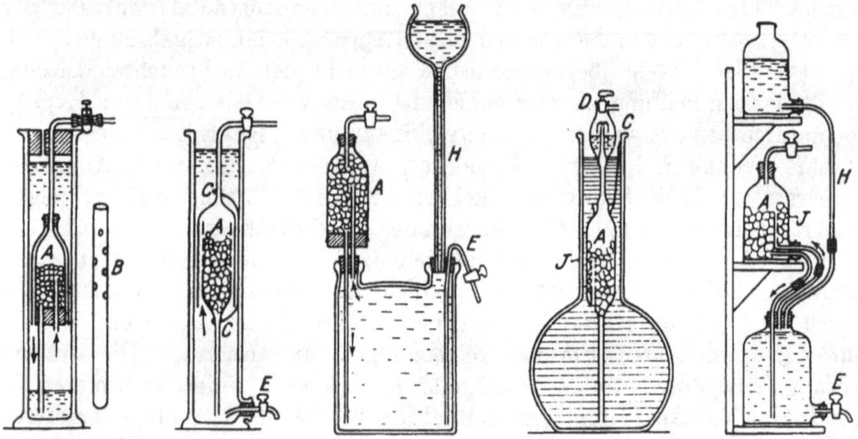

Fig. 28. Fig. 29. Fig. 30. Fig. 31. Fig. 32.

Fig. 28—32. Apparate nach T. W. Richards.

A . . . die die Lösung enthaltende Flasche.
B . . . vergrößerte Ansicht des Säureeinlaßrohres.
C . . . Draht, um den unteren Teil des Apparates zu stützen.
D . . . Trockenapparat.
E . . . Hahn zum Ablassen der verbrauchten Flüssigkeit.
Falls man das Rohr *H* biegsam macht, kann der Druck beliebig verändert werden.
J . . . Einlaßlöcher für frische Lösung.

Sie ist ersterer in jeder Beziehung überlegen. Manchmal ist es nützlich, sehr verdünnte Lösungen von Salzsäure zu benutzen, da diese ein fast säurefreies Gas liefern. Für diesen Zweck sind die Generatoren in Fig. 29, 30 und 32 sehr geeignet. Die 6. und 8. Form haben den Vorteil, daß sie jeden gewünschten Gasdruck geben.

Bei Verwendung normaler Salzsäure erhält man ein Gas, das ungefähr 0,002 mg HCl im Liter enthält.

Zu dieser Gruppe von Gasentwicklern zählen ferner noch die Apparate von:

v. Kalecsinsky, Z. anal. Ch. **31**, 544 (1892); Seelhorst, Z. anal. Ch. **8**, 139 (1869); K. Schulze, Z. anal. Ch. **25**, 399 (1886); G. Neumann, Zentr. **1888**, 455; W. O. Kibble, Z. anal. Ch. **30**, 683 (1891); E. Thompsen, Z. anal. Ch. **30**, 683 (1891); S. Grünewald, Z. anal. Ch. **30**, 684 (1891); C. Barfoed, Z. anal. Ch. **3**, 295 (1864); C. Weigelt, Z.

anal. Ch. **20**, 405 (1881); L. v. Pebat, Z. anal. Ch. **20**, 405 (1881); Wollny, Z. anal. Ch. **24**, 214 (1885); J. R. de Luanco, Z. anal. Ch. **22**, 554 (1883); F. Meyer, Zentr. 1893 II, 790; V. T. Vernous, Zentr. 1912 I, 309; A. W. Nunn, Zentr. 1910 II, 1178; J. I. D. Hinds, Zentr. 1911 I, 1337; W. Th. Clous, Zentr. 1909 I, 417; K. Bormann, Zentr. 1912 II, 981; Gasnier, Zentr. 1909 I, 886; E. Steiger, Zentr. 1907 I, 521; H. Rebenstorff, Zentr. 1907 II, 657; E. Müller, Zentr. 1908 I, 581; V. Grignard, Zentr. 1908 II, 1401; W. Schmidt & Comp., Zentr. 1906 II, 481; A. Weinschenk, Zentr. 1905 II, 801; M. Übel, Zentr. 1905 I, 846; F. Ramvez, Zentr. 1907 I, 603; Crouthière u. Désolu, Z. anal. Ch. **38**, 305 (1899); Th. H. Norton, Z. anal. Ch. **38**, 516 (1899); A. Kleine, Z. anal. Ch. **46**, 523 (1907); J. Marek, Zentr. 1913 II, 401.

2. Automatische Apparate mit zutropfender Flüssigkeit.

Zu dieser Kategorie von Gasentwicklern gehören die großen Laboratoriumsapparate zur Entwicklung von Schwefelwasserstoff, von denen im nachfolgenden einige der gebräuchlichsten beschrieben sind.

F. W. Küsters[1] Apparat zur Entwicklung größerer Mengen von Schwefelwasserstoff (Fig. 33) besteht aus den beiden Flaschen *A* (5 l) und *B* (3 l), die zur Aufnahme der Säure (2 Vol. roher Salzsäure, 1 Vol. Wasser) dienen. Da die Höhe von *A* über *B* vornehmlich den im Apparat herrschenden Überdruck bestimmt, so kann dieser beliebig groß festgesetzt werden. *C* (10 l oder mehr) enthält in großen Stücken das Schwefeleisen. Die Flasche *D* dient als Abklärbecken für das Gas, namentlich aber als Schutz gegen das Zurücksteigen von Flüssigkeit aus *E*, wenn der Hahn hinter *C* geschlossen ist. In *E* wird destilliertes Wasser unter dem im Apparat herrschenden Überdruck mit dem Gas gesättigt und kann dann jederzeit durch den Tubus am Boden entnommen werden. Die Figur zeigt den Apparat in Ruhe, so daß das sich in *C* entwickelnde Gas die Säure aus *B* teilweise nach *A* hinaufgedrückt hat. Wird nun aus *E* Gas oder Wasser entnommen, so steigt die Säure in *B* und fließt schließlich nach *C* über. Bei rascher Gasentnahme würde nun, wenn die Verbindungsröhre zwischen *B* und *C* überall von gewöhnlicher Weite wäre, sofort viel mehr Säure nach *C* überfließen, als dem wirklichen Verbrauch entspricht, so daß unmittelbar darauf im Apparat ein gewaltiger Überdruck entstünde. Man zieht deshalb die *A* und *B* verbindenden Knierohre an den beiden in die Flasche hineinragenden Enden in ziemlich feine Spitzen aus, so daß die Säure nur tropfenweise oder höchstens in ganz dünnem Strahl nachfließen kann. Die Säure tropft nun so lange zum Schwefeleisen als die Gasentnahme dauert und sammelt sich vollständig ausgenutzt auf dem Boden von *C* an. Hört die Gasentnahme auf, so tritt

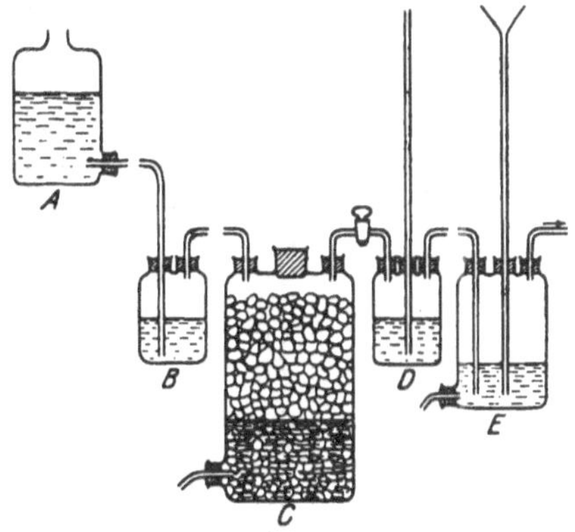

Fig. 33. Küsters Apparat.

[1] J. pr. Ch. [2] **48**, 595 (1893); Zentr. 1894 I, 258.

naturgemäß noch eine geringe Nachentwicklung ein, das Gas drückt die Säure zurück und sammelt sich in *B*. Das Gas in *B* löst sich teilweise in der Säure, wodurch etwa darin vorhandenes Arsen ausgefällt wird und so gar nicht in die Entwicklungsflasche *C* gelangt. Die Ableitung des Gases erfolgt durch Blei- oder Glasrohre, von denen aus die Nebenleitungen nach den Abzügen abzweigen, wo die Entnahme des Gases erfolgt. Diese wird entweder durch kleine als Blasenzähler verwendete Waschfläschchen mit Glashähnen reguliert oder das Glasrohr wird, da diese sich oft verstopfen, an einer Stelle zu einer Capillare verengt, deren Länge die Geschwindigkeit des Ausströmens bestimmt.

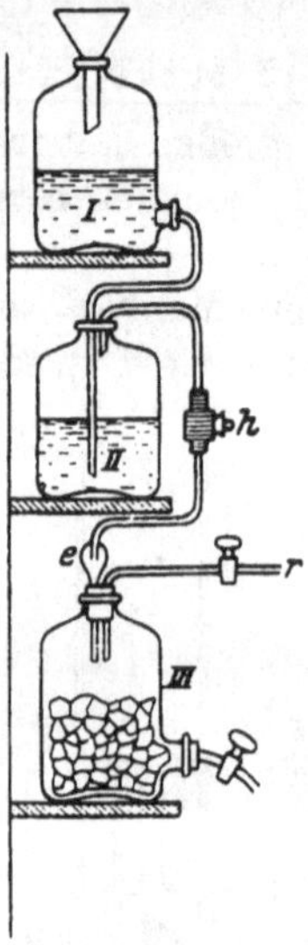

Fig. 34. Apparat nach Ostwald.

Dieser Apparat hat sich bei mehrjährigem Gebrauch im Chem. Inst. d. Univ. Berlin auf das beste bewährt.

Ostwalds Schwefel-Wasserstoffapparat[1] (Fig. 34) besteht aus drei Flaschen (zwei davon mit Bodentubulus), die übereinander, am besten in einem verschließbaren Wandschränkchen, aufgebaut sind. Die Säure wird in die oberste Flasche I gegossen; sie fließt in die mittlere II und von dort durch einen Regulierhahn *h* und eine Erweiterung *e* (zur Beobachtung der Geschwindigkeit des Tropfens) in die unterste Flasche III, welche Schwefeleisen enthält, und aus der sich der Schwefelwasserstoff durch die Röhre *r* entwickelt. Schließt man *r* ab, so steigt der sich mit der überflüssig vorhandenen Säure noch entwickelnde Schwefelwasserstoff in II auf, sammelt sich am oberen Teil der Flasche und hebt die Säure nach I. Ist der Regulierhahn *h* so eingestellt, daß die Säure nur tropfenweise zum Schwefeleisen gelangt, so genügt der Raum der Flasche II, um den Überschuß aufzunehmen und der Apparat ist zum Gebrauch bereit. Wird Schwefelwasserstoff verbraucht, so fließt, nachdem der in II befindliche Vorrat durch *r* entwichen ist, wieder Säure tropfenweise auf das Schwefeleisen und läßt einen stetigen Strom des Gases sich entwickeln; beim Abschluß von *r* wiederholt sich der oben beschriebene Vorgang.

Nach Richards[2] hat Ostwalds Apparat sehr unregelmäßigen Gasdruck. Auch bestehen seine Hauptnachteile darin, daß der Regulierhahn sich leicht verstopfen kann, daß es schwer ist, die Tropfen so zu regulieren, daß man gerade den gewünschten Gasstrom erhält, und daß das Ausströmen der nur teilweise erschöpften Lösung große Schwankungen im Gasdruck hervorruft.

Der Apparat von L. L. de Konninck[3] ist folgendermaßen konstruiert: Auf den unteren Teil eines Holzgestelles ist eine möglichst niedrige aber geräumige dreihalsige Woulfesche Flasche *B* aufmontiert. Auf dem

[1] Z. anal. Ch. **31**, 183 (1892).
[2] Am. Ch. J. **20**, 190ff. (1898).
[3] Z. anal. Ch. **33**, 582 (1894).

oberen Teil des Gestelles stehen eine Druckflasche *C*, eine Flasche *A* zur Aufnahme des Schwefeleisens (oder sonst eines festen Körpers), und mit dieser verbunden eine kleine Gaswaschflasche *D*. Die das Schwefeleisen usw. enthaltende Flasche ist in ihrem unteren Teil mit Glasstücken gefüllt und an zwei entgegengesetzten Stellen mit Tubulaturen versehen. Von einer derselben führt ein Rohr *n* in den einen Tubus der WOULFEschen Flasche bis fast auf den Boden, von der anderen führt gleichfalls ein Rohr *m* — das ein Ansatzrohr besitzt und mit diesem durch einen

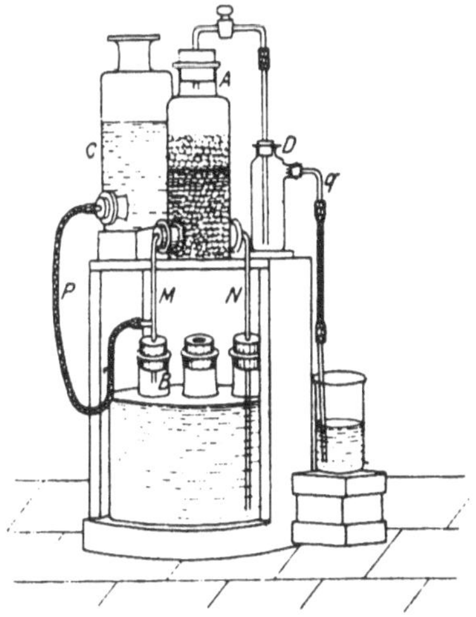

Fig. 35.
Apparat nach de KONINCK.

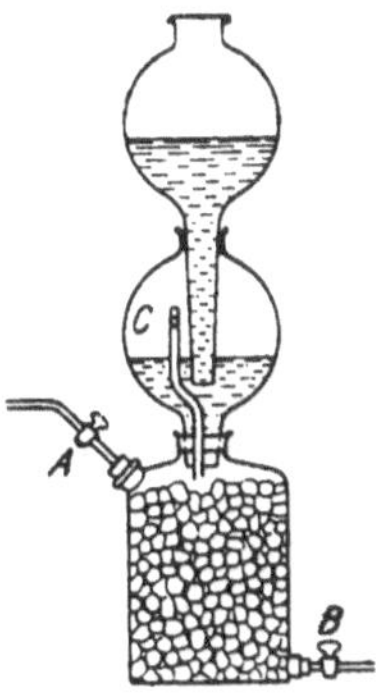

Fig. 36. Gasentwicklungsapparat nach Mc COY.

Schlauch mit Druckflasche *C* verbunden ist — nach dem zweiten Hals der WOULFEschen Flasche. Dieses Rohr ist jedoch unter dem Gummistopfen abgeschnitten. Öffnet man den zwischen Waschflasche und der das Schwefeleisen enthaltenden Flasche angebrachten Hahn, so fließt Säure aus der Druckflasche in die dreihalsige Flasche und steigt durch die kurze Röhre nach dem Schwefeleisen, während in dem Maße als sich Eisenchlorürlösung bildet, letztere nach unten abfließt und neue Säure eintritt, wodurch eine möglichst vollkommene Ausnutzung von Säure und Sulfid erfolgt.

HERBERT Mc COY[1] modifizierte den KIPPschen Apparat nach obigem Prinzip. Die Mängel, die hauptsächlich in der unvollkommenen Zirkulation der Säure und in der Umständlichkeit, mit der eine Neufüllung vorgenommen werden muß, bestehen, wurden zwar schon dem OSTWALDschen Schwefelwasserstoffentwickler behoben, doch besitzt dieser wieder den Nachteil, nicht transportfähig zu sein.

Allen diesen Anforderungen entspricht der Apparat von Mc COY (Fig. 36), der nur aus Glasteilen und Gummistopfen besteht.

---

[1] Ber. 37, 2534 (1907).

Seine drei Hauptteile sind mit Glasschliffen aneinandergefügt. Der untere Teil, in welchem sich die festen Chemikalien befinden, faßt 2 Liter. An seinen Tuben sind mit Gummistopfen die Hahnröhrchen *A* und *B* befestigt. Durch den Gummistopfen, der das mittlere Gefäß abschließt, geht ein gebogenes Glasrohr von etwa 0,8 cm lichter Weite, unterhalb dessen oberem zugeschmolzenen Ende ein kleines Loch von 0,7—1,5 mm Durchmesser eingeblasen ist. Öffnet man den Hahn *A*, so entweicht Gas und es fließt Säure in den mittleren Teil des Apparates, bis deren Niveau die kleine Öffnung im Rohr *C* erreicht, worauf sie dann durch dasselbe auf die festen Stoffe tropft. *C* darf nicht zu eng sein, da sonst ein Ansaugen von Säure durch Capillarwirkung erfolgt. Wird *A* geschlossen, so drängt das entwickelte Gas einen Teil der Säure in das obere Reservoir zurück.

Die verbrauchte Säure wird durch den Tubus *B* abgelassen.

Andere den genannten im Prinzip ähnliche Apparate sind die von:

Cl. Ullgren, Z. anal. Ch. 8, 40 (1869); Seidler, Zentr. **1884**, 98; Th. Breyer, Z. anal. Ch. **28**, 439 (1889); Hillyer, Zentr. 1890 II, 129; Pollak und Wilde, Ch. Z. **12**, 695 (1898); V. Wartha, Ber. **5**, 561 (1872); M. Wilde, Zentr. 1890 II, 369; S. A. Goyder, Zentr. 1893 II, 131; Gallenkamp, Zentr. 1893 II, 867; Gawalowski, Am. Ch. J. **6**, 369 (1885); Mirus, Zentr. 1894 I, 706; St. Urban, Zentr. 1910 II, 1645; H. W. Doughty, Zentr. 1909 I, 1069; C. Eckardt, Z. anal. Ch. **44**, 398 (1905); A. Naundorf, Z. anal. Ch. **50**, 289 (1911); G. A. König, Z. anal. Ch. **39**, 508, 1909); S. A. Collins, Zentr. 1912 II, 222; H. Arzberger, Zentr. 1904 II, 1358; N. Teclu, Zentr. 1907 I, 1766; J. M. Connel Sanders, Z. anal. Ch. **47**, 420 (1908); A. M. Sklepinski, Zentr. 1912 II, 889; C. Diederich, Z. anal. Ch. **49**, 114 (1910).

b) Apparate zur Entwicklung von Gasen durch gegenseitige Einwirkung von zwei Flüssigkeiten.

Sie zerfallen je nachdem ob die eine Flüssigkeit durch ein Niveaugefäß oder durch einen Tropftrichter zugelassen wird in zwei Gruppen.

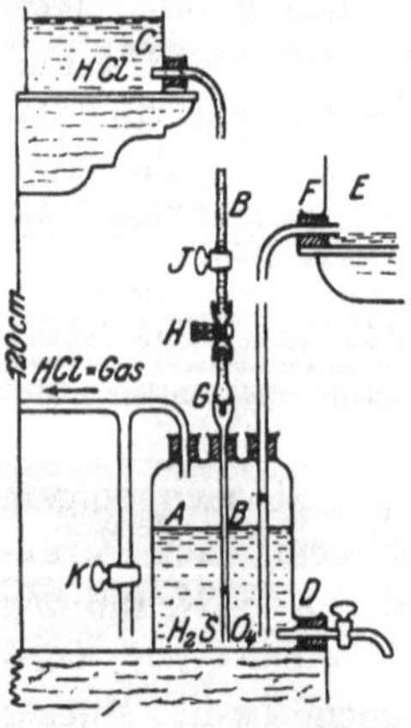

Fig. 37. Apparat nach Küster und Abegg.

Als Beispiel der ersten Gruppe diene der Apparat von F. W. Küster und F. Abegg[1], der viele Vorzüge bei der Darstellung von Salzsäuregas zeigt, wobei der Druck des Gases konstant und beliebig groß zu gestalten ist (Fig. 37). Flasche *A* (jede Flasche hat einen Fassungsraum von 3—4 Liter) ist zur Hälfte mit konzentrierter roher Schwefelsäure gefüllt, *C* mit konzentrierter roher Salzsäure; in *E* wird nach Aufhören der Gasentnahme durch die Nachentwicklung ein Teil der Schwefelsäure empor gedrückt. *D* ist in *A* eingeschliffen, mit Bindfäden befestigt, und Schliff und Bindfäden sind mit einem dicken Umguß von Paraffin verbunden. Das gleiche gilt für *F*. Am wichtigsten Teil, am Salzsäurezuführungsrohr *BB*, muß das Rohr über *J* zur genügenden und gleichmäßigen Ausbildung des Druckes entsprechend lang sein. *J* dient nur zum vollständigen Absperren

[1] Zentr. 1906 I, 885.

des Säurezuflusses. Bei *H* ist die Glasröhre durch einen starken Gummischlauch mit Schraubenquetschhahn unterbrochen. Hier erfolgt die Regulierung des Säurezuflusses. Bei *G* ist die Zuflußgeschwindigkeit sichtbar. Von hier aus bis zum Ende ist die Röhre starkwandig aber ganz eng. Ist *A* mit Schwefelsäure gefüllt, so schließt man *H* und gießt — während *J* offen ist — Salzsäure in *C*, öffnet rasch *H* und schließt wieder, wodurch *BB* (außer *G*) mit Salzsäure gefüllt ist. Man stellt dann den Überdruck in *A* her, durch welchen Säure nach *E* aufsteigt und bringt die Salzsäureflasche so hoch an, daß die Säure im Steigrohr gerade *E* erreicht. (Druckhöhe der Salzsäure zur Steighöhe der Schwefelsäure = 1,8 [Vol.-Gew. der Schwefelsäure] : 1,2 [Vol.-Gew. der Salzsäure].) Bildet sich am Ende des Salzäurezuflußrohres eine Salzsäureblase, so bleibt diese als schützendes Gaspolster zwischen Salz- und Schwefelsäure, und die Wechselwirkung der Säuren hört auf; es findet fast keine Nachentwicklung statt. Die Unterbrechung des Gasstromes (bzw. die Wiederingebrauchnahme) geschieht mit *J* und *H*, die Beseitigung des Überdruckes durch *H*. Die bei *D* zum Abfließen zu bringende verbrauchte Säure (Gemisch von Salz- und Schwefelsäure) ist zur Schwefelwasserstoffdarstellung zu verwenden. Der gleiche Apparat eignet sich auch zur Darstellung von schwefliger Säure aus Sulfitlauge und Schwefelsäure. Als Beispiel eines mit einem Tropftrichter arbeitenden Apparates diene der von H. Erdmann[1] (Anleitung zur Darstellung chemischer Präparate 1899, S. 79) für die Entwicklung von Gasen aus zwei Flüssigkeiten modifizierte Kippsche Apparat (Fig. 38).

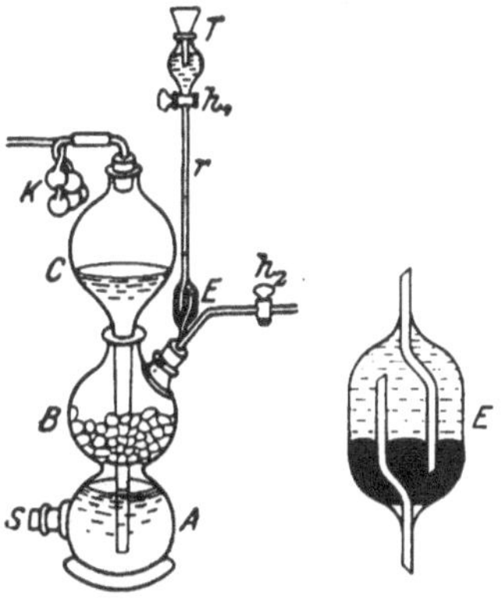

Fig. 38. Kippscher Apparat für zwei Flüssigkeiten nach Erdmann.

An Stelle des festen Körpers nimmt Kugel *B* ein indifferentes poröses Material, am besten Bimsstein auf, auf das aus *T* durch den Hahn h_1 und den Quecksilberverschluß *E* die eine Flüssigkeit tropft, während die zweite durch *A* nach *B* tritt. Sie wird, wenn der nach der Waschflasche *W* führende Hahn h_2 geschlossen wird, durch das sich ansammelnde Gas nach Kugel *C* gedrückt.

K ist ein Absorptionsapparat, den man mit einer geeigneten Absorptionsflüssigkeit füllt, damit aus der oberen Öffnung des Kippschen Apparates kein Gas entweicht.

E ist ein Quecksilberverschluß, der auch, wenn ein erheblicher Überdruck im Apparat entsteht, das Entweichen von Gas durch *r* verhindert.[1]

Als Füllungen dieses Apparates kommen zur Verwendung[2]:

---

[1] Der Verschluß ist zuerst von J. Thiele für diesen Zweck vorgeschlagen worden (s. u.)

[2] Erdmann, Anl. zu Ausf. chem. Präparate (1899) S. 79.

Gas	Füllungen fest	flüssig I	flüssig II
Acetylen	Calciumcarbit	Salzwasser	20% Zuckerlösung
Salzsäuregas	Bimsstein	rohe Salzsäure	konz. Schwefelsäure
Schwefelige Säure	Bimsstein	40% Natriumhydrosulfitlösung	" "
Schwefelwasserstoff	Bimsstein	konz. Natriumsulfidlösung	1 Liter Schwefelsäure, 1 Liter Wasser
Stickoxyd	Bimsstein	Ferrochlorid in Salzsäure gelöst	20% Natriumnitritlösung
Stickstofftrioxyd	Bimsstein	20% Natriumnitritlösung	konz. Schwefelsäure

Ein ähnlicher aber einfacherer Apparat ist der von Normann[1] (Fig. 39). Er besteht aus einer Saugflasche mit Stutzen und Glashahn, die zur Aufnahme der einen Flüssigkeit dient. Der Aufsatz, eine Art Tropftrichter, mit einem wie bei obigem Kippschen Apparat beschriebenen Quecksilberverschluß, enthält die andere Flüssigkeit. Man läßt aus dem Tropftrichter so viel Flüssigkeit in die untere Kugel fließen, bis das Niveau des Abflußrohres erreicht ist, und reguliert dann den Zufluß der Säure. Die Gasentwicklung wird durch Schließen des Hahnes an der Saugflasche unterbrochen, und die Flüssigkeit durch den Gasdruck nach oben gedrückt.

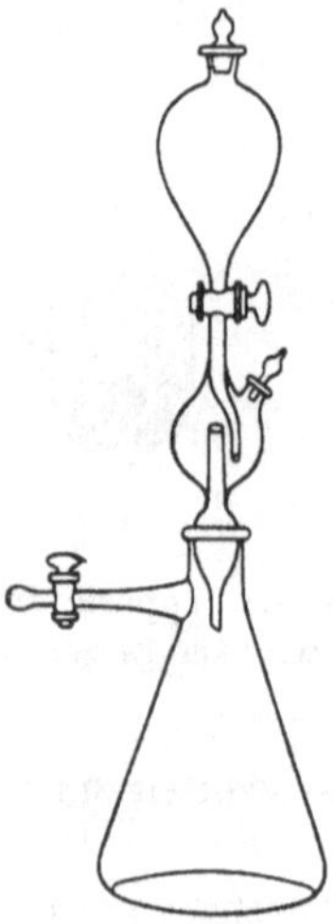

Fig. 39. Gasentwicklung aus zwei Flüssigkeiten nach Normann.

Zu den mit zwei Flüssigkeiten arbeitenden Gasentwicklern zählen noch die Apparate von:

Nordblad, J. pr. Ch. **33**, 14 (1878); E. Geisel, Zentr. 1905 II, 529; P. N. Raikow, Z. anal. Ch. **30**, 693 (1891); E. Berlin, Zentr. 1912 II, 889; R. Sternson und W. Mc Kim Mariotte, Zentr. 1904 I, 703; Ad. Vandenberghe, Z. anal. Ch. **42**, 110 (1903); Raikow, Ch. Z. **14**, 95 (1890).

B. Apparate, bei denen die festen Stoffe in die Flüssigkeiten gebracht werden.

Einer der ältesten Apparate dieser Art ist der Schwefelwasserstoffentwickler von Cl. Winkler.[2] Ein mit Schwefeleisen gefüllter Bleizylinder wird durch eine Kurbel in das die Säure enthaltende Bleigefäß gesenkt oder zur Unterbrechung der Gasentwicklung aus demselben gehoben.

Handlicher ist der Apparat von Pohl.[3] Die Flüssigkeit befindet sich in einer mit einem doppelt durchbohrten Kautschukpfropfen verschlossenen Flasche. Durch das eine Loch des Pfropfens führt ein Glasstab, der am unteren Ende in einem Korb aus Hartgummi oder Porzellan

[1] Abderhalden, Bd. I, S. 229. Der Apparat ist eine Modifikation des von J. Thiele [Ann. **253**, 242 (1889)] angegebenen Entwicklers.
[2] Fresenius-Zeitschr. 1886, 386.
[3] Fresenius, Anleitung zur qualit. chem Analyse 1885, S. 65.

das feste Material trägt. Durch das zweite Loch geht das Gasanleitungsrohr. Durch Senken und Heben des Glasstabes wird die Gasentwicklung hervorgerufen bzw. unterbrochen.

Auch A. STOCK[1] verwendet zur Darstellung von Antimonwasserstoff einen Apparat mit beweglichem festem Material (Fig. 40). Dieses, eine gepulverte Antimonmagnesiumslegierung, wird durch den Stutzen *A* in das Rohr *B*, dessen Boden eine 4 mm weite Durchbohrung *C* hat, gefüllt. Der runde 45 mm starke Hartgummistab *D* ist bei *C* schraubenförmig zugefeilt und trägt an seinem oberen Ende eine Laufscheibe, die von einer Wasserturbine in langsame Umdrehung versetzt werden kann. Das Rohr *B* endigt oben in eine mit Quecksilber gefüllte Rinne *E*, in die die kleine mit einem Gummischlauch an dem Hartgummistab befestigte Glasglocke *F* taucht, wodurch ein gasdichter Abschluß des Rohres *B* erzielt wird. Wird der Stab *D* in Umdrehung versetzt, so läßt die Schraube *C* die Legierung in gleichmäßigen und durch die Schnelligkeit der Drehung leicht regulierbaren Form in die auf 0° gehaltene Salzsäure (D = 1,06) fallen, welche sich im Gefäß *G* befindet. Dieses trägt das Rohr *B* im Schliff *H*.

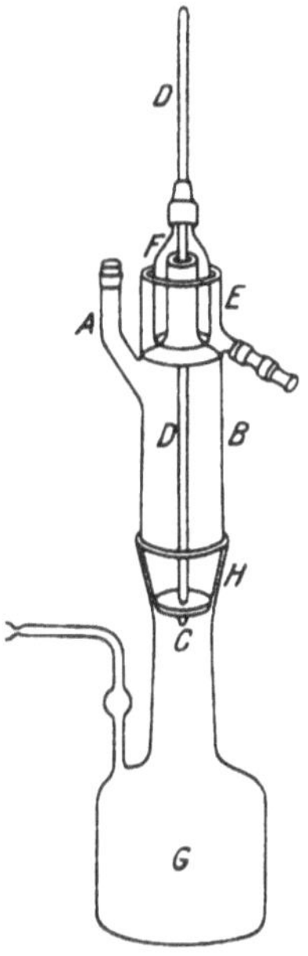

Fig. 40. Apparat nach STOCK und GUTTMANN.

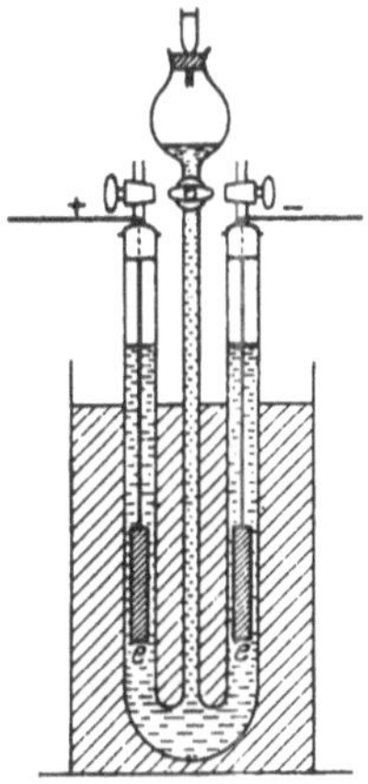

Fig. 41. Elektrolytische Gasentwicklung.

Der Gasstrom entwickelt sich so konstant, daß man den Apparat stundenlang ohne Aufsicht gehen lassen kann.

Andere Apparate mit beweglichem festen Reagens sind angegeben von:

P. HART, Z. anal. Ch. **21**, 104 (1882); J. MARTIN, Chem. N. **58**, 99; G. STILLINGFLEET JOHNSON, Chem. N. **57**, 213; KREIS, Ch. Z. **1903**, 281; H. HILGERS, Zentr. 1910 I, 1769; H. BILBY, Zentr. 1905 II, 589; H. BURGER und M. W. NEUFELD, Zentr. 1907 I, 521; C. ASCHMANN, Z. anal. Ch. **42**, 759 (1903).

II. Gasentwicklung durch Elektrolyse.

Zur elektrolytischen Gasentwicklung kann der bekannte HOFMANNsche Apparat dienen (Fig. 41). Das mit Platinelektroden *e* versehene U-Rohr wird mit dem Elektrolyten gefüllt. Das Rohr hat einen Durchmesser von 35 mm und eine Länge von 35 cm. Die mittlere Röhre dient zum Nach-

[1] Ber. **37**, 886 (1904).

lassen frischer Lösung, die Gasentnahme erfolgt durch die an den oberen Enden des U-Rohres angebrachten Hähnen. Der ganze Apparat steht in einem Kühlgefäß.[1]

Andere elektrolytische Apparate sind angegeben von:

GEBR. RUHSTRAT, Zentr. 1912 I, 1413; FR. C. G. MÜLLER, Zentr. 1910 II, 1265; S. S. MERESHKOWSKY, Zentr. 1904 I, 1313.

Empfehlenswert sind unter diesen diejenigen Apparate, die nach dem Prinzip der DOEBEREINERschen Tauchglocke konstruiert sind, z. B. der von RUHSTRAT.

Reinigung der Gase. Zur Befreiung von gasförmigen Verunreinigungen läßt man die Gase, nach den früher gemachten Angaben (S. 2 ff.), durch besondere Absorptionsgefäße streichen. In einigen Fällen erzielt man eine sehr gute Reinigung auch dadurch, daß man das Gas in einem Mittel absorbiert, das die Verunreinigungen unabsorbiert läßt. So bekommt man ein sehr reines Ammoniakgas nach vorheriger Absorption mit Calciumchlorid;[2] Wasserstoff läßt sich in Palladium[1] okkludieren. In der Regel genügt einfaches Erhitzen zum Wiederaustreiben der absorbierten, nunmehr gereinigten Gase. Diese Art der Reinigung kann der bereits S. 7 ff. mitgeteilten Raffination durch Verdichten an die Seite gestellt werden.

Darstellung und Behandlung kolloider Stoffe.[3]

Von

The Svedberg-Upsala.

Inhalt.

[1] Vgl. W. A. NOYES, J. Am. Ch. S. 38, 119 (1907).

[2] Vgl. Bd. III, Kap. Atomgewichtsbestimmung, S. 1243.

[3] Unter den zusammenfassenden kolloidchemischen Arbeiten sind zu nennen: H. BECHHOLD, Die Kolloide in Biologie und Medizin, Dresden 1912. — G. BREDIG, Anorganische Fermente, Leipzig 1901. — A. COTTON et H. MOUTON, Les ultramicroscopes et les objets ultramicroscopiques, Paris 1906. — H. FREUNDLICH, Kapillarchemie, Leipzig 1909. — A. LOTTERMOSER, Anorganische Kolloide, Stuttgart 1901. — A. MÜLLER, Allgemeine Chemie der Kolloide, Leipzig 1907. — Wo. OSTWALD, Grundriß der Kolloidchemie, Dresden 1909; 2. Aufl. I. Dresden 1911; 3. Aufl. I. Dresden 1912. T. SVEDBERG, Die Methoden zur Herstellung kolloider Lösungen anorganischer Stoffe, Dresden 1909. — P. P. v. WEIMARN, Grundzüge der Dispersoidchemie, Dresden 1911. — R. ZSIGMONDY, Zur Erkenntnis der Kolloide, Jena 1905. — Derselbe, Kolloidchemie Leipzig 1912.

Begriffe, Definitionen und Existenzbedingungen.

Unter Kolloiden versteht man zwei- oder mehrphasige Systeme, die eine im Verhältnis zum eingenommenen Totalvolumen sehr große Oberfläche besitzen. Sie werden deshalb nach Wo. Ostwald[1] zu den dispersen Systemen gerechnet. Ist eine der Phasen in eine große Zahl von Teilvolumina getrennt, entsprechend dem Zustand des gelösten Stoffs einer kristalloiden Lösung, so wird sie die disperse Phase genannt.[1] Die geometrisch zusammenhängende Phase, welche in diesem Falle dem Lösungsmittel einer kristalloiden Lösung entspricht, bezeichnet man als Dispersionsmittel.[1] Die bei weitem zahlreichsten der bisher studierten dispersen Systeme bestehen aus einer festen oder flüssigen dispersen Phase und einem flüssigen Dispersionsmittel.

Nach Graham[2] bezeichnet man solche Kolloide, die äußerlich den gewöhnlichen Lösungen ähnlich sind und die das Dispersionsmittel in Überschuß enthalten, als Sole und die daraus z. B. durch Zusatz von Fremdkörpern oder durch Einengen entstandenen mehr oder weniger festen gallert- oder schwammartigen Substanzen als Gele. Ist das Dispersionsmittel Wasser, so spricht man von Hydrosolen und Hydrogelen, ist es Alkohol, so nennt man dieselben Alkosole bzw. Alkogele.

Um über die Existenzbedingungen eines Sols im klaren zu werden, wollen wir von den Entstehungsbedingungen desselben absehen, indem wir uns das Sol dadurch hergestellt denken, daß in ein Gefäß mit Flüssigkeit Teilchen eines gewissen Stoffes hineingeschleudert werden. Das durch ein solches Hineinschleudern einer genügend großen Menge von Teilchen erhaltene System soll von den Einflüssen elektrischer und magnetischer Energiefelder, kurzwelliger elektromagnetischer Strahlungen sowie korpuscularer Strahlungen (α- und β-Strahlen) geschützt sein. Unter dem gleichzeitigen Einfluß der Schwere und der Diffusionskraft werden die Teilchen nach theoretischen Untersuchungen von A. Einstein[3] und M. v. Smoluchowski[4] und theoretischen und experimentellen Untersuchungen von J. Perrin[5] bestrebt sein, eine solche Verteilung einzunehmen, daß die Teilchenzahlen in aufeinander folgenden äquidistanten Horizontalebenen eine geometrische Reihe bilden. Berechnet man unter Verwendung der von J. Perrin[5] gegebenen Formel den Abstand vom Boden des Gefäßes, wo die Konzentration der Teilchen bis auf $^1/_{10}$ des Wertes am Boden gesunken sein sollte, so bekommt man z. B. für kolloide Metalllösungen Werte von einem bis einigen Millimetern.

Eine solche Verteilung der Teilchen ist nun in kolloiden Lösungen mit kleinen Teilchen im allgemeinen nicht zu beobachten. Dies beruht wahrscheinlich darauf, daß dieselben infolge des durch ihre Kleinheit ver-

[1] Wo. Ostwald, Z. Kolloid **1**, 291 (1907) sowie Grundriß d. Kolloidchemie, Dresden 1909.
[2] Graham, Phil. Trans. **151**, 183 (1861).
[3] A. Einstein, Ann. Phys. **19**, 375 (1906).
[4] M. v. Smoluchowski, Ann. Phys. **21**, 779 (1906).
[5] J. Perrin, C. r. **146**, 967 (1908); Ann. chim. phys. (8) **18**, 5 (1909).

ursachten großen Reibungswiderstandes nur mit sehr kleiner Geschwindigkeit fallen, und daß dieses Fallen durch die von Temperaturdifferenzen herrührenden Strömungen in der Flüssigkeit verdeckt wird.[1] Hinreichende Kleinheit der Teilchen der dispersen Phase muß also als erste Grundbedingung für die Existenz einer kolloiden Lösung gelten.

Ist diese erste Grundbedingung erfüllt, so kann das disperse System noch durch zwei andere Faktoren in ihrer Existenz bedroht werden.

Es ist bekannt, daß Teilchen verschiedener Größe (und wahrscheinlich auch verschiedener Form) verschiedene Löslichkeit haben. Da es ja praktisch unmöglich ist, eine disperse Phase mit absolut gleich großen und gleich geformten Teilchen herzustellen, so folgt daraus, daß immer ein Wachsen der Teilchen kleinerer Löslichkeit auf Kosten derjenigen größerer Löslichkeit eintreten muß.

Dabei sind zwei Alternative denkbar: die kleineren Teilchen besitzen die größte Löslichkeit oder die größeren Teilchen besitzen die größte Löslichkeit. Im ersteren Falle werden die kleineren Teilchen von den größeren aufgefressen — ein Vorgang, der nicht eher aufhört als die disperse Phase in eine einzige kompakte Masse vereinigt ist. Im zweiten Falle werden die kleineren Teilchen auf Kosten der größeren wachsen, bis sämtliche Teilchen gleich groß sind.[2] Es fragt sich nun, ob diese beiden Alternativen auch in der Natur vorkommen. Die Antwort lautet, daß bisher mit Sicherheit nur der erste Fall bekannt ist. Besonders die Experimentaluntersuchungen P. P. v. WEIMARNS[3] haben an Hand eines sehr großen Materials gezeigt, daß die größeren Teilchen immer auf Kosten der kleineren wachsen.

Damit ein Sol während einer nicht allzu kurzen Zeit existiere, muß also diese Umkristallisierungsgeschwindigkeit sehr klein sein. Die Hauptbedingung dafür ist kleine Löslichkeit der dispersen Phase im Dispersionsmittel. Als verzögernde Faktoren können noch großer gegenseitiger Abstand der Teilchen und große Viscosität des Dispersionsmittels genannt werden.[3]

Die Umkristallisierung geht, wie aus den Untersuchungen v. WEIMARNS[4] hervorgeht, auch bei Stoffen von relativ großer Löslichkeit, wie $BaSO_4$ (10^{-4} g in 100 g H_2O) sehr langsam vor sich. Die schnelle zeitliche Abnahme der Löslichkeit eines sehr feinen $BaSO_4$-Pulvers, die G. HULETT[5] beschrieben hat, sowie die auffallend stabilisierende Einwirkung löslichkeitserniedrigender Zusätze auf $BaSO_4$-Sole, welche v. WEIMARN[6] beobachtet hat, dürfte deshalb nicht der eigentlichen Umkristallisierung, sondern viel-

[1] Vgl. WO. OSTWALD, Grundriß d. Kolloidchemie, Dresden 1909, S. 274.

[2] Diese zweite Alternative könnte auch durch die Tätigkeit einer Oberflächenenergie zweiter Art im Sinne WO. OSTWALDS zustande kommen. (S. Anm. auf S. 146.)

[3] Diese Bedingungen sind zuerst von P. P. v. WEIMARN in seiner Arbeit: „Zur Lehre von den Zuständen der Materie", Z. Kolloid. 2, 3, 4, 5 (1908—1909), klar formuliert worden.

[4] P. P. v. WEIMARN, Z. Kolloid. 3, 289 (1908).

[5] G. HULLET, Z. phys. Ch. 37, 398 (1901).

[6] P. P. v. WEIMARN, Z. Kolloid. 3, 303 (1908).

mehr der koagulierenden Wirkung des kristalloid gelösten Teils der dispersen Phase resp. des Herabsetzens dieser Wirkung durch die löslichkeitserniedrigenden Zusätze zuzuschreiben sein.

Die dritte Hauptbedingung kann so formuliert werden, daß das innerhalb des dispersen Systems spontan vor sich gehende Zusammenballen der einzelnen Teilchen zu größeren Aggregaten nur mit kleiner Geschwindigkeit verlaufen darf. Eine nähere Präzisierung aller, in dieser Hinsicht bedeutenden Faktoren, ist sehr schwierig, denn diese dritte Hauptbedingung ist in der Tat der Punkt, um den sich bisher fast alle sowohl experimentelle als theoretische Arbeiten über die Stabilität der Kolloide gedreht haben.

Das gleichzeitige Genügen dieser drei Hauptbedingungen ist für die Existenz einer kolloiden Lösung notwendig. Es scheint mir, daß man bei dem heutigen Stand der Forschung berechtigt ist, dieses Genügen auch als hinreichend zu bezeichnen.[1]

Untersuchungsmethoden der anorganischen Kolloidchemie.

Um Kolloide zu untersuchen, d. h. um deren Eigenschaften qualitativ oder quantitativ zu verfolgen, bedient man sich natürlich im allgemeinen der gewöhnlichen physikochemischen Methoden, die zur Beobachtung der einen oder andern dieser Eigenschaften aufgefunden sind. Einige dieser Methoden sind jedoch nach den Zwecken der Kolloidchemie sehr weitgehend abgeändert und so zu speziellen kolloidchemischen Untersuchungsmethoden ausgearbeitet worden. In diesem Kapitel soll über die wichtigsten derselben ein kurzer Bericht gegeben werden.

Bestimmung der Teilchengröße.

Da alle Eigenschaften der Kolloide von der Teilchengröße abhängen, so sind diejenigen Verfahren, welche zur Ermittlung derselben aufgefunden sind, für die Kolloidchemie von größter Bedeutung.

---

[1] In der letzten Zeit hat P. P. v. Weimarn in einer Reihe von Abhandlungen, speziell in seiner Hauptarbeit: „Zur Lehre von den Zuständen der Materie" (Z. Kolloid. 2, 3, 4 u. 5) die Entstehungsbedingungen kolloider Lösungen behandelt und dabei den folgenden Satz ausgesprochen: „Für die Darstellung eines beständigen Sols eines beliebigen Körpers ist unbedingt nötig, aber auch zureichend, ihn den Bedingungen einer äußerst geringen Löslichkeit auszusetzen und die Reaktion seiner Bildung schnell an verdünnten Lösungen zu bewirken." (Z. Kolloid. 2 LV.) Diese Bedingungen sind zwar notwendig, aber nicht hinreichend; denn sie enthalten nicht die dritte der oben angeführten Existenzbedingungen. Man versuche z. B. die Herstellung eines beständigen Goldsols durch Reduktion von Goldchlorid mit Formaldehyd in verdünnter $BaCl_2$-Lösung als Dispersionsmittel oder die eines beständigen Quecksilbersols durch Reduktion eines Quecksilbersalzes mit einem zufällig herausgegriffenen Reduktionsmittel. Wer sich mit der Herstellung kolloider Lösungen verschiedener Art eingehend beschäftigt hat, weiß, wie schwierig es oftmals ist, die Ursache des Mißlingens der Versuche ausfindig zu machen.

Die von Wo. Ostwald (Grundriß d. Kolloidchemie, 1909, S. 312) angeführten zwei Hauptbedingungen decken sich dagegen fast vollständig mit den von mir oben formulierten.

Die erste einwandsfreie und in Zuverlässigkeit und Einfachheit noch einzig dastehende Methode wurde 1903 von H. Siedentopf und R. Zsigmondy[1] angegeben. Sie beruht auf der Verwendung des von den genannten Forschern konstruierten Ultramikroskops[2] (Fig. 42). Die Erscheinung der Lichtzerstreuung an kleinen Teilchen, wie dieselbe in dem bekannten Tyndallschen Versuch beobachtet wird, ist das Prinzip dieses Instruments. Ein intensives, sehr feines Lichtbündel wird horizontal in das zu untersuchende Präparat eingeworfen und das von den Teilchen seitlich ausgestrahlte Licht wird durch ein vertikal gestelltes Mikroskop beobachtet. Man bekommt natürlich in dieser Weise keine optische Abbildung der Teilchen, sondern

Fig. 42. Ultramikroskop nach Siedentopf und Zsigmondy.

dieselben werden nur als je nach Größe und Beschaffenheit mehr oder weniger leuchtende Punkte gesehen. Ist nun durch die Synthese der fraglichen kolloiden Lösung oder durch nachträgliche chemische Analyse derselben die Massenkonzentration der dispersen Phase bekannt, so kann durch ultramikroskopische Beobachtung der Teilchenzahl pro Volumeneinheit die mittlere Masse der Teilchen berechnet werden. Macht man ferner bezüglich Form und spezifisches Gewicht derselben als erste Annäherung die Annahme, daß sie Würfelgestalt besitzen und daß die Dichte gleich derjenigen des makroskopisch untersuchten Materials ist, so erhält man für die Seitenlänge der würfelförmigen Teilchen:

$$l = \sqrt[3]{\frac{M}{s \cdot n}},$$

wenn

M die Masse der in der Volumeneinheit enthaltenen Teilchen,
s das spezifische Gewicht der Teilchen,
n die Teilchenzahl pro Volumeneinheit

bedeuten.

[1] H. Siedentopf u. R. Zsigmondy, Ann. Phys. **10**, 1 (1903) und R. Zsigmondy, Zur Erkenntnis der Kolloide, Jena 1905.

[2] Bezugsquelle Carl Zeiss, Jena. Vgl. dieses Handbuch Band I, Anhang.

Anstatt die Teilchenzahl durch direktes Auszählen zu ermitteln, was infolge der lebhaften Eigenbewegung der Teilchen kolloider Lösungen oft mit Schwierigkeiten verbunden ist, kann man aus Schätzungen des mittleren Abstandes r der Teilchen nach folgender Formel die Lineardimension berechnen:

$$l = r \sqrt[3]{\frac{M}{s}} .$$

Bei Beleuchtung mit Sonnenlicht können Metallteilchen von 5 $\mu\mu$, bei Beleuchtung mit elektrischem Bogenlicht aber nur solche von 15 $\mu\mu$ noch wahrgenommen werden, bei Kolloiden von größerem Dispersitätsgrad

Fig. 43.
Immersions-Ultramikroskop nach Zsigmondy.

wird im Ultramikroskop nur ein je nach der Größe der Teilchen mehr oder weniger deutlicher diffuser Lichtkegel gesehen. Bei Stoffen von kleinerem Reflexionsvermögen als dem der Metalle, liegt die untere Grenze für die Sichtbarkeit von Einzelteilchen natürlich höher.

Durch Einführung von Immersionsobjektiven hoher numerischer Apertur ist es Zsigmondy[1] 1913 gelungen die Lichtstärke des Ultramikroskops bedeutend zu erhöhen. Es ist zu erwarten, daß dieses neue Immersions-Ultramikroskop (Fig. 43), das mehrere Verbesserungen gegenüber

---

[1] R. Zsigmondy, Phys. Ztschr. 14, 975 (1913).

des alten Ultramikroskops von SIEDENTOPF und ZSIGMONDY aufweist, für das Studium der Struktur der Kolloide von erheblicher Bedeutung sein wird.

Vereinfachte Ultramikroskope mit Totalreflexion des zur Beleuchtung dienenden Lichtes am Deckgläschen des Präparats sind später von A. COTTON und H. MOUTON[1] 1903 und O. SCARPA[2] 1905 angegeben worden. Auf ähnlichen Prinzipien ruhende Instrumente werden von REICHERT,[3] Wien, und LEITZ,[4] Wetzlar, in den Handel gebracht. Auch SIEDENTOPF[5] hat ein neues auf dem Prinzip der Totalreflexion gegründetes, sehr lichtstarkes sogen. „Kardioid"-Ultramikroskop für kolloide Lösungen konstruiert, das von ZEISS, Jena hergestellt wird. (Vgl. Handbuch Bd. I, Anhang.)

Da bei allen diesen Instrumenten, die zur Beleuchtung des Präparats dienenden und die von demselben ausgesandten Lichtstrahlen im Mikroskope koaxial verlaufen, so kann der zu beobachtende Dünnschnitt nicht mehr wie in der ursprünglichen Einrichtung von SIEDENTOPF und ZSIGMONDY optisch, sondern nur auf mechanischem Wege hergestellt werden. Wenn es sich um die Untersuchung von Flüssigkeiten handelt, so muß man eine dünne Objektkammer benutzen, oder die Flüssigkeit in gewöhnlicher Weise zwischen Objektträger und Deckglas untersuchen, was jedoch im allgemeinen den Nachteil mit sich bringt, daß die Kolloidteilchen von den Glaswänden fest adsorbiert werden. Bei dem Kardioidultramikroskop von SIEDENTOPF ist aber dieser Übelstand durch die Benutzung einer Objektkammer aus Quarz, das vor jedem Versuch durch Kochen mit Säuren, Abspülen und Ausglühen sehr sorgfältig gereinigt werden kann, fast vollständig gehoben worden.

Keines dieser letzteren Ultramikroskope kann jedoch, wie SIEDENTOPF[6] hervorgehoben hat, in prinzipieller Hinsicht als neu bezeichnet werden, denn Dunkelfeldkondensatoren von ganz ähnlichen Typen, aber in viel schlechterer Ausführung, sind von den englischen Mikroskopikern etwa in der Mitte des vorigen Jahrhunderts gebraucht worden.

Um die Größe der Teilchen in ultramikroskopisch nicht auflösbaren Goldhydrosolen wenigstens annähernd zu bestimmen, hat ZSIGMONDY[7] folgendes Verfahren angegeben. Ein Teil des Sols wird mit Goldchlorid (ev. unter Zusatz von Alkali) vermischt und mit irgend einem geeigneten Reduktionsmittel versetzt, das eine an und für sich nur sehr langsame Ausscheidung des Goldes bewirkt. Das ausreduzierte Gold lagert sich dabei schnell an

[1] A. COTTON u. H. MOUTON, C. r. **136**, 1657 (1903), und Les ultramicroscopes et les Objets ultramicroscopiques, Paris 1906.

[2] O. SCARPA, Archivio di fisiologia **2**, 321 (1905).

[3] C. REICHERT, Österr. Ch. Z. **10**, 5 (1907).

[4] W. v. IGNATOWSKY, Zeitschr. f. wissensch. Mikrosk. **25**, 64 (1908). — F. JENTZSCH, Ber. Phys. Ges. **12**, 992 (1910).

[5] H. SIEDENTOPF, Z. wissensch. Mikrosk. **26**, 391 (1909); Ber. Phys. Ges. **12**, 1 (1910).

[6] H. SIEDENTOPF, Z. wissensch. Mikrosk. **24**, 382 (1908).

[7] R. ZSIGMONDY, Z. phys. Ch. **56**, 65 (1906); F. DOERINCKEL, Z. anorg. Ch. **63**, 344 (1909).

den kleinen Teilchen des ursprünglichen Sols ab und vergrößert dieselben, so daß sie nunmehr im Ultramikroskope gezählt werden können. Ist der Goldgehalt des ursprünglichen Sols bekannt, so bekommt man ganz so wie oben gezeigt wurde, die Teilchengröße.

Die übrigen Methoden zur Bestimmung der Teilchengröße versuchen dieselbe als Funktion anderer Eigenschaften der kolloiden Lösung darzustellen, um dann aus einer erhaltenen mathematischen oder graphischen Beziehung und eine Messung einer der fraglichen Eigenschaften die Teilchengröße ermitteln zu können.

Nach einem Vorschlag von W. SUTHERLAND[1], A. EINSTEIN[2] und M. v. SMOLUCHOWSKI[3] kann man durch Messung der Diffusionsgeschwindigkeit mit Hilfe einer von ihnen theoretisch abgeleiteten Formel unter der Annahme, daß die Teilchen Kugelgestalt besitzen, den Radius (a) derselben berechnen. Es ist nämlich:

$$a = \frac{R\,T}{N} \frac{1}{6\pi\eta D},$$

wo

R die Gaskonstante ($8{,}3.10^7$),
T die absolute Temperatur,
N die Avogadrosche Konstante (6.10^{23}),
η die Viskosität des Dispressionsmittels,
D den Diffusionskoeffizient

bedeuten.

Diese Methode ist besonders deshalb von Interesse, weil sie eine Bestimmung der Teilchengröße in solchen kolloiden Lösungen gestattet, die nicht ultramikroskopisch auflösbar sind. Experimentell geprüft ist sie von THE SVEDBERG[4] für hochdisperse Goldhydrosole, deren Teilchengrößen nach der soeben beschriebenen „Keimmethode“ von ZSIGMONDY[5] bestimmt wurden. Besonders bei den letzten Versuchen ergab sich, eine so gute Übereinstimmung, daß die Formel $a = \frac{R\,T}{N} \cdot \frac{1}{6\pi\eta D}$ jetzt als ein sehr brauchbares Hilfsmittel zur Bestimmung von Teilchengrößen in kolloiden Lösungen betrachtet werden kann.

Eine andere Methode, die gleichfalls nur bei sphärischen Teilchen ganz exakte Resultate gibt, beruht auf der Messung der Fallgeschwindigkeit. Nach dem bekannten Gesetz von STOKES ist nämlich:

$$a = \sqrt{\frac{9}{2} \frac{\eta}{\Delta g} v},$$

[1] W. SUTHERLAND, Austral. Assoc. 10th Meet., Dunedin 1904, S. 117 (1905); Phil. Mag. (6) **9**, 781 (1905).

[2] A. EINSTEIN, Ann. Phys. **17**, 549 (1905); Z. Elektr. **14**, 235 (1908).

[3] M. v. SMOLUCHOWSKI, Ann. Phys. **21**, 756 (1906).

[4] THE SVEDBERG, Z. phys. Ch. **67**, 105 (1909). Arkiv f. kemi etc. utg. af K. Sv. Vetensk.-Akad. Stockholm **4**, no. 12 (1911); Die Existenz der Moleküle, Leipzig 1912.

[5] R. ZSIGMONDY, Z. phys. Ch. **56**, 65 (1906); F. DOERINCKEL, Z. anorg. Ch. **63**, 344 (1909).

wo

Δ die Differenz zwischen dem spezifischen Gewicht der dispersen Phase und des Dispersionsmittels,

g die Gravitationskonstante,

v die Fallgeschwindigkeit

bedeuten.

Diese Methode ist bisher mit Erfolg nur auf Suspensionen mit ziemlich großen Teilchen von J. Perrin[1] angewandt worden. I. Nordlund[2] hat die wichtige Tatsache experimentell erwiesen, daß das Stokessche Gesetz auch für die Bewegung von Flüssigkeitskügelchen in Flüssigkeiten streng gültig ist.

Bestimmung der Brownschen Bewegung und der osmotischen Eigenschaften.

Die Teilchen in kolloiden Lösungen zeigen bekanntlich eine unregelmäßige Eigenbewegung, welche von gleicher Natur ist, wie der von R. Brown[3] an größeren Teilchen entdeckten und nach ihm benannten Bewegung. Die osmotischen Eigenschaften kolloider Lösungen sind eine Folge dieser Eigenbewegung und (in konzentrierten Lösungen) der zwischen den Teilchen wirkenden Kräfte, deren Natur aber nur wenig bekannt ist.

Messung der Brownschen Bewegung.

Mikroskopisch sichtbare Teilchen.

(Die Methode von F. Exner und die Modifikationen derselben durch J. Perrin, H. Zangger, R. v. Ettenreich; die photographischen Methoden von M. Seddig, V. Henri, H. Siedentopf, T. Svedberg.)

Der erste Versuch zu einer quantitativen Untersuchung der Brownschen Bewegung wurde 1900 von F. Exner[4] gemacht. Unter Verwendung des Abbeschen Zeichenapparats folgte er während etwa 30—60 Sekunden mit einer Nadel auf einer berußten Glasplatte den Bewegungen von in Wasser suspendierten Gummiguttiteilchen.

Die so erhaltenen Kurven wurden auf optischem Wege vergrößert und die Längen derselben mit Hilfe eines Kurvenmessers ermittelt. Dann reduzierte er unter Bezugnahme auf die Vergrößerung die Länge der Kurven auf ihre wirklichen Dimensionen und dividierte mit der entsprechenden Zeit in Sekunden. Diese Zahlen nennt er die Geschwindigkeit der Teilchen.

Nun wissen wir aber, daß die reelle Bahn der Teilchen ganz außerordentlich kompliziert ist und daß also die Länge der in einer gewissen Zeit erhaltenen Kurve sowohl von der benutzten Mikroskopvergrößerung

[1] J. Perrin, C. r. **147**, 475 (1908); Ann. chim. phys. l. c.

[2] I. Nordlund, Arkiv f. mathematik etc. utg. af K. Sv. Vetensk.-Akad. Stockholm **9**, no. 13 (1913).

[3] R. Brown, Pogg. **14**, 294 (1828).

[4] F. Exner, Ann. Phys. **2**, 843 (1900).

und der Reaktionszeit unserer Gesichtsempfindung als auch von der Geschicklichkeit des Zeichners abhängt. Versucht man z. B. in der von EXNER angegebenen Weise die BROWNsche Bewegung einer bestimmten Art von Teilchen bei verschiedenen Okularvergrößerungen zu folgen, so tritt dieser Umstand in markanter Weise hervor. Die wahre Momentangeschwindigkeit läßt sich deshalb nicht finden. Da wir also nicht imstande sind, die reelle Bahn und die Momentangeschwindigkeit zu messen, so müssen wir uns mit der Ermittlung der während einer gewissen Zeit infolge der BROWNschen Bewegung erfolgten Lagenänderung der Teilchen begnügen.

Bei Benutzung der EXNERschen Methode für eine solche Messung ist zu beachten, daß die Zeit, auf die man die mittlere Lagenänderung des Teilchens bezieht, so groß gewählt wird, daß die mittleren Lagenänderungen, welche etwas kleineren Zeiten entsprechen, bei den gewählten Versuchsbedingungen nicht mehr nachgezeichnet werden können.

Unter dieser Bedingung ist es sehr wohl möglich, nach der ursprünglichen Methode von EXNER wenigstens angenäherte Werte der mittleren Lagenänderung eines Teilchens zu erhalten, und also auch die durch diese Methode erhaltenen Zahlenwerte zu einer Prüfung der auf molekularkinetischer Grundlage ruhenden Formeln von A. EINSTEIN[1] und M. v. SMOLUCHOWSKI[2]

$$\lambda_x^2 = \frac{RT}{N} \cdot \frac{1}{3\pi\eta a}$$

(Erklärung der Buchstaben siehe oben S. 150) zu verwenden. Von der Größe der einzelnen Lagenänderungen bekommt man natürlich durch diese Methode keine Auskunft. Dies ist jedoch, wenn es nur auf die angenäherte Prüfung der EINSTEIN-SMOLUCHOWSKIschen Formel ankommt, nicht nötig, weil darin eben nur die mittleren Lagenänderungen figurieren.

Will man dagegen möglichst genaue Werte erhalten und die einzelnen Verrückungen messen oder auch nur von der oben hervorgehobenen Einschränkung betreffs der Größe des Zeitintervalls, auf dem die mittleren Verrückungen zu beziehen sind, mit welcher die ursprüngliche EXNERsche Methode behaftet ist, frei werden, so muß die Lage der Teilchen in bestimmten Zeitintervallen registriert werden.

Eine Mitteilung über solche Versuche ist zuerst von M. SEDDIG[3] 1907 publiziert worden. Etwas später und fast gleichzeitig haben V. HENRI[4] und auf Anregung von J. PERRIN) CHAUDESAIGUES[5] ähnliche Verfahren benutzt.[6]

SEEDIG photographierte unter Verwendung einer automatischen Ver-

[1] A. EINSTEIN, Ann. Phys. (4) **17**, 549 (1905); Z. Elektr. **14**, 235 (1908).

[2] M. v. SMOLUCHOWSKI, Ann. Phys. **21**, 756 (1906); Phys. Ztschr. **13**, 1071 (1912).

[3] M. SEDDIG, Marburger Sitzungsber. Nov. 1907. Phys. Ztschr. **9**, 465 (1908).

[4] V. HENRI, C. r. **146**, 1024 (1908); **147**, 62 (1908). — Le caoutchouc et la guttapercha, 1906 u. 1908 § 2405.

[5] CHAUDESAIGUES, C. r. **147** 1044 (1908).

[6] Das Verfahren von CHAUDESAIGUES ist 1909 auch von J. PERRIN im Verein mit DABROWSKI verwandt worden. — J. PERRIN u. DABROWSKI, C. r. **149**, 477 (1906).

schlußvorrichtung die Teilchen einer Zinnobersuspension in der Art, daß er auf einer und derselben Platte zwei ganz kurze Aufnahmen machte, welche durch die Zeit von 0,1 Sekunden voneinander getrennt waren. Durch Ausmessen der vergrößerten Platten erhielt er dann die Verschiebungen der Teilchen während 0,1 Sekunde.

HENRI benutzte eine kinematographische Einrichtung und machte Reihen mit Aufnahmen, die $^1/_{20}$ Sekunde voneinander ablagen. (Fig. 44.)

Fig. 44. Versuchsanordnung für das Studium der BROWNschen Bewegung nach HENRI.

CHAUDESAIGUES beobachtete die Bewegungen der Teilchen direkt im Mikroskop, wie es EXNER gemacht hatte und markierte auf kariertem Papier unter Verwendung eines Zeichenapparates die Lage eines Teilchens bei bestimmten Zeitpunkten.

In der letzten Zeit haben H. ZANGGER[1] im Verein mit P. BÖHI[2] sowie F. v. ETTENREICH[3] direkte mikroskopische Beobachtungen und T. SVEDBERG[4] im Verein mit I. NORDLUND sowie I. NORDLUND[5] unter Verwendung des von H. SIEDENTOPF konstruierten Kardioidultramikroskops photographische Untersuchungen der BROWNschen Bewegung an fallenden Quecksilberkügelchen ausgeführt. (Fig. 45.)

Die nach dieser Methode von CHAUDESAIGUES, PERRIN, DABROWSKI, ZANGGER, BÖHI, v. ETTENREICH und NORDLUND ausgeführten Messungen

[1] H. ZANGGER, Z. Kolloid. 9, 216 (1911).
[2] P. BÖHI, Vierteljahrsschr. d. naturf. Ges. Zürich 56, 183 (1911).
[3] F. v. ETTENREICH, Sitzungsber. d. Wiener Akad. d. Wiss. 121, Abt. IIa. Juli (1912).
[4] T. SVEDBERG, Die Existenz der Moleküle, Leipzig 1912, S. 137.
[5] I. NORDLUND, Z. phys. Ch. (1914).

haben die auf molekularkinetischer Grundlage entwickelte Formel von EINSTEIN und v. SMOLUCHOWSKI als sehr genau gültig bewiesen.

Schließlich sei erwähnt, daß PERRIN[1] durch Beobachtungen an kleinen Einschlüssen und Unvollkommenheiten in Mastixkügelchen nach derselben

Fig. 45. Versuchsanordnung für das Studium der BROWNschen Bewegung nach SVEDBERG und NORDLUND.

Methode die von der molekularkinetischen Theorie[2] geforderte Größe der Drehungswinkel α der Rotationsbewegung

$$\alpha^2 = \frac{RT}{N} \cdot \frac{1}{4\pi\eta a^3}$$

solcher Kügelchen bestätigen konnte.

Ultramikroskopische Teilchen.

(Die Methoden von T. SVEDBERG; die photographischen Methoden von H. SIEDENTOPF, T. SVEDBERG.)

Über die Bewegungen ultramikroskopischer Teilchen in Flüssigkeiten sind quantitative Untersuchungen bisher nur von THE SVEDBERG[3], von SVEDBERG und K. INOUYE[4] sowie von I. NORDLUND publiziert worden.

---

[1] J. PERRIN, C. r. **149**, 549 (1909).

[2] A. EINSTEIN, Ann. Phys. **19**, 375 (1906).

[3] THE SVEDBERG, Z. Elektr. **12**, 853; 909 (1906); Nova acta reg. soc. sc. Upsaliensis ser. 4, vol. **2**, Nr. 1 (1907).

[4] THE SVEDBERG und KATSUJI INOUYE, Arkiv f. kemi etc., utg. af K. Sv. Vetensk.-Akad. Stockholm **4**, Nr. 19 (1911).

Die erste dabei benutzte Methode war die folgende: Vermittelst einer geeigneten Vorrichtung ließ er die zu untersuchende kolloide Lösung mit konstanter und bekannter Geschwindigkeit durch die Küvette eines Ultramikroskops von SIEDENTOPF und ZSIGMONDY senkrecht zur Achse des einfallenden Lichtes unter dem Beobachtungsobjektiv vorbeiströmen. Da infolge der gewählten Versuchsbedingungen[1] jedes Kolloidteilchen nur während einer Zeit von $^3/_{20}$ bis $^4/_{20}$ Sekunden gesehen wird, so sieht man dank der Dauerhaftigkeit der Lichteindrücke auf die Netzhaut des Auges das Gesichtsfeld von unzähligen Lichtkurven durchsetzt, die eine zickzack- oder wellenähnliche Form besitzen. Mit Hilfe einer Okularskala wurde der mittlere Abstand der „Wellengipfel“ und der zugehörigen mittleren Elongation in diesen Kurven bestimmt. Da die Translationsgeschwindigkeit bekannt war, so erhielt er daraus die während einer gewissen Zeit erfolgte mittlere Verschiebung der Teilchen senkrecht zur Achse dieser Translationsgeschwindigkeit.

Da jedoch die kleineren Elongationen der Teilchen übersehen werden, so entspricht der erhaltene Mittelwert nicht ganz dem Mittelwert im Sinne der Wahrscheinlichkeitsrechnung, sondern wird etwas höher gefunden.

Zur Vermeidung dieses konstanten Fehlers hat SVEDBERG[2] eine exaktere Methode ausgearbeitet, die prinzipiell ebenso wie das PERRINsche Verfahren auf die alte Methode von EXNER zurückzuführen ist.

Als Beobachtungsinstrument dient das „Spaltultramikroskop“ von SIEDENTOPF und ZSIGMONDY. Die zu untersuchende Lösung wird in die gewöhnliche Küvette nach W. BILTZ gebracht und, um die Temperatur konstant zu haben, von einem mit Baumwolle gefüllten Schutzgefäß aus Messingblech umgeben. Die Bewegungen der Teilchen werden nicht direkt bestimmt, sondern zunächst registriert und die Registrierungen dann ausgemessen. Der Hauptteil der Anordnung besteht aus einem kleinen Instrument von folgender Konstruktion: In eine als Grundplatte dienende Messingscheibe ist ein feines Loch gebohrt, senkrecht darüber in einem lichtdicht schließenden Messingrohre befindet sich eine kleine nach unten gekehrte elektrische Glühlampe, senkrecht darüber eine zweite nach oben gekehrte Glühlampe und darüber eine Platte mit einem sehr feinen ringförmigen Ausschnitt von kleinem, z. B. 2 mm Diameter, dessen Mittelpunkt sich genau senkrecht über dem Loch der Grundplatte befindet. Dieses Loch ist durch eine dünne Platte verschlossen, die durch einen kleinen auf die Grundplatte montierten Elektromagnet und einer geeigneten Auslösungsvorrichtung rasch zur Seite gezogen werden kann. Die Lichtstärke der oberen Lampe kann durch einen leicht zugänglichen Regulierwiderstand nach Belieben verändert werden. Das Instrument ruht auf einer Art Rollfilmkassette, in welcher ein Filmstreifen mit annähernd konstanter Geschwindigkeit (die weder genau konstant, noch bekannt zu sein braucht) fortbewegt werden kann. Der Elektromagnet steht mit einem kleinen Akkumulator und einem Metronom (oder bei genaueren Messungen mit

[1] THE SVEDBERG, Z. phys. Ch. 71, 571 (1910).
[2] THE SVEDBERG, Z. Kolloid. 7, 1 (1910).

einer für elektrische Signale eingerichteten Pendeluhr) in Verbindung, das in bestimmten Zeitintervallen kurze Stromschüsse ausführt. Wird nun das auf dem sich bewegenden Film befindliche Instrument mit der Hand hin und her bewegt, während die untere Lampe brennt und der Metronom in Tätigkeit ist, so entsteht auf dem Film nach dem Entwickeln eine Reihe von zeitlich äquidistanten Punkten. Die Anordnung wird nun für die Registrierung der Bewegungen der Kolloidteilchen folgenderweise verwendet. Auf das Mikroskop wird ein Abbescher Zeichenapparat so befestigt, daß der Mittelpunkt der Spiegel sich über der Mitte der Rollfilmkassette befindet, das Zimmer wird möglichst gut verfinstert und der Strom zur oberen Lampe geschlossen. Blickt man nun in das Mikroskop, so sieht man außer den Kolloidteilchen noch den oben beschriebenen, von unten her belichteten, ringförmigen Ausschnitt als einen feinen Lichtkreis. Die Lichtstärke desselben wird nun mit Hilfe des Regulierwiderstandes so eingestellt, daß sie derjenigen eines Kolloidteilchens etwa gleichkommt. Nun wird der Filmstreifen und das Metronom in Gang gesetzt, das Registrierinstrument mit der rechten Hand gefaßt und so bewegt, daß man ein Kolloidteilchen im Inneren des kleinen Lichtringes sieht. Dann wird mit der linken Hand der Strom zur unteren Lampe geschlossen, während durch Verschiebung des Registrierinstruments das aufgesuchte Teilchen immer innerhalb des leuchtenden Kreises gehalten wird. Wenn dies nicht mehr gelingt, wird der Strom zur unteren Lampe geöffnet, ein neues Teilchen mit dem Lichtring umschlungen, der Strom von neuem geschlossen und dem neuen Teilchen so lange als möglich gefolgt usw., bis die Bewegungen einer hinreichend großen Zahl von Teilchen registriert sind.

Fig. 46. Apparat für das Studium der Brownschen Bewegung nach Svedberg.

Fig. 46 gibt eine photographische Aufnahme der Registrieranordnung wieder.[1]

---

[1]) Die anderen zu der Versuchsanordnung gehörigen Apparate sind der besseren Übersichtlichkeit wegen entfernt worden.

Der entwickelte Filmstreifen wird dann so ausgemessen, daß die Abstände sämtlicher zu jedem Teilchen gehörender Punkte von einer mit der Bewegungsrichtung des Films parallelen Linie bestimmt werden. Sind diese Abstände bekannt, so können die Projektionen der Verschiebungen des Teilchens auf eine zur Bewegungsrichtung des Films senkrechten Achse leicht berechnet werden. Die Quadratwurzel aus dem mittleren Quadrat entspricht λ_x in der EINSTEIN-SMOLUCHOWSKIschen Formel.

Was die Fehlerquellen der Methode betrifft, so liegen dieselben hauptsächlich in der Schwierigkeit, den Bewegungen der Teilchen mit dem Lichtringe des Registrierinstrumentes exakt zu folgen. Es hat sich jedoch herausgestellt, daß dies nach einiger Übung viel besser gelingt als man geneigt ist a priori anzunehmen. Goldteilchen mit einem Radius von etwa $40 \cdot 10^{-7}$ cm konnten bis zu 20 Sekunden, solche von $20 \cdot 10^{-7}$ cm Radius 5—10 Sekunden gefolgt werden. Dies gilt jedoch nur bei großen Verdünnungen. Liegen die Teilchen sehr dicht aneinander, so ist es viel schwieriger einzelnen Teilchen zu folgen.

Wie H. SIEDENTOPF[1] gezeigt hat, kann sein neues in Bd. I, Anhang beschriebenes Kardioidultramikriskop für photographische Aufnahmen der BROWNschen Bewegungen von Kolloidteilchen benutzt werden. Um die Brauchbarkeit der Methode zu zeigen, hat er auf fallender Platte die Bewegungen von Silberteilchen eines CAREY LEAschen Silberhydrosols photographiert und eine Reproduktion davon veröffentlicht. Die Zeit wird so registriert, daß das Bild eines mit Wechselstrombogenlicht beleuchteten Spaltes auf die Platte projiziert wird.

Diese Methode ist von SVEDBERG und NORDLUND abgeändert und weiter ausgebildet worden und von NORDLUND zu quantitativen Untersuchungen über die BROWNsche Bewegung ultramikroskopischer Quecksilberkügelchen verwendet worden.[2]

Messung des osmotischen Drucks.

Zur Bestimmung des osmotischen Drucks von kolloiden Lösungen kann man hauptsächlich drei verschiedene Verfahren benutzen: Direkte Messung gegen semipermeable Wände, Bestimmung der Konzentrationsverteilung unter dem Einfluß der Schwere.

Direkte Messung gegen semipermeable Wände.

(Vgl. auch Messung des osmotischen Drucks Bd. III.)

Beim Ausüben des ersten Verfahrens ist besonders darauf zu achten, daß die benutzte Wand für die Lösung wirklich semipermeabel ist; Kristalloidteilchen sollen durchgelassen, Kolloidteilchen dagegen zurückgehalten werden. Die Methode ist unter Verwendung von Kollodiumhäuten, be-

[1] H. SIEDENTOPF, Z. wissensch. Mikrosk. **26**, 391 (1909); Ber. Phys. Ges. **12**, 1 (1910).
[2] loc. cit. S. 153.

sonders von J. Duclaux[1] ausgearbeitet worden. Ein an einem Ende zugeschmolzener Glaszylinder (z. B. ein Reagenzglas) wird in eine Kollodiumlösung getaucht und die gebildete Haut nach dem Trocknen abgezogen. Den so erhaltenen Sack befestigt man am unteren Ende eines Glasrohrs. Innerhalb der semipermeablen Membran wird die zu untersuchende kolloide Lösung gebracht, außerhalb derselben füllt man entweder die durch Abfiltrieren der dispersen Phase erhaltene Flüssigkeit oder nur Wasser (Fig. 47). Im letzteren Falle dauert es jedoch sehr lange, bis das Gleichgewicht erreicht wird, d. h. bis die Konzentration der Kristalloide außen und innen gleich geworden ist.

Ein Osmometer, das mit Membranen verschiedener Art verwendet werden kann, ist von B. Moore und H. E. Roaf[2] angegeben worden. Neue speziell für die Untersuchung von kolloiden Lösungen bestimmte Präzisionsosmometer mit Kollodiummembranen haben W. Biltz und A. v. Vegesack[3] konstruiert (Fig. 48).

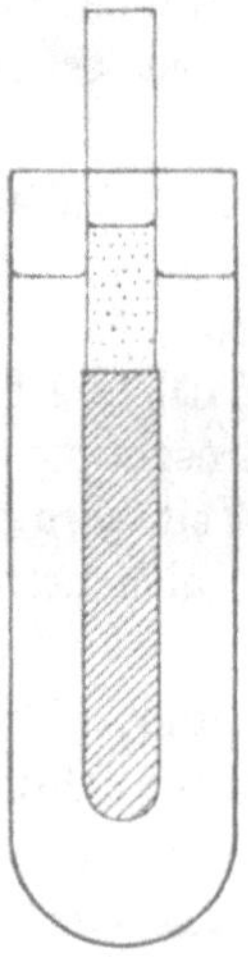

Fig. 47. Einfache Anordnung für osmotische Druckmessung in kolloiden Lösungen nach Duclaux.

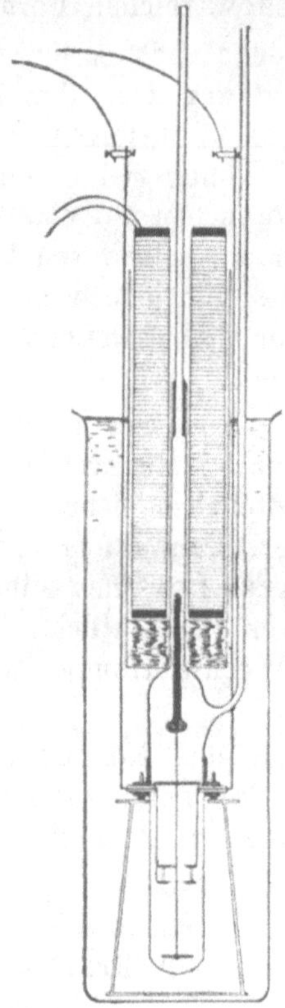

Fig. 48. Osmometer nach Biltz und v. Vegesack.

Bestimmung der Konzentrationsverteilung unter dem Einfluß der Schwere.

Das zweite Verfahren, das theoretisch von A. Einstein,[4] M. v. Smoluchowski[5] und J. Perrin[6] und experimentell von J. Perrin begründet ist, ruht auf folgenden Überlegungen. Nach der Gastheorie stellt sich in einer Gasmasse, die sich unter dem gleichzeitigen Einfluß des Gasdruckes und der Schwerkraft befindet, ein Gleichgewichtszustand in der Weise ein, daß die Dichte des Gases mit steigender Höhe nach einem Exponentialgesetz abnimmt, was auch durch

---

[1] J. Duclaux, J. Chim. phys. **7**, 405 (1909). Dieser Aufsatz enthält eine zusammenfassende Darstellung der osmotischen Arbeiten des Verfs.; vgl. auch H. Rodewald und A. Kattein, Z. phys. Ch. **33**, 587 (1900); G. Malfitano, C. r. **139**, 1221 (1904); R. S. Lillie, Amer. Journ. Phys. **20**, 127 (1907).

[2] B. Moore und H. E. Roaf, Biochem. Journ. **2**, 34 (1906); W. M. Boyliss, Proc. roy. Soc. London ser. B. **81**, 270 (1909).

[3] W. Biltz und A. v. Vegesack, Z. phys. Ch. **68**, 361 (1909); **73**, 484 (1910).

[4] A. Einstein, Ann. Phys. **19**, 375 (1906).

[5] M. v. Smoluchowski, Ann. Phys. **21**, 779 (1906).

[6] J. Perrin, C. r. **146**, 967 (1908); Ann. chim. phys. (8) **18**, 5 (1909).

die Erfahrung bestätigt wird. Dasselbe muß auch von einer Lösung gelten, denn der osmotische Druck ist dem Gasdruck ganz gleichwertig. Nach der kinetischen Theorie ist aber in osmotischer Hinsicht die Wirkung eines Moleküles mit der eines größeren suspendierten Teilchens identisch, d. h. in einer kolloiden Lösung muß die Dichte oder die Anzahl Teilchen pro Volumeneinheit in vertikaler Richtung aufwärts gleichfalls nach einem Exponentialgesetz abnehmen. Nach Perrin[1] ist

$$\log_{\text{nat}} \frac{n_0}{n} = \frac{4}{3} \frac{N}{RT} \pi a^3 g \Delta h,$$

wenn

n_0 die Konzentration (= Anzahl Teilchen pro Volumeneinheit) an einem gewissen Orte,
n die Konzentration h cm höher,
a den Radius der Teilchen,
Δ die Dichtedifferenz zwischen der dispersen Phase und dem Dispersionsmittel,
T die absolute Temperatur,
g die Acceleration der Schwere,
R die Gaskonstante,
N die Avogadrosche Konstante

bedeuten.

Da außer N alle Quantitäten dieser Formel der Messung zugänglich oder als bekannt vorauszusetzen sind, so kann daraus N berechnet werden. Der osmotische Druck p ist nun bekanntlich gleich $\frac{RT}{N} \cdot n$ (wenn n die Anzahl Kolloidteilchen pro Volumeneinheit bedeutet) und folglich bekannt. Für verdünnte Suspensionen hat Perrin[1] gezeigt, daß der in dieser Weise gewonnene Wert von N dem für molekulardisperse Systeme berechneten N fast gleich ist.

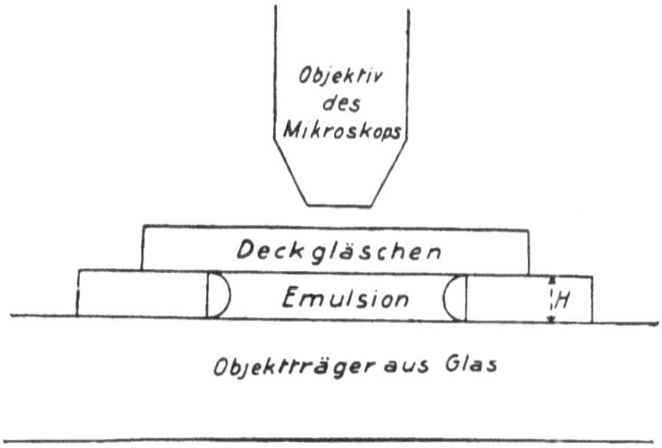

Fig. 49. Messung des osmotischen Druckes in dispersen Systemen nach Perrin.

Bei der praktischen Ausführung der Messung verfuhr er so, daß er einen Tropfen des zu untersuchenden dispersen Systems in eine Objektkammer von etwa 0,1 bis 0,2 mm Tiefe brachte (Fig. 49) und diese auf den Tisch eines guten Mikroskops placierte, worauf dann mit Hilfe des Mikroskops durch Einstellung auf verschiedene Schichten des Präparats und Auszählen der in einem bestimmten Volumen

[1] A. Einstein, Ann. Phys. **19**, 376 (1906).

befindlichen Anzahl Teilchen die Konzentrationsverteilung als Funktion der Höhe ermittelt werden konnte.

A. Westgren[1] hat 1913 nach einer analogen Methode den osmotischen Druck von kolloiden Selen- und Goldlösungen gemessen.

Bestimmung der elektrischen Kataphorese.

Die elektrische Kataphorese oder die Wanderung der Kolloidteilchen im elektrischen Potentialgefälle wird im allgemeinen folgenderweise bestimmt: Das zu untersuchende Sol wird in einem U-Rohr unter Wasser geschichtet, Pt-Elektroden ins Wasser eingehängt und eine ziemlich große Potentialdifferenz angelegt (Fig. 50). In der letzten Zeit sind von E. F. Burton[2], A. Coehn[3] und A. v. Galecki[4] (Fig. 51) auf dem gleichen Prinzip ruhende verbesserte Apparate konstruiert worden.

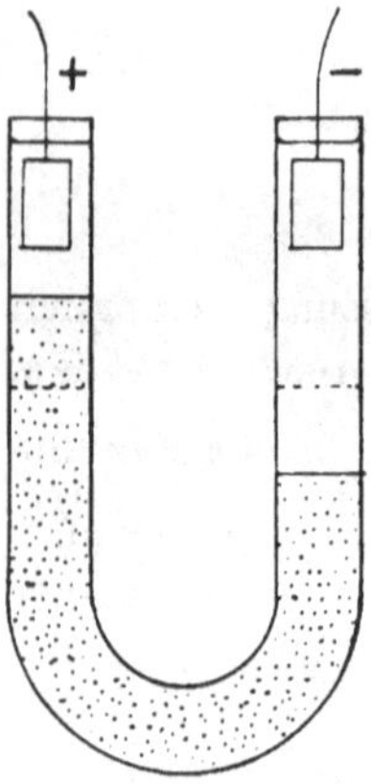

Fig. 50. Elektrische Kataphorese.

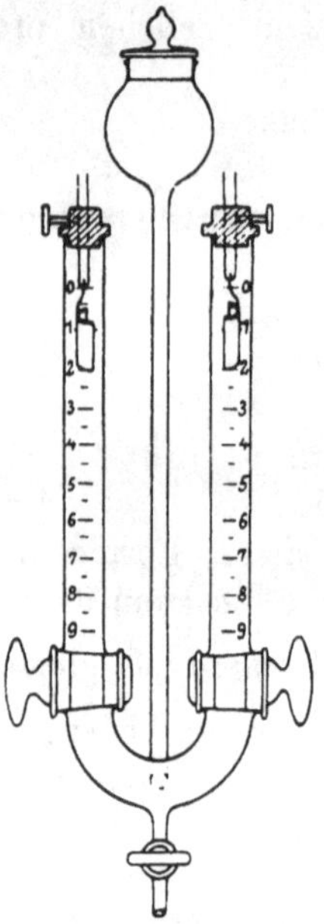

Fig. 51. Apparat zur Untersuchung der elektrischen Kataphorese nach v. Galecki.

Die Verschiebung einer der Grenzflächen während einer gewissen Zeit, wird an einer Skala abgelesen. Ist das Potentialgefälle bekannt (es läßt sich aus der angelegten Potentialdifferenz und der Widerstandskapazität des Gefäßes berechnen), so kann daraus die Wanderungsgeschwindigkeit in $\frac{\text{cm}}{\text{Sek.}}$ pro $\frac{\text{Volt}}{\text{cm}}$ berechnet werden.

J. Duclaux[5] hat hervorgehoben, daß dieses Verfahren nur unter der Voraussetzung, daß die elektrische Leistungsfähigkeit an beiden Seiten der Grenzflächen gleich ist, exakte Wert gibt. Nach Duclaux[5] verwendet man deshalb lieber eine Anordnung, die nach dem Prinzip der Apparate zur Bestimmung der Hittorfschen Überführungszahlen gebaut ist (Fig. 52).

Die Stromrichtung wird so gewählt, daß das Kolloid sich in *A* konzentriert. Mit Hilfe der beiden Sonden *a* und *b* kann man sich davon

---

[1] A. Westgren, Archiv f. Mathematik etc. utg. af K. Sv. Vetensk.-Akad. Stockholm, **9**, Nr. 5 (1913).

[2] E. F. Burton, Phil. Mag. (6) **11**, 436 (1906).

[3] A. Coehn, Z. Elektr. **15**, 653 (1909).

[4] A. v. Galecki. Z. anorg. Ch. **74**, 199 (1912).

[5] J. Duclaux, J. Chim. phys. **7**, 405 (1909). Dieser Aufsatz enthält eine zusammenfassende Darstellung der osmotischen Arbeiten des Verfs.

überzeugen, daß sich die Leitfähigkeit und folglich die Konzentration des Kolloids im Teile *acb* während des Versuchs nicht geändert hat. Nach Durchgang einer geeigneten Elektrizitätsmenge (etwa 1 Coulomb) wird der Inhalt der beiden Teile *A* und *B* analysiert und die Wanderungsgeschwindigkeit in gewöhnlicher Weise berechnet.

Bei kolloiden Lösungen, deren Teilchen ultramikroskopisch gut sichtbar sind, kann die Kataphorese direkt durch Messung der Wanderungsgeschwindigkeit der einzelnen Teilchen bestimmt werden. Diese Methode ist von A. Cotton und H. Mouton[1] angegeben worden. Unter Verwendung eines Ultramikroskops mit Dunkelfeldkondensor (Cotton und Mouton[2], Reichert[3], Leitz[4], Siedentopf[5] kann folgende Anordnung benutzt werden (Fig. 53).

Auf einem Objektträger *O* werden

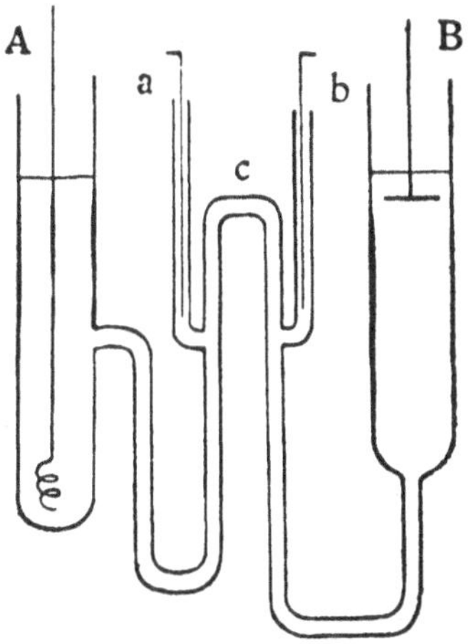

Fig. 52. Apparat für elektrische Kataphorese nach Duclaux.

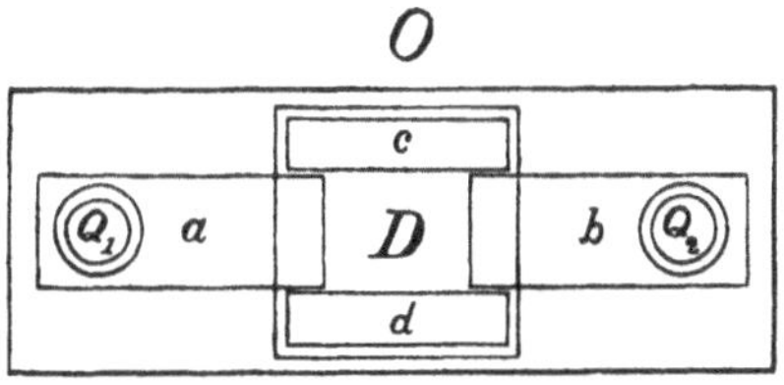

Fig. 53. Apparat für ultramikroskopische Bestimmung der elektrischen Kataphorese nach Cotton und Mouton.

zwei dünne Pt-Bleche *a* und *b* und zwei Glimmerblättchen *c* und *d* (von etwa 0,1 mm Dicke) placiert. Zwischen *a* und *b* wird ein Tropfen der zu untersuchenden Flüssigkeit gebracht und ein Deckglas *D* aufgelegt. Zwei kleine Quecksilbernäpfe Q_1 und Q_2 aus Metall ermöglichen die Stromzuführung. Die Bewegungsgeschwindigkeit der Teilchen wird z. B. mit Hilfe einer im Okular des Mikroskops eingelegten Skala ermittelt. Will man das Spaltultramikroskop von Siedentopf und Zsigmondy[6] benutzen, kann der Apparat zweckmäßigerweise in der von The Svedberg[7] angegebenen Form angewendet worden.

---

[1] A. Cotton u. H. Mouton, C. r. **138**, 1584, 1692 (1904); Les ultramicroscopes et les objets ultramicroscopiques, Paris 1906 S. 144.

[2] A. Cotton u. H. Mouton, C. r. **136**, 1657 (1903) und Les ultramicroscopes et les objets ultramicroscopiques, Paris 1906.

[3] C. Reichert, Öst. Ch. Ztg. **10**, 5 (1907).

[4] W. v. Ignatowski, Z. wissensch. Mikrosk. **25**, 64 (1908).

[5] H. Siedentopf, Z. wissensch. Mikrosk. **26**, 391 (1909); Ber. Phys. Ges. **12**, 1 (1910).

[6] H. Siedentopf u. R. Zsigmondy, Ann. Phys. **10**, 1 (1903) und R. Zsigmondy, Zur Erkenntnis der Kolloide, Jena 1905.

[7] The Svedberg, Nova acta reg. soc. sc. Upsaliensis ser. 4, vol. 2, Nr. 1 (1907) S. 149.

Bestimmung der Stabilität eines Sols.

Die Beständigkeit eines Sols kann durch sehr verschiedenartige Einflüsse bedroht werden: Durch Zusätze von Lösungen, reine Flüssigkeiten, feste Körper oder Gase, durch Temperaturerhöhung oder Temperaturerniedrigung, durch elektrische oder magnetische Kräfte, durch Strahlen verschiedener Art, wie ultraviolettes Licht, Röntgenstrahlen, α- oder β-Strahlen usw. Es ist deshalb einleuchtend, daß es schwer ist, eine allgemeingültige Definition der Stabilität zu geben, und daß je nach dem einzelnen Falle verschiedene Einheiten als Maß derselben genommen werden müssen. Im allgemeinen dürfte es zweckmäßig sein, unter Stabilität gegen ein gewisses Koagulationsmittel diejenige Menge einer zugesetzten Fremdsubstanz (Elektrizitätsmenge, Lichtmenge usw.) zu verstehen, die eine bestimmte Verminderung des Dispersitätsgrads, z. B. Verdoppelung des Teilchendiameters bewirkt. Oft hat man die Dispersitätsverringerung bis zur sichtbaren Ausflockung vor sich gehen lassen und die dazu nötige Menge des koagulierenden Agens' als Maß der Beständigkeit benutzt. Unter Verwendung von Lösungen oder reiner Flüssigkeiten als Koagulatoren verfährt man im letzteren Falle so, daß in ein abgemessenes Volumen des zu untersuchenden Sols aus einer Bürette die Koagulationsflüssigkeit eingetröpfelt wird, bis unter den gegebenen äußeren Umständen (Beleuchtung, Hintergrund oder Unterlage des Gefäßes) die Ausflockung eben sichtbar wird. Noch besser ist es nach H. Freundlich[1] denjenigen Zusatz zu bestimmen, bei dem das Sol eben nicht mehr durch ein gewisses Filtrum frei passiert.

Bei Untersuchungen über die Temperaturstabilität anorganischer Kolloide hat The Svedberg[2], im Anschluß an die bei den Eiweißstoffen benutzte Terminologie, als Maß der Stabilität die Temperatur angegeben, bei welcher sichtbare Ausflockung begann.

Am sichersten ist es natürlich, den Dispersitätsgrad womöglich durch ultramikroskopische Beobachtungen zu bestimmen.

Darstellungsmethoden anorganischer Kolloide.[3]

A. Darstellung von Solen.

Allgemeines.

Die Methoden zur Herstellung von Solen anorganischer Stoffe, sind überaus zahlreich und von sehr verschiedener Art. Hier sollen nur die in präparativer Hinsicht wertvollsten, sowie die vom theoretischen Gesichtspunkt wichtigsten Verfahren zur Darstellung von kolloiden Lösungen mit

[1] H. Freundlich, Z. phys. Ch. **44**, 131 (1903).

[2] The Svedberg, Z. Kolloid. 2, 142 (1907) und Nova acta reg. soc. sc. Upsaliensis ser. 4, vol. 2, Nr. 1 (1907) S. 110.

[3] Zugrunde dieser Abteilung liegt das Buch von The Svedberg, „Die Methoden zur Herstellung kolloider Lösungen anorganischer Stoffe", Dresden 1909, wo man eine ausführlichere Darlegung dieser Fragen findet.

flüssigem Dispersionsmittel Erwähnung finden.[1] Je nach der Beschaffenheit des zur Herstellung des Sols verwendeten Ausgangsmaterials und nach dem allgemeinen Verlauf der Kolloidbildung kann man dieselben in zwei große Gruppen einteilen:

I. Kondensationsmethoden,

II. Dispersionsmethoden.

Im ersten Falle wird der Dispersitätsgrad des Ausgangsmaterials vermindert, d. h. man geht von einem molekulardispersen oder iondispersen System aus, dessen Dispersität durch geeignete Mittel verringert wird; im zweiten Falle wird der Dispersitätsgrad des Ausgangsmaterials (Pulver, Gele, Metallstücke) vergrößert. Damit soll aber nicht behauptet werden, daß die Teilchen des durch eine Dispersionsmethode erhaltenen Sols wirklich vermittelst direkter Dispersion des kompakten Ausgangsmaterials entstehen. Es ist vielmehr sehr wahrscheinlich, daß auch hier molekulare oder iondisperse Systeme als Zwischenstufen auftreten. Zurzeit sind aber unsere Kenntnisse darüber so unvollkommen, daß die obige Einteilung noch als durchaus berechtigt und den Forderungen einer rationellen Systematik entsprechend anzusehen ist.

Als allgemeinste praktische Regel bei der Herstellung kolloidaler Lösungen gilt große Reinheit der verwendeten Reagenzien und Gefäße (M. FARADAY[2], R. ZSIGMONDY[3]). Bei Arbeiten mit Wasser als Dispersionsmittel ist es deshalb nötig, Gefäße aus Platin, Quarz, Jenaer Glas oder gutem Porzellan zu verwenden, weil gewöhnliches Glas in Wasser allzu löslich ist. Bei organischen Flüssigkeiten ist diese Vorsichtsmaßregel dagegen nicht nötig, weil auch schlechte Glassorten von denselben im allgemeinen nicht angegriffen werden. Gewöhnliches destilliertes Wasser ist als Dispersionsmittel nicht hinreichend rein, sondern muß in einem Apparat aus Jenaer Glas, Silber oder Platin umdestilliert werden.[4] Dabei ist darauf zu achten, daß die Luft im Destillationszimmer nicht durch Säure- oder Salzdämpfe verunreinigt wird. (Beachte: Brennendes Leuchtgas entwickelt SO_2.) Das so gewonnene Wasser bewahrt man am besten in großen Rundkolben (10 Liter) von Jenaer Glas auf. Auch andere Flüssigkeiten (Alkohol, Äther usw.) müssen im allgemeinen besonders gereinigt werden, ehe sie für kolloidchemische Zwecke verwendet werden.

I. Kondensationsmethoden.

Allgemeiner Teil.

Die Kondensation der Moleküle oder Ionen zu größeren Aggregaten (Kolloidteilchen) kann in zweierlei Weise vor sich gehen: entweder so,

[1] Über Sole mit festem Dispersionsmittel siehe z. B. R. ZSIGMONDY, Zur Erkenntnis der Kolloide, Jena 1905, S. 128; H. FREUNDLICH, Kapillarchemie, Leipzig 1909, S. 523; R. ZSIGMONDY, Kolloidchemie, Leipzig 1912, S. 28; C. DOELTER, Das Radium und die Farben, Dresden 1910.

[2] M. FARADAY, Phil. Trans. (London) 1857, 145.

[3] H. SIEDENTOPF und R. ZSIGMONDY, Ann. Phys. 10, 1 (1903) und R. ZSIGMONDY, Zur Erkenntnis der Kolloide, Jena 1905.

[4] Vgl. hierzu: Bd. III, Darstellung von Wasser.

daß der Kondensationsprozeß die chemische Natur des zu kondensierenden Materials unverändert läßt oder indem der Stoff der dispersen Phase gerade durch den Kondensationsprozeß selbst erzeugt wird. Die letzteren Methoden beruhen also auf der Wirkung chemischer Reaktionen. Bei den ersteren treten dagegen solche nicht ein.

Die zahlreichsten, wichtigsten und am längsten bekannten Methoden gehören zu der letzteren Gruppe. Hierher zählen die Reduktionsmethoden, die Oxydationsmethoden und die Hydrolysemethoden, sowie viele auf der Wirkung anderer chemischer Reaktionen beruhende Methoden.

Die Reduktionsmethoden führen alle zu kolloiden Lösungen elementarer Stoffe, besonders zu solchen der Edelmetalle. Sie beruhen darauf, daß man dem im Ionenzustande befindlichen Material des Elements seine Ladung entzieht. Dabei vereinigen sich die elektrisch neutralen Atome zu größeren Aggregaten und bilden als solche die disperse Phase einer kolloidalen Lösung.

Bei den Versuchen, den Ionen der kolloidbildenden Substanz ihre elektrische Ladung zu entziehen, hat man hauptsächlich vier Wege eingeschlagen.

1. Man hat die Ladungen entweder direkt durch Verwendung von elementarem, gasförmigem Wasserstoff auf Wasserstoff übertragen, der dabei in Wasserstoffionen übergeht, oder was viel häufiger vorkommt, auf den Wasserstoff des Wassers durch Zwischenschaltung einer geeigneten anorganischen oder organischen Verbindung.

2. Man hat die Ladungen auf neutrale Metallmassen übertragen, die dabei eine äquivalente Menge Ionen in die Lösung senden.

3. Man hat die Ladungen auf solche Ionen niederer Ladungsstufe übertragen, die eine Tendenz besitzen, von einer niederen zu einer höheren Ladungsstufe überzugehen.

4. Man hat die Ladungen auf elektrolytischem Wege, also durch direkte Einführung negativer Elektronen, neutralisiert.

Unter diesen verschiedenen Methoden sind die ersten und dritten Klassen am wichtigsten.

Unter den Oxydationsmethoden bezieht sich das einzige Verfahren, das bisher von einiger Bedeutung geworden ist, auf die Oxydation von Schwefelwasserstoff durch Sauerstoff (Luft) oder durch schweflige Säure.

Die Hydrolysemethoden dagegen sind ziemlich zahlreich, denn jede hydrolytische Reaktion, bei der eine in dem in Frage kommenden Dispersionsmittel sehr schwerlösliche Verbindung entsteht, kann zur Bildung einer kolloiden Lösung Veranlassung geben. Unter solchen Reaktionen sind für die Herstellung kolloider Lösungen zwei Gruppen besonders wichtig:

1. Die Spaltung von Metallsalzen in Metalloxyd resp. Hydroxyd und Säure.

2. Die Verseifung von gewissen organischen Verbindungen.

Die übrigen auf chemischen Reaktionen begründeten Kondensationsmethoden, also diejenigen Verfahren, welche nicht auf Reduktion, Oxydation oder Hydrolyse beruhen, umfassen, wenn man sich auf Wasser als Dispersionsmittel beschränkt, hauptsächlich die Methoden zur Herstellung kolloider Lösungen der Sulfide durch Fällung mit Schwefelwasserstoff, der Halogenmetalle durch Fällung mit Chlorwasserstoff oder Metallchloriden, der Metalloxyde oder Hydroxyde durch Fällung mit Alkalien, unlöslicher Chromate mit löslichen Chromaten unlöslicher Sulfate, Phosphate usw. Da nun viele Reaktionen, die in Wasser nur leichtlösliche Reaktionsprodukte liefern, in anderen Flüssigkeiten, in denen diese Produkte sehr schwerlöslich sind, zu kolloidalen Lösungen führen können, so leuchtet ein, daß die Zahl dieser übrigen Kondensationsmethoden sehr groß ist oder wenigstens werden kann.

Bei den bisher ausgearbeiteten Kondensationsmethoden, welche nicht auf chemischen Reaktionen beruhen, bereitet man eine kristalloide Lösung des in den kolloiden Zustand zu überführenden Stoffes und erniedrigt durch geeignete Mittel plötzlich die Löslichkeit derselben. Dies bewirkt man entweder in der Weise, daß die kristalloide Lösung mit einer anderen Flüssigkeit, in welcher der fragliche Stoff sehr schwerlöslich ist, vermischt wird, oder durch plötzliche und energische Abkühlung der kristalloiden Lösung.

Unter den verschiedenen oben erwähnten Methoden zur Herstellung anorganischer Sole sind die Reduktionsmethoden am ältesten.

Die ersten Andeutungen über die Herstellung kolloider Lösungen begegnen wir schon in sehr alten Schriften. So ist z. B. das „aurum potabile“ der Alchemisten eine durch Reduktion mit ätherischen Ölen hergestelltes Goldpräparat und in MARCQUERs Dictionnaire de chymie (1774) wird die Herstellung „d'or potable“ verschiedener Art eingehend beschrieben. So enthält auch schon JOHANN JUNCKER's Conspectus Chemiae (1749) viele Angaben, die auf die Entstehung von kolloidem Gold bei Reduktionsprozessen hindeuten.

In der gegen Ende des 18. und Anfang des 19. Jahrhunderts entstehenden reichlichen Zeitschriftenliteratur finden wir mehrmals Versuche über Metallreduktionen publiziert, bei denen tatsächlich kolloide Lösungen von mehr oder weniger großer Beständigkeit entstanden. Diese Angaben beziehen sich bis zum Jahre 1839 fast ausnahmslos auf Gold. Unter diesen älteren Arbeiten sind zu erwähnen die Versuche von Mme FULHAME[1] (1794), OBERKAMPF[2] (1811) und PFAFF[3] (1822—28). Kolloide Silberlösungen hat wohl zuerst H. ROSE[4] (1828) durch Reduktion mit Phosphorwasserstoff unabsichtlich bereitet. Etwa zehn Jahre später werden solche von WÖHLER[5] (1839) durch Erhitzung von Silbersalzen im Wasserstoffstrome in beständigerer Form hergestellt. Dieser Arbeit von WÖHLER folgte eine große Zahl von Untersuchungen, die angestellt wurden, um zu

[1] Mme FULHAME, Referat in Ann. chim. **26**, 58 (1798).
[2] OBERKAMPF, Ann. chim. **80**, 140 (1811).
[3] C. H. PFAFF, SCHWEIGG. Journ. f. Chem. u. Phys. **36**, 68 (1822).
[4] H. ROSE, Pogg. **14**, 183 (1828).
[5] F. WÖHLER, Ann. d. Pharm. **30**, 1 (1839); J. pr. Ch. **18**, 182 (1839).

entscheiden, ob die WÖHLERschen Präparate, wie WÖHLER selbst angenommen hatte, aus Silberoxyd- resp. Oxydsalzen oder wirklich aus metallischem Silber bestanden. Die letztere Auffassung stellte sich als die richtige heraus. Eine damit analoge Reihe von Untersuchungen bilden diejenigen, welche sich um den Beweis für die Existenz von Wismutoxydul resp. Oxydulverbindungen drehten. Ganz so wie beim Silber zeigte es sich auch hier, daß die braunen, zuerst von R. SCHNEIDER[1] (1853) durch Reduktion von Wismutsalzen hergestellten Flüssigkeiten das Metall in elementarem Zustande und nicht als Oxydul enthielten.

Unter den Arbeiten von Mitte des vorigen Jahrhunderts sind noch zu erwähnen die klassischen Untersuchungen FARADAYS[2] über kolloides Gold (1856). Dieser Forscher hat sehr beständige und hochdisperse Goldhydrosole beschrieben und, was besonders interessant ist, auch sehr klare und richtige Ansichten über die bei der Gewinnung stabiler Sole einzuhaltenden Bedingungen ausgesprochen.

Gegen Ende des 19. Jahrhunderts werden von CAREY LEA[3] (1889), PRANGE[4] (1890) und E. SCHNEIDER[5] (1891—94) die Methoden zur Herstellung von kolloidem Silber weiter ausgebildet. LOTTERMOSER[6] stellt (1898) kolloides Quecksilber durch Reduktion von Mercuronitrat mit Stannonitrat dar, und ZSIGMONDY[7] publizierte (1898) eine wichtige Arbeit über die Bereitung von kolloiden Goldlösungen durch Reduktion mit Formaldehyd. Die Bedeutung dieser Arbeit für die Herstellung kolloider Lösungen liegt in dem zielbewußten Versuch, eine gut kontrollierbare und genau reproduzierbare Methode zu finden, die es gestattet, kolloide Lösungen von großer Reinheit und kleiner relativ gleichmäßiger Teilchengröße herzustellen. Die ZSIGMONDYsche Methode wurde auch später auf andere Metalle ausgedehnt. So stellte z. B. LOTTERMOSER[8] (1901) durch Reduktion mit Formaldehyd die Hydrosole der Platinmetalle (Pt, Pd, Pb, Ir) dar.

Untersuchungen, die sich direkt auf das Suchen nach neuen Herstellungsmethoden für kolloide Lösungen beziehen, werden von jetzt an immer zahlreicher. Die wichtigsten Untersuchungen des zwanzigsten Jahrhunderts auf dem Gebiete der Reduktionsmethoden können in folgende Reihen geteilt werden:

Die Reduktion mit Hydrazin- und Hydroxylaminverbindungen nach GUTBIER[9] (1902—05).

[1] R. SCHNEIDER, Pogg. 88, 45 (1853).
[2] M. FARADAY, Phil. Trans. (London) 1857, 145.
[3] C. M. LEA, Am. J. Science (3) **37**, 476 (1889); **38**, 47, 129, 237 (1889); **41**, 179, 259, 482; **42**, 312 (1891).
[4] A. J. PRANGE, Rec. trav. chim. **9**, 121 (1890).
[5] E. A. SCHNEIDER, Ber. **24**, 2241, 3370 (1891); **25**, 1164, 1281 (1892); Z. anorg. Ch. **7**, 339 (1894).
[6] A. LOTTERMOSER, J. pr. Ch. (2) **57**, 484 (1898).
[7] R. ZSIGMONDY, Ann. **301**. 29 (1898).
[8] A. LOTTERMOSER, Über anorganische Kolloide, Stuttgart 1901.
[9] A. GUTBIER, Z. anorg. Ch. **31**—**45** (1902—1905). Siehe auch THE SVEDBERG, Die Methoden zur Herstellung kolloider Lösungen anorganischer Stoffe, Dresden 1909, S. 10—11, wo die übrigen zahlreichen Arbeiten von GUTBIER verzeichnet sind.

Die Protalbin- und Lysalbinsäuremethode von PAAL[1] (1902).

Die Wollfettmethode von AMBERGER[2] (1912).

Die Arbeiten von HENRICH[3] (1903), GARBOWSKI[4] (1903) und HANRIOT[5] (1904) über die Reduktionswirkungen verschiedener organischer Verbindungen, besonders Phenolen, Chinone und aromatischer Aldehyde.

Die Akroleinmethode von CASTORO[6] (1904).

Die Arbeiten von VANINO über Reduktion mit Wasserstoff, Alkoholen, Zuckerarten, Terpenen und ätherischen Ölen[7 8] (1905—07).

Die Reduktion mit Kohlenoxyd von DONAU[9] (1905—06) und von KOHLSCHÜTTER[10] (1908).

Die neueren Arbeiten von ZSIGMONDY[11] über die Reduktion unter Beihilfe der Keimwirkung zugesetzter Kolloidteilchen (1906).

Die Silberreduktion mit Wasserstoff nach KOHLSCHÜTTER[10] (1908).

Die elektrolytische Reduktion nach BILLITER[12] (1902) und LECOQ[13] (1910).

Die immer größer werdende Bedeutung der Kolloide für Industrie und Technik hat sich in einer rasch steigenden Vermehrung der diesbezüglichen Patentanmeldungen kundgegeben. Das erste Patent, das sich auf eine Reduktionsmethode zur Herstellung kolloider Lösungen bezieht, stammt aus dem Jahre 1898. Es wurde der chemischen Fabrik VON HEYDEN (Radebeul b. Dresden) für das LOTTERMOSERsche Verfahren zur Herstellung von kolloidem Quecksilber erteilt. Dann folgt von 1905 ab eine Reihe von Patenten, die sich auf die PAALsche Lysalbin- und Protalbinsäuremethode beziehen (S, Se, Au, Ag) und von KALLE & Co. angemeldet wurden. Dasselbe Prinzip, die Reduktion unter Zusatz von Eiweißstoffen oder Abkömmlingen derselben, bildet auch die Grundlage der meisten übrigen diesbezüglichen Patente, z. B. der Patente für die Herstellung von kolloidem Quecksilber nach HOFFMANN[14] (1907).

Was die Herstellung von kolloiden Lösungen durch Oxydation betrifft, so ist, wie schon gesagt, das einzige diesbezügliche Verfahren, das von Bedeutung geworden ist, die Herstellung von kolloidem Schwefel durch Oxydation von Schwefelwasserstoff durch Sauerstoff. Unsere Kennt-

[1] C. PAAL, Ber. **35—40** (1902—1907). Vollst. Literaturverz. in THE SVEDBERG, Die Methoden zur Herstellung kolloider Lösungen anorganischer Stoffe, Dresden 1909, S. 9—12.

[2] C. AMBERGER, Z. Kolloid. **11**, 97, 100 (1912).

[3] F. HENRICH, Ber. **36**, 609 (1903).

[4] L. GARBOWSKI, Ber. **36**, 1215 (1903).

[5] HANRIOT, C. r. **138**, 1044 (1904).

[6] N. CASTORO, Z. anorg. Ch. **41**, 126 (1904). Z. Kolloid. **6**, 283 (1910).

[7] L. VANINO, Ber. **38**, 463 (1905). L. VANINO, u. F. HARTL, Ber. **39**, 1696 (1906).

[8] L. VANINO, Z. Kolloid. **2**, 51 (1907). P. LEIDLER, Z. Kolloid. Suppl. 1, XXIII, (1907).

[9] J. DONAU, Mfte. **26**, 525 (1905); **27**, 71 (1906).

[10] V. KOHLSCHÜTTER, Z. Elektr. **14**, 49 (1908).

[11] R. ZSIGMONDY, Z. phys. Ch. **56**, 65, 77 (1906).

[12] J. BILLITER, Ber. **35**, 1929 (1902).

[13] LECOQ, C. r. **150**, 700 (1910).

[14] M. K. HOFFMANN, D. R.-P. Kl. 12p., Nr. 185600 (1907).

nisse von kolloidem Schwefel sind etwa so alt, wie die Kenntnisse von Schwefelwasserstoff überhaupt. Andeutungen darüber finden wir z. B. bei LE VEILLARD[1] (1789) und BERTHOLLET[2] (1798). Erst BERZELIUS[3] hat aber (1808) die Entstehung einer kolloiden Schwefellösung durch Oxydation von Schwefelwasserstoff klar beschrieben. Das Thema wird dann von DÖBEREINER[4] (1813), WACKENRODER[5] (1846), SOBRERO und SELMI[6] (1850), STINGL und MORAWSKI[7] (1879), SPRING[8] (1906) und in letzter Zeit besonders von RAFFO[9] (1908) und ODÉN[10] (1910—1912) behandelt.

Auch die Kenntnisse von der Entstehung eigentümlicher „Pseudolösungen" durch Hydrolyse ist ziemlich alt. GAY-LUSSAC[11] (1810) und BERZELIUS[12] (1833) sind die ersten, welche darüber unzweideutige Beobachtungen mitgeteilt haben. Die Versuche von GAY-LUSSAC beziehen sich auf Aluminiumacetatlösungen (kolloides Al_2O_3), diejenigen von BERZELIUS auf Schwefelkiesel (kolloides SiO_2). Die Versuche über die Bildung von Pseudolösungen der Metalloxyde durch Hydrolyse von Acetaten wurden zunächst von CRUM[13] (1853—54) und PÉAN DE SAINT-GILLES[14] (1855) und in neuerer Zeit von REINITZER[15] (1882), OECHSNER DE CONINCK[16] (1907), ROSENHEIM und HERTZMANN[17] (1907) fortgesetzt. Durch Hydrolyse von Nitraten sind kolloide Metalloxydlösungen von PÉAN DE SAINT-GILLES[18] (1855), SCHEURER-KESTNER[19] (1859), BILTZ[20] (1902), und durch Hydrolyse von Chloriden unter anderen von DEBRAY[21] (1869), KRECKE[22] (1871), MALFITANO[23] (1905), SICHLING[24] (1911) und EBLER u. FELLNER[25] (1911) hergestellt

[1] LE VEILLARD, CRELLS chem. Ann. 1789 I, 440.
[2] BERTHOLLET, Ann. chim. **25**, 233 (1798).
[3] J. J. BERZELIUS, Lärobok i Kemien, 1sta upplagan del I, Stockholm 1808 S. 120.
[4] DÖBEREINER, SCHWEIGG. Journ. f. Chem. u. Phys. 8, 400 (1813).
[5] WACKENRODER, Archiv d. Pharm. **48**, 40 (1846); Ann. d. Chem. u. Pharm. **60**, 189 (1846).
[6] SOBRERO u. SELMI, Ann. chim. phys. (3) **28**, 210 (1850).
[7] J. STINGL u. MORAWSKI, J. pr. Ch. (2) **20**, 76 (1879).
[8] W. SPRING, Rec. trav. chim. **25**, 253 (1906); Bull. acad. roy. Belg. **1906**, 452.
[9] M. RAFFO, Z. Kolloid. **2**, 358 (1908).
[10] S. ODÉN, Nova acta reg. soc. sc. Upsaliensis ser. **4**, vol. 3, Nr. 4 (1912).
[11] GAY-LUSSAC, Ann. chim. **74**, 193 (1810).
[12] J. J. BERZELIUS, Lehrb. der Chemie III. Aufl., **2**, 122 (1833).
[13] W. CRUM, J. Chem. S. **6**, 217 (1853). Ann. d. Chem. u. Pharm. **89**, 156 (1854); J. pr. Chem. **61**, 390 (1854).
[14] L. PÉAN DE SAINT-GILLES, C. r. **40**, 568, 1243 (1855).
[15] B. REINITZER, Mfte. **3**, 249 (1882).
[16] W. OECHSNER DE CONINCK, Bull. acad. roy. Belg., classe de sc. **1907**, 34.
[17] A. ROSENHEIM u. J. HERTZMANN, Ber. **40**, 810 (1907).
[18] L. PÉAN DE SAINT-GILLES, C. r. **40**, 568, 1243 (1855).
[19] A. SCHEURER-KESTNER, Ann. chim. phys. (3) **57**, 231 (1859).
[20] W. BILTZ, Ber. **35**, 4431 (1902).
[21] H. DEBRAY, C. r. **68**, 913 (1869). Ber. **2**, 190 (1869).
[22] J. W. KRECKE, J. pr. Ch. (2) **3**, 286 (1871); Zentr. (3) **2**, 418 (1871).
[23] G. MALFITANO, C. r. **140**, **141**, **145**. Über nähere Literaturangaben siehe bei THE SVEDBERG, Die Methoden zur Herstellung kolloider Lösungen anorganischer Stoffe, Dresden 1909, S. 255.
[24] K. SICHLING, Z. phys. Ch. **77**, 30 (1911).
[25] E. EBLER u. M. FELLNER, Ber. **44**, 1915 (1911).

worden. In neuerer Zeit haben GRIMAUX[1] (1884) und LEY[2] (1905) durch Verseifung gewisser metallhaltiger organischer Verbindungen kolloide Lösungen erhalten.

Unter den übrigen Kondensationsmethoden, die auf chemischen Reaktionen beruhen, sind die Methoden zur Herstellung von kolloidem SiO_2 und von kolloiden Metallsulfiden am ältesten. Schon TORBERN BERGMAN[3] war es bekannt, daß durch Zersetzung von Wasserglas mit Säure eine Pseudolösung von SiO_2 entsteht. In bezug auf die Sulfide ist BERZELIUS[4] (1808) als Altmeister zu nennen. Dann folgen Arbeiten von SCHULZE[5] (1882—83) und LINDER und PICTON[6] (1892) über kolloides As_2S_3 und Sb_2S_3, WINSSINGER[7] (1888) über Sulfide von Wo, Mo, Ir, Pd, Pt, Au, Ag, Tl, Pb, Bi, Fe, Ni, Co. Von den Forschern der letzteren Zeit, die auf diesem Gebiete gearbeitet haben, sind zu nennen GUTBIER[8] (1902), Herstellung von kolloiden Te- und Se-Sulfiden, und LOTTERMOSER[9] (1907), Herstellung von kolloidem HgS. Unter den wichtigen Arbeiten GRAHAMS[10] aus den Jahren 1861 bis 1864 beziehen sich auch viele auf die Bildung kolloider Lösungen durch Kondensation bei verschiedenen chemischen Reaktionen. Ferner sind hier zu bemerken die Untersuchungen LOTTERMOSERS[11] (1903—06), über die Herstellung von Hydrosolen schwerlöslicher Silbersalze sowie die Methoden von LOBRY DE BRUYN[12] (1898—1902), KÜSPERT[13] (1903), PAAL[14] und verschiedenen chemischen Fabriken zur Herstellung kolloider Lösungen unter Beihilfe von Schutzkolloiden als Stabilisierungsmitteln.

Diejenigen Methoden zur Herstellung kolloider Lösungen, bei denen das in den kolloiden Zustand zu überführende Material durch den Kondensationsprozeß nicht chemisch verändert wird, sind noch nicht so ausführlich mitgeteilt worden, daß man ihre Leistungsfähigkeit beurteilen kann. Sie beruhen alle auf altbekannten Tatsachen. So gehört ja die Beobachtung, daß bei schneller Abscheidung des gelösten Stoffes aus

---

[1] ED. GRIMAUX, C. r. **98**, 105, 1434, 1485 (1884).
[2] H. LEY, Ber. **38**, 2199 (1905).
[3] T. BERGMAN, Kleine physische und chem. Werke **3**, 391 (1785).
[4] J. J. BERZELIUS, Lärobok i Kemien 1sta upplagan, del I, Stockholm 1808 S. 282, 291.
[5] H. SCHULZE, J. pr. Ch. (2) **25**, 431 (1882); **27**, 320 (1883).
[6] S. E. LINDER u. H. PICTON, J. Chem. S. **61**, 114, 137, 148 (1892).
[7] C. WINSSINGER, Bull. Acad. roy. Belg. (3) **15**, 390 (1888).
[8] A. GUTBIER, Z. anorg. Ch. **32**, 292 (1902); A. GUTBIER u. J. LOHMANN, Z. anorg. Ch. **42**, 325 (1904).
[9] A. LOTTERMOSER, J. pr. Ch. (2) **75**, 293 (1907).
[10] TH. GRAHAM, Phil. Trans. (London) **151**, 183 (1861); C. r. **59**, 174 (1864); Ann. chim. phys. (4) **3**, 121 (1864).
[11] A. LOTTERMOSER, J. pr. Ch. (2) **68**, 341, 357 (1903); **72**, 39 (1905); **73**, 374 (1906).
[12] C. A. LOBRY DE BRUYN, Z. phys. Ch. **29**, 562 (1899); Rec. trav. chim. **19**, 236, 251 (1900); Ber. **35**, 3079 (1902).
[13] F. KÜSPERT, Z. anorg. Ch. **34**, 453 (1903).
[14] C. PAAL und Mitarbeiter, Ber. **35—40** (1902—1907); **41**, 51, 58 (1908); **42**, 277, 291 (1909). — Vollst. Literaturverz. in THE SVEDBERG, Die Methoden usw. Dresden 1909, S. 9—12.

einer kristalloiden Lösung infolge einer plötzlichen Temperaturänderung oder durch plötzlichen Zusatz eines Stoffes, der auf dem gelösten Körper stark löslichkeitserniedrigend wirkt, oft „Trübungen" und opaleszente Flüssigkeiten entstehen, zu den ersten Erfahrungen der Chemie und Physik. Mit der Ausarbeitung einer auf solche Prinzipien gegründeten Methode hat sich erst SVEDBERG[1] (1908) beschäftigt. Er bewirkt die Abscheidung der dispersen Phase durch löslichkeitserniedrigende Zusätze. Zwei Jahre später hat v. WEIMARN[2] (1910), ohne diese Arbeit zu kennen, eine ganz ähnliche Methode mitgeteilt. Von dem Prinzip der plötzlichen Temperaturerniedrigung ausgehend, haben Wo. OSTWALD und v. WEIMARN[3] unabhängig voneinander (1910) Methoden zur Herstellung kolloider Lösungen ausgearbeitet.

Allgemeine Regeln für die Herstellung kolloider Lösungen durch Kondensation hat besonders v. WEIMARN[4] ausgearbeitet. Zwar sind dieselben im allgemeinen schon seit langem von den Kolloidchemikern bewußt oder unbewußt benutzt worden, sie wurden aber erst durch v. WEIMARN klar formuliert und im Zusammenhang experimentell und theoretisch behandelt.

Unter diesen Entstehungsbedingungen steht erstens die von mir als Existenzbedingung bezeichnete Forderung:

1. Die disperse Phase muß im Reaktionsmedium nur **sehr** schwer molekular löslich sein.

Ferner lehrt v. WEIMARN:

2. Die Ausscheidung der dispersen Phase muß gleichzeitig an vielen Punkten erfolgen. Es ist deshalb von Nutzen, wenn die Solbildung sehr schnell verläuft (Ausnahme z. B. die ZSIGMONDYsche Phosphormethode).

Außerdem ist Zähigkeit des Reaktionsmediums und Kompliziertheit der Moleküle der Reaktionskomponenten oft vorteilhaft. (Ausnahmen siehe SVEDBERG.)[5]

Spezieller Teil.

Reduktionsmethoden.

Methode von KOHLSCHÜTTER.[6]

Eine sehr interessante und vom theoretischen Standpunkte aus gesehen, überaus wichtige Reduktionsmethode zur Darstellung von kolloidem Silber hat KOHLSCHÜTTER publiziert. Er reduziert Silberoxyd unter Wasser mit gasförmigem Wasserstoff und gelangt so zu einer Lösung, die außer

---

[1] THE SVEDBERG, Schwedisches Patent Nr. 27611 (1908).

[2] P. P. v. WEIMARN, Eine einfachste Methode zur Darstellung von P, S, Se, Te in kolloidem Zustand, der Russ. chem Ges., mitgeteilt am 4. März 1910.

[3] P. P. v. WEIMARN u. Wo. OSTWALD, Z. Kolloid. **6**, 181 (1910).

[4] P. P. v. WEIMARN, Z. Kolloid. **2**, **3**, **4**, **5** (1908—09). P. P. v. WEIMARN, **3**, 289 (1908).

[5] THE SVEDBERG, Nova acta reg. soc. sc. Upsaliensis ser. 4, vol. 2, Nr. 1 (1907) S. 107.

[6] V. KOHLSCHÜTTER, Z. Elektr. **14**, 49 (1908).

dem kolloiden Silber nur Silberhydroxyd als Verunreinigung enthält. Letzteres entfernt er durch Behandlung der Silbersole in einer platinierten Platinschale mit Wasserstoffgas. Das kristalloid gelöste Silber schlägt sich dabei in Form von feinen glänzenden Kristallen auf der Schale nieder, während gleichzeitig die elektrische Leitfähigkeit auf etwa den zehnten Teil ihres ursprünglichen Wertes zurückgeht. Speziell für die Erkenntnis des Bildungsmechanismus bei der Reduktion liefert seine Untersuchung viele wertvolle Beobachtungen. So findet er z. B., daß die Reaktion „nach Art gewisser Gasreaktionen vorwiegend oder ausschließlich an der Gefäßwand vor sich geht“.

Ausgangsmaterial: Ag_2O.
Reduktionsmittel: H_2.
Disperse Phase: Ag.

Das Ag_2O wird mit reinem Wasser übergegossen und reines H_2 darin bei einer Temperatur von 50 bis 60° während 8 bis 10 Stunden eingeleitet. Die Temperatur darf 70° nicht übersteigen, weil die bei höheren Temperaturen gebildeten Sole sehr unbeständig sind. Je nach der Beschaffenheit des bei der Herstellung verwendeten Gefäßes, können Sole von sehr verschiedener Farbe gewonnen werden. Über das Zustandekommen dieser Beeinflussung ist man noch nicht im klaren. Die Konzentration der von KOHLSCHÜTTER in dieser Weise gewonnenen Sole ist von der Größenordnung 10^{-4} Mol./Liter.

Methode von DONAU.[1]

Ausgangsmaterial: a) $HAuCl_4$,
b) $PdCl_2$.
Reduktionsmittel: CO.
Disperse Phase: a) Au,
b) Pd.

Die betreffenden Metallsalze werden zu Konzentrationen von 0,0005 bis 0,05 % in Wasser gelöst und darin CO, das von CO_2 nicht befreit zu sein braucht, mittelst einer Capillare so lange eingeleitet, bis sich die elektrische Leitfähigkeit nicht mehr verändert. Der Reduktionsprozeß ist dann als beendet zu betrachten. Die Reduktion kann sowohl bei tieferen als bei höheren Temperaturen ausgeführt werden. Von dem als Verunreinigung vorhandenen HCl können die erhaltenen Sole durch Dialyse nur teilweise befreit werden. Sie können in reiner Atmosphäre oder im Vakuum bis zu etwa 0,15 Prozent eingeengt werden.

Die FARADAY-ZSIGMONDYsche Phosphormethode.[2]

Ausgangsmaterial: $HAuCl_4$.
Reduktionsmittel: P (in Äther gelöst).
Disperse Phase: Au.

[1] J. DONAU, Mfte. **26**, 525 (1905); **27**, 71 (1906).
[2] R. ZSIGMONDY, Zur Erkenntnis der Kolloide, Jena 1905, S. 100.

Das $HAuCl_4$ mit etwa 10 K_2CO_3 versetzt, wird bis zu einer Konzentration, die nicht höher als $5 \cdot 10^{-4}$ Mol./Liter sein darf, in Wasser gelöst und bei Zimmertemperatur durch Zusatz von einigen Tropfen ätherischer Phosphorlösung auf je 200 ccm des Reaktionsgemisches, reduziert. Die Kolloidbildung ist erst nach mehreren Stunden beendigt.

Methode von Gutbier.[1]

Die Arbeiten von Gutbier (im Verein mit Resenscheck und Hofmeier) erstrecken sich über die Jahre 1903—05 und beziehen sich auf die Reduktion mit Hydrazinhydrat, Hydroxylaminchlorhydrat, Phenylhydrazinchlorhydrat, unterphosphoriger Säure, Schwefeldioxyd und Sulfiten. Die Reduktion wird im allgemeinen in sehr verdünnter Lösung vorgenommen, teils bei gewöhnlicher, teils bei erhöhter Temperatur (40—80°), mit oder ohne Zusatz von Schutzkolloid, z. B. Gummiarabikum. Mit Hilfe von Hydrazinhydrat stellen sie die flüssigen (und in einigen Fällen auch die festen) Hydrosole von Gold, Platin, Palladium, Iridium (Osmium), Silber, Quecksilber (nur vorübergehend), Selen und Tellur her. Für die Herstellung der Hydrosole von Wismut, Kupfer und Quecksilber wird unterphosphorige Säure benutzt. Hydroxylaminchlorhydrat und Phenylhydrazinchlorhydrat haben eine viel beschränktere Verwendbarkeit: gute Lösungen von Gold und Tellur können damit bereitet werden. Schwefeldioxyd scheidet bei 50—60° aus salzsauren Lösungen von Tellurdioxyd Tellur ab. Die so erhaltenen Sole sind aber wenig beständig.

Ausgangsmaterial:	a) $AgNO_3$, b) $HAuCl_4$, c) $(NH_4)_2IrCl_6$, d) $PdCl_2$, e) $PtCl_4$, f) H_2SeO_3, g) TeO_2 oder H_2TeO_4.
Reduktionsmittel:	Hydrazinhydrat-, Hydroxylamin- und Phenylhydrazinsalze.
Disperse Phase:	a) Ag, b) Au, c) Ir, d) Pd, e) Pt, f) Se, g) Te.

Verdünnte wässerige Lösungen der betreffenden Metallverbindungen (Ag, Au, Ir, Pt etwa 1:1000; Se, Te etwa 2 bis 3:1000, Pd 1:4000) werden mit einigen Tropfen einer verdünnten Lösung eines der obigen Reduktionsmittel mit oder ohne Erwärmung versetzt. Bei Reduktion von Ag, Au, Pd, Pt mit Hydrazinverbindungen und Au mit Phenylhydrazinverbindungen empfiehlt es sich, in der Kälte zu arbeiten, für die übrigen Metalle und Reduktionsmittel ist es dagegen im allgemeinen vorteilhafter, das Reaktionsgemisch vor Zugabe des Reduktionsmittels mehr oder weniger stark zu erwärmen. Besonders bei Au und Ag ist es wichtig, durch Zusatz von K_2CO_3 die verwendeten Lösungen zu neutralisieren. Ir, Pd und Pt können nur bei Gegenwart von Gummiarabikum (etwa 1:200) als Schutzkolloid, in stabiler Form erhalten werden. Die Herstellung von Cu-

---

[1] A. Gutbier, Z. anorg. Ch. **31—45** (1902—1905), siehe auch The Svedberg, Die Methoden zur Herstellung kolloider Lösungen anorganischer Stoffe, Dresden 1909, S. 10—11, wo die Arbeiten von Gutbier vollständig verzeichnet sind, sowie Z. Kolloid. **9**, 175 (1911).

und Bi-Solen und die Verwendung von unterphosphoriger Säure, Schwefeldioxyd und Sulfiten ist komplizierter. In bezug hierauf, muß auf die Originalabhandlungen verwiesen werden.

Methode von CASTORO.[1]

Ausgangsmaterial: a) $HAuCl_4$,
b) $PtCl_4$.
Reduktionsmittel: Acrolein.
Disperse Phase: a) Au
b) Pt.

Man erwärmt 0,5 Liter einer 1 : 1000 wässerigen, durch Zusatz von K_2CO_3 schwach alkalisch gemachten Lösung von $HAuCl_4$ resp. $PtCl_4$, bis zur Siedehitze und versetzt das Gemisch dann sofort mit 2 ccm 33prozentigem Acrolein. Arbeitet man mit verdünnteren Lösungen, so erhält man leicht violette Goldsole.

Methode von HENRICH[2] und GARBOWSKI.[3]

HENRICH untersuchte die Wirksamkeit der mehrwertigen Phenole und stellte mit Hilfe von Hydrochinon, Pyrocatechin und Pyrogallol die Hydrosole des Goldes, des Platins, des Silbers und des Quecksilbers her. Die reduzierende Kraft der mehrwertigen Phenole soll mit der Anzahl der Hydroxylgruppen im Molekül zunehmen. „Außerdem ist deren Stellung im Benzolkern von Einfluß. Wenn sich die Hydroxylgruppen in o- und p-Stellung befinden, so ist die reduzierende Kraft am intensivsten. Deshalb reduzieren Hydrochinon und Brenzcatechin stärker als Resorcin, und Pyrogallol mehr als die beiden ersteren.“ GARBOWSKI beschäftigte sich in ähnlicher Weise mit Phenolen, Phenolsäuren, Aldehyden und Phenolaldehyden. Von den Phenolsäuren untersuchte GARBOWSKI: Salicylsäure, Protocatechusäure, Gallussäure, Tannin und Chinasäure. Von Aldehyden zeigten sowohl Formaldehyd wie die höheren Homologen der aliphatischen Aldehyde: Acet-, Propyl- und Valeraldehyd solbildende Eigenschaften. Benzalaldehyd erwies sich nicht als wirksam, wohl aber Salicylaldehyd, Guajacol und Vanilin, das letzte jedoch nur bei Goldchlorid.

Ausgangsmaterial: a) $HAuCl_4$, b) $PtCl_4$, c) $AgNO_3$, d) $HgNO_3$.
Reduktionsmittel: Phenole, Chinone, aromatische Aldehyde und Säuren.
Disperse Phase: a) Au, b) Pt, c) Ag, d) Hg.

Au-, Pt-, Ag-Sole können mit Pyrocatechin, Resorcin, Hydrochinon, Pyrogallol, Phloroglucin, Salicylaldehyd, Protocatechusäure, Gallussäure, Tannin; Hg-Sole mit Pyrogallol und Au-Sole außerdem mit Chinasäure, Salicylsäure und Vanilin hergestellt werden.

---

[1] N. CASTORO, Z. anorg. Ch. **41**, 126 (1904).
[2] F. HENRICH, Ber. **36**, 609 (1903).
[3] L. GARBOWSKI, Ber. **36**, 1215 (1903).

Je nach der Verdünnung und Alkalität des Reaktionsgemisches und der Natur des verwendeten Reduktionsmittels können Au-Sole von sehr verschiedener Farbe und Stabilität bereitet werden. Neutralisiert man eine 0,0001-n $HAuCl_4$-Lösung mit einigen Tropfen verdünnter K_2CO_3, erwärmt und versetzt sie mit 0,004 bis 0,2% des Reduktionsmittels in 0,001-n Lösung, so erhält man das haltbare, rotgefärbte Goldhydrosol. Bei Pt ist Alkalizusatz schon deshalb nötig, weil die Reaktion ohne einen solchen nicht vor sich geht. Sollen Ag- und Hg-Sole bereitet werden, so muß ein wenig Natriumacetat zu den betreffenden Salzlösungen zugesetzt werden. Die Stabilität dieser Kolloide ist geringer, als die der vorigen, durch Dialyse kann sie jedoch erhöht werden.

Methoden von Vanino.[1 2]

Vanino und seine Mitarbeiter (Stoeckl und Hartl) haben ausführliche und systematische Versuche über die Bildung von kolloiden Goldlösungen durch Reduktion angestellt. Unter den vielen von ihnen untersuchten Reduktionsmitteln sind die ätherischen Öle, die Alkohole und die Zuckerarten besonders wichtig.

Ausgangsmaterial: $HAuCl_4$.
Reduktionsmittel: Ätherische Öle, Alkohole, Zuckerarten.
Disperse Phase: Au.

Mit ätherischen Ölen (Pinen, Rosmarinöl, Terpentinöl) können Au-Sole von verschiedenster Farbe hergestellt werden, je nach der Konzentration des $HAuCl_4$ und des Reduktionsmittels und je nach der bei der Reduktion herrschenden Temperatur.

Z. B. 500 ccm Wasser, 5 ccm Rosmarinöl:

	In der Kälte	In der Wärme
0,0181 g Au	bläulich mit Oberflächenschimmer	rosa
0,00905 g Au	keine Einwirkung	schwach rosa

Methylalkohol und Äthylalkohol geben mit verdünnten, wässerigen Lösungen von $HAuCl_4$ ebenfalls Goldsole von sehr verschiedenen Eigenschaften je nach den Versuchsbedingungen. Z. B.:

Goldchlorid	Wasser	Alkohol	Farbe
10 ccm	150 ccm	10 ccm	blau mit Oberflächenschimmer
2 „	150 „	10 „	Himbeerrot

Die Einwirkung von verschiedenen Zuckerarten auf $HAuCl_4$ (mit oder ohne Alkalizusatz) ist von Vanino und seinen Schülern sehr eingehend untersucht worden. Für genauere Angaben über die Herstellungsweise dieser Sole siehe The Svedberg, „Methoden zur Herstellung kolloider Lösungen“, S. 86 f.

---

[1] L. Vanino, Ber. **38**, 463 (1905); F. Hartl, Ber. **39**, 1696 (1906).
[2] L. Vanino, Z. Kolloid. **2**, 51 (1907).

Methode von Paal.[1]

Paal hat im Verein mit seinen Schülern eine Reduktionsmethode ausgearbeitet, die auf den interessanten Eigenschaften gewisser von ihm dargestellter organischer Präparate, der Alkalisalze der Lysalbin- und Protalbinsäure beruht. Diese Substanzen, welche aus Eiweißstoffen durch Behandeln mit Alkalien gewonnen werden, üben auf anorganische Kolloide energische Schutzwirkungen aus. Auf Metallverbindungen wirken sie auch reduzierend. Der Reduktionsmechanismus ist nicht ganz einfach. Zu einer Lösung von lysalbin- oder protalbinsaurem Natrium wird eine Salzlösung des in Frage stehenden Metalls gesetzt, bis nichts mehr ausfällt. Der gewaschene Niederschlag — ein Metallsalz der organischen Säure — wird in Natronlauge gelöst, wobei ein Metallhydroxyd sich bildet. Letzteres wird alsdann der Reduktion unterworfen. Bei einigen Metallen, wie Silber und Gold, kann diese Reduktion einfach durch Erwärmen auf dem Wasserbade erreicht werden, bei den meisten muß aber ein besonderes Reduktionsmittel verwendet werden. Als solche eignen sich Hydrazin, Hydroxylamin, Natriumamalgam, Aluminium und Wasserstoff. Für die Herstellung von kolloidem Platin, Palladium, Selen, Tellur und Kupfer kann Hydrazinhydrat verwendet werden. Iridium erhält man am besten mit Natriumamalgam, Osmium mit Aluminium oder durch Behandeln mit Hydrazinhydrat und nachträgliche Reduktion der getrockneten Substanz mittels gasförmigem Wasserstoffs bei 30—40°. Kolloides Kupfer kann gleichfalls auf trockenem Wege aus dem festen Hydrosol des Kupferoxyds durch Einwirkung von Wasserstoffgas, und zwar bei einer Temperatur von etwa 200° hergestellt werden. Kupfer und Tellur erhält man durch Einhalten gewisser Detailvorschriften in verschiedenen Farben; Kupfer rot oder blau, Tellur braun oder blau.

Der große Vorteil dieser Methode ist besonders darin zu suchen, daß es mit Hilfe derselben im allgemeinen gelingt, die Hydrosole vieler Metalle in fester Form zu gewinnen.

Ausgangsmaterial: a) $HAuCl_4$, b) $AgNO_3$, c) $PtCl_4$, d) $PdCl_4$, e) $IrCl_4$, f) K_2OsO_4, g) $CuSO_4$, h) TeO_3, i) SeO_2.

Reduktionsmittel: Lysalbin- und Protalbinsäure und deren Na-Salze mit oder ohne Zusätze.

Disperse Phase: a) Au, b) Ag, c) Pt, d) Pd, e) Ir, f) Os, g) Cu, h) Te, i) Se.

Für die praktische Ausführung aller die zu einer Methode gehörigen Operationen, hat Paal sehr genaue Vorschriften gegeben, hier seien nur einige Beispiele angeführt:

Herstellung von kolloidem Silber.

Das kolloide Silber wird durch Reduktion von kolloidem Silberoxyd mit protalbin- oder lysalbinsaurem Natrium gewonnen. Das dabei ver-

[1] C. Paal, Ber. 35—40 (1902—1907). Vollst. Literaturverz. in The Svedberg, Die Methoden zur Herstellung kolloider Lösungen anorganischer Stoffe, Dresden 1909, S. 9—12. Siehe auch C. Amberger, Z. Kolloid. 8, 88 (1911).

wendete kolloide Silberoxyd wird aber selbst mit Hilfe von protalbin- und lysalbinsaurem Natrium und Silbernitrat erhalten.

Dabei hat PAAL folgenden Weg eingeschlagen: „Protalbinsaures Natrium wurde in der 10—15fachen Menge Wasser gelöst und zur heißen Flüssigkeit so lange Silbernitratlösung gegeben, als noch Fällung eintrat. Das protalbinsaure Silber wurde mit kaltem Wasser gewaschen, wobei ein geringer Teil des Salzes in Lösung ging. Hierauf verreibt man das Salz noch feucht mit Wasser zu einem Brei und gibt in kleinen Anteilen Natronlauge bis zur vollständigen Lösung hinzu, die sehr rasch eintrat. Man erhält so eine im auffallenden Licht undurchsichtige, bräunlichgraue, scheinbar milchig getrübte Flüssigkeit, die aber im durchfallenden Licht in dünner Schicht vollkommen klar und durchsichtig ist und bräunliche Farbe besitzt. Wird diese Lösung dialysiert, so sind im Außenwasser wohl etwas freie Natronlauge und protalbinsaures Natrium, aber nicht eine Spur Silber nachweisbar."

Mit Hilfe eines so gewonnenen kolloiden Silberoxyds wird das Silbersol hergestellt.

„Kolloides Silberoxyd wurde in Wasser gelöst, mit etwas Natronlauge versetzt und auf dem Wasserbade erwärmt. Nach ungefähr $^1/_2$ Stunde war die Reduktion des Oxyds beendigt und die in dünner Schicht rein gelbbraune Farbe des gelösten kolloiden Silbers aufgetreten. Als eine Probe der Lösung mit einem Tropfen Hydrazinhydrat nicht mehr reagierte, wurde sie abgekühlt und zur Entfernung des überschüssigen Alkalis der Dialyse gegen Wasser unterworfen. Im Diffusat war Silber auch nicht in Spuren nachzuweisen. Hierauf wurde die Flüssigkeit auf dem Wasserbade in einer flachen Glasschale eingedampft und so das Präparat als schwarze, glänzende, an der Gefäßwand haftende Kruste erhalten, die beim mechanischen Ablösen in ein tief schwarzbraunes, glänzendes, grobkörniges Pulver zerfiel, das sich leicht und vollständig in Wasser löste."

Herstellung von kolloidem Gold.

Das kolloide Gold wird direkt aus Goldchlorid und protalbin- oder lysalbinsaurem Natrium erhalten.

„4 Teile Protalbinsäure wurden in 24 Teilen 5prozentiger, wässeriger Natronlauge gelöst und 1,7 Teile Goldchlorid, ebenfalls in Wasser gelöst, zugegeben. Hierbei entstand ein starker, käsig flockiger, gelber Niederschlag eines Goldsalzes der Protalbinsäure. Beim Erwärmen auf dem Wasserbade färbten sich Lösung und Niederschlag allmählich rot, aber erst nach mehrstündigem Erwärmen und weiterem Zusatz von Natronlauge war die Hauptmenge der Fällung wieder gelöst. Die im auffallenden Lichte undurchsichtige, im durchfallenden in dünner Schicht tiefrote Flüssigkeit wurde durch Dialyse gegen destilliertes Wasser gereinigt. In den Diffusaten konnte Gold nicht nachgewiesen werden, es war somit alles Goldchlorid in kolloides Gold übergegangen. Nachdem überschüssige Natronlauge und Chlornatrium wegdiffundiert waren, wurde der Dialysatorinhalt von einer geringen Menge durch kolloides Gold rot gefärbten Flocken abfiltriert, die in dünner Schicht klare Lösung auf dem Wasserbade konzentriert und durch Eingießen in das mehrfache Volumen Alkohol das Goldpräparat in schweren dunkelroten Flocken gefällt, die nach dem Trocknen in vacuo in eine glanzlose, braunviolette, zerreibliche Masse übergingen. Nach mehr als zweijähriger Aufbewahrung war die Substanz noch leicht und vollständig mit prächtig roter Farbe in Wasser löslich und behielt diese Eigenschaft auch nach dem Erhitzen auf 100° in vacuo."

Methode von Amberger.[1]

Unter Verwendung von Wollfett oder dessen unverseifbaren Anteilen als Reduktions- und Schutzmittel hat Amberger vor kurzem reversible Kolloide von Ag und Au in organischen Flüssigkeiten wie Chloroform, Äther, Petroläther, fetten Ölen und Paraffin hergestellt.

Wollfett (oder noch besser Wollfettalkohole) wird zuerst mit der wässrigen Lösung des Metallsalzes und dann mit Alkali innig verrieben. Es bildet sich zuerst das kolloide Oxyd des betreffenden Metalles, und dieses wird dann durch die reduzierenden Stoffe im Wollfett als Metall abgeschieden. Das gewonnene Kolloid kann in passender Weise gereinigt und konzentriert werden. (Näheres darüber siehe im Original.)

Methode von Carey Lea.[2 3 4]

Diese Methode besteht in der Reduktion von Silbernitratlösung mit Ferrocitrat oder Eisenalkalidoppelcitraten oder Reduktion mit den entsprechenden Tartraten. In verdünnten Lösungen wurden rote Färbungen hervorgerufen, in konzentrierteren werden unter Verwendung von Citraten blaue, mit Tartraten (unter gewissen Umständen) kupfer- oder goldähnliche Körper erhalten. Sie können mit gewissen Salzlösungen — nicht mit reinem Wasser — ausgewaschen werden und lassen sich nach dem Eintrocknen wieder in Wasser lösen. Es sind dies die sogenannten festen Hydrosole des Silbers. Carey Lea erkannte später, daß die Bildung von kolloidem Silber — oder, wie er es nannte, „allotropischem" Silber — eine viel allgemeinere Reaktion ist, als zuerst angenommen wurde.

Die Arbeiten Carey Leas wurden zunächst von Prange und Schneider weitergeführt. Sie machten wichtige Beobachtungen über die physikochemischen Eigenschaften des kolloiden Silbers, hatten aber hinsichtlich der Darstellungsmethoden nur wenig Neues hinzuzufügen. Prange zeigte durch Koagulations- und Dialysierversuche die kolloide Natur der Carey Leaschen Silberlösungen und führte einige Verbesserungen in der Reinigung der Substanzen ein. Schneider hat genauere Vorschriften über die Rein-

---

[1] C. Amberger, Z. Kolloid. **11**, 97, 100 (1912).

[2] C. M. Lea, Am. J. Science (3) **37**, 476 (1889); **38**, 47 (1889); **38**, 129 (1889); **38**, 237 (1889); **41**, 179, 259, 482 (1901); **42** (1891), 312 (1891).

[3] A. J. A. Prange, Rec. trav. chim. **9**, 121 (1890).

[4] E. A. Schneider, Ber. **24**, 2241, 3370 (1891); **25**, 1164, 1281 (1892); Z. anorg. Ch. **7**, 339 (1894).

darstellung des Silberhydrosols angegeben und die Bereitung von Silberalkosolen beschrieben.

Ausgangsmaterial: $AgNO_3$.
Reduktionsmittel: Na-Citrat und $FeSO_4$.
Disperse Phase: Ag.

Folgende Lösungen werden bereitet:

1. 500 ccm 10% $AgNO_3$, 2. 500 ccm 30% $FeSO_4$, 3. 700 ccm 40% Na-Citratlösung. Man vermischt die $FeSO_4$-Lösung mit der Citratlösung und fügt die so erhaltene Flüssigkeit unter gutem Rühren zu der $AgNO_3$-Lösung. Der gebildete Niederschlag wird von der überstehenden Flüssigkeit durch Dekantation und Filtration getrennt, in wenig Wasser gelöst, mit Alkohol wieder ausgefällt und unter Verwendung eines PASTEURschen Filterrohres aus unglasiertem Porzellan von neuem abgeschieden. In dieser Weise kann man bis zu 1,7 prozentige Ag-Sole erhalten. Eine Verunreinigung von 0,04% Fe ist dabei nicht zu verhindern.

Methode von LOTTERMOSER.[1]

Die Methode von LOTTERMOSER zur Herstellung von kolloidem Quecksilber besteht in der Reduktion von Mercuronitrat mit Stannonitrat in schwachsaurer Lösung. Er versuchte dasselbe Verfahren bei Wismut, aber zunächst ohne Erfolg. Es erwies sich nämlich hier als notwendig in alkalischer Lösung zu arbeiten. Um die Konzentration der Hydroxylionen möglichst niedrig zu halten, benutzt er Ammoniak. Die Reduktion wird so ausgeführt, daß eine mit Ammoniak und Ammoniumcitrat versetzte Lösung von Wismutnitrat mit einer Lösung von Zinnchlorür in ammoniakalischem Ammoniumcitrat im Verhältnisse 3 Mol. Zinnoxydul auf 2 Mol. Wismutoxyd vermischt wird. Braunfärbung der Flüssigkeit und Ausscheidung „eines feinen, schwarzen Niederschlags" zeigt das Gelingen der Reduktion an. „Der Niederschlag des kolloiden Wismuts wird von Wasser mit tief dunkelbrauner Farbe aufgenommen." Auch Kupfersalze werden in alkalischer Lösung (in Gegenwart von Citronensäure) von Zinnchlorür zu kolloiden Lösungen der entsprechenden Metalle reduziert.

Ausgangsmaterial: a) $HgNO_3$, b) $Bi(NO_3)_3$, c) $CuCl_2$.
Reduktionsmittel: Stannosalze.
Disperse Phase: a) Hg, b) Bi, c) Cu.

Die sehr stark verdünnte $HgNO_3$-Lösung wird mit der ebenfalls stark verdünnten $Sn(NO_3)_2$-Lösung im Verhältnis $2(HgNO_3 + 2H_2O) + Sn(NO_3)_2$ vermischt, wobei jedoch der letztere Körper überschüssig sein muß. Das kolloide Hg wird mit Ammoniumcitrat ausgesalzt, mit Ammoniak neutralisiert, abfiltriert und im Vakuumexsikkator über H_2SO_4 getrocknet.

Um kolloides Bi zu gewinnen, löst man 10 g $Bi(NO_3)_3$ auf 50 ccm H_2O und macht die Lösung, nachdem man 40 ccm einer 50 prozentigen Ammoniumcitratlösung zugefügt hat, mit Ammoniak stark alkalisch und fügt

---

[1] A. LOTTERMOSER, Über anorganische Kolloide, Stuttgart 1901.

zu dieser Lösung 7 g Zinnchlorür in wenig Wasser, nach Zufügen von 50 ccm derselben Ammoniumcitratlösung, mit Ammoniak neutralisiert. Auch ohne stärkere Verdünnung erhält man so beim Erhitzen leicht das Hydrosol, ohne teilweise Koagulierung befürchten zu müssen.

Für kolloides Cu löst man 0,5 g $CuCl_2$ in wenig Wasser, versetzt mit 16 g Weinsäure, fügt allmählich 33 ccm 30 % NaOH hinzu und verdünnt das ganze auf 1 Liter. Zu diesem Gemisch wird alsdann eine Lösung von 15 g $SnCl_2$, 50 g Weinsäure, 85 ccm 33 % NaOH und Wasser auf insgesamt 300 ccm zugefügt und auf dem Wasserbade so lange erwärmt, bis die Reduktion stattgefunden hat, was sich durch Schwarzwerden des Niederschlags kundgibt.

Methode von BILLITER.[1]

Ausgangsmaterial: $HgNO_3$.
Reduktionsmittel: Negative Elektronen.
Disperse Phase: Hg.

Bei dieser elektrolytischen Reduktionsmethode benutzt man ein mit Platinelektroden versehenes weites U-Rohr, dessen unterster Teil mit Glaswolle verschlossen ist, und das zwei Ansatzrohre mit Glashähnen besitzt, die es ermöglichen, nach beendetem Versuche die Kathodenflüssigkeit getrennt von der Anodenflüssigkeit (durch gleichzeitiges Öffnen der beiden Hähne aufzufangen (Fig. 54). Zur Gewinnung von Hg erwies sich eine ca. 0,004-n. $HgNO_3$-Lösung als geeignet, die bei 220 V. und 0,2—0,3 Amp. elektrolysiert wurde. Auch Sole von Ag, Au, Pb können in analoger Weise gewonnen werden; ihre Darstellung ist jedoch mit ziemlich großen Schwierigkeiten verbunden.

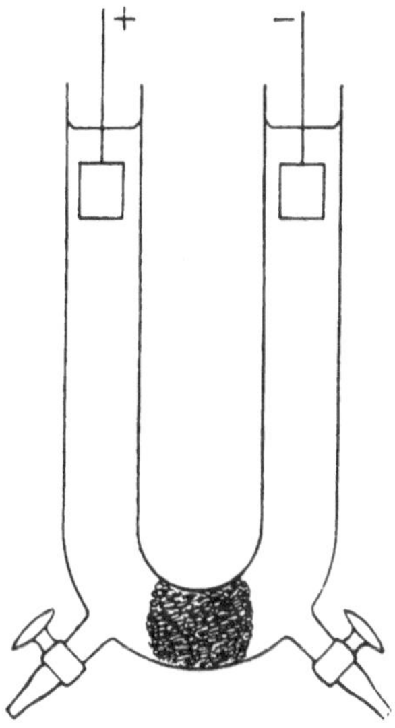

Fig. 54. Elektrische Herstellung von Kolloiden nach BILLITER.

Methode von LECOQ.[2]

Durch Elektroreduktion von Natriumarsenitlösungen können Arsenhydrosole bis zur Konzentration 0,08 % gewonnen werden.

Man elektrolysiert unter Kühlung eine Lösung von 3 g As_2O_3 + 3 g NaOH + 1000 ccm Wasser in einem Gefäß dessen flacher Boden (von 18—20 cm Diameter) mit Hg bedeckt ist. Als Anode benutzt man ein Pt-Blech von 4—5 qcm, das Hg dient als Kathode. Stromstärke 2—3 Ampere. Das erhaltene Sol wird durch Dialyse gereinigt und durch Zusatz von 0,5 % Gummi stabilisiert.

---

[1] J. BILLITER, Ber. **35**, 1929 (1902).
[2] LECOQ, C. r. **150**, 700 (1910).

Oxydationsmethoden.

Methode von RAFFO.[1]

Nach dieser Methode können Schwefelsole von sehr hoher Konzentration und kleiner Teilchengröße hergestellt werden. Sie stehen eigentümlicherweise mit ihrem Koagulum in einem wohldefinierten Temperaturgleichgewicht, das von der Natur und Konzentration des anwesenden Kristalloids abhängig ist[2 3]. Bei der Herstellung dieses Kolloids verfährt man folgenderweise. Ein Glaszylinder, der in eine Kältemischung von Eis und Kochsalz eingestellt ist, wird mit 350 g konzentrierter Schwefelsäure beschickt. Aus einem Tropfentrichter wird darin eine Lösung von 250 g Natriumthiosulfat, in 150 g Wasser gelöst, langsam getröpfelt; der Zufluß wird so reguliert, daß die Temperatur im Reaktionsgemisch nicht über + 25° C. steigt. Ein durch einen Motor betriebener Rührer sorgt für gute Durchmischung der Flüssigkeit.

Wenn die Reaktion beendigt ist, setzt man 150 g Wasser hinzu, erwärmt auf dem Wasserbade und filtriert. Die Lösung wird dann mit Natriumchlorid gefällt, der Niederschlag dekantiert, zentrifugiert, in Wasser gelöst, wieder gefällt, dekantiert, zentrifugiert usw., bis das SO_4''-Ion entfernt ist. Der reine Schwefelniederschlag wird in Wasser gelöst und die Lösung längere Zeit zentrifugiert, um allen unlöslichen Schwefel zu entfernen.

Hydrolysemethoden.

Hydrolyse von Acetaten[4 5 6 7 8].

Acetate von Fe, Al, Cr und Zr zerfallen in verdünnter Lösung besonders bei Temperaturerhöhung leicht in kolloides Oxyd und Essigsäure. Auf diese Tatsache gründen sich mehrere Methoden zur Herstellung der entsprechenden Sole.

Nach PÉAN DE SAINT-GILLES wird Fe-Acetat etwa 24 Stunden auf dem kochenden Wasserbade erhitzt. Die Essigsäure verdampft dabei und man erhält ein Fe_2O_3-Sol.

Al_2O_3-Sole können nach CRUM in analoger Weise gewonnen werden.

REINITZER bereitet Cr_2O_3-Sole durch Erhitzung von Chromacetat unter Zusatz von Natriumacetat und nachträgliche Dialyse.

ZrO_2-Sole erhält man nach ROSENHEIM und HERZMANN durch eine wöchentliche Dialyse einer $1^1/_2$ prozentigen Lösung von Zirkoniumacetat.

---

[1] M. RAFFO, Z. Kolloid. 2, 358 (1908).

[2] THE SVEDBERG, Z. Kolloid. 4, 49 (1909). Arkiv f. Kemi etc. utg. af k. Sv. vetensk.-akad. Stockholm 3, No. 18 (1909).

[3] S. ODÉN, Arkiv f. Kemi etc. utg. af k. Sv. vetensk.-akad. Stockholm 3, No. 31 (1910). Nova acta reg. soc. sc. Upsaliensis 4, No. 4 (1912).

[4] W. CRUM, J. Chem. S. 6, 217 (1853); Ann. d. Chem. u. Pharm. 89, 156 (1854); J. pr. Ch. 61, 390 (1854).

[5] L. PÉAN DE SAINT-GILLES, C. r. 40, 568, 1243 (1855).

[6] B. REINITZER, Mfte 3, 249 (1882).

[7] W. OECHSNER DE CONINCK, Bull. acad. roy. Belg., classe des sc. 1907, 34.

[8] A. ROSENHEIM u. J. HERTZMANN, Ber. 40, 810 (1907).

Hydrolyse von Nitraten.[1 2]

Fe_2O_3-Sole können nach der Methode von SCHEURER-KESTNER dadurch bereitet werden, daß eine wässerige Lösung von basischem Eisennitrat in zugeschmolzenen Glasröhren im Wasserbade erhitzt wird. Nach einigen Stunden hat sich die Farbe des Inhalts wesentlich verändert, von braunrot bis ziegelfarben.

BILTZ hat eine Methode angegeben, nach welcher eine ganze Reihe von Metalloxydsolen gewonnen werden können. Danach werden die betreffenden Nitratlösungen in Pergamentschläuche gegossen und unter dreimaligem täglichem Wechsel des Außenwassers so lange dialysiert, bis das Diffusat Salpetersäurereaktion nicht mehr anzeigt. Das Verfahren ist also äußerst einfach und zudem sehr allgemein, da es die Herstellung Fe-, Al-, Cr-, Sn-, Bi-, Ce-, Th-, Zr-Oxydhydrosolen gestattet.

Hydrolyse von Chloriden.[3 4]

Nach DEBRAY erwärmt man eine Lösung von neutralem $FeCl_3$ in einer solchen Verdünnung, daß seine Farbe kaum mehr bemerkbar ist; von 27° an beginnt die Flüssigkeit sich zu färben, indem das Eisen in eine kolloide Lösung von Fe_2O_3 übergeht.

Als Vorlesungsversuch eignet sich dieses Verfahren in folgender Form sehr gut: Zwei Glaskolben mit je einem Liter Wasser gefüllt werden nebeneinander aufgestellt und der Inhalt des einen zum Sieden gebracht. Dann wird in jeden Kolben etwa 1 ccm einer ziemlich konzentrierten $FeCl_3$-Lösung eingegossen, die durch Lösen von wasserfreiem $FeCl_3$ unmittelbar vor dem Versuch bereitet wird. Dabei färbt sich die heiße Lösung rotbraun infolge des ausgeschiedenen Fe_2O_3, während die kalte fast farblos erscheint.

Sehr reines SiO_2-Sol bis zur Konzentration 9% kann man nach EBLER und FELLNER durch Hydrolyse von $SiCl_4$ erhalten. Gasförmiges $SiCl_4$ wird mit Hilfe eines Luftstroms durch ein Hg-Ventil in reines Wasser eingeleitet und das entstandene Sol dialysiert.

Zersetzung von SiS_2 durch Wasser.[5 6]

BERZELIUS und FRÉMY lehren, daß man b-Kieselsäure (kolloide Kieselsäure) in ihrem reinsten Zustande durch Oxydation von Schwefelkiesel auf Kosten des Wassers erhält. Bei der Reaktion entwickelt sich H_2S und die gebildete Kieselsäure bleibt im Wasser kolloid aufgelöst.

---

1 A. SCHEURER-KESTNER, Ann. chim. phys. (3) **57**, 231 (1859).
2 W. BILTZ, Ber. **35**, 4431 (1902).
3 H. DEBRAY, C. r. **68**, 913 (1869).
4 E. EBLER und M. FELLNER, Ber. **44**, 1915 (1911).
5 J. J. BERZELIUS, Lehrb. d. Chemie, 3 Aufl. **2**, 122 (1833).
6 E. FRÉMY, Ann. chim. phys. (3) **38**, 312 (1853).

Methode von Grimaux.[1]

Kolloide Lösungen von Fe_2O_3 und SiO_2 können nach Grimaux durch Verseifung von Ferriäthylat bzw. Kieselsäuremethylester hergestellt werden. Wird ein Molekül Eisenchlorid, in absolutem Alkohol gelöst, mit sechs Molekülen Natriumäthylat in Reaktion gebracht, so bildet sich eine Fällung von Natriumchlorid, und die Flüssigkeit nimmt eine sehr dunkle braunrote Farbe an. Sämtliches Eisen bleibt in Form von Ferriäthylat im Alkohol gelöst. Wird diese alkoholische Lösung des Ferriäthylats in viel Wasser gegossen, so erhält man eine klare Flüssigkeit, welche die charakteristischen Eigenschaften der kolloiden Eisenhydratlösungen Grahams besitzt.

Nach dem zweiten Verfahren wird ein Hydrosol der Kieselsäure von großer Reinheit gewonnen.

Man erhitzt eine Lösung von 8 g Kieselsäuremethylester in 200 g Wasser unter Rückfluß und konzentriert das Reaktionsgemisch zu drei Vierteln, um den gebildeten Methylalkohol zu entfernen. Die so gewonnene Lösung, welche 2,26 % SiO_2 enthält, ist sehr stabil und wird weder von Kohlensäure, noch durch Hitze oder Kälte koaguliert. Durch Natriumchlorid und von Natriumsulfat wird sie aber gefällt. Das Hydrosol koaguliert auch spontan im Laufe der Zeit; nach fünf Wochen ist diese Selbstkoagulation beendigt.

Methode von Ley.[2]

Diese Methode beruht auf der Hydrolyse des Kupfersuccinimids in wässeriger Lösung. Eine 0,2-prozentige Lösung der Verbindung wird etwa 20 Min. auf 70° erwärmt. Die Farbe der Flüssigkeit ist nach Verlauf dieser Zeit dunkelrotbraun geworden, was die Bildung des kolloiden Kupferoxyds anzeigt. Das Hydrosol verträgt kurzes Sieden und ist ziemlich stabil.

Sonstige Kondensationsmethoden.

Erste Klasse.

Methoden, bei denen nach Beendigung der kolloidbildenden Reaktion hinsichtlich der Konzentrationen der Ionen bestimmte Bedingungen innegehalten werden müssen.

A. Die Endkonzentrationen der Ionen werden dadurch unter den bestimmten Grenzen gehalten, daß man eine solche kolloidbildende Reaktion wählt, bei welcher nur sehr wenig dissoziierte Stoffe entstehen.

Methode von Berzelius und Schulze.[3][4]

Diese wichtige Methode besteht darin, daß die wässerige Lösung eines Metalloxydes bzw. Hydroxyds, die eventuell mit festem Oxyd oder Hydroxyd in Berührung steht, mit Schwefelwasserstoff behandelt wird.

---

[1] Ed. Grimaux, C. r. **98**, 105, 1434, 1485 (1884).

[2] H. Ley, Ber. **38**, 2199 (1905).

[3] J. J. Berzelius, Lärobok i Kemien, 1sta upplagan, del I, Stockholm 1808, S. 282, 291.

[4] H. Schulze, J. pr. Ch. (2) **25**, 431 (1882); **27**, 320 (1883).

Die Hydrosole von As_2S_3, (Sb_2S_3), In_2S_3, ZnS und CuS können nach dieser Methode leicht erhalten werden. Dabei ist zu bemerken, daß bei In, Zn, Cu, die Hydroxyde, und zwar in frisch bereitetem und durch Dekantieren gewaschenem Zustande verwendet werden müssen. Besonders von As_2S_3 können sehr konzentrierte (nach SCHULZE 37 prozentige) Sole durch einfaches Einleiten von H_2S in eine gesättigte und außerdem festen As_2O_3 enthaltende wässerige Lösung enthalten werden.

Methode von LOTTERMOSER zur Herstellung von kolloidem HgS und CuS.[1]

Zur Darstellung kolloider Lösungen von HgS geht LOTTERMOSER von dem Merkuricyanid aus, einem Salz, das auch in gesättigter Lösung eine sehr kleine Ionenkonzentration besitzt. In eine Lösung dieses Salzes wird Schwefelwasserstoff eingeleitet, wobei Merkurisulfid und Cyanwasserstoff gebildet wird. Lösungen von $Hg(CN)_2$ (bis zu 12 $^0/_0$) werden durch Einleiten von H_2S leicht in Hydrosole von HgS überführt. Die Reinigung geschieht am besten durch Abdestillieren des Cyanwasserstoffs unter vermindertem Drucke in einer H_2S-Atmosphäre.

Kolloides CuS erhält LOTTERMOSER aus Glykokollkupfer. Aus kaltgesättigten, ja sogar aus siedend gesättigten wässerigen Lösungen können CuS-Hydrosole durch Behandeln mit H_2S gewonnen werden.

Auch Organosole von HgS und CuS hat LOTTERMOSER in analoger Weise bereitet, z. B. Ätherosole und Alkosole. Für die Herstellung von kolloidem CuS ist dabei Kupferacetessigester noch besser geeignet, weil es in organischen Lösungsmitteln leichter löslich ist als Glykokollkupfer.

B. Die Endkonzentrationen der Ionen werden dadurch unter die bestimmten Grenzen gehalten, daß die reagierenden Lösungen in großer Verdünnung verwendet werden.

Methode von GRAHAM zur Herstellung kolloider Lösungen von Säuren und Metalloxyden.[2]

Die fundamentalen Arbeiten von GRAHAM beziehen sich zum großen Teil auf die Herstellung kolloider Lösungen durch Kondensation und nachträgliche Reinigung mittels Dialyse. Durch Zersetzung von Stannaten Wolframaten und Molybdaten mit Chlorwasserstoffsäure werden die, kolloiden Lösungen von Zinnsäure, Wolframsäure und Molybdänsäure gewonnen — Zinnsäure auch durch Fällen von Zinnchlorid mit Alkali. Die kolloiden Lösungen von Kupferoxyd, Eisenoxyd und Uranoxyd stellt er durch Fällen der entsprechenden Chloridlösungen mit Kaliumcarbonat unter Zusatz von Zucker her. Welche Rolle der Zucker hier spielt, geht aus seinen Untersuchungen nicht unzweideutig hervor.

Kolloides SnO_2 wird durch Dialysieren von $SnCl_4$ unter Zusatz von Alkali oder durch Dialyse von Na-Stannat, mit HCl versetzt, erhalten.

---

[1] A. LOTTERMOSER, J. pr. Ch. (2) **75**, 293 (1907).

[2] Th. GRAHAM, Phil. Trans. (London) **151**, 183 (1861); C. r. **59**, 174 (1864); Ann. chim. phys. (4) **3**, 121 (1864).

Bei diesem Verfahren tritt im Dialysator zuerst Gelbildung ein, bei fortgesetzter Dialyse wird aber das gebildete Gel spontan peptisiert.

Kolloide Wolframsäure gewinnt man aus einer 5 prozentigen Lösung von Na-Wolframat durch Zusatz von HCl in geringem Überschuß und etwa dreitägige Dialyse. Um alles Alkali zu entfernen, muß während der Dialyse mehrmals neues HCl zugesetzt werden.

Kolloide Molybdänsäure wird in analoger Weise durch Hinzufügen von HCl zu Na-Molybdat und nachträgliche Dialyse bereitet. Auch hier muß während der Dialyse HCl zugefügt werden. Der Inhalt des Dialysators koaguliert oft schon am Anfang der Dialyse, wird aber ganz wie das SnO_2 von selbst peptisiert.

Kolloides SiO_2 bereitet man durch Zersetzen von Na-Silicat mit verdünnter Chlorwasserstoffsäure und Dialysieren des Gemisches bis zum Verschwinden der Chlorreaktion.

Die eigentümlichen Kolloidverbindungen zwischen Metalloxyden und Zucker können dadurch hergestellt werden, daß man $CuCl_2$, $FeCl_3$ bzw. $UO_2(NO_3)_2$ oder UO_2Cl_2 mit Zucker vermischt und nach Zufügen von Kalilauge der Dialyse unterwirft.

Methode von Schulze.[1 2 3 4]

Diese Methode dient zur Herstellung von kolloiden Sulfiden. Schulze hat dieselbe zuerst mit Erfolg zur Bereitung von kolloidem Antimontrisulfid in wässeriger Lösung benutzt.

Man zersetzt Brechweinsteinlösung (nicht stärker als 0,5 $^0/_0$) mit H_2S. Die Lösungen können durch Dialyse gereinigt werden.

Picton hat die Schulzesche Methode zur Herstellung kolloider Arsentrisulfidlösungen benutzt. Arsenige Säure wird in Kaliumtartrat gelöst. Die Lösung verdünnt, mit H_2S behandelt und das überschüssige H_2S nachher durch H_2 vertrieben; 0,5 prozentige Sole können in dieser Weise erhalten werden. Sie vertragen kurzes Aufkochen, ohne zu koagulieren. Auch durch Fällen von Na-Arsenitlösungen mit H_2S hat Picton ähnliche kolloide Arsentrisulfidhydrosole bereitet.

Die kolloiden Lösungen der Sulfide von Pt, Pd, Au, Ag, Tl, Pb, Bi, Fe, Ni, Co können nach Winssinger durch Fällung der entsprechenden Salzlösungen in großer Verdünnung mit H_2S oder Am_2S hergestellt werden. Für Pt und Au verwendet man die Chloride in neutraler Lösung, für Ag das Nitrat, für Tl das Sulfat, für Pb das Acetat, mit etwas Essigsäure versetzt, für Bi das mit Essigsäure versetzte Nitrat. Fe, Ni und Co Sulfide können nur in sehr verdünnten Lösungen gewonnen werden. Man behandelt bei diesen Metallen entweder die Salze der starken Säuren mit Am_2S oder auch die Acetate mit H_2S.

---

[1] H. Schulze, J. pr. Ch. (2) **25**, 431 (1882); **27**, 320 (1883).
[2] S. E. Linder u. H. Picton, J. Chem. S. **61**, 114, 137, 148 (1892).
[3] C. Winssinger, Bull. acad. roy. Belg. (3) **15**, 390 (1888).
[4] A. Gutbier, Z. anorg. Ch. **32**, 292 (1902). A. Gutbier u. J. Lohmann, ebenda **42**, 325 (1904).

In neuerer Zeit endlich hat GUTBIER sich dieser Methode bedient, um die kolloiden Lösungen von Tellurdisulfid, Tellurtrisulfid und Selendisulfid zu erhalten. Eine wässerige Lösung einer vierwertigen Tellurverbindung wird unter guter Kühlung mit wenig H_2S behandelt. Das in dieser Weise erhaltene gelbbraune bis schwarzbraune Hydrosol läßt sich durch Dialyse reinigen. Die Hydrosole des Tellurtrisulfids und Selensulfids gewinnt man in ganz analoger Weise aus Tellursäure bzw. Selendioxyd.

Zersetzung von Sulfosalzen durch Säuren.[1]

Nach WINSSINGER kann man die Hydrosole der Wolfram- und Molybdänsulfide gewinnen, indem man die Alkalisalze der Sulfowolfram- und Sulfomolybdänsäuren mit HCl bzw. Essigsäure behandelt.

Methode von LOTTERMOSER zur Herstellung von Solen der Silbersalze.[2]

BERZELIUS[3] bemerkt in der dritten Auflage seines Lehrbuches, daß eine sehr verdünnte Lösung eines löslichen Chlorids durch Zusatz von Silbernitrat eine opaleszierende Flüssigkeit gibt, die, ins Licht gestellt, eine weinrote Farbe annimmt.

DENIGÈS[4] hat mitgeteilt, daß bei Fällung einer verdünnten ammoniakalischen Lösung von Jodkalium mit Silbernitrat eine beträchtliche Menge des Jodsilbers in Lösung bleibt. Von dieser Tatsache ausgehend hat LOTTERMOSER seine Methoden ausgearbeitet. Dieselben können unter zwei Typen eingeordnet werden:

A. Silbernitrat wird mit einer kolloidbildendes Anion im Überschuß enthaltenden Lösung in Reaktion gebracht, oder

B. eine ein kolloidbildendes Anion enthaltende Lösung wird mit einer überschüssigen Menge Silbernitratlösung in Reaktion gebracht.

Damit wirklich Solbildung eintritt, müssen gewisse Konzentrationsbedingungen der reagierenden Ionen innegehalten werden. Diese Bedingungen variieren mit den verschiedenen Anionen und mit den beiden Typen A und B. Im allgemeinen hat man die Konzentrationen unter 2 % zu wählen. Nach diesen Methoden hat LOTTERMOSER die Hydrosole der Halogenverbindungen des Silbers AgJ, AgBr, AgCl, sowie viele andere Silberverbindungen in mehr oder weniger beständiger Form bereiten können, z. B.: AgSCN, AgCN, Ag_2O, Ag_2CO_3, Ag_2CrO_4, Ag_2S, Ag_2HPO_4, Ag_3PO_4, Ag_2HAsO_4, $Ag_3Fe(CN)_6$, $Ag_4Fe(CN)_6$.

Zweite Klasse.

Methoden, bei denen die Ionenkonzentrationen keinen bestimmten Bedingungen unterworfen sind. Die Stabilität der gebildeten Kolloide

---

[1] C. WINSSINGER, Bull. acad. roy. Belg. (3) **15**, 390 (1888).
[2] A. LOTTERMOSER, J. pr. Ch. (2) **68**, 341, 357 (1903); **72**, 39 (1905); **73**, 374 (1906).
[3] J. J. BERZELIUS, Lehrb. d. Chemie. 3. Aufl. **4**, 624 (Dresden u. Leipzig 1835).
[4] G. M. DENIGÈS, Ann. chim. phys. (7), **6** 381 (1895).

wird durch Gegenwart von Schutzkristalloiden oder Schutzkolloiden gesichert.

Bei den bisher besprochenen Methoden der Gruppe „Sonstige Kondensationsmethoden" müssen im allgemeinen gewisse Konzentrationsbedingungen der reagierenden Stoffe innegehalten werden. Die nach der kolloidbildenden Reaktion vorhandene Ionenzahl und die Beschaffenheit dieser Ionen sind nämlich für die Beständigkeit des gebildeten Sols von größter Bedeutung. Nur in Fällen, wo die Reaktionsprodukte sehr wenig dissoziiert sind, darf man die Konzentrationen innerhalb weiterer Grenzen variieren. Es gibt aber ein Mittel, kolloide Lösungen von großer Beständigkeit auch in Gegenwart hoher Ionenkonzentrationen zu erhalten, und, was besonders wichtig ist, gleichzeitig von hoher Konzentration der disperen Phase. Dieses Mittel besteht in dem Zufügen eines Schutzkolloides oder Schutzkristalloids, und zwar entweder in der Weise, daß das Schutzkolloid oder Schutzkristalloid von vornherein den zu reagierenden Lösungen zugesetzt wird, oder indem die Reaktion so gewählt wird, daß durch die letztere selbst ein Schutzkolloid gebildet wird.

A. Die Schutzmittel werden von vornherein in freiem Zustande zugesetzt.

Gelatine und Zucker als Schutzmittel.[1 2]

Lobry de Bruyn hat gezeigt, daß wenn chemische Reaktionen, die die in Wasser sehr schwerlösliche Körper liefern, in wässeriger Gelatinelösung verlaufen, im allgemeinen keine Abscheidung eines sichtbaren Niederschlags stattfindet: es entstehen vielmehr kolloide Lösungen. Au, Ag, Hg, die Halogenverbindungen und das Chromat des Silbers, die Sulfide und Oxyde (bzw. Hydroxyde) der Schwermetalle, Bleijodid, Berlinerblau, Kupferferrocyanid, Mangansuperoxyd können als Hydrosole erhalten werden. Küspert hat nach dieser Methode kolloides Acetylenkupfer hergestellt. Auch mit sehr konzentrierten Zuckerlösungen als Schutzmittel hat Lobry de Bruyn ähnliche Resultate erhalten.

Die Reinigung der verwendeten Gelatine geschieht folgendermaßen. Man filtriert eine 25 prozentige, warme Lösung von reiner Gelatine durch einen Büchnerschen Trichter, läßt das Filtrat erkalten und zerschneidet die erstarrte Masse in kleine Stücke (etwa 2 cm). Letztere werden durch mehrtägiges Auslaugen mit Wasser von Elektrolyten befreit. Das gereinigte Produkt enthält etwa 20 % Gelatine und kann mehrere Monate in Wasser, dem ein wenig Chloroform zugesetzt wird, aufbewahrt werden.

Bei Ausführung der Reaktionen wird eine 10 prozentige Gelatinelösung mit gleichen Volumina von $^n/_{10}$- bis $^n/_{20}$-Salzlösungen vermischt.

Zucker (Rohrzucker) wirkt nur in sehr konzentrierter Lösung schützend ein und auch dann weniger ausgesprochen als Gelatine. Für Silberchromat nimmt man 65 prozentige Zuckerlösung und $^n/_{10}$-K_2CrO_4-

[1] C. A. Lobry de Bruyn, Z. phys. Ch. **29**, 562 (1899); Rec. trav. chim. **19**, 236, 251 (1900); Ber. **35**, 3079 (1902).

[2] F. Küspert, Z. anorg. Ch. **34**, 453 (1903).

und $AgNO_3$-Lösungen. Je 1 ccm der letzteren wird mit je 10 ccm Zuckerlösung versetzt und alles zusammengegossen. Man erhält eine durchsichtige rote Flüssigkeit. Nimmt man weniger konzentrierte Zuckerlösungen, so werden die Teilchen der gebildeten Sole größer, so daß Trübungen entstehen.

Gummi, Kasein und Glycerin als Schutzmittel.[1]

Werden die Sulfide von Arsen, Cadmium oder Silber aus den entsprechenden Salzlösungen mit Schwefelwasserstoff in Gegenwart von Gummi oder Kasein gefällt, so entstehen kolloide Lösungen.

Versetzt man Salzlösungen von Ni, Co, Fe und Zn in Glycerin mit Schwefelammonium, so entstehen auch ziemlich stabile Sulfidsole der erwähnten Metalle.

Eiweißkörper als Schutzmittel.[2]

Andere als Schutzkolloide verwendbare Substanzen sind die Eiweißkörper und deren Abbauprodukte. Die Methoden zur Herstellung von kolloidem HgCl, HgBr, HgJ, Ag_2CrO_4 der Chemischen Fabrik von Heyden stützen sich auf diese Tatsache.

Die Hg-Präparate (HgCl, HgBr, HgJ) gewinnt man dadurch, daß die zur Erzeugung derselben dienenden Reaktionen (z. B. $AgNO_3 + KJ$) in Gegenwart von Eiweißkörpern, eiweißähnlichen Substanzen oder deren Abbauprodukten ausgeführt werden. In ganz analoger Weise stellt man das Ag_2CrO_4-Sol her.

B. Die Schutzkolloide werden durch die kolloidbildende Reaktion selbst gebildet oder in Freiheit gesetzt.

Lysalbin- und Protalbinsäuremethode von Paal.[3]

Unter den Methoden, bei denen die als Schutzkolloide dienenden Substanzen durch die kolloidbildende Reaktion selbst abgeschieden werden, sind in erster Linie diejenigen von Paal und seinen Schülern zu nennen.

Die Paalsche Protalbin- und Lysalbinsäuremethode ist teilweise schon bei den Reduktionsmethoden (S. 175) besprochen worden. Hier sei eine kurze Rekapitulation ihre Grundprinzipien gestattet. Paal stellt durch Einwirkung ätzender Alkalien auf Eieralbumin zwei neue Säuren, die Protalbin- und Lysalbinsäure, her, mit denen leicht Alkalisalze zu erhalten sind. Diese Alkalisalze setzen sich mit löslichen Schwermetallsalzen zu den entsprechenden Salzen der Protalbin- und Lysalbinsäure um, und letztere reagieren mit vielen anorganischen Verbindungen unter Abscheidung der organischen Substanzen in Form von Schutzkolloiden. Die Silbersalze der Protalbin- und Lysalbinsäure geben z. B. mit Natriumhydroxyd kolloides Silberoxyd, mit Natriumcarbonat kolloides Silbercarbonat,

---

[1] A. Müller u. P. Artmann, Öst. Ch. Ztg. **7**, 149 (1904).

[2] Chem. Fabr. v. Heyden, Akt.-Ges. D. R.-P. Kl. 12p. Nr. 165282 (1903) (1905).

[3] C. Paal und Mitarbeiter, Ber. **35**—**40** (1902—1907), vollst. Literatur-Verz. in The Svedberg, Die Methoden usw., Dresden 1909 S. 9—12; Ber. **41**, 51, 58 (1908); **42**, 277; 291 (1909).

mit Natriumphosphat kolloides Silberphosphat, mit Schwefelammonium kolloides Schwefelsilber, mit Natriumchlorid kolloides Chlorsilber, mit Natriumbromid kolloides Bromsilber und mit Natriumjodid kolloides Jodsilber. Diese Methode ist sehr generell und in praktischer Hinsicht überaus wertvoll. Dieselbe ist von PAAL und der Chemischen Fabrik KALLE & Co. patentiert worden. Besonders die Patentschriften der letzteren enthalten ausführliche Beschreibungen hinsichtlich der praktischen Ausführung der Methode.

Methode von PAAL[1] zur Herstellung von kolloiden Haloidsalzen der Alkalimetalle.

Die zweite Methode PAALs stützt sich auf einige Beobachtungen MICHAELs[2] über die Einwirkung von Chloressigester auf Natriummalonester, Acetessigester und deren einfache Alkylsubstitutionsprodukte in benzolischer Lösung. Die durch Reaktion von Chloressigester mit Natriummalonester erhaltene Lösung ist klar und von schwach rötlichgelber Farbe; im durchfallenden Lichte zeigt sie eine geringe Opalescenz. Chloressigester und Natriumäthylmalonester geben eine im reflektierten Lichte gelbliche, im durchfallenden Lichte deutlich gelbe Flüssigkeit usw. MICHAEL hielt in diesem Falle folgenden Reaktionsverlauf für wahrscheinlich:

$$ClCH_2 \cdot CO_2C_2H_5 + CH{<}^{C{<}^{ONa}_{OC_2H_5}}_{COOC_2H_5} = C_{11}H_{18}O_6ClNa,$$

also unter Bildung eines Additionsproduktes des Äthenyltricarbonsäureesters mit Chlornatrium. PAAL hat nachgewiesen, daß dies nicht der Fall ist, sondern, daß diese Reaktion auch in benzolischer Lösung in gewöhnlicher Weise unter Bildung von Äthenyltricarbonsäureester und freiem Chlornatrium vor sich geht; die Verschiedenheit liegt nur darin, daß das gebildete Chlornatrium als Kolloid in Lösung bleibt. Durch Zusatz von Petroläther kann das Chlornatriumkolloid abgeschieden werden und löst sich mit unveränderten Eigenschaften wieder in Benzol auf. Die so gewonnenen kolloiden NaCl-Lösungen enthalten als Schutzkolloid eine hochmolekulare organische Verbindung, die bei der fraglichen Reaktion als Nebenprodukt entsteht. Die Zusammensetzung dieser Verbindung ist nicht bekannt. In analoger Weise hat PAAL im Verein mit KÜHN auch Organosole von Bromnatrium erhalten, nämlich durch Einwirkung von Natriummalonsäureester auf Bromessigester, Acetylbromid oder Phenacylbromid. Später haben PAAL und KÜHN ihre Versuche auf diesem Gebiete weitergeführt unter Anwendung von Chloressigester, Chloraceton, Phenacylchlorid, Sulfurylchlorid, Phenacylbromid und β-Jod-Propionsäureester, die mit Natriumäthylmalonsäureester in Reaktion gebracht wurden. Die letzten beiden Substanzen gaben zur Entstehung kolloidem Jodnatrium Veranlassung. Kürzlich hat PAAL im Verein mit ZAHN analoge Verfahren zur Herstellung von kolloidem KCl, KBr und KJ ausgearbeitet.

---

[1] Siehe Anm. 3 auf S. 87.

[2] A. MICHAEL, Ber. 38, 32 17 (1905).

II. Dispersionsmethoden.

Allgemeiner Teil.

Die bisherigen Dispersionsmethoden beruhen auf der Wirkung mechanischer (1), mechanischer und chemischer (2), elektrischer (3) oder strahlender (4) Energie.

Nach einer von P. P. v. Weimarn[1] angegebenen Methode ist es gelungen auf rein mechanischem Wege eine so feinkörnige disperse Phase zu erzeugen, daß sie zum Aufbau einer kolloiden Lösung dienen kann. Die zu dispergierende Substanz wird in einem in dem Dispersionsmittel leicht löslichen indifferenten Stoff durch sukzessives Vermischen und Verreiben sehr fein verteilt und die so erhaltene Masse ins Dispersionsmittel gebracht. N. Pihlblad[2] konnte durch Verreiben von Anilinblau mit Harnstoff Hydrosole von Anilinblau bereiten und A. L. Stein[3] hat im Laboratorium von v. Weimarn in analoger Weise eine ganze Reihe verschiedener kolloider Lösungen herstellen können.

Über den inneren Mechanismus der Erscheinungen, auf dem die unter den Titel „Mechanisch-chemische Dispersionsmethoden" zusammengeführten Verfahren fußen, wissen wir nur wenig Bestimmtes. Die Erscheinungen selbst sind seit langem bekannt, erst die allerletzten Jahre aber haben einige Klarheit über deren Reaktionsmechanismus verbreitet. Das Verdienst, dies getan zu haben, gebührt in erster Linie Lottermoser.

Die Methoden der mechanisch-chemischen Dispersion haben mit allen anderen Dispersionsmethoden das eine gemeinsam, daß als Ausgangsmaterial die zur dispersen Phase gewünschte Substanz selbst benutzt wird, so daß also hier wenigstens scheinbar keine chemischen Umlagerungen im gewöhnlichen Sinne sich abspielen. Aller Wahrscheinlichkeit nach handelt es sich hauptsächlich um Ionenreaktionen.

Hinsichtlich der Technik dieser Methoden können wir zwei verschiedene Operationsreihen unterscheiden: Erstens muß das Material sehr fein zerteilt werden. Zweitens muß ein hydrosolbildendes Ion in geeigneter Konzentration zugeführt werden. Bei Ausführung der letzteren Operation kann man hinwiederum in zweierlei Weise vorgehen: Wenn es z. B. notwendig war, behufs der Herstellung eines genügend feinzerteilten Materials, das hydrosolbildende Ion im Überschuß zuzusetzen, so richtet sie sich darauf, die Konzentration desselben zu vermindern („Die Auswaschungsmethoden"). Wurde aber bei der Zerkleinerung das hydrosolbildende Ion gar nicht oder nicht in hinreichender Konzentration zugesetzt, so muß nachträglich die Konzentration desselben vermehrt werden („Die Peptisationsmethoden").

Die Feinverteilung des Materials kann entweder direkt auf chemischem Wege durch die Herstellungsweise desselben ausgeführt werden oder auch nachträglich durch Kombinieren mechanischer und chemischer Mittel.

---

[1] P. P. v. Weimarn, Grundzüge der Dispersoidchemie, Dresden 1911, S. 82.
[2] N. Pihlblad, Z. phys. Chem. **81**, 414 (1912).
[3] P. P. v. Weimarn, Z. Kolloid. **11**, 315 (1912).

Die ersten Beobachtungen, die sich auf das Entstehen kolloider Lösungen durch chemische Dispersion beziehen, sind von DAVY[1], BERZELIUS[2], THÉNARD und GAY-LUSSAC[3] mitgeteilt worden. DAVY hat 1809 Borsäure mit Kalium reduziert und die Schmelze mit warmem Wasser ausgewaschen. Das Filtrat ist olivgrün gefärbt. BERZELIUS berichtet 1824—1825 über ähnliche Versuche und hebt die Eigentümlichkeit dieser Löslichkeit eines nicht gasförmigen und nicht flüchtigen Grundstoffs in Wasser hervor.

Viel später (1858) haben dann WÖHLER und ST.-CLAIRE DEVILLE[4] dieselbe Erscheinung beschrieben. Nach einer Angabe von BERZELIUS[3] sollen THÉNARD und GAY-LUSSAC auch diese Eigenschaft des Bors beobachtet haben. Sie schreiben dieselbe der Gegenwart des Alkalis zu, aber Bor ist doch, so bemerkt BERZELIUS, unlöslich im Alkali. Nach unseren gegenwärtigen Vorstellungen erklärt sich der Vorgang dadurch, daß bei der Reduktion von Borsäure mit Kalium das Bor in so feinzerteiltem Zustand ausgeschieden wird, daß die Hydroxylionen des gleichzeitig sich bildenden Alkalis imstande sind, das Bor in den Hydrosolzustand zu überführen. Es ist dies also ein gutes Beispiel für die Herstellung einer kolloiden Lösung aus einem mit chemischen Mitteln feinzerteilten Material, durch Verminderung der Konzentration des hydrosolbildenden Ions.

In analoger Weise verhalten sich, wie BERZELIUS[2] fand, das mit Kalium reduzierte Si und Zr.

Übrige ältere Beobachtungen auf dem Gebiete der Auswaschungsmethoden beziehen sich ausschließlich auf die Säuren des Siliciums, Wolframs und Molybdäns, sowie auf die Metallsulfide. Lösliche Molybdänsäure und Kieselsäure hat BERZELIUS[5] (1815) beschrieben. Beobachtungen über das Entstehen kolloider Lösungen von Metallsulfiden durch Verminderung der Konzentration eines schon behufs der Herstellung zugesetzten hydrosolbildenden Ions finden sich in der dritten Auflage des BERZELIUSschen Lehrbuches (1833) an mehreren Stellen. So bei Wolframsulfid, Iridiumsulfid und Eisensulfid.

Endlich sei erwähnt, daß HANS SCHULZE[6] (1885) ähnliche Beobachtungen beim Auswaschen von metallischem Wolfram und Platin unter gewissen Umständen gemacht hat.

Da es ja eigentlich nur ein günstiger Zufall ist, wenn bei der Herstellung des Materials der dispersen Phase ein als Solbildner verwendbares Ion im Reaktionsgemisch auftritt, so ist es von vornherein klar, daß die

---

[1] H. DAVY, Phil. Trans. (London) 1809, I, 39; Schweigg, Journ. f. Chem. u. Physik **30**, 34 (1820).

[2] J. J. BERZELIUS, Pogg. **1**, 1, 169 (1824): **2**, 113 (1824): **4**, 117 (1825). Lehrbuch d. Chemie. 3. Aufl. **1**, 320, 321 (1833); 5. Aufl. **1**, 315 (1843). Genauere Angaben über die versch. diesbez. Abhandlungen von BERZELIUS finden sich in THE SVEDBERG, Die Methoden usw., Dresden 1909, 377—378.

[3] Siehe J. J. BERZELII, Årsberättelse 1825, 73.

[4] F. WÖHLER u. H. SAINTE CLAIRE DEVILLE, Ann. chim. phys. (3) **52**, 63 (1858).

[5] J. J. BERZELIUS, Pogg. **6**, 331, 369 (1826); Lehrb. d. Chemie, 3. Aufl. **2**, 122 (1833).

[6] H. SCHULZE, J. pr. Ch. (2) **32**, 390 (1885).

einfachen Auswaschungsmethoden nur eine untergeordnete Rolle bei der Darstellung kolloider Lösungen spielen können. Unter den mechanisch-chemischen Dispersionsmethoden sind deshalb die Peptisationsmethoden die bei weitem wichtigsten.

Auch auf dem Gebiete der Peptisationsmethoden ist BERZELLIUS als der Vorgänger zu nennen. In der dritten Auflage seines Lehrbuches beschreibt er die Herstellung von kolloidem SiO_2 durch Peptisation mit Alkalien in überaus klarer Sprache. Auch die „Auflöslichkeit" von Zinnoxyd und Titanoxyd ist BERZELIUS schon 1820 bekannt. HEINRICH ROSE[1] beschreibt (1844) näher die Auflösung von Titansäure durch HCl, und PÉAN DE SAINT-GILLES[2] gelingt es, durch anhaltendes Kochen Ferrihydroxyd (mit Alkali oder Alkalicarbonat gefällt) zu peptisieren (1855). Die Peptisation von Kieselsäuregallerte durch Ammoniak hat KÜHN[3] beobachtet (1853).

Diese spärlichen Tatsachen bilden während der ersten Hälfte des neunzehnten Jahrhunderts unsere Kenntnisse von der Bildung kolloider Lösungen durch Peptisation bis zu den Jahren 1861—64, wo THOMAS GRAHAM[4] seine fundamentalen Arbeiten publiziert.

In den letzten Jahren ist eine Reihe von Arbeiten über die Natur der alkalischen Lösungen von Metallhydroxyden von HANTZSCH,[5] RUBENBAUER,[6] FISCHER[7] u. a. ausgeführt worden, deren Ergebnisse darauf hindeuten, daß solche Lösungen oft kolloid sind. Es scheint also, daß die Metallhydroxyde sowohl durch Säuren wie durch Alkalien peptisiert werden können. HANTZSCH findet (1902), daß die Lösung des Zinkhydroxyds und des Berylliumhydroxyds in alkalischen Laugen fast ausschließlich in kolloider Form enthalten ist. RUBENBAUER zeigt (1902), daß Zinn- und Bleihydroxyd sich in Alkalien nicht zu chemisch definierbaren Verbindungen lösen und FISCHER führt (1903) den Nachweis, daß die alkalischen Chromlösungen kolloider Natur sind. Schließlich berichtet TUBANDT[8] (1905) über einige Versuche, welche beweisen, daß auch die blauen alkalischen Kobaltoxydullösungen kolloides CoO enthalten.

Zur Peptisation von Metallsulfiden hat hauptsächlich H_2S gedient, entweder so, daß die Sulfidfällung mit Schwefelwasserstoffwasser gewaschen wurde oder durch längeres Einleiten von H_2S in eine wässerige Suspension des gut gewaschenen Sulfids. SPRING[9] (1883) scheint der erste zu sein, der solche Versuche ausgeführt hat. Er wäscht Kupfersulfid mehrere Wochen lang mit H_2S-Wasser durch Dekantieren und erhält so kolloides CuS in Form

---

[1] H. ROSE, Pogg. **61**, 507 (1844).
[2] PÉAN DE SAINT-GILLES, C. r. **40**, 1243 (1855).
[3] H. KÜHN, J. pr. Ch. **59**, 5 (1853).
[4] TH. GRAHAM, Phil. Trans. (London) **151**, 183 (1861); C. r. **59**, 174 (1864); Ann. chim. phys. (4) **3**, 121 (1864).
[5] A. HANTZSCH, Z. anorg. Ch. **30**, 289 (1902).
[6] J. RUBENBAUER, Z. anorg. Ch. **30**, 331 (1902).
[7] W. FISCHER u. W. HERZ, Z. anorg. Ch. **31**, 352 (1903).
[8] C. TUBANDT, Z. anorg. Ch. **45**, 368 (1905).
[9] W. SPRING, Ber. **16**, 1142 (1883).

einer schwarzen Flüssigkeit. PROST[1] hat CdS durch Einleiten von H_2S in dessen wässeriger Suspension peptisiert (1887) und WINSSINGER[2] hat in analoger Weise HgS gewonnen (1888).

Über die Gewinnung von kolloiden Elementen durch Peptisation lagen bis vor kurzem nur vereinzelte Angaben vor. E. A. SCHNEIDER[3] hat beschrieben (1894), wie metallisches Gold in Adsorptionsverbindung mit kolloider Zinnsäure zur kolloiden Lösung peptisiert werden kann und WEDEKIND[4] hat (1903) beim Auswaschen von feinverteiltem Zr (aus Zirkonerde mit Mg reduziert) ein tiefblaues Zr-Hydrosol erhalten.

Erst in neuerer Zeit (1906) ist von KUŽEL[5] eine allgemeine Methode zur Peptisation von Elementen ausgearbeitet. Ferner haben MARGHERITA TRAUBE-MENGARINI und A. SCALA[6] (1909—10) Beobachtungen über die Bildung von Metallsolen durch einfaches Kochen der Metalle in regulinischem Zustande mit destilliertem Wasser mitgeteilt. Vor kurzem ausgeführte (noch nicht publizierte) Versuche von H. NORDENSON haben jedoch gezeigt, daß die letztere Erscheinung auf der Anwesenheit von Verunreinigungen im Wasser und auf der Lichtwirkung (siehe unten) beruht.

Die elektrischen Dispersionsmethoden sind speziell für die Herstellung kolloider Lösungen der Elemente von großer Bedeutung. Sie sind von zweierlei Art. Die Dispersion des Materials kann entweder vermittelst eines in einer geeigneten Flüssigkeit erzeugten elektrischen Lichtbogens hervorgebracht werden, oder man kann dieselbe durch elektrische Beladung des Materials gegen das Dispersionsmittel, d. h. durch eine Art von Elektrolyse ausführen.

Die ersten Notizen über eine Zerstäubung zur kolloiden Lösung durch Elektrolyse wurden schon 1808 und 1810 publiziert, während die Entdeckung, daß die zerstäubende Kraft des elektrischen Lichtbogens zur Herstellung kolloider Lösungen verwendet werden kann, erst gegen Ende des neunzehnten Jahrhunderts (1898) gemacht wurde.

RITTER[7] beobachtete 1808 bei einigen Versuchen über die Zerlegung der Alkalien, daß, wenn man als Kathode Tellurmetall nimmt, nicht die geringste Spur von „DAVYschem Produkt" (Alkalimetall) erzeugt wird. Dagegen bemerkt er, daß eine schwarzbraune Substanz abgeschieden wird und daß das Tellur angegriffen erscheint. Dann versuchte er reines destilliertes Wasser mit Tellur als Kathode und reinem Platindraht als Anode zu elektrolysieren, mit dem Resultate, daß vom Tellur ein braunes

---

[1] E. PROST, Bull. acad. roy. Belg. (3) **14**, 312 (1887).
[2] C. WINSSINGER, Bull. acad. roy. Belg. (3) **15**, 390 (1888).
[3] E. A. SCHNEIDER, Z. anorg. Ch. **5**, 80 (1894).
[4] E. WEDEKIND, Z. Elektr. **9**, 630 (1903); Z. anorg. Ch. **45**, 385 (1905).
[5] H. KUŽEL, Österreichische Patentanmeldung Kl. 12b, Nr. A. 2572 (1906); 2573 (1906); D. R. P. Kl. 12g. Nr. 186980 (1906—07).
[6] M. TRAUBE-MENGARINI u. A. SCALA, Rendic. dello R. Accademia dei Lincei, 16 maggio e 15 agosto 1909; Z. Kolloid. **6**, 65, 240 (1910).
[7] RITTER, Journ. f. die Chemie, Physik u. Mineralogie (Gelen) **5**, 439 (1808).

Pulver in dichten Wolken herabfloß. DAVY[1] nimmt 1810 die Versuche RITTERS wieder auf. Er elektrolysiert mit einer Batterie von mehr als 300 Elementen und findet dabei, daß die Tellurkathode eine purpurrote Flüssigkeit erzeugt, die sich im Wasser verbreitet. Das Wasser wird allmählich trübe und dunkel und setzt einen braunen Staub ab. Sowohl RITTER als DAVY sehen in dieser roten Flüssigkeit ein Tellurhydrür. Aber MAGNUS[2] wies 1829 nach, daß sie metallisches Tellur enthält.

Etwa hundert Jahre nach den ersten Beobachtungen RITTERS wurde die Frage durch ERICH MÜLLER[3,4] und seinen Schülern von neuem aufgenommen.

Die erste elektrische Dispersionsmethode mittels dem Lichtbogen wurde 1908 von BREDIG[5,6] gefunden.

Gelegentlich einiger Versuche über die zersetzende Wirkung des elektrischen Lichtbogens auf verschiedene Flüssigkeiten beobachtet er, daß, wenn man unter reinem Wasser einen Lichtbogen zwischen Drähten aus Edelmetallen (Gold, Silber, Platin) bildet, diese Metalle zu tiefdunklen Flüssigkeiten zerstäuben, welche alle die für kolloide Lösungen charakteristischen Eigenschaften zeigen. Mit Golddrähten konnten prächtige purpurrote Flüssigkeiten erhalten werden, die sich ganz so wie die von ZSIGMONDY[7,8] auf chemischem Wege hergestellten Goldsole verhielten. Mit Quecksilber, Blei und Zinn entstanden nur grobe Suspensionen, Thallium gab Thalliumhydroxyd. Dagegen gelang es ihm später (1900) durch Zerstäubung einer Cadmiumkathode tiefbraune kolloide Cadmiumlösungen zu bereiten. Auch andere Platinmetalle (Palladium und Iridium) gaben kolloide Lösungen.

Nach der unveränderten BREDIGschen Methode haben mehrere Forscher versucht kolloide Lösungen herzustellen.

EHRENHAFT[9] zerstäubt (1902) unter Wasser Drähte aus Nickel, Kobalt, Kupfer, Aluminium, Eisen und Wismut bei verschiedenen Stromstärken und erhält auf diese Weise gefärbte Sole. Betreffs Aluminium und Eisen können wir mit Bestimmtheit behaupten, daß sie als disperse Phase nicht Metall sondern Metalloxyd enthielten. So hat z. B. SCHMAUSS[10] (1905) gezeigt, daß durch elektrische Zerstäubung von Eisen in gelatinehaltigem Wasser beständige Hydrosole von Eisenoxyd erhalten werden können, und zwar werden beim Arbeiten in flachen Schalen gelbe Lösungen von Fe_2O_3,

---

[1] H. DAVY, Phil. Trans. 1810. I, 16, 26; Schweigg. Journ. f. Chem. u. Phys. **3**, 334, 347 (1811); **5**, 348 (1812).
[2] G. MAGNUS, Ann. Phys. **17**, 521 (1829).
[3] E. MÜLLER u. R. LUCAS, Z. Elektr. **11**, 521 (1905).
[4] E. MÜLLER u. R. NOWAKOWSKI, Ber. **38**, 3779 (1905); Z. Elektr. **11**, 931 (1905).
[5] G. BREDIG, Z. Elektr. **4**, 514 (1898); Z. angew. Ch. 1898, 951; Z. phys. Ch. **32**, 127 (1900).
[6] G. BREDIG, Anorganische Fermente, Leipzig 1901.
[7] R. ZSIGMONDY, Ann. **301**, 29 (1898).
[8] R. ZSIGMONDY, Zur Erkenntnis der Kolloide, Jena 1905, S. 100.
[9] F. EHRENHAFT, Anz. d. Wiener Akad. **39**, 241 (1902).
[10] A. SCHMAUSS, Phys. Ztschr. **6**, 506 (1905).

beim Arbeiten in hohen, engen Röhren intensiv grüne Lösungen von FeO gebildet. Auch der metallische Charakter der übrigen Sole ist mit Rücksicht auf spätere Beobachtungen anderer Forscher auf naheliegenden Gebieten sehr fraglich. Wahrscheinlich handelt es sich in allen diesen Fällen um kolloide Oxydlösungen. Es ist ja auch von vornherein klar, daß Metalle, die viel unedler sind als Wasserstoff, als Hydrosole kaum darstellbar, zum mindesten sehr unbeständig sind, wie es auch schon von Bredig selbst hervorgehoben wurde.

Auch andere Flüssigkeiten (organische) wurden als Dispersionsmittel benutzt. Die Versuche aber, die in dieser Richtung von Bredig[1] (1901), Billiter[2] (1902), Degen[3] (1903) ausgeführt wurden, waren fast ohne Erfolg. Zwar konnte Degen kolloide Lösungen von Platin und Magnesium in absolutem Methylalkohol durch Zerstäubung mit dem Gleichstromlichtbogen erzeugen, dieselben waren aber in so hohem Grade von Kohlenstoff verunreinigt (Mg mit 38 % C, Pt mit 75 % C), daß sie kaum den Namen kolloide Metallösungen verdienen. Dies gilt auch von den späteren Versuchen von Burton[4] (1906). Burton zerstäubt Cu, Pb, Bi, Sn, Fe, Zn in Methylalkohol, Pb, Sn, Zn in Äthylalkohol und Pt, Au, Ag, in Äthylmalonat.

In etwas veränderter Form benutzte Billiter[2] (1902) die Bredigsche Methode zur Herstellung der Hydrosole von Hg, Pb, Cu, Ni, Fe, Al; die drei letzteren aber nur in unbeständiger Form, indem er dünne, auf andere Metalle elektrolytisch ausgefällte Schichten der Metalle zerstäubte.

Schließlich wurde von Svedberg[5] (1905) eine allgemeine elektrische Dispersionsmethode angegeben, welche auf die für diese Zwecke überaus günstigen Eigenschaften der oszillatorischen Entladungen beruht.

Über die Ausnutzung der zerstäubenden Wirkungen der strahlenden Energie zur Herstellung von kolloiden Lösungen liegen bisher nur Versuche von Svedberg[6] vor. Wird eine reine Metallplatte in eine flache Glasschale hineingelegt, mit einer dünnen Schicht von Wasser oder reinem Äthylalkohol bedeckt und in einer Entfernung von einigen Zentimetern von oben her der Strahlung einer Hereausschen Quarzglasquecksilberlampe ausgesetzt, so zeigt die Flüssigkeit, im Ultramikroskop betrachtet, nach wenigen Minuten das charakteristische Aussehen einer kolloiden Lösung. Genauere Versuche haben gezeigt, daß die Erscheinung durch die Wirkung des ultravioletten Lichtes zustande kommt, mit anderen Lichtquellen, die viel ärmer an ultravioletten Strahlen sind, gelingt der Versuch, wenn man die Belichtungszeit entsprechend länger wählt. Auch Röntgenstrahlen üben, wie Svedberg fand, eine zerstäubende Wirkung auf Metall in Flüssigkeiten aus.

---

[1] G. Bredig, Anorganische Fermente, Leipzig 1901.
[2] J. Billiter, Ber. 35, 1929 (1902).
[3] K. Degen, Diss. Greifswald 1903.
[4] E. F. Burton, Phil. Mag. (6) 11, 425 (1906).
[5] The Svedberg, Ber. 38, 3616 (1905); 39, 1705 (1906).
[6] The Svedberg, Ber. 42, 4375 (1909); Z. Kolloid. 6, 129 (1910).

Schon die Versuche von Svedberg machten es sehr wahrscheinlich, daß es sich bei diesen Erscheinungen um photochemische Reaktionen handelt, in der Weise, daß das Metall zuerst in Form irgendeiner Verbindung in Lösung geht und dann durch das Licht reduziert wird. Durch ausgedehnte Untersuchungen von Nordenson ist diese Vermutung bestätigt worden.

Spezieller Teil.

Mechanisch-chemische Dispersionsmethoden.

Erste Klasse.

Die Konzentration des hydrosolbildenden Ions muß vermindert werden. (Die Auswaschungsmethoden.)

Elemente.

Methode von Davy und Berzelius.[1 2 3]

Kolloide Lösungen von Bor, Silicium und Zirkonium können nach dieser Methode hergestellt werden.

Eine Verbindung, die das in kolloide Form zu bringende Element enhält (z. B. B_2O_3, SiO_2), wird mit metallischem Kalium in der Glühhitze reduziert. Die so erhaltene Schmelze wäscht man so lange mit reinem Wasser aus, bis das Filtrat sich zu färben beginnt. Die günstige Konzentration des hydrosolbildenden Ions ist dann erreicht.

Sauerstoffverbindungen.

Nach der Methode von Berzelius und Kühn[4 5] können kolloide Lösungen von Molybdänsäure und Kieselsäure hergestellt werden.

Die frisch ausgefällte Säure wird mit reinem Wasser gewaschen, bis sie sich auflöst.

Sulfide.

Methode von Berzelius.[6]

Wolframsulfid, Osmiumsulfid, Iridiumsulfid und Eisensulfid erhält Berzelius durch Auswaschen von frischgefällten Niederschlägen dieser Sulfide.

Zweite Klasse.

Die Konzentration des hydrosolbilden Ions muß vergrößert werden. (Die Peptisationsmethoden.)

---

[1] H. Davy, Phil. Trans. (London) 1809 I, 39; Schweigg, J. f. Chem. u. Phys. **30**, 34 (1820).

[2] J. J. Berzelius, Pogg. **1**, 1, 169 (1824); **2**, 113 (1824); **4**, 117 (1825); Lehrb. d. Chemie, 3. Aufl. **1**, 320, 321 (1833); 5. Aufl. **1**, 315 (1843). Genauere Angaben über die versch. diesbez. Abhandlungen von Berzelius finden sich in The Svedberg, Die Methoden usw., Dresden 1909.

[3] F. Wöhler und Sainte-Claire Deville, Ann. chim. phys. (3) **52**, 63 (1858).

[4] J. J. Berzelius, Pogg. **6**, 331, 369 (1826); Lehrb. d. Chemie, 3. Aufl. **2**, 122 (1833).

[5] H. Kühn, J. pr. Ch. **95**, 5 (1853).

[6] J. J. Berzelius, Lehrb. d. Chemie, 3. Aufl. **3**, 126, 209, 222, 439 (1834).

Elemente.

Methode von Kužel.[1 2]

Eine zielbewußte Kombination mechanischer und chemischer Dispersion zum Zwecke der Herstellung kolloider Lösungen von Elementen ist von Hans Kužel durchgeführt worden.

Die Sole folgender Elemente können nach dieser Methode gewonnen werden: Cr, Mn, Mo, U, Wo, V, Ta, Nb, Ti, B, Si, Th, Zr, Pt, Os, Ir.

Das in den kolloiden Zustand zu überführende Material wird zuerst auf mechanischem Wege in ein möglichst feines Pulver zerteilt. Dieser Staub wird während längerer Zeit mit verschiedenen sauren, alkalischen oder neutralen Lösungen in einer solchen Reihenfolge bei mäßiger Wärme behandelt, daß auf eine saure Lösung immer eine alkalische oder neutrale mit zwischengeschaltenem Auswaschen folgt. Für die sauren Lösungen empfiehlt Kužel eine Konzentration von 0,5—20 %, für die alkalischen und neutralen 0,5—10 %.

Sauerstoffverbindungen.

Methode von Graham.[3 4]

Unter den Metalloxyden hat Graham kolloides Al_2O_3, Fe_2O_3, Cr_2O_3 durch Peptisation mit den entsprechenden Chloriden hergestellt. Kolloide Titansäure erhält er durch Peptisation von Titansäuregel mit wenig Chlorwasserstoffsäure und die Ferro- und Ferricyanide des Eisens sowie das Ferrocyanid des Kupfers durch Peptisation mit Oxalsäure oder Kaliumoxalat bzw. Ammoniumoxalat. Sämtliche Lösungen werden durch Dialyse gereinigt.

In neuerer Zeit hat A. Müller diese Methode wesentlich gefördert, indem er gezeigt hat, daß auch andere Stoffe als Peptisationsmittel verwendet werden können. In einer ausführlichen Untersuchung zeigt er, daß es bei der Peptisation einer Metallhydroxydfällung keineswegs notwendig ist, ein Salz, welches das im Hydroxydniederschlag eingehende Metall enthält, zu benutzen, sondern daß zu diesem Zwecke auch andere Salze verwendet werden können, vorausgesetzt, daß sie weitgehend hydrolytisch gespalten sind. So peptisiert er $Al(OH)_3$ mit $FeCl_3$, $Th(NO_3)_4$, $Cr(NO_3)_3$ HCl; $Th(OH)_4$ mit $AlCl_3$, $FeCl_3$, $UO_2(NO_3)_2$ und HCl; $Y(OH)_3$ mit $AlCl_3$, $FeCl_3$ und HCl; $Co(OH)_2$ mit HCl; $Fe(OH)_3$ mit HCl. Die zur Peptisation einer bestimmten Menge eines gefällten Oxydhydrats nötigen Elektrolytmengen sind nicht Funktion der Masse des Hydrats, sondern sind durch die Vorgeschichte des Hydrogels wesentlich bedingt.

Er verfuhr z. B. folgenderweise. Aluminiumhydroxyd wurde aus 50 ccm einer $AlCl_3$-Lösung von 2,448 % Al_2O_3 bei Siedehitze gefällt, der Nieder-

---

[1] H. Kužel, Österreichische Patentanmeldung Kl. 12b, Nr. A. 2572 (1906); 2573 (1906); D. R. P. Kl. 12 g. Nr. 186980 (1906—07).

[2] E. Wedekind, Z.Kolloid. 2, 289 (1908); 5, 191 (1909).

[3] Th. Graham, Phil. Trans. (London) **151**, 183 (1861); C. r. **59**, 174 (1864); Ann. chim. phys. (4) **3**, 121 (1864).

[4] A. Müller, Z. anorg. Ch. **57**, 311 (1908).

schlag gut gewaschen und mit 250 ccm Wasser vermischt. Eine solche Menge von Aluminiumhydroxydgel wurde durch 19,6 ccm $^1/_{20}$-n HCl 1 ccm $FeCl_3$ mit einem Gehalt von 3 % Fe_2O_3, 10,4 ccm $Th(NO_3)_4$ mit einem Gehalt von 2,5 % ThO_2 und 4,5 ccm einer $Cr(NO_3)_3$-Lösung von 1,5 % Cr_2O_3-Gehalt peptisiert.

Sulfide.

Methode von SPRING.[1 2 3 4]

Bei dieser Methode wird frisch gefälltem Sulfidgel mit schwefelwasserstoffhaltigem Wasser ausgewaschen, d. h. man peptisiert mit H_2S. SPRING hat in dieser Weise CuS-Hydrosol durch wöchentliches Waschen CuS-Niederschlags mit H_2S-Wasser hergestellt.

PROST, WINSSINGER und PICTON gewannen in ähnlicher Weise kolloides CdS und HgS. Sie suspendieren das gewaschene Sulfidgel in Wasser und behandeln dasselbe mit einem Strom von H_2S.

Dritte Klasse.

Methoden von unbekanntem Reaktionsmechanismus.

Methode von NEUBERG.[5 6]

Diese Methode umfaßt die Herstellung kolloider Lösungen von Verbindungen der Erdalkalimetalle. Unter den diesbezüglichen, recht spärlichen Arbeiten sind diejenigen von NEUBERG und seinen Mitarbeitern die wichtigsten. Dieselben behandeln sowohl Calcium-, Strontium-, Barium- als Magnesiumsalze, sind aber hinsichtlich ihres Reaktionsmechanismus noch nicht sehr weit geführt. An dieser Stelle wird deshalb als Beispiele nur über die Herstellung von kolloider Bariumcarbonat- und Calciumoxydlösung kurz berichten.

Als Dispersionsmittel wird Methylalkohol benutzt. Eine methylalkoholische Lösung von Bariumoxyd gibt beim Einleiten von Kohlendioxyd zur Entstehung eines dicken Gels von $BaCO_3$ Veranlassung. Dieses Gel kann durch weitere Einleitung von CO_2 peptisiert werden und bildet dabei eine im durchfallenden Lichte klare, im reflektierten trübe aussehende kolloide Lösung von der Konsistenz eines dicken Kollodiums mit einem Gehalt von 4 % BaO. Bei der Herstellung von kolloidem CaO scheint das Dispersionsmittel selbst die Peptisation zu bewirken. Schüttelt man nämlich frisch geglühten, fein gepulverten Ätzkalk etwa 24 Stunden mit absolutem Methylalkohol und filtriert, so wird eine Flüssigkeit von 0,113 % CaO erhalten, die vollkommen den Charakter einer kolloiden Lösung besitzt.

[1] W. SPRING, Ber. **16**, 1142 (1883).
[2] E. PROST, Bull. acad. roy. Belg. (3) **14**, 312 (1887).
[3] C. WINSSINGER, Bull. acad. roy. Belg. (3) **15**, 390 (1888).
[4] S. E. LINDER und H. PICTON, J. Chem. s. **61**, 114, 137, 148 (1892).
[5] C. NEUBERG, Sitzgb. Berlin 1907, 820.
[6] C. NEUBERG und B. REWALD, Z. Kolloid. **2**, 321, 354 (1908).

Methode von Margherita Traube-Mengarini und A. Scala.[1]

Nach dieser Methode können die Hydrosole von Ag, Pt, Cu, Pb erhalten werden. Für die Herstellung eines Ag Sols wird eine größere Menge destillierten Wassers z. B. 2 Lit. in Portionen von z. B. 200 ccm in einem silbernen, zu einem Drittel mit reinen Silberspänen gefüllten Gefäße bis zu einem Viertel ihres ursprünglichen Volumens eingekocht und das Ganze zuletzt auf 25 ccm eingeengt. Diese Flüssigkeit ist dann ein Ag-Sol von 0,01—0,02 % Ag.

Platinsole können in ähnlicher Weise gewonnen werden, wobei jedoch zu beachten ist, daß Cu-freies Pt verwendet wird. weil sonst das Cu am ersten in kolloide Form übergeht. Der Vorgang ist übrigens bei Pt weit langsamer als bei Ag.

Blei gibt schon beim Stehen mit destilliertem Wasser ohne Erwärmung eine kolloide Lösung. Um die Oxydation des gebildeten Metallsols zu verhindern, muß der Sauerstoff sorgfältig ferngehalten werden.

Elektrische Dispersionsmethoden.

Erste Klasse.

Methoden, bei denen die Dispersion vermittelst des elektrischen Lichtbogens ausgeführt wird.

Methode von Bredig.

a) Die ursprüngliche Form der Bredigschen Methode.[2,3]

In einer gut gekühlten Schale aus Porzellan oder Jenaer Glas bildet man unter reinem Wasser (Leitfähigkeit etwa $3 \cdot 10^{-6}$) einen Gleichstromlichtbogen zwischen Stäben oder Drähten des zu zerstäubenden Metalles (Fig. 55). Die Stromstärke kann 5—10 Ampere, die Spannung 30—110 Volt betragen. Es scheint unzweckmäßig zu sein, bei allzu hohen Stromstärken oder -spannungen zu arbeiten.

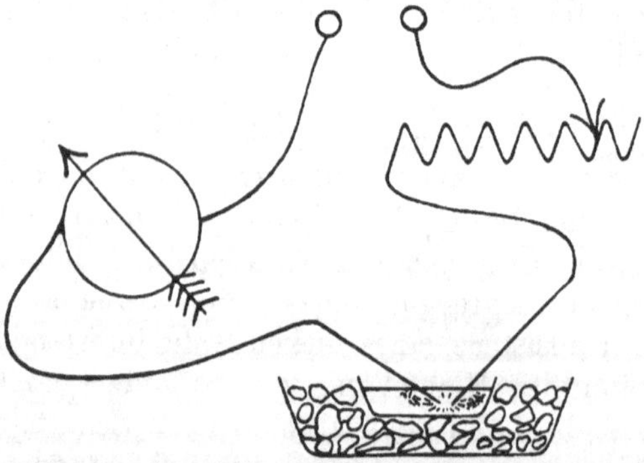

Fig. 55. Versuchsanordnung für elektrische Kolloidsynthese nach Bredig.

Hydrosole von Au, Ag, Pt, Pd, Ir und Cd können in dieser Weise gewonnen werden. Bei Zerstäubung von Au ist es sehr zweckmäßig, etwas Alkali (etwa $^1/_{1000}$-n. NaOH) zu dem verwendeten Wasser hinzuzufügen. Diese bereiteten Au-Sole enthalten auf 100 ccm etwa 14 mg Au, die Pt-Sole auf 100 ccm 20 mg Pt. Cd als Hydrosol kann nur in besonders reinem, luftfreiem Wasser erzeugt werden.

---

[1] M. Traube-Mengarini und A. Scala, Rendic. dello R. Accademia dei Lincei, 16 maggio e 15 agosto 1909; Z. Kolloid. 6, 65, 240 (1910).

[2] G. Bredig, Z. Elektr. 4, 514 (1898); Z. angew. Ch. 1898, 951; Z. phys. Ch. 32, 127 (1900).

[3] G. Bredig, Anorganische Fermente, Leipzig 1901.

Auch für die Herstellung von Hydrosolen der Metalloxyde kann die Bredigsche Methode Anwendung finden. Mehrere der von Ehrenhaft[1], Schmauss[2] und Scarpa[3] hergestellten sogenannten kolloiden „Metalllösungen" bestehen ganz oder teilweise aus Metalloxyden.

b) Billiters Modifikation der Bredigschen Methode.[4]

Das zu zerstäubende Metall wird in dünner Schicht elektrolytisch auf ein anderes Metall ausgefällt: Hg auf Zn, Fe, Ni oder Pb (auch durch direktes Amalgamieren); Pb auf Fe oder Zn; Cu auf Fe; Zn auf Fe; Fe auf Zn; Ni auf Fe oder Zn. Aluminium wird in Form von dünnen Folien, wie sie zum Lenardschen Fenster verwendet werden, um einen Zink- oder Eisendraht gewickelt.

Die so vorbereiteten Metallstäbe werden als Kathoden im Lichtbogen unter Wasser nach Bredigs Vorschriften benutzt. Als Anoden verwendet man Eisen- oder Aluminiumdrähte. Sämtliche von Billiter hergestellte Hydrosole der obenerwähnten Metalle sind von brauner Farbe mit wechselnden Nuancen.

Methode von Svedberg.[5 6]

Aus den Untersuchungen Svedbergs geht hervor, daß von allen Entladungsformen die oszillatorische die günstigsten Resultate liefert. Bei

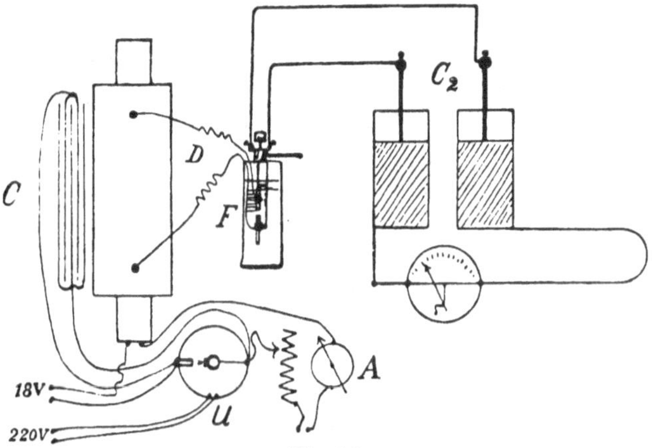

Fig. 56.
Vollständige Versuchsanordnung für elektrische Kolloidsynthese nach Svedberg.

Verwendung desselben wird nämlich die Zersetzung des Dispersionsmittels am geringsten. Die Konstanten des Entladungskreises sollen ferner so gewählt werden, daß:

[1] F. Ehrenhaft, Anz. d. Wiener Akad. **39**, 241 (1902).
[2] A. Schmauss, Phys. Ztschr. **6**, 506 (1905).
[3] O. Scarpa, Il nuovo Cimento (5) **11**, 80, 162 (1906); Z. Kolloid. **2**, 18 (1907).
[4] J. Billiter, Ber. **35**, 1929 (1902).
[5] The Svedberg, Ber. **38**, 3616 (1905; **39**, 1705 (1906).
[6] The Svedberg, Z. Kolloid. **1**, 229, 257, (1907); Nova acta. reg. soc. sc. Upsaliensis ser. 4, vol. 2. nr. 1. (1907).

1. die Kapazität möglichst groß,
2. die Selbstinduktion möglichst klein,
3. der OHMsche Widerstand möglichst klein,
4. die Funkenlänge möglichst klein werden.

Die Versuchsanordnung wird am besten folgenderweise gewählt (Fig. 56). Die Drähte (D) von den Sekundärpolen eines größeren Induktoriums führen zu einem Funkenmikrometer (F), in welchem zylindrische Stäbe des zerstäubenden Metalls eingesetzt werden können. In Parallelschaltung mit dem Induktorium befindet sich ein Kondensator C_2 (in der Figur aus zwei leidener Flaschen gebildet). H ist ein Hitzdrahtamperemeter zur Messung der effektiven Stromstärke im Entladungskreis, A der Amperemeter des Primärkreises, U der Unterbrecher, C_1 der Kondensator des Primärkreises.

Der Kondensator C_2 ist dabei so groß zu nehmen, wie es das Induktorium gestattet. Die Funkenlänge (= Abstand zwischen den Stäben im Funkenmikrometer) soll nicht größer als 0,5 mm sein (am besten 0,1—0,3 mm).

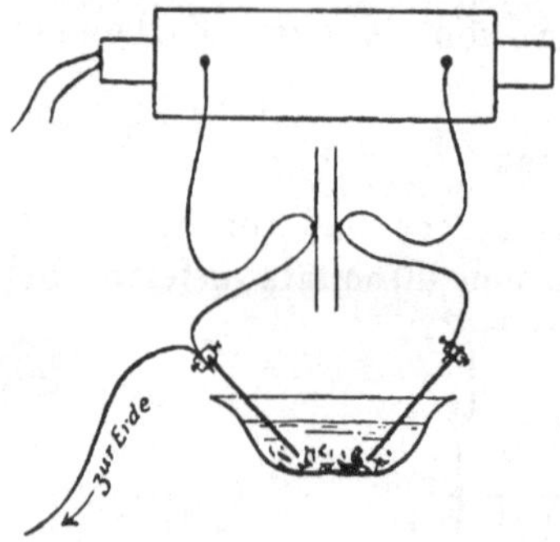

Fig. 57. Einfache Versuchsanordnung für elektrische Kolloidsynthese nach SVEDBERG.

Wenn es nicht auf große Reinheit der Sole ankommt, kann auch die in Fig. 57 skizzierte Anordnung benutzt werden.

In der Porzellanschale G befindet sich das zu zerstäubende Metall in granuliertem Zustande oder als geschnittener Draht und darüber das Dispersionsmittel. Bei Schließung des Stromes beginnt ein heftiges Funkenspiel zwischen den Teilchen, die Flüssigkeit färbt sich, und in wenigen Minuten ist ein tiefdunkles Sol entstanden. Es ist natürlich von Vorteil, Elektroden und Metallteilchen von demselben Metalle zu verwenden, jedoch ist der Einfluß der Elektroden sehr gering, wie angestellte Versuche gezeigt haben. Während der Zerstäubung hält man die eine Elektrode in Bewegung, um ein Zusammenballen der Teilchen zu verhindern.

Einer der wichtigsten Fortschritte, den die neue elektrische Zerstäubungsmethode von SVEDBERG ermöglichte, war die Kenntnis von den kolloiden Lösungen der Alkalimetalle.

Die Sole dieser außerordentlich reaktionsfähigen Metalle sind natürlich nur mit besonders indifferenten Dispersionsmitteln und — wie die Versuche zeigten — bei größter Reinheit von Material und Gefäß zu gewinnen.

Es ist dabei drei Hauptbedingungen zu genügen. Der Apparat muß:

1. hinsichtlich der Dispersionsflüssigkeit usw. die Erzielung größter Reinheit,
2. die Verwendung von indifferenten Atmosphären und
3. eine günstige und bequeme Zerstäubung gestatten.

Für Versuche bei Zimmertemperatur und bis zu etwa -100^0 hinab kann der in Fig. 58 wiedergegebene Apparat benutzt werden.

Den Hauptteil desselben bildet ein kleiner langhalsiger Kolben (*K*), und ein darin gut passendes Glasrohr (*R*) aus schwer schmelzbarem Glas, das unten zugeblasen ist und nur durch einige kleine Löcher mit dem Kolben kommuniziert. Letzterer dient als Schutz- und Vorratsgefäß für die reine Dispersionsflüssigkeit, während die Zerstäubung in dem durchlöcherten Rohre (*R*) vor sich geht. Als Elektroden dienen Platindrähte, die im Innern des Glasrohrs an die Wände gedrückt sind und von unten bis zu dem aus dem Kolben herausragenden Teil des Rohres reichen, wo sie die Glaswand durchsetzen und darin eingeschmolzen sind. Vermittelst eines über einen Teil des Glasrohrs und des Kolbenhalses geschobenen Kautschukschlauches werden Kolben und Rohr gasdicht miteinander vereinigt.

Als indifferente Atmosphäre eignet sich auf elektrolytischem Wege gewonnener Wasserstoff sehr gut, der mit Hilfe des automatisch funktionierenden Vèzes u. Labatutschen[1] Apparates bequem in unbegrenzter

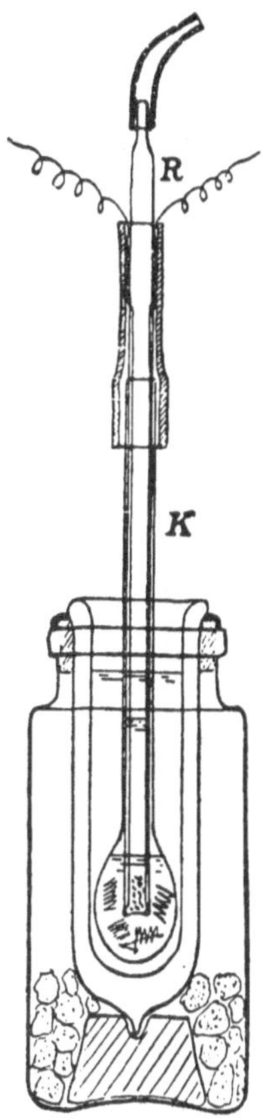

Fig. 58. Versuchsgefäß für kolloide Alkalimetalle.

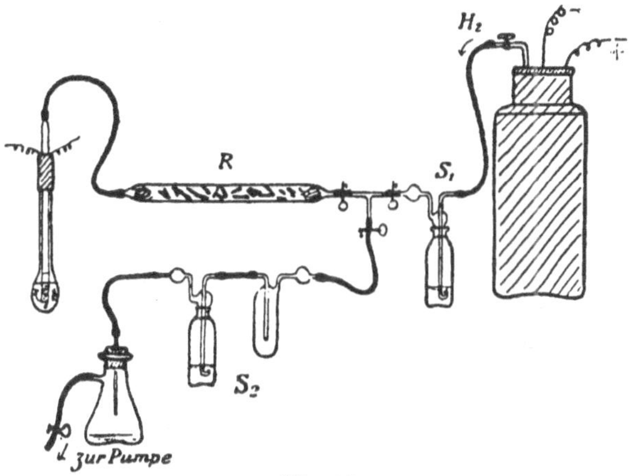

Fig. 59. Elektrische Herstellung von kolloiden Alkalimetallen.

Menge gewonnen werden kann und von Verunreinigungen nur Wassergas und Spuren von Stickstoff enthält.

Zur Erzeugung und Regulierung der Wasserstoffatmosphäre dient die durch Fig. 59 skizzierte Anordnung. Das Rohr des Kolbens ist durch das Trockenrohr *R* (festes KOH) mit einem T-Stück vereinigt, das seinerseits abwechselnde Verbindung mit der Trockenflasche S_1 (konz. H_2SO_4), dem Wasserstoffapparat und der Trocken- und Rückschlagsicherung S_2 einer Wasserstrahlpumpe gestattet.

Als Dispersionsmittel für die Alkalimetalle eignet sich Äthyläther besonders gut. Die Verunreinigungen des käuflichen Produkts sind: Wasser,

[1] M. Vèzes u. J. Labatut, Z. anorg. Ch. **32**, 464 (1902).

Äthylalkohol, Vinylalkohol, Spuren von Aldehyd und verschiedener Peroxyde. Sie lassen sich jedoch durch bestimmte verhältnismäßig einfache Operationen fast vollständig entfernen; nämlich durch Waschen mit alkalischer Kaliumpermanganatlösung zur Entfernung des Aldehyds, mit Wasser zur Aufnahme der Hauptmasse der Alkohole, durch Schütteln mit Chlorcalcium, Phosphorpentoxyd und schließlich Natriumdraht oder Kalium-Natrium-Legierung bis zum vollständigen Trocknen und Entfernen der Alkohole. Die Peroxyde können durch Behandeln mit Quecksilber oder Natriumamalgam beseitigt werden.

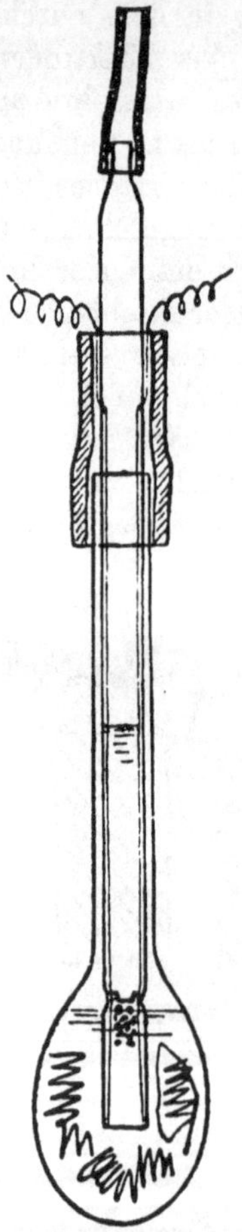

Fig. 60. Versuchsgefäß für kolloides Lithium.

Von Na und K hat Svedberg auch kolloide Lösungen in Pentan und flüssigem Methan hergestellt. Für das letztere Dispersionsmittel muß jedoch ein Apparat von anderer Gestalt verwendet werden.[1]

Die Herstellung der kolloiden Lösung wird nun folgendermaßen ausgeführt.

Man füllt den Kolben zuerst mit dem in Frage kommenden, möglichst reinen Dispersionsmittel. Zum weiteren Schutz wird noch Natrium- oder Kaliumdraht darin eingepreßt. Das Rohr ist alsdann einzusetzen und mit einer Schicht ($^1/_2$—2 cm) von Metallstückchen zu beschicken. Das spez. Gewicht der Alkalimetalle ist der Art, daß sich bei dieser Schichtdicke die günstigste Entladungsform ausbildet.[2]

Die elektrostatischen Kräfte und die Explosionswellen bei den Entladungen veranlassen, daß die Metallteilchen in Bewegung gehalten werden, so daß auf diese Weise eine fast kontinuierliche Zerstäubung zustande kommt.

Vor der Zerstäubung wird der reine, trockene Wasserstoff längere Zeit ($^1/_2$—5 Stunden — je nach der gewünschten Reinheit und der daraus folgenden Stabilität der zu bereitenden Lösung) durch das Rohr und die übrigen Teile des Apparates (siehe Fig. 59) eingeleitet. Dabei wird zweckmäßigerweise die Luft zuerst aus S_2 und dann durch R und K getrieben. Vermittelst eines zwischen Rohr und Kautschukschlauch eingeschobenen Metalldrahtes stellt man einen kleinen Spalt her, um das Ausströmen des Gases zu ermöglichen.

Nach beendeter Wasserstoffdurchleitung wird der Metalldraht zwischen Rohr und Schlauch entfernt, eine gewisse Menge Lösungsmittel durch Intätigkeitsetzen der Wasserstrahlpumpe in das Rohr aufgesaugt und die Platindrähte mit der Elektrizitätsquelle verbunden. Das Funkenspiel stellt

[1] The Svedberg, Nova acta a. a. O. S. 77.
[2] Über Lithium siehe unten.

sich dabei von selbst ein oder wird durch leichtes Klopfen auf das Rohr eingeleitet. Um die Farbe usw. der gebildeten kolloiden Lösung besser beobachten zu können, ist dieselbe nach Belieben im Rohre hinaufzusaugen.

Auf diese Weise gewinnt man leicht kolloides Natrium.

Für die Herstellung von kolloidem Kalium, Rubidium und Cäsium ist die mit diesem Apparat erzielte Reinheit nicht hinreichend, man muß außerdem tiefe Temperaturen verwenden. Zu diesem Zweck wird der Kolben in ein Vakuumgefäß eingetaucht, das mit einer geeigneten Kältemischung beschickt ist, z. B. mit fester Kohlensäure und Aceton.

Noch zweckmäßiger ist in diesem Falle die Verwendung von Mischungen aus flüssiger Luft nnd Alkohol, mit deren Hilfe Temperaturen von -50^0 bis -130^0 erzeugt werden können. Dieselben besitzen außerdem den Vorteil der vollkommenen Durchsichtigkeit, so daß man die Erscheinungen im Zerstäubungsapparat leicht verfolgen kann.

Um kolloides Lithium zu gewinnen, muß der Apparat etwas abgeändert werden. Lithium schwimmt nämlich auf Äther und man hat deshalb durch besondere Vorrichtungen dafür zu sorgen, daß die Metallstückchen unter der Flüssigkeitsoberfläche gehalten werden. Fig. 60 zeigt einen derartigen Apparat. Das Glasrohr trägt unten eine kleine Glocke, die oben durchlöchert ist. Der Kolben wird mit Äther bis an den Hals gefüllt, die Lithiumstückchen werden zugefügt und das Rohr alsdann mit der Glocke hineingeschoben. Das Metall sammelt sich dabei im oberen Teil der Glocke. Die Zerstäubung ist am besten bei tiefer Temperatur auszuführen.

Die Darstellung der kolloiden Lösungen der Erdalkalimetalle bietet keine besondere Schwierigkeiten. Sie sind jedoch hinsichtlich der Zerstäubung recht hart und man braucht daher, um hohe Reinheit zu erreichen, große Kapazität im Entladungskreise. In Propylalkohol und Isobutylalkohol liefern sie sehr stabile Lösungen von großer Homogenität und kleiner Teilchengröße.

Für die Herstellung der Sole der übrigen Metalle benutzt man, wie oben hervorgehoben wurde, am besten kleine zylindrische Stäbe, die in das Funkenmikrometer eingesetzt werden. Das Dispersionsmittel muß natürlich so gewählt werden, daß es mit dem betreffenden Metall nicht chemisch reagiert.

Zweite Klasse.

Methoden, bei denen die Dispersion vermittelst elektrischer Beladung des Materials ohne Lichtbogen ausgeführt wird.

Methode von E. Müller.[1] [2]

Müller und Lucas beobachteten, daß, wenn man ein Stäbchen von reinem Tellur einem Platindraht in einer Entfernung von etwa 5 cm in

[1] E. Müller u. R. Lucas, Z. Elektr. 11, 521 (1905).
[2] E. Müller u. R. Nowakowski, Ber. 38, 3779 (1905); Z. Elektr. 11, 931 (1905).

destilliertem Wasser gegenüberstellt und zwischen beiden eine Spannungsdifferenz von 220 Volt erzeugt, an der Kathode braune Wolken entstehen, die sich im Wasser verteilen und eine kolloide tabakbraune Lösung bilden. Wie sie später fanden, ist Kolloidbildung schon bei einer Spannung von 4 Volt zu beobachten (Fig. 61).

In ähnlicher Weise gelang es ihnen, die kolloiden Lösungen von Selen und Schwefel herzustellen. Da jedoch die elektrische Leitfähigkeit von Selen und Schwefel sehr klein ist, wurde die Anordnung etwas verändert. Auf einem Platinblech wurde eine kleine Menge Selen so geschmolzen, daß nur ein Teil des Bleches damit überzogen wurde. Das Blech wurde als Kathode in reines Wasser getaucht und ein Platindraht als Anode in einiger Entfernung davon aufgestellt. Man erhielt so schon bei geringer Spannung Kolloidbildung von der Berührungsstelle zwischen Selen und Platin. Eine teilweise Ausfällung des gebildeten Selensols in Form von roten Flocken findet an der Anode statt.

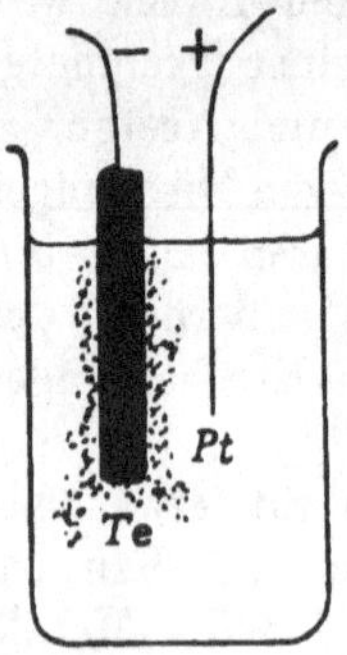

Fig. 61. Versuchsanordnung für elektrische Kolloidsynthese nach E. Müller.

Auf gleiche Weise gewinnt man bei einer Spannung von 200 Volt in einer Stunde eine milchigweiße Lösung von kolloidem Schwefel.

Strahlungsenergetische Dispersionsmethoden.[1]

Die Verfahren dieser Gruppe beruhen auf der von Svedberg entdeckten zerstäubenden Wirkung der Ultraviolett- und Röntgenstrahlen auf Metalle in Flüssigkeiten. Als Herstellungsmethoden werden sie wohl nur in Ausnahmefällen Verwendung finden.

Besonders die Metalle Pb, Ag, Cu geben bei Bestrahlung mit einer kräftigen Ultraviolettlampe in nicht oxydierenden Medien wie Äthyl- und Methylalkohol, Äthyläther und dergleichen zur Entstehung der entsprechenden Metallsole Veranlassung. Dabei ist bei gewissen Metallen wichtig, daß die Oberfläche des Metalls von Oxydschichten sorgfältig befreit ist. Das zuerst entstehende Sol enthält sehr kleine Teilchen; dieselben vereinigen sich jedoch infolge einer kondensierenden Wirkung des Lichtes zu immer größeren Aggregaten, so daß eine durch längere Bestrahlung erhaltene kolloide Lösung Teilchen von sehr verschiedener Größe besitzt. Wenn es sich nur darum handelt, die Solbildung nachzuweisen, so genügt bei Pb und Ag eine 1—2 sekundige Belichtung in nächster Nähe einer Heraeusschen Hg-Lampe.

Die Wirkung der Röntgenstrahlen ist sehr viel geringer als diejenige der Ultraviolettstrahlen, so daß man, schon um die Entstehung einer kolloiden Lösung nachzuweisen, ein kräftiges Röntgenrohr verwenden muß.

[1] The Svedberg, Ber. **42**, 4375 (1909); Z. Kolloid. **6**, 129 (1910).

III. Methoden zur Beeinflussung des Dispersionsgrades eines Sols.

Stabilisierungsmethoden.

Wie bereits eingangs hervorgehoben wurde, sind die Bedingungen der Kleinheit und der äußerst geringen Löslichkeit der Kolloidteilchen im Dispersionsmittel für die Existenz eines Sols zwar notwendig, aber nicht hinreichend. Außerdem darf das innerhalb des dispersen Systems spontan vor sich gehende Zusammenballen der einzelnen Teilchen zu größeren Aggregaten nur mit kleiner Geschwindigkeit vor sich gehen. Die Gesetze, nach denen diese Assoziation vor sich geht, und die Faktoren, von denen sie beeinflußt wird, sind nur sehr unvollständig bekannt; d. h. für das Stabilitätsproblem der Kolloide hat man noch keine allgemeine Lösung gefunden. Einzelne Stabilisierungsmittel sind jedoch schon seit langem bekannt. Im folgenden wird über die wichtigsten derselben berichtet.

1. Schutzkristalloide.

A. Nichtelektrolyte.

THE SVEDBERG[1] hat gezeigt, daß in gewissen Fällen Zusätze von auch sehr kleinen Mengen eines Nichtelektrolyts in hohem Grade stabilisierend einwirken können. So erhöhte z. B. 0,15 $^0/_0$ H_2O die Koagulierungstemperatur eines Pt-Ätherosols von -48^0 zu $-0,8^0$ und 0,774 $^0/_0$ zu $+39^0$. Im allgemeinen erwiesen sich für Sole mit nicht dissoziierendem Dispersionsmittel und indifferenter disperser Phase alle Fremdzusätze in kleinen Konzentrationen als stabilisierend.

B. Elektrolyte.

Die stabilisierenden Wirkungen verschiedener Ionen sind von mehreren Forschern studiert worden. Aus den gewonnenen Resultaten, die sich noch nicht zu einem widerspruchsfreien System vereinigen lassen, ist zu schließen, daß im allgemeinen — nicht aber immer — Sole, deren Teilchen elektropositiv sind, von Kationen, und Sole mit elektronegativen Teilchen von Anionen stabilisiert werden.[2] In einem gewissen Elektrolyten scheint dabei das leichtbeweglichste Ion ausschlaggebend zu sein. Besonders wirksam sind die sehr leichtbeweglichen $H^{\cdot}$- und OH'-Ionen. Positive Kolloide (z. B. Al_2O_3-, Fe_2O_3-Hydrosole) werden deshalb oft von Säuren, negative Kolloide (z. B. Metallhydrosole, Sulfidhydrosole) von Basen stabilisiert. Die Zusätze dürfen nur sehr klein sein. Zu bemerken ist übrigens, daß es für jeglichen Elektrolyten gegenüber einem bestimmten Sol immer eine optimale Konzentration gibt, bei der die Schutzwirkung am größten ist.

2. Schutzkolloide.

Ein Mittel, das oft noch wirksamer als der Zusatz eines Schutzkristalloids ist, liegt in der Zugabe eines Schutzkolloids. Ebenso-

---

[1] THE SVEDBERG, Nova acta a. a. O. S. 110.

[2] Siehe z. B. bei A. LOTTERMOSER, Z. phys. Chem. **60**, 451 (1907).

wenig, wie uns die Wirkungsweise der Schutzkristalloide klar ist, kennen wir auch Bestimmtes über den Reaktionsmechanismus der Schutzkolloide. Vielleicht kommt diejenige Theorie der Wahrheit am nächsten, welche behauptet, die Kolloidteilchen würden von den Teilchen des Schutzkolloids eingehüllt und so von unmittelbarer Berührung bzw. Koagulation geschützt. Das mit Schutzkolloid versetzte System würde also durch diese Veränderung der Oberfläche seiner Teilchen zum Teil die Eigenschaften des Schutzkolloids gewonnen haben und darunter in erster Linie seine größere Stabilität.

Besonders organische Körper finden als Schutzkolloide Verwendung, z. B. Gelatine, Gummiarabicum, Eiweißkörper. Um quantitative Angaben über das relative Schutzvermögen verschiedener Kolloide zu gewinnen, hat R. Zsigmondy[1] untersucht, wie viele Milligramm des betreffenden Kolloids zu einer gewissen Menge hochroten Goldkolloids zugefügt werden müssen, um einen Farbenumschlag in Violett durch 1 ccm 10prozentige NaCl-Lösung eben nicht mehr zu verhindern. Diesen Wert nennt er die Goldzahl. Die reziproke Goldzahl ist ein Maß der Schutzwirkung. In nachstehender Tabelle sind diese „Schutzzahlen" der von Zsigmondy untersuchten Kolloide verzeichnet.

Schutzkolloid	Schutzzahl	Bemerkungen
Gelatine	100—200	
Russischer Leim	100—200	
Kölner Leim	100—200	
Knochenleim	100—200	
Hausenblase	50—100	
Kaseïn	100	Wässerige Lösung durch einige Tropfen NH_3 vermittelt
Albumin aus Eiern	{ 4—6,6 5—10 }	Zwei verschiedene Handelssorten
Gummi arabicum Ia	4—6,6	
„ „ IIa	5	
„ „ IIIa	0,25—2	
Carragheen	1—2	
Tragant	0,5	
Dextrin	{ 0,08—0,17 0,05—0,1 }	Zwei Handelssorten
Weizenstärke	0,17—0,25	
Kartoffelstärke	0,04	
Stearinsaures Na	0,1	bei ungefähr 60° C
„ „	100	bei Siedehitze
Oleïnsaures Na	1—2,5	

3. Hohe Viskosität des Dispersionsmittels.

Es ist in einzelnen Fällen gelungen, durch Zusätze von Stoffen, welche die Viskosität des Dispersonsmittels stark erhöhen, eine Stabilisierung zu

[1] R. Zsigmondy, Zur Erkenntnis der Kolloide, Jena 1905, S. 67.

erreichen. In dieser Richtung wirkt z. B. Glycerin[1] sehr kräftig. Wie aus Versuchen von Svedberg[2] hervorgeht, kann jedoch die Viskosität des Dispersionsmittels für die Beständigkeit der kolloiden Lösung nicht von sehr großer Bedeutung sein.

Methoden zur Herstellung von Solen mit möglichst gleichgroßen Teilchen und zur Bereitung von Reihen solcher Solen mit kontinuierlich zunehmendem oder abnehmendem Dispersitätsgrad.

Oft ist es für den Forscher wünschenswert, Sole mit möglichst gleichgroßen Teilchen zur Verfügung zu haben. Derartige Sole entstehen, wenn die Kondensation der Moleküle zu Kolloidteilchen an einer großen Zahl von Punkten fast gleichzeitig beginnt, und deshalb im allgemeinen bei solchen Methoden, wo die Kolloidbildung schnell verläuft. Hinsichtlich der dispersen Systeme mit ziemlich großen Teilchen ist zu sagen, daß J. Perrin[3] durch fraktioniertes Zentrifugieren von Suspensionen mit ungleich großen Teilchen solche mit gleichgroßen bereitet hat. Auf die eigentlichen Kolloide dürfte dieses Verfahren der sehr kleinen Sedimentationsgeschwindigkeit wegen kaum anwendbar sein.[4]

Bei Untersuchungen über die Abhängigkeit der Eigenschaften disperser Systeme vom Dispersitätsgrad ist es nötig, von einer und derselben Substanz Reihen von kolloiden Lösungen mit stetig ab- oder zunehmender Teilchengröße zu bereiten, und zwar unter möglichst vollständigem Konstanthalten aller anderer Eigenschaften. Dazu kommt noch die Forderung, daß die einzelnen Glieder dieser Reihen Sole mit möglichst gleichgroßen Teilchen sein sollen. Solche Reihen sind zuerst von Zsigmondy[5] hergestellt worden. Seine Methode beruht auf der von ihm gemachten Beobachtung, daß die Teilchen in Goldhydrosolen auf goldhaltige Reduktionsgemische wie Keime wirken, so daß sich das Gold auf den zugesetzten Teilchen ablagert. Versuche von Fr. Doerinckel[6] haben die Ansicht Zsigmondys bestätigt, daß dieser Vorgang sich praktisch quantitativ abspielt; denn die Teilchenzahlen von Solen, die aus gleichgroßen und gleichkonzentrierten Portionen eines goldhaltigen Reduktionsgemisches durch Zusatz verschiedener Volumina einer kolloiden Au-Lösung gewonnen wurden, verhielten sich wie diese zugefügten Volumina der Keimflüssigkeit.

Eine andere, zuerst von W. Biltz[7] angegebene, und dann besonders von Svedberg[8] benutzte und ausgebildete Methode besteht darin, daß die Konzentration der reagierenden Stoffe variiert wird; mit zunehmender Verdünnung bei der Reaktion wächst im allgemeinen der Dispersitätsgrad.

[1] A. Müller u. P. Artmann, Öst. Ch. Ztg. 7, 149 (1904).
[2] The Svedberg, Nova acta a. a. O. S. 108.
[3] J. Perrin, C. r. 146, 967 (1908); Ann. chim. phys. (8) 18, 5 (1909).
[4] H. Bechhold, Z. Kolloid. 2, 33 (1907).
[5] R. Zsigmondy, Z. phys. Ch. 56, 65 (1906).
[6] Fr. Doerinckel, Z. anorg. Ch. 63, 344 (1909).
[7] W. Biltz, Nachr. Königl. Ges. Wiss. Göttingen, Math.-phys. Klasse, 1906, Heft 2.
[8] The Svedberg, Z. phys. Ch. 65, 624 (1909).

Andere derartige von SVEDBERG[1 2 3] benutzte Methoden bestehen in dem Zusatz von verschiedenen Mengen eines Schutzelektrolyts (bei Au K_2CO_3 oder NaOH) oder Schutzkolloids. Mit steigender Konzentration dieser Zusätze wächst (innerhalb gewisser Grenzen) der Dispersitätsgrad des gebildeten Sols.

Ferner kann man, gleichfalls nach dem Vorgang von SVEDBERG[4] von dem Prinzip der ZSIGMONDYschen[5] Keimmethode ausgehend, Reihen von Au-Solen mit ziemlich gleichgroßen Teilchen in verschiedenen Abstufungen herstellen, indem man $HAuCl_4$-Lösungen (mit oder ohne Alkalizusatz) verschieden lange mit ultraviolettem Licht bestrahlt und dann reduziert. Durch die Belichtung werden in der Flüssigkeit Au-Keime proportional der Belichtung produziert. Der Dispersitätsgrad des nach Zusatz des Reduktionsmittels erhaltenen Sols wächst deshalb (jedoch nur innerhalb gewisser Grenzen) mit der Belichtungszeit.

Vor kurzem hat schließlich S. ODÉN[6] auf Grund der von ihm gemachten Beobachtung, daß der Fällungswert — d. h. die für Koagulation eben nötige Salzmenge — bei Schwefelhydrosolen mit wachsender Teilchengröße abnimmt, durch fraktionierte Koagulation Reihen von Schwefelhydrosolen mit verschiedenem Dispersitätsgrad und sehr gleichgroßen Teilchen bereiten können.

Um von einem Sol mit hoher Dispersität ausgehend eine Reihe von Solen mit sukzessiv abnehmendem Dispersitätsgrad zu erhalten, braucht man oft nur wachsende (aber immer nur kleine) Mengen eines Koagulationsmittels[7] zuzusetzen. Auch Beleuchtung mit ultraviolettem Licht kann zu diesem Zwecke benutzt werden; denn dieselbe bewirkt ebenfalls eine Kondensation der Teilchen.[8 9 10]

Endlich sei hervorgehoben, daß Reihen von kolloiden Lösungen mit variierender Teilchengröße noch durch viele andere Methoden gewonnen werden können. Hier sind nur solche Verfahren erwähnt worden, bei denen die Beziehung zwischen Dispersitätsgrad und dem zur Erzielung der verschiedenen Dispersitätsgrade benutzten Mittel quantitativ erfolgt worden ist.

Methoden zur Reinigung und Konzentration von Solen.

Sole von absoluter Reinheit sind wahrscheinlich nicht existenzfähig. Es ist jedoch für Wissenschaft und Praxis oft wünschenswert, Sole von möglichst großer Reinheit zu gewinnen. Dies kann entweder durch passende

[1] THE SVEDBERG, Z. phys. Ch. **66**, 752 (1909); Z. Kolloid. **5**, 318 (1909).
[2] THE SVEDBERG, Z. phys. Ch. **67**, 249 (1909).
[3] THE SVEDBERG u. NILS PIHLBLAD, Z. phys. Ch. **74**, 513 (1910).
[4] THE SVEDBERG, Z. Kolloid. **6**, 238 (1910).
[5] R. ZSIGMONDY, Z. phys. Ch **56**, 65 (1906).
[6] S. ODÉN, Z. Kolloid. **8**, 186 (1911).
[7] THE SVEDBERG, Z. phys. Ch. **67**, 249 (1909).
[8] L. VANINO, Z. Kolloid. **2**, 51 (1907).
[9] THE SVEDBERG, Ber. **42**, 4375 (1909); Z. Kolloid. **6**, 129 (1910).
[10] THE SVEDBERG, Z. Kolloid. **6**, 238 (1910).

Wahl und geschickte Ausführung der Darstellungsreaktionen (z. B. Methode von Kohlschütter[1]) oder durch nachträgliche Reinigung erzielt werden.

Unter den Reinigungsmethoden ist in erster Linie die Dialyse zu nennen. Dieses klassische von Graham[2] erfundene Verfahren beruht auf der sehr verschiedenen Diffusionsgeschwindigkeit der Kristalloide und der Kolloide. Nach theoretischen Untersuchungen von W. Sutherland, A. Einstein[3] und M. v. Smoluchowski[4] ist nämlich der Diffusionskoeffizient dem Teilchenradius verkehrt proportional. Das Diffusionsverfahren wird am einfachsten so ausgeübt, daß ein Kühnscher Pergamentschlauch mit der zu reinigenden Lösung gefüllt und U-förmig in reines Dispersionsmittel eingesetzt wird, das man täglich ein- bis dreimal erneuert.

Die leicht diffusiblen Stoffe gehen hier in die Außenflüssigkeit über. Im allgemeinen muß die Dialyse bei einem gewissen Punkte der Reinigung abgebrochen werden, weil die disperse Phase oft bei großer Reinheit koaguliert. Wird der Dialysator an einem warmen Orte aufgestellt, wo das Dispersionsmittel hinreichend schnell verdampft, so kann das zu reinigende Sol oft zugleich konzentriert werden. Da die Dialysengeschwindigkeit des Verhältnisses zwischen der Oberfläche der Membran und dem Volumen der zu dialysierenden Lösung proportional ist, so sind die engen und langen Pergamentschlauchen der kürzeren und dickeren vorzuziehen.

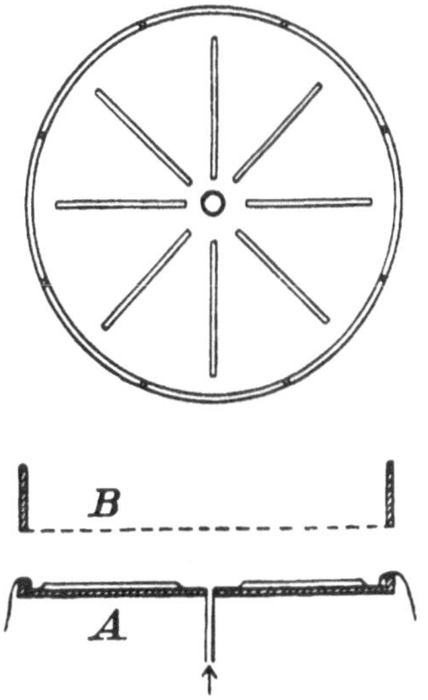

Fig. 62. Sterndialysator nach Zsigmondy und Heyer.

Durch eine Arbeit von R. Zsigmondy und R. Heyer[5] ist unsere Kenntnis über die günstigsten Versuchsbedingungen bei der Dialyse wesentlich vermehrt worden. Sie führten vergleichende Dialysen mit Membranen aus Pergament (Dicke = 0,15 mm), Fischblase (Dicke = 0,02 mm) und Kollodium (Dicke = 0,05 mm) aus, und fanden, daß bei Fischblase die Reinigung mehr als dreimal so schnell erfolgte als bei der verwendeten Pergamentmembran. Dieser Unterschied ist jedoch nicht so groß, als man nach dem Dickeunterschied der beiden Membranen erwarten könnte. Zwischen Fischblase und Pergament stand die Kollodiummembran. Zsigmondy und Heyer beschreiben in derselben Abhandlung einen neuen rationell gebauten „Sterndialysator“[6], der es ermöglicht, bei einem Wasserverbrauch von nur 10 bis

[1] V. Kohlschütter, Z. Elektr. **14**, 49 (1908).
[2] Th. Graham, Phil. Trans. (London) **151**, 183 (1861); C. r. **59**, 174 (1864); Ann. chim. phys. (4) **3**, 121 (1864).
[3] A. Einstein, Ann. Phys. **17**, 549 (1905); Z. Elektr. **14**, 235 (1908).
[4] M. v. Smoluchowski, Ann. Phys. **21**, 756 (1906).
[5] R. Zsigmondy und R. Heyer, Z. anorg. Ch. **68**, 169 (1910).
[6] Bezugsquelle Robert Mittelbach, Göttingen.

20 Liter pro 24 Stunden die Kolloide durch Dialyse viel schneller zu reinigen als in den alten Dialysatoren. In Fig. 62 ist der neue Dialysator schematisch abgebildet. Hinsichtlich der konstruktiven Einzelheiten muß auf die Originalabhandlung hingewiesen werden.

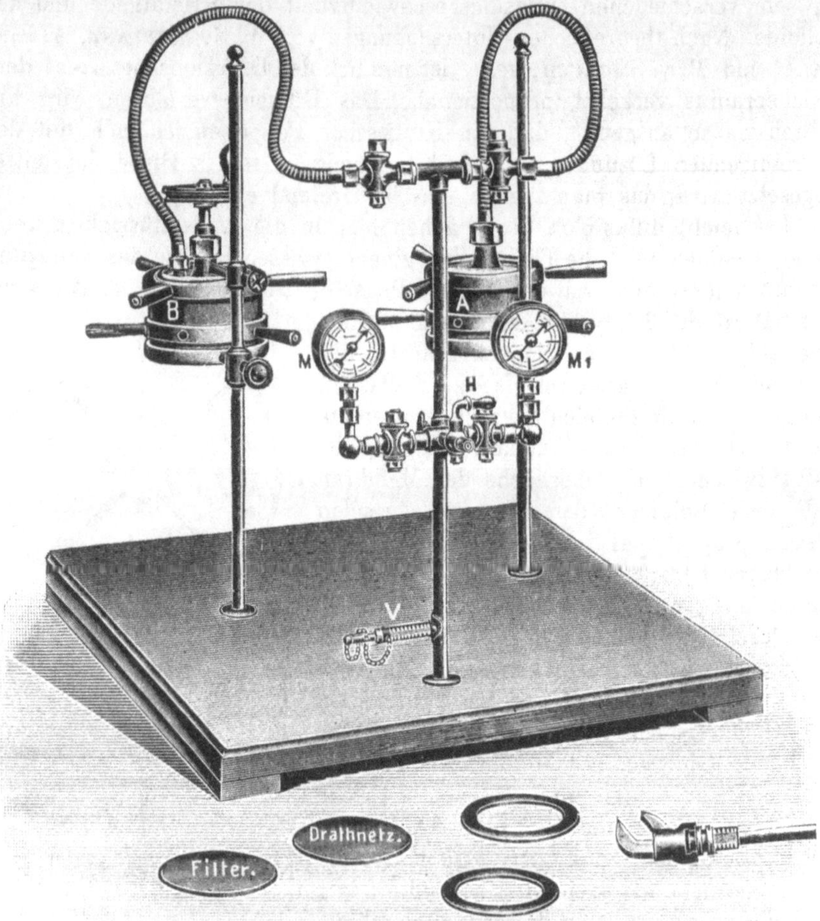

Fig. 63. Ultrafiltrationsapparat nach Bechhold.

Anstatt durch Dialyse kann die Reinigung in vielen Fällen, nämlich bei reversiblen Solen, dadurch erreicht werden, daß man die disperse Phase durch Zusatz eines passenden Kristalloids koaguliert und dann durch Filtrieren oder Zentrifugieren vom Dispersionsmittel trennt, in diesem Zustande in gewöhnlicher Weise mit geeigneten Flüssigkeiten wäscht und darauf wieder auflöst. Auch dieses Verfahren kann zu Konzentrierungszwecken gebraucht werden, denn das gereinigte Gel läßt sich oft in ein viel kleineres Volumen Dispersionsmittel auflösen, als das ursprüngliche Sol eingenommen hatte.

Eine dem Dialysierungsverfahren insofern verwandte Methode, als sie auf der Wirkung von Membranen beruht, ist die Ultrafiltration. Sie dient zur vollständigen oder unvollständigen Trennung der dispersen Phase vom Dispersionsmittel und kann in vielen Fällen als Konzentrierungsmethode und als Reinigungsmethode benutzt werden. Malfitano[1] und Duclaux[2] filtrieren unter geringem Überdruck durch sackförmige Kollodiummembranen. Nach H. Bechhold[3] wird das Sol in ein Gefäß gebracht, dessen Boden aus einem mit Kollodium imprägnierten Filter besteht; auf die Oberfläche der Flüssigkeit wird ein Gasdruck von etwa $^1/_2$—12 Atmosphären — je nach der Dichte des Filters und der gewünschten Filtrierungsgeschwindigkeit — ausgeübt (Fig. 63). Außer in den konstruktiven Einzelheiten des Apparats liegt das wesentlich Neue des Verfahrens von Bechhold in dem Verwenden von Filtern, welche je nach der Teilchengröße des zu filtrierenden Kolloids mit Eisessigkollodium-Lösungen von verschiedener Konzentration imprägniert werden. Hierdurch wird mit dem Bechholdschen Apparate sogar eine Trennung von Kolloiden verschiedener Teilchengröße durch fraktionierte Filtration ermöglicht und das Verfahren ist deshalb auch zu den Methoden zur Herstellung von Kolloiden mit gleichgroßen Teilchen zu rechnen. Vereinfachte Ultrafiltrationsmethoden sind von R. Zsigmondy[4] angegeben worden.

Sind die Verunreinigungen Elektrolyte, so können dieselben bisweilen, wie es Odén[5] für Schwefelhydrosole gezeigt hat, durch Elektrolyse entfernt werden, indem man durch passende semipermeable Wände verhindert, daß die Kolloidteilchen an die Elektroden gelangen.

Endlich ist zu erwähnen, daß teilweise Verdampfung des Dispersionsmittels im Vakuum für die Konzentrierung von kolloiden Lösungen in solchen Fällen, wo einfaches Abdunsten oder Einkochen Koagulation verursacht, oft mit Vorteil benutzt werden kann.

Methoden zur Trennung der dispersen Phase vom Dispersionsmittel.

Die wichtigsten dieser Verfahren sind schon in den früheren Abschnitten erwähnt worden. Es genügt deshalb an dieser Stelle, dieselben wieder kurz in Erinnerung zu rufen.

Im allgemeinen sei hervorgehoben, daß es prinzipiell unmöglich ist, die disperse Phase in unverändertem Zustande vom Dispersionsmittel zu trennen, weil es in praxi nicht gelingt, eine solche Trennung ohne gleichzeitige Veränderung der Oberfläche der dispersen Phase herbeizuführen, was seinerseits eine verschiedene Adsorption bewirkt.

Auf rein oder fast rein mechanischem Wege kann die disperse Phase durch Zentrifugieren und durch Ultrafiltration vom Dispersionsmittel ge-

[1] Malfitano, C. r. **139**, 1221 (1904).

[2] J. Duclaux, C. r. **140**, 1468 u. 1544 (1905).

[3] H. Bechhold, Z. phys. Ch. **60**, 257 (1907); **64**, 328 (1908). Die Kolloide in Biologie und Medizin, Dresden 1912, S. 86.

[4] R. Zsigmondy, Ber. **45**, 579 (1912); Z. angew. Ch. **26**, 447 (1913).

[5] S. Odén, Nova acta reg. soc. sc. Upsaliensis ser. **4**, vol. 3, Nr. 4, S. 66 (1912).

trennt werden.[1,2] Die Zentrifugiermethode[1] ist bei Solen von hoher Dispersität infolge des sehr großen Reibungswiderstandes auf kleinere Teilchen kaum verwendbar. Hinsichtlich der Ultrafiltrationsmethode ist zu bemerken, daß außer der durch die veränderte Oberfläche der dispersen Phase bedingten Veränderung der Adsorption noch die Adsorption des Filters hinzukommt.

Andere allgemeine Methoden sind die Verdunstung oder Abdestillierung des Dispersionsmittels und die Abscheidung der dispersen Phase durch Zusatz eines Koagulationsmittels. Schließlich sei noch erwähnt, daß bei kolloiden Lösungen, deren Teilchen elektrisch geladen sind, was im allgemeinen der Fall ist, die disperse Phase durch Elektrolyse vom Dispersionsmittel getrennt werden kann.

B. Darstellung von Gelen.

Gele entstehen im allgemeinen als Koagulationsprodukte der Sole. Gilt schon bei letzteren, daß sie nicht durch Angabe der Teilchengröße und der chemischen Natur der dispersen Phase und des Dispersionsmittels eindeutig bestimmt sind, weil die Teilchen noch in bezug auf Gestalt und Oberflächenbeschaffenheit verschieden sein können, so ist dieser Umstand bei den Gelen noch mehr bemerkbar; denn hier kommen noch alle möglichen Verschiedenheiten in der Struktur der dispersen Phase vor. Durch verschiedenartige Koagulation eines und desselben Sols oder durch kleine Modifikationen einer Reaktion, die zur Bildung eines Gels führt, können deshalb sehr verschiedene Produkte erhalten werden.

P. P. v. Weimarn[3] hat gezeigt, daß alle chemischen Reaktionen in Lösungen, die zur Abscheidung einer sehr schwer löslichen Phase führen, für die Herstellung von Gelen benutzt werden können, wenn nur die Konzentration der reagierenden Stoffe hinreichend groß gewählt wird und das Zusammenbringen der Lösungen (je kleinere Volumina um so besser) schnell genug erfolgt.

Einzelne Spezialmethoden zur Bereitung von anorganischen Gelen sind nur in wenigen Fällen ausgearbeitet worden.[4]

---

[1] H. Bechhold, Z. Kolloid. **2**, 33 (1907).
[2] H. Bechhold, Z. phys. Ch. **60**, 257 (1907); **64**, 328 (1908).
[3] P. R. v. Weimarn, Z. Koll. **2**, **3**, **4**, **5** (1908, 1909).
[4] Vgl. darüber z. B. R. Zsigmondy, Kolloidchemie. Leipzig 1912, S. 148, 170, 186.

Darstellung von Metallen und Legierungen.

Von

E. Rudolfi-Berlin und L. Weiß-Barmen.

Inhalt.

Allgemeine Systematik.

Von

E. Rudolfi-Berlin.

Einleitung.

Die Art und Weise der Darstellung der Metalle aus den metallhaltigen Körpern wird durch die Art ihrer Bindung in den Ausgangsprodukten bedingt. Diese Ausgangsprodukte können nun verschiedenartigster Natur sein. Entweder liegen die metallhaltigen Körper als Erze vor — so nennt man die Mineralien, aus denen sich Metalle gewinnen lassen —, oder man hat es mit Abfällen schon verarbeiteter Materialien, aus denen schon andere Metalle gewonnen sind, zu tun und endlich kommen die metallhaltigen Abfälle chemischer Fabriken, sowie Altmetalle bzw. Legierungen für die Metallgewinnung in Betracht.

In den Erzen kommen die Metalle entweder frei oder gebunden vor.

Frei findet man Gold, Silber, Platinmetalle, Quecksilber, Kupfer, Antimon und Arsen. Vielfach sind diese Metalle stark verunreinigt oder aber miteinander legiert. Von diesen Metallen sind es hauptsächlich die edlen, die rein oder legiert vorkommen, die übrigen angeführten Metalle kommen dahingegen nur ganz vereinzelt gediegen vor, meist sind sie wie die übrigen Metalle chemisch gebunden.

Der Zusammensetzung nach kann man die für die Metallgewinnung geeigneten Erze in folgende Gruppen einteilen:

1. Oxyde: Rotkupfererz (Cu_2O), Kupferschwärze (CuO), Roteisenstein, roter Glaskopf oder Eisenglanz (Fe_2O_3), Rotzinkerz (ZnO), Zinnstein (SnO_2), Antimonblüte (Sb_2O_3), Korund oder Smirgel (Al_2O_3), Wismutocker (Bi_2O_3), Braunit (Mn_2O_3).

2. Hydroxyde: Vor allem Hydroxyde des Eisens und des Aluminiums z. B. Brauneisenerz, Raseneisenerz, Minette, brauner Glaskopf und Bauxit ($Al(OH)_3$).

3. Sulfide: Silberglanz (Ag_2S), Bleiglanz (PbS), Zinkblende (ZnS), Kupferglanz (Cu_2S), Kupferindig (CuS), Wismutglanz (Bi_2S_3), Antimonglanz (Sb_2S_3), Greenockit (CdS), Zinnober (HgS), Nickelkies (NiS), Kobaltkies (Co_3O_4), Schwefelkies oder Pyrit (FeS_2), Auripigment (A_2S_3), Realgar (As_2S_2).

Außerdem kommen noch Verbindungen des Schwefels mit mehreren Metallen vor: Kupferkies ($CuFeS_2$), Buntkupfererz (Cu_3FeS_3), Silber–Kupferglanz ($Cu_2S + Ag_2S$).

4. Arsenide und Antimonide: Rotnickelkies ($NiAs$), Weißnickelkies ($NiAs_2$), Speiskobalt ($CoAs_2$), Antimonsilber Ag_2Sb, Antimonnickel ($NiSb$).

Ferner finden sich Erze, bei denen Schwefel und Arsen bzw. Antimon gemeinsam mit Metallen vorkommen: Kobaltglanz (CoSAs), Nickelglanz (NiSAs), lichtes Rotgiltigerz (Ag_3AsS_3), dunkles Rotgiltigerz (Ag_3SbS_3), Nickelantimonglanz (NiSSb). Hierher gehören noch die Fahlerze, die Konglomerate von Schwefel- und Arsen- bzw. Antimonmetallen sind.

5. Halogenverbindungen: Steinsalz (NaCl), Carnalit ($MgCl_2KCl \cdot 6\,aq$), Flußspat ($CaFl_2$), Kryolith ($3\,NaFl \cdot AlFl_3$), Hornsilber (AgCl), Atakamit ($CuCl_2 + 3\,Cu(OH)_2$).
6. Sulfate: Gips ($CaSO_4 + 2\,H_2O$), Anhydrid ($CaSO_4$), Schwerspat ($BaSO_4$), Kieserit ($MgSO_4 \cdot H_2O$), Bleivitriol ($PbSO_4$), Kupfervitriol ($CuSO_4 \cdot 5\,H_2O$).
7. Carbonate: Calciumcarbonat ($CaCO_3$) in seinen verschiedenen Modifikationen als Kalkstein, Kalkspat, Aragonit, Marmor, Kreide. Magnesiumcarbonat als Magnesit ($MgCO_3$) und als Dolomit ($MgCa(CO_3)_2$). Strontianit ($SrCO_3$), Witherit ($BaCO_3$), Zinkspat ($ZnCO_3$), Eisenspat ($FeCO_3$), Weißbleierz ($PbCO_3$). Außerdem kommen folgende basische Carbonate vor: Malachit ($CuCO_3Cu(OH)_2$) und Kupferlasur ($2\,CuCO_3Cu(OH)_2$).
8. Phosphate: Phosphorit ($Ca_3(PO_4)_2$), Apatit ($3\,Ca_3(PO_4)_2 + CaCl_2$), Wavelit ($4\,AlPO_4 + 2\,Al(OH)_3 + 9\,H_2O$), Vivianit ($Fe_3(PO_4)_2 + 8\,H_2O$), Pyromorphit ($3\,Pb(PO_4)_2 + PbCl_2$).
9. Arsenide: Nickelblüte ($Ni_3(AsO_4)_2 + 8\,H_2O$), Kobaltblüte ($Co_3(AsO_4)_2 + 8\,H_2O$).
10. Silicate: Kieselzinkerz ($Zn_2SiO_4 + H_2O$), Willemit (Zn_2SiO_4).

Die Erze kommen nun in der Natur meist nicht rein, sondern vielfach durcheinander gelagert und miteinander verwachsen vor. Die Erze müssen daher ehe man zur Metallgewinnung schreiten kann, aufbereitet werden. Unter der Aufbereitung versteht man die Scheidung der Erze in die für die Bearbeitung geeigneten Erzarten. Diese Sonderung kann bei größeren, reineren Stücken durch die Handscheidung geschehen. Meist müssen jedoch kompliziertere Verfahren angewendet werden, um zu einer Scheidung des Haltigen vom Unhaltigen zu gelangen. Neuerdings wird mit großem Erfolg die elektromagnetische Aufbereitung der Erze ausgeführt. Die fein gepulverten Erze werden bei diesem Verfahren an den Polen eines starken Elektromagneten vorbeigeführt. Die magnetischen Erze werden aus ihrer Bewegungsrichtung abgelenkt und in besonderen Gefäßen aufgefangen, während die übrigen Stoffe weitergeführt werden. Besonders geeignet ist dieses Verfahren bei Eisenerzen.[1]

Die aufbereiteten Erze sind nun meist noch nicht für eine zweckmäßige Metallgewinnung geeignet, sondern sie müssen in eine für die Abscheidung geeignete Form gebracht werden. Für gewisse Verfahren ist es notwendig die Erze zu zerkleinern, für andere Verfahren ist es wieder

[1] Näher auf die Aufbereitung einzugehen, ist hier nicht beabsichtigt, es sei auf die betreffenden Handbücher der Hüttenkunde verwiesen.

von Vorteil in pulverförmigem Zustande vorhandene metallische Körper zu großen Stücken zu vereinigen. Meist müssen die metallhaltigen Körper getrocknet werden. Bei großem Wassergehalt wird das Wasser durch Auspressen entfernt. Das Trocknen selbst geschieht entweder durch die Sonnenwärme oder aber in besonderen Trockenöfen.

Eine sehr wichtige Vorarbeit für die Metallgewinnung ist das Gattieren. Hierunter versteht man das Zusammenmengen metallhaltiger Körper von verschiedenem Gehalt desselben an Metall und an Beimengungen. Das Gattieren verfolgt den Zweck, eine möglichst gleichmäßige Zusammensetzung der metallhaltigen Körper zu erreichen und außerdem ein möglichst vollständiges Verschlacken der Beimengungen zu erzielen. Es werden daher arme Erze mit reichen Erzen gattiert und ferner Erze, die reich an Kieselsäure mit basischen Erzen. Vielfach müssen sowohl die gattierten Erze, als auch die nicht gattierten mit Zuschlägen verschiedener Art zusammengemengt werden. Diese Zuschläge sollen die Abscheidung der Metalle befördern oder herbeiführen. Ein solches Gemenge wird Beschickung, Möllerung oder Gicht genannt.

Die verschiedenen Prozesse, mit Hilfe welcher man die Metalle aus den Erzen abscheidet, werden gewöhnlich in drei Klassen eingeteilt.

1. Verfahren auf trocknem Wege.
2. Verfahren auf nassem Wege.
3. Elektrometallurgische Verfahren.

Die ältesten am häufigsten angewandten Prozesse sind die auf trocknem Wege. Zurzeit sind sie den übrigen bei weitem überlegen. Diese Verfahren spielen sich meist bei hoher Temperatur ab. Die nassen Prozesse sind neueren Datums, arbeiten meist billiger, sind jedoch in vielen Fällen nicht anwendbar. Die Verfahren werden, soweit wäßrige Lösungen in Frage kommen, bei gewöhnlicher Temperatur ausgeführt. Die Prozesse auf elektrometallurgischem Wege endlich stammen sämtlich aus der neueren Zeit, sie werden sowohl zur Darstellung von Metallen und Legierungen, als auch zur Raffination von Metallen verwendet.

A. Verfahren auf trocknem Wege.

I. Darstellung der Metalle, geordnet nach den verschiedenen Aggregatzuständen.

Man unterscheidet bei den Verfahren auf trockenem Wege drei verschiedene Arten von Prozessen nach dem Aggregatzustande, den die Erze oder die zu gewinnenden Metalle im Laufe des Prozesses annehmen. Beim **Rösten** wird der Aggregatzustand nicht geändert, beim **Schmelzen** wird eine Verflüssigung und endlich beim Verdampfen wird eine teilweise Vergasung der Reaktionsprodukte erzielt. Bei dieser Klassifikation wird nur Rücksicht genommen auf den Aggregatzustand des Metalls oder der Legierung die gewonnen werden soll, nicht aber auf den von Metall befreiten Rückstand.

Diesen Prozessen wird das **Brennen**, ein einfaches Erhitzen, der Erze meist vorausgeschickt. Durch das Brennen sollen die Erze in eine für die Weiterbearbeitung geeignete Form gebracht werden. Dies geschieht durch mechanische Auflockerung der Erze, durch Entfernen von Wasser, Kohlensäure, Bitumen.

1. Das Rösten.

Die Röstprozesse teilt man ein in oxydierende, reduzierende und chlorierende.

Durch oxydierende Röstung werden die metallführenden Körper mittelst des Sauerstoffs der Luft oder auch durch Wasserdampf oxydiert. Es sollen vor allem durch die Oxydation Schwefel, Arsen, Antimon, Selen, Tellur den Erzen entzogen werden. Es entstehen hierbei entweder Metalloxyde oder Sulfate. Außerdem verwendet man die oxydierende Röstung bei der Zerlegung von Legierungen. Die Oxydation wird derart ausgeführt, daß der wertvollere Bestandteil der Legierung unverändert bleibt, der wenig wertvolle dahingegen oxydiert wird, z. B. wird bei Kupfer–Gold–Silberlegierungen das Kupfer auf diese Weise entfernt.

Bei der reduzierenden Röstung werden durch Reduktionsmittel — meistens Kohle — Sulfate, Arseniate, Antimoniate zu Schwefelmetallen reduziert. Durch darauffolgendes oxydierendes Rösten erhält man die Metalle in Form ihrer Oxyde.

Bei der chlorierenden Röstung werden Schwefel, Arsen, Antimonmetalle mittelst Chlornatrium in die betreffenden Chloride verwandelt, Sulfate werden bei diesem Prozeß bei höherer Temperatur zerlegt, wobei das freiwerdende Schwefeltrioxyd auf das Kochsalz zersetzend einwirkt, es entstehen je nach Umständen Salzsäure oder auch freies Chlor, welche die Chloridbildung herbeiführen.

2. Das Schmelzen.

Durch das Schmelzen werden entweder nur physikalische oder gleichzeitig chemische Änderungen der Substanzen bezweckt. Dasselbe wird je nach Umständen nur so weit ausgeführt, daß ein Bestandteil in den flüssigen Zustand übergeht (wie bei dem nachher zu besprechenden Saigern) oder aber es wird die ganze Masse in den flüssigen Zustand übergeführt.

Das Schmelzen, bei dem chemische Veränderungen nicht eintreten, wird ausgeführt:

1. Zum Umschmelzen von Metallen bzw. Legierungen zu Gießereizwecken oder aber zur Darstellung einer für die Elektrolyse geeigneten Form.

2. Zur Trennung zweier Metalle voneinander oder zum Ausschmelzen von bestimmten Metallen oder Verbindungen aus Gangarten.

Besonders die zweite Art dieser physikalischen Schmelzarten bietet großes wissenschaftliches Interesse und soll unten näher erläutert werden.

Weit zahlreicher als die physikalischen sind jedoch die Schmelzverfahren, die zugleich eine chemische Veränderung der Metalle bzw. Verbindungen bezwecken. Man kann hauptsächlich folgende Arten des Schmelzens unterscheiden.

a) Oxydierendes Schmelzen.

Diese Art des Schmelzens wird verwendet:

α) Zur Raffination von Rohmetallen z. B. des Rohsilbers. Dieses Metall kann durch das oxydierende Schmelzen mit Salpeter zur Entfernung von Eisen und Kupfer aus gefälltem Silber (Zementsilber) dargestellt werden. Bei wismuthaltigem Silber wird das Verschmelzen nach Rössler unter Zusatz von Silbersulfat vorgenommen.

Reinwismut wird ebenfalls durch oxydierendes Schmelzen aus dem Rohwismut gewonnen. Das Rohwismut enthält gewöhnlich Arsen, Antimon und Blei. Letzteres Metall wird entfernt durch Zusammenschmelzen mit Wismutoxychlorid, Arsen und Antimon durch Schmelzen mit Natriumhydroxyd unter Zusatz von Natriumnitrat als Oxydationsmittel. Die gebildeten Oxyde bzw. Salze gehen in die Schlacke und können durch Lösen in Wasser entfernt werden, während das Wismut rein zurückbleibt.

β) Das Treiben. Dieser Prozeß wird ausgeführt zur Scheidung von Legierungen durch teilweise Oxydation. Es werden die unedleren Bestandteile durch den Sauerstoff der Luft oxydiert, die gebildeten Oxyde werden im geschmolzenen Zustande entfernt. Das Treiben wird hauptsächlich zur Gewinnung des Silbers aus dem Werkblei ausgeführt. Dieses wird durch die sogenannte Treibarbeit in Rohsilber (Blicksilber) und Bleioxyd (Bleiglätte) geschieden. Neben dem Blei werden auch sonstige Verunreinigungen oxydiert. Die gebildeten Oxyde werden im geschmolzenen Zustande aus dem Ofen entfernt; zum Schluß bleibt Silber zurück. Der Treibprozeß wird in einem Gebläseflammofen dem sogenannten Treibherd ausgeführt. Es werden entweder große Flammöfen angewandt, die die ganze Beschickung aufnehmen — es ist dies das sogenannte deutsche Verfahren —, oder aber — nach dem englischen Verfahren — kleine Flammöfen, wobei andauernd Werkblei nachgesetzt werden muß, bis sich der Ofen nach und nach mit dem Rohsilber völlig gefüllt hat.

Vor dem eigentlichen Treibprozeß ist meist eine Vorreinigung des Werkbleies nötig. Man schmilzt zu diesem Zwecke einen Teil desselben ohne Wind ein. Verunreinigungen und eine Kupferbleilegierung, die schwerer schmelzbar, als Blei ist, sammeln sich an der Oberfläche und werden durch Stangen abgezogen. Nach dieser Vorreinigung beginnt der eigentliche Treibprozeß. Es wird stärker angeheizt und gleichzeitig tritt das Gebläse in Tätigkeit, wodurch das oxydierende Verschmelzen des Bleies beginnt. Sind Arsen und Antimon vorhanden, so werden diese zunächst oxydiert. Es entsteht antimonsaures und arsensaures Blei, welches an die Oberfläche wandert und durch Abstich entfernt wird. Von nun ab bildet sich Bleiglätte, die man andauernd aus dem Ofen abfließen läßt. Anfangs erhält man hierbei eine fast völlig silberfreie Bleiglätte, die ohne weiteres als rote Schuppenglätte in den Handel gelangt. Bei weiterem Fortschreiten des Prozesses wird die Glätte immer silberhaltiger und wird dann von neuem auf silberhaltiges Blei verarbeitet. Bei Beginn des Treibens ist die Oberfläche völlig mit gelber glühender Bleiglätte bedeckt. Ist jedoch die Hauptmenge des Bleies abgetrieben, so erscheint das metallische Silber an der Oberfläche. Es bildet sich eine bläulich leuchtende Silberoberfläche. Dieses Erscheinen der Silberoberfläche, welches man als Silberblick bezeichnet, gilt als Zeichen der beendeten Reaktion. Der Prozeß wird unterbrochen und das Silber zum Erstarren gebracht. Der Treibprozeß geht ziemlich schnell vor sich. Der Grund ist, wie Borchers[1] angibt, in folgendem Umstande zu suchen. Es entsteht bei Gegenwart stark basischer Oxyde bei der hohen Temperatur des Prozesses (etwa 1000°) Bleisuperoxyd PbO_2. Letzteres verbindet sich mit dem Bleioxyd PbO zu Bleiplumbat nach folgender Gleichung:

$$2PbO + PbO_2 = Pb_2 \cdot PbO_4 .$$

Diese Verbindung wirkt als Sauerstoffüberträger, es übermittelt den Sauerstoff der Luft durch die Glätteschicht auf das Blei. Wäre das Bleiplumbat nicht vorhanden, so würde die Reaktion langsamer verlaufen.

γ) Endlich gehört zum oxydierenden Verschmelzen noch der Prozeß des Frischens des Eisens. Man versteht hierunter die Darstellung von schmiedbarem Eisen aus Roheisen durch Oxydation einesteils des Kohlenstoffs und der sonstigen fremden Beimengungen (Phosphor, Schwefel, Silicium). Als Oxydationsmittel wendet man entweder den Sauerstoff der Luft oder aber Oxyde des Eisens an. Im letzteren Falle spricht man von Erzfrischen. Je nachdem das Frischen in Herd oder Flammöfen ausgeführt wird, bezeichnet man die Prozesse als Herdfrischen oder als Flammofenfrischen. (Vgl. hierzu den Abschnitt über die Darstellung des Eisens.)

b) Reduzierendes Schmelzen.

Das reduzierende Schmelzen wird ausgeführt zur Reduktion von Oxyden und Salzen. Als reduzierende Körper werden vor allem Kohle und kohlenstoffhaltige Körper, dann Phosphor und Phosphormetalle und außerdem Schwefel angewendet. Durch diese Schmelzart kann man sowohl Metalle als auch Legierungen gewinnen.

Das Schmelzen wird bei der Reduktionsarbeit aus zwei Gründen ausgeführt. Einmal kann die Reaktionstemperatur über dem Schmelzpunkt der betreffenden Metalle liegen oder aber die Reaktionsgeschwindigkeit erst bei Temperaturen über dem Schmelzpunkt eine genügend große sein. Außerdem wird bei der Reduktion eine Schmelzung ausgeführt, um die fremden Bestandteile zu verschlacken und um eine Trennung des flüssigen Metalls von der flüssigen Schlacke bequem bewerkstelligen zu können.

Zahlreiche Metalle können durch reduzierendes Verschmelzen der Metalloxyde gewonnen werden. Es sollen hier nur wenige Beispiele angeführt werden, da im anderen Zusammenhange auf die Reduktion noch eingegangen wird (s. S. 239ff.).

Durch reduzierendes Schmelzen wird aus Wismutoxyd Wismut ge-

[1] Borchers, Hüttenwesen S. 26.

wonnen, aus Zinndioxyd Zinn, aus Bleioxyd Blei. Letzteres Metall kann sowohl durch Kohle, als auch durch Kohlenoxyd reduziert werden:

$$2PbO + C = Pb_2 + CO_2$$

oder

$$PbO + CO = Pb + CO_2 .$$

Bei Salzen wird das reduzierende Verschmelzen vor allem beim Chromeisenstein, beim Wolframit und Scheelit ausgeführt. Bei diesen Prozessen werden technisch wichtige Eisenlegierungen gewonnen. Aus Chromeisenstein ($FeCr_2O_4$) erhält man Ferrochrom, aus Wolframit ($FeWO_4$) Ferrowolfram. Die nämliche Legierung erhält man aus Scheelit ($CaWO_4$); es muß natürlich bei diesem Calciumsalze Eisen zur Erzielung der Legierung zugeschlagen werden. Als Beispiel soll die Gewinnung von Ferrochrom besprochen werden.

Als Reduktionsmittel verwendet man Holzkohle oder Kokspulver. Da sich die Erze und die Kohle bei dieser Temperatur leicht entmischen, werden Zusätze von Pechpulver oder Kolophonium[1] zugegeben. Es wird durch diesen Zusatz ein Verkleben der Erze und der Kohle erreicht. Bei höherer Temperatur tritt Verkohlung ein, wodurch die ganze Masse zu einem Klumpen vereinigt wird. Der Prozeß wird entweder in Tiegeln, in Wind oder Regenerator-Flammöfen oder im elektrischen Ofen ausgeführt. Als Tiegel benutzt man Graphit oder Tontiegel; da diese bei dem reduzierenden Schmelzen stark angegriffen werden, sind die Kosten nicht unerheblich. Tontiegel können nur einmal angewandt werden; außerdem ist der Brennmaterialienverbrauch ein sehr hoher. Borchers[2] hält Regenerator-Gasöfen in jeder Beziehung für vorteilhafter. Es gibt folgende Arbeitsmethoden. Früher mußte man bei der Benutzung von Tontiegeln die Heizkammer vor der Wiederbeschickung stark abkühlen, um ein Springen der neu eingeführten Tontiegel zu vermeiden. Borchers hat nun, um hierbei keine allzu großen Wärmeverluste eintreten zu lassen, zwei Öfen vereinigt. Es wurde hierdurch ein abwechselnder Betrieb ermöglicht. Der Ofen mit der fertigen Beschickung gibt seine Wärme an den frisch beschickten zur langsamen Vorwärmung ab.

c) Reaktionsschmelzen.

Bei diesem Verfahren werden die Metalle aus verschiedenen Ausgangsmaterialien durch chemische Reaktionen im geschmolzenen Zustande gewonnen. Man kann durch das Reaktionsschmelzen aus Schwefelblei oder Bleioxyd und Bleisulfat Blei gewinnen, aus Kupferoxyd oder -oxydul mit Schwefelkupfer Kupfer und aus Bleioxyd und Schwefelsilber Silber gewinnen.

Die Darstellung des Kupfers auf diesem Wege aus Kupfersulfür Cu_2S (Konzentrationsstein oder Spurstein) verläuft folgendermaßen. Kupfersulfür wird zunächst zu Kupferoxydul und schwefliger Säure oxydiert:

$$Cu_2S + 3O = Cu_2O + SO_2 .$$

---

[1] Vgl. Borchers, Hüttenwesen S. 161. [2] Borchers a. a. O. 156.

Die Oxydation geht nun nicht weiter bis zum Kupferoxyd, sondern das gebildete Oxydul reagiert seinerseits mit noch vorhandenem Sulfür, es bildet sich hierbei metallisches Kupfer und schweflige Säure:

$$2Cu_2O + Cu_2S = 3Cu_2 + SO_2 .$$

d) Niederschlagendes Schmelzen.

Durch diese Schmelzart werden Metalle aus Schwefelverbindungen durch andere Metalle abgeschieden. (Das Nähere findet sich im Abschnitt über die Darstellung der Metalle aus den Schwefelverbindungen S. 259ff.)

e) Schwefelndes und arsenizierendes Schmelzen.

Das schwefelnde Schmelzen führt man aus, um aus Legierungen oder sonstigen Metallverbindungen gewisse Metalle durch Überführung in Schwefelmetalle abzuscheiden. Als schwefelndes Mittel nimmt man entweder Schwefel oder Schwefelmetalle.

Das Verfahren wird hauptsächlich in folgenden Fällen verwendet.

Beim Ausschmelzen gewisser Bestandteile aus Legierungen. So werden Gold–Silber–Kupferlegierungen zur Entfernung des Kupfers mit Schwefel verschmolzen. Es bildet sich Schwefelkupfer, welches leicht von der zurückbleibenden Legierung getrennt werden kann. Zurückbleibt eine Gold–Silberlegierung, die weiter verarbeitet wird (RÖSSLERsches Verfahren).

Die wichtigste Art dieses Schmelzens ist jedoch das sogenannte Steinschmelzen und das Speiseschmelzen. Letzteres wird ausgeführt wenn anstelle von Schwefelmetallen, Arsenmetalle vorliegen. Der Zweck der Steinbildung ist, aus den Erzen ein Zwischenprodukt zu schaffen, welches die einfache Weiterverarbeitung auf Metall gestattet. Man versteht unter Steinen künstlich durch Schmelzprozesse dargestellte Schwefelmetalle. Sie werden entweder nach den Metallen, welche hauptsächlich in ihnen vorkommen, genannt oder nach dem Verfahren, mittelst welchem sie dargestellt werden und endlich auch nach der Struktur und Farbe. Nach den Metallen unterscheidet man zwischen Kupferstein, Nickelstein, Bleistein nach der Arbeit zwischen Rohstein (vom Rohschmelzen), Konzentrationsstein (vom Konzentrationsschmelzen) und Spurstein (vom Spuren), endlich nach Struktur und Farbe zwischen blauer Stein, weißer Stein und Blasenstein.

Ist in den Steinen zu wenig Schwefel enthalten, so daß nicht alles Metall zu Sulfiden umgewandelt werden kann, so enthalten die Steine noch die Metalle als solche. Im geschmolzenen Zustande sind die meisten Sulfide imstande die reinen Metalle zu lösen. Beim Erkalten scheiden die Metalle sich dann entweder wieder rein aus oder bilden mit den Sulfiden Mischkristalle.

Die Struktur der Steine ist neuerdings zum Teil geklärt; man hat von der Zusammensetzung derselben Kenntnis erhalten durch die neueren metallographischen Untersuchungen.

Eine größere Anzahl von Steinen ist höchst einfach zusammengesetzt.

Von Friedrich und seinen Schülern sind zahlreiche Zweistoffsysteme, aus den sich Steine bilden, ausgearbeitet worden.

Die Systeme PbS–FeS[1], PbS–Ag_2S[1], PbS–Cu_2S[2], ZnS–PbS[3], ZnS–Ag_2S[3], ZnS–FeS[3] und ZnS–Cu_1S[3], Ag_2S–FeS[4] ergaben ein ganz ähnliches Verhalten. Im flüssigen Zustande sind die Komponenten in allen Verhältnissen mischbar; im kristallinischen Zustande sind sie jedoch völlig unmischbar; die beiden Komponenten kristallisieren im reinen Zustande aus. In Figur 64 ist das Zustandsdiagramm von PbS–FeS wiedergegeben.

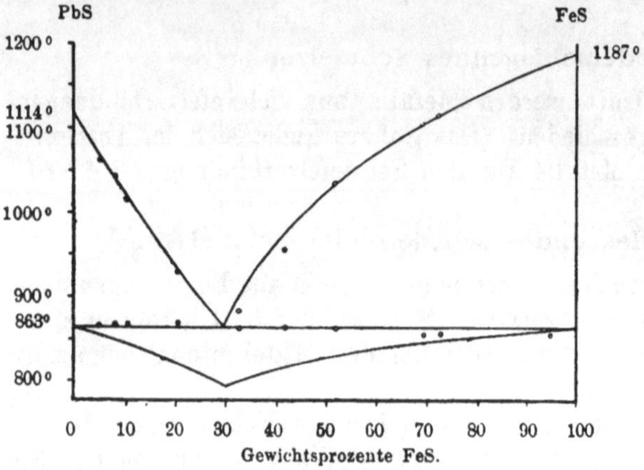

Fig. 64.

In den Konzentrationsintervall von 0 bis 30 % FeS kristallisiert PbS primär aus, und zwar solange, bis die Schmelze die Konzentration des eutektischen Punktes erreicht, der Rest kristallisiert eutektisch; von 70 bis 100 Gewichtsprozent FeS kristallisiert dahingegen FeS so lange primär aus, bis die Schmelze ebenfalls die eutektische Zusammensetzung erreicht hat. Der Rest der Schmelze kristallisiert wiederum eutektisch.

Wie dieses System verhalten sich sämtliche eben angeführten Steine. In der Tabelle I sind die wichtigsten Daten dieser Systeme ausgeführt.

Komponente *A*	Komponente *B*	Schmelzpunkt *A*	Schmelzpunkt *B*	Eutektische Temperatur	Zusammensetzung des Eutektikums *A* in Gewichtsprozent	Zusammensetzung des Eutektikums *B* in Gewichtsprozent
PbS	FeS	1114°	1187°	863°	70	30
PbS	Ag_2S	1114°	835	630	77	23
PbS	Cu_2S	1114°	1131	535	49	51
ZnS	PbS	1600—1700°	1114	1044	6	94
ZnS	Ag_2S	1600—1700°	835	807	3	97
ZnS	FeS	1600—1700°	1171	1162	5	95
ZnS	Cu_2S	1600—1700°	1121	Nähe des Cu_2S-Schmelzpunktes	?	?
FeS	Ag_2S	1187°	832	616	12	88

[1] K. Friedrich, Metallurgie 4, 479 (1907).
[2] K. Friedrich, Metallurgie 4, 672 (1907).
[3] K. Friedrich, Metallurgie 5, 114 (1908).
[4] P. Schoen, Metallurgie 8, 737 (1911).
[5] K. Friedrich, Metallurgie 4, 671 (1907).

Anderseits gibt es auch steinbildende Schwefelmetalle, die im kristallisierten Zustande Mischkristalle bilden, z. B. das von FRIEDRICH untersuchte System Kupfersulfür–Silbersulfür.

Das Diagramm Fig. 65 gibt am besten die herrschenden Verhältnisse wieder.

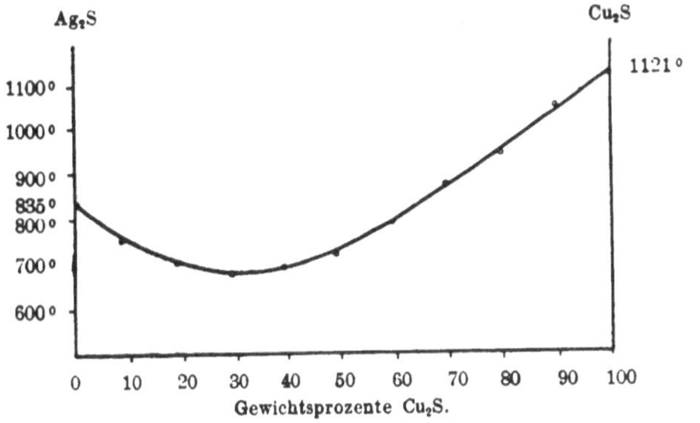

Fig. 65.

Viel komplizierter sind die Systeme Cu_2S–FeS[1] und Ni_3S_2–FeS[2]. Wegen der außerordentlichen hüttenmännischen Wichtigkeit sind die Diagramme in Fig. 66 und Fig. 67 wiedergegeben. Das eine System Schwefelnickel–Schwefeleisen ist von BORNEMANN ausgearbeitet worden. Im flüssigen Zustande sind beide Komponenten miteinander mischbar. Im kristallisierten Zustande läßt sich die Verbindung $(Fe_4S)_2(Ni_3S_2)$ nachweisen. Diese Verbindung ist mit Ni_3S_2 in allen Verhältnissen mischbar, dahingegen ist die Mischbarkeit der Verbindung mit FeS nur eine geringe. Im kristallisierten Zustande findet noch verschiedene Umlagerungen statt, die jedoch noch nicht völlig geklärt sind.

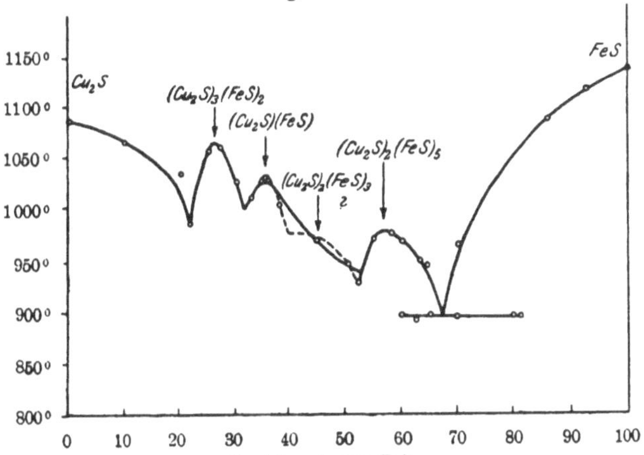

Fig. 66.

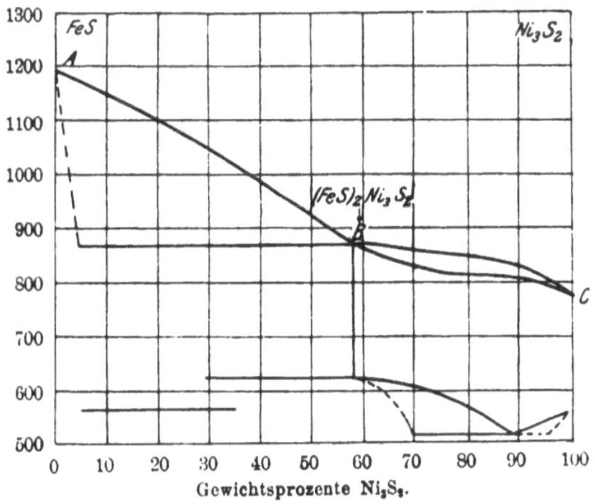

Fig. 67.

[1] RÖNTGEN, Metallurgie 3, 79 (1906).
[2] BORNEMANN, Metallurgie 5, 61 (1908).

Noch komplizierter ist das Zustandsdiagramm, der den Kupferstein bildenden Komponenten. Röntgen hat folgende Verbindungen zwischen den beiden Komponenten Cu_2S und FeS aufgefunden: $(Cu_2S)_3(FeS)_2$ (Schmelzpunkt 1065°), $(Cu_2S)(FeS)$ (Schmelzpunkt 1030°) und $(Cu_2S)_2(FeS)_5$ (Schmelzpunkt 980°).

Bei den arsenhaltigen Erzen treten beim Verarbeiten, die den Steinen analogen Speisen auf. Dies sind also Legierungen zwischen Arseniden verschiedener Metalle. Vor allem wichtig ist die Nickel- und die Kobaltspeise, die bei der Darstellung des Nickels aus arsenhaltigen Nickelerzen als Zwischenprodukte auftreten. Die Nickelspeise ist ein Gemisch, das hauptsächlich aus Nickelarsenid und Eisen besteht.[1] Auch in diesem Falle hat Friedrich die erste Klärung über die Zusammensetzung der Speisen gebracht. Er hat eine Reihe von Zweistoffsystemen ausgearbeitet zwischen verschiedenen Metallen und Arsen. Wegen der Leichtflüssigkeit des Arsens war es öfters nicht möglich, das Diagramm völlig auszuarbeiten. Auch bei diesen Legierungen liegen zum Teil einfache Verhältnisse vor; z. B. beim Blei–Arsen. Im kristallisierten Zustande bestehen diese Legierungen aus nebeneinander gelagerten Konglomeraten der beiden reinen Komponenten.

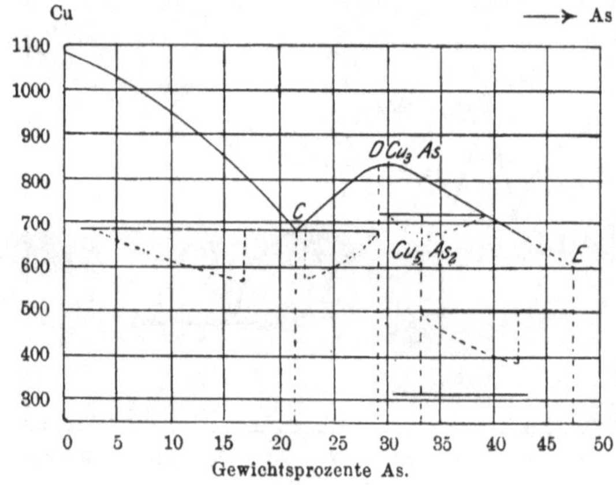

Fig. 68.

Beim Kupfer–Arsen[2] ist das Zustandsdiagramm schon etwas komplizierter (s. Fig. 68). Arsen und Kupfer bilden miteinander zwei Verbindungen Cu_3As und Cu_5As_2. Außerdem treten noch Reaktionen auf, die noch nicht völlig geklärt sind. Das Nähere ergibt sich aus dem Diagramm (Fig. 68).

Von größerem Interesse sind jedoch die beiden Legierungen, die die Nickelspeise bilden: Arsen–Eisen[3] und Arsen–Nickel.[4] Die Zustandsdiagramme sind ebenfalls von Friedrich untersucht worden. Beide Systeme sind ziemlich kompliziert, außerdem erschwerte die Leichtflüchtigkeit des Arsen die Ausarbeitung der Zustandsdiagramme sehr. Aus diesem Grunde konnte in beiden Fällen nicht das ganze Konzentrationsintervall ausgearbeitet werden (vgl. Figg. 69 und 70).

Beim Arsen–Eisen sind mit Sicherheit nur die beiden Verbindungen Fe_2As und Fe_3As_2 ermittelt worden, dahingegen herrscht über die Existenz

[1] Vgl. Schenk, Physikalische Chemie der Metalle, S. 103.
[2] Friedrich, Metallurgie 2, 477 (1905).
[3] Friedrich, Metallurgie 3, 129 (1906).
[4] Friedrich, Metallurgie 4, 200 (1907).

der Verbindung FeAs noch einiger Zweifel. Die zweitgenannte Verbindung bildet sich übrigens erst im festen Zustande. Über die Grenzkonzentrationen herrscht noch völlige Unklarheit.

Bei den Nickel–Arsen-Legierungen kristallisieren bei niederem Arsengehalt Mischkristalle, bei mittleren Arsenkonzentrationen — ebenso wie

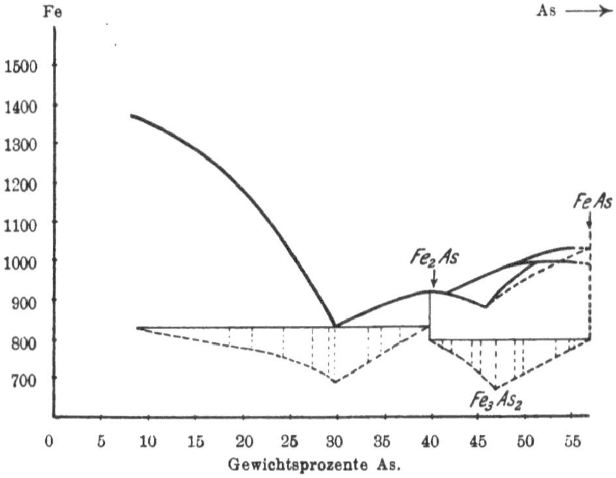

Fig. 69.

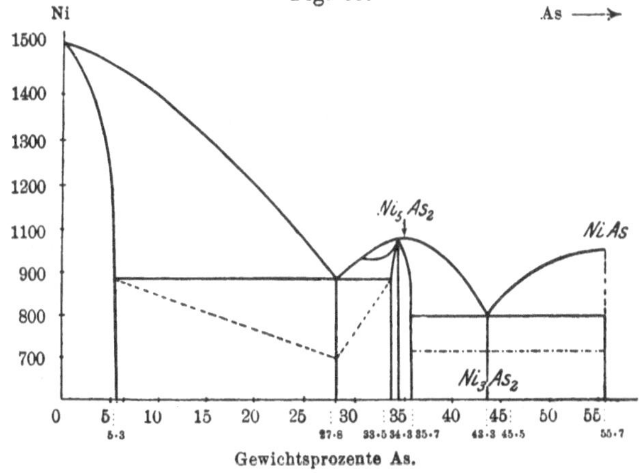

Fig. 70.

bei Eisen–Arsen — drei Verbindungen aus. Nämlich Ni_5As_2, NiAs und im kristallisierten Zustande Ni_3As_2. Die Existenz der letzteren ist noch nicht völlig einwandfrei sichergestellt.

Aus diesen beiden Systemen der speisebildenden Legierungen ersieht man, daß die Speisen selbst recht kompliziert zusammengesetzt sein müssen.

f) Chlorierendes Schmelzen.

Bei diesem Prozeß werden Legierungen entweder mit Alkalichloriden geschmolzen oder aber es wird in die Schmelze Chlor eingeleitet. Hierdurch wird ein Teil der Metalle in Chloride verwandelt, während ein anderer Teil unverändert bleibt. Die Anwendungsmöglichkeit dieses Verfahrens ist naturgemäß ein sehr beschränktes. Durch Einleiten von Chlor kann man geschmolzene Goldsilberlegierungen zerlegen. Das Silber wird in Chlorsilber verwandelt und kann durch einfaches Abschöpfen entfernt werden; Gold bleibt unverändert zurück. Durch Schmelzen mit Alkalichloriden können Blei–Zink-Legierungen zerlegt werden. Blei wird nicht angegriffen, Zink verwandelt sich in Chlorzink.

g) Kohlendes Schmelzen.

Diese Schmelzart wird hauptsächlich beim Eisen verwandt und ist auch dort beschrieben. Durch das kohlende Schmelzen werden Legierungen zwischen Metallen (Eisen und Nickel) und Kohlenstoff hergestellt. Als Kohlungsmittel verwendet man beim Eisen entweder Kohle oder kohlenstoffreiches Eisen.

h) Verschlackendes Schmelzen.

Durch diese Schmelzart wird bewirkt, daß die in den Erzen enthaltenen wertlosen Bestandteile ausgeschieden werden. Dies wird dadurch erreicht, daß man diese Bestandteile in leichtflüssige Verbindungen, die sich außerdem durch ihr geringes spezifisches Gewicht leicht von den geschmolzenen Metallen bzw. Metallverbindungen trennen lassen, überführt. Man bezeichnet diese Verbindungen als Schlacken.

Die wichtigsten der Schlacken sind die Silicatschlacken. Gewöhnlich werden die zu verschlackenden Körper in Silicate übergeführt. Der Phosphor wird dahingegen in Phosphate verwandelt; außerdem werden bei oxydierten Schmelzverfahren Oxydschlacken gebildet, die fast ausschließlich aus Oxyden der Schwermetalle bestehen.

Auf die Struktur der Schlacken einzugehen, ist verfrüht; aber durch metallographische Untersuchungen — die jetzt schon zum Teil eingesetzt haben — wird man auch dieses schwierige Problem sicherlich in den nächsten Jahren lösen.

In den Erzen sind die zu verschlackenden Körper meist nicht in den Mengenverhältnissen vorhanden, wie sie zur Verschlackung erforderlich sind. Es bedarf gewisser Zuschläge. Je nachdem in den Erzen Silicate oder Basen überwiegen, müssen andere Zuschläge zugesetzt werden. Sollen Basen verschlackt werden, so setzt man Quarz oder Kieselsäure enthaltende Erze oder auch Schlacken hinzu, die reich an Kieselsäure sind; sogenannte saure Schlacken. Zur Verschlackung der Kieselsäure werden folgende basische Körper zugesetzt: Kalk, Tonerde, Magnesia, Baryterde, Eisen- und Manganoxyde und Silicate, die reich an Basen sind; sogenannte basische Schlacken.

Man setzt so viel der Zuschläge zu, daß eine leichtschmelzende Schlacke entsteht, die sich als spezifisch leichterer Körper an der Oberfläche der Metalle absetzt. Die Schlacken schützen zu gleicher Zeit die Metalle vor Oxydation von außen. Ein weiteres Eingehen auf die Schlackenbildung ist hier nicht am Platze.

i) Amalgamationsverfahren und Lösen in geschmolzenen Metallen.

Diese beiden Verfahren kann man gemeinsam besprechen, da in der Lösung in Quecksilber und in anderen Metallen kein Unterschied vorliegt. In beiden Fällen werden Legierungen gebildet. Diese Herstellungsmethoden werden vor allem zur Gewinnung von Gold und Silber angewendet. Liegt das zu gewinnende Metall gediegen oder in einer Verbindung, die durch betreffende Lösungsmetalle zersetzt wird, so wird dasselbe sofort dem Lösungsprozeß unterworfen. Im anderen Falle muß das Metall erst aus seiner Verbindung in Freiheit gesetzt werden. Als Lösungsmittel kommen in Betracht:

Für Gold: Kupfer, Blei, Silber und Quecksilber.

Die Verkupferung geht vor sich beim Verschmelzen goldhaltiger Kupfererze auf Kupfer, bei der Entkupferung von goldhaltigem Werkblei und bei Gewinnung des Goldes aus alten Goldwaren.

Die Verbleiung wird angewandt beim Verschmelzen gold- und silberhaltiger Erze mit Bleierzen oder Blei.

Die Versilberung geht von selbst vor sich bei der Verarbeitung von gold- und silberhaltigen Erzen und bei der Goldsilberscheidung durch Verschmelzen.

Für Platin: Blei, Nickel, Kupfer und Gold.

Verbleiung wendet man an zur Erzielung von Platinbleilegierungen durch Verschmelzen von Platinerzen mit PbO und PbS.

Kupfer-, Nickel- und Goldlegierungen bilden sich bei der Verarbeitung platinhaltiger Erze der betreffenden Metalle.

Für Silber: Kupfer, Blei und Quecksilber.

Die Verkupferung findet statt beim Verschmelzen von silberhaltigen Kupfererzen und bei der Verarbeitung von kupfer- und silberhaltigem Altmetall.

Die Verbleiung wird im großen Maßstabe angewendet. Es wird teils freies Silber, teils aus Erzen ausgeschmolzenes Silber in geschmolzenem Blei gelöst.

Die Amalgamation des Silbers wird ebenfalls vielfach vorgenommen.

Liegt das Silber nicht als reines Metall oder als Schwefelverbindung vor, so muß es zunächst vor der Behandlung mit Quecksilber in den metallischen Zustand oder in Chlorsilber übergeführt werden. In Chlorsilber werden silberhaltige Körper übergeführt durch Behandlung mit Kupferchlorid oder Chlorürlösung oder durch Rösten mit Kochsalz. Das Chlorsilber kann nun entweder direkt mit Quecksilber behandelt werden. Hierbei wird die Chlorverbindung durch Quecksilber zerlegt. Es entsteht Quecksilberchlorür und metallisches Silber. Letzteres legiert sich mit dem Quecksilber zu Amalgam.

Das Chlorsilber kann aber auch in Kochsalzlauge gelöst, durch Kupfer oder Eisen abgeschieden, und dann amalgamiert werden.

Die zu gewinnenden Metalle liegen nach vollendeter Lösung in Form von Legierungen bzw. Amalgamen vor. Falls sie nicht direkt in Form von Legierungen Verwendung finden (z. B. Pb-Ag), muß die Legierung zerlegt werden. Die Scheidung der Amalgame des Silbers und Quecksilbers geschieht einfach durch Abdestillieren des leicht flüssigen Quecksilbers. Nicht so einfach geht die Abscheidung vor sich, wenn das als Lösungsmittel benutzte Metall sich nicht leicht verflüchtigt.

Die Zerlegung der Legierungen ist im Abschnitt über Zerlegung von Legierungen besprochen. Die Scheidung der Legierungen auf elektrolytischem Wege findet sich im Abschnitt über Elektrolyse von K. Arndt.[1]

k) Zerlegung von Legierungen durch Ausschmelzen.

Man kann bei diesen Prozessen die Legierungen auf dreierlei Art zerlegen. Durch Saigern, durch Auskristallisieren und durch Zusammenschmelzen mit anderen Metallen. Beim Saigern und Auskristallieren verlaufen die Prozesse bei der Abkühlung oder der Erhitzung von selbst ohne Zusatz fremder Bestandteile. Beim dritten Prozeß wird die Entmischung der Legierungen durch Zusatz eines Fremdmetalls künstlich herbeigerufen. Eine wissenschaftliche Klärung haben diese Prozesse erst in den letzten Jahren gefunden. Die Vorgänge lassen sich leicht erklären, wenn man die Zustandsdiagramme der betreffenden Legierungen kennt.

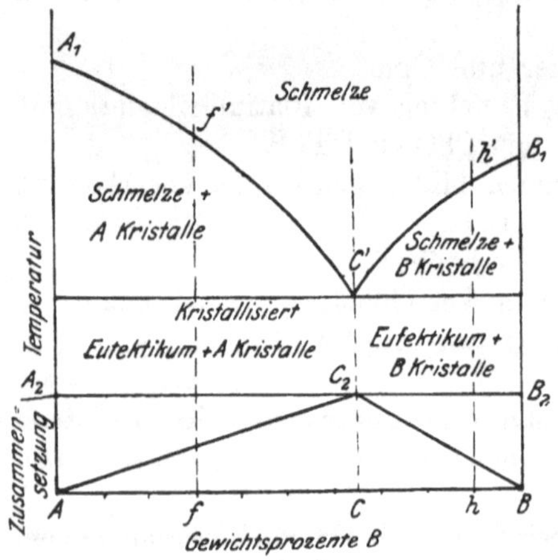

Fig. 71.

Es sollen drei Grundformen, die bei Legierungen vorkommen, auf diese Prozesse angewandt werden. Auf die einzelnen Diagramme soll hier nur kurz eingegangen werden, das Nähere findet sich im Abschnitt über Metallographie.

Zunächst soll der Fall untersucht werden, bei welchem die beiden Komponenten im flüssigen Zustande in allen Konzentrationen völlig mischbar sind, dahingegen im kristallisierten Zustande ineinander völlig unlöslich sind. Es ergibt sich dann das in Fig. 71 wiedergegebene Zustandsdiagramm. *A* und *B* sind die beiden Komponenten (Metalle) mit den bzw. Schmelzpunkten A_1 und B_1. Die Zustandsfelder sind der leichteren Orientierung halber eingetragen. Es sollen nun drei verschiedene Konzentrationen auf die Saigerungserscheinungen näher untersucht werden, und zwar die Konzentrationen der Punkte *f*, *C* und *h*. Kühlt man die geschmolzene Legierung mit der Zusammensetzung des Punktes *f* ab, so beginnt, wenn die Temperatur des Punktes *f'* erreicht ist, die Komponente *A* auszukristallisieren. Die Kristallisation schreitet so lange mit fallender Temperatur fort, bis die

[1] Dieses Handbuch Bd. II.

Temperatur der eutektischen Legierung erreicht ist. Jetzt beginnt die gemeinsame Kristallisation der beiden Komponenten. Für unseren Saigerungsprozeß ergibt sich hieraus folgendes.

Hält man die Temperatur der Legierung über der eutektischen, so läßt sich ein Teil der Komponente A durch Auskristallisieren abscheiden. Dahingegen erhält man kein B im unlegierten Zustande.

Bei der Konzentration des Punktes h treten genau die umgekehrten Verhältnisse auf. Es läßt sich wohl B durch Auskristallisieren gewinnen, nicht aber A. Bei der Konzentration des Punktes C der eutektischen Zusammensetzung, ist dahingegen eine Gewinnung sowohl von A als auch von B ausgeschlossen, denn die beiden Stoffe kristallisieren gemeinsam aus. Dieselben Verhältnisse, die von der Konzentration des Punktes f besprochen, gelten für das ganze Konzentrationsintervall zwischen A und C und die für den Punkt h besprochenen für das Intervall zwischen C und B. Nur die Mengen wechseln. Aus dem Hilfsdiagramm $A\,B\,B_2\,A_2$ (Fig. 71) lassen sich die Mengen, die man im Höchstfalle von A bzw. B bei den verschiedenen Konzentrationen gewinnen kann, berechnen. Auf $A\,A_2$ ist die Zusammensetzung der ausgeschiedenen Kristallart aufgetragen. Im kristallisierten Zustande besteht bei der Konzentration des Punktes C die ganze Masse aus dem Eutektikum (100 %), bei A dahingegen sind 100 % von A, bei B 100 % von B enthalten. Die Menge des Eutektikums in den Zwischenkonzentrationen erhält man bekanntlich dadurch, daß man C_2 mit A und B verbindet. Die ganze Fläche des Dreiecks $A\,B\,C$ besteht ausschließlich aus dem Eutektikum. Man sieht, daß bei der Konzentration des Punktes f etwa die Hälfte eutektisch auskristallisiert und bei h etwa $^1/_3$. Je mehr man die Konzentration des Punktes f nach A verschiebt, um so größer wird der Prozentgehalt der rein ausgeschiedenen Kristallart A, anderweit nimmt der Gehalt an reinem A schnell ab, wenn man sich der eutektischen Konzentration nähert.

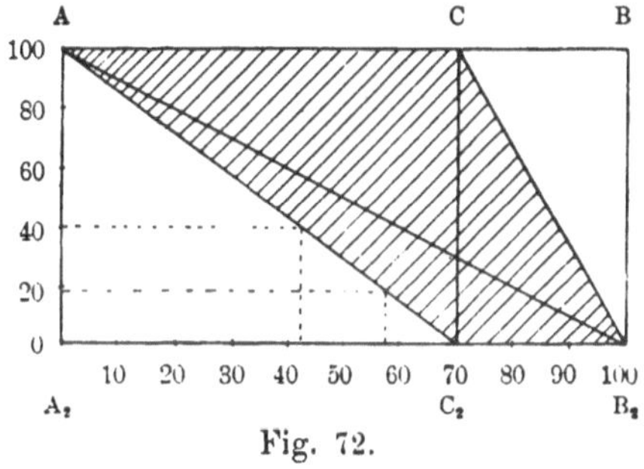

Fig. 72.

Um nun weiter zu wissen, wieviel von dem Gesamtgehalt eines Stoffes man durch Saigern erhalten kann, muß man noch das Verhältnis der rein auskristallisierenden Komponente und der eutektisch auskristallisierenden kennen. Dies läßt sich sehr leicht aus dem Hilfsdiagramm Fig. 72 ersehen. Auf $A_2\,B_2$ ist die Gesamtmenge von A aufgetragen, auf $A\,A_2$ die freie nicht eutektisch auskristallisierende Menge von A. Der Gesamtgehalt von A im ganzen Konzentrationsintervall wird durch das Dreieck $A\,A_2\,B_2$ wiedergegeben, der von B durch das Dreieck $B_2\,A\,B$. C_2 ist die Konzentration des eutektischen Punktes. Die Gesamtmenge des Eutektikums wird repräsentiert durch das schraffiert gezeichnete Viereck $A\,C\,B_2\,C_2$. Der eutektisch kristallisierende Anteil von A wird wiedergegeben durch das Dreieck $A B_2 C_2$, der von B durch das Dreieck $A B_2 C$. Dieser geht bei der Gewinnung der reinen Komponenten unter allen Umständen verloren. Durch die Grade $A C_2$ wird die bei den verschiedenen Konzentrationen zu gewinnende Menge der Komponente A eindeutig bestimmt; aus den Koordinaten eines beliebigen Punktes dieser Graden erhält man sofort den nicht eutektisch kristallisierenden Teil von A (s. Fig. 72). Wesentlich Neues gibt diese zweite Darstellung gegenüber der ersten nicht, man hat nur den Vorteil, daß man den Prozentsatz des auszusaigernden Metalls sofort ermitteln kann.

Bis jetzt waren die Mengen der Komponenten berechnet, die man erhält, wenn man die Temperatur der Schmelze bis zur eutektischen erniedrigt. In der Praxis wird man jedoch die Temperatur nicht soweit sinken lassen, da man sonst leicht Gefahr läuft, daß das Eutektikum mit auskristallisiert. Je höher aber die Temperatur der Kristallisation über der eutektischen liegt, um so geringer wird die Menge der auszukristallisierenden Komponente sein.

Über die Menge des Metalls A bzw. B, die man bei verschiedenen Temperaturen erhält, gibt die sogenannte Hebelbeziehung Aufschluß (vgl. hierzu Ruer, Metallographie in elementarer Darstellung und den Abschnitt über Metallographie in diesem Handbuch, Bd. III, Erste Hälfte S. 305). Eine Schmelze von der Zusammensetzung b und der Temperatur T zerfällt in zwei Phasen von der Konzentration a und c mit den Mengenverhältnissen M_a und M_c. Es gilt dann die Gleichung:

$$ab \cdot M_a = bc \cdot M_c.$$

Faßt man abc als ungleicharmigen Hebel mit dem Unterstützungspunkt b auf, dann erhält man die obige Gleichgewichtsbeziehung. Die Menge der ausgeschiedenen Komponente A läßt sich also hiernach für alle Temperaturen leicht aus dem Zustandsdiagramm berechnen.

Die Vorbedingung für das Auskristallisieren der einen Komponente ist durch die Trennung in zwei Phasen geschaffen. Damit das Auskristallisieren aber wirklich eintritt, müssen noch andere Bedingungen erfüllt sein. Zunächst müssen die abzuscheidenden Kristalle ein größeres spezifisches Gewicht haben, als die Mutterlauge, ferner muß man den Kristallen aber auch genügend Zeit lassen sich abzusetzen. Hat die Schmelze nämlich dasselbe spezifische Gewicht, wie die Kristalle, so ist eine Abscheidung nicht möglich, da die Kristalle in der Schmelze schweben bleiben. Würde man zu schnell abkühlen, so würde auch keine Entmischung eintreten, da die Kristalle nicht genügend Zeit hätten, sich auszuscheiden. Die Zeit, die zur Abscheidung erforderlich, ist natürlich von verschiedenen Umständen abhängig; z. B. Größe der Kristalle, Unterschied im spezifischen Gewicht (s. oben) und dann die Viskosität der Schmelze. Es ist ohne weiteres einzusehen, daß die Kristalle sich um so schneller abscheiden werden, je dünnflüssiger die Schmelze ist.

Diese Art der Entmischung nennt man im weiteren Sinne „Saigern“ Der Hüttenmann belegt den Vorgang, sobald es zur Abscheidung der

Kristalle kommt, mit der Bezeichnung „Auskristallisieren". Unter Saigern im engeren Sinne bezeichnet man den entgegengesetzten Vorgang, also nicht das Auskristallisieren, sondern das Ausschmelzen eines Teils der Legierung. Man geht hierbei von einer festen Legierung aus und erhitzt bis zum Schmelzpunkt des Eutektikums, dieses wird dann im geschmolzenen Zustande in geeigneter Weise entfernt.

Bei der Darstellung von Legierungen ist diese Entmischung nicht nur nicht erwünscht, sondern sie macht sich in vielen Fällen störend bemerk-

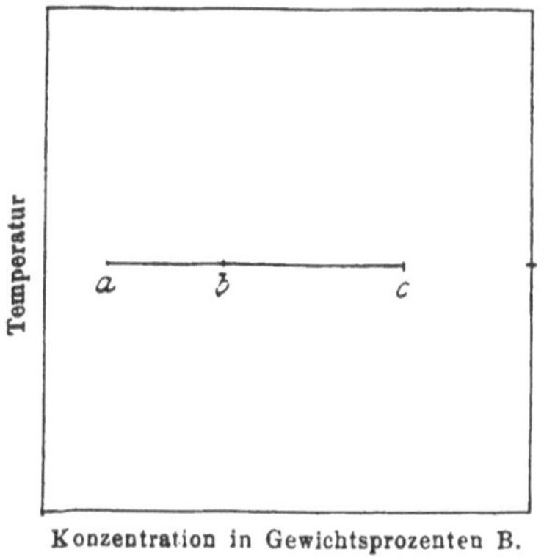

Fig. 73.

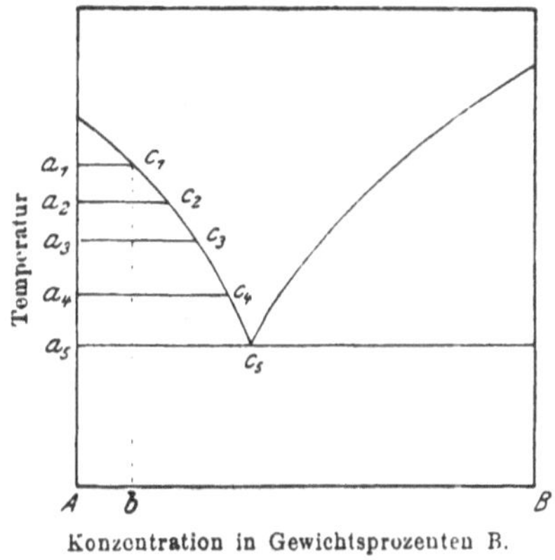

Fig. 74.

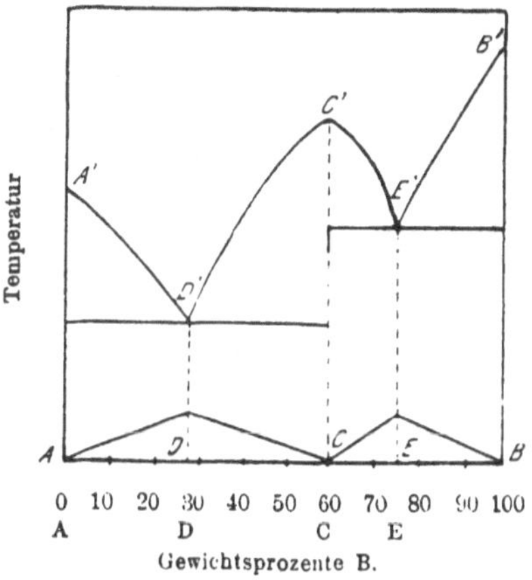

Fig. 75.

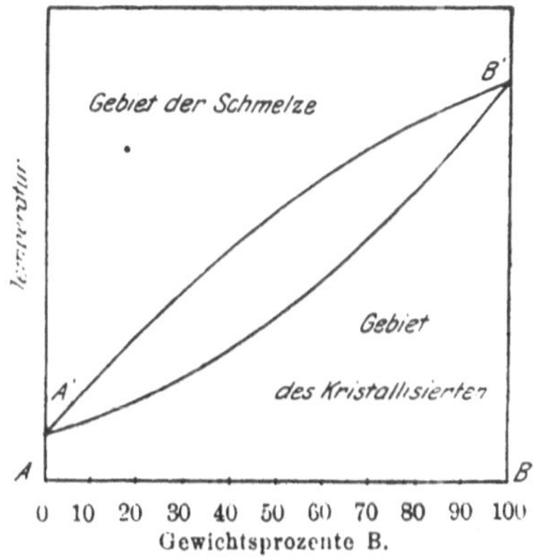

Fig. 76.

bar, so z. B. bei Darstellung von Gußwaren. Es wird natürlich bei diesem Prozeß versucht, die Entmischung auf ein geringes zu beschränken oder unschädlich zu machen (vgl. F. Wüst, Legier- und Lötkunst, S. 61). Zum Gießen von Stahlblöcken hat man Gußformen mit einer großen senkrechten Achse. Beim Gießen erstarrt in dieser am Boden zunächst eine reine eisenreiche Legierung (je reiner das Eisen, um so höher der Schmelzpunkt). Im oberen Teile befindet sich eine leichtflüssigere, etwas eisenärmere Legierung. Da nun ein Gußblock lange Zeit gebraucht, bis die gesamte Legierung erstarrt, so haben die Bestandteile Zeit, sich nach ihren spezifischen Gewichten zu sondern. Das Innere und der obere Teil erstarrt zuletzt. Infolgedessen werden sich im Innern und im oberen Teile des Gußblockes die leichtflüssigsten Teile der Legierung befinden, also Eisen, welches reich an Kohlenstoff, Schwefel, Phosphor und Silicium ist. Diese Erscheinung hat dazu geführt, einen sogenannten „verlorenen Kopf“ anzuwenden, der den Zweck hat, die Verunreinigungen anzusammeln. Nach dem Erkalten wird derselbe abgetrennt.

Bisher war der Fall besprochen, daß die beiden Komponenten rein auskristallisierten ohne Bildung einer Verbindung. Entsteht bei der Kristallisation eine Verbindung, so lassen sich die Erstarrungsvorgänge bekanntlich durch das Diagramm Fig. 75 wiedergeben. Aus diesem ergibt sich für den Vorgang des Auskristallisierens sofort folgendes. Im Konzentrationsintervall *AD* läßt sich reines *A* auskristallisieren und im Konzentrationsintervall *BE* reines *B*. Dagegen ist es im mittleren Intervall *DE* nur möglich, die Verbindung von der Zusammensetzung *C* abzuscheiden. Je näher die Konzentrationspunkte *D* und *C* an *A* bzw. *B* liegen, um so geringer wird die Möglichkeit, eine Komponente im reinen Zustande zu erhalten. Bleiben die beiden Komponenten im kristallisierten Zustande ineinander gelöst — treten also Mischkristalle auf —, so läßt sich weder *A* noch *B* durch Auskristallisieren gewinnen. Beide Stoffe kristallisieren bei allen Konzentrationen gemeinsam aus. (Fig. 76.)

Wie die Entmischung oder Saigerung sich bei den Fällen verhält, bei welchen eine teilweise Mischbarkeit im kristallisierten Zustande auftritt, läßt sich durch Kombination der verschiedenen Diagramme leicht ermitteln.

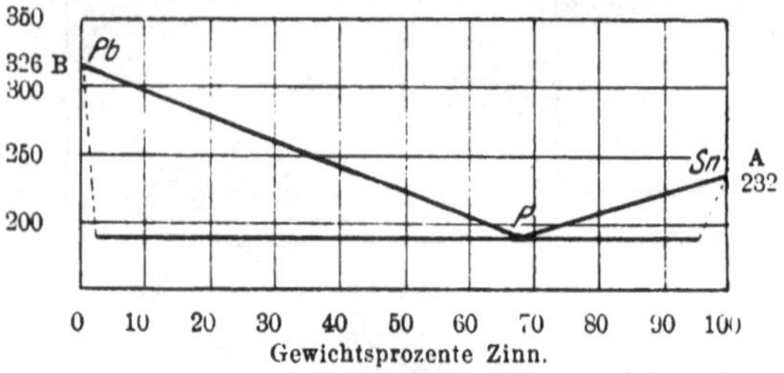

Fig. 77.

In der Tat werden nun verschiedene Metalle in der Praxis auf dem Wege des Aussaigerns gewonnen.

Bei der Zinndarstellung erhält man häufig dieses Metall mit Blei stark verunreinigt. Das Diagramm Fig. 77 zeigt sofort, wie aus Blei–Zinnlegierungen Zinn gewonnen werden kann. Zunächst sei bemerkt, daß sich völlig bleifreies Zinn auf diesem Wege überhaupt nicht gewinnen läßt, da primär längs des Zweiges *AP* sich nicht Zinn, sondern Sn-reiche Mischkristalle mit geringem Bleigehalt ausscheiden. Weiterhin ist für das Auskristallisieren des Zinns hinderlich, daß das Eutektikum schon bei 37 $^0/_0$ Pb liegt. Bei dieser Konzentration würde man also überhaupt kein Zinn mehr abscheiden können. Legierungen, die viel Blei enthalten, sind also für diesen Prozeß nicht brauchbar. Stets wird jedoch ein großer Prozentsatz Zinn in der Mutterlauge zurückbleiben. Die Durchführung des Prozesses würde sich kaum lohnen, wenn man nicht im Handel für größere Mengen Blei–Zinnlegierungen Verwendung hätte. Eine Legierung mit 10 % Blei wird zum Verzinnen gebraucht, auds iesem Grunde braucht man das Aussaigern nur so lange fortzusetzen, bis die Blei–Zinnlegierung diese Zusammensetzung aufweist.[1]

Bei der Gewinnung des Zinns wird das Saigern außer bei der Trennung vom Blei, bei der vorhergehenden Ausscheidung des Eisens aus dem Rohzinn verwendet. Da das hier in Frage kommende Dreistoffsystem Eisen—Blei—Zinn noch nicht ausgearbeitet ist, ist eine theoretische Erklärung der Vorgänge nicht möglich.

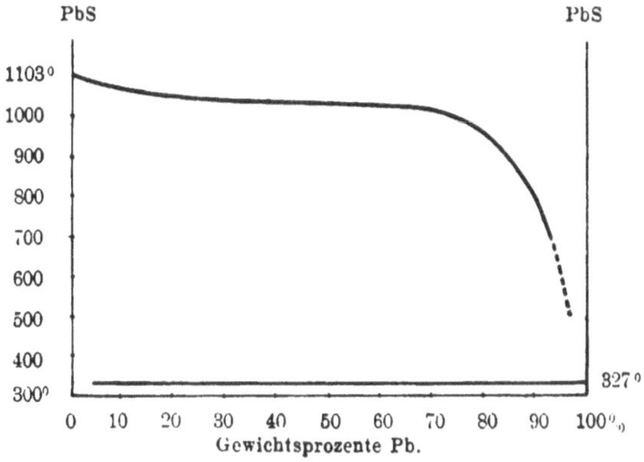

Fig. 78.

Besonders günstig liegen die Verhältnisse für die Abscheidung eines Metalls aus einer Legierung, wenn das Eutektikum in den Grenzkonzentrationen der Legierung liegt.

Bei dem von Friedrich und Léroux[2] untersuchten System Blei–Bleisulfid liegt der eutektische Punkt beim reinen Blei (s. Fig. 78). In diesem Falle kann man Blei oder das Sulfid, sowohl auf dem Wege des Ausschmelzens, als auch umgekehrt durch Aussaigern gewinnen. Kühlt man die völlig geschmolzene Legierung ab, so scheidet sich bei allen Konzentrationen reines Bleisulfid ab, während als Eutektikum reines Blei im geschmolzenen Zustande übrig bleibt. Geht man umgekehrt von der festen Legierung aus und erhitzt bis zur Temperatur des eutektischen Schmelzpunktes, welcher in diesem Falle der des Bleis ist, so kann man das Blei ausschmelzen, während Bleisulfid im festen Zustande zurückbleibt.

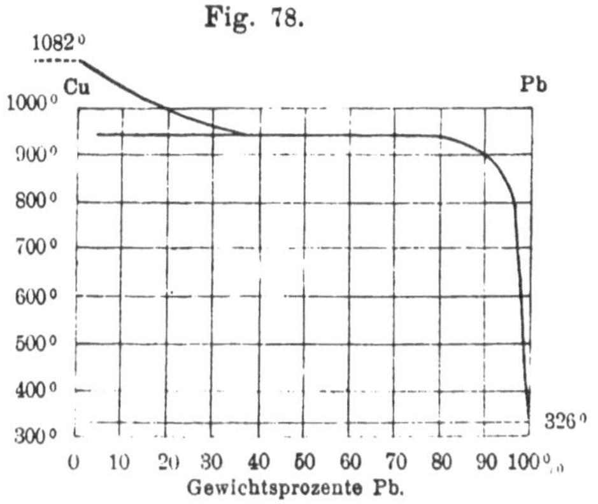

Fig. 79.

Ein ganz ähnlicher Fall liegt bei der Legierung Kupfer und Blei vor. In diesem System ist der eutektische Punkt ebenfalls ganz nach der Seite des reinen Bleis hin verschoben. Das Schmelzdiagramm ist von Roberts-Austen ausgearbeitet worden.[3] Wie man aus dem Diagramm ersehen kann (s. Fig. 79), kann Kupfer vom Blei vollständig getrennt werden, und zwar sowohl durch Auskristallisieren, als auch durch Ausschmelzen.

---

[1] Vgl. Borchers, Hüttenwesen, S. 104 und Metallurgie **5**, 186 (1908).
[2] Friedrich und Léroux, Metallurgie **26**, 536 (1905).
[3] Roberts-Austen, Engineering, London 1897, S. 255.

Es soll jetzt noch ein für die Technik sehr wichtiger Fall besprochen werden. Die Trennung von Silber und Blei durch den Saigerprozeß.

Das Schmelzdiagramm Silber und Blei ist von HEYCOCK und NEVILLE[1] und von FRIEDRICH[2] ausgearbeitet worden. Die Arbeit von FRIEDRICH ist die genauere, aus diesem Grunde sind hier nur diese Resultate berücksichtigt worden (vgl. Fig. 80). Für die Gewinnung des Silbers kommen Bleilegierungen in Betracht, die arm an Silber sind, unter 2,5 % Ag, so daß die Absonderung des Silbers durch Auskristallisieren desselben nicht möglich ist, obgleich sich Silber noch bei einem Gehalt von 97,5 % Blei primär ausscheidet. Infolgedessen ist man gezwungen, das Silber dadurch zu gewinnen, daß man Blei auskristallisieren läßt und dieses von der flüssigen Legierung trennt. Die Verhältnisse für diese Trennung liegen aber äußerst ungünstig. Man erhält das Silber nie rein, sondern stets mit Blei legiert; außerdem beträgt das Temperaturintervall zwischen der primären Bleikristallisation und der eutektischen nur wenige Grade. Es muß also sehr scharf auf die Innehaltung einer bestimmten Temperatur geachtet werden, damit nicht auch das Silber mit dem Blei auskristallisiert.

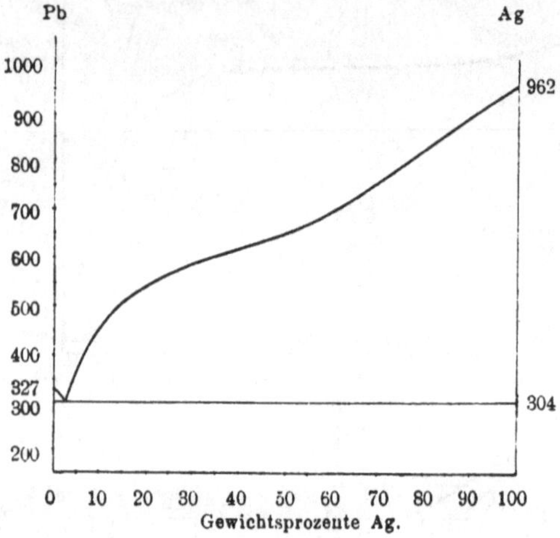

Fig. 80.

Praktisch verfährt man folgendermaßen. Man läßt einen Teil des Bleis auskristallisieren, schöpft dieses ab und wiederholt den Prozeß nochmals. Man erhält auf diese Weise eine Legierung, die sich der Zusammensetzung des Eutektikums nähert. Mit wachsendem Silbergehalt in der Schmelze wird die Schwierigkeit, die Bleikristalle aus der Schmelze zu entfernen, größer, da das Kristallisationsintervall des Bleis im gleichen Maße kleiner wird.

Eine weitere wichtige Anwendung findet das Saigern bei der Darstellung von Antimon bzw. von Hartblei. Das Zustandsdiagramm ist von ROLAND-GOSSELIN[3] ausgearbeitet worden. Seine Resultate ergeben sich aus folgendem Diagramm (Fig. 81). Das sogenannte Hartblei hat ungefähr die eutektische Zusammensetzung. Durch das Auskristallisieren des Antimons erhält man einerseits reines Antimon und zweitens das Eutektikum Antimon–Blei, welches als Hartlot Verwendung findet.

Häufig werden aus Erzen Teile durch Ausschmelzen entfernt; dies

[1] HEYCOCK und NEVILLE, Phil. Trans. of the Royal S. of London 1897, S. 25.
[2] K. FRIEDRICH, Metallurgie, 4, 479 (1907).
[3] Contribution à l'étude des alliages, S. 63.

wird meist derart ausgeführt, daß die Produkte der Saigerung unterworfen werden, ohne daß vorher die Mineralien zusammengeschmolzen werden. Man kann natürlich die jetzt entwickelten Grundsätze nicht hierauf anwenden. Es wird einfach der leichter schmelzende Körper ausgeschmolzen; irgend welche Gleichgewichte liegen jedoch nicht vor.

Als Beispiel möge die Anreicherungsarbeit bei der Gewinnung von Antimon dienen. Antimon kommt — außer als Sb_2O_3 — im wesentlichen als Sb_2S_3 in verschiedenen Modifikationen vor. Die leichte Schmelzbarkeit von Sb_2S_3 gestattet ein einfaches Aussaigern dieser Verbindung aus den Erzen, ohne daß ein vorheriges Schmelzen der Erze erforderlich ist. Allerdings ist die Ausbeute eine mäßige, da ein quantitatives Aussaigern nicht möglich ist.

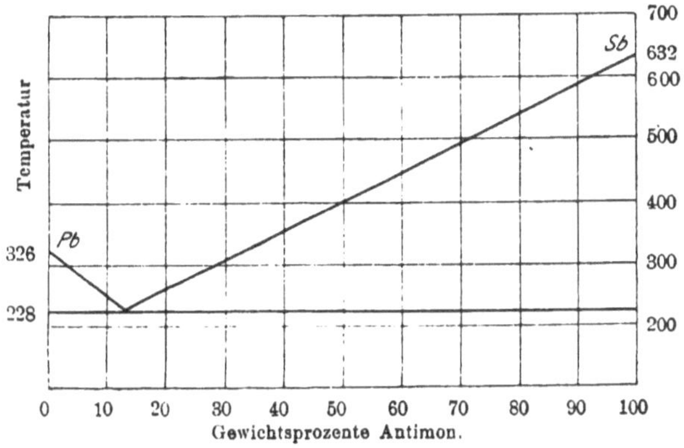

Fig. 81.

Wie schon am Anfang dieses Abschnitts bemerkt, können Legierungen auch durch Zusammenschmelzen mit anderen Metallen zerlegt werden, und zwar dann, wenn die neu kombinierten Metalle im flüssigen Zustande nur teilweise ineinander löslich sind. Das Verfahren ist ein ganz analoges, wie das sogenannte Ausäthern. Wasser und Äther lösen sich nur beschränkt ineinander. Gießt man beide zusammen, so trennen sie sich nach einiger Zeit in zwei Schichten. Äther als spezifisch leichtere Flüssigkeit befindet sich oben und Wasser unten. Äther enthält im Gleichgewicht eine bestimmte Menge Wasser gelöst, ebenso das Wasser Äther. Die gegenseitige Löslichkeit zweier im flüssigen Zustande nicht mischbarer Flüssigkeiten wächst nun im allgemeinen mit der Temperatur und es wird für jedes Paar eine Temperatur existieren, bei welcher eine Trennung in Schichten nicht mehr stattfindet. Sie sind dann in allen Verhältnissen miteinander mischbar. Geschmolzene Metalle, verhalten sich, wenn sie nicht völlig mischbar sind, ebenso. Die Analogie ist eine völlige.

Das sogenannte Ausäthern besteht nun darin, daß man eine in Wasser gelöste Substanz mit Äther — unter der Voraussetzung, daß die Substanz in Äther leicht löslich ist — schüttelt. Die auszuäthernde Substanz verteilt sich in den beiden Flüssigkeiten im Verhältnis ihrer Löslichkeit. Je größer der Teilungskoeffizient zwischen Äther und Wasser ist, um so mehr wird von der Substanz vom Äther aufgenommen werden. Die beiden Lösungen werden nun voneinander getrennt. Um weitere Mengen des gelösten Stoffes dem Wasser zu entziehen, wird die Operation wiederholt. Je öfter dies geschieht, um so mehr kann dem Wasser von dem gelösten Körper entzogen werden.

Der Prozeß des Ausätherns hat nun auf Legierungen Anwendung gefunden. Man macht von der teilweisen Löslichkeit von Metallen ineinander bei der Silbergewinnung bei dem PARKERs-Prozeß Gebrauch.

SPRING und ROMANOFF[1] haben die Löslichkeitskurven für die beiden

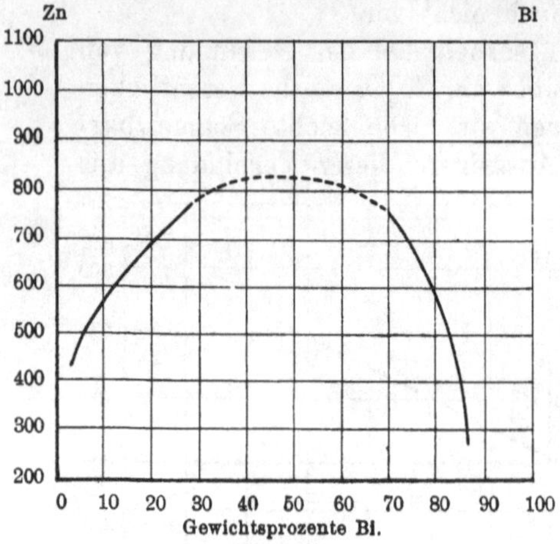

Fig. 82.

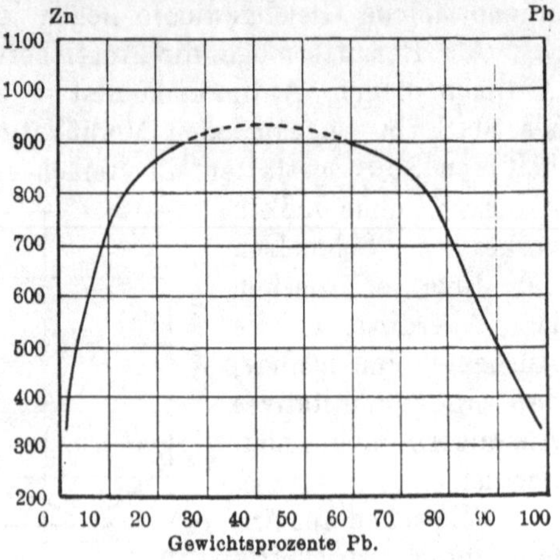

Fig. 83.

Metallpaare Wismut–Zink und Blei–Zink bestimmt. Die Resultate ihrer Untersuchungen sind in der Tabelle II und Figg. 82 und 83 wiedergegeben.

Tabelle II.

Nr.	T	Paar Wismut-Zink				Paar Blei-Zink			
		untere Schicht		obere Schicht		untere Schicht		obere Schicht	
		% Bi	% Zn	% Bi	% Zn	% Pb	% Zn	% Pb	% Zn
1	266°	86,0	14,0	—	—	—	—	—	—
2	334	—	—	—	—	98,8	1,2	—	—
3	419	—	—	3,0	97,0	—	—	1,5	98,5
4	450	—	—	—	—	92,0	8,0	—	—
5	475	84,0	16,0	5,0	95,0	91,0	9,0	2,0	98,0
6	514	—	—	—	—	89,0	11,0	3,0	97,0
7	584	80,0	20,0	10,0	90,0	86,0	14,0	5,0	95,0
8	650	77,0	23,0	15,0	85,0	83,0	17,0	7,0	93,0
9	740	—	—	—	—	79,0	21,0	10	90,0
10	780	70,0	30,0	27,0	73,0	—	—	—	—
11	800	—	—	—	—	75,0	25,0	14,0	86,0
12	900	—	—	—	—	59,0	41,0	25,5	74,5

Die im Diagramme gezeichneten Kurven geben die gegenseitige Löslichkeit der beiden Metallpaare wieder. Der innere Teil der Kurven repräsentiert das Gebiet der unvollständigen Löslichkeit. Es bilden sich zwei Schichten. Im äußeren Teil herrscht dahingegen vollständige Lös-

[1] SPRING und ROMANOFF, Z. anorg. Ch. 13, 29ff. (1897).

lichkeit. Es ist nur eine Schicht vorhanden. Die Temperatur der gegenseitigen vollständigen Löslichkeit bei allen Konzentrationen liegt beim Metallpaar Wismut–Zink bei ca. 830°, beim Metallpaar Blei–Zink bei etwa 930°.

Wie beim Ausäthern kann man die Metallpaare Zink–Wismut bzw. Zink–Blei zum Herauslösen eines Metalls aus dem anderen Metall benutzen. Eine praktische Anwendung hat dies Verfahren beim Parker-Prozeß gefunden. Bei diesem soll aus silberhaltigem Blei das Silber gewonnen werden. Der Prozeß wird in folgender Weise ausgeführt.

Der geschmolzenen Blei-Silberlegierung gibt man bei etwa 500° eine geringe Menge Zink hinzu. Die Schmelze wird tüchtig durchgerührt und sich selbst überlassen. Nach kurzer Zeit bilden sich zwei Schichten. Die obere Schicht enthält die Hauptmenge des Zinks (ca. 97 %) neben einer geringen Menge Blei (ca. 3 %); die untere Schicht die Hauptmenge des Bleis (ca. 90 %) und eine geringe Menge Zink (ca. 10 %). Das Silber geht im wesentlichen in zinkreiche Schicht, da der Teilungskoeffizient des Silbers zwischen Zink und Blei einen großen Wert besitzt. Vollständig kann man natürlich das Silber dem Blei nicht entziehen, da stets ein dem Teilungskoeffizienten entsprechender Anteil zurückbleibt, aber beim öfteren Wiederholen des Prozesses kann man einen sehr großen Teil des Silbers gewinnen.

3. Das Verdampfen.

Durch Verdampfen wird nur eine geringe Anzahl von Metallen gewonnen und nur in den Fällen, bei welchen die Temperatur, bei der die Verdampfung eintritt, eine verhältnismäßig niedere ist, oder auch, wenn die Reaktion, bei der sich die zu gewinnenden Metalle bilden, bei so hoher Temperatur verläuft, daß die Siedetemperatur der Metalle überschritten ist.

Geht das Metall hierbei ohne zu schmelzen direkt in den gasförmigen Zustand über, so spricht man von Sublimation (z. B. Arsen), sonst von Destillation.

Durch Destillation werden vor allem gewonnen Quecksilber, Zink und Cadmium. Außerdem können natürlich die Alkalimetalle durch den Destillationsprozeß in äußerster Reinheit dargestellt werden. Vor allem wurde früher Natrium nach den verschiedenen Verfahren mit Hilfe der Destillation dargestellt. Jetzt sind diese Verfahren durch die elektrolytischen Prozesse fast völlig verdrängt worden.

Quecksilber wird stets durch den Destillationsprozeß gewonnen. Liegt es in Form von Zinnober vor, so wird das Quecksilber zunächst durch Rösten abgeschieden.

$$HgS + O_2 = Hg + SO_2 .$$

Man kann das Quecksilber dem Zinnober aber auch durch Erhitzen mit Eisen oder Kalk entziehen. Diese beiden Reaktionen verlaufen nach folgenden Gleichungen:

$$HgS + Fe = FeS + Hg$$

$$4\,HgS + 4\,CaO = 4\,Hg + CaSO_4 + 3\,CaS .$$

Durch diese beiden Zusätze werden die Destillationsprodukte frei von Schwefeldioxyd. Diese beiden Prozesse sind jedoch teuerer, als der einfache Prozeß ohne Zusatz und werden deshalb nur ausnahmsweise angewandt.

Eine andere wichtige Anwendung der Destillationsprozesse bietet die Darstellung von Zink und Cadmium. Bei der Zinkdarstellung wird das durch Rösten erhaltene Zinkoxyd durch Kohle reduziert. Die Reduktion tritt schon bei verhältnismäßig niedriger Temperatur — etwa Dunkelrotglut — ein, aber einerseits ist die Reaktionsgeschwindigkeit bei dieser Temperatur eine zu geringe, andererseits ist die Reduktion eine zu unvollständige. Man muß deshalb die Temperatur auf 1000—1300° steigern. Der Siedepunkt des Zinks wird hierdurch schon um ein bedeutendes — Zink siedet zwischen 930 und 950° — überschritten. Da der Siedepunkt des Cadmiums niedriger liegt, als der des Zinks, geht anfangs mit dem Zink Cadmium über, dieses wird dann durch fraktionierte Destillation vom Zink bzw. seinem Oxyd getrennt.

Durch Sublimation wird vor allem Arsen gewonnen. Die Darstellung ist im Prinzip eine höchst einfache. Als Ausgangsprodukte nimmt man Arsenkiese mit ca. 35 % Arsen. Diese werden unter Luftabschluß in Retorten erhitzt, wobei das Arsen übergeht.

II. Darstellung der Metalle, geordnet nach der Art der verschiedenen Metallverbindungen und Darstellung der Legierungen.

Im vorstehenden war die Darstellung der Metalle auf trocknem Wege nach den verschiedenen Aggregatzuständen behandelt worden. Diese Gliederung war notwendig, um sämtliche vorkommende Prozesse kennen zu lernen. Bei manchen Prozessen ist es jedoch erwünscht, von dieser Einteilung abzugehen. Es sind Prozesse, die einerseits in verschiedenen Aggregatzuständen verlaufen, andererseits aber Prozesse, deren Übersichtlichkeit durch die Klassifikation nach den Aggregatzuständen leiden würde.

Aus diesem Grunde sollen die beiden wichtigsten Darstellungsarten der Metalle

1. Darstellung der Metalle aus den Metalloxyden,
2. Darstellung der Metalle aus den Schwefel-, Arsen- und Antimonverbindungen

für sich getrennt besprochen werden. Außerdem soll in einem selbständigen Abschnitt die

3. Darstellung der Legierungen behandelt werden.

Auf die Gewinnung der Metalle aus sonstigen Metallsalzen soll hier verzichtet werden, da eine gemeinsame Besprechung wenig geeignet ist. Auf die Laboratoriumsmethoden zur Darstellung reiner Metalle aus den Halogenverbindungen durch Reduktion mit Wasserstoff sei jedoch kurz verwiesen, da sich viele Metalle nur auf diesem Wege wirklich frei von Sauerstoff gewinnen lassen. (Vergl. hierzu die Darstellungsmethoden bei den betreffenden Metallen.)

1. Die Darstellung der Metalle aus Oxyden.

Zur Darstellung von Metallen aus Oxyden wendet man Reduktionsmittel an. Als solche kommen entweder Metalle oder aber Gase — Wasserstoff, Kohlenoxyd — und endlich eins der wichtigsten Reduktionsmittel, Kohle, in Betracht. Zunächst sollen nun die metallischen Reduktionsmittel besprochen werden und darauf die gasförmigen in Gemeinschaft mit dem Kohlenstoff, da sich bei der Reduktion mittelst Kohle, Kohlenoxyd bildet, also in den meisten Fällen beide Stoffe — Kohlenstoff und Kohlenoxyd — gleichzeitig in den Kreis der Betrachtungen gezogen werden müssen.

a) Die metallischen Reduktionsmittel.

Soll ein Metalloxyd oder auch die Sauerstoffverbindung eines Metalloids durch ein Metall oder eine Legierung reduziert werden, so ist zunächst für die Anwendbarkeit dieses Reduktionsmittels die Affinität des Sauerstoffs zu den beiden in Frage kommenden Metallen entscheidend.

Befindet sich ein Metall mit großer Sauerstoffaffinität in Berührung mit einer Sauerstoffverbindung eines zweiten Metalls mit geringerer Sauerstoffaffinität, so wird — wenn man von der Reaktionsgeschwindigkeit und etwaigen sonstigen Nebenreaktionen absieht — sich folgender Vorgang abspielen. Ein Teil des Oxydes ist stets nach der Gleichung $MeO \rightleftharpoons Me + O$ gespalten; bei einem ganz bestimmten Sauerstoffgehalt tritt Stillstand in der Reaktion ein. Es herrscht Gleichgewicht zwischen Oxyd, Metall und dem Sauerstoff. Wird der Sauerstoffdruck vermehrt, so bildet sich solange MeO zurück, bis die ursprüngliche Tension erreicht ist; das Gegenteil tritt ein, wenn man aus der Gasphase den Sauerstoff entfernt; dann zersetzt sich weiteres MeO in Metall und Sauerstoff, bis wieder die betreffende Tension erreicht ist. — Ist nun außer dem Oxyd ein Metall mit großer Sauerstofftension im System enthalten, so entzieht dieses der Gasphase den Sauerstoff; die Spaltung des Oxydes schreitet immer mehr fort, bis der ganze Sauerstoff an das reduzierende Metall abgegeben ist.

Um zu erkennen, welches Metall geeignet ist, ein Metalloxyd zu reduzieren, muß man die Sauerstofftensionen der einzelnen Metalle kennen. Diese sind zum Teil sehr klein und schwer meßbar; man kann sie jedoch aus Verbindungswärmen berechnen (s. weiter unten).

Meßbar sind die Sauerstofftensionen nur bei Metallen mit großen Tensionswerten, also bei den edleren Metallen. Gemessen sind diese Werte bei Platin und Palladium von WÖHLER[1], bei Silber von LEWIS[2] und bei Quecksilber von PÉLABON.[3]

In den beiden folgenden Tabellen sind die Sauerstoffdrucke für AgO und Palladiumoxydul wiedergegeben. Besonders bei höheren Temperaturen

[1] WÖHLER, Z. Elektr. **11**, 836 (1905); **12**, 781 (1906).
[2] LEWIS, Z. phys. Ch. **55**, 449 (1906).
[3] PÉLABON, C. r. **128**, 825 (1899).

erhält man gut meßbare Werte, da die Dissoziationsspannungen mit steigender Temperatur zunehmen.

Tabelle III.

Temperatur	Drucke in Atmosphären	
302°	20,5	Zersetzungsdrucke für AgO
325	32	
445	207	

Tabelle IV.[1]

Temperatur	Drucke in mm	
756°	67	Zersetzungsdrucke für PdO
808	212	
812	230	
850	414	
864	634	

Bei den meisten übrigen Metallen sind jedoch die Sauerstofftensionen sehr gering, man kann dieselben aber nach NERNST aus den Bildungswärmen berechnen. Die von NERNST abgeleitete Formel lautet:[2]

$$\log p = -\frac{Q}{4{,}571\,T} + 1{,}75 \log T + C.$$

In dieser Formel bedeutet p = den Dissoziationsdruck,
Q = die Wärmetönung der Reaktion,
C = die sogenannte „chemische Konstante“,

welche für Sauerstoff den Wert 2,3 annimmt. Mit Hilfe dieser Näherungsformel sind von W. STAHL für einige wichtige Oxyde folgende Werte berechnet (siehe nebenstehende Tabelle):[3]

Die Sauerstofftensionen dieser Metalle sind mit Ausnahme des Silbers bei den niedrigen Temperaturen verschwindend klein und sind meßbar, erst bei höheren Temperaturen werden Werte erreicht, die einer Messung zugänglich sind. Hier aber versagt die Technik der Messung wegen der Schwierigkeit, bei hohen Temperaturen brauchbare Meßgefäße zu konstruieren. Man wird sich also mit den theoretisch berechneten Werten genügen müssen. Die unedlen Metalle haben nun noch eine bedeutend niedrigere Sauerstofftension. Es läßt sich jetzt nun ohne weiteres ersehen, welche Metalle geeignet sind Metalloxyde zu reduzieren. Aus der Tabelle V ist z. B. zu ersehen, daß Zn imstande ist, PbO zu reduzieren,

---

[1] Diese Werte gelten unter der Voraussetzung, daß als Bodenkörper Pd und PdO vorhanden sind; da sich jedoch PdO in Pd löst, so erhält man, wenn diese Lösung vorliegt, von den in der Tabelle IV etwas abweichende Werte.

[2] W. NERNST, Theoretische Chemie, 6. Aufl., S. 691ff.

[3] W. STAHL, Metallurgie 4, 682 (1907).

Tabelle V.

Temperatur in Grad absolut	Sauerstofftensionen in Atmosphären					
	$2Ag_2O \rightleftharpoons Ag + O_2$	$2Cu_2O \rightleftharpoons Cu + O_2$	$2PbO \rightleftharpoons 2Pb + O_2$	$2NiO \rightleftharpoons 2Ni + O_2$	$2ZnO \rightleftharpoons 2Zn + O_2$	$2FeO \rightleftharpoons 2Fe + O_2$
300	$8{,}4 \cdot 10^{-5}$	—	—	—	—	—
400	$4{,}9 \cdot 10^{-1}$	—	—	—	—	—
500	20,9	$6{,}5 \cdot 10^{-30}$	$3{,}1 \cdot 10^{-38}$	$1{,}8 \cdot 10^{-46}$	$1{,}3 \cdot 10^{-68}$	—
600	360	$8{,}0 \cdot 10^{-24}$	$9{,}4 \cdot 10^{-31}$	$1{,}3 \cdot 10^{-37}$	$4{,}6 - 10^{-56}$	$5{,}1 \cdot 10^{-42}$
700	—	$1{,}9 \cdot 10^{-19}$	$2{,}1 \cdot 10^{-25}$	$2{,}8 \cdot 10^{-31}$	$4{,}3 \cdot 10^{-47}$	—
800	—	$3{,}6 \cdot 10^{-16}$	$2{,}3 \cdot 10^{-21}$	$1{,}7 \cdot 10^{-26}$	$2{,}4 \cdot 10^{-40}$	$9{,}1 \cdot 10^{-30}$
900	—	$1{,}7 \cdot 10^{-17}$	$3{,}2 \cdot 10^{-19}$	$8{,}7 \cdot 10^{-23}$	$4{,}3 \cdot 10^{-35}$	—
1000	—	$1{,}5 \cdot 10^{-11}$	$1{,}1 \cdot 10^{-15}$	$8{,}4 \cdot 10^{-20}$	$7{,}1 \cdot 10^{-31}$	$2{,}0 \cdot 10^{-22}$
1100	—	$7{,}8 \cdot 10^{-10}$	$1{,}3 \cdot 10^{-13}$	$2{,}3 \cdot 10^{-17}$	$2{,}0 \cdot 10^{-27}$	—
1200	—	$2{,}0 \cdot 10^{-8}$	$7{,}0 \cdot 10^{-12}$	$2{,}6 \cdot 10^{-15}$	$1{,}5 \cdot 10^{-24}$	$1{,}6 \cdot 10^{-19}$
1300	—	$3{,}3 \cdot 10^{-7}$	$2{,}1 \cdot 10^{-10}$	$1{,}4 \cdot 10^{-13}$	$4{,}3 \cdot 10^{-22}$	—
1400	—	$3{,}6 \cdot 10^{-6}$	$3{,}8 \cdot 10^{-9}$	$4{,}4 \cdot 10^{-12}$	$5{,}4 \cdot 10^{-20}$	$5{,}9 \cdot 10^{-14}$
1500	—	$2{,}8 \cdot 10^{-5}$	$4{,}8 \cdot 10^{-8}$	$8{,}7 \cdot 10^{-11}$	$3{,}6 \cdot 10^{-18}$	—
1600	—	$1{,}8 \cdot 10^{-4}$	$4{,}4 \cdot 10^{-7}$	$1{,}2 \cdot 10^{-9}$	$1{,}4 \cdot 10^{-16}$	$2{,}8 \cdot 10^{-11}$
1700	—	$8{,}9 \cdot 10^{-4}$	$3{,}2 \cdot 10^{-6}$	$1{,}2 \cdot 10^{-8}$	$3{,}7 \cdot 10^{-15}$	—
1800	—	$3{,}8 \cdot 10^{-3}$	$1{,}8 \cdot 10^{-5}$	$9{,}6 \cdot 10^{-8}$	$6{,}8 \cdot 10^{-14}$	$3{,}3 \cdot 10^{-9}$
1900	—	$1{,}4 \cdot 10^{-1}$	$8{,}9 \cdot 10^{-5}$	$6{,}1 \cdot 10^{-7}$	$9{,}1 \cdot 10^{-13}$	—
2000	—	$4{,}4 \cdot 10^{-1}$	$3{,}7 \cdot 10^{-4}$	$3{,}3 - 10^{-6}$	$9{,}5 \cdot 10^{-12}$	$1{,}6 \cdot 10^{-7}$

noch geeigneter sind die Alkalimetalle zu Reduktionszwecken. Ebenso geeignet sind die Erdalkalien Aluminium und Mangan. So werden Barium und Strontium durch Reduktion der betreffenden Oxyde mittelst Magnesium dargestellt. Mit Hilfe desselben Metalls stellt man Bor aus Borsäureanhydrid B_2O_3 dar.

Als ganz besonders geeignet hat sich Aluminium zu Reduktionszwecken von Metalloxyden erwiesen. Hier soll jedoch auf die technisch so wichtige Darstellungsweise nicht eingegangen werden, da in dem Abschnitt Thermitreaktionen (Bd. II) diese Methode der Metalldarstellung aufs eingehendste beschrieben ist. Es können durch Reduktion von Metalloxyden mittelst Metallen unter Umständen Legierungen erhalten werden. Das Nähere befindet sich im Abschnitt über die Darstellung von Metalllegierungen.

Hat ein Metalloxyd eine sehr große Sauerstofftension, so ist es möglich, das Metall direkt durch bloßes Erhitzen des Oxyds zu erhalten. Diese Reaktion ist angängig, wenn die Sauerstofftension größer ist als der Atmosphärendruck. Das ist z. B. der Fall beim Quecksilberoxyd. Bekanntlich braucht man diese Verbindung nur stark zu erhitzen, um eine völlige Zerlegung in Sauerstoff und Quecksilber zu erhalten.

Außer den Metallen können zur Reduktion von Oxyden noch Phosphor und Phosphorkupfer benutzt werden. Beide können zum Beispiel Kupferoxydul zu Metall reduzieren. Bei der Raffination des Kupfers hat dies

Verfahren Anwendung gefunden. Der Phosphor selbst oxydiert sich hierbei zur Phosphorsäure. Außerdem werden Schwefelmetalle in großem Maßstabe zur Reduktion von Oxyden benutzt. Diese Prozesse werden im nächsten Abschnitte behandelt.

b) Die gasförmigen Reduktionsmittel und Kohle als Reduktionsmittel.

Als gasförmige Reduktionsmittel kommen vor allem Wassterstoff und Kohlenoxyd in Betracht. Beim Wasserstoff liegen die Verhältnisse einfach. Dahingegen treten beim Kohlenoxyd durch Nebenreaktionen Komplikationen ein.

Die Reduktion durch Wasserstoff läßt sich durch folgende chemische Gleichung ausdrücken:

$$Me_2O + H_2 \rightleftharpoons 2Me + H_2O.$$

Diese Reaktion ist eine umkehrbare und kann ebensogut von der linken Seite der Reaktionsgleichung nach der rechten, als auch umgekehrt von rechts nach links verlaufen. Wertvolle Schlüsse auf den Gang der Reaktion gestattet uns das Massenwirkungsgesetz.

Nach dem Massenwirkungsgesetz gilt für konstante Temperatur bekanntlich folgende Gleichung:

$$K = \frac{c_1 \cdot c_2}{c_3 \cdot c_4}.$$

(K ist die Gleichgewichtskonstante, c_1 u. s. f. die Konzentrationen der reagierenden Bestandteile.) Die Gleichung sagt folgendes aus. Besteht im homogenen System die Reaktion $c_1 + c_2 \rightleftharpoons c_3 + c_4$, so wird nach Eintritt des Gleichgewichts die Reaktion so weit fortgeschritten sein, daß die obige Beziehung $K = \frac{c_1\, c_2}{c_3 \cdot c_4}$ gilt.[1] Das Gleichgewicht, welches durch die Reaktion $Me_2O + H_2 \rightleftharpoons 2Me + H_2O$ veranschaulicht wird, ist jedoch kein homogenes, sondern ein heterogenes. Man kann sich jedoch vorstellen[2], daß diese Reaktion einzig und allein in der Gasphase, also im homogenen System vor sich geht. Es braucht nur angenommen zu werden, daß die beiden vorhandenen festen bzw. flüssigen Komponenten MeO und Me eine gewisse Dampftension besitzen. Es sind dann in dem Gasraume alle vier Stoffe im Betrage ihrer Partialdrucke an der Reaktion beteiligt. Bedenkt man ferner, daß der Dampfdruck eines Körpers unabhängig von der Masse seines Bodenkörpers ist, so folgt, daß die Konzentration von MeO bzw. Me in der Gasphase bei konstanter Temperatur ebenfalls konstant ist. Man erhält also

$$K = \frac{C_{MeO} + C^2{}_{H_2}}{C_{Me} \cdot C^2{}_{H_2O}} = \frac{K_1\, C^2{}_{H_2}}{K_2\, C^2{}_{H_2O}}$$

---

[1] Näher auf das Massenwirkungsgesetz einzugehen, ist hier nicht am Platze.
[2] Vgl. Nernst, Theoretische Chemie, 6. Aufl., S. 477ff.

und wenn man die drei Konstanten unter einer neuen Konstante zusammenzieht

$$K = \frac{C^2_{H_2}}{C^2_{H_2O}} \quad \text{oder weiter} \quad K' = \frac{C_{H_2}}{C_{H_2O}}.$$

Hieraus folgt, daß die Reaktionskonstante K nur von dem Verhältnis des Wasserdampfes und des Wasserstoffes in der Gasphase abhängig ist. Für eine bestimmte Temperatur ist dieses Verhältnis stets dasselbe. Ist die Zusammensetzung in den Gasphasen eine andere, so wird die Reaktion

$$MeO + H_2 = 2\,Me + H_2O$$

entweder im Sinne der Gleichung oder in entgegengesetzter Richtung so lange verlaufen, bis Wasserstoff und Wasserdampf im Verhältnis $K = \frac{C_{H_2}}{C_{H_2O}}$ in der Gasphase vorhanden sind.

Ist das Verhältnis kleiner als K', so wird Oxydation eintreten, im umgekehrten Falle Reduktion. Bisher war eine Druckänderung bei der Reaktion ganz außer Betracht gelassen worden. Es fragt sich, ob die Gleichgewichtsverhältnisse mit einer Druckänderung verschoben werden. Dieses ist bei dieser Reaktion jedoch nicht der Fall, denn wie aus dem Massenwirkungsgesetz folgt, ist eine Druckänderung nur dann auf das System von Einfluß, wenn die Anzahl der bei der Reaktion verschwindenden Moleküle eine andere ist, als die der entstehenden. Aus der Gleichung ist jedoch zu ersehen, daß die Anzahl der H_2- und H_2O-Moleküle beim Verlauf der Reaktion dieselbe bleibt. Es ist aber gleichgültig, ob man die Reaktion bei Atmosphärendruck, unter Druckverminderung oder unter Druckerhöhung vor sich gehen läßt.

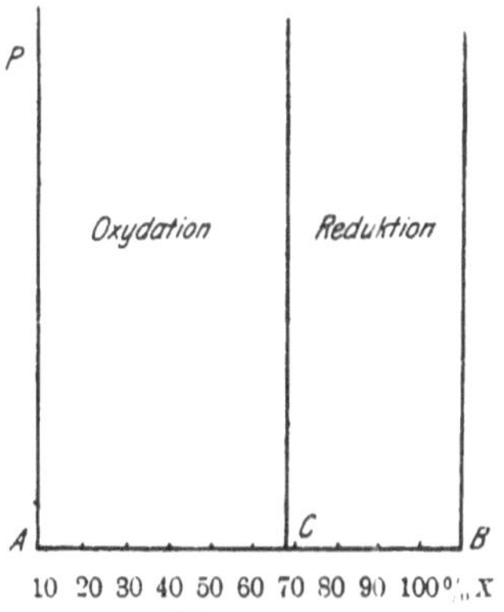

Fig. 84.

Die bei der Reduktion bzw. Oxydation herrschenden Verhältnisse lassen sich nach SCHENCK[1] sehr anschaulich darstellen (s. Fig. 84). Setzt man die Summe der Wasserstoff- und Wasserdampfmoleküle gleich 1 und die der Wasserstoffmoleküle gleich x und trägt die letzteren in Prozenten auf der X-Achse ein und die Drucke auf der Y-Achse, so läßt sich das Diagramm in zwei Felder einteilen: das der Reduktion und das der Oxydation. Als Grenze für das Oxydations- und Reduktionsgebiet erhält man eine Parallele zur Y-Achse, dann setzt man in der Gleichung

$$K = \frac{C_{H_2}}{C_{H_2O}} \quad C_{H_2} = x, \quad \text{also} \quad C_{H_2O} = 1 - x,$$

so erhält man:

$$K' = \frac{x}{1 - x} \quad \text{und} \quad x = \frac{K'}{1 + K'};$$

also ist x ebenfalls gleich konstant.

[1] SCHENCK, Physikalische Chemie der Metalle, W. KNAPP, 1909, S. 124.

Ist in der Gasphase der Wasserstoff in einer Konzentration vorhanden, die kleiner ist, als die des Punktes *C*, so tritt Oxydation ein, bis die Gasphase die Konzentration dieses Punktes erreicht hat. Ist dahingegen die Konzentration des Wasserstoffes größer, als die des Punktes *P*, so tritt umgekehrt Reduktion ein.

Die Lage des Punktes *C* ist für die verschiedenen Metallsysteme verschieden. Im allgemeinen läßt sich sagen, daß bei edlen Metallen die Oxydationszone eine kleinere wird und bei unedlen Metallen die Oxydationszone wächst. Ein edles Metall wird sich durch eine geringere Wasserstoffkonzentration reduzieren und durch Wasserdampf schwer oxydieren lassen, das Umgekehrte ist dahingegen bei unedlen Metallen der Fall, hier wird die Reduktion nur schwierig vonstatten gehen.

Hat ein Metall mehrere Oxyde, so erhält man mehrere Gleichgewichtskonstanten, mithin auch verschiedene *X*-Werte. Es werden also im Konzentrationsdruckdiagramm mehrere Parallele zu *Y* vorhanden sein.

Diese Betrachtungen gelten für den Fall, daß die Temperatur konstant ist; die Reaktionskonstante ändert sich bekanntlich mit der Temperatur. Die Beziehung zwischen *K* und der Temperatur gibt nur die Gleichung der sogenannten Reaktionsisochore, die von van't Hoff aufgestellt ist, sie lautet:

$$\frac{d \ln K}{dT} = -\frac{Q}{RT^2}.$$

Q ist die Wärmetönung der Reaktion, im vorliegenden Falle also die Wärmetönung der Reaktion

$$\mathrm{MeO} + \mathrm{H_2} = \mathrm{Me} + \mathrm{H_2O} + Q.$$

Da die Wärmetönung sich mit der Temperatur wenig ändert, kann man sie als konstant annehmen, unter dieser Voraussetzung läßt sich die Gleichung der Reaktionsisochore integrieren. Man erhält:

$$\ln K_1 - \ln K_1 = \frac{Q}{R}\left(\frac{1}{P_2} - \frac{1}{T_1}\right).$$

K_1 und K_2 sind die den Temperaturen T_1 und T_2 entsprechenden Gleichgewichtskonstanten. Kennt man für eine Temperatur diese Konstante, so lassen sie sich für jede andere Temperatur berechnen.

Solche Berechnungen für die Reduktion von Metalloxyden sind verschiedentlich, z. B. von Preuner[1], ausgeführt worden. Während man bei homogenen Systemen vorzügliche Resultate gewonnen hat, geben die Berechnungen hier keine befriedigende Ergebnisse. Es sind hier noch zu viele Inponderabilien vorhanden. Man wird sich jedoch mit Hilfe der Reaktionsisochore wenigstens qualitativ ein Bild von der Veränderung des Gleichgewichts mit der Temperatur machen können. Man ersieht aus der Gleichung, daß, wenn *Q* positiv ist, $K_1 = \frac{C_{\mathrm{H_2}}}{C_{\mathrm{H_2O}}}$ größer als $K_2 = \frac{C_{\mathrm{H_2}}}{C_{\mathrm{H_2O}}}$ (bei

[1] Preuner, Z. phys. Ch. 47, 412 (1904).

steigender Temperatur) sein muß; daß also bei positiver Wärmetönung der Reaktion der Wert für K wächst, gleichzeitig wächst x. Durch graphische Darstellung erhält man für diese beiden Fälle folgende Diagramme.

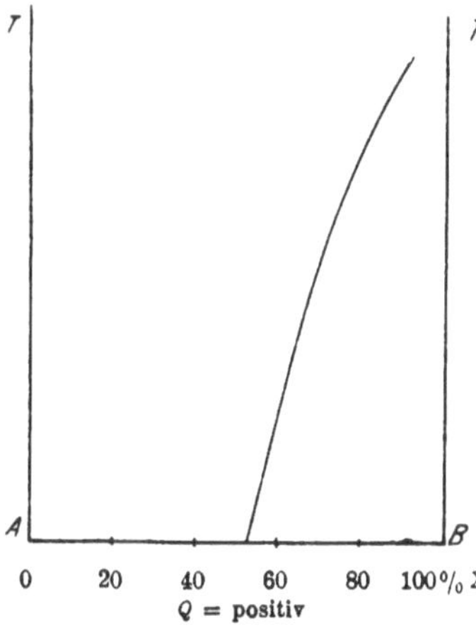

Fig. 85.

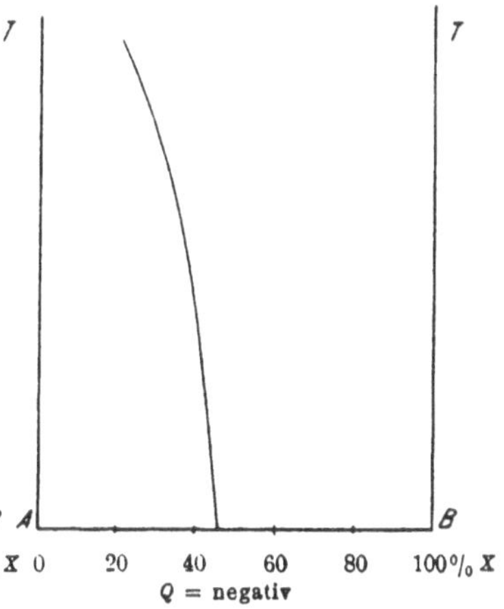

Fig. 86.

Auf der X-Achse sind wiederum die Konzentrationen des Wasserstoffs, auf der Y-Achse dahingegen die Temperaturen aufgetragen. Die Oxydationszone wird bei positiver Wärmetönung mit steigender Temperatur immer größer. Bei negativer Wärmetönung ist das Umgekehrte der Fall. Mit anderen Worten, hat eine Reaktion eine negative Wärmetönung, ver läuft sie also unter Wärmeabsorption, so wird das Reduktionsfeld mit steigender Temperatur größer; die Reduktion geht also leichter vor sich.

PREUNER hat (l. c.) die Reaktion

$$Fe_3O_4 + 4H_2 = 3Fe + 4H_2O$$

näher untersucht. DEVILLE[1] hatte seinerzeit ebenfalls dieselbe Untersuchung angestellt, und zwar mit der Absicht, um die Ungültigkeit des Massenwirkungsgesetzes zu zeigen. Da sich aus seinen Resultaten das Gleichgewicht unabhängig von der Menge des Eisens erwies, glaubte er, daß ihm dieser Beweis gelungen, während diese Unabhängigkeit aus dem richtig verstandenen Gesetz folgt. In der folgenden Tabelle sind sowohl die Werte von DEVILLE als auch von PREUNER nach einer Zusammenstellung von SCHENCK[2] wiedergegeben. Während DEVILLE im wesentlichen bei niederen Temperaturen arbeitete, hat PREUNER seine Versuche zwischen 800° und 1150° angestellt; sowohl oberhalb als auch unterhalb dieser Temperatur konnte er keine befriedigende Resultate erzielen, teils wegen des langsamen Einstellens des Gleichgewichts, teils wegen der Unvollkommenheit der Apparatur bei hohen Temperaturen.

---

[1] DEVILLE, Ann. 157, 71 (1872).
[2] SCHENCK, l. c. S. 128.

Tabelle VI.

Temperatur	$K = \frac{p_{H_2}}{p_{H_2O}}$	Prozent H_2	Beobachter
200°	20,41	95,32	Deville
265	14,49	93,56	
360	8,405	89,39	
440	5,682	85,06	
770	1,852	64,94	
920	1,515	60,23	
900	1,449	59,17	Preuner
1025—1050	1,282	56,18	
1150	1,163	53,76	

Außer dieser Arbeit gibt es wohl kaum eine andere Veröffentlichung, die die Frage der Reduktion der Metalle so eingehend behandelt, wie dies Deville und Preuner getan haben. Allerdings liegen die Verhältnisse oft nicht so einfach wie bei diesem Beispiel. Es finden meist Nebenreaktionen statt, die die Reaktion sehr komplizieren.

Bei der Berechnung des Gleichgewichts wurde von der Voraussetzung ausgegangen, daß sowohl Metall als auch Metalloxyd bei konstanter Temperatur eine ganz bestimmte Tension haben. Dies ist der Fall, wenn beide als reine Komponenten nebeneinander gelagert sind. Die Verhältnisse werden jedoch sofort andere, wenn Metall und Oxyd aufeinander einwirken, sei es durch Bildung von Verbindungen oder auch durch Bildung von festen Lösungen. Was nun die Darstellung der Metalle durch Reduktion der Oxyde mittelst Wasserstoff anlangt, so werden nur wenige auf diesem Wege dargestellt. Der Grund ist in dem hohen Preise des Wasserstoffs zu suchen. Aus diesem Grunde wird man einerseits nur bei teuren Metallen zu diesem Reduktionsmittel greifen können; als Beispiel sei hier die Darstellung von Molybdän aus Molybdänoxyd und Wasserstoff erwähnt — oder aber bei Laboratiumsversuchen. Hier wird allerdings Wasserstoff häufiger zur Reduktion von Metalloxyden verwandt, z. B. bei der Reduktion von Kupferoxyd durch Wasserstoff bei der Elementaranalyse.

Eine bedeutend größere technische Bedeutung haben als Reduktionsmittel Kohlenoxyd und Kohle erlangt. Es sei nur an den Hochofenprozeß erinnert. Die Verhältnisse sind hier sehr komplizierte, da meist verschiedene Reaktionen nebeneinander verlaufen. Zunächst soll die einfache Reduktion eines Metalloxyds durch Kohlenoxyd besprochen werden. Die Reaktionsgleichung lautet:

$$MeO + CO \rightleftharpoons Me + CO_2 .$$

Über diese Reaktion gilt dasselbe, wie über die Reduktion mittelst Wasserstoff. Die Reaktionskonstante ist nur abhängig von dem Verhältnis der Partialdrucke von Kohlenmonoxyd und Kohlendioxyd, eine Druckänderung ist für den Verlauf der Reaktion nicht von Einfluß, da beim

Verlauf ebensoviel gasförmige Moleküle entstehen wie verschwinden. Leider ist auch bei der Kohlenoxydreduktion nur eine ganz geringe Anzahl von Gleichgewichten bearbeitet worden.

Von SCHENCK, SEMILLER und FALCKE[1] wurde die Reaktion

$$FeO + CO \rightleftharpoons Fe + CO_2$$

untersucht. Die Resultate sind in der folgenden Tabelle zusammengestellt.

Tabelle VII.

Temperatur in Grad C	Druck ca. mm	Zusammensetzung der Gase CO %	CO_2 %	K	Beobachter
552	130	53,7	46,3	1,160	H. SEMILLER-Marburg, Präparat ist aus Ferrooxalat mit H_2 und CO dargestellt.
556	137	53,4	46,6	1,146	
561	142	53,6	46,4	1,155	
596	296	55,5	44,5	1,247	
619	411	56,8	43,2	1,315	
651	571	57,9	42,1	1,375	
662	662	58,4	41,6	1,404	

Die Reaktionskonstante nimmt in diesem Falle mit steigender Temperatur zu, d. h. bei höheren Temperaturen verschiebt sich das Gleichgewicht zuungunsten des metallischen Eisens und der Kohlensäure. Erhitzt man also ein im Gleichgewicht befindliches System aus den vier Komponenten Eisenoxydul, Eisen, Kohlenoxyd und Kohlendioxyd, so bilden sich CO und FeO.

Im allgemeinen verläuft die Reaktion zwischen Oxyd und Kohlenmonoxyd nicht so einfach, wie in dem angegebenen Beispiele, es treten Nebenreaktionen ein, bei denen fester Kohlenstoff eine große Rolle spielt. Deshalb soll auf CO als Reduktionsmittel noch bei der Besprechung der Reduktion mittelst Kohle zurückgekommen werden.

Durch Kohlenmonoxyd allein können einige Metalle jedoch nach einer auf ganz anderen Prinzipien beruhenden Methode dargestellt werden. Da diese Methode in der Technik sich eingebürgert hat und da die Metalle in höchster Reinheit auf diesem Wege erhalten werden können, soll auf diese Darstellungsweise näher eingegangen werden.

Kohlenoxyd besitzt die Eigenschaften, mit einigen Metallen — vor allem Eisen und Nickel — Verbindungen einzugehen. Die Nickelverbindung — Nickelkohlenoxyd $Ni(CO)_4$ — wurde von MOND, LANGER und QUINCKE[2] dargestellt. Nickelkohlenoxyd ist bei gewöhnlicher Temperatur eine wasserklare Flüssigkeit, die man erhält, wenn man bei Zimmertemperatur Kohlenoxyd über fein verteiltes Nickel leitet. Die Angaben über den Siedepunkt der Verbindung schwanken zwischen 43° nach MOND und 46° nach BERTHELOT.[3] Bei höheren Temperaturen zersetzt sich Nickelkohlenoxyd wieder in seine Komponenten.

[1] SCHENCK, SEMILLER und FALCKE, Ber. 40, 1708 (1907).
[2] MOND, LANGER und QUINCKE, J. Chem. S. 57, 749 (1890).
[3] BERTHELOT, C. r. 112, 343 (1891).

Um aus Nickelerzen auf diesem Wege Nickel zu gewinnen, verfährt man nach MOND und LANGER folgendermaßen. Die nickelhaltigen Erze werden zunächst geröstet, um das Nickel als Oxyd zu erhalten. Das Oxyd wird nun durch geeignete Reduktionsmittel bei etwa 300° reduziert. Man erhält auf diesem Wege Nickel in poröser Form mit sehr großer Oberfläche. Nun wird bei einer Temperatur von etwa 100° und einem Drucke von 15 Atmosphären Kohlenoxyd über die nickelhaltige Masse geleitet. Der höhere Druck wird angewandt, weil sonst das gebildete Nickelkohlenoxyd bei gewöhnlichem Drucke bei dieser Temperatur in seine Komponenten zerfallen würde. Das gasförmige Nickelkohlenoxyd wird nun über Nickelgranalien bei etwa 200° und Atmosphärendruck geleitet. Das Nickel scheidet sich hierbei aus und überzieht in kompakter Form die Granalien. Das auf diesem Wege gewonnene Metall ist sehr rein (99,4—99,8 % Ni).

Theoretisch wurde die Bildung und der Zerfall des Nickelkohlenoxyds von MITTASCH[1] besonders eingehend studiert. Es handelt sich um einen reversiblen Vorgang nach der Gleichung

$$Ni + 4\,CO \rightleftharpoons Ni(CO)_4 .$$

Die Reversibilität des Prozesses ist von MITTASCH durch einen anschaulichen Versuch gezeigt worden. In einem Glasrohr, durch welches Nickelkohlenoxyddampf geleitet wurde, wurde durch eine kleine Flamme an einer Stelle ein schwärzlicher Anflug von Nickel erzeugt. Nun wurde das Rohr mit Kohlenoxyd gefüllt und beiderseits zugeschmolzen. Bei Zimmertemperatur verschwand der Nickelspiegel allmählich. Wurde dann wieder an beliebiger Stelle erhitzt, so bildete sich der Nickelanflug sofort wieder. Durch diesen Versuch ist anzunehmen, daß tatsächlich zwischen Nickel, Kohlenoxyd und Nickelkohlenoxyd ein reversibles Gleichgewicht besteht. Die nähere Untersuchung von MITTASCH hat diese Annahme vollauf bestätigt. Aus dem Massenwirkungsgesetz lassen sich die Gleichgewichtsbedingungen ableiten. Man erhält:

$$K = \frac{C^4_{CO}\; C_{Ni}}{C_{Ni(CO)_4}} .$$

Da die Konzentration des Nickels in der Gasphase, solange noch Nickel als Bodenkörper vorhanden ist, konstant ist, kann man C_{Ni} konstant setzen und erhält:

$$K' = \frac{C^4_{CO}}{C_{Ni(CO)_4}}$$

Das Gleichgewicht ist allerdings von der Beschaffenheit des Nickels etwas abhängig und variiert von Fall zu Fall. Für den einzelnen Versuch jedoch ist die Nickelkonzentration in der Gasphase als konstant anzunehmen. Da die Konzentration des Kohlenoxyds in der ersten Potenz, dahingegen die des Nickelkohlenoxyds in der vierten Potenz in der Gleichung enthalten ist,

[1] MITTASCH, Z. phys. Ch. 40, 1 (1902).

so muß eine Druckänderung von starkem Einfluß auf das Gleichgewicht sein. Um so größer der Druck ist, um so mehr muß sich derjenige Bestandteil bilden, der unter Druckverminderung entsteht. Es bildet sich also bei höheren Drucken Nickelkohlenoxyd. — Dieser Umstand erklärt auch die in der Technik geübte Arbeitsweise, die Einwirkung des Kohlenoxyds auf das Nickel unter Druck erfolgen zu lassen. In der folgenden Tabelle befinden sich die von MITTASCH angegebenen Werte für die Zersetzung von reinem Nickelkohlenoxyd bei 70°.

Tabelle VIII.

Temperatur	Druck in mm	Zersetzung von $Ni(CO)_4$	log K'
70°	594,9	25,4 %	5,034
70	465,6	34,7	5,112
70	374,1	39,8	5,020
70	369,8	45,2	5,174
70	233,6	65,5	5,118
70	198,5	66,1	4,928

Aus diesen Werten ersieht man, welchen starken Einfluß der Druck auf die Bildung von Nickelkohlenoxyd ausübt. Je höher der Druck ist, um so größer ist die Menge der Verbindung, log K' ist für die Temperatur $t = 70°$ konstant, wie es nach dem Massenwirkungsgesetz gefordert wird. Mit steigender Temperatur ändert sich der Wert für K', er wird in diesem Falle größer (vgl. Tabelle IX).

Tabelle IX.

Temperatur	log K'
11,3°	2,719
14,5	2,924
29,8	3,812
48,0	4,874
65,8	4,792
80,0	6,071
99,3	7,178

Da mit steigendem log K' die Ausbeute von Nickelkohlenoxyd geringer wird, so ist eine hohe Temperatur für die Bildung der Verbindung nicht vorteilhaft. Bei der Darstellung wird lediglich eine höhere Temperatur gewählt, um die Reaktion möglichst schnell verlaufen zu lassen. Bei höheren Temperaturen ist es, um eine gute Ausbeute zu erhalten, erforderlich, die Drucke zu steigern. Aus der folgenden Tabelle von DEWAR kann man ersehen, welche Drucke für die Bildung von $Ni(CO)_4$ bei verschiedenen Temperaturen am geeignetsten sind.

Tabelle X.

Temperatur	Druck
50°	2 Atmosphären
100	15 „
180	30 „
250	100 „

Um aus dem gebildeten $Ni(CO)_4$ Nickel wieder abzuscheiden, ist dahingegen ein kleiner Druck bei hoher Temperatur erforderlich. Dieser theoretische Befund steht mit den Erfahrungen der Praxis völlig in Einklang.

Kohlenoxyd als Reduktionsmittel hat ein sehr großes technisches Interesse, da es beim Hochofenprozeß eine sehr wichtige Rolle spielt. Die sich abspielenden Vorgänge sind hier nicht so einfach wie bei der besprochenen Reaktion $FeO + CO \rightleftharpoons Fe + CO_2$. Außer diesem Oxyd sind im Hochofen noch verschiedene andere Oxyde des Eisens an der Reaktion beteiligt. Außerdem zersetzt sich Kohlenoxyd in Gegenwart gewisser Kontaktsubstanzen in Kohlenstoff und Kohlensäure im Sinne der Gleichung $2CO \rightarrow C + CO_2$. Solche Kontaktsubstanzen sind Nickel, Kobalt, Eisen und Mangan. Während nun Nickel, Kobalt und Mangan lediglich als Kontaktsubstanzen wirken, verändert sich das Eisen unter Bildung von Eisenoxyden. Diese Reaktion ist eine umkehrbare. Leitet man Kohlensäure über glühende Kohlen, so zerfällt die Kohlensäure unter Bildung von Kohlenoxyd und Kohle. Aus dem Massenwirkungsgesetz folgt für diese Reaktion:

$$\frac{C^2_{CO}}{C_C \cdot C_{CO_2}} = K.$$

Solange nun Kohlenstoff als fester Bodenkörper vorhanden ist, ist die Konzentration des Kohlenstoffs in der Gasphase konstant. Man erhält unter Vereinigung beider Konstanten:

$$K = \frac{C^2_{CO}}{C_{CO_2}}.$$

Für jede Temperatur besteht ein bestimmtes Verhältnis der Partialdrucke von Kohlenoxyd und Dioxyd. Für Druckänderungen erhält man aus der Gleichung, daß bei Druckverminderung die Menge des Kohlenoxyds auf Kosten der Kohlensäure wächst, umgekehrt zerfällt bei vermehrtem Druck Kohlenoxyd in Kohlensäure unter Abscheidung von Kohlenstoff, wie aus folgender Überlegung folgt. Die Summe der Moleküle in der Gasphase sei = 100, die Anzahl der Kohlenoxydmoleküle $= x$ und der Gesamtdruck $= P$, so ist der Partialdruck von Kohlenoxyd $= xP$ und der von Kohlensäure $= (100 - x)P$. Werden diese Werte in die Gleichung $K = \frac{C^2_{CO}}{C_{CO_2}}$

eingesetzt und wird diese für P aufgelöst, so erhält man:

$$P = K \cdot \frac{100 - x}{x^2}.$$

Aus der Gleichung folgt ohne weiteres, daß mit steigendem Druck x (d. i. die Anzahl der Kohlenoxydmoloküle) kleiner werden muß.

Nach SCHENCK (a. a. O.) erhält man für diesen Vorgang folgendes Druckkonzentrationsdiagramm (Fig. 87).

Im Reaktionsraum I findet Zerfall von Kohlenoxyd, im Raum II Bildung dieses Gases statt.

Beim Zerfall des Monoxyds wird eine beträchtliche Wärmemenge entwickelt gemäß der Gleichung:

$$2\,CO = C + CO_2 + 41\,000\,\text{cal}.$$

Es liegt ein exothermer Prozeß vor, bei Temperatursteigerung wird das Gleichgewicht zugunsten der Kohlenoxydbildung verschoben.

SCHENCK gibt in seinem Diagramm noch eine weitere Kurve. Sie gibt die Änderung des Gesamtdruckes an, der beim Zerfall des Kohlenoxyds eintritt. Würde der Zerfall ein vollständiger sein, so würde der Enddruck nur den halben Wert des anfänglichen Druckes besitzen. Dies folgt aus der AVOGADROschen Regel unter Berücksichtigung des Umstandes, daß aus zwei Molen Kohlenoxyd beim Zerfall sich ein Mol Kohlensäure bildet. Die Kurve ist eine Hyperbel, wie aus der Form der zugrunde liegenden Gleichung folgt. Der Anfangsdruck sei P_0, der Gesamtdruck $= P$, und der Partialdruck des Kohlenoxyds $= x\,P$, so besteht folgende Beziehung:

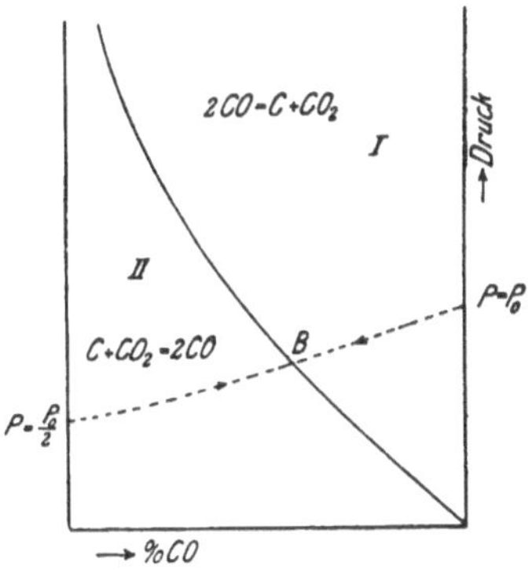

Fig. 87.

$$P = x\,P + \tfrac{1}{2}(P_0 - x\,P),$$

also

$$P_0 = 2\,P - x\,P = P(2 - x),$$

dies ist Gleichung einer Hyperbel.

Die Reaktion verläuft allerdings nicht bis zum völligen Zerfall des Kohlenoxyds, sondern hört im Punkte B auf. Das links von der Gleichgewichtskurve liegende Stück läßt sich jedoch ebenfalls bestimmen, wenn man statt vom Kohlenoxyd von Kohlendioxyd und fein verteilter Kohle ausgeht. Es zerfällt Kohlendioxyd unter Aufnahme von Kohlenstoff in Kohlenoxyd. Der Druck wächst bei diesem Vorgang in der im Diagramm wiedergegebenen Form.

BOUDOUARD[1] hat teils durch Versuche, teils auf rechnerischem Wege die Gleichgewichte für verschiedene Temperaturen bei Atmosphärendruck bestimmt. In Fig. 88 und Tabelle XI sind seine Ergebnisse wiedergegeben.[2])

[1] BOUDOUARD, Ann. chim. phys. (VII. Reihe) 24, 5 (1901).

[2] Vgl. ARNDT, Technische Anwendungen der physikal. Chemie, S. 35ff.

Tabelle XI.

Temperatur in Grad C	Zusammensetzung der Gasphase % CO	% CO_2
450	2	98
500	5	95
550	11	89
600	23	77
650	39	61
700	68	32
750	76	24
800	90	10
850	94	6
900	96,5	3,5
950	98,5	1,5
1000	99,3	0,7

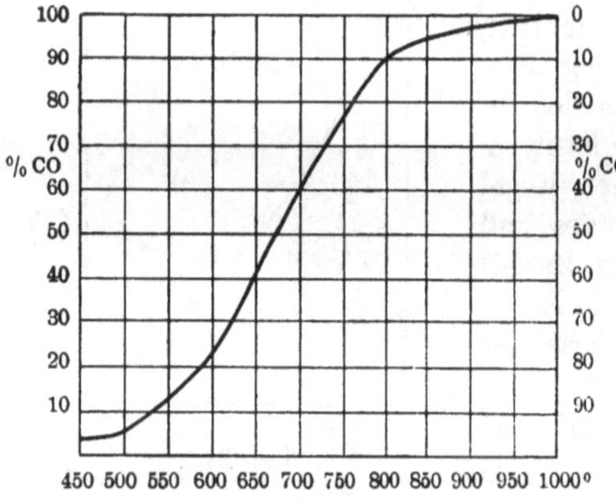

Fig. 88.

Je nach Art der Kohle erhält man verschiedene Werte für *K*. Versuche, die Boudouard mit Holzkohle, Koks und aus Kohlenoxyd abgeschiedener Kohle gemacht hat, geben voneinander abweichende Resultate. Dies wurde neuerdings von Schenck und Heller[1] bestätigt, die für die verschiedenen Gleichgewichtskonstanten folgende Werte angeben.

Tabelle XII.

Temperatur-Grad	Graphit	:	CO-Kohle	:	Zuckerkohle
600	1	:	5	:	5,5
660	1	:	6	:	6,6

Diese verschiedenen Gleichgewichtskonstanten erklären sich dadurch, daß der Partialdruck des mit den verschiedenen Kohlenstoffmodifikationen im Gleichgewicht stehenden, gasförmigen Kohlenstoff verschieden ist. Die Geschwindigkeit, mit welcher sich das Gleichgewicht einstellt, hängt naturgemäß von der Art des zugesetzten Katalysators ab. Sowohl von A. Smith und L. K. Wulff[2] als auch von Schenck und Zimmermann[3] liegen hierüber Untersuchungen vor.

[1] Schenck und Heller, Ber. **38**, 2139 (1905).
[2] A. Smith und L. K. Wulff, Z. phys. Ch. **45**, 199 (1904).
[3] Schenck und Zimmermann, Ber. **36**, 1231, 3663 (1903); Z. Elektr. **9**, 691 (1903).

In Fig. 89 sind die von SCHENCK und ZIMMERMANN erhaltenen Resultate graphisch wiedergegeben. Die Versuche wurden bei der Temperatur des siedenden Schwefels angestellt. Während nun beim Nickel als Katalysator die Einstellung des Gleichgewichts schon nach etwa einer Stunde bei einer Druckabnahme auf den halben Anfangswert erfolgt, zeigt sich bei der Verwendung von Eisen als Katalysator ein abweichendes Bild. Die Druckabnahme ist bedeutend größer, sie wird durch SCHENCK und ZIMMERMANN durch Überführung der Gase in feste Produkte erklärt. Während nun Nickel bei der Reaktion völlig unverändert bleibt, tritt beim Eisen eine Oxydation ein. Man kann also durch ein starkes Reduktionsmittel Eisen oxydieren! SCHENCK gibt für diesen merkwürdigen Vorgang folgende Erklärung:

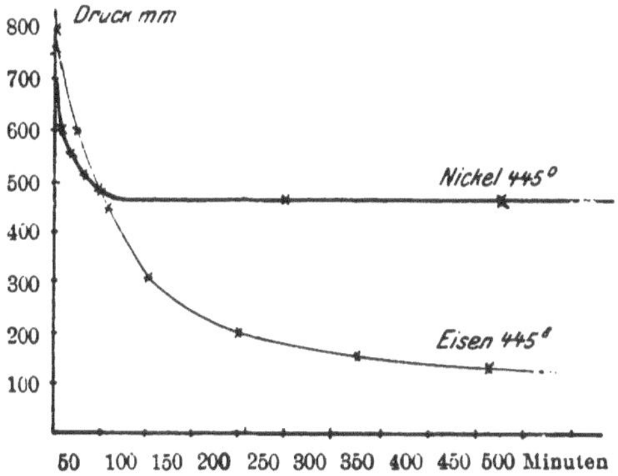

Fig. 89.

Kohlenoxyd spaltet sich nach der Gleichung:

(1) $$2\,CO \rightleftharpoons C + CO_2\,;$$

außerdem kann Kohlendioxyd nach folgender Gleichung auf Eisen einwirken:

(2) $$FeO + CO \rightleftharpoons Fe + CO_2\,.$$

Entsteht nun bei dem Zerfall von Kohlenoxyd so viel Kohlendioxyd, daß das Verhältnis von CO und CO_2 kleiner wird, als bei der Reaktion im Gleichgewichtszustande, so wird Kohlendioxyd auf das Eisen unter Bildung von FeO und CO einwirken. Das gebildete FeO hat nun als fester Körper einen konstanten Partialdruck, es kommt also auf die Menge des gebildeten FeO nicht an. Nur die Menge des gebildeten Kohlenoxyds kann die Reaktion zum Stillstand bringen. Dieses jedoch zerfällt wieder im Sinne der Gleichung (1) in Kohlenstoff und Kohlensäure; die Oxydation des Eisens kann von neuem beginnen. Dies geht so lange fort, bis sich ein totales Gleichgewicht zwischen den Komponenten Fe, FeO, C, CO und CO_2 eingestellt hat. Über die Natur des Gleichgewichts erhält man durch Anwendung des Massenwirkungsgesetzes:

(aus 1) $$K_1 = \frac{C^2_{CO}}{C_{CO_2}} = \frac{x^2}{100 - x} \cdot P,$$

(aus 2) $$K_2 = \frac{C_{CO}}{C_{CO_2}} = \frac{x}{100 - x}\,.$$

Im totalen Gleichgewicht hat x in beiden Gleichungen denselben Wert. Durch Elimination von x erhält man aus beiden Gleichungen für P den Wert:

$$P = \frac{K_1\,(1 + K_2)}{K_2^2}\,.$$

Da nun sowohl K_1 wie K_2 konstant sind, folgt, daß auch P, der Gesamtdruck im Gleichgewichtszustande, eine konstante Größe ist. Zu jeder Temperatur gehört ein bestimmter Gasdruck. Die Zusammensetzung der Gasphase ist aber, da das Verhältnis von Kohlenoxyd und Kohlendioxyd für den Vorgang der Gleichung (2) unabhängig vom äußeren Druck ist, ebenfalls eine Konstante, und durch die Gleichgewichtskonstante K_2 dieser Gleichung gegeben.

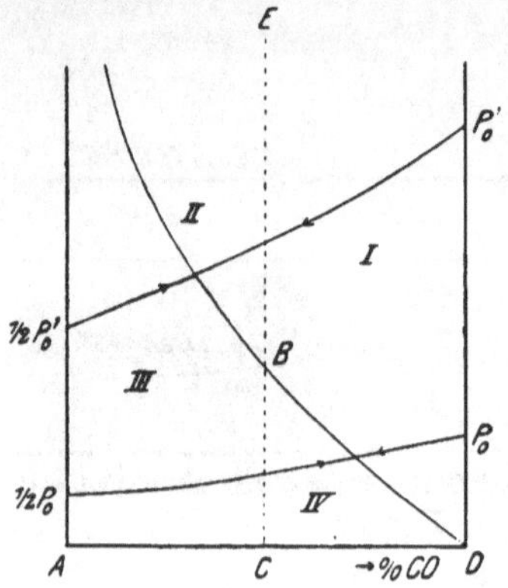

Fig. 90.

Durch die graphische Darstellung, wie sie Schenck gibt (Fig. 90), werden die bei verschiedenen Kohlenoxydkonzentrationen herrschenden Gleichgewichte aufs beste veranschaulicht. Auf der Abszisse sind die Kohlenoxyddrucke in Prozenten und auf der Koordinate der Gesamtdruck aufgetragen.

Bei der Reaktion $FeO + CO \rightleftharpoons Fe + CO_2$ hat die Änderung des Gesamtdruckes auf das Verhältnis der beiden Gase keinen Einfluß, da sich die Reaktion in der Gasphase ohne Änderung der Molekülzahl abspielt. Aus diesem Grunde erhält man bei der graphischen Darstellung der Änderung der Zusammensetzung der Gasphase mit dem Druck eine Parallele der Koordinatenachse. Bei der Spaltung des Kohlenoxyds dahingegen ändert sich beim Verlauf der Reaktion die Molekülzahl in der Gasphase. Durch Drucksteigerung wird daher auch der Kohlenoxydpartialdruck abnehmen. Durch die in der Fig. 90 eingezeichnete kubische Hyperbel werden die Gleichgewichtsbedingungen für die verschiedenen Drucke veranschaulicht. Im Punkte B schneiden sich die beiden Kurven. In diesem Punkte können beide Gleichgewichte zu gleicher Zeit bestehen. Es herrscht also in B totales Gleichgewicht zwischen Fe, FeO, C, CO und CO_2. Für jeden anderen Punkt des Reaktionsraumes spielen sich so lange Reaktionen ab, bis sowohl die Kohlenoxydkonzentration als auch der Gesamtdruck, die Werte, die durch den Punkt B repräsentiert werden, angenommen haben. Durch die beiden sich schneidenden Linien wird das ganze Diagramm in vier Felder eingeteilt. Die Reaktionen, die sich in den verschiedenen Feldern bei der Einstellung des Gleichgewichts abspielen, sind folgende:

$$\text{Feld I} \begin{cases} 2CO = C + CO_2, \\ FeO + CO = Fe + CO_2. \end{cases} \qquad \text{Feld II} \begin{cases} 2CO = C + CO_2, \\ Fe + CO_2 = FeO + CO. \end{cases}$$

$$\text{Feld III} \begin{cases} C + CO_2 = 2CO, \\ Fe + CO_2 = FeO + CO. \end{cases} \qquad \text{Feld IV} \begin{cases} C + CO_2 = 2CO, \\ FeO + CO = Fe + CO_2. \end{cases}$$

Reduktion findet in Feld I und IV, Oxydation von Fe in II und III. Sowohl in Feld I und IV kann Kohlenoxyd reduzierend wirken, Kohle jedoch nur in Feld IV.

Man kann sich jetzt auch Rechenschaft über die Frage geben, unter welchen Bedingungen sich Kohlenoxyd bei Gegenwart von Eisen unter Eisenoxydbildung spaltet und unter welchen Bedingungen diese Oxydation nicht eintritt. Allein maßgebend hierfür ist der ursprüngliche Kohlenoxyddruck. In der Fig. 90 sind für zwei Kohlenoxyddrucke die Reaktionskurven des Kohlenoxydzerfalls eingezeichnet. Wesentlich für die Reaktion ist die Lage der Kurven zum Schnittpunkt B der bisher besprochenen Kurven. Bei der oberhalb des Schnittpunktes gezeichneten Kurve spielt sich die Spaltung zunächst im Reaktionsraum I ab, schneidet die Kurve CE und tritt in den Reaktionsraum II über. In I ist eine Oxydation nicht möglich, dahingegen findet in II eine Oxydation des Eisens statt. Betrachtet man jetzt die zweite Kurve unter dem Schnittpunkte B, so verläuft die Spaltung des Kohlenoxyds zunächst ebenfalls im Reaktionsraum I, trifft jedoch nicht, wie im ersten Fall, die Grade CE, sondern die Hyperbel, und tritt dann in den Reaktionsraum IV über, wo die Einstellung des Gleichgewichts erfolgt. Es ist aber weder in Feld I, noch in Feld IV eine Oxydation möglich; das Eisen bleibt also unverändert.

Die Zerfallskurve, welche durch den Punkt B läuft, läßt sich berechnen. Sie bildet die Grenze für das Gebiet, in welchem eine Oxydation des Fe mittelst CO möglich ist und in welchem diese Möglichkeit nicht gegeben ist.

Die Gleichung der Reaktionsbahn lautet (s. S. 251)

$$P_0 = P(2 - x).$$

Im Gleichgewicht ist

$$P = \frac{K_1(1 + K_2)}{K_2^2} \quad \text{und} \quad x = \frac{K_2}{1 + K_2}.$$

Setzt man die Werte in die Gleichung ein, so erhält man:

$$P_0 = \frac{K_1(1 + K_2)}{K_2^2} \cdot \left(2 - \frac{K_2}{1 + K_2}\right) = K_1 \cdot \left(\frac{2 + K_2}{K_2^2}\right).$$

Wenn P_0, der Anfangsdruck, größer als dieser Wert ist, so tritt Oxydation ein, im anderen Fall ist diese nicht möglich.

Der für Eisen entwickelte Fall, läßt sich nun ohne weiteres auf andere Metalle übertragen. Man muß hierzu folgende Größen kennen.

K_1, aus der Gleichung des Kohlenoxydzerfalls (die Größe ist verschieden für verschiedene Kohlenstoffmodifikationen).

K_2, aus der Gleichung $MeO + CO \rightleftharpoons Me + CO_2$.

Je edler ein Metall ist, um so kleiner wird K_2; für den Gleichgewichtsdruck P folgt hieraus, daß, bei gleichbleibendem K_1, P bei edlen Metallen einen großen Wert, bei unedlen Metallen dahingegen einen kleinen Wert annimmt.

Graphisch dargestellt erhält man für diese beiden Fälle die in Fig. 91 u. Fig. 92 wiedergegebenen Diagramme. Die Gleichgewichtskurve für den Zerfall des Kohlenoxyds ist in beiden Fällen die gleiche (vorausgesetzt, daß dieselbe Kohlenstoffmodifikation vorliegt). Die Parallele zur Y-Achse, durch welche die Reaktion $MeO + CO \rightleftharpoons Me + CO_2$ dargestellt wird, nimmt eine wesentlich andere Lage ein, je nachdem das reagierende Metall edel oder unedel ist. Je unedler das Metall ist, um so mehr verschiebt sich die Grade nach rechts. Der Oxydationsraum wird um so

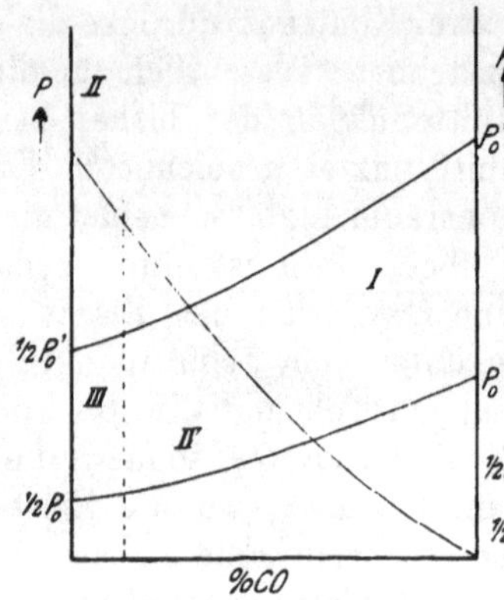

Edles Metall.
Fig. 91.

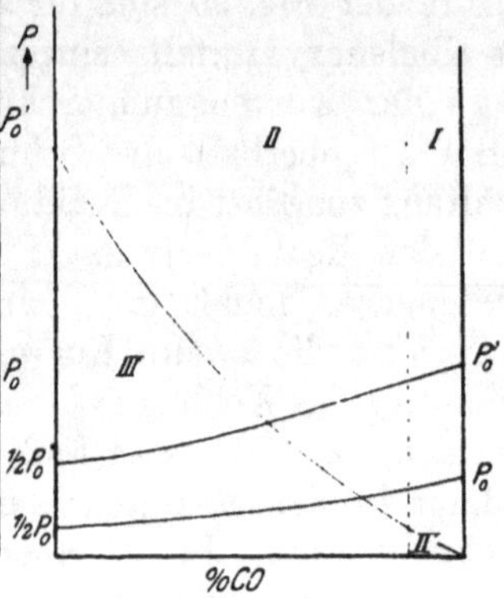

Unedles Metall.
Fig. 92.

größer, je unedler das Metall ist. Bei edlen Metallen liegen die Verhältnisse gerade umgekehrt. Hier ist der Reduktionsraum ein wesentlich größerer, und wird um so mehr auf Kosten des Oxydationsraums wachsen, je edler das reagierende Metall ist.

Die Größe und Lage der Reaktionsfelder wird diesen Umständen entsprechend sehr verschoben. Bei einem unedlen Metall ist das Feld II und III stark vergrößert, Feld IV ist fast völlig verschwunden und Feld I hat gleichfalls einen nur kleinen Raum inne. Für die Reduktion eines unedlen Metalloxyds folgt aus dem Diagramm, daß die Reduktion CO und Kohle nur möglich ist, wenn der Anfangsdruck P_0 sehr klein ist. Eine Oxydation eines unedlen Metalls durch Kohlenoxyd ist dahingegen leicht möglich.

Beim edlen Metall ist gerade das Umgekehrte der Fall. Der Reduktionsraum ist sehr groß geworden. Eine Reduktion durch Kohlenoxyd und Kohle kann bei nicht zu großem Anfangsdruck P_0 stets erfolgen. Anders ist es aber mit der Oxydation durch Kohlenoxyd, äußerst starke Drucke müßten, um zu einer Oxydation zu führen, angewandt werden. Aus diesem Grunde wird Nickel, wenn es als Kontaktsubstanz beim Zerfall des Kohlenoxyds benutzt wird, unverändert bleiben.

Voraussetzung für alle diese Reaktionen ist natürlich, daß die Möglichkeit vorhanden ist, daß das Gleichgewicht sich in dem hier angenommenen Sinne einstellt. Einerseits ist erforderlich, daß die Reaktionsgeschwindigkeit groß genug ist, damit es überhaupt zur Einstellung des Gleichgewichts in absehbarer Zeit kommt. Die Reaktionsgeschwindigkeit läßt sich allerdings durch Temperaturerhöhung meist steigern, es ist jedoch zu berücksichtigen, daß durch die Temperatursteigerung die Reaktionskonstante andere Werte annimmt (vgl. hierzu S. 244).

Eine weitere Komplikation kann noch dadurch entstehen, daß die Reaktionen überhaupt nicht auf dem hier dargelegten Wege verlaufen. Es ist möglich, daß sich Verbindungen bilden, sei es durch Einwirkung von Kohlenstoff auf Metalle — also Carbidbildung — oder aber sei es, daß die Metalloxyde mit den Metallen selbst Verbindungen bilden. Auch können andere Oxydationsstufen der Metalle auftreten. In allen drei Fällen werden die Reaktionen stark beeinflußt werden.

Wie oben erwähnt, ist das Gleichgewicht abhängig von der Kohlenstoffmodifikation. Die Gleichgewichtskonstanten verhalten sich für Graphit, CO-Kohle, und Zuckerkohle wie 1:5:5,5.

Aus der Gleichung

$$P = K_1 \cdot \frac{(1 + K_2)}{K_2^2}$$

ist zu ersehen, da für ein und dasselbe Metall bei konstanter Temperatur der Ausdruck $\frac{1 + K_2}{K_2^2}$ konstant ist, daß der Gleichgewichtsdruck P der Gleichgewichtskonstante K_1 der verschiedenen Kohlenstoffmodifikationen direkt proportional ist. Diese Überlegung gilt für konstante Temperatur bei Veränderung der Temperatur ändert sich K_1 und K_2. Von SCHENCK[1] und seinen Mitarbeitern sind die Gleichgewichtsbedingungen für Eisenoxydul bei den verschiedenen Kohlenstoffmodifikationen geprüft worden. Sowohl K_1 wie K_2 wachsen mit der Temperatur, es ließ sich jedoch nicht voraussehen, ob auch P mit steigender Temperatur zunimmt. Aus der Tabelle XIII ist zu ersehen, daß die Drucke mit der Temperatur zu-

Tabelle XIII.

Feste Phase	Temperatur in Graden	Druck in mm	Zusammensetzung der Gasphase CO %	Zusammensetzung der Gasphase CO_2 %	Beobachter
II Fe, FeO, C (amorph aus CO)	455	27	—	—	SCHENCK und SEMILLER
	510	43	—	—	
	538	81	—	—	
	552	130	53,7	46,3	
	556	137	53,4	46,6	
	561	142	53,6	46,4	
	562	177	—	—	
	586	266	—	—	
	596	296	55,5	44,5	
	616	401	—	—	
	619	411	56,8	43,2	
	629	469	—	—	
	643	561	—	—	
	651	571	57,9	42,1	
	662	662	58,4	41,6	
	670	858	—	—	

[1] R. SCHENCK und W. HELLER, Ber. 38, 2132 (1905); R. SCHENCK, SEMILLER und FALCKE, Ber. 40, 1708 (1907).

Fortsetzung.

Feste Phase	Temperatur in Graden	Druck in mm	Zusammensetzung der Gasphase		Beobachter
			CO %	CO_2 %	
III Fe, FeO Zucker, Kohle	408	5,6	—	—	SCHENCK und HELLER
	465	10,4	—	—	
	560	161,7	—	—	
	590	314,5	—	—	
	627	546,8	—	—	
	649	750,1	—	—	
I Fe, FeO Graphit	500	12,3	—	—	SCHENCK und FALCKE
	536	27,3	—	—	
	550	36,8	—	—	
	567	49,2	—	—	
	582	59,3	—	—	
	609	77,5	—	—	
	660	129	59,6	40,4	
	665	157	—	—	
	700	306	60,4	39,6	
	735	462	—	—	
	755	574	—	—	

nehmen. Vergleicht man die verschiedenen P-Werte für die einzelnen Kohlenstoffmodifikationen, so fällt ganz besonders stark der verhältnismäßig geringe Druck bei der Beteiligung des Graphits am Gleichgewicht auf. Betrachtet man die Zusammensetzung der Gasphase, so ergibt es sich, daß bei dieser keine Unterschiede bestehen bei der Beteiligung von Graphit oder amorpher Kohle an der Reaktion. SCHENCK erklärt diesen Umstand dadurch, daß die Zusammensetzung der Gasphase nicht durch die Gleichgewichtskonstante K_1, sondern lediglich von K_2 bedingt wird, dies folgt ja ohne weiteres aus der Gleichung.

$$\frac{x}{1-x} = K_2 .$$

Die Reduktion der Metalloxyde mittelst Kohle bzw. Kohlenoxyd ist wohl der wichtigste Prozeß zur Darstellung der Metalle im großen. Vor allem findet er Anwendung bei der Eisengewinnung. Die Prozesse, die sich dabei abspielen, sind zum Teil die hier angeführten. Da jedoch Eisen verschiedene Oxyde bildet, so treten noch verschiedene andere Reaktionen auf. Ebenso ist es bekannt, daß Eisen befähigt ist mit Kohle Verbindungen zu bilden. Hierdurch werden die sich abspielenden Vorgänge noch komplizierter.[1]

[1] Vgl. SCHENCK, Physikalische Chemie der Metalle, S. 137ff.

2. Darstellung der Metalle aus den Schwefel-, Arsen- und Antimonverbindungen.

So einfach wie bei der Darstellung der Metalle aus den Sauerstoffverbindungen liegen hier die Verhältnisse nicht. Aus diesem Grunde sind die Prozesse, die zur Metallgewinnung aus den Sulfiden führen, noch nicht so eingehend erforscht, wie die bei Oxyden. Man kann aus den Sulfiden entweder direkt oder indirekt Metalle darstellen.

a) Direkte Darstellung der Metalle aus den Sulfiden.

Die Metalle können aus den Schwefelmetallen direkt nach folgenden Verfahren abgescheiden werden.

1. Durch einfaches Frhitzen,
2. durch Erhitzen mit anderen Metallen,
3. durch Erhitzen mit Metalloxyden oder Salzen,
4. durch den elektrischen Strom.[1]

Der Schwefel muß bei den meisten Verfahren von dem Metall abgespalten werden. Aus diesem Grunde spielt die Affinität des Schwefels zu den Metallen für die Durchführbarkeit der Zersetzung der Sulfide eine große Rolle.

MATIGNAC[2] hat die Wärmemengen, die bei der Vereinigung von 32 g Schwefel mit äquivalenten Mengen verschiedener Elemente frei werden, angegeben. In der folgenden Tabelle sind diese Werte zusammengestellt.

Tabelle XIV.

Metall	Freiwerdende Wärme	Metall	Freiwerdende Wärme
K	103,5 Cal.	Fe	24,0 Cal.
Na	89,3 „	Co	21,9 „
Mg	79,4 „	Cu	20,3 „
Mn	45,6 „	Pb	20,3 „
Zn	43,0 „	Ni	19,5 „
Al	42,0 „	Sb	11,5 „
Cd	34,4 „	Ag	3,0 „

Ob diese Werte nun die wirklichen — von Nebenreaktionen befreiten — Tensionen sind, ist zweifelhaft, denn bei den Sulfiden verlaufen die Reaktionen der Dissoziation in den wenigsten Fällen nach dem einfachen Schema

$$MeS = Me + S.$$

Um nämlich den wirklichen Wert der Dissoziationsspannung zu erhalten, ist es erforderlich, daß MeS und Me im Bodenkörper nebeneinander gelagert sind. Häufig ist dies bei den Sulfiden nun nicht der Fall, denn die Sulfide neigen in weit höherem Maße, als die Oxyde zur Bildung von

[1] Siehe den betreffenden Abschnitt von K. ARNDT, Bd. II.

[2] MATIGNAC, Monit. [4] 14, I, 353 (1900).

Mischkristallen und Verbindungen mit den reinen Metallen. Treten nun Reaktionen zwischen den beiden Bodenkörpern auf, so ist die Tension von den Mengenverhältnissen der beiden Komponenten Me S und S im Bodenkörper abhängig. Die Tensionen werden andere sein, je nachdem beiden Komponenten im Verhältnis einer Verbindung vorliegen, oder ob die Mengenverhältnisse einer Konzentration entsprechen, in denen Mischkristalle auftreten. Soll nun analog der Reduktion eines Oxydes durch ein Metall ein Sulfid durch ein Metall reduziert werden, so werden die Verhältnisse noch komplizierter. Zu der Löslichkeit von Metall und Sulfid tritt noch häufig eine Mischbarkeit der beiden Sulfide — der zu reduzierenden und der gebildeten — auf. Zur Erläuterung sei auf die Diagramme der verschiedenen Steine (S. 222ff.) verwiesen.

α) Darstellung durch einfaches Erhitzen.

Durch einfaches Erhitzen können nur solche Metalle gewonnen werden, deren Affinität zum Schwefel eine geringe ist. Man kann entweder bei Luftabschluß oder bei Luftzutritt arbeiten. Bei Luftabschluß lassen sich Schwefelgold und Schwefelplatin durch Erhitzen in ihre Komponenten zerlegen. Bei einigen Schwefelmetallen kann man auf diese Weise einen Teil des Schwefels entfernen. Schwefelkies (FeS_2) zerfällt unter Abscheidung von Schwefel, ebenso Schwefelkupfer (CuS).

$$FeS_2 = FeS + S$$
$$2\,CuS = Cu_2S + S.$$

Durch Erhitzen der Schwefelmetalle bei Luftzutritt wird vor allem aus Schwefelquecksilber Quecksilber gewonnen; außerdem aus Schwefelsilber Silber. Der Schwefel wird hierbei zur schwefligen Säure oxydiert, während die Metalle unverändert bleiben. Sind in den Ausgangsprodukten — was meist der Fall ist — andere unedle Metalle zugegen, so werden diese hierbei in Oxyde oder Sulfate überführt.

β) Darstellung durch Erhitzen mit anderen Metallen.

Dies Verfahren besteht darin, daß man Schwefelmetalle mit einem Metall, welches eine größere Verwandtschaft zum Schwefel besitzt, als das ursprüngliche vorhandene Sulfid, erhitzt. Diesen Prozeß bezeichnet man als die sogenannte „Niederschlagsarbeit“. Als niederschlagendes Metall wird meist Eisen genommen, doch läßt sich jedes Metall, welches eine größere Schwefeltension besitzt, als das Metall im Sulfid, theoretisch zur Niederschlagsarbeit verwenden. Auf diese Weise scheidet man aus dem Zinnober Quecksilber, aus dem Spiesglanz Antimon, aus Wismutglanz Wismut und aus Bleiglanz Blei aus. Von sonstigen Metallen verwendet man z. B. Mangan oder Ferromangan, um Eisensulfür Eisen zu entziehen. Die Affinität des Mangans zum Schwefel ist also größer als die zum Eisen. Betrachtet man die Tabelle 14, so sieht man, daß die von Matignac wiedergegebenen Werte über die Affinität des Schwefels zu den Metallen in Übereinstimmung mit der in Praxis ausgeführten Niederschlagsarbeit stehen. Hinderlich für die Niederschlagsarbeit ist der Umstand, daß das entstehende Schwefeleisen selbst eine nicht unbeträchtliche Dissoziation besitzt. Diese läßt sich jedoch beim Eisensulfid stark herunterdrücken durch Zugabe von Schwefelnatrium bzw. Schwefelcalcium zum Sulfid.[1] Beide Salze bilden mit dem Schwefeleisen komplexe Salze, die sogenannten Sulfurete. Diese haben nun eine bedeutend geringere Schwefeltension, als das Eisensulfid. Dieser Zusatz läßt sich naturgemäß nur dann ausführen, wenn das Natrium- bzw. Calciumsulfid keine komplexen Salze mit den zu entschwefelnden Sulfiden eingeht. Ist dies der Fall, so kann der Zusatz sogar recht nachteilig wirken. SCHENCK nimmt an, daß dieses beim Schwefelblei der Fall ist, wo die Erfahrung der Praxis gezeigt hat, daß der Zusatz der beiden Sulfide nachteilig ist.

Die theoretische Seite der Niederschlagsarbeit ist, wie man sieht, erst wenig erforscht. Die metallographische Ausarbeitung der in Frage kommenden Systeme (meist Fe—Me—S) würde für die Klärung der ganzen Frage von größtem Vorteil sein.

γ) Darstellung durch Erhitzen mit Metalloxyden oder Salzen.

Bei diesen Prozessen werden Sulfide mit Oxyden oder Salzen gemeinsam erhitzt, wobei sich unter gewissen Umständen die Metalle direkt abscheiden. Der metallische Bestandteil kann nun bei den in Reaktion tretenden Substanzen derselbe sein, es können aber auch in Sulfid und Oxyd bzw. Salz verschiedene Metalle zugegen sein. Man kann z. B. aus Schwefelsilber mit Hilfe von Bleioxyd Silber gewinnen. Die Oxyde können den Sulfiden künstlich beigemischt werden. Meist wird jedoch das Oxyd oder Salz erst im Laufe des Vorganges erzeugt. Der Prozeß, bei welchem dieses stattfindet, ist der sogenannte Röstreaktionsprozeß. Beim Rösten der Sulfide kann nämlich der Prozeß so geführt werden, daß an Stelle eines Oxydes das Metall direkt entsteht. Aufklärung haben diese Prozesse im wesentlichen durch SCHENCK und seine Mitarbeiter gefunden. Das betreffende Metall entsteht dadurch, daß zum Teil noch nicht oxydierte Oxyde mit den Rohprodukten in Reaktion treten; außer Metall entsteht schweflige Säure. Besonders wichtig sind diese Umsetzungen bei der Verhüttung des Kupfers und des Bleis.

Die Reaktionen, die bei der Gewinnung des Kupfers nach dem Röstreaktionsverfahren vor sich gehen, sind folgende:

$$Cu_2S + 2\,CuO = 4\,Cu + SO_2,$$
$$Cu_2S + 2\,Cu_2O = 6\,Cu + SO_2,$$
$$Cu_2S + CuSO_4 = 3\,Cu + 2\,SO_2.$$

Bei der Bleigewinnung pflegt man die Vorgänge folgendermaßen zu formulieren:

$$PbS + PbSO_4 = 2\,Pb + 2\,SO_2,$$
$$PbS + 2\,PbO = 3\,Pb + SO_2.$$

[1] Vgl. SCHENCK, Physikalische Chemie der Metalle S. 168.

Diese so einfach erscheinenden Reaktionen spielen sich in Wirklichkeit weit komplizierter ab. Man hat aber auch gefunden, daß die Reaktionen auch völlig anders verlaufen können. Beim Blei, wo die Vorgänge jetzt klargestellt sind, kann die Umsetzung auf folgende Weise vor sich gehen. Aus Bleisulfid und Bleisulfat kann unter gewissen Umständen statt Blei Bleioxyd nach folgender Gleichung entstehen:

$$PbS + 3PbSO_4 = 4PbO + 4SO_2.$$

Diese Abscheidung von den oben angeführten Formeln spielt in der Technik eine große Rolle. Auf derselben basiert der in letzter Zeit so wichtige Bleiverhüttungsprozeß von HUNTINGTON und HEBERLEIN.

Weiterhin haben JENKINS und SMITH[1] noch eine andere Reaktion nachgewiesen. Schwefeldioxyd wird nämlich bei höheren Temperaturen von Blei absorbiert. Es entstehen hierbei verschiedene Produkte Bleioxyd, Bleisulfid und Bleisulfat. Im Jahre 1898 hat BODLÄNDER[2] schon vermutet, daß durch Studium der Gleichgewichte die einzelnen Faktoren, unter denen sich die verschiedenen Reaktionen abspielen, klargelegt werden könnten. SCHENCK hat nun diese Reaktionen studiert und diese Frage völlig geklärt. Er benutzte zur Orientierung über die verschiedenen Gleichgewichte die Phasenregel. Als Komponenten sind vorhanden Blei, Schwefel, Sauerstoff und als existenzfähige Phasen Blei, Bleisulfid, Bleioxyd, Bleisulfat, kristallisiert oder flüssig, und Schwefeldioxyd gasförmig. Beim univarianten Gleichgewicht sind bei drei Komponenten vier Phasen erforderlich, und zwar eine gasförmige und drei feste bzw. flüssige. Als gasförmige tritt hier Schwefeldioxyd auf. Liegt ein univariantes Gleichgewicht vor, so entspricht jeder Temperatur ein bestimmter SO_2-Druck. Die vier verschiedenen festen (bzw. flüssigen) Komponenten lassen sich mit SO_2 in folgender Weise zu je vier Phasen kombinieren:

1.	Pb	PbS	$PbSO_4$	—	SO_2
2.	Pb	PbS	—	PbO	SO_2
3.	—	PbS	$PbSO_4$	PbO	SO_2
4.	Pb	—	$PbSO_4$	PbO	SO_2.

Man kann mit Hilfe dieser 4 Gruppen sich folgende 4 Reaktionen zusammenstellen.

1. $PbS + PbSO_4 \rightleftarrows 2Pb + 2SO_2$
2. $PbS + 2PbO \rightleftarrows 3Pb + SO_2$
3. $PbS + 3PbSO_4 \rightleftarrows 4PbO + 4SO_2$
4. $Pb + PbSO_4 \rightleftarrows 2PbO + SO_2$.

Die Verhältnisse komplizieren sich jedoch dadurch, daß einerseits PbO in $PbSO_4$ löslich ist, anderseits finden sich in der Gasphase noch geringe Mengen SO_3.

Bei den beiden ersten Reaktionen ergeben sich nach den Versuchen leicht beobachtbare Gleichgewichte.

---

[1] JENKINS und SMITH, Journ. Chem. Soc. 71, S. 666 (1897).

[2] BODLÄNDER, Berg- und Hüttenmännische Zeitung 1898, 409.

Ein Auszug der Resultate, wie sie SCHENCK in seinem öfters zitierten Werk „Physikalische Chemie der Metalle" gibt, findet sich in Tabelle XV und Fig. 93.

Tabelle XV.

1. $PbS + PbSO_4 \rightleftarrows 2Pb + 2SO_2$		2. $PbS + 2PbO \rightleftarrows 3Pb + SO_2$	
Temperatur in ° C	Druck in mm	Temperatur in ° C	Druck in mm
600	39	692	6
615	61	712	14
635	98	733	23
665	201	751	39
695	402	776	60
713	590	800	99
723	735	824	276

Die erste Reaktion läßt sich schon bei 550° beobachten und führt bald zu meßbaren Werten. Bei der zweiten Reaktion erhält man erst bei etwa 650° merkbare SO_2-Tensionen.

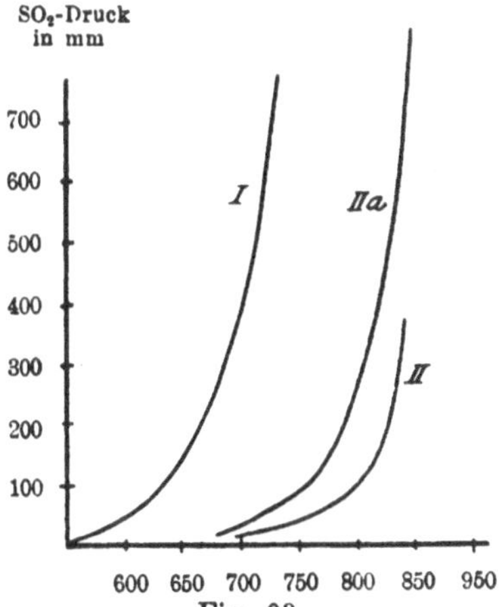

Fig. 93.

Bei der zweiten Reaktion findet sich eine Eigentümlichkeit, die jedoch auch durch SCHENCK geklärt wurde. Erhitzt man die reagierenden Stoffe über 800° und kühlt dann schnell ab, so lassen sich die Werte der Kurve II nicht mehr realisieren; man erhält Werte, die zwischen der Kurve I und II liegen. Es wurden eine größere Anzahl Reihen solcher hoch erhitzter und rasch abgekühlter Gemische untersucht. Diese Werte sind in der Tabelle XVI wiedergegeben.

Tabelle XVI.

Temperatur in ° C	Druck in mm	Temperatur in ° C	Druck in mm
723	53,1	712	64,5
754	105,1	733	250,3
784	203,7	802	425,5
810	391,6	821	655,0
835	ca. 860		

Ohne weiteres lassen sich diese Abweichungen nicht erklären, es können verschiedene Ursachen zugrunde liegen. Es ist möglich, daß Bleioxyd bei hoher Temperatur mit SO_2 Bleisulfat bildet, oder aber, daß Mischkristalle bzw. Verbindungen zwischen Komponenten entstehen. SCHENCK[1] hat, um die Verhältnisse zu klären, das System PbO und

[1] SCHENCK, Physikalische Chemie der Metalle S. 178.

$PbSO_4$ metallographisch untersucht; seine Resultate sind in Fig. 94 wiedergegeben.

Das Diagramm ist ziemlich kompliziert. Bleioxyd und Bleisulfat bilden mehrere Verbindungen miteinander. $PbO.PbSO_4$, $(PbO)_2PbSO_4$ und $(PbO)_3PbSO_4$. Die beiden ersteren Verbindungen schmelzen unzersetzt, die dritte zersetzt sich jedoch beim Schmelzen (verdecktes Maximum). Mischkristalle bilden PbO und $PbSO_4$ nicht miteinander. Im kristallisierten Zustande sind 2 Reaktionen bemerkbar. Bei 845° findet anscheinend eine Umlagerung von $PbSO_4$ statt, und bei 450° wandelt sich die Verbindung $(PbO)_2PbSO_4$ in eine andere Modifikation um. Auch die Reaktion

$$2PbSO_4(PbO)_2 \rightarrow PbSO_4.PbO + PbSO_4(PbO)_3$$

ist denkbar; hierfür würde die Reichweite der Reaktion im kristallisierten Zustande bis zu 85% PbO sprechen.

Die Schmelzpunkte der reinen Komponenten und der Verbindungen sind folgende:

PbO	882°	$PbSO_4(PbO)_2$	951°
$PbSO_4$	> 1100°	$PbSO_4(PbO)_3$,	zerfällt oberhalb 880°.
$PbSO_4PbO$	966°.		

Das System enthält 3 eutektische Punkte.

$PbO—PbSO_4(PbO)_3$	bei 820°	und 87%	PbO
$PbSO_4(PbO)_2—PbSO_4.PbO$	„ 940°	„ 53%	„
$PbSO_4PbO—PbSO_4$	„ 950°	„ 30%	„

Nach Aufnahme eines $PbSO_4$—PbO-Diagramms konnte SCHENCK nun entscheiden, durch welche Körper die auf S. 263 besprochenen abweichenden SO_2-Tensionen erzeugt werden. Bei der Reaktion waren zunächst die Komponenten PbS, PbO. Pb und SO_2 zugegen. Schwefeldioxyd wurde von dem geschmolzenen Bleioxyd absorbiert unter Bildung eines basischen Bleisulfats. Die SO_2-Tension wird also jetzt von der Tension dieses basischen Bleisulfats abhängen. Ein solches ist ja fast in dem ganzen Konzentrationsintervall vorhanden. Es mußte noch entschieden werden, welches Bleisulfat zu der Reaktion Veranlassung gab. Da die Messungen im festen Zustande vorgenommen

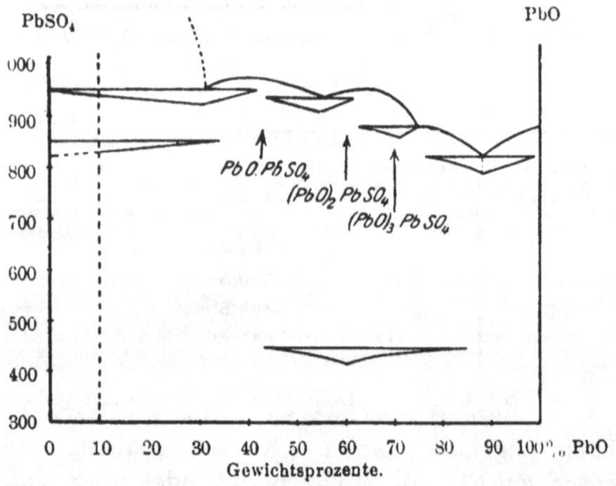

Fig. 94.

wurden, kommen nach SCHENCK die SO_2-Tensionen folgender Gemische, den verschiedenen Konzentrationen entsprechend, in Betracht.

Tabelle XVII.

In der festen Masse enthaltenen Gefügeteile	Zusammensetzung der Schmelzen in $PbSO_4$-Proz.
1. $PbSO_4(PbO)_3$ neben PbO	< 25 %
2. $PbSO_4(PbO)_2$ „ $PbSO_4(PbO)_3$	25—39 %
3. $PbSO_4(PbO)$ „ $PbSO_4(PbO)_2$	39—60 %
4. $PbSO_4$ „ $PbSO_4.PbO$	> 60 %

Jedes der vier Gemische wird nun eine andere SO_2-Tension liefern. Nur bei dem dritten Gemische konnte SCHENCK zu reproduzierbaren Resultaten gelangen. Bei den übrigen Gemischen stellte sich das Gleichgewicht nur schwierig ein.

Beim Gemisch 3 erhielt SCHENCK folgende SO_2-Tensionen.

Tabelle XVIII.

Temperatur in ° C	Druck in mm	Temperatur in ° C	Druck in mm
681	16	780	217
716	42	795	306
741	81	810	440
759	130	821	548
770	184	830	710

Diese Werte nähern sich denen, die SCHENCK erhalten, als er die Gemische aus PbS und PbO nach erfolgter Schmelzung abkühlte und darauf die nochmalige Tensionsmessung ausführte. Hieraus ist also mit ziemlicher Sicherheit zu entnehmen, daß sich durch Einwirkung von Schwefeldioxyd auf die Schmelze basisches Sulfat gebildet hatte.

Durch SCHENCK sind also drei verschiedene Gleichgewichtskurven mit Sicherheit festgestellt worden, durch diese wird die Drucktemperaturebene in 4 Felder eingeteilt (siehe Fig. 95).

Die Reaktionen, die sich in den verschiedenen Feldern abspielen, sind folgende:

Feld I. a) $2Pb + 2SO_2 = PbSO_4 + PbS$
b) $7Pb + 5SO_2 = 2(PbSO_4PbO) + 3PbS$
c) $3Pb + SO_2 = 2PbO + PbS$

Feld II. a) $PbSO_4 + PbS = 2Pb + 2SO_2$
b) $7Pb + 5SO_3 = 2(PbSO_4.PbO) + 3PbS$
c) $3Pb + SO_2 = 2PbO + PbS$

Feld III. a) $PbSO_4 + PbS = 2Pb + 2SO_2$
b) $2(PbSO_4.PbO) + 3PbS = 7Pb + 5SO_2$
c) $3Pb + SO_2 = 2PbO + PbS$

Feld IV. a) $PbSO_4 + PbS = 2 Pb + 2 SO_2$

b) $2(PbSO_4PbO) + 3 PbS = 7 Pb + 5 SO_2$

c) $2 PbO + PbS = 3 Pb + SO_2$.

Es folgt, daß in Feld I PbS und $PbSO_4$ nebeneinander bestehen können, in Feld II PbS und basisches Sulfat, in Feld III PbO und PbS und in Feld IV Pb neben SO_2.

Im Feld III spielt sich die in der Technik so wichtige Reaktion des HUNTINGTON-HEBERLEIN-Prozesses ab.

Von Interesse ist ferner die Einwirkung von schwefliger Säure auf Blei, also die Reaktionen, die sich in Feld I abspielen. Durch Einwirkung dieser beiden Stoffe entsteht zunächst ein Gemisch von Bleisulfat und Bleisulfid (Reaktion *a* im Feld I). Der zeitliche Verlauf dieser Reaktion ist von SCHENCK bei verschiedenen Temperaturen geprüft worden. Seine Resultate sind aus der Fig. 96 zu ersehen. Man sieht aus der Zeichnung, daß die SO_2-Tension mit der Zeit abnimmt. Schließlich nimmt die Tension für die verschiedenen Temperaturen einen konstanten Wert an. Dieser konstante Wert entspricht dem Gleichgewicht zwischen Sulfat, Sulfid und dem metallischen Blei. SCHENCK hat den weiteren zeitlichen Verlauf dieser Reaktionen nicht verfolgt; er bemerkt jedoch, daß diese Konstanz keine dauernde ist, sondern nur so lange andauert, bis das Bleisulfat durch Umwandlung in basisches Sulfat verschwunden ist.

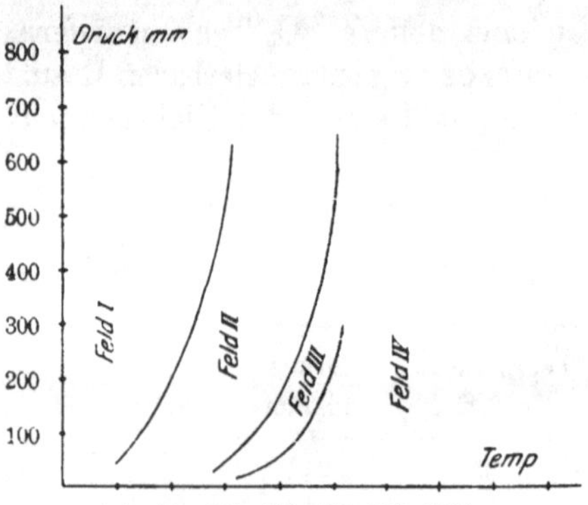

Fig. 95.

Nun nehmen die SO_2-Tensionen wieder ab, bis wieder Konstanz für einige Zeit eintritt; es herrscht wieder Gleichgewicht zwischen den einzelnen reagierenden Körpern.

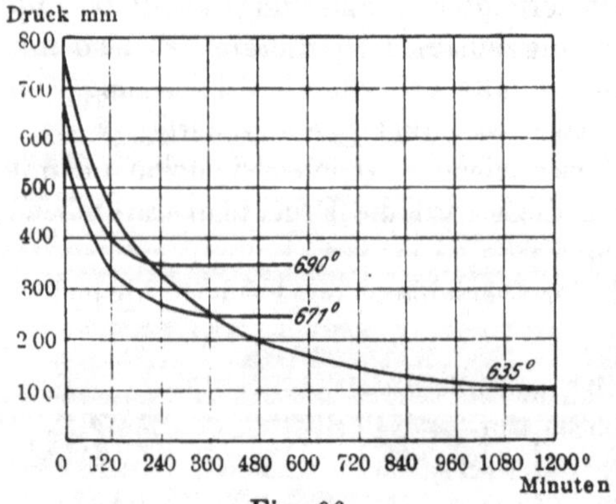

Fig. 96.

Bei diesen Betrachtungen ist nur ein basisches Bleisulfat berücksichtigt worden. Aus dem Diagramm Fig. 94 hatte sich jedoch ergeben, daß noch zwei weitere Sulfate vorhanden sind. Es würden also noch zwei weitere Felder hinzutreten. Hierüber fehlen bis jetzt noch die Untersuchungsresultate.

Der Prozeß der Bleiröstreaktion ist sehr ausführlich besprochen worden. Bei den übrigen Sulfiden verläuft der Prozeß schon wegen der leichten Zersetzlichkeit der Sulfate[1] in anderer Weise, sie zersetzen sich schon bei Temperaturen, die unter der Reaktionstemperatur zwischen Sulfat und Oxyd bzw. Sulfid liegen.

δ) Darstellung durch den elektrischen Strom.

Diese Darstellungsart findet sich in dem Abschnitt Elektrolyse von K. Arndt. Bd. II, sowie Bd. IV Weiß-Ceritmetalle.

b) Indirekte Darstellung aus den Schwefel-, Arsen- und Antimonmetallen.

Bei der indirekten Darstellungsweise werden zunächst Zwischenprodukte gebildet, aus denen das Metall durch andere Prozesse gewonnen wird. Entweder können die Sulfide usw. völlig in Oxyde umgewandelt werden, die dann auf dem in Abschnitt II, 1, S. 239ff. besprochenen Wege weiter verarbeitet werden, oder es kann die Umwandlung in Oxyd nur teilweise durchgeführt werden. Im weiteren Verlauf werden dann durch Reaktionen zwischen den oxydierten und nichtoxydierten Bestandteilen Metalle gewonnen.

Um nun aus den Sulfiden usw. ein bequem weiter zu verarbeitendes Zwischenprodukt zu erhalten, werden vor allem folgende Prozesse ausgeführt.

1. Oxydierende Röstung der Schwefel- usw. Verbindungen.
2. Chlorierende Röstung derselben Verbindung.

α) Oxydierende Röstung der Schwefelverbindung.

Durch die oxydierende Röstung werden die Schwefelmetalle entweder ganz oder teilweise in Oxyde verwandelt. Ist die Verwandlung in Oxyd völlig durchgeführt, so wird das Oxyd nachher mit geeigneten Reduktionsmitteln — meistens Kohle oder Kohlenoxyd — in Metall verwandelt. Im anderen Falle wird nur ein Teil umgewandelt, dieser tritt dann mit dem restlichen Sulfid in Reaktion, wodurch die Reduktion eintritt. Eine weitere Art der oxydierenden Röstung ist die sogenannte Kernröstung, hierbei schmilzt ein Teil der Schwefelmetalle. Man wendet dieses Verfahren zur Anreicherung des Schwefelkupfers in kupferkieshaltigen Pyrit an.

Das Rösten wird stets mit Hilfe von Luft ausgeführt; früher wurde auch Wasserdampf zur Oxydation benutzt, jedoch ist man, da dieses Verfahren unpraktisch, völlig davon abgekommen. Beim Rösten reagiert der Schwefel mit dem Sauerstoff der Luft unter Bildung von schwefliger Säure. Diese entweicht zum Teil, zum Teil wird sie in Schwefelsäureanhydrid durch Kontaktwirkung der gerösteten Substanzen umgewandelt.

Liegt kein Edelmetall vor, so bleibt das Metall nach Abspaltung des Schwefels nicht als solches zurück, sondern wird durch den Luftsauerstoff in Oxyd oder durch das gebildete Schwefelsäureanhydrid in Sulfat um-

[1] Vgl. S. 268.

gewandelt. Durch die oxydierende Röstung können einige Sulfide in Sulfate umgewandelt werden. Diese Bildung kann durch gewisse Beimengungen zu den Schwefelmetallen befördert werden. Solche Bei-

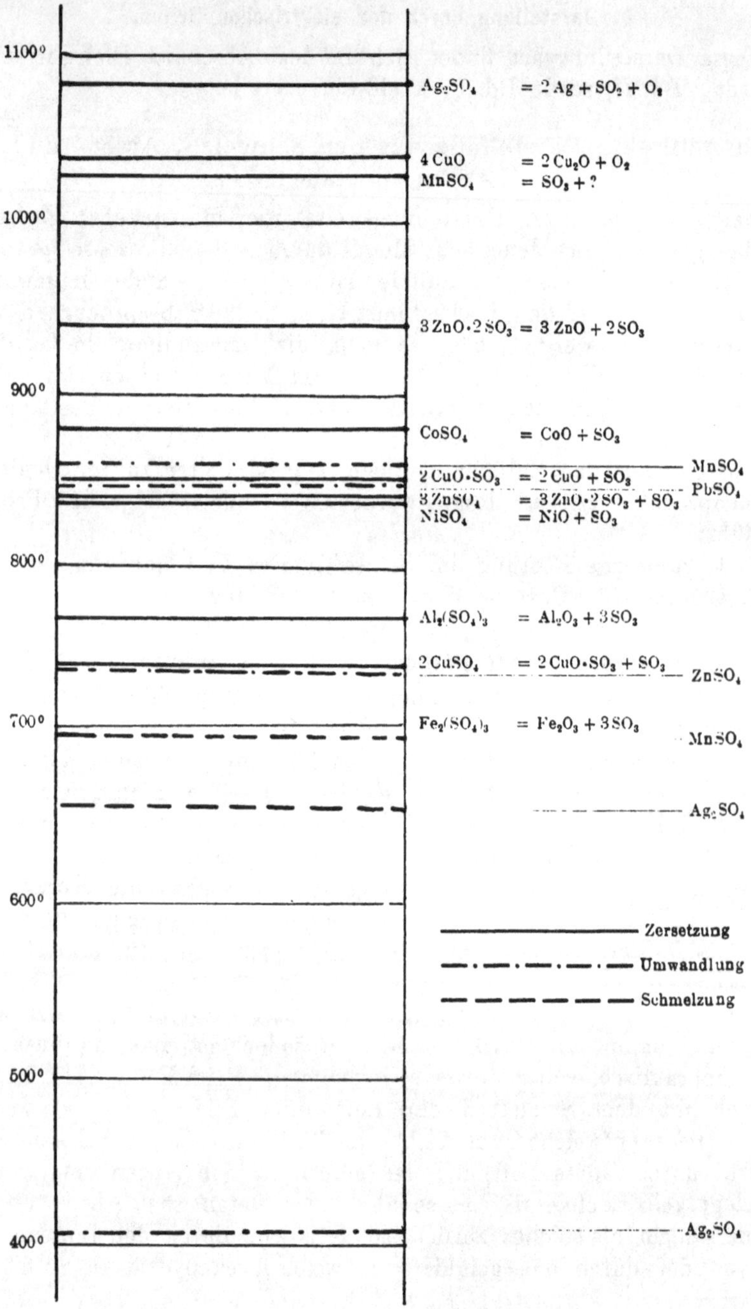

Fig. 97.

mengungen sind Pyrit, welches die Bildung von leicht zersetzbarem Eisensulfat und von Schwefelsäureanhydrid bewirkt und sonstige leicht zersetzbare Sulfate. Sie zerfallen bei der Temperatur des Röstprozesses unter Abscheidung von Schwefeltrioxyd, welches auf die Schwefelmetalle sulfurierend einwirkt. Man kann z. B. durch die oxydierende Röstung von Kupferkiesen, welchen Eisensulfat beigemengt ist, das Kupfer zum größten Teil in Kupfersulfat überführen. An Stelle von Eisensulfat läßt sich Aluminiumsulfat verwenden. Die weitere Abscheidung des gebildeten Sulfats aus dem Röstgut läßt sich durch Auslaugen bewirken.

Durch FRIEDRICH[1] sind neuerdings die Zersetzungstemperaturen und Umwandlungspunkte der hüttenmännisch wichtigen Sulfate bestimmt worden. Die Resultate sind in der Fig. 97 und in Tabelle XIX enthalten.

Tabelle XIX.

Zersetzung von	Zersetzung in	Zersetzungs-temperatur	Schmelz-punkt des Sulfates	Umwand-lungstempe-ratur des Sulfates
$Fe_2(SO_4)_3$	Fe_2O_3	705°	—	—
$CoSO_4$	CoO	880°	—	—
$NiSO_4$	NiO	840°	—	—
$CuSO_4$	$2CuO.SO_3$	740°	—	—
$2CuO.SO_3$	CuO	845°	—	—
CuO	(CuO, Cu_2O)	ca. 1040°	—	—
$ZnSO_4$	$3ZnO.2SO_3$	ca. 840°	—	740°
$3ZnO.2SO_3$	ZnO	ca. 935°	—	—
$MnSO_4$	?	1030°	700°	860°
$Al_2(SO_4)_3$	Al_2O_3	770°	—	—
Ag_2SO_4	Ag	1085°	660°	410°
$PbSO_4$	?	?	> 1100°	845°

Außer den einzelnen Sulfaten hat FRIEDRICH auch Gemische von Sulfaten untersucht, um festzustellen, wie sich diese beim Erhitzen verhalten. Wurden die Sulfate nur mechanisch miteinander vermengt, so erhielt man genau dieselben Werte, wie bei den reinen Sulfaten. Wurden jedoch die Gemische in Wasser gelöst und zur Trockne verdampft, so erhielt FRIEDRICH nicht mehr zwei Zersetzungswerte, sondern nur einen. Hieraus ist zu folgern, daß sich in den wäßrigen Lösungen Doppelsalze gebildet haben.

Aus dem ersten Befund ist zu entnehmen, daß die Ansicht der Hüttenleute richtig ist, daß sich Gemenge von Sulfaten beim Rösten gegenseitig nicht beeinflussen. Der zweite Befund weist jedoch darauf hin, daß beim längeren Rösten die Möglichkeit vorhanden ist, daß sich aus nebengelagerten Sulfaten Doppelsalze bilden, wodurch der Röstprozeß dann ganz anders, als beabsichtigt, verlaufen kann.

Aus diesen Untersuchungen zieht nun FRIEDRICH noch folgende Nutz-

[1] FRIEDRICH, Metallurgie Bd. 7, S. 323 (1910).

anwendungen. Die Annahme von SCHNABEL[1], daß sich Silbersulfat vor basischem Zinksulfat zersetzt, ist nicht richtig. Ebenso ist eine Zerlegung von Kupfersulfat vor dem Zinksulfat, wie vielfach angenommen wurde, nicht angängig. Von WARLIMONT[2] ist dieses im Gegensatz von SCHNABEL[3] schon betont worden. Dahingegen ergibt es sich, daß für die Durchführbarkeit des Ziervogelprozesses[4] die Zersetzungstemperaturen sehr günstig liegen. Das basische Kupfersulfat zersetzt sich schon bei 845°, während die Zersetzungstemperatur des Silbersulfats erst bei 1085° liegt. Es herrscht also ein Intervall von 200°.

Die Sulfatbildung des Röstgutes kann durch Verwitternlassen befördert werden, wobei die Luftfeuchtigkeit eine wesentliche Rolle spielt. Es entstehen auf diese Weise aus Schwefeleisen Eisensulfate, aus Zinkblende Zinksulfat, aus Gemengen von Schwefelkies und Kupferkies solche von Ferro-, Ferri- und Kupfersulfat.

Die Kernröstung.

Dieser Prozeß wird vor allem bei Schwefelkies, welches Schwefelkupfer (oder auch Schwefelnickel) enthält, zur Konzentration der beiden letzteren Sulfide ausgeführt. Bei der Kernröstung wendet man stets größere Bruchstücke an. Bei der oxydierenden Röstung oxydiert sich zunächst das Schwefeleisen an der Oberfläche der Stücke, während der Kupferkies unverändert bleibt. Letzteres beginnt jedoch bei der Rösttemperatur zu schmelzen und dringt dnrch die porös gewordene Oberfläche mehr nach innen. Hier vereinigt sich das Schwefelkupfer mit den dort befindlichen unveränderten Schwefelmetallen. Die Oxydation des Schwefeleisens schreitet mit der Dauer der Röstung immer weiter nach dem Innern. Das flüssige Schwefelkupfer dringt durch die entstandenen Poren nach, bis schließlich in der Mitte der Bruchstücke — im Kern — sich das Kupfersulfid angesammelt hat. Der Prozeß der Kernröstung ist beendigt, wenn alles Schwefeleisen oxydiert ist; unterbricht man den Prozeß jetzt nicht, so wird das Schwefelkupfer oxydiert. Es bildet sich Kupferoxyd, welches sich mit unzersetztem Schwefelkupfer in Kupfer und schweflige Säure umsetzt.

Wird die Kernröstung sachgemäß ausgeführt, so befindet sich am Schluß des Prozesses fast alles Kupfer im Kern und nur wenig in der äußeren Hülle — der Rinde. Das Kupfer in der Rinde liegt meist in Form von Sulfat vor und läßt sich durch Auslaugen und durch späteres Niederschlagen durch Eisen gewinnen. Der Kern selbst wird durch oxydierendes Rösten weiter verarbeitet.

---

[1] SCHNABEL, Allgemeine Hüttenkunde, 2. Aufl., S. 45.
[2] WARLIMONT, Metallurgie **6**, S. 85 (1909).
[3] SCHNABEL, Handbuch der Metallhüttenkunde II, S. 653.
[4] Vgl. S. 282.

Die oxydierende Röstung der Schwefelmetalle kann häufig durch oxydierendes Schmelzen ersetzt werden. Hauptsächlich wird dieser Prozeß zur Gewinnung von Kupfer aus Schwefelkupfer oder Kupferstein angewendet. Man schmilzt am besten die Schwefelmetalle und leitet Druckluft in die Schmelze ein, wodurch die Oxydation sehr schnell verläuft. Es bildet sich hierbei entweder Metalloxyd und schweflige Säure oder aber, wenn die Oxyde mit den Metallsulfiden in Reaktion treten können, die Metalle und schweflige Säure.[1]

Liegen mehrere Schwefelmetalle vor, so wird zunächst dasjenige oxydiert, welches die geringste Schwefelaffinität besitzt. Beim Kupferstein wird also zuerst das Schwefeleisen oxydiert. Dieses Oxyd wird zweckmäßig in eine leichtflüssige Schlacke übergeführt, welche sich leicht vom Schwefelkupfer löst. Das restierende Schwefelkupfer wird nun durch Preßluft weiter oxydiert, wodurch sich Kupferoxyd bildet, welches mit unzersetztem Schwefelkupfer in Reaktion tritt. Es bildet sich nach folgender Gleichung metallisches Kupfer und schweflige Säure:

$$2\,Cu_2O + Cu_2S = 6\,Cu + SO_2.$$

Auf ähnliche Weise läßt sich aus dem Gemisch der Schwefelverbindungen des Kupfers, Eisens und des Nickels (Rohstein) ein Nickelkupferstein gewinnen.

β) Oxydierendes Rösten der Arsen- und Antimonverbindungen.

Die Arsenverbindungen zeigen bei diesem Prozeß ein ganz analoges Verhalten, wie die Schwefelverbindungen. Das freiwerdende Arsen wird durch den Luftsauerstoff zu arseniger Säure oxydiert; das Metall wird entweder in Oxyd verwandelt oder bleibt als solches (bei Edelmetallen) zurück. Die arsenige Säure entweicht entweder, oder wird zur Arsensäure oxydiert. Falls die Metalle Arseniate zu bilden imstande sind, bilden sie mit der Arsensäure Salze. Dies ist der Fall bei Eisen, Nickel, Kobalt und Silber.

Die Oxydation der arsenigen Säure kann nach Plattner[1] auf folgende Weise vor sich gehen. Direkt durch Oxydation mittelst des Luftsauerstoffes, wobei Kontaktwirkungen verschiedener Oxyde die Bildung stark befördern, ferner durch Reaktion mit einigen Oxyden und Salzen, die hierbei selbst reduziert werden.

Als Endprodukt bei der Röstung erhält man meist Gemische von Oxyden und Arseniaten. Sind die Erze schwefelhaltig, so werden die Arsenmetalle teilweise in Sulfate umgewandelt.

Die Arseniate erweisen sich im Gegensatz zu den Sulfaten als ziemlich feuerbeständig. Aus diesem Grunde bleibt ein gewisser Teil an Arsen bei der Röstung zurück, so daß eine völlige Umwandlung in Oxyde nicht möglich ist. Deshalb mengt man Arsenmetalle bzw. Arseniatenkohle oder kohlehaltige Produkte bei, wodurch der größte Teil des Arsens entfernt werden kann.

---

[1] Das Verfahren wird in Konvertern ausgeführt und ist als Kupfer-Bessemer-Prozeß bekannt.

Dieser Prozeß wird vor allem bei Arsennickel und -kobalt, sowie bei Arsenikkies angewendet. Auch Silberverbindungen sind häufig zugegen, letztere werden in arsensaures Silber umgewandelt.

Ganz ähnlich verhalten sich die Antimonmetalle beim oxydierenden Rösten. Es werden zum Teil Antimonoxyde, zum Teil Antimoniate gebildet. Es kommen meist Schwefelantimonmetalle in Betracht, selten reine Antimonmetalle (z. B. Antimonsilber). Einige Antimoniate sind bei hoher Temperatur zerlegbar, andere Antimoniate werden durch entstehende Schwefelsäure in Sulfate umgewandelt.

γ) Chlorierende Röstung der Schwefel-, Arsen- und Antimonverbindungen.

Durch die chlorierende Röstung wird bezweckt, die an Schwefel usw. gebundenen Metalle in Chloride überzuführen. Im allgemeinen wird dieser Prozeß in Verbindung mit einer oxydierenden Röstung ausgeführt. Es entstehen durch das oxydierende Rösten je nach Umständen Oxyde oder Sulfate und diese werden durch Kochsalz in Chloride übergeführt.

Die Reaktionen, die sich hierbei abspielen, sind ziemlich komplizierter Natur. Nach SCHNABEL spielen sich beim chlorierenden Rösten folgende Vorgänge ab. Die durch die Röstung entstandenen Sulfate reagieren einerseits mit dem Kochsalz unter Bildung von Chlormetallen und Natriumsulfat, anderseits werden sie in Oxyde und Schwefelsäureanhydrid zerlegt. Letzteres wirkt nun wieder auf das Kochsalz unter Bildung von Natriumsulfat und Chlor ein und dieses reagiert mit den Sulfiden unter Bildung von Chlormetallen. Die chlorierende Röstung wird vor allem angewandt bei Kupfer- und Silber-Schwefelverbindungen und bei Silber-Schwefel-Arsen-Antimonverbindungen. Die gebildeten Chloride des Kupfers werden durch Auslaugen mit Wasser oder Salzsäure dem Röstgute entzogen und entweder auf elektrolytischem Wege oder durch Eisen niedergeschlagen. Das Chlorsilber gewinnt man am besten aus dem Röstgut durch Auslaugen mittels Natriumthiosulfat- oder Kochsalzlösung.

Besonders geeignet hat sich der Prozeß bei der chlorierenden Röstung der Pyritabbrände erwiesen. Der Zweck dieses Verfahrens ist, die unlöslichen Verbindungen des Kupfers, die in den Abbränden vorhanden sind, in wasserlösliche Kupfersalze überzuführen. KOTHNY[1] hat die sich abspielenden Reaktionen näher untersucht und ist zu folgenden Resultaten gelangt.

Das Kupfer ist in den Abbränden hauptsächlich als Sulfür und nur zum geringen Teil als Sulfat vorhanden. Das Kupfersulfür wird durch Kochsalz in Gegenwart von Eisenoxyd quantitativ nach der Gleichung

$$2\,Cu_2S + 5\,O_2 = 2\,CuSO_4 + 2\,CuO$$

oxydierend abgeröstet. Das Sulfat und Oxyd werden weiter zum Teil durch Natriumchlorid, zum Teil durch Eisenchlorid in Kupferchlorid übergeführt.

$$CuSO_4 + 2\,NaCl = CuCl_2 + Na_2SO_4$$
$$3\,CuO + 2\,FeCl_3 = 3\,CuCl_2 + Fe_2O_3.$$

---

[1] KOTHNY, Metallurgie 8, S. 389 (1911).

Das Eisenchlorid entsteht durch Einwirkung des Kochsalzes auf Ferrisulfat:

$$Fe_2(SO_4)_3 + 6NaCl = 2FeCl_3 + 3Na_2SO_4.$$

Das Ferrisulfat ist teils schon in den Abbränden vorhanden, teils entsteht es durch die oxydierende Abröstung des Pyrits.

$$2FeS + 7O_2 = Fe_2(SO_4)_3 + SO_2.$$

Das Kupferoxyd kann auch durch folgende Reaktionen in Sulfat umgewandelt werden. Einerseits durch Einwirkung von schwefliger Säure und Sauerstoff, anderseits durch Umsetzung mit Ferrisulfat.

$$2CuO + 2SO_2 = 2CuSO_4$$
$$3CuO + Fe_2(SO_4)_3 = 3CuSO_4 + Fe_2O_3.$$

Im weiteren Verlauf wird das gebildete Eisenchlorid teils durch den Luftsauerstoff, teils durch Wasserdämpfe wieder zersetzt. Allerdings wirken diese beiden Agenzien auch auf das Kupferchlorid zersetzend ein, jedoch in nur geringem Maße, während das Eisenchlorid völlig in Oxyd übergeführt wird. Bei dieser Zersetzung bilden sich Salzsäure und freies Chlor, welche die Zersetzung des Kupferchlorids zum Teil verhindern. Das Chlor wirkt außerdem der termischen Zersetzung des Kupferchlorids nach der Gleichung

$$2CuCl_2 = 2CuCl + Cl_2$$

entgegen.

Die geeignetste Temperatur für diesen Prozeß liegt nach den Untersuchungen von KOTHNY zwischen 500 und 600°.

3. Darstellung der Legierungen.

a) Einleitung und direkte Darstellung.

Am einfachsten werden Legierungen dargestellt durch Zusammenschmelzen der reinen Komponenten. Dies Verfahren ist im Laboratorium das gegebene. Aber in der Technik wird man aus praktischen Gründen zu anderen Darstellungsverfahren greifen müssen, sei es, daß man die Legierungen durch Reduktion von Oxyden mit Kohle oder nach GOLDSCHMIDT, sei es, daß man sie aus Salzen darstellt. Auch andere Prozesse gehören noch hierher, wie z. B. der Prozeß der Zementation.

Bei der Darstellung aus den reinen Komponenten werden die Metalle meistens im flüssigen Zustande zusammengeschmolzen. (Ausnahmen siehe weiter unten.) Da die Legierungen im geschmolzenen Zustande Lösungen von Metallen sind, so ist es nicht unbedingt erforderlich, daß beide Metalle bis zu ihrem Schmelzpunkte erhitzt werden. Es wird oft genügen, ein Metall zu schmelzen und das zweite im ersten sich auflösen zu lassen. Je nach den Umständen werden die Metalle miteinander im gewünschten Verhältnis zusammengeschmolzen, oder aber man stellt eine oder mehrere Vorlegierungen her und schmilzt diese unter sich oder mit anderen Metallen zusammen.

In folgenden Fällen wird man nicht von reinen Metallen zur Darstellung der Legierungen ausgehen, sondern schon fertige legierte Produkte verwenden.

1. Wenn die Legierungen sich leichter technisch darstellen lassen, als die reinen Metalle. Man verwendet z. B. an Stellen von reinem Mangan, Chrom, Vanadin die Eisenlegierungen dieser Metalle; also Ferromangan, Ferrochrom und Ferrovanadin.

2. Man wendet mit Vorliebe fertige Legierungen zum Wiederlegieren an; wenn diese bequemer und gefahrloser zu handhaben sind. So gebraucht man statt des reinen Phosphors, wegen seiner unangenehmen Eigenschaften, Phosphorlegierungen, vor allem Phosphorkupfer, dessen Darstellung weiter unten beschrieben ist.

3. Wenn zur Darstellung schon andere Legierungen zur Verfügung stehen, die bei irgend einem Industriezweig entstanden sind.

4. Endlich wendet man, falls die Schmelzpunkte der zu legierenden Metalle sehr verschieden sind, so daß die Möglichkeit vorliegt, daß das eine der Metalle sich verflüchtigt, Hilfslegierung an. Soll z. B. eine Legierung mit 60 Teilen Kupfer, 20 Teilen Nickel und 20 Teilen Zink (Argentan) dargestellt werden, so ist es nicht zweckmäßig, Zink mit dem Nickel zusammenzuschmelzen, da man hierbei Gefahr liefe, daß das Zink bei der hohen Schmelztemperatur des Nickels sich verflüchtigte. Man stellt sich zwei Hilfslegierungen her. Man schmilzt das Zink mit einem Teil des um 400° niedriger (als Ni) schmelzenden Kupfers ein, und den Rest des Kupfers mit der gewünschten Menge des Nickels. Diese beiden Hilfslegierungen werden dann zusammengeschmolzen.

Gewöhnlich schmilzt man das Metall oder die Legierung mit dem höheren Schmelzpunkte zuerst ein und setzt das zweite Metall hinzu. Zweckmäßig ist es, das zweite Metall anzuwärmen, um Feuchtigkeit und Gase, die dem Metall anhaften, zu entfernen; da durch das plötzliche Entweichen der Gase Explosionen nicht ausgeschlossen sind. In einigen Fällen wird man aus Zweckmäßigkeitsgründen von dieser Regel absehen. Will man z. B. eine Legierung darstellen, von welcher das höher schmelzende Metall sich leicht oxydiert und hierdurch ein Zusammenfließen der Metallstücke erschwert, so ist von Vorteil, umgekehrt zu verfahren. Bei der Darstellung einer Kupfer-Siliciumlegierung wird man aus diesem Grunde das Silicium nicht zuerst einschmelzen, sondern das Kupfer. Hierdurch wird erreicht, daß das Silicium, ehe es oxydiert wird, sich mit einer schützenden Schicht Kupfer bedeckt. Kupfer im geschmolzenen Zustande ist nun imstande Silicium zu lösen. Da der Schmelzpunkt der meisten Kupfer-Siliciumlegierungen — soweit nicht sehr hohe Siliciumkonzentrationen in Betracht kommen — bedeutend unter dem des Siliciums liegt, so erzielt man hierbei noch den Vorteil, daß die Temperatur des Ofens gar nicht bis zum Schmelzpunkt des Siliciums gesteigert werden braucht. Auch wenn das zweite Metall beim Schmelzpunkt des ersten verdampft, verfährt man häufig ebenso, z. B. bei einer Zink-Kupferlegierung. Zink siedet schon bei 940°, während der Sshmelzpunkt des Kupfers über 100° höher liegt. Würde man Zink erst dann in den Ofen einfüllen wenn das Kupfer geschmolzen ist, so würde ein größerer Teil des Zinks, ehe eine Lösung im Kupfer stattgefunden, verdampfen. Man schmilzt aus diesem Grunde das Zink zuerst und fügt dann das Kupfer hinzu oder noch zweckmäßiger schmilzt man beide Metalle zu gleicher Zeit ein. Das geschmolzene Zink löst nun nach und nach mit steigender Temperatur das Kupfer völlig auf, ohne daß die Temperatur des Siedepunkts des Zinks erreicht wird.

Es tritt jedoch auch bei den größten Vorsichtsmaßregeln meist ein Verlust desjenigen Metalls ein, deren Siedepunkt niedriger, als der Schmelzpunkt des zweiten liegt. Es gibt noch weitere Möglichkeiten, die zu einem Verlust gewisser Mengen eines der Metalle führen. Vor allem durch Oxydation; hierdurch können die Bestandteile zum Teil verschlackt werden, oder aber die Oxydation kann auch direkt zur Bildung eines leicht flüchtigen Körpers führen, der entweicht.

Diese Oxydation ist häufig gar nicht unerwünscht und man setzt aus diesem Grunde den Legierungen gewisse Metalle hinzu, die befähigt sind, andere durch ihre Bindung, sei es als fester oder gasförmiger Körper, aus der Legierung auszuscheiden.

Solche desoxydierende Reinigungsmittel werden bei Legierungen, deren Metallkomponenten entweder von vornherein Oxyde enthalten, oder aber bei denen sich Oxyde beim Zusammenschmelzen durch Luftzutritt leicht bilden, verwandt. Vor allen kommt hierbei Kupfer in Betracht. Beim Erhitzen in Gegenwart von Luft bildet Kupfer mit dem Sauerstoff Kupferoxydul Cu_2O. Die Gegenwart von Kupferoxydul verschlechtert die mechanischen Eigenschaften des Kupfers und seiner Legierungen ganz erheblich. Derartiges Metall ist schwerer zu verarbeiten, außerdem ist es brüchig. Die Kupferlegierungen werden deshalb mit Substanzen mit großer Sauerstoffaffinität zusammengeschmolzen. Als desoxydierende Reinigungsmittel verwendet man Mangan, Aluminium, Magnesium, Silicium und Phosphor. Dem Kupfer entziehen sie den Sauerstoff und scheiden sich entweder als Schlacke aus oder sie verflüchtigen sich. Letzteres ist natürlich das Erstrebenswerte. Von den angeführten Körpern eignet sich hierzu nur Phosphor. Dieser wird am besten vorher mit Kupfer legiert, um ein leicht zu handhabendes Produkt zur Verfügung zu haben. Die Darstellung dieser Legierung ist nicht so einfach, wie die der sonstigen Melalllegierungen. CAVALLIER[1] gibt zwei Methoden der Darstellung an.

1. Entweder leitet man Phosphordämpfe über Kupfer, welches auf etwa 600—800° erhitzt wird. Der Phosphordampf wird absorbiert und das Kupfer verwandelt sich vollständig in die Phosphorverbindung Cu_3P (siehe weiter unten).

2. Oder aber man läßt geschmolzenes Kupfer über Phosphor fließen, wobei sich ebenfalls Kupferphosphorlegierungen bilden. Zweckmäßig verwendet man bei dieser Darstellungsweise die in Fig. 98 abgebildete

[1] CAVALLIER, Leçons sur les Alliages Metalliques. Paris 1909, S. 246.

Apparatur. In dem unteren Tiegel *A* befindet sich Phosphor, über diesem ein zweiter Tiegel, in welchen das geschmolzene Kupfer eingefüllt wird. Beide Tiegel sind durch die Klammer *D* fest miteinander verbunden.

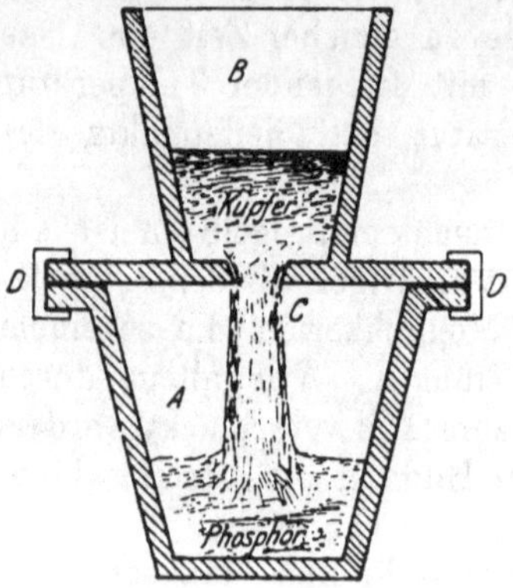

Fig. 98.

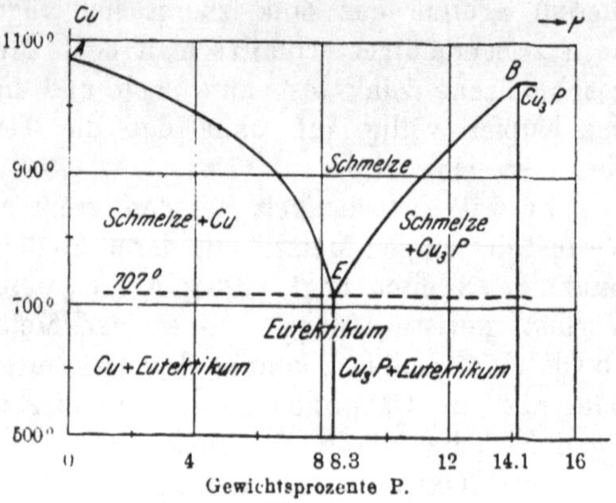

Fig. 99.

Durch die Öffnung *C* fließt das Kupfer in den unteren Tiegel, in welchen sich sofort das Kupfer mit dem Phosphor legiert. Phosphor verdampft bei der hohen Temperatur, kann jedoch nur durch die geschmolzene Kupfermasse entweichen, hierbei wird es von dem flüssigen Metall absorbiert.

Kupfer und Phosphor werden zur Erzielung einer desoxydierenden Legierung mit einem Gehalt von 9—15 % Phosphor dargestellt. Die Zusammensetzung dieser Legierungen ergibt sich aus dem in Fig. 99 wiedergegebenen Diagramm. Das Zustandsdiagramm ist von Heyn und Bauer[1] ausgearbeitet worden.

Aus dem Diagramm ist zu entnehmen, daß in der in Betracht kommenden Konzentration die Legierungen aus primär abgeschiedenen Cu_3P und aus dem Eutektikum ($Cu + Cu_3P$) bestehen. Der Beginn der Kristallisation liegt zwischen 707° (Schmelzpunkt des Eutektikums) und 1022° (Schmelzpunkt von Cu_3P).

Die Kupfer-Phosphorlegierungen sind hart und brüchig und finden außer zu desoxydierenden Zwecken keine Verwendung.

Zu gewissen Zwecken werden statt dieser Legierung Zinn-Phosphorlegierungen mit einem Gehalt von 10 % Phosphor angewendet, diese haben den Vorteil, daß das überschüssige Phosphor leichter aus den neu dargestellten Legierungen entweichen kann.

Von den metallischen desoxydierenden Reinigungsmitteln wird Aluminium im freien unlegierten Zustande verwendet, aber gewöhnlich zieht man schon fertige Legierungen vor. Dies geschieht hauptsächlich aus technischen Gründen, da sich die Verschmelzung mit den zu legierenden Metallen auf diese Weise leichter bewerkstelligen läßt. Am häufigsten verwendet man außer dem schon besprochenen Phosphorkupfer:

---

[1] Heyn und Bauer, Z. f. anorg. Chemie 52, S. 129 (1907).

Kupfer–Aluminium,
Kupfer–Mangan,
Kupfer–Magnesium,
Kupfer–Silicium.

Von der letzteren Legierung stellt man Präparate von 10—35 % Silicum dar. Wegen des hohen Schmelzpunkts des Siliciums werden diese Legierungen im elektrischen Ofen zusammengeschmolzen. Diese Kupfer–Siliciumlegierungen können wegen ihrer mechanischen Eigenschaften für sich allein nicht verwendet werden. Sie werden außer als Zusatz als desoxydierendes Reinigungsmittel bei Kupfer, Bronzen und Messing zur Darstellung von Kupferlegierungen mit ganz geringem Siliciumzusatz verwendet. Aus diesen werden Drähte für elektrische Leitungen dargestellt, da die Zugfestigkeit durch diesen Zusatz ganz erheblich wächst. Bei einem Zusatz von 0,02—0,05 % Silicium nimmt die Zugfestigkeit bis zu 50 % zu, die geringe elektrische Leitfähigkeitsabnahme (ca. 2 %) fällt hierbei gar nicht ins Gewicht. Der Siliciumzusatz muß allerdings stets sehr genau berechnet werden, da größere Mengen Silicium die Eigenschaften des Metalls sehr verändern. Die Legierungen werden hart und spröde.

b) Darstellung von Legierungen durch Reduktion.

Diese Art der Darstellung kommt wohl im wesentlichen für die Technik in Betracht. Man kann entweder Oxyde, oder oxydische Erze und außerdem Salze zur Gewinnung von Legierungen reduzieren.

Vor allem wird auf diesem Wege das technische Eisen dargestellt, welches bekanntlich nichts anderes ist, als eine Legierung zwischen reinem Eisen und Kohlenstoff. Wird den Eisenoxyden Siliciumdioxyd, Chromoxyd oder Manganoxyd beigemengt, so erhält man Ferrosilicium, Ferrochrom oder Ferromangan.

Derartige Verbindungen des Eisens kann man jedoch auch aus den Salzen des Chroms oder Wolframs gewinnen. Ferrochrom durch reduzierendes Verschmelzen des Chromeisensteins $FeCr_2O_4$ und Ferrowolfram durch reduzierendes Verschmelzen von Wolframit $FeWO_4$ oder Scheelit $CaWO_4$. Beim letzteren Erz muß natürlich Eisen zugeschlagen werden.

Aus Mangandioxyd und Siliciumdioxyd (Sand) erhält man durch denselben Prozeß Mangansilicide. Man muß die Reaktion sich im elektrischen Ofen abspielen lassen, da sowohl Mangan als auch Silicium einen sehr hohen Schmelzpunkt besitzen. Will man ein eisenfreies Silicid darstellen, so muß das Eisen aus den Manganerzen — die meist eisenhaltig sind — mit entfernt werden. Dies geschieht, wie WEEKBECKER[2] gezeigt hat, am besten dadurch, daß man zunächst auf Ferromangan und eisenfreie Schlacke verschmilzt. Die Schlacke wird dann weiter mit Sand reduzierend verschmolzen. Auf diese Weise erhält man ein Mangansilicid von ca. 20 % Si.

[1] Vgl. BORCHERS, Hüttenwesen, S. 177.
[2] Chemische Technologie der Neuzeit, Bd. II. 845 (1911).

Auf aluminothermischem Wege werden zahlreiche Legierungen aus Oxyden dargestellt. Es kommen hier hauptsächlich solche Legierungen in Betracht, bei denen die Reindarstellung der einen Komponente große Schwierigkeiten bereitet. Von der Firma Th. Goldschmidt-Essen wurden unter anderen Chrommolybdän, Chrommangan und Chromkupferlegierungen in den Handel gebracht. Chrom und Molybdän werden vielfach gemeinsam dem Stahl zugesetzt. Aus diesem Grunde ist es vorteilhaft, Chrommolybdän direkt darzustellen, welches aus je 50 % beider Metalle besteht. Ebenso werden zahlreiche Titanlegierungen nach dem Goldschmidtschen Verfahren aus Titanverbindungen (Rutil TiO_2 und Titaneisen $FeTiO_3$) gewonnen. Neuerdings werden Zink, Zinn, Blei, Mangan mit Titan durch Zusammenschmelzen der Oxyde mit Titanoxyd und Aluminium dargestellt. Titan hat die Eigenschaft, den Metallen große Zähigkeit und Bruchfestigkeit zu verleihen.

Außer den hier angeführten werden in steigendem Maße Legierungen der verschiedensten Zusammensetzung, besonders als Zusätze für Spezialstähle dargestellt (vgl. Chemische Technologie der Neuzeit II, S. 856ff).

c) Darstellung von Legierungen durch Zementation.

Dieses Verfahren bezweckt Legierungen darzustellen, ohne daß die fertige Legierung vorher geschmolzen wurde.

Kupfer verwandelt sich in Messing, wenn man dasselbe mit Zinkdämpfen längere Zeit in Berührung läßt. Wesentlich wichtiger ist jedoch die Zementation des Eisens. In beiden Fällen findet eine Diffusion von gasförmigen oder festen Stoffen in die festen Metalle statt.

Von geringerer technischer Bedeutung ist die Möglichkeit, Legierungen durch Druck zu erzeugen. Spring[1] hat durch Kompression von Metallpulvern verschiedene Metallegierungen dargestellt. Die Drucke, die zur Anwendung kamen, waren sehr große. Bei 10000 Atmosphären war es möglich, homogene Legierungen darzustellen. Mit dem besten Erfolge sind ebenfalls von Masing[2] Metalle unter Druck legiert worden.

Die durch Zementation erhaltenen Legierungen sind jedoch meist nicht völlig homogen. Der innere Kern der Legierungen ist ärmer an der zweiten Komponente, als der äußere. Um eine gleichmäßige Zusammensetzung bei diesen Legierungen zu erhalten, muß man diese entweder umschmelzen, oder man schweißt eine Anzahl von Stücken zu einer Garbe zusammen und schmiedet diese aus. Häufig beabsichtigt man gar keine homogene Legierung beim Zementieren; so wird Schmiedeeisen in gewissen Fällen nur oberflächlich in Stahl umgewandelt. Dies geschieht bei der Fabrikation von Granaten, Panzerplatten usw.

Statt der Zementation mit Kohle kann man diese auch durch Leuchtgas erzielen. Man erhitzt die zu zementierenden Stücke auf 1000 bis 1200° und läßt darüber Leuchtgas streichen. Bei ungenügendem Luftzutritt verkohlt das Gas und der Kohlenstoff tritt in das feste Metall ein.

[1] Spring, J. Ch. Phys. I, 593 1904).
[2] Masing, Z. anorg. Ch. 62, S. 265 (1909).

Während bei den früher besprochenen Darstellungsweisen häufig desoxydierende Mittel zum Reinigen erforderlich waren, werden bei den Zementationsprozessen häufig Oxydationen vorgenommen, um die Verunreinigungen zu entfernen. Diese sind beim Eisen vor allen überschüssiger Kohlenstoff, Schwefel, Phosphor, Silicium und Mangan. Beim Eisen werden diese Beimengungen entweder durch den Luft-Sauerstoff, oder Eisenoxyde entfernt. (Das Nähere hierüber findet sich beim Eisen.)

B. Verfahren auf nassem Wege.

Die Prozesse zerfallen in zwei Abschnitte. Die Metalle müssen zunächst aus den Erzen gelöst und darauf durch geeignete Fällungsmittel abgeschieden werden.

Die Ausgangsprodukte liegen häufig noch nicht in dem Zustande, der für die Lösung geeignet ist, vor. Es ist dann erforderlich, dieselben durch passende Verfahren in einen für die Lösung geeigneten Zustand zu überführen. Dies geschieht meist auf trockenem Wege. Kupfer wird z. B., wenn Schwefelmetalle vorliegen, in Chlorkupfer oder Kupfersulfat, Silber (in Schwefelverbindungen) in Chlorsilber übergeführt.

Beim Verfahren auf nassem Wege werden im wesentlichen folgende Lösungsmittel angewandt.

1. Wasser: zum Lösen von Salzen (Kupfersulfat, Zinksulfat, Kupferchlorid, Goldchlorid).
2. Wäßrige Salzlösungen: Cyankaliumlösung zum Lösen von Gold
   Chlornatriumlösung zum Lösen von Silberchlorid, Kupferchlorür.
   Natriumthiosulfatlösung zum Lösen von Chlorsilber.
   Eisenchloridlösung zum Lösen von Schwefelkupfer.
   Eisenchlorürlösung zum Lösen von Oxyden und Carbonaten des Kupfers.
   Ferrisulfatlösung zum Lösen von Kupfer aus Schwefelkupfer.
   Ammoniumcarbonatlösung zum Lösen von Zinkoxyd und Kupferoxyd.
3. Säuren: Schwefelsäure (konz.) zum Lösen von Silber aus Goldsilberlegierungen.
   Schwefelsäure (verd.) zum Lösen von Kupfer aus Kupfersilberlegierungen und aus Kupfererzen.
   Salzsäure zum Lösen von Kupfer aus Kupfererzen.
   Salpetersäure zum Lösen von Silber aus Goldsilberlegierungen.
   Königswasser zum Lösen von Gold aus Goldsilberlegierungen und Pt aus Platinlegierungen.
4. Chlor und Brom in wäßriger Lösung oder gasförmig zum Lösen von Gold aus Erzen.

Bei der Wahl eines passenden Lösungsmittels ist man auf praktische Versuche angewiesen. Irgendeine systematische Behandlung dieses Problems ist kaum angängig. Bei der Ausscheidung des gelösten Metalls kann durch theoretische Überlegung festgestellt werden, welches Metall zum Ausfällen eines anderen geeignet ist. Im allgemeinen läßt sich sagen, daß ein edles Metall durch ein unedles abgeschieden werden kann.

Einen näheren Einblick in die Metallausfällung durch ein anderes Metall erhält man durch die elektroosmotische Theorie von Nernst. Nach dieser Theorie hat jedes Metall, ebenso wie jeder andere Körper, das Bestreben sich in Wasser oder Salzlösungen zu lösen. Ein Metall kann jedoch nicht als solches gelöst werden, sondern geht bei seiner Auflösung in den Ionenzustand — als positives Ion — über. Das ungelöste Metall bleibt bei diesem Vorgang negativ geladen zurück. Die positiv geladenen Ionen werden nun vom negativ geladenen Metall angezogen. — Man erhält auf diese Weise eine Potentialdifferenz. Der elektrostatischen Anziehung wirkt nun das Lösungsbestreben der Metalle — die Lösungstension, der Lösungsdruck — entgegen. Es tritt Gleichgewicht ein, wenn der Lösungsdruck gleich der elektrostatischen Anziehung geworden ist. Da an den einzelnen Ionen sehr große Elektrizitätsmengen haften, tritt das Gleichgewicht ein, ehe beträchtliche Mengen des Metalls in Lösung gegangen sind.

Je größer die Lösungstension eines Metalls ist, d. h. je unedler dasselbe ist, um so größer wird das Potential des Metalls der Lösung gegenüber werden.

Befindet sich das Metall nicht in Wasser, sondern in der Lösung eines seiner Salze, so sind in der Lösung schon Ionen des betreffenden Metalls vorhanden, die bestrebt sind, getrieben durch ihren osmotischen Druck, sich am Metall niederzuschlagen. Der osmotische Druck wirkt also der Lösungstension entgegen. Je größer der osmotische Druck ist, also um so konzentrierter eine Lösung ist, um so weniger Ionen werden von dem Metall in die Lösung geschickt werden können. Bei edlen Metallen mit geringer Lösungstension kann es sogar vorkommen, daß der osmotische Druck größer ist, als die Lösungstension; dann werden positiv Ionen aus der Lösung auf dem Metall niedergeschlagen. Hierbei wird das Metall positiv, die Lösung negativ elektrisch. Die unedlen Metalle bis hinauf zu Zn, Cd, Co, Ni, Fe laden sich stets negativ in der Lösung ihrer Salze. Der Grund hierfür ist in dem Umstand zu suchen, daß infolge der beschränkten Löslichkeit der Salze ihr osmotischer Druck nie Werte annehmen kann, die größer sind, als der Lösungsdruck. Bei edlen Metallen ist es dahingegen umgekehrt.

Wenn die Lösungstension eines Metalls groß ist und in der Lösung Ionen eines anderen Metalls vorhanden sind mit kleiner Lösungstension, so werden unter normalen Verhältnissen die Ionen des betreffenden Metalls ausgeschieden.

Durch diese Nernstsche Theorie wird der Vorgang der Ausfällung eines Metalls durch ein anderes verständlich. Kennt man die Lösungsdrucke der einzelnen Metalle, so läßt es sich ohne weiteres feststellen, welches Metall sich zur Ausfällung eines anderen aus seiner Lösung eignet. Die Lösungstensionen der Metalle lassen sich nun aus den elektrolytischen Einzelpotentialen, welche die Metalle gegen ihre Lösungen zeigen, berechnen.

Die Potentialdifferenz zwischen Metall und den Lösungen, die 1 g Ion des betreffenden Metalls im Liter enthalten, ist durch folgende Beziehung gegeben.

$$E = -\frac{RT}{nF}\ln\frac{P}{p}.$$

In dieser Gleichung bedeutet E die Potentialdifferenz, die man messen kann (vgl. Tabelle XX), $\frac{R}{F}$ die elektrolytische Gaskonstante, n die Valenz der Metallionen, P die gesuchte Lösungstension und p der osmotische Druck; dieser ist unter der Annahme völliger Dissoziation in Ionen gleich 22,4 Atmosphären; denn der osmotische Druck ist gleich dem Gasdruck. Ein Mol eines Gases nimmt aber bei 760 mm Druck und 0° das Volumen 22,4 Liter ein. Beträgt das Volumen 1 Liter, so ist der Druck also gleich 22,4 Atmosphären. Sollen BRIGGsche Logarithmen angewandt werden, so muß der Wert noch mit 2,3025 multipliziert werden. Man erhält nun:

$$E = -10^{-4}\frac{2T}{n}\log\frac{P}{22,4}.$$

Tabelle XX.

Metall	Elektrolytische Potentiale	Wertigkeit	Metall	Elektrolytische Potentiale	Wertigkeit
K	(− 3,20)	1	Sn	< − 0,19	2
Na	− 2,72	1	Pb	− 0,119	2
Ba	(− 2,82)	2	H	± 0	1
Sr	(− 2,77)	2	Cu	+ 0,329	2
Ca	(− 2,56)	2	As	< + 0,29	3
Mg	− 1,49?	2	Bi	+ 0,39	3
Al	− 1,28?	3	Sb	+ 0,47	3
Mn	− 1,07	—	Hg/Hg_2	+ 0,775	—
Zn	− 0,770	2	Hg/Hg	+ 0,835	—
Fe	− 0,46	2	Ag bei 25°	+ 0,798	—
Cd	− 0,42	2	Pd	< + 0,79	—
Tl	− 0,32	—	Pt	< + 0,86	—
Co	ca. − 0,30	2	Au	< + 1,08	—
Ni	ca. − 0,25	2			

Um sich von der Größenordnung der Lösungsdrucke eine Vorstellung zu machen, sind in der Tabelle XXI einige dieser Werte, wie sie HOLLEMAN[2] angibt, zusammengestellt.

[1] Siehe LE BLANC, Lehrbuch der Elektrochemie, 5. Aufl. 239ff. (1911).
[2] HOLLEMAN, Lehrbuch der anorg. Chemie, 9. Aufl. 384 (1911).

Tabelle XXI.

Metall	Valenz	Lösungsdruck P in Atmosphären
Mg	2	10^{43} Atm.
Zn	2	10^{18} „
Cd	2	10^{7} „
Fe	2	10^{3} „
Pb	2	10^{-2} „
Cu	2	10^{-12} „
Hg	1	10^{-15} „
Hg	1	10^{-18} „

Man sieht aus diesen Zahlen, welch verschiedene Werte die Lösungstensionen der einzelnen Metalle haben. Diese Reihe ist naturgemäß mit großen Fehlern behaftet und hat zurzeit auch nur einen orientierenden Wert. Die Reihenfolge der einzelnen Lösungstensionen ist aber sicherlich richtig und gibt für den vorliegenden Zweck die Möglichkeit zu entscheiden, welches Metall geeignet ist, das andere aus seiner Lösung auszufällen. Praktisch wird man natürlich Metalle nehmen, die große Unterschiede in der Reihe der Lösungstensionen zeigen; außerdem werden noch Billigkeitsrücksichten wesentlich mitsprechen. Man verwendet z. B. das billige Eisen zur Fällung von Kupfer und Silber, Kupfer zur Fällung von Silber.

Es sollen nun einige Beispiele für diese Art der Metallgewinnung folgen.

1. Silbergewinnung nach dem Ziervogel-Verfahren.

Das Verfahren gründet sich auf die Überführung des Schwefelsilbers in Sulfat und Auslaugen desselben mit angesäuertem Wasser. Der Prozeß wird angewandt für silberreichen Kupferstein. Dieser wird konzentriert und enthält auf den Mansfelder Werken bei 75% Kupfer etwa 0,4 bis 0,5% Silber. Der fein zerkleinerte Stein wird einer zweimaligen Röstung unterworfen. Bei der ersten Röstung wird Kupfersulfat und Eisensulfat gebildet. Bei der zweiten Röstung, die bei höherer Temperatur vorgenommen wird zersetzen sich die Sulfate wieder, während sich Silbersulfat bildet. Die Sulfatbildung wird durch das bei der Röstung freiwerdende Schwefelsäureanhydrid natürlich stark begünstigt. Das entstandene Silbersulfat wird durch warmes Wasser, welches zweckmäßig angesäuert ist, ausgelaugt. Aus dieser Lösung wird das Silber mittelst Kupfergranalien in kleinen Steinzeugkübeln mit eingesetzten Filterboden ausgeschieden. Das Silber wird mit Säuren gewaschen, getrocknet und endlich in hessischen Tiegeln auf Feinsilber verschmolzen. Das bei dem Prozeß entstehende und durch die Filtervorrichtung ablaufende Kupfersulfat, wird entweder auf Kupfersulfat verarbeitet oder aber durch Eisen ausgefällt.

2. Kupfergewinnung nach Hunt und Douglas.

Nach diesem Verfahren kann man mittelst Eisenchlorür aus Erzen, die das Kupfer als Oxyd oder Carbonat enthalten, Kupfer gewinnen. Die

Erze werden zur Entfernung von Kohlensäure schwach geröstet und dann unter Erwärmen mit einer Lauge, die etwa 10 % Eisenchlorür und 15 % Kochsalz enthält, behandelt. Die Reaktion verläuft nach folgender Gleichung:

$$3\,CuO + 2\,FeCl_2 = Fe_2O_3 + CuCl_2 + 2\,CuCl.$$

Die löslichen Kupfersalze werden durch die Laugerei in Lösung gebracht. Die Lösungen läßt man an der Luft längere Zeit zur Klärung und Abscheidung der basischen Eisensalze stehen. Die noch in Lösung befindlichen Eisensalze werden durch Fällung mit Kalkmilch entfernt. Das Kupfer wird schließlich mit Eisen ausgefällt. Hierbei entsteht durch Umsetzung Ferrochlorid, welches von neuem zur Umsetzung von Kupferoxyd verwandt wird.

Statt durch Ausfällen durch Metalle können die zu gewinnenden Metalle auch durch Elektrolyse gewonnen werden (vgl. hierzu den betreffenden Abschnitt von K. Arndt).

3. Gewinnung von Platin durch Chloration.

Chloration in wäßriger Lösung durch Chlor entwickelnde Gemische — vor allem Königswasser — wendet man sowohl bei der direkten Verarbeitung der Platinerze, als auch zur Scheidung von Legierungen oder von unreinem Rohplatin an.

Zur Aufschließung des Rohplatins wird z. B. von Heraeus-Hanau dasselbe in Glasretorten in verdünntem Königswasser unter Druck, wodurch der Prozeß beschleunigt wird, behandelt. Die Lösung wird eingedampft und der Rückstand auf etwa 125° erhitzt. Iridium und Palladium gehen hierbei in unlösliche Sesquichloride über. Platinchlorid läßt sich leicht durch Salzsäure extrahieren. Aus dieser Lösung wird das Platin durch Salmiak als Platinsalmiak $Pt(NH_4)_2Cl_6$ gefällt.

Letzteres wird von der Lösung durch Dekantieren und Filtrieren getrennt. Schließlich wird es durch Glühen in Platinschwamm überführt:

$$Pt(NH_4)_2Cl_6 = Pt + 2\,NH_4Cl + 2\,Cl_2.$$

Regulinische schwer schmelzbare Metalle.[1]

Von

L. Weiß-Barmen.

Inhalt.

Auf S. 440 u. 441 Bd. I wurde schon hingewiesen auf die bei der Herstellung der pulverförmigen Metalle Wolfram, Molybdän, Zirkon und Titan zu beobachtenden Umstände. Demgemäß bereitet die Gewinnung von reinem Wolfram und Molybdän keine großen Schwierigkeiten, während die von Zirkon und Titan in völlig reinem Zustand bis jetzt noch nicht gelungen ist. Die Reinigung dieser Metalle wird am besten gleichzeitig mit dem Schmelzprozeß selbst vorgenommen; man erhält, wie schon erwähnt, sehr reines Titan und Zirkon im elektrischen Vakuumofen, sofern das Rohmaterial frei von Kohlenstoff ist und möglichst wenig Silicium und Sauerstoff enthält.

1. Das pulverförmige Wolframmetall wird schon seit Jahren fabrikmäßig hergestellt; das übliche Handelsmetall enthält 96 % Wolfram, während der Rest meist aus Eisen, Kieselsäure und Spuren von Mangan, Zinn, Arsen und Kohlenstoff besteht. Die Fabriken liefern aber auch Metall bis zu 98 % und selbst 99 % Wolfram. Diese technischen Metalle sind im elektrischen Vakuumofen ziemlich leicht schmelzbar, jedoch liefern sie nur ein in der Rotglut etwas duktiles Metall; durch andauerndes Schmelzen im Wasserstoffvakuum und bei gleichzeitigem Zumischen geringer Mengen von reiner Wolframsäure (ca. 5 %) kann die Reinheit des Produktes und damit die Duktilität wesentlich gesteigert werden.

Sehr reines Wolframmetall wird aus Ammoniumwolframat erhalten, indem man die ammoniakalische Lösung von roher Wolframsäure zwei- bis dreimal mit überschüssiger Salzsäure umfällt und schließlich als Ammoniumparawolframat kristallisiert und im Wasserstoffstrom auf Rotglut erhitzt.

Die Reduktion der Wolframsäure nach Délepine[2] mit Zink ist nicht sehr empfehlenswert, weil man die aus den Materialien stammenden Verunreinigungen nicht völlig entfernen kann. Das sog. amorphe Wolfram,

[1] Als Einleitung hierzu siehe in Bd. I unter „Elektrische Vakuumöfen“.
[2] C. r. **131**, 184.

ein schwarzes, voluminöses Pulver, wird durch Reduktion von reinster Wolframsäure mit Wasserstoff bei Rotglut gewonnen. Es enthält stets noch beträchtliche Mengen Sauerstoff und wird verwendet zur Herstellung von Wolframglühfäden nach dem Pasteverfahren.

2. Auch Molybdänmetall in Pulverform ist heute im Handel; es ist etwa von gleichem Reinheitsgrad wie das technische Wolfram. Was beim Wolfram über den Einfluß der Verunreinigungen auf die Duktilität gesagt wurde, gilt — wenn auch etwas gemildert — vom Molybdän.

Man stellt sich Molybdänmetallpulver am besten durch Reduktion der Molybdänsäure mit Wasserstoff oder durch Glühen von Ammoniummolybdat im Wasserstoffstrom her. Sehr empfehlenswert ist ein zweimaliges Sublimieren der Molybdänsäure in Hartglasröhren.

Über die Durchführung der Schmelzprozesse zum Zwecke der Herstellung von regulinischem Wolfram, Molybdän, Zirkon und Titan s. Bd. I Vakuumöfen.

Wolfram und besonders Molybdän werden auch von Th. Goldschmidt-Essen nach dem aluminothermischen Verfahren hergestellt. Man erhält dabei allerdings nur Legierungen mit mehr oder weniger Aluminium, die aber (besonders Molybdän) geschmolzen sind.

Das geschmolzene Wolframmetall besitzt eine Härte von 6,5 bis 7,5; ganz reines Metall ist duktil, besonders bei Rotglut.

Spez. Gewicht: 18,7 bis 19,2. Atom-Vol. ca. 9,7.

Spez. Wärme: 0,0358.

Atomwärme: 6,59 (W = 184).

Verbrennungswärme: 32,108 Cal. pro 1 Äquiv. $\left(\frac{W}{6}\right)$.

Wolfram ist ein guter Leiter der Elektrizität.

Geschmolzenes Metall oxydiert sich beim Glühen an der Luft nicht merklich; es bekommt aber schöne Anlauffarben. Im übrigen stimmen die Eigenschaften ziemlich mit denjenigen des pulverförmigen Metalles überein.

Das regulinische Molybdän hat die Härte 5,5.

Spez. Gewicht: 10,21.

Verbrennungswärme: 28,096 Cal. pro 1 Äquiv. $\left(\frac{Mo}{6}\right)$.

Ebenfalls guter Wärmeleiter.

Reines regulinisches Molybdän ist bei einer ca. 500° bis 600° nicht übersteigenden Temperatur sehr duktil. — Beim Glühen an der Luft verbrennt das Metall ziemlich leicht zu flüchtiger Molybdänsäure; durch Glühen in kohlenstoffhaltiger Atmosphäre nimmt es Kohlenstoff auf, wird härter, spröde und wesentlich leichter schmelzbar.

Über die Zugfestigkeit gezogener Wolfram- und Molybdändrähte siehe C. G. Fink, Chem. Ztg. 1910, S. 724.

Über den Schmelzpunkt von Wolfram und Molybdän haben M. v. Pirani und Alfred R. Meyer[1] folgende Tabelle aufgestellt:

[1] Ber. Phys. Ges. 14, 428 (1912).

Wolfram (Schmelzpunkt in ° C).

c_2[1]	WAIDNER u. BURGESS[2]	v. WARTENBERG[3]	v. PIRANI[4]	RUFF u. GOECKE[5]	LANGMUIR[6]	v. PIRANI u. MEYER[7]
14200	3376—3158	3028	**3350**	2668	3296	**3100**
14500	**3250—3050**	2931	3226	2597	**3177**	2997
14600	3211—3017	**2900**	3188	**2575**	3140	2965
			Molybdän.			
14200	2564	2586	—	2163	—	2450
14500	**2500?**	2523	—	2123	—	2393
14600	2480	>**2500**	—	**2110**	—	2375

3. Zirkonmetall stellt man her:

a) aus Kaliumzirkonfluorid durch Reduktion mit Natrium. L. WEISS und E. NEUMANN[8] sowie E. WEDEKIND und S. J. LEWIS[9] haben in letzter Zeit diese von BERZELIUS angegebene Methode genau ausgearbeitet. Kaliumzirkonfluorid wird aus Zirkonoxyd (roher Zirkonerde) in der Weise hergestellt, daß man zu geschmolzenem Monokaliumfluorid KHF_2 so lange Zirkonerde ($1 ZrO_2 : 3 KHF_2$) in kleinen Portionen einträgt, als noch eine Auflösung stattfindet; die geschmolzene Masse wird — noch flüssig — in eine große kalte Platinschale gegossen, erkalten gelassen und in kochendem Wasser, dem man einige Tropfen Flußsäure zusetzt, aus Hartbleigefäßen umkristallisiert. Die letzten Kristallanschüsse enthalten etwas Titan, während Eisen in die Mutterlaugen geht.

Das bei etwa 100° getrocknete, schön kristallisierte Salz wird sodann in einem eisernen oder kupfernen Gefäß unter Luftabschluß mit Natrium reduziert. Das Gefäß erhält die Gestalt eines unten geschlossenen Zylinders, der durch einen aufschraubbaren Deckel mit Kupferdichtungsring verschlossen ist; der obere Teil des Zylinders wird von einem gut anliegenden wasserdurchflossenen Kühlmantelring gebildet. Im Deckel befindet sich ein Ansatzrohr, an welches eine Vakuumpumpe angeschlossen wird. Das benötigte Natrium wird vorher in einem großen eisernen Löffel umgeschmolzen und in paraffinierte Pappdeckelhülsen gegossen, deren Durchmesser dem des Reduktionsgefäßes gleicht. Die so erhaltenen Natriumstangen werden vor dem Gebrauch mittelst eines mit Äther getränkten Tuches fest abgerieben, wodurch sie ein quecksilberartiges Aussehen erhalten. Man stellt sich sodann in einer Platinschale eine genügende

[1] Konstante c_2 des WIENschen Gesetzes.
[2] The measurement of high temperatures p. 446—492. 1912.
[3] Ber. **40**, 3287 (1907) und Verh. d. d. Phys. Ges. **12**, 121 (1910).
[4] Ebenda (Verh.) **12**, 301 (1910).
[5] Z. angew. Ch. **24**, 1459 (1911).
[6] Journ. amer. Elektrochem. Soc. **21**, 9 (1911). [7] Ber. Phys. Ges. **14**, 428 (1912).
[8] Z. anorg. Ch. **65**, 248 (1909).
[9] Ann. **371**, 366 (1910); Z. angew. Ch. **22**, 725 (1909); Z. anorg. Ch. **45**, 385 (1905).

Menge schmelzflüssigen Zirkonkaliumfluorids her und gießt es in eine geeignete Metallform, um so flache runde Platten von gleicher Dicke, gleichem Durchmesser und annähernd gleichem Gewicht zu erhalten. Diese Platten werden nun in das Reaktionsgefäß abwechselnd mit äquivalenten Mengen von Natrium eingelegt. Man hat sich vorher ausgerechnet, welche Mengen von Natrium man benötigt ($1^1/_5$ fache der Theorie), wägt ab und zerschneidet sie sodann mit einem geeigneten Messer oder dünnem Stahldraht (an einer Würge) in ebenso viele gleich große Platten als man Platten aus Kaliumzirkonfluorid hat. Schließlich streut man noch eine etwa 1 cm starke Schicht von Natriumkaliumchlorid (geschmolzenes) auf, schraubt den Deckel auf, evakuiert und erhitzt nunmehr den unteren Teil des Bodens mit einer Gebläseflamme ($^1/_2$ Stunde lang). Nach dem völligen Erkalten nimmt man die Vakuumleitung weg, setzt auf den Ansatzstutzen einen Rückflußkühler auf, kühlt den Boden des Gefäßes mit Eis und läßt einige Kubikzentimeter absoluten Alkohols einsaugen, was man öfters wiederholt, bis schließlich ca. 60 ccm eingesaugt sind; schließlich erwärmt man das Reaktionsgefäß in einem Wasserbad, läßt wieder abkühlen, öffnet den Deckel und entleert in eine mit gekühltem Alkohol gefüllte Porzellanschale (durch Kratzen mit einem scharfen Meißel bringt man den Rest der geschmolzenen Substanz aus dem Gefäß). Gewöhnlich findet noch eine Nachentwicklung von Wasserstoff statt; man wäscht sodann unter Alkohol so lange, bis die alkalische Reaktion verschwunden ist, später mit lauwarmem Wasser, bis alles Fluorkalium entfernt ist, und schließlich auf der Nutsche, wobei die Substanz stets von Flüssigkeit bedeckt sein muß, mit Alkohol und zuletzt mit Äther. Da das sehr fein verteilte schwarze Zirkonpulver energisch Wasser (bis 5 $^0/_0$) zurückhält, muß man es noch auf 200^0 im Vakuum erhitzen; im Hochvakuum (0,1 mm) auf 300^0 erhitzt, wird es pyrophorisch und entzündet sich selbst noch 14 Stunden nach dem Erkalten des Erhitzungsgefäßes, sobald es mit Luft in Berührung kommt.

Das auf solche Weise erhaltene amorphe Zirkonium enthält stets beträchtliche Mengen von Sauerstoff, daneben meistens noch Spuren von Wasser, Stickstoff, Alkalimetall und organischer Substanz.

Das spezifische Gewicht für ein ca. 93,5 $^0/_0$iges Metall beträgt: 4,7, während das reine geschmolzene Zirkonmetall eine Dichte von 6,4 besitzt. Enthält das amorphe Zirkonium einen geringeren Metallgehalt (82 $^0/_0$), so ist es für den elektrischen Strom nicht leitend, während höher prozentiges Metall (ca. 93—97 $^0/_0$) in gepreßtem Zustand den Strom ziemlich gut leitet. Erhitzen der gepreßten Stifte im Hochvakuum auf 800—1000^0 bewirkt eine beträchtliche Steigerung der Leitfähigkeit, die so stark sein kann, daß auch unreineres Material leitend wird.

Das amorphe Zirkonium verbrennt schon bei gelindem Erhitzen mit blendendem Licht zu einem Gemisch von ZrO_2 und Zr_2O_3. Das geschmolzene Metall verbrennt in Luft nur bis zum Sesquioxyd, während im komprimierten Sauerstoff eine Oxydation bis zu ZrO_2 erfolgt. Das amorphe Produkt ist verdünnten Mineralsäuren gegenüber sehr beständig, selbst konzentrierte Salpetersäure greift es kaum an; dagegen löst ein Gemisch von Salpeter- und Flußsäure mit großer Heftigkeit; nur Chlor wirkt auf amorphes Metall träger ein als auf geschmolzenes (Bildung von flüchtigem $ZrCl_4$). Schwefel und Selen werden unter Feuererscheinungen aufgenommen. Auffällig ist, daß das amorphe Metall auch beim Erhitzen auf Rotglut keinen Wasserstoff aufnimmt, während das geschmolzene Metall unter diesen Umständen Zirkoniumwasserstoff ZrH_2 liefert. Durch Digerieren des amorphen Metalls mit verdünnten Mineralsäuren erhält man kolloidale Lösungen desselben. Siehe hierzu noch WEDEKIND, Ann. **395**, 180 (1913).

b) Ein weiteres Ausgangsmaterial für die Darstellung von geschmolzenem Zirkonmetall bildet das sog. kristallisierte Zirkonium, eine Legierung von Zirkon mit Aluminium (nach WEDEKIND[1] $ZrAl_2$, nach WEISS und NEUMANN Zr_4Al_5—Zr_3Al_4). Diese sehr schön kristallisierende Substanz wird im Vakuumofen bei andauerndem Erhitzen geschmolzen, wobei sich der größte Teil des Aluminiums verflüchtigt (maximal wurde Metall mit 91,35 % Zr erhalten).

Um Zirkonaluminium herzustellen, schmilzt man (nach TROOST[2]) in einem Graphittiegel Kaliumzirkonfluorid, trägt dann Aluminiumbarren ($1 K_2ZrF_6 : 1,5 Al$) ein, bedeckt nach vollzogener Reduktion mit festem Kaliumchlorid und läßt im Ofen erkalten. Man erhält so einen Aluminiumbrocken, der mit vielen Metallplättchen durchsetzt ist und der außerordentlich zähe und daher recht schwierig zu zerkleinern ist. Man übergießt ihn mit Natronlauge, um das freie Aluminium zu lösen und läßt so lange stehen, bis kein Wasserstoff mehr entweicht. Schließlich erhält man nach dem Behandeln mit Salzsäure, Alkohol und Äther antimonartige glänzende Blättchen, welche beim Glühen an der Luft nicht verbrennen, jedoch in gelben, blauen bis tombakbraunen Farben anlaufen. Auch kochende Alkalien greifen die Substanz nicht an und auch nur heiße konzentrierte Säuren lösen sie langsam auf; Königswasser löst in der Hitze rasch, Flußsäure schon in der Kälte. Das spezifische Gewicht ist: 3,88—3,94.

c) Auch aus Zirkonoxyd läßt sich Zirkonmetallpulver herstellen, und zwar — nach H. KUZEL und E. WEDEKIND[3] — dadurch, daß man ein inniges Gemenge von Zirkonoxyd und Calciummetall im Vakuum reduziert. Der dazu verwendete Apparat ist ganz ähnlich wie der sub a angegebene (unter Hinweglassung des Kühlringes). Man vermahlt Calciumspäne und Zirkonoxyd in einer Kugelmühle kurze Zeit, wobei man gut verschließen muß, um Wasserstoffansammlung möglichst zu vermeiden.

Ein Gemenge von 50 g reinem Zirkonoxyd und 64 g Calcium wird in ein sorgfältig getrocknetes, einseitig geschlossenes, eisernes Rohr von 36,5 cm Länge, 6,5 cm lichtem Durchmesser und 5 mm Wandstärke eingebracht, worauf ein eiserner — mit Öse versehener — Schutzdeckel, der

[1] Z. angew. Ch. **22**, 725 (1909).
[2] C. r. **61**, 109 (1865). J. B. **1865**, 182.
[3] D.R.-P., angem. 9. Okt. 1909, Kl. 40a, K 42377. Ann. **395**, 149 (1913).

zur Schonung der Bleidichtung dient, locker eingesetzt wird, und zwar etwa 10—15 cm unterhalb des an der Außenwand des Rohres befindlichen Gewindes. Hierauf wird der aus Rotguß hergestellte und ebenfalls mit einem starken Gewinde versehene Deckel aufgeschraubt und auf dem Schraubstock so fest wie möglich angezogen; als Dichtung hat sich Blei bewährt, das als starker Ring in den Deckel eingegossen war, der mit einem gutschließenden Metallhahn versehen ist. Man evakuiert zunächst mit der Wasserstrahlluftpumpe. Um die dem Pulver anhängende Luft schneller und sicherer herauszuschaffen, wird nach Erreichung des niedrigsten Druckes das untere Rohrende in Wasser von 80—90° erwärmt, wobei zunächst der Druck steigt. Wenn das Manometer wieder den früheren Druck anzeigt, wird die Verbindung mit der Hochvakuumpumpe hergestellt; mit einer guten Dichtung gelingt es auf 0,5—0,1 mm zu evakuieren. Hierauf wird der Metallhahn sofort geschlossen, die Verbindung mit der Vakuumpumpe gelöst, und das Rohr ohne Verzug an einem bereitstehenden Stativ in senkrechter Stellung befestigt und am Boden mit der Gebläseflamme bis zum Eintritt der Reaktion erhitzt. Letztere gibt sich in der Regel dadurch leicht zu erkennen, daß auch diejenigen Teile des Apparates in mehr oder weniger starkes Glühen geraten, welche von der Flamme nicht getroffen werden. Im Augenblicke des Erglühens wird die Flamme abgestellt und sofort mit der Gebläseluft gekühlt. Sobald kein Glühen mehr zu erkennen ist, wird das noch warme Rohr — bis etwa 10 cm unter dem Deckelrand — in kaltes Wasser getaucht. Nach dem völligen Erkalten, d. h. nach mindestens $^3/_4$ Stunde, wird das Rohr geöffnet, dessen Innenwände durchweg bis zum Schutzdeckel mit einem weißen Überzug von Kalk bedeckt sind. Der Inhalt läßt sich in der Regel durch Klopfen als zusammengebackene poröse Masse leicht herausschaffen; an den Wandungen haftende Anteile werden verworfen bzw. nur für qualitative Reaktionen aufgehoben. Der erhaltene Klumpen wird möglichst schnell zerkleinert und zunächst zur Entfernung des überschüssigen Calciums mit ausgekochtem kalten Wasser behandelt. Es empfiehlt sich, hierbei möglichst unter Abschluß von Luft zu arbeiten, was dadurch leicht erreicht werden kann, daß man das Gefäß in einen mit Tubus und aufgeschliffenem Deckel versehenen Zylinder bringt: durch den Tubus wird Wasserstoff eingeleitet, während mit einem durch eine Öffnung des Deckels eingeführten Rührer die Masse in Bewegung gehalten wird. Wenn die Reaktion nachgelassen hat, wird Essigsäure und schließlich stark verdünnte Salzsäure bis zur bleibenden sauren Reaktion zugefügt. Der Rückstand wird möglichst schnell fein zerrieben und nochmals unter Luftabschluß mit verdünnter ausgekochter Salzsäure digeriert. Darauf wird das Ganze — ebenfalls unter Luftabschluß — filtriert und mit luftfreiem Wasser bis zum Verschwinden der Calciumreaktion gewaschen. Hierzu dient ein auf einer Absaugflasche montierter Vorstoß, welcher mit einer Filterscheibe und mit einem durchbohrten Stopfen versehen ist: die eine Öffnung dient der Wasserstoffzufuhr, die andere ist für den Tropftrichter bestimmt, welchem das luftfreie Wasser direkt aus einem unter Wasserstoffdruck stehenden Reservoir zugeführt wird. Nach beendetem Auswaschen wird das Wasser durch Aceton verdrängt, worauf das Pulver zunächst im Exsiccator bei gewöhnlicher Temperatur und dann im Hochvakuum bei 250—300° getrocknet wird. Der für die Analyse bestimmte Anteil wurde dann noch bei höherer Temperatur (800—1000°) in völlig evakuierten Porzellanröhren entgast. Diese Operation wird in einem kleinen Kryptolofen von FRIEDRICH vorgenommen: ein Reagenzglas aus Berliner Porzellan (15 cm Länge, 1,9 cm Durchmesser) wird mit etwa 5 g Metallpulver beschickt, mit einem doppelt durchbohrten Gummistopfen versehen, durch dessen eine Öffnung das Schutzrohr für das Thermoelement geht, während die andere Öffnung für das Zuleitungsrohr bestimmt ist, an welches ein mit zwei Glashähnen versehenes T-Rohr angeschmolzen ist. Der eine Hahn ist mit der Wasserstrahlpumpe, der andere mit der Hochvakuumpumpe verbunden. Der obere Teil des Porzellanrohres wird zum Schutz des Gummistopfens in einer Länge von etwa 6 cm von einem Kühler aus Eisenblech umgeben; der untere Teil des Rohres befindet sich direkt in der Kryptolmasse des Ofens. Es wird zunächst mit der Wasserstrahlpumpe evakuiert, dann angeheizt und schließlich Hochvakuum hergestellt. Sobald die Quecksilberpumpe die entwickelten Gase nicht mehr fortschaffen kann, wird der Strom abgestellt, auf etwa 200° abkühlen lassen, mit der Wasserstrahlpumpe von neuem evakuiert und schließlich nach abermaligem Einschalten des Stromes wieder Hochvakuum hergestellt. Die Temperatur wird langsam auf 900—1000° gesteigert und dann etwa 10 Minuten auf 1000—1050° belassen. Abgekühlt wird unter ständigem Evakuieren, bei 250° kann das Porzellanrohr aus der Kryptolmasse herausgezogen und durch Herunterziehen des Metallkühlers schnell auf Zimmertemperatur gebracht werden.

Der Inhalt der Porzellanröhren bietet nun bei vielen Versuchen insofern Überraschung, als das Metall zu vollständig zusammenhängenden Klumpen zusammengesintert ist; einige Stücke sehen wie Reguli aus, die nur von einigen Poren durchsetzt sind. Durch Abfeilen des unansehnlichen Überzugs und Anschleifen einer Fläche auf der Korundscheibe wurde ein schöner Metallspiegel erhalten, der auch beim Liegen an der Luft sich nicht veränderte. Da das Zirkonium erst bei Temperaturen schmilzt, die wesentlich höher sind, wie die bei den Entgasungsversuchen angewandten, so muß hier ein durch den physikalischen Zustand des feinen Metallpulvers begünstigter Sinterungsprozeß eingetreten sein. WEDEKIND hat sich davon überzeugt, daß ein aus den Klumpen durch Zertrümmerung gewonnenes Pulver unter den gleichen Bedingungen nicht mehr zum Schmelzen zu bringen ist.

Man kommt auf diesem Wege zu Zirkoniummetall, welches etwa 98 % Zr frei, 1,8 % ZrO_2 und 0,5 % O enthält.

Die Dichte des pulverförmigen Metalls ergab sich zu 5,98 bei 18°, diejenige der geschmolzenen Stücke zu 6,204 bei 17,5° bzw. 6,280 bei 11°.

Durch einen besonderen Versuch wird festgestellt, daß ein Gehalt an

Oxyd fast gar keinen Einfluß auf die Dichte hat: ein Gemisch von 40% Metall und 60% Oxyd, das gepreßt und im Vakuum erhitzt war, hatte bei 21° die Dichte 5,97.

Die Ausbeute an pulverförmigem Material beträgt durchschnittlich 36 g aus 50 g Oxyd, das sind 97,5% der Theorie.

Nach dem gleichen Verfahren lassen sich auch Titan, Uran, Wolfram, Molybdän, Thorium und angeblich auch Cerium herstellen.[1]

Eigenschaften des geschmolzenen Zirkoniums:

Spezifisches Gewicht: 6,4.[2 u. 3]
Härte: 7,5[2] bzw. 6,5 bis 6,9.[3]
Spezifische Wärme: 0,0804[2] bzw. 0,0670[3] und 0,0743.[3]
Atomwärme: 7,3164[2] bzw. 6,4.[3]
Verbrennungswärme: 44,56 cal[2] pro 1 Äquivalent $\left(\frac{Zr}{4}\right)$.
Leitfähigkeit: Guter Leiter; anodische Passivierbarkeit gegenüber Salzsäure.
Stellung in der Spannungsreihe: Au, Pt, Pd, Ta, Zr, Ag, Hg.[3]
Schmelzpunkt: etwa 2450°.[2] — 2350° (W. v. BOLTON).[4] — 1530° (BURGESS).[4]

Die chemischen Eigenschaften des geschmolzenen Zirkoniums wurden teilweise schon weiter oben im Zusammenhang mit denjenigen des amorphen Metalles besprochen. Es ist noch folgendes nachzutragen:

Das geschmolzene Metall verbrennt beim Glühen kompakter Stücke nur äußerst langsam; feines Pulver verbrennt leicht zu $ZrO_2 + Zr_2O_3$.

Beim Erhitzen an der Luft wird zunächst etwas Stickstoff aufgenommen (bei 100—200°), der bei höherer Temperatur wieder durch Sauerstoff verdrängt wird.

Wasser ist ohne Einwirkung auf das regulinische Metall.

Chlor, Brom und Jod liefern unter Feuererscheinung die entsprechenden Halogensalze.

Ammoniak liefert bei Rotglut ein graugrünes Stickstoffprodukt.

Phosphor gibt unter geringer Feuererscheinung einen schwarzen phosphorhaltigen Körper.

Schwefel und Selen verhalten sich wie gegen amorphes Metall.

Eisen legiert sich nur schwer mit Zirkon; dagegen erhält man im Carbidofen leicht Legierungen mit Eisen bis zu 50% Zr.

Verdünnte Säuren wirken kaum, konzentrierte Salzsäure erst beim Kochen etwas, Salpetersäure gar nicht, während konzentrierte Schwefelsäure das Metall in der Hitze allmählich auflöst. Königswasser und Kaliumchlorat-Salzsäure sind ohne Einwirkung. Geschmolzenes Ätzkali bewirkt starken Angriff, Ätzkali und Salpeter oxydieren unter Feuererscheinung; mit Salpeter gerieben entstehen Funken, beim Schmelzen damit ein heftiges

[1] Siehe auch ALFRED BURGER (Reduktionen durch Calcium), Dissert., Universität Basel 1907.
[2] L. WEISS u. E. NEUMANN.
[3] E. WEDEKIND u. S. J. LEWIS.
[4] D. R.-P., angem. 9. Okt. 1909. Kl. 40a. K 42377. Ann. **395**, 149 (1913).

Verbrennen. Leicht reduzierbare Metalloxyde (z. B. CuO und Pb_3O_4) werden explosionsartig reduziert.

4. Titanmetall in regulinischem Zustand kann in analoger Weise wie das Zirkonium sowohl aus dem amorphen Metall als auch aus Titanaluminium (Al_3Ti_2) hergestellt werden.[1]

Die dazu verwendeten Methoden und Apparate sind die gleichen wie unter Zirkon angegeben, so daß es sich erübrigt hierüber Näheres auszuführen.[2] Man verwendet als Ausgangsmaterial den billigen Rutil.

Das amorphe Titan von Weiss und Kaiser enthielt: 85,65 % Ti, 3,27 % Fe, 2,67 % H, 0,42 % C, 7,99 % O (Diff.). Spez. Gewicht 3,988. Es entwickelte beim Kochen mit Wasser keinen Wasserstoff, war von satt schwarzer Farbe und leitete den elektrischen Strom gut; mit Stickstoff bildet es TiN.

Das Titanaluminium (Al_3Ti_2) hatte ein spez. Gewicht von 3,348, während ein nach Manchot und Richter[3] hergestelltes Produkt (ca. Al_3Ti_2) ein spez. Gewicht von 3,448 besaß. Manchot und Richter fanden für Al_3Ti den Wert 5,5.

Eigenschaften von regulinischem Titan.

Spezifisches Gewicht: 5,174 (19—20°)[4] bzw. 4,5.[5]
Atomvolumen: 9,304.[4]
Spezifische Wärme: 0,1418.[4]
Atomwärme: 6,830.[4]
Verbrennungswärme: 24,443[4] Cal, nach W. G. Mixter[5] aber 54,2 Cal pro 1 Äquivalent $\left(\frac{Ti}{4}\right)$.
Schmelzpunkt: ca. 2200° bzw. 1800—1850°.[6]

Die chemischen Eigenschaften stimmen im allgemeinen mit jenen des amorphen Metalles überein, jedoch wird ersteres nur von Königswasser in der Hitze gelöst; Flußsäure, sowie Fluß-Salpetersäure lösen beide Modifikationen leicht; eine völlig klare Lösung wird jedoch nur durch Schmelzen mit Kaliumbisulfat erzielt. In gepulvertem Zustand in eine Flamme gestreut, verbrennt Titan mit heftigem Funkensprühen, beim Aneinanderschlagen zweier Stücke oder Anschlagen mit einem Stahl tritt ein heißer Funken auf. Im Chlorgas verbrennt es bei Rotglut mit weißer, ins Blaue spielender Flamme zu $TiCl_4$. Metallpulver mit $KClO_3$, KNO_3 oder $KMnO_4$ explodieren heftig bei geringer Erwärmung. Laugen greifen das geschmolzene Metall nicht an. Beim Verbrennen an der Luft entstehen niedrige Oxyde, nur in komprimiertem Sauerstoff bildet sich TiO_2. Bei etwa 1000° bildet sich im Stickstoffstrom das Nitrid TiN.

[1] Auch aus Titanoxyd und Calcium (nach Kuzel u. Wedekind).
[2] Siehe L. Weiss u. H. Kaiser, Z. anorg. Ch. **65**, 353 (1910).
[3] Ann. **357**, 140 (1907).
[4] Bestimmungen von L. Weiss u. H. Kaiser, l. c.
[5] Am. J. Science **32**, 393 (1900) u. Z. anorg. Ch. **74**, 122 (1912).
[6] Bestimmungen von M. A. Hunter, J. Am. Ch. S. **32**, 330 (1910).

Ceritmetalle.

Von

L. Weiß-Barmen.

Inhalt.

Das bei der Fabrikation des Thoriumnitrates (zum Zwecke der Herstellung von Gasglühlichtkörpern) abfallende Gemisch von seltenen Erden enthält hauptsächlich Cer, Praseodym, Neodym, Lanthan, Samarium Yttrium, Erbium, Ytterbium (bzw. dessen Komponenten), ferner sehr geringe Mengen von Terbium, Europium, Scandium usw., sowie — je nach der Darstellung — noch mehr oder weniger große Mengen von Eisen, Phosphorsäure, Schwefelsäure und oft auch Kieselsäure. Diese Abfallstoffe werden von der Gasglühlichtindustrie entweder in Form von gelb- bis rotbraunen Oxyden oder aber als schwach rötlich gefärbte bis weiße basische Carbonate und auch als Alkalidoppelsulfate zu verhältnismäßig billigem Preis abgegeben (1 kg Oxyd kostet ca. 2—5 Mark, je nach Reinheit). Für die Darstellung der Ceritmetalle kommen besonders die Oxydgemische (kurzweg Ceritoxyde oder auch Mischoxyde genannt) sowie die basischen Carbonate als Rohmaterialien in Betracht. Sulfate sind weniger geeignet, weil sie wegen des meist hohen Alkaligehaltes umständlicher zu verarbeiten sind und weil die Schwefelsäure nur aur recht langwierige Weise gänzlich zu entfernen ist; die Schwefelsäure ist bei der Elektrolyse äußerst störend, und sie darf daher in den verwendeten Materialien nicht vorhanden sein. Noch ungünstiger wirken Phosphor und Silicium, weil diese einerseits ein wenig haltbares, leicht zu Oxydation und Zerfall neigendes unreines Metall liefern, andererseits aber die Durchführung der elektrolytischen Abscheidung sehr erschweren, ja diese event. unmöglich machen. Ein Gehalt an Phosphor- und Kieselsäure ist besonders bei den technischen Oxydgemischen sehr häufig, weil der Monazit, aus welchem sie gewonnen werden, ein Phosphat ist, das häufig auch etwas Kieselsäure enthält. Es ist deshalb im allgemeinen das Gemisch der basischen Carbonate vorzuziehen, da diese leicht von den genannten Verunreinigungen befreit werden können, sofern solche darin überhaupt vorhanden sind. Manche Fabriken liefern aber nur Mischoxyde, weshalb auch auf deren Zubereitung zur Elektrolyse hier eingegangen werden soll.

Allgemeines.[1]

Die Darstellung der Metalle geschieht stets durch Elektrolyse. Alle anderen sonst üblichen Mittel zur Metallgewinnung versagen hier, weil die Ceritmetalle sich durch eine sehr große Energie gegenüber Sauerstoff auszeichnen, welche diejenige des Aluminiums wesentlich übertrifft; nur das Cer hat eine etwas niedrigere Verbrennungswärme als das Aluminium. Es ist deshalb unmöglich, Ceritoxyd mit Aluminium (nach GOLDSCHMIDT) zu reduzieren. Nur in dem Falle, wenn gleichzeitig ein sehr bedeutender Überschuß von anderen, leicht reduzierbaren Metalloxyden (z. B. Eisenoxyden) vorhanden ist, wird ein geringer Anteil der Ceritoxyde durch Aluminium mit reduziert, und man erhält alsdann Legierungen mit etwa 2—4 % Gehalt an Cermetall.

Die Verbrennungswärme der Ceritmetalle[2] seien hier tabellarisch zusammengestellt:

1 g Metall entwickelt		Verbrennungswärmen			
		pro Molekül		pro Äquivalent	
Mg . .	5870,8 cal.	MgO	143,0 Cal.	$\frac{1}{2}$ MgO . .	71,5 Cal.
Al .	7140 „	Al_2O_3	385,6 „	$\frac{1}{6}$ Al_2O_3 .	64,3 „
Ce . .	1603,2 „	CeO_2	224,6 „	$\frac{1}{4}$ CeO_2 . .	56,1 „
Pr . .	1466,8 „	Pr_2O_3	412,4 „	$\frac{1}{6}$ Pr_2O_3 .	68,7 „
Nd . .	1506,0 „	Nd_2O_3	435,1 „	$\frac{1}{6}$ Nd_2O_3 .	72,5 „
La . .	1602,1 „	La_2O_3	444,7 „	$\frac{1}{6}$ La_2O_3 .	74,1 „
Mischmetall	1655,5 „	60 % Me_2O_3 + 40 % CeO_2	535,9 „	$\frac{1}{6,8}$ Me_2O_3 .	78,8 „

Die Verbrennungswärme des Mischmetalls überragt also sogar die des Magnesiums beträchtlich, und es ist deshalb erklärlich, daß das Mischmetall ein vorzügliches Reduktionsmittel im Sinne GOLDSCHMIDTs ist.[3]

Die elektrolytische Abscheidung der Ceritmetalle kann auf zweierlei. Art erzielt werden, nämlich aus den

I. Chloriden[4] und

II. Oxyden, die in Ceritfluoriden im Schmelzbad[5] aufgelöst werden

I. Elektrolyse der Chloride.

1. Prinzip.

Wasserfreie Chloride werden geschmolzen und zwischen Kohlenelektroden zerlegt. — Die von BUNSEN, bzw. HILLEBRAND und NORTON

[1] Siehe auch: H. KELLERMANN, Die Ceritmetalle und ihre pyrophoren Legierungen, Monographien über chemisch-techn. Fabrikations-Methoden Bd. XXVII. Halle a. S. Verlag von W. Knapp.

[2] MUTHMANN u. WEISS, Ann. **331**, 44 (1903).

[3] Siehe hierzu WEISS u. AICHEL, Ann. **337**, 370—389 (1905).

[4] BUNSEN, HILLEBRAND u. NORTON, Pogg. **156**, 466 (1875), dann MUTHMANN, HOFER u. WEISS, Ann. **320**, 231—269 (1901), ferner MUTHMANN, WEISS, Ann. **331**, 1—46 (1903).

[5] MUTHMANN, WEISS u. SCHEIDEMANDEL, Ann. **355**, 116—136 (1907).

angegebene Verwendung einer Eisenkathode führt nicht zu reinem Metall, vielmehr bilden sich leicht Eisenlegierungen; deshalb ist die Anwendung von Kohlenkathoden vorzuziehen.

2. Materialien.

a) Es stehen basische Ceritcarbonate zur Verfügung.

Diese werden in schwefelsäurefreie Salzsäure (darf eisenhaltig sein) eingetragen, worin sie sich stürmisch lösen. Das event. vorhandene Ferrosalz wird durch Brom, Wasserstoffsuperoxyd oder Kaliumchlorat oxydiert und sodann mit Ammoniak neutralisiert (weshalb man von vornherein einen möglichst geringen Überschuß an Salzsäure verwendet). Trägt man nun vorsichtig in die kochend heiße Chloridlösung Ammoniak ein, so fällt zunächst nur das gesammte Eisen, die Phosphor- und Kieselsäure sowie etwas Sulfat aus und man hat nur einen recht geringen Verlust an seltenen Erden. Die Ausführung dieser Operation gestaltet sich am zweckmäßigsten in der Weise, daß man die Chloridlösung in einem großen (5 bis 10 Liter fassenden) Rundkolben auf dem Wasserbad erhitzt, dann Wasserdampf einleitet, und, wenn die Flüssigkeit tüchtig durch den Dampf in Bewegung gekommen ist, durch diesen gleichzeitig Ammoniakflüssigkeit einspritzen läßt; hierzu eignet sich ein Glasrohr, welches einerseits mit der Dampfleitung verbunden wird und das seitlich ein Ansatzrohr trägt, welches in den Hohlraum des Dampfrohres hineinragt und dort nach Art der Dampfstrahlinjektoren zu einer Spitze (1,5—2 mm Öffnung) ausgezogen und in der Richtung des Dampfes umgebogen ist; dadurch wird bewirkt, daß das aus einem hochgestellten Gefäß (umgekehrte Spritzflasche) zufließende Ammoniak — dessen Menge durch einen Quetschhahn regulierbar ist — nur in so großen Mengen in das Dampfrohr gelangt, daß es darin nach Zurücklegung weniger Zentimeter vollständig vergast ist und somit der zu fraktionierenden Chloridlösung in denkbar feinster Verteilung zuströmt. (Die im Rundkolben befindliche Öffnung des Dampfrohres hat nach aufwärts zu zeigen und ist etwas weiter (1,5 bis 2 ccm) zu nehmen, als das Dampfrohr (1 ccm) selbst.[1] Das Dampfrohr wird vorteilhaft zweiteilig gemacht und an der Stelle, wo es mit dem

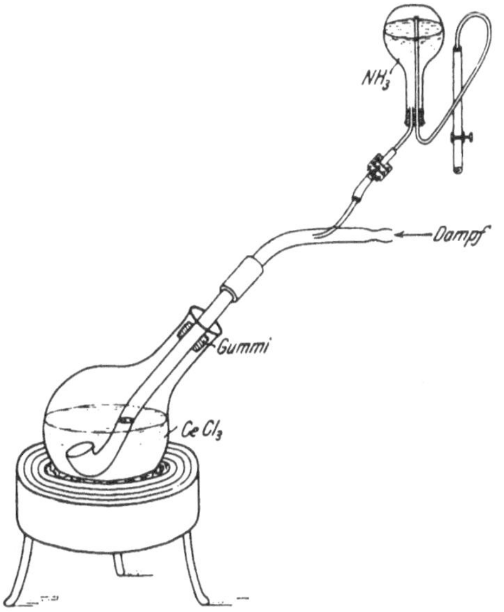

Fig. 100. Dampffraktionierung.

[1] Diese Röhren werden von Dr. BENDER u. Dr. HOBEIN in München geliefert, können aber auch leicht selbst hergestellt werden.

Kolbenhals in Berührung kommen kann, mit einem Gummischlauchwulst umgeben, damit Kolben und Rohr vor dem Zerbrechen geschützt werden. Fig. 100.

Sobald die Flüssigkeit neutral geworden ist, fällt ein nußfarbiger Niederschlag aus, worauf man sofort den Ammoniakstrom unterbricht; hierauf entnimmt man dem Kolben eine kleine Probe, filtriert ab und prüft, ob alles Eisen und sämtliche Phosphorsäure gefällt ist. Ist das noch nicht der Fall, so läßt man noch wenige Sekunden Ammoniak einströmen bis zur Erreichung des gewünschten Zieles; sobald alles Eisen gefällt ist, kann man auch sicher sein, daß Phosphor- und Kieselsäure und höchstens nur noch Spuren von Schwefelsäure vorhanden sind. Man läßt sodann den Niederschlag in der Hitze absetzen und nutscht die Flüssigkeit, welche je nach der Konzentration gelblich bis rötlich ist, ab.

Aus dem Niederschlag, der schlecht auswaschbar ist, kann man die geringen Mengen der event. enthaltenen seltenen Erden gewinnen dadurch, daß man ihn in Salzsäure löst, Kieselsäure abfiltriert und die Erden in der Kochhitze mit heißer überschüssiger Oxalsäure fällt.

Weiterverarbeitung siehe unter 2c.

b) Es stehen Ceritoxyde zur Verfügung.

Enthalten diese Ceritoxyde weniger als etwa 35 % CeO_2, so können sie ohne weiteres in heiße Salzsäure eingetragen werden, wodurch sie sich auflösen. Die Entfernung des Eisens usw. geschieht wie unter 2a angegeben.

Die gewöhnlich im Handel vorkommenden Ceritoxyde enthalten meistens mehr als 40 % (gewöhnlich 45—50 %) CeO_2 und sie lösen sich entweder nur sehr unvollkommen oder fast gar nicht in Salzsäure. Oxyde mit ca. 40 % CeO_2 kann man dadurch aufschließen, daß man sie mit etwa der gleichen Menge feinen Kohlenpulvers (pulv. Elektrodenkohle) mischt und in einem Graphittiegel (gut mit Kohle bedeckt) der Hitze eines Windofens während ca. 2 Stunden aussetzt (Temperatur ca. 11—1300°); dadurch werden sie fast vollkommen löslich in Salzsäure.

c) Rohe Ceritoxyde mit hohem CeO_2-Gehalt (mehr als 45 % CeO_2) lassen sich am einfachsten dadurch aufschließen, daß sie in die Carbide übergeführt werden. Die Aufschließung mit Schwefelsäure ist auch ziemlich zeitraubend, recht lästig und erfordert nachher eine mehrmalige Fällung mit Ammoniak. — Da die Chloride der seltenen Erden nicht sehr flüchtig sind, so ist von einer Aufschließung mit Chlor und Kohle oder Chlorschwefel wenig Erfolg zu erwarten. Zudem wäre dieses Verfahren auch nicht einfacher oder billiger, denn man darf nicht vergessen, daß man stets größerer Mengen der Chloride (mindestens 1 kg) darstellen muß, wenn man die Metalle gewinnen will.

Zur Herstellung von Ceritcarbiden kann man jedes beliebige Ceritoxyd verwenden, gleichviel ob es verunreinigt ist durch Eisen, Phosphorsäure, Kieselsäure oder Schwefelsäure; ebenso lassen sich geglühte basische Carbonate oder stark geglühte Sulfate verwenden (vorausgesetzt, daß sie nur wenige Prozente Alkali enthalten — solche Sulfate sind aber nicht im Handel).

Als Carbidofen kann jeder beliebige elektrische Ofen mit regulierbarer Kohlenanode verwendet werden, sofern eine Spannung von 45 bis 50 Volt zur Verfügung steht. Als einfachste Form eines solchen Ofens hat sich der in Fig. 101 abgebildete Apparat[1] sehr gut bewährt.

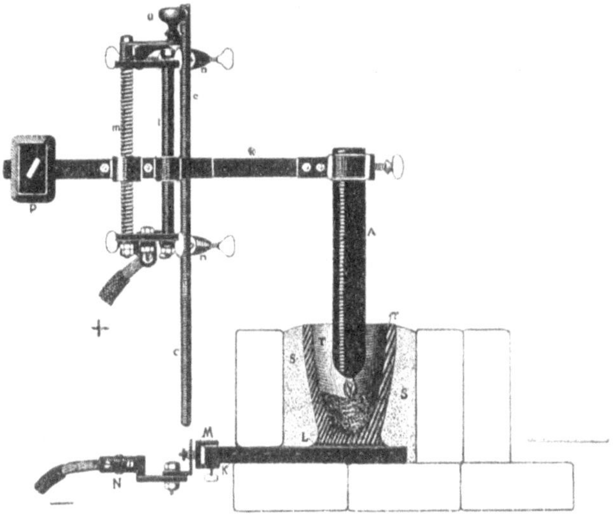
Fig. 101. Laboratoriumsofen für Carbidschmelzen.

Er hat den Vorzug vor anderen komplizierten Apparaten, daß er mit den in jedem Laboratorium vorhandenen Mitteln zusammengestellt werden kann. Er besteht eigentlich nur aus einem Graphit- oder Reinkohletiegel *T*, der mit Hilfe von Kohlepulverzuckersirupkitt auf einer Kohleplatte *K* leitend verbunden ist, und einer Kohlenanode *A*, welche an einem geeigneten Halter *k* befestigt und sowohl in vertikaler (durch Spindel *m l n*) als auch horizontaler Richtung durch Muffen *n u*) bewegt werden kann. Die Kathodenkohleplatte wird auf einfache Weise mit dem negativen Pol der Gleichstrommaschine verbunden. (Es empfiehlt sich nicht eine Grundplatte aus Graphit zu verwenden, da durch deren große Wärmeleitfähigkeit die Fassungen *MN* zu stark leiden können: ferner ist ein Kitt aus Graphit und Zuckersirup nicht empfehlenswert, da er an der Kohlegrundplatte nicht gut haftet.)

Zum Zwecke der Aufschließung der rohen technischen Ceritoxyde genügen die im Handel befindlichen gewöhnlichen Graphittiegel, und zwar deshalb, weil sich zwischen dem erzeugten Carbid und der Tiegelwand immer eine Schicht ungeschmolzenen Oxydkohlegemisches hält, wodurch eine Verunreinigung des Carbides hintangehalten wird.

Will man jedoch reine Oxyde in Carbide überführen, z. B. reines Ceroxyd, so soll man die kleine Ausgabe für einen Tiegel aus reiner Kohle[2] nicht scheuen, weil man doch mehr geschützt ist durch zufällige Verunreinigungen des Produktes (z. B. durch Kieselsäure — manchmal fallen von den gewöhnlichen Graphittiegeln größere Stücke ab, besonders dann, wenn sie vorher nicht genügend getrocknet wurden). Die Reinkohletiegel haben gegenüber den gewöhnlichen Graphittiegeln den Nachteil leichterer Verbrennlichkeit, doch ist dieser Übelstand nicht sehr ins

[1] Von H. Hofer angegeben.
[2] Z. B. von Dr. A. Lessing, Nürnberg.

Gewicht fallend, da die Tiegel durch eine Schicht von Chamottesand außen geschützt werden.

Die Anode bestehe aus einem Kohle(nicht Graphit)stab, der möglichst aschefrei ist; auch das Kohlepulver, welches man den Ceritoxyden zumischt, sei möglichst aschefrei, und von nicht allzu feinem Korn; am besten bewährt sich gemahlene Elektrodenkohle oder das von den Spezialfabriken gelieferte Kohlepulver. Wird die Kohle zu fein pulverisiert oder besteht sie aus zu leichtem, voluminösem Material (z. B. Ruß), so wird bei dem Schmelzprozeß eine nicht unbeträchtliche Menge durch den Lichtbogen weggeblasen.

Die Ceritoxydkohlemischung wird im Verhältnis von 100 g Ceritoxyd 280 g Kohlepulver hergestellt. Das Atomgewicht der Ceritoxyde kann zu etwa 140 angenommen werden. Man nimmt an, das Ceritoxyd bestünde in seiner Gesamtmasse aus Dioxyden und berechnet demgemäß auf Basis der Gleichung: $CeO_2 + 4C = CeC_2 + 2CO$.

Die Ausführung des Carbidschmelzens gestaltet sich nun in der Weise, daß man die Anode *A* einen Augenblick mit dem Tiegelboden *T* in Berührung bringt und nunmehr langsam in die Höhe schraubt, den Lichtbogen zieht; dabei empfiehlt es sich, nur mit höchstens 15—20 Amp. zu arbeiten und den Lichtbogen etwa eine Minute lang stehen zu lassen, damit eine nicht allzu rasche Anwärmung des Tiegels vor sich geht. Meist beobachtet man schon jetzt ein Zittern des Tiegels, was vom Entweichen der im Kitt (unterhalb des Tiegelbodens) entwickelter Gase herrührt: um einen guten Kontakt mit der Kohlegrundplatte zu erhalten, ist es daher nötig, sogleich den Kohletiegel mit den Händen fest niederzudrücken (der Tiegelrand ist noch kalt so lange bis die Gasentwicklung beendigt ist, was nach wenigen Sekunden der Fall ist. Sodann kann man mit dem Eintragen des Oxydkohlegemisches beginnen; dies geschieht am besten mit Hilfe eines kleinen eisernen Blechlöffelchens, welches man an einem entsprechend langen Blechstiel befestigt hat (mit Holzgriff); man verfährt in der Weise, daß man den gefüllten Löffel an die Anode *A* anschlägt und so das Material einstaubt. (Es ist unbedingt zu vermeiden, größere Partien auf einmal einzutragen.) Sobald die Masse weggeschmolzen ist, was man durch Beobachtung mit einem geschwärzten oder dunkelgefärbten Schauglas beobachten kann, kann eine neue Portion eingetragen werden. Dabei wird allmählich die Stromstärke gesteigert und eine Spannung von etwa 35—50 Volt aufrecht erhalten. Im gleichen Maße, wie die Menge des Carbides im Tiegel sich vermehrt, wird die Anode in die Höhe geschraubt, so daß immer normale Spannung vorhanden ist. Die Schraubenvorrichtung bedient ein zweiter Mann, der auch gleichzeitig Ampère- und Voltmeter beobachtet). — Ist der Tiegel bis nahe an den Rand mit Carbid gefüllt, so unterbricht man den Strom, bedeckt mit einer etwa zweifingerdicken Schicht von Kohle und läßt abkühlen, was nach 6—10 Stunden erfolgt ist.

Die Abmessungen von Tiegel und Anode ergeben sich aus der Fig. 101.

Mit einer Stromstärke von ca. 100—120 Amp. kann man bei einiger Übung bequem 1—1½ kg Carbid in einer Stunde herstellen.

Dieses Carbid, CeC_2[1], welches von goldgelber Farbe ist, läßt sich sehr leicht aus dem Tiegel entfernen; man muß es vollständig erkalten lassen, denn es entzündet sich außerordentlich leicht an der Luft und verbrennt dann mit ungeheurer Hitzeentwicklung wieder zu unlöslichem Oxyd.

Das Carbid wird sodann in einzelne handliche Stücke zerschlagen — wobei es stark funkt — und in verdünnte Salzsäure eingetragen; es löst sich unter Entwicklung von Äthylen und Acetylen[2] (16 % bzw. 84 %) sehr rasch auf; Kohle, Graphit und nicht reduziertes Oxyd bleiben zurück und werden abfiltriert, während die saure Lösung vom Eisen usw. in der oben beschriebenen Weise befreit wird (siehe 2a).

Bemerkt sei noch, daß ein Phosphor-, Silicium- oder Schwefelgehalt der rohen Ceritoxyde bei der Carbidherstellung nicht schadet, da diese im Flammenbogen sich größtenteils verflüchtigen und eventuell hinterbleibende Reste sich teils bei der Auflösung in Salzsäure in Form von Phosphor-, Silicium- und Schwefelwasserstoff verflüchtigen, teils bei der nachträglichen Entfernung des Eisens mit Ammoniak mitgefällt werden.

d) Herstellung der wasserfreien Chloride. Die auf solche Weise gewonnenen gereinigten Chloridlösungen dienen zur Herstellung der wasserfreien Chloride. Es gelingt nicht die Chloridlösungen ohne Zersetzung direkt einzudampfen, sondern es ist nötig dies unter Zusatz von Chlorammonium vorzunehmen und das Doppelsalz dann gelinde zu erhitzen, um den Salmiak zu entfernen.

Diese sehr lästige Arbeit läßt sich nicht umgehen. BORCHERS und STOCKEM[3] haben allerdings empfohlen, der Ceritchloridlösung statt Chlorammonium eine äquimolekulare Menge Chlorcalcium zuzusetzen, wodurch das feste wasserfreie Salz nur äußerst wenig zersetzt werden soll, indessen hat H. KELLERMANN[4] nachgewiesen, daß das Chlorcalcium die Zersetzung des Cerchlorides doch nicht so vollkommen verhindert wie das Chlorammonium, daß es schlechtere Ausbeuten liefert und einen breiartigen Elektrolyten gibt, der auch bei Flußspatzusatz nicht klar schmilzt. KELLERMANN kehrte also wohl oder übel wieder zur Anwendung der Salmiakmethode zurück.

Man verfährt zweckmäßig in folgender Weise: Die neutrale Chloridlösung wird zunächst mit ungefähr 1½ Mol. Chlorammonium auf je 1 Mol. Ceroxyd versetzt, sodann in großen Porzellanschalen auf offenem Feuer eingedampft bis zur Sirupkonsistenz; sodann nimmt man hiervon etwa 100 g der Masse, dampft diese in einer großen Platinschale (eventuell auch Porzellanschale) unter ständigem Rühren zur völligen Trockne ein,

---

[1] MOISSAN, C. r. **122**, 357 (1896).
[2] MUTHMANN, HOFER u. WEISS, Ann. **320**, 265 u. 266 (1901).
[3] D. R.-P. 172529 (1905).
[4] Dissertation, Techn. Hochschule Berlin 1910. (Emil Ebering, Berlin NW. 7, Mittelstr. 39).

wobei man ein Anbrennen von Krusten zu vermeiden sucht, und erhitzt nun so lange weiter unter Rühren, bis aller Salmiak entfernt ist; sobald das erreicht ist, beginnt schon die Zersetzung unter Freiwerden von Salzsäure; dann muß man die heiße Masse sogleich in eine große dünnwandige Flasche (Spritzflasche) einfüllen (weithalsigen Trichter und Federfahnen bereithalten!), die mit einem Chlorcalciumrohr versehen ist, weil die wasserfreien Ceritchloride Feuchtigkeit sehr stark anziehen.

Die Darstellung des reinen Cerchlorides geschieht in der gleichen Weise wie soeben beschrieben.

Will man jedoch Lanthan, Praseodym, Neodym oder Samarium herstellen bzw. deren Chloride, so kann die Aufschließung im Carbidofen wegfallen, da deren Oxyde in Salzsäure äußerst leicht löslich sind. Beim Abtreiben des Salmiaks aus deren Chloriden ist zu berücksichtigen, daß die Chloride (besonders von Neodym, Samarium und Yttrium) leichter schmelzen als die übrigen und daß altes Material von früheren Elektrolysen am besten gänzlich wieder aufzulösen, mit Oxalsäure zu fällen und das erhaltene Oxalat zu Oxyd zu verglühen ist. Der Grund ist darin zu suchen, weil man bei den Elektrolysen manchmal genötigt ist, Kochsalz als Flußmittel zuzusetzen und dessen Anwesenheit sich dann beim Abtreiben des Salmiaks in einer folgenden Operation durch starke Herabsetzung des Schmelzpunktes zu erkennen gibt, so daß das Chloridgemisch schon in der Platinschale zum Schmelzen kommt.

3. Öfen für Chloridelektrolyse.

Die Apparate, in welchen die wasserfreien Chloride der seltenen Erden erfolgreich im Schmelzfluß elektrolysiert werden können, wurden von H. Hofer[1] konstruiert.

Im Hinblick auf die ziemlich langwierige Herstellungsweise der benötigten, teils recht wertvollen Substanzen ist es selbstverständlich, daß diese Apparate möglichst kompendiös gehalten sein müssen. Hierzu kommt noch der Umstand, daß die geschmolzenen Ceritchloride fast alle Körper angreifen, wobei sie selbst zersetzt und für die elektrolytische Zerlegung unbrauchbar werden, und daß sowohl das entstehende Chlor als auch das abgeschiedene geschmolzene Metall sehr aggressiv auf die Ofenmaterialien einwirken. Hofer hat diese Schwierigkeiten in eleganter Weise dadurch behoben, daß er die Öfen so einrichtete, daß der ganze Prozeß des Schmelzens und die Elektrolyse in einem Gefäß aus nicht geschmolzenem Ceritchlorid vorgenommen wird. Dies wird dadurch erreicht, daß die Ofenwand, welche aus Kupferblech besteht, durch kaltes Wasser abgekühlt wird, so daß sich zwischen ihr und dem geschmolzenen Chlorid eine feste, aus nicht geschmolzenem Material bestehende Schicht von Chlorid dauernd erhält. Die Hoferschen Öfen sind demzufolge doppelwandig, und sie können bis zu den allerkleinsten Dimensionen ausgeführt werden; aber auch die Herstellung größerer Öfen bietet naturgemäß keinerlei Schwierig-

[1] Muthmann, Hofer u. Weiss a. a. O.

keiten. Es wurden Apparate mit nur etwa 40 ccm Inhalt gebaut und solche mit bis zu 6 und 8 Liter Inhalt. All diese Öfen haben sich vorzüglich bewährt.

Der einfachste Apparat dieser Art ist in Fig. 102 abgebildet: Der Kupfertiegel *T* ist von einem ringförmigen Kühlmantel *u* umgeben; der

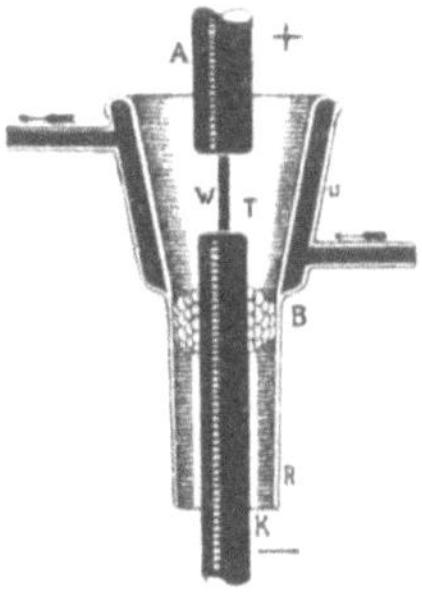

Fig. 102. Wassergekühlter Elektrolysierofen.

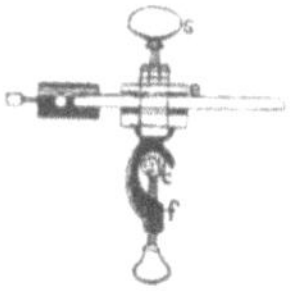

Fig. 103. Isolierte Befestigung der Elektrodenhalterungen.

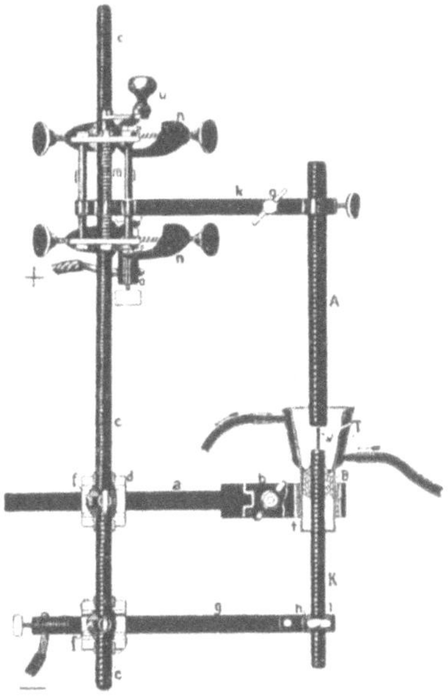

Fig. 104. Elektrolysierofen mit Bewegungsmechanismus und Halterungen.

Rohrstutzen *R* dient dazu, einesteils die Kathode *K* mit Hilfe von gedrehter Asbestschnur isoliert und elastisch festzuhalten, andernteils aber auch das Gefäß in den Halter *a* (Fig. 103) einzuspannen. Die Kathode *K*, welche entweder aus Kohle oder aus Achesongraphit besteht, wird in dem Halter *g* stromführend und isoliert von den übrigen Teilen (durch Holz oder Vulkanfiberzwischenlagen *c* in Fig. 104) befestigt. Die Anode besteht aus einem Acheson-Graphitstift, welcher durch die in Fig. 101 gezeichnete Vorrichtung oder eine andere geeignete Anordnung vertikal auf und ab bewegt werden und im Schmelzgefäß zentriert werden kann.

Das Kohlestäbchen *W* dient dazu, die Chloride in Schmelzfluß zu bringen, dadurch daß es bei Stromschluß zum Glühen kommt und die in seiner Umgebung befindlichen Chloride niederschmilzt; sobald eine genügende Menge geschmolzenen Chlorides vorhanden ist, wird die Anode etwas gehoben, so daß das Glühstäbchen *W* außer Kontakt kommt, an die Oberfläche schwimmt und entfernt wird. Nunmehr ist genügend geschmolzene Chloridmasse vorhanden, daß die beiden Kohlen stromleitend verbunden sind; sodann gibt man weiteres Chlorid zu, bis das Gefäß *T* bis nahe an den Rand gefüllt ist. Während dieser Einschmelzperiode empfiehlt es sich, nach Entfernung des Glühstäbchens *W* mit höherer Spannung einzuschmelzen (bis etwa 30 Volt), weil dann die Füllung von *T* rascher vor sich geht. Recht günstig ist es auch, wenn man an Stelle von Gleichstrom Wechselstrom von etwa 20—30 Volt zum Einschmelzen verwendet, weil alsdann während der Einschmelzperiode Elektrolyse vermieden wird. Bei einiger Übung kann man übrigens auch ohne Glühstäbchen einschmelzen, wenn man eine Anode mit einer rasch sich verjüngenden Spitze verwendet, unmittelbar Kontakt mit der Kathode macht und sogleich mit erhöhter Spannung (20—30 Volt) niederschmilzt.

Schon gegen das Ende der Einschmelzperiode findet kräftige Elektrolyse statt, wobei sich die Spannung bedeutend erniedrigt, und zwar — je nach Größe des Ofens — bis auf 10—15 Volt. Die Stromstärke und der Kühlwasserverbrauch müssen derartig bemessen werden, daß die äußerliche Schutzkruste mit Sicherheit ständig vorhanden ist, was sich ohne Schwierigkeiten erreichen läßt, wenn das Kühlwasser nicht heißer als mit etwa 80° abläuft. Im übrigen ist mit ziemlich hohen Kathodenstromdichten zu arbeiten, damit in der Umgebung der Kathode eine ausreichende Wärmeentwicklung vorhanden ist, um das abgeschiedene Metall nicht zu nahe der Anode kommen zu lassen. Erhöht man die Stromstärke jedoch zu bedeutend (z. B. bei Ofen Fig. 102 über 80 Amp.) so findet eine zu lebhafte Zersetzung und wahrscheinlich auch Verdampfung von Elektrolyt statt, so daß das Metall im Elektrolyten herumgeschleudert und teilweise in Metallnebeln „verblasen" wird. Die Folge hiervon ist natürlich eine Verschlechterung der Ausbeute.

Wird mit zu geringer Stromstärke gearbeitet, so scheiden sich an der Oberfläche des Bades leicht feste Krusten ab und der Metallregulus wächst zu leicht in die Höhe. Es ist deshalb empfehlenswert, von Zeit zu Zeit die Stromstärke auf wenige Sekunden (etwa 10—15) bedeutend zu erhöhen (zu verdoppeln), damit das in fester Form abgeschiedene Metall abschmilzt und sodann wieder zu einer normalen Stromstärke zurückzukehren. Ganz allgemein gilt, daß die Stromstärke immer mehr erhöht werden soll, damit die kathodische Stromdichte nicht allmählich zu klein wird; auf diese Weise kommt man zu etwa 2—3 fach so hohen Stromstärken wie am Anfang der Elektrolyse. Damit ist jedoch ein Übelstand verbunden, nämlich der, daß die anodische Stromdichte zu groß wird. Damit ergibt sich schließlich ein Glühen und Verbrennen des Anodenteiles, welcher aus deren Schmelzfluß herausragt, und die Folge hiervon ist dann ein Zustand, welchen man als „Nichtbenetzen" der Anode bezeichnet hat; dieser besteht darin, daß die Anode plötzlich nicht mehr von dem flüssigen Elektrolyten benetzt wird und daß das Chlor nicht mehr in großen Blasen entweicht, sondern daß die Oberfläche der Anode, soweit sie in dem Schmelzfluß eintaucht, von einer großen Zahl von Lichtpunkten, einem Kranz kleiner Lichtbögen, umgeben ist; mit dem Eintritt des Nichtbenetzens findet ein rapides Ansteigen der Spannung statt, die Stromstärke sinkt auf wenige Ampères herab, der Elektrolyt wird in seiner Hauptmasse kalt, wird aber in nächster Nähe der Anode überhitzt. Die Ursache dieser Erscheinung ist noch nicht mit Sicherheit aufgeklärt. ARNDT und WILLNER[1] sind der Ansicht, daß sie auf die Abscheidung von Kieselsäure (aus dem Elektrolyten oder aus der Anode selbst) zurückzuführen ist. Andere Erklärungsversuche für die analoge Erscheinung bei anderen Elektrolyten treffen bei den Ceritchloriden sicher nicht zu; insbesondere ist die von A. KAILAN[2] für Alkalichloride gegebene Erklärung, daß der Schmelzfluß zu kalt geworden wäre, nicht zutreffend, denn die Nichtbenetzung wird bei Ceritchloriden bei weiterer Erhöhung der Spannung und dadurch bewirkter Temperatursteigerung eher vermehrt als vermindert. Es scheint also die von ARNDT und WILLNER ausgesprochene Ansicht zutreffend zu sein; wenigstens ist so viel sicher, daß die Nichtbenetzungserscheinung sicher eintritt, wenn man Chloride oder Anoden verwendet, welche Kieselsäure oder Siliciumverbindungen enthalten. (Siehe auch unter Elektrolyse von Fluoriden II).

Man hat mehrere Mittel das Nichtbenetzen zu vermeiden, bzw. es bei seinem Auftreten zum Verschwinden zu bringen. Solche Mittel sind Zusätze von frischen Ceritchloriden, oder von Kochsalz oder — besser — von wasserfreiem Chlorbarium; man hat nur nötig, einige wenige Gramme dieser Substanzen um die Anode herum einzustreuen, und man wird in den meisten Fällen bald wieder ein normales Benetzen der Anode erzielt haben. — Das rationellste Mittel aber ist, möglichst reine Elektrolyte und Anoden zu verwenden, im übrigen aber dafür Sorge zu tragen, daß die Anodenstromdichte nicht zu hoch steigt. Man verwendet daher zweckmäßig teilbare Anoden oder — was noch besser ist — Anoden, welche mit dem natürlichen Ansteigen der Stromstärke vergrößert werden können. Eine solche Vorrichtung ist in Fig. 105 abgebildet; sie besteht darin, daß eine die gewöhnliche Anode *A* umgebende Kohleröhre *r* nach Bedarf, d. h. bei zu hoher Stromdichte, mit der Halterung *vw* herabgelassen bzw. mittelst Schraube *q* am Anodenhalter *k* in geeigneter Höhe festgemacht werden kann. Ein anderes recht wirksames Mittel ist in Fig. 106 dargestellt: Es besteht in der Anwendung einer möglichst langen und dünnen Kohlenkathode, welche durch Asbestschnurumwickelung vor dem Verbrennen möglichst geschützt wird; mit dem Ansteigen der Stromstärke kommt allmählich die dünne Kathode zum Glühen, und sie

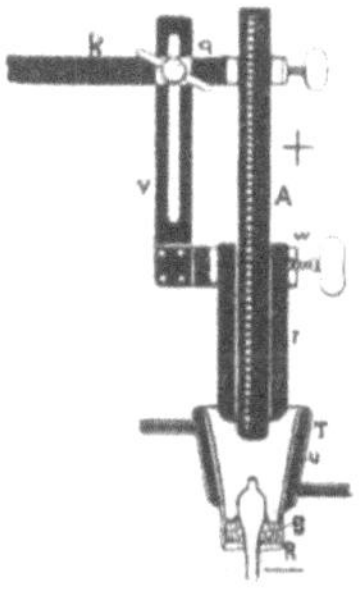

Fig. 105. Vorrichtung zur Vergrößerung der Anodenoberfläche.

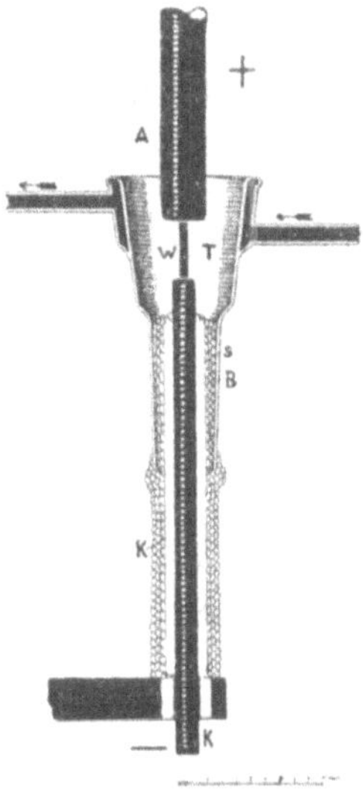

Fig. 106. Halbgekühlter Elektrolysierofen.

[1] Ber. **40**, 3025 (1907).
[2] Z. anorg. Ch. **68**, 141 (1910).

bewirkt dadurch eine Zufuhr von Wärme zum Metallregulus, welcher auf solche Weise leichter zum Abschmelzen gebracht werden kann.

Schließlich kann man noch folgenden Weg einschlagen: man nimmt einen Ofen, dessen Kühlungsmantel nur bis etwa zur Hälfte herabreicht und überläßt im übrigen die ausreichende Abkühlung der Schmelze der guten Wärmeleitfähigkeit des Kupfers. Dieser in Fig. 106 abgebildete Ofen mit „halber“ Kühlung hat sich insbesondere zur Herstellung von Lanthan, Neodym, Praseodym und Samarium bewährt.

Es ist selbstverständlich, daß man gleichzeitig mehrere dieser angegebenen Hilfsmittel anwenden kann, doch soll nicht vergessen werden zu bemerken, daß die Hauptsache für ein gutes Gelingen der Elektrolyse die Übung des Experimentierenden ist; es ist teilweise Sache des Gefühls zu wissen, wann frisches Chlorid eingetragen werden muß, wann die Stromstärke oder Spannung erhöht oder erniedrigt werden muß, wann man eine gewaltsame Erhitzungsperiode einschalten muß usw., all das läßt sich nur durch Übung erlernen.

Mit dem Anwachsen des Metallregulus muß natürlich die Anode in die Höhe geschraubt werden; schließlich ist das abgeschiedene Metall so nahe an die Oberfläche gekommen, daß eine ausreichende Benetzung der Anode nicht mehr aufrecht erhalten werden kann; alsdann unterbricht man den Prozeß, läßt abkühlen und nimmt das Metall aus dem Schmelzfluß baldmöglichst heraus, um es unter Petroleum oder Benzin, Benzol usw. einstweilen aufzubewahren.

Die von dem Regulus abgeschlagenen Schmelzpartien hebt man in einem gut schließenden Glas auf und kann sie event. für eine weitere Operation benutzen.

Die Metallausbeuten sind nicht hervorragend; man erreicht bis zu etwa 30 % der Theorie.

Die erhaltenen Metallklumpen sind von unregelmäßiger Form, und sie schließen stets noch beträchtliche Mengen von Chloriden und Oxychloriden ein, müssen also noch umgeschmolzen werden. Siehe hierüber S. 310.

Zur Gewinnung größerer Metallmengen hat Hoffer einen anderen Ofen konstruiert; dieser ist als Wechselstromofen bezeichnet worden, weil er neben der Anordnung für Gleichstromelektrolyse auch noch gleichzeitig für eine Heizung mit Wechselstrom eingerichtet ist; dadurch wird also dem Gleichstrom ein Teil seiner Arbeit, nämlich das Schmelzen der Chloride, durch den Wechselstrom abgenommen, so daß die Ausbeuten (in bezug auf die aufgewendete Ampèrestundenmenge des Gleichstroms) sich bis zu 60 % steigern lassen. Da der Ofen in den Abmessungen größer zu halten ist als die kleinen Gleichstromöfen, so ist er besonders für Herstellung größerer Metallmengen geeignet. Figg. 107, 108 und 109 zeigen den Ofen in den drei Schnitten, Fig. 110 in Parallelperspektive.

Man erkennt aus den Figuren, daß das Schmelzgefäß bei diesen Öfen oval gestaltet ist; in der Mitte nimmt es von unten her die Kathode *K* auf, senkrecht darüber die Anode *A*. Rechts und links davon, etwa in

Höhe des oberen Kathodenendes befinden sich zwei Glühstäbchen W_1 und W_2, welchen durch dickere Kohlenstäbe CC und $C_1 C_1$ Wechselstrom zugeführt wird; die Abdichtung der Kohlenstäbe C erfolgt durch Asbestpapier in den Rohrstutzen D und die Stromzuführung findet durch die Halter G statt, welche der Höhe nach verstellbar sind. Die Fassungen F für die Wechselstromkohlen sind in der Art, wie es die Zeichnungen angeben, nicht praktisch, weil bei dieser Ausführung leicht Verklemmungen

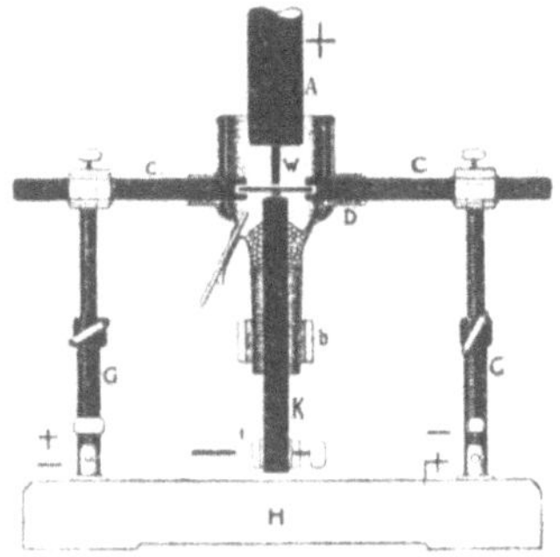

Fig. 107.

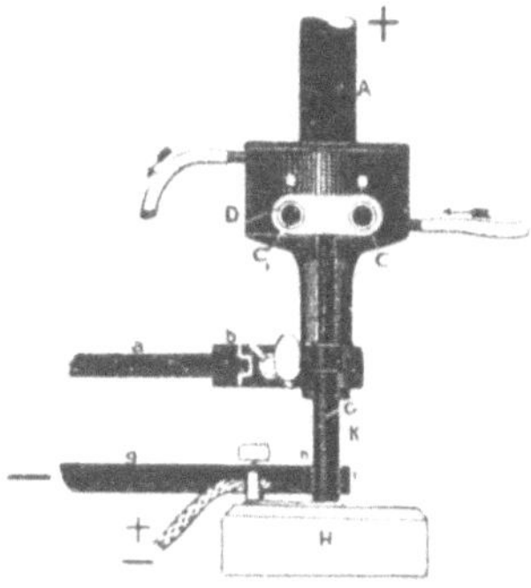

Fig. 108.

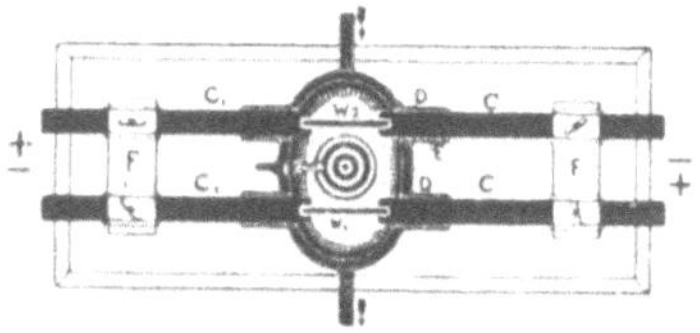

Fig. 109.

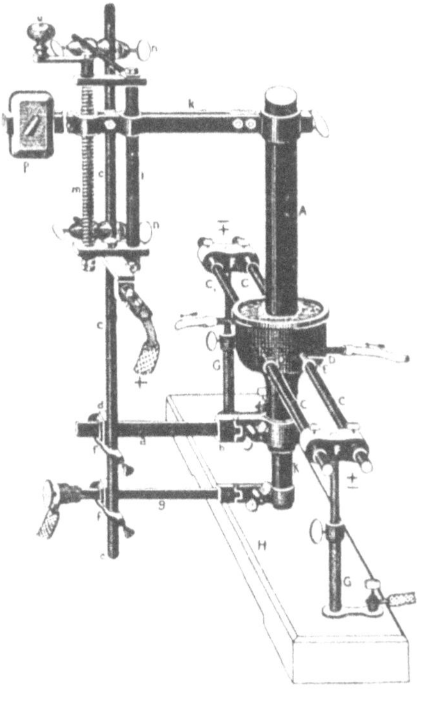

Fig. 110.

Fig. 107—110. Gleichstromofen mit Wechselstromheizung.

und Bruch der Kohlen vorkommen; es ist daher besser, für jede einzelne Kohle eine gesonderte Fassung anzuordnen, welche auf einem kleinen Schlitten des Halters G horizontal bewegt und durch eine Schraube dort fixiert werden kann (Fig. 111).

Bemerkt sei noch, daß die vier Rohrstutzen D genau in einer Ebene und möglichst genau parallel in das Schmelzgefäß eingelötet (hart gelötet) sein müssen. Im übrigen kann man die Öfen ohne Gefahr weich löten.

Für die Montierung sind die gleichen Elektrodenhalter und Spindeln verwendbar wie bei den einfachen Gleichstromöfen. Auch diese Öfen sind mit Wasser kühlbar.

Die Ausführung der Schmelzelektrolyse gestaltet sich in ganz ähnlicher Weise wie oben beschrieben. Die Wechselstromheizvorrichtung benötigt bei einem Ofen von etwa 450 ccm Inhalt 80—100 Amp. bei etwa 8 Volt; an Gleichstrom werden bei der angegebenen Größe der Öfen anfangs etwa 80 Amp. und schließlich bis zu 250 Amp. bei etwa 8—10 Volt verbraucht.

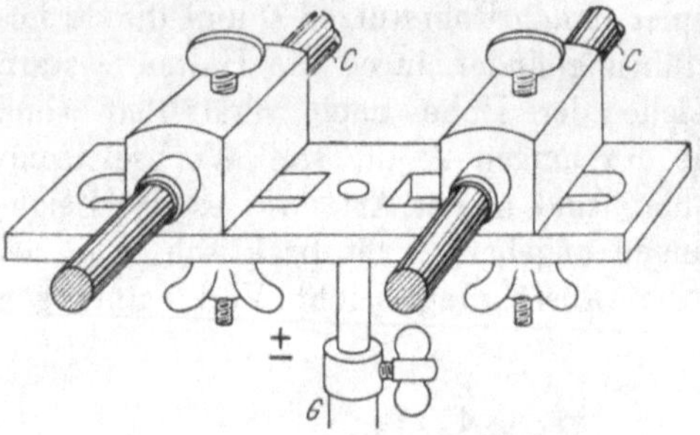

Fig. 111.
Befestigung der Wechselstromheizkolben.

Handelt es sich darum, die Ceritmetalle in größerem Maßstabe, etwa 5—20 kg pro Tag oder noch mehr, herzustellen, so sind die wassergekühlten Öfen zu unrationell und auch zu kompliziert. Dann muß man größere Gefäße von 5—10 Liter Inhalt ohne Wasserkühlung verwenden. Beim Arbeiten in so großem Maßstabe ist aber die Herstellung ausreichender Mengen von wasserfreien Chloriden im Laboratorium nahezu unmöglich oder wenigstens unpraktisch; man verwendet in diesem Falle besser Fluorid-Oxyd-Gemische der seltenen Erden. Die für diese Zwecke benötigten Apparate sind von Weiss und Scheidemandel[1] konstruiert und erprobt worden.

II. Elektrolyse von Cer-Fluorid-Oxyd-Gemischen.

1. Prinzip.

Das Verfahren gründet sich auf die Tatsache, daß Ceritoxyde von geschmolzenen Fluoriden der seltenen Erden aufgelöst und bei Stromdurchgang zersetzt werden in Metall und anodisch abgeschiedenen Sauerstoff, welcher mit dem Kohlenstoff der Anode unter Bildung von Kohlenoxyd entweicht; es findet dabei hauptsächlich eine Zerlegung der Oxyde statt, während die Fluoride nur als Lösungsmittel dienen und selbst nicht oder nur unwesentlich elektrolytisch zersetzt werden. Die Methode stellt sonach ein Analogon dar zur technischen Aluminiumdarstellung nach Héroult aus Kryolith und Tonerde.

2. Materialien.

a) Die benötigten Oxyde müssen frei sein von Phosphorsäure, Schwefelsäure und ganz besonders von Kieselsäure; während die beiden erstgenannten Säuren nur insofern schädlich sind, als durch ihre Anwesenheit die Reinheit (und Haltbarkeit) des Metalles leidet, ist ein Gehalt von Kieselsäure (selbst schon recht geringe Mengen — unter 1 $^0/_0$) absolut zu vermeiden, weil bei ihrer Anwesenheit die Elektrolyse überhaupt nicht oder nur mit den größten Schwierigkeiten und mit sehr schlechter Ausbeute durchführbar ist.

[1] Muthmann, Weiss und Scheidemandel, Ann. 355, 116—136 (1907).

Ist man nicht im Besitz von Oxyden, welche diesen Anforderungen genügen, so müssen diese in Lösung gebracht und gereinigt werden (siehe I, 2); hierauf versetzt man die heiße salzsaure Lösung mit einem Überschuß von kalt gesättigter, heißer Oxalsäure, läßt erkalten und neutralisiert etwas (aber nicht vollständig) mit Ammoniak. Die pulverigen Oxalate werden sodann abgenutscht und im Gas- oder Windofen zu Oxyd verglüht.

b) **Die Fluoride** der seltenen Erden zeichnen sich dadurch aus, daß sie gänzlich unlöslich in verdünnten Säuren sind; man kann sie deshalb in einfacher Weise dadurch gewinnen, daß man zu einer Chlorid- oder Nitratlösung von seltenen Erden eine entsprechende Menge eines Alkalifluorides oder Flußsäure setzt; dadurch fallen sofort die Fluoride aus. Die Fällung nimmt man am besten in einem Gefäß aus Holz (Piche pine) vor, indem man vor dem Zusatz des Fällungsmittels die Lösung zum Kochen bringt. Auch durch Umsetzung mit Flußpat gelingt die Umsetzung (GEBR. SIEMENS).

Nach dem oben Gesagten ist es selbstverständlich, daß man nur Alkalifluoride bzw. Flußsäure verwendet, welche frei von Siliciumverbindungen (Kieselflußsäure) sind.

Da der Niederschlag schlecht zu filtrieren ist, so dekantiert man ihn einigemal mit Wasser (unter Zusatz von wenig reiner Flußsäure) und schickt ihn schließlich durch eine Filterpresse oder läßt ihn auf Gipsplatten eintrocknen. Sodann wird die Substanz auf etwa 200° erwärmt, um sie wasserfrei zu erhalten. Die so gewonnenen Fluoride sind von zart rosenroter Farbe, sofern Mischfluoride oder Neodymfluorid vorliegen.

Bemerkt sei noch, daß sowohl die Fluoride als auch die Chloride der seltenen Erden sich nicht ganz ohne Zersetzung schmelzen lassen; es ist deshalb nötig, das Einschmelzen stets möglichst rasch vorzunehmen.

3. Öfen für Fluorid-Oxyd-Elektrolyse.

Bei den Öfen von WEISS und SCHEIDEMANDEL wird auf eine Wasserkühlung verzichtet; demgemäß ist mit einer Berührung des flüssigen Elektrolyten mit den Ofenwandungen zu rechnen, weshalb man diese aus Achesongraphitplatten herstellt. Dieses Material hat sich für solche Zwecke ganz vortrefflich bewährt. Um aber eine genügend große kathodische Stromdichte zu erreichen, ist es nötig, entweder eine isolierte Kathode einzusetzen, oder aber dem Ofenraum solche Dimensionen zu geben, daß die Entfernung der seitlichen Ofenplatten stets beträchtlich größer ist als diejenige von den Anodenspitzen zur Ofensohle; dann ist man sicher, daß die Seitenwände sich nur wenig an der Stromleitung beteiligen und eine Konzentration der Stromlinien in dem unteren Teil des Ofenraumes stattfindet.

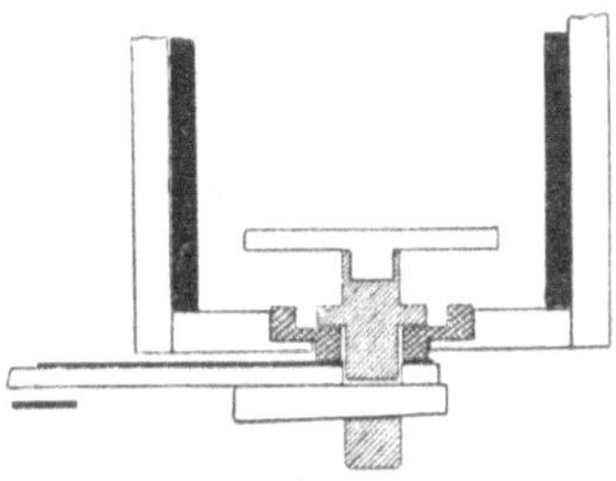

Fig. 112. Isolierte Kathode.

In den Figg. 112—115 sind zwei Öfen abgebildet, welche sich für die Elektrolyse von Oxyd-Fluoridgemischen bewährt haben.

Der in Figg. 112, 113 und 114 gezeichnete Ofen besteht aus Graphitplatten, welche von kräftigen Eisenplatten mit Riegeln zusammengehalten

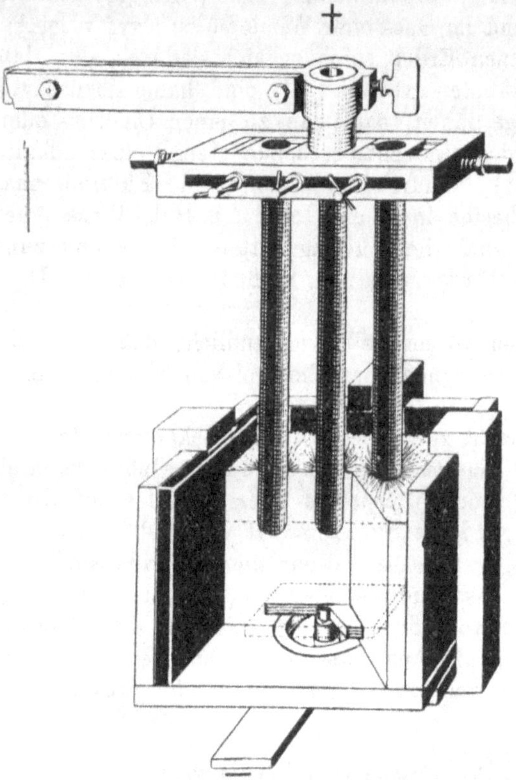

Fig. 113. Elektrolysierofen mit isolierter Kathode und geteilter Anode.

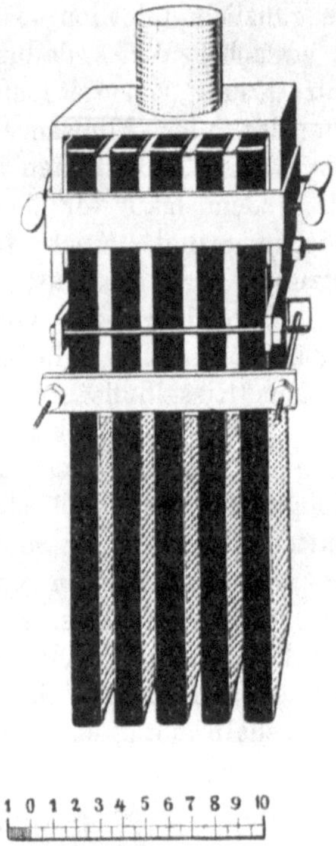

Fig. 114. Anode für hohe Stromstärken.

werden; die Kathode ist isoliert eingesetzt (durch einen Porzellanring) und besteht ebenfalls aus einer Graphitplatte; die Anode wird am besten aus mehreren Graphitbrettern (Fig. 114) zusammengesetzt, um die anodische Stromdichte nicht zu groß werden zu lassen.

Der in Fig. 115 abgebildete Ofen ist so konstruiert, daß seine Dimensionen von Fall zu Fall verändert werden können. Dies wird dadurch bewirkt, daß die Graphitplatten, welche das Schmelzgefäß bilden, je nach Bedarf dimensioniert werden und daß sie durch Eisenlaschen zusammengehalten werden, welche — mit Schlitzen versehen — den Spannschrauben nach Bedarf Bewegungsfreiheit lassen. Solche Eisenlaschen können entweder zwei oder drei paarweise angebracht werden, wodurch man in die Lage versetzt ist, die Höhe des Ofens innerhalb beträchtlicher Grenzen zu verändern. Die Grundplatte bildet wieder ein Achesongraphitbrett, welches mit Asbestpappe unterlegt wird, um die Wärmeableitung auf die eiserne Bodenplatte zu vermindern, während die Seitenwände direkt auf der Eisenplatte aufliegen und durch die seitlichen Laschen unter sich und durch senkrechte Zugstangen mit der Grundplatte in leitende Verbindung gebracht werden. Um die Wärme besser konzentriert zu halten, empfiehlt es sich, die Wände noch mit etwa 1—1$^1/_2$ cm starken Chamotte- oder Asbestplatten zu schützen (in der Zeichnung nicht angegeben). Die Stromzuführung findet von der Grundplatte aus statt. Die Anode ist wieder mehrteilig und der Anodenhalter so konstruiert, daß nach Belieben mehr oder weniger Kohlenplatten eingesetzt werden können. Die Dimensionierung der einzelnen Teile ergibt sich aus den Figuren.

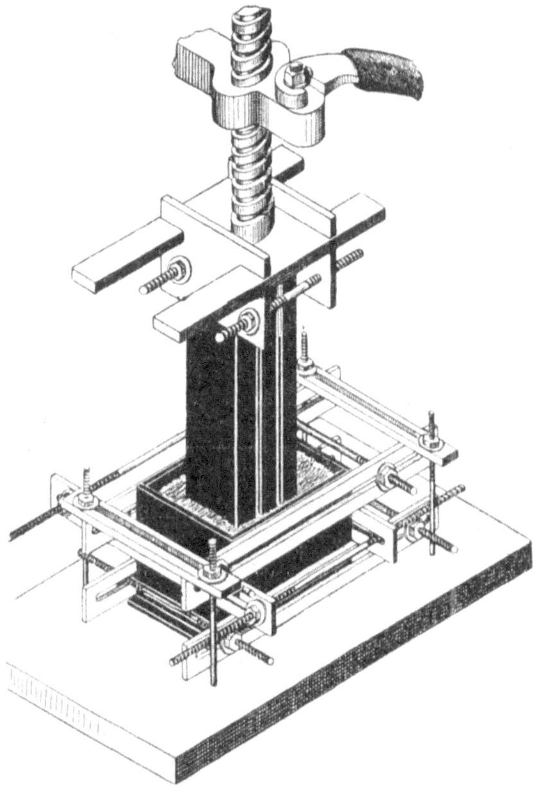

Fig. 115. Ofen für Elektrolyse von Cerfluorid-Ceroxyd.

Die kathodische Stromdichte soll etwa 9—10 Amp. pro Quadratzentimeter sein (bezogen auf den horizontalen Querschnitt), während sich als anodische eine Stromdichte von etwa 3 Amp. empfiehlt (bezogen auf die gesamte Oberfläche der eingetauchten — 50 mm tief — Kohlebretter). Die Badspannung beträgt etwa 8 Volt.

Das Anfahren der Öfen geschieht in der Weise, daß man wieder Glühstäbchen einsetzt (am besten sind **I**-förmige Graphitstücke, welche zwischen die Elektroden geklemmt werden, oder Keile aus Graphit) und von vornherein ein Gemisch von Oxyd und Fluorid einträgt. Versäumt man es, von Anfang an Oxyd zuzusetzen, so findet bald eine Stromunterbrechung statt, da die Glühstäbchen nur auf kurze Zeit die beträchtlichen Stromstärken aushalten und nach ihrer Zerstörung eine Spannung von mindestens 40 Volt nötig ist, um die Stromleitung aufrecht zu erhalten; darin besteht ja bekanntlich der wesentliche Unterschied zwischen reinen Fluoridbädern und oxydhaltigen Fluoridbädern, daß zu deren Zersetzung im ersten Fall etwa 40 und mehr Volt nötig sind, während für die letzteren schon eine Spannung von etwa 6—12 Volt ausreichend ist. Diese

Eigenschaft gibt dem Experimentierenden auch ein bequemes Mittel in die Hand, die richtige Zusammensetzung des Elektrolyten stets einzuhalten: sobald das Voltmeter Neigung zeigt, seine Spannungsangabe zu steigern (über 12—15 Volt), so ist das Bad zu arm an Oxyd geworden; enthält es davon zu viel, so sinkt die Spannung eventuell bis zu 6 Volt herab und der Elektrolyt wird breiig; im letzteren Fall ist es nicht immer nötig, frisches Fluorid zuzugeben, sondern es genügt meistens, die Stromstärke etwas zu erhöhen, wodurch sich bald wieder ein dünner Schmelzfluß erzielen läßt und die überschüssige Oxydmenge bald auf einen normalen Gehalt wegelektrolysiert ist. Recht bequem ist es auch, zwischen den beiden Elektroden eine kleine Glühlampe für etwa 10 Volt normaler Betriebsspannung einzuschalten, an deren Lichtintensität man erkennt, ob die richtigen Spannungsverhältnisse vorliegen (dies ist natürlich nur dann zulässig, wenn die Maschinenspannung nicht einen höheren Betrag als etwa 20—25 Volt erreichen kann).

Die Elektrolyse wird fortgesetzt, bis kurzschlußartige Erscheinungen auftreten. Es ist — wie bei der Chloridelektrolyse angegeben — auch bei den Oxyd-Fluoridgemischen empfehlenswert, von Zeit zu Zeit auf einige Minuten die Stromstärke beträchtlich zu steigern, um ein zu rasches Heraufwachsen des Metalles zur Anode zu vermeiden.

(Nebenbei sei bemerkt, daß diese Öfen sich auch recht gut zur Darstellung von Aluminium aus Thonerde und Kryolith[1] eignen.)

Nach dem Erkalten des Ofens nimmt man ihn (in wenigen Minuten) auseinander und findet meistens das Ceritmetall in Form eines großen, ziemlich glatt geschmolzenen Klumpens vor (neben einigen kleineren Kugeln). Bei der Elektrolyse von Chloriden gelingt es nicht leicht, ein schlacke- bzw. chloridfreies Metall zu erhalten; es ist vielmehr nie glatt geschmolzen und schließt immer recht beträchtliche Mengen des Elektrolyten ein. Deshalb ist es nötig, insbesondere im Fall man Chloride elektrolysierte, die erhaltenen Metallreguli umzuschmelzen.

Umschmelzen der Ceritmetalle.

Da die Ceritmetalle sehr leicht verbrennen, so muß man sie unter einer schützenden Schicht von Kochsalz oder besser von Chlorbarium umschmelzen. Als Schmelzgefäß dient ein Magnesiatiegel, welchen man sich leicht selbst herstellen kann. Man macht Magnesia (usta oder alba) oder elektrisch geschmolzenes Magnesiumoxyd mit kalt gesättigter Boraxlösung zu einem steifen Brei an, schmiert mit diesem die Innenseite eines hessischen oder Graphittiegels aus, läßt abbinden (was nach etwa einer Stunde geschehen ist) und einen Tag ruhig stehen; eventuell entstehende Risse werden baldigst verstrichen. Hierauf trocknet man die Tiegel bei etwa 100°, dann steigert man die Temperatur möglichst langsam und brennt schließlich bei etwa 1200° oder bei noch höherer Temperatur. Diese Tiegel werden mit Chlorbarium usw. gefüllt, dieses geschmolzen

[1] Siehe hierzu auch F. Haber und Geipert, Z. Elektr. 1902, S. 1.

und sodann das Ceritmall in nicht zu großen Stücken eingetragen; man hält etwa 20 Minuten im Fluß und kann nun das Metall in eine geeignete Metallform ausgießen, wobei darauf zu achten ist, daß es auch während des Erkaltens stets von Chlorbarium bedeckt bleibt.

Die Erhitzung der magnesiagefütterten Tiegel bzw. das Umschmelzen der Metalle nimmt man vor entweder in einem Koksfeuer oder — eleganter —

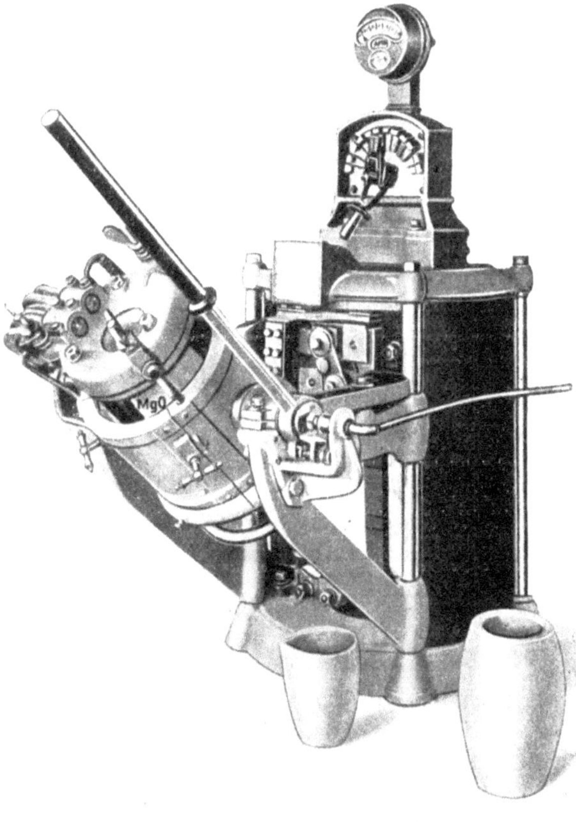

Fig. 116. Widerstandsofen zum Umschmelzen von Cer von HELBERGER.

in dem Transformatorofen von HELBERGER[1], worin der ganze Prozeß in kürzester Zeit und ohne Metallverluste vorgenommen werden kann. Fig. 116 zeigt eine Abbildung einer der verschiedenen Ofentypen von HELBERGER[2]. Dieser Ofen, der überhaupt für das moderne chemische Laboratorium heute schon fast unentbehrlich ist, beruht auf dem Prinzip der Widerstandserhitzung; ein (mit Magnesia gefütterter) Graphit- oder Reinkohletiegel wird durch niedergespannten Wechselstrom zum Glühen gebracht, welcher mit Hilfe eines Transformators erzeugt wird. Man kann

[1] Elektrochem. Ztschr. 1909, Heft 1 u. 3.

[2] HUGO HELBERGER, G. m. b. H., München 41.

mit diesen Öfen in bequemster Weise und in wenigen Minuten Temperaturen bis weit über 2000° erzielen und ist dabei nicht durch Wärmestrahlung, Rauch und Ruß usw. belästigt.

Bei der Bearbeitung der Ceritmetalle muß man einige Vorsichtsmaßregeln anwenden, weil sie sich sehr leicht an der Luft entzünden. Die Entzündungstemperatur des Cers liegt bei ca. 150—180°, die der anderen Edelerdmetalle bei mehr als 400°.

Man bewahrt die Metalle deshalb unter Benzol oder Petroleum auf, worin sie sich ziemlich unverändert halten. Sie sind sehr weich und äußerst duktil; beim Feilen oder Ritzen, beim Sägen oder Bearbeiten auf der Drehbank muß man stets etwas Petroleum auftropfen lassen, damit sich die feinen Spänchen nicht von selbst an der Luft entzünden (siehe Näheres hierüber unter „Pyrophormetalle“ weiter unten).

Eigenschaften der Ceritmetalle.

Spez. Gewicht:	Cer . .	7,042[1] bzw. 6,92[2], letzteres etwas alkalihaltig.
	Lanthan .	6,154[1]
	Neodym .	6,956[1]
	Praseodym	6,475[1]
	Samarium	7,7—7,8[1].
Schmelzpunkt:	Cer . .	623°[1] bzw. 685°[2]
	Lanthan .	810°[1]
	Neodym .	840°[1]
	Praseodym	940°[1]
	Samarium	> 1000°[1].

Härte: Zwischen Kalkspat und Flußspat. Verglichen mit anderen Metallen ergibt sich folgende Reihe:

Pb—Sn—Ce—La—Zn—Nd—Pr—Sm.

Farbe: Cer ist eisenähnlich, an der Luft tombackbraun anlaufend.
Lanthan fast rein weiß (wie Zinn), läuft rasch stahlblau an.
Neodym, Praseodym: eisenähnlich, läuft grau an. Stich ins tombackfarbene, letzteres dunkler und haltbarer auf polierten Flächen als Neodym.
Samarium zwischen Silber und Stahl, an der Luft gelb anlaufend.

Verbrennungswärmen: Siehe Tabelle S. 294.

Spez. Wärme: Cer 0,05112[2] (20—100°) bzw. 0,04479.[3]

Legierungen der Ceritmetalle. — Pyrophormetalle.

Die Legierungen der Ceritmetalle sind dadurch ausgezeichnet, daß sie härter und spröder als diese selbst sind. Sie bilden sich aus den Komponenten, teils unter Wärmeaufnahme, einige aber unter sehr beträchtlicher Wärmeabgabe; diese zuletzt genannten, wozu besonders das Cer-

---

[1] Muthmann und Weiss, l. c.
[2] Alcan Hirsch, Transact. Amer. electrochem. Soc. 20, 58 (1911).
[3] Hillebrand, Pogg. 158, 71.

aluminium $CaAl_4$, das Lanthanaluminium $LaAl_4$, Cerzink[1] und Cereisen gehören, haben also einen geringeren Energieinhalt als die Komponenten, so daß bei der Verbrennung der Legierungen eine geringere Wärmemenge erzielt wird als bei der Oxydation der Bestandteile für sich. Die endotherm sich bildenden Legierungen von Cer mit Magnesium, mit Bor, Titan und Silicium verbrennen natürlich unter Produktion größerer Wärmemengen als ihre freien Komponenten. Diese Verhältnisse sind von Wichtigkeit bei der Anwendung der genannten Stoffe zu sog. Pyrophormetallen; diese in neuerer Zeit wichtig gewordenen Körper dienen bekanntlich dazu, brennbare Substanzen zur Entzündung und eventuell Entflammung zu bringen, dadurch, daß von einem Metallstückchen mit einer geeigneten Vorrichtung kleine Partikeln abgerissen werden, wodurch sie (durch die Reibungsarbeit) zur Entzündung gebracht werden. Von einem guten Pyrophormetall muß man verlangen, daß es haltbar an feuchter Luft ist, eine gewisse Härte bzw. Sprödigkeit hat, um recht kleine Funken zu erzielen (sparsamer Verbrauch), daß seine Entzündungstemperatur möglichst niedrig und seine Verbrennungswärme recht hoch ist. Das reine Cermetall hat unter allen Edelerdmetallen an sich die niedrigste Entzündungstemperatur (ca. 150—180°), indessen ist es für den genannten Zweck in reinem Zustand zu teuer und viel zu weich, als daß man damit kleine Funken erzielen könnte; zudem ist seine Verbrennungswärme etwas niedriger als jene des Aluminiums, während die des Mischmetalles (ca. 40% Ce) bedeutend höher ist als jene des Magnesiums; die Entzündungstemperatur liegt bei etwa 250°, und es ist ebenfalls sehr weich. Man muß ihm deshalb bei seiner Verwendung zur Herstellung von Pyrophormetall Substanzen zugeben, welche es härter und spröder machen. Zu diesem Zwecke sind Eisen[2] (30%), Magnesium[3] (20—30%), Quecksilber[4] (40%), Silicium[5] (3—8%) und Bor[6] sowie Titan[6] vorgeschlagen worden. Das an sich sehr pyrophore reine Edelerdmetall wird dadurch so hart und spröde, daß es den Anforderungen der Praxis entspricht. [Näheres siehe hierzu besonders: C. R. BÖHM, Ch. Z. 1910, Nr. **41**, wo sich auch Zeichnungen einer etwas abgeänderten Ausführung eines Wechselstromofens für Chloridelektrolyse finden; ferner BÖHM, Prometheus 1910, S. 778, wo nachgewiesen wird, daß die Erfindung der pyrophoren Feuerzeuge dem Franzosen CHESNEAU (C. r. **122**, 472) zu verdanken ist, welcher das sehr stark funkengebende Uranmetall verwendete.]

Die Herstellung der Legierungen der Edelerdmetalle kann nach verschiedenen Methoden geschehen.

1. Man setzt dem Elektrolyten die betreffenden Metalle als solche

---

[1] MUTHMANN und BECK, Ann. **331**, 46—57 (1903).

[2] AUER v. WELSBACH, D. R.-P. Nr. 154807.

[3] KUNHEIM, D. R.-P. 238128 (Hydrüre), siehe auch Anmeldg. K. 38762 Kl. 78f. 23. Sept. 1908 (Mg-Cer).

[4] H. BECK, D. R.-P. Nr. 23451.

[5] Lucinum-Werk, Deutsche Franz.-belg.-engl. Patente.

[6] R. VOGEL, Z. anorg. Ch. **72**, 319 (1911).

oder in Form von Chloriden bzw. Oxyden und Fluoriden zu, wobei sie mit den Ceritmetallen herauselektrolysiert und legiert werden (z. B. Eisen).

2. Man schmilzt die betreffenden Substanzen in Magnesiatiegel unter einer schützenden Schicht von Chlorbarium oder Kochsalz ein (z. B. Eisen, Magnesium, Aluminium, Zink, Silicium, Bor und Titan). Cerquecksilber wird dadurch hergestellt, daß man über glühende Spänchen von Mischmetall Quecksilberdämpfe leitet.

Die Legierungen des Cers und Lanthans mit Aluminium und Zinn[1] sind nach bestimmten äquivalenten Verhältnissen zusammengesetzt, während die übrigen als feste Lösungen zu betrachten sind.

Ein Kohlenstoffgehalt macht die Legierungen zwar stark pyrophor, jedoch wenig haltbar; dasselbe gilt von einer Behandlung mit Wasserstoff, weil die Hydride der Edelerdmetalle an feuchter Luft sich sehr leicht zersetzen.[2]

[1] R. Vogel, Z. anorg. Ch. 72, 319 (1911).
[2] Muthmann und Kraft, Ann. 325, 261—278 (1902).

Ausgewählte Kapitel der präparativen Chemie.

Thermitreaktionen.

Von

Wilhelm Prandtl-München.

Inhalt.

Thermitreaktionen werden im chemischen Laboratorium gewöhnlich zur Herstellung von schwerschmelzbaren Metallen, Legierungen und Metallverbindungen (Siliciden, Carbiden, Aluminiumoxyd, Aluminaten, Silicaten usw.) angewendet; sie können aber auch lediglich als Wärmequelle dienen.

Als Thermitreaktionen bezeichnet man chemische Umsetzungen ursprünglich fester Stoffgemenge, welche ohne weitere Wärmezufuhr von außen bei hoher Temperatur und unter starker Wärmeentwicklung mit ziemlich großer Geschwindigkeit vor sich gehen, wenn die Reaktion durch lokale Erhitzung des Reaktionsgemenges (Initialzündung) an einer Stelle eingeleitet worden ist. Durch die Reaktionswärme wird dann von der Zündstelle aus fortschreitend das ganze Reaktionsgemenge auf die Reaktionstemperatur erhitzt und zur raschen Umsetzung gebracht. Wesentlich für die praktische Verwendbarkeit derartiger Reaktionen ist, daß keine gasförmigen Endprodukte entstehen und daß die Reaktionswärme ausreichend ist, alle Reaktionsprodukte in Schmelzfluß zu bringen, so daß sie sich nach ihrem spezifischen Gewicht in verschiedene Schichten (Schlacke und Regulus) sondern können. Die Thermitreaktionen sind im wesentlichen Reduktionsreaktionen, bei denen ein Metall aus einer festen bzw. feurigflüssigen Verbindung, z. B. aus einem Oxyd, durch ein anderes Metall, Metalloid, Carbid oder Silicid von größerer Verbindungswärme verdrängt und in geschmolzenem Zustande ausgeschieden wird, z. B.

$$Fe_2O_3 + 2\,Al = Al_2O_3 + 2\,Fe + 197 \text{ Cal.}$$

Ein derartiges Gemenge von Metalloxyd und Aluminium (bzw. Magnesium, Calcium, Silicium, Carbid, Silicid usw.) nennt man Thermit. Ist das reduzierende Metall Aluminium, so bezeichnet man die Reduktion auch als aluminothermische Reduktion; häufig werden Thermitreaktionen auch nach HANS GOLDSCHMIDT, der sie zuerst praktisch anwendbar gemacht hat, als GOLDSCHMIDTsches Verfahren bezeichnet. Die reduzierende Wirkung des Aluminiums, Magnesiums, Kaliums und Natriums auf die Verbindungen von Metallen und Metalloiden ist zwar schon längst bekannt gewesen und auch schon lange vor GOLDSCHMIDT zur Darstellung freier Elemente, namentlich aus Oxyden, Sulfiden und Halogenverbindungen benutzt worden.[1] Es ist aber das Verdienst H. GOLDSCHMIDTS[2], für die praktische Ausführung derartiger Reaktionen, besonders mit Aluminium, ein Verfahren erdacht zu haben, bei welchem die bedeutende Umsetzungswärme, die bei der Reduktion von Oxyden durch Aluminium frei und mit oft explosionsartiger Heftigkeit entwickelt wird, in geregelte Bahnen geleitet und für die Reaktion selbst nutzbar gemacht wird. Er zeigte, wie man mit Hilfe der hohen Oxydationswärme des Aluminiums nicht nur reine, kohlefreie, bis dahin schwer zugängliche Metalle, namentlich Chrom und Mangan, leicht in großen Mengen darstellen kann, sondern auch, wie man mit Hilfe derartiger Reaktionen in genau begrenztem Raume leicht Temperaturen bis zu ungefähr 3000° erzeugen, d. h. den Effekt eines elektrischen Ofens erreichen kann. Auf die Nutzbarmachung dieser Reaktionswärme zur Metallbearbeitung, zum Schweißen und Löten, soll hier nicht näher eingegangen werden.[3] Das ursprüngliche GOLDSCHMIDTsche Verfahren hat eine weite Verbreitung gefunden; neben dem anfangs fast ausschließlich verwendeten Aluminium werden jetzt teilweise auch Calcium, Magnesium, Silicium, Carbide, Silicide und Gemische derselben als Reduktionsmittel angewendet.

Bei der praktischen Anwendung von Thermitreaktionen zur Herstellung von Metallen und Metallverbindungen handelt es sich

1. um die Herstellung eines geeigneten Reaktionsgemenges,
2. um die Wahl eines geeigneten Gefäßes, in dem die Reaktion vor sich gehen kann,
3. um die Entzündung des Reaktionsgemenges und
4. um die Trennung der Reaktionsprodukte.

I. Die Herstellung des Reaktionsgemenges. Bei der Wahl des Reduktionsmittels und der zu reduzierenden Metallverbindung ist einerseits darauf zu achten, daß genügend Wärme frei wird, um alle Reaktionsprodukte völlig zu schmelzen, bzw. darauf, daß nicht Stoffe entstehen, die mit Hilfe der Reaktionswärme nicht geschmolzen werden können; anderer-

---

[1] Literatur hierzu vgl. bei GOLDSCHMIDT, Ann. **301**, 19 (1898).

[2] H. GOLDSCHMIDT, D. R.-P. Nr. 96317; Zentr. **1898**, II, 1183; Z. Elektr. **4**, 494 (1897); **6**, 53 (1899); Ann. **301**, 19 (1898); Z. angew. Ch. **1898**, 821; J. Soc. Ch. Ind. **17**, 543 (1898).

[3] Vgl. hierüber GOLDSCHMIDT, Z. Elektr. **4**, 494 (1897) und **6**, 53 (1899) und besonders **9**, 119 (1903).

seits darauf, daß nicht Stoffe vorhanden sind oder sich bilden können, die bei der Reaktionstemperatur gasförmig sind. Im ersteren Falle tritt keine Scheidung der Reaktionsprodukte ein; im letzteren wird durch die Gasentwicklung mindestens ein Teil der weißglühenden Reaktionsmasse ausgeschleudert, und man erhält eine schlechte Ausbeute; es können sich aber auch gefährliche Explosionen ereignen, oder die entwickelten Dämpfe können gesundheitsschädlich sein, wie z. B. bei der Verwendung arsenhaltiger Materialien. Auf jeden Fall wird aber durch die Verdampfung der Reaktionsmasse sehr viel Wärme entzogen, so daß die für den richtigen Verlauf der Reaktion günstigste Temperatur nicht erreicht wird oder unter Umständen die Reaktion überhaupt nicht eintritt. Die Reaktionsmasse muß deshalb vor allem auch vollständig trocken sein.

Mit Rücksicht auf ihre thermischen Verhältnisse, Schmelzbarkeit und Flüchtigkeit eignen sich zu Thermitreaktionen im allgemeinen am besten Oxyde. Die bei der Reduktion eines Oxydes z. B. mit Magnesium oder Aluminium frei werdende Wärmemenge ist gleich der Verbrennungswärme des angewandten Aluminiums bzw. Magnesiums vermindert um die Wärmemenge, welche bei der Bildung des zu reduzierenden Oxydes aus den Elementen entwickelt wurde und nun wieder zu dessen Zerlegung aufgewendet werden muß. Die folgende Tabelle[1] gibt die Wärmemengen an, welche je 16 g Sauerstoff bei ihrer Verbindung mit äquivalenten Mengen der nebenstehenden Elemente liefern. Man kann daraus ersehen, welche Oxyde sich durch Magnesium, Calcium, Aluminium usw. reduzieren lassen und wie viel Wärme bei der Reduktion eines Oxydes jeweils, von Nebenreaktionen abgesehen, frei wird. Je größer die entwickelte Wärme, um so höher wird im allgemeinen die zu erwartende Temperatur sein.

Mg → MgO	143,4 Cal.	Mn → MnO	90,9 Cal.	Ni → NiO	61,5 Cal.
Li → Li_2O	145,0 „	Zn → ZnO	84,8 „	H_2 → H_2O (Gas)	58,1 „
Ca → CaO	131,5 „	P → $^1/_5 P_2O_5$	73,1 „	Sb → $^1/_3 Sb_2O_3$	55,6 „
Sr → SrO	131,2 ? „	Sn → SnO	70,7 „	As → $^1/_3 As_2O_3$	52,1 „
Al → $^1/_3 Al_2O_3$	130,9 „	Sn → $^1/_2 SnO_2$	70,6 „	Pb → PbO	50,8 „
Na → Na_2O	100,9 „	CO → CO_2	68,2 „	Bi → $^1/_3 Bi_2O_3$	46,4 „
K → K_2O	98,2 „	Cd → CdO	66,3 „	Tl → Tl_2O	42,8 „
Rb → Rb_2O	95,5 „	Fe → FeO	65,7 „	Cu → Cu_2O	43,8 „
Si → $^1/_2 SiO_2$	98,0 „	Fe → $^1/_3 Fe_2O_3$	65,2 „	S → $^1/_2 SO_2$ (Gas)	34,6 „
B → $^1/_3 B_2O_3$	90,9 „	W → $^1/_2 WO_2$	65,7 „	Hg → HgO	21,5 „
		Co → CoO	64,5 „	Ag → Ag_2O	7,0 „

Bildet ein Metall mehrere Oxyde, wie z. B. Vanadin, Chrom und **Mangan**, so kann man durch die Wahl eines höheren oder niederen Oxydes oder durch eine geeignete Kombination mehrerer Oxyde die Reaktionstemperatur innerhalb weiter Grenzen beeinflussen. Die sauerstoffreichsten Oxyde liefern natürlich die größten Wärmemengen und die höchsten Temperaturen.

[1] C. MATIGNON, Monit. [4] 14, I, 353 (1900). Mit einigen Abänderungen nach der Tabelle bei B. NEUMANN, Z. Elektr. 14, 169 (1908).

Auch Sulfide lassen sich unter Umständen mit Vorteil zu Thermitreaktionen verwenden. Mischt man sie z. B. mit Aluminium und entzündet das Gemenge, so scheidet sich das Metall des angewandten Sulfides aus, während Aluminiumsulfid entsteht. Die Reduktion der Sulfide durch Aluminium geht bei weit niedrigerer Temperatur und unter geringerer Wärmeentwicklung vor sich als die Reduktion der Oxyde, nämlich schon bei Rotglut; dies geht auch aus der folgenden Tabelle von MATIGNON (a. a. O.) hervor, welche die Wärmemengen angibt, die bei der Verbindung von je 32 g Schwefel mit äquivalenten Mengen verschiedener Elemente frei werden:

Ca	104,3 Cal.	Al	42,0 Cal.	Ni	19,5 Cal.
K	103,5 „	Cd	34,4 „	B	12,6 „
Sr	99,3 „?	Fe	24,0 „	Sb	11,5 „
Na	89,3 „	Co	21,9 „	Hg	10,6 „
Mg	79,4 „	Tl	21,7 „	Si	5,2 „
Mn	45,6 „	Cu	20,3 „	Ag	3,0 „
Zn	43,0 „	Pb	20,3 „		

Da aber andererseits Aluminiumsulfid viel leichter schmilzt als Aluminiumoxyd, so werden auch hier Metall und Schlacke gut getrennt erhalten. Diese Reaktion verläuft besonders glatt beim Schwefelkupfer; aber auch andere Sulfide lassen sich leicht reduzieren. Es kann deshalb bei der Metalldarstellung unter Umständen vorteilhafter sein, von den Sulfiden auszugehen statt von den Oxyden, oder Gemische beider gleichzeitig zu benutzen.

Halogenverbindungen eignen sich ihrer leichten Flüchtigkeit wegen im allgemeinen nicht für Thermitreaktionen, es müßte denn sein, daß man die Reaktion in geschlossenen Gefäßen unter Druck vor sich gehen läßt; derartige Versuche sind aber anscheinend noch nicht ausgeführt worden, wohl aber ist die Reduktion von Metallchloriden, z. B. mit Natrium oder Kalium in geschlossenen Gefäßen unter Wärmezufuhr von außen, längst bekannt. Ferner lassen sich z. B. elementares amorphes Silicium, Titan und Zirkon darstellen, indem man die Alkalidoppelfluoride dieser Elemente mit Natrium oder Kalium mischt und das Gemenge entzündet.

Auch Sauerstoffsalze werden durch Aluminium, Calcium usw. reduziert, allerdings oft ohne daß ein metallischer Regulus erhalten wird. So läßt sich z. B. Wolframit nach dem GOLDSCHMIDTschen Verfahren durch Aluminium zu (unreinem) Wolframmetall reduzieren,[1] und Eisenvanadate liefern Ferrovanadium.[2] Alkali- und Erdalkalivanadate reagieren dagegen wohl mit Aluminium, liefern aber kein Metall. Im allgemeinen kann man wohl sagen, daß die Schwermetallsalze von Metallsäuren bei der thermischen Reduktion Legierungen der in ihnen enthaltenen Metalle liefern, während man aus Alkali- und Erdalkalisalzen nur schlackenartige

---

[1] L. WEISS, Z. anorg. Ch. 65, 279 (1909).
[2] PRANDTL u. BLEYER, Z. anorg. Ch. 79, 214 (1912).

niedere Oxyde des säurebildenden Metalls erhält unter Verdampfung von Alkalimetall. Nitrate wirken nach GOLDSCHMIDT auf Aluminium wenig ein, Ammoniumnitrat gibt mit Al nur eine verhältnismäßig schwache Reaktion. Sulfate, wie $BaSO_4$, $CaSO_4$ oder Na_2SO_4, reagieren dagegen mit Aluminium explosionsartig.[1,2] Die Phosphate der Alkalien und Erdalkalien werden beim Glühen mit Aluminium reduziert unter Entwicklung von Phosphordampf, der sich an der Luft entzündet, während ein Gemenge von Aluminiumoxyd, Alkali- bzw. Erdalkalialuminat und Aluminiumphosphid im Rückstand bleibt.[2] In ähnlicher Weise werden Phosphate auch durch Magnesium reduziert.[3] Borate und Silicate — Glas — werden durch geschmolzenes Aluminium oder Magnesium unter Abscheidung von Bor bzw. Silicium zersetzt.

Über die Einwirkung von Aluminium, Magnesium und dgl. auf sauerstoffreiche Verbindungen, Peroxyde, Chlorate usw. vgl. S. 324.

Was nun die Wahl des Reduktionsmittels betrifft, so wird auch jetzt noch weitaus am meisten das Aluminium verwendet, das GOLDSCHMIDT ursprünglich fast ausschließlich angewandt hatte. Die Hauptvorteile des Aluminiums sind neben seiner hohen Verbrennungswärme der günstige Schmelzpunkt seines Oxydes und sein niedriger Preis. Es ist auch zu beachten, daß 18,1 g Al (= $^2/_3$Al) denselben Reduktionswert haben wie 24,3 g Mg, 40,1 g Ca oder 14,1 g Si. Reines metallisches Silicium gibt nach GOLDSCHMIDT[4] für sich allein im allgemeinen keine Thermitreaktionen. Ein Gemisch von z. B. äquivalenten Mengen Chromoxyd Cr_2O_3, Manganoxyd Mn_2O_3 oder Mn_3O_4 und Silicium ist nicht zum Weiterbrennen zu bewegen.[5] Wohl ist es möglich, ein Gemisch von Mangandioxyd MnO_2 und Silicium zu einer thermitähnlichen Reaktion zu bringen, aber wenn auch ein noch so großer Überschuß des MnO_2 genommen wird, so gelingt es doch nicht, das Silicium völlig zu entfernen; es sind im besten Falle immer noch einige Prozente Si in dem Mangan vorhanden. Mit dem roten Eisenoxyd Fe_2O_3 ist ein Weiterglimmen nach erfolgter Entzündung möglich, falls das Si in sehr fein verteiltem Zustande verwendet wird, während mit Fe_3O_4 keine Reaktion eintritt. Metallabscheidungen sind ferner möglich, wenn Silicium mit Bleioxyd oder Kupferoxyd zur Reaktion gebracht wird, doch dürften diese Reaktionen kein praktisches Interesse beanspruchen. Kupferoxyd brennt verhältnismäßig langsam ab; in der Schlacke befinden sich weiße Kugeln eines Kupfersilicides mit etwa 10 % Si, daneben findet sich eine geringe Menge von reinem Kupfer. PbO verhält sich ähnlich; die Reaktion verläuft unter starker Rauchentwicklung. Eine

---

[1] GOLDSCHMIDT, a. a. O.

[2] ROSSEL u. FRANK, Ber. **27**, 52 (1894).

[3] DUBOIN, C. r. **132**, 826 (1901).

[4] GOLDSCHMIDT, V. Internat. Kongreß f. angew. Chem. 1903; Z. Elektr. **14**, 558 (1908).

[5] Silicium läßt sich aber als Reduktionsmittel für die Oxyde schwer schmelzbarer Metalle verwenden, wenn man dem Reaktionsgemenge von außen Wärme zuführt. B. NEUMANN, Z. Elektr. **14**, 169 (1908).

glatt verlaufende Reaktion erhält man dagegen, wenn ein Gemisch von gleichen Teilen CuO und PbO mit Si zur Reaktion gebracht wird. Ein derartiges Gemisch reagiert ähnlich wie gewöhnlicher Thermit, d. h. eine Mischung von Fe_2O_3 und Al, jedoch erheblich langsamer. Man erhält einen guten Regulus mit flüssiger Schlacke. Das Metall setzt sich in zwei Schichten ab, die untere besteht aus einer Legierung von etwa gleichen Teilen Pb und Cu mit nur Spuren Si, die obere Schicht aus sprödem Kupfer mit etwa 10% Si und geringen Mengen Pb (GOLDSCHMIDT). Ein feinpulveriges Gemenge von Silicium (käuflich, 90%ig) und BaO_2 brennt nach der Entzündung äußerst heftig ab, so daß alles Material aus dem Tiegel geschleudert wird. 50 Teile gepulvertes BaO_2 ergaben mit 4 Teilen etwa 90%igen Siliciumpulvers beinahe immer nur völlig verdampfendes Silicat. Mit mehr Si (50 g BaO_2 + 15 g Si) erhält man in äußerst heftiger Reaktion ein siliciumhaltiges Bariumsilicid. Die bei der Reaktion zwischen BaO_2 und Si frei werdende Wärme läßt sich dazu verwenden, beigemengtes Eisen, Kupfer usw. zu schmelzen. 2 kg BaO_2-Pulver und 80 g Na_2O_2 (Natriumsilicat macht die Schlacke leichter schmelzbar) wurden mit 175 g Si und 1,4 kg Schmiedeeisenfeilspänen gemengt und in einem Schamottetiegel durch Initialzündung zur Reaktion gebracht. Nach wenigen Sekunden sammelte sich am Boden des Tiegels 1 kg flüssigen Eisens an, das nach dem Erkalten weich, also siliciumfrei war.[1]

Durch metallisches Calcium kann man nach dem GOLDSCHMIDTschen Verfahren Metalloxyde und -sulfide zu Metall reduzieren, z. B. MnO_2, CuO, PbO, CuS.[2] Die Reaktionen verlaufen sehr stürmisch; da aber das entstehende Calciumoxyd außerordentlich schwerflüssig ist, tritt keine Scheidung der Reaktionsprodukte ein, und man erhält nur eine mit Metallkügelchen durchsetzte Schlackenmasse.[3,4] Verwendet man aber statt des reinen Calciums Gemenge von Calcium mit Silicium oder Aluminium, so bilden sich leichtflüssige Calciumsilicat- bzw. -aluminatschlacken, und man erhält gute Metallabscheidungen. In ähnlicher Weise wie Calciumaluminium wirkt auch Magnesiumsilicium. Allen drei Reaktionen von Metalloxyden mit Calciumsilicium, Magnesiumsilicium, Calciumaluminium ist gemeinsam, daß kalorisch die besten Resultate erzielt werden, wenn die Zusammensetzung der resultierenden Schlacken derart gewählt wird, daß sie so leichtflüssig wie möglich sind. Bei Calciumsilicium ist die leichtest flüssige Kalksilicatschlacke $4CaO.3SiO_2$ mit einem Schmelzpunkt von 1425°;[5] diese erhält man bei Anwendung eines Gemenges von 2 Gewichtsteilen Ca und 1 Gewichtsteil Si oder einer Legierung von 67% Ca und 33% Si. Ein ähnliches Resultat gibt ein Gemenge von 60 Gewichtsteilen Mg und 40 Gewichtsteilen Si. Die Schlacke hat die Zusammensetzung $7MgO.4SiO_2$ mit etwa gleich hohem Schmelzpunkt wie $4CaO.3SiO_2$.

---

[1] ASKENASY u. PONNAZ, Z. Elektr. 14, 810 (1908).
[2] BECKMANN, Ber. 38, 904 (1905).
[3] GOLDSCHMIDT, Z. Elektr. 14, 558 (1908).
[4] F. M. PERKIN, Trans. Faraday Soc. 1907, 3, 115; 1908, 3, 179.
[5] BOUDOUARD, Journ. of the Iron and Steel Instit. 1905, 352.

Wendet man zur Reduktion ein Gemenge von 63 Teilen Ca und 37 Teilen Al an, so erhält man eine Schlacke von der Zusammensetzung $2CaO.Al_2O_3$ und dem Schmelzpunkt 1400°.[1] Noch etwas niedriger liegt der Schmelzpunkt der Schlacke $3CaO.2Al_2O_3$ (Schmelzpunkt 1395° nach BOUDOUARD), welche bei Anwendung eines Gemisches von 53 Teilen Ca und 47 Teilen Al entsteht. Calciumsilicium, Calciumaluminium und Magnesiumsilicium können entweder in Form mechanischer Gemenge oder als Legierungen bzw. Silicide angewendet werden.[2] Zur Reduktion von Eisenoxyden verwendet GOLDSCHMIDT[3] auch Gemische von 60—25% Si und 40—75% Mangan. W. MUTHMANN[4] und seine Mitarbeiter verwandten zur Darstellung von Vanadin, Niob und Tantal aus ihren Oxyden als Reduktionsmittel die Metalle der seltenen Erden in der Form von sog. Mischmetall, einer Legierung sämtlicher Cerit- und Yttermetalle mit etwa 45% Ce, 20% La, 15% Di und etwa 20% anderen Metallen (Sm, Er, Gd, Y). Dieses Metall hat eine höhere Verbrennungswärme als Al, und die bei der Reduktion gebildeten Oxyde sind verhältnismäßig leicht schmelzbar, es ist aber zu kostspielig, als daß es eine allgemeinere Verwendung finden könnte. Abgesehen davon sind die dargestellten Metalle nicht rein gewesen.

Nach GOLDSCHMIDT kann man auch Calciumcarbid als Reduktionsmittel anwenden, man erhält aber dann carbidhaltige Metalle. F. M. PERKIN und L. PRATT[5] reduzierten CuO, MnO_2, Fe_2O_3, SnO_2, PbO, WO_3, B_2O_3 und SiO_2 mit Calciumhydrid; die Reaktionen sollen zwar nicht so heftig wie mit Calcium verlaufen, man erhält aber ebenso schwer schmelzbare Schlacken wie mit Calcium, außerdem wird Wasserdampf entwickelt. Nach E. BERGER[6] kann auch Calciumsilicid $CaSi_2$ das Aluminium als Reduktionsmittel vertreten.

Das reduzierende Metall wird in Form von mehr oder weniger feinem Pulver, Grieß (Aluminium) oder von Drehspänen (Ca, Mg) angewendet, die zu reduzierende Verbindung als feines bis grobes Pulver. Je schwerer ein Gemenge zur Reaktion zu bringen ist, um so feiner muß sein Korn, um so inniger die Mischung sein. Bei Versuchen mit größeren Mengen ist es oft vorteilhaft, die oberen Schichten des Reaktionsgemenges aus feinpulverigem Material, die unteren aber aus grobpulverigem herzustellen. Zu Thermitversuchen im kleinen verwendet man das käufliche Aluminiumpulver (Aluminiumbronze); Metalldarstellungen im kleinen gehen übrigens zuweilen nur unvollkommen vor sich, da die Abkühlungsverhältnisse dabei eine verhältnismäßig große Rolle spielen. Gute Metallabscheidungen werden oft erst erhalten, wenn man mit Mengen von mehreren Kilogrammen arbeitet (GOLDSCHMIDT).

---

[1] BOUDOUARD, a. a. O.
[2] GOLDSCHMIDT, Z. Elektr. 14, 558 (1908).
[3] GOLDSCHMIDT, Amer. Pat. 902871; Z. Elektr. 15, 120 (1909).
[4] W. MUTHMANN, Ch. Ztg. 34, 506 (1904); L. WEISS u. O. AICHEL, Ann. 337, 370 (1904).
[5] Trans. Faraday Soc. 3, 179 (1908).
[6] C. r. 170, 1492 (1920).

Die Mengenverhältnisse der Mischung werden im allgemeinen nach den theoretischen Verhältnissen gewählt, z. B. bei der Darstellung von Chrom nach der Gleichung: $Cr_2O_3 + 2Al = Al_2O_3 + 2Cr$. Trotz der großen Legierungsfähigkeit des Aluminiums sind die Metalle bzw. Legierungen völlig frei von Aluminium, wenn man einen geringen Überschuß des zu reduzierenden Oxydes anwendet. Da das käufliche Aluminium nie 100-prozentig ist, so ergibt sich schon bei Anwendung der theoretischen Menge von selbst ein genügender Überschuß an Oxyd, um ein aluminiumfreies Metall zu erzielen. Die aluminothermisch erhaltenen Metalle sind frei von Kohle oder Carbid, dagegen enthalten sie stets etwas Eisen. Ähnliches gilt auch für das käufliche Calcium.

Verläuft eine Thermitreaktion allzu heftig, d. h. steigt die Reaktionstemperatur so hoch, daß ein Teil der Reaktionsprodukte verdampft, so kann man die Reaktion mildern, indem man dem Reaktionsgemenge ein indifferentes Verdünnungsmittel zusetzt. Ein Teil der Reaktionswärme wird dann zur Erhitzung und Schmelzung des Verdünnungsmittels verbraucht. Als Zusätze eignen sich natürlich nur solche Stoffe, welche die Reinheit des Reaktionsproduktes nicht beeinträchtigen. Als Verdünnungsmittel kann entweder ein Überschuß an einem Bestandteile der Mischung dienen, z. B. ein Überschuß des Oxydes, oder z. B. Al_2O_3, CaO, gepulverte Schlacken von einem früheren Versuch u. dgl. Reicht andererseits die Reaktionswärme nicht aus, um die Temperatur des Gemenges über den Schmelzpunkt des am schwersten schmelzbaren Reaktionsbestandteiles zu steigern, so kann man der Thermitmischung z. B. Gemenge von Na_2O_2 und Al, oder BaO_2 und Al als Heizmaterial zusetzen; vgl. z. B. den Versuch von ASKENASY und PONNAZ auf S. 320. Zur Darstellung der sehr schwer schmelzbaren Metalle Wolfram und Uran vermischte STAVENHAGEN[1] das Reaktionsgemenge mit Aluminiumpulver und flüssiger Luft; derartige Versuche erfordern große Vorsicht und sind nur mit kleinen Mengen ausführbar.

Soll eine Thermitreaktion lediglich als Wärmequelle dienen, z. B. um ein in das Thermitgemenge eingebettetes Metallstück zu erhitzen, so setzt GOLDSCHMIDT dem Gemenge so viel indifferente Stoffe zu, daß weder der zu erhitzende Körper schmelzen, noch auch das reduzierte Metall zu einem Regulus zusammenfließen kann; er erhält so eine Sintermasse, die eine vollständige Hülle um den zu erhitzenden Körper bildet und sich leicht entfernen läßt. Zu einer solchen Mischung nimmt man natürlich das billigste Oxyd, etwa Eisenerz, Sand oder dgl. und setzt ihm als inerten Stoff entweder einen großen Überschuß dieser Stoffe oder etwa Magnesia, Kalk oder dgl. zu. Derartiger Sinterthermit ist käuflich zu haben. Bei der Reindarstellung von Metallen muß man aber die Temperatur möglichst hoch steigern, also die indifferenten Zusätze einschränken oder ganz weglassen.

Bei den Thermitreaktionen scheint auch die Luft eine Rolle zu spielen, indem ein Teil des Al bzw. Ca oder Mg zu Oxyd oder Nitrid

---

[1] Ber. 32, 3064, 3065 (1899).

verbrennt. WESTON und ELLIS[1] fanden, daß die Thermitreaktionen im Vakuum anders und ruhiger verlaufen als in Luft; einige Mischungen, die an der Luft entzündbar sind, ließen sich im Vakuum nicht entzünden.

II. Gefäße, in denen Thermitreaktionen ausgeführt werden können. Bei der aluminothermischen Darstellung von Metallen verwendet man meist Schamottetiegel, sog. hessische Tiegel. Da aber die Silicate der Tiegelmasse von Aluminium usw. unter Bildung von Silicium angegriffen werden, muß man bei der Darstellung von Metallen, welche sich, wie z. B. Vanadin, leicht mit Silicium zu Siliciden vereinigen, kieselsäurefreie Gefäße anwenden. Als solche können Magnesiatiegel oder Eisentiegel bzw. hessische Tiegel mit Magnesiaausfütterung dienen. Derartige Tiegel sind ziemlich teuer und werden gewöhnlich schon beim ersten Versuch vollständig zerrissen. PRANDTL und BLEYER[2] haben gefunden, daß man die Thermitreaktionen am besten überhaupt nicht in festen Tiegeln, sondern in einem Schachte aus losem Flußspatpulver ausführt. In eine beliebige Blechbüchse — für Versuche im kleinen verwendet man zylindrische Blechbüchsen von 20—25 cm Höhe und ungefähr 12 cm Durchmesser, wie sie zur Verpackung verwendet werden — schüttet man eine 3—4 cm dicke Schicht Flußspatmehl und stampft es fest; dann setzt man in die Mitte der Büchse ein beiderseits offenes zylindrisches Rohr —, etwa einen Zylinder für Gasglühlicht aus Jenaer Glas von etwa 25 cm Länge und ungefähr 4,5 cm Durchmesser oder ein Blechrohr von passenden Dimensionen, — und füllt den Zwischenraum zwischen dem Zylinder und der Blechbüchse mit Flußspatpulver aus, das man möglichst fest einstampft. In den durch den Zylinder freigehaltenen Schacht füllt man auf die 3—4 cm starke Flußspatunterlage das Thermitgemenge ein, stampft es fest und zieht gleichzeitig den Zylinder unter drehenden Bewegungen langsam heraus. Die Dimensionen des Schachtes wählt man am besten so, daß die Tiefe des Thermitgemenges nicht viel größer ist als der Durchmesser des Schachtes und daß die Oberfläche des Thermitgemenges etwas unter dem oberen Schachtrande liegt. Will man größere Mengen, mehrere Kilogramm Metall in einem Versuch herstellen, so errichtet man sich auf einer feuerfesten Unterlage (Steinpflaster) aus lose aufeinander gelegten Ziegel- oder Schamottesteinen einen kleinen Schacht von quadratischem Querschnitt. Seitenlänge und Höhe des Schachtes richten sich nach dem Volumen des Thermitgemenges, das in einem Versuch angewendet wird. Das Innere dieses Schachtes füllt man ebenso wie die Blechbüchsen. Als Zylinder zum Einfüllen des Thermitgemenges eignen sich sehr gut die in verschiedener Größe käuflichen eisernen Ofenrohre. PRANDTL und BLEYER[3] haben auf diese Weise im Laboratorium bis zu 20 kg Thermit auf einmal zur Reaktion gebracht. Es ist noch zu beachten, daß das käufliche Flußspatpulver oft sehr beträchtliche Mengen Quarz enthält. Wenn es auf große Reinheit der Materialien an-

[1] Trans. Faraday Soc. **4**, 60 (1908); Z. Elektr. **16**, 883 (1910).
[2] Z. anorg. Ch. **64**, 217 (1909).
[3] Z. anorg. Ch. **79**, 215 (1912).

kommt, verwende man gefälltes Calciumfluorid, das durch Glühen noch von Silicofluoriden befreit wurde. An Stelle von Flußspat kann man auch gepulverte Schlacken von früheren Thermitversuchen verwenden; indes beteiligt sich das Calciumfluorid auch chemisch an der Thermitreaktion.[1] Wenn eine Thermitreaktion von starker Gasentwicklung begleitet ist, so wird ein Teil des Flußspatpulvers verstäubt. Man kann dann die lästige Staubentwicklung vermindern, indem man statt des feinen Pulvers grobkörnigen Flußspat (bzw. grobkörnige Schlacken) verwendet.

Zur Darstellung großer Mengen von Metallen (Chrom, Mangan) verwendet GOLDSCHMIDT einfache tiegelförmige Öfen, die aus feuerfesten Steinen aufgebaut sind und die einen Fassungsraum für einige hundert Kilogramm Metall haben. Bei der Schnelligkeit, mit der das Aluminium verbrennt, dauert die Abscheidung selbst größerer Mengen nur etwa $^1/_2$ Stunde. In diesen Tiegeln wird zuerst ein Teil des Thermits entzündet, dann wird von der Mischung so viel nachgetragen, bis der Tiegel voll ist. Man kann den Tiegel wie einen elektrischen Ofen auch so einrichten, daß er kontinuierlich arbeitet, indem man ihn mit zwei Abstichöffnungen versieht, durch die man Metall und Schlacke abziehen kann.

III. Die Entzündung des Reaktionsgemenges. Das Thermitgemenge muß, damit die Umsetzung eintritt, auf eine bestimmte Temperatur, die Entzündungstemperatur, erhitzt werden. Während man vor GOLDSCHMIDT bei Reduktionen mit Aluminium, Kalium usw. das ganze Reaktionsgemenge durch und durch auf die Entzündungstemperatur erhitzte, z. B. durch Einsetzen in einen erhitzten Tiegelofen, zeigte GOLDSCHMIDT, daß es vollkommen genügt, diese Erhitzung nur an einem einzigen Punkt vorzunehmen, von wo sie sich dann mehr oder minder rasch durch die ganze Masse verbreitet, ohne daß eine weitere Wärmezufuhr von außen nötig ist. Zur Entzündung der Masse bedient man sich am besten eines in die Mischung eingesteckten Magnesiumbandes, das man leicht mit einem Zündholz in Brand setzen kann. Bei Reduktionsgemischen, deren Entzündungstemperatur höher liegt, erreicht man diese sicherer, wenn man darauf ein Häufchen einer Mischung aus Aluminiumpulver und einer leicht Sauerstoff abgebenden Verbindung schichtet und dieses zunächst mittelst eines eingesteckten Magnesiumbandes entzündet. Zu solchen Zündmischungen kann man nicht nur alle die Verbindungen wählen, welche mit Salzsäure Chlor entwickeln, wie z. B. $KMnO_4$, $K_2Cr_2O_7$, $KClO_3$, BaO_2, sondern auch CuO, PbO, WO_3, MoO_3, V_2O_5 und viele andere Stoffe (GOLDSCHMIDT). Natriumperoxyd entzündet sich sogar schon beim Reiben mit Aluminium von selbst, wenn nur eine Spur Feuchtigkeit zugegen ist; auch beim Liegen an feuchter Luft und besonders beim Befeuchten mit einem Tropfen Wasser entzündet sich die Mischung von selbst (ROSSEL und FRANK). Noch leichter entzündet sich unter der Einwirkung der stets vorhandenen Luftfeuchtigkeit ein Gemenge von Calciumcarbid und

[1] Vgl. PRANDTL u. BLEYER, Ber. **43**, 2602 (1910); PRANDTL u. MANZ, Ber. **44**, 2582 (1911); Z. anorg. Ch. **79**, 209 (1913).

Natriumsuperoxyd. Wie Aluminium wirkt auch Magnesiumpulver (GOLDSCHMIDT). Sehr gut hat sich als Zündmischung bewährt ein Gemenge von 10 Teilen Aluminiumpulver, 40 Teilen Bariumsuperoxyd und 7 Teilen Kaliumchlorat, das man entweder in Pulverform anwenden oder auch mit Hilfe von Kollodium zu Kugeln formen kann, in welche man ein etwa 10 cm langes Stück Magnesiumband steckt. E. BERGER[1] verwendet als Zündkirschen ein Gemisch von 60 Teilen Kaliumnitrat und 40 Teilen technischem Calciumsilicid. Unter Umständen kann die Entzündung des Reaktionsgemenges auch dadurch herbeigeführt werden, daß man einen glühenden Eisenstab in dasselbe steckt, oder dadurch, daß man einen in die Masse eingebetteten Draht auf elektrischem Wege zum Glühen bringt.

Bei der Entzündung von heftig abbrennenden Thermitgemengen ist Vorsicht notwendig, damit man nicht von glühenden Schlacken getroffen wird, welche durch verdampfende Stoffe ausgeschleudert werden können. Wenn eine Zündung versagt hat, nähere man sich nicht sofort dem Reaktionsgemenge, weil manchmal eine gewisse Zeit verstreicht, ehe die Wärme der Zündmischung auf das Reaktionsgemenge übertragen wird und es zur Reaktion bringt.

IV. Die Reaktionsprodukte und ihre Trennung. Nach Beendigung der Thermitreaktion wartet man im allgemeinen, bis die Reaktionsprodukte erstarrt und genügend erkaltet sind. Zerschlägt man dann die Schmelze mit einem Hammer, so löst sich meist das spezifisch schwere Metall leicht von der Schlacke ab. Häufig sind in der Schlackenmasse noch kleine Metallkügelchen verteilt, zu deren Gewinnung man die Schlacken noch weiter zerkleinert und dann einer mechanischen Scheidung (durch Schlämmen, durch einen Magneten usw.) unterwirft. Will man die so erhaltenen kleinen Metallteilchen zu einem größeren Regulus zusammenschmelzen, so setzt man sie am besten bei einem weiteren Thermitversuche der gleichen Art als Verdünnungsmittel zu.

Die Ausbeuten sind bei richtig geleiteten Thermitreaktionen sehr hoch und können sogar bis gegen 100 % betragen; denn es bildet sich sofort eine schützende Schlackenschicht über dem Metall, die den Zutritt der Luft abhält und auch die Verdampfung verhindert.

Wenn man als Reduktionsmittel Aluminium ohne irgendwelche Zusätze verwendete und die Reaktion glatt verlief, so besteht die Schlacke aus ziemlich reinem Aluminiumoxyd, künstlichem Korund, welcher als äußerst hartes Schleifmaterial Verwendung finden kann. Der so gewonnene Korund übertrifft nach GOLDSCHMIDT den natürlichen Schmirgel und Korund an Härte, da er weder Hydratwasser noch Eisen enthält. Es finden sich in den Korundschlacken öfters kleine, durchscheinende, farblose oder gefärbte Kristalle von Aluminiumoxyd. Bei der Darstellung von Chrom sind diese rot gefärbt und demnach als Rubine aufzufassen, die aber infolge ihrer Kleinheit keinen Handelswert besitzen. Im Großbetriebe wird man die Korundschlacken in erster Linie wieder zur Dar-

---

[1] C. r. 170, 1492 (1920).

stellung von Aluminium benutzen, das dann wieder zur Gewinnung desselben Metalles verwendet wird, bei dessen Darstellung die Schlacken angefallen waren. Auf diese Weise ist ein vollständiger Kreisprozeß gegeben, bei dem das Aluminium die Rolle eines Wärmeüberträgers spielt, und das Gefäß, in dem die Thermitreaktion vor sich geht, kann als „sekundärer elektrischer Ofen“ betrachtet werden, der aber viel rascher und bei viel höherer Temperatur arbeitet als der gewöhnliche, in dem das Aluminium gewonnen wurde.

Thermitreaktionen können angewendet werden zur Darstellung sehr vieler, namentlich schwerschmelzbarer, Metalle und einiger Metalloide, wie Bor und Silicium, vorausgesetzt, daß der darzustellende Stoff bei der Reaktionstemperatur nicht verdampft, wie z. B. die Alkalimetalle[1], Blei, Zink, Phosphor usw. Vor allem werden nach dem Thermitverfahren Chrom und Mangan dargestellt, aber auch Vanadin, Titan, Molybdän, Wolfram, Uran, Eisen, Kobalt, Nickel, Legierungen von Eisen mit 20—25 % Bor, Ferrotitan mit 40 % Ti, Ferrovanadium, Ferrowolfram, Chromkupfer, Chrommangan, Bleibariumlegierungen usw. sind mit mehr oder weniger gutem Erfolge dargestellt worden.

Die Verwendung des Thermits als Wärmequelle hat nach Goldschmidt folgende Vorzüge: 1. ist es möglich, in kleinem Raume außerordentlich schnell Temperaturen bis zu 3000° zu erzeugen, und zwar so, daß die dicht daneben liegenden Teile anfänglich völlig kalt bleiben. Dabei wird im Gegensatz zu der elektrischen Erwärmung eine gleichmäßige Erhitzung einer Stelle oder eines Stückes erreicht. 2. Als besonderer Vorzug aber ist hervorzuheben, daß man die jeweilig aufzuwendende Wärmemenge abwiegen kann, ein Vorteil, der wohl bei keinem anderen Erhitzungsverfahren in dieser Weise möglich ist. Diese Wärmemenge wird durch eine bestimmte Quantität eines Gemisches, das beispielsweise vornehmlich aus Eisenoxyd und Aluminium besteht, repräsentiert, dessen Wärmewirkung experimentell festgestellt wurde.

---

[1] Vgl. Beketoff, Ber. 21 Ref., 424 (1888).

Darstellung und Untersuchung phosphorescierender Stoffe.

Von

Rudolf Tomaschek-Heidelberg, Radiologisches Institut.

Inhalt.

Einleitung.

Infolge der immer mehr steigenden Bedeutung der phosphorescierenden Stoffe, nicht allein für die Erforschung verschiedener Probleme der Lichtemission, sondern auch für die Zwecke der praktischen Anwendung, schien im Rahmen dieses Handbuches eine zusammenfassende Behandlung der Herstellung und Untersuchung phosphorescierender Stoffe wünschenswert.

Ein hauptsächlicher Gesichtspunkt ist hierbei der, daß gerade auf diesem Gebiete nur Untersuchungen an gut definiertem Material Wert besitzen, ein Umstand, der leider oft nur allzusehr unberücksichtigt gelassen wird, und daß infolgedessen gerade der mit den besten analytischen und präparativen Methoden vertraute Chemiker in dieser Hinsicht durch Darstellung reinen und definierten Materials auch die physikalische Untersuchung sehr fördern kann. Außerdem aber befindet sich, trotz der schon recht weitgehenden Aufklärung der physikalischen Seite der hier vorliegenden Probleme, die Erforschung des ganzen großen Komplexes von Fragen mehr chemischer Natur erst in den Anfängen, und es ist hier noch ein weites Feld für künftige Fortschritte offen.

Dem Zwecke dieses Artikels folgend ist vor allem nicht so sehr auf eine Aufzählung aller bis jetzt bekannten Darstellungsmethoden Wert gelegt als vielmehr auf die Angabe sicherer und einwandfreier Wege, welche gut definierte Präparate erzielen lassen, und in dieser Hinsicht ist möglichste Vollständigkeit erstrebt worden. Die Auswahl aus dem großen Gebiete der Phosphorescenzerscheinungen, welche durch den zur Verfügung stehenden Raum gefordert wird, ist in der Absicht getroffen, vor allem diejenigen Gebiete, in denen chemische Methoden eine entscheidende Rolle spielen oder die in chemischer Hinsicht interessant sind, zu behandeln.

Daß auch die Untersuchungsmethoden wenigstens in ihren Grundzügen mitbehandelt sind, rechtfertigt sich dadurch, daß erst diese einen Aufschluß über das Gelingen der Präparation und die Reinheit und Tauglichkeit der betreffenden Präparate zu geben gestatten.

I. Herstellung phosphorescierender Stoffe.

A. Anorganische Phosphore.

1. Historischer Überblick.

Das Gebiet der planmäßigen Bereitung gut definierter phosphorescierender Stoffe ist erst spät erschlossen worden und die genaue Untersuchung selbst heute nur für einen verhältnismäßig geringen Teil der in Betracht kommenden Stoffe durchgeführt. Obwohl die Herstellung künstlicher Phosphore seit etwa Anfang des 17. Jahrhunderts bekannt ist, waren meist die von einem Beobachter erhaltenen Proben von denen eines andern verschieden, auch wenn anscheinend unter den gleichen Bedingungen gearbeitet worden war, so daß die mit solchen Präparaten erhaltenen Ergebnisse meist unverwertbar waren und ein weiteres Vordringen in der Aufklärung dieser Erscheinungen dadurch unterbunden wurde.[1]

Der Beginn der quantitativen Epoche wird im wesentlichen eröffnet durch die klassischen Arbeiten von P. Lenard und V. Klatt (1889, 1904). Nachdem durch die Versuche E. Becquerels[2] ein erster größerer Vorstoß in das unbekannte Gebiet unternommen war und W. Hittorf[3] die Luminescenz verschiedener Stoffe unter der Einwirkung elektrischer Entladungen in Vakuumröhren entdeckt hatte, waren es hauptsächlich Versuche von Crookes[4] und Lecoq de Boisbaudran[5], welche anläßlich der Untersuchung von Gemischen seltener Erden den Einfluß geringer Spuren von Metallen auf das Leuchten bei Erregung mit elektrischen Entladungen in Vakuumröhren ergeben hatten. Verneuil[6] und Lenard und Klatt[7] gelang es nachzuweisen, daß in den phosphorescierenden Sulfiden Spuren von Schwermetallen eine ausschlaggebende Rolle spielten. Bereits in ihrer ersten Arbeit wurden von Lenard und Klatt die chemischen Bedingungen zur Herstellung dieser Phosphore im wesentlichen geklärt und diese Ergebnisse in einer umfassenden Arbeit[8] in chemischer Hinsicht für diese Körperklasse zum Abschluß gebracht. Die darin festgelegten Grundsätze haben sich als äußerst fruchtbar und als wertvoller Führer auf fast dem ganzen Gebiete der anorganischen Phosphore erwiesen. Auch die physikalische Erforschung des Gebietes nahm, da nun definierte und reproduzierbare Stoffe vorlagen, vor allem durch die Forschungen Lenards und seiner Schüler[9], einen großen Aufschwung, zu dem auch in physikalischer Hinsicht in jener Arbeit der Grund gelegt wurde.

Was die präparative und mehr chemische Seite des Problems betrifft, so brachten neue Arbeiten zunächst eine Erweiterung[10] und Vertiefung der gewonnenen Erfahrungen durch Einbeziehung der ultravioletten und ultraroten Phosphorescenz[11] und durch eingehendes Studium der Bildungs-

---

[1] Daß man bezüglich der wirksamen Faktoren vollständig im unklaren war, geht sehr deutlich aus den alten Bereitungsvorschriften hervor, wo die Notwendigkeit der Verwendung von Austernschalen, Mehl, messingener Roste und dergl. betont wird.

[2] Zusammengestellt in seinem Buch „La Lumière" 1867. VI. Buch.

[3] Pogg. **136**, 1 u. 197 (1869); Wied. **7**, 553 (1879).

[4] Phil. Trans. **176**, 169 (1881).

[5] C. r. **103—109** (1886—1889).

[6] C. r. **103**, 600 (1886); **104**, 501 (1887).

[7] Wied. **38**, 90 (1889).

[8] Ann. Phys. [4] **15**, 225, 425, 633 (1904). Im folgenden abgekürzt als „1904" bezeichnet.

[9] Eine zusammenfassende Literaturzusammenstellung siehe in P. Lenard, „Über Ausleuchtung und Tilgung der Phosphore durch Licht I." Sitzgb. Heidelberg, A, **1917**, Abh. **5**, S. 3. (Auch einzeln zu beziehen durch C. Winters Verlag, Heidelberg.) Siehe auch die zusammenfassende Darstellung in P. Pringsheim, „Fluorescenz und Phosphorescenz im Lichte der neueren Atomtheorie", **2. Auflage.** Berlin 1923, S. 123ff.

[10] Vgl. auch P. Waentig, Z. phys. Ch. **51**, 435 (1905). Vgl. jedoch im folgenden Anm. 2, S. 335.

[11] W. E. Pauli, Phys. Ztschr. **11**, 991 (1910); Ann. Phys. [4] **34**, 739 (1911); Sitzgb. Heidelberg, A, **1911**, Abh. 1.

gesetze der Phosphorescenzzentren.[1] Auch die Wirksamkeit der seltenen Erden im Nachleuchten der Erdalkalisulfidphosphore wurde festgestellt[2] und eingehend untersucht.[3] Man übertrug ferner die gewonnenen Erfahrungen auf andere Stoffklassen. Es waren zunächst die Oxyde und Carbonate[4], welche nach den LENARDschen Methoden präpariert sich als gute Phosphorescenzträger erwiesen. Die Selenide gaben ebenfalls ein geeignetes Grundmaterial.[5]

Ferner wurden außer den Erdalkalien auch die Verbindungen der übrigen Metalle der 2. Gruppe des periodischen Systems untersucht. So wurden die genaueren Bedingungen für die Herstellung des nachleuchtenden Zinksulfids, das in seinen Phosphorescenzeigenschaften schon lange bekannt, aber präparativ noch sehr unbefriedigend definiert war, festgelegt.[6] Eine ganze Reihe neuer phosphorescierender Stoffe wurde nicht nur erschlossen, sondern auch reproduzierbar durchgearbeitet in zahlreichen Arbeiten von E. TIEDE und seiner Schule, welcher nicht nur durch Einführung neuer Darstellungsmethoden, sondern auch durch Untersuchungen über die chemische Seite der hier vorliegenden Probleme sehr befruchtend auf dieses Gebiet gewirkt hat. Die Magnesiumsulfidphosphore[7] wurden hergestellt, die Phosphorescenz des Natriumsulfids und des Rubidiumsulfids[8] aufgefunden und die Phosphorescenz des Zinksilicates[9] und der Wolframate und Molybdate[10] auf sicheren Boden gestellt.

Eine große Anzahl von Stoffen, deren Phosphorescenz teilweise schon recht lange bekannt ist, so das Berylliumsulfid[11], Aluminiumoxyd, viele Sulfate und ähnliche Salze[12] harren noch der Feststellung der genauen und reproduzierbaren Bedingungen zur Herstellung der Fähigkeit ihres Nachleuchtens.

---

[1] J. HIRSCH, Diss. Heidelberg 1912; vgl. auch A. SCHLEEDE, Z. f. Physik **18**, 109 (1923).

[2] HAITINGER, Sitzgb. Wien, IIa, **100**, 914 (1891).

[3] J. v. KOWALSKI u. E. GARNIER, C. r. **144**, 836 (1907); F. HIRSCH, l. c.; F. v. HAUER u. J. v. KOWALSKI, Phys. Ztschr. **15**, 325 (1914); R. TOMASCHEK, Ann. Phys. [4] **75**, 109 u. 561 (1924). Phys. Ztschr. **25**, 643 (1924).

[4] J. HIRSCH, l. c.; F. SCHMIDT, Ann. Phys. [4] **63**, 264 (1920); R. TOMASCHEK, l. c.

[5] W. E. PAULI, Ann. Phys. [4] **38**, 870 (1912); F. KITTELMANN, Ann. Phys. [4] **46**, 177 (1915); Diss. Jena 1915.

[6] A. SCHLEEDE, Diss. Berlin 1920; E. TIEDE u. A. SCHLEEDE, Ber. **53**, 1721 (1920); R. TOMASCHEK, Ann. Phys. [4] **65**, 189 (1921), daselbst auch weitere Literatur. Merkwürdigerweise hat dieses Gebiet auch eine rückschrittliche Entwicklung erfahren: J. SCHMIDT, Ber. **55**, 3988 (1922).

[7] E. TIEDE, Ber. **49**, 1745 (1916); E. TIEDE u. F. RICHTER, Ber. **55**, 69 (1922); E. TIEDE u. A. SCHLEEDE, Ann. Phys. [4] **67**, 573 (1922).

[8] E. TIEDE u. H. REINICKE, Ber. **56**, 666 (1923).

[9] E. TIEDE u. A. GRUHL, vgl. A. GRUHL, Diss. Berlin 1923; A. SCHLEEDE und A. GRUHL, Z. Elektr. **29**, 411 (1923).

[10] E. TIEDE u. F. RIEMER, vgl. F. RIEMER, Diss. Berlin 1920; E. TIEDE und A. SCHLEEDE, Z. Elektr. **29**, 304 (1923).

[11] W. BILTZ, Z. anorg. Ch. **82**, 438 (1913).

[12] Vgl. z. B. G. C. SCHMIDT, Ann. Phys. [4] **13**, 622 (1904).

2. Allgemeiner Teil.

Aufbau der Phosphore. — Unter „Phosphor"[1] verstehen wir im folgenden einen Stoff, der imstande ist, nach geeigneter Erregung (durch Licht, Kathodenstrahlen u. ä.) nach Aufhören derselben Licht zu emittieren. Diese Eigenschaft kommt den Substanzen, aus denen der Phosphor im wesentlichen besteht (z. B. den Sulfiden und Oxyden der Erdalkalien u. ä.) und welche Grundmaterial genannt werden, nicht an und für sich zu, sondern es sind in diesem Grundmaterial eingebettete Spuren von Schwermetallen, welche als Träger der Lichtemission anzusehen sind.[2] Die Mischung von Grundmaterial und Schwermetall allein vermag jedoch noch nicht ein nachleuchtfähiges Präparat zu ergeben, sondern beide müssen in einer besonderen Weise miteinander verbunden werden, der Phosphor muß präpariert werden. Bei allen bisher genauer erforschten Phosphoren findet dies durch Erhitzen statt. Im allgemeinen ist zur Erzielung eines guten Nachleuchtens die Anwesenheit eines Schmelzmittels, eines farblosen, relativ niedrig schmelzenden Salzes wie Calciumfluorid, Natriumsulfat, Natriumborat, Natriumchlorid u. ä. in einer Menge von etwa 1—10 %$_0$ erforderlich, doch kann dies auch durch direktes Schmelzen[3] oder Sintern[4] des Phosphors ersetzt werden.

Grundmaterial mit Schmelzmittel und Schwermetallzusatz in geeigneter Weise erhitzt, ergeben also den Phosphor; erst hierdurch wird die besondere Einbettung des Schwermetalls im Grundmaterial vollzogen und dadurch die Nachleuchtfähigkeit hergestellt.

Den Anschauungen LENARDs folgend, die sich in weitgehendem Maße bei der physikalischen Untersuchung auch quantitativ bewährt haben[5], ist jedes Schwermetallatom in einem „Zentrum" eingebettet anzunehmen. Dies sind große, eigenartig, bei den Erdalkaliphosphoren vielleicht ringförmig[6] gebaute Molekülkomplexe des Grundmaterials, denen eine sperrige Struktur[7] zugeschrieben werden muß, da sie durch Druck zerstört werden können.[8] Ferner lassen die Versuche darauf schließen[9], daß diese Zentren eine außerordentlich gute Energieisolation gegenüber dem übrigen Füll-

---

[1] Niemals ist damit das Element Phosphor gemeint.

[2] Ausnahmen hiervon scheinen bei gewissen Metallen höherer Ordnungszahlen, z. B. Wolfram, Platin, Uran vorzukommen (vgl. S. 361), wobei offenbar die Kompliziertheit und die besondere Bindung dieser großen Atome eine Rolle spielt.

[3] E. TIEDE u. A. SCHLEEDE, Ber. 53, 1721 (1920).

[4] z. B. bei manchen Selenphosphoren, bei den Magnesiumsulfidphosphoren u. a.

[5] Vgl. namentlich P. LENARD, „Über Ausleuchtung und Tilgung I—IV", Sitzgb. Heidelberg, A, 1917, Abh. 5 u. 7; 1918, Abh. 8 u. 11 (auch einzeln bei C. WINTER, Heidelberg); E. RUPP, Ann. Phys. [4] 72, 81 (1923).

[6] P. LENARD, „Über Lichtemission u. deren Erregung", Sitzgb. Heidelberg, A, 1909, 3, S. 23; Ann. Phys. [4] 31, 667 (1910); „Ausl. u. Tilg. III" S. 75, Anm. 319.

[7] P. LENARD u. V. KLATT, Ann. Phys. [4] 12, 440 (1903); vgl. auch P. LENARD, „Ausleuchtg. IV" S. 14ff., 24ff.

[8] Näheres über die Druckzerstörung vgl. S. 336.

[9] Vgl. namentlich P. LENARD, „Ausleuchtg. I" l. c. S. 30; „Ausleuchtg. II" S. 18; besonders „Ausleuchtg. IV" S. 4.

material besitzen. Sehr wesentlich ist die Erkenntnis, daß die Größe der Zentren einen Einfluß auf ihre Eigenschaften insofern ausübt, als den größeren Zentren das langsamere Abklingen zukommt, d. h., ein Phosphor leuchtet um so länger nach, je größere Zentren er enthält. Es ist gelungen, die angenäherte Größe solcher Zentren experimentell zu bestimmen, und es ergeben sich z. B. für die violette Bande des Calciumsulfidphosphors mit Wismutzusatz folgende angenäherte Formeln für die Zentren[1]:

Zentrensorte	Größenordnung der Dauer	Molekularformel Ca_nS_nBi
klein	Minute	n = 14
mittel	Stunde	75
groß	Tag	9700

Über die spezielle Natur der Zentren ist noch sehr wenig bekannt.[2] So hat man unter anderem versucht, die Zentrenstruktur mit der Kristallausbildung zu verbinden. Wie namentlich die Ergebnisse der Untersuchungen an Zinksulfid nahelegen[3], handelt es sich vielleicht um kleine Mikrokristallgebiete, deren Kristallgitter durch die Anwesenheit des Schwermetallatomes gestört ist. Die Größe des Störungsbereiches wäre dann ein Maß für die Größe der „Zentren", womit die Beobachtungen[4] übereinstimmen würden, daß gute Ausbildung des Kristallgitters, wo also das Zentrum gewissermaßen auf Null zusammenschrumpft, nur momentan leuchtende (fluorescierende) Präparate ergibt. In diesen Anschauungen ist jedoch das Vorhandensein der oft außerordentlich hohen Energieisolation der Zentren, welche durch die Ausleuchtungs- und Tilgungserscheinungen nahegelegt wird, noch nicht zum Ausdruck gebracht, und erst die Weiterentwicklung der oben gegebenen Vorstellungen wird vielleicht auch hier weiteren Aufschluß geben. Auch das Auftreten von Zentrensorten verschiedenen Aufbaues wird von einer umfassenden Anschauung erklärt werden müssen[5], ebenso die Tatsache, daß die Zentren bereits ohne Vorhandensein von Schwermetall sich ausbilden, und, wenn druckzerstört, bei einer weit unterhalb der Bereitungstemperatur gelegenen Temperatur regeneriert werden können.[6]

---

[1] P. Lenard, „Ausleuchtg. IV" S. 13; vgl. auch W. Molthan, Z. f. Physik **4**, 262 (1921).

[2] Über neuere Anschauungen vgl. R. Tomaschek, Ann. Phys. [4] **75**, 109, 561 u. Phys. Ztschr. **25**, 643 (1924).

[3] R. Tomaschek, Ann. Phys. [4] **65**, 194 (1921). A. Schleede, Z. f. Physik **18**, 109 (1923). A. Schleede u. H. Gantzckow, Z. phys. Ch. **106**, 37 (1923); B. Gudden u. R. Pohl, Z. f. Physik **16**, 170 (1923). Vgl. auch die Ergebnisse an Borstickstoff, E. Tiede u. H. Tomaschek, Z. Elektr. **29**, 303 (1923); Z. anorg. Ch. **1925** (Rosenheim-Meyer-Festschrift).

[4] A. Schleede, l. c.; A. Schleede u. H. Gantzckow, l. c.; E. Tiede u. A. Schleede, Z. Elektr. **29**, 304 (1923).

[5] Aussichtsreiche Ansätze hierzu haben sich bei Untersuchung eines Sonderfalles ergeben. A. Schleede u. A. Gruhl, l. c. Vgl. auch im vorliegenden Anm. 2, oben.

[6] Vgl. z. B. P. Lenard, Elster- u. Geitel-Festschrift, S. 669 (1915), Vieweg, Braunschweig.

Einfluß der verschiedenen Faktoren bei der Präparation. — Entsprechend den eben entwickelten Vorstellungen handelt es sich bei der Präparation darum, eine geeignete Beschaffenheit der Zentren auszubilden, um Phosphore von den gewünschten Eigenschaften etwa bezüglich Dauer des Nachleuchtens, Intensität, Farbe der Emission, Auftreten von Momentanleuchten, Erregbarkeit durch bestimmte Wellenlängen u. ä. herzustellen. Leider ist eine systematische Möglichkeit, zu Phosphoren von gewünschten Eigenschaften zu kommen, nach unseren heutigen Kenntnissen noch nicht gegeben, da uns der Chemismus der Zentrenbildung noch so gut wie gänzlich unbekannt ist. Es haben sich aber aus der sehr großen Menge der vorliegenden, darauf bezüglichen Bemühungen doch eine Anzahl von Regeln und Gesetzmäßigkeiten erfahrungsgemäß aufstellen lassen, welche es gestatten, durch Änderung der Versuchsbedingungen, wie Konzentration des Schwermetalls, Dauer der Erhitzung, Höhe der Glühtemperatur, Wahl des Schmelzzusatzes, Geschwindigkeit des Abkühlens usw., eine gewisse Beeinflussung der Eigenschaften der Phosphore zu erzielen.

Einfluß des Metallgehaltes. — Das Nachleuchten der Grundmaterialien, wenn sie ohne Schwermetallzusatz nach Art des herzustellenden Phosphors geglüht sind, ist bei genügender Sorgfalt in der Reindarstellung der Materialien fast Null oder nur sehr gering.[1]

Bei Bereitung der Phosphore mit steigendem Metallzusatz findet nun zunächst ein Ansteigen der Intensität des Nachleuchtens statt, welches bei einer gewissen optimalen Konzentration ein Maximum erreicht.[2] Weitere Steigerung der Konzentration beeinträchtigt allmählich immer mehr die Dauer und schließlich auch die Helligkeit des Nachleuchtens, bis endlich meist eine Verfärbung des Phosphors durch Ausscheidung der Schwermetallverbindung und eine vollkommene Zerstörung der Leuchtfähigkeit eintritt.

Es ist bemerkenswert, daß bei geringer Metallkonzentration sich meist nur die großen Zentren ausbilden bzw. besetzt werden, so daß Phosphore mit geringem Schwermetallgehalt meist ein sehr lange dauerndes, wenn auch schwaches Leuchten besitzen. Bei Steigerung der Metallmenge tritt in immer größerem Maße die Bildung der kleinen Zentren auf, so daß solche Phosphore immer kürzer dauernd in ihrem Nachleuchten werden.[3] Auch das Momentanleuchten steigt mit größerer Konzentration des Schwermetalls an, um bei einer allerdings meist um ein bis zwei Zehnerpotenzen

---

[1] Meist sind es Spuren von Cu, welche diese geringen Effekte verursachen. Vgl. „1904", S. 639.

[2] Dieser optimale Metallgehalt, für die Sulfidphosphore festgestellt von Lenard-Klatt „1904", wird als normal bezeichnet. Siehe im folgenden die Tabellen 1, 2, 3 (S. 344, 346 und 347) bei den mit 1904 bezeichneten Phosphoren.

[3] Diese Verschiebung der Zentrengröße mit verändertem Metallgehalt ist auf Grund quantitativer Messungen, namentlich auch bei der Untersuchung der Ausleuchtung und Tilgung festgestellt. Siehe z. B. P. Lenard u. W. Hausser: „Über das Abklingen der Phosphorescenz", Sitzgb. Heidelberg, A. 1912, Abh. 12, S. 26; P. Lenard „Ausleuchtg. II", S. 23. H. Kuppenheim, Ann. Phys. [4] 70, 81 (1923).

höheren Konzentration, als sie für das Dauerleuchten gilt, allmählich wieder abzufallen.

Die Größenordnung der optimalen Metallkonzentration ist verschieden, sowohl je nach Art des verwendeten Schwermetalls (z. B. in Zinksulfid: für Kupfer 0,0001; für Mangan 0,002)[1] als auch nach Art des betreffenden Grundmaterials (z. B. Kupfer in Calciumsulfid: 0,0007, in Zinksulfid: 0,0001). Es ist jedoch zu beachten, daß stets nur die vor der Präparation zugefügten Mengen angegeben werden, so daß noch nichts Genaueres über die tatsächlich im Phosphor verbleibende Menge ausgesagt ist.[2]

Es sei hervorgehoben, daß verschiedene Metalle einander verdrängen können, doch liegen die Verhältnisse nicht einfach. So wird z. B. in Calciumsulfid die Kupferphosphorescenz bereits durch geringe Wismutmengen unterdrückt, während Manganspuren noch wirksam sind, selbst bei einer Wismutkonzentration, die die Wismutphosphorescenz bereits ganz zerstört hat.[3]

Eine Beeinflussung der Farbe des Nachleuchtens durch Veränderung des Metallgehaltes ist in einigen Fällen festgestellt (z. B. bei Calciumsulfid mit Kupferzusatz) und beruht vielleicht darauf, daß mehrere Schwermetallatome in ein Zentrum eintreten können.

Einen wesentlichen Einfluß besitzt die Konzentration des Schwermetalls auf die Ausbildung der Erregungsverteilung[4], doch haben sich hier Gesetzmäßigkeiten, da die eigentliche Ursache noch unbekannt ist, bisher nicht finden lassen.

Einfluß der Glühtemperatur. — Der Einfluß der Glühtemperatur ist sehr wesentlich, jedenfalls sehr zusammengesetzter Natur, da z. B. die Konzentration der Metallzusätze bei hoher Temperatur durch die Verdampfung kleiner wird u. ä. Es existiert aber meist für jede Phosphorart eine optimale Glühtemperatur, welche jedoch beeinflußt wird durch die Schmelzbarkeit des Grundmaterials, aber auch in gewissem

---

[1] Äußerst gering scheint die optimale Konzentration des Eisens zu sein, da sie bei Natriumsulfidphosphoren nur etwa 0,00001 beträgt und möglicherweise auch für Calciumsulfid so gering ist (vgl. P. Waentig, Z. phys. Ch. 51, 449 [1905]), woraus sich der sehr störende Einfluß des Eisens bei phosphorescenzchemischen Arbeiten wohl erklärt.

[2] Quantitative Versuche hierüber sind bloß für Calciumsulfid mit Wismutzusatz veröffentlicht. (P. Lenard u. W. Hausser: „Absolute Messung der Energieaufspeicherung bei Phosphoren." Sitzgb. Heidelberg, A. **1913**, Abh. **19**, S. 30. [Verlag Winter, Heidelberg]). Unter den dort eingehaltenen Bedingungen betrugen die Verluste an Wismut etwa 50%.

[3] P. Lenard: „Ausleuchtg. III", S. 32. Vgl. auch J. Hirsch, Dissertat. Heidelberg 1912, S. 46. Ähnliche Verhältnisse wurden bei den seltenen Erden beobachtet, vgl. G. Urbain, Ann. chim. phys. [8] **18**, 349 (1909).

[4] Sehr ausführlich sind diese Verhältnisse untersucht von J. Hirsch, l. c., wo allerdings noch von der später als irrig erwiesenen Ansicht ausgegangen wird, daß jedem Erregungsmaximum eine bestimmte Zentrensorte entspricht. Vgl. ferner die Untersuchungen über den Einfluß der Dielektrizitätskonstante der Phosphore auf die Lage der Erregungsmaxima. F. Schmidt, Ann. Phys. [4] **64**, 713 (1921). Definition der Erregungsverteilung siehe S. 371.

Grade durch die Menge und Art der Zusätze, sowie durch individuelle Eigenschaften des zu präparierenden Phosphors. So liegen mit wenigen Ausnahmen die günstigsten Glühtemperaturen für Calciumsulfid-Strontiumsulfid-Bariumsulfid-phosphore in absteigender Reihenfolge. Jedoch ist zu berücksichtigen, daß jede Bande[1] meist auch ihre eigene optimale Glühtemperatur besitzt, worauf Rücksicht zu nehmen ist. Im allgemeinen ist es günstig, möglichst bis zu der für eine Phosphorgattung noch zulässigen höchsten Temperatur zu gehen und die Bevorzugung einer bestimmten Bande lieber durch andere Mittel, wie Änderung des Schmelzzusatzes u. ä. zu erreichen.

Einfluß der Abkühlung. — Von wesentlichem Einfluß auf die Ausbildung der Dauer und Intensität des Nachleuchtens scheint die Abkühlungsgeschwindigkeit zu sein. Das Nachleuchten ist meist um so besser, je größer die Abkühlungsgeschwindigkeit ist, worauf bereits LENARD und KLATT hingewiesen haben.[2] Es ist dies vielleicht so vorzustellen, daß die Anordnung der Moleküle, wie sie dem Zentrenbau entspricht, eine sehr instabile ist, und sich daher zuerst ausbildet, wenn sich der Phosphor zu verfestigen beginnt, bis er bei weiterer langsamer Abkühlung in die bei tieferer Temperatur beständige kristallisierte Form übergeht. Bei rascher Abkühlung gelingt es aber, den ersten Zustand gewissermaßen einzufrieren. Vielleicht spielt hierbei eine gewisse „Übersättigung" insofern eine Rolle, als die rasche Verfestigung es den Schwermetallatomen unmöglich macht, zu unwirksamen größeren Komplexen zusammenzutreten. Nach der auf Seite 332 angeführten Anschauung der Gitterdeformation wird diese natürlich ebenfalls durch eine rasche Abkühlung begünstigt.

Diese Abkühlung darf aber nicht so schnell erfolgen, daß die Phosphormasse glasig erstarrt. Solche Schmelzen geben kein Nachleuchten; erst durch vorsichtiges Erwärmen, so daß allmählich teilweise Kristallisation eintreten kann, gelingt es, die Phosphorescenzfähigkeit hervorzurufen, welche dann nach längerer Erhitzungsdauer, wenn der Phosphor ganz in seine stabile Kristallform übergegangen ist, wieder verschwindet.[3]

Ein Einfluß der Abkühlungsgeschwindigkeit auf die Farbe des Nachleuchtens, also die Ausbildung verschiedener Banden, wird sehr selten beobachtet. Ein schönes und gut untersuchtes Beispiel bieten die Zinksilicatphosphore mit Manganzusatz.[4]

Einfluß der Schmelzzusätze. — Die Schmelzzusätze sind bei Phosphoren, die bei der Bereitungstemperatur noch nicht sintern oder

---

[1] Definition der Bande siehe S. 371.

[2] Vgl. auch die spätere Untersuchung von P. WAENTIG, Z. phys. Ch. **51**, 435 (1905). Der dort und auch sonst manchmal angewendeten Hypothese der „festen Lösung" wird man wohl heute insofern nicht folgen können, als dadurch kaum mehr als ein Name gewonnen ist und die Verhältnisse, wie oben gezeigt, wesentlich komplizierter liegen, als es diese Bezeichnung vermuten lassen würde.

[3] Vgl. die Versuche an ZnS und Zn_2SiO_4. A. SCHLEEDE u. H. GANTZCKOW, l. c. S. 45.

[4] A. SCHLEEDE u. A. GRUHL l. c.

schmelzen, zur Ausbildung gut nachleuchtender Präparate unbedingt erforderlich. Ohne Schmelzmittel, aber mit Schwermetallzusatz hergestellte Phosphore zeigen kein Nachleuchten, wohl aber oft Momentanleuchten (Fluorescenz) bei Lichtbestrahlung oder Erregung durch Kathodenstrahlen. Doch entspricht oft die Farbe dieses Aufleuchtens nicht der des Nachleuchtens eines entsprechend mit Zusatz hergestellten Phosphors.[1]

Was die Wirksamkeit verschiedener Schmelzmittel anbelangt, so ist diese manchmal sehr charakteristisch. Oft findet sehr starke Bevorzugung von einzelnen Banden durch gewisse Schmelzmittel statt, wie es z. B. in der Entwicklung der blauen und roten (β und γ) Bande in kupferhaltigem Calcium- oder Strontiumsulfid bei Zusatz von Chloriden oder Kaliumsalzen der Fall ist. Sehr ausgeprägt ist auch der Einfluß der Halogenide bei der Präparation der Zinksulfidphosphore. Andererseits erfolgt bei vielen Phosphoren eine Änderung der Farbe des Nachleuchtens bei Anwendung verschiedener Schmelzmittel überhaupt nicht. Eine Parallele zwischen Schmelzbarkeit und Einfluß auf die Dauer oder Intensität des Nachleuchtens ist nicht feststellbar. Es ist wohl anzunehmen, daß die Wirksamkeit der Zusätze ein komplizierteres Problem ist, wobei jedenfalls die Stabilität des „Zentren"zustandes, die Kristallisationsgeschwindigkeit und die Möglichkeit einer Regulierung derselben eine Rolle spielen. Ebenso ist die Rolle des Schmelzmittels bei der Beeinflussung der Farbe des Nachleuchtens noch völlig ungeklärt und wird wohl erst aufgedeckt werden können, wenn man zu einer Vorstellung gelangt ist, wie sich die Zentren der einzelnen Banden in ihrem Aufbau unterscheiden.[2]

Bei Phosphoren, welche bei den Herstellungstemperaturen bereits sintern, sind Schmelzmittel nicht notwendig, oder sogar manchmal schädlich. Ebenso kann das Schmelzmittel unter Umständen entbehrlich werden, wenn der Schwermetallzusatz bereits als solcher wirkt, wie es z. B. bei Calciumsulfidphosphoren mit Antimonzusatz der Fall ist. Bei Stoffen mit genügend großer Kristallisationsgeschwindigkeit ist es auch möglich, Phosphore direkt aus der Schmelze herzustellen, wie es etwa beim Zinksilicat und in gewissem Maße auch beim Zinksulfid der Fall ist.

Druckzerstörung.[3] — Eine große Anzahl der Phosphore zeigt eine starke Verminderung der Nachleuchtfähigkeit beim Pulverisieren oder Zerdrücken. Gleichzeitig hiermit tritt schon bei kurzer Einwirkung von Licht eine Verfärbung des Phosphorpulvers auf, die für jedes Grundmaterial charakteristisch ist.

---

[1] P. Lenard u. V. Klatt, „1904" S. 644; vgl. auch A. Schleede u. H. Gantzckow, l. c. S. 45; daselbst auch nähere Vorstellungen über die mögliche Wirksamkeit des Schmelzmittels.

[2] Vgl. Anm. 2 auf S. 332.

[3] Literatur: P. Lenard u. V. Klatt, Ann. Phys. [4] **12**, 439 (1903); W. Hausser, Dissertat. Heidelberg 1913; P. Lenard, Elster- u. Geitel-Festschrift, 1915 (Vieweg, Braunschweig); K. Göggel, Ann. Phys. [4] **67**, 310 (1922); H. Kuppenheim, Ann. Phys. [4] **70**, 113 (1923).

Grundmaterial	Druckfarbe
Calciumsulfid	fleischrot bräunlich
Strontiumsulfid	kirschrot
Bariumsulfid	grün
Zinksulfid	zartbraun
Magnesiumsulfid	braun
Natriumsulfid	blauviolett
Rubidiumsulfid	blaßgrün

Gerade die feinsten Partikeln des Pulvers werden von diesem Einfluß am stärksten betroffen, und da dieser Umstand bei der Präparation natürlich die Güte der Proben beeinflußt, tut man gut, für solche Präparate, welche in feingepulvertem Zustande verwendet werden sollen, keine allzu harten Massen ergebenden Zusätze (z. B. Calciumfluorid) zu verwenden. Druckzerstörte Proben lassen sich jedoch schon durch Erhitzen auf relativ sehr niedrige Temperaturen (300—400°) wieder regenerieren.[1]

Reinheit der Darstellungsbedingungen. — Eines der wesentlichsten Erfordernisse zur Erzielung gut leuchtender und definierter Phosphore ist äußerste Reinheit bei der Darstellung, da bereits ganz außerordentlich geringe Mengen von Verunreinigungen störend wirken können.[2] Es sind daher alle Glas- oder Porzellangeräte stets sorgfältigst rein zu halten, am besten durch Auskochen mit Salpetersäure und Aufbewahren in derselben. Die zu verwendenden Tücher u. ä. halte man mit Glasglocken bedeckt. Bei Versuchen, bei denen es auf größere Reinheit ankommt, ist es nicht ratsam, Geräte, welche einmal mit einer bestimmten Metallösung in Berührung gekommen sind, auch nach Reinigung für Versuche mit anderen Metalllösungen zu verwenden. Ebenso ist auf die Anwendung möglichst sorgfältig gereinigter Reagenzien zu achten.

Bezüglich der Herstellung und Aufbewahrung der Metallsalzlösungen ist es vorteilhaft, sich Lösungen bekannter Konzentration herzustellen und diese in Tropfgläschen aufzubewahren, welche ein zylindrisches capillares Ausflußrohr, das gleichzeitig mit seiner oberen Erweiterung als Stopfen dient, enthalten. Man bestimmt ein für allemal das Tropfengewicht eines jeden Gläschens, so daß man eine aus der Konzentration berechenbare Metallmenge stets in einigen Tropfen zur Verfügung hat. Man vermeide es, Pipetten zu verwenden, welche mit mehreren Metallsalzlösungen in Berührung kommen, da eine wirklich quantitative Reinigung nach jeder Benützung sehr schwierig ist.

Betreffs der Anwendung der Öfen sind für Präparationsreihen, welche sich über verschiedene Metallzusätze erstrecken, solche zu bevorzugen,

---

[1] Selbst Erhitzen auf über 100° ist bei genügend langer Dauer wirksam (P. WAENTIG, l. c. S. 451).

[2] Vgl. z. B. P. LENARD u. V. KLATT, „1904" S. 657. Anm. 2; R. TOMASCHEK Ann. Phys. [4] 65, 192 (1921); E. TIEDE u. P. WULFF, Ber. 55, 595 (1922). So ergaben bereits 0,000006 g Cu in 1 g ZnS starke Phosphorescenz; 0,0000001 g Fluorescein in 1 g Borsäure.

welche eine Durchlüftung bei hoher Temperatur gestatten. Es sind daher Gasöfen (z. B. ein Hempelofen, Fig. 117) bei richtiger Handhabung oft vorteilhafter als geschlossene elektrische Öfen, in denen sich die verunreinigenden Schwermetalldämpfe ansammeln können und mit denen man unter Umständen nicht so reine Präparate erhält. Sehr vorteilhaft sind die elektrischen Röhrenöfen, namentlich wenn man sie auch vertikalstehend verwenden kann, wobei der Tiegel in der Röhre auf einer mit Stiel versehenen Tonplatte sitzt. Der in dem Rohr entstehende Luftzug führt die verunreinigenden Dämpfe mit, und es lassen sich auf diese Weise sehr exakte Resultate erzielen.

Herstellung reiner Reagenzien.[1] — Eines der Haupterfordernisse zur Erzielung einwandfreier Resultate ist die Verwendung reiner Reagenzien. Im folgenden sollen die Methoden beschrieben werden, welche möglichst erreichbare Reinheit erzielen lassen, wenn man auch manchmal, je nach dem erstrebten Zwecke, mit der Reinigung verschieden weit gehen wird.

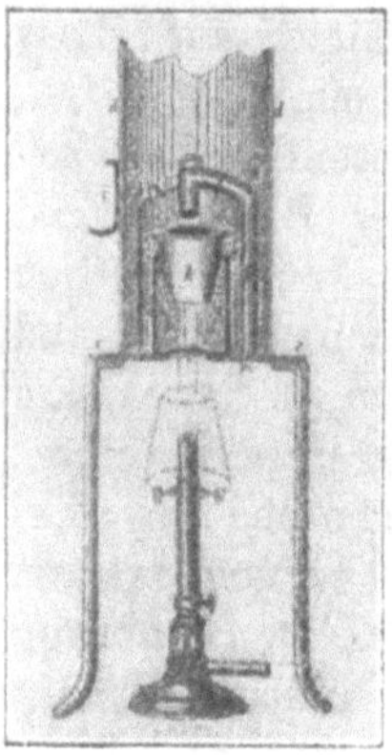

Fig. 117.
Hempelofen.

Wasser: Es ist stets empfehlenswert, das zur Verfügung stehende Wasser nochmal umzudestillieren, wobei zweckmäßig ein ganz aus Glas verfertigter Destillierapparat nach Fig. 118 verwendet wird.

Vor Benutzung werden alle Gefäße mehrere Stunden lang mit heißem, strömendem Dampf behandelt. Zur Aufnahme des Wassers dienen Kolben von Jenaer Glas, die ebenfalls gut ausgedämpft sind. Soll das Wasser auch frei von Ammoniak und organischen Substanzen sein, so destilliert man über alkalischem Kaliumpermanganat. Man benutzt für feinere Zwecke nur die mittleren Fraktionen.

Salpetersäure: Zur Reinigung wird die käufliche Salpetersäure nochmals destilliert, wobei das erste Drittel des Destillates für reinste Präparate nicht verwendet wird. Diese Methode gibt bereits für alle vorliegenden Zwecke genügend reine Säure.

Salzsäure: Die reinste Handelssäure wird (gegebenenfalls mit wenigen Kristallen von Kaliumpermanganat versetzt, verdünnt, gekocht und) destilliert, wobei die ersten Anteile verworfen werden.

Schwefelsäure: Im allgemeinen genügt die reinste Säure des Handels. Sie kann gegebenenfalls noch durch Destillation gereinigt werden.

Kohlensäure: Sie wird aus Marmor und Salpetersäure entwickelt und durch mehrere Waschflaschen mit Wasser und schließlich durch ein 1 m langes, mit feuchten Glasperlen gefülltes Rohr geleitet.

---

[1] Es sei hier auf die Bibliographie zur Darstellung reinster Stoffe in diesem Handbuch Bd. IV, S. 473 hingewiesen. Siehe auch Th. W. Richards, Experim. Untersuchungen über Atomgewichte. Deutsch von J. Koppel. Hamburg und Leipzig, Voss, 1909.

Ammoniak: Die Reinigung erfolgt in der für vorliegende Zwecke genügenden Weise durch Destillation aus dem käuflichen reinsten Ammoniak und Auffangen in reinstem Wasser, wobei zweckmäßig das Destillierrohr nur bis dicht an die Oberfläche des absorbierenden Wassers reicht und die Absorption durch Umschwenken befördert wird. Sehr empfehlenswert zur Darstellung reinsten Ammoniaks ist die von Richards, Köthner und Tiede angegebene Methode (Z. anorg. Ch. **61**, 323 [1909]), das Ammoniakgas durch Destillation aus alkalisch gemachter Ammonbisulfatlösung, welche zur Befreiung von organischen Verunreinigungen zuvor mit Kaliumpermanganat behandelt ist, zu gewinnen.[1]

Ammoniumchlorid: Man digeriert das käufliche Salz mit Salpetersäure (zur Zerstörung der Amine), dampft die Lösung ein, sublimiert nach

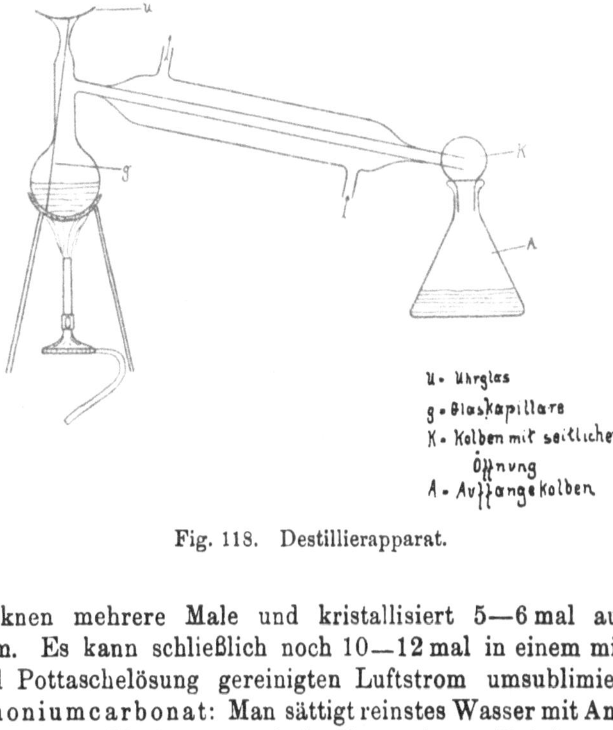

Fig. 118. Destillierapparat.

dem Trocknen mehrere Male und kristallisiert 5—6 mal aus wäßriger Lösung um. Es kann schließlich noch 10—12 mal in einem mit Schwefelsäure und Pottaschelösung gereinigten Luftstrom umsublimiert werden.

Ammoniumcarbonat: Man sättigt reinstes Wasser mit Ammoniakgas und leitet reinste Kohlensäure ein.[2] Zur weiteren Reinigung kann man aus dieser Lösung das Ammoniumcarbonat im Dampfstrom abdestillieren.

Schwefelwasserstoff: Dieser wird aus Bariumsulfid mit verdünnter Salzsäure entwickelt, dann über ein Filter mit Glaswolle und durch mehrere Waschflaschen mit Wasser geleitet.

---

[1] Vgl. zur Darstellung von reinem Ammoniak auch Moser u. Herzner, Mfte. **44**, 115 (1923).

[2] Das Vorhandensein von Aminen ist für die im folgenden in Betracht kommenden Anwendungen ohne Bedeutung.

Sehr reines Gas liefert die Methode von TIEDE und SCHLEEDE[1], nach der Schwefelwasserstoff durch Synthese aus elektrolytisch entwickeltem, über Wasser und Schwefelsäure gereinigtem und getrocknetem Wasserstoff und aus siedendem, reinem Schwefel dargestellt wird, wobei durch schnelle Abkühlung eine Ausbeute von etwa 62 Vol.-$^0/_0$ Schwefelwasserstoff erhalten wird.

Schwefel: Er wird mehrmals aus reinstem Schwefelkohlenstoff umkristallisiert. Bei der Herstellung allerreinster Phosphore ist zu berücksichtigen, daß dieser Schwefel beim Verdampfen noch meist einen bei höherer Temperatur flüchtigen, schwarzen Rückstand hinterläßt, der einer Kohlenstoffverunreinigung[2] oder einer Eisenverbindung[3] zuzuschreiben ist. Es ist daher geraten[4], den Schwefel durch langes Kochen unter vermindertem Druck von dieser Verunreinigung zu befreien.

3. Besonderer Teil.

Im folgenden sollen die Vorschriften zur Bereitung der verschiedenen Phosphorarten gegeben werden, wobei die Reihenfolge so gewählt ist, daß zunächst die am eingehendsten untersuchten Sulfidphosphore, welche auch im allgemeinen bei Zimmertemperatur die hellsten sind, behandelt werden. Hieran schließen sich zunächst die Phosphore an, deren Grundbestandteil Selenide, Oxyde oder Halogenide sind, und schließlich folgen die Phosphore mit komplizierter zusammengesetztem Grundmaterial.

α) Sulfidphosphore.

Als Grundmaterial für diese Phosphore eignen sich wohl alle farblosen Sulfide, doch sind von diesen noch nicht sämtliche in Betracht kommenden untersucht. Bis jetzt haben sich Phosphore der folgenden Sulfide erhalten lassen: CaS, SrS, BaS; ZnS; MgS; Na_2S, Rb_2S; (BeS).

Das Gebiet der Erdalkalisulfide ist das bei weitem am besten durchforschte, und es liegt hier vor allem durch die Arbeiten LENARDS und seiner Schüler ein außerordentlich großes und gut durchgearbeitetes Material vor.

Diese Phosphore sind ausgezeichnet durch große Intensität und Dauer des Nachleuchtens bei Zimmertemperatur, relativ gute Beständigkeit an der Luft und vor allem durch eine außerordentliche Mannigfaltigkeit der Phosphorescenzerscheinungen, wie sie sonst bei keiner bisher untersuchten Phosphorgattung in dem Maße beobachtet worden ist.

Die Methoden zur Herstellung der Sulfide sind recht zahlreich, es sind aber nur wenige von ihnen zur Herstellung von definierten Phosphoren geeignet, vor allem infolge der Notwendigkeit großer Reinheit der Ausgangsstoffe und Herstellungsbedingungen. Fast alle genauer unter-

---

[1] Ber. 53, 1723; genauere Beschreibung bei A. SCHLEEDE, Dissert. Berlin 1920.
[2] Siehe LENARD-KLATT „1904", 660, Anm. 1.
[3] HASSLINGER, Mfte. 24, 729 (1903).
[4] P. WAENTIG, l. c., S. 448.

suchten Phosphore dieser Gruppe sind nach der weiter unten beschriebenen LENARD-KLATTschen Methode bereitet.

Man geht aus von den Carbonaten bzw. Oxyden und erzeugt durch Glühen mit elementarem Schwefel ein sulfidhaltiges Produkt, welches außer Sulfid noch ziemlich erhebliche Mengen Sulfat und wohl auch noch andere Schwefelverbindungen enthält. Dieses Füllmaterial hat sich jedoch für die Phosphorescenzerscheinungen als unschädlich erwiesen[1], es scheint sogar in gewissem Grade die Ausbildung der Phosphorescenzzentren zu begünstigen. Nur in Fällen, wo man aus besonderen Gründen die Abwesenheit des Füllmaterials wünscht, wird man von dieser bequemen und sicheren Methode abgehen und 100 $^0/_0$ iges Sulfid verwenden.

Calcium.

Reindarstellung der Ausgangsmaterialien. Carbonat: a) Nach LENARD-KLATT.[2] Ausgangsmaterial ist reinstes Calciumcarbonat des Handels oder Carraramarmor, welche in verdünnter reiner Salpetersäure gelöst werden, zuletzt unter Erwärmung bis zum Sieden, bis keine Kohlensäure mehr entweicht. Die Lösung wird kochend mit Kalkmilch versetzt, dann dem Klären überlassen und filtriert. In das fast zum Sieden erhitzte Filtrat wird Kohlensäure eingeleitet, so daß etwas Carbonat ausfällt. Sobald die Lösung nach Kochen neutral reagiert, wird sie filtriert. Das Ausfällen des Carbonates geschieht mit möglichst konzentrierter Lösung reinen Ammoncarbonats, welches einen Überschuß von Ammoniak enthält. Ausfällen in der Kälte ist wegen der größeren Feinheit des Niederschlages vorzuziehen. Letzterer wird gut gewaschen und getrocknet.

Vorliegende Methode ist, wenn es nicht auf äußerste Reinheit ankommt, ausreichend. Noch reineres Carbonat läßt sich erhalten, wenn man die Ausgangslösung des Calciumnitrats mit Schwefelwasserstoff in der Wärme behandelt, abfiltriert[3], dann das Filtrat, wie oben angegeben, weiter behandelt und vor der Fällung mit Ammoncarbonat einer Elektrolyse[4] zwischen reinsten, kupferfreien Platinelektroden unterwirft, wobei die Anwendung einer Spannung von etwa 4 Volt und einer Stromstärke von etwa 0,01 Weber[5] bei mehrtägiger Dauer zweckmäßig ist.

b) Eine sehr vorteilhafte Methode zur Darstellung von reinstem Calciumcarbonat ist ferner von E. TIEDE und F. RIEMER[6] angegeben.

---

[1] P. LENARD u. V. KLATT „1904“, 654.

[2] l. c. 656.

[3] Vorteilhaft durch ein Membranfilter nach ZSIGMONDY-BACHMANN, Z. anorg. Ch. **103**, 119 (1918).

[4] P. LENARD u. V. KLATT „1904“, 640. Daselbst auch eine sehr empfindliche Prüfungsmethode auf Kupfer, namentlich in Platin. Die elektrolytische Methode der Reinigung ist im hiesigen Institut von Herrn SCHEIFELE genauer ausgearbeitet worden.

[5] 1 Weber = 1 Ampère; vgl. P. LENARD, Elektrotechn. Z. **1919**, Heft 10.

[6] siehe auch F. RIEMER, Dissert. Berlin 1920.

Calciumcarbonat wird in Salpetersäure gelöst, ammoniakalisch gemacht, mit Ammonsulfid versetzt, gegebenenfalls (um das Durchgehen bei der Filtration zu verhindern) unter Zugabe von etwas Filtrierpapierbrei, und filtriert (Membranfilter oder mit reinstem Calciumcarbonat bedecktes Filter). Das Filtrat wird durch Eindampfen konzentriert und die Fällung nochmals wiederholt. Hierauf wird bei Gegenwart von Ammonsalzen in der Hitze mit Ammoncarbonat gefällt. Der Niederschlag wird gründlich ausgewaschen und in frisch destillierter Salpetersäure gelöst, die nicht zur völligen Lösung des Carbonates ausreicht. Nach Filtration wird die neutrale Calciumnitratlösung mehrmals umkristallisiert, wobei zweckmäßig eine Fraktionierung angewendet wird. Die schwach ammoniakalische Lösung wird schließlich wie oben angegeben elektrolysiert. Dann wird mit Ammoncarbonat gefällt und gewaschen. Da das Calciumcarbonat noch Spuren von Ammonnitrat mitgerissen enthält, kann man, wenn diese vermieden werden sollen, das gefällte Calciumcarbonat mehrmals in destillierter Essigsäure lösen und mit Ammoncarbonat fällen.

Sulfid: a) Zur Darstellung des Sulfids nach LENARD-KLATT wird das Carbonat zunächst in Oxyd übergeführt, was zweckmäßig in einem offenen Porzellantiegel im Hempelofen über dem Gebläse geschieht.[1] Die Umwandlung in Oxyd soll möglichst vollständig sein, was durch Prüfung auf Aufbrausen mit Säure festgestellt wird.

Das Oxyd wird nun mit Schwefel nach der Gleichung

$$4\,CaO + 4\,S = 3\,CaS + CaSO_4$$

umgesetzt.

Infolge der Verdampfungsverluste ist eine etwas größere Menge Schwefel notwendig. Am günstigsten erwiesen sich 0,7 g Schwefel auf 1 g Calciumoxyd. Der Schwefel wird zunächst fein pulverisiert; nach Hinzufügung des Oxyds werden dann beide Substanzen in einer Reibschale innig vermischt und in bedecktem Tiegel bei schwacher Rotglut erhitzt, bis keine Schwefelflammen mehr sichtbar sind. Die schließlich erhaltene pulverige Masse, welche noch erhebliche Mengen Sulfat enthält, bildet das Ausgangsmaterial zur Herstellung der Phosphore und sei im folgenden kurz Sulfid genannt.[2]

b) Die Darstellung 100 %igen Sulfides[3] erfolgt am besten nach der von TIEDE und RICHTER[4] ausgearbeiteten Methode der Reduktion der Sulfate im mit Schwefelkohlenstoff beladenen Stickstoffstrom. Diese Methode, welche hauptsächlich zur Darstellung des Magnesiumsulfides benutzt wird, ist auf S. 350 beschrieben.

---

[1] Falls man keine mit kupferfreiem Platin ausgekleideten Tiegel verwendet, ist es ratsam, den den Wänden anliegenden Teil des Calciumoxyds, der meist etwas verfärbt ist, für reinste Versuche nicht zu verwenden.

[2] Über eine Methode, die Oxydfreiheit eines solchen Sulfids festzustellen, siehe R. TOMASCHEK, Ann. Phys. [4], **75**, 130 (1924).

[3] A. SCHLEEDE u. H. GANTZCKOW, Z. phys. Ch. **106**, 43 (1923).

[4] Ber. **55**, 71 (1922).

Schmelzzusätze: Die als Schmelzzusätze dienenden Salze werden zunächst einigemal umkristallisiert, dann in Lösung mit Schwefelwasserstoff behandelt, filtriert (gegebenenfalls durch Membranfilter oder mit Filtrierpapierbrei), dann wie oben angegeben elektrolysiert und eventuell nochmals umkristallisiert. Für gewöhnliche Zwecke kann man oft schon die reinsten Salze des Handels verwenden.

Metallösungen: Verwendet werden meist Lösungen der Nitrate, für Antimon etwa das Tartrat. Es genügen die reinsten Präparate des Handels.[1]

Bereitung der Phosphore.

Die abgewogene Menge des Grundmaterials wird zunächst in der Reibschale mit der abgewogenen Menge des Schmelzmittels innig verrieben. Dann wird das Gemenge auf dem Boden der Reibschale ausgebreitet und in die Mitte mit dem Pistill eine kleine Grube gedrückt. In diese wird die nötige Zahl von Tropfen der Metallösung eingetropft[2], und es wird nun sehr sorgfältig verrieben. Die gut gemischte Masse wird in einen Berliner Porzellantiegel gefüllt und im Ofen geglüht. Nach der vorgeschriebenen Zeit wird der Tiegel am besten noch glühend aus dem Ofen genommen und der Phosphor noch heiß in der Reibschale zerdrückt, wodurch eine ziemlich feinpulverige Beschaffenheit unter Vermeidung von Druckzerstörung erzielt wird.

Ein Auskleiden der Tiegelwände mit Platinfolie ist bei diesen Phosphoren nicht notwendig. Bei sehr hohen Glühtemperaturen kann manchmal Verunreinigung durch das Tiegelmaterial eintreten, namentlich bei Verwendung von Chloriden als Schmelzzusatz. Man kann dem abhelfen, indem man vor dem Glühen den Tiegel mit einem Mantel reinsten Carbonates auskleidet[3] oder indem man das fertige Phosphorgemisch zu Pastillen preßt.[4]

Bereitungsvorschriften einiger Phosphore siehe Tabelle 1 (S. 344).

Die dort mitgeteilten Vorschriften beziehen sich auf möglichst hell nachleuchtende Präparate. Wünscht man gewisse Eigenschaften eines Phosphors zu beeinflussen, so ist die Präparation nach den im allgemeinen Teil gegebenen Richtlinien zu modifizieren.[5] Die Präparation erfolgt im allgemeinen in Mengen von etwa 2—3 g Sulfid. Die Konzentrationsangaben der Tabelle beziehen sich sämtlich auf 1 Teil Grundmaterial.

Strontium.

Die Methoden der Darstellung sind dieselben, wie bei Calciumsulfid angegeben.

[1] Über die Aufbewahrung dieser Lösungen siehe S. 337.

[2] Man kann auch zur Erzielung einer gleichmäßigeren Verteilung die Grube vorher mit etwa 10—15 Tropfen absoluten Alkohols füllen.

[3] P. Waentig, l. c. 442.

[4] F. Kittelmann, Diss. Jena 1915, S. 5. Siehe im folgenden S. 354.

[5] Vor allem auch unter Berücksichtigung der für manche Phosphore bereits ziemlich weitgehend ermittelten individuellen Eigentümlichkeiten, wozu die angegebenen Originalzitate dienen sollen.

Tabelle 1.

Nr.	Bezeichnung	Nachleuchten Farbe	Nachleuchten Intens.[1]	Bande	Schwermetallkonzentration	Schmelzzusatz[2]	Temperatur	Dauer Min.	Literatur[3]	Anmerkungen
1	CaSMn	gelb	4	α	0,000 47	0,05 Na_2SO_4 + 0,03 CaF_2	ziemlich hoch	15	1904	empfindlich gegen nicht gut geglühtes $CaCO_3$
2	CaSNi	rot	4	α	0,000 015	0,08 CaF_2	höchste Temp. d. Hempelofens	30	1904, Pauli	zu langes Glühen schadet
3	CaSCu	bläulich-grün	4	α	0,000 7	0,07 Na_2SO_4 + 0,02 NaF	helle Rotglut	15	1904	Diese Bande tritt meist als Verunreinigung auf
4	CaSCu	lavendel-blau	4	$\beta + (\gamma)$	0,000 6	0,07 K_2SO_4	helle Rotglut	15	1904, Pauli	
5	CaSCu	rot (weißlich)	4	$\gamma + \beta$	0,000 4	0,03 Li_2SO_4 + 0,02 CaF_2	hohe Temp.	60		
6	CaSAg	ultra-violett	—	ν	0,000 1	0,05 K_2SO_4	helle Rotglut	20	Pauli	nur ultraviolett
7	CaSSb	gelblich-grün	4	α	0,000 4	0,05 Na_2SO_4 + 0,02 NaF	helle Rotglut	15	1904	
8	CaSPr	rosa	3	$\alpha + (\beta)$	0,002	0,05 NaF + 0,02 K_2SO_4	helle Gelbglut	15	Tomaschek	teilweise Linienspektrum
9	CaSSm	rötlich-gelb	7	α	0,000 3	0,04 NaF + 0,02 K_2SO_4 + 0,2 S	helle Gelbglut	20	Tomaschek	scharfes Linienspektrum
10	CaSPb	grün	4	α	0,000 28	0,05 Na_2SO_4 + 0,02 NaF	helle Rotglut	15	1904	
11	CaSPb	grün	4	α_2	0,000 17	0,05 K_2SO_4	hellste Rotglut	20	Pauli	im Tiegel erkalten lassen
12	CaSPb	violett	4	β_2	0,000 8	0,11 KCl	helle Rotglut	25	Pauli	im Tiegel erkalten lassen
13	CaSBi	blau	8	α	0,000 24	0,05 Na_2SO_4 + 0,03 $Na_2B_4O_7$ + 0,02 CaF_2	helle Rotglut	25	1904	bei kürzerem Glühen u. höherer Temp. wird die β-Bande etwas bevorzugt

[1] Die Intensitätsangaben beziehen sich auf das Nachleuchten nach Erregung mit Eisenbogenlicht und sind in der „1904", S. 230 verwendeten Skala von acht aufsteigenden Stufen angegeben.

[2] Fluoridzusatz ergibt härtere Phosphore. Will man dies vermeiden, so kann an seiner Stelle meist Borat verwendet werden.

[3] 1904 = Lenard-Klatt, Ann. Phys. [4] **15**, 658. Pauli = Ann. Phys. [4] **34**, 768 (1911). Tomaschek = Ann. Phys [4] **75**, 109 (1924). Die Konzentrationsangaben der Tabelle beziehen sich sämtlich auf 1 Teil Grundmaterial.

Ausgangsmaterial. Carbonat: Aus der siedenden, fast gesättigten Lösung von reinstem Strontiumnitrat werden die Schwermetalle durch Einleiten von Schwefelwasserstoff gefällt, gegebenenfalls unter Zugabe von einigen Flocken reinsten Filtrierpapiers. Nach Abfiltrieren wird dem noch heißen Filtrat etwas Strontiumhydroxydlösung zugesetzt. Die filtrierte Lösung wird auf etwa 80° erwärmt und reinste Kohlensäure so lange eingeleitet, bis die Lösung neutral reagiert. Man erhitzt bis zum Sieden und filtriert. Die Fällung des Carbonates geschieht wie bei Calcium angegeben. Auch hier ist es sehr vorteilhaft, vor der endgültigen Carbonatfällung mit etwa 4 Volt und 0,01 Weber[1] mehrere Tage in schwach ammoniakalischer Lösung zu elektrolysieren und das Strontiumnitrat noch einige Male umzukristallisieren.

Sulfid: Es werden je 1 g Strontiumcarbonat und 0,4 g pulverisierten, reinsten Schwefels innig gemischt und über dem Bunsenbrenner mäßig erhitzt, bis aller überschüssiger Schwefel verdampft ist. Das erhaltene Produkt ist stark sulfathaltig und stellt ein zartes, fast rein weißes Pulver dar; es soll im folgenden abgekürzt als Sulfid bezeichnet werden.[2]

Die Bereitung der Phosphore erfolgt in analoger Weise wie S. 343 angegeben. Da die Strontiumsulfidphosphore die Eigenschaft haben, meist zu recht harten Massen zusammenzubacken, deren Zerkleinerung starke Druckzerstörung gibt, muß man sie womöglich noch glühend in der Reibschale zerdrücken. Eine Anzahl von Bereitungsvorschriften gibt Tabelle 2 (S. 346).

Barium.

Ausgangsmaterial. Carbonat: Darstellung wie bei Strontium.

Sulfid: Es wird hergestellt durch Erhitzen des Carbonates mit Schwefel. Wegen der leichten Bildung von Polysulfiden, die die Phosphorescenz stark beeinträchtigen, ist genaue Dosierung des Schwefelzusatzes und längeres und höheres Glühen bei der Herstellung des Sulfides als bei Strontium erforderlich. Das beste Verhältnis ist 0,225 g Schwefel auf 1 g Bariumcarbonat.

Präparation: Da die Bariumphosphore das Tiegelmaterial stark angreifen, ist Auskleidung der Tiegel mit reinster Platinfolie meistens notwendig. Man kann diese jedoch auch durch einen Mantel von reinstem Bariumcarbonat ersetzen oder die Phosphore in Form einer Pille auf eine den Tiegelboden bedeckende Bariumcarbonatschicht stellen. Zu starkes Glühen ist bei diesen Phosphoren von Nachteil, die Glühdauer von geringerem Einfluß. Tabelle 3 (S. 347) gibt einige Bereitungsvorschriften.

---

[1] Vgl. Anm. 5, S. 341.

[2] Nach Zusatz von Na_2SO_4 geglüht, zeigt es meist, wenn nicht mit größter Sorgfalt dargestellt, eine schwache gelbgrüne Phosphorescenz, entsprechend einer Verunreinigung durch Kupfer. Es ist schwerer, ein reines SrS darzustellen, als dies bei CaS gelingt, was wohl seinen Grund in der etwa eine Zehnerpotenz größeren Empfindlichkeit des SrS gegen Schwermetallgehalt hat.

Nr.	Bezeichnung	Nachleuchten		Bande	Schwermetallkonzentration	Schmelzzusatz	Glühtemperatur	Glühdauer Min.	Literatur	Anmerkungen
		Farbe	Intens.[1]							
1	SrSMn	gelblich-grün	6	α	0,000018	0,03 Na_2SO_4	helle Rotglut	15	1904, Pauli	α gegen Glühtemp. sehr empfindlich, beste noch nicht festgestellt. 3 fache Metallmenge gibt die rote β-Bande besser ausgeprägt
2	SrSNi	ultrarot	nicht groß	ϱ	0,00002	0,02 CaF_2 + 0,03 K_2SO_4	helle Rotglut	30	Pauli	
3	SrSCu	gelbgrün	5	α	0,000045	0,025 Na_2SO_4 + 0,025 $Na_2B_4O_7$	hohe Temp.	20	1904	
4	SrSCu	grünblau	6	$\alpha + \beta$	0,00006	0,04 CaF_2	hohe Temp.	50	Pauli	kürzeres Glühen bevorzugt β
5	SrSCu	blau	6	β	0,00006	0,04 $K_2B_6O_{10}$	helle Rotglut zu hohe Temp. schädlich	10 zerreiben u. noch 10	Pauli	
6	SrSZn	gelblich-grün	7	α	0,00017	0,03 CaF_2	ziemlich stark	12	1904	vorher 3—4 Min. schwach erhitzen, zerreiben und dann mit S versetzen
7	SrSAg	fleisch-farben	3	α (β)	0,00008	0,03 Na_2SO_4	schwach glühen	15	1904	
8	SrSAg	violett	5	β	0,00006	0,04 CaF_2	1000°	8—10	Scheifele	sehr empfindlich gegen Veränderung der Glühdauer; im vorgeheizten Ofen glühen
9	SrSSm	gelb	7	α	0,00006	0,01 NaF + 0,01 K_2SO_4	helle Rotglut	15	Tomaschek	scharfes Linienspektrum
10	SrSPb	goldgelb	6	α	0,00010	0,025 Na_2SO_4 + 0,01 NaF	hohe Temp.	10 dann S zusetzen + 6 Min.	1904	nach 10 Min. zerreiben, dann S zusetzen und noch 6 Min. glühen
11	SrSPb	violett	2	β (α)	0,00007	0,015 Li_3PO_4 + 0,01 CaF_2	helle Rotglut	20	1904	
12	SrSBi	bläulich-grün	8	α (β)	0,00008	0,03 Na_2SO_4	hohe Temp.	12	1904	
13	SrSBi	grün	9	$\alpha\,\beta$	0,00012	0,05 $Na_2B_4O_7$ + 0,012 CaF_2	mäßig	3 + 12	1904	nach 3 Min. zerreiben, dann noch 12 Min. glühen

[1] Vgl. die Anm. zu Tabelle 1. Die Vorschrift zu Phosphor 8 verdanke ich Herrn Dr. A. Scheifele, Heidelberg.
Bemerkung. Konzentrationsangaben in Gewichtsteilen des Grundmaterials.

Tabelle 3.

Bezeichnung	Nachleuchten Farbe	Nachleuchten Intens.	Bande	Schwermetallkonzentration	Schmelzzusatz	Glühtemperatur	Glühdauer Min.	Literatur	Anmerkungen
BaSCu	orange-rot	8	α	0,000 08	0,017 Li_3PO_4	mäßig	15	1904	
BaSCu	bläulich-grün	4	β_4 (α)	0,000 08	0,03 $Na_2S_2O_3$	hohe Temp.	15	1904 PAULI	
BaSSm	gelb	4	α	0,000 3	0,015 NaF	mäßig	15	TOMASCHEK	unscharfes Linienspektrum
BaSPb	orange-gelb	4	α	0,000 09	0,03 Na_2SO_4	helle Rotglut	12	1904	
BaSBi	grüngelb	8	α	0,000 08	0,03 $K_2B_8O_{10}$	mäßig	12	1904	sehr empfindlich gegen Spuren Chlorid

Allgemeine Bemerkungen. Zur Erzielung helleuchtender Phosphore ist es manchmal vorteilhaft, Mischungen verschiedener Grundmaterialien zur Präparation zu verwenden, doch sind diese Fälle noch sehr wenig untersucht.[1] Es sei ferner darauf aufmerksam gemacht, daß die Erregungsverteilung mit steigender Dielektrizitätskonstante des Grundmaterials nach längeren Wellen rückt[2], so daß man durch deren Beeinflussung durch die Präparation es in der Hand hat, gegebenenfalls einen Phosphor gewissen Erregungsbedingungen anzupassen, was für praktische Zwecke von Bedeutung sein kann. Die Helligkeit läßt sich auch dadurch steigern, daß man Metalle zusetzt, deren Emissionsgebiete in die Erregungsverteilung der anderen Bande fallen.[3] So läßt sich die Helligkeit eines Strontiumsulfid-Samarium-Phosphors durch Zusatz geringer Mengen von Gadolinium merklich steigern.

Alle Erdalkalisulfidphosphore werden an der Luft zerstört. Sie müssen daher im Exsiccator (über P_2O_5 + KOH) oder in zugeschmolzenen Glasröhren aufbewahrt werden, welch letztere vor der Füllung bis fast zum Weichwerden des Glases, zweckmäßig unter gleichzeitigem Durchsaugen von Luft, getrocknet werden müssen.

Zink.

Allgemeines: Diese Phosphore schließen sich in vieler Beziehung den Erdalkalisulfidphosphoren an, zeigen jedoch auch mancherlei Eigentümlichkeiten[4], wie gute Kristallausbildung, Auftreten zweier verschiedener Kristallarten, besonders ausgeprägte Eigenschaften der Ausleuchtung (Zink-

[1] z. B. W. PAULI, l. c. 770. [2] Siehe im folgenden S. 371, 382.
[3] R. TOMASCHEK, Ann. Phys. [4] 75, 142 (1924).
[4] Vgl. E. RUPP, Ann. Phys. [4] 73, 131 (1924).

manganphosphor) und Tilgung (Zinkkupferphosphor), sehr niedrige Temperaturlage der meisten Banden, ausgeprägte Wirkung der Halogenide bei der Präparation u. a. m. Bemerkenswert ist auch die große Empfindlichkeit gegen Kupferverunreinigung, welche etwa 10—100mal größer ist als die der Erdalkalisulfide. Dies ist wohl auch der Grund, daß bis in die neueste Zeit große Unklarheit über die Wirkung der Schwermetalle bestand.[1]

Die Unterschiede in den Präparationsmethoden gegenüber den Erdalkaliphosphoren sind bedingt durch die große Oxydationsfähigkeit des Zinksulfids bei den Bereitungstemperaturen, jedoch sind die sonstigen Prinzipien der Präparation dieselben, also Zusatz von Spuren eines Schwermetalls und Zugabe eines Schmelzmittels. Die Wirkung des letzteren kann auch durch bloße Anwendung sehr hoher Temperaturen ersetzt werden, wobei die Verdampfung des Zinksulfids durch einen Druck von etwa 100 Atm. eines inerten Gases hintangehalten wird.[2] Bemerkenswert ist ferner, daß durch Verminderung des Sinterns die Fähigkeit des dauernden Nachleuchtens vollkommen unterdrückt werden kann, während das Momentanleuchten erhalten bleibt.[3]

Ausgangsmaterial: Als solches dient bei der Präparation im allgemeinen Zinksulfid, in besonderen Fällen auch Zinksulfat.

Reindarstellung: In die Lösung des Zinksulfats in etwa der 5fachen Menge Wasser wird nach Versetzen mit Ammoniak so lange Schwefelwasserstoff eingeleitet, bis eine mäßige Trübung entstanden ist. Es wird durch ein Membranfilter (oder gewöhnliches Filter mit Filtrierpapierbrei) filtriert — wobei man es vermeidet, den Niederschlag mit Luft in Berührung kommen zu lassen — und dann zwischen reinsten Platinelektroden etwa 48 Stunden mit 2 Volt Spannung und etwa 0,05 Weber elektrolysiert. Vorheriges Versetzen der Lösung mit Schwefelsäure, gerade bis zum Auftreten der saueren Reaktion, scheint vorteilhaft. Nach der Elektrolyse (man hebe die Elektroden gleichzeitig bei geschlossenem Stromkreis heraus) wird die Lösung ammoniakalisch gemacht und durch Einleiten von Schwefelwasserstoff das Zinksulfid gefällt, gegebenenfalls bei etwas erhöhter Temperatur. Das gefällte Sulfid wird filtriert und so lange am Filter mit reinstem Wasser gewaschen, bis es trüb durchzugehen beginnt. Getrocknet, ist es ein leichtes, staubiges, rein weißes Pulver.

Bei der großen Empfindlichkeit dieser Phosphore gegen Kupferverunreinigungen ist zur Erlangung eines definierten Präparates die Verwendung reinster Reagenzien unbedingt erforderlich.[4]

Präparation: a) Aus Sulfid: Man verreibt das Zinksulfid in der Reibschale gut mit dem Schmelzmittel, drückt in die Mitte eine Grube, fügt tropfenweise die Schwermetallösung hinzu, verreibt dann sehr sorgfältig und füllt in den Tiegel.

---

[1] Vgl. die Ausführungen von E. Tiede u. A. Schleede, Ber. 56, 674 (1923).
[2] E. Tiede u. A. Schleede, Ber. 53, 1717 u. 1721 (1920).
[3] Vgl. Anm. 3, S. 342. [4] Deren Darstellung vgl. S. 338.

Wenn man genötigt ist, mit einfachsten Mitteln zu arbeiten, gibt folgende Methode gute und reproduzierbare Resultate: Der das Sulfidgemisch enthaltende Porzellantiegel (Fig. 119) wird in einen unglasierten, etwas höheren Rosetiegel gesetzt, wobei in den Zwischenraum einige Stückchen reinsten Schwefels gegeben werden. Beide Tiegel stehen ihrerseits in einem Graphittiegel. Alle sind mit gut passenden Tonplatten verschlossen; die Rinne zwischen dem äußersten Tiegel und Tonplatte wird mit Asbestschnur gedichtet und das Ganze mit einem Porzellandeckel bedeckt. Nach dem Glühen im Hempelgasofen oder elektrischen Widerstandsofen von MERCK wird der Graphittiegel noch heiß aus dem Ofen genommen, der oberste Porzellandeckel entfernt, ein Stückchen Schwefel auf die Tonplatte geschüttet, mit einem kalten Porzellandeckel bedeckt und möglichst rasch erkalten gelassen.

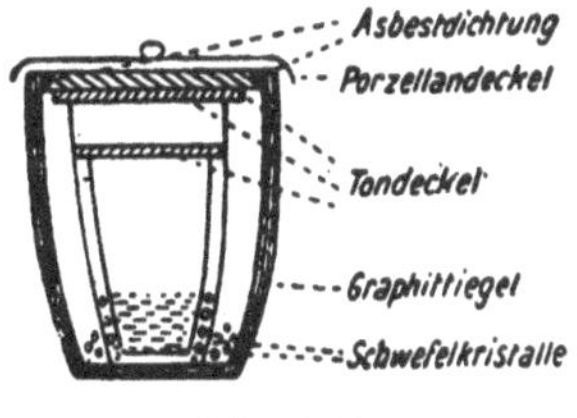

Fig. 119.

Man kann auch die Sulfidmischung in einem elektrisch geheizten Porzellanrohr im Stickstoffstrom (Reinigung desselben vgl. S. 350) glühen und die Abkühlung durch Beiseiteschieben des Ofens beschleunigen.

b) Aus Sulfat: Die Mischung mit dem Schwermetall und Schmelzzusatz erfolgt hier zweckmäßig durch Eindampfen aus wässeriger Lösung. Das Zinksulfat wird im mit Schwefelkohlenstoff beladenen Stickstoffstrom bei einer Temperatur von etwa 1000° zu Sulfid reduziert (vgl. S. 350).

Bemerkung. Das Zinksulfid kann in ziemlich großer Menge (von 2 bis 30 %) durch Cadmiumsulfid ersetzt werden, wobei die Phosphorescenzfähigkeit des Zinksulfid-Kupfer-Phosphors sehr günstig beeinflußt wird.[1] Es tritt gleichzeitig eine Verschiebung der Emissionsfarbe nach längeren Wellen auf.

Präparationsvorschriften vgl. Tab. 4.

Tabelle 4.

Nr.	Bezeichnung	Nachleuchten Farbe	Nachleuchten Intens.	Bande	Schwermetallkonzentration	Schmelzzusatz	Glühtemperatur	Glühdauer in Min.
1	ZnSMn	gelb-rötlich	8	α	0,002	0,02 CaF_2 + 0,03 KCl	1100—1300°	30
2	ZnSCu	grün	8	α	0,0001	0,03 MgF_2 + 0,03 NaCl	1000°	100
3	ZnSCu	grün-blau	4	$\alpha + \beta$	0,00002	0,1 KCl + 0,01 Na_2SO_4	1200—1300°	30
4	ZnSAg	violett	*)	β, α	0,0002	0,03 CaF_2 + 0,02 KCl	900°	30
5	ZnSPb	grün	*)	β, α	0,0002	0,07 K_2SO_4	900°	15
6	ZnSBi	purpur	*)	γ, α	0,004	0,05 Na_2SO_4 + 0,03 CaF_2 oder 0,05 Li_2SO_4	900°	30

*) Bei Zimmertemperatur nur schwach nachleuchtend. Hauptemission in der Kälte.

[1] A. A. GUNTZ, C. r. 177, 479 (1923).

Magnesium.[1]

Allgemeines: Auch diese Phosphore verdanken ihre Leuchtfähigkeit geringen Spuren von Schwermetall. Der Zusatz eines Schmelzmittels ist infolge der großen Reaktionsfähigkeit des Magnesiumsulfides nicht möglich und muß durch Sinterung des Magnesiumsulfides, die jedoch bereits bei Temperaturen von 800—1000° ganz merklich ist, ersetzt werden. Es gelten im übrigen die bereits oben niedergelegten Grundsätze der Präparation. Die Lichtsumme des Nachleuchtens ist im Vergleich zu den Erdalkaliphosphoren gering, die Intensität des Nachleuchtens jedoch unter Umständen ganz beträchtlich. In der Intensität des Momentanleuchtens stehen sie den Erdalkaliphosphoren nicht nach. Sie sind gegen Ein-

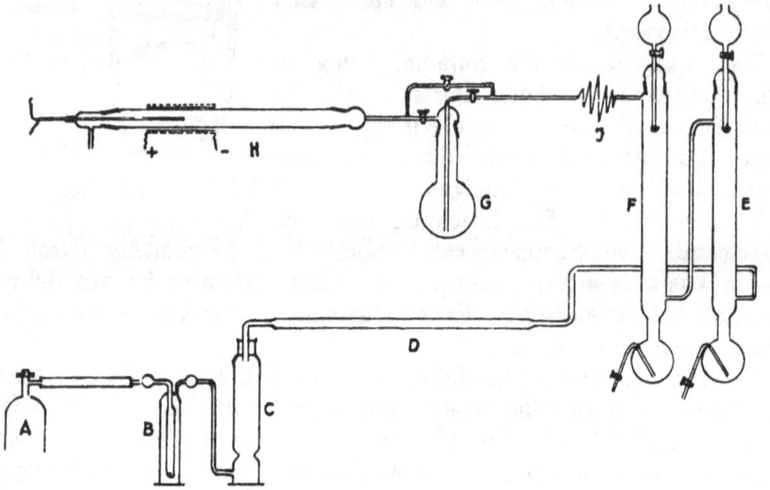

Fig. 120. Apparat zur Sulfiddarstellung im Schwefelkohlenstoff-Stickstoffstrom.

wirkung von Feuchtigkeit sehr empfindlich und verderben rasch an der Luft, weshalb sie nur in gut getrockneten und verschmolzenen Gefäßen aufbewahrt und am besten auch darin untersucht werden.

Ausgangsstoffe: Die Lösung des reinsten käuflichen Magnesiumsulfats wird in derselben Weise, wie bei Zink beschrieben, mit Schwefelwasserstoff behandelt und elektrolysiert, dann gegebenenfalls noch umkristallisiert und als Sulfat zur Präparation verwendet.

Präparation (vgl. Fig. 120): Das Magnesiumsulfat wird in einer Porzellanschale vorsichtig entwässert, mit einigen Tropfen der Schwermetalllösung versetzt, gut verrieben und in einem Schiffchen aus unglasiertem Porzellan (auch Platin oder Quarz) im elektrisch heizbaren Porzellanrohr *H* zunächst im Stickstoffstrom erhitzt. Der Stickstoff, einer Bombe entnommen, wird durch wäßriges Ammoniak (*B*), über Natronkalk (*C*), dann

[1] Literatur vgl. Anm. 7, S. 330.

über auf Dunkelrotglut erhitzte Kupferspäne (*D*) und durch Türme mit rieselnder Schwefelsäure (*E*, *F*) geleitet. In *G* kann sich der Stickstoff mit Schwefelkohlenstoff beladen oder direkt in das Reaktionsrohr geleitet werden. Die Apparatur ist möglichst in einem Stück zu verblasen, Schliffe sind mit Schwefelsäure oder Phosphorsäure zu dichten.

Über das bei etwa 700° einige Zeit im reinen Stickstoffstrom behandelte Magnesiumsulfat wird hierauf bei 900—1100° etwa 15 Minuten mit Schwefelkohlenstoff beladener Stickstoff geleitet. Nachdem das Produkt noch einige Minuten bei hoher Temperatur im reinen Stickstoffstrom belassen ist, wird es dann durch Verschieben des Heizrohres im Stickstoffstrom beschleunigt abgekühlt und sofort im P_2O_5-Exsiccator aufbewahrt oder eingeschmolzen. Tab. 5 gibt einige Bereitungsvorschriften. Die optimale Glühtemperatur ist etwa 1000—1050°.

Tabelle 5.

Nr.	Bezeichnung	Nachleuchten Farbe	Nachleuchten Intensit.	Bande	Schwermetallkonzentration	Anmerkungen
1	MgSMn	rot	4	α	0,001	als Sulfat oder Chlorid
2	MgSSb	gelbgrün	6	α	0,0013	als Brechweinstein
3	MgSBi	violett	7	α	0,0024	als Subnitrat
4	MgSSm	gelb	3	α	0,001	relativ scharfe Linien

Beryllium.

Die Phosphorescenz des Berylliumsulfids scheint sichergestellt[1], genauere Untersuchungen liegen jedoch bis jetzt nicht vor.[2]

Auch die Alkalisulfide[3] haben sich als nachleuchtfähig erwiesen und zwar ebenfalls bei Vorhandensein von Spuren eines Schwermetalls und Sinterung, wobei ein Gehalt an Hydroxyd als Schmelzmittel wirkt. Das Nachleuchten dieser Phosphore ist nicht sehr hell. Ihre Herstellung erfordert große Sorgfalt und genaues Einhalten der Präparationsbedingungen.

Natrium.

Reindarstellung: Man löst reines Natriumhydroxyd in der 5 bis 6 fachen Menge absoluten Alkohols bei gewöhnlicher Temperatur an freier Luft, wobei man des öfteren heftig umrührt. Nach 3 Stunden ist die Lösung gesättigt und wird filtriert. In etwas weniger als die Hälfte der Gesamtmenge leitet man Schwefelwasserstoff ein. War die Lösung nicht gesättigt, so fällt unter keinen Umständen ein Niederschlag aus, im anderen Falle erfolgt die Ausscheidung sofort. Ein lebhafter Gasstrom und ein

[1] W. BILTZ, Z. anorg. Ch. 82, 438 (1913).
[2] Nach freundlicher Mitteilung des Herrn Prof. E. TIEDE sind diese Untersuchungen derzeit im Gange.
[3] Literatur vgl. Anm. 8, S. 330.

weites Gaseinleitungsrohr sind zweckmäßig. Ehe sich bei fortdauerndem Einleiten von Schwefelwasserstoff alle zunächst ausgeschiedenen Kristalle wieder gelöst haben, unterbricht man den Gasstrom und schüttelt die Lösung mehrmals um, wobei auch der Rest des Natriumsulfids zu Hydrosulfid gelöst wird. Man filtriert diese Lösung in die zurückgestellte Natriumsulfidlösung und sorgt durch Umschütteln und Reiben mit einem Glasstab für die Ausbildung möglichst kleiner Kristalle von $Na_2S + 5H_2O$, da die sonst entstehenden großen Kristalle sich nur schwer entwässern lassen. Nach dem Absaugen des Niederschlages auf der Nutsche wäscht man ihn mehrfach mit absolutem Alkohol und bewahrt ihn in einem Vakuumexsiccator über Calciumchlorid auf. Etwa 0,6 g Sulfid (das Trocknen größerer Mengen führt zu Zersetzung) werden in einem Porzellanschiffchen in der FISCHERschen Trockenpistole über P_2O_5 bei 55° (Heizflüssigkeit Aceton) etwa 36 Stunden hindurch getrocknet.

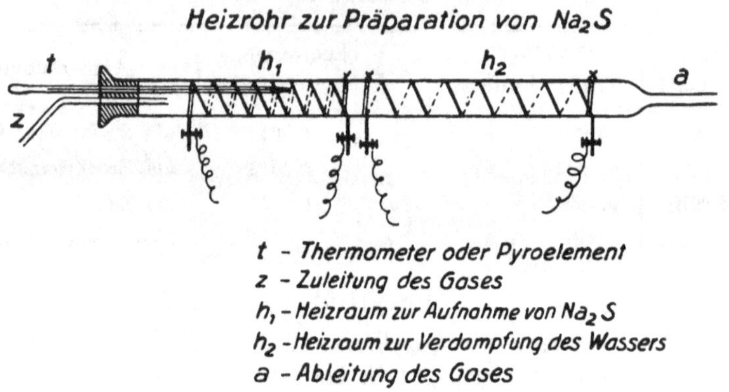

Fig. 121. Apparat zur Darstellung von Natriumsulfidphosphoren.

Präparation: Diese erfolgt in einem Stickstoffstrom im Graphitschiffchen bei etwa 600—650°.

Der Stickstoff, einer Bombe entnommen, wird durch konzentrierte Schwefelsäure und über festes Kaliumhydroxyd sowie über rotglühende Kupferspäne geleitet und dann weiter mit Kaliumhydroxyd, Schwefelsäure und P_2O_5 getrocknet. Das Heizrohr (Fig. 121) besteht aus Jenaer Verbrennungsglas. Der Teil h_1 wird auf 650°, h_2 auf etwa 200° erhitzt, um zu frühe Kondensation des Wassers zu verhindern. Das Sulfid wird in einer Menge von jeweils 0,2 g in einem Graphitschiffchen von 60 mm Länge in den Heizraum h_1 gebracht. Die Form des Schiffchens erweist sich als sehr wesentlich. Es müssen nämlich Vorder- und Rückwand fehlen, so daß eine Graphitrinne entsteht, da sonst streifenweise Polysulfidbildung eintritt. Nach Einbringen des Schiffchens wird das Natriumsulfid zunächst vorsichtig und ganz allmählich erhitzt, wobei es nach anfänglicher Gelbfärbung sich wieder aufhellt und von etwa 550° an eine ganz zarte gelbliche Färbung annimmt. Man steigert nun die Temperatur bis auf mittlere Rotglut, beläßt dabei etwa 2 Minuten und kühlt dann im Stickstoffstrom rasch ab.

Als wirksame Schwermetalle haben sich hierbei Eisen und Kupfer erwiesen.

Erwähnenswert ist die große Empfindlichkeit gegen Eisen, da die aktivierend wirkende Konzentration dieses Metalles etwa ein Hundertstel der bei den Erdalkaliphosphoren wirksamen beträgt. Der Zusatz des Eisens muß schon zu der alkoholischen Ausgangs-Natriumhydroxydlösung erfolgen. Die beste Konzentration ist 0,05 cm^3 einer wäßrigen Eisenchloridlösung (100 g Lösung enthalten 10 g $FeCl_3 + 3 H_2O$) auf 200 cm^3 absoluten Alkohols. Die Farbe des Nachleuchtens ist grün (Intensität 5), wobei die Schmalheit der Emissionsbande bemerkenswert ist.

Das Kupfer wird am besten in Form von festem Kupferwasserstoff dem vorentwässerten Natriumsulfid vor der Präparation zugegeben. Die Farbe des Nachleuchtens ist gelblich.

Rubidium.

Die Darstellung auf dem oben erwähnten Wege ist nicht möglich, da aus der alkoholischen Lösung kein Niederschlag ausfällt. Man gelangt jedoch auf folgendem Wege zum Ziel: Man reduziert in einem ähnlichen Apparat wie oben Rubidiumsulfat im Wasserstoffstrom im Graphitschiffchen. Es wird etwa 5 Minuten auf 650° erhitzt und ziemlich rasch erkalten gelassen. Bei 550° tritt bereits merkliche Schwefelwasserstoffabspaltung ein, bei 700° ist andererseits das entstandene Sulfid sofort flüchtig. Das wirksame Metall ist noch nicht festgestellt.

Lithium und Kalium.

Ihre Darstellung in phosphorescenzfähiger Form hat sich bis jetzt noch nicht ermöglichen lassen.

β) Selenphosphore[1] und Telluride.

Bis jetzt sind die Selenide des Calciums, Strontiums und Bariums in definierter Weise auf ihr Nachleuchten untersucht worden. Auch bei diesen Stoffen sind 3 Bestandteile erforderlich: Das Grundmaterial, das Schwermetall und der Schmelzzusatz. In gewissen Fällen kann letzterer entbehrt werden, da die Erdalkaliselenide in der hier vorliegenden Vermischung mit Selenit u. a. bei den Bereitungstemperaturen schon ohne Zusatz sintern. Sie zeichnen sich durch relativ niedrige Temperaturlage ihres Nachleuchtens aus, und fast alle besitzen das Optimum ihrer Leuchtfähigkeit unterhalb Zimmertemperatur. Ihre Dauer und Helligkeit ist nicht sehr groß, erstere überschreitet kaum eine Minute bei Zimmertemperatur. Sie sind leicht verderblich und auch in zugeschmolzenen Gefäßen nicht allzu lange haltbar.

Ausgangsstoffe: Zur Präparation der Selenide ist bis jetzt nur eine Methode ausgebildet, welche der Lenard-Klattschen Sulfidmethode analog ist. Sie beruht auf der Darstellung von Selenid durch Glühen

---

[1] Literatur vgl. Anm. 5, S. 330.

des Erdalkalioxydes bzw. -carbonates mit elementarem Selen.[1] Die Reindarstellung der Carbonate erfolgt, wie S. 341 und 345 angegeben. Das verwendete Selen muß vollständig schwefelfrei sein; man verwendet zweckmäßig Selen von KAHLBAUM, garantiert schwefelfrei.

Zur Herstellung des Selenids werden 10 g Calciumoxyd (durch Erhitzen aus Carbonat) bzw. $SrCO_3$ oder $BaCO_3$ mit 5 g Selen innig gemischt. Das Gemenge kommt in einen niedrigen Porzellantiegel mit breitem Boden, dessen Bodenfläche mit einer etwa 5 mm hohen Schicht des betreffenden Carbonats bedeckt ist. Man formt aus dem Oxyd-(bzw. Carbonat)-Selengemenge mit Hilfe einer Glasröhre und eines Glasstempels Pastillen von der Höhe des Tiegels und etwa 4 mm Durchmesser, die auf den Carbonatboden aufgesetzt werden, und kann so 8—10 g Selenid auf einmal präparieren. Das Glühen erfolgt bei stärkster Hitze des Hempelofens (etwa 1000°), wobei es ratsam ist, den Tiegel in den bereits angeheizten Ofen zu bringen. Die Reaktion (namentlich die Zerstörung der Polyselenide) ist bei CaSe etwa nach 30, bei SrSe nach 45, bei BaSe nach 60 Minuten erreicht.

Das so hergestellte Selenid enthält natürlich ebenso wie die Erdalkalisulfide nach LENARD-KLATT noch sehr viel inaktives Füllmaterial, welches jedoch die Luminescenzerscheinungen nicht zu beeinträchtigen scheint. Die Farbe der Selenide ist für CaSe fast rein weiß, SrSe mehr fleischrot, BaSe hellgelbrot mit dunkleren Stellen. Man kann die reinen Selenide in Flaschen mit dicht schließenden Stopfen aufbewahren.

Präparation der Phosphore: Es wird genau wie bei den CaS-Phosphoren der Schmelzzusatz und die Metallösung mit dem Selenid verrieben und im Hempelofen geglüht. Im allgemeinen sind die Phosphore ohne besondere Schmelzzusätze am homogensten. Die Herstellungstemperatur ist etwa 900°, doch scheint die richtige Wahl der Glühtemperatur einer der wichtigsten Punkte bei der Präparation zu sein.

Tab. 6 gibt einige Bereitungsvorschriften.

Telluride. Das Nachleuchten der Telluride ist noch nicht bekannt. Es ist aber wohl noch geringere Intensität als bei den Selenidphosphoren zu erwarten.[2]

γ) Oxyd- und Carbonatphosphore.[3]

Erdalkalien.

Bekannt sind die Phosphore von Calciumoxyd, Strontiumoxyd (-Carbonat?) und Bariumcarbonat (-Oxyd?). Eine Untersuchung über den Einfluß des Carbonatgehaltes auf die Phosphorescenzeigenschaften liegt noch nicht vor.[4] Geringer Schwermetallgehalt ist auch bei diesen Phosphoren

---

[1] Vgl. jedoch R. TOMASCHEK, Ann. Phys. [4] 75, 126 (1924).

[2] Vgl. P. LENARD, „Ausleuchtung IV", 41, Anm. 424; siehe auch W. ARNOLD, Wied. Ann. 61, 316 (1897).

[3] Literatur vgl. Anm. 4, S. 330.

[4] Die Emissionserscheinungen der Oxyd-Phosphore obiger Präparationsmethode mit seltenen Erden als aktivem Bestandteil scheinen darauf hinzuweisen, daß es sich bei den Bariumphosphoren im wesentlichen um Carbonate handelt, während bei Strontium noch hauptsächlich die Oxydzentren wirksam sind.

Tabelle 6.

Nr.	Bezeichnung	Nachleuchten Farbe	Nachleuchten Intens.[1]	Bande	Schwermetall-konzentration	Schmelzzusatz	Glühdauer Min.	Anmerkungen
1	CaSeCu	grün	5	α	0,00036	[0,05 Li_3PO_4]	10	ohne Zusatz am homogensten
2	CaSeZn	gelbgrün	4	α	0,0007	[0,07 CaF_2]	10	Eigenfarbe gelb
3	CaSeSb	gelb	6	α	0,002	—	10	Eigenfarbe stark gelb
4	CaSePb	grüngelb	4	α (β)	0,00036	0,1 CaF_2	17	
5	CaSeBi	gelb	3—4	γ ?	0,00024	[0,04 $Na_2B_4O_7$]	12	ohne Zusatz am homogensten
6	SrSeMn	gelborange	2—3	α	0,000025	0,01 $Na_2B_4O_7$ + 0,01 CaF_2	16	
7	SrSeCu	grün	5—6	α	0,00027	0,03 $Na_2B_4O_7$	15	gelingt leicht, hohe Glühtemperatur
8	SrSeZn	gelb	3—4	α	0,003	[0,07 CaF_2]	12	am besten bei hoher Temperatur
9	SrSeAg	blaugrün	5	α, β	0,00016	0,05 Li_3PO_4	12	bei längerem Glühen (20 Min.) mehr hellblau
10	SrSeSb	gelborange mit schwach grün	3	α, β	0,0005	[0,02 $Na_2B_4O_7$]	10	mehr Metall und der Zusatz bevorzugen das gelborange Nachleuchten
11	SrSePb	grün	4	β ?	0,0003	[0,1 Li_3PO_4]	10	weitgehend unabhängig von der Glühdauer
12	SrSeBi	gelb	2—3	β(γ)?	0,0002	0,05 $Na_2B_4O_7$	8—10	gelingt leicht
13	BaSeCu	gelb	3—4	α	0,00036	0,05 $Na_2B_4O_7$	10	Die Ba-Phosphore gelingen ohne Zusatz nicht oder (mit Ausnahme von BaCu) nur mäßig
14	BaSeZn	orange	2—3	α	0,0008	0,07 CaF_2	15	
15	BaSePb	gelbrot	2—3	α	0,00028	0,1 $Na_2B_4O_7$	12	
16	BaSeBi	rotorange	2—3	β ?	0,00024	0,05 CaF_2	20	

[1] Vgl. Anm. 1 auf S. 344.

wesentlich. Das Optimum des Nachleuchtens tritt meist erst bei höheren Temperaturen (etwa + 100°) ein. Die Dauer der Phosphore ist sehr bedeutend, doch ist ihre schwere Erregbarkeit durch Licht, wenn man bei tieferen Temperaturen (etwa bei Zimmertemperatur) erregt, auffallend.[1] Ein Nachteil dieser Phosphore ist, daß sie nur durch sehr kurzwelliges Licht zu hellerem Leuchten erregt werden.[2] Ihre Haltbarkeit ist mäßig, und es ist Einschmelzen der präparierten Phosphore notwendig.

Ausgangsstoffe und Präparation: Die Reinigung der Ausgangsstoffe erfolgt in der bei den Sulfidphosphoren angegebenen Weise.

Zur Bereitung der Phosphore wird das Oxyd (bei Calcium durch Glühen aus dem Carbonat dargestellt) bzw. das Carbonat (bei Strontium und Barium) mit dem Schmelzzusatz und einigen Tropfen der Schwermetallösung verrieben und im Porzellantiegel geglüht. Bereitungsvorschriften vgl. Tab. 7.

Zink[3] und Aluminium.[4]

Obwohl ein dauerndes Nachleuchten dieser Oxyde bisher noch nicht beschrieben ist, sollen sie hier doch erwähnt werden, da sie einer eingehenden Untersuchung unterzogen worden sind und nach den gemachten Beobachtungen auch durchaus in Analogie mit den bisher behandelten Phosphoren stehen. Ferner zeigt das chromhaltige Aluminiumoxyd sehr bemerkenswerte Luminescenzeigenschaften, die bereits öfter der Gegenstand eingehender Untersuchungen gewesen sind.

Es hat sich ergeben, daß auch in diesen Oxyden Spuren von Schwermetall die Träger des Leuchtens sind und daß zur Erzielung der Leuchtfähigkeit ein Glühprozeß notwendig ist. Es ist nicht zu bezweifeln, daß bei Anwendung von Schmelzzusätzen auch Nachleuchten erzielbar sein müßte, doch ist über die Temperaturlagen des Nachleuchtens noch nichts bekannt.

a) Zinkoxyd.

Reindarstellung: Man benutzt entweder einen der auf S. 348 angegebenen Wege zur Herstellung reinsten Zinksalzes, wobei man Zinkhydroxyd am besten durch vorsichtiges Hinzufügen von Ammoniak fällt, oder, wenn sehr geringe Mengen genügen, nach G. C. Schmidt folgende Methode: Das möglichst vorgereinigte Zinkhydroxyd wird in Salzsäure gelöst, zur Trockene eingedampft und bei Atmosphärendruck destilliert, indem man über einen Platintiegel, in dem sich Zinkchlorid befindet, eine längere Glasröhre stülpt und nun mit sehr kleiner Flamme langsam erhitzt. Im Laufe von einigen Tagen hat sich im Glasrohr ein Sublimat festgesetzt, dessen oberer Teil (der untere ist gegebenenfalls noch etwas

---

[1] Vgl. E. Rupp, Ann. Phys. [4] **72**, 102 (1923).

[2] Die längerwelligen der Maxima (vgl. S. 370) sind meist nur schlecht ausgebildet.

[3] W. Wien, Phys. Ztschr. **3**, 440 (1902); J. Tafel, Ann. Phys. [4] **11**, 613 (1903). G. C. Schmidt, Ann. Phys. [4] **13**, 622 (1904); daselbst auch frühere Literatur.

[4] Lecoq de Boisbaudran, C. r. **103** (1886) u. **104** (1887); G. C. Schmidt, a. a. O. Eine Zusammenstellung der Ergebnisse und Literaturangaben vgl. P. Pringsheim, l. c. S. 157 ff.

Tabelle 7.

Nr.	Bezeichnung	Nachleuchten Farbe	Nachleuchten Intens.	Bande	Schwermetallkonzentration	Schmelzzusatz	Glühtemperatur	Glühdauer Min.	Literatur	Anmerkungen
1	CaOMn	gelb	4	α	0,0005	0,1 NaCl	helle Rotglut	15	Schmidt	
2	CaOCu	blau	3	α	0,0001	0,1 MgF_2	900°	16	Hirsch	
3	CaOCu	rotgelb	3	γ	0,0009	0,1 MgF_2	helle Rotglut	20	Schmidt	
4	CaOPr	rot	4	α	0,0024	0,05 CaF_2 + 0,05 K_2SO_4	helle Gelbglut	30	Tomaschek	Linienspektrum
5	CaOSm	gelb	7	α	0,0018	0,06 NaF + 0,03 K_2SO_4	helle Gelbglut	15	„	scharfe Linien, schon bei Zimmertemperatur sehr gutes Leuchten
6	CaOPb	gelb	4	γ	0,001	0,06 CaF_2	helle Rotglut	20	Schmidt	
7	CaOPb	blau	4	β	0,0003	0,1 NaCl	helle Rotglut	20	„	
8	CaOBi	violett	6	α	0,00032	0,1 NaCl	helle Rotglut	20	„	
9	SrOMn	grün	4	α	0,0005	0,1 NaCl	helle Rotglut	15	„	
10	SrOCu	grün	4	α	0,0001	0,01 Li_3PO_4 + 0,01 CaF_2	helle Rotglut	20	„	
11	SrOSm	gelb	5	α	0,00015	0,01 NaCl	helle Rotglut	10	Tomaschek	
12	SrOPb	blaugrün	5	$\alpha + \beta$	0,0001	0,1 NaF	helle Rotglut	10	Schmidt	mit NaCl wird α bevorzugt
13	SrOBi	blau	7	α	0,0001	0,06 MgF_2	helle Rotglut	20	„	
14	$BaCO_3Cu$	gelb	4	α	0,00001	0,1 Li_3PO_4	schwache Rotglut	15	„	
15	$BaCO_3Cu$	blau	4	—	0,0001	[0,01 Li_3PO_4]	schwache Rotglut	15	„	auch ohne Zusatz
16	$BaCO_3Pb$	gelbgrün	4	β	0,0001	0,1 Na_2HPO_4	Rotglut	15	„	
17	$BaCO_3Bi$	grün	6	α	0,0004	0,06 KH_2PO_4	schwache Rotglut	15	„	

cadmiumhaltig) gelöst, mit reinster Kalilauge in einer Platinschale gefällt und sehr gut gewaschen wird. Zur Erzielung eines momentanleuchtenden Präparates wird das reinste Zinkhydroxyd mit einer Spur Cadmiumsulfat versetzt, gut verrieben und geglüht. Bei Erregung mit Kathoden- oder Kanalstrahlen leuchtet es intensiv gelb bis gelbgrün. Reinstes Zinkoxyd in analoger Weise ohne Schwermetallzusatz hergestellt, gibt kein Nachleuchten. Das geglühte Zinkoxyd zeigt Druckzerstörung. Die Druckfarbe ist hellbraun.

b) Aluminiumoxyd.

Reindarstellung: Reinster Alaun wird mehrmals umkristallisiert. Die alkalische Alaunlösung (Kalilauge durch Lösen in silbernen Schalen reinigen) wird mit Chlor längere Zeit behandelt. Nach dem Fällen und Auswaschen wird das Aluminiumhydroxyd noch vielmals fraktioniert gefällt und schließlich geglüht. Das so hergestellte Oxyd zeigt unter Einwirkung von Kanal- oder Kathodenstrahlen nur mehr eine Spur von rötlicher Fluorescenz.

Leuchtfähige Präparate: Al_2O_3Cr: Das Oxyd wird mit einer Spur Chromsalz verrieben und geglüht. Das Präparat zeigt ein intensives rotes Momentanleuchten.

Al_2O_3Cu: Das Oxyd wird mit einer Spur Kupfersulfat versetzt, gut verrieben und geglüht. Geringe Mengen Kupfer geben grüne, größere Mengen blaue Fluorescenz.

Auch gewisse seltene Erden sind wirksam, außerdem wird noch grünes Momentanleuchten bei Manganzusatz und gelbrotes bei Zusatz von Wolframsalzen angegeben.[1]

Andere Oxyde.

Auch in anderen Oxyden ist Momentanleuchten, teilweise auch Nachleuchten bei Bestrahlung mit Kathoden- und Kanalstrahlen festgestellt worden, so an MgO, CdO, Bi_2O_3, As_2O_3, PbO, allein die näheren Bedingungen des Auftretens und der Abhängigkeit des Nachleuchtens von der Reinheit der verwendeten Substanzen sind noch nicht genügend untersucht. Hier sei auch noch auf die Beobachtungen von Nichols[2] an verschiedenen Oxyden bei höheren Temperaturen hingewiesen, jedoch sind die betreffenden Präparate leider wohl nicht genügend definiert.

δ) Phosphorescenz der Halogenide.

Untersuchungen über Momentan- und Dauerleuchten von Halogeniden verschiedenster Art und unter verschiedenen Bedingungen sind bereits mehrfach unternommen worden[3], ohne daß aber die Art des eigentlichen

---

[1] W. Arnold, Wied. 61, 318 (1897).

[2] E. L. Nichols u. D. T. Wilber, Phys. Rev. [2] 17, 707 (1922). Nichols u. Howes, Science (N. S.) 55, 53 (1922); Journ. opt. Soc. Am. 6, 42 (1922); Phys. Rev. [2] 19, 300 (1922). Nichols, Phys. Rev. [2] 21, 713 (1923); 22, 420 (1923).

[3] z. B. E. Wiedemann u. G. C. Schmidt, Wied. 56, 205 (1895). J. O. Perrine, Phys. Rev. [2] 22, 48 (1923).

Luminescenzträgers sich feststellen ließe, da die Präparate nicht hinreichend definiert sind.

Eine Ausnahme hiervon bilden die Luminescenzerscheinnngen der seltenen Erden in Calciumfluorid, welche genau untersucht sind, jedoch nur im Momentanleuchten bei Erregung mit Kathodenstrahlen.[1]

Zur Präparation des luminescierenden Fluorids wird eine Lösung reinsten Calciumnitrats mit dem Nitrat der betreffenden seltenen Erde ungefähr im Verhältnis 1 : 100 versetzt. In ammoniakalischer Lösung wird durch Ammoncarbonat das Calciumcarbonat gefällt und dieses in einem Platintiegel mit reinster Flußsäure gelöst. Der Überschuß der Säure wird verdampft und das Fluorid geschmolzen, wobei zur Vermeidung von Oxydation die Erhitzung zur Schmelztemperatur sehr rasch vorgenommen werden muß.

ε) Phosphorescenz der Sulfate.

Auch bei diesen Salzen sind mannigfache Luminescenzerscheinungen beobachtet, aber ebenfalls noch nicht an genügend definiertem Material untersucht worden. Als feststehend kann wohl die Phosphorescenzfähigkeit vom Mangan und Wismut in verschiedenen Sulfaten ($CaSO_4$, $SrSO_4$, $BaSO_4$, $ZnSO_4$, $CdSO_4$ u. a.) nach Erhitzen auf oft ziemlich niedrige Temperatur (etwa 200°) gelten, doch sind die Angaben bezüglich der Wirkung des Mangans in verschiedenen Sulfaten bei den verschiedenen Autoren etwas widersprechend. Auch die Kathodenluminescenz von Sulfaten mit einem Gehalt seltener Erden ist bekannt.[2]

ζ) Zinksilicatphosphore.[3]

Diese Klasse enthält eine Reihe sehr heller und äußerst dauernder Phosphore, die verschiedene Besonderheiten zeigen, wie sehr leichte Erregbarkeit durch Hochfrequenzstrahlen, Anderung der Emissionsfarbe mit der Kristallform, Beeinflussung des Nachleuchtens durch die Kristallausbildung u. a., und welche namentlich wegen der interessanten Methoden der Präparation, die sich wohl mit Vorteil auch auf andere Klassen von Phosphoren ausdehnen lassen, hier ausführlicher geschildert seien.

Ausgangsstoffe: Es sind hauptsächlich 2 Methoden, welche zur Darstellung phosphorescenzreiner Produkte brauchbar sind:

a) Die Reaktion nach ST. CLAIRE-DEVILLE

$$2\,ZnF_2 + 2\,SiO_2 = Zn_2SiO_4 + SiF_4$$

oder b) nach STEIN durch Zusammenschmelzen von

$$2\,ZnO + SiO_2\,.$$

---

[1] Eine zusammenfassende Darstellung bei G. URBAIN, Ann. chim. phys. [8] 18, 366 (1909).

[2] Vgl. URBAIN, l. c. 253, ferner LECOQ DE BOISBAUDRAN, C. r. **103—105**.

[3] Literatur: E. TIEDE u. A. GRUHL, Dissert. Berlin 1923, daselbst auch weitere Literaturangaben. A. SCHLEEDE u. A. GRUHL, Z. Elektr. **29**, 411 (1923).

Darstellung reinsten Zinksulfats s. S. 348.

Das Hydroxyd fällt man am besten vorsichtig mit Ammoniak unter Vermeidung eines Überschusses. Man filtriert, wäscht sorgfältig und glüht.

Zur Umwandlung in Fluorid wird eine siedend heiße Lösung von elektrolytisch gereinigtem Ammoniumfluorid in die ebenfalls siedend heiße Zinksulfatlösung unter Umrühren gegossen und die ganze Flüssigkeit zur Trockne verdampft, mehrere Tage lang bei 100—200° entwässert und dann das noch vorhandene Ammoniumsulfat ausgewaschen.

Als Ausgangsmaterial für die Kieselsäure dient entweder reinster gepulverter Bergkristall oder Elmosil, elektroosmotisch gereinigte Kieselsäure (zu beziehen durch die Graf Schwerin-Gesellschaft), welche nicht weiter gereinigt zu werden brauchen.

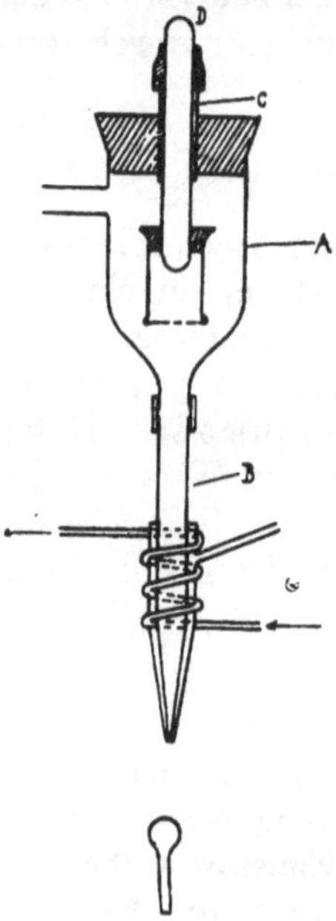

Fig. 122. Schmelzgebläse.

Zur Herstellung von Zinksilicat nach a) werden die im Mengenverhältnis der Formel gemischten Komponenten in einem unglasierten Rosetiegel im Tiegelofen auf 950° erhitzt. Nach etwa 15 Minuten hört die heftige Gasentwicklung auf, und die Umsetzung ist nach 1 Stunde beendet.

Nach b). Man benutzt entweder einen elektrischen Kurzschlußofen und füllt das Gemenge in ein Graphitschiffchen. Mit einer Stromstärke von etwa 600—800 Weber[1] wird das Gemenge in etwa 10 Sekunden heruntergeschmolzen und an der Luft erkalten gelassen. Bei Rotglut tritt Kristallisation ein, wobei Selbsterhitzung bis zur Gelbglut stattfindet.

Oder man preßt aus der Mischung von $2\,ZnO + SiO_2$ Stäbchen, stellt sie auf eine kleine Marmortafel, schmilzt sie in einem Leuchtgassauerstoffgebläse an einen Quarzstab oberflächlich an, zieht sie an diesem in die Höhe und schmilzt nun mit dem Gebläse vollständig durch.

Ein dritter Weg, der sich ebenfalls ganz allgemein zur Darstellung von Phosphoren eignen dürfte, bei denen nicht Oxydation zu befürchten ist, beruht auf der Verwendung des in Fig. 122 dargestellten Apparates, wie er ähnlich zur Synthese von Edelsteinen benutzt wird.

Es ist dies ein gewöhnliches Gebläse, mit dem Unterschied, daß sich die Substanz, die geschmolzen werden soll, bereits innerhalb der Apparatur befindet. Der obere Teil besteht aus einem Glasrohr *A* von 5 cm Durchmesser, das an der Unterseite zu einem Rohr von 1 cm Durchmesser verjüngt ist und einen seitlichen Ansatz zum Eintritt des Sauerstoffs besitzt. Durch die Bohrung des oben verschließenden Gummistopfens geht ein Glasrohr *C* von 1 cm Durchmesser. Innerhalb desselben ist ein Glasstab *D* mit Hilfe eines Gummischlauches federnd aufgehängt. Dieser trägt das Körbchen mit dem Substanzgemisch. Jenes besteht aus einem 5 cm langen, 2 cm

[1] 1 Weber = 1 Ampère. Vgl. Anm. 5, S. 341.

weiten Glasrohr, dessen unterer Rand etwas aufgebogen ist. Hieran befindet sich ein Stück Messingdrahtnetz mit 25 Drähten auf 1 cm. Die fein gesiebte Substanz wird hier eingefüllt und mit einem durchbohrten Stopfen an dem Glasstabe befestigt. Das große Rohr trägt an seiner Unterseite ein Handgebläse *B*, um dessen Lötstelle zum Schutz eine Kühlschlange gewickelt ist. Der Gebläsemündung gegenüber befindet sich ein Quarzstab, der die in der Flamme geschmolzenen Teilchen auffängt, welche dort zu einem birnenförmigen Gebilde anwachsen. Die Substanz wird durch leises Klopfen in die Flamme eingeführt, wo die Umsetzung stattfindet.

Präparation der Phosphore: Sie erfolgt gleichzeitig mit der Synthese des Silicats. Arbeitet man nach Methode b), so wird die Metallsalzlösung in üblicher Weise mit dem Grundmaterial verrieben. Bei Bereitung nach Methode a) läßt sich hierdurch die gleichmäßige Verteilung des Schwermetalls nur unvollkommen bewerkstelligen; man setzt daher bereits der Zinksulfatlösung, welche zur Herstellung des Fluorids dient, die entsprechende Menge Schwermetall zu.

Hauptsächlich wirksam ist Mangan. Seine Konzentration ist ohne großen Einfluß im Bereiche von 0,0001—0,01 Mangan auf ein Teil Zinksilicat. Je höher die Herstellungstemperatur, je kürzer die Glühdauer und je schneller die Abkühlung, desto größer ist die Abklingungsdauer. Durch die entgegengesetzten Bedingungen kann man Präparate herstellen, die praktisch frei von Nachleuchten sind, aber noch kräftiges Momentanleuchten zeigen. Alle diese Einflüsse lassen sich bei den vorliegenden Phosphoren, die sich aus dem Schmelzfluß herstellen lassen und keine Komplikation durch Oxydation zeigen, sehr gut verfolgen. Hervorzuheben ist der Einfluß der Abkühlungsgeschwindigkeit auf die Farbe des Nachleuchtens. Je nach der Schnelligkeit des Abkühlens lassen sich orangerot, gelb und bei langsamer Abkühlungsgeschwindigkeit grün nachleuchtende Präparate erzielen. Die orangeroten gehen durch Druck in gelbleuchtende über. Es hat sich zeigen lassen, daß den verschiedenfarbigen Phosphorescenzen verschiedene Kristallformen entsprechen.

Silber und Wismut als Schwermetallzusatz geben viel schwächere Wirkung. Ähnlich wie bei Zinksulfid kann auch beim Silicat bis zu 20 % des Grundmaterials durch Cadmiumsilicat ersetzt werden.

η) Phosphorescenz der Wolframate, Molybdate und Uransalze.

Diese Gruppe ist von besonderem Interesse, da hier Luminescenzerscheinungen auftreten, welche nicht in die bisher betrachtete Reihe von Schwermetallphosphorescenzen eingegliedert werden können. Es zeigen nämlich die reinen, mit größter Sorgfalt unter Ausschluß von Schwermetall hergestellten Erdalkaliwolframate bzw. -molybdate und Uranylsalze eine sehr helle Fluorescenz, die um so ausgeprägter wird, je reiner diese Stoffe sind. Diese Eigenschaft der Fluorescenz, welche bei tiefen Temperaturen in Nachleuchten übergehen kann, scheint vielmehr eine Eigenschaft der Atome Molybdän, Wolfram und Uran selbst zu sein.[1] Es ist

[1] Es dürfte sich hierbei vielleicht um ähnliche Verhältnisse handeln, wie bei den organischen Borsäurephosphoren (s. S. 366), nur daß das komplizierte organische Molekül hier durch ein kompliziertes Atom ersetzt ist.

jedoch eine besondere Art der Lagerung dieser Metallatome im Gitter erforderlich, wie durch die Untersuchung von TIEDE und SCHLEEDE[1] gezeigt werden konnte.

Es ist sehr bemerkenswert, daß bei den Wolframaten der Übergang zu den gewöhnlichen Schwermetallphosphoren hergestellt werden konnte, indem Calciumwolframat mit einem der auch bei den Sulfiden wirksamen Schwermetalle, wie Kupfer, Wismut und Mangan, versetzt und mit einem Schmelzzusatz geglüht, für jedes Schwermetall charakteristische Phosphore gibt, außerdem aber auch im allerreinsten Zustande ein kräftiges blaues Momentanleuchten zeigt.

a) Wolframate.[2]

Diese sind namentlich zur Erregung mit Hochfrequenzstrahlen sehr geeignet, wobei sich vor allem Calciumwolframat durch sehr helles Leuchten auszeichnet.

Ausgangsstoffe: Reinstes Calciumwolframat kann entweder gewonnen werden durch Fällung von Ammoniumwolframatlösung mit reinstem Calciumsalz oder durch Erhitzen von Calciumcarbonat und Wolframsäure bei etwa 1000°. Darstellung reiner Wolframsäure (bzw. Ammoniumparawolframat): Man löst käufliche Wolframsäure in 25%igem Ammoniak, gegebenenfalls nach Aufschließen mit Natriumhydroxyd. Aus der Lösung fällt man mit Salpetersäure gelbe Wolframsäure und löst den gut ausgewaschenen Rückstand in heißer Ammoniaklösung. Die filtrierte Lösung läßt man auskristallisieren. Das so gewonnene Ammoniumparawolframat wird in heiße, konzentrierte Salpetersäure, die etwa 1% Salzsäure enthält, eingetragen und die Reaktion unter Zugabe von Salzsäure beendet. Nach 3—4 stündigem Erhitzen wird abfiltriert und bis zum Durchgehen gewaschen. Die Wolframsäure wird dann in heißem Ammoniak gelöst. Nach Umkristallisieren des abgeschiedenen Wolframats wird die Operation öfter wiederholt.

Man fällt dann aus stark ammoniakalischer, kohlensäurefreier Wolframatlösung mit reinstem Calciumsalz das Calciumwolframat. Dieses (bzw. das Gemisch von Wolframsäure + Calciumcarbonat) wird in einem unglasierten Porzellantiegel, der innen mit reinstem Calciumoxyd oder Calciumwolframat ausgekleidet ist, noch auf etwa 100° erhitzt. Das so erhaltene Calciumwolframat zeigt bei Zimmertemperatur kein Nachleuchten, wohl aber sehr helles blaues Momentanleuchten, namentlich bei Erregung mit Hochfrequenzstrahlen.

Um nachleuchtende Präparate zu erhalten, verfährt man analog der bei Calciumsulfid angegebenen Weise, indem man Schwermetall und Schmelzzusatz zugibt und auf etwa 1000° erhitzt. Bis jetzt scheinen sich Bi, Cu, Mn als wirksam erwiesen zu haben.

In analoger Weise lassen sich Strontium- und Bariumwolframat herstellen, doch sind deren Luminescenzerscheinungen bedeutend schwächer.

---

[1] Z. Elektr. 29, 304 (1923).

[2] Literatur siehe Anm. 10, S. 330.

b) Molybdate.[1]

Calciummolybdat zeichnet sich bei Zimmertemperatur durch ein gelbliches Nachleuchten, welches dem reinen Stoffe zukommt, aus.

Darstellungsmethode: Sie ist im wesentlichen der bei Wolframat angegebenen analog, und zwar erfolgt die Darstellung am besten durch Synthese aus Calciumcarbonat + Molybdäntrioxyd bei etwa 850°.

Reinigung des Molybdäntrioxyds: Käufliches reinstes Molybdäntrioxyd wird zunächst in einer Sauerstoffatmosphäre geglüht und dann bei 850—900° im Porzellanrohr sublimiert. Das Sublimat wird in Ammoniak gelöst, die filtrierte Lösung kristallisieren gelassen, und die ausgeschiedenen Kristalle werden mehrmals umkristallisiert. Zur weiteren Reinigung wird das aus der Lösung des Ammoniumsalzes abgeschiedene und getrocknete Molybdäntrioxyd bei etwa 150—200° im Salzsäurestrom sublimiert und das Sublimat mit Wasser hydrolysiert. Die abgeschiedene Molybdänsäure wird gut gewaschen und getrocknet. Nach Glühen mit Calciumcarbonat, wie oben angegeben, resultiert das gelblich momentanleuchtende Präparat.

c) Uransalze.

Besondere Vorschriften über die Reindarstellung von Uransalzen zwecks Untersuchung ihrer Luminescenz sind nicht gegeben. Als stark momentanleuchtend bei Zimmertemperatur haben sich alle Uransalze vom Typus UO_2X_2 erwiesen, während die Uranosalze nicht leuchtfähig sind.[2]

B. Organische Phosphore.

1. Allgemeines und Historisches.

Das Gebiet derjenigen Stoffe, welche ihre Fähigkeit des dauernden Nachleuchtens (nur diese sollen im folgenden behandelt werden) dem Vorhandensein organischer Verbindungen (analog den Schwermetallspuren der anorganischen Phosphore) verdanken, ist bei weitem noch nicht in dem Maße durchforscht, wie das bei den anorganischen Phosphoren der Fall ist, und vor allem haben sich leitende Gesichtspunkte, wie sie bei den Schwermetallphosphoren in weitgehendem Maße gefunden sind, in diesem Gebiet kaum aufstellen lassen.

Erschlossen wurde das vorliegende Gebiet durch die Entdeckung E. Wiedemanns[3], daß sich die Fluorescenz gewisser organischer Verbindungen durch Verfestigung des Lösungsmittels in Phosphorescenz verwandeln läßt. Diese Beobachtungen wurden später namentlich von G. C. Schmidt[4] ausgebaut, welcher außerdem feststellen konnte, daß sich auch kristalline organische Stoffe als Einbettungsmittel eignen.[5] Weitere

[1] Literatur siehe Anm. 10, S. 330.

[2] Vgl. die eingehende Zusammenfassung bei P. Pringsheim, l. c. S. 161.

[3] Wied. 34, 449 (1888).

[4] Wied. 58, 102 (1896); Ann. Phys. [4] 65, 247 (1921). A. Pospielow, Verh. Dtsch. Phys. Ges. 16, 411 (1914); vgl. auch Anm. 5, S. 364.

[5] Vgl. Anm. 2, S. 365.

Fortschritte auf diesem Gebiete haben sich durch Anwendung anderer Methoden der „Verfestigung" des Lösungsmittels ergeben. So gelang es E. GOLDSTEIN[1] und J. v. KOWALSKI[2], durch Abkühlen der Lösungsmittel, vor allem von Alkohol, zu sehr hell nachleuchtenden Präparaten (progressive Phosphorescenz) zu kommen, und in letzter Zeit ist durch die Entdeckung der Borsäurephosphore von E. TIEDE[3] eine neue Klasse außerordentlich heller Phosphorescenzerscheinungen zugänglich geworden. Einen sehr bemerkenswerten Übergang zu den anorganischen Phosphoren scheint der leuchtende Borstickstoff zu bilden[4], dessen Eigenschaften auch in anderen Beziehungen auffallend sind.

Der Vorgang der Ausbildung der Phosphorescenzfähigkeit scheint jedoch bei den einzelnen oben erwähnten Klassen nicht der gleiche zu sein. Während bei den Gelatinephosphoren, wenigstens bei Zimmertemperatur, gewissermaßen eine Fixierung der Fluorescenz stattfindet, treten bei den Alkohol- und Borsäurephosphoren ganz neuartige Emissionen auf. Diese Unterschiede sind auch in der Polarisierbarkeit des Phosphorescenzleuchtens zu erkennen[5] und deuten darauf hin, daß auch die in kristallisierten organischen Verbindungen in Beimengungen auftretenden Phosphorescenzerscheinungen mit den an den Borsäure- und Alkoholphosphoren beobachteten zusammenhängen. Vielleicht ist die Phosphorescenz dieser letzten Art auf eine Deformation der eingebetteten komplizierten organischen Moleküle durch die starke Kontraktion des Lösungsmittels, wie der erstarrenden Borsäure bzw. des einfrierenden Alkohols, oder durch die Kristallkräfte der kristallinen Lösungsmittel bedingt.[6]

2. Besonderer Teil.

α) Klasse der Gelatinephosphore.[7]

Geeignete Einbettungsmittel sind Gelatine, Eiweiß, Kollodium, auch Wasserglas. Die Phosphorescenzdauer ist jedoch im allgemeinen bei Zimmertemperatur sehr gering (nur einige 100stel Sekunden) und das Nachleuchten daher meist nur phosphoroskopisch beobachtbar.

Zur Herstellung von Gelatinephosphoren z. B. werden zu einer wässerigen, etwa 5%igen Gelatinelösung einige Tropfen der wässerigen Farblösung zugefügt und warm filtriert. Die gefärbte Gelatinelösung wird auf eine gut gereinigte Glasplatte gegossen, die vorher mit einer

---

[1] Verh. Dtsch. Phys. Ges. 6, 156, 185 (1904).

[2] C. r. 151, 810 (1910). J. v. KOWALSKI u. J. DE DZIERBICKI, C. r. 151, 943 (1910); 152, 83 (1911). Zusammenfassend in Phys. Ztschr. 12, 956 (1911).

[3] Ber. 53, 2214 (1920). E. TIEDE u. F. BÜSCHER, Ber. 53, 2210 (1920); E. TIEDE u. P. WULFF, Ber. 55, 588 (1922). R. TOMASCHEK, Ann. Phys. [4] 67, 612 (1922). E. TIEDE u. A. RAGOSS, Ber. 56, 655 (1923).

[4] E. TIEDE u. F. BÜSCHER, l. c. 2206 (1920); daselbst frühere Literatur. E. TIEDE u. H. TOMASCHEK, Z. Elektr. 29, 303 (1923); Z. f. anorg. Ch. 1925.

[5] A. CARELLI u. P. PRINGSHEIM, Z. f. Physik 18, 317 (1923).

[6] Vgl. dazu A. SCHLEEDE, Z. f. Physik 18, 109 (1923).

[7] Literatur siehe Anm. 3 u. 4, S. 363.

ganz dünnen Schicht Kollodiumätherlösung bedeckt und trocknen gelassen wurde. Die auf diese Weise hergestellten Gelatineschichten lassen sich nach dem Trocknen leicht vom Glase abziehen. Frisch getrocknete Gelatinephosphore leuchten weit heller nach als ältere, wohl infolge des größeren Wassergehaltes der letzteren, da getrocknete Gelatine sehr hygroskopisch ist. Geeignete Luminophore für Gelatine sind:

Zusatz	Farbe des Nachleuchtens
Methylviolett	hellrot
Fuchsin	rot
Modebraun	purpur
Aurantia	gelb
Chrysanilin	gelbgrün
Auramin	grün.

Die einzelnen Stoffe phosphorescieren in den verschiedenen Einbettungsmitteln nicht gleich gut.

β) Phosphore mit kristallinem organischen Einbettungsmittel.[1]

Als Einbettungsmittel können beispielsweise verwendet werden: Benzoesäure und verschiedene Substitutionsprodukte, Phthalsäure, Bernsteinsäure, Maleinsäure, Mekonsäure, Zucker, Sulfocarbamid, Chininbisulfat und viele andere. Als geeignete Luminophore dienen ähnliche Substanzen, wie bei den Gelatinephosphoren angegeben.

Die Darstellung erfolgt entweder so, daß man in der Hitze gesättigte Lösungen des Einbettungsmittels herstellt, mit einer Spur des Farbstoffes versetzt und schnell abkühlt. Nach dem Filtrieren wäscht man kurz mit etwas kaltem Lösungsmittel und trocknet. Bei Einbettungsmitteln, deren Schmelzpunkt nicht zu hoch liegt und ohne Zersetzung erreichbar ist, z. B. Benzoesäure, kann man die Schmelze mit Spuren des Farbstoffes versetzen und rasch erstarren lassen.[2]

γ) Klasse der Alkoholphosphore.[3]

Kühlt man alkoholische Lösungen von organischen Stoffen (etwa aromatischen Kohlenwasserstoffen, Phenolen, Säuren, Aminen u. ä.) auf die Temperatur der flüssigen Luft ab, so zeigen sie die Eigenschaft, nach Belichtung mit genügend kurzwelligem Licht oft sehr intensiv nachzuleuchten, wobei sehr charakteristische Spektren auftreten, deren Bau außer von dem gelösten Stoff sowohl von der Temperatur als auch von der Dauer der Belichtung abhängt.

---

[1] Literatur siehe Anm. 4, S. 363.

[2] In diese Klasse scheinen auch die Phosphorescenzerscheinungen zu gehören, welche E. Goldstein (Verh. Dtsch. Phys. Ges. 6, 158, 185, siehe auch die Zusammenstellung in P. Pringsheim, l. c. S. 201) nach Bestrahlung organischer Substanzen mit Kathodenstrahlen bei tiefer Temperatur erhalten hat. Doch ist die chemische Seite der äußerst interessanten, hierbei stattfindenden Vorgänge noch nicht genügend aufgeklärt.

[3] Literatur siehe Anm. 1 u. 2, S. 364.

Das Optimum der Phosphorescenz liegt bei den meisten Substanzen bei etwa 0,05 normal, wobei auf möglichste Reinheit des Lösungsmittels und auch des gelösten Stoffes zu achten ist. (Der Staub der Zimmerluft kann bereits merkliche Phosphorescenzeffekte geben.)

Geeignete Substanzen sind:

Zusatz	Farbe	Konzentration
p-Xylol	violett	0,1
p-Kresol	blauviolett	0,1
p-Toluidin, sehr hell,	violett	0,1
p-Nitranilin	goldgelb	0,005.

Die Konzentrationsangaben beziehen sich auf Grammoleküle im Liter. Die Paraverbindungen zeigen durchweg die größte Intensität und Dauer.

Derartige Phosphorescenzspektren lassen sich ferner bei tiefer Temperatur auch in zahlreichen aromatischen Lösungsmitteln wie Toluol, Xylol, Pyridin, Chlorbenzol u. a. beobachten.[1]

δ) Borsäurephosphore.[2]

Die Phosphorescenzerscheinungen dieser Klasse gehören zu den intensivsten, die bis jetzt erzielt wurden, wenn auch die Dauer des Nachleuchtens nicht an die der Schwermetallphosphore heranreicht. Ein besonderer Vorteil ist ferner die sehr einfache Präparation und die leichte Herstellbarkeit von größeren, durchsichtigen, glasigen Schichten. Von den Schwermetallphosphoren unterscheiden sich diese Phosphore in manchen Beziehungen, so im Fehlen einer Druckzerstörung, mangelnder Tilgung und vor allem im Auftreten oft sehr differenzierter Spektren, analog etwa den Alkoholphosphoren. Zu beachten ist ferner, daß die Phosphore durch kurzwelliges Licht mehr oder weniger zerstört werden, doch lassen sie sich durch Erwärmen wieder regenerieren. Sehr bemerkenswert ist auch in dieser Klasse die große Empfindlichkeit gegen Spuren von Verunreinigungen. So ergibt noch 0,0000001 g Fluorescein in 1 Teil Grundmaterial einen sehr merklichen Effekt. Es ist natürlich, daß man bei dieser Empfindlichkeit zur Darstellung gut definierter Phosphore von sehr reinen Ausgangsmateralien Gebrauch machen muß.

Ausgangsstoffe: Einwandfreie Resultate zwecks Erlangung einer phosphorescenzfreien Borsäure gibt folgender Weg: Orthoborsäure wird 24 Stunden mit rauchender Salpetersäure am Rückflußkühler im Sieden erhalten, dann aus gereinigtem Wasser 3mal umkristallisiert und zur Entfernung der letzten Reste Salpetersäure jedesmal auf der Nutsche mit reinstem Wasser bei 0° gewaschen; dann werden nur die oberen, nicht mit dem Filter in Berührung gekommenen Teile des abgesaugten Kuchens in einem bedeckten Platintiegel 2—3 Stunden geglüht. Hierbei ist ein elektrischer Muffelofen (zwecks Vermeidung der Flammengase) anzuwenden. Das so ge-

---

[1] Siehe z. B. E. GOLDSTEIN, Verh. Dtsch. Phys. Ges. 12, 376 (1910).

[2] Literatur siehe Anm. 3, S. 364.

wonnene Borsäureanhydrid kann in demselben Tiegel mit reinstem Wasser in Orthoborsäure verwandelt werden. Für gewöhnliche Zwecke genügt die Reinigung mit Salpetersäure am Rückflußkühler und einiges Umkristallisieren vollkommen.

Die *Darstellung* der Phosphore findet durch Mischen mit der notwendigen Menge organischer Substanz und darauffolgendes Entwässern der Mischung statt. Das Vermengen mit dem organischen Stoff kann entweder durch inniges Verreiben im Porzellanmörser geschehen (anwendbar bei flüchtigeren Substanzen, wie Terephthalsäure, Phenanthren u. ä.) oder durch Eintrocknen einer mit dem organischen Stoff versetzten, heiß gesättigten Borsäurelösung im Vakuumexsiccator über Calciumchlorid. Die Entwässerung erfolgt, indem man das Gemisch im Platintiegel oder für gewöhnliche Zwecke auf dem verzinnten Deckel einer Weißblechdose vorsichtig eben schmilzt (Temp. etwa 160—180°) und so lange in diesem Zustand läßt, bis sich nach jeweiligem Erkalten nach Belichtung der beste Phosphorescenzeffekt zeigt. Im allgemeinen sind dazu einige Minuten erforderlich.

Zur Herstellung von Phosphoren im pulverförmigen Zustande kann man das Gemisch auch etwa 2 Stunden bei 100° in einer Trockenpistole im Wasserstrahlvakuum behandeln und nachher pulverisieren. Doch ist dieses Verfahren nicht für alle Phosphore gut geeignet.

Geeignete Mischungen sind:

Zusatz	Konzentr. Gewichtsteile des Zusatzes auf 1 Teil Grundmaterial	Farbe des Nachleuchtens	Anmerkungen
Terephthalsäure . .	0,001	blauviolett	
Naphthalsäureanhydrid	0,001	gelb	zeigt violettes Momentanleuchten.
Phenanthren	0,01	grün	gut differenziertes Spektrum; merklich lichtempfindlich.
Uranin	0,0003	grün	durch Tageslicht gut erregbar; Farbwechsel bei verschied. Temp.
α-Oxynaphthoesäure .	0,001	grün	durch Tageslicht gut erregbar.

Im allgemeinen scheint kein Zusammenhang zwischen Fluorescenzfähigkeit im allgemeinen und Nachleuchten in Borsäure als Grundmaterial zu bestehen, wie schon die obige Tabelle zeigt, auch gibt z. B. das sonst intensiv fluorescierende Anthracen, wenn es ganz rein ist, in Borsäure eingebettet keine Phosphorescenz.

Die Phosphore werden an der Luft allmählich zerstört, sind aber durch Erwärmen zum Schmelzen stets wieder in ihrer früheren Leuchtfähigkeit herstellbar.

Erwähnt sei noch, daß auch durch Zusammenkristallisieren aus wässeriger oder Acetonlösung, z. B. mit Terephthalsäure bzw. Phthalsäure, sich phosphorescierende Produkte erhalten lassen.

Phosphorescierende Gewebe lassen sich in einfachster Weise so gewinnen, daß man beliebige saugfähige Körper, wie Papier, Wolle, Seide, Asbest u. dgl. in eine wässerige, gesättigte Borsäurelösung taucht, die den organischen Körper in der oben angegebenen Konzentration mitgelöst enthält. Nach geeigneter Trocknung, z. B. schon an der Luft bei etwa 70° (über einer Dampfheizung), erhält man gut phosphorescenzfähige Materialien.

ε) Borstickstoff.[1]

Diese Substanz nimmt eine eigentümliche Zwischenstellung zwischen organischen und anorganischen Phosphoren ein. Während nämlich als Phosphorescenzträger in diesem Grundmaterial sich vor allem Kohlenstoff als geeignet erwiesen hat und auch die Form der Emissionsspektren sehr den bei den Borsäurephosphoren beobachteten ähnelt, jedoch nicht, wie dort, dem zugesetzten organischen Stoff eigentümlich ist, ist andererseits die Ausbildung der Phosphorescenzfähigkeit, im Gegensatz zu den Borsäurephosphoren, außer an die Anwesenheit von Kohlenstoff auch noch an das Auftreten des kristallinen Zustandes des Grundmaterials gebunden. Vor allem aber ist der Borstickstoff durch seine außerordentlich gute Flammenerregbarkeit[2], welche Eigenschaft er mit einigen anorganischen Phosphoren teilt (welche diese Eigenschaft allerdings nicht in so ausgezeichnetem Maße besitzen), und seine sehr gute Erregbarkeit durch Kathodenstrahlen ausgezeichnet.

Zur Darstellung ganz reinen Borstickstoffs, welcher nicht flammenerregbar ist, ist die Methode nach Wöhler geeignet, welche durch Glühen einer Mischung von einem Teil reinsten Borax und zwei Teilen Ammonchlorid (etwa 15 Minuten im elektrischen Ofen im Platintiegel bei etwa 900°) zu reinem Borstickstoff führt. Wie bei den Borsäurephosphoren ist auch hier die größte Sorgfalt auf Fernhalten jeglichen organischen Staubes zu verwenden. Die Befreiung des Borax (zunächst durch Umkristallisieren und Elektrolyse gereinigt) von organischen Verunreinigungen erfolgt am besten durch etwa 5stündiges Glühen bei ungefähr 900° bei Luftzutritt im Platintiegel, Auflösen in Wasser und vorsichtiges Eindampfen im gleichen Tiegel. Über die Reindarstellung des Ammonchlorids siehe S. 339. Zur Herstellung leuchtfähiger Präparate geht man in folgender Weise vor:

a) 1 Teil Borax und 2 Teile Ammonchlorid werden mit einer Spur einer organischen Substanz, wie Fluorescein, Weinsäure oder Zucker verversetzt und 15 Minuten vor dem Gebläse, am besten im verschlossenen

---

[1] Literatur siehe S. 364, Anm. 4.
[2] Vgl. S. 378.

Platinfingertiegel (Vorsicht wegen Spritzens!) oder auch im unglasierten Porzellantiegel bzw. bei größeren Mengen in einem hessischen Tontiegel geglüht. Das erhaltene Produkt wird mit warmem, salzsäurehaltigem Wasser ausgewaschen, filtriert und im Trockenschrank getrocknet.

b) 4 Teile Borsäure (auch wasserhaltige ist verwendbar) werden mit 1 Teil Harnstoff und Spuren organischer Substanz, wie oben angegeben, geglüht und das Endprodukt in gleicher Weise gereinigt.

Farbe und Spektrum der Emission sind bei allen Erregungsarten im wesentlichen gleich, können jedoch durch die Variation der Darstellungsbedingungen in gewissem Spielraum geändert werden, und zwar sind gelb, grün und blau leuchtende Phosphore erzielbar, erstere bei großem, letztere bei geringem Gehalt an Kohlenstoff. Wie bei den Schwermetallphosphoren ist auch hier die Farbänderung durch das Auftreten verschiedener „Banden“ (α, β, γ), siehe S. 371, deutbar.

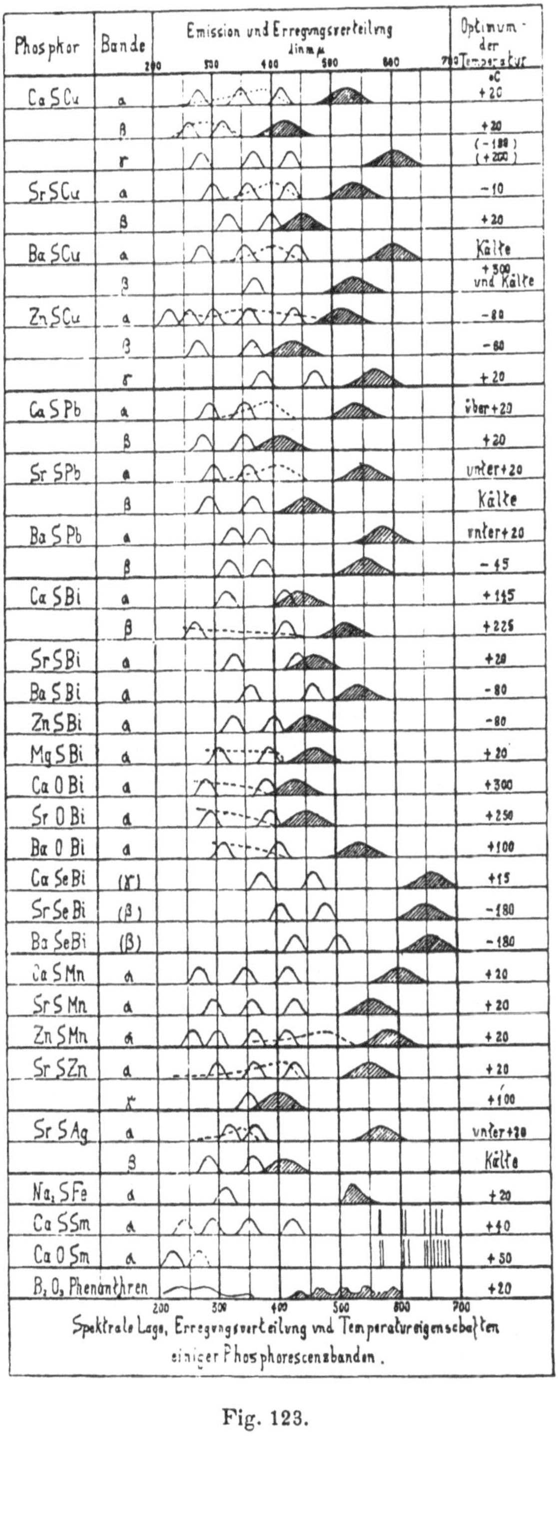

Fig. 123.

II. Untersuchung der phosphorescierenden Stoffe.

A. Allgemeines.

Mit der Herstellung der phosphorescierenden Stoffe muß immer eine mehr oder minder weitgehende Untersuchung der erhaltenen Präparate verbunden sein, da erst diese Aufschluß darüber gibt, ob tatsächlich ein Phosphor mit den gewünschten Eigenschaften erhalten worden ist und ob die Ausgangsstoffe die Reinheitsbedingungen genügend erfüllten.

Im allgemeinen wird man zuerst mit einer geeigneten Lichtquelle (oder auch auf andere Weise) erregen und dann okular das Nachleuchten auf Intensität, Dauer und Farbe beobachten. Für feinere Zwecke ist dies dann durch Spektralbeobachtungen und quantitative Untersuchungen zu vervollständigen.

Um das Verständnis der Untersuchungsmethoden zu erleichtern, sei hier kurz auf die Vorstellungen über den Mechanismus der Phosphorescenz, wie sie vor allem von Lenard in eingehenden Untersuchungen an den anorganischen[1] Phosphoren, vor allem den Sulfidphosphoren[2] entwickelt worden sind, eingegangen.

Das erregende Licht wird im Phosphorescenzzentrum[3] absorbiert. Die hierbei aufgenommene Energie des Lichtquants wird dazu verwendet, ein Elektron des Schwermetallatoms, wahrscheinlich durch Mitwirkung eines Zwischenmechanismus, analog dem lichtelektrischen Effekt, aus dem Atomverbande zu entfernen, wobei das abgespaltene Elektron in dem Bereich eines Schwefelatoms des Zentrums festgehalten wird. Infolge der Wärmebewegung kann das Elektron wieder zur Rückkehr veranlaßt werden, wobei die Emission des Phosphorescenzlichtes ausgelöst wird. Die Emission eines jeden einzelnen Zentrums besteht also in einem Lichtblitz. Da die einzelnen Zentren jedoch nach Art einer Wahrscheinlichkeitsfunktion zu verschiedenen Zeiten aufblitzen, wobei diese Funktion von der Größe der Zentren und der Temperatur abhängig ist, so erhält man als Gesamtresultat den allmählichen Abfall des Nachleuchtens. Infolge der räumlichen und zeitlichen Schwankungen der Emissionsumstände wird hierbei im allgemeinen nicht monochromatisches Licht, sondern ein mehr oder minder großer Komplex von Wellenlängen („Bande", s. weiter unten) emittiert werden. Der emittierte Wellenlängenkomplex ist hierbei für jedes Schwermetall und jede Bindungsart desselben in den Zentren charakteristisch. Aber auch die Erregung des dauernden Nachleuchtens ist, ganz analog dem „selektiven" lichtelektrischen Effekt, im wesentlichen auf gewisse Spektralgebiete, die Dauererregungsstellen[4], konzentriert. Es ist hierbei bemerkenswert, daß die Wellen-

---

[1] Eine Übertragung dieser Anschauungen auf die Phosphorescenzerscheinungen der organischen Stoffe ist bis zu einem gewissen Grade möglich, hat sich aber bis jetzt noch nicht vollkommen durchführen lassen.

[2] Literatur siehe Anm. 9, S. 329. [3] Siehe S. 331.

[4] Siehe Fig. 123 auf S. 369. Die schraffierten Banden sind die Emissionsbanden, die ausgezogenen geben die Dauererregungsverteilung wieder, während die punktierten dem Momentanprozeß entsprechen.

längen dieser Erregungsstellen von der Dielektrizitätskonstante des Grundmaterials gesetzmäßig abhängig sind[1], so daß man unter Umständen durch Veränderung der Dielektrizitätskonstante des Grundmaterials es in der Hand hat, die Erregungsstellen zu beeinflussen. Bei der Erregung ist, mit geringen Ausnahmen[2], das STOKESsche Gesetz erfüllt, d. h. die Wellenlänge des erregenden Lichtes ist stets kürzer als die des emittierten. Was die Wirkung langwelligen Lichtes betrifft, so ist diese von zweierlei Art. Erstens kann dieses, vermittels einer besonderen Art der Absorption, im Zentrum analog einer Temperaturerhöhung des letzteren wirken (Ausleuchtung) und den Phosphor zu einem rascheren Abklingen veranlassen, zweitens aber kann es das Elektron zu einer lichtlosen Rückkehr (Tilgung) bringen. Ausleuchtung und Tilgung sind für die verschiedenen Wellenlängen und verschiedenen Phosphore von wechselnder Größe.

Für einen zur Untersuchung vorliegenden Phosphor sind daher zunächst seine Emissionsbanden[3] und deren Temperaturlagen charakteristisch, d. h. derjenige Temperaturbereich, in welchem sie ihre größte Intensität im Nachleuchten zeigen, ferner deren Erregungsverteilung, d. h. die Lage derjenigen Stellen im Spektrum des erregenden Lichtes, welche vornehmlich imstande sind, die betreffende Bande zum Nachleuchten zu bringen. Bei genaueren Untersuchungen wird man auch Ausleuchtung und Tilgung beachten, d. h. die Erscheinung, daß *nicht* erregendes Licht (bei der großen Intensität der meist verwendeten Lichtquellen vor allem langwelliges rotes oder ultrarotes) einen bereits erregten Phosphor zum zunächst helleren Aufleuchten bringt (Ausleuchtung) bzw. dessen Nachleuchten unterdrückt (Tilgung); letztere Erscheinungen sind für manche Phosphore sowohl in ihrer spektralen Lage als in der Stärke ihres Auftretens sehr charakteristisch (ZnSCuα zeigt z. B. sehr starke Tilgung bei Zimmertemperatur, ZnSMnα sehr starke Ausleuchtung). Ferner wird man auch auf Druckzerstörung, d. i. Verminderung oder Zerstörung der Phos-

[1] Literatur siehe S. 382.

[2] P. LENARD, „Ausleuchtung" I, 13; „Ausleuchtung" III, 29, Note 206; B. GUDDEN, Phys. Ztschr. **24**, 465 (1923).

[3] Es sind dies diejenigen Wellenlängenkomplexe, welche dem Emissionsvorgange einer bestimmten Zentrenart entsprechen und nach der Definition LENARDS „gemeinsame Eigenschaften besitzen in bezug auf Temperatur, Erregbarkeit durch bestimmte Wellenlängen und Schnelligkeit des An- und Abklingens, sowie auch auf das Erscheinen bzw. Nichterscheinen bei Anwesenheit bestimmter Zusätze." So zeigt etwa ein entsprechend präparierter CaSCu-Phosphor (z. B. Tabelle 1, Nr. 5) im Nachleuchten spektroskopisch betrachtet drei helle Spektralgebiete, die durch dunkle Zwischenräume getrennt sind, ein grünes (die α-Bande), ein blaues (β) und ein rotes (γ). Jedes dieser Spektralgebiete ist nur durch bestimmte Wellenlängen gut erregbar (siehe Fig. 123). Ebenso werden sie durch Temperatur verschieden beeinflußt und klingen verschieden rasch ab, was sowohl Farbwechsel im weiteren Nachleuchten als auch bei Erregung bei verschiedenen Temperaturen veranlaßt. Diese Banden zeigen, namentlich bei den Phosphoren, die seltene Erden als Zusätze enthalten, sowie bei den organischen Phosphoren, noch Aufspaltungen und Strukturen, die sich in „Teilbanden" zusammenfassen lassen.

phorescenzfähigkeit durch Druck (z. B. Zerkleinern in der Reibschale) sowie auf beim Zerdrücken oder Zerreiben der Phosphore auftretendes Leuchten (Triboluminescenz[1]) zu achten haben.

B. Besonderer Teil.

1. Erregung der Phosphore.

a) Durch Licht.

Lichtquellen[2]: Man kann zunächst Tages- oder Sonnenlicht verwenden und etwa durch einen verschließbaren Laden im Fenster die Phosphore außerhalb belichten und dann durch Hereinziehen ins verdunkelte Zimmer die Phosphore beobachten.[3] Hierbei ist zu beachten, daß bei Erregung durch direktes Sonnenlicht infolge der stark tilgenden Wirkung der roten Strahlen das Nachleuchten meist weniger hell ist als bei Erregung durch diffuses Tageslicht. Dieses Verfahren ist aber für die meisten Zwecke nicht ausreichend, da bei der Mehrzahl der Phosphore die günstigsten Erregungsgebiete im kurzwelligen Ultraviolett liegen.

Als ultraviolette Lichtquellen kommen folgende in Betracht:

a) Die günstigste Lichtquelle, sowohl was spektrale Zusammensetzung als auch Handlichkeit und Helligkeit betrifft, ist der Lichtbogen zwischen Eisenelektroden, welche zweckmäßig mit Wasser gekühlt werden.[4]

b) An zweiter Stelle stehen die Quarz-Quecksilber-Bogenlampen. Sie haben den Nachteil der umständlichen Handhabung und der Beschränkung der spektralen Emission auf wenige Linien, welch letzterem Übelstand durch Verwendung von Amalgamen einigermaßen abgeholfen werden kann. Diese Lichtquellen wird man namentlich dann verwenden, wenn man, etwa zur spektralen Zerlegung, große Energie im kurzwelligen Ultraviolettgebiet benötigt.

c) Der Kohlebogen ist im allgemeinen weniger geeignet, da seine starke langwellige Strahlung stark auslöschend wirkt, doch ist seine violette und ultraviolette Helligkeit, namentlich bei Anwendung geeigneter Filter[5], zur Erregung mancher Phosphore sehr brauchbar.

d) Den Nachteil des Kohlebogens zeigen auch der Nernstfaden und die GEHLHOFFsche Ultraviolettlampe[6], sie sind jedoch unersetzbar als kontinuierliche Lichtquellen bei spektraler Zerlegung für exakte quantitative Messungen. Ein großer Nachteil ist ihre geringe Intensität im weiteren Ultraviolett.

---

[1] Über deren wahrscheinliche Ursache siehe R. TOMASCHEK, Ann. Phys. [4] 65, 195, Anm. 2 (1921).

[2] S. auch dieses Handbuch Bd. II, S. 1508ff.

[3] Diese Methode wurde von LENARD u. KLATT sehr ausgiebig angewendet.

[4] Sehr handliche, brauchbare Eisenbogenlampen werden von Herrn EICHLER, Mechaniker des radiologischen Instituts in Heidelberg, hergestellt.

[5] Zur Ausschaltung der längeren Wellen sind wässerige Lösungen von Kupfersulfat und Kupferoxydammoniak sehr brauchbar.

[6] Z. f. techn. Physik 1, 225 (1920).

e) Als sehr brauchbar, namentlich zur spektralen Messung der Erregungsverteilungen (solange es nicht auf konstante und genau definierte Intensität ankommt), hat sich der Aluminiumwasserfunken[1] erwiesen,

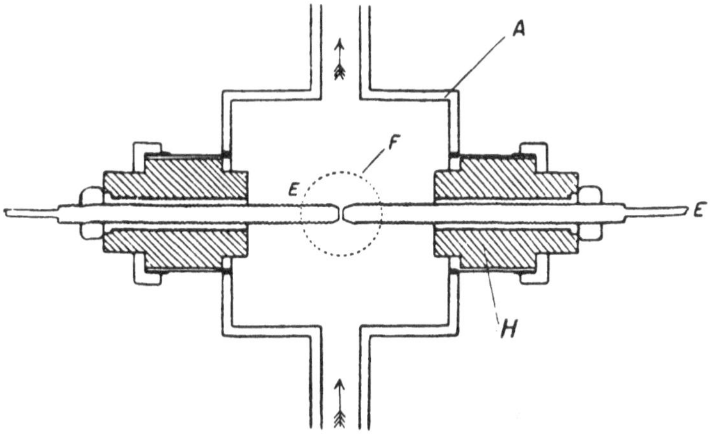

Fig. 124. Wasserfunkenstrecke.

dessen Spektrum fast kontinuierlich bis zum kürzesten Quarzultraviolett in großer Intensität reicht. Fig. 124 zeigt die Funkenstrecke, Fig. 125 die Schaltung des Funkens.[2] Die Entfernung der Elektroden im Wasser beträgt etwa 2—3 mm. Falls man Aluminium oder Magnesium als Elektrodenmaterial benützt, ist die Funkenstrecke bei normaler Belastung (etwa 20 Weber × 220 Volt primär) alle 5—10 Minuten nachzuregulieren. Dieser Übelstand läßt sich durch Anwendung von Wolframelektroden vermeiden.

f) Funken in Luft wird man wegen der hohen notwendigen Spannungen und der Diskontinuität ihrer Spektren nur

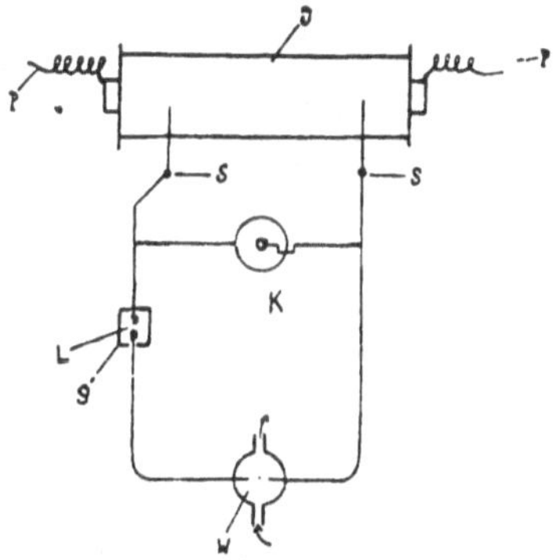

Fig. 125.
Schaltung der Wassertunkenstrecke.

[1] Näheres hierüber siehe bei F. SCHMIDT. Ann. Phys. [4] 63, 272 (1920) und dieses Handbuch Bd. II, S. 1521.

[2] Erläuterung zu den Figuren: Fig. 124. Es sind: *A* das Messinggehäuse mit Wasserzu- und -ablauf. *E* die Elektroden, welche mit Messingschrauben und den Hartgummiklötzen *H* an dem Gehäuse befestigt sind. *F* ist die Projektion der Fenster, von denen das vordere durch eine gummigedichtete Quarzplatte, das hintere durch eine gummigedichtete Glasplatte abgeschlossen ist. Fig. 125: *J* ist der Induktor mit dem Primärstromkreis *P* und den Sekundärpolen *S*, *K* eine Kapazität, etwa eine Leidener Flasche von 100 cm Höhe, 17 cm Durchmesser und 5 mm Wandstärke; *W* die Wasserfunkenstrecke; *S* ein Pappkasten, der die Luftfunkenstrecke *L* bedeckt, welche regulierbar ist und durch Probieren auf die günstigste Länge einzustellen ist.

in besonderen Fällen verwenden. Man schaltet dann zweckmäßig parallel zur Funkenstrecke eine oder mehrere Leidener Flaschen. Als Elektroden sind namentlich Zink, Aluminium und Magnesium geeignet.

Filter. Will man während der Erregung beobachten, so filtriert man das Licht, entweder, falls Violett nicht stört, durch ein ZEISSsches Violett-Ultraviolettglas oder aber durch ein WOODsches Filter[1], welches nur Ultraviolett (etwa 365—340 mμ bei Anwendung eines Kohlebogens) durchläßt. Bei all diesen Lichtquellen müssen im allgemeinen Linsen aus Ultraviolettglas oder Quarz verwendet werden.

Phosphoroskope: Falls die Dauer des Nachleuchtens zu kurz ist oder der Abfall zu rasch erfolgt, um (z. B. für spektroskopische Zwecke)

Fig. 126. LENARDsches Zinkfunkenphosphoroskop.

noch genügende Helligkeit zu besitzen, bedient man sich zur Beobachtung des Nachleuchtens der Phosphoroskope. Es ist eine große Zahl von Phosphoroskopen konstruiert worden. Im folgenden seien einige Typen beschrieben, die sich in langem Gebrauch bewährt haben.

a) LENARDsches Zinkfunkenphosphoroskop.[2] Fig. 126 stellt den Apparat dar. *Z* sind die Elektroden (aus Zink), welche mit dem Sekundärkreis eines Induktors (mit parallelgeschalteter Kapazität) verbunden werden. Ein durch einen Motor (*D*) betriebener Exzenter (*F*) betätigt den Unterbrecher (*I*) und gleichzeitig den Schieber *H*, welcher das Beobachtungs-

---

[1] Phil. Mag. [6] 5, 257 (1903); siehe besonders H. LEHMANN, Verh. Dtsch. Phys. Ges. 12, 890 (1910).

[2] P. LENARD, Wied. 46, 637 (1892). W. HAUSSER, Z. Instr. 30, 278 (1910).

fenster abwechselnd schließt und öffnet. Da in dem (auf der Figur abgenommenen) Kasten (*A C*) noch genügend Platz ist, kann man allerlei Nebenapparate, wie etwa Heizvorrichtungen[1] oder DEWARsche Gefäße (zweckmäßig aus Quarz) zur Beobachtung bei tiefen Temperaturen, leicht im Phosphoroskop aufstellen.

b) Rotierende Phosphoroskope.[2] Das Prinzip dieser Phosphoroskope, welche den Vorteil größerer Handlichkeit und der Verwendungsmöglichkeit jeder beliebigen erregenden Lichtquelle haben, ist folgendes: Ein um seine Achse drehbarer Zylinder *A* (Fig. 127) trägt den Phosphor und wird durch eine geeignete Vorrichtung in Umdrehung versetzt. Der Zylinder *A* ist von einer äußeren festen Hülse *B* umgeben, die an zwei entgegengesetzten Enden zwei der Drehungsachse parallele Schlitze trägt, von denen der eine zur Belichtung durch die Lichtquelle *S*, der andere zur Beobachtung, etwa mit dem Spektroskop *P*, dient. Durch Aufwickeln eines Heizdrahtes auf den inneren Zylinder kann man auch leicht Beobachtungen bei höherer Temperatur durchführen.[3]

Man bringt den Phosphor in den Zwischenraum zwischen den Zylinder *A* und einen ihn umgebenden, mitrotierenden Quarzzylinder, wobei jedoch störendes Licht der erregenden Lichtquelle sich bei der Beobachtung meist nicht vermeiden läßt. Man befestigt daher den Phosphor besser durch Aufkleben an einer passenden Metallhülse, welche sich über *A* schieben läßt.

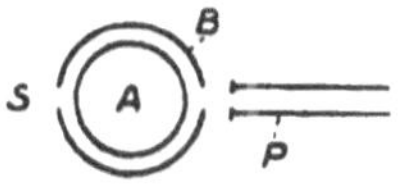

Fig. 127.
Schema der rotierenden Phosphoroskope.

Will man sehr kurze Zeiten nach Belichtung (in der Größenordnung von $^1/_{1000}$ Sekunde) beobachten, so ist es zweckmäßiger, die Form des BECQUERELschen[4] Phosphoroskops zu wählen, in welchem rotierende Scheiben zur Verwendung kommen.

Spektrale Zerlegung des erregenden Lichtes. Von großer Wichtigkeit für die Untersuchung der phosphorescierenden Stoffe ist die Kenntnis der Wellenlängen, welche hauptsächlich das Nachleuchten erregen, die „Erregungsverteilung“. Hierbei lassen sich drei verschiedene Arten des Leuchtens unterscheiden.[5] Erstens das Momentanleuchten (m-Prozeß), das ist das während der Erregung auftretende Leuchten des Phosphors, das meist über große Gebiete des erregenden Spektrums verteilt ist; zweitens das Dauerleuchten (d-Prozeß), d. i. das langdauernde Leuchten des Phosphors, welches charakteristische Erregungsmaxima aufweist (siehe die m- und d-Verteilung in Fig. 123, S. 369); drittens

[1] Siehe z. B. TOMASCHEK, Ann. Phys. [4] 67, 615 (1922).

[2] E. BECQUEREL, Ann. chim. phys. [3] 62, 5 (1861). V. KLATT, Mathem. es physikai Lapok, Heft 3 (1901); W. PAULI, Ann. Phys. [4] 34, 761 (1911).

[3] Rotierende Phosphoroskope werden von der Firma C. LEISS, Berlin, hergestellt.

[4] Siehe Anm. 2; ferner E. WIEDEMANN, Wied. 34, 452 (1888). Die Beschreibung einer größeren Zahl von Phosphoroskopen findet sich bei H. KAYSER, Handb. d. Spektroskopie IV, 706 (Leipzig 1908).

[5] P. LENARD, Ann. Phys. [4] 31, 645 (1910).

den sogenannten Ultraviolett-Prozeß (u-Prozeß). Es ist dies eine dem m- und d-Prozeß überlagerte Erregung von mittlerer Dauer, deren Intensität groß ist im äußersten Ultraviolett, gegen die längeren Wellen zu aber allmählich abnimmt und im sichtbaren Violett unmerklich wird. Die Dauer dieses u-Prozesses ist aber nicht einheitlich, sondern sie wächst vom äußersten Ultraviolett, wo sie klein (aber nicht unmerklich) ist, gegen die längeren Wellen zu.

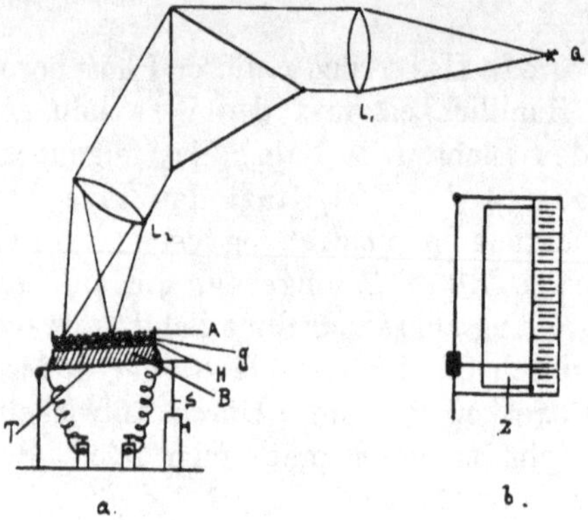

Fig. 128 a. Messung der Erregungsverteilung.

Um die Erregungsverteilung zu ermitteln, breitet man den Phosphor flächenhaft in einem Aluminiumschiffchen *A* (etwa 100 × 10 × 2 mm) aus (Fig. 128a), welches auf einem Tischchen *T* ruht, das durch den Stift *S* in seiner Neigung verstellbar ist. Neben dem Schiffchen befindet sich eine in Millimeter geteilte Skala, über welche ein Zeiger *Z* verschiebbar ist, der gleichzeitig auch über das Schiffchen reicht und zur Festlegung der Wellenlängen der Erregungsmaxima dient.[1] Unter dem Schiffchen befindet sich, durch ein Glimmerblatt (*G*) isoliert und von der Metallunterlage des Tischchens durch eine Asbestschicht (*B*) getrennt, ein Heizdraht (*H*), welcher es gestattet, den Phosphor zu erwärmen.[2]

Fig. 128 b. LENARDscher spaltloser Quarzspektrograph.

Das Spektrum der Lichtquelle *Q* wird mit Hilfe zweier Linsen und eines Prismas, dessen brechende Kante horizontal liegt, auf dem Phosphor entworfen, wobei durch die Stellvorrichtung des Tischchens das Spektrum in allen Teilen scharf eingestellt wird. Es ist sehr vorteilhaft, zur Erzielung genügender Lichtstärke keinen Spalt zu verwenden, sondern sich eines LENARDschen spalt-

[1] Die Eichung der Skala erfolgt in der Weise, daß man in dem Schiffchen auf einem geeigneten Material (sehr vorteilhaft ist ZnSCu-Phosphor) das diskontinuierliche Spektrum einer Quarz-Quecksilberlampe oder des Mg- oder Al-Luftfunkens entwirft. Man zeichnet die Resultate in eine Kurve, wobei als Abszisse die Zeigerstellung, als Ordinate die Wellenlänge aufgetragen wird, so daß zu jeder Zeigerstellung leicht die zugehörige Wellenlänge abgelesen werden kann.

[2] Über die Eichung derartiger Heizbleche siehe P. LENARD, „Ausleuchtung II", S. 10; auch F. SCHMIDT, Ann. Phys. [4] **63**, 275 (1920).

losen Spektrographen zu bedienen (Fig. 128b).[1] Zur Bestimmung der Erregungsverteilung bei tiefen Temperaturen hat sich eine Abschließung der ganzen Apparatur nach außen gut bewährt.[2]

b) Erregung durch Kathodenstrahlen.[3]

Durch diese Erregungsart läßt sich meist sehr helles Momentanleuchten erzielen, was für die spektrale Beobachtung oft von großem Vorteil ist, doch ist zu beachten, daß bei Erregung mit Kathodenstrahlen

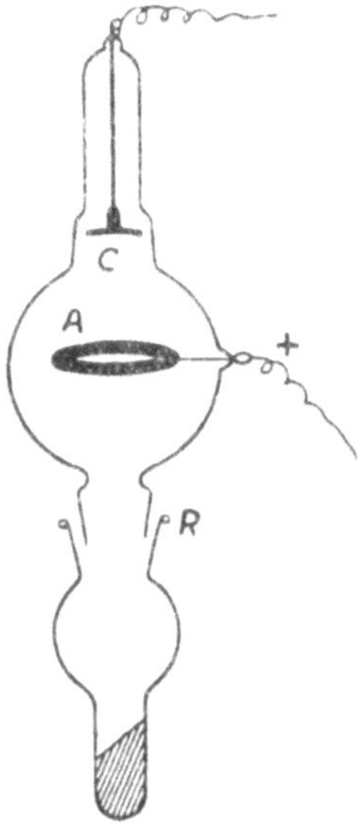

Fig. 129. Kathodenstrahlröhre nach URBAIN.

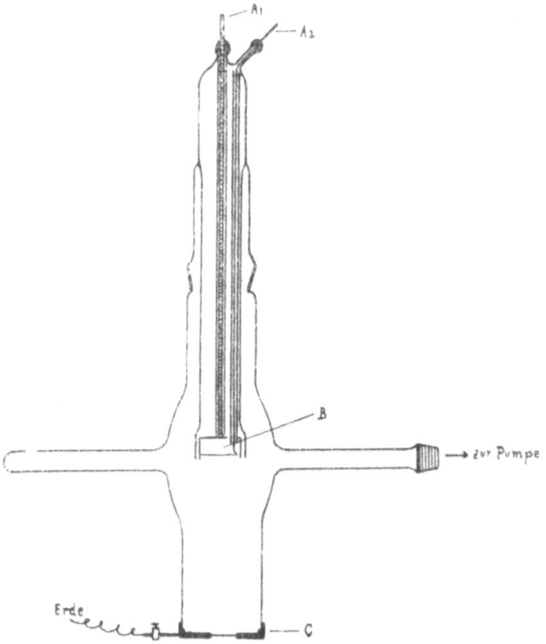

Fig. 130. Kathodenfensterröhre.

oft ganz andere Banden und in anderen Intensitätsverhältnissen auftreten, als mit Licht.

a) Man kann die Phosphore entweder in der Röhre den Kathodenstrahlen aussetzen, wobei die von URBAIN angegebene Form (Fig. 129) zweckmäßig ist. Doch hat diese Methode den Nachteil großer Umständlichkeit beim Wechsel der Präparate, des Auftretens von störenden Gas-

[1] P. LENARD, Ann. Phys. [4] 31, 644, Anm. 2 (1910). Der Apparat wird jetzt angefertigt von den Bamberg-Werken, A.-G., Berlin-Friedenau, Kaiserallee. Im allgemeinen gelangt eine längerbrennweitige Kollimatorlinse zur Verwendung, als in Fig. 128b dargestellt ist.

[2] R. TOMASCHEK, Ann. Phys. [4] 65, 200. Fig. 2 (1921).

[3] Quantitatives über die Erregung mit Kathodenstrahlen siehe P. LENARD, Ann. Phys. [4] 12, 714 (1903); P. LENARD, Sitzgb. Heidelberg, A. 1912, Abh. 5, S. 25; E. RUPP, Ann. Phys. [4] 72, 81 (1923); 73, 127 (1924); R. STADLER, Diss. Heidelberg 1925.

spektren und der Zerstörung der Phosphore, wohl hauptsächlich durch Kanalstrahlen, wenn man nicht genügend gleichgerichteten Strom benützt. Ihr Vorteil ist die außerordentliche Intensität des Momentanleuchtens, die sich erzielen läßt.

b) Sehr bequem und vorteilhaft sind Kathodenstrahlröhren mit Aluminiumfenster und Glühkathode[1], etwa in der Ausführung der Figur 130. Bei einer primären Energie von etwa 180 Volt und 6 Weber und einer sekundären Spannung von etwa 40000 Volt ist es bei guter Kühlung des Fensters und Metallansatzes durch einen Luftstrom möglich, die Röhre bis zu 1 Stunde ununterbrochen in Betrieb zu halten. Eine Gleichrichtung des sekundären Stromes ist nicht notwendig, da die Röhre selbst als Gleichrichter wirkt. Diese Röhre hat den Vorteil, sowohl Intensität als auch Geschwindigkeit der Kathodenstrahlen leicht regulieren zu lassen und ein bequemes Auswechseln der Phosphore, die man in einer Entfernung von etwa 8—10 mm vom Fenster exponiert, zu gestatten.

c) Kanalstrahlen, Hochfrequenzstrahlen, radioaktive Strahlungen.

Diese Erregungsarten können unter Umständen vorteilhaft sein, doch soll, da eine besondere Anordnung der Apparate für die Zwecke der Phosphorescenzuntersuchungen nicht erforderlich ist, hier nicht näher darauf eingegangen werden.

d) Erregbarkeit durch Flammen.

Eine sehr auffallende und bis jetzt in ihrer Ursache noch nicht ganz aufgeklärte Erregungsart[2] ist die durch Flammen, wie sie namentlich beim Borstickstoff[3] in auffallendster Weise ausgeprägt ist, aber auch bei Oxydphosphoren[4] und auch bei Sulfidphosphoren[5] beobachtet werden kann.

Zur Hervorrufung des Effektes benutzt man entweder die Wasserstoffflamme oder auch die aus einem Acetylenbrennermundstück brennende, entleuchtete Leuchtgasflamme. Man bestreicht mit der Flamme die Präparate, die zweckmäßig auf einer glattgeschliffenen Bimssteinfläche

---

[1] O. Eisenhut, Dissertation Heidelb. 1921. Erläuterung zu Fig. 130: A_1, A_2 sind die Zuleitungen für die Heizbatterie und den negativen Pol der Hochspannung, *B* ist der Glühkopf mit Wolframdraht, *C* ein Messingkopf mit dem Aluminiumfenster.

[2] Es handelt sich hier wohl um eine Erregung durch die freien Elektronen der Flammen oder vielleicht um eine Energieübertragung der angeregten Atome der Flammengase.

[3] Siehe S. 368.

[4] Donau, Mfte. **34**, 949 (1913). Paneth, Ber. **51**, 1736 (1918). Nichols u. Wilber, Phys. Rev. (2) **14**, 453 (1921).

[5] P. Lenard, W. Pauli u. Kamerlingh Onnes, Leyd. Ber. **111** (1909). E. Tiede u. F. Büscher, Ber. **53**, 2212 (1920).

aufgerieben sind. Auch beim Einführen in die Bunsenflamme läßt sich das Leuchten der Präparate beobachten.

In dieselbe Klasse gehört vielleicht die Erregung verschiedener Präparate durch aktiven Stickstoff.[1]

2. Untersuchung der Emission.

Schon die okulare Beobachtung kann, wenn man vor allem auf Farbwechsel der Abklingung, verschiedenfarbige Erregungsverteilung, verschieden schnelles Anklingen achtet, wobei man sich zweckmäßig geeignet gefärbter Gelatinefilter bedient, weitgehenden Aufschluß über das Vorhandensein verschiedener Banden geben, deren Lage dann genauer im Spektroskop untersucht werden muß.

Als Spektroskope sind im vorliegenden, da es sich meist um die Emission lichtschwacher, breiter Banden handelt, solche mit geringer Dispersion vorzuziehen, und geradsichtige Taschenspektroskope, vorteilhaft mit einer Skala versehen, sind gut brauchbar.

Sehr zweckmäßig und für Phosphorescenzuntersuchungen gut verwendbar ist das von F. v. HAUER und J. v. KOWALSKI[2] beschriebene geradsichtige Spektralphotometer (Fig. 131), welches nicht nur sehr lichtstarke Spektren liefert, sondern auch quantitative Bestimmungen der Helligkeiten derselben gestattet. Zu diesem Zwecke läßt sich über dem Spektrum ein Vergleichsspektrum entwerfen, welches von einer in einer Gipskugel W brennenden Glühlampe n geliefert wird und durch NICOLsche Prismen ($N_1 N_2$) in meßbarer Weise geschwächt werden kann. Zwei Blenden (Sp^2) erlauben es, jeden gewünschten Spektralbereich für sich zu untersuchen.

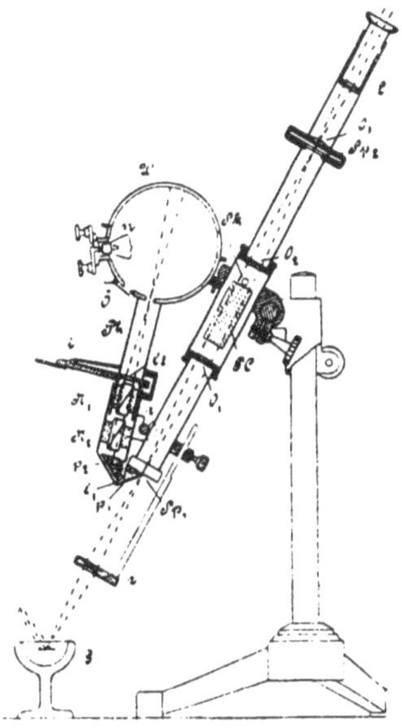

Fig. 131.
Luminescenz-Spektralphotometer.

Im allgemeinen genügen okulare spektroskopische Beobachtungen, ja sie sind sogar, soweit es sich um das sichtbare Gebiet (bis etwa ins Blaugrün) und verwaschene Bandenspektren handelt, den photographischen Aufnahmen vorzuziehen, besonders da es nicht möglich ist, die Platten für das sichtbare Gebiet so gleichmäßig zu sensibilisieren, daß nicht erhebliche Verfälschungen in der Intensitätsverteilung des Spektrums (und

---

[1] E. P. LEWIS, Nature 111, 599 (1913); Phys. Rev. [2] 21, 713 (1923). W. JEVONS, Nature 111, 705 (1923). E. TIEDE u. A. SCHLEEDE, Naturw. 11, 765 (1923); siehe auch S. 386.

[2] Phys. Ztschr. 15, 322 (1914).

dadurch auch Verschiebungen der Maxima der Banden) hervorgerufen würden, welche nur durch umständliche Vergleichsverfahren sich eliminieren lassen. Von großem Vorteil ist aber das photographische Verfahren dort, wo es sich mehr oder weniger um Linienspektren handelt[1], wie etwa bei den Phosphoren mit einem Zusatz seltener Erden oder bei Aufnahmen im kurzwelligen Teil des Spektrums, etwa von 480 mμ angefangen.

3. Bestimmung der Temperatureigenschaften.

Ein weiteres, wichtiges Merkmal einer Bande ist ihre Temperaturlage. Wie LENARD[2] gezeigt hat, besitzt jede Bande ein Temperaturgebiet, innerhalb dessen sie ihr Optimum des Nachleuchtens zeigt. Unterhalb

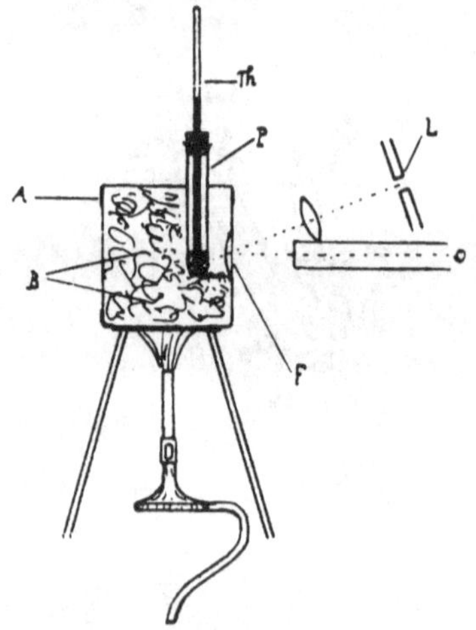

Fig. 132. Beobachtung des Nachleuchtens bei hohen Temperaturen.

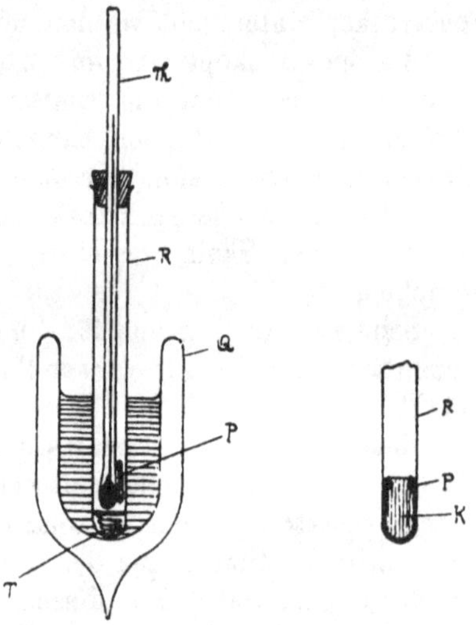

Fig. 133. Vorrichtung zur Beobachtung des Nachleuchtens in der Kälte.

einer bestimmten Temperatur, dem unteren Momentanzustand (U. M. Z.), zeigt die Bande kein Nachleuchten mehr, wohl aber wird das erregende Licht aufgespeichert und kann nach der Belichtung durch Erwärmen ausgetrieben werden. Andererseits hört aber oberhalb einer gewissen Temperatur (oberer Momentanzustand) das Nachleuchten auf, und es wird auch das erregende Licht nicht mehr aufgespeichert.

Zur Untersuchung der Temperatureigenschaften der Banden bei höheren Temperaturen kann man sich etwa des in Figur 132 dargestellten

---

[1] Eine sehr brauchbare Vorschrift zur möglichst gleichmäßigen Sensibilisierung von Trockenplatten ist folgende: 4 Minuten lang Baden der Platten in einer Lösung von 75 cm³ Wasser + 40 cm³ Alkohol + 1,5 cm³ *Pinachrom*-Lösung (1 : 1000) + 0,5 cm³ *Pinachromblau*-Lösung (1 : 1000) und sofort im Ventilatorluftstrom innerhalb einiger Minuten trocknen.

[2] „1904", 482.

Apparates[1] bedienen. Man belichtet (etwa mit einer Eisenlampe) den im Heizraum befindlichen Phosphor bei geschlossenen Augen und stellt Farbe oder Spektrum und Intensität des Nachleuchtens bei den verschiedenen Temperaturen fest.

Zur Bestimmung der Temperatureigenschaften bei tiefen Temperaturen verwendet man ein durchsichtiges Vakuumgefäß aus Quarz. Der Phosphor (*P*) befindet sich (Fig. 133) in einem kleinen Quarzröhrchen[2], an der Kugel des Thermometers (*Th*) mit etwas Klebwachs angebracht, und wird mit diesem in ein gut verschlossenes Quarzprobierrohr *R*, an dessen Boden zweckmäßig etwas P_2O_5 gebracht wird, gesteckt.

Es sei darauf aufmerksam gemacht, daß flüssige Luft manchmal, wohl infolge Gehaltes an Kohlenwasserstoffen, ein sehr ausgeprägtes Absorptionsspektrum zeigt, was zu Täuschungen Anlaß geben kann. Man verwendet dann (Fig. 133) ein Probierrohr (*R*), welches einen Kupferzylinder (*K*) enthält, der in seinem oberen Teil einen geringeren Durchmesser hat. In die so entstehende Rinne wird der Phosphor (*P*) eingefüllt; die Oberfläche der flüssigen Luft soll bis zum unteren Rande des Phosphors reichen.

4. Literaturangaben über sonstige Untersuchungsmethoden.

a) Untersuchungen über Lichtsummen (auch Anklingen, Abklingen, Absorption).

1. P. LENARD, Über Lichtsummen bei Phosphoren. Sitzgb. Heidelberg, A. **1912**, Abh. 5.[3]
2. P. LENARD u. W. HAUSSER, Über das Abklingen der Phosphorescenz. Sitzgb. Heidelberg, A. **1912**, Abh. 12.
3. P. LENARD u. W. HAUSSER, Absolute Messung der Energieaufspeicherung bei Phosphoren. Ebendort **1913**, Abh. 19.
4. P. LENARD, Lichtabsorption und Energieverhältnisse bei der Phosphorescenz. Ebendort **1914**, Abh. 13.
5. E. RUPP, Über erregende Absorption und Tilgung der Phosphore. Ann. Phys. [4] **72**, 81 (1923).
6. H. KUPPENHEIM, Über die Beständigkeit der Phosphorescenzzentren. I. II. Ann. Phys. [4] **70**, 81 (1923).
7. C. A. HOFFMANN, Untersuchungen über den Einfluß der Temperatur auf Zentrensorten verschiedener Dauer einer Phosphorbande. Dissertat. Zürich 1923.
8. E. RUPP, Über Phosphorescenzerregung durch Hochfrequenzstrahlen. Ann. Phys. [4] **75**, 369 (1924).

---

[1] Es ist *A* eine Büchse aus dickem Kupferblech, zum größten Teil mit Asbestwolle *B* gefüllt und außen mit Asbest isoliert (nicht gezeichnet); von den zwei Öffnungen ist die eine mit einem Quarzfenster *F* verschlossen, die andere zum Einführen des Quarzröhrchens *P*, das den Phosphor und das Thermometer *Th* enthält, bestimmt. *L* ist die Lichtquelle, *O* der Beobachter.

[2] Im Raume *T* befindet sich das Trockenmittel, das zweckmäßig durch eine Kupferspirale, welche ein kleines Korkplättchen trägt, gegen den übrigen Raum etwas abgeschlossen wird.

[3] Die verschiedenen Hefte der Sitzgb. Heidelberg sind auch einzeln erhältlich bei C. WINTERS Verlag, Heidelberg.

b) Untersuchungen über Ausleuchtung und Tilgung.

1. P. Lenard, Über Phosphorescenz und die Auslöschung der Phosphore durch Licht. Verh. d. naturhist.-mediz. Vereines Heidelberg, 1909.
2. P. Lenard, Über Ausleuchtung und Tilgung der Phosphore durch Licht. I—IV. Sitzgb. Heidelberg, A. **1917**, Abh. 5 und 7; **1918**, Abh. 8 und **11**; siehe ferner: a) 5; e) 5, 11 u. 12.

c) Untersuchungen über Dielektrizitätskonstanten an Phosphoren.

1. F. Schmidt, Über die Dielektrizitätskonstanten der Phosphore und die absoluten Wellenlängen ihrer Dauererregungsverteilungen. Ann. Phys. [4] **64**, 713 (1921).
2. W. Molthan, Über die Erhöhung der Dielektrizitätskonstante eines ZnS-Phosphors durch Licht. Z. f. Physik **4**, 262 (1921). Siehe ferner: e) 3 und 4.
3. R. Wilde, Einfluß der Belichtung auf die Dielektrizitätskonstante eines ZnSCu-α-Phospors. Z. f. Physik **15**, 350 (1923).
4. F. Schmidt, Zur Kenntnis der Absorptionskantenserien der Phosphore. Ann. Phys. [4] **74**, 362 (1924).

d) Äußerer lichtelektrischer Effekt an Phosphoren.

1. P. Lenard u. S. Saeland, Über die lichtelektrische und aktinodielektrische Wirkung der Erdalkaliphosphore. Ann. Phys. [4] **28**, 476 (1909).
2. K. Göggel, Über die lichtelektrische Wirkung bei den Erdalkalischwefelphosphoren. Ann. Phys. [4] **67**, 301 (1922). Siehe auch die Arbeiten unter e).

e) Leitfähigkeit der Phosphore und Wirkung elektrischer Felder.

1. C. Ramsauer u. W. Hausser, Über die aktinodielektrische Wirkung bei den Erdalkaliphosphoren. Ann. Phys. [4] **34**, 445 (1911).
2. F. Schmidt, Über die aktinodielektrische Wirkung. Ann. Phys. [4] **44**, 477 (1914).
3. B. Gudden u. R. Pohl, Zur Kenntnis der Sidotblende. Z. f. Physik **1**, 365 (1920).
4. — — Lichtelektrische Beobachtungen an Zinksulfiden. Z. f. Physik **2**, 181 (1920).
5. — — Über Ausleuchtung der Phosphorescenz durch elektrische Felder. Z. f. Physik **2**, 192 (1920).
6. — — Die lichtelektrische Leitfähigkeit von Zinksulfidphosphoren. Z. f. Physik **4**, 206 (1921).
7. — — Über den ZnSCu-Phosphor. Ann. Phys. [4] **68**, 154 (1922).
8. — — Über elektrische Leitfähigkeit bei Anregung und Lichtemission von Phosphoren. Z. f. Physik **21**, 1 (1924).
9. E. Rupp, Über Leitfähigkeitserregung bei Hitzeaustreiben der Phosphore. Ann. Phys. [4] **70**, 391 (1923).
10. — Über Leitfähigkeitsänderung der Phosphore durch Kathodenstrahlen. Ann. Phys. [4] **73**, 127 (1924).
11. — Über Ausleuchtung der Phosphore durch magnetische und elektrische Felder. Ann. Phys. [4] **75**, 326 (1924).
12. F. Schmidt, Über das Leuchten der Phosphore in hohen elektrischen Feldern. Ann. Phys. [4] **70**, 161 (1923). Siehe auch die Arbeiten unter d).

III. Anwendung der Phosphorescenz in der Analyse.

Die äußerst geringe Konzentration der Schwermetalle in den anorganischen Phosphoren läßt diese als sehr geeignet erscheinen, die Phosphorescenzerscheinungen derselben umgekehrt zum Nachweis von Spuren von Schwermetall zu verwenden, namentlich dann, wenn dieselben in großen Mengen von Erdalkali- oder Alkaliverbindungen verteilt sind. Es bietet dann die Überführung in Erdalkalioxyd bzw. -sulfid[1] oder Hinzufügung zu rein dargestelltem Oxyd oder Sulfid und Präparation nach Art der Phosphore und die Beobachtung der sich ergebenden Phosphorescenzerscheinungen einen Weg dar, welcher unter Umständen alle chemischen Methoden und selbst die Funkenspektralanalyse übertrifft. So sind weit weniger als 0,005 % Kupfer in CaS und 0,002 % Wismut oder 0,001 % Silber in SrS nachweisbar.

Als Beispiel der Anwendung sei hier angeführt der Nachweis von chemisch nicht feststellbarem Bleigehalt in Kalkmineralien[2] und die Feststellung der sehr allgemeinen Verbreitung von Kupfer in Mineralien, welche an die durch die Spektralanalyse bekannt gewordene allgemeine Verbreitung des Natriums erinnert. Wismut dagegen zeigt sich nur ausnahmsweise in Mengen von mehr als 0,002 % in Mineralien, kommt dagegen häufig in Konchylien vor.

Eine außerordentlich ausgedehnte Anwendung haben ferner die Luminescenzerscheinungen bei der Untersuchung der seltenen Erden gefunden[3], und es ist z. B. möglich, etwa 0,0001 % Samarium in SrS nachzuweisen.[4]

Die praktische Ausführung solcher Untersuchungen besteht, wie schon oben bemerkt, in der Präparation eines Phosphors entweder aus dem zu untersuchenden Material selbst oder unter Verwendung desselben als Zusatz. Die Identifizierung erfolgt dann durch die spektralen und Temperatureigenschaften sowie die Erregungsverteilung der sich ergebenden Phosphorescenzen. Eine Schwierigkeit dieser Untersuchungen ist die gegenseitige Beeinflussung der Schwermetalle in ihren Phosphorescenzeigenschaften[5], welche einer genaueren Durchforschung sehr bedürfte. Bei den Phosphorescenzerscheinungen der seltenen Erden liegen in dieser Hinsicht bereits eine große Zahl von Beobachtungen vor, die jedoch noch nicht zu einer Entwirrung dieses Gebietes geführt haben.

Eine sehr handliche Methode zum Nachweis von Mangan und Wismut ist von DONAU ausgearbeitet[6] und von PANETH[7] auch auf Antimon ausgedehnt worden. Die Ausführung der Reaktion ist folgende: Reinstes Calciumcarbonat wird mit Wasser angerührt und etwas davon mit einer Platin-Öse (oder einem Magnesiastäbchen oder einem Glimmerstreifen) aufgenommen. Man glüht in einer aus einem Porzellan (auch Quarz- oder Platin)-röhrchen etwa $^1/_2$ cm hoch brennenden Flamme schwach aus, fügt mittels einer anderen Öse etwas von der zu untersuchenden Lösung zu und glüht wieder schwach aus. Nach dem Abkühlen legt man kurze Zeit an den unteren Flammenrand an. Hierbei tritt ein sehr intensives

[1] LENARD-KLATT, „1904“, 664. [2] „1904“, 256.

[3] Literatur siehe Anm. 1, S. 359.

[4] Vorschläge qualitativer Art über die Verwendung der Luminescenzerscheinungen in der Analyse siehe bei H. LEHMANN, Verh. Dtsch. Phys. Ges. **12**, 902 (1910).

[5] Vgl. S. 334. [6] Mfte. **34**, 949 (1913).

[7] Ber. **51**, 1736 (1918). Daselbst auch eine einfache Methode zum Nachweis von Wismutwasserstoff mit Hilfe obiger Reaktion.

Aufleuchten auf[1], welches für Wismut kornblumenblau, für Mangan satt gelb[2] und für Antimon himmelblau ist. Es sind auf diese Weise noch 0,000000001 g Wismut und 0,00000001 g Mangan nachweisbar. Die Reaktion auf Wismut wird durch Quecksilber, Cadmium, Silber, Blei, Kupfer, Tellur und Arsen nicht gestört, wohl aber durch Mangan und Antimon. Von der Störung durch Mangan kann man sich durch Vorschalten eines Kobaltglases frei machen, mit dessen Hilfe noch die kleinsten Mengen Wismut neben großen Mengen Mangan nachgewiesen werden können.

IV. Anhang. Luminescenz bei chemischen Reaktionen.

A. Allgemeines.

Während des Verlaufes gewisser chemischer Reaktionen tritt eine Emission von Licht ein, obwohl die Temperatur des reagierenden Systems weit unterhalb der zum Auftreten sichtbarer Temperaturstrahlung erforderlichen Grenze liegt. Man bezeichnet diese Erscheinung als Chemiluminescenz.[3]

Da diese Vorgänge in letzter Zeit einen Anschluß an die in den vorhergehenden Abschnitten besprochenen Phosphorescenzerscheinungen gefunden haben und auch von technischer Bedeutung zu werden versprechen, sollen sie im folgenden, soweit es der Raum gestattet, behandelt werden.

Von den Ansichten über den der Chemiluminescenz zugrunde liegenden physikalischen Vorgang hatte vor allem zunächst die namentlich von M. Trautz vertretene Anschauung Anerkennung gefunden, wonach die bei der zum Leuchten führenden Reaktion frei werdende Energie zum Teil direkt als Licht auftritt, das also unmittelbar bei der Vereinigung der Moleküle emittiert wird.[4] Die Chemiluminescenz ist also tatsächlich als Reaktionsleuchten anzusprechen, und es würde demnach nur einen Sinn haben, von einer leuchtenden Reaktion und nicht von einem chemiluminescenzfähigen Stoff zu sprechen.

Im Zusammenhang mit dieser Anschauung konnte M. Trautz[5] nachweisen, daß die Intensität des Leuchtens in einer sehr großen Zahl der untersuchten Fälle mit der Reaktionsgeschwindigkeit steigt und daß daher die Einflüsse, welche die Reaktionsgeschwindigkeit vergrößern, auch die Intensität des ausgestrahlten Lichtes vermehren. Dieser Satz erwies sich tatsächlich als sehr brauchbarer Führer zur Auffindung zahlreicher neuer Fälle von Reaktionsleuchten. Nach dieser Anschauung würde es sich demnach bei der Chemiluminescenz um einen von der gewöhnlichen Fluorescenz und Phosphorescenz wesentlich verschiedenen Vorgang handeln.

---

[1] Siehe S. 378.

[2] Vgl. die Tabelle der Oxydphosphore, S. 357, Tab 7.

[3] Über die genauere Definition des Begriffes siehe M. Trautz, Z. phys. Ch. 53, 1 (1905); Z. Elektr. 14, 453 (1908).

[4] Siehe hierüber auch M. Trautz, Sitzgb. Heidelberg, A. 1917, 14. Abh. S. 4.

[5] Z. phys. Ch. 53, 111 (1905).

Die Verfolgung der inzwischen verfeinerten Vorstellungen von dem Wesen des Leuchtens überhaupt haben nun auch zu vertieften Vorstellungen über den Mechanismus der Chemiluminescenz geführt, wonach diese den Fluorescenz- und Phosphorescenzerscheinungen als wesensgleich anzusehen ist.

Nach der Feststellung, daß im Emissionsspektrum des zerfallenden Ozons die Bandenemission des unzerfallenen Ozons auftritt[1] und nach den spektralen Beobachtungen an kühlen Flammen[2] sind es namentlich die Versuche an den leuchtenden Siliciumverbindungen[3], welche immer mehr die Vorstellung wahrscheinlich gemacht haben, daß die Chemiluminescenz nur in der Art der Anregung von den sonst beobachteten Leuchterscheinungen sich unterscheidet.

Stets handelt es sich um die Lichtemission von seiten eines durch besondere Konstitution[4] ausgezeichneten, emissionsfähigen Komplexes, der auf irgendeine Weise Energie aufnimmt, „erregt" wird und dann unter Lichtemission wieder in den unerregten Zustand übergeht. Während nun bei den im vorhergehenden besprochenen Leuchterscheinungen die Erregung durch Licht, Hochfrequenzstrahlen, Kathodenstrahlen u. ä. erfolgt, findet bei der Chemiluminescenz die Erregung durch direkte Übertragung der Energie von einem energiereicheren[5] Molekül auf das strahlungsfähige Emissionszentrum statt.

Der Vorgang bei der Chemiluminescenz wäre also so vorzustellen, daß infolge der chemischen Reaktion Produkte entstehen, welche die Reaktionsenergie (wohl als potentielle Energie der Elektronen) noch enthalten und durch „Nähewirkung" ihren Energieüberschuß auf den emissionsfähigen Stoff übertragen.

Bezüglich des letzteren sind nun mehrere Fälle möglich. Entweder ist eine der Ausgangssubstanzen imstande zu luminescieren, oder es ist ein Reaktionsprodukt, welches strahlungsfähig ist, oder aber es ist ein gleichzeitig vorhandener Fremdstoff, welcher die Energie aufzunehmen und als Licht abzugeben imstande ist.[6] Eine zweckmäßige Einteilung des vorliegenden Gebietes auf Grund dieser Verschiedenheiten ist wohl erstrebenswert, aber nach dem heutigen Stande der Kenntnisse noch nicht durchführbar.

Beispiele für die Leuchtfähigkeit der Ausgangssubstanzen wären das Silicalhydroxyd, dessen noch vorhandene unzersetzte Moleküle bei Oxydation durch die entstehenden Oxydationsprodukte zum Leuchten er-

[1] K. STUCHTEY, Z. wiss. Photographie 19, 161 (1920).

[2] Z. B. HABER u. ZISCH, Z. f. Physik 9, 302 (1922).

[3] H. KAUTSKY u. H. ZOCHER, Z. f. Physik 9, 267 (1922).

[4] Das Wesentliche ist hierbei wohl, wie auch bei der Phosphorescenz, das Vorhandensein gelockerter Elektronenbindungen im Sinne J. STARKS. Vgl. R. TOMASCHEK, Ann. Phys. [4] 75, 109, 561 (1924).

[5] Dessen Energieüberschuß im Falle der Chemiluminescenz wohl nicht in kinetischer Energie des Moleküles, sondern in innerer Energie desselben zu suchen ist.

[6] Namentlich die experimentelle Verwirklichung des letzten Falles bildet eine wesentliche Stütze für die Brauchbarkeit dieser Anschauungen.

regt werden, oder ferner das Ozon, bei dessen Zerfall noch unzersetzte Ozonmoleküle Licht emittieren, und die in Chlor brennende Natriumflamme, die die *D*-Linien emittiert.

Beispiele für das Leuchten eines Reaktionsproduktes sind noch nicht ganz einwandfrei festgestellt. Vielleicht gehört hierher das Leuchten des Phosphors, wenn man annimmt[1], daß P_2O_5, dessen Fluorescenz und Phosphorescenz bekannt ist, der leuchtfähige Stoff ist, ferner tritt bei Vereinigung von Quecksilberdampf mit Chlor ein Bandenspektrum auf, welches dem $HgCl_2$ zuzukommen scheint.[2] In dieser Gruppe könnte auch der Fall eintreten, daß der leuchtende Stoff, gegebenenfalls auch als Zersetzungsprodukt in energiereicherer Form entstehend, ohne weiteren Übertragungsmechanismus Licht emittiert. Dieser Fall würde sich noch am engsten an die früheren Anschauungen des Reaktionsleuchtens anschließen.

Beispiele für die dritte Klasse, das Leuchten anwesender Fremdstoffe, sind bei der Oxydation der Siliciumverbindungen aufgefunden worden. So gelingt es, verschiedene fluorescierende Farbstoffe, wenn man sie in genügend innige Verbindung mit den reagierenden Systemen bringen kann, durch chemische Reaktionen zum Leuchten zu erregen. In diese Klasse gehört vielleicht auch die Flammenerregbarkeit verschiedener Stoffe[3], und auch die Erregung verschiedener Stoffe wie BN, ZnS, Uranylnitrat durch aktiven Stickstoff[4] wäre hier einzureihen als sehr anschauliches Beispiel der Energieübertragung von einem energiereichen, labilen Molekül auf leuchtfähige Komplexe.

Wenn man demnach den heutigen Kenntnissen zufolge die Bedingungen zum Auftreten genügend heller Chemiluminescenz festzustellen versucht, so sind es folgende:

a) Anwesenheit eines leuchtfähigen Stoffes,
b) günstige Übertragungsmöglichkeit primärer Energie auf den leuchtfähigen Stoff,
c) genügende Reaktionsgeschwindigkeit und wahrscheinlich
d) genügende Wärmetönung der Reaktion.

Es kann demnach, selbst wenn der leuchtfähige Stoff nur in sehr geringer Konzentration vorhanden ist, doch sehr helles Leuchten auftreten, wenn die Übertragungsmöglichkeit groß ist, also etwa dann, wenn der Leuchtstoff ein Reaktionsprodukt ist oder wenn er einer der Reaktionsteilnehmer ist und es sich um Reaktionen in festen Systemen handelt, wie es etwa bei den außerordentlich hellen Luminescenzen ungesättigter Siliciumverbindungen der Fall ist. Es kann aber umgekehrt auch der Fall eintreten, daß trotz großer Leuchtfähigkeit und genügender Konzen-

---

[1] H. Zocher u. H. Kautsky, Naturwissensch. 11, 194 (1923).

[2] Vgl. ferner A. Petrikaln, Z. f. Physik 25, 292 (1924) über die Luminescenz des Jodids der Millonschen Base.

[3] Siehe S. 378.

[4] E. P. Lewis, Nat. 111, 599 (1923); Phys. Rev. [2] 21, 713 (1923). W. Jevons, Nat. 111, 705 (1923). H. Krepelka, Nat. 112, 134 (1923). E. Tiede u. A. Schleede, Naturwissensch. 11, 765 (1923).

tration des Leuchtstoffes die Reaktion doch kein helles Leuchten hervorruft, da die Übertragungsmöglichkeit sehr klein ist, also etwa bei Umsetzungen in Lösungen, wo die Reaktionsorte von den Leuchtzentren durch inaktive Lösungsmittelmoleküle getrennt sein können. Es wird daher merkliches Leuchten von Fremdstoffen nur dann vorkommen, wenn diese sehr innig an die Reaktionsteilnehmer herangebracht werden können, wie etwa durch Adsorption.[1]

Der Satz von TRAUTZ[2] fügt sich ohne weiteres diesen Vorstellungen, doch wird man bei seiner Anwendung sehr vorsichtig verfahren müssen. Erhöhung der Reaktionsgeschwindigkeit steigert zwar die Zahl der Elementarprozesse, allzugroße Reaktionsdichte aber kann durch Temperatursteigerung und durch zu rasche Entfernung der leuchtfähigen Zentren (falls diese an der Reaktion beteiligt sind) auch eine Herabsetzung der Leuchtintensität zur Folge haben[3], worauf verschiedene Beobachtungen hindeuten.

Bezüglich des letzten Punktes ist wohl anzunehmen, daß ein ähnliches Gesetz gelten dürfte, wie es bezüglich der Fluorescenz und Phosphorescenz die STOKESsche Regel bildet. Die für je ein Molekül entstehende Reaktionsenergie muß größer sein als die für die Ausstrahlung eines Lichtquantes nach dem Quantenäquivalent erforderliche Energie. Vor allem werden also Reaktionen mit großer Wärmetönung wirksam sein, wie etwa Oxydations-Reduktionsvorgänge. Nähere Untersuchungen in dieser Richtung liegen jedoch bis jetzt nicht vor.

Bezüglich der technischen Bedeutung dieser Vorgänge ist zu bemerken, daß sie gestatten würden, eine äußerst günstige Umwandlung chemischer Energie in Licht von der spektralen Lage des Empfindlichkeitsmaximums des Auges zu erzielen.[4]

So scheint die Wärmetönung bei gewissen Reaktionen, wie sie der Lichterzeugung durch Lebewesen zugrunde liegen, fast ganz in Form sichtbaren Lichtes aufzutreten. Da es auch möglich sein dürfte, derartige Reaktionen umkehrbar zu leiten, ist damit der Lichttechnik ein, wie es scheint, für die Zukunft aussichtsreicher Weg gewiesen.

B. Beispiele.

Im folgenden sollen einige Angaben über die helleren und genauer untersuchten Leuchtreaktionen folgen. Eine Zusammenfassung einer außerordentlich großen Zahl von Chemiluminescenzreaktionen hat M. TRAUTZ gegeben.[5]

[1] Die Adsorption der reagierenden Gase dürfte wohl auch bei der Flammenerregbarkeit eine große Rolle spielen, und die große Wirksamkeit des Borstickstoffes könnte vielleicht auf eine große Absorptionsfähigkeit (etwa infolge poröser Struktur) zurückzuführen sein.

[2] Siehe S. 384.

[3] Z. B. H. ZOCHER u. H. KAUTSKY, Z. f. Physik **9**, 270 (1922). J. LIFSCHITZ u. O. KALBERER, Z. phys. Ch. **102**, 414 (1922).

[4] Näheres hierüber siehe F. SCHRÖTER, Z. f. techn. Physik **4**, 171 (1923).

[5] Z. phys. Ch. **53**, 1—111 (1905); Jahrb. d. Radioaktivität **4**, 136 (1907).

1. Phosphoroxydation: Das Leuchten des Phosphors bei seiner Oxydation ist wohl die älteste, genauer beobachtete Erscheinung von Chemiluminescenz (BRAND 1669). Das Leuchten ist durch verschiedene Umstände, wie Partialdruck des Sauerstoffes, Anwesenheit fremder Dämpfe usw. beeinflußbar, deren Wirkung trotz der außerordentlich großen Zahl von Untersuchungen, vor allem auch quantitativer Art, auch heute noch nicht als geklärt gelten kann. Im übrigen muß hier auf die Literatur[1] verwiesen werden.

2. Organische Stoffe: Hier sind es namentlich Oxydationsvorgänge, die in einer sehr großen Zahl von Fällen zum Leuchten führen.[2] Einige helle Leuchtreaktionen sind folgende:

a) Oxydation von Amarin und Lophin: 2 g Amarin (bzw. Lophin) in 40 cm³ möglichst farbloser, alkoholischer Kaliumhydroxydlösung (kalt gesättigt) gelöst, wird auf einmal mit 40 cm³ kalt gesättigtem Bromwasser (auch Chlorwasser oder alkoholischer Jodlösung) versetzt. Die Temperatur der Amarin- (bzw. Lophin-lösung sei etwa 80°, die des Bromwassers etwa 20—30°. Es entsteht ein bei Chlorwasser blaugrünes, bei Bromwasser gelbgrünes, bei Jodlösung gelbweißes, intensives Leuchten.

b) Pyrogallol-Oxydation:[3] Ein Gemisch von 10 cm³ 10 %ig. Pyrogallollösung, 20 cm³ 40 %ig. Kaliumcarbonatlösung und 10 cm³ 35 %ig. Formaldehydlösung (alle in Wasser gelöst) wird rasch mit 20—30 cm³ 30 %igem Wasserstoffsuperoxyd versetzt. Man erhält ein sehr intensives rotes Leuchten. Bei Anwendung schwächeren (5 %igen) Wasserstoffsuperoxyds und eines Rückflußkühlers kann das Leuchten bis zu einer halben Stunde anhalten.

c) Organische Magnesiumverbindungen: Das Leuchten dieser Klasse von Verbindungen ist in mehreren Arbeiten genauer untersucht worden, so

---

[1] Eine Übersicht der älteren Arbeiten siehe bei M. TRAUTZ, Jahrb. Radioakt. u. Elektronik 4, 145 (1907). Neuere Literatur:

a) *Einfluß des Sauerstoffdruckes, positive und negative Katalysatoren*: E. SCHARFF, Z. phys. Ch. 62, 179 (1908). M. CENTNERSZWER, Z. phys. Ch. 85, 99 (1913). W. P. JORISSEN, Chem. Weekblad 15, 705 (1918). J. TAUSZ, E. SCHNABEL u. K. JOCHUM, Z. angew. Ch. 32, 139 (1919). H. B. WEISER u. A. GARRISON, J. Physic. Chem. 25, 61 (1921). LORD RAYLEIGH, Proc. Royal Soc. London A 99, 372 (1921); 104, 322 (1923). H. P. WARAN, Phil. Mag. [6] 45, 1132 (1923).

b) *Spektrum*: M. CENTNERSZWER u. A. PETRIKALN, Z. phys. Ch. 80, 235 (1912); W. E. DOWNEY, J. Chem. S. 125, 347 (1924). A. PETRIKALN, Z. f. Physik 22, 119 (1924).

c) *elektrische Trägerbildung*: L. u. E. BLOCH, C. r. 147, 842 (1909). A. BLANC, C. r. 152, 1170 (1911); C. r. 158, 1492 (1913). H. SCHMIDT, Biochem. Ztschr. 34, 280 (1911); Phys. Ztschr. 14, 120 (1913).

d) *Demonstrationsversuche*: E. BRUNN, Z. f. phys. chem. Unterr. 23, 176 (1910); L. MARINO u. C. PORLEZZA, Atti R. Acad. dei Lincei, Roma [5] 20, I, 442; Gazz. 41, II, 420 (1911); D. F. TWISS, Chem. N. 107, 16 (1913); H. ZEITLER, Z. f. phys. chem. Unterr. 35, 231 (1922).

[2] Siehe darüber bei TRAUTZ, l. c.

[3] P. LENARD u. M. WOLF, Wied. 34, 918 (1888). M. TRAUTZ, Z. f. wiss. Phot. 2, 27 (1904); Z. Elektr. 1904, 593. M. TRAUTZ u. P. SCHORIGIN, Z. f. wiss. Phot. 3, 121 (1905).

etwa in bezug auf den Einfluß der Konstitution der organischen Bestandteile, der Temperatur, der Wärmetönung u. ä.[1] Als Träger des Leuchtens scheinen hier die Organomagnesiumhaloide selbst in Betracht zu kommen.

Sehr helles Leuchten ergibt folgende, von WEDEKIND angegebene Reaktion:

Gießt man zu einem Gramm-Molekül Chlorpikrin 3 Gramm-Moleküle Phenylmagnesiumbromid, wobei für starke Verdünnung mit Äther (optimale Konzentration des Chlorpikrins etwa 0,2—0,5 Vol.-Proz.) und gute Kühlung zu sorgen ist, so tritt ein intensives grünes Leuchten auf.

In ähnlicher Weise leuchten eine große Anzahl von Organomagnesiumverbindungen bei Oxydation mit Luft oder Sauerstoff. Die Verbindung, welche die hellste Chemiluminescenz unter diesen Bedingungen aufweist, ist das p-Chlorphenylmagnesiumbromid.[2]

d) Schwefelhaltige organische Verbindungen: Eine größere Zahl derselben zeigt bei langsamer Oxydation durch den Luftsauerstoff Leuchterscheinungen, wie etwa das Thiophosgen und verschiedene Thiocarbonsäureester.[3] Die entstehenden Oxydationsprodukte wirken stark hemmend auf den weiteren Verlauf der Reaktion.

3. Oxydation von ungesättigten Siliciumverbindungen.[4] Die Leuchterscheinungen dieser Klasse von Verbindungen gehören zu den schönsten und weitaus intensivsten aller bis jetzt beobachteten, was wahrscheinlich unter anderem auf den festen Aggregatzustand und die äußerst poröse Beschaffenheit dieser Verbindungen zurückzuführen ist.

a) Als Träger der Luminescenzerscheinungen ist das dunkelrote Silicalhydroxyd $Si_2O_2H_2$ anzusehen, das bezüglich seiner Oxydationsstufe zwischen einer niedrigeren, dem farblosen Oxydisilin, und einer höheren, dem ebenfalls farblosen Leukon, welches weiter zu Kieselsäure oxydiert werden kann, steht. Die Leuchterscheinung tritt auf bei der Oxydation des Silicalhydroxyds und ist in ihrer Farbe abhängig von der Konzentration des letzteren.

Zur Demonstration eignet sich am besten folgender Versuch: In einen weiten Glaskolben bringt man einen ziemlich dicken, schwach salzsauren Brei aus gelbem, lange Zeit mit Wasser gekochtem, also stark zersetztem

---

[1] E. WEDEKIND, Verh. Dtsch. Phys. Ges. 8, 417 (1906); Phys. Ztschr. 7, 805 (1906). A. HECZKO, Chem. Ztg. 35, 199 (1911). J. SCHMIDLIN, Ber. 45, 3172 (1912). S. MOELLER, Danmarks Apotheker förenig. Tidskrift, Archiv for Pharmacie og Chemi 1914. J. LIFSCHITZ u. O. KALBERER, Z. phys. Ch. 102, 393 (1922). W. V. EVANS u. R. T. DUFFORD, J. Am. Ch. S. 45, 278 (1923). R. T. DUFFORD, S. CALVERT u. D. NIGHTINGALE, Phys. Rev. [2] 21, 203 (1923); J. Am. Ch. S. 45, 2058 (1923).

[2] Darstellung: 23,6 g p-Dibrombenzol werden in einem mit Rückflußkühler versehenen Kolben mit 2,4 g Mg und 130 cm³ trockenem Äther gemischt unter Benutzung eines Körnchens Jod als Katalysator (am besten unter ¼ stündigem Durchleiten von Wasserstoff vor Zugabe des Dibrombenzols und Anwendung einer Wasserstoffatmosphäre).

[3] D. BILLETER u. H. BERTHOUD, Ber. 43, 1853 (1910). M. DELÉPINE, Bull. [4] 7, 404 (1910); C. r. 150, 876, 1607 (1910); 153, 279 (1911); 154, 1171 (1912); 174, 1291 (1922).

[4] H. KAUTSKY, Z. anorg. Ch. 117, 209 (1921). H. KAUTSKY u. H. ZOCHER, Z. f. Physik 9, 267 (1922).

Silicon.[1] Im Dunkeln wirft man nun eine größere Anzahl von Permanganatkristallen in den Kolben und schwenkt tüchtig um. Es tritt ein außerordentlich helles, gelbes Leuchten auf.

b) Von großem Interesse sind die Versuche, durch Zugabe eines fluorescierenden Fremdstoffes zu einer an und für sich nicht mit Leuchten verbundenen Reaktion Luminescenz zu erzielen.

Hierzu eignen sich ebenfalls sehr gut die ungesättigten Siliciumverbindungen[2], da sie infolge ihrer großen Oberfläche die Farbstoffe stark adsorbieren. Man benutzt entweder Oxydisilin[3], welches bei der Oxydation mit $KMnO_4$ in salzsaurer Lösung nur eine äußerst schwach grünliche Luminescenz ergibt, oder noch besser Silicooxalsäure, welche leicht so rein zu erhalten ist, daß sie bei der Oxydation kein Leuchten zeigt. Zur Oxydation werden die Stoffe im Reagenzglas mit 9%iger Salzsäure aufgeschlämmt, einige Körnchen Kaliumpermanganat zugesetzt und geschüttelt. Leuchten erfolgt nur bei Anwesenheit von fluorescenzfähigen Farbstoffen, wozu sich vor allem Rhodamin B, Rhodamin 6G und Echtsäureeosin eignen. Die Farbstoffe werden durch Zugießen einer kleinen Menge der Farbstofflösung dem Reaktionsgemenge beigemischt. Man kann auch den Farbstoff vorher adsorbieren lassen und die trockenen, angefärbten Si-Verbindungen in ozonhaltigem Sauerstoff oxydieren lassen. Das helle auftretende Leuchten entspricht in seiner Farbe der Fluorescenz der betreffenden Farbstoffe.

4. Reaktionen zwischen Gasen: Auch in Gasgemischen kann Chemiluminescenz eintreten, und gerade diese Erscheinungen sind infolge der einfachen und übersichtlichen Verhältnisse besonders für quantitative Zwecke geeignet. Beispielsweise sei auf die bereits erwähnte Luminescenz von Ozon[4] und auf den gelb leuchtenden und nachleuchtenden elektrisch aktivierten Stickstoff hingewiesen. Ebenso gehören die Erscheinungen der „kühlen Flammen" in diese Gruppe.[5]

5. Biolumineseenz. Auch die Erscheinung des Leuchtens lebender Organismen, das durch seine äußerst ökonomische spektrale Verteilung sich auszeichnet, ist auf Chemiluminescenz zurückzuführen, und zwar tritt es, soweit die heutige Kenntnis reicht, durchweg als Begleiterscheinung

[1] Mit diesem Namen wird das rohe Gemenge von Silicalhydroxyd und Oxydisilin bezeichnet. Darstellung: Grob zerstoßenes Calciumsilicid wird in einem Glaskolben mit eisgekühlter rauchender Salzsäure übergossen und unter Lichtabschluß bei gleichzeitiger Kühlung mit einer Kältemischung (Kochsalz und Eis) mehrere Stunden unter zeitweiligem Umschwenken der Einwirkung der Säure überlassen. Nach etwa 3—4 Stunden, wenn die Schaumbildung aufgehört hat, wird mit kaltem Wasser verdünnt, das Silicon möglichst rasch an der Wasserstrahlpumpe abgesaugt und gegebenenfalls mit Alkohol gewaschen.

[2] H. Kautsky u. H. Zocher, Z. Elektr. 29, 308 (1923); Naturwissenschaften 11, 194 (1923).

[3] Darstellung derselben siehe H. Kautsky, Z. anorg. Ch. 117, 215 (1921).

[4] K. Stuchtey, Z. wiss. Photogr. 19, 161 (1920). M. Trautz u. W. Seidel, Ann. Phys. [4] 67, 527 (1922).

[5] Kühle Flammen: Siehe M. Trautz, Jahrb. Radioakt. u. Elektronik 4, 151 (1907); F. Haber u. W. Zisch, Z. f. Physik 9, 302 (1922).

von Oxydationsprozessen auf. Von DUBOIS wurde 1887 die oxydierbare Substanz näher untersucht und Luciferin genannt und gleichzeitig festgestellt, daß zur Oxydation ein Enzym, die Luciferase, notwendig ist. Die Leuchtreaktion ist unabhängig vom lebenden Organismus und kann durch Mischen der Auszüge der wirksamen Stoffe in gleicher Beschaffenheit wie im lebenden Organismus hervorgerufen werden. Es handelt sich nicht um eine direkte Verbrennung (Fehlen von CO_2), sondern um eine Anlagerung von Sauerstoff, und das Oxydationsprodukt des Luciferins kann wieder zu Luciferin reduziert werden. Die Emissionsfarbe des Leuchtens wird durch die Luciferase bestimmt, welche katalytisch wirkt und von der offenbar die Reaktionsgeschwindigkeit abhängt. Die Vorgänge der Biolumineseenz sind in letzter Zeit sehr ausführlich verfolgt worden.[1]

Mineralsynthese.

Von

W. Eitel-Königsberg i. Pr.

Inhalt.

---

[1] Zusammenfassende Darstellungen: H. MOLISCH, Leuchtende Pflanzen, 2. Aufl. 1912, Fischer, Jena; N. HARVEY, The Nature of Animal Light, 1919. Siehe auch N. HARVEY, Naturwissenschaften 12, 165 (1924) u. F. SCHRÖTER, Z. f. techn. Phys. 4, 173 (1923).

Literatur.

Allgemeine Zusammenfassungen in den Werken:

F. Fouqué und Michel-Lévy, Synthèse des minéraux et des roches. Paris 1882.
St. Meunier, Les méthodes de synthèse en minéralogie. Paris 1891.
R. Brauns, Chemische Mineralogie. Leipzig 1896.
C. Doelter, Allgemeine chemische Mineralogie. Leipzig 1890.
Derselbe, Physikalisch-chemische Mineralogie. Leipzig 1905.
Derselbe, Petrogenesis, Braunschweig 1906.
Derselbe, Handbuch der Mineralchemie, insbesondere Bd. I. Dresden und Leipzig 1912, S. 594ff., sowie bei den einzelnen Mineralien jeweils Spezielles nachzuschlagen.
H. E. Boeke, Grundlagen der physikalisch-chemischen Petrographie. Berlin 1915.
Derselbe und W. Eitel, do. 2. Aufl. 1923.

Speziellere Abhandlungen über Mineralsynthese:

H. E. Boeke, Mineral- und Gesteinsbildung aus dem Schmelzfluß (Magma), im Handwörterbuch der Naturwissenschaften 6, 919—930 (1912).
P. Niggli, Fortschritte der Mineralogie 5, 131—172 (1916); 6, 35—66 (1920).
P. Niggli und G. W. Morey, Z. anorg. Ch. 83, 369—416 (1913). (Mit sehr vollständiger Literaturübersicht der älteren Hydrothermalsynthesen.)
R. E. Liesegang, Geologische Diffusionen. Dresden und Leipzig 1913.
Derselbe, Die Achate. Dresden und Leipzig 1915.

Die künstliche Darstellung der verschiedenen Kristallarten und auch Kolloide, welche uns in der Natur als Mineralien begegnen, ist die Aufgabe des synthetischen Zweiges der Mineralogie, die Klärung der natürlichen Vorkommnisse mehrerer solcher Mineralarten zusammen die Aufgabe der synthetischen Petrographie (Petrologie) bzw. der synthetischen Erzlagerstättenkunde. Genügte es ehedem einer großen Gruppe von vorwiegend französischen Forschern (Hautefeuille, H. St.-Claire Deville, Ebelmen, Daubrée, Fouqué, Michel-Lévy u. a.), überhaupt einmal Laboratoriumsprodukte erzielt zu haben, welche kristallographisch und chemisch identisch sind mit den natürlichen Mineralien, so stellte sich doch alsbald das Bedürfnis heraus, einerseits angesichts der fortschreitenden Entwicklung der Petrographie und Erzlagerstättenkunde die Paragenesen, d. h. das Zusammenvorkommen der Mineralien durch geeignete synthetische Versuche zu erhellen, wozu vor allem Methoden ausgearbeitet werden mußten, die den natürlichen Prozessen ähnlich sein konnten. Andererseits hat die Entwicklung der physikalischen Chemie, insbesondere der Phasenlehre (durch Bakhuis-Roozeboom und van't Hoff) den Weg gewiesen, aus einer lediglich qualitativ-präparativen Mineral- und Gesteinssynthese mit oft recht zufälligen Ergebnissen fortzuschreiten zu einer quantitativ exakten Anwendung der Prinzipien des chemischen Gleichgewichts auf die natürlichen Bildungsprozesse des Erdreiches. Die Ziele der älteren Synthese waren also mehr, eine bestimmte Mineralart überhaupt einmal im Laboratorium durch oft recht kühne Einzelversuche zu erzeugen, während die neuere physikochemische Richtung vom Einfachsten zum Komplizierten aufsteigend, systematisch das ganze Gebiet der Minero- und Petrogenese erschließen will, um es am Ziele in Gestalt eines grundlegenden Thesaurus von „Zustandsdiagrammen" darzustellen. Die reproduzierbaren Gleichgewichtserscheinungen sind dabei in erster Linie zu berücksichtigen; die in der Natur so häufigen Ungleichgewichte und metastabilen Prozesse machen aber eine Erweiterung des der Mineralsynthese gesteckten Zieles unbedingt notwendig, und es ist erfreulich zu sehen, daß auch in diesen schwierigen Fragen die neuere physikochemische Betrachtungsweise große Perspektiven für künftige Forschung erschließen kann.

Die vorliegende Darstellung kann nur einen Überblick über die wesentlichen Methoden der Mineralsynthese und ihrer Hilfsmittel geben. Es ist dabei versucht worden, die eleganten Verfahren der älteren Synthetiker neben den modernen Apparaten und Methoden gebührend zu würdigen. Die theoretischen Grundlagen der letzteren werden am besten wohl an Hand des Werkes von Boeke (vgl. oben) zu erlangen sein. Die Anordnung des Stoffes ist nach den genetischen Prinzipien gegeben: die Synthesen der magmatischen Mineralien aus dem Schmelzfluß, alsdann die Bildung durch Gasreaktionen, die Hydrothermalsynthese, die kolloidchemischen Verfahren und endlich die Verfahren der Kristallisation aus wässerigen Lösungen.

Schmelzflußmineralsynthesen.

Die Erzeugung der künstlichen Mineralien aus trockenen Schmelzen bedarf besonders bei den Synthesen von Silicaten umfangreicher Vorrichtungen zur Erzeugung hoher Temperaturen. Oft muß besonders darauf geachtet werden, daß zur Erlangung möglichst vollständiger Kristallisation eine sehr langsame Abkühlung der Beschickung ermöglicht wird, während umgekehrt, vor allem zur Ermittlung genauer Schmelzpunktsdaten nach der statischen Expositionsmethode (vgl. unten), auch ein rasches „Abschrecken" der Substanz möglich sein muß. Die Schwierigkeiten, die Kristallisation mancher Silicate, besonders der synthetischen Alumosilicate, zu erzwingen, sind oft schier unüberwindlich, während andererseits viele Sulfide und Verbindungen von metallischem Charakter ohne alle Hemmnisse kristallisieren, so daß sich in den letzteren Fällen die Erfahrungen der metallographischen Arbeitsweisen direkt auf derartige Synthesen übertragen lassen.[1]

Die hauptsächlich wichtige Synthese der Silicatmineralien stößt vor allem auf die Schwierigkeiten der eigenartigen Beschaffenheit ihrer Schmelzen, besonders aber ihrer Neigung zur Bildung unterkühlter

---

[1] Vgl. dazu dieses Handb. Bd. III, S. 344—420.

Gläser. Man muß sich daher selbst bei verhältnismäßig gut kristallisierenden Substanzen damit begnügen, zunächst durch sorgfältiges Zusammenschmelzen der Bestandteile und darauf folgende verhältnismäßig rasche Abkühlung sich Gläser von der gewünschten Zusammensetzung herzustellen, diese zur möglichst vollständigen Homogenisierung (im flüssigen Zustande ist eine solche angesichts der minimalen Diffusionsgeschwindigkeiten kaum durch bloße Ausgleichung zu erzielen) zweckmäßig des öfteren zu pulverisieren, wieder zu schmelzen und die zuletzt erhaltenen homogenen Gläser durch geeignete Exposition auf Temperaturen unterhalb des Schmelzpunktes „entglasen" zu lassen.

Die Herstellung der Gläser aus den gut durchmischten Ausgangssubstanzen kann in jedem der normal gebräuchlichen Laboratoriumsöfen von hinreichender Heizkraft und Größe vorgenommen werden. Von Gasöfen ist immer noch der von A. Leclerc und L. Forquignon[1] angegebene für kleine Mengen der einfachste und zweckmäßigste; dieser Gebläseofen ist zur Erhitzung von Platintiegeln mit Silicatbeschickung ohne weiteres bis zu Temperaturen von etwa 1200—1400° nutzbar. Er besteht (Fig. 134) aus einem inneren konischen Körper aus gepreßtem feuerfesten Ton, der von einem zylindrischen Außenmantel umgeben und mit einem massiven Deckel aus dem gleichen Material verschlossen wird. Der Gebläsebrenner ist genau in die Öffnung des inneren Teiles eingepaßt; er steht mit einem Trommelgebläse in Verbindung, und die Düse kann (bei neueren Modellen) mit Wasser gekühlt werden. Die Flamme umspült den Tiegel, der in der konischen Öffnung auf einem Platindreieck in geeigneter, etwas variabler Höhe aufsitzt. Die Temperatur läßt sich durch genaue Regulierung der Luftzufuhr einstellen und recht gut konstant halten. F. Fouqué und Michel-Lévy haben mit dieser einfachen Vorrichtung ihre zahlreichen wichtigen Schmelzflußsynthesen von Mineralien und Gesteinen durchgeführt, die sie in ihrem wichtigen Werke: „Synthèse des minéraux et des roches", Paris 1882, ausführlich geschildert haben.

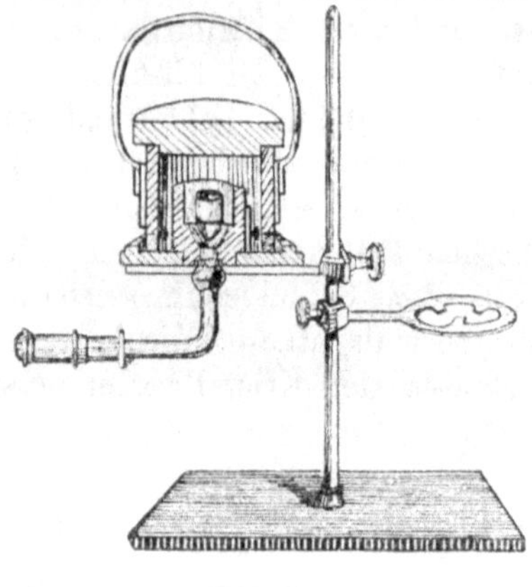

Fig. 134.
Gebläseofen nach Leclerc-Forquignon.

Auch die technischen Muffelöfen, der Ofen nach Fletcher, Müncke, Perrot[2], die Konstruktionen von Rössler, Regenerativgasöfen und Gebläseöfen der Deutschen Gold- und Silberscheideanstalt und nach Heinecke, sowie endlich die Öfen nach Schlösing sind im Gebrauche und für die Vorbereitung synthetischer Versuche stets zu empfehlen.

[1] Literatur vgl. Bd. I, 362 Anm. 3.

[2] Vgl. Bd. I, 353 ff.

Für die Schmelzung bedeutender Massen bediente sich J. MOROZEWICZ[1] der Gasregenerativöfen einer Glasfabrik und erhielt durch Wärmeexposition der Substanzen an verschiedenen Stellen der Öfen außerordentlich langsame Kristallisationen. Durch die Benutzung von Tontiegeln freilich konnte eine Verunreinigung der Schmelzen aus dem Material der Gefäßwandung nicht vermieden werden, und so besitzen denn diese interessanten, großangelegten Versuche dennoch nur einen qualitativ-orientierenden Charakter.

Über die Wahl des Gefäßmaterials für Schmelzversuche bei hohen Temperaturen vgl. das in diesem Handbuch Bd. II, S. 285—311 Ausgeführte. Für die Zwecke der modernen, nicht nur rein präparativen Mineralsynthese ist wohl allein das Platin das geeignete Tiegelmaterial, besonders für die gewöhnlichen Silicatschmelzen unentbehrlich. Bei Sulfidschmelzen, solchen von Phosphaten, Fluoriden usw. können wegen der Angreifbarkeit des Platins, Porzellans usw. durch solche Schmelzen oft die Schwierigkeiten der Beschaffung eines völlig einwandsfreien Tiegelmaterials schier unüberwindlich werden.

Über die Auswahl der Ausgangssubstanzen sei nur kurz folgendes Allgemeine bemerkt. Handelt es sich nur um mehr qualitativ-präparative Versuche, so sind die im Handel erhältlichen Oxyde wie SiO_2, Al_2O_3, Fe_2O_3, TiO_2 zunächst rein genug; die alkalischen Erden bzw. die Alkalien gibt man am besten als Carbonate zu. Will man dagegen reinste synthetische Körper zu Normzwecken herstellen (so nach dem Verfahren der amerikanischen Forscher der Carnegie-Institution), so sind an die Reinheit der Ausgangsmaterialien sehr erhöhte kritische Anforderungen zu stellen. Man muß alsdann z. B. als reinstes erhältliches SiO_2-Präparat ausgesuchten natürlichen Bergkristall in feingepulvertem und gereinigtem Zustande einwiegen; als bestes Material für die Herstellung von Kalkverbindungen ist alsdann der kostbare Isländer Doppelspat zu verwenden usf. Die Mißachtung solcher Kriterien bei fundamental wichtigen Mineralsynthesen hat zu einer Fülle von widersprechenden und unrichtigen Angaben in der Literatur geführt.

Die Erzielung wesentlich höherer Temperaturen als mit den genannten Ofenarten ist zunächst möglich durch Einführung von Sauerstoff an Stelle von Luft in das Gebläse des FORQUIGNON-Ofens. Der Heizkörper des Ofens muß alsdann aus Magnesit gefertigt werden, und an Stelle des bei 1755° schmelzenden Platins muß dann ebenfalls Magnesit oder auch Zirkonerde als Tiegelmaterial dienen. Einen ebenfalls sehr brauchbaren Ofen für Sauerstoffgasbeheizung hat A. BRUN[2] angegeben.

Zu genaueren physikalisch-chemischen Arbeiten bei der Synthese von Mineralien sind jedoch allein die elektrischen Öfen zu verwenden und unter diesen wieder fast ausschließlich die Widerstandsöfen mit hochschmelzendem Metallkörper. Hier sind besonders die Konstruktionen mit

---

[1] TSCHERM. Min. Mitt. **18**, 1—240 (1898).
[2] Arch. d. sc. phys. et nat. Genève [4] **13**, 355 (1902).

Nickeldraht (bis 1100° verwendbar), Nichrom (bis 1300°) oder reinem Platindraht oder -Band zu erwähnen, wie sie von M. LEBLANC, R. LORENZ und G. HEVESY sowie von W. HERAEUS, F. M. JAEGER und H. E. BOEKE angegeben wurden.[1] Die von BOEKE[2] für mineralsynthetische Zwecke bevorzugte Form des Widerstandsofens sei kurz beschrieben, zumal sie bis 1600° verwendbar und leicht herzustellen ist. Auf ein unten geschlossenes Rohr aus MARQUARDTscher Masse (eine etwa dem Sillimanit, Al_2SiO_5, in der Zusammensetzung entsprechende, sehr feuerfeste Schamottesubstanz)[3] wird eine Spirale von 0,3 mm dickem Platindraht aufgewickelt und mit einem Brei aus mit Wasser angerührter MARQUARDTscher Masse verkittet, die beim Erhitzen hart wird. Als Wärmeschutz nach außen dient trockene, gepulverte MARQUARDTsche Masse, schließlich Asbest. Ein solches Öfchen erfordert bei einem Heizrohr von 10 cm Länge nur etwa 4—5 Amp. bei Maximaltemperatur 1550—1600°. Ein besonders wertvoller Vorzug dieser Öfen ist die Möglichkeit, auch bei 1500° noch eine Erhitzungsgeschwindigkeit von etwa 50° in der Minute anwenden zu können, was für das Auffinden von Reaktionen mit geringer Wärmetönung von Vorteil ist.

Für größere Dimensionen ist die Wicklung des Heizdrahtes innerhalb des Rohrkörpers anzuraten, wie dies von A. L. DAY und J. K. CLEMENT[4] ausgeführt worden ist. Durch ihre außerordentlich solide Bauart sind solche Öfen, wie sie bei allen synthetischen Untersuchungen im Geophysikalischen Institut der Carnegiestiftung im letzten Jahrzehnt verwendet wurden, selbst den sonst vorzüglichen Heraeusöfen weit überlegen, zumal sie auch auf 1600° längere Zeit erhitzt werden können, während jene durch die Zerstäubung des Platinbandes bereits Temperaturen von 1400° nur kurze Zeit vertragen. Diese Art von sehr genau regulierbaren „Thermostatenöfen" tragen Platindrahtwicklungen von 1,2 mm Stärke, etwa 850 cm Länge und etwa 190 g Gewicht. Die nachstehenden kurzgefaßten Angaben sind nach F. M. JAEGER[5] am besten bewährt und unterscheiden sich von denjenigen der amerikanischen Forscher nur in Unwesentlichkeiten. Der eigentliche Ofenkörper (Fig. 135) wird von einem Magnesitzylinder (Bezugsquelle: CARL SPAETER in Koblenz) gebildet, der auch bei sehr hohen Temperaturen ein vorzüglicher Isolator ist. Die Dimensionen der Zylinder sind etwa 24—26 cm Höhe, innerer Durchmesser 6 cm, äußerer 10 cm. Der Ofen hat kalt einen Widerstand von etwa 1,1 Ohm, im heißen Zustand bei etwa 1600° etwa 5—6 Ohm. Die Betriebsspannung ist 110—120 Volt, die Anfangsbelastung 30 Amp., im heißen Zustand nur 20—22 Amp. Die Anfertigung der Innenwicklung erfolgt leicht mit Hilfe nachstehend beschriebener Hilfsvorrichtung. Ein zylindrischer Holz-

[1] Vgl. dies. Handb. Bd. I, S. 395ff., sowie Bd. III, S. 352ff.
[2] H. E. BOEKE, N. Jahrb. f. Min. **1912** I, 97.
[3] Vgl. Bd. I, S. 123.
[4] Am. J. Science (4) **26**, 411 (1908).
[5] Anleitg. z. Ausführg. exakt. phys.-chem. Messgn. bei höher. Temp., Groningen 1913, S. 36 ff.

klotz C (Fig. 136) aus hartem, mit geschmolzenem Paraffin gut durchtränktem Holze wird in fünf keilförmige Stücke zerlegt, so daß er am oberen Ende den Querschnitt B, am unteren Ende G hat. Der mittlere Teil kann alsdann später leicht herausgeschlagen werden, so daß die Formstücke sich von innen aus dem Rohre des Ofens einzeln herausnehmen lassen. Auf die beiden Rillen r werden kurze Stückchen Kupferdraht gespannt, welche anfangs das Ganze einstweilen zusammenhalten. Bei e und d befinden sich kleine Schrauben mit Messingplättchen, auf die der Platindraht noch vorläufig festgeklemmt werden kann. Man bedeckt nun den Mantel des Holzzylinders C mit glattem, dickem Papier und nagelt dieses mit kleinen leicht herausziehbaren Drahtstiften fest. Dann wickelt man den Platindraht auf der Drehbank in gleichmäßiger Spirale von etwa 3 mm Ganghöhe auf, läßt beiderseits etwa

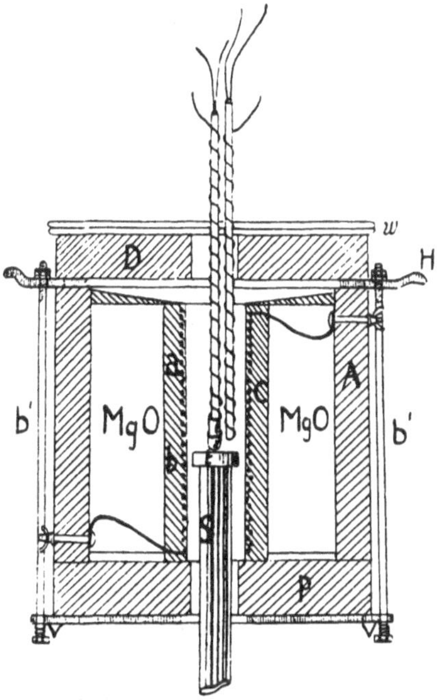

Fig. 135.
Widerstandsofen nach F. M. Jaeger.

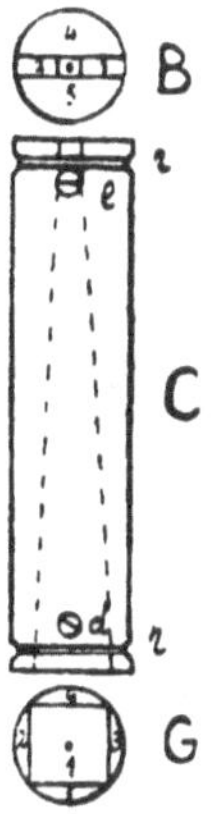

Fig. 136.
Hilfsvorrichtung zur Innenwicklung.

20 cm lange Enden frei und befestigt diese unter e und d. Nun überstreicht man die Windungen mit einem ziemlich dünnen Brei von Magnesitpulver mit Wasser (nach Zugabe von etwas Dextrin), läßt die gleichmäßig festwerdende Schutzschicht 24 Stunden lang bei Zimmertemperatur trocknen und stellt dann den Holzzylinder C konzentrisch in das vertikale Magnesitrohr des Ofens, welches seinerseits mittels einiger untergestellter Holzklötze gehalten wird. Der ringförmige Zwischenraum zwischen den Zylindern wird von unten her mit etwas dickem Asbest abgeschlossen, trockenes Magnesitpulver von oben hineingestreut und endlich der Hohlraum mit Magnesitbrei ausgegossen (ohne Dextrinzusatz); man läßt dann mehrere Tage trocknen, erwärmt noch etwa 24 Stunden im Trockenschrank auf 90°, lockert die Schrauben e und d,

zerschneidet die dünnen Kupferdrähte auf den Rillen *r* und schlägt nun vorsichtig den keilförmigen Mittelteil des Holzzylinders heraus, worauf die anderen Keile zusammenfallen und die Innenwicklung nunmehr freizuliegen kommt. Man bestreicht dieselbe schließlich noch von innen mit einem dünnen Magnesitbrei, läßt zwei Tage bei Zimmertemperatur und noch einige Stunden bei 100° trocknen, worauf der eigentliche Heizkörper fertiggestellt ist. Man umgibt denselben endlich noch mit einem Schamottezylinder *A* (Fig. 135), der auf der Grundplatte *P* aus gleichem Material ruht und mit dem Deckel *D* verschlossen wird. Endlich füllt man den Zwischenraum mehrmals nach Maßgabe der beim Erhitzen zusammensinkenden Isoliermasse mit gebrannter Magnesia nach. Die äußere Montage des Ofens ist außerordentlich zweckmäßig; durch zwei breite Eisenringe sowie durch die mit Federn *V* versehenen, mit Schraubenmuttern nachziehbaren Stäbe *b'* wird das Ganze zusammengehalten, so daß diese an den unteren Bohrungen noch freibeweglich sind. Als Tiegelunterlage dienen Stäbe *S* aus bestem Magnesit, welche oben eine Scheibe aus gleichem Material tragen und mittels Klammern in beliebiger Höhe sich in dem Ofen verstellen lassen. Die Befestigung dieser Klammern erfolgt an den schweren Schmiedeeisenstativen, wie Fig. 137 zeigt.

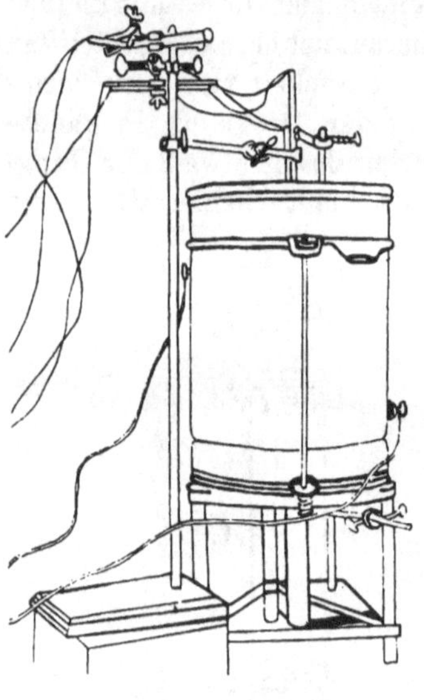

Fig. 137.
Montage des Ofens nach JAEGER.

Die übrigen Zusatzaggregate wie dreifache Dekadenwiderstände (für 10, 1 und 0,1 Ohm), doppelpolige Kommutatoren usw. sind die üblichen (von Gebr. RUHSTRAT-Göttingen). Erwähnenswert sind die mannigfachen von F. M. JAEGER empfohlenen Meßvorrichtungen für die Thermokraft der in FARADAYschen Käfigen gegen Stromeinwanderung geschützten Elemente[1].

Für besonders hohe Temperaturen (bis 1720°) und längere Benutzung von Öfen bei solchen haben J. B. FERGUSON und H. E. MERWIN[2] einen „Kaskadenofen" erdacht, welcher eine Innenheizung mittels eines Drahtes von 20%-iger Platin-Rhodiumlegierung (0,5 mm stark) unter Zusammenwirken mit einer äußeren Hilfswicklung von reinem Platindraht (0,8 mm stark) zum Prinzip hat (Fig. 138). Als Isolator dient hart gebrannte Magnesia; die äußere Platindrahtwicklung ist auf einer spiralig eingeschnittenen Rinne eines Magnesitzylinders aufgewickelt. Mit dieser Vorrichtung haben die genannten Autoren den genauen Schmelzpunkt des

---

[1] Vgl. dies. Handb. Bd. III, S. 365 ff.; II, S. 204—232; JAEGER, l. c. S. 53—75.
[2] Am. J. Science (4) **46**, 417 (1918).

Cristobalits (1710° ± 10°) bestimmt, sowie denselben für reinen synthetischen Tridymit (1670° ± 10°).

Die **Bestimmung genauer Mineralschmelzpunkte** ist bei den synthetischen Silicaten insbesondere eine Aufgabe, welche durch deren Neigung zu Überhitzung und Unterkühlung erschwert wird. Ist es doch eine alte Erfahrungstatsache, daß z. B. Quarz, Albit und Orthoklas aus ihren Schmelzen überhaupt nicht anders als glasig zu erhalten sind, daß aber andererseits selbst nach stundenlanger Erhitzung über die wirkliche Schmelzgleichgewichtstemperatur hinaus noch optisch anisotrope Partien sich finden, ja daß Überschreitungen derselben um 120° und mehr dabei vorkommen können[1]. Die gewöhnliche Methode der thermischen Analyse auf dynamischem Wege, d. h. unter Aufnahme von Erhitzungs- und Abkühlungskurven, wie diese bei den Metallegierungen zum Ziele führt[2], ist bei den Silicaten meist völlig ausgeschlossen. Ausnahmen mögen nach Jaeger immerhin vorkommen[3], doch ist es allein die Abschreckungsmethode (statische Expositionsmethode), welche in der Hand der Forscher des Geophysikalischen Instituts in Washington große Erfolge auch in den Fällen gezeitigt hat, wo sonst jede andere versagte. Dieses Verfahren wird durch systematische Expositionsversuche auf bestimmte Temperaturen gekennzeichnet, und zwar bei ein- und derselben konstanten Temperatur, worauf dann durch Abschrecken in Wasser oder Quecksilber der jeweilige Phasenzustand (ob noch kristallisiert oder schon unterkühlt-glasig, also geschmolzen) fixiert wird. Nach Untersuchung desselben lassen sich dann leicht immer engere obere und untere Grenzen für das Schmelzgleichgewicht ziehen. Die zur Ausführung des Verfahrens benötigte Vorrichtung ist außerordentlich einfach: In Platinfolie eingewickelt oder in einem sehr kleinen Tiegel aus Platinblech wird (Fig. 139a) die Substanz *B* mittels eines Porzellanringes *C* an dem dünnen Platindraht *d* befestigt, der an den starken

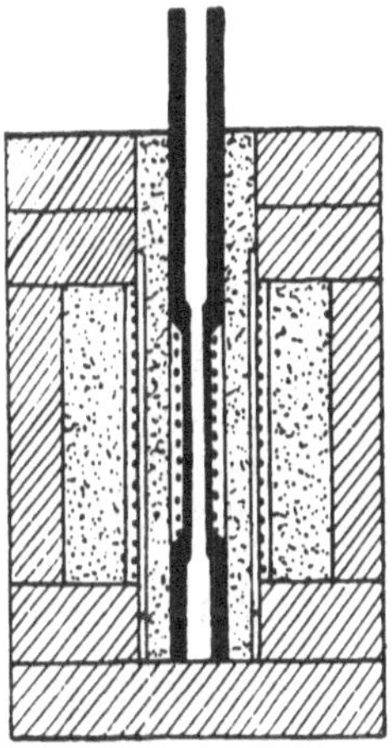

Fig. 138.
Kaskadenofen nach Ferguson und Merwin.

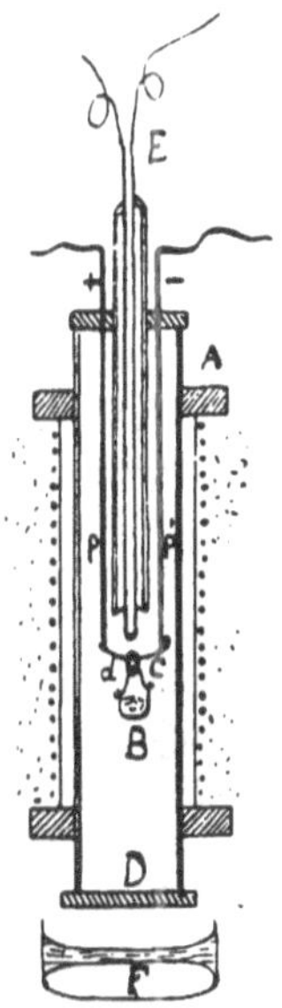

Fig. 139a.
Abschreckungsvorrichtung für Silicate (nach Jaeger).

[1] Vgl. A. L. Day, J. P. Iddings und E. T. Allen, Carneg. Public. No. 31, 1905; Day u. Allen, Z. phys. Ch. 54, 31 (1906).

[2] Vgl. Bd. III, S. 369 ff.

[3] l. c. S. 55 ff., 64 ff.

Platindrähten P und P' unten im Ofen angesetzt ist. Das untere, offene Ende des Heizrohres A wird von einer Asbest- oder Porzellanscheibe D abgeschlossen. Hat die Wärmeexposition der Substanz ihr Ende erreicht, was nach mehreren Stunden, eventuell aber auch erst nach Tagen der Fall ist, so zieht man D weg, schickt durch P, d und P' einen starken elektrischen Strom, welcher d augenblicklich abschmilzt, und der Tiegel B mit der Substanz fällt herunter in eine unter den Ofen gestellte Schale F mit der Abschreckungsflüssigkeit. Diese außerordentlich allgemein verwendbare Methode ist heutzutage zur Kontrolle synthetischer Ergebnisse geradezu unentbehrlich geworden und die Grundlage der zahlreich ausgearbeiteten Zustandsdiagramme gesteinsbildender Oxyd-Kieselsäuresysteme, wie sie in der Spezialliteratur angegeben sind.[1] — Die von FERGUSON und MERWIN bei der Bestimmung des Schmelzpunktes von reinem synthetischem Cristobalit benutzte Abschreckungsapparatur zeigt Fig. 139 b.

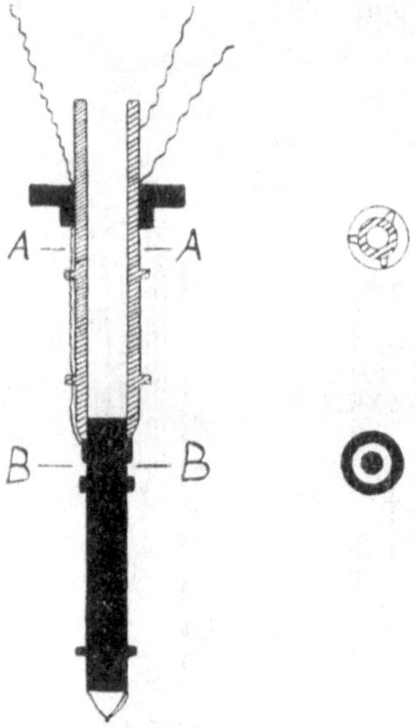

Fig. 139 b. Abschreckungsvorrichtung nach FERGUSON und MERWIN (für sehr hochschmelzende Substanzen).

Es braucht nicht besonders hervorgehoben zu werden, daß die gleiche statische Expositionsmethode auch besonders zur Bestimmung von **Umwandlungsgleichgewichten** geeignet ist, bei der die mikroskopische Untersuchung nach der Exposition und Abschreckung ergeben muß, ob die eine oder die andere Modifikation der vorliegenden Substanz stabil geblieben ist.

Nicht immer ist die Bestimmung von Schmelz- und Umwandlungserscheinungen an synthetischen Mineralien mit der Genauigkeit erforderlich, welche allein die statische Methode und dann in zweiter Linie die thermische Analyse zu erreichen gestattet. Der große apparative Aufwand steht oft kaum recht im Verhältnis zu der Bedeutung des Ergebnisses, wenn es sich nicht gerade um grundlegende physikalisch-chemische Feststellungen handelt, wie bei den systematischen Untersuchungen der amerikanischen Forscher oder bei denen F. M. JAEGERS. Zu einem qualitativen Studium von Schmelz- und Umwandlungsphänomenen können vielmehr auch **Erhitzungsmikroskope** dienen, deren erstes leistungsfähiges Modell das Kristallisationsmikroskop nach O. LEHMANN[2] gewesen ist. Nur elektrisch heizbare Mikroskopöfen aber konnten das synthetische Studium wesentlich fördern,

[1] Zusammenfassende Darstellung z. B. bei BOEKE-EITEL, Grundl. d. phys.-chem. Petrogr. 2. Aufl. 1923, S. 164—305.

[2] Siehe: Das Kristallis.-Mikr., Braunschweig 1910; vgl. d. Handb. Bd. II, S. 769; III, S. 456.

weil sie z. B. bei der Anwendung von Platindrahtheizung leicht Temperaturen bis 1500° liefern. C. Doelter[1] hat mit Benutzung kleiner Modelle von Heraeusschen Widerstandsöfen und eines besonders hochgebauten Polarisations-Spezialmikroskops zuerst ein wirklich allen Anforderungen entsprechendes Instrument geschaffen, welches in diesem Handbuch schon Bd. III, S. 457 kurz erwähnt worden ist, hier aber durch Fig. 140 wiedergegeben sei. Die mit ihm gewonnenen thermischen Daten sind freilich von Doelter zu Unrecht als grundlegend be-

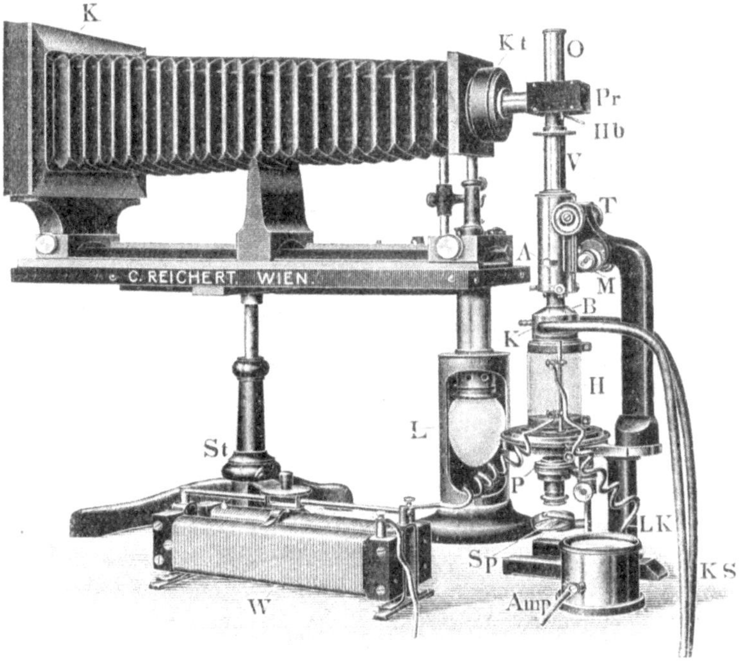

Fig. 140.
Erhitzungsmikroskop nach C. Doelter (Ausführung der Firma C. Reichert, Wien).

trachtet worden, sie können z. B. in Bezug auf die Schmelzgleichgewichte nur als rohe Annäherungen gelten.

Die Kühlung des Mikroskops erfolgt durch ein kleines Wasserreservoir, welches die Objektivfrontlinse umgibt und durch das kaltes Wasser zirkuliert. Das Objektiv selbst besteht aus einem nicht verkitteten System einer Chromglas- und Flintglaslinse; man kann es zur Erlangung stärkerer Vergrößerungen (gewöhnlich bis 132-fach, mit Einsatzrohr im Tubus u. U. bis 371-fach) bis ganz nahe an den Ofenrand rücken. Um die Vorgänge

[1] C. Doelter, Phys.-chem. Min., Leipzig 1905, 130; Petrogenesis, Braunschw. 1906, S. 140 ff.; Handb. d. Min.-Ch. Bd. I, 647. 649. — Eine ähnliche verbesserte Vorrichtung geben A. L. Day und F. E. Wright an: Zentr.-Bl. f. Min. **1910**, 423; s. a. F. M. Jaeger, l. c. S. 102f.

in der erhitzten Substanz auch photographisch aufnehmen zu können, kann man das Erhitzungsmikroskop mit einer horizontalliegenden Kamera durch ein Prismenstück verbinden, welches auf das Okular des Tubus aufgesetzt wird (Ausführung der Firma REICHERT, Wien). Bei Temperaturen über 1000° ist die Einschaltung von Farbenfiltern zur Erlangung scharfer Bilder unerläßlich.

R. NACKEN[1] hat durch sorgfältige Wahrung aller Vorsichtsmaßregeln gezeigt, daß immerhin sich sehr viel bessere Resultate erreichen lassen. Der von ihm verwendete Apparat besteht aus einem horizontalliegenden Platindrahtofen (bis 1600° verwendbar) und einem ebensolchen Mikroskop; Polarisator und Analysator sind synchron drehbar, und eine Scheibe mit Gradeinteilung erlaubt die Messung von Auslöschungsschiefen in den erhitzten Präparaten. Um die Doppelbrechung auch in kleinen Kristallen bei 1500° und mehr zu beobachten, ist eine intensive Beleuchtung (Nernstlampe) erforderlich. Die Temperaturmessung erfolgt mit nur 0,2 mm starken Thermoelementen; das Heizrohr wird von Kieselglasfenstern verschlossen. Die Brauchbarkeit dieser Vorrichtung für verhältnismäßig recht gute Schmelzpunktsbestimmungen (mit den statisch gefundenen Werten in guter Übereinstimmung) hat alsdann W. GRAHMANN[2] an den Sulfaten Anhydrit, Cölestin, Baryt und Anglesit sowie bei deren binären Systemen mit K_2SO_4 erprobt. Zur Erlangung eines gleichmäßigen Wärmeaustausches im Erhitzungsrohr empfiehlt dieser Autor die Auskleidung desselben mit Platinblech. Die Bestimmung der Schmelzpunkte durch die Beobachtung des Verschwindens der scharfen Umrisse des Präparates (DOELTER) ist unsicher, viel deutlicher ist die Beobachtung des Auftretens der dunklen isotropen Schmelzflecken auf der doppelbrechenden Kristallgrundmasse. Ungenügender Kontakt der Lötstelle des Thermoelements mit dem Präparat ist die hauptsächlichste Fehlerquelle; hier sind leicht Irrtümer bis zu 50° möglich. — Einen ähnlichen, in Einzelheiten noch sehr vervollkommneten Apparat, der von der Firma E. LEITZ, Wetzlar, gefertigt wird, hat K. ENDELL angegeben[3]. Diese Konstruktion (Fig. 141) ist außer für eigentlich mineralsynthetische Zwecke besonders auch für technisch-synthetische Untersuchungen (Sinterung von Portlandzementen, Erzen und Hüttenprodukten, Gläsern und Emails) sehr brauchbar.

Für genaueste optische Bestimmungen an synthetischen Präparaten (Messung von Doppelbrechung, Auslöschungswinkeln, Achsenwinkeln u. dgl.) bis 1200° hat F. E. WRIGHT[4] einen vorzüglich arbeitenden Mikroskopofen konstruiert, der aus einem Alundumrohr *A* (Fig. 142) besteht, welches die Platindrahtaußenwicklung trägt und in Magnesia eingebettet ist (Stromzuleitung bei *F*). Das Thermoelement *T* ist gleichzeitig Träger des Präparates; dieses wird noch mit den Platinklammern *L* in seiner Lage gesichert. Der Kühlmantel *W* aus Kupferblech besteht aus drei gesondert

---

[1] Zentr.-Bl. f. Min. 1913, 328.
[2] Dissert. Leipzig 1913; Z. anorg. Ch. 81, 259 ff. (1913).
[3] Z. f. Krist. 56, 191 ff. (1921).
[4] Journ. Washingt. Acad. Sci. 3, 232 (1913).

abnehmbaren Teilen; *B* sind Glasfenster, welche von Luftblasen mittels der Schieber *P* freigehalten werden. Das seitlich eingesetzte Porzellanrohr *C* ist mittels des Halters *KH* axial drehbar; die Drehung wird am

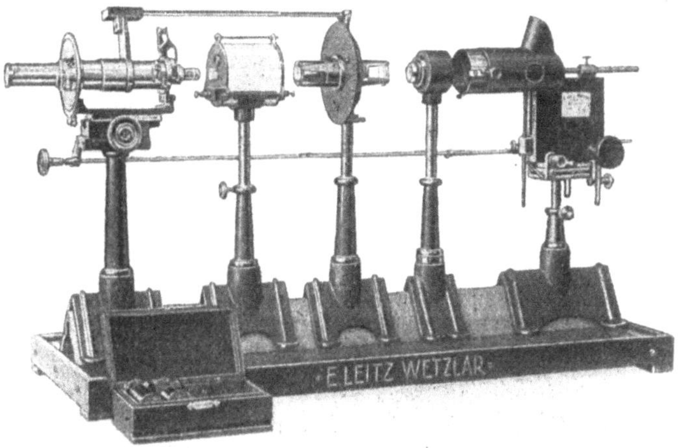

Fig. 141.
Erhitzungsmikroskop nach K. ENDELL (Ausführung der Firma E. LEITZ, Wetzlar).

Teilkreise *C* abgelesen. Die ganze Vorrichtung entspricht also dem bekannten KLEINschen Drehapparat. Das zugehörige Mikroskopstativ hat synchrone Nikoldrehung.

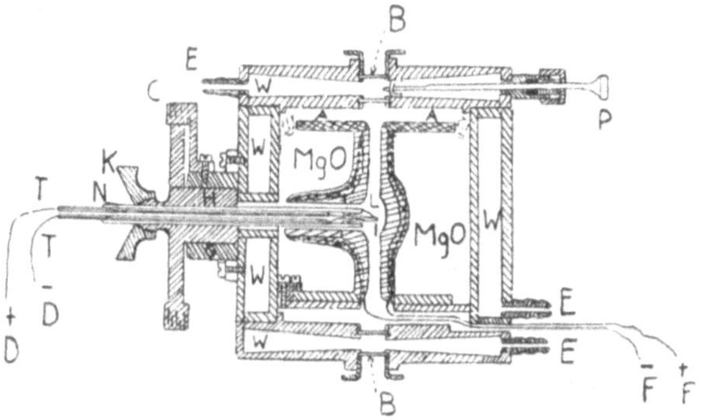

Fig. 142. Mikroskop-Ofen nach F. E. WRIGHT.

Mineralsynthesen bei extrem hohen Temperaturen, wie sie im elektrischen Lichtbogenofen nach MOISSAN[1], u. U. auch schon in Kurzschluß- oder Vakuumöfen[2] gewonnen werden, kommen nur selten in

[1] Vgl. Bd. I, S. 426—436.
[2] Ebendort S. 436—464, 400 ff.

Betracht. Es wäre hier nur auf die grundlegenden Schmelzpunktsbestimmungen an den Alkalierden, der Tonerde usw. hinzuweisen, die C. W. KANOLT[1] ausgeführt hat. Ferner die qualitativen Versuche von MOISSAN und RUFF zur Synthese des Diamanten.[2]

Synthese künstlicher Edelsteine (Korund, Saphir usw.).

Die ersten Korundsynthesen, welche Aussichten auf technische Verwendbarkeit zur Erzielung von Schmucksteinen eröffneten, sind diejenigen von E. FRÉMY und FEIL; sie ließen Kieselsäure auf Bleialuminat einwirken und setzten auf diese Weise die Tonerde in Freiheit, welche alsdann zu Korund kristallisierte. Zur Färbung der Kristalle erhielt die Schmelze noch einen geringen Zusatz von Chromsalzen. Später schmolzen FRÉMY und VERNEUIL reine Tonerde mit etwas Kaliumcarbonat bei 1500° mit Fluorbarium sowie ein wenig Kaliumdichromat in porösen Tiegeln zusammen und erhielten prachtvolle rhomboedrische Kristalle, welche sich gut schleifen ließen, aber freilich nur bis zu geringer Größe anwuchsen. Es stellte sich bei diesem Verfahren heraus, daß es unbedingt notwendig ist, eine Zirkulation der Luft in Berührung mit der Schmelzmasse im Gang zu halten, wie das nur in porösen Tontiegeln der Fall sein kann. Um große Kristalle zu erzielen, hatten FRÉMY und VERNEUIL es als am vorteilhaftesten erkannt, wenn man nicht das Bariumfluorid mit der Tonerde direkt vermischt ansetzt, sondern beide durch ein Platinblech voneinander trennt, so daß die sich aus dem Fluorid unter der Wirkung der wasserdampfhaltigen Ofengase entwickelnde Flußsäure in die Tonerde allmählich eindringen und diese umkristallisieren kann.

Von besonderem Interesse ist in diesem Zusammenhang die von E. TIEDE und E. BIRNBRÄUER[3] gegebene Darstellung von künstlichen Korundschmelzen in den von ihnen konstruierten Hochvakuum- bzw. Kathodenstrahlenöfen.[4] Das völlig geschmolzene reinste Aluminiumoxyd ist frei von Luftblasen, sieht glasig aus, und ist völlig farblos; es läßt sich aber durch einen geringen Zusatz von Kaliumdichromat zu dem Oxyd in schön rubinroten Schmelzen erhalten, bzw. durch eine Zugabe von Kobaltnitrat in blauer Färbung. Das außerordentlich beträchtliche Kristallisationsvermögen des Aluminiumoxydes führt dabei oft zur Ausbildung hübscher Wachstumsformen, welche aus aneinandergereihten Rhomboedern bestehen, wie man sie übrigens auch bei den technischen Korundschmelzen in Lichtbogenöfen bzw. in den Schlacken des GOLDSCHMIDTschen Thermitverfahrens[5] beobachtet. Bemerkenswert ist die von den Genannten auch beschriebene starke rote Luminescenz der mit wenig Chromoxyd versetzten Korundschmelzen.

---

[1] Z. anorg. Ch. 85, 12 ff. (1914).

[2] Vgl. MOISSAN, C. r. 140, 277 (1905); RUFF, Z. anorg. Ch. 99, 73 (1917); weitere Angaben siehe z. B. bei P. NIGGLI, Fortschr. d. Miner. 5, 139 f. (1916).

[3] Z. anorg. Ch. 87, 129—168 (1914).

[4] Vgl. dies. Handb. Bd. II, S. 265 f.

[5] Vgl. Bd. I, S. 127; IV, S. 325.

Eine besondere Art der reinen Schmelzflußsynthese ist die Darstellung künstlicher Rubine und Saphire nach dem modernen technischen VERNEUILschen Verfahren. Die Kristallisation des Korundes direkt aus seiner Schmelze erfordert besonders hohe Temperaturen (Schmelzpunkt der reinen Tonerde nach C. W. KANOLT, s. o., 2050°), die durch ein Sauerstoffgebläse erreicht werden können. Nach VERNEUIL wird ein Knallgasgebläse von nur 1,2 mm Öffnung auf ein Stäbchen calcinierter Tonerde gerichtet; durch den Strom des Gebläses selbst wird reines, sehr feines Tonerdepulver (aus Ammoniakalaun durch Fällen mit Ammoniak und sehr langsames Ausglühen erhalten) in die Flammen eingeblasen. Die in derselben verflüssigten Tonerdepartikelchen fliegen alsdann auf das gegenüberstehende Tonerdestäbchen und kristallisieren dort infolge der großen Kristallisationsfähigkeit der Tonerde, vergleichbar einem wachsenden Eiszapfen, direkt zu einem einheitlich orientierten Kristallindividuum, das langsam nach Maßgabe der Zufuhr des Oxydes fortwächst, bis es zu einer mehr oder minder großen Kristallkugel oder meist einem birnförmigen rundlichen Körper geworden ist, der durch sein Eigengewicht schließlich von der Unterlage herabfällt. Der in Fig. 143 schematisch dargestellte Apparat besteht aus dem mit Leuchtgas und reinem Sauerstoff gespeisten, vertikal montierten Gebläse, das an seinem oberen Teile einen zylindrischen Korb *P* enthält, in welchem die Tonerde sich befindet und durch das feine Drahtgewebe am unteren Teil desselben austreten kann. Zu einer möglichst gleichmäßigen Verteilung ist dieses Körbchen von einem weiteren Zylinder *C* umgeben, durch dessen Deckel das Einleitungsrohr *O* für den Sauerstoff einmündet. Eine sinnreiche Vorrichtung bewirkt ein Ausschütteln des feinen Tonerdestaubes aus dem Drahtgeflecht des Körbchens: an dem durch den Deckel hindurchgehenden Aufhängestab des Körbchens *G* sitzt oben ein vertikaler Bügel, der eine exzentrische Scheibe *E* trägt und diese auf einer horizontalen Achse festhält. Ein Zahngetriebe an dieser überträgt eine Rotationsbewegung, welche das Körbchen in fortwährende leichte Erschütterungen versetzt, so daß das Pulver in das Innere des Gebläserohres in feinem Strahle fällt. Dort wird es von dem Sauerstoffstrome mitgerissen, trifft auf den von *H* eingeführten Leuchtgasstrahl und geht mit diesem in die Spitze der Gebläseflamme bei *R*, wo die Unterlage für den wachsenden Kristalltropfen sich befindet. Eine weitere nicht unwesentliche Verbesserung bedeutet die Einführung eines kleinen Elektromagneten *A*, welcher bei jedem Stromdurchgang das Eisenstückchen *B* anzieht, wodurch der Hammer *M* auf den Ambos *E* fällt und den Strom unterbricht. — Nach außen hin ist der ganze Apparat in einem Tonzylinder angeordnet, der mit einer verschließbaren doppelten Sichtöffnung versehen ist. Der Tonerdestab,

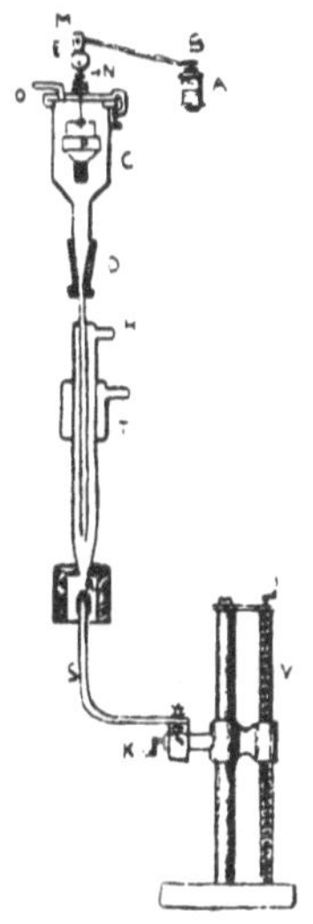

Fig. 143. Vorrichtung für Korundschmelzen nach VERNEUIL.

welcher die Unterlage für den Kristalltropfen bildet, sitzt in einer Platinzwinge an einer rechtwinklig gebogenen Eisenstange *S*, die mittels der Schraube *K* und des supportartigen Feinregulierungsgestells *V* eine genaue Einstellung des Tonerdestäbchens auf die Flammenspitze ermöglicht.

Zur Erzielung eines Rubins wird dem zur Herstellung der reinen Tonerde dienenden Ammoniakalaun eine geringe Menge Kalichromalaun zugesetzt, so daß der Cr_2O_3-Gehalt der geglühten Tonerde etwa 2,5 % beträgt. Die Herstellung von künstlichen blauen Saphiren gelang zuerst nach dem Verfahren von Louis Paris durch Beimengung von etwas Kobaltoxyd, welches allerdings gleichzeitig die Zugabe von 1—2 % CaO und MgO zur Tonerde notwendig macht. Neuerdings hat man ausgezeichnete blaue Saphire erzielt durch Zugabe von 1,5 % Magnetit (Fe_3O_4) und 0,5 % TiO_2 [1], in Übereinstimmung mit natürlichen Vorkommnissen von eisen- und titanhaltigen Saphiren. Die Herstellung weißen Saphirs ist besonders einfach, da man in diesem Falle nur von reiner Tonerde auszugehen braucht.

Der künstliche Rubin ist, vielleicht abgesehen von den häufigen minimalen Luftblaseneinschlüssen, verschieden starker Anreicherung des Färbungsmittels in einzelnen abwechselnden Schichten usw. (nicht zu verwechseln mit der isomorphen Schichtung der Kristalle), vom natürlichen nicht zu unterscheiden. Auf die zahlreichen mikroskopischen Untersuchungsmethoden sei hier nicht eingegangen, sondern auf die am Ende dieses Artikels gegebene ausführliche Literaturübersicht hingewiesen. — Dagegen sind die nach dem Paris-Verfahren hergestellten Saphire mit den natürlichen nicht wesensgleich, haben eine andere chemische Zusammensetzung und eine etwas andere Härte. Auch das Färbungsprinzip (CoO) ist in den künstlichen Saphiren ein den natürlichen Steinen fremdes, überdies sind die ersteren in Wirklichkeit optisch isotrop und gehören nach den eingehenden Untersuchungen von R. Brauns [2] der Spinellgruppe an. Auch die Dichte und der Brechungsindex ist geringer als bei den natürlichen Saphiren. Erst durch den neueren Kunstgriff Verneuils ist es gelungen, die blauen Kunstsaphire den natürlichen durchaus gleichartig zu machen, so daß die mikroskopische Unterscheidung beider bei etwaigem Fehlen der oben bei Rubin schon erwähnten Zufälligkeiten (Blaseneinschlüsse, Schichtung) oft außerordentlich schwierig, ja oft unmöglich wird.

Von anderen Edelsteinarten als den Korundvarietäten sind bis jetzt nur die Spinelle mit Sicherheit synthetisch hergestellt worden. Es wurde schon oben beim Saphir der blauen, nach dem Paris-Verfahren gewonnenen Spinelle gedacht. Auch roter Spinell kann leicht entsprechend dargestellt werden, doch besitzt er gegenüber dem schöneren Rubin keinerlei Vorzüge und ist deshalb nicht handelsgebräuchlich.

Als synthetischer Alexandrit kommt ein künstlicher Korund in den Handel, welcher die merkwürdige Eigenschaft besitzt, im Tageslichte grün-

---

[1] A. Verneuil, C. r. **150**, 185 (1910).

[2] Aus der Natur **1910**, 537.

gefärbt, bei künstlichem Lichte aber rötlich zu erscheinen. Das Färbungsmittel liefert ein Zusatz von etwas Vanadiumoxyd zu der Tonerde. Mit Zusätzen von wenig Eisen, Uran, Nickel, Titan oder Thallium kann man auch gelbliche Saphire verschiedenartigster Varietäten erzeugen. Es sei diesbezüglich auf die einschlägige Literatur hingewiesen sowie besonders auf den Aufsatz von R. BRAUNS im Handwörterbuch der Naturwiss. Bd. VIII (Jena 1913), S. 930.

In neuester Zeit bringen die Elektrochemischen Werke eine grüne Saphirvarietät zur Darstellung, welche in der Tat Steine liefert, die durchaus dem Smaragd in nichts nachstehen und als dessen vollkommenste Nachahmung gelten können. Das Pigment ist[1] nicht etwa durch Mischung derjenigen entstanden, welche den gewöhnlichen gelben und blauen Saphir bestimmen, sondern auf andere Weise gebildet (angemeldet zum D.R.P. unter E. 28812 und 28319 IV. 12 m). Die Steine wurden auch nicht etwa durch radioaktive Verfärbung erhalten.[2]

Literatur über die künstlichen Edelsteine.

Zusammenfassende Darstellungen:

H. MICHEL, Die künstlichen Edelsteine, ihre Erzeugung, ihre Unterscheidung von den natürlichen und ihre Stellung im Handel, Leipzig 1914.

H. GROSSMANN und A. NEUBURGER, Die synthetischen Edelsteine, ihre Geschichte, Herstellung und Eigenschaften (nach J. BOYER, La synthèse des pierres précieuses), Berlin 1910; 2. Aufl. 1918.

C. DOELTER, Handb. d. Mineral-Ch. Bd. III, 2, 445—458 (1922), über den künstlichen Korund.

L. DOERMER, Artikel „Mineralsynthesen" (Edelsteine) in der Encykl. d. techn. Chem. (F. ULLMANN), Bd. IV, 305—316 (1916); dort besonders auch mehr apparative Einzelheiten.

A. EPPLER, „Die Schmuck- und Edelsteine", Bd. II der Gewerbl. Materialienkunde d. deutsch. Werkbd. (F. KRAIS), 1912, 273—284 (über synthetische Korunde).

R. BRAUNS, Artikel „Schmucksteine" im Handwörterb. d. Naturw. Bd. VIII, 963—968 (1913).

J. ESCARD, Les pierres précieuses, Paris 1914.

Einzelaufsätze:

F. ROTHE, Synthetische Edelsteine, ihr Wesen und ihre Erzeugung (als Manuskr. gedruckt) 1911, Idar (Deutsche Edelstein-Gesellschaft, vorm. H. WILDE, A.-G. Idar).

L. DOERMER, Künstliche Edelsteine (Vortrag), Z. angew. Ch. **25**, 1391 f. (1912).

E. FRÉMY, La synthèse des rubis, Paris 1891.

A. VERNEUIL, C. r. **135**, 791 (1902); Ann. chim. phys. [8] **3**, 20—48 (1904); C. r. **150**, 185 (1910); **151**, 1063 (1910).

L. PARIS, C. r. **147**, 933 (1908).

E. FRÉMY und A. VERNEUIL, C. r. **104**, 737 (1887); **106**, 565 (1888); **111**, 667 (1890).

R. BRAUNS, Aus der Natur, 1908—09, Nr. 21, 650; 1909, Nr. 2, 53; 1910, 538; Zentr.-Bl. f. Miner. **1909**, 675.

---

[1] Nach brieflicher Angabe des Herrn Dr. H. ESPIG, dem ich hierdurch meinen besten Dank ausspreche.

[2] Vgl. dazu BORDAS, C. r. **145**, 710 (1907); **146**, 21 (1908).

Synthesen in Schlackengesteinen sowie von Sufildschmelzen usw.

J. H. L. VOGT[1] hat insbesondere die synthetische Mineralbildung in technischen Schlacken silicatisch-sulfidischer Art eingehend studiert. Diese enthalten vor allem Kristallarten der Olivingruppe, der Pyroxenreihe, basische trikline Feldspäte, Melilithe, Feldspatvertreter, sehr selten Granat (Melanit), ferner Tridymit, Spinellmineralien im silicatischen Bestandteil, verschiedene einfache Monosulfide in den sulfidischen Bestandteilen. Auch Phosphate, Titanate usw. werden gelegentlich beobachtet. Aus mit Tonerde übersättigten Schmelzen kann auch Korund auskristallisieren; Spinell bildet sich in gleichzeitig Magnesia enthaltenden Schlacken. Je niedriger die Basizität der Schmelzen ist, um so mehr Spinell entsteht, während in den kieselsäurereicheren stets die Tonerde in die Silicate mit eintritt unter Bildung von Alumosilicaten der alkalischen Erden und der Alkalien, sowie von Mischkristallen der Reihe der gemeinen und basaltischen Augite. Die Kristallisationsfolge der Silicate nach den Kristallisationen von Sulfiden, Spinellen und Phosphaten, welche solcherart durch die einfachen Schmelzversuche an den technischen Schlacken sich ergeben hat, ist für die Deutung der entsprechenden magmatischen Kristallisationserscheinungen von fundamentaler Bedeutung geworden.

Wichtig sind auch die umfassenden Beobachtungen VOGTS[2] über den verschiedenen Grad der Flüssigkeit der synthetischen Silicatschmelzflüsse in Abhängigkeit von der chemischen Zusammensetzung derselben, bei welchen sich vor allen Dingen folgendes herausgestellt hat:

Schmelzen mit geringem SiO_2-Gehalt sind unter sonst gleichen Bedingungen von Temperatur und Zusammensetzung dünnflüssiger als SiO_2-reichere. Eisen- und Manganoxyd verringern, Al_2O_3 sowie SiO_2 erhöhen die Viscosität; ebenso wird dieselbe verringert durch MgO im Vergleich zu CaO. Temperaturerhöhung setzt die Zähigkeit ganz erheblich herab, Druck vergrößert sie ebensosehr.

Die eigentliche Kristallisation in Abhängigkeit von Druck, Temperatur und Konzentration der einzelnen Bestandteile in synthetischen Schmelzen ist das Grundproblem der auf die Silicatschmelzen angewandten Phasenlehre, für welche auf die von der GIBBSschen Phasenregel hergeleiteten ausführlicheren Erörterungen an anderer Stelle hingewiesen werden muß.[3]

Insbesondere bei den Schmelzen der synthetischen Sulfide, Arsenide, usw. sind viele Voruntersuchungen von hohem Werte, welche zunächst zum Zwecke des Studiums hüttenmännischer Prozesse, vor allem des sulfurierenden und arsenicierenden Schmelzens angestellt worden waren, so in erster Linie die zahlreichen Arbeiten von K. FRIEDRICH, P. SCHOEN,

---

[1] J. H. L. VOGT, Beitr. z. Kenntn. d. Mineralbildg. in Schmelzmassen usw., Kristiania 1892; Die Silicatschmelzlösungen I/II, in den Vidensk. Selskabets Skr. I. Math.-naturw. Kl. 1903, Nr. 8; 1904, Nr. 1. Ferner speziell über Silicat-Sulfidsysteme ebendort 1918, Nr. 1.

[2] J. H. L. VOGT, Vidensk. Selsk. Skr. 1904, Nr. 1, S. 161 ff.

[3] Vgl. BOEKE-EITEL, Grundl. d. phys.-chem. Petrogr. 2. Aufl. 1923, S. 3—305.

K. BORNEMANN[1] u. a. Ferner hat F. ROESSLER[2] sehr schöne Kristallisationen von Sulfiden, Seleniden, Arseniden usw. durch Umkristallisation aus den geschmolzenen Metallen erhalten; es ist dies an Hand der in vorstehenden Arbeiten gegebenen Zustandsdiagramme ohne weiteres verständlich.

Schmelzung reziproker Salzpaare.

Ein besonderes Interesse bietet noch die Möglichkeit, in trockenen Schmelzen die Mineralsynthesen durch reziproken Basenaustausch durchzuführen, obwohl das Hauptanwendungsgebiet dieser eleganten Methoden bei den wässerigen Lösungen gegeben ist. Wenn MANROSS[3] z. B. durch Zusammenschmelzen von $BaCl_2$ und K_2SO_4 den Baryt, aus Natriummolybdat und Bleichlorid den Wulfenit synthetisch erhielt, so sind damit typische Beispiele für solche Austauschreaktionen $M_1R_1 + M_2R_2 \rightleftharpoons M_1R_2 + M_2R_1$ gegeben. Ein nach physikalisch-chemischen Gesichtspunkten bereits genau ausgearbeitetes reziprokes Gleichgewichtsdiagramm im Schmelzfluß gab E. JÄNECKE[4] im System $Na_2Cl_2—K_2Cl_2—Na_2SO_4—K_2SO_4$ sowie $K_2SO_4—MgSO_4—MgCl_2—K_2Cl_2$ (mit den synthetischen Anhydriden des Carnallits und Kainits sowie dem Langbeinit). Ein anderes schönes Beispiel siehe bei E. FLACH[5] im System $K_2SO_4—Na_2SO_4—K_2CrO_4—Na_2CrO_4$ mit Glaserit und Chromglaserit als synthetischen Kristallarten.

Synthesen im Schmelzfluß mit Benutzung von Katalysatoren.

Die Nachbildung von Mineralien und Schmelzflüssen unter Zusatz von Katalysatoren der Kristallisation („agents minéralisateurs", Mineralisatoren, auch Kristallisatoren genannt) ist eine seit langen Jahrzehnten besonders gebräuchliche und erfolgreiche Methode der Mineralsynthese. Am einfachsten ist die Anwendung eines Schmelzflusses von Salzen wie NaCl, $CaCl_2$, $MgCl_2$ oder $BaCl_2$, in welchen als Lösungsmittel die amorphe Ausgangssubstanz eingetragen wird. Die Umkristallisation erfolgt dann nach Maßgabe der mit zunehmender Temperatur zunehmenden Löslichkeit beim langsamen Abkühlen der Schmelze; zur Erlangung größerer Kristalle ist es auch vorteilhaft, die Temperatur in gewissen Bereichen schwankend zu halten, so daß durch eine öfters wiederholte Auflösung und Ausscheidung die Umlagerung in die kristallisierte Form begünstigt wird. Hier wären die älteren glänzenden Synthesen von GORGEU, BOURGEOIS, LE CHATELIER, HAUTEFEUILLE, RAMMELSBERG, SCHOTT, LEMBERG u. a. zu nennen[6], über die in der Spezialliteratur nachzulesen sein wird. Die Erlangung stabiler, kongruent (d. h. unzersetzt) schmelzender Kristallarten ist nach diesen Metho-

[1] Vgl. dies. Handb. Bd. IV, S. 221—225.

[2] Z. anorg. Ch. 9, 31—77 (1895).

[3] MANROSS, Ann. 82, 352 (1852); vgl. SIMMLER, J. pr. Ch. [1] 76, 430 (1859).

[4] Z. phys. Ch. 64, 305, 343 (1908); 80, 1 (1912); 82, 1 (1913); Z. anorg. Ch. 51, 132—157 (1906).

[5] Dissert. Leipzig 1912.

[6] A. GORGEU, C. r. 96, 1734 (1883); 97, 1303 (1883); L. BOURGEOIS, l. c. 103, 1088 (1886); LEMBERG, Z. D. Geol. Ges. 25, 247 (1873); O. SCHOTT, Z. f. Kryst. 5, 610 (1881) usw.

den meist leicht durchführbar; demgegenüber sind naturgemäß inkongruent (unter Zerfallsreaktion) schmelzende Körper wie die Granatmineralien u. dgl. auch mit Zusatz von Flußmitteln nicht oder nur schwierig erhältlich.

Die Anwendung von Fluoriden als Mineralisatoren führte DOELTER[1] zu seinen erfolgreichen Synthesen von Wollastonit und Glimmern, HAUTEFEUILLE und MARGOTTET[2] zur Synthese des Quarzes und Orthoklases, DUBOIN[3] zur Nachbildung des Leucits. Schmelzen mit freiem Bortrioxyd wie mit Boraten hatten bereits EBELMEN, TRAUBE und HUSSAK[4] zur Synthese zahlreicher Oxyde und Silicate benutzt. Die Borsäure sowie nach GUERTLER[5] die Alkalimetaborate besitzen neben ihrer großen Lösungsfähigkeit für Oxyde, Silicate, Fluoride, Silicide, Carbide usw. und ihrer leichten Schmelzbarkeit auch noch bei höheren Temperaturen eine ziemlich erhebliche Flüchtigkeit. Man kann so z. B. in $LiBO_2$ in etwa 8 Stunden, mit $NaBO_2$ in 4, mit KBO_2 gar in 1 Stunde bei 900—950° bequem die Substanz exponieren und dabei das Lösungsmittel allmählich „absieden" lassen; es kristallisieren die genannten Stoffe alsdann aus, sobald eine genügende Menge des Borates verflüchtigt ist. Ähnliches hatte bereits EBELMEN[6] bei den Alkalicarbonaten zur Synthese von Olivin, Perowskit, Rutil usw. erprobt, mußte aber bei diesen Schmelzmitteln entsprechend oft mehrere Tage lang sehr stark erhitzen.

Besonders wirksam erwiesen sich bei den wertvollen synthetischen Untersuchungen über die SiO_2-Mineralien (Quarz, Tridymit, Cristobalit) nach HAUTEFEUILLE[7] sowie den neueren von FENNER[8] die vanadin- und wolframsauren Salze, mit deren Hilfe es gelungen ist, selbst ungemein träge und langsame Umwandlungen wie diejenige von α-Quarz[9] in α-Tridymit, von α-Tridymit in α-Cristobalit u. dgl. in ihren Gleichgewichtstemperaturen einwandfrei festzustellen. Nach den ausgezeichneten präparativen Arbeiten von J. MOROZEWICZ[10] ist bereits die Anwesenheit von 1% WO_3 in Schmelzen liparitischer Zusammensetzung ausreichend, um die Kristallisation von Quarz, Biotit und Sanidin zu erzielen. Es unterliegt keinem Zweifel, daß auch in der Zukunft die Anwendung der Wolframate usw. bei der Untersuchung über die Stabilitätsverhältnisse von Silicatsystemen eine große Bedeutung haben wird, so vor allen Dingen bei der

[1] C. DOELTER, TSCHERM. Min. Mitt. **10**, 67 (1889).

[2] HAUTEFEUILLE, MARGOTTET, C. r. **93**, 686 (1881).

[3] DUBOIN, C. r. **114**, 1361 (1892).

[4] H. TRAUBE, N. Jahrb. f. Min. **1894**, I, 275; Ber. **26**, 2735 (1893); E. HUSSAK, Sitzgs. Ber. d. Niederrhein. Ges. Bonn, 1887; EBELMEN, Ann. chim. phys. [3] **22**, 211 (1848).

[5] D. R. P. 182200; Zentr. **1907**, I, 1518.

[6] EBELMEN, C. r. **32**, 710 (1851); **33**, 525 (1851).

[7] HAUTEFEUILLE, C. r. **86**, 1133, 1194 (1878).

[8] C. N. FENNER, Z. anorg. Ch. **85**, 133 (1914); Am. J. Science [4] **36**, 331 (1913).

[9] Mit α soll immer die bei höherer Temperatur stabile Modifikation bezeichnet werden. Beim Quarz hatte man vor LECHATELIERS Untersuchung über die Umwandlung dieses Minerals bei 575° ehedem die oberhalb dieser Temperatur stabile Modifikation als β-Quarz bezeichnet.

[10] TSCHERM. Min. Mitt. **18**, 227 (1899).

Bestimmung von Umwandlungspunkten nach der statischen Expositionsmethode, indem der Stoff mit dem Flußmittel zusammen lange Zeit in der Nähe der Umwandlungstemperatur erhitzt, dann abgeschreckt und sein Zustand mikroskopisch untersucht wird. Dabei ist freilich wohl zu beachten, daß der Versuchskörper das Flußmittel nicht etwa in fester Lösung aufnimmt, weil sonst eine andere Umwandlungstemperatur gefunden wird, als dem zu untersuchenden Stoffe in reinem Zustande zukommt.

Der wichtigste Mineralisator der natürlichen Schmelzflußsysteme (des „Magmas"), der Wasserdampf, ist experimentell bis jetzt angesichts der enormen Dampfdrucke bei höheren Temperaturen als dem kritischen Punkte des Wasserstoffs (374°) noch nicht direkt bei der Untersuchung synthetisch wichtiger Systeme zu verwerten. Die Theorie ist hier demgegenüber besonders durch zahlreiche Spezialuntersuchungen von P. NIGGLI[1] weiter geführt als die experimentelle Praxis; die Natur der fluiden Lösungen hat der gleiche Autor an einem wohlgewählten Analogon im Systeme HgJ_2—$HgBr_2$—SO_2 näher untersucht und insbesondere durch die aus ihnen erfolgenden, oft sehr grobkörnigen Kristallisationen die Bildung der bekannten pegmatitischen Drusenmineralien verständlich zu machen vermocht. — Über die bei niedrigeren als den eigentlich magmatischen Schmelztemperaturen, aber immer noch in der Nähe des kritischen Punktes vor sich gehenden hydrothermalen Mineralsynthesen siehe weiter unten des Ausführlicheren.

Synthesen kontaktmetamorpher Bildungen in Schmelzen.

Rein orientierenden Wert für die Synthesen von Kontaktmineralien haben die zahlreichen Versuche von L. BOURGEOIS[2], K. VON CHRUSTSCHOFF[3], DOELTER und HUSSAK,[4] bei welchen die Einwirkung bestimmter Schmelzen synthetischer Gemische oder von Schmelzen in der Zusammensetzung von gewissen Gesteinstypen, z. B. der Basalte, auf feste kristallisierte Mineralien studiert wurde. Es gelingt auf diese freilich nur sehr roh-approximative Weise kaum mehr als die Nachahmung der in der Natur immer nur wenig umfangreichen, rein thermischen Kontaktmetamorphosen, die sich infolgedessen auch fast nur in Rekristallisationen, polymorphen Umwandlungen (z. B. Tridymit aus Quarz entstanden) oder inkongruentem Schmelzzerfall (z. B. von Granat zu Spinell und Augit) äußern können. In die gleiche Klasse von mineralsynthetischen Erfolgen gehören die von MOROZEWICZ beobachteten Kristallisationen von Korund oder Spinell, hervorgerufen durch Wechselwirkung von Silicatschmelzmassen mit dem Material der Schamottetiegel, die er als Versuchsgefäße verwandte.[5] Einen

[1] P. NIGGLI, Z. anorg. Ch. 75, 161 (1912); 77, 321 (1912); Zentr.-Bl. f. Min. **1912**, 321; Geol. Rdsch. **3**, 472 (1912); Preisschr. d. Fürstl. JABLON. Ges. Leipzig, 1920 usw.

[2] L. BOURGEOIS, Thèses, Paris 1883, S. 40.

[3] K. VON CHRUSTSCHOFF, N. Jahrb. f. Min. 1887, I, 205.

[4] C. DOELTER, N. Jahrb. f. Min. **1886**, I, 128; mit E. HUSSAK, l. c. **1884**, I, 18.

[5] Z. f. Krist. **24**, 282 (1895).

intensiven kaustischen Eingriff in die chemische Zusammensetzung von Silicatschmelzen stellt das von EBELMEN geübte Verfahren der Ausfällung von Oxyden usw. mit freiem Ätzkalk dar;[1] ein Analogon in der Natur zu solchen ziemlich gewaltsamen Synthesen ließe sich allenfalls in den Reaktionen sehr scharf gefritteter Kalksteineinschlüsse finden (z. B. in den von A. LACROIX und SCACCHI beschriebenen Vesuv-Auswürflingen).

Mineralsynthesen aus Schmelzflüssen unter hohem Druck.

Zu großen Erwartungen berechtigen die freilich bisher nur spärlichen Versuche, Mineralsynthesen im Schmelzfluß unter gleichzeitigen hohen hydrostatischen (allseitigen) Drucken (Gasdruck) anzustellen; die früheren Versuche von W. SPRING[2], welche unter einseitig-mechanischem Druck

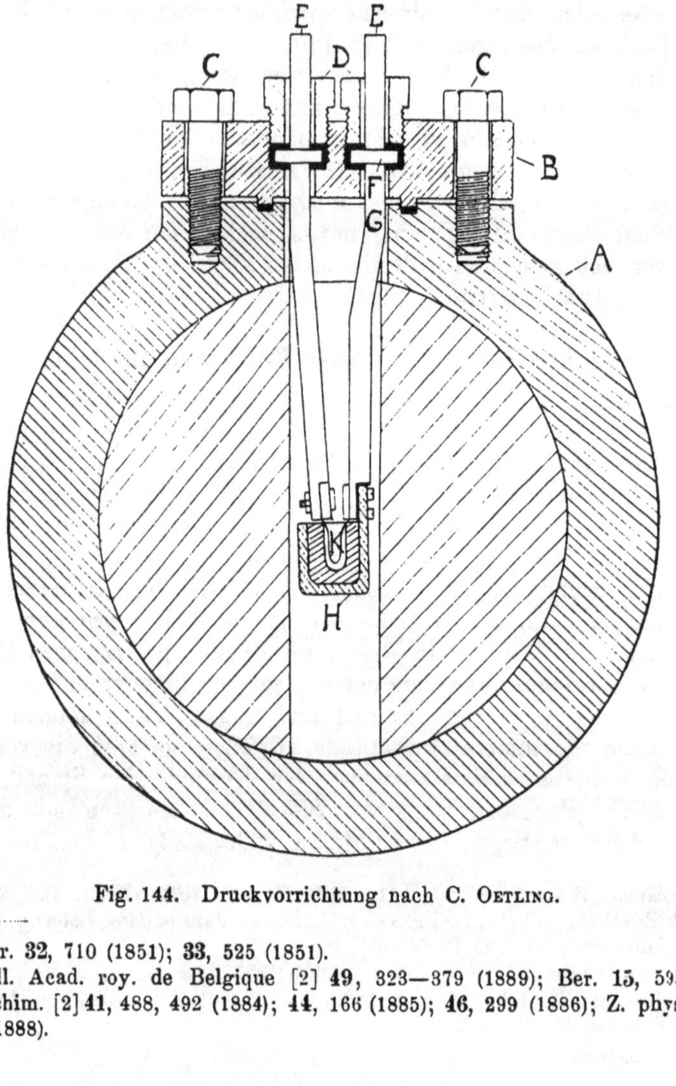

Fig. 144. Druckvorrichtung nach C. OETLING.

[1] C. r. **32**, 710 (1851); **33**, 525 (1851).

[2] Bull. Acad. roy. de Belgique [2] **49**, 323—379 (1889); Ber. **15**, 595 (1882); Bull. soc. chim. [2] **41**, 488, 492 (1884); **44**, 166 (1885); **46**, 299 (1886); Z. phys. Ch. **2**, 532, 536 (1888).

vorgenommen worden waren, sind bekanntlich als unkritisch, in ihren Schlüssen viel zu weitgehend und für die natürliche Bildung der Mineralien und Gesteine als ziemlich wertlos erkannt worden. Der von R. THRELFALL[1] angegebene Druckapparat beruht auf der Anwendung einseitigen Druckes in der hydrostatischen Presse unter Benutzung einer elektrischen Heizvorrichtung mittels niedrig gespannten intensiven Wechselstroms. Die Anwendung auf die Synthese des Diamanten war ergebnislos. Dagegen hat C. OETLING bereits 1898[2] in höchst bemerkenswerter Weise sich bemüht, einen brauchbaren Ofen zur Mineralsynthese unter hochgespannter CO_2-Atmosphäre (bis zu Drucken von mehreren hundert Atm.) zu konstruieren. Ein kugelförmiges Gefäß *A* (Fig. 144) aus sehr starkwandigem KRUPPschem Stahlguß war mit einem schweren Flachdeckel *B* aus gleichem Material verschlossen und mit zwölf sehr starken Schrauben aus bestem Schmiedeeisen gesichert. Das Innere der Kugel wurde zwecks besserer Wärmeleitung in dem schädlichen Raume mit Eisenfeilicht so angefüllt, daß in der Mitte ein zylindrischer Hohlraum verblieb. Durch den Deckel sind isoliert und gasdicht zwei starke Kupferstangen *EE* eingeführt, welche den zur Schmelzung erforderlichen Strom zuleiten; die Dichtung erfolgt durch die auf die Stangen *E* hart aufgelöteten Bunde aus Kupfer *F*, welche zwischen zwei harte Vulkanfiberscheiben mittels der starken Stopfbüchsenschrauben *D* aufgepreßt werden. Ferner ist in dem Deckel ein Vertikalstutzen *R* (Fig. 145) zur Einführung der flüssigen Kohlensäure eingesetzt und zweitens ein Schauloch mit einer trichterförmig ausgedrehten Schraube *M*, verschlossen durch eine Bergkristallplatte *N*, die zwischen zwei Vulkanfiberringe eingepreßt wurde. Die Schmelze im Inneren der Bombe kann dann durch den Spiegel *P* gefahrlos anvisiert werden. Die Heizvorrichtung besteht aus dem Kupfergefäß *H*, das, mit Schamotte ausgefüttert, den eigentlichen Schmelztiegel darstellt, und dem U- oder W-förmig gebogenen Platinbande *K*, welches in die Schmelzmasse eintaucht und mit niedrig gespanntem, aber sehr starkem Gleichstrom gespeist wird. Diese sehr sinnreiche Apparatur, welche OETLING noch durch eine Menge von Konstruktionseinzelheiten ausgebaut und verbessert hat, bzw. zu deren Vervollkommnung er die Anwendung zylindrischer

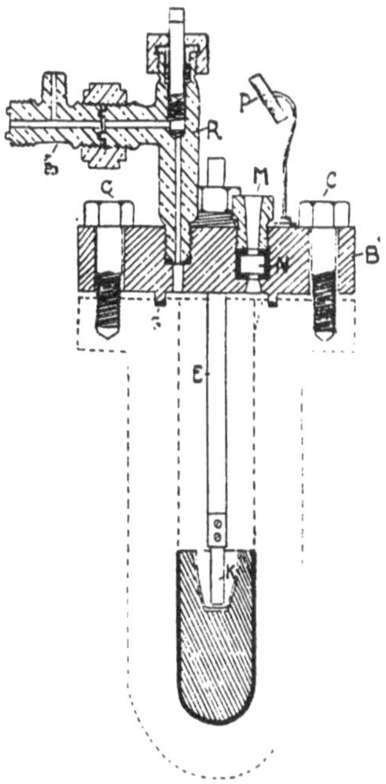

Fig. 145. Verschlußstock zu OETLINGS Druckbombe.

[1] J. Chem. S. 93, 1333—1356 (1908).
[2] TSCHERM. Min. Mitt. 17, 344 ff. (1898).

Druckgefäße (vgl. Fig. 145) als vorteilhafter vorschlug, hat leider nur zu qualitativen Vorarbeiten Anwendung finden können, da sie einer sicheren Temperaturmeßvorrichtung entbehrt.

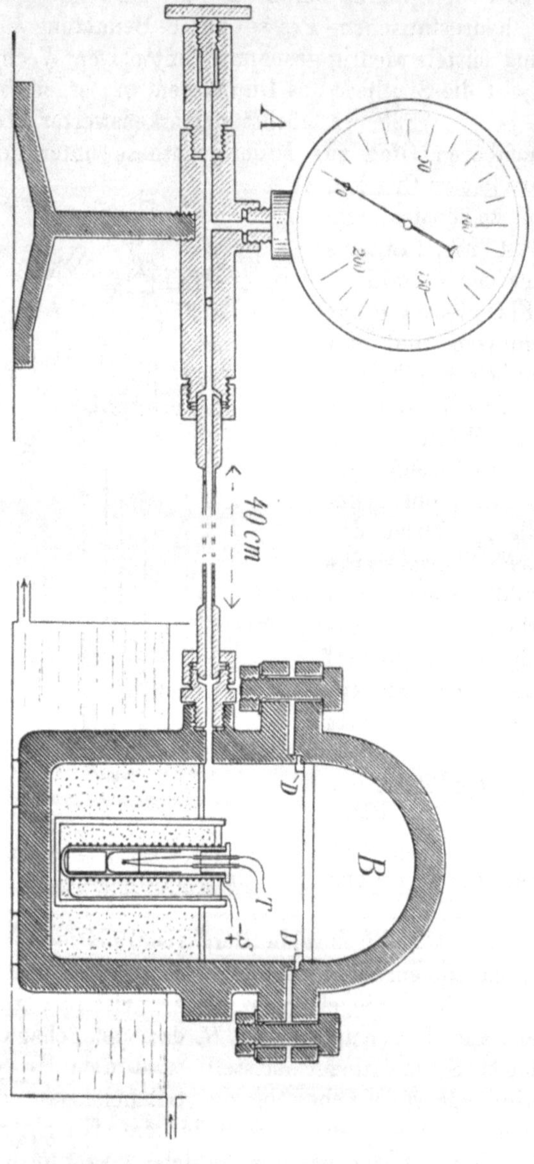

Fig. 146a. Druckvorrichtung nach H. E. Boeke.

Die genauere Untersuchung von Schmelz- und Kristallisationsgleichgewichten von synthetischen Mineralien ist jedoch erst von H. E. Boeke ermöglicht worden, und zwar durch Übertragung der von G. Tammann (Kristallisieren und Schmelzen, Leipzig 1903) gewonnenen Erfahrungen auf höhere Temperaturen. Nach orientierenden Vorarbeiten der Jahre 1906 bis 1910 hat Boeke[1] alsdann mit F. Rinne[2] die Nachbildung des Marmors durch Umkristallisation (Sammelkristallisation) von gepulvertem Kalkstein bzw. natürlichem feinkörnigen lithographischen (Solenhofener) Schiefer bei 1200° unter 65 Atm. CO_2-Druck durchgeführt[3]. Die von Boeke dann später bei der genauen Bestimmung des Schmelzpunktes von reinem Calciumcarbonat benutzte Apparatur[4] ist für alle derartigen Druckofenvorrichtungen

[1] Z. anorg. Ch. **50**, 246 ff. (1906).
[2] Tscherm. Min. Mitt. **27**, 393—398 (1908).
[3] Vgl. über frühere Versuche anderer Autoren A. Becker, Tscherm. Min. Mitt. **7**, 122 (1886).
[4] Vgl. N. Jahrb. f. Min. **1912**, I, 93—121.

vorbildlich und sei infolgedessen hier eingehender beschrieben: Eine Gußstahlbombe (Fig. 146a) von 12 cm innerem Durchmesser und $1^1/_2$ cm Wandstärke enthält sechs elektrisch isolierte drucksichere Durchgänge (zwei mittlere für die Heizstromleitung S, die seitlichen je für ein LE-

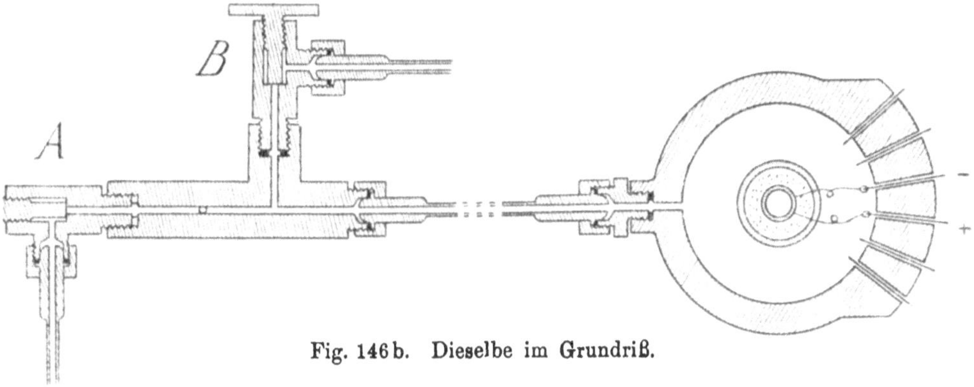

Fig. 146b. Dieselbe im Grundriß.

CHATELIERsches Thermoelement T). Die druckfeste Isolierung, von der Fig. 147 ein Detailbild gibt, befindet sich zweckmäßig außerhalb der Bombe, so daß sie nur ganz wenig erhöhte Temperatur hat. In einer kleinen Kammer ist eine Messingscheibe c mit beiderseits aufgesetztem Ring der eigentliche Verschlußkörper; diese Ringe werden von den Aluminiumscheibchen b auf die isolierenden Glimmerplättchen a gepreßt. In die Messingscheiben c sind 1 mm starke Drähte aus Platin und Platin-10% Rhodium bzw. die Kupferdrähte für die Stromleitung S hart eingelötet; im übrigen werden diese Drähte durch Tonröhrchen t und Specksteindüsen d isoliert. — Der Verschluß des halbkugelförmigen Bombendeckels B erfolgt mittels des Bleiringes D (Fig. 146a) und zwölf starker schmiedeeiserner Schrauben. Der Druckhahn A (Fig. 146b) an dem

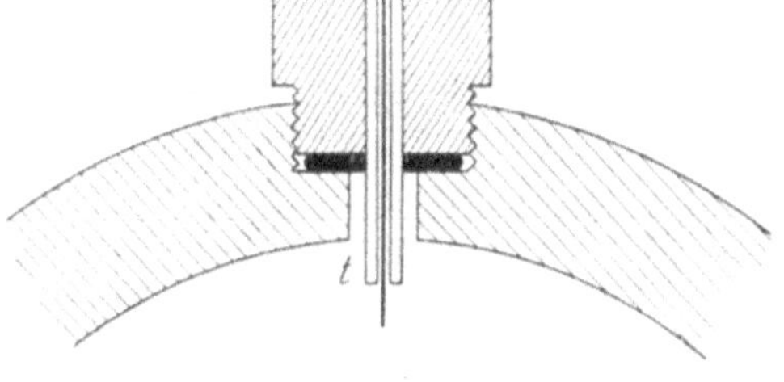

Fig. 147.
Druckfeste Isolierung aus der BOEKEschen Bombe.

BOURDON-Manometer reguliert die Verbindung der Bombe mit einem Stahlgefäß mit flüssiger Kohlensäure oder auch mit einer Kompressionspumpe. Die Heizvorrichtung entspricht in allen Einzelheiten den oben gegebenen Anweisungen BOEKEs über elektrische Widerstandsöfen mit Platindrahtwickelung.

Boeke hat auch zum Studium der Umwandlungsvorgänge bei hohen Temperaturen und Drucken einen Mikroskop-Druckofen konstruiert, der aus einer Erhitzungsbombe besteht, welche im flachen Boden und Deckel je ein Rundfenster aus Kieselglas enthält; der Deckel ist (Fig. 148) nach oben hohl gearbeitet. Die Beobachtung erfolgt so, daß die mikroskopische Beleuchtungsvorrichtung unter die Bombe, der Tubus mit Trieb oberhalb derselben aufgestellt und ein Objektiv mit großem Objektabstand benutzt wird. Der Objektträger besteht aus einem Kieselglasplättchen, das mittels Platindrahts in passender Höhe im Ofen aufgehängt wird; ein Thermoelement kommt mit seiner Lötstelle nahe an das Präparat zu liegen.

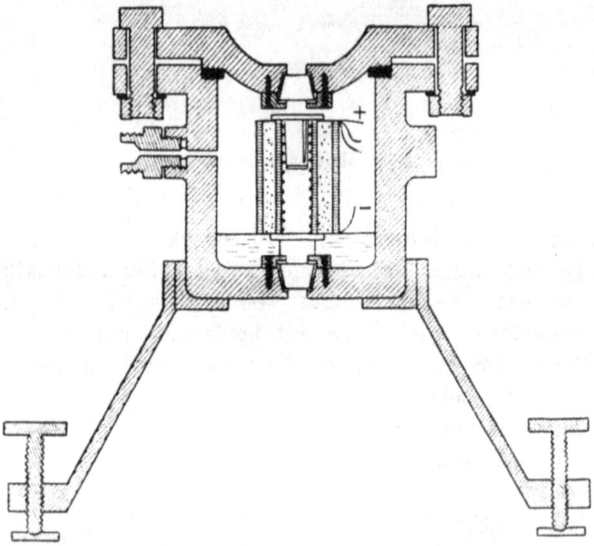

Fig. 148.
Mikroskop-Druckofen nach H. E. Boeke zur Beobachtung unter Kohlendioxyddruck.

Die Anwendung der Boekeschen Apparatur auf die Untersuchung der Schmelzgleichgewichte von Erdalkalicarbonaten ($CaCO_3$, $BaCO_3$, $SrCO_3$)[1] sowie auf Silicocarbonate (Synthese von Cancrinit, Spurrit usw. nach W. Eitel[2]) hat die Brauchbarkeit derselben dargetan.

Die Verwendung eines Kurzschlußkohlerohrofens in Verbindung mit einer Druckbombe haben E. Tiede und A. Schleede[3] bei ihren Versuchen, die Schmelzbarkeit von ZnS, CdS, HgS betreffend, gezeigt. Im Inneren einer Stahlbombe von 7 cm innerem Durchmesser und 2 cm Wandstärke (Fig. 149) montierten sie ein Kohlerohr, welches durch einen Wechselstrom von 13 Volt und 500—600 Amp. erhitzt wurde. Die Kupferelektrode E_1 ist durch den Schraubendeckel mit Hilfe eines Fiberrings und einer ko-

[1] H. E. Boeke, l. c.; Mitt. Naturf. Ges. Halle **3**, 1—12 (1913).
[2] W. Eitel, N. Jahrb. f. Min. **1922**, II, 45—61; Beil. Bd. **48**, 63—74 (1923).
[3] Zentr.-Bl. f. Min. **1921**, 154—158; Ber. **53**, 1718f. (1920).

nischen Fiberbuchse drucksicher und isoliert eingeführt; eine Schraubenmutter preßt die Buchse einerseits gegen die Elektrode, andererseits gegen die Bohrung des Deckels. Die hohle Elektrode wird von innen durch einen rasch zirkulierenden Wasserstrom gekühlt. Die andere Elektrode E_2 ist federnd am Boden der Bombe angebracht, so daß sie ausreichend die Stromzuführung und den Wärmeabfluß von der Kohlenbuchse B_2 vermittelt. Die Zuführung des hochkomprimierten (auf etwa 150 Atm.) Stickstoffs erfolgt vom Einlaß A aus; das Schauloch S gestattet die angenäherte Temperaturbestimmung mit Hilfe des optischen Pyrometers von HOLBORN-KURLBAUM[1]. Da das komprimierte Gas sowie die Abschlußglas-

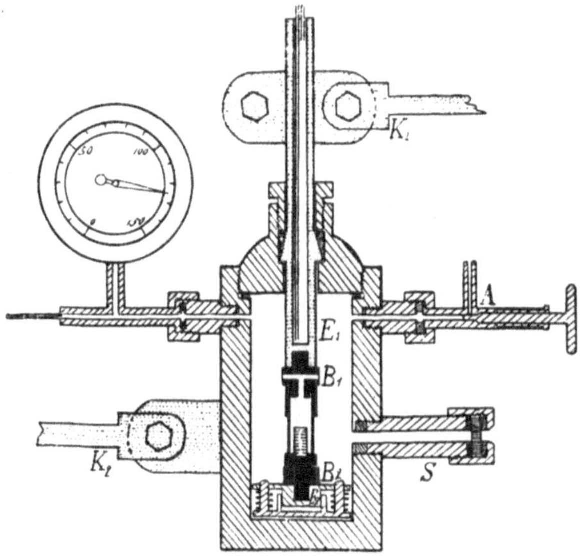

Fig. 149. Druckvorrichtung mit Kurzschlußofen nach E. TIEDE und A. SCHLEEDE.

platte des Schaurohres einen Teil der Strahlung absorbiert, muß das Pyrometer besonders darauf geeicht werden, was durch Beobachtung der Schmelzung eines Platinstücks unter Bestimmung der dabei aufgewendeten elektrischen Energie erfolgen kann. Zur Vermeidung einer Verunreinigung der Substanz durch das Kohlerohr wird das zylindrische Versuchspreßstück aus den amorphen Sulfiden zweckmäßig in dem Kohlerohr frei aufgestellt.

In einer neuerdings erschienenen Arbeit geben F. H. SMYTH und L. H. ADAMS[2] eine sehr durchgearbeitete Druckvorrichtung an, mit welcher sie die Gleichgewichte im System $CaO—CO_2$ mit großer Genauigkeit bestimmten und welche das Vorzüglichste darstellt, was gegenwärtig an Hilfsmitteln für die Drucksynthese existiert.

---

[1] Vgl. dies. Handb. Bd. II, S. 248ff.
[2] F. H. SMYTH und L. H. ADAMS, J. Am. Ch. S. **45**, 1172—1174 (1923).

Der Apparat besteht im wesentlichen aus einem sehr dickwandigen Stahlgefäß (Fig. 150), dessen zylindrischer Körper an beiden Enden offen ist, so daß das Kopfstück und der Untersatz aus besonderen kreisrunden Platten besteht, die beim Verschließen der Bombe gegen Kupferdichtungsringe fest angepreßt werden. Der zylindrische Bombenkörper besteht aus einem äußeren dicken Stahlmantel und einem inneren Hauptteil, auf dessen Außenwandung ringsherum eine spiralige Rinne eingeschnitten ist, in der beim Versuche Kühlwasser zirkuliert. Auch das Kopfstück sowie der Unterteil bestehen aus je zwei gesonderten Teilen mit Rinnen zum gleichen Zweck. In dem Untersatz sind zwei Bohrungen für die Stromzuführungen angebracht; die eine ist in Fig. 150 angegeben. Sie bestehen aus dicken Silberdrähten, welche auch bei 35 Amp. Belastung nicht allzu warm werden. Entsprechende, nur etwas kleinere Löcher im Deckelstück (s. Fig. 150) dienen als Durchführungen für drei Thermoelementdrähte.

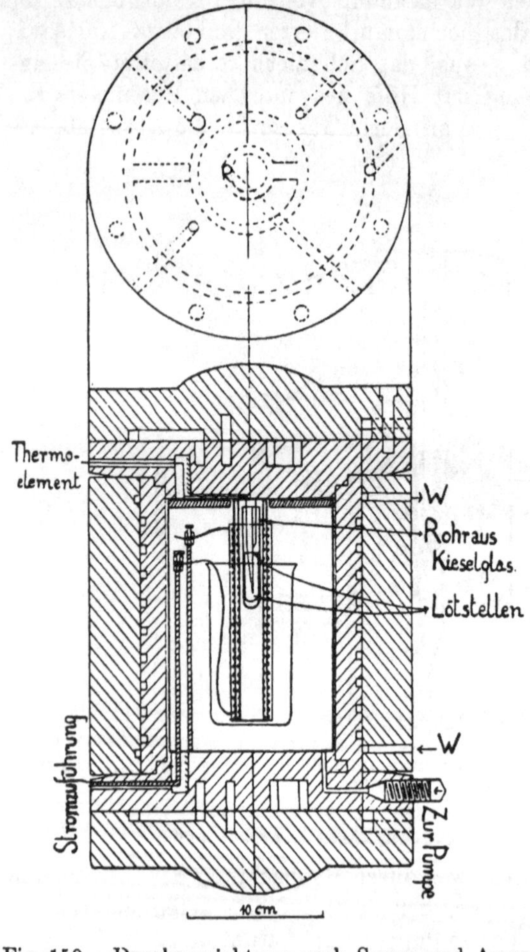

Fig. 150. Druckvorrichtung nach Smyth und Adams für sehr hohe Drucke.

Die Dichtung der Drahtzuführungen erfolgt durch Einstampfen von lithographischem Schiefer unter hohem Druck rings um die Drähte, Dichtungsringe aus Kautschuk und auf diesem mit Talk; bei Drucken bis 2000 Megabar (1 Megabar = 1,0197 kg/cm²) erwies sich diese Dichtungsart als völlig ausreichend.

Die Heizvorrichtung besteht aus zwei ineinanderstehenden Alundumrohren, auf welche dicker Platindraht in Parallelschaltung aufgewickelt ist. Durch Konvektion entstehen sehr erhebliche Energieverluste, welche indessen durch Aufstellung des Ofens in einem Kieselglasbecher wesentlich herabgemindert werden können. Das mit zunehmenden Drucken eintretende Emporsteigen der heißesten Stellen im Ofenrohre macht es notwendig, die Tiegel hoch einzuhängen, wie in Fig. 150 gezeichnet ist.

Der Deckel und der Unterteil der Apparatur werden nicht verschraubt, wie in den früher geschilderten Anordnungen, sondern durch eine hydraulische Ölpresse für 500 t Belastung zusammengehalten. Zur Erzeugung des hohen Druckes wird flüssige Kohlensäure direkt in den Bombenkörper gepumpt. Geeichte Bourdon-Manometer dienen zur Druckmessung.

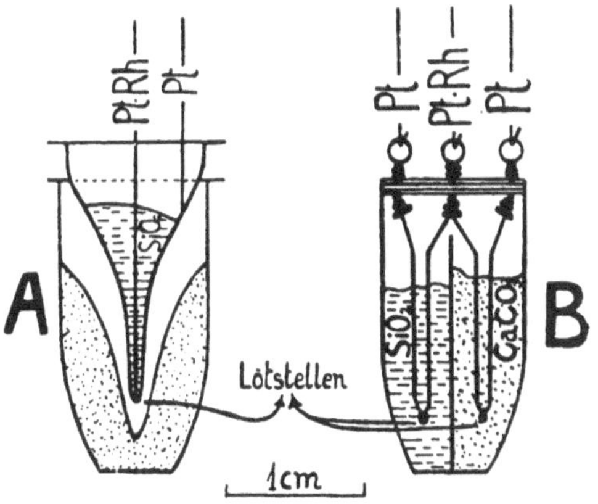

Fig. 151.
Tiegel zum Druckofen nach Smyth-Adams.

Interessant sind die von Smyth und Adams verwendeten Tiegel, welche Fig. 151 darstellt. Der Tiegel *A* hat einen nach innen eingestülpten Deckel aus reinem Platin, der an den einen Draht des Thermoelements angesetzt ist. Unten an der Spitze des eingestülpten Teils ist der Platinrhodiumdraht desselben angelötet, so daß die Lötstelle im Deckel unmittelbar in die Beschickung des Tiegels eintaucht. Der andere Typus *B* der Tiegel ist bestimmt, kleine Wärmeeffekte nach der Differentialmethode aufzusuchen. Zu dem Zwecke ist er in der Mitte durch eine Scheidewand aus Platinblech unterteilt, und in die beiden Kammern wird einerseits die Beschickung, andererseits eine bekannte Vergleichssubstanz gegeben; in beiden ist je ein Thermoelement mit seiner Lötstelle angeordnet. Die Elemente sind gegeneinander geschaltet, wie dies die Fig. 151 angibt.

Synthesen durch Sublimation und Gasreaktionen.

1. Einfache Sublimation.

Zur bloßen Umkristallisation einer Substanz aus dem gas- oder dampfförmigen Zustande dienen die in der gewöhnlichen Laboratoriumspraxis üblichen Retorten aus Glas, Porzellan, Kieselglas, Eisen oder Platin sowie Vorlagen aus demselben Material, je nach der zur Verflüchtigung notwendigen Temperatur[1]. Zur Untersuchung der Einwirkung von Gasen auf feste Körper (heterogene Gasreaktionen) dagegen werden dieselben über die in einem Tiegel oder Schiffchen befindliche Substanz in Röhren aus widerstandsfähigem Material geleitet; das Erhitzen erfolgt am zweckmäßigsten in einem der früher ausführlich besprochenen Röhrenofen mit elektrischer Widerstandsheizung[2]. Unter Umständen, besonders

[1] Vgl. dazu dies. Handb. Bd. II, S. 341ff.
[2] Vgl. dies. Handb. Bd. I, S. 395ff.; III, S. 352ff.

bei qualitativen Vorversuchen, wird man schon mit gewöhnlichen Gasverbrennungsöfen auskommen.[1]

Die Entscheidung darüber, ob ein Mineral synthetisch z. B. bei gewöhnlichem Atmosphärendruck durch einfache Sublimation erhalten werden kann, ist in der Bestimmung der Lage seines Tripelpunktes im Zustandsdiagramm (Fig. 152) gegeben; dies ist eben nur dann möglich, wenn der Tripelpunkt fest-flüssig-gasförmig oberhalb 1 Atm. gelegen ist. Dies ist z. B. beim gediegenen Arsen sowie bei den Sulfiden HgS, ZnS, CdS tatsächlich der Fall (siehe des Näheren weiter unten). Interessant sind in diesem Zusammenhang auch die Untersuchungen von A. BEUTELL.[2] In komplexen Gemischen, z. B. von zwei sublimierbaren Substanzen, für welche jede allein die obige Fig. 152 gilt, kann eine der Kurve AB entsprechende Dampfdruck-Temperatur-Beziehung nur dann auftreten, wenn zwei feste Phasen mit dem Dampf im Gleichgewicht sind. Dem Punkte P entspricht alsdann ein eutektischer Punkt unter dem Druck, der für das Vierphasengleichgewicht Kristallart I + Kristallart II + Schmelze + Dampf gilt. Experimentell liegen hier nur wenige Erfahrungen vor; am ehesten noch in dem von BAKHUIS ROOZEBOOM theoretisch besprochenen Fall, daß Mischkristalle sich aus der homogenen Dampfphase bilden, wie es uns bei der Entstehung des natürlichen Chloronatrokalits entgegentritt, den man in trockenen Fumarolen als einheitliche Mischkristalle von NaCl und KCl oft beobachtet (bei Abkühlung entmischen sie sich zu den Einzelsalzen). Es sei diesbezüglich auf die einschlägige Literatur weiter verwiesen.[3]

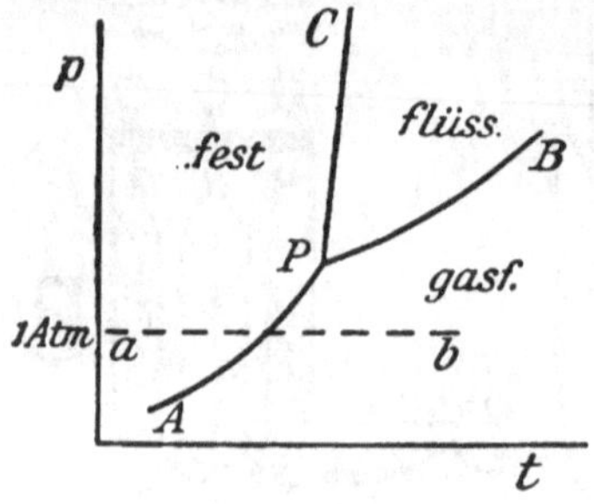

Fig. 152. Zustandsdiagramm eines einfachen Stoffes.

2. Bildung von Mineralien durch Gasreaktionen.

Die meisten Synthesen durch Sublimation behandeln die Bildung von Kristallarten, welche an sich einen äußerst geringen Dampfdruck besitzen (SiO_2, Fe_2O_3, CuO, Silicate usw.), welche aber bei homogenen oder heterogenen Gasreaktionen entstanden sind. Als das wichtigste derartige Beispiel sei das von E. BAUR[4] untersuchte System

$$SiF_4 + 2\,H_2O \rightleftharpoons 4\,HF + SiO_2$$

genannt, für welches er die Gleichgewichtskonstante $K = \frac{C_{SiF_4} \cdot C^2_{H_2O}}{C^4_{HF}}$ für 104° und 270° bestimmte, ferner die Wärmetönung Q nach der VAN'T HOFF-

[1] Bd. I, S. 364ff.

[2] Zentr.-Bl. f. Min. **1911**, 316, 411, 663; **1912**, 225, 271, 299; **1915**, 144; Dissert. von E. ARBEITER, Breslau 1913.

[3] Vgl. BOEKE-EITEL, Grundl. d. phys.-chem. Miner. 2. Aufl., S. 118, 325 (1923).

[4] E. BAUR, Z. phys. Ch. **48**, 498—503 (1904).

schen Gleichung $\frac{d \ln K}{dt} = -\frac{Q}{R T^2}$. Das Ergebnis dieser Untersuchung ist im wesentlichen, daß bei der Abkühlung magmatischer Gase (mit SiF_4, H_2O und HF) auf dem Wege zur Erdoberfläche hin Quarz aufgelöst wird nicht abgeschieden, wie man früher annahm), daß aber die Druckentlastung beim Ausströmen der Gase die Bildung von freier Flußsäure und von Quarz begünstigt. Die von BAUR benutzte Apparatur besteht (Fig. 153) aus einer Platinretorte *a* (mit Kieselflußsäure und pulvriger Kieselsäure beschickt) mit dem Platinhelm *b*, dem Schlangenrohr *c* in einem Ölbade und der gläsernen Vorlage *e*, in welcher die destillierenden Gase in Wasser aufgefangen werden. Diese Vorlage kann bei *f* auseinander genommen werden, um die gallertig sich abscheidende Kieselsäure leicht ausräumen zu können. Sie steht in dem mit Wasser gefüllten Kühlgefäß *g*. Das Schlangenrohr *c* ist inwendig mit Kieselsäure ausgekleidet, welche man durch abwechselndes Durchleiten von Siliciumfluorid und Wasserdampf als dichten, allseitig fest anhaftenden Niederschlag erhält.

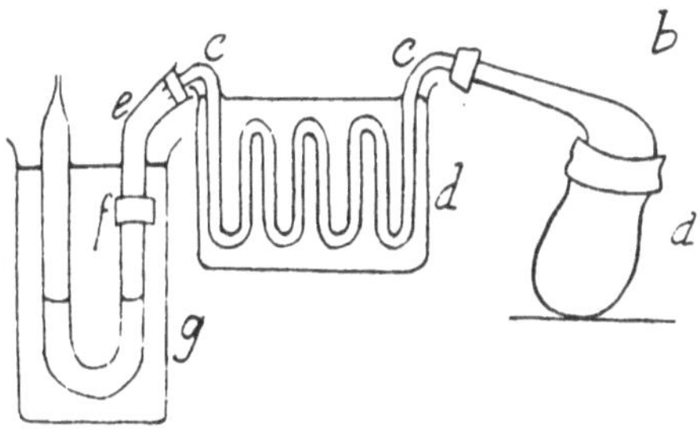

Fig. 153. Apparat nach E. BAUR zur Untersuchung der Reaktion
$SiF_4 + 2H_2O \rightleftharpoons 4HF + SiO_2$.

Die Untersuchung der Einwirkung von Gasen aufeinander (also homogener Gasreaktionen, wie sie z. B. in den vulkanischen Gasen sich abspielen) bedarf besonderer Vorrichtungen, über welche in dem allgemeinen Artikel dies. Handb. Bd. III, S. 1323 nachzuschlagen ist.

Hier wären die bedeutsamen Untersuchungen zur Bildung des „sublimierten" Schwefels durch vulkanische Gasreaktionen zu nennen, welche nach den Gleichungen

$$2\,H_2O + 3\,S \rightleftharpoons 2\,H_2S + SO_2$$ [1]

sowie

$$4\,CO + 2\,SO_2 \rightleftharpoons 4\,CO_2 + S_2$$ [2]

sich abspielen. Die Bildung von Wasserstoff bei hohen Temperaturen, welcher aus Schwefelwasserstoff durch Dissoziation entsteht, machte die Untersuchungen an dem erstgenannten Gleichgewichte besonders schwierig; LEWIS und RANDALL bestimmten den Wasserstoffpartialdruck nach dem schon von PREUNER und SCHUPP[3] benutzten Prinzip der Diffusion durch heißes Platin- oder Palladiumblech.[4]

In das reiche Gebiet der Mineralsynthesen durch Anwendung heterogener Gasreaktionen fallen auch die berühmten Versuche von GAY

[1] cf. G. N. LEWIS und M. RANDALL, J. Am. Ch. S. **40**, 362 (1918); M. RANDALL und R. VON BICHOWSKY, l. c. 368ff.

[2] Vgl. J. B. FERGUSON, l. c. 1626.

[3] Z. phys. Ch. **68**, 157 (1910).

[4] Vgl. Bd. III, S. 1370f.

LUSSAC[1] über die Bildung von Eisenglanz aus Eisenchlorid- und Wasserdämpfen, die Bildung von Periklas aus Wasserdampf und verdampfendem Magnesiumchlorid, die Synthese des Zinnsteins aus Zinntetrafluorid und Wasserdampf, von Pseudobrookit (DOSS)[2] durch Wechselwirkung desselben mit Eisenchlorid- und Titanchloriddämpfen usw. Die zahllosen Synthesen von Sulfiden (DUROCHER)[3], Magnetit, Spinellen (H. ST.-CLAIRE DEVILLE)[4], Hausmannit (GORGEU)[5] usw. durch Einwirkung fester oder geschmolzener Agentien auf Dämpfe gehören gleichfalls hierher. Die Methodik ist meist die denkbar einfachste: Überleiten der Gase durch ein glühendes Porzellanrohr mit der Ausgangssubstanz. Es ist naturgemäß ausgeschlossen, eine ausführliche Darstellung dieser Synthesen im einzelnen an dieser Stelle zu geben; da es sich im allgemeinen fast nur um geringfügige und prinzipiell wenig wichtige Variationen des gleichen Reaktionstypus handelt, sei auf die einschlägigen Sammelwerke über die Mineralsynthesen hingewiesen.

Quantitative Studien über mineralsynthetisch bedeutsame heterogene Gasreaktionen sind bis jetzt nur wenige vorhanden; außer den schon oben genannten Untersuchungen über die Bildung des sublimierten Schwefels nach Art der Fumarolenprodukte der Natur wäre hier höchstens die von J. B. FERGUSON[6] studierte angebliche Einwirkung von Wasserdampf auf Ferrosilicate der Lavengesteine zu nennen, bei denen ein magnetitartiger Körper entstehen soll. Entgegen den früheren Ansichten kann von einer oxydierenden Einwirkung des Wasserdampfes so gut wie nicht die Rede sein. Für die Bildung des natürlichen Eisenglanzes und Magnetits sind demgegenüber die Messungen von HOSTETTER und SOSMAN[7] von erheblicher Bedeutung.

Wieder eine andere Art von Mineralsynthesen ist es, bei denen die über die Ausgangssubstanzen geleiteten Gase nur die Rolle von Mineralisatoren (Kristallisationskatalysatoren) spielen. Es genügen alsdann oft minimale Mengen von ihnen, um erhebliche Mengen eines festen Stoffes in einen anderen umzulagern. Hier wäre vor allen Dingen die Umkristallisation von amorphen Oxyden im Chlorwasserstoffstrome zu nennen (H. ST.-CLAIRE DEVILLES Synthesen von Zinnstein[8], Hämatit[9] und Rutil[10]) unter intermediärer Bildung von Chloriden (vgl. oben), ferner die Synthesen von Scheelit[11], Wolframit[12], Perowskit[13] usw. Gleicherweise wirken Chlorid-

[1] Ann. chim. phys. [2] **22**, 415 (1823).
[2] B. DOSS, Z. f. Krist. **20**, 583 (1892).
[3] DUROCHER, C. r. **32**, 823 (1851).
[4] H. ST.-CLAIRE DEVILLE und CARON, C. r. **46**, 764 (1858).
[5] A. GORGEU, C. r. **96**, 1144 (1883).
[6] J. B. FERGUSON, J. Washingt. Acad. Science [1] **9**, 539—546 (1919).
[7] J. Am. Ch. S. **38**, 1188 (1916).
[8] H. SAINTE-CLAIRE DEVILLE, C. r. **53**, 161 (1861); N. Jahrb. f. Min. **1862**, 79.
[9] Ders., C. r. **52**, 1264 (1861); J. pr. Ch. [1] **84**, 122 (1861).
[10] S. Anm. 8.
[11] DEBRAY, C. r. **55**, 287 (1862); Ann. **125**, 95 (1862).
[12] S. Anm. 11.
[13] HAUTEFEUILLE, Ann. chim. phys. [4] **4**, 164 (1865); C. r. **59**, 700 (1864).

dämpfe auf Oxyde kristallisationsfördernd[1], vor allem aber auch die Fluoride[2]. Die Bildung von Silicaten solcherweise ist ebenfalls durch die Synthesen ST. MEUNIERS[3] erwiesen. Die berühmte Korund-(Rubin-)Synthese nach FRÉMY (vgl. oben) ist ebenso, streng genommen, hierherzurechnen, beruht sie doch auf dem mineralisatorischen Einfluß von schmelzflüssigen Fluoriden (BaF_2, CaF_2), welche unter Mitwirkung von Wasserdämpfen in der Gasatmosphäre des Ofens Fluorwasserstoff entwickeln, der die Tonerde zu Korund umkristallisiert. Endlich könnte man hier anführen die „sublimierten" Feldspäte[4], welche man als Hochofenprodukt beobachtet hat; sie sind zweifellos auch durch die Mitwirkung von Fluoriden (aus den Zuschlägen zu den Erzen) gebildet worden.

3. Spezielle synthetische Methoden der Darstellung von Sulfidmineralien.

Es seien an dieser Stelle nur solche Sulfidsynthesen besprochen, welche ohne Anwendung wässeriger Lösungen bei höheren Temperaturen verlaufen, also nicht den hydrothermalen Synthesen entsprechen, sondern mehr der pneumatolytischen Bildung in der Natur.

Die Beobachtung, daß Zinksulfid mit Salmiakdämpfen flüchtig ist und sich beim Abkühlen derselben in Form von Zinkblendekriställchen niederschlägt, führte R. LORENZ[5] auf die allgemeinere Untersuchung von Reaktionen des Typus

$$ZnS + \{2\,NH_3 + 2\,HCl\} \rightleftharpoons ZnCl_2 + \{2\,NH_3 + H_2S\},$$

welche den von DUROCHER[6] durchgeführten Synthesen der Monosulfide durch „Sublimation" zugrunde liegen.[7] Magnetkies (Troilit), Wurtzit und Greenockit erhielt LORENZ durch Einwirkung von trockenem Schwefelwasserstoffgas auf metallisches Eisen, Zink oder Cadmium in den bekannten schön hemimorphen Formen. Man braucht dazu nur die Metalle etwa in Drahtform im Kaliglasrohr auf Rotglut zu erhitzen und Schwefelwasserstoff im langsamen Strome darüber zu leiten. Diese Versuche ergänzen die älteren von H. ST.-CLAIRE DEVILLE und TROOST auf das beste, bei denen amorphes Zinksulfid im Wasserstoffstrom (im Porzellanrohr bei heller Rotglut) sublimiert wurde nach der Gleichung

$$ZnS + H_2 \rightleftharpoons Zn + H_2S;$$

das Zinksulfid kristallisierte als Wurtzit. Die Sublimation des Greenockits wird durch die leichte Destillierbarkeit des Cadmiummetalls wesentlich

[1] DAUBRÉE, C. r. 39, 135 (1854).
[2] H. ST.-CLAIRE DEVILLE und CARON, C. r. 46, 764 (1858).
[3] ST. MEUNIER, C. r. 90, 349, 701, 1009 (1880).
[4] Vgl. FREIESLEBEN, N. Jahrb. f. Min. 1835, 31; 1836, 47.
[5] Ber. 24, 1501 (1891).
[6] C. r. 32, 823 (1851).
[7] Vgl. damit die natürliche pneumatolytische Bildung von Zinkblende im Kristianiagebiet bei V. M. GOLDSCHMIDT, Die Kontaktmetam. im Krist.-Geb. 1911, 251.

begünstigt; merkwürdig ist dabei das Auftreten prächtiger monokliner Formen des Cadmiumsulfids.

Ein eigenartiges synthetisches Verfahren zur Darstellung der Sulfide ist die Methode von H. SOMMERLAD[1], nach welcher man die Metallchloride mit Arsen- oder Antimontrisulfid zusammen erhitzt; es bilden sich dann durch Wechselreaktion die Chloride des Arsens bzw. Antimons, welche abdestillieren, und die Sulfide, eventuell auch Sulfosalze bleiben im Rückstande.

Zahlreiche Sulfide sind dadurch in ihrem chemischen Verhalten gekennzeichnet, daß sie beim Erhitzen auf höhere Temperaturen dissoziieren. Unter Umständen kann eine solche Dissoziation auch zur Darstellung bestimmter Sulfide aus höher sulfurierten Substanzen benutzt werden. So haben E. T. ALLEN, H. LOMBARD, J. JOHNSTON, E. S. LARSEN und J. L. CRENSHAW[2] die Dissoziation des Schwefelkieses in Schwefeldampf und Magnetkies, wie sie in der Natur besonders in der Bildung von Pseudomorphosen von Magnetkies nach Pyrit in kontaktmetamorphen Tonschiefereinschlüssen im Basalt uns entgegentritt[3], zur Darstellung von Magnetkies benutzt. Sie bedienten sich dabei einer einfachen Vorrichtung, bestehend in einem mit Pyrit beschickten Tiegel aus unglasiertem Porzellan mit doppelt durchbohrtem Deckel aus Graphit, durch dessen zentrale Öffnung das Thermoelementschutzrohr geht, ferner ein unten offenes Rohr, durch welches Schwefelwasserstoff zugeleitet wird. Das Ganze wird von einem weiten Porzellanrohr umschlossen, welches in einem Platinwiderstandsofen erhitzt wird. Beim Abkühlen der Substanz wurde die Atmosphäre von Schwefelwasserstoff durch einen Strom von reinem Stickstoff[4] verdrängt. Die Zusammensetzung des synthetischen Magnetkieses ist eine Funktion der Dissoziationstemperatur sowie des Schwefeldampfdruckes.

Eine sehr zuverlässige und genaue Methode zur quantitativen Untersuchung der beim Wärmezerfall von festen Sulfidmineralien auftretenden Gleichgewichte ist das von E. T. ALLEN und R. H. LOMBARD[5] ausgearbeitete Verfahren, nach welchem naturgemäß auch die Synthese von Sulfiden wie Magnetkies (aus Pyrit) und Kupferglanz (aus Kupferindig) bzw. umgekehrt glatt erfolgen kann; es verspricht auch für die künftige Untersuchung von komplexen Sulfiden von Bedeutung zu werden. Die Methode beruht im wesentlichen auf der Kompensation des Dissoziationsdruckes eines Sulfides (etwa FeS_2) gegen den Dampfdruck des Schwefels bei einer gleichen gegebenen Temperatur. Man bestimmt zunächst zwei Temperaturen (also auch zwei Schwefeldampfdrucke), die eine, bei der das Sulfid noch unzersetzt bleibt, und eine andere, bei der es schon etwas Schwefeldampf abgibt. Die Dissoziationstemperatur liegt dann jedenfalls zwischen diesen beiden Grenzen, welche man nunmehr beliebig verengern kann. Die

[1] Z. anorg. Ch. **18**, 420 ff. (1898).
[2] Z. anorg. Ch. **76**, 228 ff. (1912).
[3] Vgl. BOEKE-EITEL, Grundl. d. phys.-chem. Petrogr. 1923, S. 378 oben.
[4] Nach KNORRES Verfahren gewonnen, vgl. dies. Handb. Bd. IV, S. 64.
[5] Amer. J. Science (4) **43**, 175—195 (1917).

Apparatur besteht im wesentlichen aus einer Röhre von Jenenser Glas (bis 675° brauchbar), die auf der einen Seite zu einem Gefäß zwecks Aufnahme des Schwefels ausgeblasen ist, während auf der anderen noch offenen Seite *C* (Fig. 154a) eine kleine Glasröhre mit dem gepulverten Sulfid eingeführt wird. Danach wird die Röhre bei *D* zu einer Capillare ausgezogen, unter gelindem Erwärmen des Ganzen evakuiert und endlich bei *D* abgeschmolzen. Zur Heizung dient ein Aggregat von zwei zylindrischen

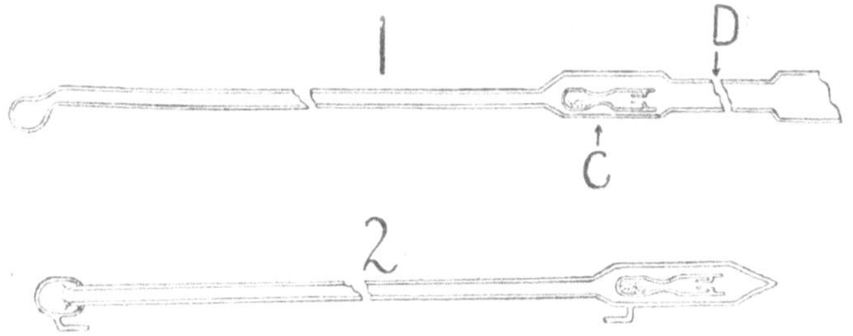

Fig. 154a. Kaliglasrohre zur Bestimmung von Dissoziationsgleichgewichten an Sulfiden nach Allen und Lombard (1 von der Seite, 2 von oben gesehen).

koaxialen Widerstandsöfen (Fig. 154b), welche in horizontaler Lage über das Röhrensystem geschoben werden können und außerordentlich gleichmäßige Temperatur auf ihrer ganzen Länge liefern müssen, was durch besonders sorgfältige Wicklung des Heizdrahtes auf drei voneinander unabhängige und für sich regulierbare Stromzweige möglich gemacht ist. Auf solche Weise wurde eine Temperaturkonstanz bis zu 0,5° auf Dezimeterlänge im System erreicht. Der Vorteil der Methode besteht

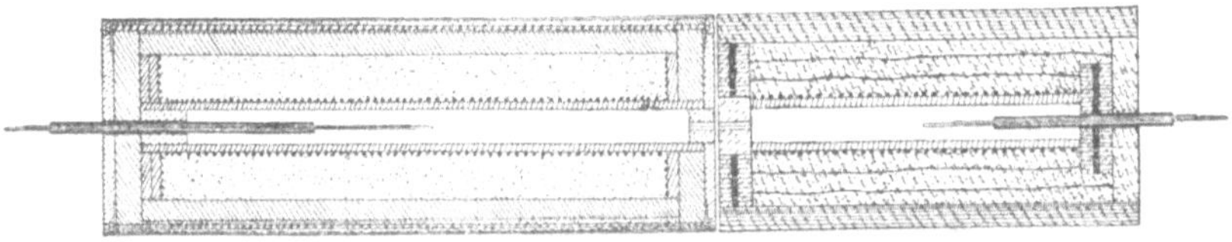

Fig. 154b. Doppelofen von Allen und Lombard.

in ihrer Reversibilität, d. h. es lassen sich die Gleichgewichte von beiden Seiten aus feststellen; sie ist auch sehr genau im Druckbereich von 1—500 mm Hg-Säule, wird aber bei höheren Drucken wenig zuverlässig.

Durch Zusammenschmelzen von Kupfer und Schwefel kann man niemals unmittelbar einen reinen synthetischen Kupferglanz (Chalkosin) darstellen, auch nicht durch Reduktion gefällten Kupfersulfids im Wasserstoffstrom. Am besten erhält man das Mineral aus dem geschmolzenen unreinen (Schwefel im Überschuß enthaltenden) Präparat durch Erhitzen bis zum Schmelzpunkt (1130°) im Vakuumofen in wohlausgebildeten regulären Kristallen. Der schon von ALLEN, CRENSHAW und JOHNSTON[1] benutzte Vakuumapparat besteht aus einem einseitig verschlossenen glasierten Porzellanrohr, das senkrecht in einem elektrischen Widerstandsofen montiert ist und am oberen Ende als Verschluß einen Messingblock enthält, der mit einer Bohrung für das Thermoelement und einem seitlichen Ansatz zum Anschluß an die Pumpe versehen ist. Die Abdichtung erfolgt mit KHOTINSKY-Zement; es ist für genügende Kühlhaltung der Kittstellen zu sorgen. Die Substanz ist in einem Graphittiegel enthalten; Porzellantiegel eignen sich nicht, da sie fast stets zerbrechen. Durch den Deckel des Tiegels geht das Schutzrohr für das Thermoelement.

Die Änderung der Zusammensetzung des Kupferglanzes beim Erhitzen auf verschiedene Temperaturen in einer Schwefelwasserstoffatmosphäre wurde von E. POSNJAK, E. T. ALLEN und H. E. MERWIN[2] mit dem gleichen Apparate bestimmt, welcher vordem (s. o.) von ALLEN c. s. zur Herstellung des synthetischen Magnetkieses benutzt worden war. Zwecks rascher Abkühlung brauchte der Tiegel nur in den unteren kaltbleibenden Teil des dort geschilderten Porzellanrohrmantels gesenkt zu werden. Der Schwefelwasserstoff muß dabei völlig frei von Beimengungen von Wasserstoffgas sein; zu seiner Herstellung empfehlen die Genannten daher das Verfahren nach DIVERS und SHIMIDZU[3], Erhitzen einer Magnesiumhydrosulfidlösung auf 60—90°. Feste Lösungen von Cupro- und Cuprisulfid, wie sie solcherart synthetisch erzeugt wurden, entsprechen in ihrer Zusammensetzung zahlreichen natürlichen Kupferglanzvorkommen, welche darin dem natürlichen Magnetkies in der Variabilität des Schwefelgehaltes durchaus gleichen.

Die bei höherer Temperatur erhaltenen Kupfersulfidpräparate sind sämtlich regulär kristallisiert. Cuprisulfid (Covellin) resultiert in guten Kristallen bei der Einwirkung von Schwefelwasserstoff auf Chalkosin unterhalb 358°.

Die hydrothermale Mineralsynthese.

Das Studium der hydrothermalen Prozesse, wie sie sich in der Natur als apomagmatische Bildungen in engem Anschluß an die perimagmatisch-pneumatolytischen darbieten, bezweckt die Erforschung der wässerigen Systeme bei höheren Temperaturen bis in die Nähe des kritischen Punktes und über ihn hinaus und bei entsprechend höheren Drucken. Die älteren Untersuchungen dieser Art, welche die französische Schule der Mineralogen hauptsächlich angestellt hat, sollten vorerst nur zeigen, daß manche natürlichen Mineralien auf hydrothermalem Wege künstlich dar-

---

[1] Amer. J. Science (4) **33**, 169 (1912).
[2] Z. anorg. Ch. **94**, 95—138 (1916).
[3] J. Chem. S. **45**, 699 (1884).

gestellt werden könnten. Dabei wurden freilich die Untersuchungsbedingungen meist nicht sorgfältig genug überwacht, leider auch des öfteren schon viel zu komplizierte Systeme in Angriff genommen, so daß sich kaum allgemeinere Schlüsse aus den oft rein zufälligen Ergebnissen ziehen ließen.

Zur eigentlichen Entscheidung mineralsynthetischer Fragen auf hydrothermalem Wege können im allgemeinen zwei Methoden dienen: entweder man bringt ein natürliches oder künstliches Mineral von bekannter chemischer Zusammensetzung mit einer gewissen Wassermenge in die Bombe und untersucht die Umbildungen bzw. Neukristallisationen, welche dabei entstehen, oder man geht von den amorphen Komponenten aus, mischt diese in bestimmten Verhältnissen und bestimmt nunmehr durch den Hydrothermalversuch die Kristallisationsgleichgewichte. Die hydrothermale Synthese bezweckt auf dem letzteren zumeist eingeschlagenen Wege also letztlich solche Mineralien darzustellen, welche bei hohen Temperaturen Bodenkörper von wässrigen Lösungen sind. Die gesuchten Paragenesen sind also gewöhnliche Löslichkeitsparagenesen, und der Druck dient eigentlich nur dazu, das System in dem gewünschten Znstande zu erhalten. Die geringe Löslichkeit der Silicate insbesondere in Wasser in der Nähe des kritischen Punktes desselben erschwert sehr die Untersuchung der Kristallisationsprodukte, welche beim Abkühlen der Lösung sich bilden. Außerdem sind in vielen Fällen nicht stabile Kristallarten zu beobachten, welche durch die partiellen Umsetzungen in der ursprünglichen amorphen Masse entstanden; die Bodenkörperprodukte sind in den seltensten Fällen wirklich einheitliche Fällungskristallisationen. Die Anwendung der Phasenregel muß zur Entscheidung solcher Probleme ebenfalls versagen, da sie höchstens nur darüber orientieren kann, ob die Zahl der erhaltenen kristallisierten Bestandteile überhaupt stabil möglich ist. Durch eine große Zahl von reproduzierbaren Versuchen wird es schließlich gelingen, wenigstens wahrscheinlich zu machen, welche Kristallarten stabil sind. Dagegen wird sehr schwer die Frage zu entscheiden sein, ob die ursprüngliche chemische Zusammensetzung des Systems der entstandenen Paragenese ohne weiteres zugeschrieben werden darf, auch wenn nicht alles umgesetzt ist; gewöhnlich findet man einige definierbare Kristalle neben reichlichen, völlig unbestimmbaren Globulitenmassen. Ein Hauptmißstand ist zudem die unvermeidlich langsame Erhitzung in den dickwandigen Gefäßen, so daß ein Teil der erhaltenen Kristallisationen gar nicht bei der wirklichen Versuchstemperatur entstand, sondern etwa bereits vorher während des Anwärmens gebildet sein kann. Aus diesen Gründen glaubte KÖNIGSBERGER (s. u.), daß allein eine Abtrennung der Bodenkörper von der Lösung bei der Versuchstemperatur durch Filtrieren (s. dort über die entsprechende Vorrichtung) und alleinige Untersuchung der bei Abkühlung aus der Lösung sich bildenden Kristalle zum Ziele führt. Freilich ist dabei die Möglichkeit nicht außer Acht zu lassen, daß auch dann labile Kristallarten ebensogut wie in dem Bodenkörper entstehen könnten.

1. Apparatives.

Einfache Glasgefäße benutzten noch DAUBRÉE und SÉNARMONT; zwecks möglichster Aufhebung des Druckeinflusses auf die Wandungen wurden die Gefäße in verschlossenen Stahlbomben erhitzt, welche ihrerseits Wasser enthielten. Zweifelhaft ist die von CHRUSTSCHOFF gemachte Angabe, daß er noch Glasrohre bis zu 550° gebraucht haben will; es ist wohl so gut wie unmöglich, daß ein so widerstandsfähiges Glasmaterial ihm zur Verfügung gestanden haben sollte, das eine so große Beanspruchung noch ausgehalten hätte. Bei den Versuchen in Glasgefäßen ist die starke Korrosion derselben eine erhebliche Fehlerquelle bei der Beurteilung der erhaltenen Endprodukte. Die von C. DOELTER benutzten Stahlrohre (Flintenläufe, mit einem verschraubbaren Bolzen verschlossen) hielten andererseits nicht genügend dicht.

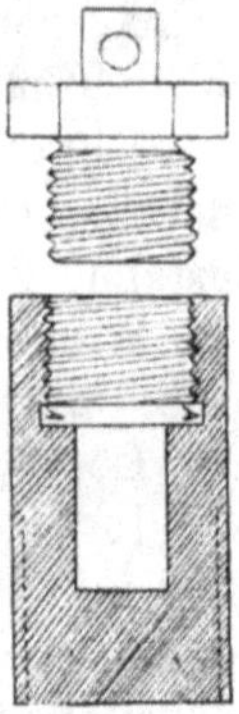

Fig. 155. Bombe für hydrothermale Synthesen nach E. BAUR.

Eine brauchbarere Vorrichtung für hydrothermale Versuche gaben FRIEDEL und SARASIN an; sie besteht aus einem Stahlzylinder, der beiderseitig mit Schraubenbolzen gedichtet wurde; zum Abschluß derselben diente ein Kupferring auf der flanschenartig ausgewalzten Mündung der Rohre. Nach den Erfahrungen DOELTERS[1] ist aber auch hier die Gefahr des Leckens eine wesentliche Fehlerquelle, zumal sich nach mehrmaligem Gebrauch gern die Verschlußschrauben verbiegen. FRIEDEL und SARASIN kleideten auch den Stahlzylinder mit Platinblech aus und verschlossen die Röhre mit einer Platinplatte, auf der die eigentliche Dichtungsplatte aus Kupfer festgezogen wird. Ein solcher Verschluß wirkt bei der starken Ausdehnung des letzteren in der Wärme sehr vollkommen.

Die von BAUR[2] angewandte Bombe zu hydrothermalen Synthesen besteht (Fig. 155) aus einem massiven Stahlzylinder, dessen Dichtung durch Ringe aus weichem Kupfer erfolgt, die auf den ebenen Rand zwischen Gefäß und Deckel aufgelegt werden. Beide Ränder sind mit konzentrischen Rillen versehen, in die sich der Kupferring eindrückt. Das in den oberen, erweiterten Teil des Bombenhohlraumes geschnittene Gewinde nimmt einen großen Schraubenkopf auf, und das Gewinde wird selbst sorgfältig mit Graphit eingerieben, um ein „Fressen" der Schraube zu verhüten. BAUR vermeidet die Innenauskleidung der Bombe mit Edelmetallbeschlag; er bemerkt, daß die Bildung einer oberflächlichen Oxydschicht die Wandung vor weiterem Angriff durch die gespannten Wasserdämpfe genügend zu schützen vermag. Nur bei Verwendung saurer Lösungen ist dies nicht möglich, so daß alsdann durch die Korrosion der Stahlbombe größere Eisenmengen in die Lösungen und Reaktionsprodukte eingeschleppt werden können. Das die Substanz aufnehmende Gefäß muß immer zur Vermei-

[1] Handb. d. Min.-Ch. Bd. I, 616; s. a. Chem. Min. 1890, 140.
[2] Z. anorg. Ch. 72, 119 ff. (1911); Z. Elektr. 17, 739 ff. (1911).

dung von Verunreinigungen aus Edelmetall (Gold oder Platin) gefertigt werden. Zur Heizung diente ein HERAEUS-Ofen mit senkrechtem Heizrohr, in dessen mittlerem Drittel der Stahlzylinder auf einer Sandschicht ruhte; das obere Drittel des Heizrohres wurde mit Asbest ausgefüllt. Auch M. SCHLAEPFER und P. NIGGLI[1] benutzten die BAURsche Autoklavenvorrichtung bei ihren umfangreichen Studien; sie verbesserten dieselbe noch durch Einführung einer Silbereinlage in die etwas konisch ausgebohrte Höhlung der Bombe. Dieser Einsatz ist am oberen Ende mit einem flanschenartigen Falz versehen, dessen Durchmesser gleich dem der Kupferdichtungsplatte gewählt wurde; beim Zuschrauben des Deckels preßt sich dann diese Platte fest auf den Silberfalz, so daß dieser Verschluß vortrefflich dichtet. Allerdings haftet am Ende des Versuchs die Kupferplatte so fest auf der Unterlage, daß sie sich meist nur schwer ablösen läßt; der Flansch des Silbereinsatzes wird durch das Pressen auch bei jedem Versuch dünner, so daß die Einlage sich überhaupt nur höchstens dreimal gebrauchen läßt. Die Heizung erfolgt durch elektrische Widerstandsöfen, wie bei BAUR, und die Temperaturmessung durch ein neben der Bombe angebrachtes Thermoelement.

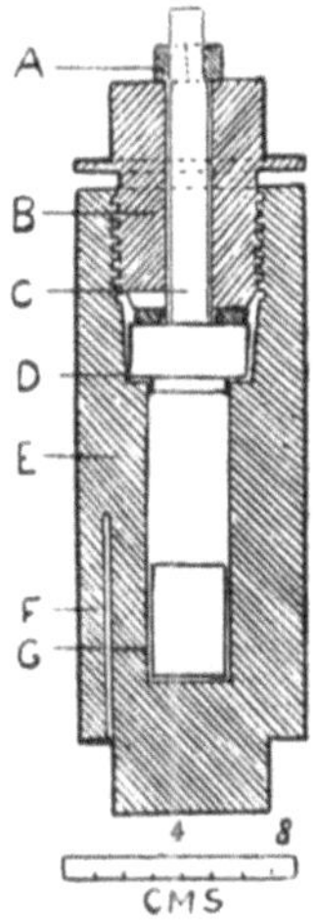

Fig. 156. Hydrothermalbombe nach G. W. MOREY.

Nur wenig davon verschieden ist die einfache, leicht zu handhabende und vollkommen dichte Apparatur von G. W. MOREY.[2] Als besonders vorteilhaft muß bei ihr die Möglichkeit hervorgehoben werden, mit ihr zuverlässige Temperaturbestimmungen auszuführen. Die Bombe besteht aus drei Teilen, dem Körper *E* (Fig. 156), dem Kolben *C* und dem Schraubenbolzen *B*, alle aus Werkzeugstahl gefertigt. Bis *D* ist die Bohrung des Körpers zylindrisch, nach oben bis zu den Schraubengängen etwas konisch, wodurch ein Herausnehmen des Kolbens erleichtert wird. Zwischen Schraubenbolzen und Kolben liegt eine Stahlscheibe, damit der Kolben sich beim Herunterschrauben des Bolzens nicht mitdreht. Der untere Teil des Kolbens ist bei *D* mittels einer Kupferscheibe völlig dicht aufgepaßt; nach oben setzt er sich in einen Rundstab fort, der mit etwas Spielraum durch Scheibe und Bolzen geht und mit dem Schraubengewinde und der Mutter *A* gesichert wird. Der Verschluß ist durchaus vollkommen; ein etwa nach dem Versuch in der Bombe bestehender Überdruck kann durch Lockern des Kolbens durch *A* gefahrlos abgelassen werden, da Bolzen und Kolben noch von den Schraubengängen gehalten werden. Die Kupferscheibe *D* schneidet sich in zwei (in der Figur nicht eingezeichnete) V-förmige Erhöhungen von etwas verschiedenem Durchmesser ein, die eine auf dem Absatz der Bombe, die andere auf dem entsprechenden Kolben-

[1] Z. anorg. Ch. 87, 52—80 (1914); M. SCHLAEPFER, Diss. Zürich. Techn. Hochsch. 1914; Vierteljahrsschr. Naturf. Ges. Zür. 59, 43 (1914).
[2] Z. anorg. Ch. 86, 308 ff. (1914).

teil. Der in die Kammer ragende, untere Teil des Kolbens ist übrigens etwas abgestumpft-konisch geschnitten, um stets die Kupferscheibe mitsamt dem Kolben herausnehmen zu können. Als eigentliches Versuchsgefäß dient ein Goldtiegel *G*, der auf den Boden des Bombenkörpers zu stehen kommt. Dieser selbst ist inwendig im übrigen nicht weiter ausgekleidet, da eine Verunreinigung des Tiegelinhaltes durch Eisen nicht stattfindet (vgl. oben). Die Temperaturmessung erfolgt durch ein in die Bohrung *F* eingesetztes Thermoelement aus Kupfer-Konstantan; Genauigkeit auf $\pm 5^0$, oder noch genauer. Die ganze Bombe wird in einem elektrischen Widerstandsofen (Fig. 157; Nichromdraht auf ein Eisenrohr gewickelt, mit dreifacher Glimmerschicht isoliert) erhitzt. Die Bombe *H* ruht auf einem Graphitblock *K*; das Thermoelement *M* geht durch diesen hindurch. Der Außenmantel des Ofens *F* besteht aus Eisenblech und wird durch die Asbestscheiben *C* verschlossen; als Isoliermasse wird Magnesia *E* eingefüllt. Das Ganze ist in einem festen Rahmen *G* verschraubt, der in zwei Zapfen horizontal drehbar angeordnet ist. Beim Versuche müssen alle Schraubengänge und die Berührungsfläche von Stahlscheibe und Kolben mit einem Graphit-Ölgemisch gut eingerieben werden, um ein Verkleben der Stahlflächen zu verhüten. Der Verlauf eines Versuches gestaltet sich folgendermaßen: die abgewogene Substanz wird im Goldtiegel mit einer gewogenen Menge Wasser versetzt, die Bombe verschlossen und dann in den Ofen gebracht, der auf die gewünschte Temperatur vorerwärmt wurde. Nach einer meist etwa 20 Stunden langen Exposition auf diese wird die Bombe wieder herausgenommen, in Wasser abgeschreckt, geöffnet und der Tiegel ihr entnommen. Die ganze Operation nimmt gewöhnlich nur etwa 5 Minuten in Anspruch.

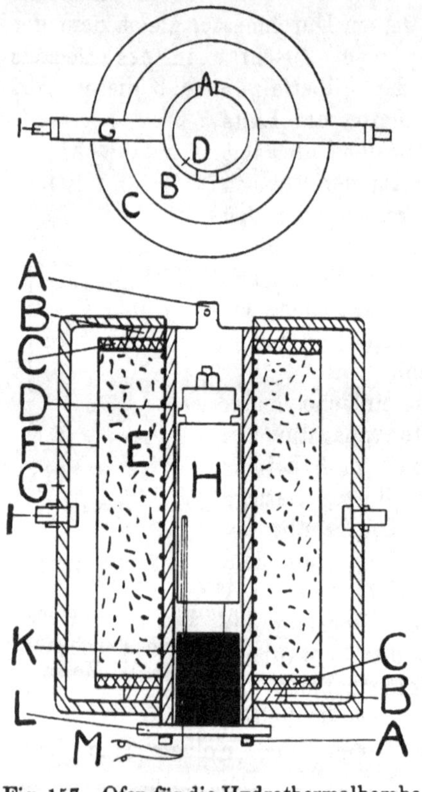

Fig. 157. Ofen für die Hydrothermalbombe nach Morey.

Mittels der von Morey angegebenen neigbaren Anordnung der Vorrichtung läßt sich auch zeigen, ob die erhaltenen Reaktionsprodukte, die bei gewöhnlicher Temperatur harte „Wassergläser" darstellen, etwa bei der Versuchstemperatur flüssig gewesen waren. Man braucht dazu nur die Bombe während des Erhitzens um 15^0 nach einer Seite zu neigen, beim Abkühlen aber nach der entgegengesetzten. Im Falle der Verflüssigung bei hoher Temperatur sammelt sich dann das Glas an der Seite des Tiegels an, die beim Erhitzen niedriger lag, während die damit in Berührung stehende Lösung abfloß und sich auf der beim Abkühlen niedriger stehenden Seite verfestigte. — Beim Abschrecken der Bombe in Wasser ist zu beachten, daß zuerst der Boden derselben mit dem Tiegel abgekühlt wird, so daß die Beschickung sich noch schneller abkühlt als die darüberstehende Dampfphase. In diesem Falle kühlt sich also die Lösung ohne Aufhebung des Drucks ab, und man erhält z. B. aus Alkalisilicatlösungen klare, homogene, stark wasserhaltige Gläser, die bis zu 25% Wassergehalt vollkommen hart sind. Lagert man dagegen den Goldtiegel (etwa auf einem Porzellanrohre) etwas unterhalb des Deckels des Bombenraumes, so fließt die Wärme aus der Beschickung weniger schnell ab als aus den Wandungen und dem dampferfüllten Raume. Es tritt alsdann eine sehr schnelle Abnahme des Dampfdruckes in diesem ein, wodurch sich dann das Wasser in den Lösungen plötzlich verflüchtigt, den nichtflüchtigen Teil aber mitreißt und dabei gleichzeitig erstarren läßt. Es ergibt sich dann eine poröse bimssteinartige Masse von fast wasserfreier Substanz; die Erscheinung verläuft alsdann völlig analog der Aufblähung natürlicher Obsidiane zu Bimssteinen in der Hitze oder der von Barus[1] hergestellten „Wassergläser". Die gleiche Apparatur ist übrigens neuerdings mit besonderem Erfolge von G. W. Morey und C. N. Fenner[2] zur Untersuchung des Systems $H_2O—SiO_2—K_2SiO_3$ benutzt worden.

Weitere allgemeine Gesichtspunkte bei der hydrothermalen Synthese gab P. Niggli[3]. Die Bestimmung des Dampfdruckes bei hohen Temperaturen kann annähernd aus der Menge des eingewogenen Wassers und dem Volumen erfolgen. Zur Bestimmung der Temperatur ist wohl die direkte Einführung des Thermoelementes in das Innere der Bombe wünschenswert; in den meisten Fällen aber muß die annähernde Temperaturbestimmung durch ein in die Bombenwandung eingelegtes Element genügen, wie dies bei den Vorrichtungen der amerikanischen Forscher (vgl. oben) in der Tat geschehen ist.

Zur Trennung von Bodenkörperprodukten von den aus der Lösung bei bestimmter Temperatur ausgeschiedenen Kristallarten verwendeten Müller und Königsberger[4] eine Stahlrohrbombe aus Kruppschem Nickelstahl (mit 400 mm innerer Länge und 20 mm innerem Durchmesser), deren Inneres mit einem Mantel von Platiniridiumblech ausgekleidet war, der am oberen offenen Ende verdickt und mit hochschmelzendem Lote am Kopf fest verlötet war, im Inneren aber eine besondere Filtriervorrichtung enthielt. Diese bestand ursprünglich aus einer zweiten Platinröhre mit Siebboden, welche oben durch einen Drahtring verstärkt war, so daß sie genau in die andere paßte. Infolge des minimalen Dichteunterschiedes von flüssiger und gasförmiger Phase bei hohen Drucken und Temperaturen

[1] Amer. J. Science (4) **9**, 161 (1900).
[2] J. Am. Ch. S. **39**, 1173—1229 (1917).
[3] Z. anorg. Ch. **84**, 31—55 (1914).
[4] Zentr.-Bl. f. Min. **1906**, 344 ff.; Z. anorg. Ch. **104**, 1—26 (1918).

erfolgt aber das Filtrieren naturgemäß nur sehr langsam. Besser bewährte sich ein Ansatz einer kurzen Platiniridiumröhre von geringem Durchmesser, welche unten für sich ein kleines Siebnetz trug (s. Fig. 158, *b* unten rechts). Zur Filtration braucht man alsdann nur den Ofen mitsamt der Röhre umzulegen. Als Schraubenverschluß diente eine dicke Platte aus Schmiedeeisen, in die eine Kombination mehrerer Metalle eingelassen war. Später verwendeten die genannten Autoren eine Feingoldplatte zur Abdichtung des Rohres (Fig. 159). Diese Platte wurde von einer starken Schraube mit halbkugeliger Endfläche auf die Röhre festgezogen; sie lief in einer Mutter, welche mit seitlichen Armen unter Vorsprüngen gehalten wurde, die ihrerseits an der Stahlröhre festgeschweißt waren. Das Druckrohr lag in einem drehbaren Ofen fest, der zwecks besseren Temperaturausgleichs im Inneren mit Kupferspänen ausgefüllt war. Das Ganze war in einem drehbaren Gestell ausbalanciert aufgehängt, das auf der einen Seite Lager trug; in diesen spielten die an einem Ende des

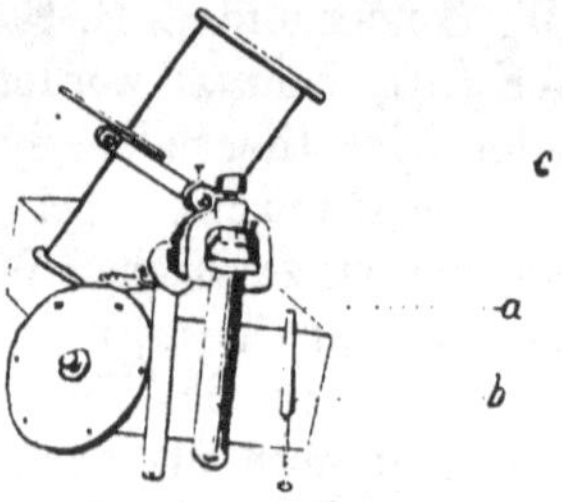

Fig. 158. Bombe mit Filtriervorrichtung nach KÖNIGSBERGER.

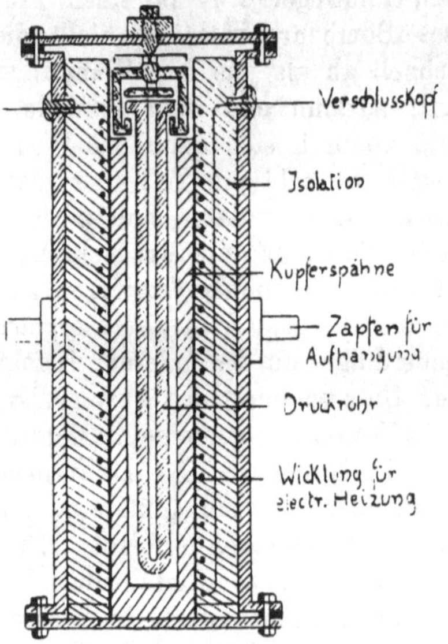

Fig. 159. Hydrothermalbombe nach KÖNIGSBERGER und MÜLLER.

Ofens angebrachten Drehzapfen. Am anderen Ende desselben konnten zwei feste Zapfen sich auf dem kurzen Doppelarm eines Hebels verschieben; der lange Arm desselben wurde mechanisch durch einen Exzenter auf- und abwärts bewegt. Diese Vorrichtung erlaubte, den ganzen Ofen trotz seines großen Gewichts langsam zu schütteln (einmal in etwa 3 Sek.); als Antrieb diente ein Heißluftmotor. Zum Filtrieren des Röhreninhalts wurde der Ofen aus dem Doppelarm gehoben und das vorher obenliegende Ende um 180° nach unten gewandt. Der Temperaturausgleich war angesichts der großen Massen doch ein recht guter zu nennen. Nach der Filtration bei hoher Temperatur wurde langsam abgekühlt, damit sich in dem Filterrohr recht gute Kristalle ausbilden konnten; der Bodenkörper war dann mit flüssigem Wasser nicht mehr in Berührung. Nur wenn über 360° erhitzt worden war, verlief die Abkühlung bis zu diesem Punkte rasch; in dieser kurzen Zeitspanne brauchte man aber eine Umwandlung der über 360° beständigen, meist recht widerstandsfähigen Mineralien nicht zu befürchten. Die Menge der erhaltenen Kristallisationen waren z. T. so erheblich, daß mit 0,05—0,10 g selbst quantitative Analysen sich durchführen ließen.

Bei ihren Synthesen von Pyrit und Markasit bedienten sich E. T. ALLEN, J. L. CRENSHAW, J. JOHNSTON und E. S. LARSEN[1] einer besonders einfachen und brauchbaren Apparatur. Als Druckgefäße kamen Röhren aus Jenaer „Verbrennungs"-Kaliglas oder dem sogenannten „Durax"-Glase zur Verwendung, welche neutralen wässerigen Lösungen bis 350° widerstanden, von alkalischen Lösungen aber auch ziemlich schnell angegriffen wurden. Diese Einschmelzrohre *A* (Fig. 160a) wurden in dickwandige Stahlbomben *B* mit Schraubenverschluß *C—E* eingeführt, diese selbst mit Wasser zwecks Ausgleichs des Innendrucks in den Glasrohren gefüllt und das Ganze in elektrischen Widerstandsöfen mit Nickeldrahtbewickelung erhitzt.

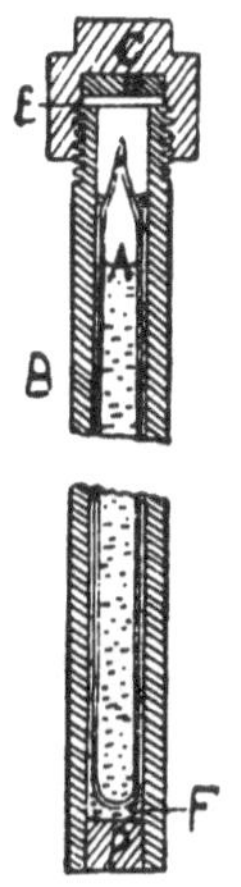

Fig. 160a. Bombenrohr für Sulfidsynthesen nach ALLEN.

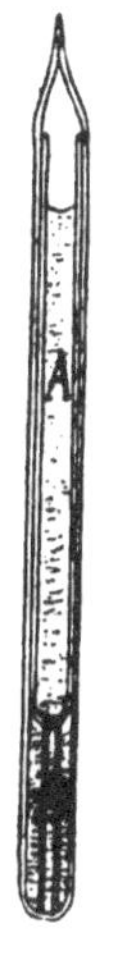

Fig. 160b. Doppelrohr nach ALLEN.

Zur Herstellung der Eisendisulfide in wohl meßbaren Kristallen diente eine „Doppelrohrapparatur", welche eine langsame Bildung bei der Reaktion zwischen Ferrisulfat und Schwefelwasserstoff bezweckte (Fig. 160b). Die weitere Glasröhre wird mit einer starken wäßrigen Lösung von Natriumthiosulfat beschickt, während das Ferrisalz in einem engeren und kürzeren Rohre *A* sich befindet, welches in dem größeren gleitet und durch ein Stück Glasrohr *B*, das etwas über das Niveau der Thiosulfatlösung hinausragt, gestützt wird. Bei etwa 200° zerfällt das Thiosulfat unter Entwicklung von Schwefelwasserstoff, der langsam in die Ferrisulfatlösung dringt und dort die Bildung des Disulfids einleitet, bis nach längerer Zeit sich gute Kristalle bilden. — Die Anwendung dieses Doppelrohrapparates, der zunächst bei den Eisendisulfiden zum Erfolg geführt hatte, auch für die Synthese von Zinksulfid, ergab bei Verwendung neutraler Lösungen keine Vorteile, man erhielt immer nur amorphe Produkte. Bei sauren Lösungen aber gelang es, sehr vollkommene Kristallisationen zu gewinnen, und zwar ist interessanterweise bei gegebener Temperatur (250° C) die Menge von Wurtzit in diesen um so größer, je größer die Säurekonzentration ist, bei gegebener Säurekonzentration die Menge von Zinkblende um so größer, je höher die Versuchstemperatur gelegen war (ähnliches wurde auch bei den beiden Modifikationen des Eisendisulfids beobachtet). Cadmiumsulfid (Greenockit) ergab sich gleichfalls in schönen Kristallen nach der Doppelrohrmethode aus sauren Lösungen. Weiterhin versuchten E. T. ALLEN und J. L. CRENSHAW[2] die großen Schwierigkeiten

[1] Z. anorg. Ch. **76**, 204 ff. (1912).
[2] Z. anorg. Ch. **79**, 136 ff. (1913); **90**, 107—149 (1914).

bei der Synthese von Zinkblende auch dadurch zu umgehen, daß sie das amorphe gefällte Zinksulfid aus konzentrierten Lösungen von Alkalisulfiden umkristallisierten. Da erfahrungsgemäß Glasgefäße eine Erhitzung mit derartig stark alkalischen Flüssigkeiten sehr schlecht vertragen, füllten sie dieselben in Platinrohre (aus Platinblech vor dem Knallgasgebläse verschweißt). Diese wurden alsdann in die Glasgefäße eingeführt und letztere zugeschmolzen. Nach Erhitzung derselben auf 200° während 11 Tagen bis zu einem Monat ergaben sich deutliche Kristalle von Zinkblende. Die Zeit, welche zur Erzeugung erkennbarer Kristalle notwendig ist, wird um so länger, je verdünnter die Alkalisulfidlösung und je niedriger die Temperatur der Umkristallisation ist. Auch der Zinnober ist leicht durch Umkristallisation des schwarzen gefällten Quecksilbersulfids aus Natriumsulfidlösung oder Schwefelammonium bei 100° zu erhalten.

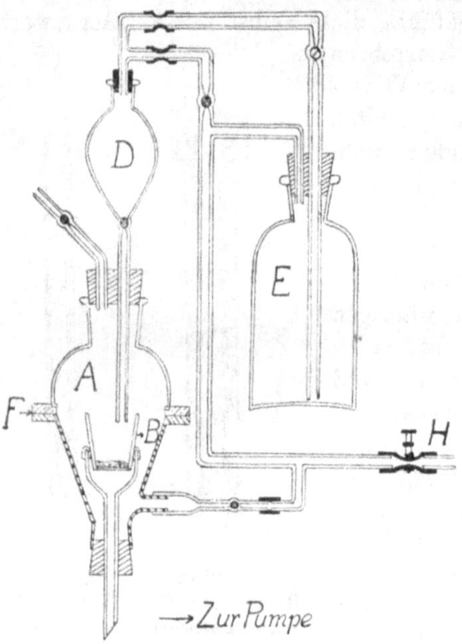

Fig. 161. Vorrichtung zum Auswaschen synthetischer Sulfide unter Ausschluß von Luft (nach ALLEN).

Zur völligen Reinigung der hydrothermalsynthetischen Sulfide ist es notwendig, die Reaktionsprodukte unter Ausschluß von Luft auszuwaschen. Die genannten amerikanischen Forscher bedienten sich dazu der in Fig. 161 dargestellten Vorrichtung, bestehend aus einem Doppeltrichter *A*, im oberen Teile Glas, unten Messingblech, der im Ringe *F* eingekittet und mit einem Verbindungsschliff gedichtet ist. In dem Tropftrichter *D* ist verdünnte Salzsäure, in der Flasche *E* ausgekochtes, in CO_2-Atmosphäre abgekühltes Wasser enthalten. Die Substanz wird in den Filtertiegel *B* eingebracht, von *H* her dann CO_2 eingeführt, und mit dem Inhalt von *D* und *E* ausgewaschen. Die Trocknung der Sulfide muß im Vakuumexsiccator unter Anwendung einer Öl- oder Quecksilberpumpe erfolgen.

Bei ihren umfangreichen quantitativen Versuchen zur Klärung der Vorgänge bei der sekundären Kupferanreicherung in den Zementations-Erzlagerstätten bedienten sich E. G. ZIES, E. T. ALLEN und H. E. MERWIN[1] bei Temperaturen von 200° nicht der angreifbaren Jenenser Gläser, sondern Röhren von durchscheinendem technischen Kiesel-(Quarz-)Glas, welche vor

[1] Econ. Geol. 11, Nr. 5. 407—503 (1916).

dem Knallgasgebläse oder vor den Gebläsen der autogenen Schweißung (mit Acetylen und Sauerstoff betrieben) zugeschmolzen werden mußten. Zur Erhitzung bei 100° dienten gleichfalls Kieselglasröhren; zur gleichzeitigen Erhitzung von mehreren (bis zu acht) Rohren kam der in Fig. 162 dargestellte Apparat in Anwendung, in welchem die Rohre in Blechzylindern mit zirkulierendem Öl („Crisco"-Öl, mit hohem Entflammungspunkt) geheizt wurden. Der Eisenzylinder *A* enthielt das Fußgestell *B* für die acht Bombenrohre, welche an dem achtfach durchbohrten Ring *C* oben aufrecht gehalten werden. In die Mitte von *B* und *C* ist ein zentrales Rohr *D* eingesetzt, in dem die Rührer *b* und *c* mittels der vertikalen Welle *E* rotieren, die in den Lagern *d* und *e* läuft und von der Schnurscheibe oben ihren Antrieb erhält. Das Öl tritt durch die am oberen Ende von *D* angebrachten Löcher aus und zirkuliert um die Blechrohre mit den Bombenrohren (rechts eines eingesetzt gezeichnet). Zur Heizung dienten sechs Widerstandswicklungen (rechts im Querschnitt gezeichnet), welche beliebig hintereinander oder parallel geschaltet werden konnten und eine Einstellung der Temperatur auf ± 0,1° erlaubten. Der Verschluß der Bombenrohre entspricht dem von G. W. MOREY angegebenen in allen Wesentlichkeiten.

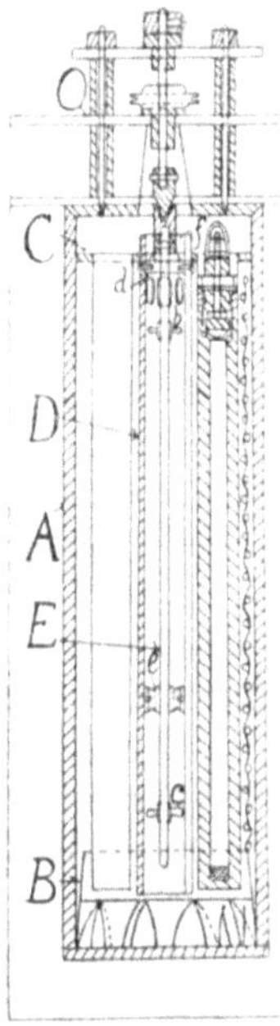

Fig. 162. Mehrfacher Erhitzungsapparat für hydrothermale Gleichgewichtsbestimmungen (nach ALLEN, ZIES und MERWIN).

2. Einzelnes über Beobachtungen bei der hydrothermalen Synthese.

E. BAUR[1] hatte bei seinen Versuchen gefunden, daß bei Temperaturen von 350°—450° eine Expositionszeit von 12—16 Stunden völlig ausreicht; längere Erhitzung bringt keinerlei Vorteil. Die Kristallisation setzt rasch ein und führt bei den sehr leicht sich einstellenden starken Übersättigungen zu einer „Schauer"-artigen Ausbildung unzähliger kleiner Individuen. Auch das Impfen hat dabei zur etwaigen Erzielung größerer Kristalle keinerlei Erfolg. Ein mehr oder minder rasches Abkühlen ist gleichfalls auf die Kristallisation nicht mehr von wesentlichem Einfluß. Die beim Öffnen der Bombe erhaltenen Produkte sind bei sauren Gemischen mehr oder weniger zusammenhängende „miarolithische" Kristallkuchen; in anderen wieder, besonders je alkali- und tonerdereicher die Gemische sind, behält das Kristallaggregat die äußere Form der vorher amorphen Massen bei. Es handelt sich alsdann mehr um eine Umkristallisation. Während die amorphen Teile sich zuerst am Anfang der Reaktion durch Wasserabsorption oberflächlich mit einer zähen Glasmasse überziehen, scheiden sich in

[1] Z. Elektr. 17, 739 ff. (1911); Z. anorg. Ch. 72, 119 ff. (1911).

der halbfesten Masse schon Kristalle aus. Je alkalireicher die Gemische sind, um so mehr amorphe Substanz verbleibt in den Endprodukten.

Die Ergebnisse der schon oben genannten Arbeiten von M. Schlaepfer und P. Niggli[1] sind dadurch besonders interessant, daß es sich bei ihnen herausgestellt hat, wie verschieden die Art und Zahl der Kristallisationen ausfallen kann, wenn man von Substanzen verschiedener Reinheitsgrade ausgeht. Wo z. B. E. Baur seinerzeit ein andalusitähnliches Mineral neben Muskovit erhalten hatte, zeigten bei gleicher chemischer Bruttozusammensetzung die Präparate von Schlaepfer und Niggli nur Kalinephelin und Korund. Auch die hydrothermale Darstellung instabiler Kristallarten z. B. von Tridymit, der im angewandten Temperaturbereich sicherlich metastabil sein muß, gelang den beiden schweizerischen Forschern völlig einwandfrei. Daß andererseits der Tridymit stets nur aus kalifreien Lösungen gebildet werden kann, während er sich nach Fenner[2] sofort in Quarz verwandelt, wenn er in Alkalicarbonatlösung erhitzt wird, zeigt an, daß die Alkalinität der Lösung stets die Bildung der stabilen Produkte fördert, also auf die Umwandlung auch instabiler Kristallarten in solche beständigere in katalytisch beschleunigendem Sinne einwirkt. Überhaupt zeigt die Abhängigkeit der Art der Kristallisationsprodukte von „Zufälligkeiten" im Ausgangsmaterial, daß die hydrothermale Mineralsynthese nach dem heutigen Stande ihrer Hilfsmittel noch keineswegs die wirklichen Existenzfelder der Mineralien in wässerigen Lösungen bei höheren Temperaturen auszuwerten gestattet. Katalytisch befördernde oder hemmende Einflüsse von minimalsten Beimengungen spielen dabei eine noch immer nicht geklärte Rolle. So vermag die Anwesenheit von Eisen und Chloriden die Bildungsreaktion zu beschleunigen, wie schon Friedel gefunden hatte, daß die Bildung von Anorthit aus Muskovit und CaO in Anwesenheit von $CaCl_2$ glatt erfolgen kann. Andererseits können kleine Zusätze von Al_2O_3 zu SiO_2 und umgekehrt die Kristallisation sehr stark hemmen, und in erhöhtem Maße noch gilt dies für CaO.

Die hydrothermale Darstellung von Quarz, Tridymit, Eisenglanz usw. nach Schafhäutl, Senarmont, Daubrée u. a. wurde schon oben erwähnt. Wichtig ist die von Niggli bei seinen Versuchen hydrothermaler Synthese bestätigte Beobachtung von Bruhns[3], daß ein geringer Fluorgehalt der Ausgangssubstanzen die Kristallisation sehr begünstigt (s. o.). Ein absichtlicher Zusatz von Fluorammonium ermöglichte die Synthese von Korund, Magnetit, Titaneisen usw. Während im übrigen die meisten Synthesen gesteinsbildender Mineralien auf hydrothermalem Wege nur schwierig zu einheitlich bestimmten Resultaten führten, ist es gelungen, Zeolithe in zahlreichen Fällen leicht und sicher zu erhalten. Vom Apophyllit hatte Wöhler[4] schon 1848 gezeigt, daß er sich aus überhitz-

[1] Z. anorg. Ch. 87, 52—80 (1914); Dissert. Zürich 1914.
[2] Z. anorg. Ch. 85, 133 (1914).
[3] W. Bruhns, N. Jahrb. f. Min. 1889, II, 62—65.
[4] R. Bunsen zitiert F. Wöhler, Ann. 65, 80 (1848).

tem Wasser direkt umkristallisieren läßt; nach DOELTER[1] gilt ein gleiches für Chabasit, Heulandit, Natrolith und Skolezit. Besonders leicht erfolgt die Bildung des Analcims, Heulandits und Chabasits aus ihren Bestandteilen, wie dies auch MÜLLER und KÖNIGSBERGER gefunden haben.

E. BAUR[2] hat die Bildung von Orthoklas und Albit bei Versuchsbedingungen der hydrothermalen Synthese untersucht mit sehr interessanten Ergebnissen hinsichtlich der primären Quarzkristallisation und der nachfolgenden Resorption desselben unter Abscheidung von Kalifeldspat bei isothermer Einengung. Demgegenüber kann bei Kristallisation durch Abkühlung zuerst gebildeter Feldspat nachträglich in Quarz umgesetzt werden und dieser in der Endphase der Erstarrung allein die Mineralisation darstellen. In der Natur werden beide Vorgänge sich kombinieren und überlagern (vgl. die Quarzapophysen der Granitmassive). Panidiomorphe Ausbildung in der Art der Aplite und Pegmatite erhält man bei gleichzeitiger dauernder Kristallisation der Feldspäte neben Quarz, welche mit einer eutektischen indessen nicht verwechselt werden darf. Gleichfalls von erheblichem petrologischen Interesse ist die von J. KÖNIGSBERGER und W. J. MÜLLER[3] gegebene eingehende Beschreibung ihrer in der oben erwähnten früheren Arbeit kurz geschilderten Produkte hydrothermaler Synthesen. Die Versuche besitzen eine weitgehende Wichtigkeit zur Beurteilung der Bildung leukokrater Granitpegmatite sowie der Mineraldrusen in Graniten und Pegmatiten, welche ärmer an Biotit sind. Mit den synthetischen Versuchen steht besonders in Einklang, daß häufig in diesen Drusen der Ergußgesteine labile Bildungsprozesse sich einstellen, welche der Phasenregel nicht folgen.[4] Über die oft sehr schwierige optisch-mikroskopische Untersuchung der Reaktionsprodukte machte KÖNIGSBERGER[5] beachtenswerte Angaben. Diese erstreckt sich im wesentlichen auf die Bestimmung der Stärke der Doppelbrechung, von Auslöschungsschiefen, des optischen Charakters, der Brechungsindices, sowie auf die Messung von möglichst vielen Kantenwinkeln an den Kristallen, soweit dieselben gut genug entwickelt sind. Endlich wurde eine qualitative chemische Untersuchung vorgenommen, während für eine quantitative Analyse naturgemäß meistens das Material nicht ausreichen konnte. Das spezifische Gewicht wird nach der Suspensionsmethode[6] mit schweren Flüssigkeiten (Acetylentetrabromid oder Methylenjodid) bestimmt. Freilich macht dabei meist die Trennung der verschiedenen Kristallarten voneinander sowie von etwaigen kolloidalen Beimengungen, insbesondere von Kieselsäure, oft erhebliche Schwierigkeiten, so daß sie u. a. erst nach tagelanger Behandlung mit verschieden konzentrierten und erwärmten Lösungen von Natronlauge möglich wird. Man bringt alsdann die geringen verbleibenden

---

[1] C. DOELTER, N. Jahrb. f. Min. **1890**, I, 118—139.
[2] Z. phys. Ch. **42**, 567 ff. (1903).
[3] N. Jahrb. f. Min. Beil.-Bd. **44**, 402—459 (1920).
[4] Vgl. z. B. J. KÖNIGSBERGER, N. Jahrb. f. Min. Beil.-Bd. **32**, 101 (1911).
[5] Zentr.-Bl. f. Min. **1906**, 344 ff.
[6] Vgl. dies. Handb. Bd. III, S. 49, unter „Schwebemethode“.

Substanzmengen in einen schmalen Trog mit der schweren Flüssigkeit und beobachtet die Suspension mit stark vergrößernder Lupe. Zum Studium der kristallographischen Ausbildung empfehlen Königsberger und Müller im übrigen Einbettung der Präparate in Wasser oder Amylacetat, zur optischen Untersuchung von Silicaten neben Quarz usw. solche in Cedernholzöl oder Canadabalsam. Gleichmäßige, durch mechanisches Auslesen erzielte Korngröße ist bei der letzteren sehr von Vorteil, damit beim Aufpressen des Deckglases kleine, etwa tafelförmige Kristalle sich ganz flach autlegen können.

Eine Nachbildung der natürlichen Sulfide auf Erzgängen gelang gleichermaßen Sénarmont[1] durch Einwirkung von Schwefelwasserstoff (und Kohlensäure) auf die Metallsalzlösungen. Durch Verwendung von Alkalicarbonatlösungen sowie solchen von Schwefelalkalien, welche auch in natürlichen Thermalquellen sich finden, gelingt es solcherart, bei 200—350° die natürlichen Bildungen getreu nachzuahmen. Eines eigenartigen Hilfsmittels zur Erhöhung des Druckes bediente sich Becquerel[2] bei seiner Synthese des Silberglanzes durch Beschickung der Röhren mit Äther und Schwefelkohlenstoff. Doelter[3] (1886) ließ die Reaktionen meist bei Temperaturen noch unter 100° vor sich gehen, dehnte aber die Versuchsdauer auf viele Wochen und Monate aus. E. Weinschenk[4] erzeugte einen hohen Schwefelwasserstoffdruck in den Reaktionsgefäßen durch Anwendung des Rhodanammoniums in essigsaurer Lösung, wobei dieses bei höherer Temperatur in Schwefelharnstoff sich umlagert, der seinerseits in CO_2, H_2S und NH_3 zerfällt.

Über Synthesen von Mineralien der Klasse der Chloride, Sulfate, Carbonate usw. siehe die Einzelangaben z. B. bei Brauns, Chem. Min. S. 269. Prinzipiell wichtig ist die von R. Wagner[5] benutzte Methode der Umkristallisation von Bariumcarbonat aus unter hohem Druck mit CO_2 gesättigter wässeriger Suspension. Ferner die von Retgers[6] durchgeführte Synthese des Kalkspats aus amorphem Calciumcarbonat durch Behandlung desselben mit Chlorammonium bei etwa 180° zu wiederholten Malen; ähnlich die Weinschenkschen[7] Versuche zur Erzeugung von Apatitkristallen.

Hier wären auch zu nennen die Synthesen des Covellins bei Einwirkung des Schwefelwasserstoffs auf Cuprisalzlösungen bei hohen Temperaturen (Doelter usw.), ferner die von Zies[8] beobachtete Bildung des Covellins durch Einwirkung von Ferrisulfat-(Eisenalaun-)Lösung auf Kupferkies. Durch die Wechselreaktion zwischen Alkalisulfidlösung und Cupro-

[1] H. de Sénarmont, C. r. 28, 693 (1849); Ann. chim. phys. [3] 30, 129—146 (1850); 32, 129—175 (1851).
[2] Becquerel, C. r. 44, 938 (1857).
[3] C. Doelter, Ztschr. f. Krist. 11, 29 (1886).
[4] E. Weinschenk, Ztschr. f. Krist. 17, 495 (1890).
[5] R. Wagner, J. pr. Ch. [1] 102, 234 (1867).
[6] Retgers, Z. phys. Ch. 6, 230 (1890).
[7] E. Weinschenk, Ztschr. f. Krist. 17, 489 (1890).
[8] E. G. Zies, bei E. Posnjak u. a., Z. anorg. Ch. 94, 131 (1916).

chlorid stellten bei 250° POSNJAK, ALLEN und MERWIN[1] auch Kupferglanz in regulären Kristallen dar. Auch ein einfaches Umkristallisieren von Cuprosulfid aus Schwefelwasserstoffwasser bei 200° führte sie zum gleichen Ergebnis. Dagegen sind die tetragonalen (nicht rhombischen) Kristalle, die man bei Umsetzung von Schwefelammonium mit Kupfer unter Luftabschluß erhält, nicht Kupferglanz, sondern eine Verbindung $Cu_7(NH_4)S_4$.

Nach SÉNARMONT werden Kupfer und Silber aus ihren Salzlösungen ganz allgemein durch reduzierende Agentien beim Erhitzen auf 150—250° ausgeschieden, so daß man sie auf diese Weise kristallisiert erhalten kann.

Außerordentlich interessante Versuche zur hydrothermalen Bildung gediegenen Kupfers aus stark salzhaltigen Grubenwässern stellte A. C. LANE im Verein mit G. FERNEKES an.[2] Erhitzten sie nämlich Lösungen von Ferrochlorid, Kupferchlorid, etwas Bromkalium mit Calciumcarbonat oder mit den Silicaten Prehnit, Datolith und $CaSiO_3$ (Wollastonit), so wird das Cuprichlorid reduziert, und es scheidet sich Kupfer kristallin ab, ganz analog wie es im Distrikt des Oberen Sees in Mandelsteinen, Konglomeraten und Sandsteinen der Keweenawanserie zu finden ist. Zu fast in allen Einzelheiten gleichen Ergebnissen über die Entstehung des Vorkommens gediegenen Kupfers auf den Kommandorinseln (östlich Kamtschatka) kam J. MOROZEWICZ.[3]

Endlich sind von erheblichem Interesse die Beobachtungen von WL. IPATJEW und W. WERCHOWSKY[4], daß man aus Kupfersalzlösungen unter sehr hohen Drucken (bis 600 Atm.) und Temperaturen von 80—120° schön kristallisierte Fällungen von Kupferoxydul (Cuprit) und gediegenem Kupfer erhalten kann.

Kolloidmineralogische Synthesen.

1. Diffusion von Elektrolyten in Kolloidgelen.

Von erheblicher methodischer Bedeutung sind die von R. E. LIESEGANG[5] angestellten Versuche über die merkwürdigen Diffusionserscheinungen von gelösten Kristalloiden (Elektrolyten) in kolloidalen Gelen, durch welche eine große Zahl von mineralogischen und geologischen Erscheinungen erklärt werden konnte, die bis dahin nur eine ungenügende und gezwungene Deutung erfahren hatten. Diffundiert nämlich ein Elektrolyt in ein Gel hinein, welches einen Stoff enthält, der mit dem eindringenden Stoffe

---

[1] Z. anorg. Ch. **94**, 95—138 (1916).

[2] 13 th Ann. Meet. of the Lake Superior Min. Instit. 1908; s. a. Portage Lake Min. Gaz., Houghton, Mich. 1908; Ref. N. Jahrb. f. Min. **1911**, II, 208f.

[3] Mem. Comité Géol. St. Petersb. N. Ser. **72**, 82 ff. (1912), dort eine ausführliche Literaturübersicht über ältere Versuche.

[4] Ber. **42**, 2081 (1909); s. ferner l. c. **44**, 3452 (1911); **45**, 3226 (1912), mit B. ZRJAGIN.

[5] Zahlreiche Einzelarbeiten, zusammengefaßt in den Werken Geolog. Diffusionen, Dresden-Leipzig 1913; Die Achate, ebendort, 1915.

unter Bildung eines schwerlöslichen Produktes reagiert, so findet nicht etwa eine gleichmäßige, sondern eine ausgesprochen rhythmische Fällung statt; zwischen Schichten des Niederschlags befinden sich alsdann in regelmäßigen Abständen niederschlagsfreie Zonen. Man erklärt diese eigenartige Anordnung des Niederschlags nach W. OSTWALD durch das rhythmische Auftreten von Übersättigungen. Zur Demonstration der Erscheinung eignet sich eine mit Kaliumdichromat versetzte Schicht von Gelatinegallerte (etwa 2 ccm konzentrierte $K_2Cr_2O_7$-Lösung auf 100 g 4%-iger Gelatinelösung) auf einer Glasplatte; bringt man nämlich einen Tropfen Silbernitratlösung auf die Chromatgelatine, so bilden sich um denselben konzentrische Ringe rhythmisch gefällten Silberchromats. Sind etwa mehrere Diffusionszentren nebeneinander vorhanden, so entstehen Figuren, wie sie an Feuersteinen oder den „Imatrasteinen" (Kalkkonkretionen im Schieferton von Imatra, Finnland) bekannt sind. Vor allem aber ist es LIESEGANG durch seine glänzenden Versuche gelungen, eine einfache Nachbildung der bekannten, sehr verschiedenartigen Achatstrukturen (als Festungsachate, Moosachate, Röhrenachate usw.) zu erhalten und diese selbst durch Diffusion von Eisensalzen u. dgl. aus dem Nebengestein der „Mandeln" in die den Hohlraum ursprünglich ausfüllenden Kieselsäuregallerten hinein restlos zu erklären, woselbst dann Eisenhydroxyd oder Eisenoxyd rhythmisch ausgeschieden wurde. Im einzelnen sei auf die genannten ausführlichen, ungemein anregenden Monographien LIESEGANGS hingewiesen. Es wären weiterhin als hierhergehörend die interessanten Versuche von E. HATSCHEK[1] über die Korngröße der in rhythmischen Niederschlägen sich bildenden Kristalle zu erwähnen, sowie die wichtigen Studien von HATSCHEK und SIMON[2] und von LIESEGANG über die Bildung von kristallisiertem Golde in Silicatgelen durch Wirkung von Reduktionsmitteln (Oxalsäure, Ammoniumformiat, $FeSO_4$, Na_2SO_3, auch Gase wie Leuchtgas, Acetylen, Kohlenoxyd usw.) auf im Gele verteilte Goldchloridlösungen.

Den Einfluß einer gleichfalls stark verlangsamten Diffusion in feinpulvrigen bzw. kolloidalen Medien auf die Bildung von wohlkristallisierten synthetischen Mineralien hat neuerdings H. N. HOLMES[3] durch schöne Versuche erwiesen. Auch er hat vortrefflich kristallisiertes Gold in Kieselsäuregel analog dem HATSCHEK-SIMONschen Verfahren erhalten, des weiteren auch kristallisiertes gediegenes Kupfer durch Reduktion von $CuSO_4$ mit Hydroxylaminchlorhydrat.

2. Synthese von Mineralgelen und Adsorptionsverbindungen.

Die meisten in der Natur vorkommenden Mineralgele sind als Laboratoriumsprodukte schon lange ebenfalls bekannt und als kolloidale Niederschläge nach den einschlägigen Methoden leicht zu erhalten. Nach

---

[1] Z. Kolloid. 8, 193 (1911).
[2] Z. Kolloid. 10, 265 (1912).
[3] Journ. Franklin. Inst. 184, 743—773 (1917); Ref. Zentr. 1920, I, 609.

der von F. CORNU aufgestellten Regel der „Isochemite" entsprechen jedem dieser Kolloide nach ihrer Zusammensetzung bestimmte Kristallarten, so z. B. dem Opalgele der kristallisierte Quarz, die Stilpnosiderite und Eisenocker (Brauneisenerze usw.) dem Goethit usw. Über die sehr mannigfaltigen Methoden zur Gewinnung mineralischer Sole und Gele gilt im wesentlichen das in diesem Handb. Bd. IV, S. 142—212 ausgeführte, besonders wohl die Anwendung von Kondensationsmethoden, die der Oxydation (z. B. Bildung von Schwefelsol aus Schwefelwasserstoffwasser) und vor allem die Hydrolyse (Spaltung von Silicaten der Alkalien in die freie Base und kolloidale Kieselsäure), die Fällung von Sulfiden durch Schwefelwasserstoff, von Hydroxyden aus Metallsalzlösungen durch Alkalien usw.[1] Die Bildung der „Pseudolösungen" beim Versetzen von Wasserglaslösungen mit Säuren ist ein wichtiges Paradigma für den natürlichen Prozeß der Fortführung kolloidaler Kieselsäurelösungen in den Verwitterungs- und Flußwässern. Die Wirkung von Schutzkolloiden ist auch in den natürlich vorkommenden Kolloidsystemen oft eine ausgesprochene, so bei den Verwitterungskolloiden der Einfluß der organischen Humussubstanzen. Die bei der Koagulation von Solen entstehenden kolloidalen Gele mineralischer Substanzen beschäftigen uns hier besonders; gleicherweise die durch Elektrolytzusatz zum Sol erfolgende Ausflockung derselben, für welche in der Natur großartige Analoga sich finden, z. B. die Bildung von See-Erzen, von Feuersteinkonkretionen in marinen Sedimenten. Leider sind in dieser Beziehung unsere synthetischen Erfahrungen noch immer in den allerersten Anfängen.[2] Es sei über die speziellen Methoden zur Gewinnung von Gelen der Kieselsäure, Zinnsäure, des Eisenhydroxyds usw. hingewiesen auf die Ausführungen bei R. ZSIGMONDY, Kolloidchemie [Leipzig 1922]; durch die berühmten synthetischen Untersuchungen von VAN BEMMELEN ist insbesondere der Einfluß des Wassergehaltes der Gele auf die physikalische Beschaffenheit derselben dargetan worden. Ferner sind durch sie die Ent- und Wiederwässerungsgleichgewichte der opalartigen Eintrocknungsprodukte festgestellt, einschließlich ihrer eigenartigen hysteresisähnlichen Erscheinungen.[3] Von großer Bedeutung sind in diesem Zusammenhang die sehr umfangreichen Studien von E. POSNJAK und H. E. MERWIN[4], in welchen vor allem die Aufnahme von Dampfdruckgleichgewichtskurven versucht worden ist.

Auch das ungemein wichtige Gebiet der kolloidalen Adsorptionsverbindungen ist bislang nur wenig nach synthetisch-exakten physikalisch-chemischen Gesichtspunkten bearbeitet worden. Es wäre hier nur der außerordentlich wertvollen Vorversuche über die Kristallisation „angefärbter"

---

[1] l. c. S. 163 ff., 180 ff.

[2] Vgl. O. ASCHAN, Z. prakt. Geol. **1907**, 57; Die See-Erze, Helsingfors 1906; J. W. TARR, Am. J. Science (4) **44**, 409 (1917).

[3] Z. anorg. Ch. **13**, 233 (1897); **20**, 185 (1899); s. a. R. ZSIGMONDY, W. BACHMANN und STEVENSON, Z. anorg. Ch. **75**, 189 (1912); BACHMANN, Z. anorg. Ch. **100**, 1—76 (1917).

[4] Am. J. Science [4] **47**, 311—348 (1919).

Salze von R. Marc zu gedenken [1], sowie über die selektive Adsorption von radioaktiven Stoffen an Kieselsäuregelen [2], endlich über die Adsorption von Farbstoffen an Mineralgelen. [3]

3. Zerstäubungsmethoden.

Eine besonders eigenartige kolloidchemische Mineralsynthese ist die von H. Siedentopf [4] durchgeführte Darstellung von blauem Steinsalz, welches ultramikroskopisch vollkommen dem natürlichen gleicht. Dieselbe erfolgt durch Erhitzen eines Stückchens gewöhnlichen farblosen Steinsalzes mit wenig Natriummetall im Vakuum bis zur Verdampfung des Natriums. Das Steinsalz färbt sich dabei gelblich durch Bildung einer zunächst molekulardispersen festen Lösung, und durch mehrmaliges vorsichtiges Wiedererhitzen „kondensiert“ man die kolloidalen Partikelchen allmählich zu immer größeren Teilchen, welche zuert eine gelbe, dann eine rotviolette und schließlich eine blaue Färbung des Salzes erzeugen. Ähnliche Kondensationen finden bekanntlich auch bei der Herstellung von Goldrubinglas, der Schwefelfarbstoffe (Ultramarine) usw. statt.

4. Der hydrothermale Basenaustausch.

Eine synthetisch besonders wichtige Eigenschaft vieler Silicate, insbesondere mancher Alumosilicate der Alkalien und der Alkalierdmetalle ist ihre Fähigkeit zum reziproken Basenaustausch. Man findet sie besonders ausgeprägt bei vielen wasserhaltigen Gesteinsgläsern und namentlich bei künstlichen Silicatgläsern vom erwähnten chemischen Charakter. Die letzteren, in der Technik als „Permutite“ bezeichneten Körper (Schmelzen von Quarz und Feldspat oder Kaolin mit Soda, die nachträglich durch Erhitzen mit Wasser hydratisiert werden) haben sich bekanntlich besonders zum Entkalken des Gebrauchswassers als wichtig erwiesen. Namentlich R. Ganssen [5] führte eingehende Untersuchungen über diese wichtigen Körper aus, da sie uns ein vorzügliches Bild von den chemischen Prozessen im Boden an den sog. Bodenzeolithen geben. Das Studium der Permutitreaktionen ist ein Teilgebiet des umfangreicheren über die Einwirkung von Salzlösungen auf Tonerdesilicate überhaupt bei Temperaturen zwischen 100 und 200°; es steht damit gerade zwischen dem Gebiete der eigentlichen Hydrothermalsynthesen und den kolloidchemischen, bis jetzt noch so dunklen eigentlichen Verwitterungsvorgängen. Vor allem haben J. Lemberg und nach ihm St. J. Thugutt das Verdienst, durch umfangreiche Hydrothermalversuche die dabei im Spiele befindlichen Basen-

[1] Vgl. Fortschr. d. Min. **3**, 17 (1913).

[2] E. Ebler und A. J. van Rhyn, Z. anorg. Ch. **119**, 135—144 (1921).

[3] Suida und Hundeshagen, s. ausführliche Literatur bei A. Himmelbauer, Fortschr. d. Min. **3**, 40 f. (1913).

[4] H. Siedentopf, Phys. Ztschr. **6**, 855 (1905); Verh. Dtsch. Physik. Ges. **9**, 621 (1907).

[5] Jahrb. d. Preuß. Geol. Landesanst. **26**, 179 (1905); **27**, 63 (1906).

austauschsreaktionen geklärt zu haben. Es sei hier indessen nur auf die zusammenfassende Mitteilung von H. SCHNEIDERHÖHN[1] hingewiesen. Die Umwandlungsprodukte waren stets amorph; die deutlich hervortretenden einfachen stöchiometrischen Verhältnisse in ihnen machen jedoch die Bezeichnung „Kolloide im Gelzustande" oder gar „Adsorptionsverbindungen" für sie wenig geeignet. Der Basenaustausch selbst ist stets als ein Umbau im amorphen Zustande zu kennzeichnen. Steigt die Temperatur bei diesen Versuchen über 200°, so fangen die echten hydrothermalen Prozesse an, als deren erste Produkte Zeolithe kristallisieren; je höher die Temperatur, um so unähnlicher werden diese den Permutiten und um so wasserärmer in ihrer Zusammensetzung. Über die höchst charakteristischen Ionengleichgewichte bei diesen Basenaustauschreaktionen siehe die Spezialarbeiten von E. RAMANN[2] c. s.

Mineralsynthesen aus wässerigen Lösungen bei niedriger Temperatur.

1. Die isotherme Einengung.

Die Mineralsynthese aus einfachen wässrigen Lösungen ist zur Darstellung leichtlöslicher Salze gleichbedeutend mit der Gewinnung von einheitlichen Kristallisationen. Es gilt für solche die ausführliche Erörterung in diesem Handbuch Bd. II, S. 378—399, sofern es sich lediglich um eine Umkristallisation handelt, also etwa um eine isotherme Eindunstung oder um eine Kristallisation durch Abkühlung heißgesättigter Lösungen oder in selteneren Fällen durch Ausscheidung nach Zusatz einer weiteren indifferenten Substanz, z. B. Alkohol, Einleiten von Chlorwasserstoff usw.

Besonders der Weg der Kristallisation durch isotherme Einengung ist mit vorbildlicher Konsequenz von J. H. VAN'T HOFF und seinen zahlreichen Mitarbeitern bei der Synthese der ozeanischen Salzmineralien sowie den Gleichgewichten ihrer Kristallisationsparagenesen, der eigentlichen Salzgesteine, beschritten worden. Während aber ehedem USIGLIO bereits im Jahre 1849 allein durch Einengungsversuche nicht zum Ziele gelangt war, seine im wesentlichen noch analytische Methode insbesondere bei der Unterscheidung stabiler oder instabiler Kristallarten versagen mußte, hat VAN'T HOFF die Kristallisationsprodukte einerseits durch mikroskopisch-optische Bestimmung immer kontrolliert, andererseits ihre Stabilitätsverhältnisse durch Löslichkeitsbestimmungen, dilatometrische Messungen des Volumeffekts ihrer Reaktionen und differentialtensimetrische Messungen der Dampfdrucke ihrer gesättigten Lösungen geklärt. Über die Ausführung der Löslichkeitsbestimmungen s. Bd. III, S. 503 ff., besonders S. 512; über Dilatometer ebendort S. 289. Das zur Be-

[1] N. Jahrb. f. Min. Beil.-Bd. 40, 163—228 (1915).

[2] Z. anorg. Ch. 95, 115—128 (1916); 105, 81—93 (1919); 114, 90—114 (1920); ferner V. ROTHMUND und G. KORNFELD, l. c. 103, 129 (1918); 108, 215 (1919); G. KORNFELD, Z. Elektr. 23, 173 (1917).

stimmung von relativen Dampfdrucken verschiedener Lösungen oder Hydrate besonders geeignete Differentialtensimeter nach BREMER-FROWEIN zeigt Fig. 163; die zu vergleichenden Gemische werden in die Kugeln *a* und *b* eingefüllt, dann wird der Apparat in horizontaler Lage luftleer gepumpt und zugeschmolzen. Die Sperrflüssigkeit (Quecksilber oder Paraffinöl) stellt sich in dem wiederaufgerichteten und in einem Thermostaten montierten Tensimeter allmählich auf die Differenz der Dampfdrucke der Mischungen in *a* und *b* ein. Bei den Chloriden ist das Gleichgewicht in kurzer Zeit erreicht; Sulfate, namentlich diejenigen der zweiwertigen Metalle, brauchen dazu erheblich längere Zeit, und bei den ebenfalls von VAN'T HOFF in seine Untersuchungen miteinbezogenen Boraten waren meist recht hartnäckige Verzögerungen der Einstellung des Gleichgewichts zu überwinden. Über die geeigneten Thermostatenvorrichtungen mit automatischer Temperaturregulierung siehe die Ausführungen in dies. Handb. Bd. I, S. 502 ff., 524 ff.

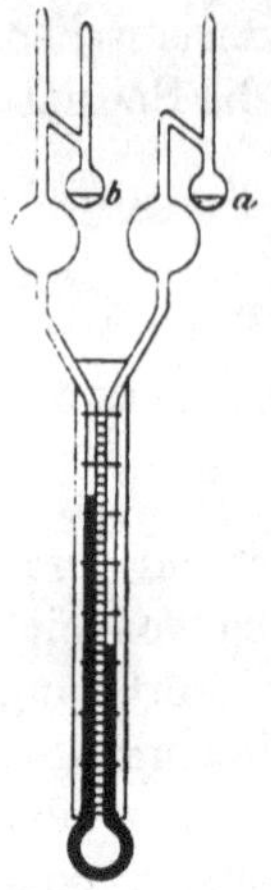

Fig. 163. Differentialtensimeter nach BREMER-FROWEIN.

Die Kristallisationsgleichgewichte in den ozeanischen Salzablagerungen, wie sie solcherart von VAN'T HOFF, systematisch von einfachen Salzen zu komplizierten Mehrsalzgleichgewichten aufsteigend, untersucht worden sind, stellen sich zum großen Teil auch als reziproke Austauschsreaktionen dar, für welche das in dies. Handb. Bd. III, S. 1437—1444 des Näheren Ausgeführte gilt. Über die graphische Darstellung der Gleichgewichte in Temperatur-Konzentrations-(Zustands-)Diagrammen s. Bd. III, S. 1417—1447; Spezielleres s. bei BOEKE-EITEL, Grundl. d. phys.-chem. Petrogr. 2. Aufl. 1923, 455—510.

2. Niederschlagsreaktionen.

Die große Zahl der direkten Kristallisationen synthetischer Mineralien aus wässerigen Lösungen, welche die einschlägige Spezialliteratur enthält, wird noch vermehrt durch zahlreiche Beobachtungen der Kornvergrößerung zunächst scheinbar amorpher, in Wirklichkeit aber sehr feinkristalliner Niederschläge, welche in Berührung mit einem Lösungsmittel allmählich durch systematische oder auch zufällige Temperaturschwankungen eine immer gröberkörnige Beschaffenheit annehmen. Selbst eine Reihe ganz schwerlöslicher Substanzen wie Sulfide, Chlorsilber, Eisenphosphat, Bariumsulfat usw. sind auf diese Weise in größeren, den natürlichen Vorkommnissen entsprechenden Kristallindividuen gewonnen worden. Besonders die erfolgreichen Untersuchungen von C. DOELTER[1] und ältere Mitteilungen von DEBRAY[2] u. a. wären hier zu nennen.

[1] TSCHERM. Min. Mitt. 11, 324 (1890); N. Jahrb. f. Min. 1894, II, 275.
[2] DEBRAY, z. B. C. r. 59, 40 (1864).

Am häufigsten wird, analog den natürlichen Bildungen, die gegenseitige Ausfällung verschiedener Salzlösungen zur Ausbildung kristallisierter Niederschläge führen, wofür die Gesetze der chemischen Massenwirkung, der Löslichkeits-(Ionen-)Produkte und der reziproken Salzpaare[1] gelten. Derartige Niederschläge werden nach alten Erfahrungen stets umso feinkörniger, je konzentrierter die Lösungen der Reagenzien sind und je schneller sie vereinigt werden. Die Synthese schwerlöslicher Mineralien durch solche Wechselreaktionen wird also um so eher zu wohlkristallisierten Produkten führen, je verdünnter man die Ausgangslösungen ansetzt und je langsamer ihre Vereinigung sich gestaltet. Die Verzögerung der Vermischung der Reagenzien erreichte MACÉ[2] (1853) durch Anwendung eines als Heber wirkenden Fadens, der in die beiden sehr verdünnten Lösungen eintauchte, DREVERMANN[3] (1854) durch eine sehr langsame Diffusion. Der letztere brachte die gepulverten Ausgangssubstanzen in getrennte Glaszylinder, stellte beide offen in ein größeres Becherglas und füllte dieses mit Wasser soweit an, daß es auch die beiden Zylinder überdeckte. Die Reaktionsprodukte bilden sich dann am Rande der Zylinder, wo die Diffusionsströme sich begegnen. FRÉMY[4] (1866) verwandte gleichfalls zur Verlangsamung der Reaktion poröse Tondiaphragmen; andere Diffusionsmethoden nach den gleichen Prinzipien sind von BECQUEREL[5] (1874), FRIEDEL und BALSOHN[6] (1881) und VATER[7] (1893) verwendet worden.

Eine besondere Art der Fällungssynthesen sind diejenigen nach Art der von KNOP[8] studierten Bildung kristallisierten Kupfers und von Kupferoxydul durch Reduktionswirkung von Eisenhydroxydul auf Kupferhydroxyd, welches kolloidal durch Alkalicarbonat aus Gemengen von $FeSO_4$- und $CuSO_4$-Lösungen abgeschieden wird. Gleicherweise ist die reduzierende Wirkung von Ferrohydroxyd auf Gold- und Silbersalze hierher zu rechnen.

Eine weitere besondere Gruppe von Mineralsynthesen aus wässerigen Lösungen sind die Bildungen durch Einwirkung von Lösungen auf kristallisierte Bodenkörper (BECQUEREL 1852). Vor allem haben die außerordentlich zahlreichen hierhergehörigen Versuche gezeigt, wie leicht z. B. durch Verdrängung von Calciumcarbonat die Pseudomorphosen des Mineralreichs sich bilden können, und daß selbst ganz schwerlösliche Verbindungen wie $BaSO_4$ durch langdauernde Einwirkung von Alkalicarbonatlösungen nach dem Massenwirkungsgesetz vollständig pseudomorph in die entsprechenden Carbonate überzugehen vermögen. Auch die schönen

[1] Vgl. BOEKE-EITEL, Grundl. der phys.-chem. Petr. **1923**, 402 f., 380 ff.
[2] MACÉ, C. r. **36**, 825 (1853); J. pr. Ch. (1) **59**, 367 (1853).
[3] DREVERMANN, Ann. **87**, 120 (1853); **89**, 11, 39 (1854).
[4] E. FRÉMY, C. r. **63**, 714 (1866).
[5] BECQUEREL, C. r. **79**, 82 (1874).
[6] FRIEDEL und BALSOHN, Bull. soc. min. franç. **4**, 26 (1881).
[7] VATER, Z. f. Krist. **21**, 442 (1893).
[8] N. Jahrb. f. Min. **1861**, 138.

Untersuchungen von C. Doelter[1] lehren ähnliches für die Bildung der Sulfide, besonders bei Anwendung etwas erhöhter Temperaturen; er verlangsamte die Reaktionen stark dadurch, daß er in die Lösungen nicht Schwefelwasserstoff direkt einleitete, sondern dieselben vielmehr nur in einer Atmosphäre dieses Gases reagieren ließ. Zur Erzielung an sich schon sehr verdünnter Lösungen ging er von vornherein von schwerlöslichen Verbindungen aus. Ferner erscheint dabei beachtenswert der entschieden begünstigende Einfluß von Natriumcarbonat auf die Kristallisation solcher synthetischer Bildungen, auch bei niederen Temperaturen. Wichtig ist auch die von Knop (1861) gemachte Beobachtung, daß sich manche komplexe Sulfide in andere (z. B. Kupferkies bei der Einwirkung von Salzsäure in Covellin) umsetzen.

3. Die Synthese der Erdalkalicarbonate und des Dolomits.

Die Untersuchung der aus CO_2-haltigen Kalkwässern sich abscheidenden Kristallisationen ergab die synthetische Bildung von Calcit und Aragonit, je nach den Versuchsumständen (G. Rose). Die wirklichen Stabilitätsverhältnisse des Calciumcarbonates in seinen verschiedenen Modifikationen wurden jedoch erst neuerdings von J. Johnston, H. E. Merwin und E. D. Williamson[2] geklärt; die synthetischen Methoden dieser Forscher sind im wesentlichen identisch mit den oben besprochenen Austauschsreaktionen und unterscheiden sich von den älteren Versuchen nur durch die sorgsame Einhaltung bestimmter Temperaturen in Thermostaten, bestimmter Konzentrationen in den zur Fällung dienenden Lösungen usw. Es wurde vor allen Dingen festgestellt, daß unter gewöhnlichen Zustandsbedingungen nur Calcit als stabile Kristallisation erhalten werden kann, Aragonit und eine als μ-$CaCO_3$ beschriebene Modifikation weniger stabil sind, ein Hydrat $CaCO_3 \cdot 6\,H_2O$ existiert, der sogenannte Vaterit aber ein poröser Calcit ist, Lublinit dem gleichen Mineral zugehört, während Conchit und Ktypeit nichts anderes als Aragonit darstellen.

Die schwierige Synthese des Dolomits nach K. Spangenberg[3] ist ein schönes Beispiel für die Kombination gewöhnlicher Fällungsmethoden mit solchen bei höheren Temperaturen und Drucken. Der Genannte fällte den Dolomit neben Calcit durch Vermengen von gefälltem Calciumcarbonat („Vaterit"), Magnesiumchlorid und Natriumbicarbonat in einem Autoklaven bei 180—200° und etwa 50 Atm. CO_2-Überdruck. Das sich abscheidende Gemenge von Calcit und Dolomit wird dann mit $^1/_2$-norm. Kupfernitratlösung bei Zimmertemperatur geschüttelt, wobei diese mit dem Calcit unter Abscheidung von Kupferhydroxyd reagiert; durch Kochen mit NH_4Cl-haltiger Ammoniaklösung geht letzteres in Lösung, und reiner Dolomit bleibt zurück (Trennungsmethode von Mahler[4]). — Die ältere

[1] Z. f. Krist. **11**, 41 (1886); Chem. Min. 1896, 127.
[2] Am. J. Science (4) **41**, 473—512 (1916).
[3] Z. f. Krist. **52**, 529 (1913).
[4] Dissert. Freiburg 1906.

Dolomitsynthese nach MORLOT und HOPPE-SEYLER wird von SPANGENBERG angezweifelt. Neuere Untersuchungen von E. W. SKEATS[1] haben die metasomatische Bildung des Minerals durch Verdrängung des Calciumcarbonats durch $MgCO_3$ weiterhin geklärt; direkte Versuche von VAN TUYL[2] über die Möglichkeit des Austausches von $Mg^{\cdot\cdot}$-Ion im Meerwasser gegen das $Ca^{\cdot\cdot}$-Ion aus Calcit unter Bildung von Dolomit (analog den Bildungen in den Korallenriffen nach DARWINS Theorie) sind noch erfolglos verlaufen.

4. Elektrolytische Synthesen.

Synthesen unter Mitwirkung elektrolytischer Vorgänge haben ein besonderes theoretisches Interesse für die Entstehung natürlicher Mineralien in den Erzlagerstätten etwa durch konstante Erdströme, unter dem Einfluß der thermoelektrischen Potentialdifferenzen in den Lampriten sowie unter Mitwirkung mehr zufälliger vagabundierender Ströme im Erdreiche. Daß man aus Sulfiden von metallischem Habitus Säulen zusammenstellen kann, welche u. U. erhebliche elektromotorische Kräfte besitzen, hatte schon W. SKEY[3] gezeigt. Später hat E. MERING[4] durch Schwefelkies aus Silbersalzlösungen metallisches kristallisiertes Silber abgeschieden; analog wurde Wismut in zierlichen Dendriten kristallisiert aus seinen Salzen durch Nickelkies gefällt. Bleiglanzkristalle bilden sich, wenn man Quecksilbersulfid mit $MgCl_2$-Lösung überschichtet und eine Bleiplatte in beides stellt. Vivianit erhielt BECQUEREL[5] durch Kombination eines Elementes Kupfermetall — $CuSO_4$-Lösung — Tondiaphragma — Na_2HPO_4-Lösung — Eisenmetall, welches beim Schließen des äußeren Stromkreises auf dem Eisenstab die typischen Kristalle des genannten Minerals bildete. — Siehe des weiteren Beobachtungen von C. DOELTER zur Bildung von Sulfiden, Arseniden und Antimoniden in ähnlich zusammengesetzten Elementen.

---

[1] Am. J. Science (4) **45**, 185—200 (1918).
[2] Am. J. Science (4) **42**, 249—260 (1916).
[3] Chem. N. **23**, 255 (1871).
[4] Ref. in den Fortschr. d. Ch. **1889**, 4.
[5] Ann. chim. phys. (2) **54**, 151 (1833).

Kristallzüchtung.

Von

Wilhelm Eitel-Königsberg i. Pr.

Inhalt.

Bei der erhöhten Bedeutung, welche die Untersuchung der Kristalle in den letzten Jahren erhalten hat, ist es von besonderer Wichtigkeit, auf die zweckmäßigsten Methoden zur Darstellung tadelloser und möglichst groß entwickelter Kristallindividuen hinzuweisen. Die Schwierigkeit der Beschaffung geeigneten Kristallmaterials aus natürlichen Vorkommnissen sind an sich schon sehr bedeutend; zum weitaus überwiegenden Teile sind die Naturprodukte physikalisch unbrauchbar. Die Mineralien, welche in geeigneten Individuen von der Natur zur Verfügung gestellt werden, könnte man schier „an den Fingern abzählen" (W. Voigt). Demgegenüber gewährt die künstliche Züchtung von Kristallen die Möglichkeit, von zahlreichen Substanzen aus Lösungen in Wasser oder organischen Flüssigkeiten vorzugsweise schön entwickelte Kristalle zu gewinnen; aber auch aus den Schmelzen leicht schmelzbarer, besonders organischer Substanzen kann man unter Umständen wohlausgebildete Kristalle erhalten.

1. Züchtung von Kristallen aus Lösungen im Ruhezustande.

Man kann größere Kristallindividuen erhalten entweder durch langsames Verdunstenlassen des Lösungsmittels oder auch durch Abkühlen einer in heißem Zustande gesättigten Lösung. In letzterem Falle muß freilich vorausgesetzt werden, daß die Löslichkeit der Substanz bei höheren Temperaturen eine größere ist als bei niedrigeren Wärmegraden, eine Bedingung, welche bei manchen Stoffen indessen nicht erfüllt ist (z. B. NaCl).

In einfachster Weise überläßt man die gesättigte Lösung der Substanz in einer flachen Kristallisierschale bei möglichst konstanter Temperatur der Verdunstung; zur Einleitung der Kristallisation gibt man in die Lösung einige kleine Kristalle als Keime.[1] Zur Verlangsamung der Verdunstung kann man (z. B. bei sehr flüchtigen Lösungsmitteln) auf den Rand der Schale ein Blatt Fließpapier legen und eine Glasplatte noch darüber decken. Auch im Rundkolben lassen sich leicht Kristalle solcherart züchten, wenn man den Hals desselben mit einem Wattebausch verschließt; allerdings sind alsdann die erhaltenen Kristalle bei einiger Größe oft schwerer unbeschädigt zu entfernen als aus Schalen mit ebenem Boden.

Anhangsweise seien noch folgende Verfahren genannt, bei welchen die Verdunstung des Lösungsmittels die Kristallisation einleitet:

Für schwer kristallisierende Stoffe, besonders z. B. für Leimpepton, Eiweißpepton, Arabinsäure usw., empfiehlt A. RÜMPLER[2] eine wässrige Lösung der Substanz, welche in Alkohol nicht löslich sein darf, mit soviel Alkohol zu versetzen, bis eben eine Trübung durch Ausfallen der Substanz entsteht. Man bringe durch Zusatz von einigen Tropfen Wasser diese wieder zum Verschwinden und stelle die wieder klar gewordene Lösung in einen Exsiccator, der mit Calciumoxyd beschickt ist. Durch die langsame Entziehung des Wassers wird die Lösung immer reicher an Alkohol, und die Substanz kristallisiert in schönen Individuen.

A. WROBLEWSKI[3] verwendet als Kristallisationsapparat eine weithalsige Flasche *A* (Fig. 164), auf deren Boden sich Calciumchlorid befindet, sowie ein zylindrisches Gefäß *B*, das unten mit Pergamentpapier verschlossen ist und dessen Oberteil in die Öffnung *C* der Flasche *A* eingeschliffen ist. In die obere Mündung paßt der Stopfen *D*, in dessen Durchbohrung die als Wasserverschluß dienende Röhre *E* angebracht ist. Das Kristallisationsgefäß *B* wird mit der Lösung etwa zur Hälfte angefüllt, und diese wird nun durch die Verdunstung des Wassers durch die Membran so weit konzentriert, daß sich Kristalle auf dieser abscheiden; auch blühen zum Teil dieselben auf der Unterseite der Membran aus.

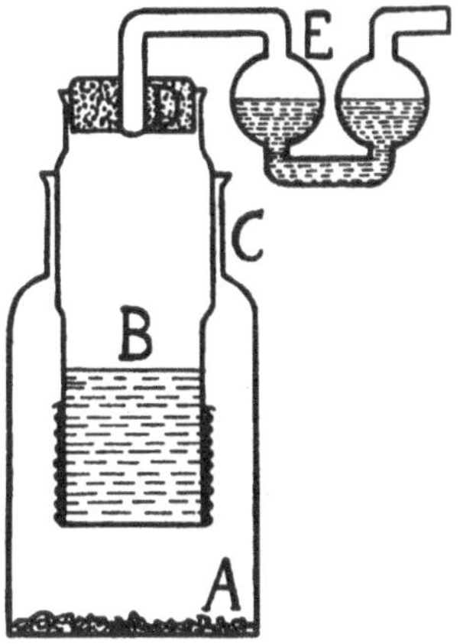

Fig. 164. Kristallisationsapparat nach WROBLEWSKI.

Während derartige primitive Kristallisationsvorrichtungen nicht viel verschiedenere Zustandsbedingungen darstellen, als sie bei den oft im Laboratorium beobachteten Zufallskristallbildungen herrschen, arbeitet man wesentlich rationeller mit der folgenden, von P. GROTH[4] beschriebenen Abkühlungsapparatur. Um eine möglichst langsame und gleichmäßige Abkühlung zu erreichen, bedient man sich einer Art Brutkasten, bestehend aus zwei ineinandergestellten Kisten, deren Zwischenraum mit

[1] Nach einer Beobachtung von K. HEYDRICH [Z. f. Kryst. **48**, 250f. (1911)] erhält man bei manchen organischen Körpern bei weitem besser ausgebildete und größere Kristalle, wenn man an Stelle eines einzigen Lösungsmittels die Substanz in einem Gemisch von zwei oder mehr Lösungsmitteln kristallisieren läßt oder zum mindesten eine kleine Menge eines anderen Lösungsmittels zusetzt.

[2] Ber. **33**, 3474 (1900).

[3] Z. phys. Ch. **36**, 84 (1901).

[4] Elem. d. phys. u. chem. Kristallogr., München-Berlin 334f. (1921).

Sägemehl ausgefüllt ist. In dem inneren Kasten befindet sich ein vertikalstehender Asbestzylinder, in welchen ein doppelwandiges zylindrisches Blechgefäß zur Aufnahme der Kristallisierschalen eingesetzt werden kann, welches einen dichtschließenden Deckel trägt. Über das Blechgefäß breitet man zum Wärmeschutz ein mit Torfmull gefülltes dickes Kissen. In die Hohlwandung des Blechgefäßes füllt man siedend heißes Wasser, stellt die ebenfalls heiß angesetzten Lösungen in den Kristallisierschalen in das Innere und verschließt sorgfältig. Bei dichtem Verschluß des Brutapparates ist die Temperatur des Innenraums noch nach 30 Stunden 60°, und nahezu zwei Tage dauert es an, bis das Temperaturintervall von 40—30° durchlaufen wird.

Zu dieser einfachsten Art der Abkühlungskristallisation ist freilich zu bemerken, daß sie nur in der Minderzahl der Fälle sogleich zu ideal geformten und großen Kristallindividuen führen kann. In der Regel ergeben sich einseitig verzerrte Kristalle, wenn die Keime auf dem Boden des Gefäßes auflagerten. Beim Kristallisieren tritt nämlich um den wachsenden Kristall ein „Kristallisationshof" in die Erscheinung, welcher dadurch verursacht wird, daß die Auflagerung der Substanz auf die Oberfläche des Kristalls aus der vordem übersättigten Lösung eine Verarmung derselben in unmittelbarer Umgebung des Kristalles herbeiführt, diese also lokal nicht mehr gesättigt ist, spezifisch leichter wird und aufsteigt, während konzentriertere schwerere Lösung an die Stelle der weniger gesättigten heranströmt. Solche Strömungen in der Nähe des wachsenden Kristalls werden noch vermehrt durch die frei werdende Kristallisationswärme, welche auch ein Aufsteigen der leichteren und wärmeren Lösung herbeiführt.

Diese Konzentrationsströmungen sind die hauptsächlichste Ursache der verzerrten Ausbildung aller derjenigen Kristalle, welche am Boden von flachen Kristallisationsgefäßen wuchsen (älteres Verfahren nach Le Blanc und von Hauer). Zu ihrer Ausbildung ist die von den meisten Kristallzüchtern früherer Zeit als unbedingt notwendig angesehene Ruhe beim Wachsen der Kristalle besonders förderlich. Hinzu kommen noch die in ruhenden Kristallisationsgefäßen sich leicht einstellenden Schichtungen nach dem spez. Gewicht, denenzufolge die konzentriertesten Teile der Lösung am Boden liegen, die wenigst gesättigten an der Oberfläche sich befinden. Auf diese Weise erhält ein am Boden liegendes Individuum mehr Substanzzufuhr als dessen oberste Partie, und es wächst vorzugsweise taflig nach der Auflagerungsfläche, wie das L. Wulff[1] vor allem beim Alaun studiert hat.[2] Auch eine scheinbar tetraedrische Aus-

[1] Z. f. Kryst. 4, 155 ff. (1880); 5, 88 ff. (1881).

[2] Vgl. dazu die besonders ausführlichen Studien von A. Schubnikow (Z. f. Kryst. 54, 261 [1915]), wo gezeigt wird, daß ein Kristall, der am Boden eines Gefäßes in gesättigter Lösung wächst, sich bei periodischen Temperaturschwankungen in eine Scheibe verwandelt. Auch die oft beobachtete Verdickung der Kristalle am unteren Ende und die krumme Ausbildung derselben am oberen Ende hängt mit solchen Temperaturschwankungen zusammen, die besonders überzeugend in den auch oben erwähnten zonaren Wachstumserscheinungen zutage treten.

bildung kann durch solches einseitig verzerrtes Wachstum des Alauns verursacht werden, welches mit einer wirklichen Tetartoedrie keinesfalls verwechselt werden darf. Besonders merkwürdig ist auch eine manchmal vorkommende scheinbare Hemimorphie des Wachstums, welche dadurch entsteht, daß ein etwa nach dem Vorschlag von H. KOPP (1855) am unteren Ende eines Glasrohrs mit Glas- oder Wergfaden befestigter Kristallkeim in einer ruhenden Lösung weiterwächst, und zwar durch die erwähnten Konzentrationsverschiedenheiten scheinbar polar verschieden am oberen und unteren Ende. So beobachtete WULFF höchst merkwürdige Formen beim Alaun[1], die oben Würfelhabitus trugen, unten aber die Flächen des Oktaeders allein; in einem solchen Falle müssen oben die Formen langsameren Wachstums auftreten. Nach O. LEHMANN kann diese Wachstumsanomalie sogar an frei schwebenden Kristallen zu birnenförmigen Bildungen führen, ja er bespricht sogar (Mol.-Phys. 296ff., 320) die Möglichkeit, daß ein Kristall unter solchen Bedingungen oben sich partiell wieder auflösen könne, während er unten nachwächst, womit sich die merkwürdige Beobachtung erklärte, daß Kristalle beim Wachsen in ruhenden Lösungen u. a. aus der Schlinge des Aufhängefadens schlüpfen können, wie fest man auch diese um sie lege.

Zu der einfachen Kristallisation in Schalen durch Verdunstung des Lösungsmittels in Ruhe sei noch folgendes bemerkt. Auf möglichste Konstanz der Temperatur in Lösung und Umgebung ist vor allem deshalb zu achten, weil die Kristalle bei größeren Schwankungen der Temperatur z. B. über Nacht wachsen, am Tage aber wieder zum Teil aufgelöst werden, so daß die Flächen korrodiert aussehen und mit zahlreichen Ätzfiguren bedeckt sind. Man gebrauche im Falle der Ermangelung eines Kellerraumes von genügend konstanter Temperatur wenigstens die Vorsicht, die Kristalle nur dann aus der Lösung herauszunehmen, wenn ein Temperaturminimum erreicht ist, damit nicht eine nachträgliche Anätzung stattfindet.[2] Es muß dann eine möglichst schnelle Trennung von der Mutterlauge vorgenommen werden, am besten durch Abgießen der Flüssigkeit und Ausbreiten der Kristalle auf mehrfacher Lage saugenden Filtrierpapiers; auch hilft ein Betupfen mit zusammengerollten Stückchen Filtrierpapier, von denen man die feucht gewordenen Teile immer wieder abreißt.

Wenn möglich, arbeite man mit größeren Mengen Lösung, um die Verdunstung zu verlangsamen. Zur möglichsten Vermeidung des einseitig verzerrten Wachstums wende man die Kristalle öfter um. Zweckmäßig ist das Einhängen von Impfkristallen an feinen Fäden in die Lösung. MULDER empfiehlt die Anwendung von hohen Kristallisations-

[1] Vgl. ältere Studien über das Wachstum der Alaunkristalle bei F. KLOCKE, N. Jahrb. f. Min. **1871**, 369—392, 571—581; Z. f. Kryst. **2**, 293, 552 (1878). Besonders sind die eigenartigen vertieften Formen bemerkenswert, sowie die Erscheinung, daß Kristalle, mit der Würfelfläche aufgelagert, sich von selbst beim Wachsen in die Höhe heben, ohne daß sich Würfelflächen an der Auflagerungsstelle ausbilden.

[2] Vgl. A. FOCK, Einleitung in die Chem. Kristallogr., 47ff. (Leipzig 1888).

gefäßen, weil dies die Ausbildung der Kristallkeime durch die vertikalen Konzentrationsströmungen begünstigt.

Die Bedingungen der Kristallisation im Ruhezustande studierte eingehend L. WULFF[1]; er erkannte als besonders für eine rationelle Kristallzucht wichtig die Umgehung folgender Hauptübelstände: 1. der Verzerrung der Kristalle durch die Auflagerung der Keime am Boden des Gefäßes, 2. des Herabfallens kleiner Kristalle von der Oberfläche der Lösung auf größere schon gebildete Individuen. Beides umging WULFF durch Einbringen von Werg oder Glaswolle in die Kristallisationsgefäße; die Kristalle setzen sich dann an die Fäserchen an und können sich völlig frei ausbilden. Zudem kann man solcher Art bequem die Kristalle in verschiedenen Höhenlagen in der Lösung ziehen, so daß man direkt die Änderung der Formenentwicklung mit den verschiedenen Übersättigungsgraden[2] in geschichteten Lösungen (vgl. oben) beobachten kann; die Bildungsverhältnisse ähneln also denen in manchen natürlichen Drusen mit verschiedenen Formen in verschiedenen Lagen der abgesetzten Kristallisationen. Es kann vorkommen, daß eine Substanz stark zur Bildung von Krusten am Boden des Gefäßes neigt; man braucht alsdann nur das Gefäß auf einer warmen Unterlage so lange stehen zu lassen, bis in den Werg- oder Glaswollefäden sich individuelle Kristalle entwickelt haben. Salze mit geringem Temperaturkoeffizienten der Löslichkeit neigen zur Ausscheidung der Kristalle an der Lösungsoberfläche. Man hängt alsdann zweckmäßig die Wergfäden von oben herein, an welche sich die oben schwimmenden Kristalle ansetzen und frei ausbilden können. Besonders beim Arbeiten bei höheren Temperaturen ist dies sehr zu empfehlen, und man kann so z. B. bei Alaun schon in wenigen Stunden sehr schöne große Kristalle erzielen, welche in diesem Falle stets oktaedrisch entwickelt sind, niemals tetraedrisch wie die am Boden der Kristallisationsgefäße gezüchteten Individuen.[3]

Glaswolle hat den Vorzug, daß man die Fäserchen an den fertigen Kristallen kaum wahrnimmt; nachteilig ist die große Glätte der Oberfläche der Fasern, während die Wergfaser durch ihre Oberflächenrauhigkeit sich viel besser zum Ansatz der Kristalle eignet. Zudem kann man die Wergfäden unbeschadet aus der Lösung herausnehmen und wieder einlegen, während die Glaswolle dabei leicht zerbricht und beim Wiedereinlegen nicht mehr so locker bleibt; eine häufige Nachprüfung der Kristallentwicklung ist sehr oft geboten.

Auf die Rolle von Zusätzen bei der Kristallzucht in ruhenden Lösungen einzugehen, kann hier nicht der Ort sein, so weit es deren Einfluß auf den Habitus der Kristalle betrifft.[4] Sofern die Zusätze von Harnstoff, Zucker, Stärkekleister usw. aber die Viscosität der Lösungen wesentlich erhöhen, ist besonders die Neigung vieler Substanzen zur Ausbildung von Wachstumsformen und Skeletten bemerkenswert.[5] Andererseits ist gerade die Ausbildung solcher Kristalle eine ideale, wenn sie schwebend in gelatinöser oder breiartig verdickter Lösung wachsen[6], weil alsdann die unregelmäßigen Konzentrationsstörungen und Schichtungen verhütet werden (Vorschlag von FRANKENHEIM, 1860).

---

[1] Z. f. Kryst. 4, 155ff. (1880).

[2] Vgl. dazu auch die schöne Arbeit von A. SCHUBNIKOW, Z. f. Kryst. 53, 433 bis 444 (1914); ferner ebendort 54, 267 (1915).

[3] Z. f. Kryst. 5, 88ff. (1881).

[4] Vgl. darüber R. MARC, Fortschr. d. Min. 3, 19—21 (1913); Vorlesungen über d. chem. Gleichgew.-Lehre, 178ff. (Jena 1911), sowie die bei BOEKE-EITEL, Grundl. d. phys.-chem. Petrogr. 2. Aufl. 433 (1923) genannten Arbeiten.

[5] Vgl. besonders z. B. bei O. LEHMANN, Mol.-Phys. II, 326—342; R. BRAUNS, Chem. Miner. 127ff. (1896).

[6] Vgl. die natürlichen Bildungsbedingungen mancher wohlkristallisierten Mineralien in tonigen Gesteinen sowie aus dem zähflüssigen Magma von Porphyren usw.

Eine besondere Stellung nehmen die Diffusionsverfahren ein, so das nach DREVERMANN[1], welches im Artikel „Mineralsynthese" (S. 445) behandelt wurde und die langsame Ausfällung schwerlöslicher Körper in individuellen Kristallen bezweckt. Sehr gute Resultate gibt ferner eine Diffusionsmethode, für welche GUIGNET[2] das Prinzip angab und welche z. B. L. WULFF[3] bereits bei den Nitraten des Bleis und Bariums in Anwendung gebracht hatte: man überschichtet eine gesättigte Lösung der Substanz mit etwas von dem reinen Lösungsmittel, dieses alsdann wieder mit einer anderen Flüssigkeit, welche sich mit dem Lösungsmittel mischt und leichter als diese ist, aber die Substanz wesentlich weniger leicht löst. Es diffundieren alsbald die beiden Flüssigkeiten gegeneinander, und die Kristalle der Substanz scheiden sich in der Mischungszone ab. Zweckmäßig trennt man noch die Flüssigkeiten durch eine permeable Membran, etwa eine doppelte Lage Pergamentpapier. Als Behälter für die Lösung dienen Bechergläser mit abgesprengtem Boden. Die Kristalle zieht man zweckmäßig an Wergfäden, welche in die Diffusionsschicht eingelegt sind. So läßt sich z. B. auch Schwefel in guten Kristallen erhalten, wenn man eine konzentrierte Lösung in Schwefelkohlenstoff mit reinem CS_2 überschichtet, dann auf diesen Alkohol, Äther, Benzin, Essigsäure oder Öl gibt. Auch Bleichlorid in Salzsäure gelöst, mit dieser und Wasser überschichtet, kristallisiert in schönen Individuen, desgl. Bleinitrat aus wässrigen konzentrierten Lösungen gegen Alkohol oder noch besser Salpetersäure diffundierend. Die Kristalle dieser letztgenannten Substanz gewinnt man solcherweise so vollkommen und durchsichtig, wie sie nie bei den gewöhnlichen Verfahren sich ergeben.

2. Kristallzüchtung aus kontinuierlich bewegten Lösungen.

L. WULFF hat zuerst darauf aufmerksam gemacht, daß der früher unbestrittene Grundsatz der Notwendigkeit von Ruhe bei der Kristallzucht nicht gelten kann. Hatte man bis dahin eine jede Bewegung in der kristallisierenden Lösung als Störung betrachtet, so zeigte WULFF[4], daß nur diejenigen Bewegungen die Kristallisation stören können, bei denen eine Vermischung verschieden konzentrierter Schichten in der Lösung eintritt. Diese hat nämlich alsdann lokale Übersättigungen zur Folge, so daß sich plötzlich die Substanz als Kristallmehl ausscheidet, was der Entwicklung gut ausgebildeter größerer Kristalle sehr entgegenwirkt. Sind also von vornherein keine Konzentrations- oder Temperaturverschiedenheiten in der Lösung vorhanden, so kann auch eine heftige Rühr- oder Stoßbewegung nicht die Kristallisation einzelner Individuen behindern, wie dies die Erfahrung beim technischen Verkochen des Zuckersaftes bestätigt. WULFF ist es sogar gelungen, durch eine konti-

[1] Ann. 87, 120 (1853) und MACÉ, C. r. 36, 825 (1853).
[2] C. r. 103, 873 (1886).
[3] Z. f. Kryst. 4, 155ff. (1880).
[4] Z. f. Kryst. 11, 120 (1886).

nuierlich-gleichmäßige Bewegung in der Lösung Kristalle in solcher Schönheit zu züchten, wie man sie bei ruhender Lösung niemals erhalten kann. Man hat nur darauf zu achten, daß die Strömung den Kristall allseitig gleichmäßig umspült, da sonst leicht einseitiges anomales Wachstum eintritt. Besonders in solchen Fällen ist die Bewegung bei der Kristallisation von günstigstem Einfluß, wenn leichtlösliche Substanzen mit großem Temperaturkoeffizienten der Löslichkeit gegeben sind, welche zudem ein geringes spez. Gewicht haben, so daß die Kristalle in ihrer konsistenten Mutterlauge schweben (so besonders schön bei Zucker[1], den man ohne weiteres im Glaskolben aus konzentrierter Lösung von 60° bei stetigem Drehen des Gefäßes in schönen Kristallen gewinnen kann; analog kann man auch Kristalle aus Sammlungen, die durch hygroskopische Wasseraufnahme korrodiert worden waren, durch Weiterwachsenlassen im Kolben regenerieren).

Die unbestreitbaren Vorzüge der Kristallzucht in bewegter Lösung beruhen vor allem in der Gewinnung einzelner ringsum vollkommen ausgebildeter Kristalle, deren Flächen nach Anordnung und Ausdehnung ideal beschaffen und ohne Verzerrungen sind. Besonders wichtig ist dies bei der Untersuchung hemiedrischer, tetartoedrischer oder hemimorpher Kristallarten. Auch aus unreinen bewegten Lösungen lassen sich meist recht gute Kristalle gewinnen, während in ruhender Lösung die Zucht gewöhnlich nur trübe Kristalle liefert. Organische Präparate neigen im letzteren Falle ganz besonders zur Aufnahme von Einschlüssen der konsistenten Mutterlauge, während in bewegter Lösung eine energische Trennung der Kristalle von dieser stattfindet. Selbst für mikrochemische Umkristallisation ist das Verfahren der Kristallzucht aus bewegter Lösung vortrefflich geeignet, wenn man z. B. ein Kristallaggregat mit einem Tropfen Lösung auf dem Objektträger zerdrückt, alsdann als Deckglas ein kleines flaches Uhrglas (mit der konkaven Seite nach oben) auflegt, erwärmt, bis die meisten Kristallfragmente aufgelöst sind, und nun unter ständig schaukelnder Bewegung des Präparates bei Abkühlung kristallisieren läßt (O. Lehmann, 1881).

Praktisch gestalten sich die Verfahren der Kristallzucht aus bewegten Lösungen verschieden, je nachdem man einen rotierenden Kristallisationsapparat anwendet oder eine Vorrichtung mit konstanter Zirkulation der Lösung um den wachsenden Kristall.

a) Rotierende Kristallzuchtapparate.

Das Kristallisationsgefäß selbst wird mit dem darin befindlichen Kristallkeim in rotierender Bewegung erhalten[2], oder ein Rührwerk befördert die Rotation der Mutterlauge um diesen (Vorrichtungen letzterer

[1] L. Wulff, Z. f. Kryst. **14**, 552 (1888).

[2] Vgl. auch die Angaben von Ch. de Watteville, C. r. **124**, 400 (1897). Auf die Art der auftretenden Flächen soll die Drehung nur dann Einfluß haben, wenn diese sehr schnell erfolgt und die Lösung sehr konzentriert ist.

Art in der Technik gebräuchlich, unter gleichzeitiger Erwärmung zwecks Eindampfens der Lösungen). L. WULFF[1] verwendet Kristallisationsgefäße von beliebiger Form, welche mittels Klemmen in einen Metallrahmen eingespannt werden können und in diesem um eine horizontale Achse mittels eines Wassermotors rotieren. Eine sinnreiche Vorrichtung ermöglicht außerdem eine einseitige Neigung des Rahmens und damit auch der Drehachse aus der Horizontalen sowohl nach oben wie nach unten um einige 20—30°. Das Kristallisationsgefäß wird mit wärmeisolierender Packung umgeben, so daß eine heiß eingebrachte konzentrierte Lösung der Substanz während der Abkühlung langsam kristallisiert. Um möglichst große Individuen zu erhalten, legt man kleine, vorher gewonnene Kristalle oder Kristallbruchstücke in die Lösung. Bei starker Neigung der Rotationsachse kann man selbst offene Gefäße benutzen.

Zwecks Umkristallisation in rotierenden Gefäßen kann man im gleichen Behälter gleichzeitig das Lösen der Kristalle und ihre Wiederkristallisation vornehmen, was sich besonders bei leicht zersetzlichen Substanzen oder auch bei kostbaren oder gefährlichen Lösungsmitteln empfiehlt. Man teilt alsdann das Gefäß in einen Lösungsraum, der erwärmt wird, während in dem danebenliegenden Kristallisationsraum die Lösung sich abkühlt; als Scheidewand zwischen beiden Teilen dient eine gelochte Wandung oder ein besonderer Siebeinsatz. Das Ganze wird, wie oben schon beschrieben, in einen Metallrahmen eingespannt, in das Drehgestell montiert, der Lösungsraum mit einem Blechmantel umgeben und dieser von einem Gasbrenner mit mehreren kleinen Flammen erwärmt. Die Bodenplatte des Gefäßes muß aus gut wärmeisolierendem Material bestehen, damit sich nicht auf ihr durch die Abkühlung infogle Wärmestrahlung störende Kristallkeime bilden. Man bringt zu Beginn des Versuches in den Lösungsraum die Substanz und füllt mit kalt konzentrierter oder nicht ganz gesättigter erwärmter Lösung an, setzt den Rotationsapparat in Gang und heizt den Lösungsraum vorsichtig an. Durch allmähliches Hochlegen der verstellbaren Achsenlagerung dringt die warme konzentrierte Lösung in den Kristallisationsraum, wo die Kristalle alsdann normal auswachsen.

Zur Umkristallisation kann man nach gleichem Prinzip auch am einfachsten ein Reagenzglas verwenden, das man unten mit der Substanz anfüllt, hierauf einen Glaswollepfropfen drückt; zuletzt gibt man das Lösungsmittel darauf und erwärmt. Hat sich die Lösung im unteren Teile des Rohres völlig in der Wärme gesättigt, so braucht man alsdann nur das Glas umzukehren und die nun nach unten abfließende Lösung abkühlen zu lassen, worauf sich aus ihr Kristalle von oft großer Vollkommenheit abscheiden, die man zur Weiterzucht im Rotationsapparat verwenden kann.

Eine der L. WULFFschen Apparatur sehr ähnliche hat G. WULFF angegeben.[2] Er bringt den zu züchtenden Kristallkeim auf einer federn-

---

[1] Z. f. Kryst. **11**, 120 (1886).
[2] Z. f. Kryst. **34**, 455ff. (1901).

den Pincette[1] in der Mitte des einfach zylindrischen Kristallisationsgefäßes von etwa $^1/_2$ Liter Inhalt (Fig. 165a) an, gleicht dieses nach Einklemmung in den Rahmen des Rotationsgestelles mittels eines an einem seitlich der Achse angebrachten Gegengewichtes so genau aus, daß das ganze System in jeder Lage im indifferenten Gleichgewicht verharrt, und kombiniert das Kristallisationsgefäß mit dem Minutenzeigergangwerk eines gewöhnlichen starken Weckeruhrwerkes, so daß das Gefäß gerade in 1 Stunde eine volle Umdrehung macht. Das Kristallisationsgefäß wird in einen großen Wasserthermostaten eingebaut (Fig. 165b); dem Bade gibt man zunächst ungefähr die Sättigungstemperatur der in das Kristallisationsgefäß eingebrachten Lösung und läßt dann allmählich langsam abkühlen. Die Unterkühlungsgrade, welche einer möglichst vollkommenen Aufzucht des Kristallkeimes am günstigsten sind, müssen von Fall zu Fall versuchsweise ausprobiert werden.

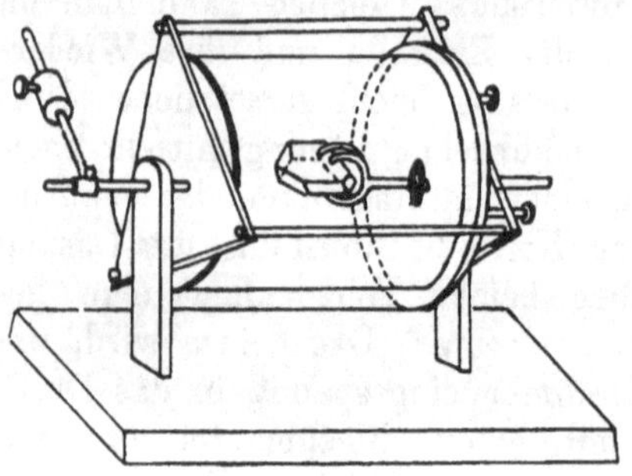

a

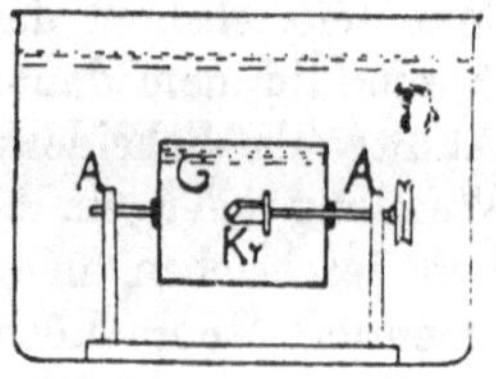

b

Fig. 165a und b. Rotierender Kristallisationsapparat nach G. WULFF.

Eine neue Form des G. WULFFschen Kristallisationsapparates[2] besteht (Fig. 166) aus zwei zylindrischen Kristallisationsgefäßen, an deren Deckel jeweils ein Kristallkeim in einer federnden Pincette sitzt; beide Gefäße sind in einen drehbaren Metallrahmen eingespannt, der von zwei vertikalen Stangen gehalten wird, die ihrerseits mittels Klemmen am oberen Rande des das Ganze umgebenden Thermostaten angebracht sind. Eine der Klemmen ist mit einer Kettenübertragung versehen, durch welche die Gefäße horizontal gedreht werden können. Damit die Konzentration der Lösung sich während der Kristallisation nicht allzusehr ändert, müssen ziemlich große Kristallisationsgefäße angewandt werden. Mit dieser Doppelapparatur hat A. SCHUBNIKOW[3] ausgezeichnete Kristalle von Kaliumdichromat gezüchtet.

---

[1] A. SCHUBNIKOW (Z. f. Kryst. 50, 20ff. [1912]) empfiehlt, den Kristallkeim mit einer Mischung von Wachs und Kolophonium an einem Metalldraht zu befestigen, diesen alsdann im Deckel des Gefäßes mit Siegellack einzukitten; diese zweckmäßige Art der Befestigung ist naturgemäß nur bei wässrigen Lösungen brauchbar.

[2] Z. f. Kryst. 50, 17f. (1912).

[3] a. a. O. 20ff.

Ähnliche Vorrichtungen benutzte auch D. N. Artemiew[1], der über eine Apparatur nach E. v. Fedorow[2] verfügte.

Eine prinzipiell etwas von den vorstehenden verschiedene Vorrichtung zur Kristallzüchtung gab A. Johnsen an[3]; bei dieser wird das Lösungsmittel langsam verdunstet. Ein vertikaler Rührer aus Glas *R*

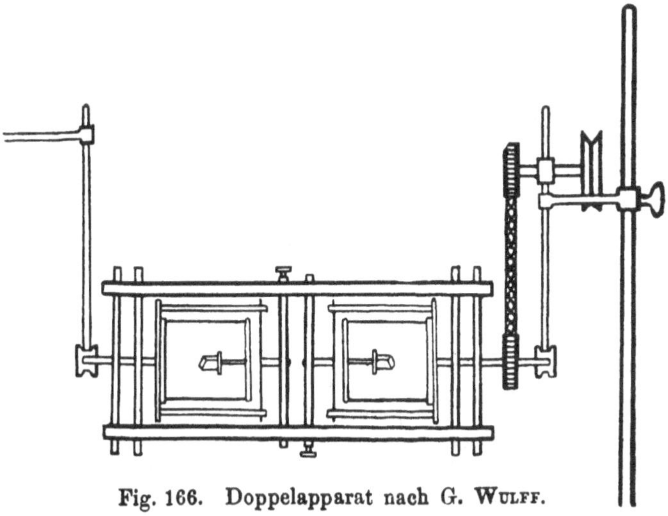

Fig. 166. Doppelapparat nach G. Wulff.

(Fig. 167), an welchem der zu züchtende Kristallkeim *Kr* vermittelst eines gläsernen Objektträgers aufgekittet ist[4], dreht den Kristall kontinuierlich in dem mit konzentrierter Lösung beschickten Kristallisationsgefäß *G*. Auf diese Weise wird es vermieden, daß sich teilweise Kristalle, die sich leicht an der Oberfläche der Lösung bilden, beim Herunterfallen am wachsenden Kristall festsetzen und seine Ausbildung stören. Die Geschwindigkeit der Verdunstung läßt sich regeln mit der Stärke eines Luftstromes, den man gegen die Oberfläche der Lösung richtet, sowie durch Regelung der Temperatur des Ganzen. Zu diesem Zweck ist das Kristallisationsgefäß in einen Wasserthermostaten *Th* eingebaut. Die Geschwindigkeit des Rührens muß von Fall zu Fall ausprobiert werden. Zusätze zu der Lösung, welche mit der Substanz indessen keine Mischkristalle bilden dürfen, sind des öfteren von Vorteil.

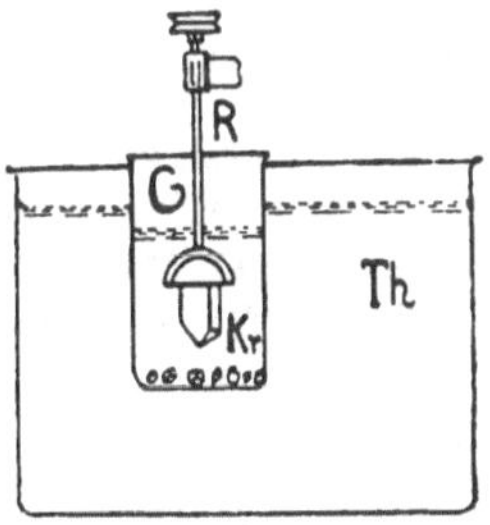

Fig. 167. Rotierender Kristallisationsapparat nach A. Johnsen.

[1] Z. f. Kryst. 48, 428 (1911).
[2] Ann. de l'Inst. des Mines 2, 332 (1910).
[3] Zentr.-Bl. f. Min. 1915, 235.
[4] Die Kristalle befestigt man am besten am Objektträger mit etwas Akkumulatorenvergußmasse (bestehend aus 88% Trinidad-Asphalt, 10% Kolophonium, 2% Wollfett; Bezugsquelle Akkumulatoren G. m. b. H. „Varta", Hamburg, Hansaplatz 2); den Objektträger kittet man am Glasrührer einfach mit Kanadabalsam fest.

b) Apparate mit kontinuierlicher Zirkulation der Mutterlauge.

Wenn es sich darum handelt, wertvolle Substanzen umzukristallisieren, bei welchen man mit möglichst wenig Lösungsmittel und Substanz auskommen muß, wenn das Lösungsmittel selbst eine kostbare Flüssigkeit ist oder eine schwerlösliche Substanz vorliegt, muß man die strömende Mutterlauge selbst als Transportmittel für die gelöste Substanz verwenden. Man läßt dann zweckmäßig dieselbe von Orten höherer Temperatur nach solchen niedriger Temperatur zirkulieren, wodurch sich Übersättigung und Ausscheidung der Substanz auf einem eingebrachten Kristallkeim ergibt; die nunmehr abgekühlte und an Substanz verarmte Lauge läßt man alsdann in das Gefäß höherer Temperatur zurückkehren, in dem sie frische Substanz auflösen kann, um den Kreislauf erneut anzutreten.

Nach diesem Prinzip hatte bereits PAYEN[1] gearbeitet; er verwendete ein mit der zu lösenden Substanz gefülltes Glasgefäß, auf welches ein zweites aufgesetzt war, das als Reservoir für die gesättigte Lösung diente. Mit beiden Gefäßen stand ein drittes, das eigentliche Kristallisationsgefäß, durch Rohre in Verbindung, und zwar derart, daß das Reservoirgefäß am oberen Teil, das mit der Substanz beschickte Gefäß an dem unteren Teil des Kristallisationsraums angeschlossen war. Erwärmt man nun die beiden übereinander angeordneten Lösungsgefäße auf dem Wasserbade, hält aber das Kristallisationsgefäß kühl, so strömt die Lösung um die Substanz, sättigt sich mit dieser im Aufsteigen in das Reservoir, tritt in das seitliche Kristallisationsgefäß über, in dem sie sich abkühlt, wird übersättigt, so daß die Kristallisation auf einem vorher eingebrachten Kristallkern eintritt, und kehrt von unten in das Lösungsgefäß zurück, woselbst der Kreislauf von neuem beginnen kann.

L. WULFF[2] hat dieses Prinzip etwas abgeändert, indem er in einem schlankzylindrischen Kristallisationsgefäß die sich abkühlende Lösung mit frischer heißkonzentrierter Lösung unterschichtet, welche durch ein Leitungsrohr aus Metall am Boden des Kristallisationsgefäßes (ein hohes Becherglas genügt bereits) eingeführt wird (Prinzip der Unterleitung). Die Kristalle, welche in der kühlen Lösung bereits auf eingebrachtem Werg oder auf Blechschnitzeln zu wachsen begonnen hatten, können, von der frischen konzentrierten Lösung umspült, erneut wachsen. Der unterste Teil des Kristallisationsgefäßes ist gut zu umwickeln, damit nicht die warme konzentrierte Lösung spontan zu kristallisieren anfängt; auch gibt man diese zweckmäßig in mehreren kleinen Portionen zu und fügt dem Inhalte des Metallrohres etwas Wasser bei, damit es sich nicht verstopfen kann.

Nach dem Prinzip des PAYENschen Apparates arbeitet auch eine im Göttinger physikalischen Institut von F. KRÜGER und W. FINKE konstruierte Vorrichtung[3], welche in Fig. 168 dargestellt ist. Zwei Gefäße G_1 und G_2 stehen durch die Rohre R_1 und R_2 miteinander in Verbindung; in dem Lösungsgefäß G_1 befindet sich ein Stoffbeutel B mit der zu lösenden Substanz. G_1 wird von innen durch einen (nicht gezeichneten) Heizdraht erwärmt. In dem Kristallisationsgefäß G_2 befindet sich ein Rührer F, der die Mutterlauge um den zu züchtenden Kristall Kr

[1] C. r. 34, 578f. (1852).
[2] Z. f. Kryst. 11, 130 (1886).
[3] Vgl. W. VOIGT, Lehrb. d. Krist.-Phys., Leipzig 1910, S. 9; D. R. P. 228246.

bewegt, der auf dem Boden des Behälters auf einem Objektträger liegt. Um das Rohr R_2 ist ein Kühler K gelegt, der die Übersättigung in der von G_1 strömenden Lösung hervorruft. Durch R_1 zirkuliert dieselbe nach Abgabe des Überschusses an gelöster Substanz nach G_1 zurück; es ist nachteilig, daß in R_1 sich häufig selbständige Kristallkeime entwickeln, welche das Rohr verstopfen können. Den zu züchtenden Kristall empfiehlt W. VOIGT entweder an einem Faden in G_2 aufzuhängen oder auch auf Quecksilber schwimmen zu lassen.

Die umgekehrte Stromrichtung der Lösung hat J. J. P. VALETON[1] als vorteilhaft erprobt. Er vermeidet die Ausscheidung von Kristallen in R_1 dadurch, daß er beide Gefäße G_1 und G_2 in zwei gesonderte Thermostaten einsetzt und die Rohre R_1 und R_2 nahe an G_1 zerschneidet, so daß die beiden Teile gesondert eingeführt werden können. Sie gehen durch je zwei mit Gummistopfen gedichtete Bohrungen in der Wandung der Thermostaten und werden an G_1 mit dickwandigem Gummischlauch aneinander gefügt. Das kurze Rohrstück von R_1 und R_2 zwischen den Thermostaten wird von einer besonderen elektrischen Glühbirne erwärmt. Den Beutel B läßt VALETON oben offen, um während des Vorganges immer die Substanz ergänzen zu können. Im Kristallisationsgefäß G_2 befindet sich ein Turbinenrührer aus Glas, welcher die Lösung von G_1 durch R_1 nach G_2 zieht und durch R_2 wieder zurückschafft. Zur Vermeidung von Verdunstung wird das im übrigen offene Gefäß G_2 mit einem durchlochten Uhrglas bedeckt, unter dem eine Scheibe Filtrierpapier zur Aufnahme des Kondensates sich befindet. Als Thermostaten verwendet man passend einfache Aquarienglaskästen; das Wasser in ihnen wird zweckmäßig mit einer Schicht flüssigen Paraffins bedeckt. Als Heizung kommt in Betracht entweder die freilich schwer genau zu regulierende Erwärmung mit elektrischen Glühbirnen oder besser eine solche mit Gasbrennern im Verein mit Toluolregulatoren nach OSTWALD.[2] Eine Sonderkonstruktion des Mikrobrenners aus Glas ist in der Originalarbeit nachzuschlagen; R. NACKEN[3] ersetzt denselben durch solche aus Kupfer oder Messing. — Der zu züchtende Kristall wird im Gefäß G_2 auf einem Objektträger mit Kanadabalsam aufgeklebt und auf dem Boden eingelegt, am besten noch auf ein mit der konvexen Seite nach oben liegendes Uhrglas, das in der Mitte gerade abgeschliffen ist.

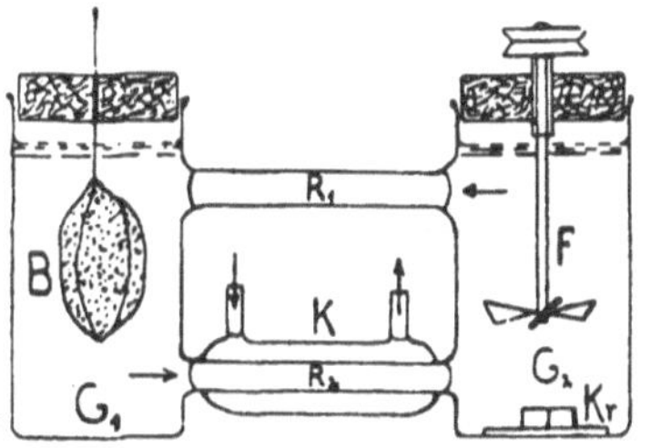

Fig. 168. Kristallisationsapparat mit kontinuierlicher Zirkulation nach KRÜGER und FINKE.

Die Inbetriebsetzung des VALETONschen Apparates erfolgt bei gleicher Temperatureinstellung in beiden Thermostaten, bis Gleichgewicht

[1] Sitzgb. Sächs. Ges. d. Wiss. math. phys. Kl. 67, 5ff. (1915).
[2] Vgl. dieses Handb. Bd. I, S. 530.
[3] Z. Instr. 36, 17 (1916).

eingetreten ist; alsdann wird in G_2 der Kristallkeim eingeführt, welchen man zweckmäßig vorher noch kurz erwärmt oder auch mit einem Tropfen ungesättigter Lösung oberflächlich anätzt. Dann erst stellt man durch vorsichtiges Abkühlen des Thermostaten mit G_2 das Temperaturgefälle her, welches die Kristallisation einleitet, und setzt den Zirkulationsstrom der Lösung in Gang. Man kann, ohne Störungen befürchten zu müssen, den Kristall während seines Wachstums beliebig oft herausnehmen und wieder einlegen (mittels einer federnden Pincette mit langen Glasarmen, die unten zum bequemen Erfassen des Objektträgers hakenförmig umgebogen sind).

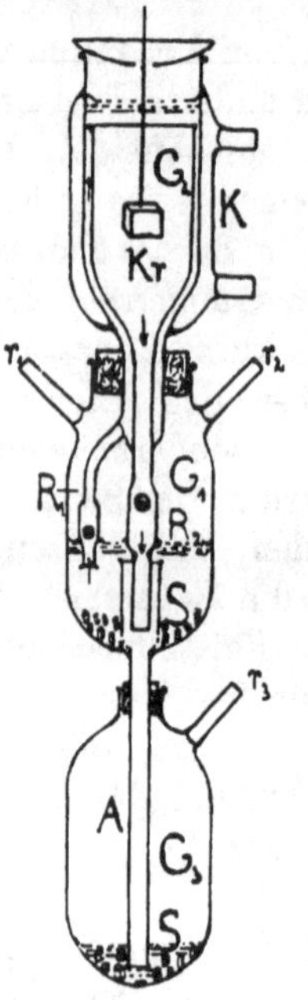

Fig. 169. Kristallisationsapparat mit kontinuierlicher Zirkulation nach R. NACKEN.

Den Nachteil, daß auch bei diesem sehr vollkommenen Kristallzuchtapparat von VALETON gelegentlich sekundäre Kristallkeime in G_2 entstehen, die sich auf dem wachsenden Kristall störend festsetzen können, umgeht R. NACKEN[1] durch Anordnung des Kristallisationsgefäßes über dem Lösungsgefäß. Letzteres (G_1 in Fig. 169) ist mit dem Kristallisationsgefäß G_2 durch Schliffe oder Gummistopfen verbunden. G_2 wird durch einen Kühler K auf niedrigerer Temperatur als G_1 gehalten, dessen Wandung allseitig einige Millimeter von der Wand von G_2 absteht. Der Zwischenraum zwischen Kühler und dem Inneren des Kristallisationsgefäßes G_2 steht mit dem Rohre R_1 in Verbindung, das exzentrisch in G_1 mündet; G_2 selbst läuft in ein vertikal absteigendes Rohr R_2 aus, das in den unteren Teil von G_1 ragt. R_1 enthält am unteren Ende ein nach unten mit der in der Zeichnung angedeuteten Vollkugel sich schließendes Ventil, während in R_2 ein ebensolches sich mit einer Hohlkugel nach oben verschließt. Damit die Zirkulation durch R_1 und R_2 nicht völlig unterbunden werden kann, sind in den Widerlagern der Ventilkugeln kleine Ansätze angebracht. Der Flüssigkeitsspiegel in G_1 und G_2 ist in Fig. 169 gestrichelt eingetragen; G_2 wird gegen Verdunstung des Lösungsmittels mit einem Korkstopfen verschlossen.

An G_1 sind zwei seitliche Rohransätze r_1 und r_2 angebracht; verschließt man r_1 mit einem Gummischlauch nebst Quetschhahn und setzt an r_2 einen Gummidruckball an, so wird bei dieser Kompression Lösung von G_1 durch R_1 nach G_2 getrieben, strömt aber beim Nachlassen des Drucks von G_2 nach G_1 durch R_2 zurück. G_1 steht bis zum Stopfen im Wasser eines Thermostaten; durch den Kühler K zirkuliert Wasser aus einem zweiten Thermostaten; es ist solcher Art eine sehr genaue Einstellung der Temperaturdifferenz in G_1 und G_2 möglich. Zweckmäßig schaltet man in den Kreislauf des Wassers durch den Kühler K eine LUTHERsche Flüssigkeitspumpe ein.[2]

[1] a. a. O. [2] Vgl. dieses Handb. Bd. I, S. 506 f.

Das Rohr R_2, das an G_2 angesetzt ist, mündet in einen unten mit Löchern versehenen Rohrstutzen S am Boden von G_1, um welchen herum die Reservesubstanz zur Sättigung der Lösung liegt. Das durch den Boden von G_1 gehende Rohr A ist nach unten weiterhin in ein drittes Gefäß G_3 fast bis zu dessen Boden verlängert; G_3 wird mit einem Stopfen an A angesetzt. In G_3 gibt man eine fast gesättigte Lösung mit einigen Kristallen der Substanz; durch den Rohransatz r_3 an G_3 kann man durch Kompression eines angesetzten Gummidruckballs Flüssigkeit von G_3 nach G_1 überführen und durch Saugen umgekehrt dieselbe von G_1 nach G_3 zurückfließen lassen, was zur beschleunigten Herstellung gesättigter Lösung in G_1 von Vorteil ist. Um die Flüssigkeit von G_1 nach G_2 und zurück regelmäßig übertreten und von dort zurückfließen zu lassen, braucht man nur rhythmisch den an r_2 angesetzten Gummidruckball zu komprimieren und auszudehnen, was man sehr leicht mittels eines einfachen Exzenters bewerkstelligt, welcher ein auf dem Ball liegendes Gewicht abwechselnd hebt und senkt. Spontan in G_2 während der Kristallisation sich bildende Nebenkristalle stößt man einfach mit einem Draht herunter. Den ganzen Teil G_2 kann man erforderlichenfalls leicht auch während eines Versuchs abnehmen und reinigen, nachdem man alle Lösung in G_1 zurückgeführt hat.

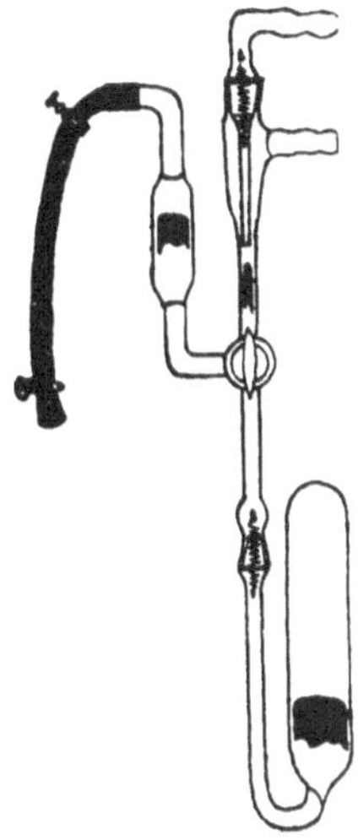

Fig. 170. Zerlegbarer Toluolregler nach R. Nacken.

Die Nackensche Kristallzuchtvorrichtung kann so klein dimensioniert werden (bis 100 ccm Inhalt von G_2 herab), daß man mit ihr auch ganz geringe Substanzmengen umkristallisieren kann. Im übrigen hat Nacken besondere Sorgfalt einer exakten Thermoregulierung zugewandt. Er verwendet als Thermostatengefäß auch Akkumulatorengläser, in deren Seitenwandung Durchführungen für das Luftzuleitungsrohr des im Inneren angebrachten Mikrobrenners vorgesehen sind, dessen Größe sich nach der mit dem Thermostaten zu erreichenden Temperatur richten muß. Als eigentlichen Gasregulator verwendet Nacken einen durch Schliffstücke in drei gesonderte Teile zerlegbaren Toluolregler, wie ihn Fig. 170 darstellt. Der obere Teil desselben trägt einen Dreiweghahn, welcher ein kleines Quecksilberreservoir mit dem Ventilraum und dem Toluolgefäß in Verbindung setzt. Das Reservoir wird von einem dicken Gummischlauch mit einem äußeren Quetschhahn verschlossen, so daß beim Zuschrauben eines zweiten am Reservoir angebrachten Quetschhahnes eine äußerst geringe Menge Quecksilber in den Ventilraum übergeführt werden kann, wodurch eine sehr feine Temperatureinstellung möglich wird (bis $^1/_{100}{}^0$ genau regulierbar). Die Einschaltung eines Gasdruckreglers[1] empfiehlt sich noch, besonders auch die eines mit Watte gefüllten Rohres zum Zurückhalten von Verunreinigungen.

3. Züchtung von Kristallen aus Schmelzflüssen.

Bei der Präparation von Kristallen aus Schmelzen ist man leider selten in der Lage, anders als durch mühsames Auslesen derselben aus langsam erstarrten Schmelzkuchen bzw. deren Hohlräumen zu verfahren.

[1] Vgl. dieses Handb. Bd. I, S. 513 ff.

Die wenigen Fälle, bei denen man durch Unterkühlungen bei mäßigen Temperaturen übersättigte Schmelzen herstellen kann, werden wiederum dadurch einer eigentlichen Kristallzucht entgegenstehen, daß beim Einbringen eines Kristallkeimes gewöhnlich sofort viele spontane Kerne sich bilden, so daß man wenig Aussicht hat, eine rationale Zucht eines einzelnen Kristalls zu erreichen. Dennoch ist es neuerdings R. NACKEN[1] gelungen, durch einen geschickten Kunstgriff das Wachstum eines einzigen Individuums in seiner unterkühlten Schmelze zu untersuchen und damit den Weg der Kristallzüchtung aus einer solchen zu erschließen. Der Kunstgriff besteht in der Anwendung eines Temperaturgefälles

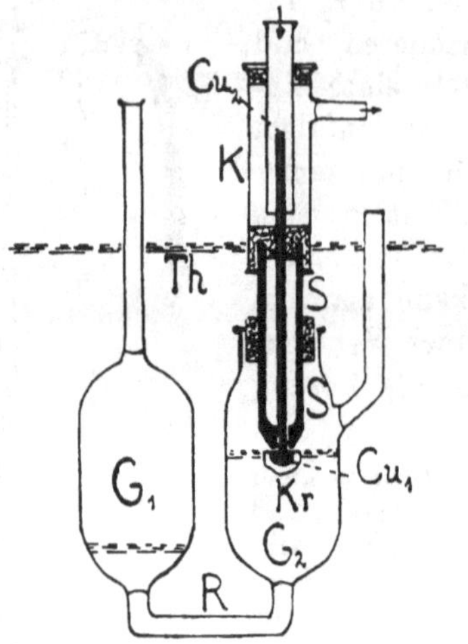

Fig. 171a. Kristallisationsapparat für Schmelzen nach R. NACKEN.

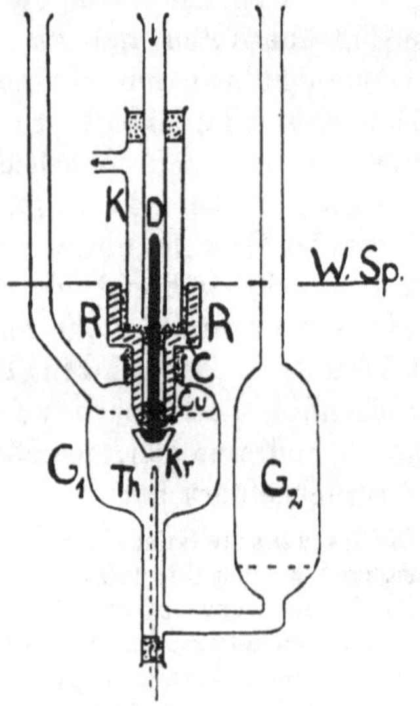

Fig. 171b. Andere Form des NACKENschen Kristallisationsapparates.

nicht durch die Schmelze nach außen, sondern durch den Kristall selbst.

Der Apparat zur Kristallzucht in Schmelzen (Fig. 171a) besteht im wesentlichen aus einem dicken Kupferstab, der an seinem unteren halbkugelförmigen Ende bei Cu_1 ein Kristallbruchstück angeschmolzen trägt, welches als Keim dient. Das obere Ende Cu_2 des Kupferstabes wird durch den Kühler K auf niedrigerer Temperatur als Cu_1 gehalten, so daß sich ein Temperaturgefälle von der in dem Kristallisationsgefäß G_2 befindlichen Schmelze durch den Kristall Kr nach Cu_1 und Cu_2 herstellt. Die spontane Kernbildung in G_2 wird dadurch völlig ausgeschlossen. An das Kristallisationsgefäß G_2 ist noch ein seitliches Reservoir G_1 angesetzt, mit G_2 durch das Rohr R kommunizierend. An G_2 ist noch ein nach oben ansteigendes Rohr angeschmolzen, durch welches mit einem Gummi-

[1] Z. Instr. **36**, 18ff. (1916).

gebläse Luft eingeblasen wird, wenn man G_2 entleeren will, durch das man ansaugt, um G_2 zu füllen. Das Ganze ist im Thermostaten *Th* montiert.

In dieser von R. NACKEN[1] beschriebenen einfachen Form des Apparates kommen Störungen nicht selten dadurch vor, daß an der Oberfläche der Schmelze in G_2 Kristallisation einsetzt. Um diese zu vermeiden, umgibt NACKEN den Kupferstab *Cu* noch mit einem besonderen Schutzmantel *S* aus dem gleichen Metall, welcher in G_2 am unteren Ende bis an die Halbkugel Cu_1 ragt, nach oben aber offen ist. Die Isolierung des Mantels *S* erfolgt an seiner Einführung in G_2 und den Kühler *K* durch Korkstücke, in der Mitte des Kupferstabs *Cu* durch mehrfache Lagen von Papier.

Eine andere Form des NACKENschen Apparates zeigt noch gesondert Fig. 171b; in ihr erkennt man den Kupferstab *D*, der mit dem Kühler *K* in Verbindung steht und am unteren Ende die Halbkugel *Cu* trägt. Der Schutzzylinder aus Kupfer *C* ist wie in Fig. 171a nach unten konisch zugespitzt und erweitert sich oben zu dem starkwandigen Ring *R*, in den der Kühler mit Kork eingesetzt ist. Das Kristallisationsgefäß G_1 trägt am unteren Ende noch einen kurzen Rohrstutzen zur Einführung eines Thermoelementes *Th*.

Mit diesen Vorrichtungen konnte NACKEN die Kristallisation von Salol, Benzophenon und Eis aus ihren Schmelzen in allen Einzelheiten verfolgen; es entstehen zuerst halbkuglige Gebilde, welche sich zu Polyederhälften entwickeln (nur Eis zeigte keine kristallographische Flächenentwicklung).

Anhang: Metallische Einkristalle.

Die neuere Untersuchung über die physikalischen Eigenschaften, insbesondere das mechanische Verhalten der Metalle bei Beanspruchung verschiedener Art, hat ergeben, daß es erhebliche Unterschiede ausmacht, ob man von den in gewöhnlichen Gußstücken usw. gegebenen Vielkristallaggregaten ausgeht oder von einem einzelnen Kristallindividuum des untersuchten Materials. Im ersteren Fall ist „quasiisotropes", im anderen „anisotropes" Verhalten typisch. Die Untersuchungen an einzelnen Kristallindividuen verlangen in besonderem Maße großgezüchtete „Einkristalle", zu deren Gewinnung besondere Methoden dienen, die sich z. T. sehr erheblich von denen unterscheiden, welche im vorhergehenden beschrieben wurden. Man kann im wesentlichen folgende Verfahren unterscheiden:

1. Darstellung von Metall-Einkristallen durch Züchtung in ruhig sich abkühlender Schmelze;
2. Ziehverfahren, bei welchem die Kristalle aus der Schmelze herausgezogen werden und der Prozeß so geleitet wird, daß die Geschwindigkeit der Kristallisation mit der Ziehgeschwindigkeit Schritt hält;

[1] N. Jahrb. f. Min. 1915, II, 145ff.

3. Verfahren, welche auf der Rekristallisation hochdispersen oder deformierten Metallmaterials beruhen;
4. Verfahren des Kristallwachstums durch orientierten Niederschlag aus Gas- und Dampfphase. In diesem Fall muß bereits eine Einkristallunterlage gegeben sein, welche nach einem der anderen Verfahren vorbereitet wurde.

1. Züchtung metallischer Einkristalle aus ruhender Schmelze.

G. TAMMANN[1] gelang die Darstellung von Wismut-Einkristallen bei sehr langsamer Abkühlung einer Schmelze dieses Metalls in Individuen bis zu 20 cm Länge; die Spaltflächen dieser Einkristalle verliefen dabei auf der ganzen Erstreckung stets unter dem gleichen Winkel gegen die Längsachse, welche durch die Achse des Reagenzrohres bestimmt wurde, in dem die Erstarrung vor sich ging. Ganz allgemein gelingt nach TAMMANN die Herstellung solcher Einkristallzylinder von beliebiger Länge im Gebiet geringer Unterkühlung (von 0,1—0,3°) in vertikal stehenden engen Röhren (von bis zu 1,5 mm Durchmesser), wenn die Kristallisation von deren geschlossenem Ende ausgeht. In der Regel bildet sich in dem engen Raum dieser Enden nur ein Kristallkern, so daß man von hier aus diesen in Richtung der Rohrachse langsam weiterwachsen lassen kann, bis er das ganze Rohr einheitlich erfüllt. Nicht nur physikalisch, sondern auch chemisch sind solche Einkristalle ganz besonders homogen, da Beimengungen, je langsamer die Kristallisation vor sich geht, um so weniger mit auskristallisieren, also in den Schmelzresten verbleiben, wie man dies besonders auch bei organischen Körpern ganz allgemein bestätigt findet.

Auf diesen Erfahrungen G. TAMMANNS fußt eine neuere Arbeit von I. OBREIMOW und L. SCHUBNIKOW[2]; das von ihnen für Wismut benutzte Verfahren der Züchtung von Einkristallen in Capillaren (bis 30 cm Länge) übertragen sie auch auf andere Metalle mit Erfolg. Vorversuche von STRELKOW ergaben, daß man große Metallkristalle dadurch erhalten kann, daß man die Schmelze von oben her mit einem Impfkristall in Berührung bringt und dann nach unten zu ganz allmählich abkühlen läßt, wobei der Kristall von der Impfstelle aus weiterwächst. So kristallisiert besonders leicht Zink im Tiegel zu Einkristallen; einen Nachteil bedeutet aber bei diesem Verfahren die Entstehung von Hohlräumen im Innern des Einkristalls infolge der Kontraktion bei der Erstarrung. Diesen Übelstand umgingen OBREIMOW und SCHUBNIKOW nunmehr dadurch, daß sie das Gefäß (ein Reagenzglas aus schwer schmelzbarem Glase) am unteren Ende capillar auszogen (Fig. 172a). Beim Beginn des Kristallisationsversuches muß die Temperatur des Glases etwas höher sein als die des Metalls. Läßt man die Abkühlung vom äußersten Ende der Capillare aus beginnen, so bildet sich in ihm ein kleiner Kristall als Zentrum für die weitere Kristallisation. In dem Maße, wie dieser Kristall wächst, kühlt

[1] Lehrb. d. Metallogr. 2. Aufl. 12f., 108f. (1921).
[2] Z. f. Physik 25, 31 (1924).

man das Glas allmählich auch nach oben zu ab. Zur Vermeidung von Oxydation muß die Schmelze völlig entgast sein; das Probierglas wird infolgedessen zweckmäßig auf 0,01 mm ausgepumpt.

Die Form der erhaltenen Einkristalle richtet sich bei diesem Verfahren nach der Gestalt des Probierglases, in dem sie gezüchtet werden; für Platten muß man also abgeflachte Reagenzrohre verwenden, und für Zerreißproben empfiehlt sich die etwas kompliziertere Form (Fig. 172b). Stets ergibt sich auch in diesem Falle nur ein Individuum. Das Verfahren von OBREIMOW-SCHUBNIKOW liefert ohne Schwierigkeiten Einkristalle von Wismut, Zink, Zinn, Antimon, Magnesium und Aluminium, welche mechanisch und röntgenographisch alle Eigenschaften solcher aus einem

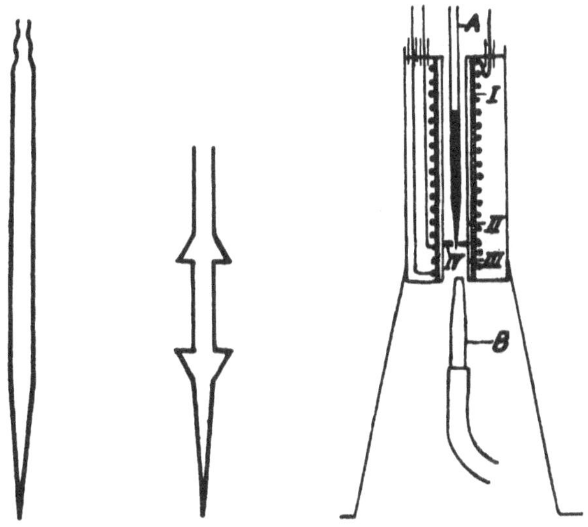

a b c

Fig. 172.

Individuum bestehenden Kristallisationen zeigen. Aluminium läßt sich naturgemäß wegen seines hohen Schmelzpunktes nur in schwerschmelzbarem Glase verarbeiten, nicht aber in Kieselglas, welches es teilweise zu Silicium reduziert, so daß die Metallschmelze alsdann dieses Element aufnimmt. Bei Anwendung eines schwerschmelzbaren Glases ist diese Reduktion weit geringfügiger und nur oberflächlich. Magnesiumschmelze reduziert Glas sehr energisch; man muß also bei Herstellung von Einkristallen dieses Metalls rasch aufschmelzen und abkühlen. SCHUBNIKOW gelang es auch, Kupfer in Rohren aus Kieselglas leicht in großen Einkristallen zu gewinnen; es muß dabei nur sehr sorgfältig ausgepumpt werden, da das gewöhnliche Kupfermetall sehr viele Gase (wahrscheinlich besonders CO) enthält.

Der von OBREIMOW und SCHUBNIKOW verwendete Schmelzofen ist in Fig. 172c dargestellt; er besteht aus einem vertikalstehenden Porzellanzylinder *I* von 2 cm Durchmesser, auf den Nickel-Chromdraht aufgewickelt ist. Die Wicklung ist getrennt für die obere und untere Partie des Ofens eingeteilt. Der Zwischenraum zwischen der äußeren Umhüllung des Ofens, die ein Kupferrohr bildet, und dem Porzellanrohr im Inneren ist zur Wärmeisolierung mit Kieselgur ausgefüllt. Um eine möglichst gleichmäßige Temperaturverteilung im Inneren des Ofens zu erreichen, ist in dem Porzellanrohre noch ein Kupferrohr angebracht, dessen oberer Teil *II* von dem unteren *III* durch eine Kupferscheibe *IV* abgetrennt ist, in der eine 5 mm weite zentrale Öffnung angebracht ist. Während des Schmelzens wird diese Scheibe mit einer dünnen Asbestplatte von gleichem Durchmesser zugedeckt, so daß der obere Teil des Ofens von dem unteren Teile vollkommen getrennt ist. Die Temperatur wird alsdann oben und unten gesondert auf $\pm 3^0$ konstant ausgeglichen; in beiden Teilen sind zum Zwecke der Kontrolle Thermoelemente angebracht.

Das Schmelzen der Metalle geschieht im Vakuum (0,01 mm Hg) schon deshalb, damit das Metall bis in das äußerste Ende der Capillare der Röhre *A* dringt, was zur Herstellung von Einkristallen besonders wesentlich ist. Die Capillare durchstößt die Asbestscheibe *IV* und ragt etwa 1—2 mm tief in den unteren Ofenteil hinein. Dann werden beide Enden des Ofens verschlossen, das Rohr *A* evakuiert, und das Schmelzen beginnt bei gleichmäßiger Anheizung des Ofens in beiden Abteilungen. Die Temperatur wird auf $10—20^0$ oberhalb des Schmelzpunktes des Metalls eingestellt; alsdann beginnt die Abkühlung. Das untere Ende des Ofens wird geöffnet, die untere Heizspirale ausgeschaltet und auf das Ende der Capillare durch das Rohr *B* ein Luftstrahl geblasen. Sehr wesentlich ist die richtige Einstellung der Abkühlungsgeschwindigkeit in der Capillare; bei leichtschmelzenden Metallen empfiehlt sich eine Abkühlung mit schwachem Luftstrahl. Bei schwerschmelzbaren Metallen wird anfangs überhaupt nicht mit Luft gekühlt, sondern erst dann, wenn die Capillare mit erstarrtem Metall gefüllt ist.

Auch der Querschnitt der verwendeten Capillaren ist wesentlich; bei Zink muß er kleiner als 1,5 mm^2 sein, wenn man Einkristalle erhalten will, sonst züchtet man gewöhnlich mehrere Kristalle gleichzeitig (stets bei Querschnitten von mehr als 2 mm^2). Für Antimon kann man andererseits Capillaren von 3 mm^2 Querschnitt ohne weiteres anwenden.

2. Ziehverfahren.

Zur Bestimmung der Kristallisationsgeschwindigkeit von Metallen bediente sich J. Czochralski[1] des prinzipiell einfachen Verfahrens der Messung der Höchstgeschwindigkeit, mit der man einen dünnen Einkristallfaden des betreffenden Metalls aus seiner Schmelze kontinuierlich ohne Abreißen desselben ziehen kann. Dieses Verfahren liefert also bei bekannter Kristallisationsgeschwindigkeit eines gegebenen Metalls leicht zylindrische Einkristallfäden von fast beliebiger Länge. Die von Czochralski benutzte

---

[1] Z. phys. Ch. **92**, 219 (1918).

Vorrichtung zeigt Fig. 173: An dem Stativ *S* ist eine Führungsscheibe *F''* mit den beiden Führungen *F'* für einen Seidenfaden *F* angebracht, an dem ein Mitnehmer *M* aus Glas (s. Fig. 173a) für den Kristallfaden *K* befestigt ist. Die Metallschmelze *Sch* ist in dem Holzkohlentiegel *H* enthalten. Ein regulierbares Uhrwerk *U* übernimmt den Transport des Seidenfadens *F*; zur Messung der Geschwindigkeit desselben dient ein Zeiger *Z*, der sich gegen die Millimeterskala *MS* bewegt. Die Spitze *a* des Mitnehmers *M* (Fig. 173a) muß durch vorheriges Einreiben in halberstarrtes Metall mit einem dünnen Überzug von diesem versehen sein, damit die Schmelze besser haftet. *M* wird alsdann in die Schmelze getaucht und nach Einstellung auf die Temperatur des Schmelzpunktes die Ziehvorrichtung in Tätigkeit gesetzt. Das capillare Anhaften der Schmelze an *M* zieht etwas von ihr in die Höhe, bis bei *e—e* (Fig. 173b) die Kristallisationsgrenze erreicht wird. In einer gewissen konstanten Entfernung von der Oberfläche der Schmelze erstarrt dann das Metall, und immer neue Mengen von ihm werden in dem Maße kristallisieren, wie der Faden in die Höhe gezogen wird. Ist die Kristallisationsgeschwindigkeit gleich der Ziehgeschwindigkeit, so entstehen lange zylindrische Fäden; bei zu geringer Ziehgeschwindigkeit verdicken sie sich, bei zu großer werden sie dünner und reißen schließlich ab. Das Verfahren hat CZOCHRALSKI mit gutem Erfolg bei Zink, Zinn und Blei erprobt.

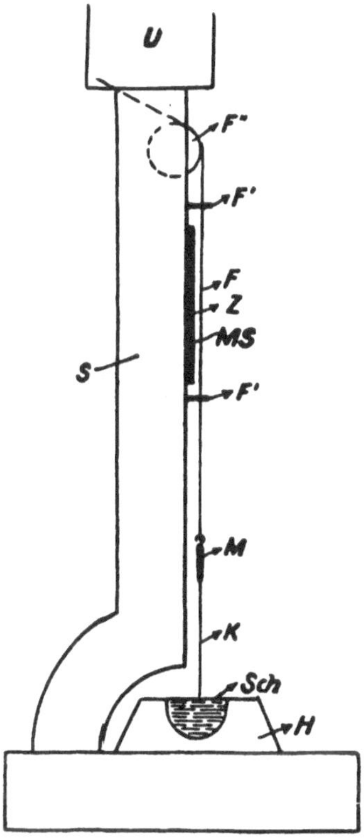

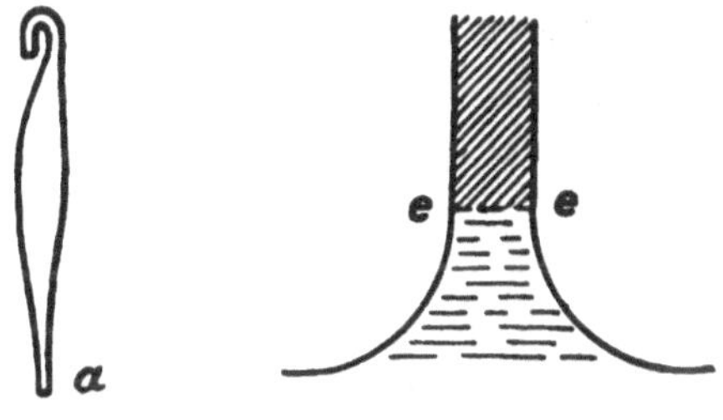

a b

Fig. 173.

Eine etwas modifizierte Apparatur dieser Art verwendete ferner E. VON GOMPERZ[1]; in einem Kieselglas-Reagensrohr in dem elektrischen Ofen *O* (s. Fig. 174) erhitzte er Metallschmelzen bis über die Schmelz-

[1] Z. f. Physik 8, 184 (1922).

temperatur. Die Öffnung des Rohres oben ist mit einem doppelt durchbohrten Kork *K* verschlossen, durch den bei *I* ein vertikales Glasrohr eingeführt ist, welches genau in die Metallröhre *M* paßt. Am unteren Ende des Metallrohrs ist ein capillar durchbohrtes Stäbchen *S* eingesetzt, welches etwa 3 cm aus dem unteren Ende des Rohrs frei herausragt. Das Metallrohr ist durch die Walzen W_1 und W_2 in vertikaler Richtung verschiebbar, welche mittels eines Motors bewegt werden. Auf der Oberfläche der Metallschmelze schwimmt ein zentral durchbohrtes Glimmerplättchen *Gl*, damit keine Knoten an den Drähten beim Herausziehen aus der Schmelze sich bilden können. Die Metalle werden in Stickstoffatmosphäre geschmolzen; das Gas tritt durch den Schlauch *G* und das Metall- und Glasrohr ein und entweicht durch die Korkbohrung *II*.

Zum Ziehen des Einkristalldrahtes läßt man alsdann durch Senken des Metallrohres *M*

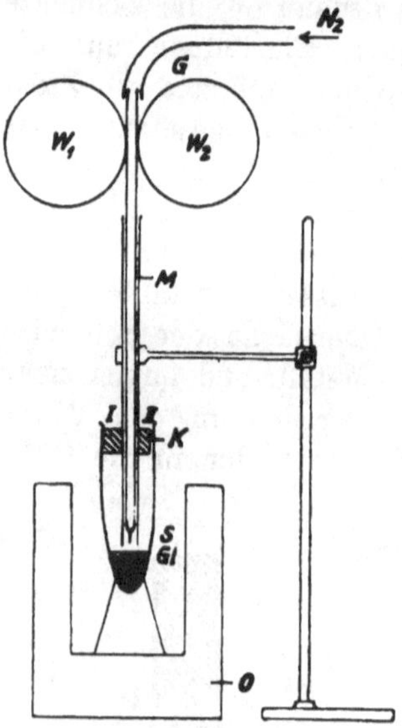

Fig. 174.

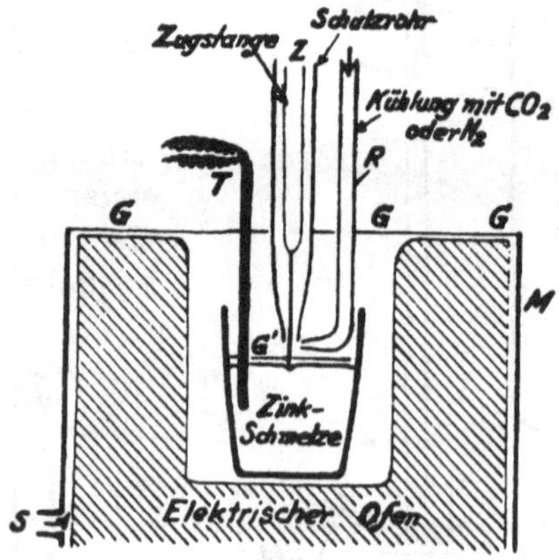

Fig. 175.

das Stäbchen *S* in die Schmelze tauchen und setzt hierauf die Walzen *W* in Betrieb. Zieht man das Stäbchen nunmehr heraus, so bleibt capillar ein Flüssigkeitsfaden hängen, der durch die Kühlung durch das Stickstoffgas kristallisiert. Durch sorgsame Einstellung der Geschwindigkeit der Walzen und des Zugrohrs konnten Drähte bis 35 cm Länge (Durchmesser 0,1—1,5 mm) gewonnen werden. Das Verfahren von v. Gomperz bewährte sich bei Blei, Zink, Zinn, Aluminium, Cadmium und Wismut.

Eine gegenüber der von v. Gomperz etwas modifizierte Methode des Ziehverfahrens benutzten H. Mark, M. Polanyi und E. Schmid[1] bei Züchtung ihrer Metalleinkristalle. Als die zweckmäßigste Anordnung erkannten sie die Kühlung durch Stickstoff, wie bei v. Gomperz, jedoch ließen sie denselben aus einem umgebogenen Rohre *R* seitlich auftreffen und kontrollierten den Gasstrom manometrisch (s. Fig. 175). Über den

[1] Z. f. Physik **12**, 60 (1923).

Ofenkörper wurde ein Schutzmantel *M* gezogen, der durch Glimmerplatten oben und unten abgeschlossen wurde. In diesen sind Durchlässe für das Ziehrohr *Z*, das Kühlrohr *R* und das Thermoelement *T* vorgesehen. Der Mantel *M* wird im Inneren von CO_2 durchspült (bei *S*). Als vorteilhaft ergab sich eine hohe Schmelztemperatur und eine große Zuggeschwindigkeit (von 0,1—0,2 mm/sec). Zur Erzeugung dehnbarer Zink-Einkristalle ist ein sehr reines Ausgangsmaterial notwendig; schon sehr geringe Beimengungen (insbesondere von ZnO) genügen, um die Einkristalle spröde zu machen. Die Reißebenen solcher Einkristalle auf bestimmten Kristallflächen sind sehr glatt und glänzend. Das Fehlen der Korngrenzen, parallele Ätzstreifungen in den metallographischen Schliffen sowie die Drehspektrogramme solcher Einkristalle zeigen ihre Natur als einfache homogene Individuen an.

Ein gewisser Übelstand der Ziehverfahren ist der, daß sich keine regelmäßigen Kristallformen ausbilden, so daß die Orientierung oft nicht ganz einfach erscheint. Für sehr hoch schmelzende Metalle sind sie nicht verwendbar.

3. Rekristallisation hochdispersen oder deformierten Metallmaterials.

Auf einem wesentlich anderen Prinzip beruht das Verfahren von O. SCHALLER und H. ORBIG[1] zur Herstellung von Wolfram-Einkristallfäden, wie sie für Glühlampen wegen ihrer vorzüglichen mechanischen Eigenschaften gebraucht werden. Das nach dem Spritzverfahren zunächst feinverteilte Wolframmetall (aus WO_3 in Wasserstoff durch Reduktion gewonnen) wird zu einer plastischen Masse (unter Zusatz eines Bindemittels) verarbeitet, welche alsdann aus Diamantdüsen zu Fäden verspritzt wird (Durchmesser etwa 50—100 μ); alsdann werden diese Fäden einem Sinterprozeß unterworfen, bei welchem die Temperatur durch elektrische Erhitzung allmählich bis zur höchsten Weißglut gesteigert wird. Solche Fäden sind sehr spröde, wenn sie aus reinem Wolframmetall gefertigt wurden, werden aber wesentlich biegsamer beim Zusatz von etwa 2% ThO_2, wobei dieses offenbar in fester Lösung aufgenommen wird, zumal es tetragonal wie das Wolfram selbst kristallisiert. Ein Hauptübelstand der gewöhnlich aus mehreren Individuen bestehenden Kristalldrähte besteht in der geringen Widerstandsfähigkeit derselben an den Stoßstellen. Um diese zu vermeiden, muß man zur Züchtung von Einkristalldrähten übergehen, und es gelang den obengenannten Autoren, den Prozeß der Fertigformung und der ThO_2-Aufnahme sowie der Kristallisation des Wolframdrahts so zu leiten, daß die Keimbildung bei der Erhitzung zunächst nur an einem Ende des Fadens einsetzt. Der Faden wird alsdann mit schroffem Temperaturanstieg bis zu einer Zone von 2400 bis 2600° geführt, und zwar mit einer solchen Geschwindigkeit, daß die

[1] Patent der Firma J. PINTSCH, s. W. BÖTTGER, Z. Elektr. 23, 121 (1917).

Kristallisation ohne Unterbrechung von jenem Keime aus weiter vor sich geht. Es darf also die Geschwindigkeit der Führung des Fadens durch die „Formierzone“ die Kristallisationsgeschwindigkeit nicht übersteigen, und die Erhitzung des Fadens muß ganz symmetrisch zu seinem Querschnitt erfolgen. Nach einer Beschreibung des Prinzips des von J. Pintsch fabrikmäßig dazu gebrauchten Apparates[1] besteht derselbe (Fig. 176) aus einem zylindrischen Gehäuse G mit zwei Öffnungen bei G_1 und G_2. Bei H_1 und H_2 sind die Enden einer elektrisch heizbaren Wolframdrahtspirale H isoliert durchgeführt; bei W tritt durch einen kurzen Rohrstutzen Wasserstoff ein, so daß die Trommel G stets mit einer Atmosphäre dieses Gases angefüllt ist. Der zu formierende Faden befindet sich auf der Spule S_1 und wird durch ein Uhrwerk abgewickelt und alsdann durch die weißglühende Spirale H gezogen, worauf er wieder auf S_2 aufgewickelt wird. Die Geschwindigkeit des Fadens wird auf 0,06—0,07 cm/sec eingestellt; in der kurzen Zeit des Durchgangs durch die Heizspirale H vollzieht sich der Formierungsprozeß zu einem Einkristallfaden infolge gerichteter Sammelkristallisation bei etwa 2000°. Hinzu kommt noch die günstige Lage der Orientierung der vektoriellen Wachstumsgeschwindigkeit des Kristallfadens zu seiner Achse; nach den röntgenographischen Ergebnissen von R. Gross erscheint die Nachbarschaft der Oktaeder- und Rhombendodekaeder-Normalen zur Drahtachse statistisch besonders in dieser Hinsicht begünstigt. Der Vorgang der Formierung zum Einkristall ist also eine orientierte Kornvergrößerung von der Größe der winzigen Kriställchen des hochdispersen ursprünglichen Fadenmaterials (Größenordnung des Durchmessers etwa $5 \cdot 10^{-6}$ cm) auf die Dimensionen des makroskopischen Einkristalls.

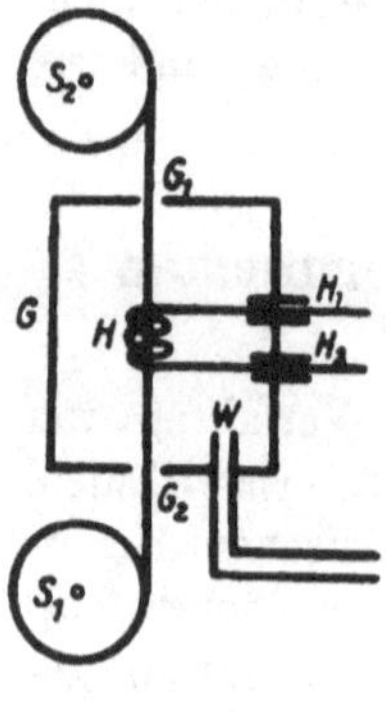

Fig. 176.

Auf der Rekristallisation eines vorgereckten, also deformierten Vielkristallaggregates beruht ein von H. C. H. Carpenter und C. F. Elam[2] angegebenes Verfahren der Herstellung von großen Kristallindividuen aus Aluminium. Bestimmt dimensionierte Aluminiumblechproben (ausgeschnitten auf das Format $4 \times 1 \times 0{,}125$ engl. Zoll) wurden zunächst 6 Stunden lang auf 550° getempert und dann auf Zug beansprucht; die Dehnung betrug 1,6 % (auf 3 Zoll Länge), die Zugkraft 2000 kg auf den Quadratzoll. Alsdann wurde 100 Stunden lang bei allmählich gesteigerter Hitze auf 450 bis 600° erhitzt, wobei die Proben meist zu einem Einkristall oder zwei Individuen rekristallisierten. Auch aus Aluminiumbarren großer Reinheit konnten auf entsprechende Weise Einkristalle gewonnen werden, deren mechanische Eigenschaften im Zugversuch usw. des Näheren untersucht wurden.

---

[1] Siehe bei R. Gross und N. Blassmann, N. Jahrb. f. Min., Beil.-Bd. **42**, 728 (1919).
[2] Proc. Roy. Soc. London A. **100**, 329 (1922); Carpenter, Nature **112**, 58 (1923).

4. Darstellung von Einkristallen aus der Gasphase.

Speziell beim Wolframmetall ist es gelungen, durch Niederschlag desselben aus einer Gasphase von Wolframhexachloriddämpfen mit Wasserstoff bei Rotgluttemperaturen bereits vorliegende Einkristallfäden nach dem Verfahren der Firma J. PINTSCH (s. o.) weiterwachsen zu lassen, so daß man beliebig große Einkristalle auf diese Weise züchten kann. Schon LODYGUINE[1] hatte Wolframmetall auf rotglühenden Fäden von Kohle oder Wolfram abzuscheiden versucht, indem er ein Gemenge von WCl_6-Dampf und Wasserstoffgas über diese leitete. Die gemeinsamen Versuche von F. KOREF mit H. HOFFMANN und FISCHVOIGT[2] zielten dahin, die gleichen Wolframniederschläge auf PINTSCH-Einkristallfäden zu erzeugen und ihre kristallographische Orientierung gegen den als Keim wirkenden Faden zu untersuchen. Der von KOREF benutzte Apparat ist in Fig. 177 wiedergegeben: In einem horizontal liegenden elektrischen Ofen ist das Glasgefäß G mit einer kugeligen Erweiterung K, welche für das feste Wolframhexachlorid bestimmt ist, angebracht (Schmelzpunkt von WCl_6 275°,

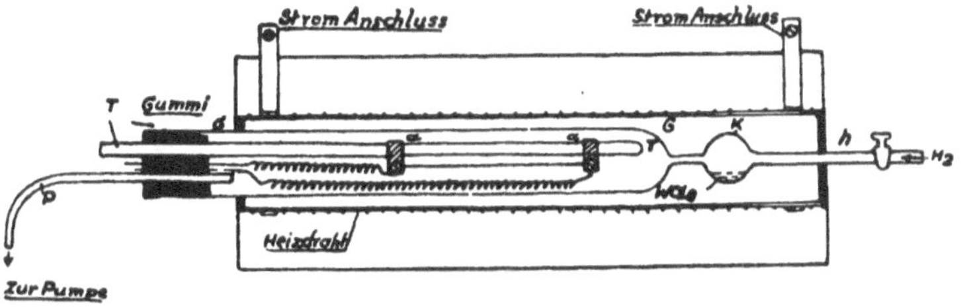

Fig. 177.

Siedepunkt 347°). In G ragt ein Rohr T herein, in welches ein Thermometer oder auch Thermoelement eingeführt werden kann. Das Rohr T trägt die Metallklemmen $a - a$, zwischen denen der zu behandelnde Draht ausgespannt wird. Durch den Gummistopfen links gehen die Stromzuführungen zur Heizung dieses Drahts. Wasserstoff tritt durch das Rohr h ein, belädt sich mit WCl_6-Dämpfen und strömt durch G und p ins Freie oder besser zur Pumpe. Auf dem glühenden Wolframdraht zersetzt sich das WCl_6; es entsteht Salzsäure, welche hinter p absorbiert wird. Der Druck wird durch Regulierung des Hahns bei h unter Abpumpen eingestellt, die Temperatur des WCl_6-H_2-Gemisches durch Regulierung der Ofentemperatur. Beim Druck von 1 Atm. und niedriger Ofentemperatur, infolgedessen auch niedrigem Partialdruck des WCl_6, entstehen festhaftende kleinkristalline Niederschläge um den Einkristalldraht. Unter vermindertem Druck (am günstigsten $p = 12$ mm Hg bei $t = 110°$ im Ofen, einer Fadentemperatur von 1000° und einer Geschwindigkeit des Wasserstoffstroms von 35 l in der Stunde) wächst der Ein-

[1] Siehe bei WEBER, Die elektrischen Metallfadenglühlampen, S. 12.
[2] Z. Elektr. **28**, 511 (1922).

kristallfaden orientiert weiter, und es entstehen kantige Fäden aus den ursprünglich zylindrischen, deren Durchmesser den des ursprünglichen um das $3^1/_4$—4fache übertreffen können. Eine Grenze zwischen der Substanz des Mutterkristalls und der orientierten Umwachsung ist im metallographischen Schliffbilde kaum wahrzunehmen. Die Zahl der Kanten kann dabei je nach der kristallographischen Orientierung des Fadens 4,6 oder 8 sein.

Man kann auch an Stelle des Wasserstoffs einen Strom von Stickstoff anwenden, doch treten alsdann nicht selten Störungen des Wachstumsvorgangs auf. Über Spezialfälle, wie graupeliges Wachstum usw., sei auf die ausführliche Originalschrift verwiesen.

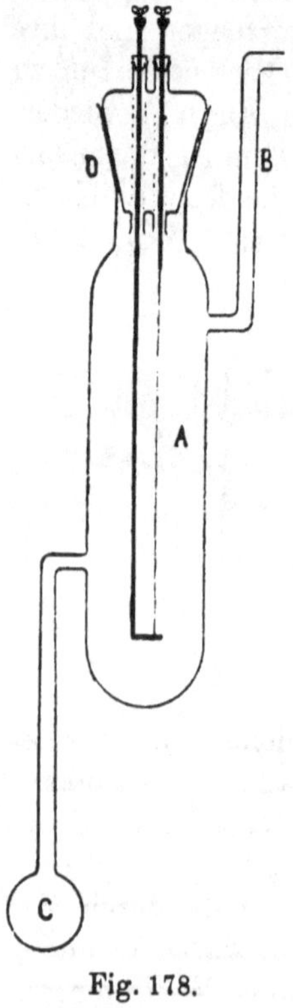

Fig. 178.

Sehr merkwürdig ist die Tatsache, daß die so vergrößerten Wolfram-Einkristalle kurz nach der Herstellung sich spröde verhalten; die angewachsenen Kristalle werden aber bei kurzem Erhitzen auf 2500° völlig biegsam, und ein Unterschied gegenüber den aus Schmelzen gezüchteten Einkristallen ist dann nicht mehr wahrzunehmen. Die Ursache für dieses interessante, von Burger[1] auch am Zinn beobachtete Verhalten konnte von R. Gross auch auf röntgenographischem Wege noch nicht gefunden werden.

Von Interesse ist die Bemerkung Korefs, daß nach seinen Erfahrungen ein Weiterwachstum metallischer Einkristalle auch auf eine andere Weise sich wohl ermöglichen lasse, z. B. durch direkten Niederschlag von Metalldampf auf Keimkristallen unter geeigneten Konzentrationsbedingungen, vielleicht auf elektrolytischem Wege. Das letztere Verfahren wurde neuerdings von J. A. M. van Liempt[2] vorgeschlagen.

Das prinzipiell so wichtige Verfahren von Koref hat fernerhin A. E. van Arkel[3] etwas modifiziert. An einem durch das Rohr *B* evakuierten Gefäß *A* von Pyrexglas (Fig. 178) wurde seitlich eine mit festem WCl_6 gefüllte Kugel *C* angeblasen; das Gefäß *A* ist mit einem Schliff *D* versehen, durch den zwei Wolframstäbe als Stromzuführungen gehen, an deren Enden der durch Wachstum zu vergrößernde Einkristall befestigt ist. Anfänglich besitzt derselbe einen Durchmesser von 30—75 μ und wird mit 3 Amp. beheizt; durch das Wachstum kann sein Durchmesser bis auf 5 mm gesteigert werden, wobei zur Aufrechterhaltung einer Temperatur von etwa 1600° 300—400 Amp. Belastung notwendig sind. Die Temperatur des Wolframdrahts darf nicht zu tief liegen, sonst hört das

[1] Physica **2**, 56 (1922).
[2] Anm. bei der Korrektur: s. Z. Elektr. **31**, 249 (1925); Naturwiss. **13**, 610 (1925).
[3] Physica **3**, 76 (1923); Ref. Zentr. **1924**, I, 1651 f.; Phys. Ber. **4**, 1004 (1923).

Wachstum auf, aber auch nicht zu hoch, weil es sonst polykristallin vor sich geht. Das Wachstum muß zur Erzielung recht gleichmäßiger Einkristalle langsam genug erfolgen; der Partialdruck des Chlors in der Dampfphase ist nicht unwesentlich; wird er erhöht, so sinkt die Kristallisationsgeschwindigkeit. Zur Vermeidung eines allzugroßen Cl_2-Druckes wird in das Gefäß etwas Wolframpulver eingeführt, welches auf 400° gehalten wird, bei welcher Temperatur es sich mit Chlorgas zu WCl_6 umsetzt. Man setzt dann zweckmäßig das Ganze mit Ausnahme des Schliffstücks *D* in einen elektrischen Ofen, der auf dieser Temperatur gehalten wird. Auch kann man das überschüssige Chlor durch einen zweiten Wolframdraht entfernen, den man im Innern des Gefäßes *A* auf 800° glühend erhält.

Am leichtesten scheint die Fläche (110) zu wachsen, dann die Fläche (111), am schwersten aber (100); auf (100)-Flächen besteht die größte Neigung zur Ausbildung von Vielkristallen. Auch mechanisch bearbeitete Drähte wachsen zu Polykristallen aus.

Zusammenstellung einiger anorganischen Stoffe, die im Zustande der größten Reinheit dargestellt worden sind.

Von

K. Ilberg-Berlin.

Die vorliegende Zusammenstellung geht im wesentlichen auf die „Jahresberichte des Internationalen Komitees der Atomgewichte“, die „Berichte der Deutschen Atomgewichtskommission“ und die „Annual reports of the Committee on atomic weights“ zurück. Zur Ergänzung wurden einige der Ermittlung physikalischer Konstanten gewidmete Arbeiten herangezogen.

Der bearbeitete Zeitraum reicht von 1905, wo das Abeggsche Handbuch zu erscheinen begann, bis Ende 1924. Der Inhalt der Darstellungsvorschriften ist nur in wenigen Fällen durch Stichwörter angedeutet worden, z. B. bei HBr, wo besonders viele Entstehungsweisen und Literaturstellen zu berücksichtigen waren. Auf solche Hinweise glaubte ich sonst verzichten zu dürfen, da in sehr vielen Fällen der bei einer Reindarstellung erzielbare Erfolg hauptsächlich von der apparativen und manuellen Behandlung abhängt, während die Bildungsweise nichts Besonderes bietet. Zudem ist es gar nicht immer möglich, die für das Gelingen wesentlichen Momente anzugeben.

Wenn auf ein Zitat ausnahmsweise keine Jahreszahl folgt, so gilt dafür die letztgenannte Jahreszahl.

Zur raschen Auffindung eines gesuchten Stoffes diene Folgendes: Die Elemente stehen in der Reihe: He, Ne, A, Kr, X, Li, Na, K, Rb, Cs, [NH_4], H, Cu, Ag, Au, Be, Mg, Ca, Sr, Ba, Ra, Zn, Cd, Hg, B, Al, Ga, In, Tl, Sc, Y, La, Ce, Pr, Nd, Sm, Eu, Gd, Tb, Dy, Ho, Er, Tu, Yb, C, Si, Ti, Zr, Hf, Th, Ge, Sn, Pb, N, P, V, Nb, Ta, As, Sb, Bi, O, S, Cr, Mo, W, U, Se, Te, F, Cl, Br, I, Mn, Fe, Co, Ni, Ru, Rh, Pd, Os, Ir, Pt. Auf jedes Element folgen seine Verbindungen mit nur **1** Art von Elementen, und zwar: Hydrid, Nitrid, Oxyd, Sulfid, Fluorid, Chlorid, Bromid, Jodid, dann seine Verbindungen mit **2** Elementen, dann die mit **3** Elementen usw. Säuren suche man beim charakteristischen Element des Anions; salzartige Verbindungen beim elektropositiven Bestandteil, saure Salze im Anschluß an die entsprechenden neutralen; Doppelsalze findet man an der Stelle der späteren Komponente, analog behandelt sind die Komplexsalze.

He Watson, J. Chem. S. **97**, 810 [1910]; Heuse, Verh. Deutsch. Physik. Ges. **15**, 519 [1913]; Taylor, Physical Review [2] **10**, 657 [1917].

Ne Watson, J. Chem. S. **97**, 810 [1910]; Leduc, Ann. de Physique [9] **9**, 21 [1918].

A Fr. Fischer, Hähnel, Ber. **43**, 1435 [1910]; Fischer, Froböse, Ber. **44**, 92 [1911]; Leduc, Ann. de Physique [9] **9**, 22 [1918].

Em (Niton) Gray, Ramsay, Proc. Roy. Soc. London **84** A, 536 [1911]. Vgl. auch für die Reindarstellung der Edelgase dieses Handbuch, Bd. IV, S. 13.

LiH Hüttig, Krajewski, Z. anorg. Ch. **141**, 135 [1924].

LiCl Richards, Carn. Inst. Wash. Publ. **125**, 18 [1910]; Richards, Willard, J. Am. Ch. S. **32**, 21.

LiOH Richards, Rowe, J. Am. Ch. S. **44**, 690 [1922].

$LiNO_3$ Richards, Willard, J. Am. Ch. S. **32**, 19 [1910].

$LiClO_4$ Richards, Carn. Inst. Wash. Publ. **125**, 19, 37 [1910]; Richards, Willard, J. Am. Ch. S. **32**, 19, 37; Richards, Cox, J. Am. Ch. S. **36**, 823 [1914].

Na Tiede, Ber. **49**, 1745 [1916].

Na-Amalgam Richards, Conant, J. Am. Ch. S. **44**, 602 [1922].

NaN_3 Briner, Winkler, J. Chim. phys. **20**, 203 [1922]; Moles, Clavera, Z. phys. Ch. **107**, 428 [1923].

Na_2S Tiede, Reinicke, Ber. **56**, 667 [1923].

NaF Mc Adam, Smith, J. Am. Ch. S. **34**, 593 [1912].

$NaHF_2$ Mc Adam, Smith, J. Am. Ch. S. **34**, 594 [1912].

NaCl Richards, Wells, Z. anorg. Ch. **47**, 66 [1905]; J. Am. Ch. S. **27**, 467; Zintl, Meuwsen, Z. anorg. Ch. **136**, 227 [1924].

NaBr Richards, Wells, Z. phys. Ch. **56**, 354 [1906]; Goldbaum, J. Am. Ch. S. **33**, 38 [1911].

NaOH Easley, J. Am. Ch. S. **31**, 1217 [1909].

$Na_2B_4O_7$ Smith, van Haagen, Carnegie Instit. Washington Publ. **267**, 7 [1918].

Na_2CO_3	Richards, Z. anorg. Ch. **1**, 156 [1892]; Proc. Amer. Acad. **26**, 245 [1891]; Chem. N. **65**, 245 [1892]; Richards, Hoover, J. Am. Ch. S. **37**, 96 [1915]; Smith, van Haagen, Carnegie Instit. Washington Publ. **267**, 5 [1918].
$NaNO_2$	Oswald, Ann. chim. phys. [9] **1**, 52 [1914].
$NaNO_3$	Moles, Clavera, Z. phys. Ch. **107**, 428 [1923]; Zintl, Meuwsen, Z. anorg. Ch. **136**, 226 [1924].
Na_2HPO_4	Baxter, Jones, Z. anorg. Ch. **66**, 102 [1910]; J. Am. Ch. S. **32**, 303.
$NaVO_3$	Mc Adam, J. Am. Ch. S. **32**, 1606 [1910].
$NaNbO_3$	Smith, van Haagen, J. Am. Ch. S. **37**, 1790 [1915].
Na_2SO_4	Richards, Am. J. Science [4] **6**, 204 [1898]; Z. phys. Ch. **26**, 694; Richards, Wells, Z. phys. Ch. **43**, 468 [1903].
K	Tiede, Ber. **49**, 1745 [1916].
KCl	Richards, Archibald, Z. anorg. Ch. **34**, 367 [1903]; Proc. Amer. Acad. **38**, 456; Richards, Stähler, Ber. **39**, 3613 [1906]; J. Am. Ch. S. **29**, 625 [1907]; Stähler, Meyer, Z. anorg. Ch. **71**, 395 [1911].
KBr	Richards, Mueller, Z. anorg. Ch. **53**, 428 [1907]; J. Am. Ch. S. **29**, **644**.
KOH	Richards, Mueller, Z. anorg. Ch. **53**, 431 [1907]; J. Am. Ch. S. **29**, 645.
K_2CO_3	Müller, J. Am. Ch. S. **43**, 1088 [1921].
$K_2C_2O_4$	Richards, Mueller, Z. anorg. Ch. **53**, 425 [1907]; J. Am. Ch. S. **29**, 641.
KNO_3	Richards, Archibald, Z. anorg. Ch. **34**, 373 [1903]; Proc. Amer. Acad. **38**, 462.
$K_2Cr_2O_7$	Meineke, A. **261**, 357 [1891].
$KClO_3$	Stähler, Meyer, Z. anorg. Ch. **71**, 389 [1911].
KIO_3	Baxter, J. Am. Ch. S. **32**, 1592 [1910].
Rb	Tiede, Ber. **49**, 1745 [1916].
Cs	Tiede, Ber. **49**, 1745 [1916].
CsCl	Richards, Archibald, Z. anorg. Ch. **34**, 358 [1903]; Proc. Amer. Acad. **38**, **447**.
CsBr	Richards, Archibald, Z. anorg. Ch. **34**, 376 [1903]; Proc. Amer. Acad. **38**, 466.
$CsCl_2I$	Richards, Archibald, Z. anorg. Ch. **34**, 357 [1903]; Proc. Amer. Acad. **38**, 446.
$CsNO_3$	Richards, Archibald, Z. anorg. Ch. **34**, 374 [1903]; Proc. Amer. Acad. **38**, 463.
NH_4Cl	Richards, Parker, Z. anorg. Ch. **13**, 88 [1896]; Proc. Amer. Acad. **32**, 60 [1897]; Chem. N. **75**, 159; Richards, Köthner, Tiede, J. Am. Ch. S. **31**, 8 [1909]; Smith, Eastlack, Scatchard, J. Am. Ch. S. **41**, 1965 [1919].
NH_4Br	Scott, J. Chem. S. **79**, 150 [1901]; Richards, Mueller, Z. anorg. Ch. **53**, 430 [1907]; J. Am. Ch. S. **29**, 645.

$(NH_4)_2Cr_2O_7$ Rawson, J. Chem. S. **55**, 215 [1889]; Meineke, Ann. **261**, 357 [1891].

H_2 Aus Palladiumwasserstoff: Mellor, Russell, J. Chem. S. **81**, 1277 [1902]; Moser, Die Reindarstellung von Gasen [Stuttgart 1920], S. 37. Durch Elektrolyse von verdünnter Schwefelsäure: Noyes, J. Am. Ch. S. **29**, 1720 [1907]. Durch Elektrolyse von Barytwasser: Noyes, J. Am. Ch. S. **29**, 1720 [1907]. Durch Elektrolyse von Natronlauge: Moser, Gase, S. 39. Durch galvanische Kette Pt | Salzsäure | Zinkamalgam: Cooke, Richards, Proc. Amer. Acad. **23**, 168 [1887]; Am. Ch. J. **10**, 102 [1888]; Chem. N. **58**, 30; Baxter, Hoover, J. Am. Ch. S. **34**, 1659 [1912]; Wendt, Landauer, J. Am. Ch. S. **42**, 931 [1920]. Aus Aluminium und Kalilauge: Cooke, Richards, Proc. Amer. Acad. **23**, 169 [1887]; Am. Ch. J. **10**, 103 [1888]; Chem. N. **58**, 31. Aus Zink und Schwefelsäure oder Salzsäure: Moser, Gase, S. 39. Aus Bombenwasserstoff des Handels: Moser, Z. anorg. Ch. **110**, 132 [1920]; Moser, Gase, S. 42.

Cu Richards, Proc. Amer. Acad. **23**, 178 [1887]; Am. Ch. J. **10**, 184 [1888]; Chem. N. **58**, 69 [1888]; Proc. Amer. Acad. **25**, 199 [1890]; Chem. N. **63**, 21 [1891]; Ruer, Bode, Z. anorg. Ch. **137**, 104 [1924]; Ber. **58**, 852 [1925].

CuO Richards, Proc. Amer. Acad. **25**, 199 [1890]; Chem. N. **63**, 21 [1891]; Noyes, J. Am. Ch. S. **29**, 1722 [1907]; Ruer, Bode, Z. anorg. Ch. **137**, 106 [1924]; Ber. **58**, 852 [1925].

$CuBr_2$ Richards, Proc. Amer. Acad. **25**, 199, 206 [1890]; Chem. N. **63**, 21 [1891].

$CuSO_4$ Richards, Z. anorg. Ch. **1**, 155 [1892]; Proc. Amer. Acad. **26**, 245, 273 [1891]; Chem. N. **65**, 245 [1892].

Ag Richards, Wells, Z. anorg. Ch. **47**, 70 [1905]; J. Am. Ch. S. **27**, 472; Baxter, Moore, Boylston, J. Am. Ch. S. **34**, 260 [1912]; Krepelka, J. Am. Ch. S. **42**, 926 [1920]; Baxter, Parsons, J. Am. Ch. S. **44**, 581 [1922]; Baxter, J. Am. Ch. S. **44**, 591 [1922]; Hönigschmid, Zintl, Ann. **433**, 214 [1923].

Ag_2O Hardin, J. Am. Ch. S. **18**, 994 [1896].

AgCl Richards, Wells, J. Am. Ch. S. **27**, 515 [1905]; Richards, Jones, Z. anorg. Ch. **55**, 86 [1907]; J. Am. Ch. S. **29**, 837; Scheuer, Arch. Sc. phys. et nat. Genève [4] **36**, 381 [1913]; Lorenz, Bergheimer, Z. anorg. Ch. **138**, 206 [1924].

AgBr Baxter, J. Am. Ch. S. **28**, 1331 [1906]; Z. anorg. Ch. **50**, 396; Hönigschmid, Zintl, Ann. **433**, 223 [1923].

AgI Köthner, Aeuer, Ann. **337**, 144 [1904]; Baxter, J. Am. Ch. S. **26**, 1590 [1904]; Z. anorg. Ch. **43**, 18 [1905]; Baxter, J. Am. Ch. S. **32**, 1595 [1910]; Guye, Germann, C. r. **159**, 225 [1914]; Baxter, Parsons, J. Am. Ch. S. **44**, 587 [1922].

$AgNO_3$	Richards, Forbes, Z. anorg. Ch. **55**, 38 [1907]; J. Am. Ch. S. **29**, 811.
Ag_3PO_4	Baxter, Jones, Z. anorg. Ch. **66**, 103; J. Am. Ch. S. **32**, 303.
Ag_3AsO_4	Ebaugh, J. Am. Ch. S. **24**, 491 [1902]; Baxter, Coffin, J. Am. Ch. S. **31**, 298 [1908]; Z. anorg. Ch. **62**, 51 [1909].
Ag_2SO_4	Richards, Jones, Z. anorg. Ch. **55**, 78 [1907]; J. Am. Ch. S. **29**, 831; Scheuer, Arch. Sc. phys. et nat. Genève [4] **36**, 381 [1913].
Ag_2CrO_4	Meineke, Ann. **261**, 341 [1891]; Baxter, Mueller, Hines, J. Am. Ch. S. **31**, 533 [1909]; Z. anorg. Ch. **62**, 318.
$Ag_2Cr_2O_7$	Baxter, Jesse, J. Am. Ch. S. **31**, 543 [1909]; Z. anorg. Ch. **62**, 333.
$AgBrO_3$	Reedy, J. Am. Ch. S. **43**, 1440 [1921].
$AgC_2H_3O_2$	(Silberacetat) Hardin, J. Am. Ch. S. **18**, 998 [1896].
$AgC_7H_5O_2$	(Silberbenzoat) Hardin, J. Am. Ch. S. **18**, 1000 [1896].
Au	Krüss, Ann. **238**, 30 [1887]; Mallet, Am. Ch. J. **12**, 85 [1890].
$HAuCl_4 + N(CH_3)_3$	Mallet, Am. Ch. J. **12**, 96 [1890].
Be	Stock, Praetorius, Prieß, Ber. **58**, 1571 [1925].
BeO	Hönigschmid, Birckenbach, Ber. **55**, 7 [1922].
$BeCl_2$	Hönigschmid, Birckenbach, Ber. **55**, 8 [1922].
MgS	Tiede, Richter, Ber. **55**, 69 [1922].
$MgCl_2$	Richards, Parker, Z. anorg. Ch. **13**, 86 [1896]; Proc. Amer. Acad. **32**, 60; Chem. N. **75**, 158 [1897].
Ca	Tiede, Ber. **49**, 1745 [1916].
CaO	Richards, Wells, Z. anorg. Ch. **47**, 81 [1905]; J. Am. Ch. S. **27**, 481; Urbain, Ann. chim. phys. [8] **18**, 293 [1909].
$CaCl_2$	Richards, Z. anorg. Ch. **31**, 272 [1902]; J. Am. Ch. S. **24**, 375; Richards, Hönigschmid, J. Am. Ch. S. **33**, 29 [1911].
$CaBr_2$	Richards, Hönigschmid, J. Am. Ch. S. **32**, 1582 [1910].
$CaCO_3$	Richards, Hönigschmid, J. Am. Ch. S. **32**, 1580 [1910].
$Ca(NO_3)_2$	Richards, Hönigschmid, J. Am. Ch. S. **32**, 1580 [1910].
Sr	Tiede, Ber. **49**, 1745 [1916]; Danner, J. Am. Ch. S. **46**, 2382 [1924].
SrO	Danner, J. Am. Ch. S. **46**, 2382 [1924].
$SrCl_2$	Richards, Z. anorg. Ch. **47**, 146 [1905]; Proc. Amer. Acad. **40**, 603; Thorpe, Francis, Proc. Roy. Soc. London **83** A, 279 [1910]; Richards, Yngve, J. Am. Ch. S. **40**, 91 [1918].
$SrBr_2$	Richards, Z. anorg. Ch. **8**, 258 [1895]; Proc. Amer. Acad. **30**, 370 [1894]; Chem. N. **72**, 29 [1895]; Thorpe, Francis, Proc. Roy. Soc. London **83** A, 279 [1910].
$SrSO_4$	Thorpe, Francis, Proc. Roy. Soc. London **83** A, 286 [1910].
Ba	Tiede, Ber. **49**, 1745 [1916]; Danner, J. Am. Ch. S. **46**, 2382 [1924].
BaO	Danner, J. Am. Ch. S. **46**, 2382 [1924].
BaO_2	Hildebrand, J. Am. Ch. S. **34**, 248 [1912].

BaS Tiede, Schleede, Ber. **53**, 1725 [1920].

$BaCl_2$ Richards, Z. anorg. Ch. **6**, 95 [1894]; Proc. Amer. Acad. **29**, 61 [1893]; Chem. N. **69**, 79 [1894].

$BaBr_2$ Richards, Z. anorg. Ch. **3**, 455 [1893]; Proc. Amer. Acad. **28**, 16 [1892]; Chem. N. **67**, 269 [1893].

$Ba(IO_3)_2$ Baxter, J. Am. Ch. S. **32**, 1593 [1910].

$RaCl_2$ Thorpe, Proc. Roy. Soc. London A, **80**, 300; Chem. N. **97**, 229 [1908]; Hönigschmid, Mfte. **33**, 258 [1912].

$RaBr_2$ Hönigschmid, Mfte. **34**, 289 [1913].

Zn Reynolds, Ramsay, J. Chem. S. **51**, 857 [1887]; Morse, Burton, Am. Ch. J. **10**, 312 [1888]; Mylius, Fromm, Z. anorg. Ch. **9**, 174 [1895]; Baxter, Hodges, J. Am. Ch. S. **43**, 1246 [1921].

ZnO Morse, Burton, Am. Ch. J. **10**, 315 [1888]; Schmidt, Ann. Phys. [4] **13**, 626 [1904]; Richards, Z. anorg. Ch. **10**, 7 [1895]; Proc. Amer. Acad. **31**, 163; Chem. N. **73**, 238 [1896].

ZnS Tiede, Schleede, Ber. **53**, 1723 [1920].

$ZnCl_2$ Baxter, Hodges, J. Am. Ch. S. **43**, 1244 [1921].

$ZnBr_2$ Richards, Rogers, Z. anorg. Ch. **10**, 8, 14 [1895]; Proc. Amer. Acad. **31**, 165; Chem. N. **73**, 240 [1896]; Baxter, Grose, J. Am. Ch. S. **38**, 868 [1916]; Baxter, Hodges, J. Am. Ch. S. **43**, 1242 [1921].

Cd Morse, Jones, Am. Ch. J. **14**, 262 [1892]; Mylius, Funk, Z. anorg. Ch. **13**, 157 [1896].

CdO Partridge, Am. J. Science [3] **40**, 379 [1890]; Morse, Jones, Am. Ch. J. **14**, 263 [1892]; Morse, Arbuckle, Am. Ch. J. **20**, 537 [1898]; Oechsner de Coninck, Gérard, C. r. **161**, 676 [1915].

CdS Partridge, Am. J. Science [3] **40**, 381 [1890].

$CdCl_2$ Hardin, J. Am. Ch. S. **18**, 1022 [1896]; Baxter, Hines, J. Am. Ch. S. **27**, 223 [1905]; Z. anorg. Ch. **44**, 159; Baxter, Hartmann, J. Am. Ch. S. **37**, 115 [1915]; Quinn, Hulett, J. Physic. Chem. **17**, 783 [1913].

$CdCl_2 + NH_4Cl$ Baxter, Hines, J. Am. Ch. S. **27**, 225 [1905]; Z. anorg. Ch. **44**, 160.

$CdBr_2$ Hardin, J. Am. Ch. S. **18**, 1023 [1896]; Baxter, Hines, Frevert, J. Am. Ch. S. **28**, 771 [1906]; Z. anorg. Ch. **49**, 415; Quinn, Hulett, J. Physic. Chem. **17**, 793 [1913]; Baxter, Grose, Hartmann, J. Am. Ch. S. **38**, 858 [1916]; Baxter, Wilson, J. Am. Ch. S. **43**, 1231 [1921].

CdC_2O_4 Partridge, Am. J. Science [3] **40**, 379 [1890].

$Cd(NO_3)_2$ Mylius, Z. anorg. Ch. **74**, 414 [1912].

$CdSO_4$ Partridge, Am. J. Science [3] **40**, 381 [1890]; Waggener, Phys. Rev. **31**, 359 [1910]; Perdue, Hulett, J. Physic. Chem. **15**, 155 [1911]; Baxter, Wilson, J. Am. Ch. S. **43**, 1236 [1921].

Hg	Easley, J. Am. Ch. S. **31**, 1216 [1909]; Baker, Watson, J. Chem. S. **105**, 2531 [1914]; Hönigschmid, Birckenbach, Steinheil, Ber. **56**, 1213 [1923].
HgO	Hardin, J. Am. Ch. S. **18**, 1004 [1896]; Taylor, Hulett, J. Phys. Chem. **17**, 757 [1913].
$HgCl_2$	Easley, J. Am. Ch. S. **31**, 1215 [1909]; **32**, 1120 [1910]; Hönigschmid, Birckenbach, Steinheil, Ber. **56**, 1214 [1923].
$HgBr_2$	Hardin, J. Am. Ch. S. **18**, 1008 [1896]; Easley, Brann, J. Am. Ch. S. **34**, 137 [1912]; Baker, Watson, J. Chem. S. **105**, 2531 [1914]; Hönigschmid, Birckenbach, Steinheil, Ber. **56**, 1214 [1923].
$Hg(CN)_2$	Hardin, J. Am. Ch. S. **18**, 1010 [1896].
B	Weintraub, Journ. Ind. Engin. Chem. **3**, 299 [1911]; **5**, 112 [1913]; Meyer, Zappner, Ber. **54**, 550 [1921].
B_2H_6	Stock, Friederici, Ber. **46**, 1966 [1913]; Stock, Kuß, Prieß, Ber. **47**, 3116 [1914]; Stock, Kuß, Z. anorg. Ch. **128**, 55 [1923].
B_4H_{10}	Stock, Massenez, Ber. **45**, 3558 [1912]; Stock, Kuß, Prieß, Ber. **47**, 3116 [1914]; Stock, Kuß, Z. anorg. Ch. **128**, 55 [1923].
$B_{10}H_{14}$	Stock, Friederici, Prieß, Ber. **46**, 3359 [1913]; Stock, Kuß, Prieß, Ber. **47**, 3116 [1914].
BN	Meyer, Zappner, Ber. **54**, 560 [1921].
BCl_3	Baxter, Scott, Proc. Amer. Acad. **59**, 25 [1923]; Stock, Kuß, Ber. **56**, 1464 [1923].
BBr_3	Stock, Kuß, Ber. **47**, 3113 [1914]; Baxter, Scott, Proc. Amer. Acad. **59**, 31 [1923]; Stock, Kuß, Ber. **56**, 1466 [1923].
H_3BO_3	Smith, van Haagen, Carnegie Instit. Washington Publ. **267**, 5 [1918]; Tiede, Wulff, Ber. **55**, 594 [1922].
Al	Mylius, Z. anorg. Ch. **114**, 27 [1921].
Al_2O_3	Schmidt, Ann. Phys. [4] **13**, 623 [1904].
$AlCl_3$	Krepelka, J. Am. Ch. S. **46**, 1346 [1924].
$AlBr_3$	Richards, Krepelka, J. Am. Ch. S. **42**, 2227 [1920].
Ga	Richards, Boyer, J. Am. Ch. S. **41**, 133 [1919]; Richards, Craig, J. Am. Ch. S. **45**, 1157 [1923].
$GaCl_3$	Richards, Craig, Sameshima, J. Am. Ch. S. **41**, 131 [1919]; Richards, Bull. [4] **31**, 941 [1922]; Richards, Craig, J. Am. Ch. S. **45**, 1159 [1923].
$InCl_3$	Mathers, J. Am. Ch. S. **29**, 493 [1907].
$InBr_3$	Mathers, J. Am. Ch. S. **29**, 495 [1907].
Tl	Richards, Daniels, J. Am. Ch. S. **41**, 1733 [1919]; Richards, Smyth, J. Am. Ch. S. **44**, 525 [1922].
TlCl	Hönigschmid, Birckenbach, Kothe, Sitzgb. Bayr. **51**, 180 [1922].
Tl_2SO_4	Richards, Daniels, J. Am. Ch. S. **41**, 1733 [1919]; Hönigschmid, Birckenbach, Kothe, Sitzgb. Bayr. **51**, 180 [1922]

Sc_2O_3 Meyer, Goldenberg, Chem. N. **106**, 13 [1912]; Lukens, J. Am. Ch. S. **35**, 1471 [1913].

$ScBr_3$ Hönigschmid, Z. Elektr. **25**, 93 [1919].

$Sc_2(SO_4)_3$ Meyer, Goldenberg, Chem. N. **106**, 13 [1912]; Lukens, J. Am. Ch. S. **35**, 1471 [1913].

Y_2O_3 R. J. Meyer, Wuorinen, Z. anorg. Ch. **80**, 23 [1913]; R. J. Meyer, Weinheber, Ber. **46**, 2672 [1913]; Egan, Balke, J. Am. Ch. S. **35**, 365 [1913]; Hopkins, Balke, J. Am. Ch. S. **38**, 2345 [1916]; Kremers, Hopkins, J. Am. Ch. S. **41**, 719 [1919]; Fogg, James, J. Am. Ch. S. **44**, 313 [1922]; Hönigschmid, Meuwsen, Z. anorg. Ch. **140**, 348 [1924].

YCl_3 Egan, Balke, J. Am. Ch. S. **35**, 365 [1913]; Hopkins, Balke, J. Am. Ch. S. **38**, 2345 [1916]; Kremers, Hopkins, J. Am. Ch. S. **41**, 719 [1919]; Fogg, James, J. Am. Ch. S. **44**, 313 [1922]; Hönigschmid, Meuwsen, Z. anorg. Ch. **140**, 348 [1924].

$Y_2(SO_4)_3$ R. J. Meyer, Wuorinen, Z. anorg. Ch. **80**, 23 [1913]; R. J. Meyer, Weinheber, Ber. **46**, 2672 [1913[; Hopkins, Balke, J. Am. Ch. S. **38**, 2343 [1916].

La_2O_3 Hopkins, Driggs, J. Am. Ch. S. **44**, 1927 [1922].

$LaCl_3$ Baxter, Tani, Chapin, J. Am. Ch. S. **43**, 1081 [1921]; Hopkins, Driggs, J. Am. Ch. S. **44**, 1928 [1922].

$PrCl_3$ Baxter, Stewart, J. Am. Ch. S. **37**, 524 [1915].

Nd_2O_3 Holmberg, Z. anorg. Ch. **53**, 105 [1907]; Baxter, Chapin, J. Am. Ch. S. **33**, 10 [1911]; Baxter, Whitcomb, Stewart, Chapin, J. Am. Ch. S. **38**, 304 [1916].

$NdCl_3$ Holmberg, Z. anorg. Ch. **53**, 111 [1907]; Baxter, Chapin, J. Am. Ch. S. **33**, 15 [1911]; Baxter, Whitcomb, Stewart, Chapin, J. Am. Ch. S. **38**, 304 [1916].

$Nd(NO_3)_3$ Baxter, Chapin, J. Am. Ch. S. **33**, 10 [1911]; Baxter, Whitcomb, Stewart, Chapin, J. Am. Ch. S. **38**, 302 [1916].

$Nd_2(SO_4)_3$ Holmberg, Z. anorg. Ch. **53**, 124 [1907].

Sm_2O_3 Stewart, James, J. Am. Ch. S. **39**, 2609 [1917]; Owens, Balke, Kremers, J. Am. Ch. S. **42**, 517 [1920].

$SmCl_3$ Stewart, James, J. Am. Ch. S. **39**, 2609 [1917]; Owens, Balke, Kremers, J. Am. Ch. S. **42**, 517 [1920].

Eu_2O_3 Jantsch, C. r. **146**, 475 [1908].

$Eu_2(SO_4)_3$ Jantsch, C. r. **146**, 475 [1908].

$Tb_2(SO_4)_3$ Urbain, C. r. **142**, 958 [1906].

Dy_2O_3 Urbain, Demenitroux, C. r. **143**, 598 [1906]; Engle, Balke, J. Am. Ch. S. **39**, 63 [1917]; Kremers, Hopkins, Engle, J. Am. Ch. S **40**, 603 [1918].

$DyCl_3$ Engle, Balke, J. Am. Ch. S. **39**, 64 [1917]; Kremers, Hopkins, Engle, J. Am. Ch. S. **40**, 604 [1918].

$Dy_2(SO_4)_3$ Urbain, Demenitroux, C. r. **143**, 598 [1906].

Ho_2O_3	Holmberg, Z. anorg. Ch. **71**, 226 [1911].
$Ho_2(SO_4)_3$	Holmberg, Z. anorg. Ch. **71**, 226 [1911].
Er_2O_3	K. A. Hofmann, Ber. **43**, 2635 [1910]; Wichers, Hopkins, Balke, J. Am. Ch. S. **40**, 1618 [1918].
$ErCl_3$	Wichers, Hopkins, Balke, J. Am. Ch. S. **40**, 1618 [1918].
$Er_2(SO_4)_3$	K. A. Hofmann, Ber. **43**, 2635 [1910].
$TuCl_3$	James, J. Am. Ch. S. **33**, 1342 [1911]; James, Stewart, J. Am. Ch. S. **42**, 2022 [1920].
Yb_2O_3 [„Ad_2O_3"]	Auer v. Welsbach, Mfte. **34**, 1718 [1913].
$Yb_2(SO_4)_3$ [„$Ad_2(SO_4)_3$"]	Auer v. Welsbach, Mfte. **34**, 1718 [1913].
Cp_2O_3	Auer v. Welsbach, Mfte. **34**, 1714 [1913].
$Cp_2(SO_4)_3$	Auer v. Welsbach, Mfte. **34**, 1714 [1913].
Kohlenstoff	(Zuckerkohle) Richards, Merigold, Z. anorg. Ch. **31**, 261 [1902]; Proc. Amer. Acad. **37**, 387; Chem. N. **85**, 233.
CO	S. dieses Handbuch, Bd. IV, S. 88.
C_3O_2	Stock, Stoltzenberg, Ber. **50**, 498 [1917].
CO_2	Aus Bomben-CO_2 des Handels: Moser, Z. anorg. Ch. **110**, 126 [1920]. S. a. dieses Handbuch, Bd. IV, S. 38.
C_3S_2	Stock, Praetorius, Ber. **45**, 3573 [1912].
COS	Stock, Kuß, Ber. **50**, 159 [1917].
SiH_4	Stock, Somieski, Ber. **49**, 128, 144 [1916]; Stock, Kuß, Z. anorg. Ch. **128**, 74 [1923].
Si_2H_6	Stock, Somieski, Ber. **49**, 129, 147 [1916].
Si_3H_8	Stock, Somieski, Ber. **49**, 131, 151 [1916]; Stock, Stiebeler, Zeidler, Ber. **56**, 1696 [1923].
Si_4H_{10}	Stock, Somieski, Ber. **49**, 134, 153 [1916]; Stock, Stiebeler, Zeidler, Ber. **56**, 1697 [1923].
SiO_2	Richards, Archibald, Z. anorg. Ch. **34**, 369 [1903]; Proc. Amer. Acad. **38**, 458.
SiF_4	Jaquerod, Tourpaian, J. Chim. phys. **11**, 17, 18 [1913].
$SiCl_4$	Stock, Somieski, Wintgen, Ber. **50**, 1761 [1917]; Baxter, Holmes, J. Am. Ch. S. **42**, 1194 [1920]; Baxter, Weatherill, Scripture, Proc. Amer. Acad. **58**, 248 [1923]; Stock, bei Hönigschmid, Steinheil, Z. anorg. Ch. **141**, 102 [1924].
$SiBr_4$	Stock, Somieski, Ber. **50**, 1749 [1917]; Baxter, Weatherill, Scripture, Proc. Amer. Acad. **58**, 260 [1923].
$TiCl_4$	Baxter, Fertig, J. Am. Ch. S. **45**, 1229 [1923].
$ZrBr_4$	Hönigschmid, Zintl, González, Z. anorg. Ch. **139**, 301 [1924].
$(NH_4)_3HfF_7$	v. Hevesy, Thal Jantzen, Chem. N. **127**, 353 [1923].
$ThBr_4$	Hönigschmid, Z. Elektr. **22**, 19 [1916].
Ge	Dennis, Tressler, Hance, J. Am. Ch. S. **45**, 2033 [1923].
Ge-Hydride:	Dennis, Corey, Moore, J. Am. Ch. S. **46**, 658 [1924].

GeO_2	Müller, J. Am. Ch. S. **43**, 1088 [1921]; Müller, Blank, J. Am. Ch. S. **46**, 2366 [1924].
K_2GeF_6	Müller, J. Am. Ch. S. **43**, 1089 [1921].
$GeCl_4$	Baxter, Cooper, J. Physic. Chem. **28**, 1049 [1924].
Sn	Baxter, Starkweather, J. Am. Ch. S. **42**, 906, 910 [1920]; Tiede, Fr. Fischer, Ber. **44**, 1716 [1911].
$SnCl_4$	Briscoe, J. Chem. S. **107**, 71 [1915]; Baxter, Starkweather, J. Am. Ch. S. **42**, 906 [1920].
$SnBr_4$	Brauner, Krepelka, J. Am. Ch. S. **42**, 921 [1920]; Krepelka, J. Am. Ch. S. **42**, 925 [1920].
$PbCl_2$	Baxter, Wilson, J. Am. Ch. S. **30**, 190 [1908]; Z. anorg. Ch. **57**, 178; Baxter, Grover, J. Am. Ch. S. **37**, 1047 [1915]; Hönigschmid, Steinheil, Ber. **56**, 1833 [1923].
$PbBr_2$	Baxter, Thorvaldson, J. Am. Ch. S. **37**, 1021 [1915]; Baxter, Grover, J. Am. Ch. S. **37**, 1034 [1915].
$Pb(NO_3)_2$	Baxter, Grover, J. Am. Ch. S. **37**, 1031, 1048 [1915].
$Pb_3(AsO_4)_2$	Ebaugh, J. Am. Ch. S. **24**, 491 [1902].
N_2	Aus Aziden: Tiede, Ber. **49**, 1742 [1916]. Durch thermische Zersetzung von NH_3: Kremers, Hopkins, Engle, J. Am. Ch. S. **40**, 601 [1918]. Aus $KNO_2 + NH_4Cl$: Fr. Fischer, Hähnel, Ber. **43**, 1441 [1910]. Durch Erhitzen von $(NH_4)_2SO_4$ mit KNO_2: Smith, Taylor, J. Am. Ch. S. **45**, 2108 [1923]. Aus Bomben-Stickstoff des Handels: Moser, Z. anorg. Ch. **110**, 131 [1920]. Über Stickstoff s. a. dieses Handbuch, Bd. IV, S. 64.
NH_3	Richards, Köthner, Tiede, Z. anorg. Ch. **61**, 324 [1909]. Aus NH_4Cl und $Ca(OH)_2$: Baume, Perrot, J. Chim. phys. **11**, 55 Anm. 1 [1913]. Aus Mg_3N_2 und H_2O: Moser, Mfte. **44**, 115 [1923]. Aus Bomben-NH_3 des Handels: Moser, Z. anorg. Ch. **110**, 141 [1920]. Über NH_3 s. a. dieses Handbuch, Bd. IV, S. 66.
N_2H_4	Hale, Shetterly, J. Am. Ch. S. **33**, 1074 [1911]; Welsh, J. Am. Ch. S. **37**, 499 [1915].
$N_2H_4 + H_2O$	Richards, Carnegie Instit. Washington Publ. **125**, 14; Richards, Willard, J. Am. Ch. S. **32**, 15 [1910].
N_2O	Aus $NH_2OH + NaNO_2$ oder aus NH_4NO_3: Batuecas, Anales de la Soc. española de fís. y quím. **20**, 452 [1922]. S. a. dieses Handbuch, Bd. IV, S. 68.
NO	Aus nitroser H_2SO_4 und Hg: Batuecas, Anales de la Soc. española de fís. y quím. **20**, 454 [1922]. S. a. dieses Handbuch, Bd. IV, S. 70.
N_2O_3	H. B. Baker, M. Baker, J. Chem. S. **91**, 1862 [1907]. S. a. dieses Handbuch, Bd. IV, S. 73.
N_2O_4	Guye, Drouginine, J. Chim. phys. **8**, 489 [1910]. S. a. dieses Handbuch, Bd. IV, S. 75.
N_4S_4	Burt, Usher, Proc. Roy. Soc. London **85** A, 82 [1911].
HNO_3	Schaefer, Z. anorg. Ch. **97**, 292 [1916].

NOCl	Guye, Fluss, J. Chim. phys. **6**, 737 [1908]; Wourtzel, J. Chim. phys. **11**, 31 [1913]. S. a. dieses Handbuch, Bd. IV, S. 76.
P	Baxter, Moore, Boylston, J. Am. Ch. S. **34**, 260 [1912].
PH_3	Ter Gazarian, J. Chim. phys. **7**, 345 [1909]. S. a. dieses Handbuch, Bd. IV, S. 80.
$P_{12}H_6$	Stock, Böttcher, Lenger, Ber. **42**, 2842 [1909].
PCl_3	Baxter, Moore, J. Am. Ch. S. **34**, 1647 [1912].
PBr_3	Baxter, Moore, Boylston, J. Am. Ch. S. **34**, 261 [1912].
V_2O_3	Prandtl, Bleyer, Z. anorg. Ch. **67**, 262 [1910].
V_2O_5	Prandtl, Bleyer, Z. anorg. Ch. **67**, 260 [1910].
$VOCl_3$	Prandtl, Bleyer, Z. anorg. Ch. **65**, 153 [1910]; Briscoe, Little, J. Chem. S. **105**, 1316 [1914].
Nb_2O_5	Smith, van Haagen, J. Am. Ch. S. **37**, 1789 [1915]; Balke, Smith, J. Am. Ch. S. **30**, 1645 [1908].
$NbCl_5$	Balke, Smith, J. Am. Ch. S. **30**, 1640 [1908].
Ta_2O_5	Hinrichsen, Salbom, Ber. **39**, 2604 [1906]; Balke, J. Am. Ch. S. **27**, 1142 [1905]; **32**, 1129 [1910]; Chapin, Smith, J. Am. Ch. S. **33**, 1497 [1911]; Sears, Balke, J. Am. Ch. S. **37**, 835 [1915].
$TaCl_5$	Balke, J. Am. Ch. S. **32**, 1129 [1910]; Sears, Balke, J. Am. Ch. S. **37**, 835 [1915]; Sears, J. Am. Ch. S. **39**, 1583 [1917].
$TaBr_5$	Chapin, Smith, J. Am. Ch. S. **33**, 1499 [1911].
As_2O_3	Hönigschmid, Zintl, Ann. **433**, 214 [1923].
Sb	Willard, Mc Alpine, J. Am. Ch. S. **43**, 802 [1921]; Muzaffar, J. Am. Ch. S. **45**, 2010 [1923]; Hönigschmid, Zintl, Linhard, Z. anorg. Ch. **136**, 264 [1924]; Schuhmann, J. Am. Ch. S. **46**, 53 [1924].
SbH_3	Stock, Guttmann, Ber. **37**, 885 [1904]; Stock, Gomolka, Heynemann, Ber. **40**, 533 [1907].
Sb_2O_3	Schuhmann, J. Am. Ch. S. **46**, 53 [1924].
$SbCl_3$	Weatherill, J. Am. Ch. S. **46**, 2438 [1924]; Hönigschmid, Zintl, Linhard, Z. anorg. Ch. **136**, 270 [1924].
$SbBr_3$	Willard, McAlpine, J. Am. Ch. S. **43**, 806 [1921]; Hönigschmid, Zintl, Linhard, Z. anorg. Ch. **136**, 266 [1924].
Bi	Gutbier, Birckenbach, J. pr. Ch. [2] **77**, 460 [1908]; Gutbier, Mehler, J. pr. Ch. [2] **78**, 413 [1908]; Mylius, Groschuff, Z. anorg. Ch. **96**, 237 [1916]; Hönigschmid, Z. Elektr. **26**, 404 [1920]; Hönigschmid, Birckenbach, Ber. **54**, 1881 [1921].
Bi_2O_3	Gutbier, Birckenbach, J. pr. Ch. [2] **77**, 465 [1908].
$BiCl_3$	Hönigschmid, Z. Elektr. **26**, 406 [1920]; Hönigschmid, Birckenbach, Ber. **54**, 1891 [1921].
$BiBr_3$	Gutbier, Mehler, J. pr. Ch. [2] **78**, 414 [1908]; Hönigschmid, Birckenbach, Ber. **54**, 1892 [1921].
$Bi_2(SO_4)_3$	Gutbier, Janssen, J. pr. Ch. [2] **78**, 426 [1908].
O_2	Durch Elektrolyse von verd. Schwefelsäure: Noyes, J. Am.

Ch. S. **29**, 1720 [1907]. Durch Elektrolyse von Barytwasser: Noyes, ebenda. Aus $KClO_3$, aus Ag_2O, durch Elektrolyse von Barytwasser: Moles, González, J. Chim. phys. **19**, 313 [1921]. Durch Erhitzen von $KMnO_4$: Germann, J. Chim. phys. **12**, 90 [1914]. Aus $KMnO_4$ und verd. Schwefelsäure: Riggs, J. Am. Ch. S. **25**, 876 [1903]. Aus $K_2Cr_2O_7$ und angesäuerter H_2O_2-Lösung: Blau, Mfte. **13**, 281 [1892]. Aus käuflichem Bomben-Sauerstoff: Moser, Z. anorg. Ch. **110**, 127 [1920]; Moser, Die Reindarstellung von Gasen [Stuttgart 1920], S. 64. Über Sauerstoff s. a. dieses Handbuch, Bd. IV, S. 36.

O_3 (sauerstofffrei). Riesenfeld, Schwab, Ber. **55**, 2089 [1922]; Goldstein, Ber. **36**, 3042 [1903]; Hallwachs, Ann. Phys. [4] **30**, 602 [1909]. (O_2-haltig, sonst sehr rein): Moissan, C. r. **129**, 570 [1899]; Bull. [3] **23**, 259; Fonrobert, Das Ozon [Stuttgart 1916], S. 69. Über Ozon s. a. dieses Handbuch, Bd. IV, S. 56.

H_2O Richards, Wells, Z. anorg. Ch. **47**, 65 [1905]; J. Am. Ch. S. **27**, 467; Hönigschmid, Birckenbach, Ber. **54**, 1883 [1921].

H_2O_2 Richards, Merigold, Z. anorg. Ch. **31**, 263 [1902]. Maass, Hatcher, J. Am. Ch. S. **42**, 2548 [1920].

H_2S Aus $MgCl_2$, CaS und H_2O: Habermann, Ch. Z. **13** Repert., 314 [1889]; Moser, Die Reindarstellung von Gasen [Stuttgart 1920], S. 71. Aus den Elementen: Tiede, Schleede, Ber. **53**, 1723 [1920]. Reinigung auf physikalischem Wege: Baume, Perrot, J. Chim. phys. **6**, 30, 611 [1908].

SO_2 Reinigung auf physikalischem Wege: Baume, J. Chim. phys. **6**, 30 [1908]. Aus Bomben-SO_2 des Handels: Moser, Z. anorg. Ch. **110**, 141 [1920]; Moser, Die Reindarstellung von Gasen [Stuttgart 1920], S. 73. Aus Kupfer und konz. Schwefelsäure: Moser, l. c., S. 73. Aus Na_2SO_3-Lsg. und konz. Schwefelsäure: Moser, l. c., S. 72. Über SO_2 s. a. dieses Handbuch, Bd. IV, S. 60.

SO_3 Lichty, J. Am. Ch. S. **30**, 1835 [1908]; **34**, 1440 [1912].

S_2Cl_2 Balke, J. Am. Ch. S. **32**, 1128 [1910].

H_2SO_4 Lichty, J. Am. Ch. S. **30**, 1839 [1908].

CrO_3 Baxter, Mueller, Hines, J. Am. Ch. S. **31**, 532 [1909]; Z. anorg. Ch. **62**, 317.

$CrCl_3$ Rawson, J. Chem. S. **55**, 217 [1889].

Mo Vandenberghe, Mém. couronnés Acad. Belg. [4°] **56**, No. 5, S. 16 [1898]; Müller, J. Am. Ch. S. **37**, 2049 [1915].

MoO_3 Vandenberghe, Mém. couronnés Acad. Belg. [4°] **56**, No. 5, S. 17, 28 [1898]; Müller, J. Am. Ch. S. **37**, 2047 [1915].

W Smith, Exner, Chem. N. **90**, 67 [1904].

WO_3 Smith, Exner, Chem. N. **90**, 49 [1904].

WCl_6	Smith, Exner, Chem. N. **90**, 66 [1904].
UO_2	Lebeau, C. r. **155**, 165 [1912].
UBr_4	Richards, Merigold, Z. anorg. Ch. **31**, 250 [1902]; Proc. Amer. Acad. **37**, 378; Chem. N. **85**, 207; Hönigschmid, Mfte. **36**, 58 [1915]; Hönigschmid, Horovitz, Mfte. **37**, 188 [1916].
$UO_2(NO_3)_2$	Richards, Merigold, Z. anorg. Ch. **31**, 258 [1902]; Proc. Amer. Acad. **37**, 385; Chem. N. **85**, 223; Lebeau, C. r. **155**, 165 [1912]; Hönigschmid, Mfte. **36**, 57 [1915].
$UO_2(IO_3)_2$	Richards, Merigold, Z. anorg. Ch. **31**, 245 [1902]; Proc. Amer. Acad. **37**, 374; Chem. N. **85**, 187.
Se	Kuzma, Krehlik, Chemické Listy **5**, 6, 46, 99, zit. nach Chemical Abstracts **1911**, 1375, 1881; Jannek, Meyer, Z. anorg. Ch. **83**, 70 [1913].
SeH_2	Bruylants, Bytebier, Bull. Acad. Roy. Belgique **1912**, 859.
SeO_2	Kuzma, Krehlik, Chemické Listy **5**, **6**, 46, 99, zit. nach Chemical Abstracts **1911**, 1375, 1881; Jannek, Meyer, Z. anorg. Ch. **83**, 80 [1913].
Te	Baker, Bennett, J. Chem. S. **91**, 1850 [1907]; Dennis, Anderson, J. Am. Ch. S. **36**, 893 [1914]; Stähler, Tesch, Z. anorg. Ch. **98**, 8 [1916]; Bruylants, Michielsen, Bull. Acad. Roy. Belgique **1919**, 125.
TeH_2	Baker, Bennett, J. Chem. S. **91**, 1855 [1907]; Dennis, Anderson, J. Am. Ch. S. **36**, 889 [1914]; Bruylants, Michielsen, Bull. Acad. Roy. Belgique **1919**, **122**.
TeO_2	Marckwald, Ber. **40**, 4734 [1907]; Baker, Bennett, J. Chem. S. **91**, 1850 [1907]; Lenher, J. Am. Ch. S. **31**, 21 [1909]; Dennis, Anderson, J. Am. Ch. S. **36**, 894 [1914]; Stähler, Tesch, Z. anorg. Ch. **98**, 23 [1916].
$TeCl_4$	Baker, Bennett, J. Chem. S. **91**, 1854 [1907]; Stähler, Tesch, Z. anorg. Ch. **98**, 12 [1916].
$TeBr_4$	Dudley, Bowers, J. Am. Ch. S. **35**, 878 [1913].
H_6TeO_6	Marckwald, Ber. **40**, 4733 [1907]; Baker, Bennett, J. Chem. S. **91**, 1850 [1907].
K_2TeBr_6	Lenher, J. Am. Ch. S. **31**, 22 [1909].
$2\,TeO_2 + HNO_3$	Norris, J. Am. Ch. S. **28**, 1681 [1906].
HF	Ruff, Plato, Ber. **37**, 675 [1904]; Ruff, Die Chemie des Fluors [Berlin 1920], S. 44; Smith, van Haagen, Carnegie Instit. Washington Publ. **267**, 11 [1918].
Cl_2	Durch Elektrolyse von geschmolzenem AgCl: Shenstone, J. Chem. S. **71**, 479 [1897]; Mellor, Russell, J. Chem. S. **81**, 1274 [1902]. Aus $AuCl_3$ bei 300—350°: Jaquerod, Tourpaian, J. Chim. phys. **11**, 5, 12 [1913]. Aus Braunstein und Salzsäure: Baxter, Moore, J. Am. Ch. S. **34**, 1645 [1912]; Moser, Die Reindarstellung von Gasen [Stuttgart 1920], S. 48. Aus $K_2Cr_2O_7$ und Salzsäure: Treadwell, Christie,

Z. anorg. Ch. **47**, 447 [1905]. Aus Bomben-Chlor des Handels: Moser, Z. anorg. Ch. **110**, 140 [1920]; Moser, Gase, S. **49**. Über Chlor siehe auch dieses Handbuch, Bd IV, S. 48.

HCl Aus Salzsäure und konz. Schwefelsäure: Moser, Gase, S. 51. Aus NaCl und konz. Schwefelsäure: Moser, Gase, S. 52. Über HCl s. a. dieses Handbuch, Bd. IV, S. 49.

$HClO_4$ Kreider, Breckenbridge, Am. J. Science [4] **2**, 267 [1896]; Z. anorg. Ch. **13**, 166 [1897]; Richards, Carnegie Instit. Washington Publ. **125**, 14 [1910]; Richards, Willard, J. Am. Ch. S. **32**, 15.

Br Richards, Proc. Amer. Acad. **25**, 206 [1890]; Chem. N. **63**, 35; Baxter, Z. anorg. Ch. **50**, 394 [1906]; Proc. Amer. Acad. **42**, 205; J. Am. Ch. S. **28**, 1327; Baxter, Hines, J. Am. Ch. S. **28**, 1564 [1906]; Z. anorg. Ch. **51**, 206; Richards, Mueller, Z. anorg. Ch. **53**, 427 [1907]; J. Am. Ch. S. **29**, 642; Easley, Brann, J. Am. Ch. S. **34**, 139 [1912]; Baxter, Moore, Boylston, J. Am. Ch. S. **34**, 260 [1912]; Weber, J. Am. Ch. S. **34**, 1296 [1912]; Baxter, Grover, J. Am. Ch. S. **37**, 1029 [1915]; Brauner, Krepelka, J. Am. Ch. S. **42**, 921 [1920]; Krepelka, J. Am. Ch. S. **42**, 925 [1920]; Hönigschmid, Birckenbach, Ber. **54**, 1885 [1921]; Hönigschmid, Zintl, Ann. **433**, 216 [1923].

HBr Aus H und Br in Gegenw. von Platinasbest oder -quarz oder -bimsstein: Baxter, Coffin, J. Am. Ch. S. **31**, 299 [1908]; Z. anorg. Ch. **62**, 53 [1909]; Baxter, Jones, Z. anorg. Ch. **66**, 101 [1910]; J. Am. Ch. S. **32**, 301; Richards, Hönigschmid, J. Am. Ch. S. **32**, 1581 [1910]; Weber, J. Am. Ch. S. **34**, 1296 [1912]; Richards, Hoover, J. Am. Ch. S. **37**, 97 [1915]; Baxter, Thorvaldson, J. Am. Ch. S. **37**, 1021 [1915]; Baxter, Grover, J. Am. Ch. S. **37**, 1030 [1915]. Aus den Elementen bei 200—300°: Reiman, J. Chim. phys. **15**, 304 [1917]. Aus P, Br und H_2O: Richards, Z. anorg. Ch. **10**, 7 [1895]; Proc. Amer. Acad. **31**, 164; Chem. N. **73**, 239. Aus PBr_3 und H_2O: Moles, J. Chim. phys. **14**, 396 [1916]. Aus Br und H_2S: Baxter, Hines, J. Am. Ch. S. **28**, 1564 [1906]; Z. anorg. Ch. **51**, 206; Moles, J. Chim. phys. **14**, 402 [1916]. Aus KBr und H_3PO_4: Reiman, J. Chim. phys. **15**, 310 [1917]; Murray, J. Chim. phys. **15**, 344 [1917]. Durch Hydrolyse von $AlBr_3$: Murray, J. Chim. phys. **15**, 340 [1917]. Aus Brom und Paraffin bei 180°: Moles, J. Chim. phys. **14**, 406 [1916]. Aus Brom und Naphthalin: Moles, J. Chim. phys. **14**, 404 [1916].

Jod Köthner, Aeuer, Ann. **337**, 144 [1904]; Baxter, J. Am. Ch. S. **26**, 1579, 1587 [1904]; Z. anorg. Ch. **43**, 16 [1905]; Baxter, J. Am. Ch. S. **32**, 1592 [1910]; Baxter, Parsons, J. Am. Ch. S. **44**, 579 [1922].

HI	Bodenstein, Z. phys. Ch. **13**, 59 [1894]; Köthner, Aeuer, Ann. **337**, 132 [1904]; Vandenberghe, Zentr. **1898** I, 916; Ruff, Ber. **41**, 3741 [1908]; Richards, Rowe, J. Am. Ch. S. **44**, 690 [1922].
I_2O_5	Baxter, Tilley, J. Am. Ch. S. **31**, 205 [1909]; Z. anorg. Ch. **61**, 298; Guichard, Bull. [4] **5**, 722 [1909]; C. r. **159**, 185 [1914].
HIO_3	Baxter, Tilley, J. Am. Ch. S. **31**, 201 [1909]; Z. anorg. Ch. **61**, 294; Baxter, J. Am. Ch. S. **32**, 1593 [1910].
MnO	Marignac, Arch. Sc. phys. et nat. Genève [3] **10**, 24 [1883].
$MnCl_2$	Baxter, Hines, J. Am. Ch. S. **28**, 1564 [1906]; Z. anorg. Ch. **51**, 206.
$MnBr_2$	Baxter, Hines, J. Am. Ch. S. **28**, 1562 [1906]; Z. anorg. Ch. **51**, 204.
$MnSO_4$	Marignac, Arch. Sc. phys. et nat. Genève [3] **10**, 25 [1883].
Fe	Richards, Baxter, Z. anorg. Ch. **23**, 249 [1900]; Proc. Amer. Acad. **35**, 256; Baxter, Hoover, J. Am. Ch. S. **34**, 1661 [1912]; Hönigschmid, Birckenbach, Zeiss, Ber. **56**, 1475 [1923].
Fe_2O_3	Richards, Baxter, Z. anorg. Ch. **23**, 250 [1900]; Proc. Amer. Acad. **35**, 257; Baxter, Hoover, J. Am. Ch. S. **34**, 1659 [1912].
$FeCl_3$	Hönigschmid, Birckenbach, Zeiss, Ber. **56**, 1476 [1923].
$FeBr_3$	Baxter, Z. anorg. Ch. **38**, 232 [1904]; Proc. Amer. Acad. **39**, 243 [1903]; Baxter, Thorvaldson, Cobb, J. Am. Ch. S. **33**, 325 [1911].
$Fe(NO_3)_3$	Baxter, Hoover, J. Am. Ch. S. **34**, 1660 [1912]; Hönigschmid, Birckenbach, Zeiss, Ber. **56**, 1475 [1923].
Co	Richards, Baxter, Z. anorg. Ch. **16**, 367 [1898]; **21**, 254 [1899]; Proc. Amer. Acad. **33**, 118 [1897]; **34**, 353 [1899]; Chem. N. **77**, **22** [1898]; **79**, 200 [1899].
$CoCl_2$	Richards, Baxter, Z. anorg. Ch. **51**, 172 [1906]; Baxter, Coffin, J. Am. Ch. S. **28**, 1581; Baxter, Dorcas, J. Am. Ch. S. **46**, 362 [1924].
$CoBr_2$	Richards, Baxter, Z. anorg. Ch. **16**, 364 [1898]; Proc. Amer. Acad. **33**, 117 [1897]; Chem. N. **77**, 21 [1898].
Ni	Richards, Cushman, Z. anorg. Ch. **16**, 176 [1898]; Proc. Amer. Acad. **33**, 104 [1897]; Chem. N. **76**, 295 [1897]; Baxter, Parsons, J. Am. Ch. S. **43**, 509 [1921].
NiO	Baxter, Parsons, J. Am. Ch. S. **43**, 512 [1921].
$NiCl_2$	Baxter, Hilton, J. Am. Ch. S. **45**, 695 [1923].
$NiBr_2$	Richards, Cushman, Z. anorg. Ch. **16**, 169, 171 [1898]; Proc. Amer. Acad. **33**, 99 [1897]; Chem. N. **76**, 285 [1897]; Richards, Cushman, Z. anorg. Ch. **20**, 354 [1899]; Proc. Amer. Acad. **34**, 329; Chem. N. **79**, 163.
$NiBr_2 + 6NH_3$	Richards, Cushman, Z. anorg. Ch. **16**, 175 [1898]; Proc. Amer. Acad. **33**, 104 [1897]; Chem. N. **76**, 294 [1897].
$Ni(NO_3)_2$	Baxter, Parsons, J. Am. Ch. S. **43**, 509 [1921].

Ru	Vogt, Sitzungsber. d. physik.-medizin. Sozietät Erlangen **43**, 309 [1911].
RuO_2	Vogt, Sitzungsber. d. physik.-medizin. Sozietät Erlangen **43**, 305 [1911].
Rh	Seubert, Kobbé, Ann. **260**, 320 [1890]; Jörgensen, Z. anorg. Ch. **34**, 82 [1903]; Renz, Philos. Dissert. Erlangen **1909**, S. 20.
$(NH_3)_5RhCl_3$	Seubert, Kobbé, l. c.; Jörgensen, l. c.; Hüttlinger, Philos. Dissert. Erlangen **1907**, S. 43; Dittmar, Philos. Dissert. Erlangen **1909**, S. 8.
$(NH_3)_5RhBr_3$	Renz, Philos. Dissert. Erlangen **1909**, S. 11.
Pd	Kemmerer, J. Am. Ch. S. **30**, 1702 [1908]; Shinn, J. Am. Ch. S. **34**, 1449 [1912].
$(NH_3)_2PdCl_2$	Kemmerer, J. Am. Ch. S. **30**, 1702 [1908]; Gutbier, Krell, Woernle, J. pr. Ch. [2] **79**, 242 [1909].
$PdCl_2 + 2NH_4Cl$	Shinn, J. Am. Ch. S. **34**, 1449 [1912].
$(NH_3)_2PdBr_2$	Gutbier, Haas, Gebhardt, J. pr. Ch. [2] **79**, 464 [1909].
$(NH_3)_2Pd(CN)_2$	Kemmerer, J. Am. Ch. S. **30**, 1702 [1908].
Osmiumsalze	hoher Reinheit: Gutbier u. a., Ber. **42**, 4239; **43**, 3234; **44**, 308; **46**, 2098 [1909—1913].
Ir	Hoyermann, Sitzungsber. d. physik.-medizin. Sozietät Erlangen **42**, 283 [1910]; Holzmann, Sitzungsber. d. physik.-medizin. Sozietät Erlangen **44**, 96 [1912].
$(NH_4)_2IrCl_6$	Hoyermann, Sitzungsber. d. physik.-medizin. Sozietät Erlangen **42**, 265, 282 [1910]; Holzmann, Sitzungsber. d. physik.-medizin. Sozietät Erlangen **44**, 88 [1912].
Pt	Archibald, Proc. Roy. Soc. Edinburgh **29**, 734, 743, 745 [1909].
H_2PtCl_6	Archibald, Proc. Roy. Soc. Edinburgh **29**, 727 [1909].
K_2PtCl_6	Noyes, Weber, J. Am. Ch. S. **30**, 15 [1908]; Archibald, Proc. Roy. Soc. Edinburgh **29**, 731 [1909].
$(NH_4)_2PtCl_6$	Archibald, Proc. Roy. Soc. Edinburgh **29**, 731 [1909].
K_2PtBr_6	Archibald, Proc. Roy. Soc. Edinburgh **29**, 731 [1909].
$(NH_4)_2PtBr_6$	Archibald, Proc. Roy. Soc. Edinburgh **29**, 731 [1909].

Nachtrag.

Zu S. 471: Das Weiterwachsen von Wolfram-Einkristallen aus einer Gasphase ist neuerdings von H. Fischvoigt und F. Koref (Z. techn. Physik **6**, 296 [1925]) studiert worden. Auch fremde Kristalle (Mo, Ta) wachsen auf, wenn die Abweichungen der Gitterabmessungen nur mäßig sind.

Berichtigungen.

S. 27 Anm. streiche: „Bd. II ... ebenda".

S. 259, Z. 19 v. o. statt: „Matignac" lies: „Matignon".

Autorenregister zum vierten Band.

General-Sachregister zum ersten bis vierten Band.

Kolibri 360 GmbH
Ferdinand-Jühlke-Straße 7
99095 Erfurt, Deutschland
produktsicherheit@kolibri360.de